제2판

현장실무를 위한

SI 단위

지반공학

박영목 · 최인걸 공저

도서출판
구미서관

머 리 말

지반(地盤)공학은 토목공학의 분야로서 설계 및 시공과정에서 가장 어렵고 중요한 전문분야입니다. 만일 공항, 철도, 도로, 산업 및 주택단지 등과 같은 기반시설물의 하부지반 또는 기초가 미흡하게 설계 및 시공되었을 경우, 기반시설물들은 사상누각이 되고 이로 인한 인명피해 및 경제손실은 커지게 되므로 지반공학의 중요성은 이루 말할 수 없습니다.

이렇게 중요한 지반공학분야를 대상으로 여러모로 부족한 상태에서 감히 세상에 책을 내놓게 되어 두려움을 느낍니다. 그러나 학창시절에 어렵게만 느꼈던 지반공학분야에 종사하며 이론과 실무를 체험한 내용을 토대로 학교에서는 교재로, 실무자에게는 참고도서가 될 수 있는 책을 발간하게 되어 뿌듯함도 느낍니다. 대학강의를 하면서 학생들이 지반공학이론이 실무의 어느 분야에 적용 되는지를 잘 모르고 있음을 느꼈고, 실무자 또한 학창시절에 배운 이론을 실무에 어떻게 활용하는지 잘 모르고 있음을 여러 차례 느껴왔습니다.

본 도서에서는 이러한 현실을 감안하여 대학강의 교재 또는 실무자들이 업무수행지침서가 될 수 있도록 각 장마다 앞부분은 개략적인 이론을, 뒷부분에는 실무분야를 알기 쉽게 편집하였으므로 어렵게만 느끼고 있는 지반공학을 쉽게 이해하는데 도움이 될 수 있도록 하였습니다. 그러나 지반공학은 범위가 너무 광범위하므로 집필하여야 할 내용은 많은데 비하여 교재가 두터워지는 것을 고려하다보니 보완해야 할 부분이 많이 있다고 판단됩니다. 수정 및 보완 부분에 대하여 선, 후배님들의 정성어린 격려와 끊임없는 지도편달을 부탁드립니다. 본 도서에는 제 1장 지반조사 및 시험, 제 2장 토공, 제 3장 암석과 암반, 제 4장 연약지반, 제 5장 굴착 및 흙막이 공법, 제 6장 얕은 기초, 제 7장 깊은 기초, 제 8장 비탈면안정, 제 9장 터널, 제 10장 댐, 제 11장 준설매립 및 지반환경, 제 12장 정보화 시공에 대한 내용이 수록되어 있습니다. 도서의 특징은 각 장별로 그림을 통하여 지반공학 이론을 이해할 수 있도록 편집하였음은 물론 각 장별 '실무적용시 유의사항'란과 또한 설계, 시공사례 및 실무적용이 가능한 예제가 편집되어 있는 것이 특징입니다.

본 도서가 발간 될 수 있도록 많은 격려와 기술적인 내용의 조언을 해주신 (주)유신코퍼레이션의 김 연정 박사님, 고 문수 이사님께 감사드립니다. 또한 원고정리에 도움을 준 영남대학교 토목공학과 김 재석 박사와 석사과정의 유 연재 군과 이 상준 군에게도 고마움을 느낍니다. 마지막으로 본 출판을 기꺼이 맡아 주신 구미서관의 임채진 사장님과 적극적인 지원을 아끼지 않으신 김 인수 상무님과 민 성대 부장님 비롯한 출판사 관계자 여러분들께도 감사인사를 드립니다.

2006년 8월

저 자

본 도서는 대한토목학회가 선정한 우수 기술도서입니다.
저자는 대한토목학회로부터 저술상(2007. 1. 12)과, 한국지반공학회로부터 저술상(2008. 3. 28)을 수상 하였습니다.

제 2 판

머 리 말

2006년 8월에 제1판이 발행된 "현장실무를 위한 지반공학"이 약 16년 동안 연구자, 기술인 그리고 학생들에게 과분한 사랑을 받으면서 2018년 5월에 수정판 11쇄까지 발행되었습니다. 여러분들의 많은 관심과 사랑에 힘입어 본 도서는 대한토목학회가 선정한 우수 기술도서가 될 수 있었으며, 저자는 2007년 1월에 대한토목학회로부터, 2008년 3월에 한국지반공학회로부터 저술상을 각각 수상하는 영예도 얻게 되어 진심으로 감사함을 느낍니다.

2002년 초에 (고) 최인걸 박사와 함께 이론과 실무를 아우를 수 있는 참고도서의 집필이 필요하다는 점에 의견 일치를 보고 준비를 시작하여 어언 20년의 세월이 흘렀습니다. 많은 부족함이 있는 것으로 생각합니다만 본 도서를 중심으로 공부하여 토질 및 기초 기술사 시험에 합격했다거나 실무에 많은 도움이 되었다는 감사의 메일을 받을 때 큰 보람과 긍지를 느꼈습니다. 각 장의 전반부는 이론을 중심으로 기술하고 후반부는 실무에 도움이 될 수 있도록 집필함과 동시에 설계와 시공에 있어서 유의사항과 실무적용사례 및 실무적용이 가능한 예제를 많이 실어서 실무자에게 도움이 될 수 있도록 편집한 것이 본 도서의 특징이라 할 수 있겠습니다.

2021년 후반에 기술분야의 세계화 추세에 발맞추어 본 도서가 기존의 CGS 단위로 기술된 것을 SI 단위로 수정하는 노력을 시작하였습니다. 이는 도서출판 구미서관에서 펴낸 SI 단위 토질 및 기초공학(상), (하)와 일체감을 조성하기 위해서였습니다. 수정작업이 막 시작되던 시점인 2022년 1월 초에 사랑하는 친구 최인걸 박사가 그 많은 능력과 훌륭한 인품을 더 발휘하지 못하고 아깝게 하늘나라로 갔습니다. 저도 허탈감과 애통함에 책이 손에 잡히지 않아 1년여의 세월을 흘려보낸 뒤 올해 초부터 본격적으로 작업을 시작하여 제2판을 조심스럽게 정리할 수 있게 되었습니다.

SI 단위로 수정하면서 기존의 CGS 단위의 값들에 중력가속도(g)를 숫자의 간편성을 기하기 위하여 9.8 대신에 10.0을 적용하였다는 점에 대하여 양해의 말씀을 드립니다. 또한, 아직까지도 국내의 설계도서에 CGS 단위를 적용하고 있는 것이 대부분이므로 주지하시다시피 도서 내용에서 SI 단위의 값 중 kN/m3, kPa의 경우에 10으로 나누게 되면 CGS 단위의 t/m3, t/m2로 각각 변환될 수 있음을 알려드립니다. 여러모로 부족한 부분에 대해서는 선, 후배님들의 따뜻한 조언과 지도편달을 부탁드립니다.

본 도서가 발간될 수 있도록 도움을 주신 많은 분들께 진심으로 감사드리며 본 도서를 펴내 주신 도서출판 구미서관의 임해진 사장님과 임정대 부장님을 비롯한 출판사 관계자 여러분들께 감사의 말씀을 드립니다. 마지막으로 이 "현장실무를 위한 지반공학" 제2판인 SI 단위 수정 증보판을 하늘나라에 있는 고 최인걸 박사에게 바칩니다.

2023년 7월

저 자

CONTENTS

제 1 장 지반조사 및 시험

제 2 장 토 공

제 3 장 암석과 암반

제 4 장 연약지반

제 5 장 굴착 및 흙막이 공법

제 6 장 얕은 기초

제 7 장 깊은 기초

제 8 장 비탈면 안정

제 9 장 터널

제 10 장 댐

제 11 장 준설매립 및 지반환경

제 12 장 정보화 시공

CHAPTER

1

제 1 장 지반조사 및 시험

1.1 지반조사 목적
1.2 지반조사 단계 및 구조물별 조사항목
1.3 시추
1.4 불교란시료 샘플러의 종류
1.5 시료교란 및 교란도 평가
1.6 물리탐사
1.7 현장 원위치시험
1.8 공내시험
1.9 실내시험
1.10 지반조사보고서
1.11 향후 개선사항

제 1 장 지반조사 및 시험

1.1 지반조사 목적

지반조사는 계획된 구조물 하부 및 주변지반의 특성을 조사하는 것을 말하며, 조사 내용은 지반의 성상과 기반암의 위치 파악, 원위치시험에 의한 토질의 물리·역학적 특성 평가 및 지하수위 측정 등이 있다. 지반조사의 목적은 1) 지반조건에 따른 연약지반개량 공법 결정 2) 기초의 예상침하량 산정 및 기초의 지지력 계산 3) 상부 구조물에 적합한 기초의 종류와 깊이 결정 4) 옹벽, 흙막이벽 등에 작용하는 수평토압 산정 5) 환경에 미치는 영향과 해결책 검토 등을 목적으로 한다. 지반조사 대상 기반시설의 종류는 공항, 도로, 터널, 댐, 항만, 지하구조물 등이고 구조물 개념도는 그림 1.1과 같으며 이들 구조물의 기초 설계 및 시공을 위하여 지반조사가 실시된다.

(a) 인천국제공항

(b) 송도국제도시

(c) 부산 신항만 배후부지

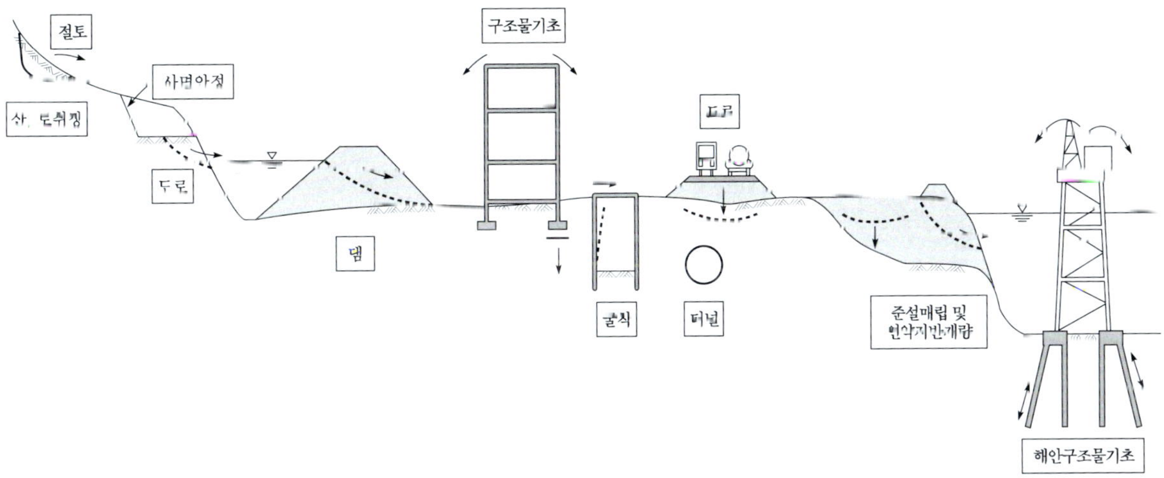

(d) 지반공학분야 구조물 개념도

그림 1.1 기반시설 종류 및 지반공학분야의 구조물 개념도

1.2 지반조사 단계 및 구조물별 조사항목

1.2.1 지반조사 단계

지반조사는 그림 1.2와 같이 예비조사, 개략조사, 본 조사, 보완조사, 시공관리조사 및 유지관리조사와 같은 단계로 이루어진다.

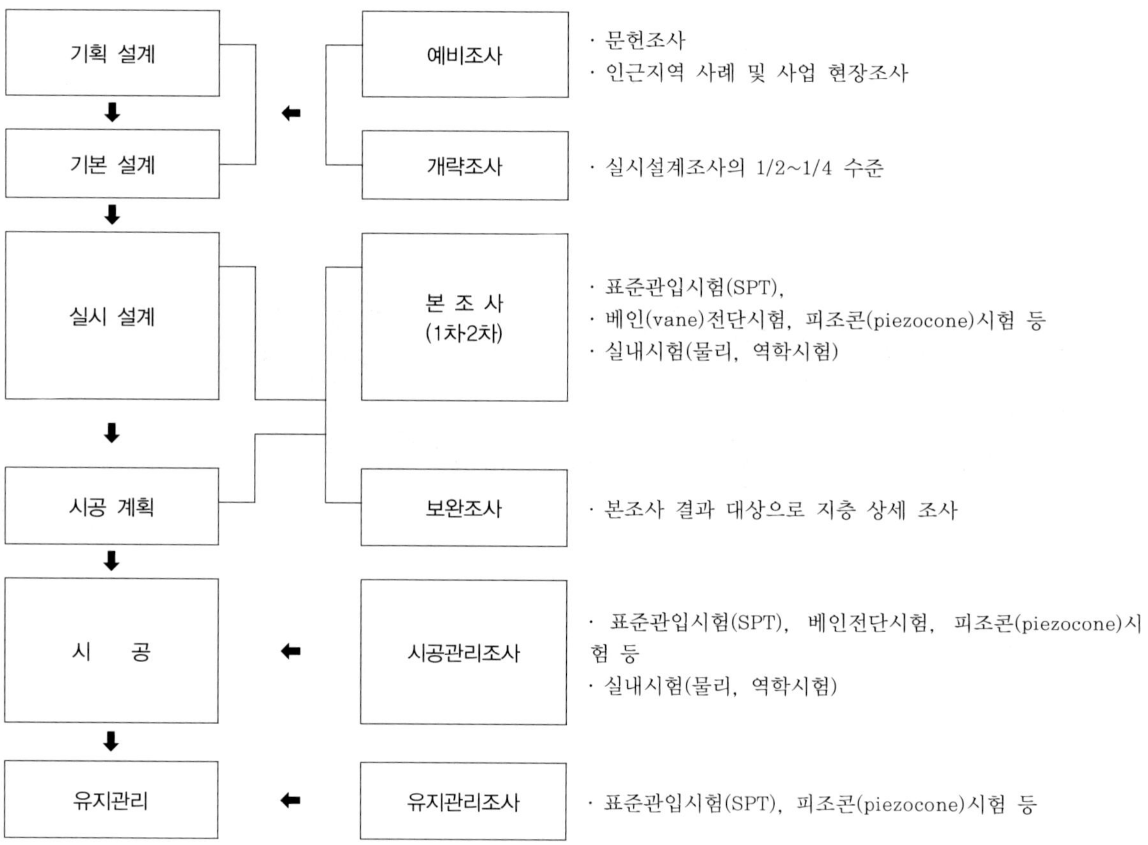

그림 1.2 지반조사 단계별 흐름도

1.2.2 구조물별 지반조사 항목

표 1.1에는 구조물별 지반조사, 착안사항, 시험항목, 지반조사 종류와 검토항목의 관계를 나타낸다.

표 1.1 구조물별 지반조사 착안사항 및 실내시험 항목

조사대상	조사 착안 사항	조사 및 실내 시험 항목
구조물 기초 (건축물, 교량, 옹벽 등)	지지층판단, 지지력, 침하검토, 지하수위, 공동유무, 기초형식, 지반 반력계수, 말뚝기초의 경우 부마찰력	보링조사, 표준관입시험, 공내검층, 공내재하시험, 평판재하시험, 물리성시험, 일축압축시험, 삼축압축시험, 압밀시험
도로, 철도	흙쌓기재의 유용성 및 다짐특성, 포장 두께 산정, 동결심도, 깍기 비탈면의 비탈면안정, 용출수, 토량변화율, 깍기작업의 리퍼빌리티, 깍기부의 암유용성	오거보링, 시굴조사, 지표지질조사, 보링 조사, 표준관입시험, 물리탐사, 물리성시험 직접전단시험, 삼축압축시험, 다짐시험, CBR시험, 들밀도시험, 골재품질시험
호안, 방파제	강제치환깊이 산정, 지반개량 검토, 압밀침하 및 침하시간, 비탈면안정, 전단강도 특성	보링조사, 표준관입시험, 물리탐사, 더치콘관입시험, 베인전단시험, 물리성시험, 일축압축시험, 삼축압축시험, 압밀시험
터널	갱문위치 판단, 굴착방법 및 지보의 형태, 암반분류, 불연속면의 존재와 주향 및 경사, 파쇄대 유무, 암반의 투수성, 암반물성치, 굴착암의 유용성	지표지질조사, 보링조사, 물리탐사, 공내검층, 공내재하시험, 절리면 전단시험, 실내암석시험, 수압시험, 골재품질시험
댐, 저수지	지층분포와 지지층 판단, 기초지반의 투수성, 그라우팅 계획, 파이핑 검토, 성토재의 유용성 및 다짐특성, 제체의 침투, 제체의 비탈면안정,	보링조사, 표준관입시험, 물리탐사, 수압시험, 물리성시험, 다짐시험, 삼축압축시험, 압밀시험, 직접전단시험, 투수시험
지하토류벽	토류벽 형식, 차수계획, 토압계산, 수압분포, 파이핑 및 히빙검토, 지하수 유입 및 배수	보링조사, 표준관입시험, 공내물리 검층, 공내재하시험, 물리성시험, 일축압축시험, 투수시험, 직접전단시험, 삼축압축시험, 실내암석시험
연약지반	연약층두께 및 범위, 연약정도, 압밀 침하 및 침하소요시간, 단계흙쌓기고, 비탈면안정, 지반처리계획, 장비의 진입성, 압밀이력상태, 강도증가율	보링조사, 표준관입시험, 더치콘관입시험, 베인전단시험, 물리성시험, 일축압축시험, 삼축압축시험, 압밀시험
액상화지반	액상화 발생가능 지반판단, 지하수위, 액상화 안전율, 액상화 대책 검토	보링조사, 표준관입시험, 물리성시험 (특히 입도), 상대밀도시험, 현장밀도시험, 반복삼축압축시험, 반복단순전단시험, 지진응답해석, 공진주, 탄성파탐사, 충격반향시험

1.2.3 지반조사의 간격 및 깊이

1) 조사간격은 지층상태, 구조물의 규모에 따라 정하고, 조사위치는 주변지역의 대표적인 곳을 선정해야 하며 지반조건 변화에 따라 조사위치 조정이 필요하다.
2) 지층상태가 복잡한 경우에는 기조사한 간격사이에 보완조사를 실시한다.
3) 조사깊이는 침투문제가 있는 경우에는 불투수층까지, 액상화 문제가 있는 경우에는 모래층 하단에 있는 단단한 지지층까지 조사한다.
4) 흙깍기, 개착, 터널구간은 기반암(연암 또는 경암)의 심도 1~2m까지 확인한다.

표 1.2 지반조사 대상별 조사간격 및 깊이

조사대상	조사 간격	조사 깊이
단지조성 매 립 지 공항 기타 광역부지	1) 흙깍기구간 : 100~200m 2) 흙쌓기구간 : 200~300m 3) 호안, 방파제 : 100m 4) 구조물 : 해당 구조물 간격기준에 의함	1) 흙깍기구간 : 계획고 아래 2m까지 2) 흙쌓기구간 : 견고한 지반 3~5m까지 3) 호안, 방파제 : 풍화암 아래 3~5m까지 4) 구조물 : 해당 구조물의 깊이기준에 따름
지하철	1) 개착구간 : 100m 2) 터널구간 : 50~100m 3) 고가 및 교량 : 교대 및 교각 위마다 실시	1) 개착구간 : 계획고 아래 2m까지 2) 터널구간 : 계획고 아래 0.5D~1D까지 (D: 터널의 직경) 3) 고가 및 교량 : 기반암 아래 2m까지
도로 고속전철	1) 흙깍기구간 : 150~200m 2) 흙쌓기구간 : 100~200m 3) 교량 : 교대 및 교각 위치마다 실시 4) 산악터널 : 갱구부 2개소씩(30~50m 간격) 5) 필요시 중간부분도 실시(100~200m 간격)	1) 흙깍기구간 : 계획고 아래 2m까지 2) 흙쌓기구간 : 연약지반 확인 후 견고한 지반 3~5m까지 3) 교량 : 기반암 아래 2m까지 4) 산악터널 : 계획고 아래 0.5D~1D까지
건축물, 주차장 하수처리장	사방 30~50m(최소한 2~3개소)	지지층 및 터파기 깊이 아래 2m까지

1.3 시추

시추목적은 지층변화와 구조를 파악하여 교란시료 및 불교란시료를 채취하며, 또한 시추공에서 표준관입시험이나 베인전단시험과 같은 원위치시험을 실시하거나, 지하수위의 관측 및 현장투수시험을 실시하는 것이다. 시추종류는 변위식, 수세식, 충격식, 회전식, 오거식이 있으며 종류별 특징 및 내용은 표 1.3과 같고 실무에서는 회전식 시추기를 주로 사용한다.

표 1.3 시추방식의 분류

시추종류	특징	굴진방법	지층판정 방법	적용토질	용도
변위식 시추 (Displacement boring)	가장 단순한 시추로 케이싱을 사용하지 않음	선단을 폐쇄한 샘플러를 동적 혹은 정적으로 관입, 샘플링시는 선단을 개방하여 관입	관입량에 대한 타격수 또는 압입하중 측정	공벽이 붕괴되지 않는 점성토 및 사질토	개략조사 및 정밀조사
수세식 시추 (Washing boring)	장치가 간단하고 경제적	경량비트의 회전 및 시추수의 분사로 굴진슬라임은 순환수로 배제	관입 또는 비트 회전저항, 순환 배제토 확인	매우 연약한 점토 및 세립-중립의 사질토	개략, 정밀, 보완조사 및 지하수조사
충격식 시추 (Percussion boring)	깊은 시추공법 중에서 가장 긴 역사를 가짐	중량비트를 낙하하여 파쇄굴진, 슬라임은 bailer 또는 sand pump로 주기적으로 배제	굴진속도 또는 배제토, 일반적으로 지층경계판정 곤란	토사 및 균열이 심한 암반, 연약점토 및 느슨한 사질토는 부적당	일반적인 지하수개발, 전석·자갈층의 관통, 불교란시료 채취는 부적합
회전식 시추 (Rotary boring)	굴착이수사용, 지반교란 적음, 코어채취가능, 신속	비트회전으로 지반을 분쇄하여 굴진, 이수에 의한 공벽안정, 슬라임은 순환이수로 배제, 코어채취 가능	굴진속도 또는 순환배제토, 수동식의 경우는 lever감각	토사 및 암반 등 거의 모든 지층	정밀, 보완조사, 암석코어채취에 최적, 지하수 관측에는 부적합
오거식 시추 (Auger boring)	인력 및 기계방식, 가장 간편한 보링, 시료는 교란됨	오거를 회전하면서 지중에 압입굴진, 주기적으로 오거를 인발하여 샘플링	채취된 시료의 관찰	공벽붕괴가 없는 지반, 연약하지 않은 점성토 및 점착성이 다소 있는 토사	얇은 지층의 개략정밀조사, 동력식은 보충조사에 적합

1.4 불교란시료 샘플러의 종류

불교란 시료 샘플러는 그림 1.3과 같이 신월(Thin wall)튜브를 사용한 샘플러, 이중관입식 샘플러, 포일(Foil)샘플러, 표층블록 샘플러 등으로 분류할 수 있다. 튜브 샘플링은 가장 많이 사용되는 시료채취 방법으로써 튜브형의 샘플러를 압입이나 타격에 의하여 지중에 관입하여 시료를 채취하는 방법이다. 튜브식 샘플러는 크게 피스톤이 없는 오픈 드라이브 샘플러와 피스톤이 있는 샘플러로 분류된다. Canadian Foundation Engineering Manual에서는 역학적 특성을 결정하는 시험은 등급 1에 해당하는 시료를 사용하여야 한다고 되어 있고, 등급 1의 시료는 블록샘플과 피스톤 샘플러에 의하여 얻어지며 등급 2의 시료는 약간 교란된 시료로써 오픈 튜브 샘플러로부터 얻어진다.

불교란 샘플러
- 오픈드라이브 샘플러- 끝단이 열린 샘플러를 관입- 쉘비튜브
- 고정피스톤 샘플러
  - 수압식- 우리나라에서 사용(Osterberg 샘플러)
  - 익스텐션로드식- 일본에서 사용
- 프리피스톤 샘플러- 피스톤이 샘플러를 따라 이동할 때가 있음- 다소교란
- 이중관식 샘플러- 내관은 압입, 외관은 오버코어링- 데니슨 샘플러
- 포일 샘플러- 연속된 샘플러- 다소교란
- 표층블럭 샘플러- 피트에서 원형 또는 육면체로 채취
- 대구경 샘플러- 코어링 또는 이중관식 오버코어링

그림 1.3 대표적인 불교란 샘플러의 종류

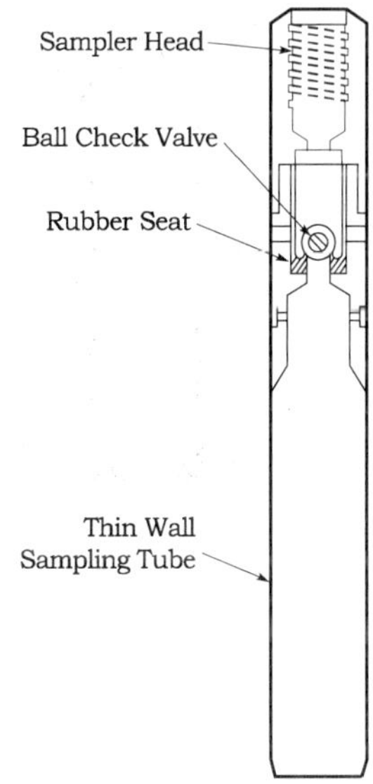

그림 1.4 쉘비 튜브 샘플러

1.4.1 오픈 드라이브 샘플러

이 샘플러는 그림 1.4와 같이 가장 단순한 형태의 얇은 관 샘플러로써 쉘비(shelby)튜브 샘플러라고도 불린다. 피스톤이 없는 얇은 관을 시추공저에 내린 다음, 압입이나 타격으로 지반에 관입 시킨다. 샘플러 직경은 $50mm \sim 127mm$ 정도이며, 보통 외경 $75mm$, 길이 $762mm$가 동남아시아와 유럽 여러 지역에서 많이 사용된다(Osterberg & Murphy, 1979). 피스톤이 없기 때문에 시료 채취 전에 공지의 슬라임이나 교란된 흙을 제거해야 한다. 굳은 지반이나 자갈이 있는 지반에서는 적합하지 않다.

1.4.2 수압식 피스톤 샘플러

피스톤 샘플러는 그림 1.5와 같이 튜브바닥에 피스톤이 고정된 채 시추공저에 내린 다음 수압에 의하여 튜브를 지중에 관입시켜 시료를 채취하는 샘플러이다. 쉘비 튜브와는 달리 시료 채취 전에 공저를 고

정피스톤이 막고 있어서 교란된 시료나 이물질이 튜브 내로 들어가는 것을 방지하여 양호한 시료를 채취하게 된다. 시료를 채취할 때는 튜브 상단에 진공이 생기므로 시료가 튜브에서 탈락하는 것을 막아준다. 개발자의 이름을 따서 Osterberg(1952) 샘플러라고도 불린다. 이는 표준관입시험기로 시료를 채취할때 많이 사용되는 샘플러로서 시료채취과정개념도 및 현장에서 시료채취방법은 그림 1.5~1.6과 같다.

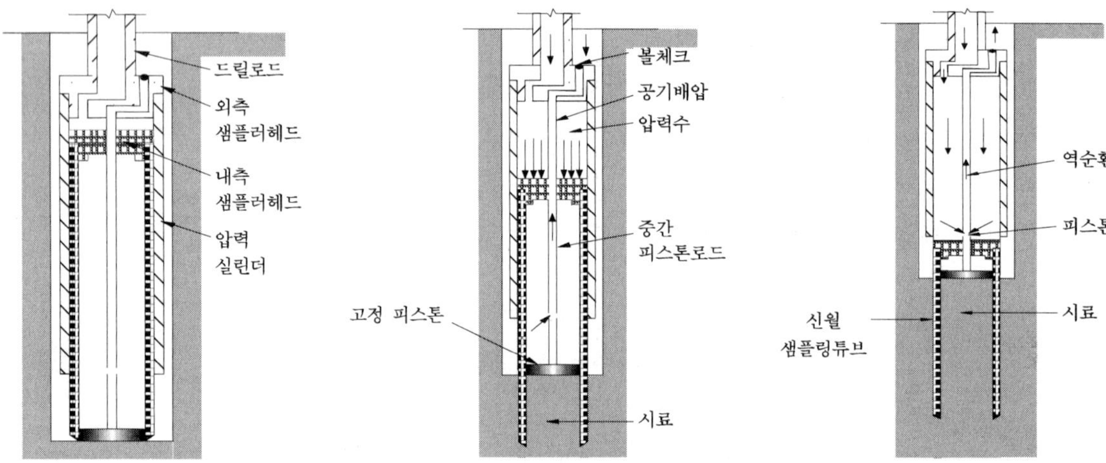

그림 1.5 수압식 피스톤 샘플러의 시료채취과정 개념도

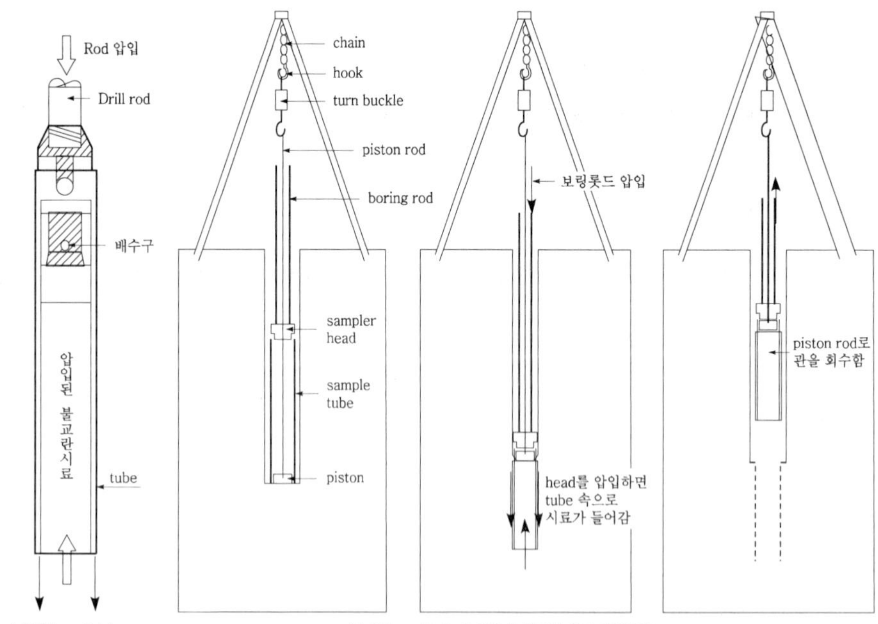

(a) Thin wall tube (b) Thin wall tube를 이용한 불교란 시료 채취방법

그림 1.6 피스톤 샘플러에 의한 시료채취 방법

1.4.3 익스텐션 로드식 피스톤 샘플러

수압식 피스톤 샘플러와 같이 튜브바닥에 피스톤이 고정된 채 시추공저에 내려지지만 시료채취를 위하여 튜브를 압입하는 방법에 차이가 있다. 그림 1.7과 같이 튜브에 연결된 익스텐션 로드(내관)를 지상에서 고정하고, 튜브와 연결된 외관을 인력, 유압 또는 윈치로 압입시켜 시료를 채취하는 방식이다. 대체로 양호한 불교란시료가 채취가능하며 일본에서 많이 사용되는 샘플러이다.

1.4.4 데니슨 샘플러

대표적인 이중관식 샘플러이며 그림 1.8과 같이 시료를 채취하기 위한 내관이 지중에 관입되면 그 주변의 흙을 외관이 회진하면서 깎아 낸다. 보통 굳은 점토나 실트의 시료채취에 사용된다. 시료의 직경은 $60mm$~$160mm$, 길이는 $600mm$ 정도이다.

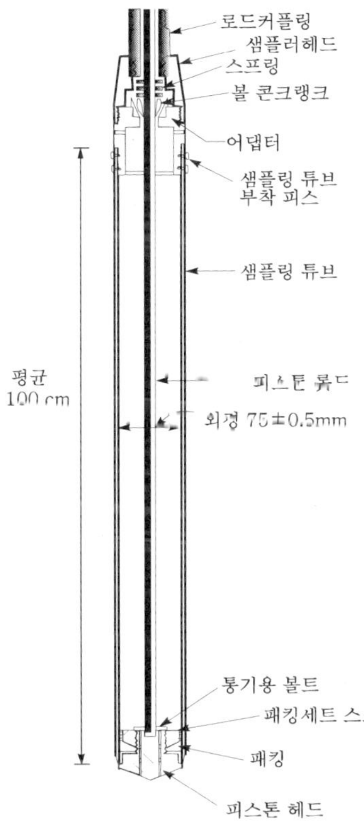

그림 1.7 익스텐션 로드식 피스톤 샘플러

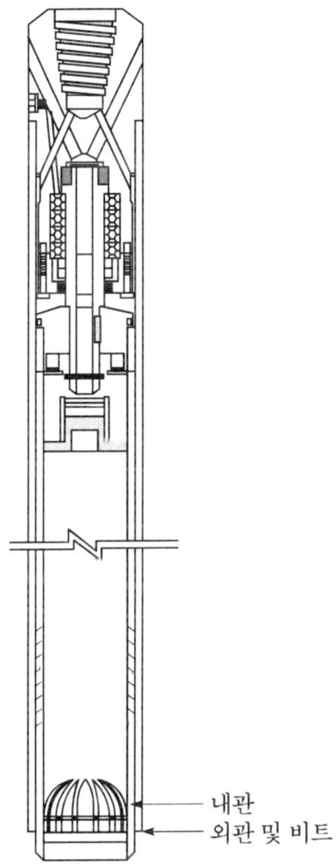

그림 1.8 데니슨 샘플러

1.4.5 블록 샘플링

블록 샘플은 시험굴의 바닥 또는 측벽의 지반을 깎거나 Sherbrooke 샘플러와 같이 로터리 보링방법으로 채취된다. 블록 샘플도 응력이완을 받지만, 튜브 샘플러에서와 같이 관입시의 전단 비틀림은 받지 않는 양호한 불교란 시료이다. 전형적인 블록 샘플링의 방법은 그림 1.9와 같다.

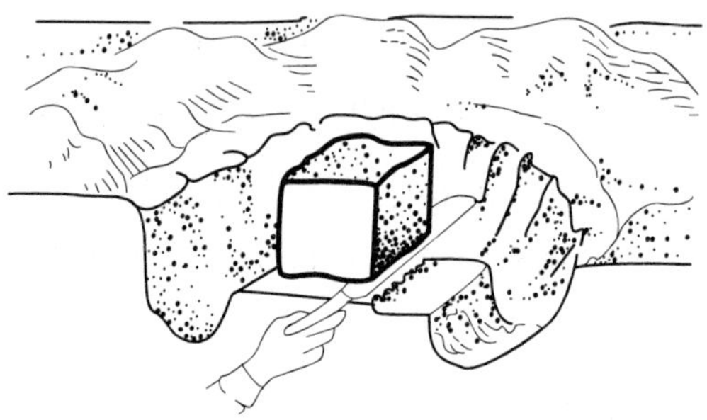

그림 1.9 블록 샘플링

그러나 연약지반에서 트렌치를 굴착하여 블록샘플을 채취할 때, 깊이가 깊어지면 주변지반이 붕괴될 위험이 있어 이를 보완하기 위하여 Sherbrooke대학에서 개발되었다(Lefebvre & Poulin 1979). 샘플러는 그림 1.10과 같이 120°간격으로 배치된 세 개의 날로 되어 있으며 원하는 깊이까지 굴진한 다음 바닥에 있는 회전 날을 고정하는 핀을 뽑으면 날이 중심을 향하여 회전하면서 시료와 바닥사이를 분리하고 시료를 회수하게 된다. 시료 직경은 $250mm$, 길이는 $350mm$이다.

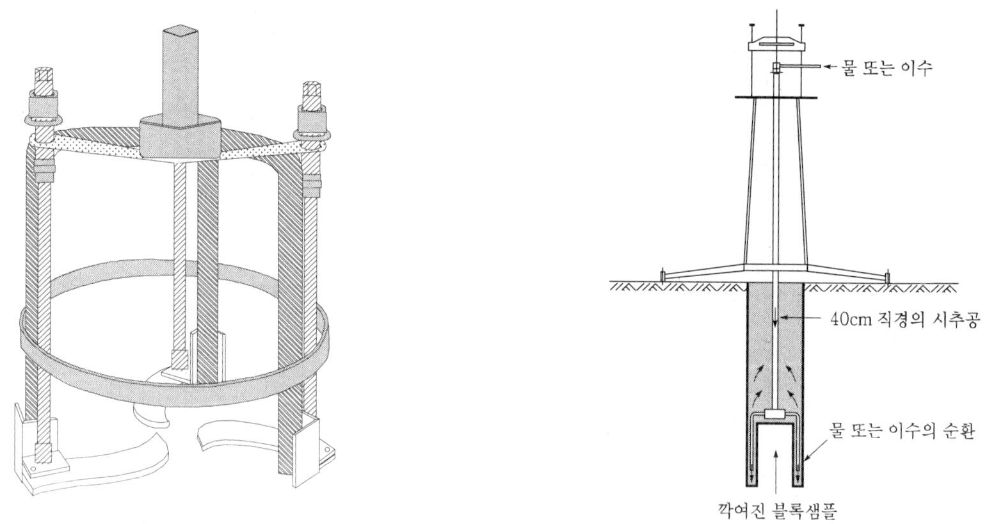

(a) 샘플러 모식도 (b) 시료채취 단면도

그림 1.10 샘플러 모식도 및 시료채취 단면도

La Rochelle et al.(1981)은 Laval대학에서 그림 1.11과 같은 직경 $200mm$, 길이 $600mm$의 대구경 샘플러를 개발하였다. 샘플러 헤드에는 밸브가 장착되어 있고 튜브상단에 진공상태를 유지하여 회수 시에 시료가 빠지는 것을 막아주며 깊이 $15 \sim 20m$에 있는 점토에서 우수한 품질의 시료들을 얻을 수 있는 것으로 알려져 있다.

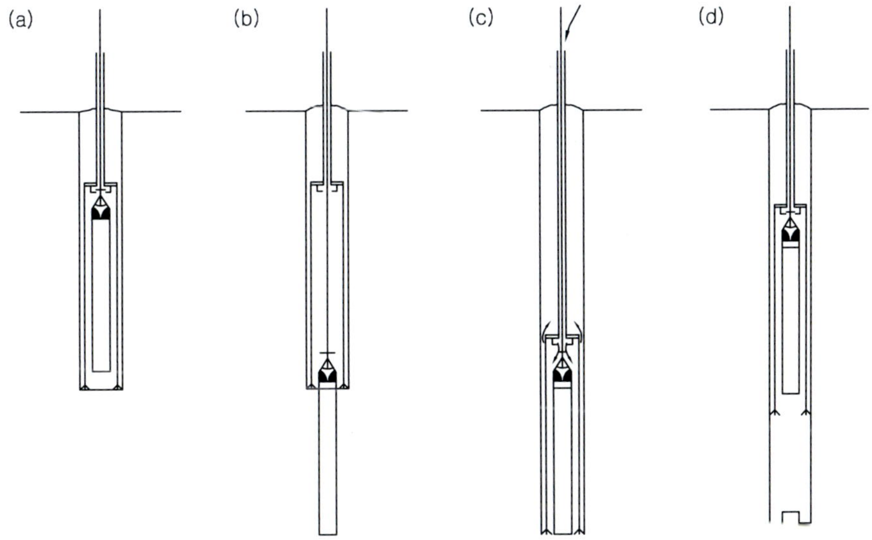

그림 1.11 Laval 샘플러 시료채취과정

이용길 등(1998)은 그림 1.12와 같이 직경 $400mm$, 높이 $450mm$의 대구경 샘플러를 개발하였다. 이 장비는 시료채취 깊이까지 천공을 하고 오거로 바닥을 정리한 다음 샘플러를 넣어서 회전을 시키면 3개의 120° 간격으로 배치된 커터가 가운데 원통형 시료를 남기고 깎아내게 된다. 원하는 깊이에 도달하면 낙하추를 낙하시켜서 바닥을 절단하는 날을 고정한 핀을 해방시키고 절단한 다음 시료를 회수한다.

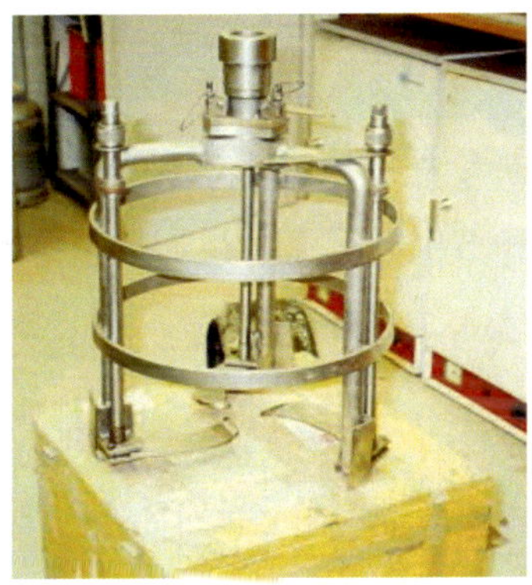

그림 1.12 대구경 시료채취기(현대건설)

한영철(1999)이 개발한 샘플러는 그림 1.13과 같이 내관과 외관으로 구성되어 있다. 내관은 시료를 채취하는 관으로써 내경 $300mm$ 길이 $450mm$이다. 내관을 압입한 후, 외관에 장착된 노즐을 통하여 제팅(jetting)을 하면서 내관 주변을 깎아낸다. 외관이 내관의 바닥에 도달하면 2~4개의 슈를 지상에서 유압 또는 와이어로 닫아 시료를 절단하고 회수한다.

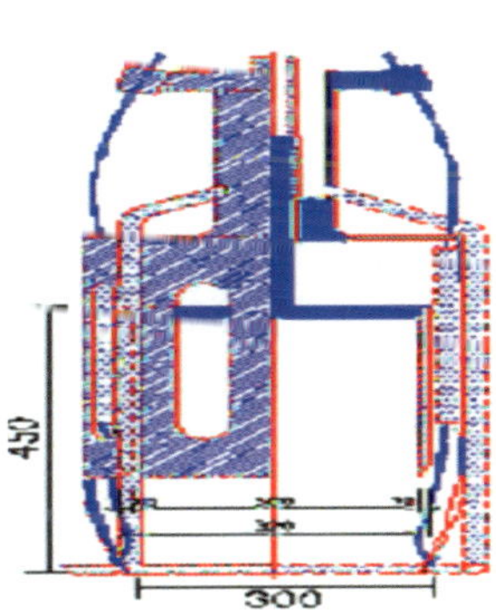

그림 1.13 대구경 샘플러

김영진 등(2000)은 기존의 대구경 샘플러에서 시료를 절단하고 인발하는데 있어서의 단점들을 보완하여 KICT형 샘플러를 개발하였다. 이 샘플러는 코어바렐 또는 데니슨 샘플러에서와 같은 원리를 이용한 2중관식 샘플러이고, 시료를 채취하는 내관은 직경이 $200mm$, 길이가 $920mm$이며, 내관을 둘러싸고 있는 외관은 코어링 비트가 부착되어 있어, 압입과 회전으로 시료를 채취한다. 시료채취과정은 그림 1.14와 같고 점토지반 뿐 아니라 모래지반에서도 시료채취가 가능한 것으로 알려져 있다.

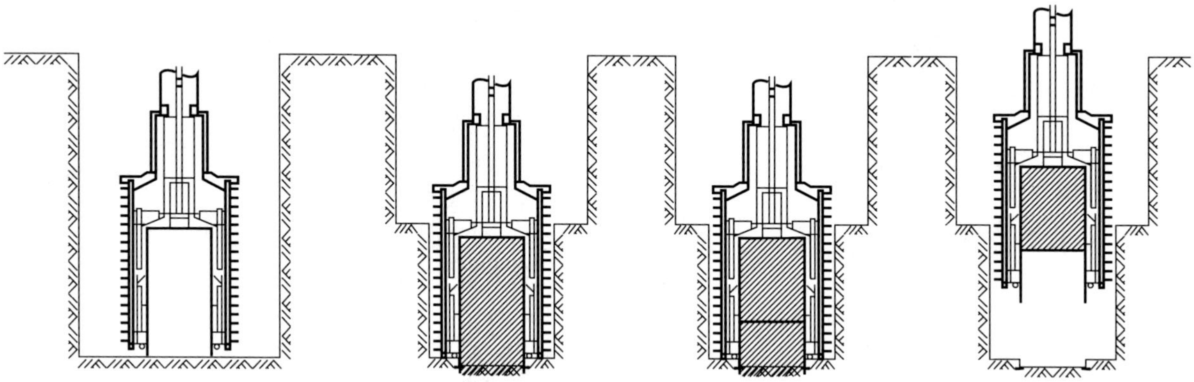

그림 1.14 KICT 샘플러의 시료채취과정

1.5 시료교란 및 교란도 평가

1.5.1 시료채취시 교란

교란시료는 시굴조사, 오거시추 등을 사용하여 채취할 수 있고, 불교란시료는 불교란 샘플러를 사용하여 채취할 수 있으며 채취한 시료는 교란된 정도에 따라 교란시료와 불교란시료로 분류된다. 교란시료는 원래의 흙입자 배열과 흙구조가 흐트러져서 원위치의 역학적 특성을 구할 수 없는 시료이고, 불교란시료는 흙입자 배열과 흙구조가 보전되고 원위치의 역학적 특성을 구할 수 있는 시료이다. 현장에서 채취한 시료는 여러 가지 원인에 의하여 시료 교란이 발생할 수 있으며, 실내 시험결과를 설계 및 시공 시 정확히 적용하기 위해서는 시료교란을 보정하여 사용해야 한다.

1) 시료채취시 응력변화 및 시료교란영향

시료채취를 위하여 케이싱이나 시료채취용 샘플러(sampler)를 압입 할 경우 주변지반은 그림 1.15와 같이 변형과 교란이 발생하며, 지중에서 연직응력과 수평응력이 평형상태를 유지하던 흙이 지상으로 채취되면 응력이 해방되어 전응력이 0(zero)가 된다.

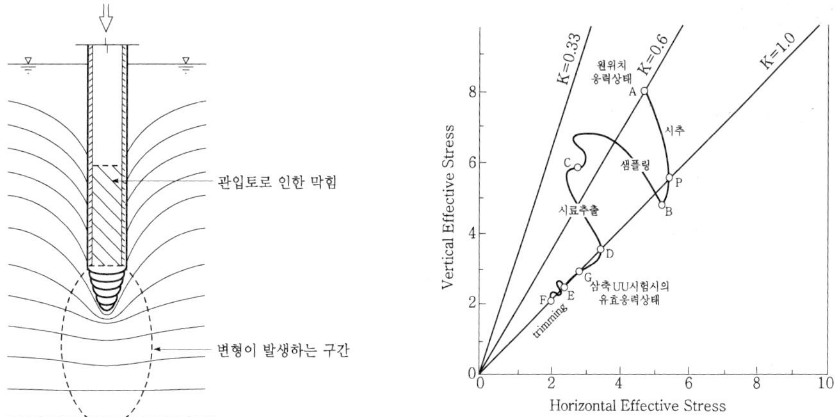

(a) 시료채취시 교란도

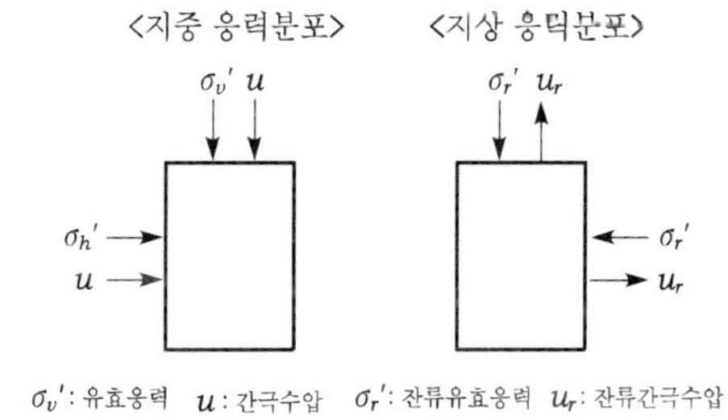

(b) 시료채취과정 응력변화

그림 1.15 시료채취과정의 교란 및 시료의 응력변화

2) 점성토 시료의 시료채취 시 발생할 수 있는 시료교란의 영향을 Jamiolkowski et al.(1985)은 표 1.4와 같이 정리하였다.

표 1.4 시료 교란의 원인(Jamiolkowski et al., 1985)

항목	원인	문제점 및 대책
응력해방	1) 천공에 의한 응력변화 2) 원위치 전단응력의 제거 3) 구속응력의 제거	1) 이수를 사용하지 않아 연직응력의 과대한 감소와 큰 인상변형 유발 2) 큰 천공압력이 과잉 압축변형 유발 3) 응력해방에 의해 발생하는 전단변형 유발 4) 조립토의 존재로 인한 부(–)의 간극수압의 손실 5) 기포나 용해된 가스의 팽창
시료채취과정	1) 샘플러의 기하형태 : 길이비, 면적비, 여유비 2) 샘플러 추진방법 3) 시료회수방법	1) 회수율 저조, 시료내면의 부착력 증가, 내부 벽면을 따라 교란된 영역의 증대 2) 타격법보다 연속적인 압입방법이 유리함 3) 시료의 바닥에서 흡입(suction)효과를 제거하기 위해 진공압의 적용필요
운반과정	1) 운반 2) 저장 3) 시료추출과 성형 등	1) 박테리아 성장을 최소화 하기 위해 현장 온도로 저장 2) 샘플링 튜브와의 화학적 반응을 피할 것 3) 저장 시간이 장기화하면 간극수의 이동 증가 4) 추가적인 변형이 없도록 주의

1.5.2 시료 교란도 평가

1) 현장 시추 작업조건에 따른 교란도 평가

(1) 시료 회수비에 의한 평가

시료채취시 식(1.1)과 같이 시료 회수비를 계산하여 시료의 교란도를 평가할 수 있으며, 회수비가 95% 이상이면 불교란시료로 평가할 수 있다.

$$\text{시료회수비}(\%) = \frac{\text{채취된 시료길이}(L_3)}{\text{샘플러의 길이}(L_1)} \times 100(\%) \qquad (1.1)$$

점성토나 암석시료의 교란된 정도는 식(1.2)와 같이 회수율(total core recover ratio, TCR)을 사용하여 구하기도 한다.

$$TCR = \frac{\text{채취된 시료의 실제길이}(L_3)}{\text{샘플러의 관입깊이}(L_2)} \times 100(\%) \qquad (1.2)$$

회수율(TCR)이 100%인 것은 이론적으로 시료가 샘플러 내에서 압축되지 않았다는 것을 나타내며, 회수율이 100%보다 큰 것은 암석 조각의 재배열, 선행하중의 제거나 다른 원인에 의해 시료가 느슨해진 것을 나타낸다.

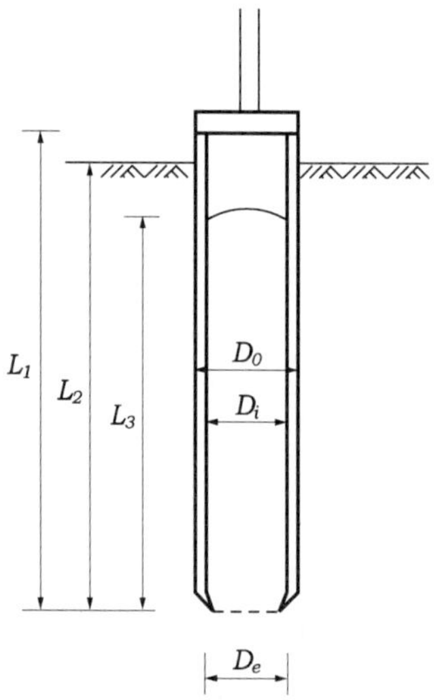

그림 1.16 샘플러의 크기

(2) 면적비 및 내경비에 의한 평가

샘플러 규격	면적비 및 내경비
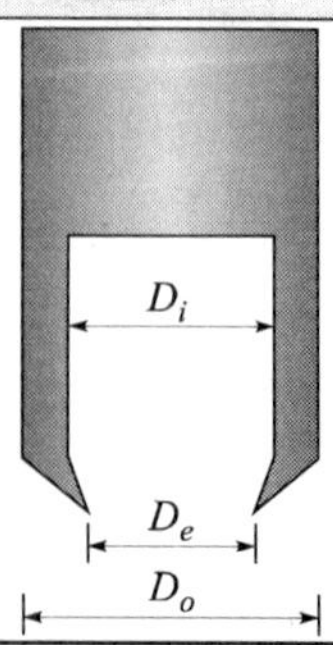	1) 면적비 : 10%이하 (불교란시료) $A_r = \frac{D_o^2 - D_e^2}{D_e^2} \times 100(\%)$ 2) 내경비 : 0.75%~1.5% (불교란시료) $C_r = \frac{D_i - D_e}{D_e} \times 100(\%)$

그림 1.17 면적비 및 내경비에 의한 시료 교란도 평가

(3) X선 투시에 의한 방법

시료의 품질을 비파괴로 검사하는 것으로서 시료를 샘플러에서 빼내기 전에 X-ray 사진을 촬영하여 시료의 교란정도를 공시체 성형전에 파악하는 방법이다.

2) 실내시험에 의한 교란 판정방법

(1) 일축압축시험에 의한 방법(그림 1.18(a))

충적점토는 2~6%의 파괴변형률을 나타내며(일본토질공학회), 6% 이상의 파괴변형률을 나타내면 시료가 교란된 것으로 평가한다.

① 불교란 시료 : 파괴변형률 값이 적고 탄성한계까지의 직선부가 길다(ϵ=6% 이하).

② 교란 시료 : 파괴변형률 값이 크고 탄성한계까지의 직선부가 짧다(ϵ=6% 이상).

③ 완전교란시료 : 극한응력이 명확치 않고 파괴변형률이 매우 크다.

(2) 전단강도에 의한 방법

전단강도는 심도에 비례하여 증대되므로 직선관계가 성립되나 그림 1.18(b)와 같이 직선에서 이탈하는 부분은 교란된 것으로 판단한다. 단, 지반형성이 불균질한 토질인 경우도 있으므로 교란여부는 주상도와 물리적 시험결과를 참고하여 최종 판단한다.

(3) 압밀시험에 의한 방법

그림 1.18(c), (d), (e)에서와 같이 $e-\log\sigma$곡선, $\log c_v - \log\sigma$ 및 $\log m_v - \log\sigma$곡선에서 곡선의 특징을 관찰함으로써 교란 정도의 파악이 가능하다.

특히 $e-\log\sigma$ 곡선에서 교란 정도가 심하면 변곡점의 파악이 곤란하다. 이 경우에 선행압밀하중 파악을 위하여 $\log e - \log\sigma$ 곡선을 이용하면 유리하다.

(4) $\dfrac{S_u}{\sigma_0'} - \log$ OCR에 의한 방법

비배수전단강도(S_u)를 상재하중으로 나눈 값과 OCR의 대수 값은 일정한 상관성을 나타낸다. 이 때 관계곡선에서 이탈되면 교란된 것으로 평가한다.

(5) 잔류유효응력에 의한 방법

불교란시료는 잔류 유효응력이 크고 교란된 시료는 잔류 유효응력이 작으며 완전교란 시는 잔류 유효응력이 0(zero) 이다.

(6) 변형계수 ($E_{50} = \dfrac{q_u/2}{\epsilon_{50}}$)

파괴변형률 값이 작을수록 변형계수(E_{50})의 값이 클수록 불교란시료로 판단하며 그 반대인 경우 교란 시료로 판단한다.

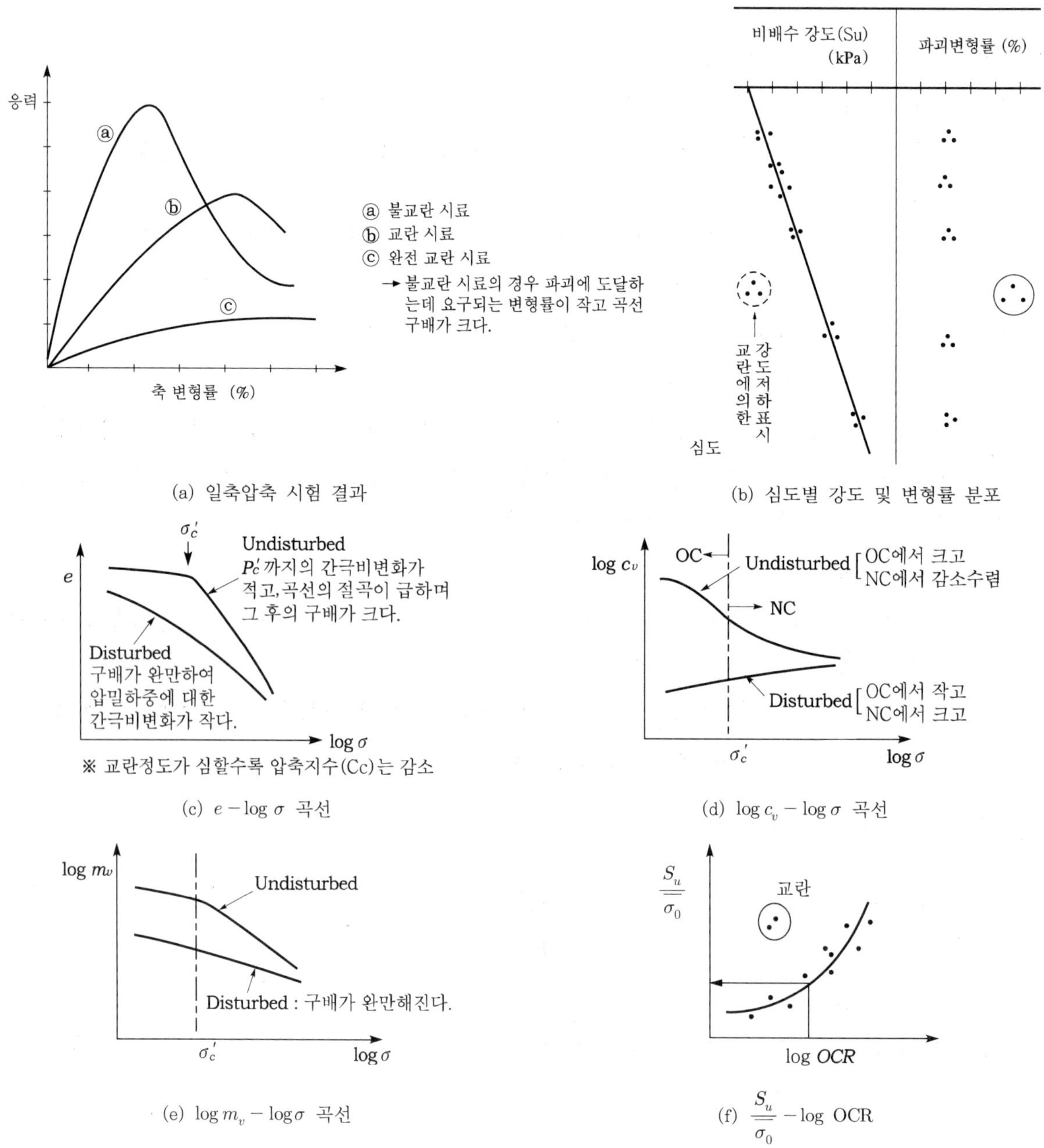

(a) 일축압축 시험 결과

(b) 심도별 강도 및 변형률 분포

(c) $e - \log\sigma$ 곡선

(d) $\log c_v - \log\sigma$ 곡선

(e) $\log m_v - \log\sigma$ 곡선

(f) $\dfrac{S_u}{\sigma_0} - \log$ OCR

그림 1.18 실내시험에 의한 교란판정 방법

3) 실무적용

(1) 교란이 심할수록 C_c가 완만하여 예상 침하량을 과소평가하게 된다.

(2) 교란시료는 파괴변형률이 크게 나타나고 전단강도가 낮게 나타나서 예측시 오판을 할 수 있으므로 시료가 교란되지 않도록 시료채취 및 실내시험시 철저한 주의가 요구된다.

(3) 교란영향을 제거하기 위해서는 SHANSEP방법으로 시험하는 것이 바람직하다.
SHANSEP방법은 stress history and normalized soil engineering method의 약자로 점토시료의 교란효과는 현위치보다 더 큰 응력하에서는 소멸되고 점토의 강도는 압밀압력에 대해 정규화거동(normalized behavior)을 나타낸다는 사실로부터 교란 효과를 제거한 비배수전단강도를 구하는 방법이다.

예제 1.1

얇은관 샘플러의 외경은 7.5cm 이고 내경은 7.2cm 이다. 이 샘플러의 면적비를 구하여라.

풀이

$$A_r = \frac{D_o^2 - D_i^2}{D_i^2} \times 100(\%) \text{에서 } D_o = 7.5cm,\ D_i = 7.2cm \text{ 이므로}$$

$$A_r = \frac{7.5^2 - 7.2^2}{7.2^2} \times 100(\%) = 8.51\ \%$$

예제 1.2

시추조사중 암석시료를 얻기 위하여 샘플러를 1.8m 굴진하였다. 회수된 암석의 길이가 1.0m일 때 암석의 회수율을 구하여라.

풀이

$$\text{회수율 } TCR = \frac{\text{채취된 시료의 실제길이}(L_3)}{\text{샘플러의 관입깊이}(L_2)} \times 100(\%)$$

$$= \frac{1.0}{1.8} \times 100 = 55.56(\%)$$

1.6 물리탐사

물리탐사는 지반의 물리적 성질의 차이에 기인한 물리적 현상들을 측정하고 해석하여 지질구조 및 지층의 성질을 조사하는 방법으로서 지반조사뿐만 아니라 지하수나 광물자원탐사 시 이용한다.

표 1.5 지반조사에 활용되는 대표적인 물리탐사 및 검층

위치	분류	탐사방법	대비물성	결과의 활용	적용 분야
지표탐사	탄성파탐사	1) 굴절법 2) 반사법	탄성파속도 (탄성파의 반사 및 굴절)	1) 지층 확인 및 연약대 파악 2) 굴착 난이도에 따른 토공량 산정 3) 암반분류 및 지보패턴 결정	산악터널, 흙깎기 비탈면, 댐, 암반공동 조사
	전기비저항탐사	1) 수평탐사 2) 수직탐사	전기비저항 (겉보기 전기비저항의 변화)	1) 지반의 연약대 및 파쇄대 파악 2) 단층 및 지층분포 파악 3) 암반분류 및 지보패턴 결정 4) 지하수의 파악	산악터널, 흙깎기 비탈면, 댐, 암반공동, 교량기초 조사
	전자탐사	CSMT탐사	전기전도도 (전자기장의 진폭, 위상변화)	1) 지반의 연약대 및 파쇄대 파악 2) 단층 및 지층분포 파악 3) 암반분류 및 지보패턴 결정	산악터널, 댐, 암반공동
	GPR 탐사	반사법	유전율 (전자기파의 반사)	1) 천부지층구조 및 파쇄대 파악 2) 지장물조사 및 천부공동 확인 3) 터널라이닝 배면 공극확인	지장물조사, 교량기초, 하부 공동조사, 터널 공동조사
시추공탐사	단일 시추공탐사	1) Down hole (PS 검층) 2) 레이더 반사법탐사	탄성파속도 (탄성파의 전파) 유전율 (전자기파의 반사)	1) 동탄성계수 산출 및 내진설계 시 활용 2) 안전성 해석에 반영 3) 연약대 및 패쇄대 파악	터널 압출구부, 흙깎기 비탈면, 교량기초
	시추공간 탄성파탐사	Cross hole	탄성파속도 (탄성파의 전파)	1) 동탄성계수 산출 2) 암반분류 및 갱구 안정성 해석	터널 입·출구부, 댐, 암반공동
	시추공간 토모그래피	1) 탄성파 2) 비저항 3) 레이더	탄성파속도 전기비저항 유전율	1) 시추공간 정밀 지반경계 파악 2) 갱문 위치 선정에 활용 3) 공동 및 연약대 위치 파악	터널 입·출구부, 댐, 교량기초조사
	물리검층	1) 전기검층 2) 전기비저항 3) 자연전위	전기전도도	1) 지층의 경계면 및 파쇄대 폭 파악 2) 지하수 상태 파악(공극율, 포화도(물))	산악터널
		1) 밀도검층 2) 자연감마 3) 감마-감마	방사능 원소의 함량 (γ선 활동)	1) 현지 지반의 밀도 파악으로 탄성계수 2) 지질경계면(암상변화) 및 파쇄대	댐, 대규모 암반공동
		1) 음파검층 2) Sonic logging	탄성파속도 (탄성파의 전파)	1) 동탄성계수 산출 2) 지층 구분 및 암반분류에 활용	산악터널, 댐, 항만, 대규모 암반공동
	시추공 영상촬영법	1) Televiewer 2) BIPS(OBI) 3) 시추공카메라	공벽의 영상 및 강도 (광파 및 초음파의 반사)	1) 불연속면 발달상태(주향, 경사, 간격) 파악 2) 절리대 충진물 유무 파악 3) 안전성 해석의 자료로 활용	산악터널, 흙깎기 비탈면, 댐, 대규모 암반공동

1.6.1 탄성파 탐사

암석과 같은 탄성체에 화약폭발이나 해머로 흙 위에 있는 판을 두들겨 급격한 충격을 가하면 그 충격은 일종의 파가 되어 주위 매질에 전파되는데 이를 탄성파라 하며 암석이 굳고 견고 할수록 탄성파의 전파속도는 빨라진다.

탄성파 탐사는 이용되는 탄성파의 종류에 따라 굴절법 탄성파 탐사, 반사법 탄성파 탐사 및 표면파 탐사로 나눌 수 있다. 굴절법 탄성파 탐사는 가장 먼저 도달하는 직접파와 굴절파의 도달시간을 측정하여 지하매질의 탄성파 속도 분포단면을 획득하는 탐사법으로 지하매질의 연속적인 지층선 작성, 굴착난이도 파악 및 토공량 계산 등에 널리 사용된다. 한편, 굴절법 탄성파 탐사는 송신원이 천부에 위치하여 $50m$ 이상의 장심도에 대한 신뢰성 있는 자료의 획득이 어려운 바, 최근 들어서는 지표뿐만 아니라 시추공에 송수신원을 위치시켜 $50m$이상의 심도에서 탄성파 속도 분포단면을 획득하는 대심도 토모그래피 탐사도 널리 사용되고 있다.

반사법 탄성파 탐사는 암종경계면, 단층, 파쇄대 등의 지하매질의 속도 불연속면에서 반사되어 돌아온 반사파를 측정하여 지하매질의 지층에 대한 영상을 획득하는 탐사법으로 지하매질에 대한 정밀 영상을 제공해주는 장점이 있지만, 획득 및 자료처리 시간이 많이 소요되고 탄성파 속도 단면이 아닌 지층 영상을 제공해주는 단점이 있어 핵폐기물 처리장이나 지하저장고 부지조사 등에 제한적으로 사용되고 있다.

표면파 탐사는 지표면을 따라 전달되어 온 표면파를 측정하여 전단파 속도 분포단면을 작성하는 탐사법으로, 체적파와 표면파를 모두 고려하여 2차원 토모그래피 영상을 구할 수 있는 SASW 기법과 표면파의 기본모드를 주로 고려하여 연속적인 속도단면을 획득하는 MASW 탐사법이 있다. 표면파 탐사는 굴절법 탄성파 탐사와 달리 지형변화가 심하거나 지하매질이 복잡한 지질구조를 보이는 경우에는 적용에 어려운 단점이 있으나 수평 지층 상태를 보이는 아스팔트 등의 포장체 하부 두께 조사, 흙쌓기층의 다짐상태 파악 등에는 적용이 가능하다.

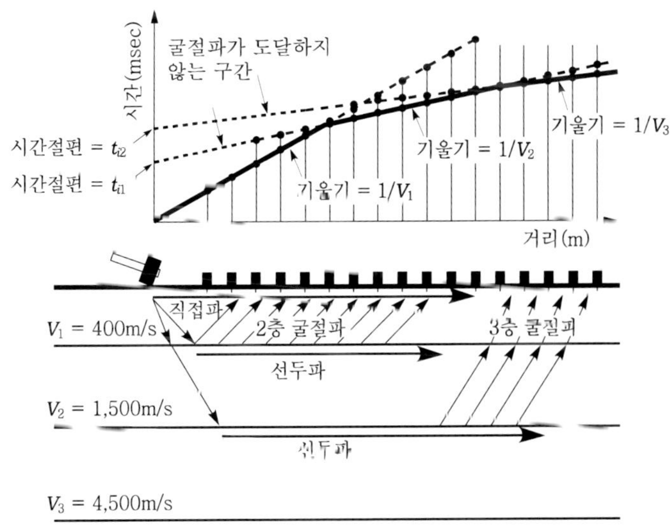

그림 1.19 표면파 탐사 개념도

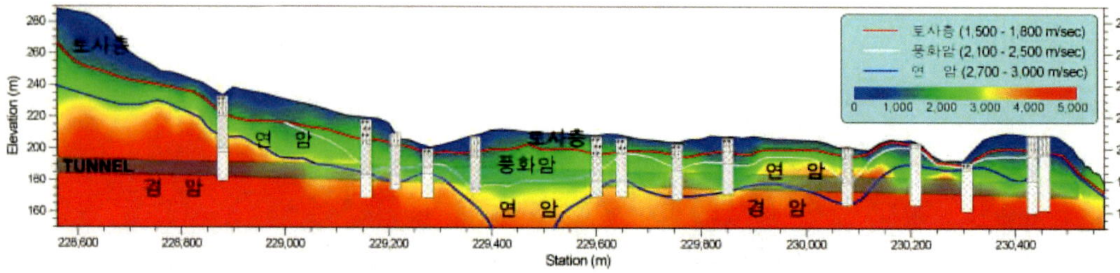

그림 1.20 굴절법 탄성파 탐사에 의한 지층상태 추정 단면

1) 탄성파 탐사법의 문제점

연약층 아래에 위치한 암반의 윤곽이나 조밀한 지층의 위치를 조사하는 데는 신뢰할 만한 방법이지만 상부에 단단한 층이 있고 하부에 연약층이 있는 경우에는 하부지층두께 측정이 곤란하다.

2) 실무적용

탐사에 의해 측정된 탄성파속도(V_p)로부터 지층상태를 파악하고 시추조사 결과와 비교하여 재료원의 토층(토사, 풍화암, 연암, 경암) 구분, 지층의 주향 및 경사 파악, 파쇄대, 단층의 유무 및 규모 파악에 이용한다.

예제 1.3

다음 표 1.6은 굴절 탐사의 결과이다. 이 표로써 P파의 속도를 구하고 지반의 상태를 파악하여라.

표 1.6 P파의 깊이별 도달시간

충격지점으로부터의 깊이 (m)	도달 시간 ($\text{sec} \times 10^{-3}$)
3	10
6	21
9	31
12	42
15	50
20	57
25	63
30	68
40	70
50	72

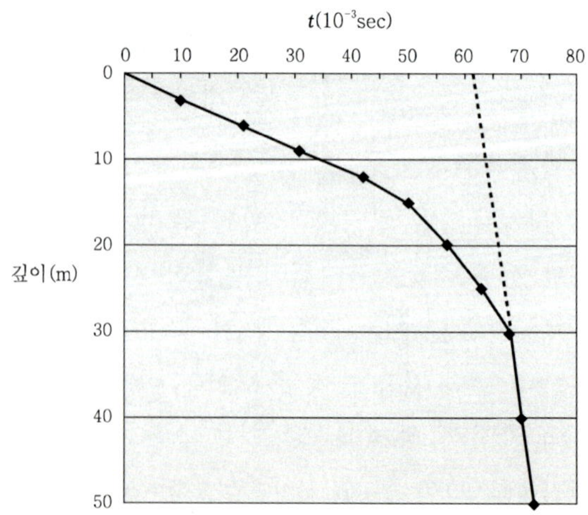

풀이

속도 = 거리/시간 이므로, 속도구간을 깊이 0~15m, 15~30m, 30~50m 구간으로 나눌 수 있다.

① 0~15m 지층 : $v_1 = \dfrac{15\times10^3}{50} = 300m/\text{sec}$

② 15~30m 지층 : $v_2 = \dfrac{15\times10^3}{18} = 833.33m/\text{sec}$

③ 30~50m 지층 : $v_3 = \dfrac{20\times10^3}{4} = 5{,}000m/\text{sec}$

표 1.7 흙과 암석에서의 P파 속도 및 개념도

P파 속도(흙 / 암석) 구분		P파의 속도(m/sec)	P, S파 개념도
흙	모래, 건조된 실트 및 세립토	200~1,000	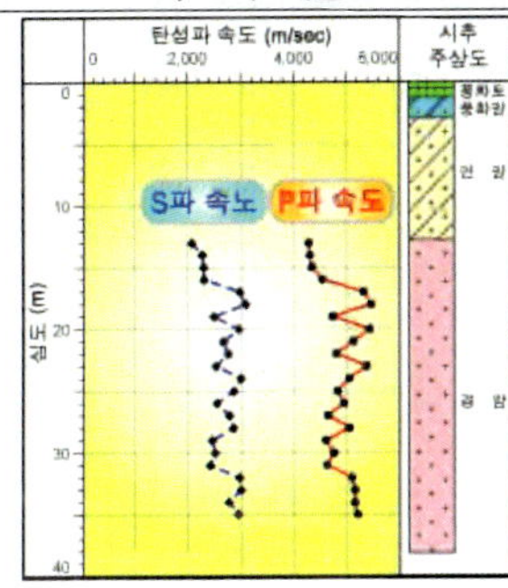
	충적토	500~2,000	
	다짐된 점토, 점토질 자갈 단단한 점토질 모래	1,000~2,500	
	황토	250~750	
암석	점판암과 혈암	2,500~5,000	
	사암	1,500~5,000	
	화강암	4,000~6,000	
	단단한 석회암	5,000~10,000	(☞ P파가 S파보다 빠름)

⇒ 위의 표를 참고하여 지반상태를 판단하면 0~15m 까지는 "모래, 건조된 실트 및 세립토", 15~30m는 "충적토", 30m부터는 "암석층"으로 추측할 수 있다.

1.6.2 전기비저항 및 전자탐사

전기비저항 탐사는 지하매질에 전류를 흘려준 후 지질변화에 따른 전위차를 측정하여 지하 암반상태에 대한 정보를 획득하는 탐사법으로 지하매질의 연속적인 암반상태 파악, 단층, 파쇄대, 단층, 석회암 공동 등의 연약대 탐지 등에 널리 사용된다. 특히 전기비저항 탐사는 한 지점에서의 물성값만 파악할 수 있는 시추조사와 달리 측선 하부에 대한 연속적인 영상을 제공하여 줌으로써 조사구간에 대한 전반적인 암반상태를 신속하게 파악할 수 있는 장점을 가지고 있다. 전기비저항 탐사는 지반조사에서 암반분류 결과와의 상관관계를 통한 미시추 구간에서의 암반등급 산정을 통해 터널의 지보형식 선정과 교량의 교각위치 선정 및 보강공법 선정에 대한 기초자료를 제공하여 준다. 한편, 전기비저항 탐사는 현장작업의 특성상 200m 이상의 대심도에 대한 정보를 획득하는데 많은 어려움이 따르는 단점이 있어, 200m 이상의 대심도 구간에서는 전자탐사가 널리 사용되고 있다.

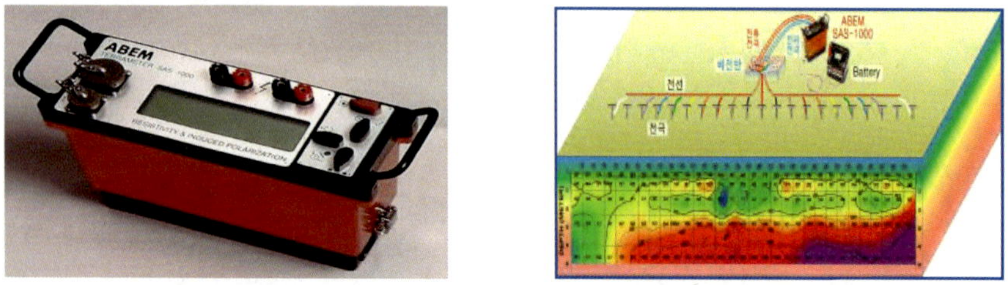

(a) 전기비저항 탐사장비　　　　(b) 개념도

그림 1.21 전기비저항 탐사장비 및 개념도

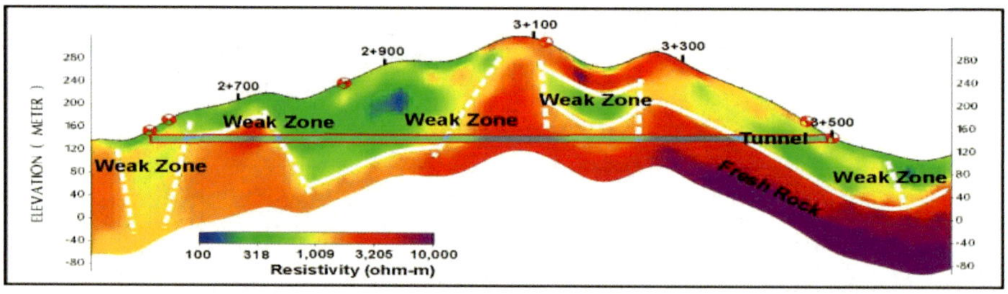

그림 1.22 터널에서의 전기비저항 분포단면 적용 예

실무에서는 1) 지표 하부의 연약대, 파쇄대 등의 지질 구조를 파악하여 설계에 반영, 2) 단층이나 암종 경계 등의 지층 경계면을 감지하여 설계 및 시공 시 기초 자료로 활용 3) RMR, Q값 등과의 상관성을 도출하여 시추를 하지 않은 구간에 대한 지반등급분류 수행에 활용한다.

1.6.3 GPR(Ground penetrating radar)

GPR은 레이더를 이용한 지반의 물리탐사 방법 중의 하나로 전자파 반사계수를 이용하여 지반구조 및 지하 매설물을 조사하는 탐사법이다.

1) 특징

(1) 탄성파 탐사에 비해 장비가 간편하고 작업이 용이

(2) 고주파를 사용하므로 해상도가 매우 높음

(3) 전도도(염화물함량)가 높은 지역은 심한 감쇠로 인하여 적용성 결여

2) 실무적용

(1) 파이프, 지중케이블 등 지하 매설물 조사

(2) 정밀 지반조사 및 토목구조물의 비파괴 검사

(3) 라이닝 배면공극 탐사

1.6.4 시추공 탐사

지반의 탄성계수를 도출하기 위해 현장 탄성파탐사가 수행되며, 현장 탄성파 시험은 표면파탐사법과 시추공탐사법으로 구분된다. 시추공 탐사시 시험공이 하나인 경우는 단일 시추공 탐사, 시험공이 둘이상인 경우는 시추공간 탄성파 탐사라 한다. 단일 시추공탐사의 종류에는 다운홀(Downhole)시험, 업홀(Uphole)시험, S-PS(Suspension PS) 검층방법이 있다. 시추공 탐사법을 효율적으로 수행하기 위해서는 시추시 지반의 교란을 적게 하고 시추 종료후 지반과 시험공과의 접촉을 확실히 해 주는 것이 중요하다.

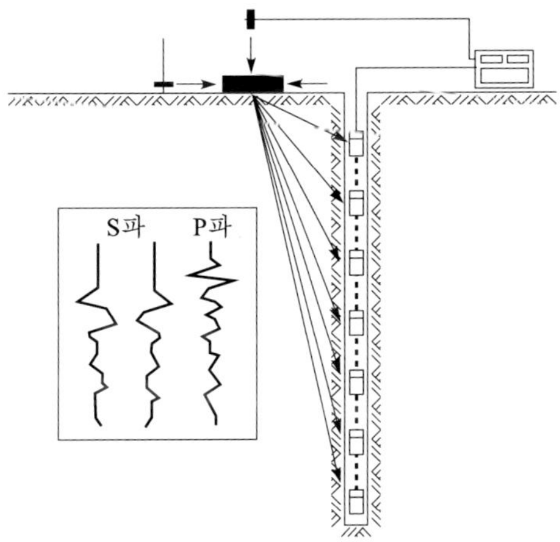

(a) 단일 시추공에서의 Down hole시험

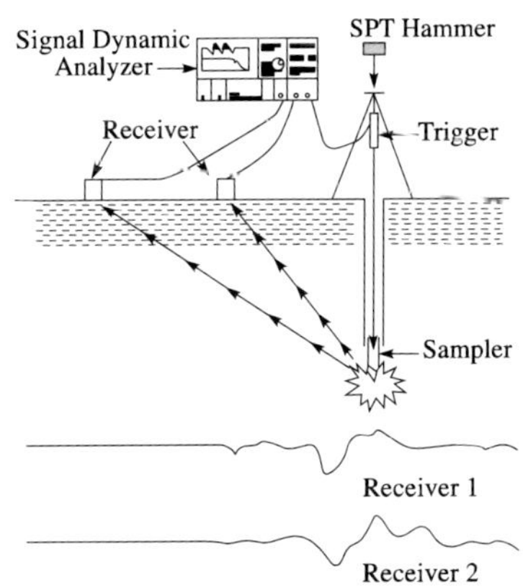

(b) 단일 시추공에서의 Up hole 시험

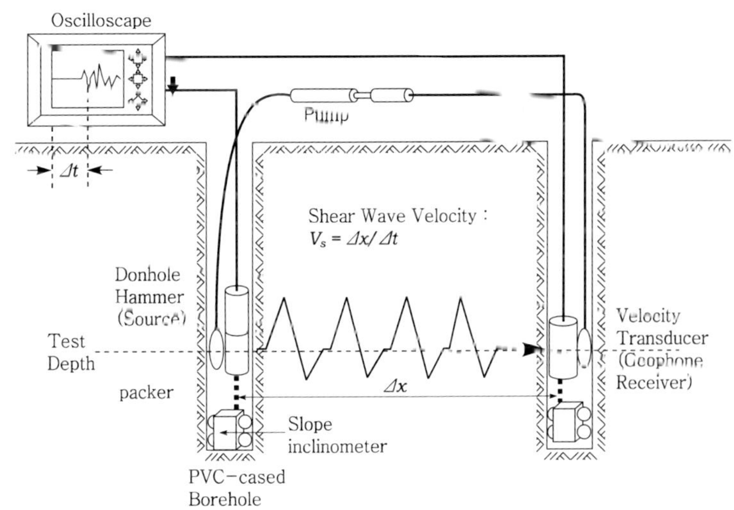

(C) 시추공간에서의 Cross hole시험

그림 1.23 탄성파시험을 위한 단일 시추공 및 시추공간 탄성파 탐사

1.6.5 시추공간 토모그래피(Tomography) 탐사

두 개의 시추공 내에 탄성파 토모그래피 탐사 설치 후 발진과 수진을 통한 탄성파 속도 특성을 탐사하여 그림 1.24와 같이 두 시추공 사이의 지층을 탄성파 속도 분포로 영상화시키고, 영상화된 탄성파 속도 분포로 지반의 구성상태를 정량적으로 평가할 수 있는 기법이다. 송신원인 시추공에 탄성파 발생원으로 가진장치 또는 다이나마이트 등을 넣은 후, 탄성파 발생원의 위치를 $1m$ 간격으로 위로 이동시켜서 탄성파를 발생시키고 발췌된 초동신호와 발신, 수신기의 위치를 역산 프로그램에 입력하여 역산을 수행한 후, 결과를 해석 및 분석한다. 그림 1.25는 시추공과 시추공 사이의 지오토모그래피 탐사개념도 및 토모그래피 해석 단면 예를 나타낸 것이다.

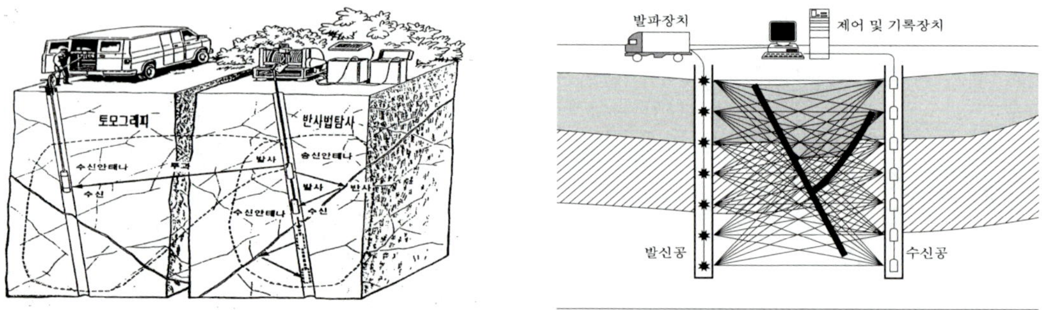

그림 1.24 시추공간 토모그래피 탐사개념도

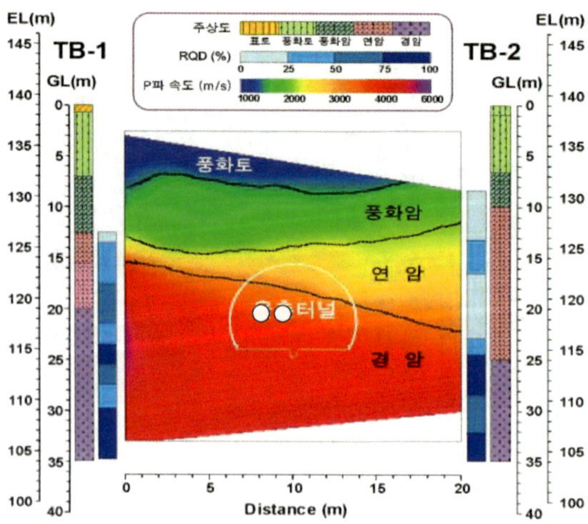

그림 1.25 지오토모그래피 해석 단면 예

토모그래피 탐사는 실무에서 석회암 공동 및 단층, 파쇄대 등의 연약대 파악, 터널 갱구부의 정밀 지층 상태 파악 등에 널리 사용된다.

1.6.6. 공내 물리검층

공내 물리검층은 조사목적에 따라 검층장비를 선택하여 조사 할 수 있으며, 실무에서 널리 사용되고 있는 밀도검층, S-PS 검층의 내용은 다음과 같다.

1) 밀도 검층(RI 미터검층)

밀도검층은 감마선의 산란효과를 이용하여 지층의 원지반 상태 체적밀도를 구하는 검층방법으로서 간극률을 구하고 암석의 지반공학적 상수 결정 및 지층 조사방법으로 활용가능하다. 조사원리는 공저까지 탐침(probe)을 내린 후 일정속도(2~3m/sec)로 끌어올려 측정하며 현지에서 얻어진 계수율(CPS: counts per second로 초당 검출기에서 산란되어 들어오는 γ선 횟수)로 부터 물 또는 철과 같이 정확한 밀도를 알고 있는 물질에 대하여 밀도로 환산한다.

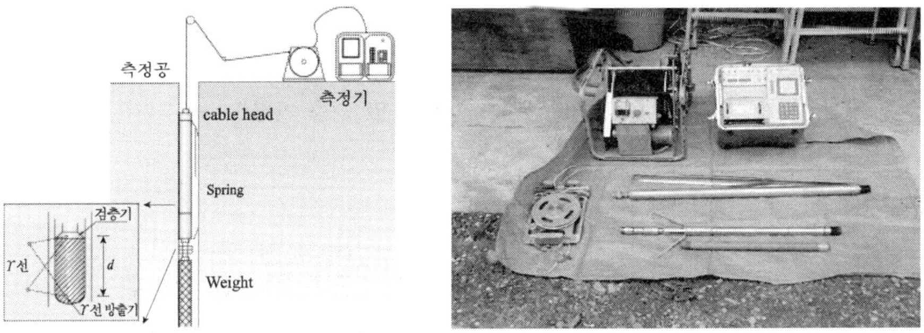

(a) 공내밀도 검층 개념도 (b) 검층장비

그림 1.26 공내밀도 검층 개념도 및 검층장비

공내밀도 검층 값은 실무에서 각 구간별로 측정된 밀도 값을 설계 시 적용하거나 댐 등의 내진해석을 위한 지반의 동적물성치를 제공한다

2) S-PS검층(부유형탄성파 탐사)

발진원과 수진기가 일체화된 탐봉(probe)을 공내에 삽입하여 상향시켜 가며 공내에서 발진과 수진을 실시하여 1m마다 지층별 P파(compressional wave), S파(shear wave)속도를 검출하는 방법이다. 측정된 지층의 구간속도 값은 지층의 동적 물성치 산정에 이용된다. 발진기는 스피커와 같은 원리로 전류에 의한 전자해머가 P파와 S파를 발생하며, 수신기는 공벽에 밀착시키지 않는 부유식(suspension type)으로 물의 비중과 거의 같은 비중통 내에 2성분 지오폰을 설치하여 수신한다.

실무에서는 터널 구조물의 동적특성에 대한 분석 및 내진설계를 위하여 지반의 동포아송비(μ_d), 동전단탄성계수(G_d) 및 동탄성계수(E_d) 산출에 적용한다. 또한 시추조사, 시험 및 탐사 성과 등과 비교 분석하여 암반의 파쇄정도, 풍화대, 약층판정, 지층구분의 검토 등 지반구조 추정에 적용한다.

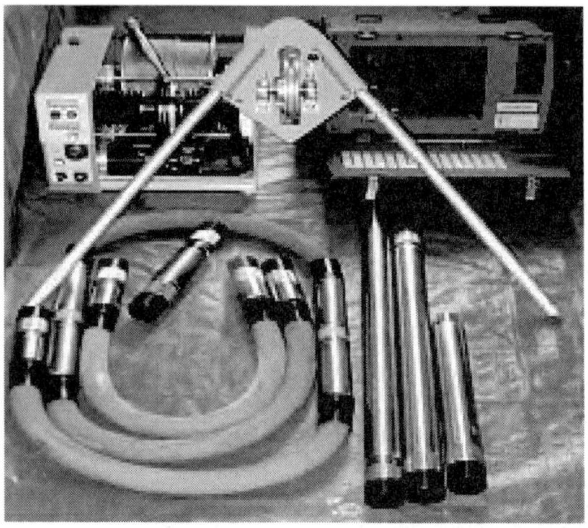

(a) S-PS 검층장비

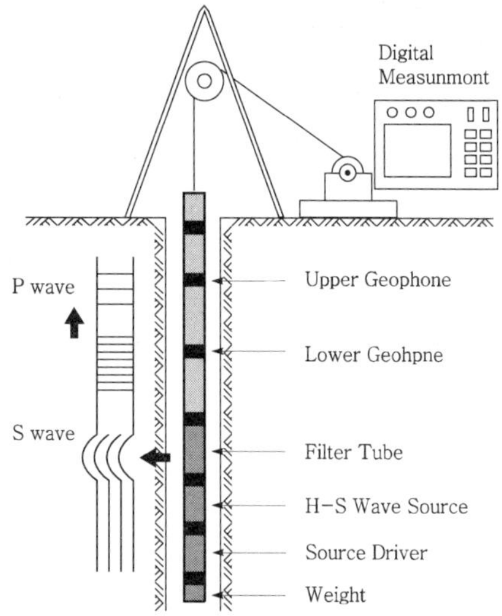

(b) S-PS 검층개념도

그림 1.27 S-PS 검층 개념도 및 검층 개념도

1.6.7 시추공 영상촬영

토목설계를 위한 조사, 시공 및 시공관리와 지하수의 이동과 관련된 암반내 균열의 조사에 있어 가장 신뢰할 수 있는 자료는 시추조사 자료 즉, 시추 코아에서 얻을 수 있다고 해도 과언이 아니다. 비록 시추 코아가 전체 조사지역의 일부 국한된 아주 작은 규모의 영역만을 대변하는 자료이지만 지하의 지반상태를 직접 육안으로 확인할 수 있다. 그러나 시추주상도에 표기된 정보의 불확실성, 코아상자의 보관 및 관리에 대한 제약성, 취급의 불편성을 수반하고 있다. 이러한 문제점을 해결하고 불연속면의 발달상태를 정량적으로 표현하여 추후 필요시 언제든지 활용할 수 있는 자료의 축적과 정리를 위해 각광을 받고 있는 방법이 시추공 영상촬영장치(Bore Hole Image Processing System), B/H TV(Borehole Teleview) 및 Core Scanner기법이 있다. 시추공 영상촬영장치(BIPS)는 지하의 지질상태를 Data Base화 할 수 없으나 지질구조 즉, 불연속면의 방향성, 지질구조의 발달 상태 등을 정확히 파악할 수 있다는 장점이 있다. 이 장비는 실제 현장에서 시추공 영상촬영시 직접 육안으로 Image화상을 관찰할 수 있으며 전개화상 및 공벽화상 각각을 비디오 테이프에 저장할 수도 있다.

특히 가장 큰 장점은 실제의 지반상태를 육안으로 확인할 수 있어 시추코아의 육안관찰보다 정밀한 지하지질 구조상태를 파악할 수 있다. 그림 1.28은 공내영상촬영 및 시추공 영상촬영법을 이용한 불연속면 분석의 원리를 나타내고 있다. 경사진 불연속면이 존재할 경우 그림 1.29와 같이 sine곡선의 형태를 나타내며, 이때 sine곡선의 진폭은 경사를 나타내고, 이때 sine곡선의 최대 혹은 최소값의 위치는 주향을 나타낸다.

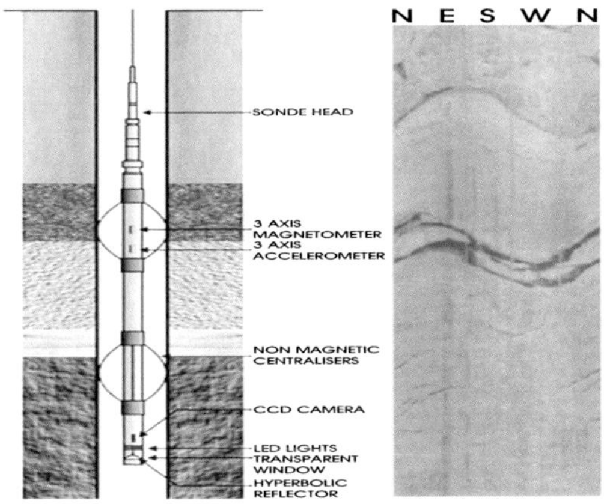

그림 1.28 공내영상촬영

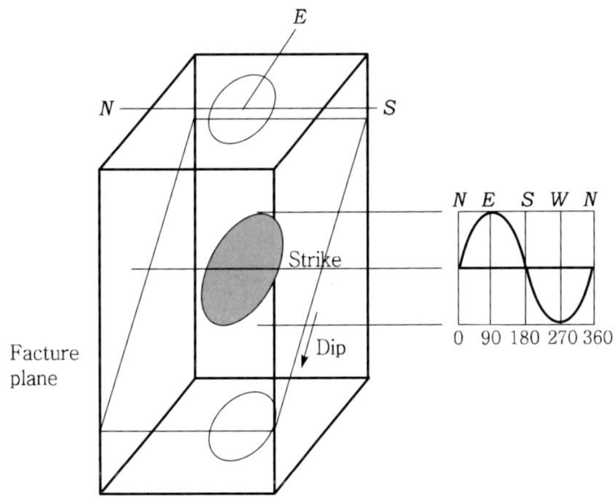

그림 1.29 영상촬영을 이용한 불연속면 측정

시추공 영상분석에서 획득한 불연속면의 분포상태, 균열폭 및 충진물, 심도별 지반상태 등은 실무에서 암반분류, 특정 지점의 지하수 유향, 유속 및 흐름상태 파악시 이용된다. 초음파 주사 검층(Televiewer)과 시추공 영상촬영(BIPS)은 초음파와 광파를 사용하는 차이가 있지만 모두 시추공 벽 주변매질에 분포하는 불연속면을 측정하는 탐사법으로 불연속면의 경사방향 및 경사각, 크기, 간격 등의 특성을 규명하여 3차원 불연속면 생성과 터널 갱구부 비탈면, 깍기 비탈면의 불연속체 해석에 널리 사용되고 있다.

1.7 현장 원위치시험

원위치시험 종류에는 저항체를 지중에 관입하여 지반의 강도특성을 측정하는 사운딩, 공내재하시험, 전단시험, 지하수 조사, 현장의 응력·변형 측정 등이 있다. 원위치시험은 원추형의 콘을 지중에 관입시켜 심도와 관입저항치를 측정하여 지층의 굳기, 지층의 구성 상태 및 지층의 상대밀도 등을 알아내는 시험이다.

1.7.1 실무에서 많이 사용하고 있는 현장조사시험

실무에서 많이 사용하고 있는 현장조사시험은 표준관입시험(SPT), 콘관입시험(CPT), 딜라토미터(DMT), 프레셔미터(PMT) 그리고 베인전단시험(VST) 등이 있으며, 각 시험항목의 적용지반은 표 1.8과 같고 시험방법의 개념도는 그림 1.30과 같다.

표 1.8 현장조사시험 장비별 적용지반

항목	SPT	CPT	DMT	PMT	VST
장비구성	간단, 용이	복잡, 용이	간단, 용이	복잡, 불편	간단, 용이
시험절차	단순	단순	단순	복잡	단순
시험지점	지점(1.5m마다)	연속	반연속	지점	지점
결과분석	경험적	경험,이론	반경험,이론	경험,이론	이론
적용지반	전반적 (특히 사질토에 적합)	전반적 (느슨한 모래, 실트, 연약점토)	전반적 (느슨한 모래, 실트, 연약점토)	전반적 (모래, 점토)	연약점토

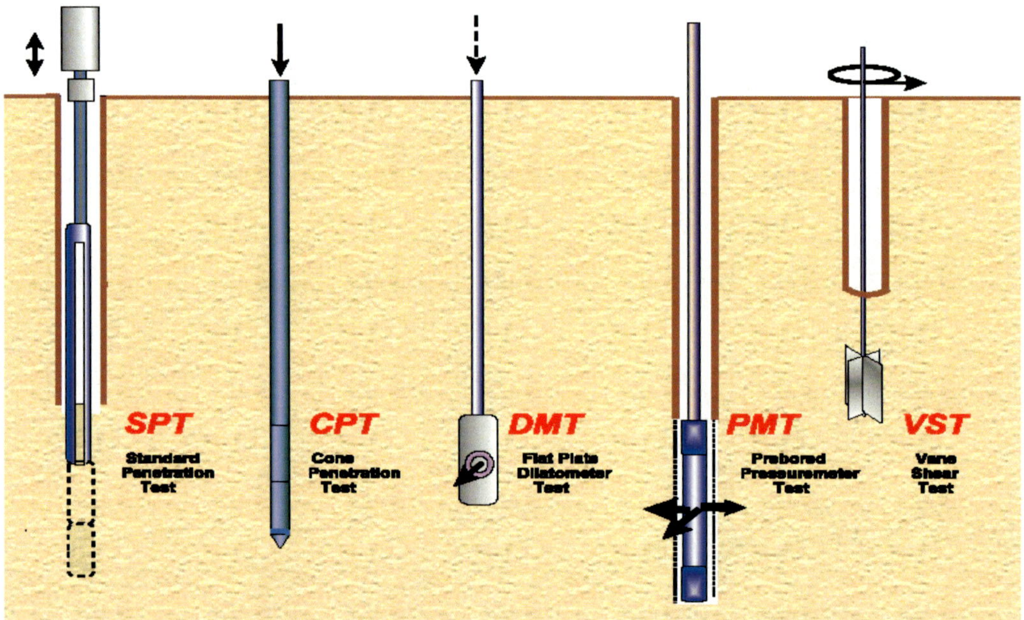

그림 1.30 현장시험 장비별 조사 개념도(Mayne, 2001)

1.7.2 표준관입시험(Standard penetration test, SPT)

표준관입시험은 사질토를 대상으로 지층의 상대밀도 및 연경도를 파악하기 위하여 개발된 원위치 시험 장비로서 스플릿스푼샘플러(split spoon sampler)를 보링로드(drill rod) 하단에 연결시켜 보링 구멍에 넣고 1.5m 간격으로 지층의 연경도파악, 상대밀도 및 실내시험에 필요한 교란시료를 채취한다. 표준관입시험에서 N값은 중량이 63.5±0.5 kgf인 해머를 75±1cm 높이에서 자유 낙하시켜 스푼샘플러가 15cm씩 3회(총 45cm) 관입될 때의 낙하횟수 중 2, 3번째를 더한 횟수, 즉 로드가 30cm 관입될 때의 타격횟수를 말한다.

1) 표준관입시험 개념도 및 지반조사

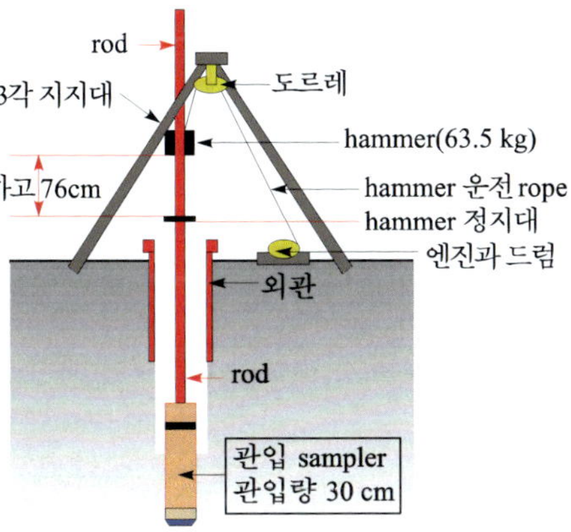

(a) 표준관입시험 개념도

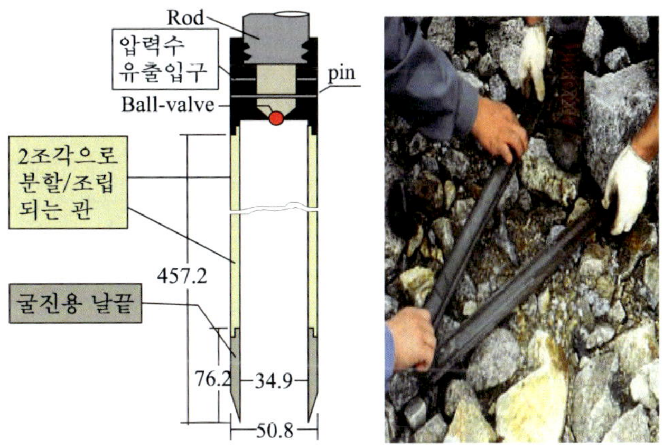

(b) 스플릿스푼 샘플러(관입샘플러)

(c) 해상에서 SEP 바지를 이용한 지반조사

(d) 연약지반위에서 지반조사

(e) 석산대상 위치에서 지반조사

그림 1.31 표준관입시험 개념도 및 조사대상별 지반조사 전경

2) 시험방법

(1) 표준관입시험은 주로 3단계로 시험을 실시하며, 1단계는 시험 깊이까지 케이싱 비트외경으로 보링공을 천공하고 공벽이 무너지지 않도록 케이싱을 지중에 둔다. 2단계는 코어배럴 비트를 이용하여 천공을 한다. 3단계는 스플릿스푼 샘플러를 보링공 내에 삽입하고 해머를 타격할 수 있도록 파이프 로드와 연결시킨다. 여기서 2단계 천공을 코어배럴로 하지 않고 케이싱으로 하는 경우(그림 1.32(a))가 있는데 이 경우 공저와 공벽의 지반교란이 심하게 되어 공저에 쌓인 슬라임 제거가 확인되지 않고 N값도 제대로 측정되지 않는다. 따라서 슬라임 제거는 케이싱을 설치하고(그림 1.32(b)) 내부를 코어배럴 비트로 굴착하여 천공수로 제거하도록 하여야 한다.

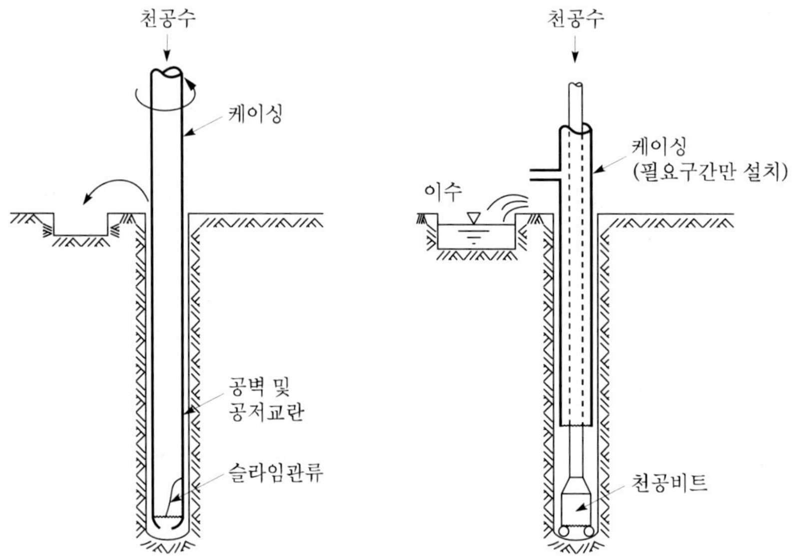

(a) 비정상적인 천공 (b) 정상적인 천공

그림 1.32 비정상적인 천공과 정상적인 천공 방법

(2) 로프와 도르래 또는 자동해머장치를 이용하여 해머를 76*cm* 들어 올린 후 자유낙하시킨다.

(3) 15*cm* 관입마다 해머의 낙하횟수를 기록하고 낙하횟수가 15*cm* 관입 시 50회를 초과하면 시험을 중단한다.
즉, 지층이 매우 단단하여 타격을 50회 이상 가하여도 30*cm* 관입이 불가능한 지층에서는 50회 타격에 의한 관입깊이를 측정하여 그림 1.33과 같이 시추주상도에 기록 한다. 예를 들어 주상도에 기록된 6, 50/5의 의미는 각각 30*cm* 관입 시 6회 타격, 50회 타격 시 5*cm* 관입된 것을 말한다. 따라서 슬래쉬(/) 좌측 숫자는 타격회수, 우측 숫자는 관입깊이 이며 동일 관입 깊이에서 좌측의 수치가 높을수록 지반이 단단한 것을 의미한다.

(4) 총 45*cm* (15*cm* × 3회)관입 중에서 나중 30*cm* 관입될 때의 낙하 횟수를 N값으로 한다. 이때 첫번째 15*cm*에 대한 낙하횟수는 기록하지 않는데, 이는 보링시 발생하는 보링공 바닥면과 보링공 벽면에서 떨어져 내린 느슨한 흙은 교란되었으므로 N값의 의미가 없기 때문이다.

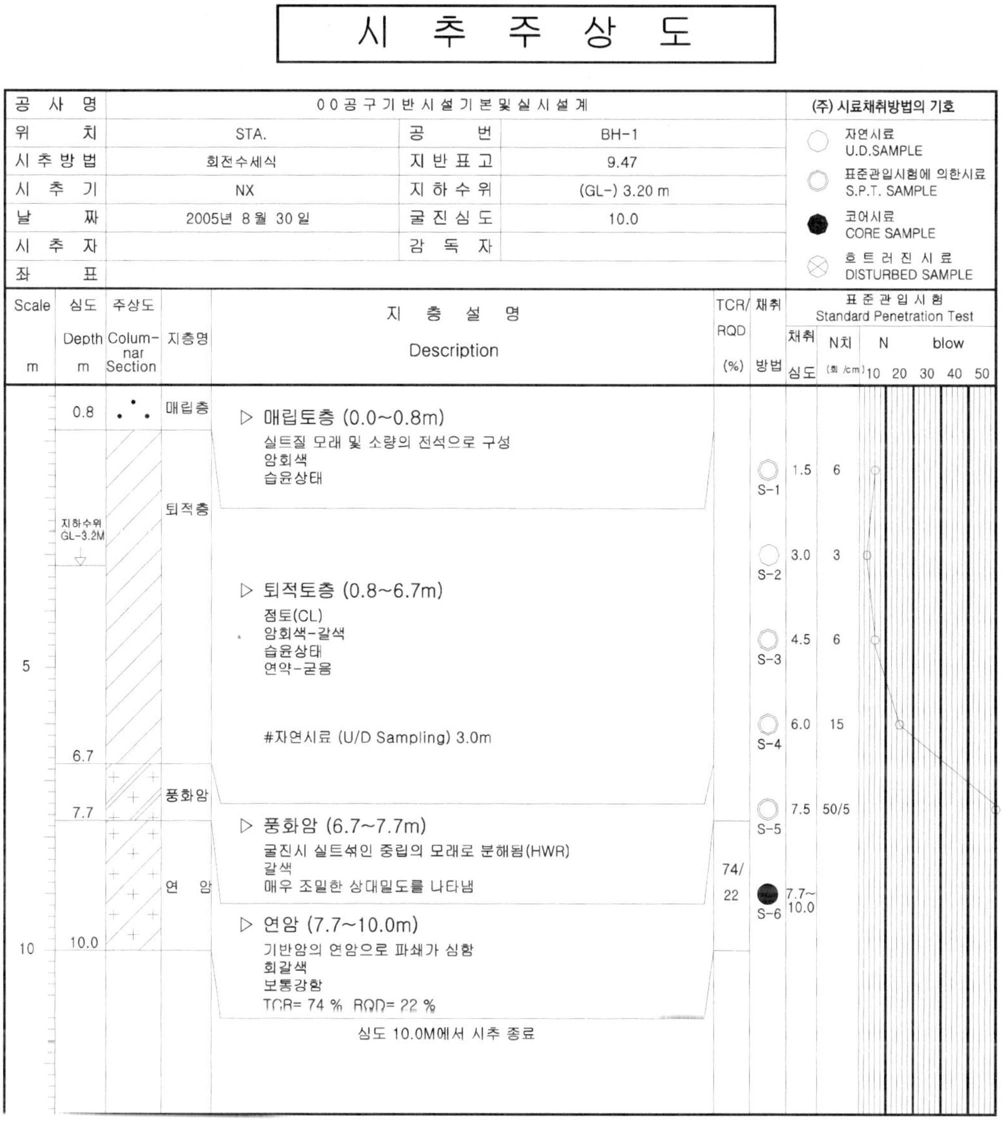

그림 1.33 지반조사 주상도(사례)

표 1.9 시추공 규격에 따른 제원 (단위: mm)

기호		케이싱 비트외경	케이싱 외경	코어배럴 비트외경	드릴로드 외경	시추공 직경	고이 (시료)직경
케이싱 구분	굴착로드(rod)분류						
EX	E	46.8	46.0	36.5	33.3	38.1	22.2
AX	A	58.7	57.1	46.8	41.2	47.6	28.5
BX	B	74.6	73.0	58.7	48.4	60.3	41.2
NX	N	90.4	88.9	74.6	60.3	76.2	53.9

(5) 표준관입시험 시 시료채취는 주로 수압식 피스톤샘플러로 채취하고, 채취된 시료는 함수비 변화가 없도록 밀봉하여야 하고 시료병에는 조사명, 조사일자, 공번, 시료채취심도, N값(예:50/12)을 기재하여 시료표본 상자에 정리 보관한다.

3) 표준관입시험의 조사심도 및 간격

표준관입시험을 1회 시행하는데 필요한 최소심도는 50cm(예비타격 15cm + 본 타격 30cm + 여유 5cm)이나 공벽의 유지작업이 필요하기 때문에 50cm간격마다 연속적으로 시행하는 것은 어렵고, 75~85cm 간격을 최소간격으로 보는 것이 좋다. 표준관입시험의 간격은 경험적으로 100~150cm 범위로 실시하는 경우가 보통이며, 실무에서는 150cm 범위로 실시하는 경우가 대부분이다.

4) N값 보정항목 및 방법

표준관입시험 결과는 해머의 효율, 로드길이, 굴착공의 직경, 샘플러의 종류 및 유효응력 등에 따라 영향을 받게 되어 보정없이 사용 할 경우 지지력산정 시 일관성이 결여될 수 있으며 국제표준규격인 해머효율 60%의 N'_{60}으로 보정할 경우 다음과 같이 보정하여야 한다.

$$N'_{60} = N \times C_n \times \eta_1 \times \eta_2 \times \eta_3 \times \eta_4 \tag{1.3}$$

$$N_{60} = N \times \eta_1 \times \eta_2 \times \eta_3 \times \eta_4 \tag{1.4}$$

여기서, N'_{60} : 해머효율 60%로 보정한 표준관입시험 N값
N_{60} : 유효응력보정만을 제외하고 보정한 표준관입시험 결과
C_n : 유효응력에 대한 보정
η_1 : 해머의 에너지효율 보정계수
η_2 : 로드 길이에 대한 보정계수
η_3 : 샘플러 종류에 대한 보정계수
η_4 : 굴착 홀의 직경에 대한 보정계수

(1) 해머의 효율

N값을 산정함에 있어서 상기 보정항목 외에도 시험결과에 영향을 미치는 요인에는 캐테드(cathead)에 감는 로프의 회전수, 로프의 낡은 정도 등 매우 다양한 요소가 있으나 이중 가장 큰 영향을 미치는 것은 해머의 효율이다. 현재 국내에서 주로 사용하는 해머의 종류는 도넛(donut), 안전(safety), 자동(trip)

및 개량자동화(modified auto-donut)형이 있다. 이것에 대한 효율은 한국도로공사에서 이명환 등(1992), 이호춘 등(1997), 이우진 등(1998)의 연구결과를 종합 분석하여 표 1.10과 같은 결과를 제안하였으며 만일 해머를 개량하였거나 새로운 형태의 해머를 사용하는 경우 효율을 직접 측정하여야 한다.

표 1.10 해머종류별 효율 및 보정예

해머종류	도넛형 (donut)	안전형 (safety)	자동형 (trip)	개량자동화형 (modified auto-donut)	도넛형을사용한 해머효율 보정 예
효 율	46%	65%	54%	54%	η_1 = 46/60 = 0.77

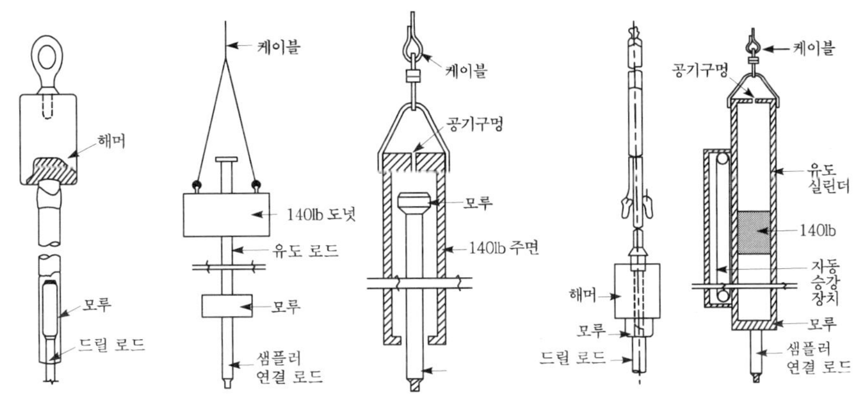

그림 1.34 해머의 종류(과거표준형, 도넛형, 안전형, 트립형, 자동형)

(2) 유효응력(C_n)에 대한 보정

사질토에서 수행한 표준관입시험에서의 N값은 유효수직응력에 의해 좌우되므로 이에 대한 보정을 실시하여야 한다. 즉 같은 지반이라도 시험 깊이가 깊을수록 N값이 크게 나오기 때문에 Skempton (1986)은 흙의 응력이력 및 입경에 따라 유효응력(c_n)을 보정해야 한다고 하였으며 Liao & Whitman(1986)은 아래와 같은 간략한 경험식을 제안한 바 있다.

$$c_n = 9.8\sqrt{\frac{1}{\sigma_v{}'}}(kPa) = \sqrt{\frac{1}{\sigma_v{}'}}(kgf/cm^2) \quad (1.5)$$

여기서, $\sigma_v{}'$: 시험위치의 유효응력(kgf/cm^2)

(3) 로드길이에 대한 보정

로드길이는 anvil 아래의 길이를 나타내며 표 1.11과 같이 보정을 한다.

표 1.11 로드길이에 따른 에너지 효율(Skempton, 1986)

로드길이(m)	효율(η_2)	로드길이(m)	효율(η_2)
3~4	0.75	6~10	0.95
4~6	0.85	〉 10	1.00

(4) 샘플러 종류에 대한 보정

샘플러에 liner의 부착여부에 대한 효율을 다음과 같이 적용한다.

표 1.12 샘플러 종류별 효율(Skempton, 1986)

샘플러 종류	효율(η_3)
Liner가 없는 경우	1.2
Liner가 있는 경우(표준샘플러)	1.0

(5) 굴착홀 직경에 따른 보정

보링홀의 직경에 따라 표 1.13과 같이 효율을 보정하여야 하며 보링타입별 비트 및 굴착홀 직경은 표 1.14와 같다.

표 1.13 굴착홀의 직경에 따른 효율(Skempton, 1986)

굴착홀 직경(mm)	효율(η_4)
65~115	1.00
150	1.05
200	1.15

표 1.14 보링타입별 비트 및 굴착홀 직경

타입(type)	코어배럴 비트외경(mm)	굴착홀 직경(mm)	타입(type)	코어배럴 비트외경(mm)	굴착홀 직경(mm)
EX	36.51	38.1	BX	58.74	63.5
AX	47.63	50.8	NX	74.61	76.2

5) 결과이용

표 1.15 N값에 의한 지반 판정 및 추정사항

구분		판정 및 추정사항
조사결과로 파악할 수 있는 사항		1) 지반내 토층분포 및 토질의 종류 2) 지지층 분포심도 3) 연약층의 유무(압밀침하층의 두께)
N값으로 추정할 수 있는 사항	사질토	1) 상대밀도(D_r), 내부마찰각(ϕ) 2) 기초지반의 탄성침하 3) 기초지반의 허용지지력 4) 액상화 가능성 파악 5) 변형계수 6) 횡방향 지반반력계수 추정 가능
	점성토	1) 일축압축강도(q_u), 비배수점착력(c_u) 2) 기초지반의 허용지지력 3) 지반의 연·경도

6) 표준관입시험 결과를 이용한 설계정수산정

(1) 지반의 전단강도정수 산정

① 조립토층의 내부마찰각

$$\phi = \sqrt{15N} + 15 \tag{1.6}$$

② 세립토층의 비배수전단강도

$$c = \frac{N}{0.16}(kPa) \tag{1.7}$$

(2) 사질토의 즉시 침하량 추정 (De Beer)

De Beer 공식에서 상수 0.4를 사용할 경우 하중항에 대한 단위는 kgf/cm^2를 적용하여야 하고, 0.004를 사용할 경우 하중항에 대한 단위는 kPa를 적용하여야 한다.

$$S_i = 0.004\frac{\sigma_o'}{N} \times H \times \log\frac{\sigma_o' + \triangle\sigma'}{\sigma_o'} \tag{1.8}$$

여기서, S_i : 즉시침하량(m), σ_o : 유효상재하중(kPa), N : 표준관입시험치, H : 침하대상층두께(m), $\Delta\sigma'$: 흙쌓기하중에 의한 하중증가분(kPa)

(3) 허용지지력의 추정(Bowels)

① $B < 1.2m$, $q_a = \dfrac{N}{0.05}k_d\dfrac{S}{25}(kPa)$ (1.9)

② $B > 1.2m$, $q_a = \dfrac{N}{0.08}\left(\dfrac{B+0.3}{B}\right)^2 k_d\dfrac{S}{25}(kPa)$ (1.10)

여기서, k_d : 깊이 계수$\left[=1+0.33\dfrac{D_f}{B} \le 1.33\right]$, S : 임의의 침하량(mm)
B : 기초의 최소폭(m), D_f : 근입깊이(m)

(4) 말뚝의 극한지지력 공식적용(Meyerhof)

① 모래층(안전율 3 이상 적용)

$$q_u = mN_{60}'A_p + nN_{60(s)}A_s \tag{1.11}$$

여기서, q_u : 말뚝의 극한지지력(kN), N_{60}' : $C_N \times N_{60}$(C_N : 유효 상재압 보정)
$N_{60(s)}$: 말뚝 주변의 평균 N치, $m = 30\left(\dfrac{L_b}{D}\right) \le 300$, L_b : 근입깊이
$n = 2$

(6) 기초지지력 추정에 이용

N값으로 추정된 내부마찰각으로부터 얕은기초의 지지력계수 N_c, N_γ, N_q를 구하고 Hansen et al.의 극한지지력산정법을 통하여 기초의 지지력을 추정한다.

$$q_{ult} = cN_cS_cd_c + \bar{q}N_qS_qd_q + 0.5rBN_rS_rd_r \tag{1.12}$$

(7) 토사지반의 수평지반반력계수(Hukuoka 공식)

① $k_h = 70 \times N^{0.406} \quad (kN/m^3)$ (1.13)

② $k_{0.3} = 1.8N\,(MN/m^3)$ (Scott, 1981) (1.14)

(8) SPT(또는 CPT) 값을 이용한 탄성계수(E_s) 추정

표 1.16 SPT(또는 CPT) 값을 이용한 탄성계수(kPa) 추정

구분	SPT	CPT
모래	E_s = 780N	
	E_s = 500(N+15)	E_s = 20~40q_c
	E_s = 18,000 + 750N	E_s = 2(1+D_r)20q_c
	E_s = (15,200−22,000) ln$N$	
점토질 모래	E_s = 320(N+15)	E_s = 30~60q_c
실트질 모래	E_s = 300(N+6)	E_s = 10~20q_c
자갈섞인 모래	E_s = 1,200(N+6)	
연약점토		E_s = 60~80q_c
점토 (c_u : 비배수 전단강도)	I_p 〉 30, 또는 유기질 점토	E_s = 1,000~5,000c_u
	I_p 〈 30, 또는 견고한 점토	E_s = 5,000~15,000c_u
	1 〈 OCR 〈 2	E_s = 8,000~12,000c_u
	OCR 〉 2	E_s = 15,000~20,000c_u

7) 실무적용 시 유의사항

(1) 표준관입시험 실용심도는 약 40m이며 이보다 깊은 경우 로드변형에 의한 타격 에너지 손실과 마찰 때문에 N값이 크게 나타나므로 적용 시 주의하여야 한다.

(2) 지하수위 측정은 시추작업 종료 후 케이싱 내에서 1차로 실시하고, 시추작업 완료 후 측정하기 위하여 24~48시간 경과한 후에 재 측정하여야 한다.

(3) 시료채취를 위한 공내 청소 시 일본은 시료교란 방지를 위하여 낮은 수압으로 슬라임을 제거하나, 국내는 높은 수압으로 슬라임을 제거하여 시료교란이 심하므로 슬라임 제거 시 저압으로 슬라임을 제거토록 노력해야 한다.

(4) 표준관입시험은 사질토층에서 N값으로 상대밀도를 알기위해 개발된 시험장비로서 점성토층 조사에는 부적합하므로 점성토층 지반조사는 표준관입시험(N값)과 피조콘관입시험(q_c값)을 병행하여 조사하는 것이 바람직하다. 표준관입시험만으로 조사 할 경우 조사 심도간격은 $1.5m$이므로 $1.5m$ 내의 연경도는 정확히 알 수 없기 때문에 연직배수재 타입심도를 결정 할 경우 타입장비로 시험시공을 통하여 타입심도를 결정하여야 한다. 만일 설계 시 표준관입시험과 피조콘관입시험을 병행하여 실시하였을 경우 연직배수재 타입심도 결정은 N값 $- q_c$값의 상관관계(예, $q_c=2N$)를 그림 1.35와 같이 비교 검토한 후 지층연경도를 상세히 파악하여 타입심도를 결정하는 것이 바람직하다. 이 경우 설계 시 고려한 타입심도와 현장 타입심도의 차이를 줄일 수 있다.

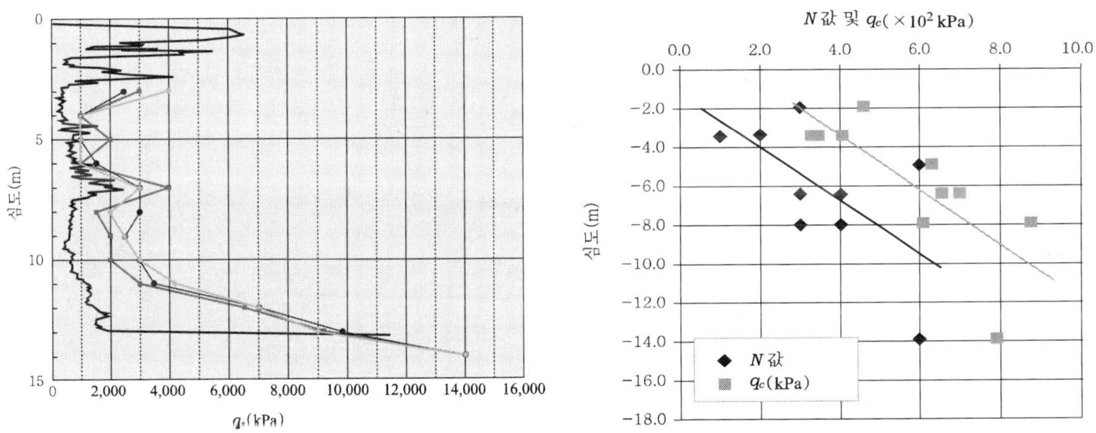

(a) N값과 q_c값 분포　　(b) N값$-q_c$값의 상관관계

그림 1.35 N값과 q_c값 분포 및 상관관계 검토 예

(5) 표준관입시험을 연약한 점성토지반에 적용할 경우 동적하중의 적용에 의해 지반교란이 발생하여 강도가 과소평가되며, 느슨한 사질토에 적용시 다짐효과에 의해 강도의 과대평가가 우려되고 자갈, 호박돌, 전석 등이 혼재된 경우에 N값이 과대하게 측정될 우려가 있으므로 주의가 요망된다.

(6) 수동 표준관입시험으로 지반조사를 실시 할 경우 낙하고($76cm$) 규정미달이 많이 발생하므로 정도 높은 자동장비를 사용하는 것이 바람직하다. 또한 현장 표준관입시험의 일관성 적용 및 경험식 유도배경에 맞는 N값을 사용하기 위해서는 국제표준규격인 해머효율 60%의 N'_{60}으로 보정하여야 한다.

예제 1.4

지층단면도와 무보정 N값 및 장비제원은 다음과 같다. N값을 보정하고 설계 정수(내부마찰각, 탄성계수 및 허용지지력)를 추정하라.

(1) 장비 제원 및 시험방법

- 보링기 타입 : NX장비(굴착홀 직경 : 76.2mm)
- 샘플러종류 : 라이너 없음
- 해머종류 : 도넛형
- 로프 : 중고사용

(2) 지층단면도

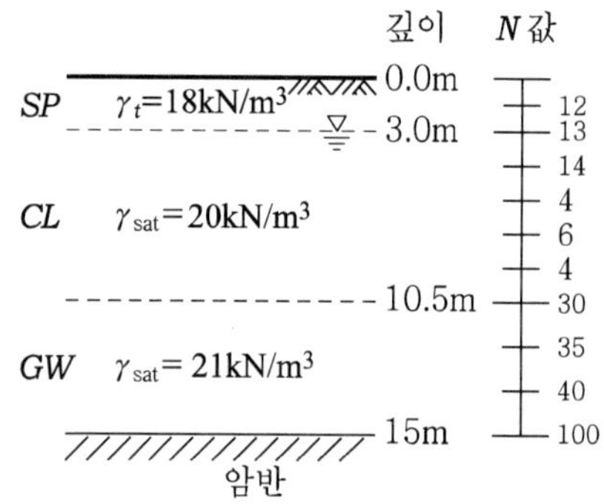

그림 1.36 지층 단면도

풀이

1) 심도 1.5m인 경우의 N값 보정

- 무보정 N값 : 12
- 1.5m 점의 유효응력 : $\sigma_{1.5}' = \gamma_t \times h = 18 \times 1.5 = 27kPa = 0.27kgf/cm^2$
- 유효응력에 대한 보정(C_n) = $(\frac{1}{0.27})^{(0.5)} = 1.92$
- 해머의 에너지효율 보정계수(η_1) = 46/60 = 0.77
- 로드길이에 대한 보정계수(η_2) : 길이가 3m 미만이므로 0.75 적용
- 샘플러 종류에 대한 보정계수(η_3) : 라이너가 없는 샘플러를 사용하므로 1.2적용
- 굴착홀의 직경에 대한 보정계수(η_4) : 굴착 홀 직경이 76.2mm 이므로 1.0 적용
- N값보정 : $N'_{60} = N \times C_n \times \eta_1 \times \eta_2 \times \eta_3 \times \eta_4 = 12 \times 1.92 \times 0.77 \times 0.75 \times 1.2 \times 1.0 = 16$

표 1.17 심도별 N값 보정 내용

심도(m)	유효단위중량(kN/m^3)	무보정 N값	보정계수					보정(N'_{60})
			C_n	η_1	η_2	η_3	η_4	
1.5	18	12	1.92	0.77	0.75	1.2	1	16
3.0	18	13	1.36	0.77	0.85	1.2	1	14
4.5	10	14	1.20	0.77	0.85	1.2	1	13
6.0	10	4	1.09	0.77	0.95	1.2	1	4
7.5	10	6	1.01	0.77	0.95	1.2	1	5
9.0	10	4	0.94	0.77	1	1.2	1	3
10.5	10	30	0.88	0.77	1	1.2	1	24
12.0	11	35	0.83	0.77	1	1.2	1	27
13.5	11	40	0.79	0.77	1	1.2	1	29
15.0	11	100	0.75	0.77	1	1.2	1	69

2) N'_{60}을 해머효율 55%, 70% 조건으로 보정

① 심도 및 N값

- 심도 : $15m$
- 보정전 N 값 : 100
- 해머효율 60%로 보정된 N 값(N'_{60}) : 69

② 해머효율 55%, 70%로 N 값 보정

- 해머효율 55%로 보정된 N 값 : $N'_{55} = \frac{60}{55} N'_{60} = 75$
- 해머효율 70%로 보정된 N 값 : $N'_{70} = \frac{60}{70} N'_{60} = 59$

3) 보정 N값을 이용하여 해머효율 N'_{55}조건으로 설계정수 추정

- 내부마찰각(°) : $\phi = \sqrt{18N'_{70}} + 15$ (Shioi & Fukui, 1982)
- 탄성계수(E_s) = $1,220(N'_{55}+6) \times 1.02kPa$
- 허용지지력(q_a) = $30N'_{55}$ (kPa) (Parry, 1970)

표 1.18 내부 마찰각, 지반탄성계수 및 지지력 비교

구분	무보정	보정	
		해머효율 55%	해머효율 70%
N값	100	75	59
내부마찰각(°)	49	–	47
탄성계수(kPa)	129,740	100,790	–
허용지지력(kPa)	3,000	2,250	–

1.7.3 피조콘시험(Piezocone test)

정적콘시험장비(CPT)에다 간극수압을 측정 할 수 있도록 변환기(transducer)를 부착한 장비를 피조콘(CPTu)이라 부른다. 피조콘 시험장비(그림 1.37(a))는 연결 로드에 전기식 콘(그림 1.37(b))을 장착하여 일정한 관입속도로 지중에 관입하여 소정의 심도(10tf) 규모의 장비는 최대 $N < 40$)까지 연속적으로 그림 1.37(c)와 같이 관입저항(q_c) 및 슬리브의 마찰력(f_s), 관입간극수압(u_b)을 측정하는 조사장비이다. 그림의 시험결과에 나타난 바와 같이 지층이 모래인 경우 콘 관입저항과 마찰력은 크지만, 간극수압은 점토에서는 상승하다가 모래에서는 소산됨을 알 수 있다. 따라서 피조콘 관입시험장비는 타 시험장비와 달리 얇은 모래층(sand seam) 파악을 할 수 있는 장점이 있다.

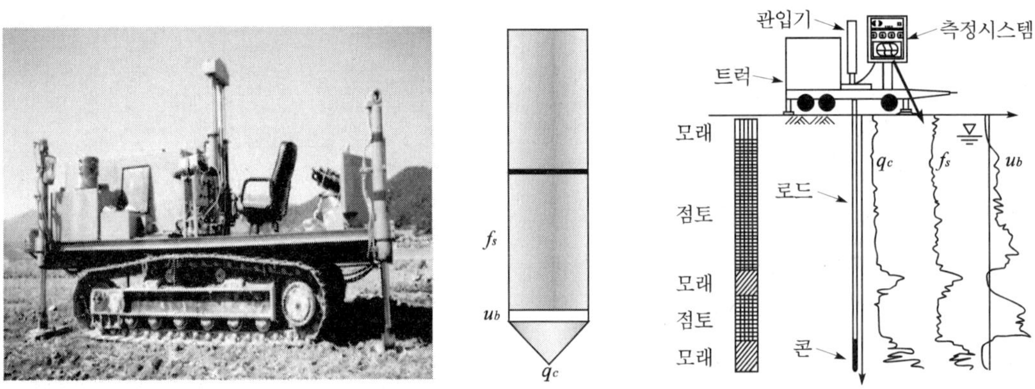

(a) 피조콘 장비 (b) 전기식 콘 (c) 피조콘 관입시험 결과

그림 1.37 피조콘 장비 및 시험결과

1) 피조콘시험 목적
   (1) 지층의 연속적인 조사를 통하여 지층분류 및 지층변화 분석
   (2) 연속적인 원지반 전단강도의 추이 분석
   (3) 중간 점토내 분포한 sand seam 유무 및 발달정도 확인
   (4) 소산시험을 통한 수평압밀계수 산정

2) 콘관입시험결과에 영향을 미치는 요인
   (1) 불균등면적 영향
   (2) 피조메터 위치, 크기, 포화도 영향
   (3) 온도영향
   (4) 측정 정확도 및 정밀도 영향
   (5) 슬리브의 부마찰력 영향

3) 피조콘 장비 구성

표 1.19 피조콘 장비구성 항목 및 용도

구성항목	용도	규격
전기식 콘	- 콘 저항, 슬리브의 마찰력, 간극수압 측정	1) 콘의 규격은 ASTM(D3441)에 규정됨 2) 콘 관입속도 : 2cm/sec 3) 콘의 선단각 : 60° 4) 콘 선단면적 : $10cm^2$ 5) 콘 선단직경 : 35.7mm 6) 슬리브의 마찰면적 : $150cm^2$ 7) Piezo element : 콘 tip 바로 뒤
추진 로드	- 전기식 콘을 지중 관입시 연결로드로 사용	1) 로드의 형식 : 단관 2) 로드의 직경 : 35.7mm 3) 재 질 : 고강도강철 4) 길 이 : 1m/1본
진공펌프	- 콘을 강제 포화시킬 때 사용	1) 포화작업시간 : 5~24시간 2) 포화액체 : 실리콘 오일

4) 피조콘 시험 결과 이용

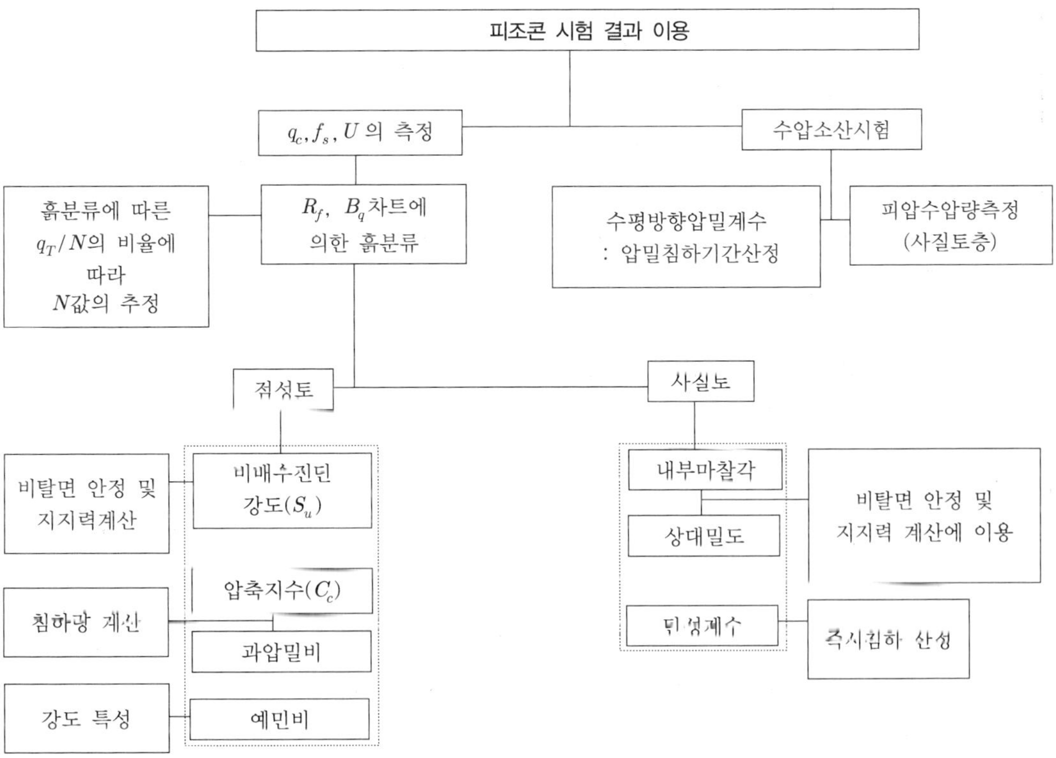

그림 1.38 피조콘 시험 결과이용

5) 실무적용

(1) 피조콘 시험결과에 의한 흙 분류

① 시료를 육안으로 관찰할 수 없다는 단점에도 불구하고, 원추관입저항력, 마찰저항력 및 간극수압을 이용하여 지층 정보를 연속적으로 알 수 있기 때문에 흙 분류가 가능하다.

② Robertson et al.(1990)은 정규화된 원추관입 저항력과 마찰률 및 간극수압 계수를 이용하여 그림 1.39와 같이 흙 분류를 할 수 있도록 하였다.

$$Q_t = \frac{q_t - \sigma_{vo}}{\sigma'_{vo}},\ B_q = \frac{U_2 - U_o}{q_t - \sigma_{vo}},\ F_r = \frac{f_s}{q_t - \sigma_{vo}} \times 100\% \tag{1.15}$$

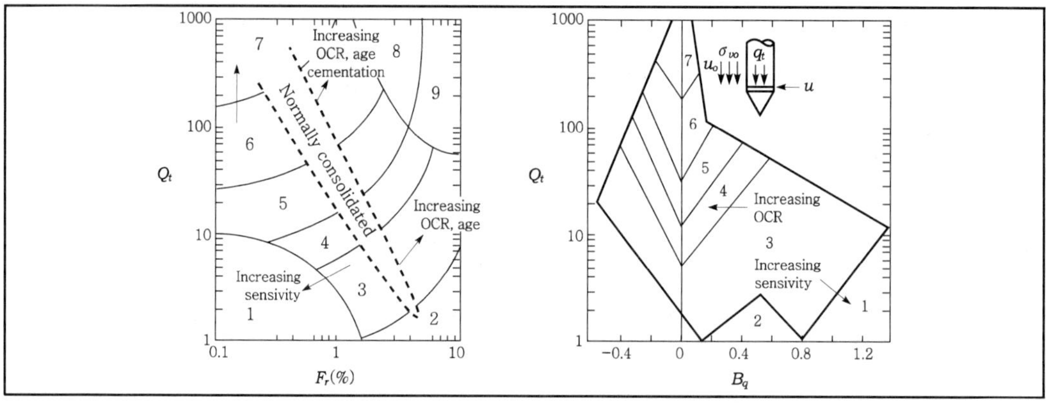

Zone	Soil type	Zone	Soil type	Zone	Soil type
1.	Sensitive, fine grained	4.	Silt mixtures clayey silt to silty clay	7.	Gravelly sand to sand
2.	Organic soils-peats	5.	Sand mixtures;silty sand to sand silty	8.	Very stiff sand to clayey sand
3.	Clays-clay to silty clay	6.	Sands;clean sands to silty sands	9.	Very stiff fine grained

그림 1.39 정규화된 Piezocone시험 결과를 통한 흙의 분류 (Robertson et al., 1990)

(2) 배수층 판정

콘관입 시험결과가 ①~③과 같은 경우 sand seam이 있는 것으로 판단할 수 있고, 이 경우 양면배수 조건이 되므로 연직배수재 타설을 생략 할 수 있으며 이때 sand seam은 수평으로 연속성이 있어야 한다. 인천국제공항 1단계 연약지반개량 공사 시 지표면으로부터 6m이내에 Sand seam이 연속적으로 존재하고 압밀기간이 6개월 이내인 경우 PBD 타설을 생략한 사례가 있다.

① 콘 저항치가 주변 저항치에 비해 급격히 증가할 경우

② 측정된 간극수압 및 마찰비(friction ratio)가 상·하부 지반의 측정치보다 급격히 저하 될 경우

③ 토층분석결과 sand 성분이 우세한 지층

(3) 비배수전단강도 산정

조사위치의 수직응력과 콘 관입저항력을 통하여 산정하는 방법, 유효선단저항치를 이용하는 방법, 과잉 간극수압을 통하여 산정하는 방법이 있다.

실무에서는 콘 관입저항력으로 비배수전단강도를 산정하는 방법이 널리 쓰이고 있으며 이 방법은 말뚝의 선단지지력 공식으로부터 유추될 수 있으며, 콘 계수(N_{kt})와 다공질 필터의 위치를 고려한 수정된 콘 관입저항치(q_t) 관계로부터 산정 가능하다.

$$S_u = \frac{q_t - \sigma_{vo}}{N_{kt}} \tag{1.16}$$

여기서, S_u : 비배수전단강도, q_t : 부등면적을 고려한 수정 콘저항치

σ_{vo} : 현장 연직 하중, N_{kt} : 경험적인 콘계수($N_{kt} = 10 \pm 5$)

콘 계수(N_{kt})는 예민비나 점토의 소성 등에 크게 영향을 받으므로 정확한 강도정수 산정을 위해 적절한 피조콘계수 추정이 매우 중요하다. 따라서 신뢰성있는 비배수전단강도를 얻기 위해서는 베인전단시험 또는 실내 삼축압축시험을 추가로 실시하고, 그 결과와 비교하여 콘계수 값들을 결정하는 것이 바람직하다.

(4) 소산시험을 수행하여 수평압밀계수 산정

피조콘 관입 시 소정의 심도에서 관입을 중단하면 콘에 측정된 최대간극수압은 수리역학적 평형 상태에 도달될 때까지 소산되는데 이러한 원리를 이용하여 지반의 수평방향 압밀계수(c_h) 산정이 가능하다. c_h 산정은 Baligh & Levadoux, Torstensson(1977) 및 Houlsby와 Teh(1988) 방법 등의 비교를 통해 적정 수평압밀계수를 평가하여야 한다. 이와함께 정확한 수평압밀계수 산정과 압밀도 산정을 위해서는 쌍곡선(Hyperbolic)방법이나 Asaoka방법 등을 이용하여 평형간극수압(정수압+잔류과잉간극수압)을 산정하는 것이 필요하다.

① 쌍곡선(Hyperbolic)방법을 이용한 평형간극수압 추정

$$\frac{t}{u_i - u_t} = \alpha + \beta t \text{에서 } u_\infty = \alpha + \frac{1}{\beta} \tag{1.17}$$

여기서 α, β : 간극수압 절편, 기울기

u_i : 최대 초기 간극수압(kPa), u_t : 임의의 t시간에서의 간극수압(kPa)

u_∞ : 평형간극수압(kPa), t : 소요시간

② Asaoka 방법을 이용한 평형간극수압 추정

$$u_{\infty} = \frac{\beta_o}{1-\beta_f} \tag{1.18}$$

여기서 u_{∞} : 시간 ∞에서의 간극수압(평형간극수압)(kPa)

β_O : 간극수압 절편, β_f : 간극수압 기울기

예제 1.5

연약점토지반 하부의 심도(GL.−13.0m)에서 피조콘 관입시험을 중지하고 $u-\log t$ 곡선이 수렴할 때까지 소산시험을 실시하여 그림 1.40과 같은 결과를 얻었다. 쌍곡선법과 Asaoka법에 의한 평형간극수압 및 간극수압에 의한 압밀도가 50%일때 점토지반의 수평압밀계수(c_h)를 구하라.

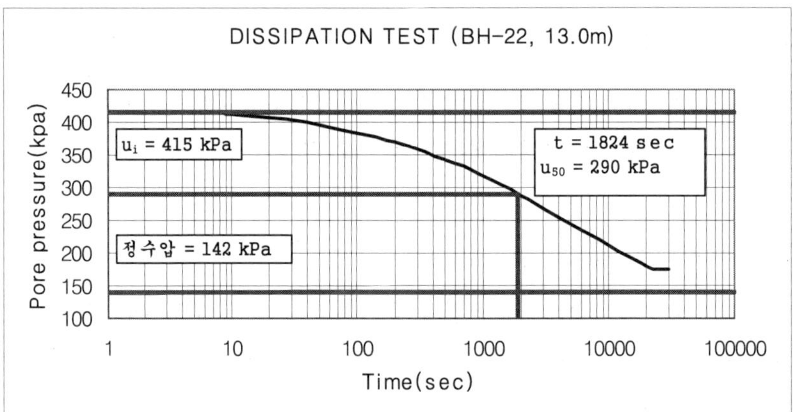

(a) 시간별 간극수압 소산시험

초기간극수압(u_i) : 415 kPa			
Time	u_t	$S_i = u_i - u_t$	S_{i-1}
1,000	316	99	0
5,000	241	174	99
10,000	209	206	174
15,000	191	224	206
20,000	182	233	224
25,000	180	235	233
28,000	181	234	235

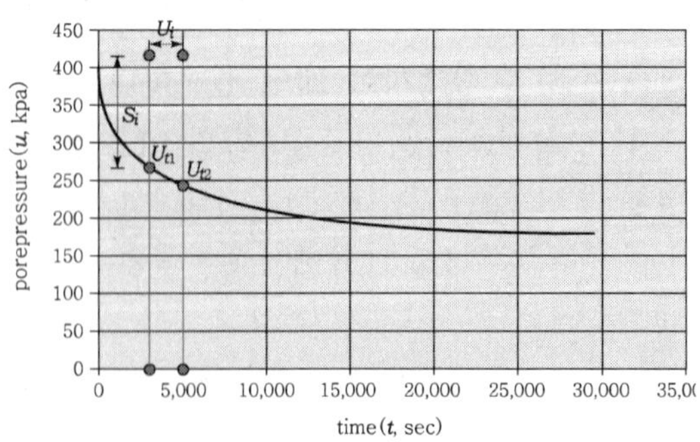

(b) 시간별 간극수압

그림 1.40 피조콘 간극수압소산 시험결과

풀이

1. 평형간극수압 산정

그림 1.41과 같이 시간별 간극수압을 plot하면 절편과 기울기를 알 수 있다. 이 값으로부터 쌍곡선방법과 Asaoka 방법으로부터 평형 간극수압을 구한 후 원지반의 정수압을 빼면 지반의 잔류 간극수압을 구할 수 있으며 그 결과는 표 1.20과 같다.

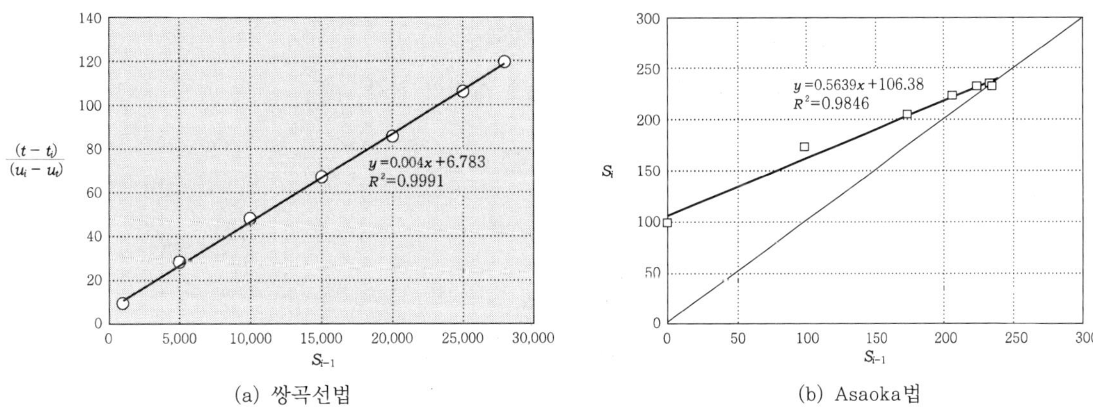

그림 1.41 쌍곡선법과 Asaoka법에 의한 절편과 기울기

1) 쌍곡선 방법에 의한 평형간극수압

$$u_{\infty} = \alpha + \frac{1}{\beta} = 6.783 + \frac{1}{0.004} \fallingdotseq 257kPa$$

평형간극수압 $= 415 - 257 = 158kPa$

2) Asaoka 방법에 의한 평형간극수압

$$u_{\infty} = \frac{\beta_o}{1-\beta_f} = \frac{106.38}{1-0.5639} \fallingdotseq 244kPa$$

평형간극수압 $= 415 - 244 = 171kPa$

표 1.20 평형간극수압 추정 및 잔류 간극수압

Hole no.	지하수위 (GL.+m)	초기 간극수압 (kPa)	평형간극수압 (kPa)			정수압 (kPa)	잔류 간극수압 (kPa)
			쌍곡선	Asaoka	평균		
BH-22	1.45	415	158	171	165	142	23($0.23kgf/cm^2$)

2. 수평압밀계수 산정

Baligh & Levadoux가 제시한 CPT시험으로부터 c_h값의 추정 방법은 log값으로 과잉간극수압을 산정하여, 그림 1.42와 재 플롯(plot)된 실제측정곡선을 overlap 시킨 결과가 서로 비슷한 경우 식 (1.19)를 이용하여 c_h를 산정한다.

1) 측정값에 의한 수평압밀계수 산정

$$c_{ht} = \frac{T_{50} \times R^2}{t_{50}} \tag{1.19}$$

여기서 R : 콘 반경(1.785cm)

T_{50} : 시간계수

t_{50} : 과잉간극수압 50% 소산에 걸리는 시간

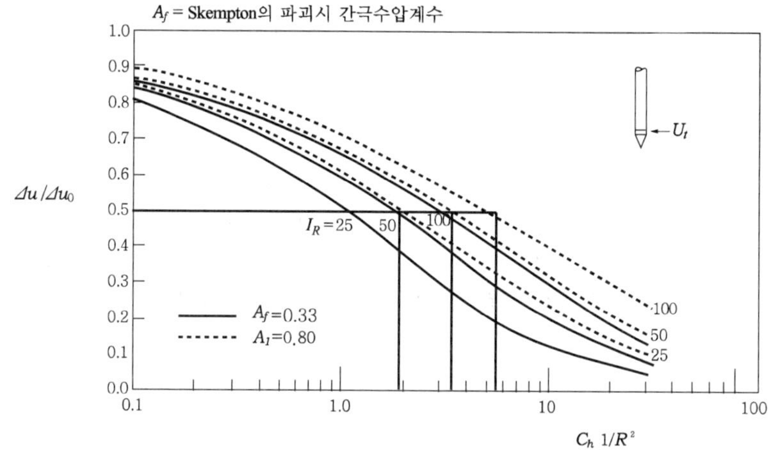

그림 1.42 이론적인 시간계수(Battaglio et al., 1981)

2) 수정값에 의한 수평압밀계수 산정

$$c_h = \frac{RR}{CR} \times c_{ht} \tag{1.20}$$

여기서 RR : recompression ratio = C_s / (1+e_0)

CR : compression ratio = C_c / (1+e_0)

만일 실내시험 data가 없는 경우 $\frac{RR}{CR}$ = 0.15를 적용한다.

시간계수(T_{50}) 산정시 과잉간극수압 50% 소산시간의 정규화된 간극수압비($\Delta u/u_t$)는 50%, A_f값 적용은 파괴시의 간극수압계수 추정, 강성지수 $I_R = G/S_u \simeq E/3S_u$를 계산한다. 만일 실무적용 시 이 값들에 대한 자료가 없는 경우 $A_f = 0.80$, $I_R = 100$으로 가정한다(FHWA, 1992). 따라서 T_{50}은 그림 1.42로부터 압밀도 U_{50}의 강성비 25, 50, 100의 점선 각각에 해당하는 A_f값(1.90, 3.40, 5.6)중 평균값인 3.40을 적용하고 이를 이용하여 표 1.21과 같이 수평압밀계수(c_h)를 추정한다.

표 1.21 피조콘 소산시험에 의한 c_h 산정 결과

시험 번호	$\Delta u/u_t$	시간계수 (T_{50})	압밀도 50%(u_{50}) 일때 간극수압	t_{50} (sec)	RR/CR	c_h(cm^2/sec)
BH-22	0.5	3.4	290 $[=(\frac{415-165}{2})+165]$	1,824	0.15	8.91×10^{-1} $[c_h=\frac{3.4\times(1.785)^2}{1,824}\times0.15]$

1.7.4 베인전단시험(Vane shear test, VST)

베인전단시험은 로드(rod)에 부착된 축에 4개의 날개를 십자형으로 조립하여 점성토 지반에 관입·회전시켜서 회전 모멘트에 의해 연약지반의 비배수전단강도를 추정하는 시험이다. 베인전단시험 장비 및 개념도는 그림 1.43과 같다.

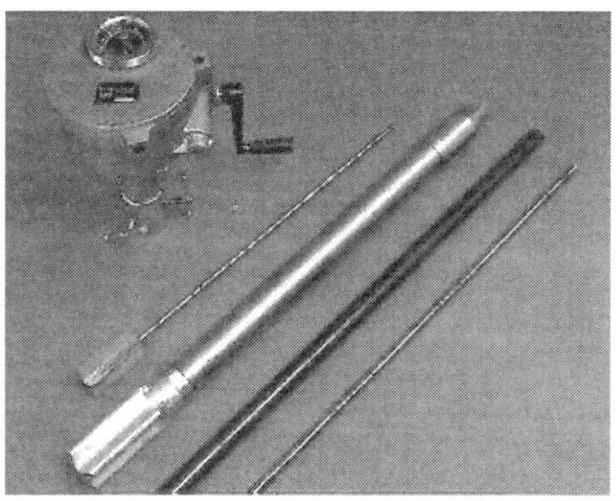

(a) 베인전단시험 장비

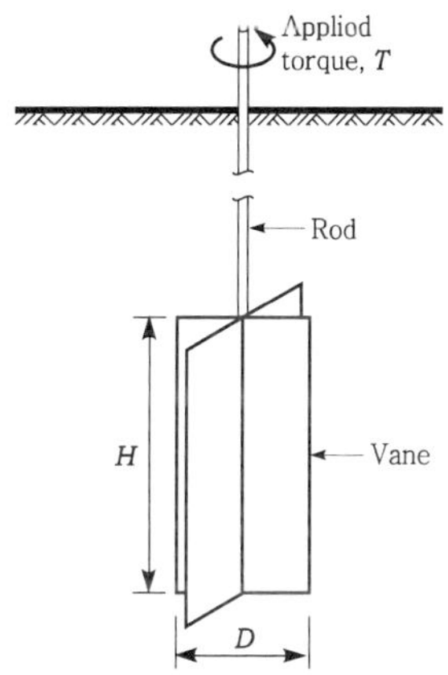

(b) 개념도

그림 1.43 베인전단시험 장비 및 개념도

시험방법은 베인을 rod끝에 설치하여 중심축을 맞추어 시추공 바닥에서 2.25H~시추공 직경 3배 이상까지 관입한 후 약 6°/min의 일정한 속도로 rod를 회전시키면서 파괴시까지 torque를 기록한다. 점착력 산정은 흙이 전단될 때의 우력(torque)을 측정하면 점토의 점착력(비배수전단강도)은 식 (1.21)로 구할 수 있다.

$$c_{uv}=\frac{10T}{\frac{\pi D^2H}{2}+\frac{\pi D^3}{6}} \tag{1.21}$$

여기서, c_{uv} : 베인으로 얻은 점착력(kPa), T : 우력($N-cm$)

H : 베인의 높이(cm), D : 베인의 직경(cm)

유럽과 북미에서는 설계를 위한 비배수전단강도 산정 시 베인전단시험값을 사용하도록 적극 추천하고 있다(Leroueil et al., 1990).

베인전단시험은 깊이에 따라 연속적인 강도정수 파악이 가능하고 시료교란 영향이 배제될 뿐만 아니라 실제 성토지반에서 파괴예측이 성공적으로 수행되었기 때문이다. 베인전단시험 결과는 실트가 많이 함유된 점성토에서는 시험값이 부적절하므로 흙의 소성도에 따라 보정이 필요하다(Bjerrum, 1972).

그림 1.44에서 소성지수(PI) = 20% 인 경우는 수정계수(μ)가 1이며 20%이상인 경우는 1보다 적게 되는 것을 알 수 있다.

여러 학자들의 연구결과를 종합하여 Ladd et al.(1977)은 소성지수에 따른 수정방법을 식 (1.22)와 같이 제안하였다.

$$c_u = \mu \, c_{uv} \tag{1.22}$$

여기서, c_u : 베인전단시험값의 보정 점착력 (kPa)

μ : 수정계수(μ=1.7−0.54 log PI)

c_{uv} : 베인전단시험으로 얻은 점착력 (kPa)

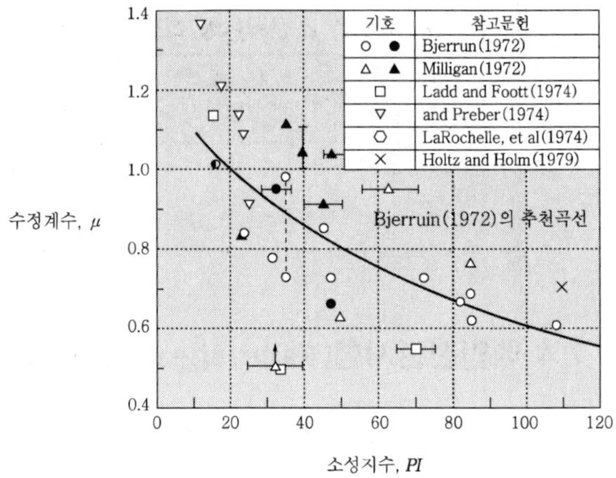

그림 1.44 현장베인전단시험에 대한 수정계수

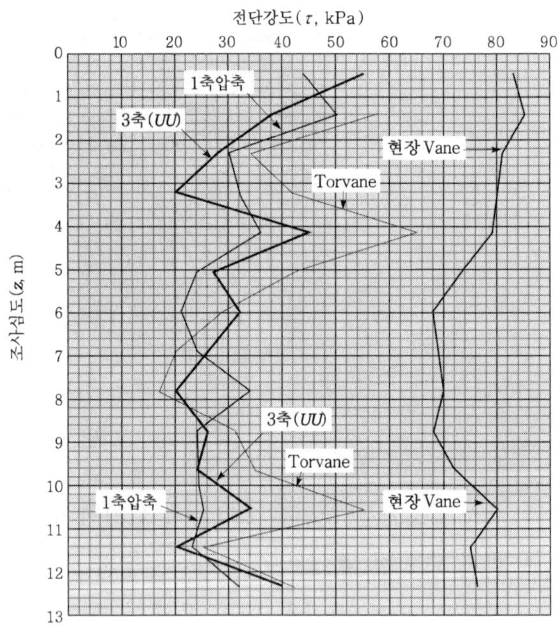

그림 1.45 Morgan city 신생점토의 비배수강도 비교

베인전단시험으로 구한 점착력의 값은 그림 1.45에 나타난 바와 같이 일축 또는 삼축압축시험으로 구한 값보다 일반적으로 크게 나타나므로 피조콘시험 값 등을 종합적으로 분석하여 적정한 지반정수를 적용해야 한다.

또한 베인전단시험에서는 베인 관입 시 흙 구조가 흐트러지고 과대한 간극 수압이 생기므로 소성지수가 낮은 지반은 간극수압이 어느 정도 소산될 만큼의 충분한 시간을 두고 시험을 해야 강도증가율의 신뢰성을 확보할 수 있다.

예제 1.6

포화점토에 대해 베인전단시험을 실시하였다. 베인의 직경과 높이는 각각 7.5cm와 15cm 이고 시험 중 사용한 최대회전모멘트는 2,500N/cm이다. 점성토의 비배수 전단강도를 구하라.

풀이

$$c_u = \frac{10T}{\pi D^2\left(\frac{H}{2}+\frac{D}{6}\right)} = \frac{10\times 2{,}500}{\pi\times 7.5^2\left(\frac{15}{2}+\frac{7.5}{6}\right)} = 0.162kgf/cm^2 = 16.2kPa$$

예제 1.7

【예제 1.6】의 점성토의 액성한계는 65% 이고 소성한계는 30% 이다. 설계에 이용할 수 있도록 수정비배수 전단강도를 구하라.

풀이

$PI = LL - PL = 65 - 30 = 35$ %

$c_u = \mu \cdot c_u$에서

$\mu = 1.7 - 0.54 \log(PI)$ 또는 그림 1.44로부터 $\mu = 1.7 - 0.54 \log(35) = 0.866$

$c_u = 0.866\times 16.2 = 14kPa$

1.7.5 동적콘관입시험(Dynamic Cone Penetration Test, DCPT)

원위치에서 흙의 관입저항을 측정하여 개략적인 토층성상을 파악하고 지중의 동적 응력파악 및 원위치의 전단강도를 측정하기 위하여 실시한다. 시험방법은 선단콘을 부착한 로드를 일정한 무게의 해머로 76cm의 높이에서 자유낙하시켜 지반에 원추를 연속적으로 관입하면서 30cm 깊이마다 타입에 요하는 타격횟수를 측정한다.

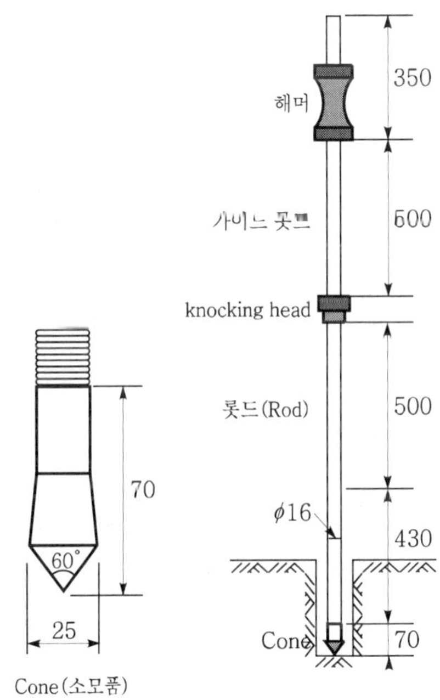

그림 1.46 간이 동적 콘 관입시험

1) 특징(장 · 단점)

(1) 연속적으로 관입할 수 있어 최종 심도까지 연속적 자료 확보가 가능하나, 시료채취가 불가능하다.

(2) 보링을 하지 않는 원위치시험이므로 작업이 신속하고 비용이 적게 소요된다.

(3) 관입심도가 증가하면 로드의 주면마찰이 증대하여 측정치가 과대해진다.

2) 적용토질 및 적용성

(1) 정량적인 토질정수 결정에 사용하기보다는 깊이변화에 따른 특성변화 판별시 주로 사용한다.

(2) 자갈, 호박돌, 암반을 제외한 모든 토질에 적용가능하나 주로 사질토 지반에 적용한다.

3) 실무적용

(1) 상대적인 흙의 굳기 판단

(2) 다짐정도

(3) 토층구성 판단 시 이용되며 모래 및 자갈지반에서 N값 추정 가능

1.7.6 딜라토미터시험(Flat dilatometer test, DMT)

Flat dilatometer는 보통 딜라토미터(dilatometer)로 불리우며 멤브레인(membrane)이 설치되어 있는 날(blade)을 지중에 관입시켜 수평방향으로 압력을 재하하여 각 계수를 결정하고 지층의 특성을 파악하는 현장 원위치 조사 장비이다. 표준관입시험의 부정확성, 공내재하시험의 공벽형성의 문제와 현상은 피조콘(piezocone)의 단점을 보완한 시험으로서 아칭(arching)현상은 CPT(cone penetration test)에 비해 DMT가 작다.

1) 시험장비 및 시험방법

(1) 시험장비는 날(blade), 압입로드, 압력제어장치이며 시추공은 필요 없다.

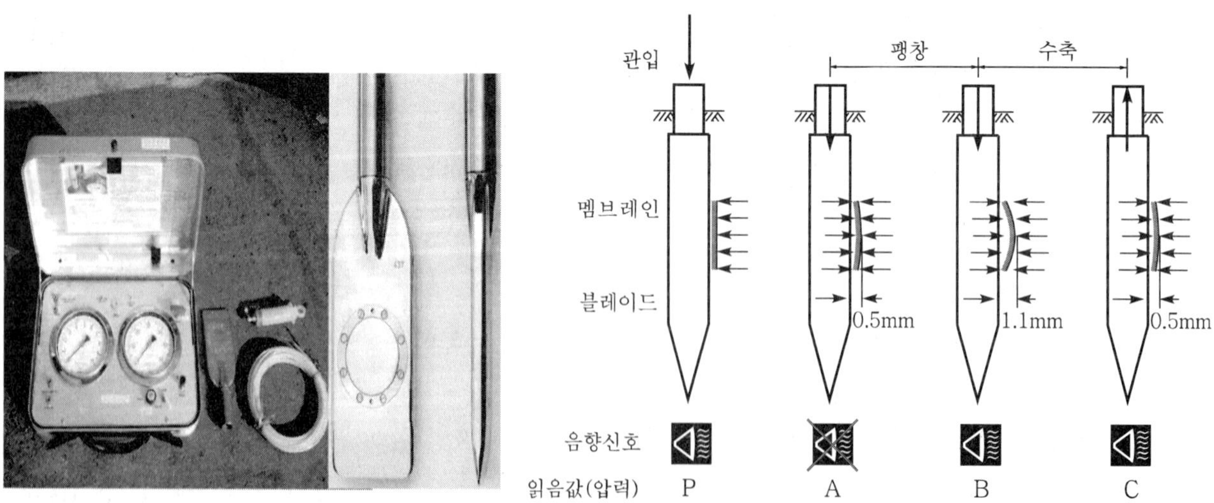

(a) 딜라토미터 시험장치

(b) 시험과정 개념도

그림 1.47 딜라토미터 시험장비 및 시험과정 개념도

(2) 시험 방법

① 날(Blade)을 2cm/sec의 속도로 시험 깊이까지 관입하고 압력을 가한다.

② 멤브레인(Membrane)은 로드(rod)내의 에어(air)튜브를 통해 지상에서 질소가스압에 의해 팽창시킨다.

③ 날(Blade)의 중앙에 있는 멤브레인(membrane)이 0.05mm 팽창 시 압력을 A, 1.1mm 팽창 시 압력을 B, 다시 원위치로 되돌아 왔을 때의 압력 C를 측정한다. 흙의 종류에 따라 변위가 원래대로 회복되지 않는 경우 C값을 알 수 없는 경우도 있다.

2) 장, 단점

(1) 점토, 모래의 지반정수산정이 가능하다.

(2) 시추공이 필요 없으므로 비용이 적게 소용된다.

(3) 시료채취가 안 된다.

(4) 중간에 견고한 층이 있으면 관입곤란 및 장비가 파손될 수 있다.

(5) 자갈, 암반층과 같이 단단한 지층에는 적용하지 못한다.

3) 시험 시 유의사항

(1) 점토의 경우 재하속도 영향이 미치므로 2.0cm/sec 속도를 유지해야 한다.

(2) 날(Blade) 관입 시 수직도를 유지해야 측정치가 정확하다.

(3) 시험 전에 지반조건을 파악해서 적용성을 판단함이 바람직하다.

4) 실무적용

(1) 흙의 분류

Dilatometer modulus(E_D)와 material index(I_D)로 Clay(점토), Silt(실트), Sand(모래)를 구분한다.

- 점토 : I_D <0.6
- 실트 : 0.6< I_D <1.8
- 모래 : I_D >1.8

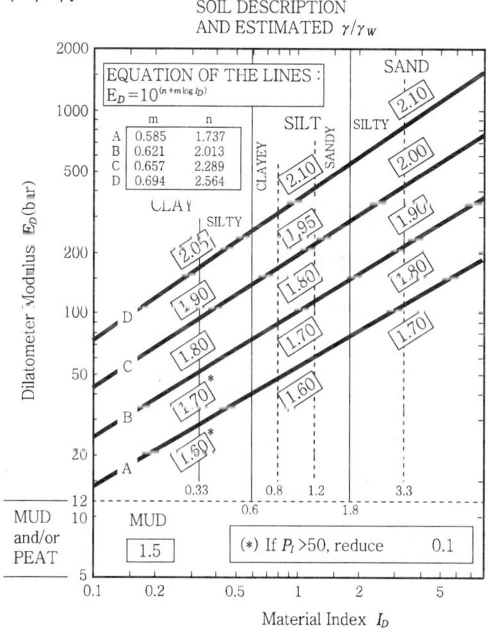

그림 1.48 I_D와 E_D에 의한 흙의 구분

(2) 점성토에서 다음 값을 얻을 수 있다

① 비배수 전단강도　② 정지토압계수　③ 과압밀비

④ 체적압축계수　⑤ 압밀계수　⑥ 탄성계수

(3) 사질토에서 다음 값을 얻을 수 있다.

① 내부마찰각　② 정지토압계수

③ 탄성계수　④ 액상화 평가

1.7.7 평판재하시험

기초저면의 위치에서 지반위에 재하판을 놓고 하중을 가하여 시간변화에 따른 침하량을 다이얼 게이지로 측정하여 하중-침하관계로부터 허용지내력(침하, 지지력)을 알아내는 시험이다.

1) 시험순서

(1) 시험위치 정리 후 모래를 포설한다.

(2) 재하대, 재하판, 다이얼 게이지, 잭을 설치한다.

(3) 일정한 압력을 단계적으로 재하한다.

(4) 1회의 재하압력은 $100kPa$이하 또는 예상지지력의 1/5이하여야 하며 동일시간 간격으로 최소 6회 이상 침하량을 측정한다.

(5) 각 단계 침하량이 15분에 1/100mm 이하면 다음단계 하중을 가한다.

(6) 시험의 종료는

① 하중-침하곡선 위에 항복점이 나타날 때까지

② 재하판 직경의 10% 침하가 발생할 때까지(KS F 2444, ASTM D 1194)

③ 침하량이 $25mm$이상 되었을 때

④ 작용하중(압력)이 허용압력의 3배 이상이 되었을 때 종료 할 수 있다.

2) 평판재하시험시 노상 및 노체의 지지력계수 기준

노상 및 노체 다짐은 평판재하 시험에 의한 지지력 계수(K치)를 사용하여 관리하여야 하며, 노상은 지지력계수 K_{30}, 노체는 지지력계수 K_{30} 또는 K_{75}를 사용하여 품질관리를 하여야 한다. 평판의 크기는 지층의 균일성 여부 및 재료의 입경과 관련이 있으므로 현장여건을 고려하여 시험 방법을 결정해야 한다.

표 1.22 노상 및 노체의 지지력계수 기준

구분		콘크리트 포장	아스팔트 포장
노상	침하량(*cm*)	0.125	0.25
	지지력계수(K_{30}, kPa/cm)	1,500이상	2,000이상
노체	침하량(*cm*)	0.125	0.25
	지지력계수(K_{30}, kPa/cm)	1,000이상	1,500이상
암성토	침하량(*cm*)	0.125	
	지지력계수(K_{30}, kPa/cm)	2,000이상	

3) 지반의 파괴유형과 항복점(항복하중)의 결정방법

(1) 평판재하시험의 하중-침하-시간 결과를 이용하는 것이 일반적이다.

(2) 평판재하시험의 침하량-지지력 관계는 그림 1.49와 같이 관입전단파괴(punching shear failure), 국부전단파괴(local shear failure) 및 전반전단파괴(general shear failure)로 나타나며 파괴유형별 극한지지력(q_u)은 다음과 같이 판단한다. 관입전단파괴는 주로 연약지반에서 발생하여 최대점이 잘 나타나지 않으므로 하중-침하곡선의 곡률이 최대가 되는 하중을 극한지지력이라 한다. 국부전단파괴는 하중-침하곡선의 경사가 급해져서 직선으로 변하기 시작하는 하중을 극한지지력이라 한다. 전반전단파괴는 침하가 급격히 일어날 때의 하중을 극한지지력이라 한다. 파괴유형별 상세 내용은 제 6장의 6.3.1항을 참조하기 바란다.

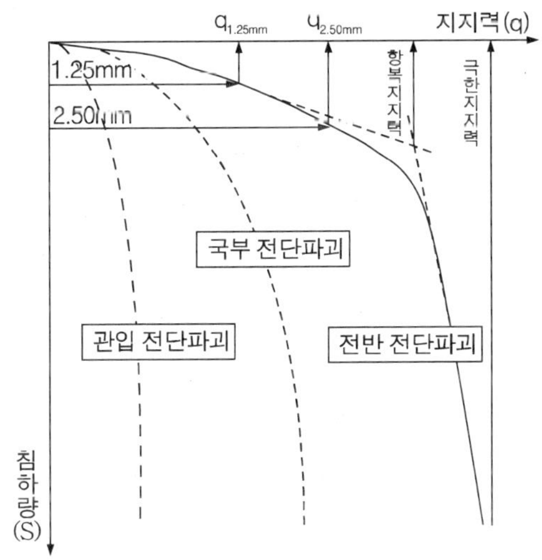

그림 1.49 하중-침하곡선

(3) 재하시험 결과로부터 항복하중(q_t , q_{test})을 구하는 방법은 다음과 같이 4가지 방법이 있다.

① 하중(P)-침하(S)곡선

단계하중 P와 침하량 S를 일반 그래프용지에 도시하였을 때 그림 1.50(a) 와 같은 곡선이 가장 크게 변했을 때의 하중을 항복하중으로 결정한다. 그러나 이 곡선의 변곡점을 구하기가 어려워 잘 사용하지 않는다.

② log P - log S 곡선법

P와 S를 그림 1.50(b)와 같이 양대수 그래프에 도시하여 기울기가 변할 때 하중을 항복하중으로 결정하는 방법으로 실무에서 주로 사용한다.

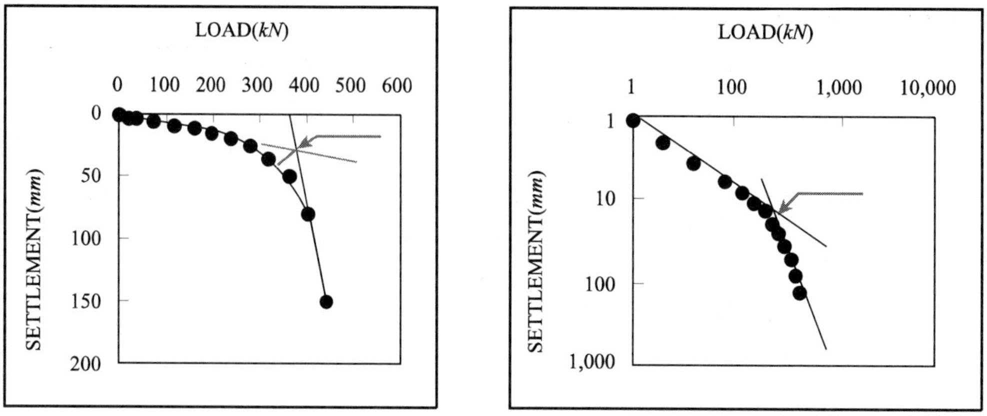

(a) 하중(P)-침하(S)곡선법(예) (b) log p-log s 곡선법(예)

그림 1.50 하중(P)-침하(S)곡선법 및 log p-log s 곡선법

③ log t-S 곡선

그림 1.51(a)와 같이 반대수 그래프에 시간에 따른 침하량을 각 하중별로 도시했을 때 기울기가 갑자기 커졌을 때의 하중을 항복하중으로 보는 방법이다.

④ $\triangle S/\triangle \log t$-P 곡선법

그림 1.51(b)에서 시간변화에 따른 침하의 기울기가 거의 일정하게 변하는 구간의 시간을 잡아서 침하량 차이 ($\triangle S$)를 시간차이($\triangle \log t$)로 나눈 값과 하중 P를 도시하여 그 직선의 기울기가 커질 때의 하중을 항복하중으로 결정하는 방법이다.

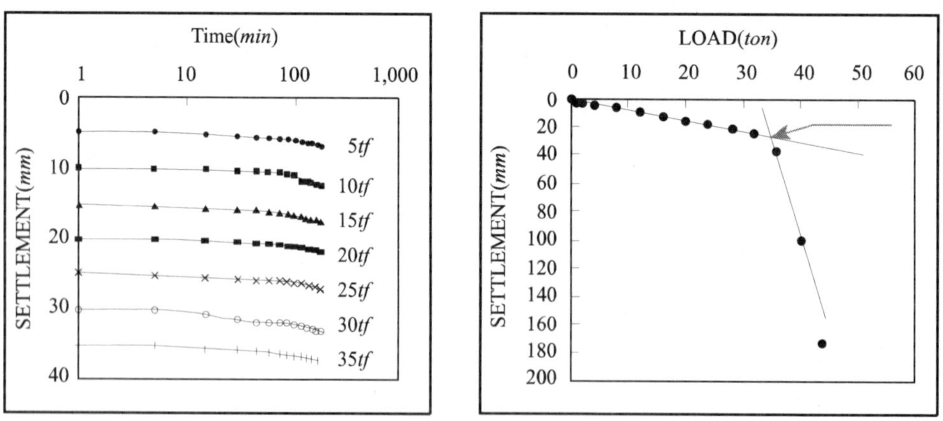

(a) log t-S 곡선법(예) (b) $\triangle S/\triangle \log t$-P 곡선법(예)

그림 1.51 log t-S 곡선법(예) 및 $\triangle S/\triangle \log t$ -P 곡선법(예)

4) 시험결과에 의한 허용지지력 계산

표 1.23 시험결과에 의한 허용지지력 계산

허용지지력 \ 구분	정역학적 공식으로 계산	재하시험 결과에 의한 계산
장기	$\frac{1}{3}(\alpha \cdot c \cdot N_c + \beta \cdot r \cdot B \cdot N_r + r \cdot D_f \cdot N_q)$	$q_a = q_{test} + \frac{1}{3} r \cdot D_f \cdot N_q$
단기	장기의 2배	$q_a = 2q_{test} + \frac{1}{3} r \cdot D_f \cdot N_q$

여기서, q_a : 허용지지력(kPa)

q_{test} : 재하시험결과에 의한 허용지지력 산정시

$\frac{1}{2}\sigma_y$(항복하중)와 $\frac{1}{3}q_u$(극한하중) 중 작은 값을 적용한다.

N_q : 지지력 계수(하중면보다 아래 지반 토질에 따른 계수)

사질토지반: 느슨한 경우 = 3, 조밀한 경우 = 9, 점성토지반 = 3

$D_f,\ \gamma_t$: 각각 기초의 근입 깊이 및 이 부분에 있는 흙의 평균단위중량

$\frac{1}{3}r \cdot D_f \cdot N_q$: 근입깊이 적용여부는 현장의 지반환경 영향을 고려하여 결정하여야 한다.

5) 연직방향 지반반력계수

평판재하시험 결과를 그림 1.49와 같이 가로 좌표에 지지력 $q(kPa)$, 세로 좌표에 침하량 $s(cm)$으로 나타낸다. 이 곡선에서 s(아스팔트포장 2.50mm, 콘크리트포장 1.25mm)에 대한 q / s의 값을 구하여 지반반력계수 또는 지지력 계수라 한다.

$$\text{지반반력계수}(K) = 0.01\frac{q(kPa)}{s(cm)} \quad (1.23)$$

K의 단위는 kPa/cm이며, 지반 반력계수의 값은 주어진 흙에 대하여 상수가 아니고, 침하량에 따라 달라진다. K값은 재하판의 지름이 변하면 값도 달라지며, 지름이 75cm보다 작은 재하판을 사용할 경우에는 다음 식을 이용하여 75cm 경우의 값으로 환산할 수 있다.

$$K_{75} = \frac{1}{2.2}K_{30},\ K_{75} = \frac{1}{1.72}K_{40},\ K_{75} = \frac{1}{1.3}K_{50} \tag{1.24}$$

여기서 K_{30}, K_{40}, K_{75}는 각각 재하판 지름이 $30cm$, $40cm$ 및 $75cm$의 재하판으로 시험한 K값이다. 사질토의 탄성계수는 깊이에 따라 증가하고 기초의 침하량은 탄성계수에 따라 달라지며 K값은 기초의 깊이가 클수록 증가한다. 지반 반력계수(K)는 곡선상에서 변위량의 크기에 따라 일정치 않은 성질을 가지며, 흙의 종류와 깊이에 따라서 변화하는 특성을 갖는다. 변형계수(E_0)는 순수한 재질에 대한 상수이고, 지반반력계수(K)는 재질뿐만 아니라 기초의 크기, 형상 등에 영향을 받는다.

6) 평판재하시험 결과이용 시 유의사항

지반의 지지력은 지반의 성질 이외에도 기초의 근입깊이, 폭, 길이, 지하수위 등에 의해 영향을 받으므로 실제기초보다 크기가 작은 평판재하시험의 결과를 실제기초에 적용할 경우 다음 내용에 유의해야 한다.

(1) 연약지반 두께의 영향

재하판의 영향이 미치지 않는 깊이에 연약지반이 있으면 실제기초에서는 연약지반의 영향을 받아서 기초침하가 크게 발생될 수 있으므로 재하시험과는 별도로 연약층의 전단 및 압축특성을 파악하여 실제기초의 침하량과 지지력을 산출해야 한다.

(2) 지하수위

지하수위가 지표에 가까이 있는 지반에서 지하수위가 상승하면 지반의 지지력이 대략 반감하므로 이를 고려하여 기초의 지지력을 판정해야 한다.

(3) 크기효과(Scale effect)

하부에 연약층이 없고 균질한 경우에도 재하판의 크기에 의한 영향이 있으므로 지지력과 침하량에 대한 실제기초와 재하판의 scale effect를 고려해야 한다. 지지력은 Terzaghi에 의하면 순수한 점토의 지지력은 재하판 크기의 영향이 없으나, 순수한 모래에서는 지지력이 재하판의 폭에 비례하여 커진다. 침하량은 순수한 점토의 변형계수는 깊이에 대해서 일정하고 기초의 영향권은 재하판의 크기에 따라 커진다. 구조물 크기에 따른 보정 즉 크기효과는 표 1.24에 나타낸다.

표 1.24 구조물 크기에 따른 보정

구분	극한 지지력	침하량	비고
점성토	$q_{ult} = q_{uo}$	$S = S_o \frac{B}{B_o}$	B_o : 재하판 크기 B_f : 기초판 크기 S : 기초침하 S_o : 재하판 침하량
사질토	$q_{ult} = q_{uo}\frac{B_f}{B_o}$	$\frac{S}{S_o} = \frac{4}{(1+\frac{B_0}{B_f})^2}$	

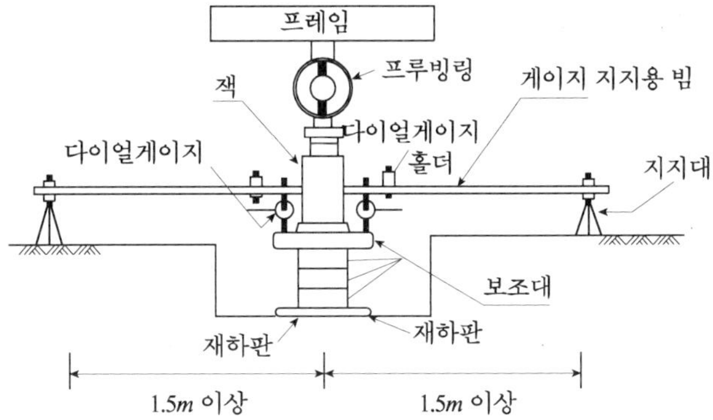

(a) 시험장치의 구성

(b) 시험 실시 전경

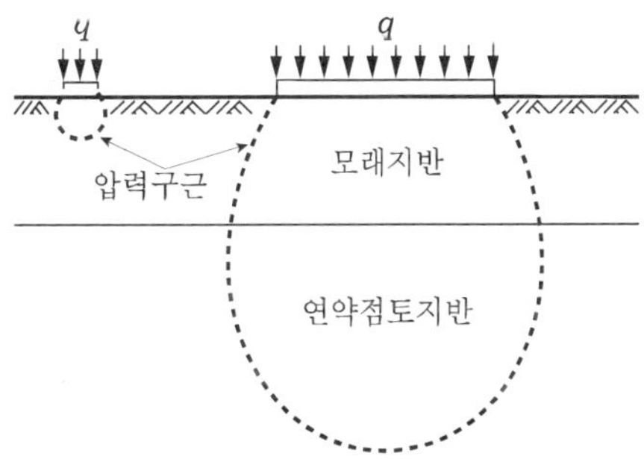

(c) 크기효과(Scale effect)

그림 1.52 평판재하시험 및 설계치수에 대한 scale effect

7) N값과 변형계수(E_s)

Schultze & Menzenbach(1960)의 연구결과에 의하면 N값과 지반의 변형계수 E_s의 상관성은 점성토 이외의 흙에서는 대체로 직선비례관계가 있는 것으로 알려져 있다.

(1) Schmertmann(1978)의 제안

표 1.25 흙의 종류별 변형계수 (E_s, kPa)

흙의 종류	E_s/N
Silt, sandy silt	400
Fine to medium sand	700
Coarse sand	1,000
Sandy gravel, gravel	1,200~1,500

(2) Yoshinaka(吉中, 1968)의 연구

Yoshinaka는 N값과 공내재하시험에 의한 횡방향변형계수(E_s)와의 관계를 그림 1.53과 같이 제시하였다.

$$E_p = (400 \sim 1{,}000)N \quad (kPa) \tag{1.25}$$

$$E_p = 678N^{0.998} \quad (kPa) \tag{1.26}$$

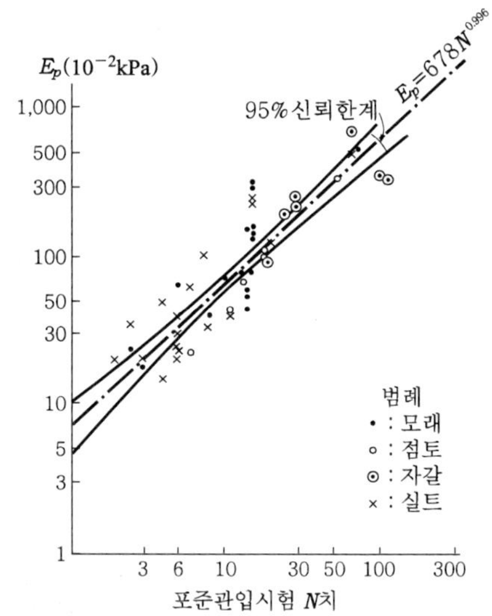

그림 1.53 $N-E_p$의 관계

8) 독일식 평판재하시험(Deutsche norm, 1993)

(1) 적용범위

본 표준은 DIN 18134에 규정되어 있으며 토공과 기초뿐만 아니라 도로, 철도 및 비행장 공사에 적용된다. 토사의 다짐도를 확인하고 도로 및 비행장 활주로, 기초 설계에 적용을 위한 데이터를 제공하기 위한 시험방법(평판재하시험)을 규정하고 있다. 이 시험방법의 목적은 하중과 침하간의 관계(하중-침하곡선)를 결정할 수 있도록 하여 토사의 변형과 강도특성을 알 수 있게 하고 변형계수와 지반반력계수를 결정할 수 있도록 하기 위함이다.

(2) 시험기구

가) 일반

다음의 시험기구가 필요하다.

㉠ 반력 재하 시스템

㉡ 재하판, 오일 압력펌프, 유압잭 및 고압호스로 구성되는 평판재하장치

㉢ 재하된 하중의 측정장치와 재하판의 침하량 측정장치

㉣ 4차 방정식 계산에 적당한 프로그래밍이 가능한 소형 계산기

나) 반력 하중 시스템

반력 하중 시스템은 반력 하중을 발생하는 것이며, 요구되는 최대 하중보다 최소한 10 kN 이 커야 하며 트럭이나 트레일러 또는 다른 중량이 충분한 것이면 된다.

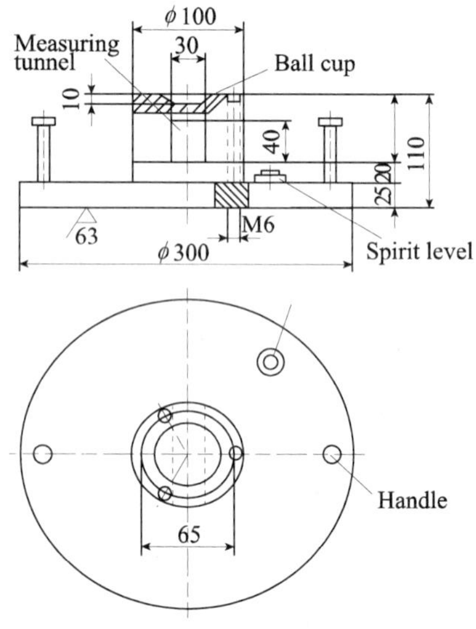

그림 1.54 측정 터널이 장치된 300mm 재하판

다) 재하판

재하판의 최소 기준은 St. 52-3 강재이어야 하며, 표면이 평평해야 하고 2개의 손잡이가 있어야 한다. 7°까지 경사지게 setting이 가능한 spirit level은 윗면에 고정된다. 재하판의 직경은 300*mm*, 600*mm*, 762*mm*가 있다.

라) 재하시스템

재하시스템은 단계별로 하중을 증감 할 수 있어야 하며 다루기가 쉽고 안전해야 한다. 적절한 장치로는 유압잭과 고압 호스가 서로 연결되어 있는 오일 압력 펌프가 있다.

마) 하중 측정기

재하판에 재하된 하중은 기계적 또는 전기적인 힘 전달 장치로 측정하는 것이 최선이다. 이는 재하판과 피스톤 사이에 고정되는 최대하중의 1%까지 읽을 수 있는 정밀성이 있다. 하중 측정 장치는 최소한 매 2년에 한 번씩 검사 교정한다.

바) 침하 측정기

재하판의 침하는 DIN 878의 0.01*mm* 눈금 간격과 최소 눈금 범위가 10*mm*인 다이얼 게이지나 또는 이와 같은 다이얼 게이지와 동일한 규정에 해당하는 이동범위, 읽기 가능성 및 정밀성을 갖는 전기변위 변환기를 써서 측정할 수 있다.

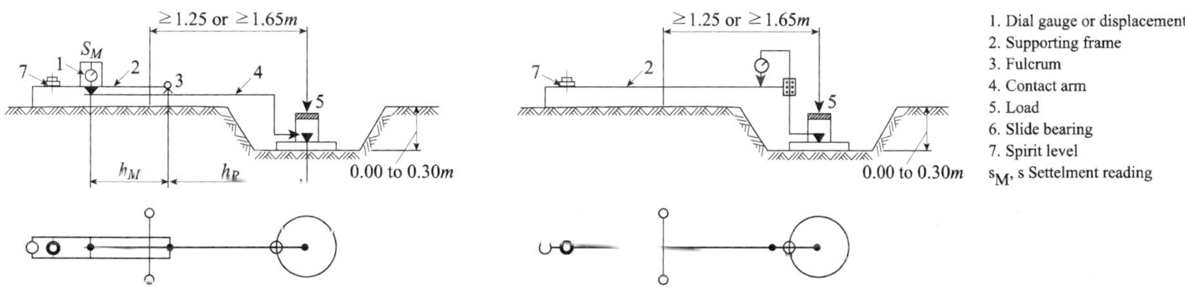

(a) 받침대가 장치된 시험기 (b) Slide bearing이 장치된 시험기

그림 1.55 한 지점 침하 측정을 위한 시험기

(8) 일반 시험조건

평판재하시험은 조골재가 섞인 혼합토사뿐만 아니라 세립자의 토사까지 가능하다. 평판이 평판 직경의 약 1/4 이상 되는 입경 위에 설치되지 않도록 주의해야 한다. 급속히 건조되는 일정한 입상형 모래나 토사가 표층을 형성하고 있거나, 약해지거나 혹은 교란된 경우에는 평판재하시험을 이 교란된 표층 아래에서 실시되어야 한다. 또한, 시험 중 토사의 밀도는 가능한 처음부터 끝까지 같아야 한다. 세립질 토사(예, 실트 점토)에 대한 평판재하시험이 합리적으로 수행되는 것은 심도별로 지반특성이

일정할 때만 가능하다. 의심스러울 경우에는 시험결과에 가장 결정적인 영향을 주는 토사의 함수비를 표면 아래 $2\times r$ (r은 평판의 반경) 깊이에서 결정해야 한다.

(4) 시험결과 이용 및 고찰

가) 변형계수

변형계수(E_v)는 토사의 변형특성을 나타내며 산정방법은 다음과 같다. 첫 번째와 두 번째 재하 시에 하중-침하 곡선의 최대응력(σ_{1max})을 구하고, 첫 번째와 두 번째 재하시의 하중-침하곡선에서의 최대응력의 30%($0.3\sigma_{1max}$)와 70%($0.7\sigma_{1max}$)지점에서의 응력과 침하량을 각각 구하여 두 지점 사이의 기울기($\Delta\sigma/\Delta S$)를 계산한다. 그 후 다음 공식을 사용하여 첫 번째 재하 시 하중-침하 곡선의 변형계수(E_{v1})과 두 번째 재하 시 하중-침하 곡선의 변형계수(E_{v2})를 구한다.

노반은 반복적인 하중을 받으면 탄성적인 거동을 하게 되는데 이때 초기침하를 변형계수로 표현한 것이 E_{v1}이고, 이후 발생하는 탄성침하에 의한 변형계수를 E_{v2}라 한다. E_{v1}을 1차 변형계수, E_{v2}를 2차 변형계수로 부르기도 하며 이 값들은 노반강성을 의미한다.

$$E_v = 1.5\times r\times \Delta\sigma/\Delta S \tag{1.27}$$

여기서 r : 재하판의 반지름(mm), $\triangle S$: 침하량(mm), $\triangle\sigma$: 응력(MN/m^2)

한국철도시설공단(1998)에서 규정된 암성토의 다짐도는 상부노반의 경우 $E_{v2}\geq 80MN/m^2$, E_{v2}/E_{v1} 〈2.3이고, 하부노반은 $E_{v2}\geq 60MN/m^2$, E_{v2}/E_{v1}〈2.7이 되도록 하며 모든 다짐관리는 평판재하시험이나 타스크메타(task meter)에 의한 밀도나 표면침하량 등에서 다짐기계나 다짐횟수를 결정, 시행하여야 한다고 되어 있다. 또한 암의 최대크기에 따라 규정된 재하판을 사용하여 시험하여야 하며, 시험성토는 매 $20{,}000m^3$ 성토다짐에 대하여 1회 이상 시험하도록 되어 있다.

나) 지반 반력계수

지반 반력계수 E_r은 표면 아래 토사의 탄성 반력을 나타낸다. 이 계수는 첫번째 하중 시에 얻어진 하중-침하 곡선을 기초로 하여 결정된다.

도로나 활주로 포장 설계에 사용할 지반반력계수(k_s, MN/m^3)는 식 (1.28)을 이용하여 $1.25mm$의 평균 침하에 상응하는 수직 응력(σ_0)으로부터 계산되어야 한다.(그림 1.56)

$$k_s = \sigma_0 \div S \tag{1.28}$$

하중-침하 곡선의 모양이 원점의 수정을 요하는 경우, 그림 1.56과 같이 0(zero)에서 침하 축을 교차하도록 접선은 변곡점에서부터 그려야 한다.

기초 설계를 위해 지반반력계수를 산정하는 경우, 특별한 적용에 관련된 곡선의 단면이 사용될 수 있다. 여기서 지반반력계수(k_s)는,

$$k_s = \Delta\sigma \div \Delta S \tag{1.29}$$

그림 1.56에 나타난 장치에서 재하판 침하(S)를 측정하여 이로부터 침하량(S)가 계산되어진다. 또한 응력을 그에 상응하는 침하에 대하여 좌표에 나타낸다. 각 재하단계의 측정 점들 사이들 지나는 완만한 곡선을 그린다. 하중-침하 곡선의 형태 및 모양과 변형계수 값은 토사의 다짐 상태를 평가할 수 있다.

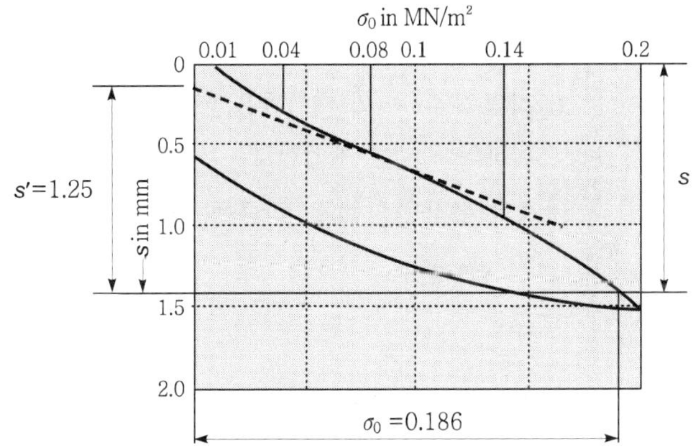

그림 1.56 지반반력계수 결정을 위한 하중-침하 곡선

예제 1.8

도로 노반공사 중 상부노반의 안정성을 검사하기 위하여 독일법 E_v값 측정용 평판재하시험을 수행하였다. 직경 300mm 재하판을 이용하여 평판재하시험을 수행한 결과를 표 1.26과 표 1.27에 나타내었다. 변형계수를 이용하여 도로 상부노반의 안정성을 평가하여라. 단, 상부노반의 다짐기준은 $E_{v2} \geq 80MN/m^2$, $E_{v2}/E_{v1} < 2.3$이다.

표 1.26 1차 재하 단계 및 하중 제거 단계 관측값

번호	하중 F(kN)	침하 S(mm)
0	0	0
1	5	0.05
2	10	0.13
3	15	0.26
4	22	0.50
5	28	0.79
6	32	1.04
7	36.5	1.30
8	19	1.11
9	9	0.92
10	0	0.71

표 1.27 2차 재하 단계 관측값

번호	하중 F(kN)	침하 S(mm)
10	0	0.71
11	12	0.85
12	23	1.02
13	29	1.15
14	33	1.24

풀이

1) 직경 300mm의 재하판을 이용하였으므로 표 1.26, 표 1.27을 참고하여 표 1.28, 표 1.29와 같이 응력과 침하의 관계를 계산한다.

표의 수직응력 σ는 하중을 재하판 단면적으로 나누어 산정한다.

즉, 1단계의 수직응력 : $\sigma = \dfrac{5}{\pi \times (0.3)^2/4} = 70.7kN/m^2 = 0.07MN/m^2$

표 1.28 1차 재하 단계 및 하중 제거 단계 관측값

번호	하중 F(kN)	수직응력 $\sigma(MN/m^2)$	침하 S(mm)
0	0	0	0
1	5	0.07	0.05
2	10	0.14	0.13
3	15	0.21	0.26
4	22	0.31	0.50
5	28	0.40	0.79
6	32	0.45	1.04
7	36.5	0.52	1.30
8	19	0.27	1.11
9	9	0.13	0.92
10	0	0	0.71

표 1.29 2차 재하 단계 관측값

번호	하중 F(kN)	수직응력 $\sigma(MN/m^2)$	침하 S(mm)
10	0	0	0.71
11	12	0.17	0.85
12	23	0.33	1.02
13	29	0.41	1.15
14	33	0.47	1.24

2) 표 1.28, 표 1.29를 이용하여 그림 1.57과 같이 응력-침하곡선을 그린다.

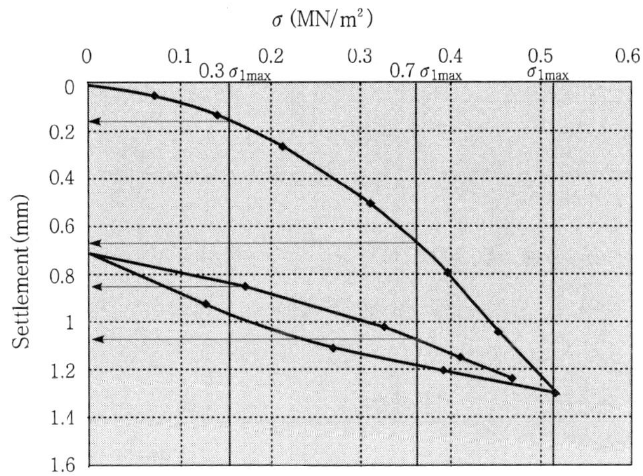

그림 1.57 수직응력과 침하곡선

3) 응력-침하곡선에서 최대응력(σ_{1max})을 구한다.

- 최대응력(σ_{1max}) = $5.2\times10^{-7}MN/mm^2$ ($0.52MN/m^2$) : 7단계

4) 첫 번째 재하 시 응력-침하곡선에서 최대응력(σ_{1max})의 30%($0.3\sigma_{1max}$)와 70%($0.7\sigma_{1max}$)지점의 응력(σ)과 침하량(S)을 각각 구하여 두 점에서의 기울기($\Delta\sigma/\Delta S$)를 구한다.

표 1.30 첫 번째 재하시 두점간의 기울기($\Delta\sigma/\Delta S$)

기호	A	B	C	D	E	F(=C-B)	G(=E-D)	H(=F/G)
구분	σ_{1max} (MN/mm^2)	$0.3\sigma_{1max}$ (MN/mm^2)	$0.7\sigma_{1max}$ (MN/mm^2)	S ($0.3\sigma_{1max}$) (mm)	S ($0.7\sigma_{1max}$) (mm)	$\Delta\sigma$ (MN/mm^2)	ΔS (mm)	$\Delta\sigma/\Delta S$ (MN/mm^3)
1차 재하곡선	5.2×10^{-7}	1.56×10^{-7}	3.64×10^{-7}	0.15	0.66	2.08×10^{-7}	0.51	4.08×10^{-7}

5) 두 번째 재하 시 응력-침하곡선에서 최대응력($\sigma_2$max)의 30%($0.3\sigma_2$max)와 70%($0.7\sigma_2$max)지점의 응력(σ)과 침하량(S)을 각각 구하여 두 점에서의 기울기($\Delta\sigma/\Delta S$)를 구한다. 두 번째의 $\sigma_2$max은 탄성체로 가정하여 $\sigma_1$max와 같다고 한다.

표 1.31 두 번째 재하시 두점간의 기울기($\Delta\sigma/\Delta S$)

기호	A	B	C	D	E	F(=C-B)	G(=E-D)	H(=F/G)
구분	$\sigma_{2\max}$ (MN/mm^2)	$0.3\sigma_{2\max}$ (MN/mm^2)	$0.7\sigma_{2\max}$ (MN/mm^2)	S $(0.3\sigma_{2\max})$ (mm)	S $(0.7\sigma_{2\max})$ (mm)	$\Delta\sigma$ (MN/mm^2)	ΔS (mm)	$\Delta\sigma/\Delta S$ (MN/mm^3)
1차 재하곡선	5.2×10^{-7}	1.56×10^{-7}	3.64×10^{-7}	0.84	1.07	2.08×10^{-7}	0.23	9.04×10^{-7}

6) 4), 5)에서 구한 첫 번째, 두 번째 재하 시 응력-침하곡선의 기울기($\Delta\sigma/\Delta S$)를 변형계수(E_v)=1.5 × r × $\Delta\sigma/\Delta S$에 적용하여 첫 번째 재하 시 응력-침하곡선에서의 변형계수 (E_{v1})와 두 번째 재하 시 응력-침하곡선에서의 변형계수(E_{v2})를 구한다.

표 1.32 1, 2차 재하곡선에서의 변형계수

구분		$1.5\times r\times\Delta\sigma/\Delta S$
1차 재하곡선	E_{v1}	$1.5\times150mm\times4.08\times10^{-7}MN/mm^3 = 0.000918MN/mm^2(91.8MN/m^2)$
2차 재하곡선	E_{v2}	$1.5\times150mm\times9.04\times10^{-7}MN/mm^3 = 0.0002035MN/mm^2(203.5MN/m^2)$

7) 6)에서 구한 변형계수를 이용하여 상부노반의 안정성을 평가한다.

E_{v2} : $203.5MN/m^2 \rangle 80MN/m^2$ (다짐기준) O.K

E_{v2}/E_{v1} : 203.5/91.8 = 2.22 〈 2.3 (다짐기준) O.K

9) 실무적용

(1) 연직방향의 지반 반력계수는 실무에서 시멘트콘크리트 포장의 두께산정, 아스팔트 포장의 노반관리다짐 적정여부 판단 및 연약지반 측방유동압 산정 시 이용한다.

(2) 동적영향을 받는 기초는 공내검층시험, 공진주시험, 동적삼축압축 시험결과에 의한 동탄성계수를 적용해야 한다. 이유는 변형률에 따라 탄성계수가 다르기 때문이며 10^{-1}% 이하인 경우는 동탄성계수와 정탄성계수는 거의 같기 때문이다.

(3) 사질토지반에 대한 평판재하시험 결과는 평판주변의 지반이 이완되어 실제 지지면적이 줄어들게 되므로 실제지반의 변형계수보다 적게 나타난다.

(4) 평판재하시험시의 침하량은 단기침하량이고 실제 지반은 압밀침하등과 같은 장기침하가 발생하므로 구조물 안정여부는 재하시험에 의존하지 말고 실제기초의 지지력 및 침하량으로 안정성을 평가하여야 한다.

(5) 평판재하시험시 실무에서 많이 사용하는 재하판의 직경은 $30cm$, $40cm$, $75cm$로서, 표층부 $1.0m$ 이내의 지반에 대한 지지력 및 침하특성을 규명하는데 사용되며, 깊은 지반에서는 SPT, DCPT시험 등을 실시하여야 한다.

(6) K_{30}으로 인한 재하시험 결과가 지반을 과대평가 할 수 있으므로 현장 여건을 고려하여 K_{75}를 병행하여 시험하는 것이 바람직하다.

1.8 공내시험

1.8.1 공내 재하시험

공내 재하시험은 토사지반과 암반을 대상으로 굴착공벽에 수평방향으로 하중을 가할 때 일어나는 변위를 측정하여 원지반 응력-변형특성을 직접 파악 할 수 있는 현장시험법이며, 시험을 통하여 수평지반의 반력계수, 변형계수, 탄성계수, 정지토압계수를 알 수 있고 시험 값은 터널, 기초 및 토류벽 변형해석 등에 이용된다.

1) 시험장치

표 1.33 실무에서 많이 사용되고 있는 공내 재하시험기

구분	LLT(Lateral load test)	Menard type	Elastmeter type	Goodman jack
시험기		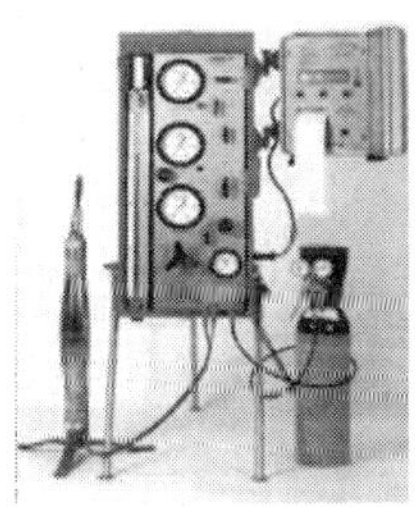	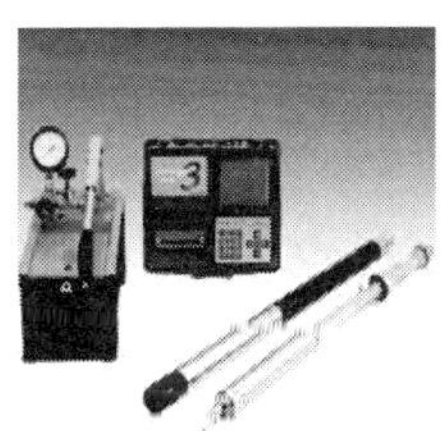	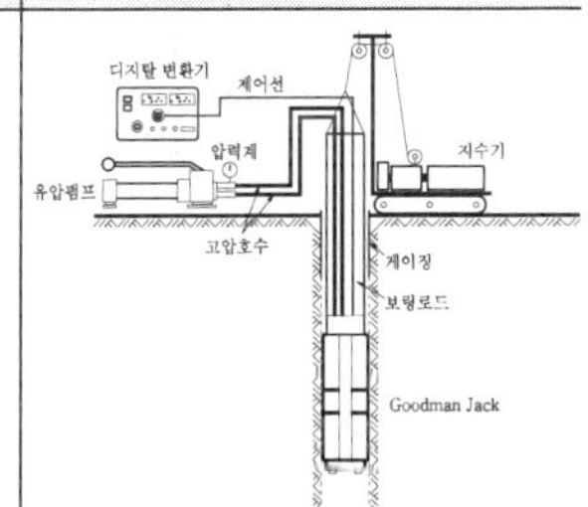
개 요	탐봉(sonde)을 시추공 내에 삽입하고 질소가스의 압력을 이용하여 membrane 내에 물을 주입하여 압력과 팽창 값과의 관계로 지반특성 파악	1) 탐봉을 시추공 내에 삽입하고 질소가스의 압력을 이용하여 membrane내에 물을 주입. 2) 압력과 팽창 값과이 관계로 지반특성 파악	가압장치에서 탐봉에 부착된 membrane을 수압으로 팽창시켜 공벽의 변위를 측정하여 변위-입력으로 부터 지반특성 파악	기본적인 개념은 elastometer와 동일하며 한계압력이 700 kgf/cm^2이며, 하중과 변형량의 변화로 암반변형계수와 탄성계수 파악
시험 대상 지반	연약점성토 및 N값 30이하의 토사층에 적용 가능	연약점성토 및 모래, 자갈층 외에도 풍화대(풍화토, 풍화암)층에 적용가능	풍화암, 연암 및 경암층에 적용가능	연암 및 경암층에 적용
시험 결과값	1) 정지토압 2) 파괴압 3) 반력계수	1) 정지토압 2) 파괴압 3) 반력계수	1) 포아송비 2) 반력계수	1) 변형계수 2) 탄성계수

2) 시험방법

시추공 굴착 후 고무튜브로 된 탐봉을 삽입하고 시험시작 시 고무막과 공벽을 밀착시키기 위하여 압축공기로 탐봉 튜브속에 대략 $1kgf/cm^2(100kPa)$의 예비압력을 가하며 가압방법은 등분포재하시험법과 등변위재하시험법이 있다.

표 1.34 등분포, 등변위 재하시험법 및 모식도

등분포 재하시험법(Elastmeter)	등변위 재하시험법(Goodman jack)
1) 시험공 내에 고무튜브로 된 측정관을 삽입하고 가압액을 주입함으로서 공벽에 등분포하중을 가하는 방식이다. 2) 시험공 공벽에 동등한 하중이 가해지기 때문에 응력분포가 축대칭이 되고 이론적인 취급이 용이하다. 3) 불균질지반이나 이방성지반의 경우에 얻어지는 변형계수는 시험지점 공벽 전 둘레의 평균값이다.	1) 시험공 내에 소형의 특수 jack으로 된 측정관을 삽입하고 강체재하판으로 공벽의 일정부분에 등변위하중을 주는 방식이다. 2) 시험시의 지반내 응력분포가 복잡하지만 등분 포재하법과 비교해 큰 하중을 작용시킬 수 있는 장점이 있다. 3) 불균질지반이나 이방성지반의 경우 재하방향에 따라 시험값이 다른 경우가 있기 때문에 재하방향을 명확히 할 필요가 있다.
등분포 재하모식도	등변위 재하모식도

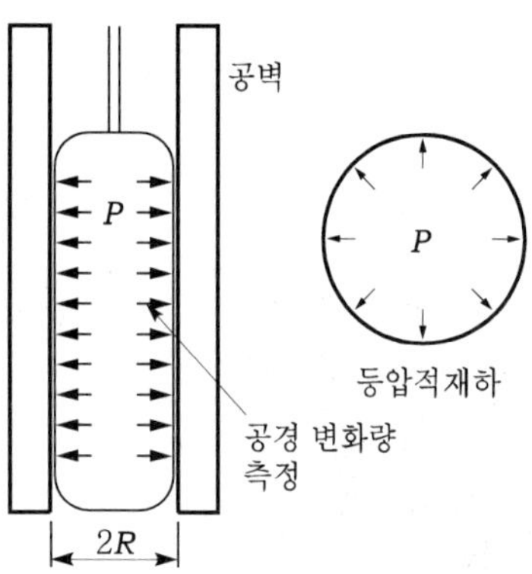

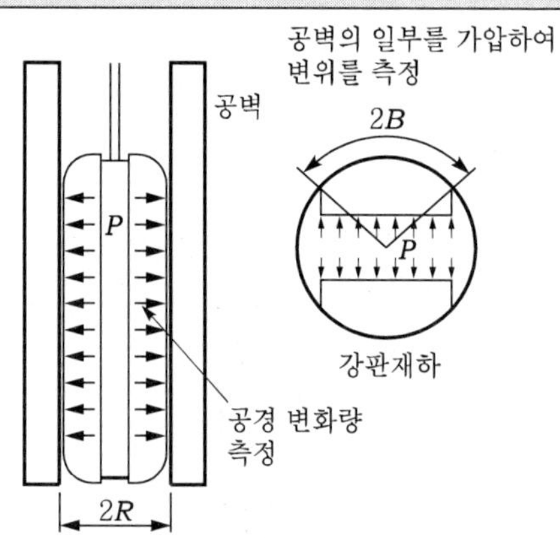

3) 결과정리

시험이 끝나면 압력-변형곡선을 작성하여 변형 및 탄성계수 등을 산출한다.

(1) 변형계수는 그림 1.58(a)에서 P-R 곡선의 P_o와 P_y 사이의 직선기울기인 탄성 영역 내의 평균 변형계수로 나타낸다.

(2) 탄성계수는 그림 1.58(b)에서 P-R 곡선의 P_o와 P_y 사이의 직선기울기인 탄성 영역 내의 반복 재하(reloading)로 얻은 값으로 변형계수와 같은 방법으로 구한다.

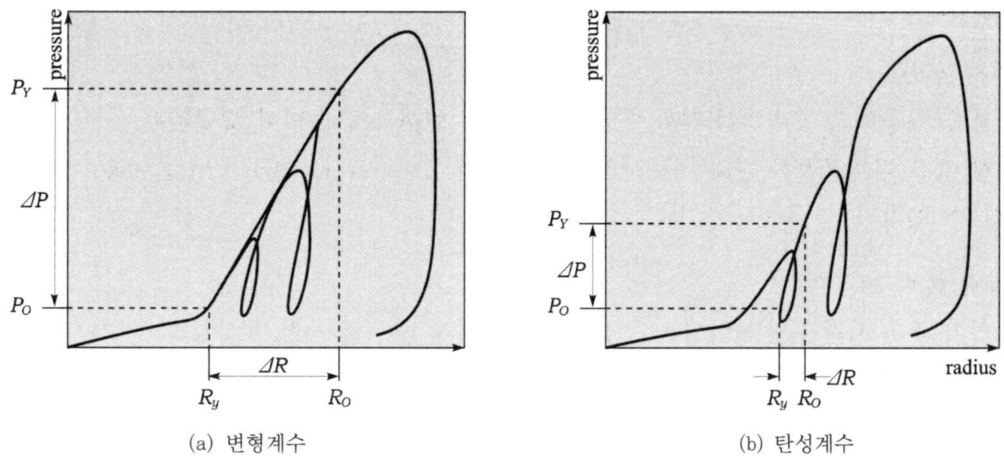

그림 1.58 압력-변형 곡선을 이용한 변형 및 탄성계수

$$E = 2(1+v)(V_o + V_m)\frac{\Delta P}{\Delta V} \tag{1.30}$$

여기서, E : 탄성계수

v : 포아송비(실내시험값을 이용하되 실내시험값이 없을 경우 경암 0.25, 연암 0.3, 풍화암 0.35 적용)

V_o : 정지압력 P_o일 때의 고무튜브의 체적

V_m : $(P_o + P_y)/2$ 일 때의 고무튜브의 체적

ΔP : 체적변화 ΔV를 일으키기 위한 압력증가

4) 수평방향 변형계수(E)의 대략적인 범위

표 1.35 수평방향 변형계수(E)의 대략적인 범위

흙의 종류	$E(MPa)$	흙의 종류	$E(MPa)$
연약한 점토	0.5~3	느슨한 실트질 모래	0.5~2
약간 굳은 점토	2~8	실트	2~10
굳은 점토	8~40	모래, 자갈	8~40

5) 문제점 및 대책

(1) 공벽의 교란

보링공을 천공하고 공내 재하시험기를 삽입하여 시험하므로 공벽이 교란된다.

이러한 경우 자가굴착식 공내 재하시험(self boring pressuremeter) 장비를 이용하면 교란문제에 대처 할 수 있다.

(2) 공벽의 붕괴

투수성이 좋은 자갈층은 케이싱으로 공벽을 보호하지 않으면 시험기 삽입시 공벽이 분리되어 시험장비의 매몰 또는 시험이 불가능하게 된다.

이때 얇은 PVC관 매입 또는 벤토나이트 등을 이용할 경우 공벽붕괴 방지가 가능하다.

6) 실무적용

(1) 변형계수(주동말뚝의 설계초기단계 및 허용수평하중을 결정하는 중요요소)를 산출하여 기초의 침하 및 횡방향 변형해석에 이용

(2) 정지토압계수 산정

$$K_o = \frac{P_o}{\sigma_v} \tag{1.31}$$

여기서, P_o : 정지토압, σ_v : 시험 깊이에서의 유효연직응력

(3) 흙의 내부마찰각의 추정

$K_o = 1 - \sin\phi$ 를 이용하여 흙의 내부마찰각 추정 (1.32)

(4) 수평지반반력계수 추정

(5) 터널의 내압강도, 변형관계를 알기 위해 필요한 시험으로서, 특히 터널 및 기초의 변형해석에 가장 많이 이용되고 있음.

1.8.2 공내 연직 평판재하시험

얕은 깊이에서의 평판재하시험과 유사하며 지반에 회전굴착기나 오거(auger)로 구멍을 뚫고 구멍바닥에 재하판을 놓은 후 재하압력과 침하량 곡선을 작성하여 굳은 점성토의 비배수강도와 깊은기초의 극한지지력을 산정한다.

1) 공내 연직 평판재하시험 흐름도

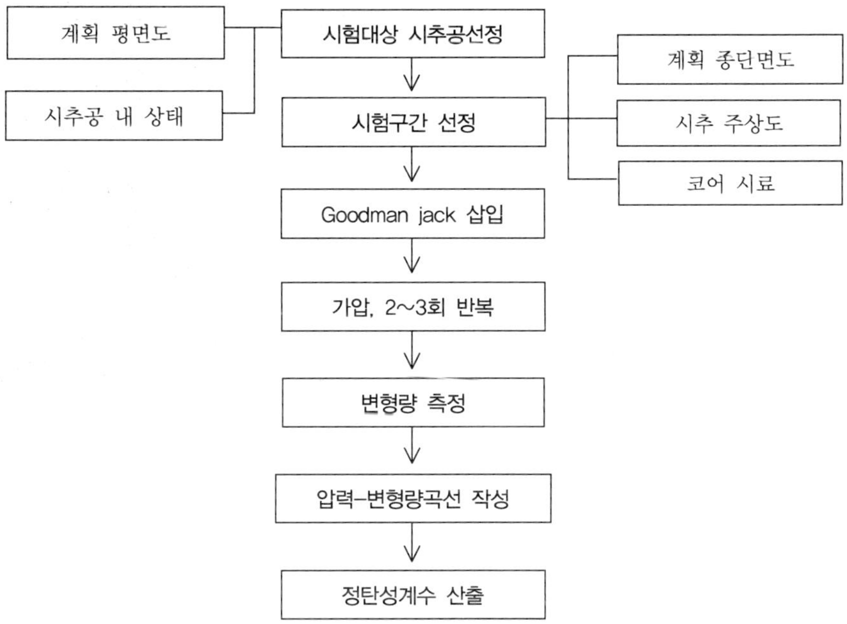

그림 1.59 공내 연직 평판재하시험 흐름도

2) 공내 연직 평판재하시험을 실시하는 이유

점성토지반에 잔금이 있거나 풍화잔류토로서 모암의 구성성분에 따라 갈라진 틈이 있을 경우 시료를 채취하여 실내 시험하는 것보다 재하시험을 하는 것이 정밀도가 높기 때문이다.

3) 실무적용

(1) 굳은 점성도에서의 비배수강도 산정

(2) 깊은 기초의 극한지지력 산정

1.8.3 공내 전단시험(Borehole shear test, BST)

풍화대층의 지반정수를 파악하기 위해 시추조사와 병행하여 실시하며, 전단시험을 통해 점착력과 내부마찰각의 지반정수를 얻은 후 설계 시 구조물 안정성 검토에 이용한다.

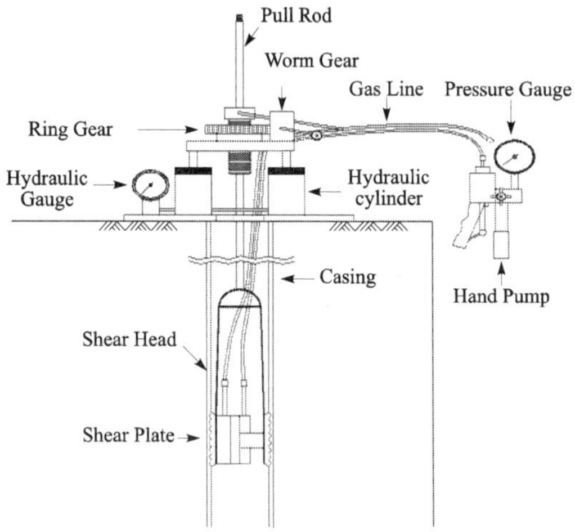

(a) 공내전단시험 개념도

(b) 현장조사 장면

그림 1.60 공내전단시험 개념도 및 현장조사 장면

1) 공내 전단시험 흐름도

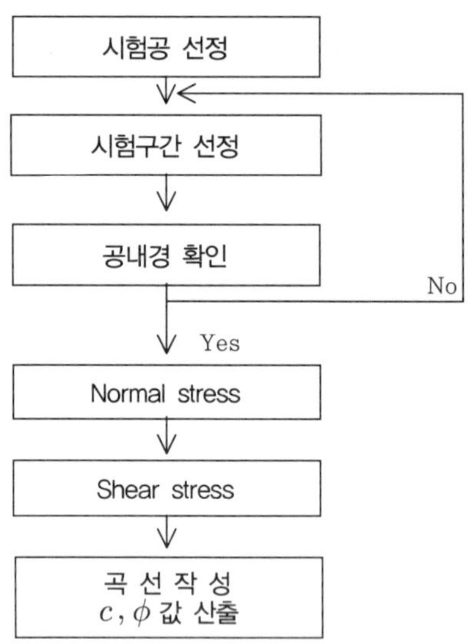

그림 1.61 공내 전단시험 흐름도

2) 조사방법 및 결과 산정

시추공벽에 전단응력을 가해 이때의 수평 및 전단압력을 측정한 후 수평압력과 전단압력을 X, Y 축에 입력하여 그래프상의 Y축과 만나는 지점을 점착력, 기울기를 내부마찰각으로 산정한다.

1.8.4 현장 투수시험

실험실에서 투수계수측정은 현장상태를 재현할 수가 없어 실험결과에 대한 신뢰성이 저하되고 사질토에서는 불교란시료를 채취할 수 없으므로 대규모 공사인 경우에는 현장 투수시험을 측정한다.

1) 현장 투수시험 종류

(1) 수위회복법

보링공이나 우물 등을 이용하여 케이싱 튜브를 대수층에 관입한 후 지하수를 양수 또는 주수하여 수위를 저하 또는 상승시킨 후 각 시간의 회복수위를 측정하며 투수계수를 산출한다.

$$k = \frac{2.3\pi r^2}{E(t_1 - t_0)} \log \frac{h_0}{h_1} \tag{1.33}$$

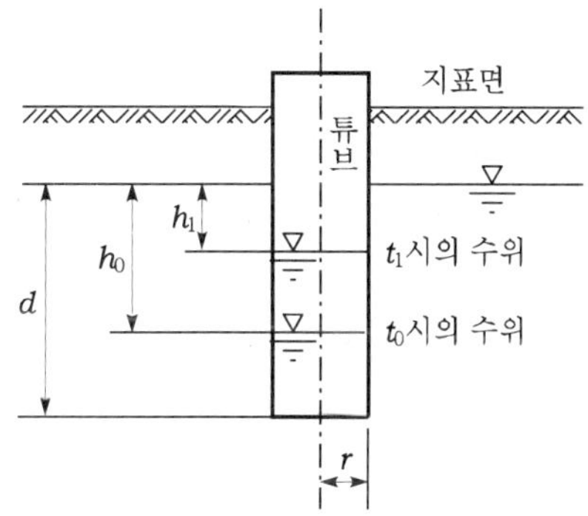

그림 1.62 현장 투수시험(수위 회복법)

(2) 압력주수법 (Lugeon시험, 수압시험)

수위회복으로는 시험이 어렵거나 지하수위가 보링공저보다 깊은 경우 또는 균열이 발달된 암반에 팩커(packer)를 설치하고 압력으로 물을 주입하여 단위 시간당 주수량을 측정하고 투수계수를 구하며, 시험명칭은 암반에 대한 압력주수법 또는 루전(lugeon)시험이라 한다. 댐 등의 구조물 구간에 분포하는 기반암의 투수성 파악과 그라우팅 효과를 파악하기 위하여 시추조사와 병행하여 수압시험을 시행한다.

① 원리 및 시험방법

- 수압을 이용하여 절리를 포함한 암반의 투수성을 시험한다.
- 공경 76mm의 시추공에 압력 1MPa으로 주수한 경우, 주입길이 1m당 주입량을 1분당 리터 단위로 나타낸 것이 루전(lugeon)치이다.
- 실무에서 시험은 single packer를 사용하여 하향식으로 실시하며, 압력의 증감은 5~9단계로 실시하여 각 단계에서 주입압력별로 약 5~10분간의 가압시간을 유지하여 정확한 주입수량을 측정한다.

② 투수계수 산정

$$k = \frac{2.3\,Q}{2\,\pi\,L\,H} \cdot \ln\left(\frac{L}{r}\right) \tag{1.34}$$

여기서, Q : 단위시간당 주수량(cm^3/sec), L : 시험구간(cm)

H : 총수두($H_1 + H_2$), r : 시추공반경(cm)

③ 루전치 산정

$$Lu = \frac{Q}{PL} \tag{1.35}$$

여기서, Q : 주입량(ℓ/min), P : 주입시 전압력(MPa), L : 시험구간(m)

2) 실무에서 현장 투수시험 필요성

(1) 실내시험 시료가 자연 지반의 성질을 대표할 수 없다.

(2) 시료채취 시 채취기구 벽면과의 마찰에 의하여 시료가 압축되는 경우가 많으므로 실험실에서 구한 투수계수는 자연 지반보다 작다. 흙 중에 존재하는 지하수와 실내 투수시험에 사용되는 물은 물리적, 화학적 성질이 다르다.

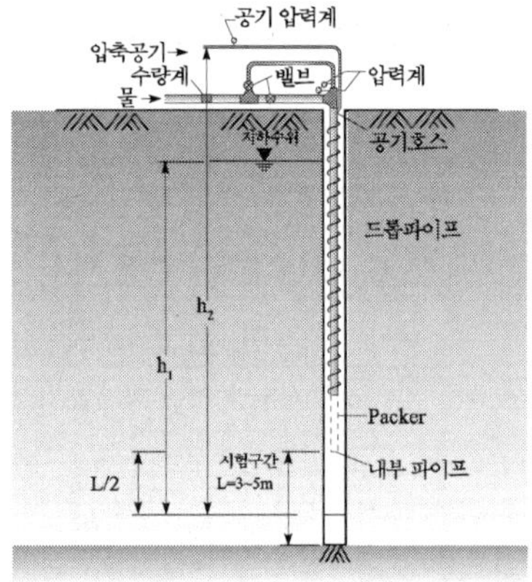

그림 1.63 루전시험(Lugeon test) 개념도

1.9 실내시험

실내시험은 일반적으로 물리적 특성시험, 역학적 특성시험으로 구분된다. 물리적 특성시험은 흙 분류나 판별에 관한 기본적인 성질을 규명하기 위하여 흙의 입도, 비중, 함수량, 간극비, 밀도 등과 같이 흙의 물성을 알기 위한 시험이다. 역학적 특성시험은 기초의 시공, 지하굴착, 절취 및 성토 등의 목적으로 지반이 거동하는데 필요한 정수를 결정하기 위하여 압밀시험, 삼축압축시험, 투수시험등과 같이 역학적 특성을 규명하기 위해 실시하는 시험이다. 물리, 역학시험 종류 및 결과이용은 다음과 같다.

표 1.36 물리성 시험 종류 및 결과이용

시험명칭		시험결과치	시험결과의 이용	시험방법
함수비시험		함수비	지반의 자연함수상태 파악	KS F 2306
비중시험		비 중	지반의 단위중량 추정	KS F 2308
입도분석시험	체분석시험	입도분포곡선	지반의 입도 분포 파악	KS F 2309
	비중계분석시험			KS F 2302
액성한계시험		액성한계	흙의 분류와 공학적 성질 추정	KS F 2303
소성한계시험		소성한계		KS F 2304

	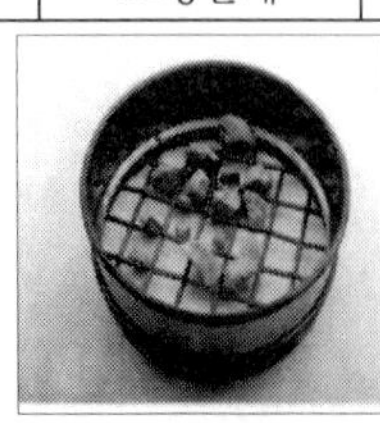		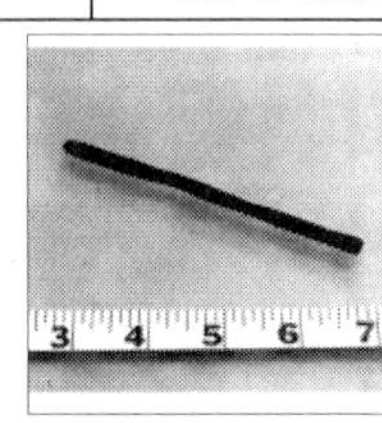
비중시험	체분석	액성한계	소성한계

표 1.37 역학시험 종류 및 결과이용

시험 종류	시험결과에서 구하는 값	시험결과의 이용
직접전단시험	점착력(c), 내부마찰각(ϕ)	
일축압축시험	일축압축강도(q_u), 점착력(c), 예민비(S_t)	기초, 비탈면, 옹벽 등의 안정계산
삼축압축시험	점착력(c), 내부마찰각(ϕ)	
압밀시험	압축계수(a_v), 압축지수(C_c), 압밀계수(c_v)	1) 점토층의 침하량 계산 2) 침하시간, 압밀도 추정
투수시험	투수계수(k)	투수계수 계산
다짐시험	최적함수비(w_{opt}),최대건조밀도(γ_{dmax})	성토의 시공방법 검토, 시공관리, 다짐율 산정
공진주시험	전단탄성계수(G), 감쇠비(D)	지진에 대한 지반 및 구조물 안전성평가
진동삼축시험	반복전단응력비(CSR)	액상화 평가

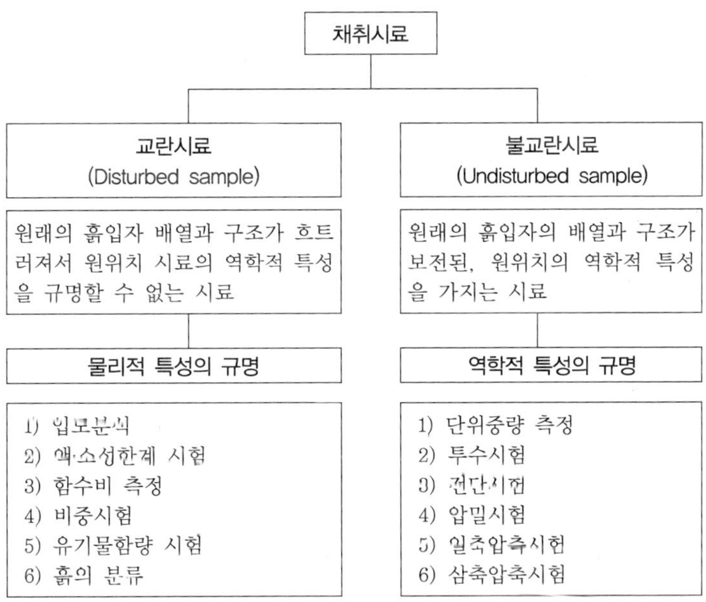

그림 1.64 교란·불교료란시료의 시험 종류

상기 시험방법 중 전단강도 정수(c , ϕ)를 결정하기 위해 실무에서 주로 사용되는 실내 시험방법은 직접전단시험, 일축압축 및 삼축압축시험 등이 있으며 전단강도의 의미는 파괴 가능면에서 전단저항 할 수 있는 최대 저항력을 말한다. 현장에서 전단강도를 예측할 수 있는 시험방법은 표준관입시험, 피조콘관입시험 및 베인전단시험 등이 있으며 이는 앞장에서 설명하였으므로 여기서는 실내시험방법에 대하여만 서술한다.

1.9.1 직접전단시험

시료의 변형에 따른 저항력을 측정하여 파괴강도, 잔류강도, 한계간극비 및 강도정수(c, ϕ)를 산정한다. 실험방법의 종류로는 응력(하중)제어식과 변형률(변위)제어식이 있으며 변형률 제어시험은 최대전단저항 이후의 전단저항을 관찰할 수 있는 반면에 응력제어 시험은 측정이 어렵다. 현장에서 하중이 증가하면서 지반파괴가 유도되는 상황을 고려할 때는 응력제어 시험이 현장조건과 일치하나 실무에서는 시험이 용이한 변형률제어식을 주로 이용한다. 직접전단시험은 사질토에 적합하고 시험이 간단하며 결과 정리가 쉬우나 시험 시 시료의 경계에 응력이 집중되어 전단면에 골고루 분포되지 않아 진행성 파괴를 유발한다. 시험방법은 전단상자 속에 시료를 넣고 연직하중을 가한 다음 흙이 갈라진 수평면을 따라 전단 되도록 하며 연직응력과 전단응력은 그림 1.65와 같이 구할 수 있다.

$$\text{연직응력 } \sigma = \frac{\text{연직하중}}{\text{시료단면적}} = \frac{N}{A}$$

$$\text{전단응력 } \tau = \frac{\text{전단저항력}}{\text{시료단면적}} = \frac{T}{A}$$

그림 1.65 직접전단시험 장면 및 연직, 전단 응력

연직응력을 3, 4회 바꾸어 각 수직응력에 대한 최대전단응력의 값을 구하고, 이 값들을 이용하여 Mohr-Coulomb의 파괴포락선을 작도하면 점착력과 내부마찰각을 구할 수 있다.

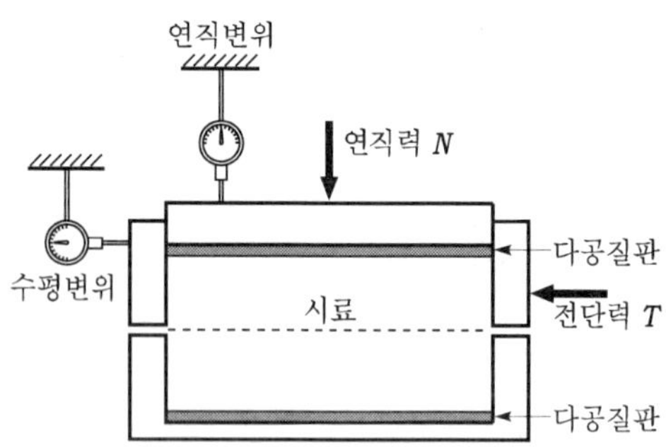

주어진 일정한 연직력하에서 시료가 전단되도록 수평 전단력을 가하고 전단되는 동안 연직변위 및 수평변위 측정

(a) 직접전단시험

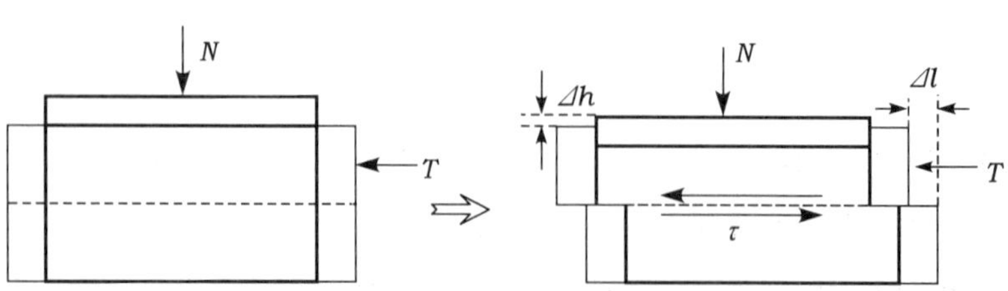

(b) 연직응력과 전단응력 관계

그림 1.66 직접전단시험 연직응력과 전단응력 관계

느슨한 모래의 전단응력은 전단변위의 증가에 따라 전단응력이 파괴응력에 도달할 때까지 계속 증가하고 그 후 전단변위는 증가하여도 전단응력은 일정한 값을 유지하는 한계상태를 유지한다. 부피는 전단변위의 증가에 따라 부피는 계속 감소하다가 한계상태에 도달하면 일정하게 된다. 조밀한 모래의 전단응력은 전단변위의 증가에 따라 전단응력이 최대응력에 도달하며, 그 후는 변위의 증가에 따라 감소하다. 부피는 초기에 약간 감소하다, 그 후 팽창하여(dilatancy 현상) 일정한 값을 유지한다. 전단거동을 모래와 점토로 구별하였을 때 느슨한 모래와 정규 압밀점토는 그의 전단변형 거동이 유사하고 조밀한 모래와 과압밀점토는 그의 거동이 유사하다.

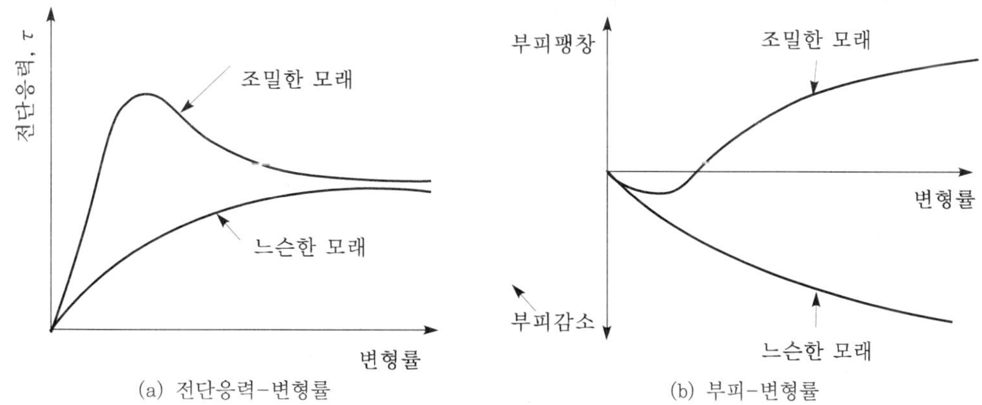

그림 1.67 모래에 대한 직접전단시험 결과

배수조건의 조절이 삼축압축시험보다 용이하지 않고 간극수압 측정이 곤란하므로 현장의 배수조건과 일치해서 시험하기가 곤란하다. 사질토는 전단시험 시 간극수가 쉽게 빠지므로 과잉간극수압이 발생되지 않기 때문에 포화시료와 불포화시료에 대한 시험결과는 거의 동일하다. 시험결과는 실무에서 기초 및 비탈면 등의 안정해석 시 강도정수 값으로 이용된다.

1.9.2 일축압축시험

콘크리트 공시체에 대한 압축시험처럼 축방향으로만 압축을 가하여 흙을 파괴시키는 시험으로 삼축압축시험의 UU test에서 구속압력을 대기압조건($\sigma_3 = 0$)으로 하는 상태의 시험과 같다. 전단강도 정수결정 시험 중 간단한 시험으로서 주로 점성토를 대상으로 시험하며 시험에서는 점토의 연경도(consistency), 예민비 및 그림 1.68(b)와 같이 점착력을 구할 수 있으며 실무에서는 구조물의 안정계산이나 구조물 기초의 지지력 계산시 비배수전단강도로 이용된다.

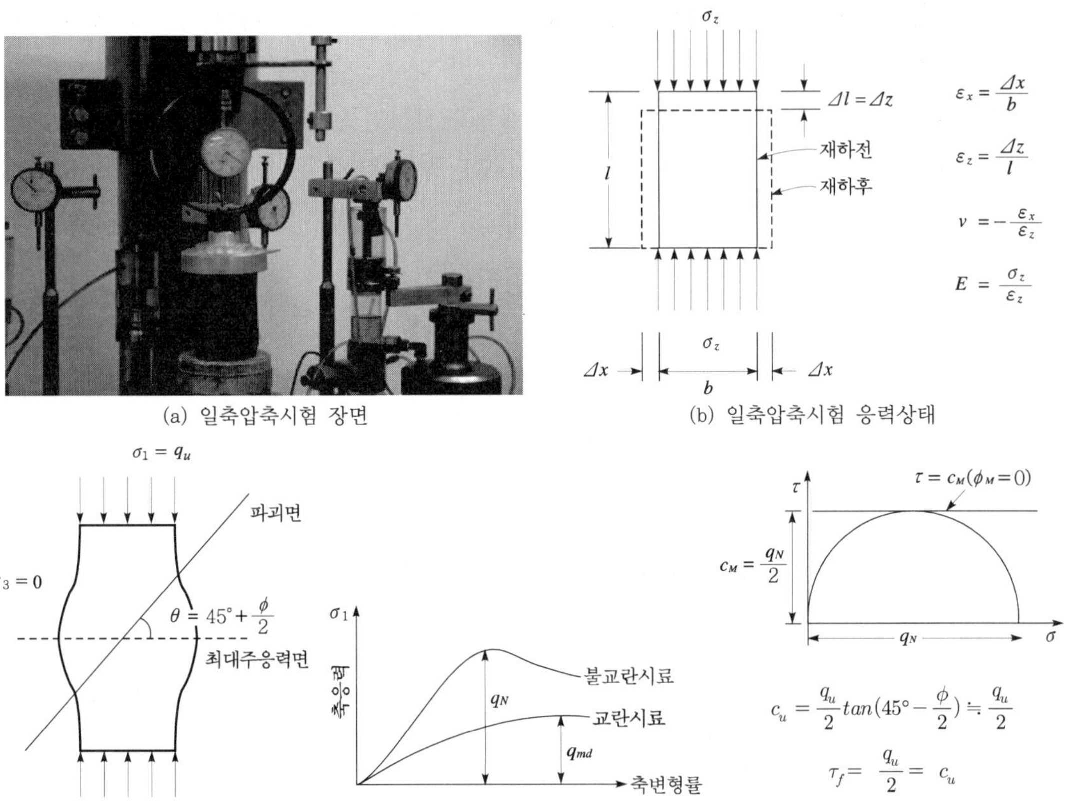

(a) 일축압축시험 장면 (b) 일축압축시험 응력상태
(c) 시료 파괴상태 (d) 응력-변형 관계 (e) 결과정리

그림 1.68 일축압축시험 장면 및 결과정리

예제 1.9

일축압축시험결과 $10kPa$에서 전단파괴되었다. 파괴면이 최대주응력면과 50° 각을 이루고 있다. 이 시료의 강도정수를 구하시오.

풀이

$\theta = 45° + \frac{\phi}{2}$에서 $\phi = 2(50-45) = 10°$

$c_u = \frac{1}{2}q_u \tan\left(45° - \frac{\phi}{2}\right) = \frac{1}{2} \times 1 \times \tan\left(45° - \frac{10}{2}\right) \fallingdotseq 4kPa$

1.9.3 삼축압축시험

현장상태와 동일한 상태에서 시험하기 위해서 원통형의 실린더에 구속압력(σ_3, 수압)을 가한 후 축방향으로 전단파괴(축차응력)시키는 시험을 삼축압축시험이라 한다. 삼축압축시험은 다른 전단시험과 달리 배수조건을 적절히 조절 할 수 있을 뿐만 아니라 공시체에 압력을 임의로 가 할 수 있는 것이 큰 장점이다. 흙의 전단강도의 특징은 어느 흙이 고유의 전단강도를 갖고 있는 것이 아니고 파괴를 일으키는 조건에 따라 강도가 변하므로 전단강도는 배수조건의 변화에 따라 흙의 강도가 변하므로 삼축압축시험 시 배수조건은 실제로 흙이 응력을 받는 조건과 일치시켜야 한다. 그러므로 실무에서 안정계산을 할 경우에는 현장의 배수조건(UU, CU, CD시험)을 예측하여 시험 시 얻은 강도정수를 적용해야 한다. 지하수위 아래에 있는 흙은 정수압과 같은 간극수압을 받고 있으나 시료를 채취하면 간극수압은 대기압과 같아지고 포화도는 100%보다 떨어진다. 이와 같은 흙으로 시험하면 현장의 포화토를 불포화토로 만들어 시험한 결과가 되므로 발생된 기포를 원상태로 용해시키기 위해서는 공시체가 현장상태의 수압을 받도록 시료 속에 수압을 가해주어야 하는데 이때의 압력을 배압(back pressure)이라 한다. 배압(Back pressure)을 가할 때에는 구속압력과 동시에 가해야 하며 구속압력보다 커지지 않도록 하고 공시체 내부가 평형이 되도록 하중을 여러 단계로 나누어서 조금씩 가해야 한다. 시험용 공시체의 최소 지름은 $30mm$이고, 입자의 크기는 공시체 지름의 1/6보다 적은 것이어야 하며 높이와 지름의 비는 2~2.5배이어야 한다. 실무에서는 주로 직경이 $35mm$, 높이 $70mm$의 시료로 실내시험을 실시한다. 삼축압축시기구 압력실에 물을 넣고 압력을 가하면 시료는 구속압력($\sigma_2 = \sigma_3$)을 받게 되는데 이 상태에서 피스톤으로 축압력을 가하면 어느 단계에서 공시체는 파괴에 이른다. 축방향에서 가한 압력은 공시체에서 실제로 가해진 압력(σ_1)보다 구속압력(σ_3)만큼 작으며 이것을 축차응력[deviator stress, $(\sigma_1 - \sigma_3)$]이라고 한다. 삼축압축시험은 등방압축과 일축압축을 합친 것으로 응력상태를 표시하면 그림 1.69와 같다.

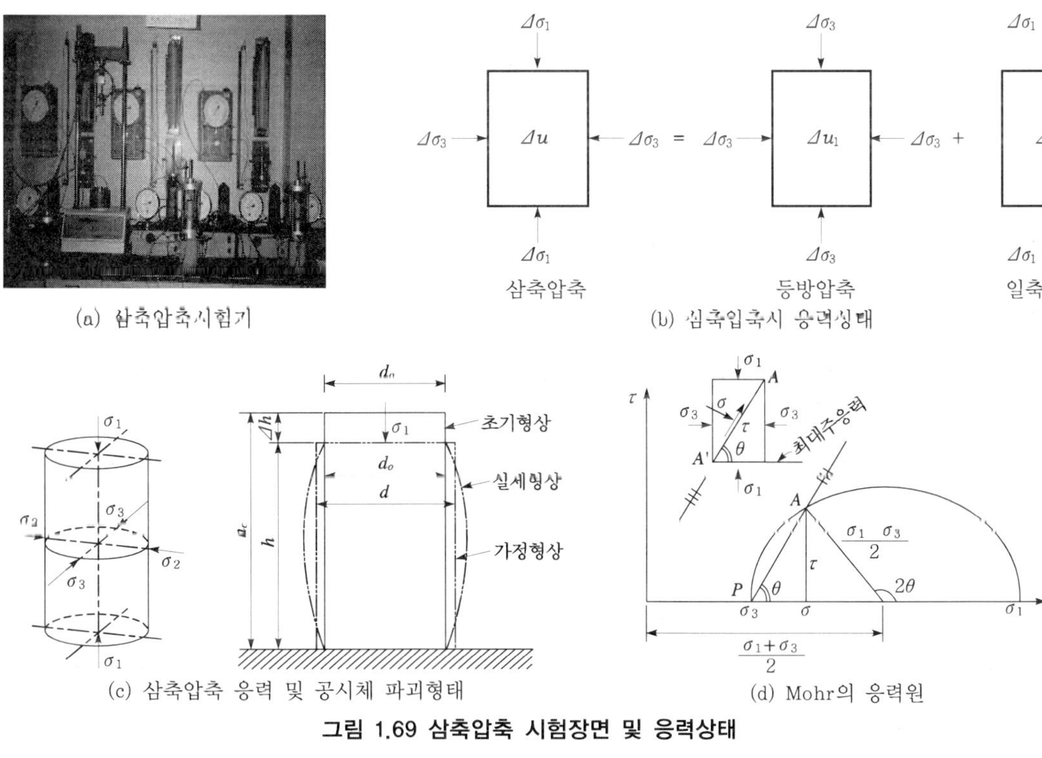

(a) 삼축압축시험기 (b) 삼축압축시 응력상태

(c) 삼축압축 응력 및 공시체 파괴형태 (d) Mohr의 응력원

그림 1.69 삼축압축 시험장면 및 응력상태

여기서, $\Delta u = \Delta u_1 + \Delta u_2 = B\Delta\sigma_3 + A(\Delta\sigma_1 - \Delta\sigma_3) = B[\Delta\sigma_3 + \frac{A}{B}(\Delta\sigma_1 - \Delta\sigma_3)]$

$$\Delta u = B[\Delta\sigma_3 + A(\Delta\sigma_1 - \Delta\sigma_3)] \tag{1.36}$$

삼축압축시험에서 강도정수(c, ϕ)를 결정하기 위해서는 3~4개의 Mohr응력원이 필요 하다. 자연시료를 채취하여 강도를 측정하고자 한다면 Mohr원 중 하나의 구속압력은 유효응력으로 구한 토피하중과 같게 하고 다른 것은 이것을 중심으로 50kPa내지 100kPa의 차이가 나면된다. 구속압력의 크기결정은 다음과 같이 계산한다.

1) 구속압력(σ_3)크기 결정방법

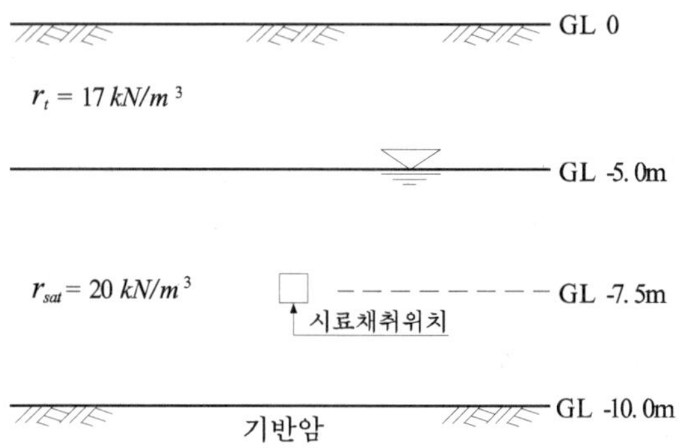

GL. −7.5m 위치의 유효연직응력

$\sigma_v = (\gamma_t \times z_1) + (\gamma_{sat} - \gamma_w) \times z_2$

$\sigma_v = (1.7 \times 5.0) + (2.0 - 1.0) \times 2.5$

$\sigma_v = 110kPa$

그림 1.70 시료채취위치 및 유효연직응력의 계산

여기서 K_o를 1로 가정하면 GL. −7.5m의 시료는 약 110kPa의 압력을 받고 있다. 이를 실내시험에서 구속압력(σ_3)을 가할 경우는 100kPa을 기준으로 50, 100, 150, 200kPa 의 구속압력을 가하면 된다. 실무에서는 시료채취 위치에 관계없이 편의상 50, 100, 150, 200kPa을 가하여 c, ϕ값을 결정한다.

2) 비압밀비배수시험(Unconsolidated undrained test, UU test)

시료를 압력실에 넣고 변형률이 매분 0.5%~1%정도 되도록 가압장치의 변속기를 조정하고 압축을 가한다.(시료높이 70mm시료: 분당 0.5%의 경우는 70mm×0.005 = 0.035mm/min) 파괴가 분명하거나 또는 변형률이 15%이상 되면 압축을 종료한다. 만일 완전히 포화된 시료에 대하여 시험을 했다면 구속압력을 바꾸어도 그림 1.71(a)에 보인 것처럼 동일한 원이 그려진다. 불포화토는 최소주응력(σ_3)이 증가함에 따라 축차응력이 증가하여 포화점토와 같이 파괴포락선은 수평선이 되지 않는다. 이유는 간극 속의 공기 때문에 증가된 구속압력을 간극수가 모두 부담하지 않고 일부를 공기가 부담하여 흙이 압축되기 때문이다. 그러나 구속압력을 크게하면 흙 속에 있는 공기는 모두 용해되어 포화된 점토와 동일해지므로 Mohr원은 수평선이 된다.

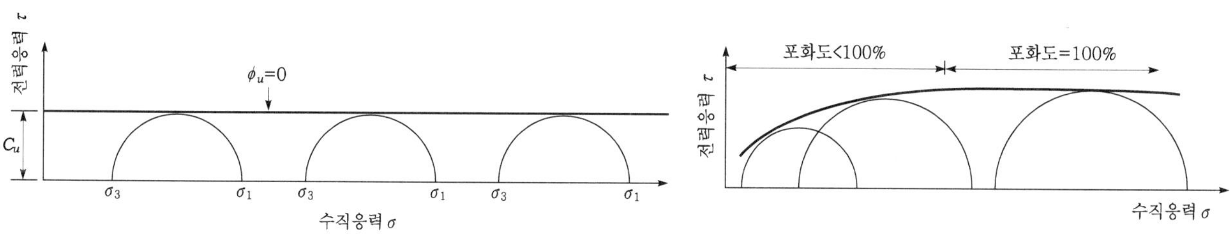

(a) 포화점토의 파괴포락선 (b) 부분포화점토의 파괴포락선

그림 1.71 포화점토의 파괴포락선와 부분포화점토의 파괴포락선

점성토지반에 하중이 작용하면 배수가 잘 안되어 과잉간극수압이 발생되고 시간이 지남에 따라 유발된 과잉간극수압은 소산되어 간다. 이 과정이 오랫동안 지속되면서 지반의 변형 및 파괴가 발생하며 파괴를 일으키는 조건에 따라 지반의 강도특성이 변화한다. 따라서 안정계산을 할 경우 압밀과 전단시의 배수조건을 고려해서 시험하여 얻은 강도정수를 적용해야 한다. 재하속도가 과잉간극수압이 소산되는 속도보다 빠를 때, 즉 압밀의 진행이 시공속도에 비하여 대단히 늦을 때 간극수의 배수를 무시하면 압밀에 의한 전단강도의 증가는 거의 없으므로 UU시험강도를 사용한다. 연약지반에 건물기초, 흙쌓기의 단기간공사와 비탈면 안정해석에는 과잉간극수압이 소산될 시간이 충분하지 못하므로 이러한 구조물의 단기안정해석에는 비압밀비배수 전단강도를 사용하여야 한다.

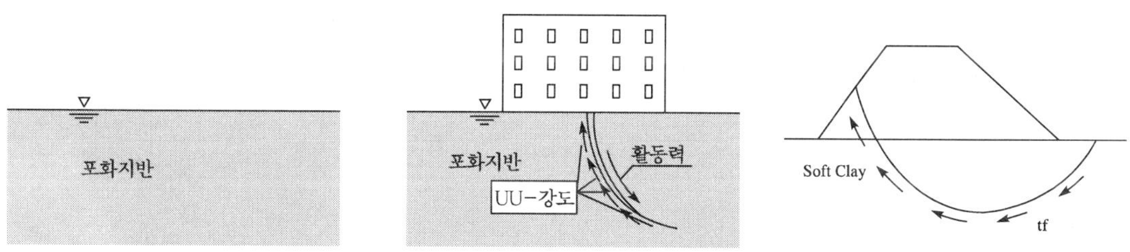

(a) 포화된 자연지반 (b) 급속시공은 UU 강도 적용 (c) 연약지반에 성토 재하

그림 1.72 UU 시험강도 적용분야

3) 압밀비배수시험(Consolidated-undrained test, CU Test)

CU시험에서는 시험단계가 압밀과 전단으로 구별된다. 배압(Back pressure)을 가하는 과정까지는 UU시험과 동일하나 UU시험과 다른 점은 전단시험전에 압력실의 배수밸브를 열어 배수상태로 두고 주어진 구속압력(예 50, 100, 150, 200kPa)으로 시료를 압밀시킨 다음 배수밸브를 잠그고 비배수 상태에서 축응력을 가하여 시료를 전단시키면서 간극수압을 측정한다. 파괴시의 최대주응력과 최소주응력을 가지고 Mohr원을 그리면 포락선은 그림 1.73과 같이 그려진다. 정규압밀점토는 포락선이 원점을 통과하므로 $c = c' = 0$이고 전단저항각은 전응력과 유효응력으로 각 각 구할 수 있다. 과압밀점토는 포락선이 세로축과 교차하므로 점착력과 전단저항각을 얻을 수 있다. 과압밀점토가 전단될 때에는 부의 간극수압이 나타나므로 전응력으로 표시한 Mohr원이 왼쪽에 그려진다.

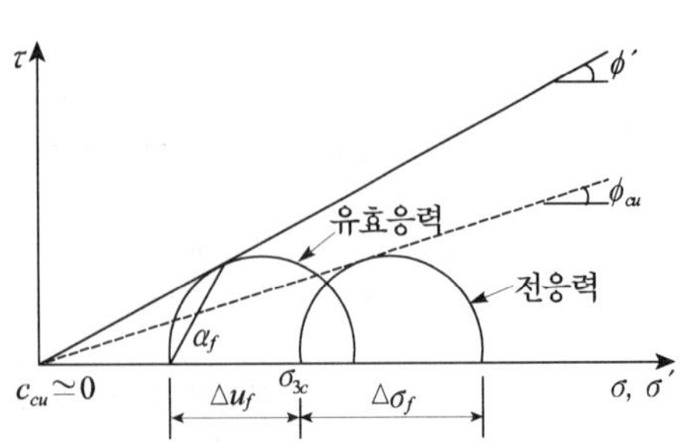

(a) 정규압밀점토

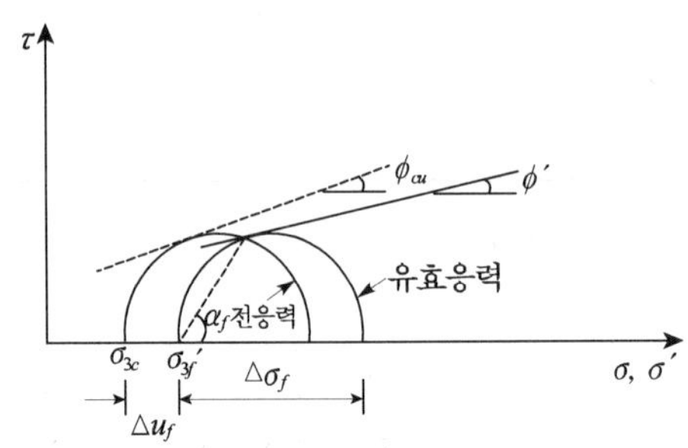

(b) 과압밀점토

그림 1.73 CU시험으로 구한 Mohr 포락선

오랜 기간의 연약지반의 흙쌓기공사(항만흙쌓기, 방조제공사 등)에서 흙의 전단응력이 파괴를 일으킬 만큼 크다면 배수가 일어나지 않은 상태에서 파괴가 일어날 것이다. 따라서 CU시험은 압밀하중에 의하여 충분한 압밀이 진행되어 강도가 증가된 것으로 판단하지만 다음단계의 하중 재하 시에는 비배수상태로 파괴가 일어날 것으로 예상되는 경우에 작용한다. 실무에서는 그림 1.74~그림 1.75와 같이 완전히 압밀된 상태에서 응력이 증대되었는데도 배수가 안 될 것으로 예측되는 경우에 이용된다.

(1) 성토하중에 의하여 압밀된 후(①) 다시 추가하중을(②) 재하하는 경우

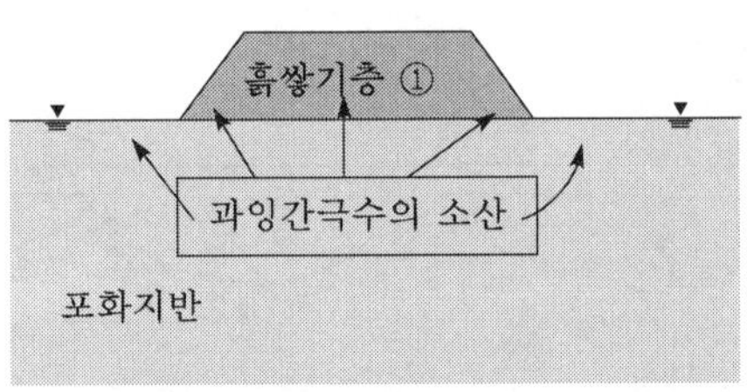

(a) 흙쌓기하중 ①로 생긴 과잉간극수가 배수되도록 시간적 여유를 두어 사전압밀(pre-consilidation) 시킨 상태

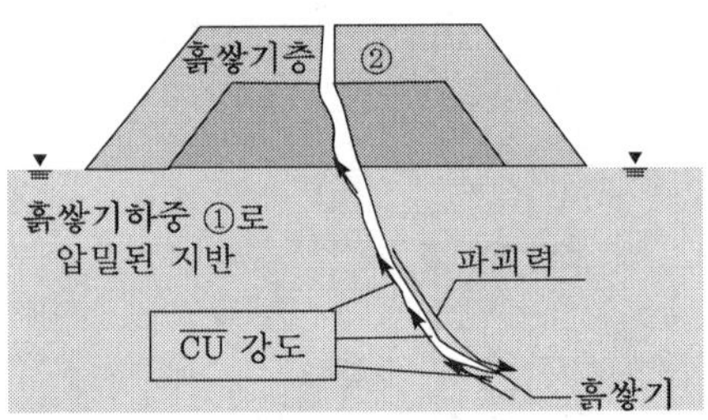

(b) 외력 ①로 사전압밀 상태에서 성토층 ②의 급속시공으로 생긴 과잉간극수는 소산되지 않은 상태($\overline{CU}$-강도 적용)

그림 1.74 압밀 후 추가하중 재하

(2) 흙댐에서의 수위 급강하시 안정계산으로서 코어내의 배수가 일어나지 않는 경우

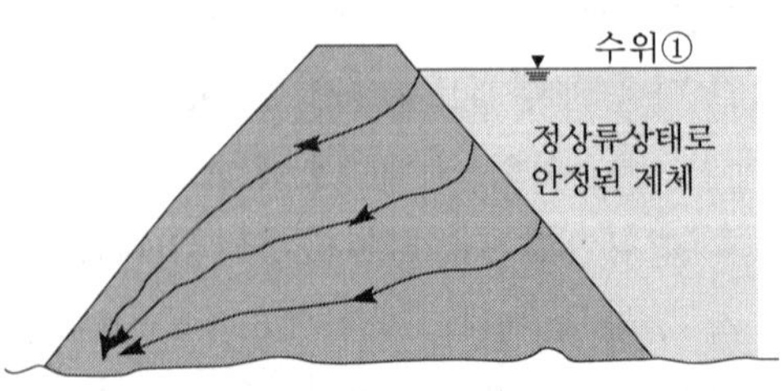

(a) 제체 내부는 정상류로 안정상태

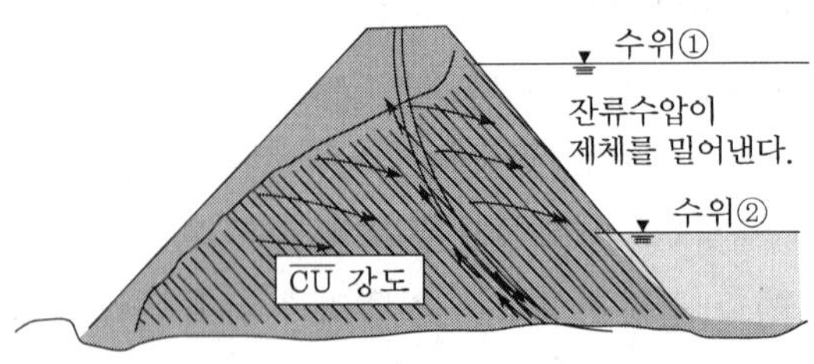

(b) 수위급강하로 잔류수가 비배수

그림 1.75 댐에서 수위 급강하시 잔류수 비배수조건(① → ②)

4) 압밀배수시험(Consolidated-drained test, CD Test)

CD시험의 압밀과정은 CU시험방법과 동일하나 전단 시에는 배수밸브를 열어 놓고 전단응력에 의해 발생하는 간극수압이 완전히 소산되도록 충분히 느린 속도로 전단시킨다. 지반토내의 간극수가 받는 압력을 간극수압이라 하는데 CD시험은 압밀과 전단에서 간극수압은 항상 0이고 흙 시료만 응력을 받게 되므로 전응력은 유효응력과 동일하다. 정규압밀점토는 축변형률에 따라 간극수압은 계속 증가하나 과압밀점토는 간극수압이 어느 정도까지 증가하다가 감소하여 음(-)의 값이 되는데 이는 변형이 일어나면서 공시체의 체적이 증가하기 때문이며 이를 다일레이턴시(dilatancy)현상이라 한다(그림 1.76(a)).

CD 시험을 하면 모래와 정규압밀점토의 점착력은 거의 0이다. 그러나 정규압밀점토를 등방구속압력 $\sigma_c(=\sigma_c')$으로 압밀시킨 다음 구속압력을 $\sigma_3(=\sigma_3')$로 감소시켜 시료를 팽창시킨다면 과압밀이 발생한다. 이러한 과압밀점토에 대한 CU시험의 파괴포락선은 2개의 직선으로 이루어진다(그림 1.76 (b)).

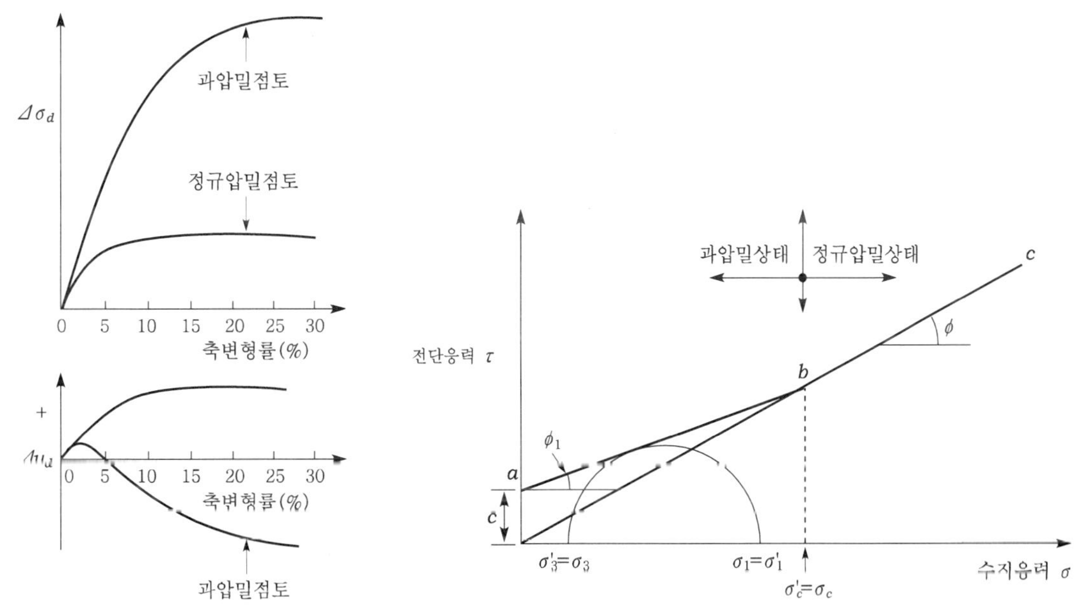

(a) 체적 - 축변형률　　　(b) 전단응력 - 수직응력

그림 1.76 CD 시험의 응력, 체직변화 - 변형률곡선 및 시험결과

$\overline{ab}$부분은 점착력 절편을 가지면서 기울기가 더 완만하다. 이때 직선의 전단강도 식 $\tau_f = c + \sigma' \tan\phi$이다. 파괴포락선의 $\overline{bc}$부분은 흙의 정규압밀단계를 나타내며 전단 강도식은 $\tau_f = \sigma' \tan\phi$이다.

연약지반에서 완속 흙쌓기 시공 시 또는 점성토의 대규모굴착이나 심한 과압밀지반에 하중을 재하하는 경우 시공 후 장기간에 걸쳐 점성토가 흡수, 팽창하여 전단강도가 감소되어 오랜 시간이 지난 뒤 파괴가 일어나므로 배수조건의 파괴로 간주할 수 있다. 따라서 실무에서는 점성토에 대한 CD시험은 전단시험 시간 및 비용이 너무 많이 소요되므로 그림 1.77과 같은 조건에서는 CU시험으로부터 간극수압을 측정($\overline{CU}$ 시험)하여 c', ϕ'을 구하여 안정해석 하는 것이 일반적이다.

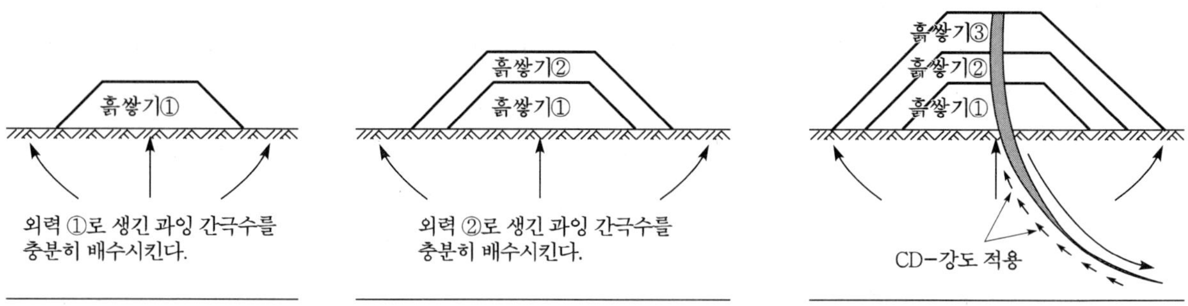

(a) 사전압밀 시킨 상태 (b) 하중 증가 후에도 배수시킴 (c) 배수시키면서 계속적인 시공

① 연약지반에서 완속 흙쌓기하여 과잉간극수를 배수시키며 시공

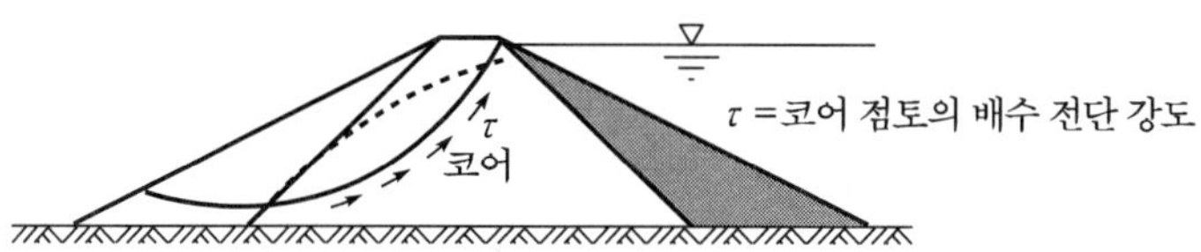

(d) 정상 침투하의 흙댐

② 정상 침투 시 흙댐의 안정해석 시

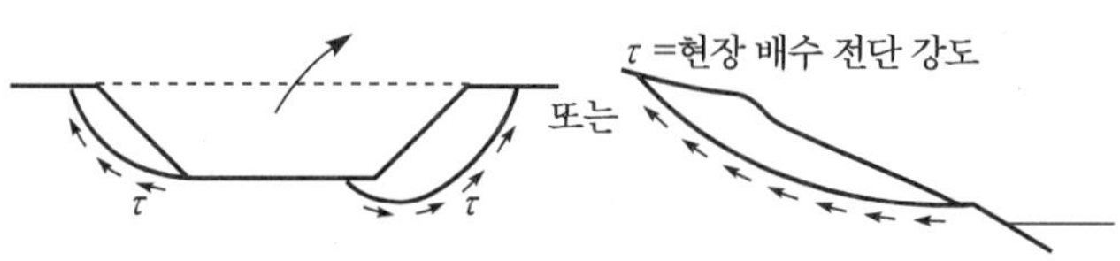

(e) 점토의 굴착 또는 자연 사면

③ 과압밀 점토의 굴착이나 자연비탈면의 장기안정해석 시

그림 1.77 CD시험 결과 적용 분야

5) 삼축압축시험(UU, CU, CD 시험)결과 값

삼축압축시험의 시험 종류별 대표적인 시험결과값은 표 1.38과 같다.

표 1.38 내부마찰각(ϕ)의 값 (Bowles, 1978)

흙		시험 종류		
		비압밀비배수(UU) 시험	압밀비배수(CU) 시험	압밀배수(CD) 시험
배수조건	압밀과정	압밀과정 없음	배수	배수
	축압축과정	비배수	비배수	배수
강도정수 표기		s_u, c_u	1) CU : c_u, ϕ_{cu} 2) $\overline{CU}$: c', ϕ'	c', ϕ'
자갈	중간크기	40~50°		40~55°
	모래혼합	35~50°		35~50°
모래	느슨한(건조)	28~34°		43~50°
	느슨한(포화)	28~34°		43~50°
	조밀한(건조)	35~46°		
	조밀한(포화)	조밀한(건조)것보다 1~2° 작다		
실트 또는 실트질모래	느슨	20~22°		27~30°
	조밀	25~30°		30~35°
	점성토	0°(포화되었을 때)	3~20°	20~42°

1.9.4 기타 주요(다짐, 실내 CBR, 압밀)시험

1) 다짐 시험

건조법, 습윤법, 비반복법을 이용하여 시료 준비하여 최적함수비 전, 후로 6-8개의 함수비를 구할 때까지 다짐시험 반복한다. 건조단위중량과 함수비의 관계에서 최대건조단위중량(γ_{dmax})과 최적함수비(OMC)를 구하여 다짐특성을 파악한다. 시험결과는 흙쌓기재료의 다짐도 판정, 흙쌓기재료로서의 적정성 여부 판단, 토량변화율(L, C) 산정 및 노상토 지지력(CBR)판정에 이용된다.

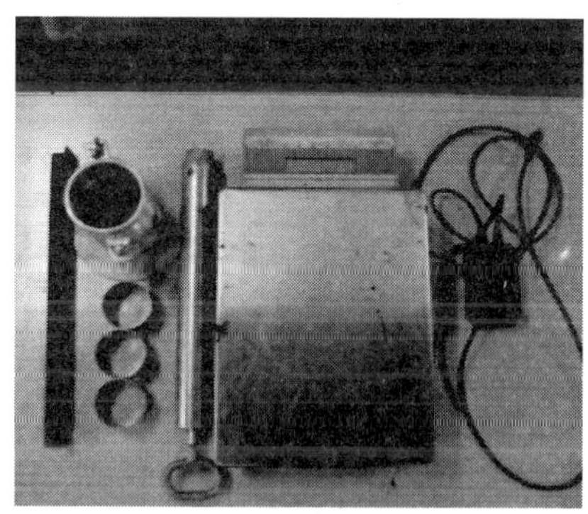

그림 1.78 수동 다짐시험장비

(1) 다짐시험 방법

다짐시험방법은 A, B, C, D, E방법이 있으며 시험방법 선정은 대상시설물의 목적 및 허용최대 입경에 따라 선택한다. 도로의 노상토 지지력비(CBR)시험을 위해 다짐방법을 선택할 경우 허용최대 입경이 37.5mm인 경우는 표 1.39의 B 또는 E방법을 택할 수 있으나, 도로, 활주로 등 공용하중이 큰 경우는 차수보다 지지력 확보가 우선이므로 표 1.40과 같이 E다짐을 실시해야 한다.

$$E = \frac{W \cdot h \cdot N_l \cdot N_b}{V} \tag{1.37}$$

여기서, E : 다짐에너지, W : 래머무게(N),
h : 흙의 낙하높이(cm), N_l : 다짐층수,
N_b : 각층당 다짐횟수, V : 몰드용적(cm^3)

표 1.39 흙의 다짐방법

다짐 방법	래머무게 $W(N)$	낙하높이 $h(cm)$	몰드 안지름 (cm)	다짐층수 (N_c)	다짐횟수 (N_b)	허용최대입경 (mm)	실무적용
A	25	30	10	3	25	19	도로 노체의 일반성토 또는 댐(dam)과 같이 차수목적인 경우 사용
B	25	30	15	3	55	37.5	
C	45	45	10	5	25	19	사용성이 거의 없음
D	45	45	15	5	55	19	도로에서 보조기층, 노상 및 활주로와 같이 지지력확보가 필요한 경우 적용
E	45	45	15	3	92	37.5	

표 1.40 표준다짐, 수정다짐 에너지 비교 및 실무적용

다짐 방법	다짐 구분	허용 최대입경 (mm)	다짐에너지($N \cdot cm/cm^3$)	실무적용
A	표준 다짐	19	$E_c = \frac{25 \times 30 \times 3 \times 25}{\pi/4 \times 10^2 \times 12.73} \fallingdotseq 56.3$	다짐에너지가 적으므로 도로 노체의 일반성토 또는 댐(dam)과 같이 차수목적인 경우에 적용
B		37.5		
C	수정 다짐	19	D 다짐에너지 : $E_c = \frac{45 \times 45 \times 5 \times 55}{\pi/4 \times 15^2 \times 12.50} \fallingdotseq 252.2$	C 다짐은 실무에서 적용하지 않음
D		19		D, E다짐은 에너지가 크므로 도로에서 보조기층, 노상 및 활주로와 같이 지지력확보가 필요한 경우에 적용
E		37.5		

(2) 최대 입경별 다짐방법 결정

① 최대입경이 19mm 일 때 : D 다짐(5층 55, 25, 10회 4일 수침) 적용

② 최대입경이 38.1mm 일 때 : E 다짐(3층 92, 42, 17 회 4일 수침) 적용

③ D, E 다짐에너지(E)비교

D, E 다짐의 경우 래머 무게, 낙하높이 및 몰드 안지름은 같고 다짐층수, 회수만 차이가 나므로 아래와 같이 에너지 차이가 거의 없음을 알 수 있다. 다만 최대입경이 38.1mm일 때 D다짐으로 다지게 되면 187.5mm (37.5mm×5층)가 되어 몰드높이 125mm를 초과하게 되므로 E다짐(37.5mm×3층=112.5mm)을 적용해야 한다.

표 1.41 다짐에너지 비교

D다짐(A)	E다짐(B)	차이(B−A)
5층×55회 = 275회	3층×92회 = 276회	1회
5층×25회 = 125회	3층×42회 = 126회	1회
5층×10회 = 50회	3층×17회 = 51회	1회

2) 실내 CBR시험

흙쌓기재료 다짐에 따른 강도, 압축성, 팽창성, 수축성, CBR을 결정하기 위하여 표 1.42와 같이 시험을 실시한다. 노상토 지지력비(CBR)를 결정할 경우 시방서에서 95% 건조단위중량을 요구한다면 최대 건조단위중량 γ_{dmax}의 95%되는 단위중량에서 수평선을 긋고, 건조단위중량과 수정 CBR이 만나는 점을 구하여 그 교점으로부터 수선을 내리면 가로축과 만나는 점이 구하고자 하는 CBR값이 된다. CBR 상세내용은 제2장의 2.8항을 참조하기 바란다.

표 1.42 실내 CBR 시험방법 및 시험기구

구분	내용
시료준비	1) KS F2312의 시료의 최대 허용입경에 따라 다짐방법 D 또는 E방법으로 다짐 2) 다짐곡선을 작도하여 γ_{dmax}와 w_{opt}를 구함 3) 동일한 흙으로 함수비를 w_{opt}±1% 로 조제함 4) 조제된 시료를 100N씩 3개 준비하여 밀폐된 그릇에 담아 둠 5) 준비된 시료로 타격회수 10, 25, 55회(D다짐) 또는 17, 42, 92회(E다짐)으 로 다짐을 실시함
흡수팽창시험	4일 동안 물속에 침수시키고 1, 2, 4, 8, 24, 48, 72, 96의 각 시간에 팽창량 계측
관입시험	1) 공시체 위에 50N하중 얹음 2) 재하장치에 공시체를 장치하고 관입피스톤을 부착시킴 3) 피스톤을 1mm/min의 속도로 공시체에 관입(12.5mm)하여, 관입량과 하중값을 계측
시험기구	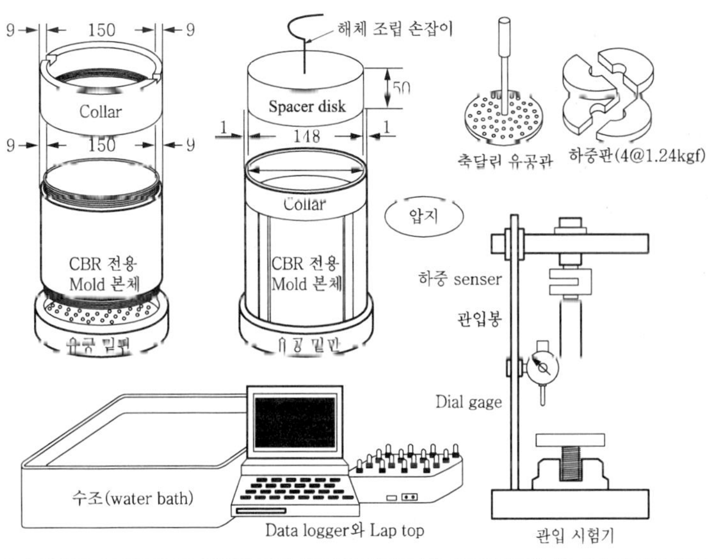

3) 압밀시험

압밀이란 물로 포화된 점성토에 하중을 가했을 때 과잉간극수압이 발생하여 시간경과에 따라 서서히 간극수가 배출되면서 생기는 흙의 체적감소를 말한다. 압밀시험에서는 압축지수(C_c), 선행압밀하중(P_c), 체적압축계수(m_v), 압밀계수(c_v)를 구할 수 있으며 결과는 일차원적으로 압축되는 침하량과 침하시간 등을 해석하는 데 이용된다. 압밀침하와 관련되는 계수 중 실무에 중요한 것은 압축지수와 압밀계수이며 이 계수들은 불교란 시료를 채취하고 실내시험에서 구할 수 있다. 표준압밀시험 시료는 직경 $6cm$, 높이 $2.0cm$ 이고, 표준시험 재하하중은 5 → 10 → 20 → 40 → 80 → 160 → 320 → $640kPa$까지 하중증분비($\Delta\sigma/\sigma$)를 1로 재하(loading)하며, 높은 하중을 받는 댐의 경우는 $1{,}280kgf/cm^2$까지 재하하기도 한다. 압밀측정은 하중단계마다 8, 15, 30sec, 1, 2, 4, 8, 15, 30min, 1, 2, 4, 8, 24 hour까지 측정한 후 제하(unloading)단계는 640→ 320→ 80→ 20→ $5kPa$ 순으로 제하한다. 압밀속도 계산 시 압밀계수(c_v)를 사용하고 있으며, 압밀계수는 궁극적으로 간극수압의 소산율을 말하며, 지반의 압밀침하에 소요되는 시간을 측정하는데 사용되는 값이다. 시간의 함수인 c_v값은 압밀시험을 통해 얻은 시간-침하량 관계 곡선을 이용하여 결정되어지며, c_v산정방법에는 기존에 널리 사용되고 있는 $\sqrt{t}$ 방법과 $\log_{10}t$방법이 있고 그 이후에 최대기울기 방법, 직교쌍곡선 방법 등이 제안되었으며 실무에서 많이 사용되는 $\sqrt{t}$ 법과 $\log_{10}t$ 법 내용은 다음과 같다.

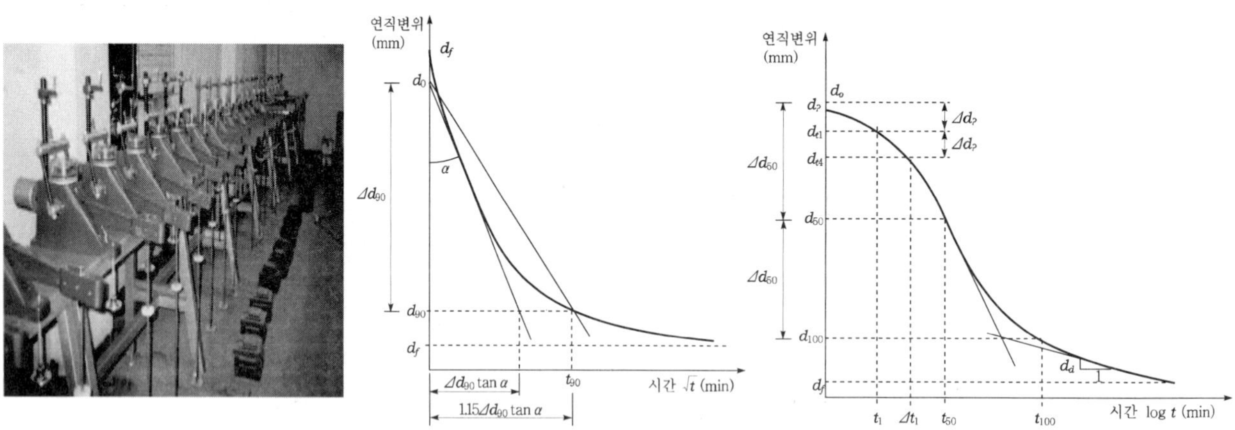

(a) 표준압밀시험 전경 (b) $\sqrt{t}$ 법 (c) $\log_{10}t$ 법

그림 1.79 표준압밀시험(Oedometer) 전경 및 $\sqrt{t}$ 법과 $\log_{10}t$ 법

(1) $\sqrt{t}$ 방법

결과정리는 세로축에 압축변위량 d를, 가로축에 소요시간(분)의 제곱 $\sqrt{t}$ 를 취한다. 압밀시간 t_{90}

을 구하는 과정은 곡선의 직선부분(50% 압밀이하)을 연장하여 세로축이 $\sqrt{t}=0$인 y축과의 교점을 구하면 수정영점 d_o를 찾을 수 있다. 이 직선으로부터 $1.15\sqrt{t}$ 배 되는 기울기로 선을 그어 실측곡선과 만나는 점을 90% 압밀이 일어난 d_{90}으로 하고 d_{90}에 해당하는 시간을 t_{90}이라 한다. 압밀계수(c_v)는 식 (1.38)에서 산정할 수 있다.

$$c_v = \frac{t_v H^2}{t_{90}} = \frac{0.848\,H^2}{t_{90}} \quad (cm^2/\text{sec}) \qquad (1.38)$$

(2) $\log_{10} t$ 방법

세로축에 압축변위 d를 가로축에 대수눈금으로 $\log_{10}t$를 취하여 측정결과를 표시한다. 이 곡선의 중간부근과 마지막 부근은 대략 직선이 되며 직선부분의 연장선과 2차 압밀의 직선부분의 연장선의 교점을 구하여 그 점을 100% 압밀점으로 정한다. 그 곡선에서 시간 t_1분의 다이얼게이지 읽음 $d_{t\,1}$과 이 시간의 4배 되는 시간 $t_4 = 4t_1$ 다이얼 게이지 읽음 $d_{t\,4}$의 차 $\Delta d_s = d_{t\,4} - d_{t\,1}$ 만큼 시간 t_1의 읽음 $d_{t\,1}$위로 점찍어서 수정영점 $d_o = d_{t\,1} - \Delta d_s$로 한다. 여기서 t_1을 정하기가 어려우므로 보통 1 분으로 한다. d_0와 d_{100} 사이의 중간값이 $d_{50} = (d_o + d_{100})/2$ 이므로 이 값에 대응하는 시간 t_{50}과 시간계수 T_{50}을 이용하여 압밀계수 산정(c_v)은 식 (1.39)에서 산정할 수 있다.

$$c_v = \frac{t_v H^2}{t_{50}} = 0.197 \times \frac{H^2}{t_{50}} (cm^2/\text{sec}) \qquad (1.39)$$

위의 $\sqrt{t}$ 법과 $\log_{10}t$ 법으로 계산한 c_v 값은 일치하지 않는다. $\log_{10}t$ 방법의 c_v값이 정규압밀 범위 내에서는 더 작으나 실제와 잘 부합되는 것으로 알려져 있다. 일반적으로 압밀계수는 투수성이 클수록, 압축성이 감소할수록 액성한계가 감소할수록 증가한다.

최근에는 그림 1.80과 같이 고무막을 통해서 재하하중을 가할 수 있는 rowe cell이 개발되어 가압판으로 인한 시료구속의 영향을 많이 경감시켰다. rowe cell시험은 현장조건을 재현할 수 있기 때문에 연직방향, 수평방향 및 드레인 방향으로 배수조절이 가능하고 셀압과 배압을 이용하여 시료를 포

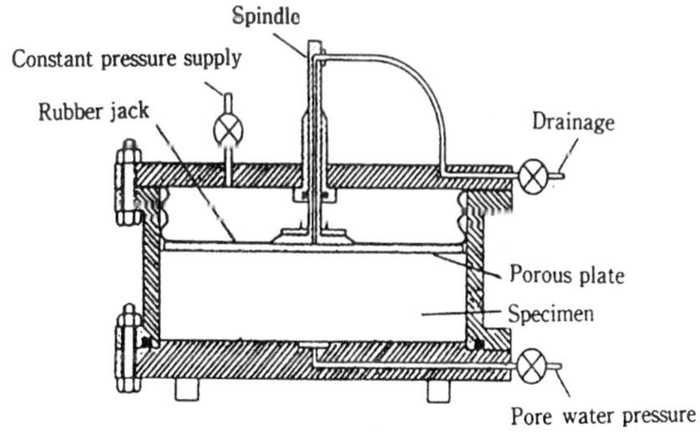

그림 1.80 Rowe cell 압밀시험기

화 또는 압밀시킬 수 있으며 자유변형과 등변형 조건으로 압밀압력을 조절할 수 있는 장점이 있다. 국내의 경우 최근에 수평방향 압밀계수 산정을 위하여 실내에서는 표준압밀시험, rowe cell 압밀시험을 수행하고, 현장에서는 피조콘시험을 병행하여 실시하고 있다. rowe cell 시험 이용한 수평압밀계수 산정은 식 (1.40)에 의해 구할 수 있다.

$$c_h = \frac{0.131 T_{ro} D^2}{t} \tag{1.40}$$

여기서, T_{ro} : 시간계수, D : 시료직경, t : 과잉간극수압 소산시간

1.9.5 내진설계에 필요한 동적 지반정수 산정 시험

시험에 의하면 전단변형률에 따라 변형률이 10^{-1}%를 기준으로 정탄성계수와 동탄성계수가 달라진다. 즉, 10^{-1}%보다 적은 변형률에서는 동탄성계수가 정탄성계수보다 크므로, 내진설계 시에는 적은 변형률에서의 동탄성계수에 의한 응력-변형률거동을 분석해야 한다.

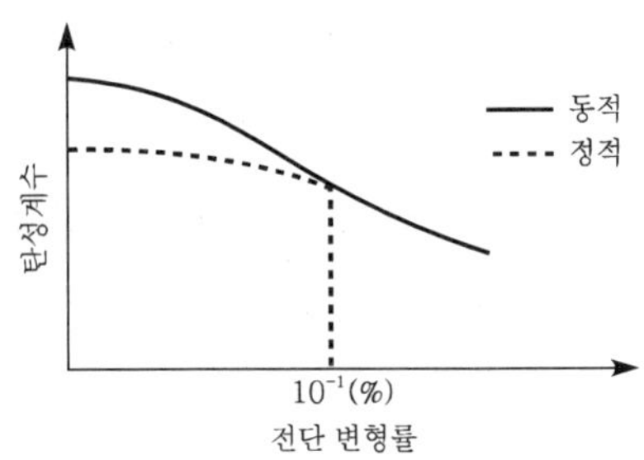

그림 1.81 탄성계수-전단변형률

1) 반복삼축압축시험(Cyclic triaxial test)

지진 시 발생하는 지반의 응력-변형 특성을 파악하여 지반의 액상화 저항 판별 자료 산정 등에 필요한 지반의 동적특성 물성치를 제공한다.

(1) 액상화를 판별하기 위한 시험과정

① 성형시료를 삼축압축시험기 셀에 셋팅한다.

② 배압(Back pressure)을 가하여 시료포화(간극수압계수 B〉0.95 유지) 여부를 확인한다.

③ 셀압(Cell pressure)을 증가시켜 축변형률과 체적 변형률을 측정한다.

④ 지반의 지진파를 반복 전단응력으로 전환 후 그때 지반의 전단응력과 진동삼축시험을 통한 반복전단응력비(CSR)를 비교하여 액상화의 안전율을 구한다.

$$\cdot \text{반복 전단 응력비(CSR)} = \frac{\sigma_d}{2\sigma_c'} \tag{1.41}$$

여기서, σ_d : 반복축차응력, σ_c' : 유효 구속응력

$$\cdot F_L = \frac{P_{field}}{A_{ave}} \tag{1.42}$$

여기서, F_L : 액상화 안전율

P_{field}: 현장지반의 액상화 저항능력 (진동삼축압 시험을 통한 CSR)

A_{ave} : 등가반복 전단응력(현장수직 응력에 대한 지진시 유발 전단응력)

그림 1.82 진동삼축압축시험 전경

(2) 실무 적용

① 액상화검토시 활용

② 반복전단응력비를 산정하여 구조물 안정성 검토

2) 공진주 시험

지진발생시 지반의 동적거동을 평가하기 위하여 동적하중을 공시체에 가하여 전단변형률 크기에 따른 동적 물성치인 전단파속도(V_s), 전단탄성계수(G), 전단 변형률(r), 감쇠비(D)를 결정한다. 원통형의 공시체에 진동수를 바꿔가면서 비틂자극을 가하여 1차 모드의 공진주파수(f_r)와 진동의 크기(A_r)를 구한 후, 실험기의 특성 및 공시체의 크기, 공시체의 무게를 이용하여 동적지반계수를 산출한다.

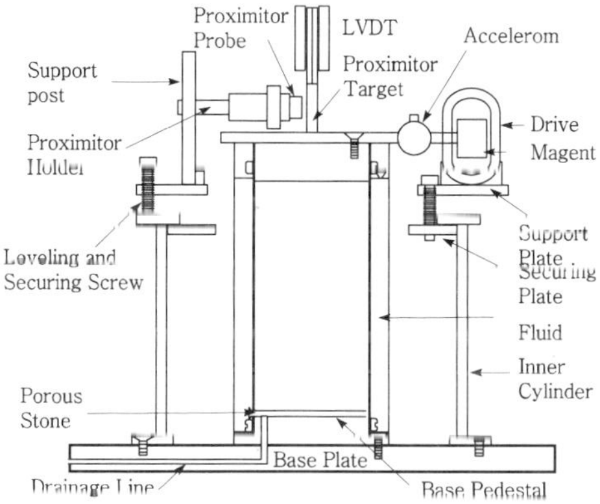

(a) 공진주 시험 개념도

(b) 공진주 시험 장면

그림 1.83 공진주 시험 개념도 및 시험 장면

실무에서는 공진주 시험결과에 의해 파악된 전단변형률에 대한 전단탄성계수와 재료감쇠비를 파악하여 지진응답해석, 지반에 대한 동적해석 및 구조물의 안정성 평가에 이용된다.

3) 충격반향시험

현장에서 채취한 암석시료의 RQD를 이용하여 전단파속도, 감쇠비를 산정하여 현 장에서 실시한 S-PS 검층결과에 대한 검증에 이용한다. 충격반향시험장치는 가진 장치, 가속도계 및 동적신호분석기로 구성되어 있고 시편의 한쪽을 가진하면 이때의 반응을 다른 편에 설치된 가속도계를 사용하여 공진주파수를 측정하여 감쇠비를 측정한다. 실무에서는 S-PS 검층 및 토사 공진주시험 결과와 비교·분석 후 동적지반 물성치 산정에 이용된다.

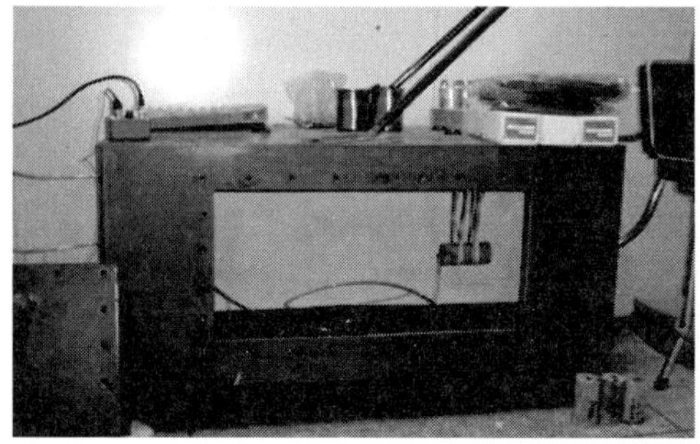

그림 1.84 충격반향시험 전경

$$D = \frac{1}{2}\frac{f_2 - f_1}{f_m} \tag{1.43}$$

여기서, D : 감쇠비

f_m : 1차 모드 공진주파수

f_1, f_2 : 공진주파수에서 진폭의 0.707배에 해당하는 주파수

4) 실무적용

(1) 동적지반계수가 실무에 적용되는 분야는 지진, 파랑, 폭발, 기계진동 등에 의한 지반거동 해석 및 지반-구조물 상호작용 해석 시 이용된다.

(2) 전단 변형률의 일정 크기(10^{-1}%)를 기준으로 하여 이 변형률보다 작은 경우는 동적특성이 정적특성을 지배하지만 이 변형률보다 큰 경우는 정적특성이 지배적인 것으로 간주한다.

(3) 동적 전단탄성 계수는 현장에서 결정한 값과 실험실에서 결정한 값 사이에 3-5배 차이가 있을 수 있으므로 크로스 홀(cross hole)법과 같이 현장에서 측정한 값을 사용하여 값을 결정하면 신뢰성이 증가한다.

1.9.6 암석시험

시추조사 시 채취된 암석 코어(core)에 대하여 지층을 대표할 수 있는 시료를 선정한 후 암의 공학적 성질을 파악하기 위하여 실내 암석시험을 실시한다. 실내시험결과를 통해 얻어진 물성치간의 상관관계를 분석하여 자료의 신뢰성을 판단한 후 설계 및 시공 시 활용한다.

표 1.43 암석 시험 종류 및 결과이용

시험명칭	시험결과치	시험결과의 이용	시험규정		
			KSF	ISRM	ASTM
비중시험	비중	비중, 흡수율, 함수비, 포화도, 간극비	2518 (석재)	○	
밀도시험	건조밀도 습윤밀도	지반내의 응력산정, 지압발생 예측지표	2518 (석재)	○	
흡수율 시험	공극율 흡수율	암석의 투수성	–	○	
탄성파속도 시험	탄성파전파속도 동적 탄성상수	암반의 균열도 파악, 암반분류	–	○	D2845
일축압축 시험	압축강도 탄성계수	암석의 역학적 특성, 암반분류 수치해석, Hoek-Brown 모델 입력치	2519 (석재)	○	D2938 D3148
삼축압축 시험	점착력(c) 내부마찰각(ϕ)	현지암반의 변형파괴 특성	–	○	D2664
압열인장 시험	인장강도	암석의 인장파괴특성	3032	○	D3967
점하중강도 시험	점하중강도	일축압축시험의 대용 암석의 이방성 강도비 산정 가능 암석강도지수, 암반분류(RMR)	○		

1) 일축압축시험

공시체에 구속압을 가하지 않은 상태에서 공시체 축방향으로 압축력을 가하여 파괴시의 축방향 하중을 측정하면 일축압축강도를 구할 수 있다.

$$\text{일축압축강도}(kPa) = \frac{\text{파괴시의 하중}(kN)}{\text{시험편이단면적}(m^2)} \tag{1.44}$$

2) 비중 및 흡수율

$$\text{겉보기비중} = \frac{\text{시험편의 완전건주비중}}{\text{공극을 포함하는 단위외형체적}} \tag{1.45}$$

$$\text{흡수율} = \frac{\text{침수된 시험편의중량} - \text{건조된 시험편의중량}}{\text{시험편의비중}} \tag{1.46}$$

3) 인장강도 시험

직접인장시험은 공시체의 성형이 어렵기 때문에 주로 간접인장시험(Brazilian test)을 활용한다. 시험용 시편은 코어(직경 : 높이=1 : 0.5~0.8)를 디스크형이 되도록 절단한 후 압축시험용 시편과 같은 방법으로 성형한다. 디스크 절단면에 평행한 방향으로 코어의 원주곡면부에 가압하여, 파괴시하중과 시험편 규격으로부터 인장강도를 구한다. 이때, 파괴하중을 $P(kN)$라 하고 시험편의 직경과 길이를 각각 $D(m)$, $L(m)$이라 할 때 인장강도 $S(kPa)$는 식 (1.47)로 구한다.

$$S = 2P/(\pi DL) \tag{1.47}$$

(a) 일축압축시험

(b) 인장강도시험

그림 1.85 일축압축시험 및 인장강도시험 장면

4) 삼축압축 시험

동일한 성질을 갖는 3~4개의 시험편에 측압 및 하중을 증가시켜 최대삼축압축하중의 변화를 구하는 시험이다. 각 구속압 단계별로 측정된 파괴시의 축방향 하중을 플롯(plot)하고 Mohr의 파괴포락선을 작도하여, 암석공시체에 대한 점착력과 내부마찰각을 산출한다. 시험결과는 현지 암석의 변형파괴 특성 판단시 적용한다.

(a) 삼축압축시험

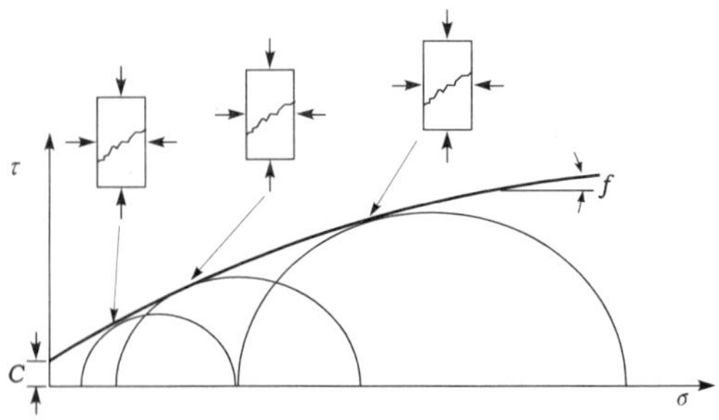

(b) Mohr 파괴 포락선 개념도

그림 1.86 삼축압축시험 장면 및 Mohr파괴 포락선 개념도

5) 점재하시험

점재하 시험은 그림 1.87에서와 같이 암시료에 점하중을 가하여 시편이 갈라질 때의 하중 P를 측정하는 시험이다. 특징을 설명하면 다음과 같다.

(1) 암시편의 직경 $D=50mm$가 표준이며, 직경의 대소가 하중에 영향을 미친다.

(2) 불규칙한 모양의 시료에 대하여도 실험이 가능하기 때문에 현장에서의 암석에 대하여 손쉽게 실시할 수 있는 시험이다.

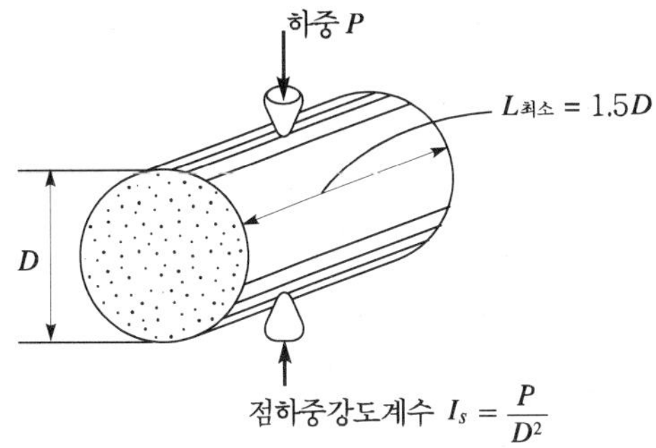

그림 1.87 점재하 개념도

(3) 시험결과는 점하중 강도계수, I_s(point load index)로 나타내며 I_s는 식 (1.48)로 구한다.

$$I_s = \frac{P}{D^2}\ (\text{단위}\ MN/m^2) \tag{1.48}$$

(4) 암석의 일축압축강도 σ_c(uniaxial compressive strength)와 I_s사이에는 그림 1.88과 같이 비례관계에 있는 것으로 알려져 있으며, 이를 수식으로 표현하면 식 (1.49)와 같다.

$$\sigma_c = 24 I_s\ (MN/m^2) \tag{1.49}$$

그런데, 이 I_s는 D_e의 함수로 되며 같은 특성을 가진 암석이라도 D_e가 다르면 I_s가 다르게 된다. 따라서 $D=50mm$이 고어(core)시료를 사용하여 직경 방향 점재하시험을 했을 때의 점재하강도를 기준으로 선택하여, 다른 D_e시료에 대해서는 이것으로 환산하고 수정점재하강도지수 $I_{s(50)}$로 하여 점재하시험을 규준화한다

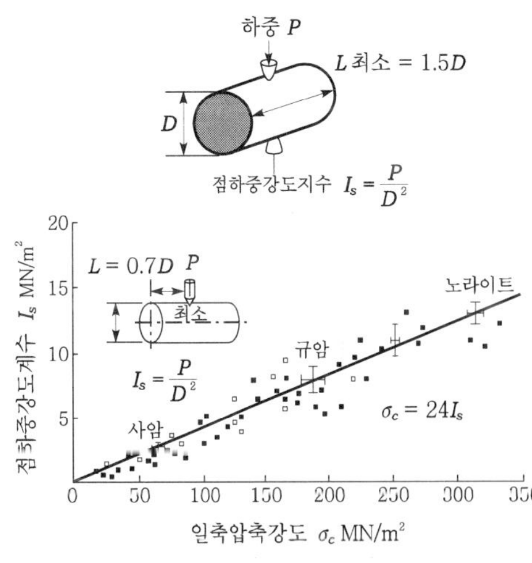

그림 1.88 점하중 강도계수 I_s와 암석의 일축압축강도와의 관계

$$I_{s(50)} = F \cdot I_s\ (MPa) \tag{1.50}$$

$$F = \left(\frac{D_e}{50}\right)^{0.45} \tag{1.51}$$

여기서, $I_{s(50)}$: 수정 점재하강도지수, I_s : 무수정 점재하강도지수, F : 보정계수

신뢰성을 유지하기 위해서는 직경방향 점재하강도 지수와 축방향 점재하강 도지수사이에 강도 이방성 현상이 가능한 없어야 한다. 점재하강도지수와 일축 압축강도와의 실험적 관계는 Broch & Franklin(1972), Bieniawski(1975), Brook(1980) 등이 식 (1.49)와 같은 상관성을 제시한 바 있다.

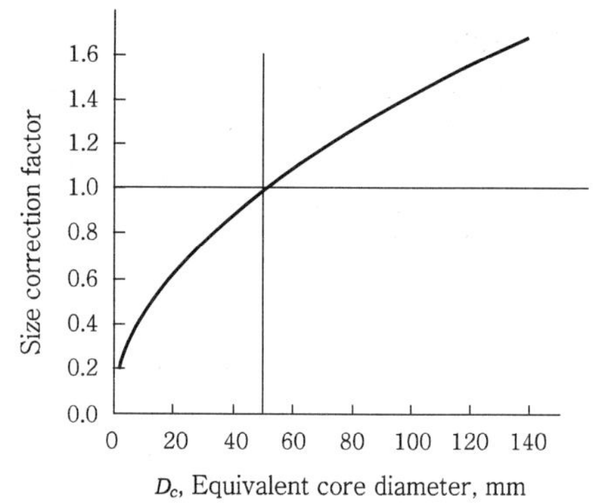

그림 1.89 크기보정계수(F)

그러나, 이러한 관계는 암석의 종류와 풍화정도에 따라 변하며, 또한 이방성의 정도에 따라 영향을 받는다. 현재 대부분의 연구 결과들에 의하면 UCS/$I_{s(50)}$=24인 비율은 일반적으로 받아들여지지 않고 있는 실정이다. 특히, Read & Pells에 의한 점재하 시험은 UCS/$I_{s(50)}$의 비율이 암석종류와 풍화등급에 따라 다양하다는 것을 보여주고 있다. 그러므로 각 암석의 특성에 맞는 상관관계식을 이용하는 것이 점재 하강도지수로서 추정하는 일축압축강도의 오차를 줄일 수 있다.

ISRM(1985)에서는 그림 1.90과 같이 $\sigma_c / I_{s(50)}$의 상관계수를 22로 제시하고 있다.

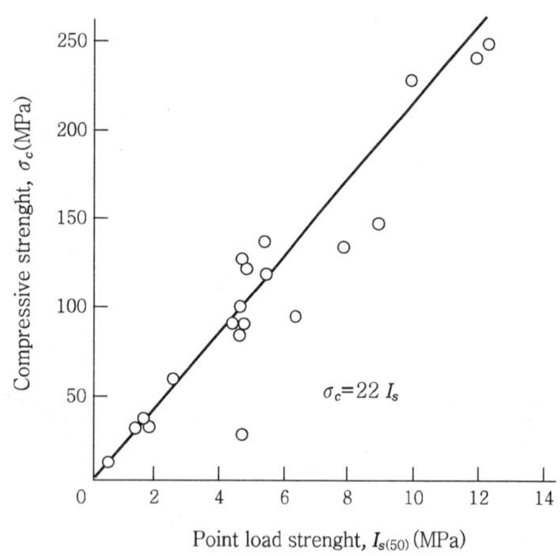

그림 1.90 일축압축강도와 점재하강도와의 상관관계 (ISRM, 1985)

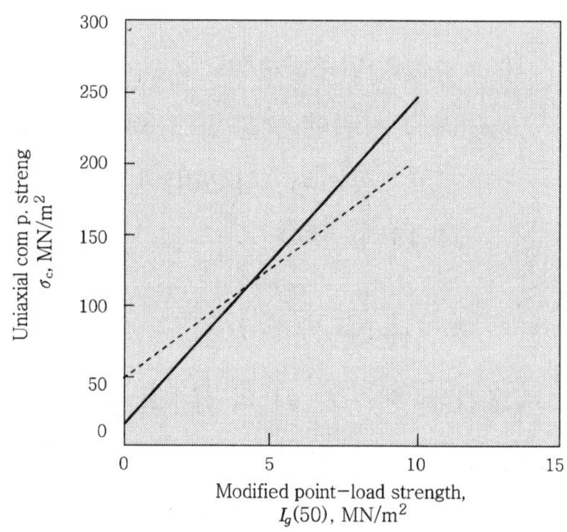

그림 1.91 일축압축강도와 점재하강도와의 상관관계 (이수곤 등, 1987)

국내의 연구로는 이수곤 등(1987)이 국내 화강암에 대해서 많은 시험을 통하여 식 (1.52)를 제시하였다.

$$\sigma_c = 412.84 + 15.85 \cdot I_{s(50)} \ (MN/m^2) \tag{1.52}$$

또한 정형식 등(1997)에 의해 실시된 혈암에 대한 상관관계식은 아래와 같다.

$$\sigma_c = 136 + 23 \cdot I_{s(50)} \ (MN/m^2) \tag{1.53}$$

6) 슬레이크 내구성시험(Slake durability test)

내구성은 여러 가지 풍화작용에 대하여 정의되어 있다. 동결에 대한 저항성을 나타내는 동결 내구성(frost durability), 마모에 대한 저항성을 나타내는 마모 내구성(abrasion durability), 물에 대한 내구성을 나타내는 슬레이크 내구성(slake durability) 등이 있다. 이 중 슬레이크 내구성시험이 지수화 되어 많이 사용된다. 건습의 반복에 의거한 슬레이크 내구성시험은 암석시료에 건습의 반복을 2회 시켰을 때의 취약화에 대한 저항성을 조사하여 암석의 특성을 정량적으로 나타내기 위한 방법이다. 시험 장치는 그림 1.92에서와 같이 105℃의 온도에서도 견딜 수 있는 강제의 테스트 드럼(직경 : 100mm, 길이 : 140mm, 2mm의 표준 mesh의 원통)과 시료를 포함한 테스트 드럼(test drum)을 그 속에 넣고 드럼의 수평축 아래 20mm까지 물을 채울 수 있는 모터 드라이브(motor drive)의 3부분으로 구성되어 있다. 실험은 10개의 암석덩어리(건조무게: 각 40~60g, 전체시료 무게: 450~550g)를 test drum속에 넣고 수조 속에 수침(담수, 해수)시킨 다음 모터 드라이브를 이용하여 약 10분간 20rpm의 속도로 회전시킨다. 그 후에 시료가 들어 있는 테스트 드럼(test drum)을 꺼내어 건조로에 넣어 105℃의 온도로 6시간 노건조시킨다. 만일 시험대상 시료가 점토성분을 많이 함유한 암석인 경우는 건조시간이 길어 질 수 있으므로, 6시간뿐만 아니라 12시간 및 48시간에 대한 시험을 수행하는 것이 바람직하다. 냉각 후 잔류한 시료중량을 측정하면 내구성지수(I_d)는 다음과 같이 계산된다.

$$I_d = \frac{\text{시험 후의 잔류시료 건조중량}}{\text{초기의 건조중량}} \times 100(\%) \tag{1.54}$$

일반적으로 사용되는 슬레이크 내구성지수는 2번째 cycle 후의 지수, 즉 I_{d2}를 많이 채택하고 있으나 암석의 성질에 따라 반복 cycle수는 가변적이다. 또한 초기 함수비에 따라 슬래킹(slaking)은 현저한 영향을 받는다.

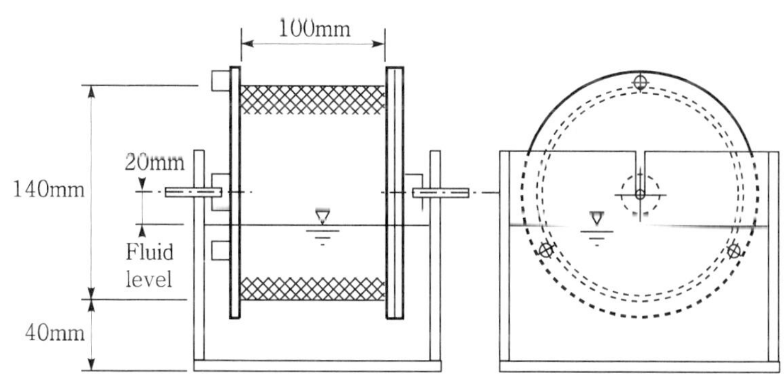

그림 1.92 슬레이크 내구성 시험장비

7) 슬래킹량(건습반복)시험 (Wet & dry cycle test)

이 시험은 건습반복의 회수에 따른 암석의 함수비 증가현상을 시험하여 암석의 슬래킹(slaking) 정도를 판정하기 위한 것으로 비교적 간단한 시험장치(큰 수조, 시료를 담아 수침시킬 수 있는 깔때기)가 필요한 반면 실험에 상당히 많은 시간이 소요된다. 실험은 먼저 준비된 대표적인 자연상태의 암석 덩어리(무게 : 100~150g) 5개를 여과지를 포함한 깔때기에 넣어 수조 속에서 24시간동안 수침시킨 후 약 105℃의 온도로 48시간 노건조시켜 함수비를 계산한다. 각각 5개의 시료를 담수와 해수에 수침시켜 시험을 수행하며, 이러한 조작을 함수비의 증가가 멈출 때까지 반복하고 빠른 시간에 붕괴되는 암석에 대해서는 토사상태로 된 시점에서 중지한다.

실험결과는 다음 식에 의해 각 횟수별 흡수량을 구하여 표시하고 반복회수의 증가에 따른 함수비의 변화를 그림으로 나타내어 거의 직선적으로 변화한 경우 그 직선의 평균기울기로부터 함수비변화율($\Delta w/cycle$)을 구하고 평형함수비를 결정한다.

1) 자연함수비

$$w_n = \frac{W_{wo} - D_{w1}}{D_{w1} - T_w} \times 100(\%) \tag{1.55}$$

여기서, T_w : 용기중량

W_{wo} : 자연함수상태의 (용기+시료)의 중량

D_{w1} : 1회째 건조후의 (용기+시료)의 중량

2) N회째 수침후 함수비

$$w = \frac{W_{wn} - D_{wn}}{D_{wn} - T_w} \times 100(\%) \tag{1.56}$$

여기서, W_{wn} : N회째 수침후의 (용기+시료)의 중량

D_{wn} : N회째 건조후의 (용기+시료)의 중량

8) 슬래킹 속도시험(Rate of slaking test)

건습반복시험과 함께 첫 번째 사이클(cycle)에서의 슬래킹 속도(함수비 증가현상) 또한 암석 슬래킹 특

성의 분류기준으로 적용할 수 있다. 이 시험을 위해서는 여러 개의 건조된 시료를 수침시킨 후, 시간의 경과에 따른 함수비 증가를 측정해야 한다. 이 시험과정에서 중간 또는 높은 정도의 슬래킹 암석에서는 수침으로 인한 시료의 팽창과 더불어 구조의 분해(disintegration)가 급속도로 발생하기 때문에 이것을 보완하기 위해서는 건습반복시험에서와 마찬가지로 한 덩어리의 대기건조무게가 60~80g되는 암석시료가 39개를 여과지를 포함한 깔때기를 넣어 수침시키고 15분, 30분, 1, 2, 4, 8, 16, 24, 36, 48, 96, 192, 360시간 후에 시료를 꺼내어 함수비 증가를 측정한다.

슬래킹(Slaking) 속도시험결과의 평가는 2~6시간 후의 함수비 증가량(Δw)으로부터 식(1.57)에서 구한 액성지수 변화량(ΔI_L)에 의해 평가된다.

$$\Delta I_L = \frac{\Delta w}{w_L - w_P} \tag{1.57}$$

여기서, ΔI_L : 액성지수 변화, Δw : 2~6시간 후 함수비 변화

w_L : 액성한계, w_P : 소성한계

표 1.44 마모저항도 분류표

분류	첫 10분 회전 후 잔류량(중량비)×100%	2회의 회전 후 잔류량(중량비)×100%
매우 큰 저항성	〉99	〉98
큰 저항성	98~99	95~98
비교적 큰 저항성	95~98	85~95
중간의 저항성	85~95	60~85
작은 저항성	60~85	30~60
매우 작은 저항성	〈60	〈30

1.9.7 지반 설계정수 산정 방법(사례)

연약지반개량 공법 선정, 구조물 기초 형식, 가시설 형식 등은 지반정수 (물리적, 역학적 특성)에 따라 공법 및 형식이 바뀌게 되고 경제성 측면에서도 많은 차이가 나게 된다. 따라서 지반정수 산정 시 주의를 기울여야 하며 실무에서 토사, 풍화암층과 암반층에 대하여 주로 적용하고 있는 설계정수 산정방법(사례)은 다음과 같다.

1) 토사 및 풍화암층

① 설계정수 산정 흐름도

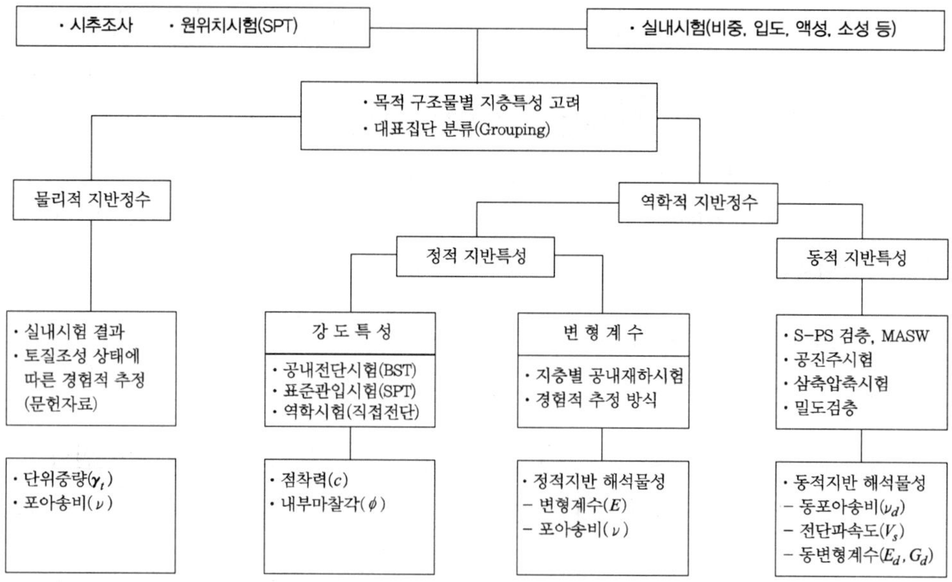

그림 1.93 설계정수 산정흐름도

② 토사 및 풍화암층 설계정수 산정 방법(사례)

표 1.45 토사 및 풍화암층 설계정수 산정 방법(사례)

구분	지반정수	산정방법
기본물성	단위중량(γ)	1) 실내시험 결과에 의한 산정 방법 : 불교란 시료 단위중량 측정, 현장밀도시험 2) 경험적 추정방법 – 풍화암층(N> 50/10)의 경우 매우 조밀한 토사층으로 간주하여 추정
	포아송비(υ)	포아송비(Poisson's ratio, υ) – 기존 문헌자료 토질종류 및 조성상태에 따른 일반적인 범위 값 비교 추정 (Roy & Hunt(1984), Das(1995))
역학물성	강도정수 (c, ϕ)	1) 실내 및 현장시험 결과에 의한 산정 방법 – 연약층 : 일축·삼축압축시험, Vane시험 – 모래층 : 불교란 시료채취 → 직접전단시험 – 풍화암층 : 공내 전단시험(BST) 2) 경험적 추정방법 – 풍화암층(N>50/10)의 경우 : 매우 조밀한 토사층으로 간주하여 추정 – 기존 적용사례 및 문헌자료를 이용한 추정
	변형계수(E)	1) 정적 지반변형계수(E) : 공내수평재하시험 결과에 의해 산정 2) 경험적 추정방법 – N값에 의한 산정방법(Schmertmann(1978)제안식, Bowels(1988)제안식, 도로교 시방서제안식) – 문헌 자료를 이용한 추정(Hunt(1984), Das(1995))
침투류 해석 지반정수	투수계수(k)	1) 현장투수시험 2) 실내투수시험
내진해석 지반정수	동적지반 변형계수	1) 경험적 추정방법 : N값에 의한 산정방법(今井, 吉村(1970), Imai(1982)) 2) 동적 지반변형계수(G_d, E_d, K_d) – 현장시험 결과에 의한 산정 ·MASW, suspension PS 검층, 하향식 탄성파 탐사(DHT)

2) 기반암층

① 설계정수 산정 흐름도

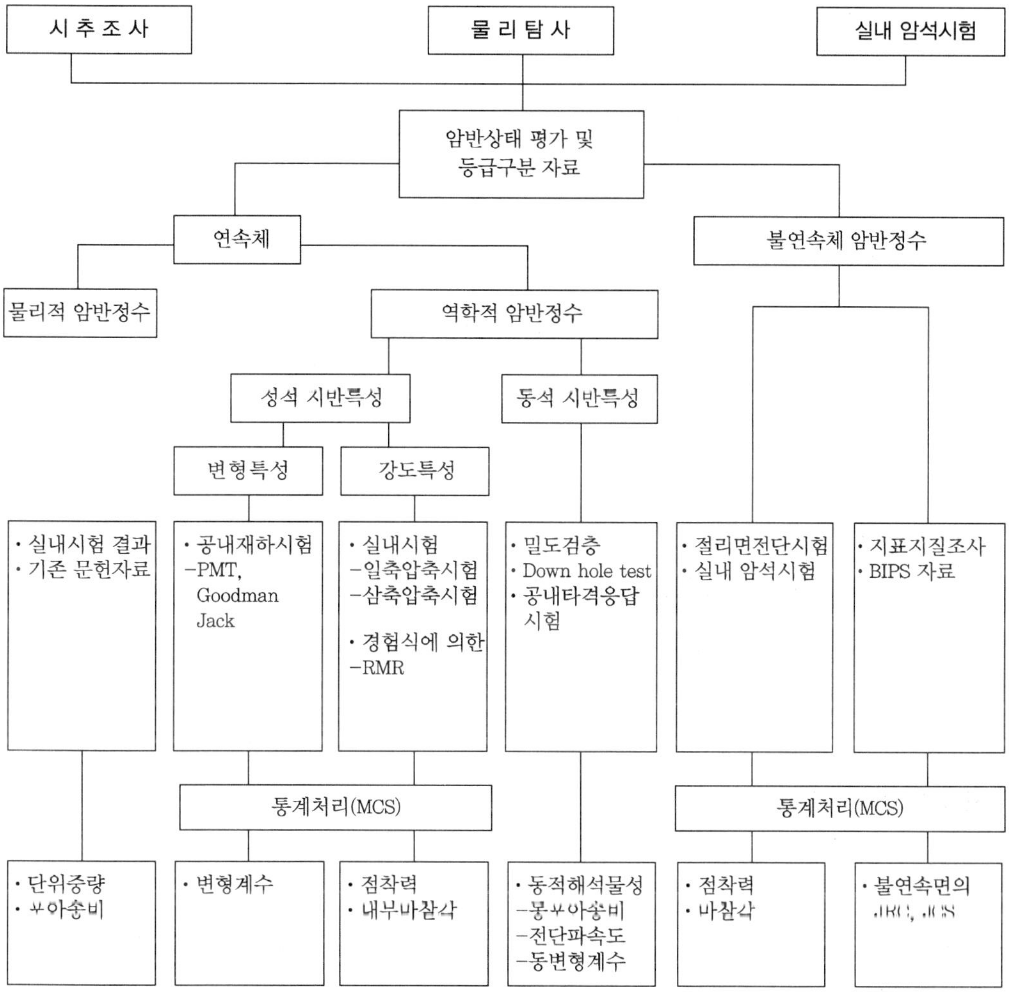

그림 1.94 기반암층 설계정수 산정흐름도

② 기반암층 설계정수 산정 방법(사례)

표 1.46 암반층 설계정수 산정 방법(사례)

구분	지반정수	산정방법
기본물성	단위중량(γ)	1) 암석시료에 대한 비중시험결과 이용 2) 기존 설계적용사례 비교 검토하여 산정
	포와송비(v)	1) 실내암석시험결과 2) 기존 경험식 비교 검토하여 산정
	측압계수(K_o)	수압파쇄시험, AE시험 등의 결과를 비교·분석하여 산정
연속체 해석 설계정수	암반변형계수(E)	1) 실내 및 현장시험 결과에 의한 산정 방법 → 공내재하시험에 의한 방법 → 실내암석시험에 의한 무결함 암석(intact rock) 탄성계수를 이용하여 산정 → RQD에 의한 방법 → RMR에 의한 변형계수 보정 2) 경험적 추정방법 : RMR에 의한 방법
	강도정수(c, ϕ)	1) 실내시험결과와 경험식을 이용한 산정방법 → Hoek & Brown에 의한 방법(GSI 활용) → Monte Carlo통계처리 수행 2) 기존 경험식에 의한 산정(RMR분류 이용) ① Trueman(1988) 제안식 ② Tsuchiya(1984) 제안식
불연속체 해석 설계정수	절리면 전단강도	실내시험결과와 경험식을 이용한 산정방법 ① 실내 절리면 전단시험 ② Barton에 의한 절리면 마찰각 산정
침투류 해석 지반정수	BB-model 입력자료	1) 실내 절리면 전단시험 2) 실내시험 및 시추코어 측정, 지표지질조사의 JRC, JCS 비교분석

1.9.8 실무적용시 유의사항

1) 흙의 강도시험

지반 강도정수 결정시 실내시험과 원위치시험으로 구하는 직접적인 방법과 경험적으로 추정하는 간접적인 방법이 있으며, 실내 시험시에는 현장 하중조건(정적, 동적조건), 재하기간(장단기 또는 배수비배수조건), 강도범위(최대강도, 극한강도), 주응력의 방향(현장 파괴면의 방향) 등을 고려하여 시험방법을 선정해야 한다.

2) 암석의 시험강도

암석은 공시체내에 존재하는 기존의 불연속면 또는 암석재료 자체의 파괴나 이들의 복합작용에 의하여 파괴된다. 암석의 시험강도는 불연속면, 시료형상 등 다양한 인자의 영향을 가장 크게 받는 점에 유의하여 실질적인 암석강도와 시험강도의 차이를 이해하여 실무에 적용하여야 한다.

1.10 지반조사보고서

현장에서 채취한 흙과 암석 시료에 대하여 육안관찰이나 실내시험을 실시하고 필요한 모든 정보를 수집하여 비교분석 후 설계자나 시공자가 알기 쉽게 이해할 수 있도록 지반조사 보고서를 작성해야 한다. 보고서 내용은 건설할 구조물이나 기술자에 따라 다소 다를 수 있으나, 다음과 같은 항목들은 필히 언급하여야 한다.

1.10.1 지반조사보고서 내용

1) 조사, 시험의 범위
2) 지반공학적 조건
3) 현장조사 내용(조사목적, 조사장비명, 장비규모, 조사깊이, 지층특성, 지하수위 등), 실내시험결과 및 분석
4) 표준관입시험치, 콘관입저항치 결과분석 등
5) 건설할 연약지반개량공사, 구조물 등에 대한 지반특성, 공용하중조건 설명
6) 건설현장의 상황(인접 구조물, 현장의 배수조건 등)
7) 지반개량공법, 적합한 기초의 종류, 허용지지력, 공정을 고려한 시공공법 및 시공방법 등
8) 결론

1.10.2 지반조사 보고서 첨부 내용

1) 현장위치도
2) 조사 위치를 나타내는 평면도
3) 지반조사 주상도
4) 지층 종단면도
5) 실내시험 결과
6) 기타 필요한 도표 및 참고문헌 등

1.11 향후 개선사항

1) 지표면으로부터 20~30m에 존재하는 하부점성토(굳은 점성토로 모래 또는 실트 함량이 높음)에 대해서는 효과적인 불교란 시료채취기술이 개발되어야 한다.

2) 지반조사 항목 및 실내시험용 시료(채취심도, 시험항목 등)선정은 설계목적에 부합되도록 지반분야 전문가에 의해 정확히 수행되어야 한다.

CHAPTER 2

제2장 토 공

제 2 장 토 공

2.1 흙의 생성과 입자구조

2.1.1 흙의 생성

1) 개요

흙은 암반이 물리적 풍화작용, 화학적 풍화작용, 용해작용(solution)에 의해 미세한 조각으로 이루어진 것을 말한다.

(1) 물리적 풍화작용: 암석이 모암으로부터 동상작용, 온도변화로 인한 수축·팽창, 유수에 의한 마모 등에 의해서 미세한 조각으로 파쇄 되거나 마모되어 가는 작용을 한다.

(2) 화학적 풍화작용: 모암이 공기 중의 산소·이산화탄소·유기산·물속에 있는 염분 등의 광물과 반응하여 암석 광물의 성질이 화학적으로 바뀌는 작용을 한다.

(3) 용해작용: 실트, 모래, 자갈 크기의 입자는 암반의 물리적 풍화작용에 의해서 생성되고, 점토 크기의 입자는 암반의 화학적 풍화작용에 의해서 생성되는 작용을 한다.

표 2.1 지질연대표

지질시대			지층명	토질	
신생대	제 4 기	충적세	충적층	미고결의 연약층	약 1만년 전
		홍적세	홍적층	반고결-고결토층	약 200만년 전
	제 3 기	선신세		퇴적암 (연암)	약 6,500만년 전
		중신세			
		점신세			
		시신세			
		효신세			
중생대	백악기			화강암, 변성암 (경암)	약 2억 2,500만년 전
	쥐라기				
	삼첩기				

2) 흙의 생성 흐름도

흙의 생성 흐름도는 그림 2.1과 같다.

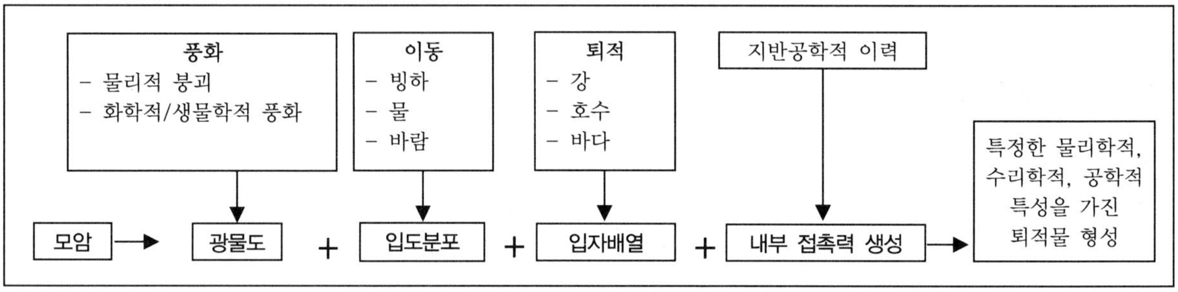

(a) 흙의 생성 흐름도

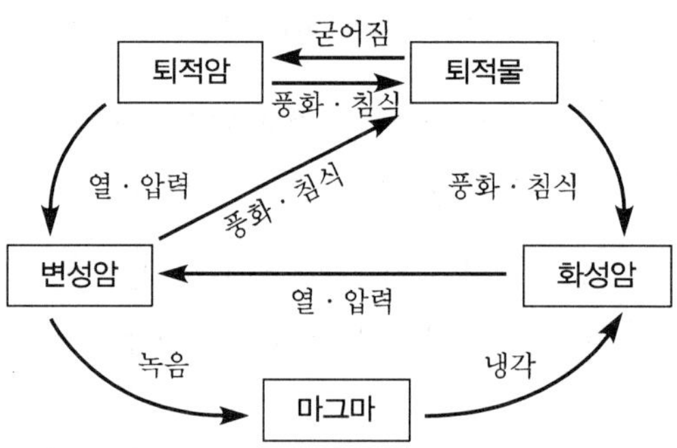

(b) 흙의 생성 사이클(cycle)

그림 2.1 흙의 생성

2.1.2 실무에서 사용되는 주요 용어

1) 퇴적토

퇴적토는 물, 바람, 중력작용 등을 받아 멀리까지 운반되어 퇴적된 흙을 말한다. 해성점토는 물에 의한 퇴적토, 사구와 레스(loess)는 바람에 의한 퇴적토(풍적토), 빙쇄석은 얼음에 의한 퇴적토, 붕적토는 중력에 의한 퇴적토로 볼 수 있다.

2) 잔적토(Residual soil)

암반이 풍화되어 그 자리에서 흙이 된 것을 말하며, 비록 풍화되어 흙이 되었지만 모암의 성분을 그대로 갖고 있는 것이 일반적이다. 화강 풍화토 등이 이에 속한다.

3) 충적토(Alluvial soil)

퇴적토의 일종으로 풍화생성물이 유수에 의해 침식 운반되어 하상에 퇴적된 것으로 상류지역은 입자가 큰 자갈, 모래 등이 하류지역에는 입자가 작은 모래, 실트, 점토 등이 차례로 퇴적된다.

4) 붕적토(Colluvial soil)

애추(崖錐)와 같이 풍화 쇄설물이 산기슭에 퇴적된 흙으로서 온도 변화 및 동상과 융해의 반복 작용에 의해서 잔적토가 중력에 의하여 서서히 밀려 내려가거나 또는 풍화에 의해 약해진 절벽 등이 붕괴하여 인접지역에 쌓인 흙으로서 큰 투수성을 가지는 것이 특징이다.

5) 풍적토(Aeolian soil)

바람에 의하여 운반 퇴적된 것으로서 $0.05mm$이하의 입경을 갖는 실트크기 이하의 토립자가 대기 중에 날리어서 운반 퇴적된 것을 레스(loess) 라고 한다. 모래 크기보다 큰 조립토는 지표면상에서 움직이면서 운반 퇴적되는데 이것을 사구(sand dune)라고 한다. 레스는 바람에 의하여 퇴적되므로 퇴적시 연직방향으로 균열이 있어 연직방향의 투수계수(k_v)가 수평방향 투수계수(k_h)보다 크다.

대표적인 풍적토는 레스(loess)로서 간극비가 크고 단위중량이 작으며 점성이 없기 때문에 물에 포화되면 쉽게 붕괴되는 특징이 있다.

6) 해성점토(Marine clay)

유수에 의해서 강이나 하천을 지나 고요한 바다에 퇴적된 흙으로서 입자가 가늘고 두꺼우며 바다에 존재하는 염분 때문에 입자들이 엉성하게 엉켜서 면모구조를 하고 있으며 간극비와 압축성이 크다.

7) 점토의 건조(desiccation)

점토층이 유수의 작용으로 퇴적되었다가 그 다음에 지하수위가 강하되었다면 지표면은 견고한 지층을 형성한다. 이와 같은 표층은 수분의 증발에 의한 강도증가와 모관 작용에 의하여 부의 간극수압이 발생하여 유효응력이 증가되기 때문에 높은 강도를 나타내며 과압밀의 거동을 보인다. 이러한 현상을 점토의 건조(desiccation)라고 하며 이러한 점토를 건조점토라고 한다. 그러나 이 표층아래에 있는 점토는 연약한 상태에 있다. 점토의 건조결과로 균열이 형성되면 투수계수가 증가되고 전단강도는 감소한다.

8) 비화작용(Slaking)

점성이 있는 흙덩어리가 고체상태에서 물을 재차 흡수하게 되는 경우 토립자 간의 결합력이 해이해져서 토립자의 강도가 저하되어 반고체 → 소성 → 액성 상태를 거치지 않고 토립자간의 결합력이 감소되어 덩어리가 무너지는 현상을 비화작용이라고 한다.

2.1.3 점토광물과 입자구조

1) 개요

사질토의 광물성분은 흙의 공학적 성질 영향이 미미하지만, 점성토의 경우 광물성분의 구조 및 배열은 흙의 강도 및 거동에 큰 영향을 미친다. 점토광물의 종류는 수없이 많으나 그 광물을 구성하고 있는 기본 단위는 tetrahedron(4면체)과 octahedron(8면체)으로 나눌 수 있다.

표 2.2 점토광물 기본구조

구분	구성	원자구조	결합상태
Tetrahedron (4면체)	규소(Si)원자 4개 산소(O)원자	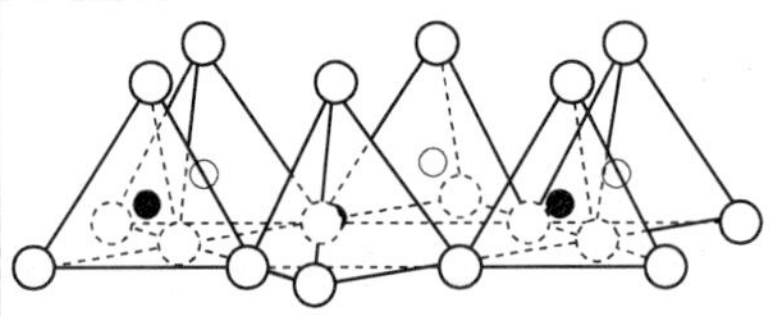	Silica sheet
Octahedron (8면체)	알루미늄(Al), 마그네슘(Mg)원자 6개 수산기(OH)	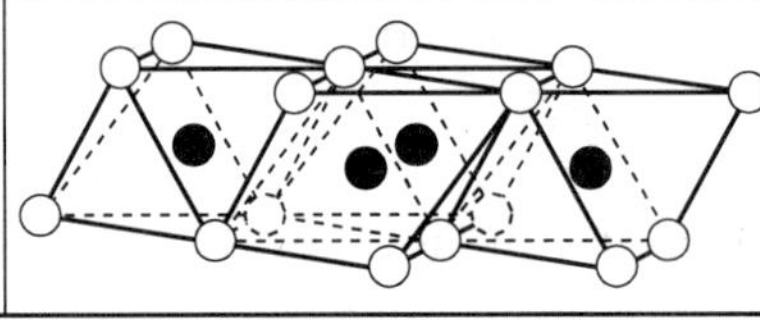	Gibbsite Brucite

2) 점토광물의 특성 비교

표 2.3 점토광물의 평균 특성(Yong & Warkentin, 1975)

구분	특성
Kaolinite (2층구조)	장석이 분해되어 생성된 흰색의 점토광물로 다공질이고 철분을 함유하면 적황색이 된다. 이온의 흡착성이나 물의 흡수력은 낮은 편이다. 국내에서 자연상태로 생산되는 카올리나이트가 주성분인 흙을 고령토라고 한다. 카올리나이트는 실리카판 한 개와 알루미나판 한 개가 수소결합하여 매우 안정된 구조를 이룬다. 따라서 팽창수축이 없고 활성이 작다. 입경은 약 0.01mm 정도이다.
Montmorillonite (3층구조)	휘석이나 각섬석이 풍화되어 형성되고 철이나 마그네슘을 많이 포함하고 있다. 건조시 심하게 수축되고 함수비가 증가하면 현저히 팽창하며 투수성이 낮고 카올리나이트에 비해 강한 점착성을 나타낸다. 몬트모릴로나이트는 일라이트와 같이 실리카판 두개 사이에서 알루미나판 한 개가 끼어 있는 구조로 결합된 상태이지만 알루미나판의 알루미늄이 마그네슘으로 치환되고 각층이 물분자나 치환성 양이온으로 결합되어 있어서 결합력이 아주 약하여 층사이에 물이 침투하면 부피가 팽창하게 되어 불안정하다.
Illite (3층구조)	수화작용에 의하여 운모가 변하여 생성되며, 운모에 비해 결정수가 많다. 투수성과 점착성 및 안정성이 카올리나이트나 몬트모릴로나이트의 중간정도이다. 일라이트는 실리카판 두 개 사이에 알루미나판 한 개가 끼어있는 상태로 알루미나 판에서 알루미늄이 마그네슘이나 철로, 실리카판에서 규소는 알루미늄으로 부분적인 동형치환되어서 음전하를 띠고 있다. 각층은 칼륨이온으로 결합되어서 중간정도의 결합력을 보유한다.
Chlorite (연속구조)	Silica sheet와 gibbsite의 연속구조로 이루어진 일반적인 점토광물이며 상대적으로 활동성이 적은 점토광물이다.

3) 실무적용

점토입자는 양이온으로 평형을 유지하므로 반발력과 인력이 작용하며 점성토 다짐 시 함수비 증가에 따라 입자배열이 달라진다. 이러한 구조로 인하여 흙을 최적함수비의 건조측 또는 습윤측에서 다지느냐에 따라 흙의 압축성, 팽창성, 전단강도 및 투수계수 등은 많은 차이를 나타낸다.

(1) 면모구조

점토입자의 단부와 점토입자 면이 접촉된 이중층이 얇은 구조로서 인력이 우세하며, 다짐 시 최적함수비의 건조측에서 다지면 입자가 느슨하게 엉키는 구조이다.

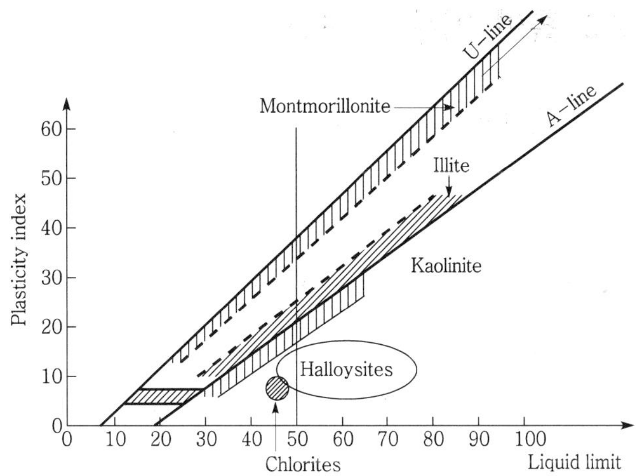

그림 2.2 Casagrande의 소성도표에서의 점토광물 분포

(2) 이산구조

점토입자의 면과 면이 접촉된 이중층이 두꺼운 구조로서 반발력이 우세하며 다짐시 최적함수비의 습윤측에서 다지면 입자가 평행하게 엉키는 구조이다.

2.1.4 흙의 특성

1) 흙의 응력-변형거동은 탄성을 보이지 않는다.

흙은 비선형재료이며 응력-변형률 관계가 일정하게 정의되지 않는다.

2) 흙의 성질은 본질적으로 비균질, 비등방성이다.

(1) 균질 : 위치가 다른 위치에서 서로 공학적 성질이 동일한 경우

(2) 등방성 : 한 위치에서 연직방향과 수평방향으로 공학적 성질이 동일한 경우

3) 흙의 거동은 연약지반에 하중이 작용하면 시간의 변화에 따라 압밀침하가 발생하고 흙이 동결되면 높은 전단강도를 보이다가 융해 시 함수비 증가로 연약해지므로 시간과 환경에 의존하게 된다.

4) 대부분의 경우 점토 대상이 되는 흙은 지표면 밑에 있기 때문에 지반의 구성과 공학적 성질은 시추를 통해서 자세히 판명된다.

2.2 흙의 기본적 성질

흙덩어리는 고체인 흙, 액체인 물, 기체인 공기의 3가지 성분으로 이루어져 있으며 아터버그, 활성도 등을 통하여 흙의 기본적인 성질파악 및 흙 분류 등을 할 수 있다.

2.2.1 아터버그 한계(Atterberg limits)

1) 개요

세립토의 함수비는 물리적 특성뿐만 아니라 몇 가지 기준(limit)과의 비교를 통하여 흙분류 및 공학적 거동을 판단 할 수 있다. 세립토는 함수비에 따라 고체상태(solid), 반고체상태(semi-solid), 소성상태(plastic), 액체상태(liquid)의 4가지 상태로 존재하며 각각의 상태를 결정짓는 함수비 한계를 아터버그한계라 한다.

2) 아터버그 종류 및 압밀특성

(1) 액성한계(Liquid limit) : 소성상태에서 액성상태 변화 시 함수비

(2) 소성한계(Plastic limit) : 반고체상태에서 소성상태 변화 시 함수비

(3) 수축한계(Shrinkage limit) : 고체상태에서 반고체상태 변화 시 함수비

표 2.4 함수비와 아터버그한계 조건에 따른 압밀특성

함수비와 아터버그한계 조건	압밀특성	함수비와 아터버그한계 조건	압밀특성
자연함수비≈액성한계	정규압밀점토	액성한계와 소성한계 중간	약간 과압밀점토
자연함수비≈소성한계	약간에서 심하게 과압밀된 점토	자연함수비 〉 액성한계	점성의 액체에 가까움

실무에서 점성토의 공학적 성질을 판단 할 경우 흙의 함수비만으로 흙의 성질을 판단하는 것 보다는 함수비와 아터버그한계의 상관관계를 분석하여 판단하는 것이 바람직하다. 예를 들면 아래 조건과 같이 점성토의 2종류가 자연함수비는 같고 액성한계와 소성한계가 다를 때 점토①의 경우는 자연함수비가 액성 한계보다 높으므로 액성상태(슬러리 상태)로 판단 할 수 있고, 점토②의 경우는 A점토와 함수비는 동일하더라도 자연함수비가 액성한계와 소성한계 사이에 존재하므로 소성 상태(약간의 과압밀점토)의 흙으로 판단 할 수 있다.

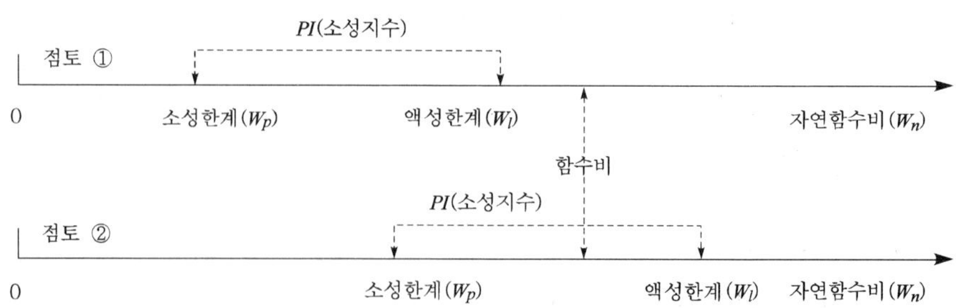

그림 2.3 자연함수비는 같고 액성한계가 다른 2종류의 점토

3) 소성지수(Plastic index, PI)

$$PI = w_l - w_p \tag{2.1}$$

여기서, w_l 은 액성한계, w_p는 소성한계를 나타내며 소성지수에 따른 세립토의 흙분류, 강도 특성 등은 표 2.5와 같다.

표 2.5 소성지수에 따른 세립토 흙분류, 강도 특성

소성지수(PI)	흙의 분류	강도	겉보기 구분방법(Dry sample)	점토 함유율
0~3	Non-plastic	High	쉽게 가루로 부서짐	적음
3~15	Slightly plastic	Medium	손가락으로 쉽게 부서짐	
15~30	Medium plastic	Slight	손가락으로 어렵게 부서짐	많음
〉30	Highly plastic	Very low	손가락으로 부수는 것 불가능	

4) 액성지수(Liquid index, LI)

$$LI = \frac{w_n - w_p}{PI} \quad (w_n\text{: 자연함수비, } w_p\text{: 소성한계, } PI\text{ : 소성지수}) \tag{2.2}$$

여기서, $LI=1$이면 정규압밀점토, $LI=0$이면 과압밀점토를 나타내며 LI 값의 범위에 따른 세립토의 거동특성은 표 2.6과 같다.

표 2.6 액성지수에 따른 세립토 거동특성

액성지수	LI 〈 0	0 〈 LI 〈 1	LI 〉 1
응력-변형율	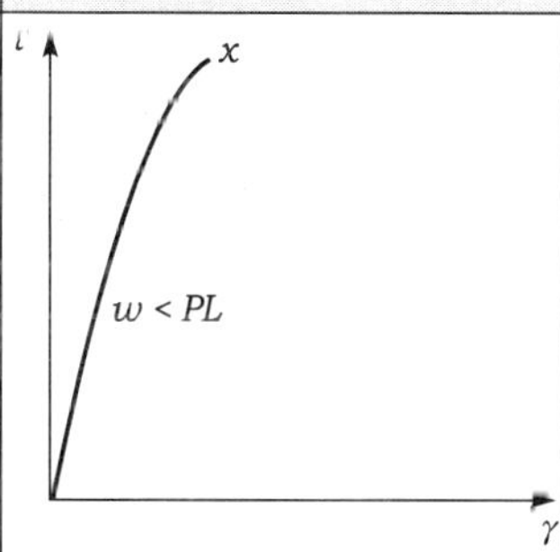	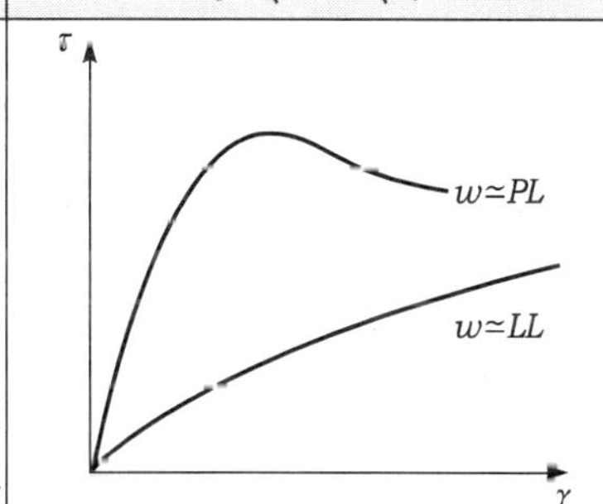	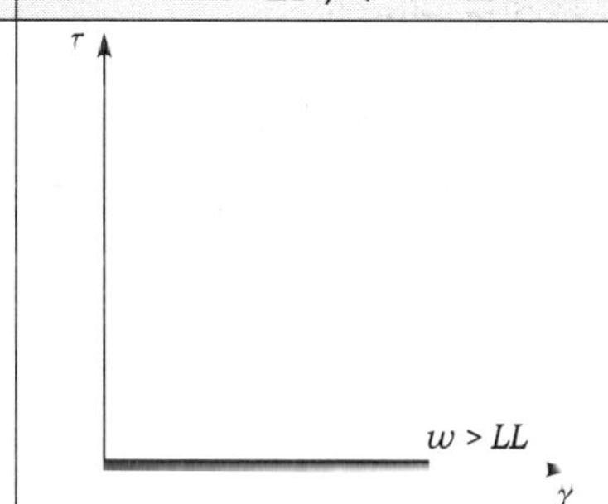
상태	고체 - 반고체	소성상태	액성상태
거동 특성	1) 함수비〈소성한계 2) 취성파괴 발생	1) 함수비≒소성한계 (소성파괴, 과압밀거동) 2) 함수비≒액성한계 (소성파괴, 정규압밀거동)	1) 함수비〉액성한계 2) 점성액체파괴 발생

예제 2.1

액성한계 시험으로부터 다음의 결과를 얻었으며 소성한계가 29.1%, 자연함수비가 78% 일때 액성한계, 소성지수, 액성지수를 구하고, 이 흙의 공학적 성질을 개략적으로 설명하여라.

타격수	17	22	28	34
함수비(%)	63.8	63.1	60.6	60.5

풀이

1) 액성한계(*LL*) : 액성한계(*LL*)는 타격횟수 25회의 함수비이므로 타격횟수 22회와 28회의 기울기를 구하면

$$\frac{60.6-63.1}{28-22}=-0.417$$

$(-0.417\times3)+63.1=61.8\%\quad\therefore LL=61.8\%$

2) 소성지수 $PI=LL-PL=61.8-29.1=32.7$

3) 액성지수 $LI=\frac{W_n-PL}{PI}=\frac{78-29.1}{32.7}=1.50$

흙은 공학적으로 점토 함유율이 많은 액성상태임을 알 수 있다.

2.2.2 활성도(Activity)

서로 다른 물질이 흡착하거나 물리적 또는 화학적으로 결합하려는 성질의 정도를 활성도라 하고, 점토의 광물성분이 일정할 경우 활성도는 소성지수에 비례한다.

1) 활성도 관련식

흙의 활성을 지배하는 것은 2μ($10^{-6}mm$)이하의 점토함유율이며 A가 크면 점토분이 적어도 높은 소성을 나타낸다. Skempton은 점토입자성분의 함유량과 소성지수 사이에 직선관계가 성립한다고 하였다.

$$\text{A(활성도)}=\frac{\text{소성지수}(PI)}{2\mu\text{이하 점토입자의 중량백분율}(\%)}\tag{2.3}$$

2) 소성지수와 활성도에 따른 점토의 분류

(1) 비활성점토 : A 〈 0.75

다른 점토에 비해 안정구조를 하고 있으며 각 층간에 수소결합을 하고 있는 kaolinite를 주성분으로 한 점토로서 함수비 변화에 따른 수축, 팽창이 작다.

(2) 보통점토 : 0.75 〈 A 〈 1.25

각 층은 칼륨이온에 의해 결합된 illite를 주성분으로 한 점토로서 해저 또는 충적토가 여기에 속한다.

(3) 활성점토 : A 〉 1.25

동형치환으로 말미암아 Na^+같은 양이온을 끌어들여 평형을 유지하는 montmorillonite를 함유한 점토로서 층간 결합력이 약하여 점토가 팽창한다.

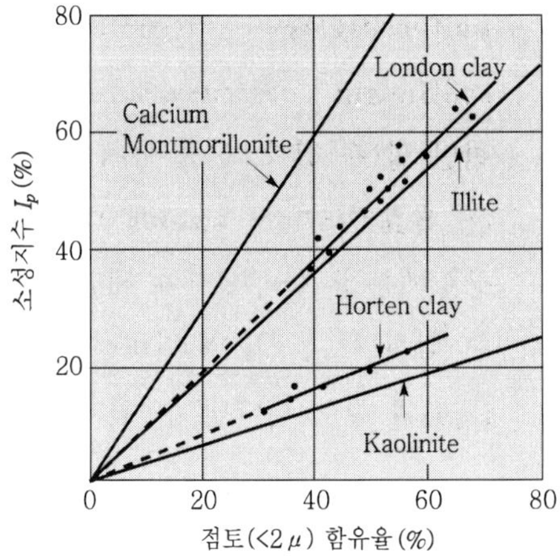

그림 2.4 점토의 중량백분율과 소성지수관계

3) 실무적용시 유의사항

(1) 활성도는 흙의 팽창성을 판단하는 기준으로 활주로, 도로 공사 등에서 토공 재료로서의 적합여부 판단이 가능하다.

(2) 채취한 점성토의 물리적 성질 판별 또는 지층변화 구분시 적용한다.

(3) 점토광물의 종류 추정이 가능하다.

(4) 활성도가 높은 점토(montmorillonite)는 강도의 대부분이 점착력에 의존하며 활성도가 낮은 점토(kaolinite)는 강도의 대부분이 마찰력에 의존한다.

(5) 동일 퇴적층의 경우 입도조성이 달라도 활성도는 거의 일정하다.

(6) 활성도는 교란시료에 대한 값이므로 자연 상태의 입자배열이나 부착력 등 전단강도의 특성까지 판단할 수 없다는 점에 유의하여야 한다.

2.3 흙의 분류

2.3.1 입도분포곡선

흙의 분류목적은 성질이 다른 여러가지 흙에 대하여 실내시험을 실시하고 공학적 성질을 판단하여 유사한 거동을 보이는 흙을 그룹별로 구분한 후 여러 형태의 토질문제를 해결하는데 있다. 조립토는 체분석(sieve analysis)에 의해 세립토는 비중계분석(hydrometer analysis)에 의해 흙의 입경과 분포를 결정하여 가로축을 입자의 크기, 세로축을 잔류중량백분율로하여 그림 2.5와 같이 나타낼 수 있고 이 곡선은 어떤 흙의 입경의 범위와 분포를 나타내므로 이것을 입도분포곡선이라 한다. 그림 2.5에서 입도가 균등한 경우는 A선과 같이 연직선이 되고, 입도가 균등하지 않아 빈입도인 경우는 B선과 같이 나타나며 입도분포가 양호한 경우는 C선과 같이 나타난다. 입도분포가 양호한지 여부를 판단하기 위해서는 균등계수(C_u, coefficient of uniformity)와 곡률계수(C_g, coefficient of curvature)로 판단 할 수 있다. 균등계수(C_u)는 유효경(effect size)에 대한 중량백분율 10%, 60%에 해당하는 입경 D_{10}, D_{60}의 비로서 식 (2.4)와 같이 나타낼 수 있다.

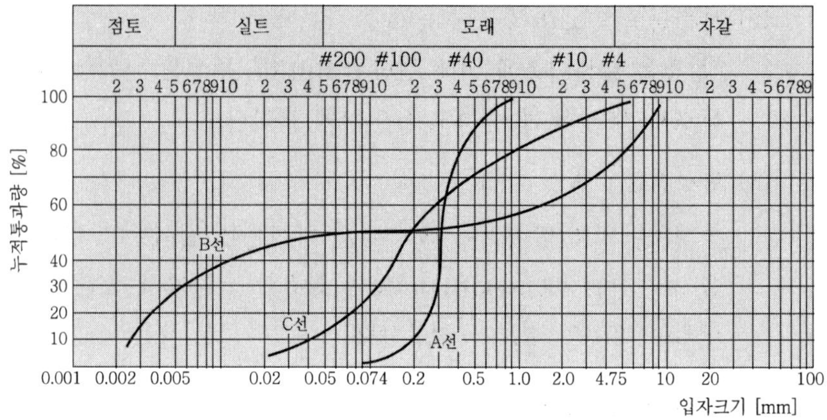

그림 2.5 입도분포곡선

$$C_u = \frac{D_{60}}{D_{10}} \tag{2.4}$$

입도분포곡선이 구불구불하다면 균등계수의 값이 크더라도 입도분포가 양호하다고 할 수 없으며 곡률계수를 구하여 입도분포 상태를 판단하여야 한다.

$$C_g = \frac{(D_{30})^2}{D_{10} \times D_{60}} \tag{2.5}$$

통일분류법에서는 균등계수가 4또는 6보다 크고 곡률계수가 1~3의 범위에 있을 때 입도분포가 양호한 흙으로 판단 할 수 있다.

2.3.2 통일분류법 (Unified soil classification system, USCS)

통일분류법은 2차대전 중 군비행장을 설계하고 건설할 목적으로 Casagrande가 미국 공병단을 위하여 개발한 것으로 1969년에는 ASTM의 표준분류방법으로 채택되었다. 조립토와 세립토 구분은 No. 200체($0.075mm$) 통과율이 50% 이하이면 조립토, 50% 이상이면 세립토로 분류하며, 분류된 흙은 영문자 2자로 표시한다. 이때 첫째 문자는 흙의 주종을 이루는 입자크기를 표 2.7, 표 2.8과 같이 나타내고 둘째 문자는 입도 분포상태나 소성을 표시한다. No. 200체는 1 inch($2.54cm$)를 200등분한 순간격을 의미한다.

표 2.7 체눈금의 크기

체번호	No. 4	No. 10	No.16	No.40	No.60	No.100	No.200	No.400
눈금(mm)	4.76	2.00	1.19	0.420	0.250	0.149	0.075	0.0037

표 2.8 입자의 크기에 따른 흙의 분류

입자크기	0.001 0.002 0.005 0.05 0.075 2.0 4.76 20.0 76.2 100 200(mm)					
AASHTO	콜로이드	점토	실트	모래	자갈	암편
KSF 2301 (USCS)	콜로이드	점토	실트	모래	자갈	암편
비교크기	0.001 0.002 0.005 0.05 0.075 2.0 4.76 20.0 76.2 100 200 좁쌀알 성냥알 완두콩 도토리 계란 (mm)					

첫째문자와 둘째문자의 분류기호가 나타내는 의미는 다음과 같다.

〈첫째문자〉

G : 자갈(gravel), S : 모래(sand), M : 실트(silt), C : 점토(clay)

O : 유기질토(organic soil), P_t : 이탄(peat)

〈둘째문자〉

W : 세립이 거의 없고 입도분포가 양호하며 C_u〉4 이고 1〈C_c〈3 인 흙

P : 세립이 거의 없고 입도분포 불량하여 W의 조건에 어긋나는 흙

M : 실트질 세립분을 12% 이상 함유하고, 소성도표 A선 아래이거나 소성지수〈4인 실트질의 혼합토

C : 점토질 세립분을 12% 이상 함유, 소성도표 A선 위이거나 소성지수〉7인 실트질의 혼합토

L : 소성이 낮으며 액성한계〈50%인 흙

H : 소성이 크며 액성한계〉50%인 흙

조립토는 입도 및 함유된 세립토의 컨시스턴시(consistency) 한계에 따라 8종류로 구분하고, 세립토는 컨시스턴시(consistency) 한계에 의하여 6종류로 구분하며 관찰에 의한 판별로 유기질토(1종류)를 구분한다. 따라서 흙 분류는 그림 2.6과 같이 총 15종류로 분류한다.

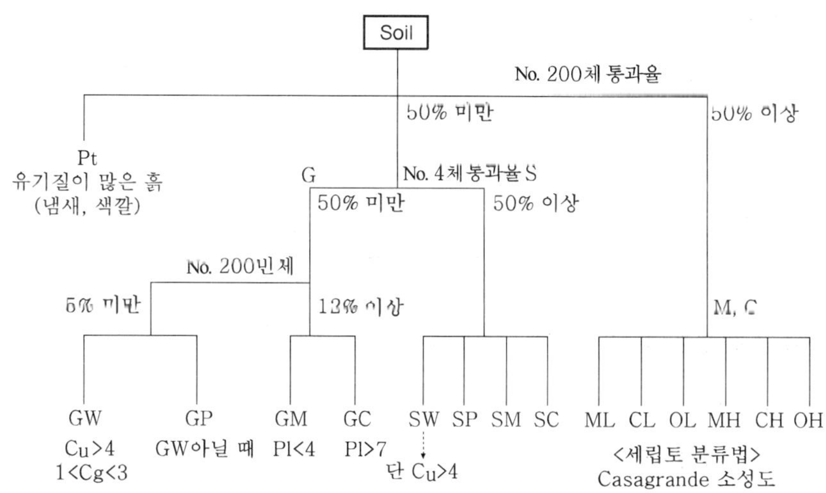

그림 2.6 조립토와 세립토 분류법

표 2.9 흙의 통일분류법

구분			기호	명칭	분류기준		
조립토 (0.075*mm*체 통과율 50% 미만)	자갈 (4.76*mm*체 통과율 50% 미만)	깨끗한 자갈	GW	입도분포가 양호한 자갈, 자갈 모래 혼합토	입도곡선으로 모래와 자갈의 비율을 결정 세립분(0.075*mm* 이하) 백분율에 따라 다음과 같이 분류 5% 미만 : GW, GP, SW, SP 5%~12% : 경계선에서 이중기호 사용 12% 이상 : GM, GC, SM, SC	$C_u = D_{60} / D_{10} > 4$, $C_g = D_{30}^2 / (D_{10} \times D_{60}) = 1 \sim 3$	
			GP	입도분포가 불량한 자갈, 자갈 모래 혼합토		두가지 조건을 모두 만족시키지 못하는 경우	
		세립분을 함유한 자갈	GM	실트질 자갈, 자갈 모래 실트 혼합토		소성도에서 A선 아래 또는 PI < 4	소성도에서 사선부분은 이중기호로 분류
			GC	점토질 자갈, 자갈 모래 점토 혼합토		소성도에서 A선 위 또는 PI > 7	
	모래 (4.76*mm*체 통과율 50%이상)	깨끗한 모래	SW	입도분포가 양호한 모래, 자갈 섞인 모래		$C_u > 6$ $C_g = 1 \sim 3$	
			SP	입도분포가 불량한 모래, 자갈 섞인 모래		두가지 조건을 모두 만족시키지 못하는 경우	
		세립분을 함유한 모래	SM	실트질 모래, 실트섞인 모래		소성도에서 A선 아래 또는 PI < 4	소성도에서 사선부분은 이중기호로 분류
			SC	점토질 모래, 점토섞인 모래		소성도에서 A선 위 또는 PI > 7	
세립토 (0.075*mm*체 통과율 50% 이상)	실트 및 점토 액성한계 50% 미만		ML	무기질 실트, 극세사, 암분, 실트 및 점토질 세사	소성도(Plasticity chart)의 빗금친 부분은 이중기호를 사용하는 경계부분의 분류임 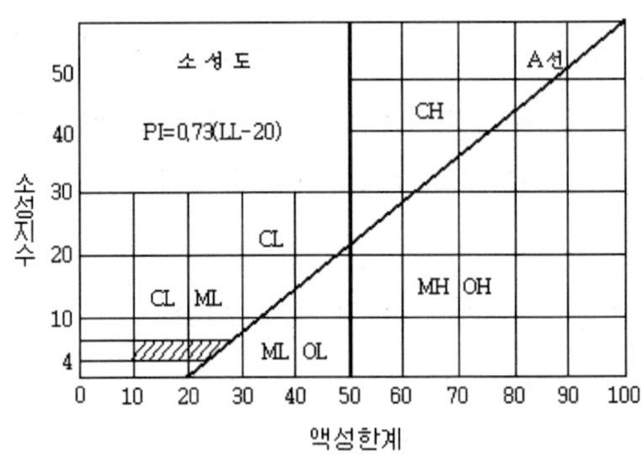 세립토의 분류를 위한 소성도		
			CL	저-중소성의 무기질 점토, 자갈, 자갈섞인 점토, 모래섞인 점토, 실트섞인점토, 점성이 낮은 점토			
			OL	저소성 유기질 점토, 유기질 실트 점토			
	실트 및 점토 액성한계 50% 이상		MH	무기질 실트, 운모질 또는 규조질 세사 또는 실트, 탄성있는 실트			
			CH	고소성 무기질 점토. 점질 많은 점토			
			OH	중 또는 고소성 유기질 점토			
유기질토			Pt	이탄토 등 기타 고유기질토	냄새, 색깔에 의해 판정		

3) 소성도표 A, B, C, D, U선 특징

(1) A선 : [PI=0.73(LL−20)]점토와 실트구분

세립토에 대해 컨시스턴시(consistency)한계와 토성을 비교하여 Casagrande가 제안한 선으로서 A선 상부의 세립토는 점토입자의 특성을 나타내며, A선 하부는 silt입자와 같은 특성을 나타낸다.

(2) B선, C선

B선은 LL=50%인 선이며 C선은 LL=30%인 선으로 B선 근처의 흙은 압축성이 크고, C선 근처의 흙은 압축성이 낮은 흙을 의미한다.

(3) D선 ($PI=LL$)

일반적으로 $PI \leq LL$이므로 흙은 소성도상의 45°선(D선)과 액성한계(LL)축의 사이에 있다.

(4) U선

액성한계와 소성지수의 상한선으로서 U선 위쪽[$PI=0.9(LL-8)$]으로는 측점이 있을 수 없으며 만일 측점이 있는 경우 재시험을 하여야 한다.

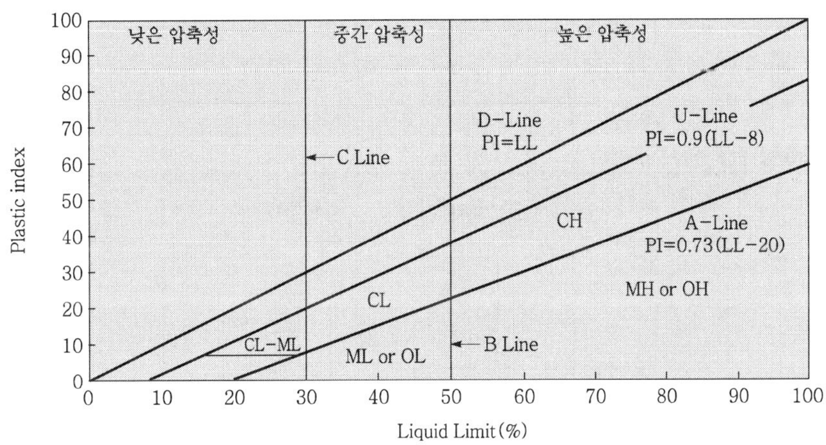

그림 2.7 소성도표선(A, B, C, D, U)

2.3.3 AASHTO 분류법

1) 개요

AASHTO 분류법은 입도, 액성한계, 소성지수 및 군지수에 따라 흙을 A-1에서 A-7의 군으로 나누는 흙의 분류법이다. No. 200(0.075mm)체 통과율이 35% 미만은 입상토, 35% 이상은 세립도로 분류한 후 액성한계, 소성지수 및 군지수에 따라 7종으로 분류한다.

2) 군지수(Group index, GI) 계산

군지수의 표기는 숫자(0~20)로 표기되고 군지수 값이 작을수록(4이하) 노상토 재료로서 공학적 성질이 좋은 상태를, 값이 클수록 공학적 성질이 나쁜 상태를 나타낸다.

$$GI = 0.2a + 0.005ac + 0.01bd \tag{2.6}$$

여기서, a : No. 200체 통과량에서 35를 뺀 값(0~40의 정수)
단, No. 200체 통과량이 75%를 넘으면 75로 본다.
b : No. 200체 통과량에서 15를 뺀 값(0~40의 정수)
단, No. 200체 통과량이 55%를 넘으면 55로 본다.
c : 액성한계(LL)에서 40을 뺀 값(0~20의 정수)
단, LL> 60%이면 LL = 60%로 본다.
d : 소성지수(PI)에서 10을 뺀 값(0~20의 정수)
단, PI> 30이면 PI = 30으로 본다.

표 2.10 AASHTO분류법에 의한 분류방법

일반적 분류		입상토 (No. 200체 통과율 35% 미만)							실트-점토 (No. 200체 통과율 35% 이상)			
분류기호		A-1		A-3	A-2				A-4	A-5	A-6	A-7
		A-1-a	A-1-b		A-2-4	A-2-5	A-2-6	A-2-7				A-7-5 A-7-6
체분석 통과량 (%)	No. 10체	50이하										
	No. 40체	30이하	50이하	51이상								
	No. 200체	15이하	25이하	10이하	35이하	35이하	35이하	35이하	36이상	36이상	36이상	36이상
No. 4체 통과분	액성한계(w_l)	6 이하		비소성 (NP)	40이하	41이상	40이하	41이상	40이하	41이상	40이하	41이상
	소성지수(PI)				10이하	10이하	11이상	11이상	10이하	10이하	11이상	11이상
군지수(GI)		0		0	0		4이하		8이하	12이하	16이하	20이하
주요구성재료		석편, 자갈, 모래		세사	실트질 또는 점토질 자갈 모래				실트질 흙		점토질 흙	
노상토로서의 일반적 등급		우 또는 량							가 또는 불가			

3) 실무적용시 유의사항

(1) 도로 또는 활주로 노상토 재료의 적합여부 판단 및 흙분류를 하기 위하여 제정된 방법이므로 기초분야에는 적용하지 않는다.

(2) 군지수(GI)가 큰 노상토 일수록 공학적 성질이 나쁘므로 두꺼운 포장 층이 요구된다.

2.3.4 통일분류법과 AASHTO 분류법 비교

표 2.11 통일분류법과 AASHTO 분류법 특징 비교

구분	통일분류법(USCS)	AASHTO 분류법
1. 조립토와 세립토 구분	No. 200체(0.075*mm*) 통과율 50% 미만, 이상	No. 200체 통과율 35% 미만, 이상
2. 모래, 자갈구분	1)No. 4체 (4.76*mm*) 기준 2)모래, 자갈질 흙의 분류가 확실	1) No. 10체(2.0*mm*) 기준 2) 모래, 자갈질 흙의 분류가 확실하지 않으나 No. 10체는 모래에 대한 상관관계를 잘 나타내므로 AASHTO법이 합리적
3. GW 등의 표기방법	표기 방법이 명확(기호로 표기)	표기방법이 불명확(숫자로 표시)
4. 유기질흙 분류	분류방법이 확실	분류방법이 불분명
5. 토질종류	조립토 8종, 세립토 6종, 유기질토 1종 (계 15종)	조립토 7종, 세립토 5종, 유기질토 1종 (계 13종)

2.3.5 동상

대기 온도가 0℃로 내려가면 흙속의 간극수가 동결하여 흙속에 얼음층(ice lense)이 형성되어 체적이 증가하기 때문에 해빙 시 동상면적 만큼 지표면이 부풀어 오르는 피해를 많이 받는 시설물은 도로포장, 건물의 기초, 땅 위에 놓인 슬래브바닥, 땅속에 묻힌 상하수도 등이다. 동상 방지대책으로서 구조물은 기초가 동결작용에 의한 피해를 받지 않도록 최소한도 동결깊이 아래 설치하며, 도로포장의 경우에는 보조기층 아래 동결작용에 민감하지 않는 자갈층을 둔다. 동결깊이는 동결지수를 산정하여 아래와 같은 방법으로 구한다.

2.3.6 동결지수

동결기간중의 기온과 시간과의 누계치로서 일 평균기온(3, 9, 15, 21시에 측정한 온도)이 연속해서 (−)로 되는 최초의 날로부터 연속해서 (+)로 되는 전일까지의 일평균기온을 적산하여 적산기온의 최대치와 최소치의 차가 가장 큰 값 즉, 기온 강하가 계속된 값이 가장 큰 값을 동결지수라고 한다.

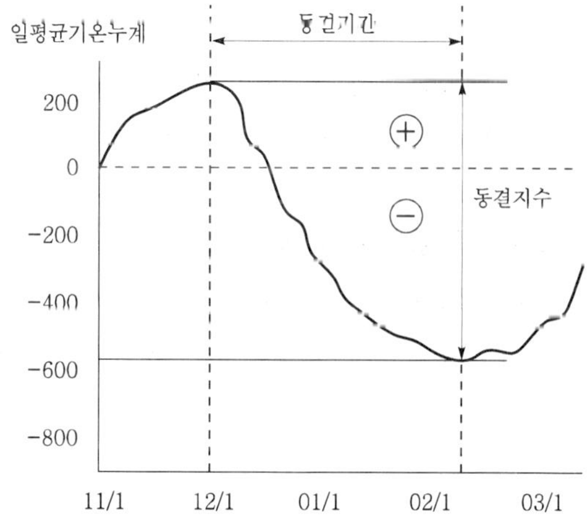

그림 2.8 동결지수

2.3.7 동결심도 결정방법

1) 동결지수에 의한 방법

표 2.12 동결지수 계산 (사례)

월	월평균 기온	일수	기온×일수
10	+10.6	31	+328.6
11	+2.0	30	+60.0
12	−1.1	31	−34.3
1	−3.8	31	−120.9
2	−2.9	28	−81.2
3	−0.8	31	−24.8
4	+4.0	30	+120.0
	합계(12, 1, 2, 3월)		−261(동결지수)

2) 실측에 의한 방법

(1) 동결깊이(Z)계산 : 포장 상면으로부터의 깊이

$$Z = C\sqrt{F} \tag{2.7}$$

여기서, Z : 동결심도(cm)

C : 햇볕조건(음지의 토질 : 5, 중간토질 : 4, 양질토질 : 3)

F : 설계 동결지수(℃·일)

(2) 직접 시굴에 의해 아이스렌즈 길이 측정

(3) 매설 온도계에 의한 측정

3) 수정동결지수에 의한 방법

해당도로 최대계획고가 측후소 지반고보다 높으면 (+), 낮으면 (−)로 하여 산출된 수정동결지수를 동결심도 산정모델에 적용하여 해당지역의 설계 동결깊이를 결정하게 되며 수정동결지수는 아래와 같이 구할 수 있다.

$$\text{수정동결지수} = \text{조사된 측후소 동결지수} \pm 0.9 \times \text{동결기간(일)} \times \frac{\text{표고차}}{100} \tag{2.8}$$

예제 2.2

인천지역의 동결지수 672, 동결기간 61, 측후소지반고가 68.9, 계획고가 6.0일 때 수정동결지수를 구하라.

풀이

$$수정동결지수 = 672 \pm 0.9 \times 61 \times \frac{68.9-6}{100} = 637°F(일)$$

4) 동결대책방법

동결대책방법은 노상의 동결을 어느 정도 허용하는 노상동결관입허용법, 포장표면의 변형을 완전히 방지하는 완전방지법, 해빙 시에는 강도가 감소되므로 감소된 노상근거로 포장두께를 결정하는 삼소노상 상도법이 있다. 실무에서는 타 방법에 비하여 경제적인 포장단면을 구성할 수 있는 노상동결 관입허용법을 주로 적용한다.

2.4 다짐이론 및 다짐특성

흙에 함수비를 변화시키면서 인위적인 압력을 가하여 간극속에 있는 공기만을 배출하여 입자간의 결합을 치밀하게 함으로서 단위중량을 증가시키는 과정을 다짐이라 한다. 다짐효과에 영향을 미치는 인자는 함수비, 흙종류, 다짐에너지 및 다짐장비가 있다.

2.4.1 다짐이론

1) 영공기 간극곡선(Zero air void curve, ZAVC)

(1) 개요

어떤 함수비에서 다짐에 의해 흙속의 공기가 완전히 배출되며 흙은 완전 포화상태가 되어 건조중량이 최대가 되는데 이때를 영공극상태라 하며 함수비와 건조밀도와의 관계곡선에서 얻어지는 곡선을 영공기 간극곡선 또는 포화곡선이라 한다.

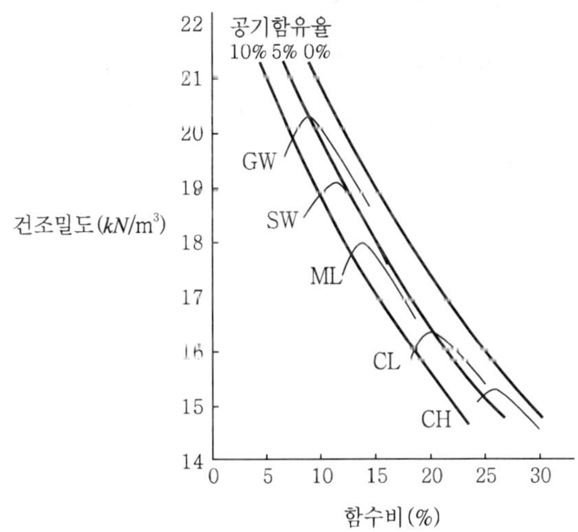

그림 2.9 흙의 다짐곡선

(2) 영공기 간극곡선

$$\gamma_d = \frac{G_s}{1+e}\gamma_w = \frac{G_s}{1+\dfrac{W\cdot G_s}{S}}\gamma_w = \frac{1}{\dfrac{1}{G_s}+\dfrac{W}{S}}\gamma_w \qquad (2.9)$$

이때 포화도가 S=100%이면 공극중의 공기가 0(zero) 이므로

$$\gamma_{dsat} = \frac{1}{\dfrac{1}{G_s}+\dfrac{W}{100}}\gamma_w \qquad (2.10)$$

(3) 실무적용

① 영공기 간극곡선은 다짐이 잘 되었는지 잘못되었는지를 확인하기 위하여 사용하며, 다짐곡선이 영공기 간극곡선에 접근하면 공기배제가 잘 되어 다짐이 잘된 것이고, 그렇지 않으면 공기배제가 잘 안되어 다짐이 잘못된 경우로 판단한다.

② 다짐을 아무리 잘한다 하더라도 공기를 완전 추출할 수 없으므로 다짐곡선은 ZAVC곡선 왼쪽에 놓인다.

2) 지중응력의 증가

지반내의 지중 초기응력은 그림 2.10(a)의 A점과 같이 $\sigma_v = \gamma z$, $\sigma_h = K_o\sigma_v = K_o\gamma z$ 이다. 지반의 표면에서 롤러 등을 이용하여 지반을 다지게 되면 연직응력이 $\Delta\sigma_v$ 만큼 증가하고 수평응력도 $K_o\Delta\sigma_v$ 만큼 증가하게 되어 A점의 응력이 B로 이동하게 된다. 장비가 이동하면 가해졌던 연직응력은 제거되지만 수평응력은 잔류하게 되어 응력은 B에서 C로 이동하게 된다. 즉 최대 주응력이 감소하고 서서히 지반이 이완되어 응력이 C에서 D로 이동하며 다지기 전의 연직응력 σ_v가 된다. 이때에 수평토압계수는 $\overline{K_o}$로 수평변위가 일어나지 않은 정지토압상태와 유사하다. 따라서 다지기 전에 A점과 다진 후 D점의 지반은 연직응력은 같으나 수평응력은 다진 후의 지반에서 크다. 다시 재 다짐하면 D → E → B → C → D 의 과정을 반복하게 된다. 다짐에 의해 추가되는 수평토압 또는 수평응력은 Boussinesq 식으로 다음과 같이 계산 할 수 있다.

$$\Delta\sigma_v = J_q \qquad (2.11)$$

$$\Delta\sigma_h = K_o\Delta\sigma_v \qquad (2.12)$$

여기에서 J 는 영향계수이며 다짐장비의 접촉면의 형상에 따라 결정된다.

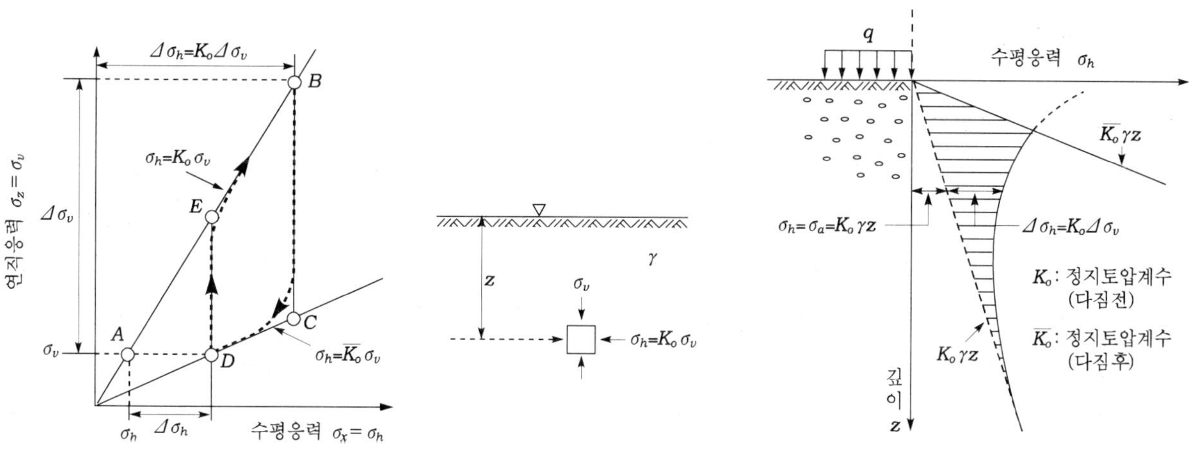

(a) 다짐에 의한 지중응력 (b) 수평응력의 증가

그림 2.10 다짐에 의한 지중응력과 수평응력의 증가

3) 층별 다짐에 의한 지중응력

지반을 층별 다짐하여 흙쌓기공사하면 벽체의 변위가 일어나지 않는 경우에는 다짐에너지에 의한 수평응력은 그림 2.11과 같이 계속잔류(a)하게 되는데 이를 단순화 시키면 (b)와 같다. 만일 다짐층수가 증가하면 잔류 다짐압력이 지반의 수평응력과 같아지거나 작아진다. 흙지반의 정지토압계수 K_o 크기로 볼 경우 다짐층 약 3배 거리에 해당하는 깊이 z_t 까지는 다짐압력이 존재한다.

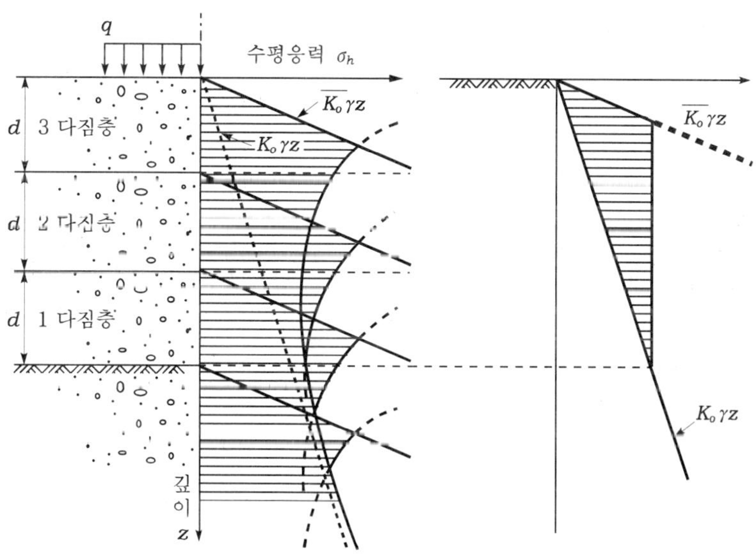

(a) 다짐에 의한 수평응력 분포 (b) 단순화시킨 수평응력 분포

그림 2.11 층별 다짐에 의한 지중응력의 증가

2.4.2 다짐특성

1) 점성토의 다짐특성

점성토는 최적함수비의 건조측에서 다지면 입자가 건조 후 엉성하게 엉키는 면모구조를 하고 습윤측에서 다지면 서로 평행한 배열을 하는 이산구조를 한다. 점성토는 건조측에서는 물을 많이 흡수하므로 팽창이 크고 습윤측에서는 팽창이 작다. 수축은 최적함수비의 건조측에서는 작고 습윤측에서는 크다. 다져진 흙의 투수계수는 함수비가 증가함에 따라 감소하다가 최적함수비보다 약간 많은 습윤측에서 최소가 되며 그 이상의 함수비에서는 약간 증가한다. 댐(Dam)시공 시 차수가 목적인 경우는 최적함수비 보다 1~2% 높은 습윤측에서 투수계수가 최소가 되므로 최적함수비보다 약간 습윤측에서 다짐을 실시해야 하며, 전단강도 증대가 목적인 경우 습윤측은 다짐에너지 크기에 따른 강도의 증감은 거의 없으므로 건조측에서 다짐을 실시해야 한다.

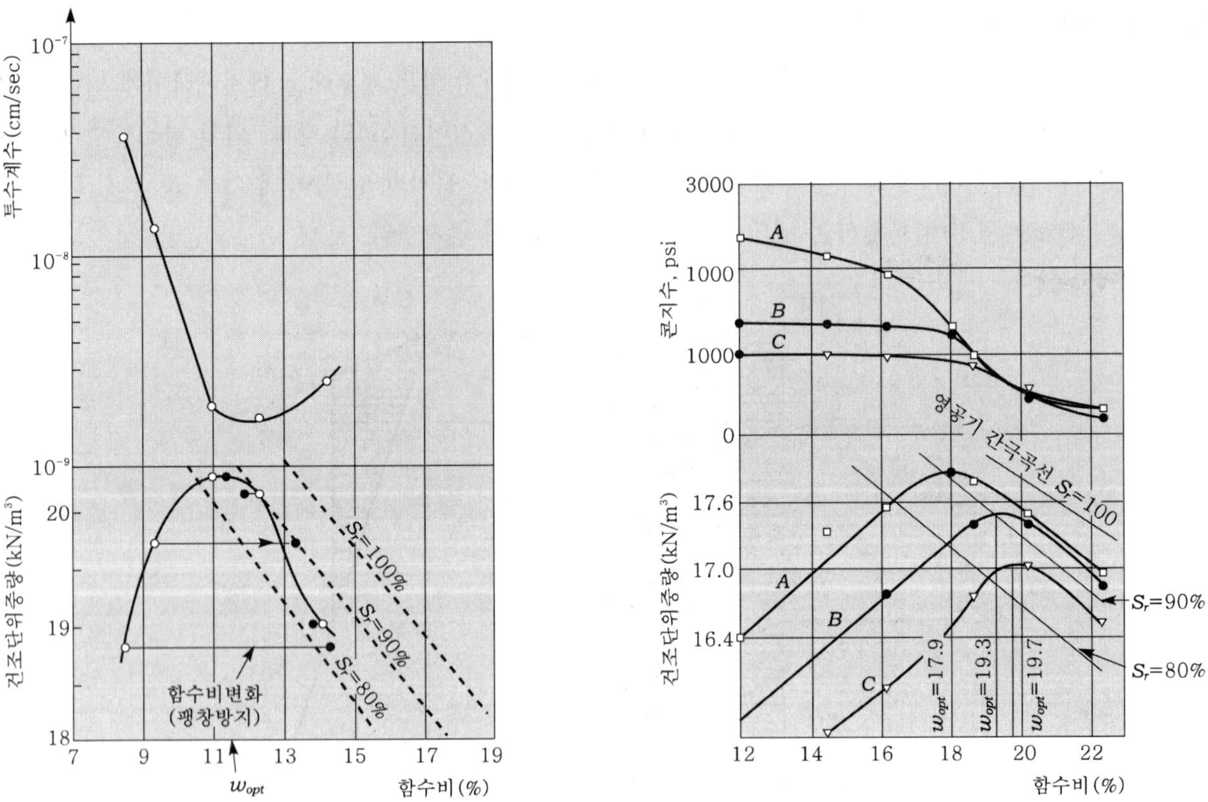

(a) 다짐함수비에 따른 투수성변화(Lambe, 1958)

(b) 다짐에너지와 함수비변화에 따른 강도의 변화

그림 2.12 다짐함수비에 따른 투수성변화와 강도변화

2) 모래의 다짐특성

건조상태에서 모래를 다지면(그림 2.13의 ①) 모래입자의 활동을 방해하는 힘은 접촉된 입자끼리의 마찰저항뿐이나 물이 이보다 많아질 경우(그림 2.13의 ②) 모관장력이 생겨서 입자의 움직임이 더 방해된다.

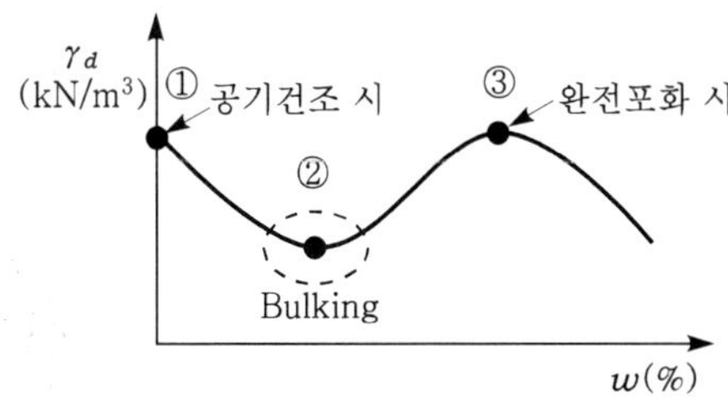

그림 2.13 모래다짐 특성

즉, 건조 상태에 있는 모래가 물을 약간 흡수하게 되면 입자사이의 수막에 생기는 표면장력 때문에 모래는 느슨한 상태가 되어 벌집같은 봉소구조처럼 엉키게 되고 함수비가 5~6%일 때 체적은 125%까지 팽창하는 현상을 bulking 현상이라 한다. 이 현상으로 겉보기 점착력이 생겨 큰 강도를 나타낼 수 있다(예, 해변의 모래사장). 만일 물을 증가시킬 경우(그림 2.13의 ③)는 표면장력상실로 인하여 부피가 감소하고 건조단위중량은 커지게 되며 모래의 물다짐공빙법은 이러한 현상을 이용한 것이다.

3) 현장다짐

실무에서는 실내다짐곡선(그림 2.14의 ①)을 통하여 최대건조밀도로부터 소요 다짐도(노체 90%, 노상 95%)에 적정한 시공함수비를 정하고 또한 현장의 일기변화 또는 토취장 쌓기재료의 함수비변화 등을 고려하여 다짐을 실시한다. 그림 2.14의 ③은 다짐에너지가 최소이어서 가장 경제적일 수 있으나 현장여건이 변할 경우 다짐관리가 어려우므로 함수비와 건조단위중량이 빗금 친 부분으로 관리될 수 있도록 다짐을 실시하여야 한다.

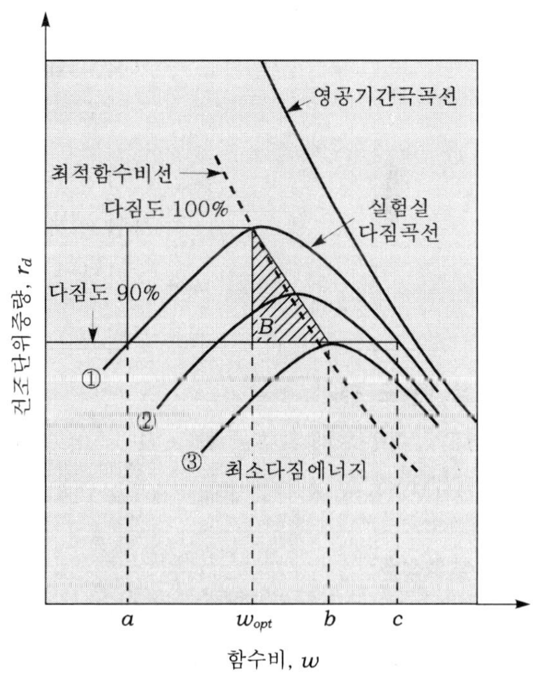

그림 2.14 다짐관리곡선

2.4.3 상대밀도(Relative density, D_r)

모래와 같은 조립토(No. 200체 통과율이 50% 미만인 흙)에서 토립자의 배열상태 즉 느슨한 상태에 있는지, 조밀한 상태에 있는지를 알기 위하여 공극비만으로는 명확하지 못하므로 상대밀도란 용어를 사용하여 조밀한 정도를 판단하는 기준으로 사용된다.

그림 2.15 상대밀도 시험기

1) 상대밀도(D_r) 구하는 공식

$$D_r = \frac{e_{\max} - e}{e_{\max} - e_{\min}} = \frac{\gamma_{dmax}}{\gamma_d} \times \frac{\gamma_d - \gamma_{dmin}}{\gamma_{dmax} - \gamma_{dmin}} \tag{2.13}$$

여기서 $e_{\max}$: 가장 조밀한 상태에서의 간극비
e : 자연 상태에서의 간극비
$e_{\min}$: 가장 느슨한 상태에서의 간극비
γ_{dmax} : 가장 촘촘한 상태에 있는 흙의 건조단위중량
γ_d : 자연 상태에 있는 흙의 건조단위중량
γ_{dmin} : 가장 느슨한 상태에 있는 흙의 건조단위중량

2) 상대밀도 평가

D_r 〈 0.2 : 매우 느슨함, D_r = 0.2~0.4 : 느슨함, D_r = 0.4~0.6 : 보통,
D_r = 0.6~0.8 : 조밀함, D_r 〉 0.8 : 매우 조밀함

3) 실무적용

(1) 상대밀도는 모래의 조밀정도를 판단하는데 가장 믿을만한 지표이다.
(2) 액상화 판정이 가능하다.[적용: D_r 〈 40% (N〈 10): 액상화 발생 가능성이 있다.]
(3) 기초의 지지력판단 및 추정이 가능하다.
[적용: D_r 〉 60% (N 〉30): 얕은 기초 지지력으로 적합하다.
(4) Terzaghi, Peck에 의해 N 값 및 ϕ값과의 상관성을 알 수 있다.

예제 2.3

A, B 두 종류의 모래에 관하여 최대 및 최소 밀도를 측정한 결과, 모두 같은 값을 나타내었다. 이 때 최대밀도에서 $e_{\max}$=1.060, 최소밀도에서 $e_{\min}$=0.772이다. 그러나 현장에서의 자연간극비(e)는 각각 A지반에서 0.905, B지반에서 0.816이다. 두 지반의 상대밀도를 구하고 조밀정도를 평가하라.

풀이

$$D_r = \frac{e_{\max} - e}{e_{\max} - e_{\min}} \times 100$$

A 지반 : $D_r = \dfrac{1.060 - 0.905}{1.060 - 0.772} \times 100 = 53.82\%$

B 지반 : $D_r = \dfrac{1.060 - 0.816}{1.060 - 0.772} \times 100 = 84.72\%$

A 지빈의 경우 D_r= 0.4~0.6이므로 보통상태의 조립토이고
B 지반의 경우 D_r 〉 0.8이므로 매우 조밀한 상태의 조립토이다.

2.5 토량변화율

토량변화율은 심도가 증가할수록 원지반의 밀도가 증대되므로 C값은 증대된다. 실제 토사를 굴착하여 운반 할 경우 자중에 의해 어느 정도 압축이 일어나지만 모래치환법에 의하여 측정된 단위중량은 자중에 의한 압축이 거의 발생치 않으므로 실제 시공 시에는 모래치환법에 의하여 측정된 L값보다 적게 된다. 따라서 설계 시 흙이나 암반을 굴착하거나 다짐할 때의 토량변화율은 시험시공에 의해 확인하여야 하며, 소량의 토공작업일 경우는 건설표준품셈에서 제시하는 토량변화율을 적용하는 것이 바람직하다.

2.5.1 토량환산계수 산출

자연 상태의 흙은 굴착하면 느슨하게 되어 밀도는 낮아지고 체적은 증가하며 체적이 증가하는 정도는 모래, 자갈은 팽창정도가 작고 실트, 점토 등의 세립토는 크다. 토량환산계수(C, L)에서 C값은 토취상에서의 자연 상태의 건조밀도와 실내다짐시험에서 구한 최대건조밀도(γ_{dmax})값에 대한 비율이며, L값은 자연 상태의 건조밀도와 흐트러진 상태의 건조밀도에 대한 비율로서 개념도는 그림 2.16과 같고 토량환산계수는 표 2.13과 같이 구할 수 있다.

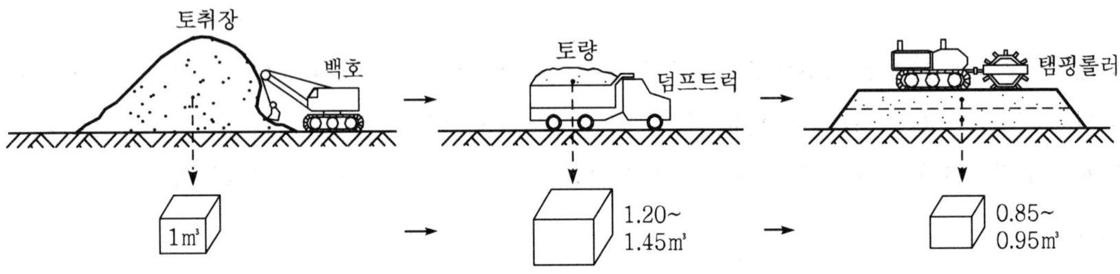

(a) 자연상태　　(b) 흐트러진 상태(L)　　(c) 다짐 상태(C)

그림 2.16 자연 상태, 흐트러진 상태, 다짐상태 개념도

표 2.13 토량환산계수 산정식

$$C=\frac{\text{다져진 상태의 토량}(m^3)}{\text{자연상태의 토량}(m^3)}=\frac{\text{자연상태의 건조밀도}(kN/m^3)}{\text{다짐 상태의 건조밀도}(kN/m^3)}$$

$$L=\frac{\text{흐트러진 상태의 토량}(m^3)}{\text{자연상태의 토량}(m^3)}=\frac{\text{자연상태의 건조밀도}(kN/m^3)}{\text{흐트러진 상태의 건조밀도}(kN/m^3)}$$

건설표준품셈에서의 토질별 토량환산계수는 표 2.14와 같다.

표 2.14 토량환산계수(건설표준품셈)

종별	L	C	종별	L	C
경　암	1.70~2.00	1.30~1.50	모래질흙	1.20~1.30	0.85~0.90
보통경암	1.55~1.70	1.20~1.40	암괴, 호박돌 섞인 모래질 흙	1.40~1.45	0.90~0.95
연　암	1.30~1.50	1.00~1.30			
호 박 돌	1.10~1.15	0.95~1.05	점 질 토	1.25~1.35	0.85~0.95
력	1.10~1.20	1.10~1.05	역이 섞인 점질토	1.35~1.40	0.90~1.00
역 질 토	1.15~1.20	0.90~1.00	암괴, 호박돌섞인 점질토	1.40~1.45	0.90~0.95
고결된 역질토	1.25~1.45	1.10~1.30			
모　래	1.10~1.20	0.85~0.95	점　토	1.20~1.45	0.85~0.95
암괴, 호박돌 섞인 모래	1.15~1.20	0.90~1.0	역이 섞인 점토	1.30~1.40	0.90~0.95
			암괴, 호박돌 섞인 점토	1.40~1.45	0.90~0.95

2.5.2 토량변화율(C, L 값) 산정사례

토취장에서 시험굴 3개소에 대하여 시료 채취 후 D다짐을 실시한 결과, 표 2.15에서 90%, 95% 다짐 조건인 경우 토량환산계수 평균값 C는 각각 0.85, 0.813이며 흐트러진 상태에서의 평균값 L=1.35를 나타낸다.

표 2.15 시험굴별 C, L 값

시험굴 번 호	자연상태		다져진 상태(D다짐)						흐트러진 상태	
	γ_{dnat} (kN/m^3)	OMC (%)	γ_{dmax} (kN/m^3)	OMC (%)	95% r_d	95% C	90% r_d	90% C	γ_{dloose} (kN/m^3)	L
TP-1	12.74	21.2	17.27	17.2	16.41	0.776	15.54	0.820	9.24	1.379
TP-2	14.45	18.5	16.87	18.3	16.03	0.901	15.18	0.952	10.42	1.387
TP-3	13.15	20.4	18.17	14.0	17.26	0.762	16.35	0.804	10.19	1.290
평균값	13.45	20.0	17.44	16.5	16.57	0.813	15.69	0.85	9.95	1.35

예제 2.4

도로의 노상을 쌓기하려 한다. 95%다짐조건의 쌓기필요량은 114,000m^3라 할 때 토취장의 조건이 다음과 같을 경우 얼마만큼의 토량을 굴착하여야 하며, 또 토취장에서 쌓기장소로 운반할 경우 15ton 덤프트럭으로 몇 대의 분량을 운반하여야 하는가. (단, 15ton트럭의 적재량은 10m^3로 한다.)

〈토취장조건〉 자연상태의 습윤단위중량 $\gamma_t = 20kN/m^3$,

자연함수비 w=25%,

최대건조단위중량 γ_{dmax}=18.7kN/m^3,

흐트러진 상태의 건조단위중량 = 13.3kN/m^3

풀이

$$\text{자연상태의 } \gamma_d = \frac{\gamma_t}{1+w} = \frac{2}{1+0.25} = 16kN/m^3$$

$$C = \frac{\text{자연상태의 건조밀도}}{\text{다짐상태의 건조밀도}} = \frac{1.6}{1.87 \times 0.95(95\%)} = 0.90$$

$$L = \frac{\text{자연 상태의 건조밀도}}{\text{흐트러진 상태의 건조밀도}} = \frac{1.6}{1.33} = 1.20$$

- 굴차량 = 흙쌓기량 / C = 114,000 / 0.9 ≒ 126,667
- 운반토량 = 126,667 × 1.2(L값) = 152,000
- 운반대수 = 152,000 / 10 = 15,200대

2.5.3 실무적용

1) C값을 과소평가할 경우 굴착량이 많아져 흙이 남게 되고 과대평가 하게 되면 흙이 부족하게 된다. C값을 정확히 산정하기 위하여 돌이 있는 경우 자연상태의 건조밀도측정 시 정도 높은 고무막법, 물치환법, 방사선 밀도 측정을 실시하여 안전측 값을 적용하는 것이 바람직하다.
2) L값을 잘못 계상 할 경우 운반량 계획에 문제가 발생되므로 시공 전에 미리 적재함의 체적을 측정한 덤프트럭을 이용하여 설계 값의 적정여부를 판단하는 것이 바람직하다.
3) 설계 시 시험대상 시료는 대부분 얕은 심도에 대한 것이나 실제 토공작업 시 심도의 깊이 또는 자연함수비의 변화에 따라 C, L값이 달라지므로 시공 시 설계와 다른 재료로 판단되는 경우는 시험시공을 실시하고 그 결과를 참고하여 공사완료 후 정밀 정산하는 것이 바람직하다.

2.6 쌓기재료 다짐

2.6.1 쌓기재료 일반조건

1) 시공 장비의 주행성(trafficability)이 확보될 수 있을 것.
2) 필요한 다짐정도를 쉽게 얻을 수 있을 것.
3) 다져진 흙의 전단강도가 크고 압축성이 작을 것.

2.6.2 토질별 다짐장비 선정

토공 다짐장비종류는 전압식, 진동식, 충격식이 있다. 전압식 다짐은 롤러의 자중에 의해 주로 점성토를 대상으로 정적으로 다지며, 장비종류 중 머캐덤롤러(macadam roller)는 쇄석, 보조기층 및 아스팔트의 초기전압에 사용되고, 탠덤롤러(tandem roller)는 마무리 다짐 및 아스팔트 콘크리트포장의 2차 전압에 사용된다. 이외에 접지압을 크게 할 경우에는 롤러표면에 많은 돌기가 있는 탬핑롤러(tamping roller)를 사용하고 토공다짐, 아스팔트 콘크리트 포장다짐에는 타이어롤러(tire roller)를 사용한다. 진동식은 다짐장비에 진동을 가해 주로 사질토를 대상으로 자중과 진동력에 의해 다지며 진동식 장비의 대표격인 진동 컴팩터 롤러(vibro compact roller)는 토공다짐, 보조기층 다짐 시 사용되며 이외에 진동 roller, 진동 tire roller 가 있다. 충격식은 충격력으로 다지며 장비종류 중 rammer는 소형이고 가벼워서 장비사용이 곤란한 협소한 장소에 적합하고, tamper는 비탈면부 다짐 및 소규모다짐에 적합하다.

(a) 진동롤러의 구조물 뒷채움 다짐

(b) 탬퍼(Tamper)를 이용한 비탈면다짐

그림 2.17 진동 롤러의 구조물 뒷채움 다짐과 백호(backhoe)에 장착된 탬퍼(tamper)를 이용한 비탈면 다짐

1) 점성토

입자간의 점착성을 증대시키는 짓이김과 압력에 의한 다짐이 효과적이므로 탬핑롤러(대표적으로 쉽스푸트 롤러)를 사용해야 한다. 또한 점성토는 다짐에너지를 크게 하여도 다짐효과가 거의 없으므로 공기압을 낮추어 접지면적이 넓은 공기타이어 롤러 또는 강륜롤러 등을 사용하는 것이 효과적이다.

2) 사질토

사질토는 입자간의 마찰과 엉물림을 해제시켜 공기간극을 줄여야 하므로 진동롤러가 효과적이다.

3) 역질토

연암 또는 자갈이 많은 흙에서는 입자를 파쇄시켜 재배열하는 다짐이 효과적이므로 진동롤러를 사용하는 것이 효과적이다.

표 2.16 토질별 다짐 적용장비

토질	다짐방법	적용장비
GW, SW	함수비 조절	진동롤러
OMC부근, OMC보다 건조측 흙	접지압을 이용한 전압기	중량 큰 로드롤러
OMC보다 건조측 조립토	진동을 이용한 전압기	진동로울러, 전동컴팩터
암편, 버력	파쇄효과가 큰 전압기	탬핑로울러, 컴팩터도저, 대형 진동롤러, 램머, 탬퍼

2.6.3 쌓기 다짐방법

쌓기 다짐방법은 흙 부리기 및 다짐방법에 의하여 다르나 수평층 쌓기 방법(점고식), 전방층 쌓기 방법(점층식), 비계층 쌓기 방법, 물다짐방법, 유용토 방법으로 나눌 수 있다. 수평층 쌓기는 한 층을 30~60cm 하는 정밀공법으로 다짐효과가 좋으며, 도로, 흙댐, 옹벽, 교대 뒷채움 다짐 시 적용하는 방법이다. 전방층 쌓기는 전방에 흙을 투하하면서 시공하는 공법으로서 수심이 있는 경우 물막이를 목적으로 방조제나 매립공사 시 적용되는 방법이다. 물막이 방법은 축조방법에 따라 그림 2.18과 같이 점고식, 점축식, 점고·점축 병행식 등으로 분류한다. 비계층 쌓기 방법은 원지반위에 잔교식 비계를 설치하여 트롤리로 흙을 운반하여 투하하는 방법으로서 방조제 토공공사 시 많이 채택되었다. 물다짐방법(hydraulic fill method)은 수중에서 토사를 물과 함께 펌프로 배사관을 통하여 쌓기하는 방법으로서 준설매립하는 경우를 hydraulic fill method라 한다. 유용토 쌓기 방법은 토적곡선에 의한 토공량의 평형을 유지하기 위하여 동일 장소에서 발생한 토량을 불도저를 이용하여 옆 장소에 쌓기하는 방법이다.

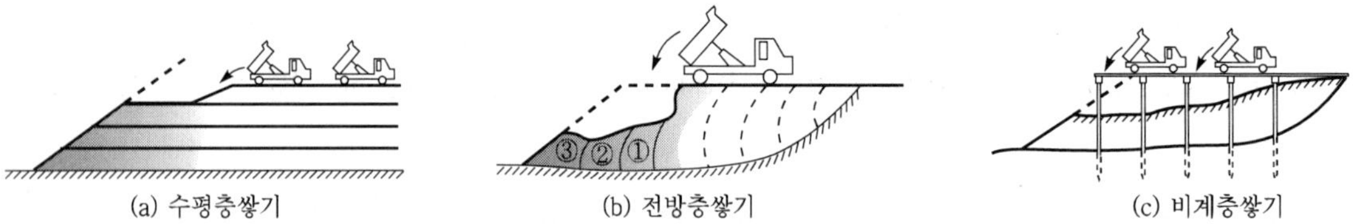

(1) 쌓기 다짐방법

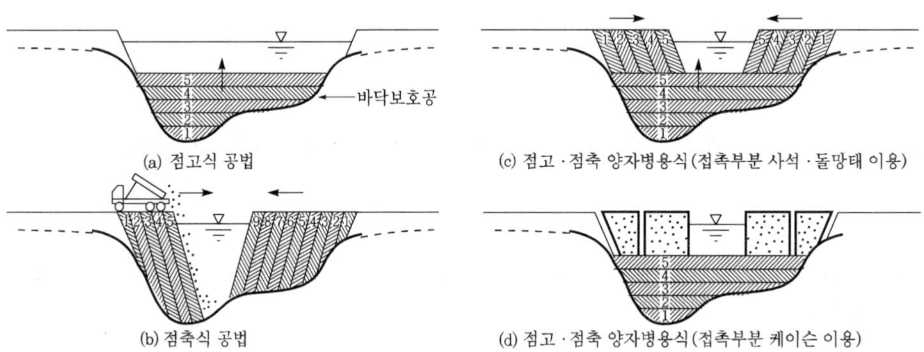

(2) 물막이 방법

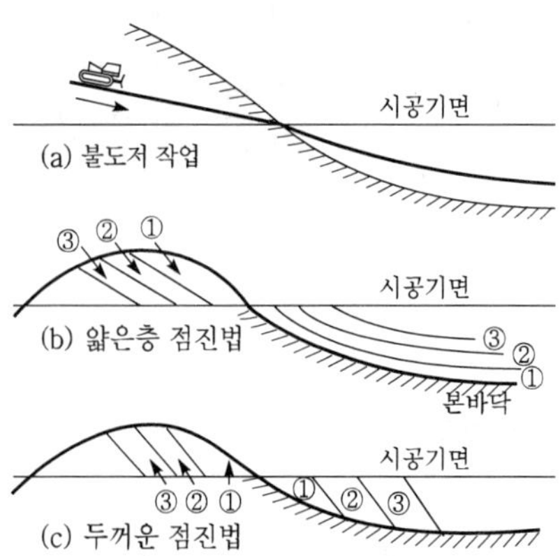

(3) 유용토 방법

그림 2.18 성토 다짐방법

2.6.4 실무적용

1) 흙쌓기 다짐 작업시 다짐효과를 극대화시키기 위해서는 가급적 시공 함수비를 최적함수비(OMC)로 유지하고 토질특성에 따라 다짐방법과 다짐 장비를 적절히 선정하여 시공하여야 한다.
2) 다짐효과를 높이기 위하여 깎기 구간 흙의 자연함수비가 최적함수비보다 다소 클 경우 시료를 햇볕에 건조시켜 다짐을 실시하고, 자연함수비가 최적함수비보다 적은 경우는 시료에 물을 살수하여 습윤조건으로 다짐을 실시해야 한다.
3) 흙쌓기다짐 작업 시 함수비의 조절은 지속적인 현장관리시험을 통하여 현장조건에 적합하게 조정해야 한다.
4) 다짐은 흙쌓기재료를 대상으로 단기간 내에 투수성 저하 및 강도증대가 주목적이지만, 압밀은 연약지반개량공사에서 장기간에 걸친 압밀침하 촉진이 주목적이다.

2.7 노체, 노상재료 품질 및 다짐

2.7.1 개요

1) 흙쌓기 재료의 적합성 여부 판단을 위하여 시험굴 조사 시 채취된 시료에 대한 실내시험을 실시하고 그 결과와 시방서 기준을 비교하여 적합성을 판정한다.
2) 다짐완료 후 노상의 품질은 재료, 시공여건, 시공 장비의 성능 등에 영향을 받기 때문에 흙쌓기 재료는 시험시공을 통하여 적합여부를 확인하여야 한다.

표 2.17 다짐두께 관련 기준

미리 정하는 기준	시험시공에 의해 정하는 기준
1) 토취장의 굴착방법 2) 시공기계의 선정 및 조합 3) 적정함수비의 범위	1) 펴기 방법과 한층 펴기 누께 2) 다짐회수 및 다짐속도 3) 시공관리 기준정립

3) 다짐효율을 향상시키기 위해서는 시공 시 재료의 선정시험을 통하여 노상 및 노체 재료로서의 사용여부를 결정하여야 하고 또한 관리시험을 통하여 함수비 조절에 유의하여야 한다.

2.7.2 노체재료 품질 및 다짐

노체 재료는 노상의 지지 및 노상 다짐이 용이하도록 시공하는 단면이며 재료로 사용이 가능한 토사 및 암버력에 대한 품질 및 다짐기준은 표 2.18과 같다.

표 2.18 노체재료의 품질 및 다짐(국토교통부 , 2001)

항목 \ 구분	토사 [1]	암버력 [2]	시험법
기본사항	초목, 그루터기, 덤불, 뿌리, 쓰레기, 유기질토 등의 유해물질이 함유되지 않아야 한다.	노체 완성면 60*cm* 이하에만 적용할 수 있다.	
다짐도	90% 이상	시험시공에 의해 결정	KS F 2312 (A, B방법)
수침 CBR	2.5 이상	-	
시공시의 함수비	다짐시험방법에 의한 최적함수비 부근과 다짐곡선의 90%밀도에 대응하는 습윤 측 함수비 사이	자연함수비	
다짐후의 건조밀도	$15kN/m^3$ 이상	$15kN/m^3$ 이상	
최대치수	30*cm* 이하	시험시공에 의해 결정	한층당 마무리 두께

주1) 토사란 암버력에 해당하지 않는 일반적인 흙쌓기 재료를 말함.
주2) 암버력이란 단단한 암석으로 된 지반을 깎기 또는 터널굴착을 했을 때 발생하는 암석조각을 말한다.
주3) 풍화암, 이암, 셰일, 실트질암, 천매암, 편암 등 암석의 역학적 특성에 의하여 쉽게 부서지거나 수침반복시 연약해지는 암버력의 최대 치수는 30*cm* 이하로 한다.
주4) 수침 CBR이 2.5이하인 토사의 경우라도 안정처리대책을 강구하여 사용할 수 있다.
주5) 폐콘크리트 등 건설부산물은 최대입경 100*mm* 이하로 파쇄하여 사용한다.

2.7.3 노상 재료의 품질

노상은 포장을 매개로 전달되는 교통하중을 지지하고 포장공사 등을 위한 대형 시공기계가 진입할 수 있도록 설계 및 시공하여야 하며 노상재료 품질기준은 다음과 같다.

표 2.19 노상재료의 품질기준(국토교통부, 2001)

구분	상부노상		하부노상		시험법
최대치수 [1]	100*mm* 이하		150*mm* 이하		
4.75*mm*체 통과량	25~100%		-		
0.075*mm*체 통과량	0~25%		50%이하		
0.425*mm* 체 통과분에 대한 소성지수(PI, %)	10 이하		20 이하		
다짐도 (%)	95 % 이상		90 % 이상		KS F 2312 (C, D, E 방법)
시공시의 함수비 (%)	다짐도 및 수정 CBR 10 이상을 얻을 수 있는 함수비, 최적함수비 ±2%		다짐도 및 수정 CBR 5 이상을 얻을 수 있는 함수비		KS F 2306 KS F 2312
시공층 두께	20*cm* 이하		20*cm* 이하		한층당 마무리두께
수침 CBR [2]	일반 노상	안정처리 노상 [3]	일반노상	안정처리 노상 [3]	
	10 이상	20 이상	5 이상	10 이상	

주 1) 시험시공을 통하여 노상의 최종 마무리 조건(마무리면의 평탄성, 처짐이 허용치 내에 있고 공사용 차량의 주행에 대해서 표면의 유동이 생기지 않을 것)을 만족하는 것이 확인되면 최대치수 규정을 완화할 수 있다.
주 2) CBR시험의 공시체 함수비는 자연함수비 w_n이 최적함수비 w_{opt}이상의 경우, w_n이 w_{opt} 미만의 경우에는 w_{opt}로 한다. w_n(자연함수비)은 계절, 기상조건 등에 따라 항상 변화하지만 우기, 동결융해기 등을 제외하면 지표로부터 50*cm* 아래의 시료로 측정한 함수비로 한다.
주 3) 안정처리노상의 수침 CBR은 공기 중 양생 후 수침한 공시체에 대하여 결정된 CBR로 한다.

2.7.4 현장밀도 측정 방안

토공의 다짐작업 완료 후 다진 흙이 품질시방서의 요구조건을 만족하는지를 알기 위해서 다진 흙에 대하여 밀도를 측정하고 다짐도(현장 다짐상태의 밀도 / 실내 다짐시험 밀도)를 구해야 한다. 다짐율을 알기 위해서는 현장밀도를 측정하여야 하며 이 경우 가장 중요한 것은 밀도 측정위치에서 파낸 흙의 용적을 정확히 결정하는 일이다. 현장밀도를 측정하는 방법은 그림 2.19와 같은 방법이 있으며 실무에서는 모래치환법이 널리 쓰이고 있으나 자갈 또는 암성토에 적용 시에는 시험공 굴착 시 간극이 커서 밀도측정 정밀도가 떨어지므로 이러한 경우에는 간극부분도 밀도측정이 가능한 물(오일)치환법을 적용하는 것이 바람직하다.

현장밀도 측정법 종류	개념도	시험방법
모래치환법 (들밀도시험)	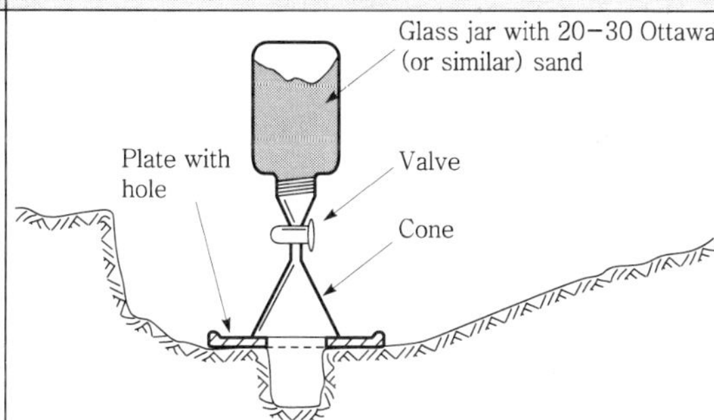	1) 가장 일반적인 들밀도 시험 2) 단위중량 산정 3) 함수비 구하는데 시간 소요 4) 급속함수량 구하는 방법 있음
Baloon이용법	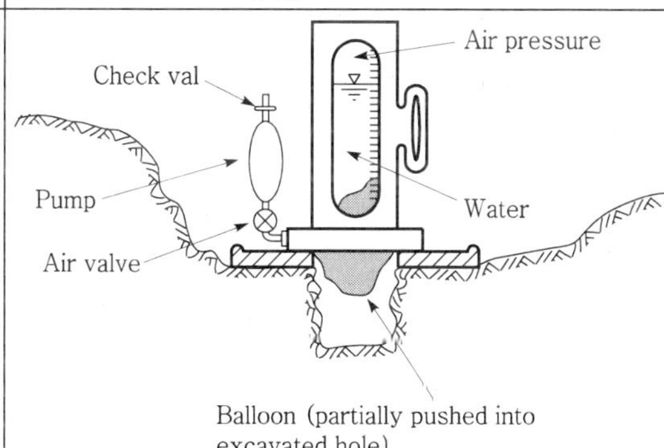	1) 일반적인 들밀도 시험 2) 부피 산정 시 모래대신 baloon 이용 3) 소규모의 단위중량 산정
물(오일)치환법	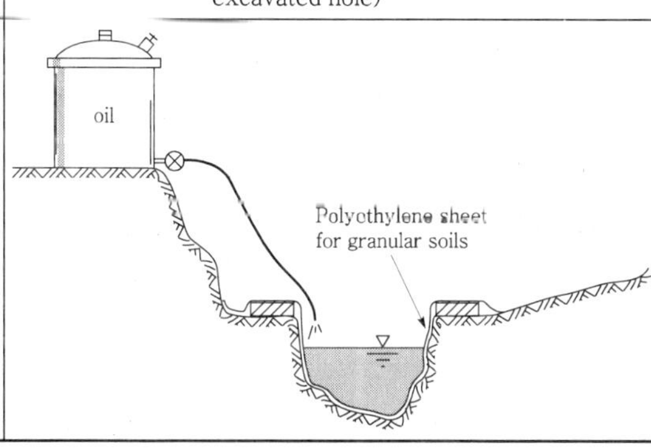	1) 대형 부지 및 암석토에 적합함 2) 1.75m 지름, 5cm높이 철판틀 이용 3) 50~70cm 깊이를 굴착, 중량계산 4) 물(오일) 이용하여 부피산정 5) 다짐 특성을 파악하기 위한 밀도평가 방법

그림 2.19 현장 밀도시험 종류

2.8 노상토의 지지력비(CBR)

2.8.1 개요

CBR(California bearing ratio)은 포장두께를 결정할 경우에 사용하는 노상토의 지지력비로서 그 값은 보조기층재료, 노상토 재료 등을 대상으로 시험을 실시하여 구한다. 포장설계법은 콘크리트포장인 경우 P.C.A 법, AASHTO 설계법이 있고, 아스팔트포장인 경우 TA 법, AASHTO 설계법이 있다. AASHTO 설계법은 Interim Guide(1972)와 1986년에 개정된 Interim Guide(1981)가 있으나 개정된 설계법은 노상동탄성계수(MR) 산정을 위한 시험기구 미비, 정확한 설계계수 적용의 어려움이 있다. 실무에서는 국토교통부(1997)에서 제시한 Interim Guide Method(1972)에 의한 설계방법을 주로 적용하고, 실무에서 설계 CBR값은 AASHTO 설계 시 필요한 보조기층 및 노상의 지지력계수(S = 3.8 log CBR + 1.3) 산정시 적용하며 여기서 CBR은 설계 CBR을 의미한다.

2.8.2 CBR 시료채취

1) 사리도(비포장도)와 같이 노상이 이미 완성된 경우

비포장도와 같이 현장 상태의 원지반이 노상계획고 상단인 경우는 노상이 이미 시공되었으므로 도로 예정노선에서 대표위치를 선정하여 $50cm \sim 100cm$ 깊이에서 흐트러진 시료를 채취한다. 채취한 시료는 19 mm 이상의 골재를 제외하고 현장 함수비조건으로 CBR 시험몰드를 제작한다. 시험재료가 AASHTO분류에서 조립토(A-1, A-3, A-2-4, 또는 A-2-5)로 분류되는 경우는 직경 $5cm$인 $45N$램머로 $450mm$높이에서 낙하시켜 5층으로 각층 56회씩 균등히 다지고, 시험시료가 AASHTO분류에서 세립토(A-2-7, A-4, A-5, A-6, A-7)로 분류되는 경우는 5층으로 각층 25회씩 다진다. 다져진 시험몰드는 수조에서 4일 동안 수침시킨 후 관입 시험을 실시한다. 즉, 공시체제작은 현장 함수비 조건으로 하고, CBR 관입시험은 공시체를 수조에서 4일간 수침시킨 상태의 함수비 조건으로 실시한다. 4일간 수침을 시키는 이유는 도로포장 완공 후 장기간 침수(최대 4일)되면 CBR값이 저하될 수 있으므로 실내에서도 이를 고려하여 시험값이 현장과 비슷한 조건이 되도록 하기 위한 것이다. 현장 CBR은 상기와 같이 노상이 완성된 도로 예정노선 현장에서 시료를 채취하여 실내시험에서 얻어지는 CBR값과 또는 현장에서 노상토를 대상으로 재하하중으로서 덤프트럭, 중기 등을 이용하고 노상토 관입은 원추형강제를 이용하여 구한 CBR값이 있다. 실무에서 현장 CBR이라 함은 일반적으로 전자의 경우를 의미한다.

2) 토취장의 경우

원지반위에 노체, 노상을 성토한 후에 도로, 또는 활주로 포장공사를 실시할 경우 설계 시에 토취장을 선정하고 대표시료를 채취하여 현장에서 목표로 하는 다짐조건(90% 또는 95%)의 지지력비값을 수정 CBR이라 한다.

2.8.3 CBR(지지력비) 결정

지지력을 관입법에 의하여 측정하는 실내 CBR값은 지름 $5cm$의 피스톤을 CBR몰드 속에 관입 시켜 관입량에 대한 시험단위하중을 표준단위하중으로 나누어 백분율로 표시한 값이다.

지지력비(CBR) 결정은 $CBR_{2.5}$와 $CBR_{5.0}$을 비교해서 $CBR_{2.5} > CBR_{5.0}$인 경우 CBR은 $CBR_{2.5}$로 하고, $CBR_{2.5} \leqq CBR_{5.0}$인 경우는 재시험을 한다.

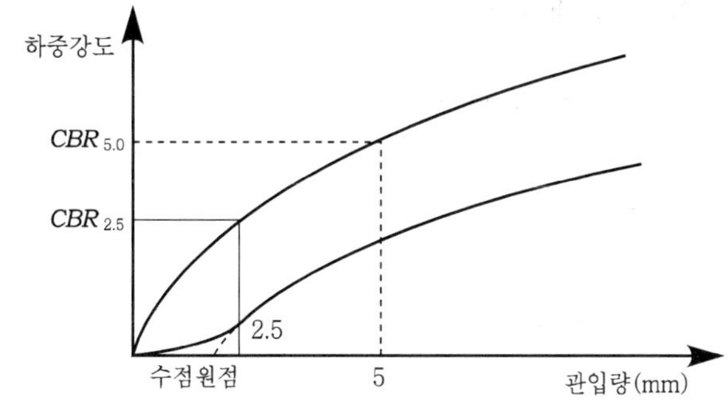

그림 2.20 관입량에 따른 CBR(지지력비) 결정

재시험결과, $CBR_{2.5} \leqq CBR_{5.0}$인 경우의 CBR은 $CBR_{5.0}$인 값을 취한다.

$$CBR(\%) = \frac{\text{시험단위하중}}{\text{표준단위하중}} \times 100(\%) \tag{2.14}$$

여기서, 표준단위하중은 $2.5mm$ 관입 시 $7MPa$, $5.0mm$ 관입 시 $10.5MPa$이다.

2.8.4 수정 CBR을 구하는 방법

1) 다짐시험결과에 의하여 함수비-건조밀도 곡선을 그린다. 다짐시험의 최적함수비 조건으로 타격회수를 달리하기 위하여 3개의 공시체를 만든다.
2) 골재의 허용최대입경이 $19mm$인 경우(D다짐)는 각층 10회, 25회, 55회로 다진 3개의 공시체를, 허용최대입경이 $37.5mm$인 경우(E다짐)는 각층 17회, 42회, 92회로 다진 3개의 공시체를 4일간 수침 후 지지력비 시험결과에 의하여 건조단위중량-CBR곡선을 그린다.
3) 다짐곡선에서 시방서 또는 현장에서 필요로 하는 소정의 밀도, 즉 노체의 경우 최대건조밀도의 90%, 노상의 경우 최대건조밀도의 95%에서 수평선을 긋고 CBR의 교점을 구해 그 교점으로부터 수선을 내리면 가로축과의 교점이 수정 CBR이 된다.

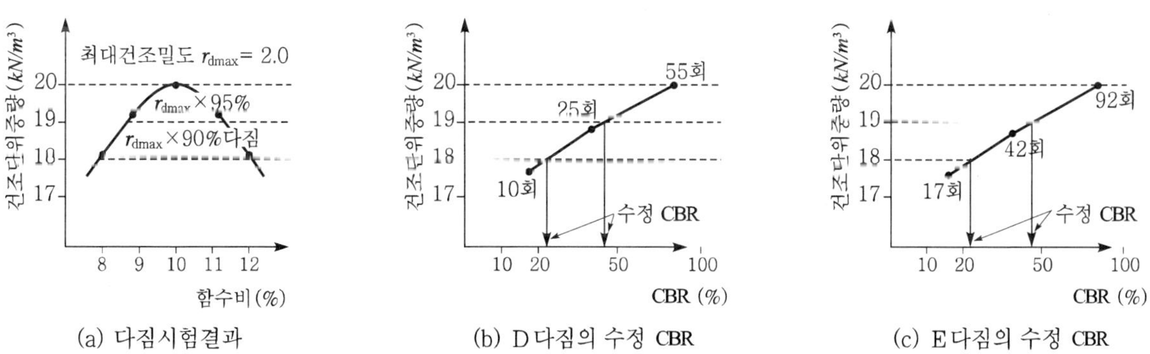

그림 2.21 다짐조건별 시험결과에 따른 수정 CBR 산정(예)

2.8.5 설계 CBR

비포장도(사리도)와 같이 노상이 이미 완성된 경우를 대상으로 시료를 채취하여 시험한 현장 CBR값이나, 토취장에서 시료를 채취하여 얻은 수정 CBR값을 식 (2.15)로 구한 경우, 즉 포장설계에 적용되는 CBR을 설계 CBR이라고 한다.

$$\text{설계 CBR} = \text{CBR(평균치)} - \frac{\text{CBR(최대치)} - \text{CBR(최소치)}}{d_2\text{(적용계수)}} \tag{2.15}$$

여기서, d_2는 설계 CBR 계산용 계수

표 2.20 설계CBR d_2 계수

개수(n)	2	3	4	5	6	7	8	9	10 이상
d_2	1.41	1.91	2.24	2.48	2.67	2.83	2.96	3.08	3.18

2.8.6 실무적용시 유의사항

1) CBR값은 함수비 및 밀도가 영향을 미치는 요소이나 가장 큰 요인은 피스톤 관입부위에 자갈이 몰려 있거나 또는 큰 자갈이 한개만 있더라도 값이 크게 산정 될 수 있으므로 몰드 제작 시 재료가 골고루 분포될 수 있도록 주의 하여야 한다.
2) CBR값은 노상, 노체의 재료 적정여부 판정 및 포장두께 결정시 적용하는 주요 인자이므로 실내시험 값에만 의존 할 것이 아니라 시료채취 시 도로 예정노선 또는 토취장을 답사하여 실내시험 값이 대표 값이 될 수 있도록 시료채취를 잘 하는 것이 가장 중요하다.
3) 포장 설계를 위하여 요구되는 노상강도 특성은 연성 포장에서는 CBR값으로, 강성 포장에서는 지반 지지력 계수 K로 나타낸다. 이 경우 CBR측정은 실내 수침 CBR시험에 의하여 측정 되어야 하며 K값은 CBR값을 도표에 의해 K값으로 환산하여 설계에 적용할 수 있다. 콘크리트 포장공사중에는 평판재하시험에 의해 K값을 측정 할 수 있다.

예제 2.5

토취장에서 시료 9점을 채취하여 CBR시험을 실시한 결과가 표 2.21과 같을 때 설계 CBR을 구하라.

표 2.21 시험굴별 CBR시험 결과 값

시험굴	TP-1	TP-2	TP-3	TP-4	TP-5	TP-6	TP-7	TP-8	TP-9
CBR	13.8	7.7	12.6	8.6	11.5	8.9	8.3	10.5	12.3

풀이

1) CBR시험값이 최대·최소값의 허용범위내에 들어오는지를 판정하기 위하여 표 2.22와 같이 엽각판정을 실시한다.

표 2.22 엽각판정

항목	최대값이 극단적으로 큰 경우	최소값이 극단적으로 작은 경우
검토 사항	$CBR_{(max)} = 13.8\%$ $CBR_{(max-1)} = 12.6\%$, $CBR_{(min)} = 7.7\%$, $n = 9$ $r = \dfrac{X_n - X_{(n-1)}}{X_n - X_1} = \dfrac{13.8-12.6}{13.8-7.7}$ $= 0.197 < 0.437\ (= r(n, 0.05))$	$CBR_{(max)} = 13.8\%$ $CBR_{(min+1)} = 8.3\%$, $CBR_{(min)} = 7.7\%$, $n = 9$ $r = \dfrac{X_2 - X_1}{X_n - X_1} = \dfrac{8.3-7.7}{13.8-7.7}$ $= 0.098\ \langle 0.437\ (= r(n, 0.05))$
결과	O.K	O.K

여기서, $r(n,\ 0.05)$는 기각판정용 값으로 아래와 같다.

표 2.23 기각판정용 값

개수(n)	3	4	5	6	7	8	9	10이상
r(n, 0.05)	0.941	0.765	0.642	0.560	0.507	0.468	0.437	0.412

2) 설계 CBR산정

(1) 엽각판정 결과 실내 CBR의 최대치와 최소치는 허용범위를 만족하므로 설계 CBR 평균치 대상값으로 채택한다.

(2) $$\text{설계 CBR} = \text{CBR(평균치)} - \frac{\text{CBR(최대치)} - \text{CBR(최소치)}}{d_2\text{(적용계수)}} \tag{2.16}$$

여기서, d_2는 설계 CBR 계산용 계수(시료가 9점이므로 표 2.20에서 3.08 선택)

설계 CBR : $\text{CBR(평균치)} = 10.5 - \dfrac{13.8 - 7.7}{3.08} = 8.52 \fallingdotseq 8.0\ \%$

3) 누적 백분율에 의한 설계 CBR 산정

설계 CBR은 2번항과 같이 구할 수도 있으나 누적 백분율에 의해서도 계산 할 수 있다. 계산 방법은 각 시험군 조사에서 시행한 CBR값을 크기 순서대로 정리하고 누적빈도와 누적백분율을 계산하여 도표에 도시하고 CBR 누적백분율의 90%에 해당되는 값을 설계 CBR로 산정한다.

표 2.24 설계 CBR 결정을 위한 백분율 계산

CBR	13.8	12.6	12.3	11.5	10.5	8.9	8.6	8.3	7.7
전체에 대한 백분율(%)	14.6	28.0	41.1	53.3	64.4	73.9	83.0	91.8	100.0

	CBR 누적 백분율
• 누적분포곡선에 따른 누적백분율 90%에서의 CBR값은 8.3%이므로 설계 CBR값으로 8.0%를 사용	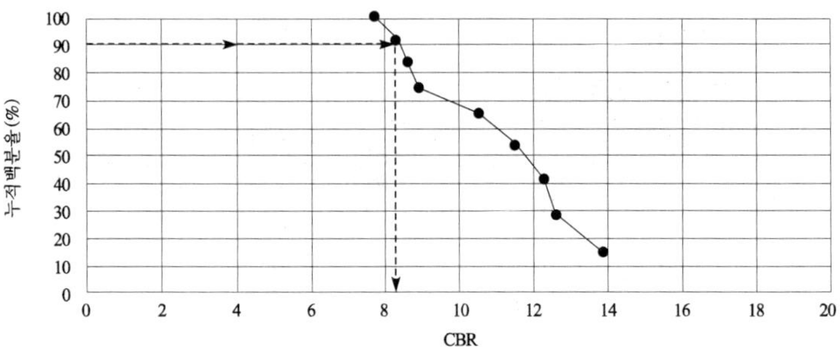

그림 2.22 설계 CBR 누적분포곡선

4) 결론 : 설계 CBR은 2) 또는 3)항에 의해 구한 대로 8.0%를 설계에 적용한다.

2.9 토공설계

1) 목적

현장조사 및 실내시험을 통하여 얻은 지반특성 자료를 분석, 평가하여 토공량의 균형 여부, 토공작업성 및 토공재료의 적합성 등을 검토하여 합리적인 토공방안을 수립한다.

2) 토공설계 수행과정

표 2.25 토공설계 수행과정

지반조사 및 분석		깎기부 토공설계		쌓기부 토공설계		발파설계
1) 지표지질조사 2) 물리탐사 및 시추 조사 3) 실내 및 현장 시험 4) 지반의 공학적 특성 분석	➡	1) 굴착경계 기준의 설정 2) 깎기부의 토공방안 제시	➡	1) 쌓기재료의 적합성 검토 2) 쌓기재료의 다짐특성 검토 3) 쌓기부 시공 방안 제시	➡	1) 발파계획 수립 2) 시험발파 3) 시험발파에 의한 발파설계 4) 발파에 의한 주변 환경영향 검토

3) 공종별 설계 적용사항

토공 공사 공종별 설계 검토 및 적용사항은 표 2.26과 같다.

표 2.26 공종별 설계 적용사항

공종	주요 검토 내용	설계적용
깎기부 토공 작업	1) 깎기부의 굴착경계 기준 설정 2) 굴착난이도 분석에 의한 굴착방법 평가 3) 구간별 깎기부 토공방안 제시	1) 토공을 위한 암반분류 2) 깎기부의 토공설계
쌓기 재료의 평가	1) 노상토의 지지력 평가 2) 쌓기재료의 다짐특성 검토 3) 토량변화율 평가 4) 쌓기재료의 적합성 평가	1) 설계CBR을 산정하여 도로 포장 설계에 이용 2) 다짐곡선 산정 및 다짐방법 결정 3) 토량환산계수 산정 4) 노체, 노상재료의 적부 판정
쌓기부 토공작업	1) 쌓기 비탈면 시공방안 검토 2) 쌓기재 특성에 따른 다짐방법 검토 3) 절·성경계부 부등침하 검토	1) 비탈면 다짐방법 제시 2) 쌓기재 특성에 따른 다짐장비, 다짐방법 결정 3) 절·성 경계부 부등침하 대책 수립
암버력 쌓기 검투	암버력 쌓기 검토	암버력 시공방안 수립
발파영향 검토	1) 시험발파 2) 발파공해 영향 및 분석 3) 장약량 및 발파패턴 선정	1) 진동 및 소음식 추정 2) 장약량 및 발파패턴 설계 3) 발파로 인한 주변환경 영향 평가
연약지반 검토	1) 연약지반의 판정 2) 액상화 발생여부 검토	1) 연약지반 존재유무 확인 2) 지진 시 액상화 검토
재료원 조사 및 평가	1) 재료원 평가 2) 암 유용성 검토	1) 재료원 적합성 판정 2) 암 유용성 판정

2.10 암버력 쌓기

암버력(30~100*cm*)은 대형 다짐기계를 사용하여도 충분히 다져지지 않으므로 도로 쌓기공사에서 압축침하가 생기기 쉽다. 따라서 암버력 다짐은 시공중 두께에 상응하는 대형 다짐기계를 사용하는 것을 전제로 하고 시공성 측면에서 최대 크기는 60*cm* 이하로 하는 것이 바람직하다.

암버력 크기 및 시방기준검토	⬅	시공 품질향상을 도모하기 위해 각종 시방규정을 검토하여 적정기준을 적용
⇩		
제체내 필터층 검토	⬅	강우시 침투수에 의해 상부토사가 하부의 암버력으로 흘러내리는 유사현상(또는 침식작용)을 방지하기 위한 필터층 설치
⇩		
제체의 안정성 검토	⬅	1) 암버력 쌓기 전체의 안정성과 비탈면 상부 피복토층의 국부적 파괴에 대한 안정성을 검토 2) 쌓기제체의 침하는 Sower(1965), Lawton & Lester et al.(1964)의 경험식과 수치해석 등에 의해 산정할 수 있음
⇩		
표준단면 작성	⬅	상기 안정성 검토결과를 종합하여 암버력 성토시 설계에 적용할 수 있는 표준단면 작성

그림 2.23 암버력 쌓기 단면 검토

2.11 깍기 및 쌓기 경계부 부등침하

1) 발생원인

(1) 깎기부와 흙쌓기부의 경계에 지표수, 용수, 침투수 등이 집중되기 쉬워 흙쌓기부가 약화되어 부등 침하가 발생한다.

(2) 편절·편성에서는 기초지반과 흙쌓기의 접착이 불충분하게 되기 쉽고 지반의 변형과 활동에 의한 단차가 발생하기 쉽다.

2) 문제점

(1) 쌓기재의 자중과 윤하중, 우수침투 등에 의한 토립자의 재배열 및 압축침하가 발생한다.

(2) 부등침하발생시 포장균열, 단차(faulting), 구조물 기울어짐(tilting) 등이 발생한다.

3) 부등침하 대책(건설 교통부, 2001)

(1) 깎기·쌓기 경계부 침하대책(종방향처리)

깎기·쌓기 경계부 침하대책	대책단면도
1) 부등침하방지를 위하여 흙 쌓기 및 흙 깎기 접속부 경사를 1:4로 원지반 제거 2) 접속구간장 ① 흙 깎기부 노상치환이 없을 때 : 25m ② 흙 깎기부 노상치환이 있을 때 : 17m ③ 원지반이 암구간일 때 : 5m 3) 흙쌓기부 경계면에 맹암거 설치 4) 경계구간 접속부는 암버력 쌓기 배제	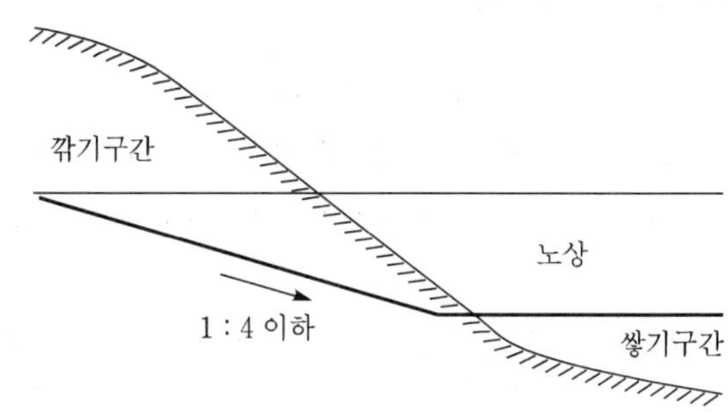

그림 2.24 절·성 경계부 침하대책 및 단면도

(2) 비탈면 다짐방법

붕괴를 방지하기 위해서 비탈면 표층부의 시공은 흙쌓기 본체와 동시에 실시하여 균일하게 마무리 될 수 있도록 해야 하며, 비탈면에 따라 그림 2.25와 같은 방법에 의해 다짐을 시행하여야 한다.

구분	모식도	다짐방법
불도저 등에 의한 비탈면 다짐	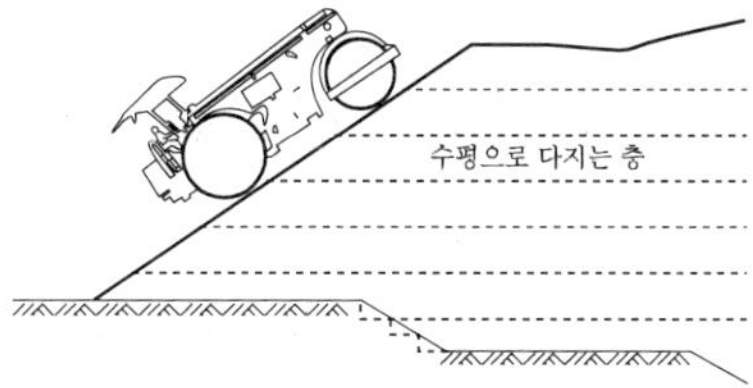	1) 흙쌓기 전폭을 1층마다 다짐하고 1~3층 올라갈 때마다 비탈면을 상하로 주행시켜 다진다. 2) 불도저 가전압 후 진동 로울러를 이용하여 다짐 시행한다.
인력과 소형 기계에 의한 다 짐	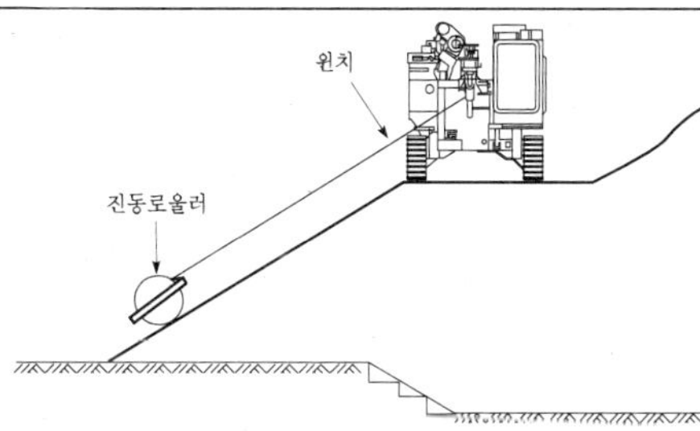	1) 소규모 비탈면, 구조물 뒷채움에 이용한다. 2) 흙쌓기 본체를 구성한 후 비탈면에 흙을 보충하면서 진동램머, 진동평판, 진동로울러 등의 소형 다짐기계를 이용한다. 3) 경비탈면과 연직으로 다지는 것이 바람직하다.
흙쌓기 폭보다 넓게 완성한 후 굴착, 정형하는 방법	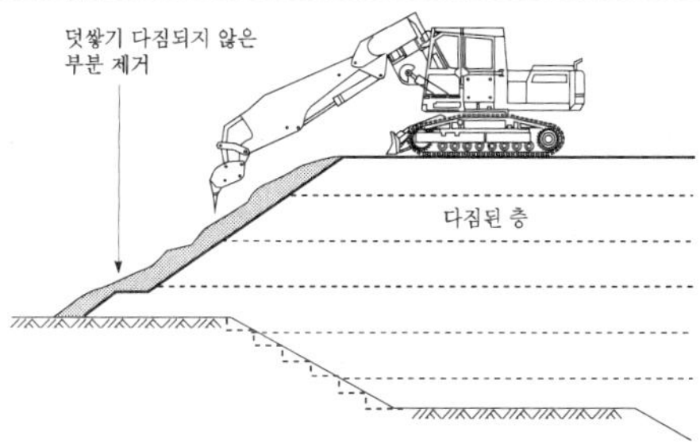	1) 용지폭의 여유가 있거나, 부체도로가 있는 경우 적용한다. 2) 흙쌓기 폭보다 여유 있게 흙을 쌓아 다짐이 불충분한 흙쌓기 단부를 드래그라인, 트럭쇼벨 등으로 절취, 정형한다.

그림 2.25 비탈면 다짐방법

4) 편절·편성부 횡단방향처리

표 2.27 편절·편성부 횡단방향처리

편절·편성부 침하대책	대책단면도
1) 흙깎기 단부에서 흙쌓기부 노상 저면의 깊이 까지 굴착하는 것을 원칙으로 하며, 1:4(V:H)정도 경사의 접속구간을 두고 흙깎기부 노상 저면에 접속시킨다.	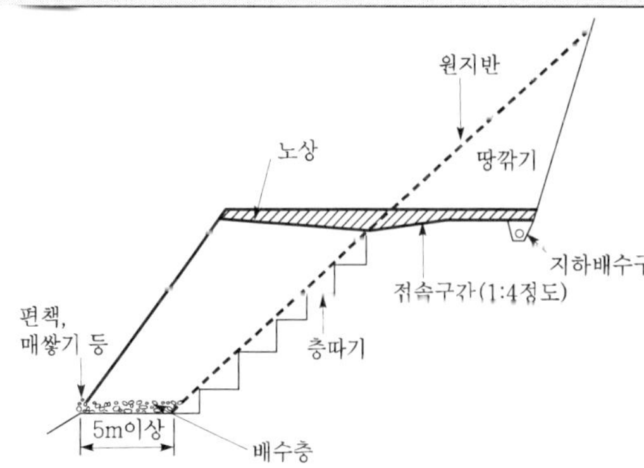
2) 깎기부분은 흙쌓기부 노상재료와 동일 재료로 되메우고, 소정의 다짐도로 균일하게 다진다.	
3) 1:4(V:H) 보다 급한 경사를 가진 흙쌓기 부의 기초지반은 층따기를 실시하는 것이 좋다.	
4) 배수를 위하여 원칙적으로 상부 노체면 또는 깎기면에 지하 배수구를 설치하고 배수 유출구로 유도 배수한다.	

2.12 실무적용 시 유의사항

1) 흙과 암석은 자연상태, 굴착하여 흐트러진 상태 및 흐트러진 후 다질 때 체적이 달라진다. 그러므로 토량을 계산하고 토량배분 계획을 세울 때는 실내시험에 의해 토량변화율(C, L)을 알아야 한다. 실내시험 대상시료는 토취장에서 표토를 채취하는 경우가 대부분이나 본공사 시에 사용하는 토량은 토취장의 깊이, 함수비에 따라 설계 시조건의 토량변화율과 많은 차이가 있을 수 밖에 없다.
2) 다짐 시에는 쌓기에 따른 원지반 침하로 인하여 실제 사용된 토량은 다짐에 소요된 토량보다 더 많이 소요될 수가 있다. 따라서 본공사 시 체적을 측정한 덤프트럭을 이용하여 흐트러진상태(L)의 토량환산계수가 설계값과의 적정한지를 판단하거나, 시공전 또는 시공중에 시험시공을 실시한다. 이 경우 흙쌓기전 원지반에 지표면침하판을 설치하여 침하량을 고려하면 다짐에 소요된 토량과 다져진상태(C)토량을 비교 평가할 수 있다. 현장에서 상기내용을 수행하기 어렵거나 토공량이 소량인 경우 국토교통부 표준품셈을 따르는 것이 바람직하다.
3) 이암, 셰일, 응회암, 편암 등의 암석재료를 사용 할 경우 장기간에 걸친 지하수위 변동 등의 작용을 받아 세립화되어 큰 압축침하를 일으키는 경우가 있으므로 충분히 파쇄한 후 다짐하는 것이 바람직하다.

CHAPTER 3

제 3 장 암석과 암반

제 3 장 암석과 암반

3.1 암석과 암반

광물(mineral), 암석(rock), 암반(rock mass)의 의미는 뚜렷한 차이가 있으며 이러한 의미를 정확히 이해하기 위해서는 다음과 같은 기본적인 개념이 인식되어야 한다.

3.1.1 광물(Mineral)

광물이란 1종 또는 그 이상의 원소의 화합물로 되어 있으며 지각을 이루는 암석의 구성단위를 일컫는 말이다. 광물의 종류는 약 3,500종에 달하며 암석 중에서 발견되는 광물의 대부분은 장석, 석영, 운모, 각섬석, 휘석, 방해석, 점토광물이며 이 밖의 광물은 소량으로 포함되어 있다.

3.1.2 암석(Rock)

무결함으로 이루어진 여러 종의 광물의 집합체를 암석이라고 하며 광물이나 유기물이 자연적인 덩어리를 이루거나 집합체를 형성한 것으로서 냇가나 강바닥의 자갈 또는 석탄 등을 말한다. 건설공사에서 지반이라 함은 흙과 암석뿐만 아니라 암반의 절리 등 간극을 충진한 지하수나 공기 등을 포함하는 포괄적인 의미를 내포하고 있다.

3.1.3 암반(Rock mass)

암반은 기초지반에서 주로 사용되는 용어로서 암석과 불연속면을 포함한 암체(rock mass)를 의미한다. 암반에서는 암반거동, 불연속면의 특성이 매우 중요하며, 지반을 대상으로 하는 공사에서 암석강도가 아무리 높다 해도 불연속면에서 파괴가 우선적으로 일어날 수 있기 때문에 안정성은 암석자체의 평가보다는 암반전체를 평가하는 것이 중요하다. 즉 암반내 불연속면의 빈도, 형상, 상태 등은 암반의 성질을 크게 좌우하며 암반 특성시험은 원위치 변형시험, 원위치 전단시험, 초기 응력시험, 현장 투수시험, 비파괴시험, 지질조사(시추 및 물리탐사) 등이 있다.

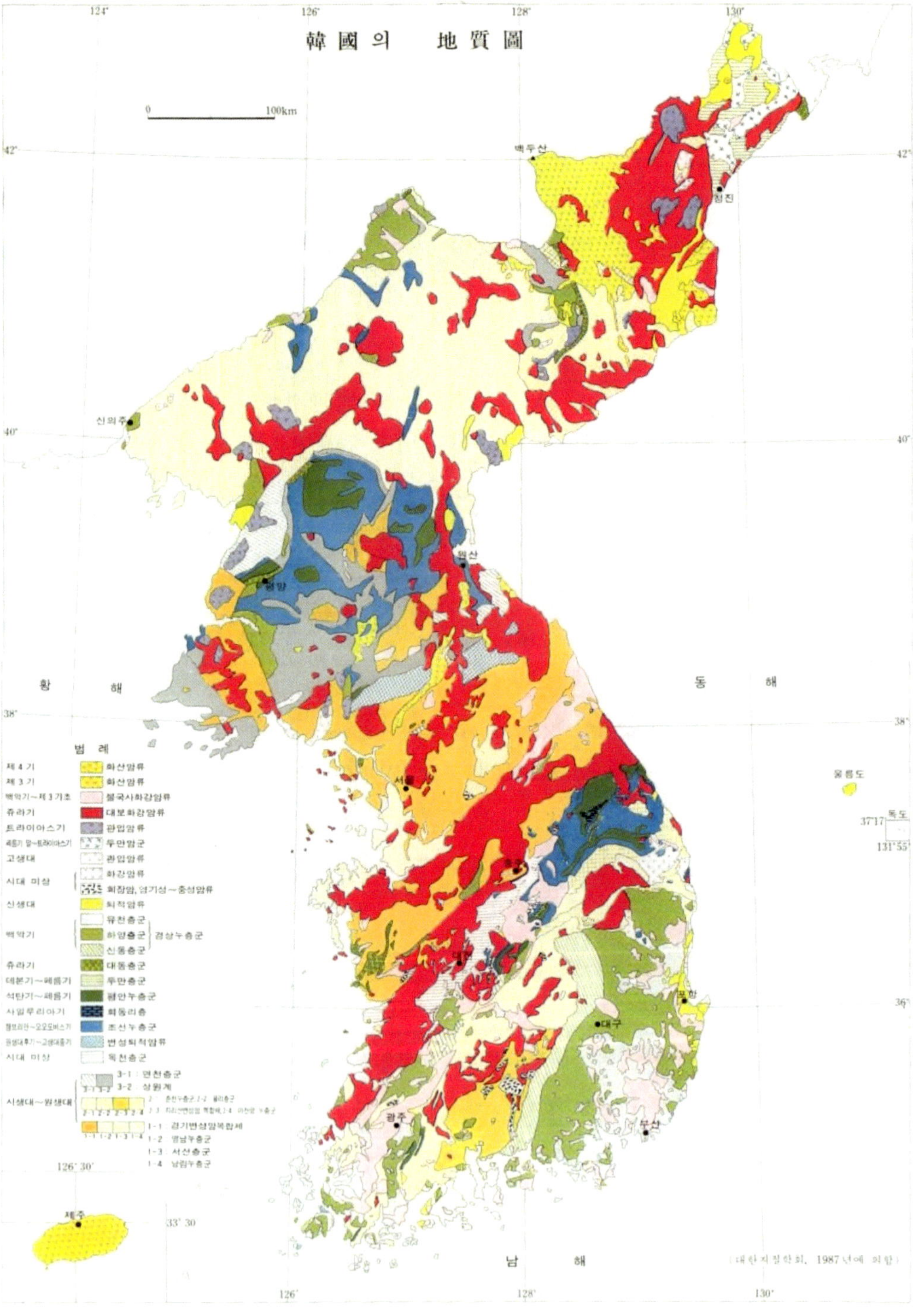

그림 3.1 우리나라 지질도

3.2 암의 종류 및 생성과정

3.2.1 개요

암은 성인에 따라 화성암, 퇴적암, 변성암으로 분류되며 남한에 각각 35%, 23%, 42%로 분포 되어 있다. 화성암은 마그마가 지표나 지각 내에서 고결된 암석이고 퇴적암은 지표를 구성하고 있는 기존 암석이 풍화, 침식, 운반, 퇴적작용을 거쳐 고결된 암석이며 변성암은 암석이 지하 깊은 곳에서 주변의 큰 압력이나 높은 온도 등에 의해 변질되어 생성된 암석이다.

3.2.2 암의 생성 과정

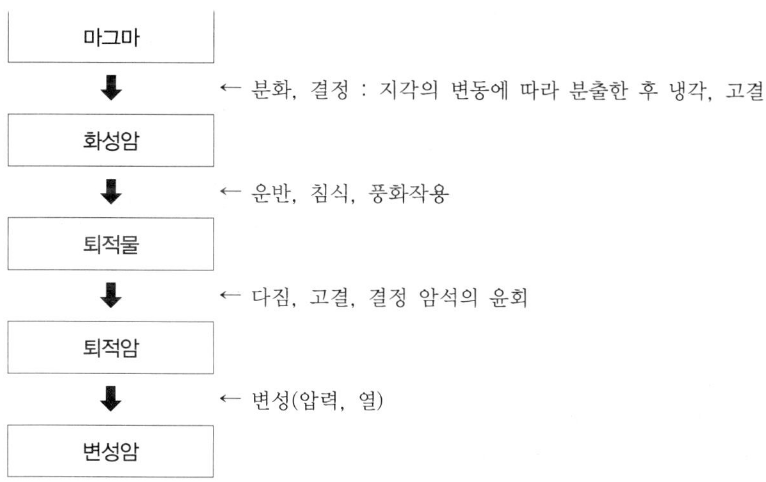

그림 3.2 암의 생성과정 흐름도

3.3 불연속면의 암반공학적 특성

3.3.1 개요

암반내에 존재하는 절리, 퇴적암에 존재하는 층리, 변성암에 존재하는 엽리, 대규모 지질구조와 관련된 단층과 파쇄대 등 암반내에서 연속성이 없는 면을 불연속면(discontinuities in rock mass)이라 한다.

3.3.2 불연속면의 종류

암반은 암석뿐만 아니라 절리나 단층을 포함한 큰 규모를 의미이며 불연속면이란 암반 내에 있는 깨진 것으로 '절리' 및 '단층' 등을 총괄하는 의미인데, 실무에서는 절리라는 용어로서 불연속면을 통칭하기도 한다.

1) 절리(Joint)

절리란 암반 내에 규칙적으로 깨져 있는 불연속면으로 절리면을 따라서 현저하게 움직인 증거가 없는 것을 말하며, 절리의 연장성은 보통 수 cm에서 수십 m로 다양하다. 작은 암괴의 낙반은 절리들로 인하여 발생하며 화성암과 퇴적암에서는 절리의 발달이 대체로 규칙적이나 변성암은 불규칙하다.

(a) 수직절리

(b) 수평절리

그림 3.3 수직절리와 수평절리 사진

2) 단층(Fault)

불연속면을 따라서 현저하게 움직인 불연속면으로서, 단층면에는 미끄러진 상태를 나타내는 반들반들한 면이 있다. 단층은 화성암, 퇴적암에도 있지만 특히 변성암 지역에 많은데, 변성암은 화성암이나 퇴적암에 비해 비교적 오래된 암석으로 지각변동을 많이 받았기 때문에 단층이 많다. 단층은 절리에 비해 연장성이 커서(수십 m에서 수백 km까지) 각종 토목공사 시 단층이 대규모의 암반붕괴를 야기시킨다.

3) 절리 및 단층

표 3.1 절리 및 단층 비교

구분	절리	단층
생성	암석생성 시, 응력변화	지각변동 등 큰 움직임
상태	연장성이 적음	연장성이 큼
분포	모든 암, 변성암에는 불규칙	주로 변성암
특징	절리를 통해 풍화 시작됨	단층면, 단층점토, 파쇄대 수반
영향	단층보다는 경미함	건설공사에서 치명적

4) 불연속면 종류별 특징

표 3.2 불연속면 종류별 특징

불연속면 종류		모양	특징
단층	Fault		1) 지층이 끊어져 어긋나 있는 것 2) 정단층과 역단층으로 구분 3) 경계면을 기준하여 변위가 뚜렷하게 존재
절리	Joint		1) 암반 내에 형성된 불연속면이나 단층과는 달리 변위는 없음 2) 암반내에 존재하는 모든 틈
습곡	Folding		지층(주로 퇴적암)이 좌, 우에서 거대한 횡압력을 받아 凹凸형태로 구겨진 구조
층리	Bedding		퇴적암 내에 존재하는 층과 층의 경계를 이루는 면으로 분리면을 형성하는 경우가 많음
편리	Schistosity	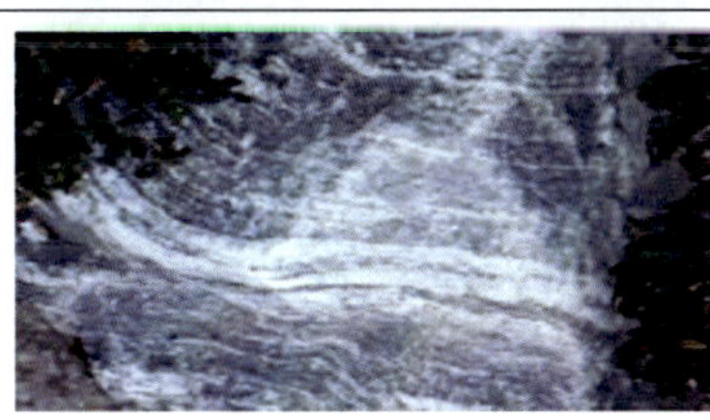	변성암 내에 존재하고 있는 특정 광물과 그 배열특성에 의해서 만들어진 불연속면

3.3.3 불연속면 특성의 조사

1) 개요

암반 시추조사시 회수되는 코어에 의해 경사각 측정은 가능하나 코어의 회전에 의해 불연속면의 방향성 측정이 불가능하므로 시추공 촬영 및 검층 수행과는 별도로 시추조사를 통해 암반의 불연속면 방향성을 측정하여야 한다.

2) 불연속면의 방향성 측정 및 개념도

(1) 시추코어에 발달된 절리들의 방향성과 코어축 상에서의 위치를 산정하기 위하여 코어 상의 절리 형상 및 측정방법에 따라 기재되는 자료들의 속성도 기재

(3) 시추코어에서 절리면은 발달 양상에 따라 타원형 또는 불규칙한 사각형 형태로 나타남

(4) 경사방향(Dip direction) : 기준선 방향$+\delta$

(5) 경사각(Dip angle) : $\tan^{-1}(H/D)$ 여기서, D : 코어 직경, H : 코어 정점간 거리

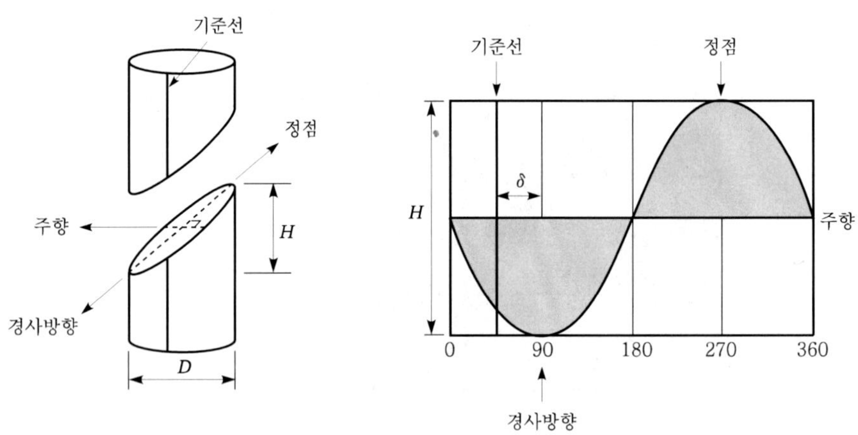

그림 3.4 불연속면의 방향성 측정

3.3.4 RQD(Rock quality designation, 암질 지수)

1) 정의

시추코어 중 10cm이상 되는 코어(core)편의 길이의 합을 시추길이로 나누어 백분율로 표시한 값으로서 암질의 상태를 나타내는데 사용하며 코어의 직경은 NX규격(외경 76.2mm, 내경 53.9mm) 이상이어야 한다.

$$RQD = \frac{10cm\ \text{이상인 회수암석의 길이의 총합}}{\text{총 시추길이}} \times 100\% \quad (3.1)$$

2) RQD와 암질지수 및 RQD 산정예

RQD와 암질지수 상관관계 및 RQD 산정 예는 그림 3.5와 같다.

RQD(%)	Rock Quality
Ⅰ(100~90)	매우양호 (Excellent)
Ⅱ(90~75)	양호(Good)
Ⅲ(75~50)	보통(Fair)
Ⅳ(50~25)	불량(Poor)
Ⅴ(<25)	매우불량 (Very poor)

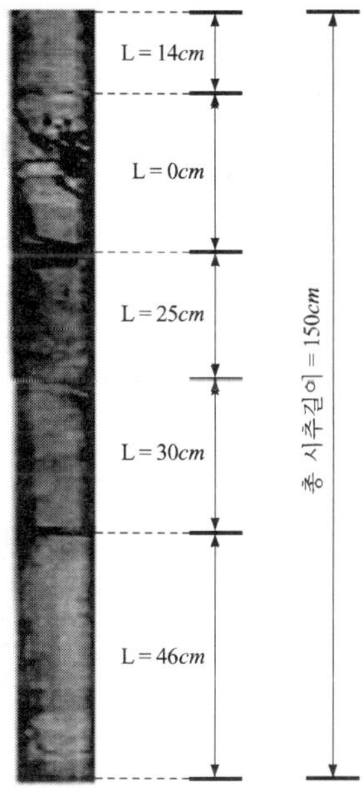

$$RQD = \frac{10cm\ \text{이상의 총길이의 합}}{\text{총 시추 길이}} \times 100(\%)$$

$$RQD = \frac{14 + 0 + 25 + 30 + 46}{150} \times 100(\%)$$

$$RQD \fallingdotseq 77\%\ (\text{양호})$$

그림 3.5 RQD와 암질지수 상관관계 및 산정예

3) 신뢰성있는 RQD얻는 방법

(1) 코어 회수율이 거의 100% 되게 한다.

(2) 코어 회수율과 코어상태의 좋고 나쁨은 암석자체의 특성에도 관련되나 시추장비상태(core barrel, bit, 시추장비의 종류)와 채취기술에 따라 큰 영향을 받는다.

① 코어배럴(core barrel) 사용

• 경암반 : single tube core barrel • 연암반 : double tube core barrel

• 풍화암 또는 파쇄대가 심한 암반 : triple tube core barrel

② 비트 사용

• 경암반 : diamond bit • 연암반 이하 파쇄대가 심한 암반 : metal bit

(3) 시추구경 : BX보다는 NX 크기를 사용

4) 숙련된 채취기술

암반, 연경도 등의 특성에 맞게 시추기의 회전속도를 조절하여 코어 회수율을 높이는 숙련도가 필요하다.

5) RQD 결과이용

(1) RQD는 CSIR 분류(RMR), NGI분류(Q-system) 등에 포함되어 지보재 설계 반영 여부 등에 이용한다. (RQD 〉 90% : 지보재 불필요)

(2) RQD를 이용하여 경험적으로 터널 지보형식을 제시한다.

(3) 지지력 추정(Peck, 1974)

$$q_a = \frac{q_u (RQD)^2}{F_s} \tag{3.2}$$

여기서 F_s값은 q_u 시험에서 RQD〉70%인 암반의 경우 F_s= 6~10을 적용한다.

(4) 암반의 변형계수 추정

RQD와 탄성파 속도계수$(V_{field}/V_{lab})^2$를 이용하여 실험실과 현장암반의 변형계수비를 추정한다.

(5) 숏크리트(Shocrete) 두께, pattern bolt 간격, steel set 결정

6) 실무적용시 유의사항

(1) 시추조사 중에 깨진 코어(core)는 RQD계산에 포함시켜야 한다.

(2) 이암 등은 RQD가 좋다고 무조건 암질이 양호한 것은 아니다.

(3) RQD는 풍화도에 따라 값 차이가 많이 나는 반면에 TCR(total cover recovery, 코어회수율)은 차이가 별로 나타나지 않을 수 있다.

(4) 암반의 불연속면에 대한 공학적 판단 시 TCR보다는 암반상태가 잘 나타내는 RQD가 공학적으로 이용가치가 크다.

예제 3.1

교량하부기초의 암반상태를 조사하기 위하여 표준관입 시험(SPT)기의 암석 시료 채취기구인 코어배럴(core barrel)을 1.5m 관입하여 회수된 암석의 길이가 1.0m이다. 그 중 10cm 이상인 암석길이의 합이 0.7m인 경우 암석의 회수율(TCR)과 RQD를 구하고, 채취된 코어의 일축압축강도(q_u)는 11,000kPa일 때 허용지지력 q_a를 산정하라. 단, 허용지지력 산정에 필요한 안전율(F_s)은 8이다.

풀이

- 회수율 = 채취된 시료의 실제길이 / 샘플러의 관입 깊이

  회수율 = $\frac{1.0}{1.5}\times 100$ = 66.7%

- RQD = 10cm 이상 총 길이의 합 / 총 시추 길이(채취된 시료의 실제길이)

  RQD = $\frac{0.7}{1.0}\times 100$ = 70%

- 허용지지력 $q_a = q_u \frac{\mathrm{RQD}^2}{F_s} = 11{,}000 \times \frac{0.7^2}{8} = 674\ kPa$

3.3.5 불연속면의 방향성(주향, 경사)

주향이란 구조면에서 수평선을 그어 북쪽을 기준으로 해서 방향을 나타낸 것(strike)이고, 경사는 면이 수평으로부터 기울어진 각(dip)을 말한다. N30°E, 50°SE로 측정된 불연속면은 주향방향이 북동쪽으로 30°이고, 경사는 남동쪽으로 50° 기울어진 면을 말한다.

불연속면의 방향성은 주향(strike)과 경사각(dip angle)으로 나타내며 그림 3.6과 같이 현장에서 콤파스(compass)를 이용하여 측정경사방향 (dip-direction)과 경사각(dip angle)을 측정하여 불연속면의 방향성을 기록(예, N30°E / 50°SE)한다.

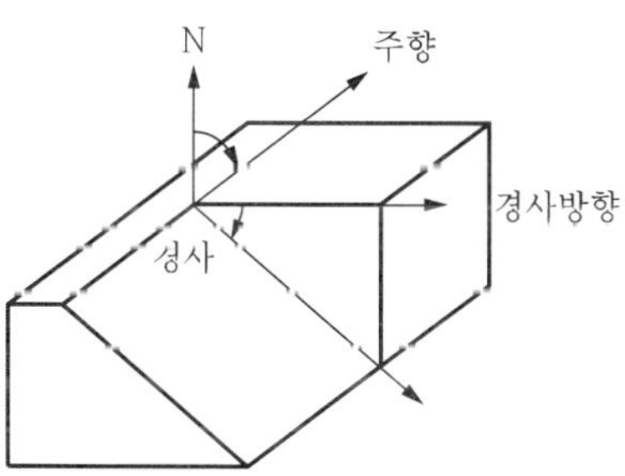

그림 3.6 주향 · 경사의 개념도, 측정장면 및 측정결과 적용 예

3.3.6 주향과 경사방향이 터널굴착에 주는 영향

주향과 경사는 암반비탈면, 댐, 터널, 기초 등의 안정성 판단에 큰 영향을 미치므로 측정시 유의 하여야 한다.

표 3.3 절리의 주향과 경사방향이 터널굴착에 주는 영향

<table>
<tr><th colspan="4">주향이 터널 축과 직교</th><th colspan="2">주향이 터널 축과 평행</th></tr>
<tr><td colspan="2">경사방향으로 굴진</td><td colspan="2">경사방향에 역방향으로 굴진</td><td>경사 45~90°</td><td>경사 20~45°</td></tr>
<tr><td>경사 45~90°</td><td>경사 20~45°</td><td>경사 45~90°</td><td>경사 20~45°</td><td>매우 유리</td><td>보통</td></tr>
<tr><td>매우 유리</td><td>유리</td><td>보통</td><td>불리</td><td rowspan="2">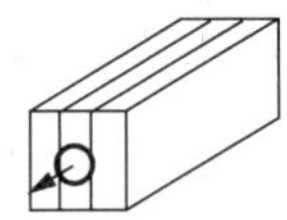</td><td rowspan="2">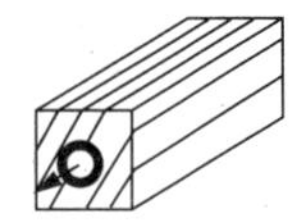</td></tr>
<tr><td colspan="2" rowspan="3">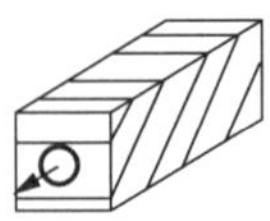</td><td colspan="2" rowspan="3">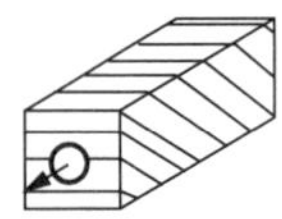</td></tr>
<tr><td colspan="2">주향에 관계없이 경사가 0~20°</td></tr>
<tr><td colspan="2">보통</td></tr>
</table>

3.3.7 평사투영법

1) 개요

암반 비탈면의 안정성을 분석하는 방법은 정량적인 방법과 정성적인 방법이 있다. 정량적인 방법은 비탈면의 불연속면을 측정하여 파괴블록 형상에 대한 전단강도 값을 산정하여 안정성을 분석할 수 있다. 그러나 현장암반의 전단강도 값과 내부마찰각을 측정하는 것은 쉽지 않다. 따라서 암반 비탈면의 안정분석은 정성적인 방법을 사용하기도 한다. 이때 주로 사용하는 평사투영방법은 투영방법에 따라 등각투영법(equal angle projection)과 등면적 투영법(equal area projection)이 있으며, 각각의 투영방법을 그림 3.7에 나타내었다.

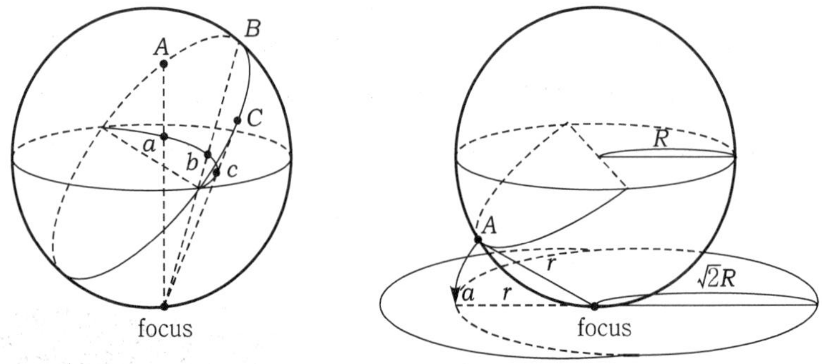

(a) 등각 투영법(상반구투영) (b) 등면적 투영법(하반구투영)

그림 3.7 투영법의 비교

2) 암반 비탈면의 붕괴형태

(1) 원호파괴

순수 암반에서의 원호파괴는 흔히 발생하는 유형은 아니나 분리면 발달빈도가 극히 높거나 대규모 파쇄대 등에서 발생할 수 있으며 이 경우 특정 지질구조에 규제 받지 않는다. 특히 각기 분리된 소규모 암편들의 상호 맞물림 조건이 불량할 때 마치 토사층과 유사한 거동을 보인다.

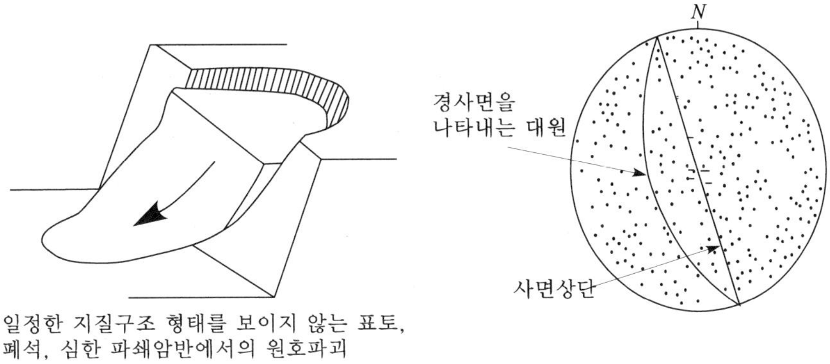

(a) 원호파괴 개념도　　　　(b) 평사투영 결과(원호파괴)

그림 3.8 원호활동 파괴

(2) 평면파괴

중력적 작용에 의해 암괴가 평면 활동을 일으키는 경우 단일면상의 암괴는 취약면의 경사 방향에 평행하게 이동할 것이다. 만일 비탈면이 수평에 대하여 ϕ_f 의 각도로 절취된다면 활동을 유발하는 불연속면의 경사각(ϕ_p)이 절취로 인한 자유면을 형성하여 비탈면의 경사각(ϕ_f) 보다 작을 때 활동이 일어난다. 이를 대원법을 이용하여 평사투영망에 나타내면 그림 3.9와 같이 나타나며, 불연속군으로 이루어진 면의 대원이 비탈면을 나타내는 대원보다 불연속군으로 이루어진 면의 대원이 다소 커서 불연속면의 경사각이 비탈면의 경사각 보다 작음을 의미한다.

따라서 평면파괴의 발생은 다음의 기하학적 조건이 필요하다.

① 활동면은 절취비탈면에 평행하며, 경사방향이 ±20°이내 이여야 한다.

② 파괴 활동면은 반드시 절취비탈면내에 노출되어야 하며 그 경사각은 비탈면 경사보다 작아야 한다.

③ 파괴 활동면은 측방에 이완부를 가져야 한다.

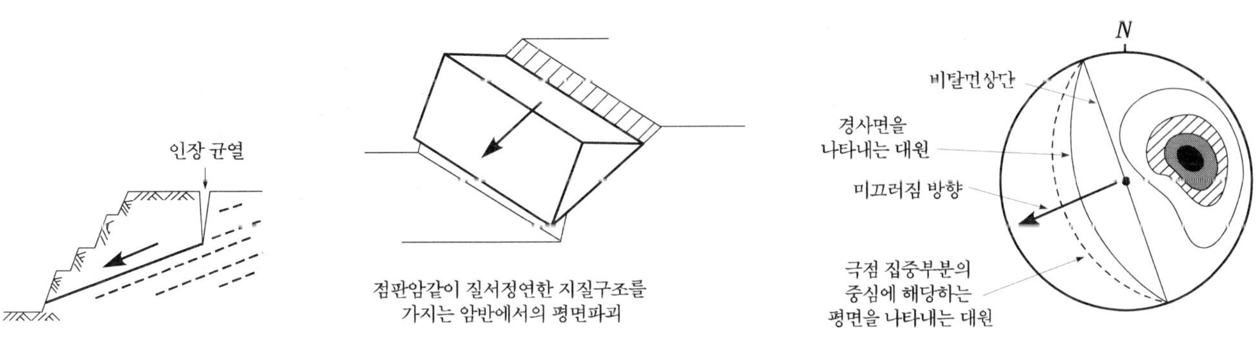

(a) 평면파괴 개념도　　　　(b) 평사투영 결과(평면파괴)

그림 3.9 평면파괴 개념도 및 평사투영 결과

(3) 쐐기파괴

미끄러짐의 기본적인 역학관계를 설명하기 위하여 쐐기의 기하형상을 그림 3.10(a)와 같이 정의하였다. 그리고 2개의 평면 중에서 기울기가 보다 완만한 면을 평면 A로, 기울기가 보다 급한 평면을 B로 정의하였다. 평면파괴의 경우와 같이 미끄러짐의 조건은 $\phi_{fi} > \phi_i > \phi$로 정의된다. 여기서 ϕ_{fi}는 두 평면에 대한 교선의 직각방향에서 바라보았을 때 측정할 수 있는 비탈면의 경사이고, ϕ_i는 교선의 경사각이다. 그리고 ϕ는 불연속면의 마찰각이다.

쐐기파괴의 경우 두 교선방향에서 볼 때 두 분리면의 경사각의 차이 및 분리면 마찰각의 차이가 현격히 클 때 교선방향의 벡터는 달라질 수 있다. 또한 단일 쐐기가 아닌 분리빈도의 차이가 현저할 경우에도 활동벡터는 달라진다.

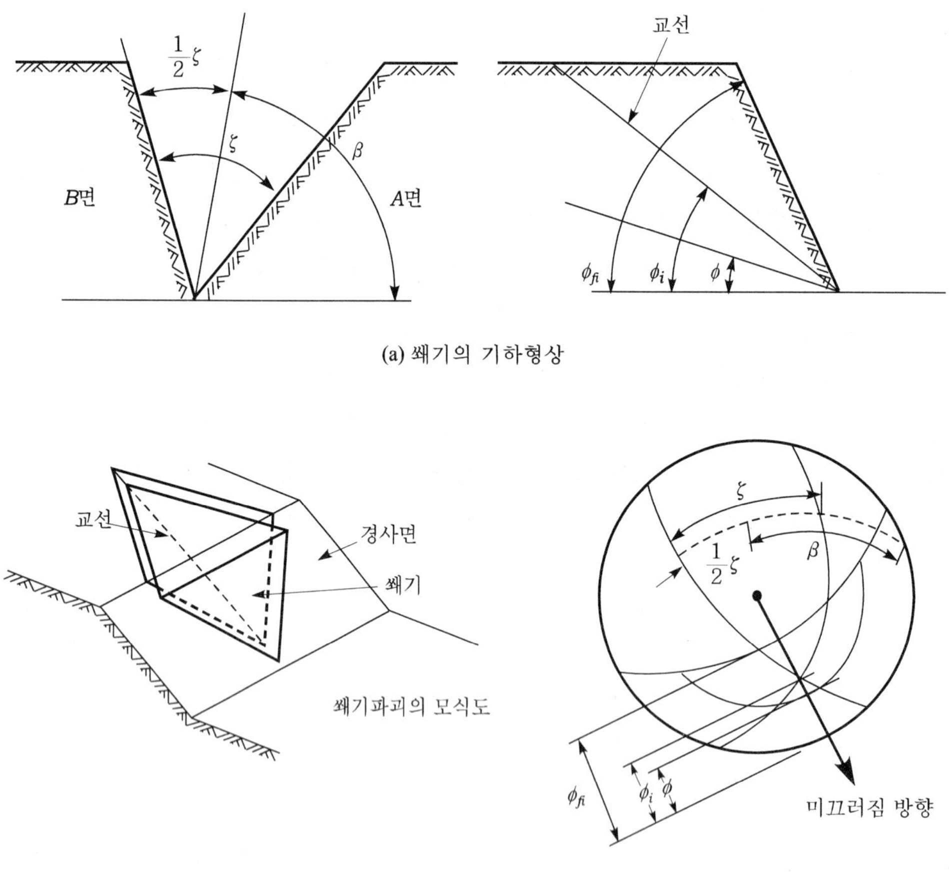

(a) 쐐기의 기하형상

(b) 쐐기파괴

(c) 평사투영 결과(쐐기파괴)

그림 3.10 쐐기파괴

(4) 전도파괴

전도파괴는 취약면을 따른 활동이 아닌 암괴의 회전에 의한 파괴 유형이다. 이는 기본적으로 대규모의 변형이 발생하기 전에 층간의 미끄러짐이 반드시 유발되어야 한다. 각 블록간의 마찰각이 ϕ_j라면 미끄러지는 면에 작용하는 압축력의 방향이 분리면에 직각인 방향으로 ϕ_j보다 더 큰 각을 가질 때에만 발생한다. 즉, 미끄러짐에 의한 전제조건은 불연속면의 수직벡터 N이 비탈면위에서 ϕ_j각보다 더 완경사로 놓이는 경우이다. 만일 층의 경사가 δ라면 수평에 대하여 α만큼 경사진 비탈면의 전도파괴는 $(90-\delta)+\phi_j<\alpha$ 일 때 발생될 수 있다. 또 다른 전도파괴의 조건은 불연속면의 주향과 비탈면의 주향은 30°이내 이어야 한다는 조건이다.

평사투영해석에서 위의 조건을 만족하는 경우는 비탈면의 주향과 경사를 나타내는 대원에서 불연속면의 마찰각 ϕ_j만큼 이동한 영역이며, 불연속면과 비탈면의 주향의 차이가 30°이내 이어야 한다는 조건을 고려한다면 그림 3.11(b)에서와 같이 빗금 친 부분이 전도파괴를 유발할 수 있는 영역이다.

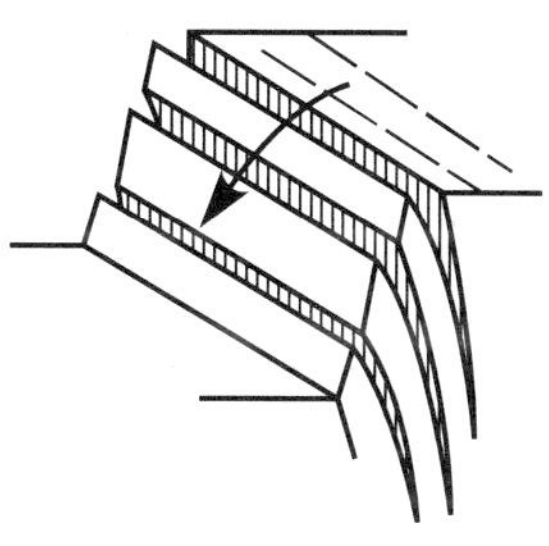

(a) 전도파괴 개념도

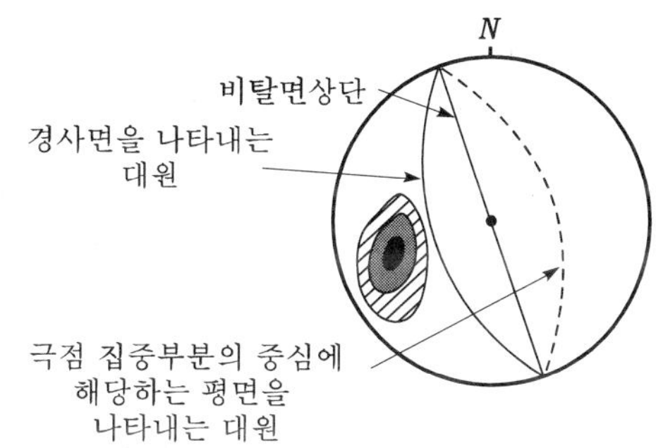

(b) 평사투영 결과(전도파괴)

그림 3.11 전도파괴

3.3.8 습곡이 구조물에 미치는 영향

1) 개요

암석은 고온 및 높은 구속압력 하에서는 사소한 편차응력에도 쉽게 항복하여 소성유동을 일으킨다. 층상구조의 암반이 이와 같은 소성유동에 의하여 파상으로 변형된 구조의 형태를 습곡이라 한다.

2) 습곡 발생원인

습곡은 수평퇴적된 지층이 심부의 구조운동으로 인하여 큰 횡압력을 받았을 때 또는 융기, 침강할 때 형성된 것으로서 볼록모양의 배사구조와 오목모양의 향사구조로 구분된다.

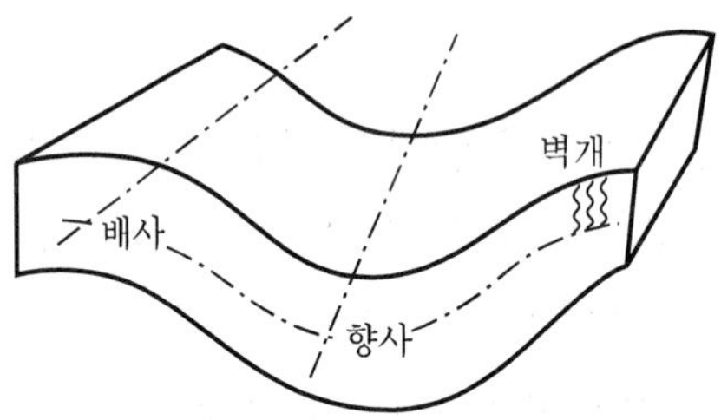

그림 3.12 습곡(배사, 향사)구조

3) 습곡이 구조물에 미치는 영향

(1) 터널축의 지압분포에 미치는 영향

터널이 배사축면을 횡단하여 굴착되는 경우에는 아치작용으로 갱문부근에 지압이 집중되며 터널이 향사축면을 횡단하여 굴착하는 경우에는 터널의 중앙부에 지압이 집중된다.

(2) 습곡이 터널의 측압 및 용수, 편압에 미치는 영향

터널을 향사축 부근에서 축과 평행하여 터널을 굴착하는 경우에는 터널의 측벽에 횡압이 크게 작용하여 측벽지보에 어려움이 있고, 지하수의 집중으로 용수량이 많다. 터널이 배사축과 향사축의 중간에 위치하여 축과 평행하게 터널을 굴착하는 경우에는 편압이 크게 작용한다.

구조물		배사측	향사측
터널	축횡단	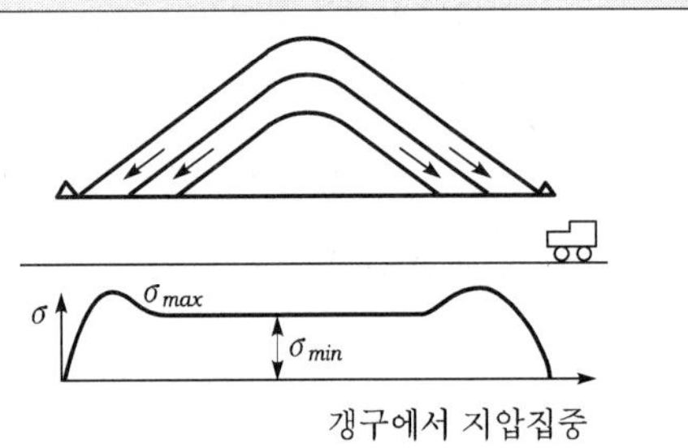	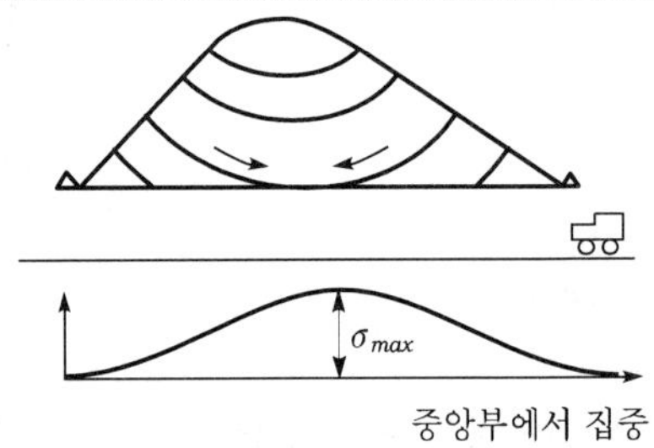
	축평행	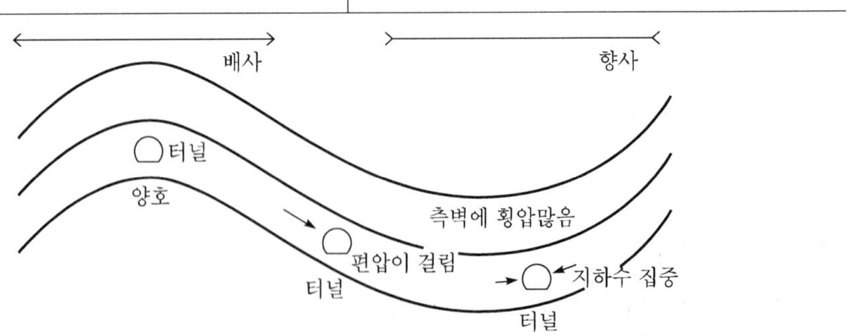	

그림 3.13 습곡이 터널에 미치는 영향

(3) 습곡이 댐의 안정성 및 양압력에 미치는 영향

배사축부근의 댐은 기초의 활동에 대한 안정성이 우려되고 향사축부근의 댐은 지하수의 집중으로 인하여 양압력의 증대와 누수가 우려된다.

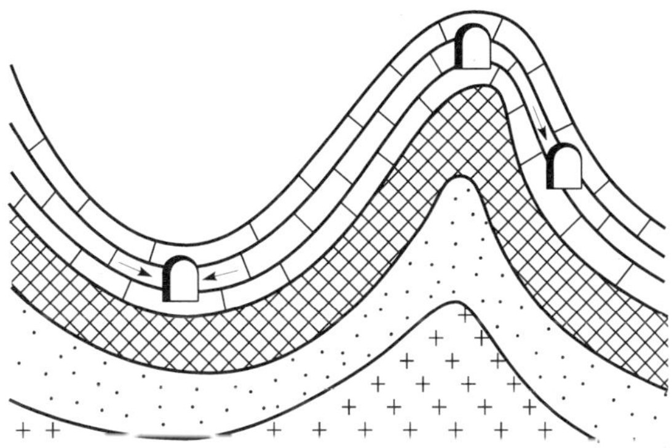

(a) 습곡이 터널의 측압 및 용수에 미치는 영향

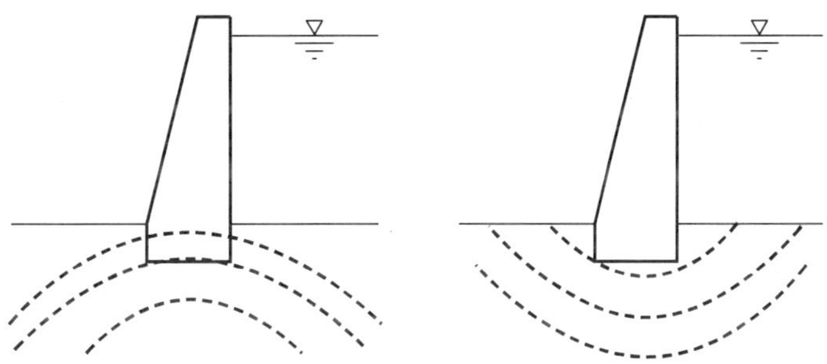

(b) 습곡이 댐의 안정성 및 양압력에 미치는 영향

그림 3.14 습곡이 댐의 안정성 및 양압력에 미치는 영향

3.3.9 지표지질조사

지표에서 보이는 암층, 지층의 상황에서 지하의 지질을 판단하는 야외작업으로 크리노메타와 암석용해머 등을 사용하여 정밀조사를 하고 지형도와 지질도와 대비 하여 그의 세부수정을 시도, 추후의 조사 및 시공을 유효하게 진행할 수 있는 특징적 지질자료를 제공한다.

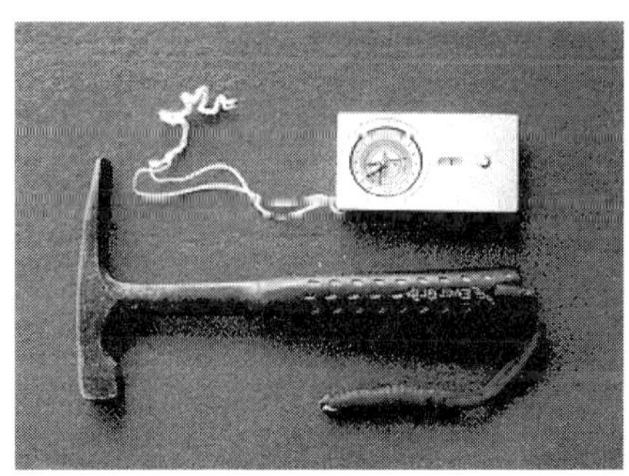

그림 3.15 크리노메타와 암석용해머

1) 깎기비탈면 현황도(face map) 작성 요령

(1) 깎기비탈면 현황도 개요 및 목적

도로, 철도, 부지조성 등 건설을 위하여 지반을 절취 할 경우 원시 상태 비탈면의 비탈면 형상, 지질 상태, 풍화정도, 불연속면, 지하수 특성 등 제반 특성을 평면상에 기재(스케치)한 도면을 현황도라 말하며, 현황도를 데이터베이스 관리함으로 예상치 못한 붕괴 또는 녹화 후 부분적인 붕괴에 대한 효율적인 대책을 강구할 수 있다.

(2) 기존 깎기비탈면 관리 문제점

① 건설된 기존도로의 경우, 일부 깎기비탈면은 녹화 등으로 원 지반이 덮여있는 상태로 정확한 지반조사가 어려우며, 건설당시의 참고 자료가 없는 상태에서 관리기관으로 인수인계 되므로

② 깎기비탈면 정비사유 발생 시 안전성 검토를 위한 새로운 현장조사를 실시하여야 하나 정확한 조사가 불가능한 상태이다.

(3) 깎기비탈면 관리 개선방안

① 깎기비탈면의 효율적인 관리를 위하여 건설당시 비탈면의 제반특성 등 현황을 기록한 깎기비탈면 현황도(face map)를 작성하고 도로건설 단계에서 각 깎기비탈면 개소별로 비탈면이 녹화되기 전의 비탈면 지반상태를 기록(mapping)한다.

② 도로공사 준공후 도로관리기관과 데이터베이스 시스템에 관리하여 깎기비탈면 보수·정비 사유 발생시 안전검토 기초자료로 활용한다.

(4) 도로깎기비탈면 현황도 작성

① 도로깎기비탈면 절토부의 현황도는 깎기비탈면의 절취면 뿐만 아니라, 깎기비탈면의 안정성에 영향을 미칠 수 있다고 판단하여 조사를 실시한 일정범위(상부자연비탈면, 비탈면하부지반, 깎기비탈면 좌·우 일정부분 등)를 포함하여 작성한다.

② 현황도 작성은 절토가 완료된 후 실시하는 것을 원칙으로 한다. 깎기비탈면 현황도는 법면의 상태를 기록으로 보관하는 것이 목적이므로 법면 녹화 공법이 시행하기 전에 실시하도록 한다.

③ 현황도에는 다음의 항목을 포함하여야 하며, 작성 요령은 이하 설명과 그림 3.16의 깎기비탈면 현황도 작성 예시를 참조로 한다.

- 풍화도 : 깎기비탈면 내 지반의 풍화정도를 기호로써 표기한다.
  기재 예) MW, HW
- 불연속면 : 깎기비탈면 내 조사된 불연속면(절리, 층리, 엽리, 단층, 습곡 등)의 특성을 기재한다. 불연속면 특성은 깎기비탈면을 최소 4개 이상의 조사 영역을 선택하여 자료를 수집하여야 하

며, 특히 소단이 형성된 깎기비탈면은 1소단부 이상에 최소 1개 이상의 조사 영역을 추가로 선정하여 조사하여야 한다. 또한 불연속면의 발달이 불규칙하여 추가조사가 필요하다고 판단되는 경우 현장 파악에 필요한 적정개소 수에 대해 조사를 실시한다.

표 3.4 불연속면의 종류 및 특징

종류	특징		기호
절리	암석에 발달된 갈라진 면으로서 틈 틈 양쪽에 전이가 발생되지 않은 것		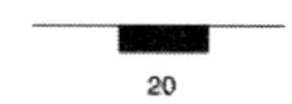
역전된 절리	절리면이 비탈면 방향에 대하여 역방향인 경우		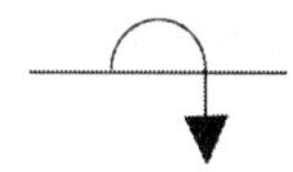
층리	퇴적물의 입자의 크기와 색을 달리하며 쌓인 띠상의 평행구조		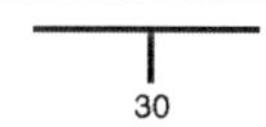
엽리	암석에 높은 압력이 작용하여 두 종 이상의 광물들이 교대로 늘어선 변성암의 조직		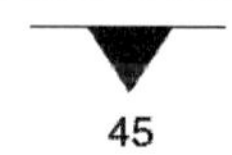
단층	지각 중에 생긴 틈을 경계로 양쪽 지반이 이동하여 어긋난 것. 지각 중에 생긴 틈을 경계로 양측이 상대적으로 전이한 것.		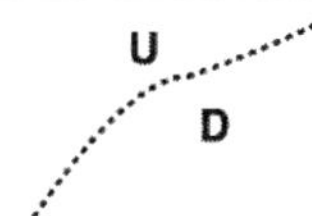
습곡	지층의 구부러짐	솟아오른 부분은 배사	
		아래로 휜 부분은 향사	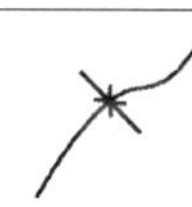

※ 현황도는 기호로써 표기, 기호 중 숫자는 경사각 표시, 단층에서 U(배사), D(향사) 표시

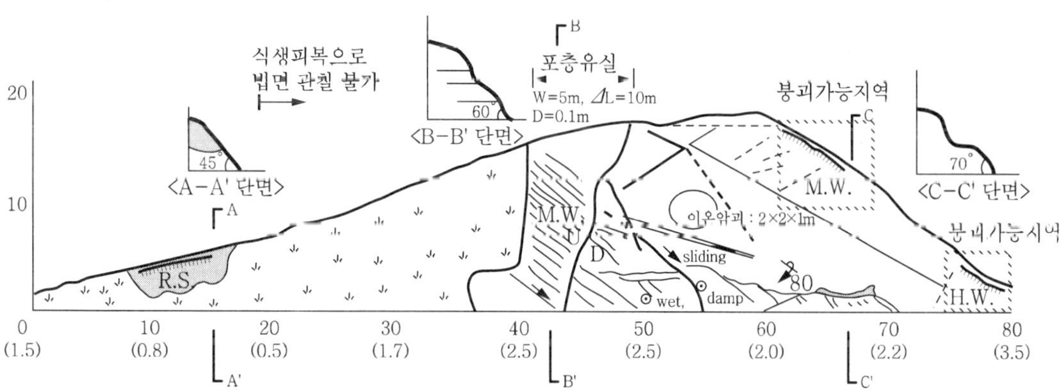

그림 3.16 깎기비탈면 현황도 작성 예

3.4 암반 분류

3.4.1 개요

암반 분류는 건설표준품셈 분류기준에 풍화암, 연암, 경암으로 구분되어 있으며, 토공의 작업성(ripperability)에 의한 분류는 토사, 리핑암, 발파암으로 구분한다.

3.4.2 암반분류 방법

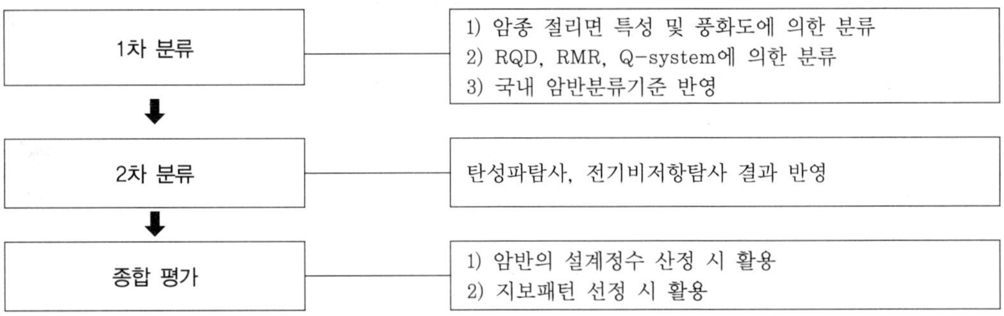

그림 3.17 암반분류 방법

3.4.3 세부 암반분류 방법

구조물 대상 암반에 지반조사를 실시하여 암반분류를 시행한다.

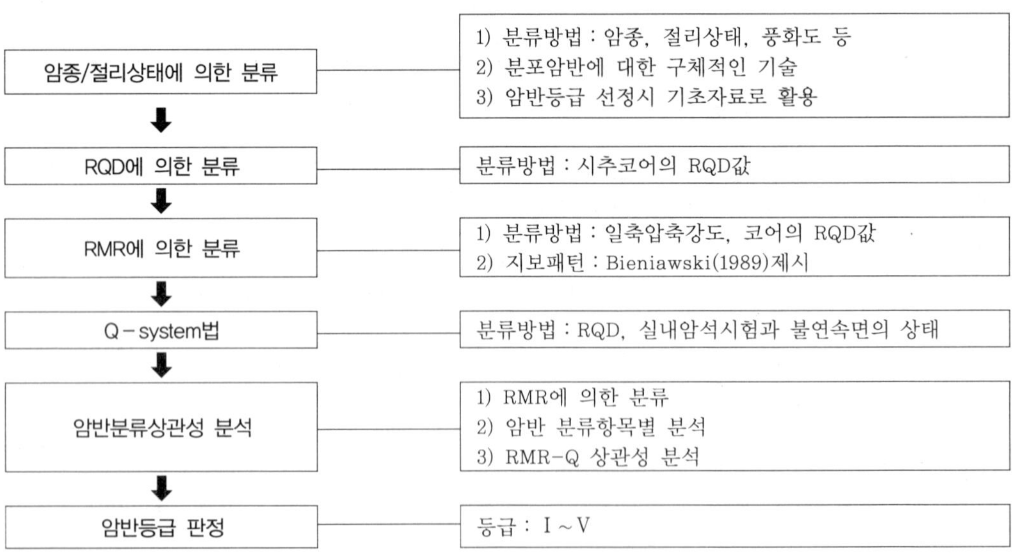

그림 3.18 시추구간 암반분류 방법

3.5 암반의 공학적 분류

3.5.1 개요

암반거동에 영향을 주는 요소를 확인하고 설계 및 시공을 위한 기초자료를 제공하며 실무에서는 RMR에 의한 분류, Q-system(NGI법)에 의한 분류, SMR에 의한 암반분류 및 굴착에 따른 암반분류가 사용되고 있다.

3.5.2 RMR(Rock mass rating)에 의한 분류

1) 개요

CSIR법에 의한 암반분류방법으로서 (1)암석의 일축압축강도 (2) RQD(암질지수) (3) 불연속면의 간격 (4) 불연속면의 상태 (5)지하수상태 등 5개의 분류인자에 점수를 평가하여 모두 합한 값을 rock mass rating으로 정한다. RMR은 암반강도나 구조적인 특성을 나타내는 것을 이용하여 평점값이 높을 경우 암반상태가 좋다는 것을 의미한다.

2) RMR 암반분류 평가기준

표 3.5 RMR 암반분류 평가기준

<table>
<tr><th colspan="3">분류기준</th><th colspan="7">값의 범위</th></tr>
<tr><td rowspan="3">1</td><td rowspan="2">신선암 강도(MPa)</td><td>점하중 강도지수</td><td>〉10</td><td>4~10</td><td>2~4</td><td>1~2</td><td colspan="3">이범위에서는 일축압축시험사용</td></tr>
<tr><td>일축 압축강도</td><td>〉 250</td><td>100~250</td><td>50~100</td><td>25~50</td><td>5~25</td><td>1~5</td><td>〈1</td></tr>
<tr><td colspan="2">점수</td><td>15</td><td>12</td><td>7</td><td>4</td><td>2</td><td>1</td><td>0</td></tr>
<tr><td rowspan="2">2</td><td colspan="2">RQD(%)</td><td>90~100</td><td>75~90</td><td>50~75</td><td>25~50</td><td colspan="3">〈 25</td></tr>
<tr><td colspan="2">점수</td><td>20</td><td>17</td><td>13</td><td>8</td><td colspan="3">3</td></tr>
<tr><td rowspan="2">3</td><td colspan="2">불연속면의 간격</td><td>〉 2m</td><td>0.6~2m</td><td>200~600mm</td><td>60~200mm</td><td colspan="3">〈 60mm</td></tr>
<tr><td colspan="2">점수</td><td>20</td><td>15</td><td>10</td><td>8</td><td colspan="3">5</td></tr>
<tr><td rowspan="2">4</td><td colspan="2">불연속면의 상태</td><td>매우 거친 표면
불연속이다
분리가 없음
풍화되지 않은 모암</td><td>약간 거친 표면
간극〈1mm
약간 풍화된 표면</td><td>약간 거친 표면
간극〈1mm
심하게풍화된 표면</td><td>평활면 혹은
충전물〈5mm
두께 혹은 간극
1~5mm 연속적</td><td colspan="3">연한 충전물〉5mm
두께 혹은 간 〉5mm
연속적</td></tr>
<tr><td colspan="2">점수</td><td>30</td><td>25</td><td>20</td><td>10</td><td colspan="3">0</td></tr>
<tr><td rowspan="4">5</td><td rowspan="3">지하수</td><td>10m 터널길이당 유입(l /분)</td><td>없음</td><td>〈 10</td><td>10~20</td><td>25~125</td><td colspan="3">〉 125</td></tr>
<tr><td>절리수압 /최대주응력</td><td>0</td><td>〈 0.1</td><td>0.0~0.2</td><td>0.2~0.5</td><td colspan="3">〉 0.5</td></tr>
<tr><td>일반적 상태</td><td>완전 건조</td><td>약간 습함</td><td>젖음</td><td>물이 떨어짐</td><td colspan="3">물이 흐름</td></tr>
<tr><td colspan="2">점수</td><td>15</td><td>10</td><td>7</td><td>4</td><td colspan="3">0</td></tr>
</table>

3) 평정값에 의한 암반평가

(1) RMR 〈 20 : Very poor rock

(2) 21 〈 RMR 〈 40 : Poor rock

(3) 41 〈 RMR 〈 60 : Fair rock

(4) 61 〈 RMR 〈 80 : Good rock

(5) 81 〈 RMR 〈 100 : Very good rock

4) 실무적용

(1) 야외조사와 원위치 시험값 등을 비교 평가하여 이용하는 것이 좋다.

(2) 암반터널은 물론이고 댐 기초와 비탈면안정성 조사시 이용한다.

(3) 암반 평가점수에 따라 암반의 등급 구분 및 터널의 개략적 지보패턴 선정에 이용한다.
실무적용에 관한 내용은 제9장 9.2.3항을 참고하기 바란다.

(4) 암반 물성치(강도정수, 변형계수) 및 지보하중 산정에 이용한다.

(5) 경암지대의 작은터널에서 보강공 설계에는 적합하나, 복잡하고 대단히 큰 암반구조가 있는 경우에는 부적합하다.

3.5.3 Q-System (NGI법)에 의한 분류

1) 개요

스칸디나비아에 있는 약 200개의 터널을 조사해서 개발된 정량적인 암반분류방법으로 터널보강 공법(터널의 동바리공 설계가능)을 선정할 수 있는 engineering system이다. 암반 분류는 암반의 RQD, 절리 set수(J_n), 절리면의 roughness(J_r), 절리면의 풍화정도(J_a), 유입되는 지하수 상태(J_w), 응력감소계수(SRF)등 6개의 파라미터(parameters)를 이용하여 암반상태를 분류한다.

2) 관련공식

전체암반의 상태(Q)를 계산하기 위하여 (1)항은 암반을 형성하는 블록(block)의 크기 (2)항은 절리의 전단강도 (3)항은 주동응력 항으로 구분한다. Q값에 의한 지보공의 필요성은 터널의 유효크기와 관련하여 판정하며 Q값이 0.1 이하이면 암반이 매우 나쁜 상태이고 400 이상이면 매우 좋은 상태를 의미한다.

$$Q(\text{rock mass quality}) = \frac{RQD}{J_n}(1) \times \frac{J_\gamma}{J_a}(2) \times \frac{J_w}{SRF}(3) \tag{3.3}$$

3) RMR과 Q-system의 비교

표 3.6 *RMR*과 Q-system의 비교

구분		RMR 분류법	Q-system
분류법비교	평가 요소	1) 일축압축강도(q_u) 2) 암질지수(RQD) 3) 불연속면 간격(J_s) 4) 불연속면상태(J_c) 5) 지하수 상태(J_w)	1) 암질지수(RQD) 2) 불연속면 군수(J_n) 3) 불연속면 거칠기(J_r) 4) 불연속면 변질 정도(J_a) 5) 응력 감소계수(SRF) 6) 지하수조건(J_w)
	산정식	$RMR = q_u + RQD + J_s + J_c + J_w$	$Q = (RQD/J_n) \cdot (J_r/J_a) \cdot (J_w/\mathrm{SRF})$
	암반등급	5개 등급(very good~very poor)	9개 등급(exc. good~exc. poor)
	이용	1) 지보 보강 형식 선정 2) 지보하중 산정 3) 암반변형계수(E_m) 산정 4) 암반강도정수(c, ϕ) 산정 5) 무지보스팬 및 자립시간	1) 지보 보강 형식 선정 2) 지보하중 산정 3) 암반변형계수(E_m) 산정 4) 무지보 최대 스팬(span max) 도출

4) Q-system 특징

(1) 암반의 전단강도에 주안점을 둔 암반분류이며 현장응력도 고려하였다.

(2) 불연속면의 방향성은 고려하지 않았다.

(3) 대단면 터널, 유동성 또는 팽창성 암반조건에 적합하다.

5) 실무적용

(1) 연약한 지반의 터널에서 보강공 설계에 적합하다.

(2) NATM 터널에서 시보공 설계 시 적용하기에 가장 편리한 방법이다.

(3) 대단면 터널설계에 적합하다.

3.5.4 SMR에 의한 암반분류법

1) RMR에 의한 암반분류는 주로 터널 지보의 적합성을 평가하는 분류법이므로 비탈면의 정량적 평가를 위하여 SMR분류법이 제안된 것이며, 분류에서는 분류등급에 따라 예상되는 파괴형태와 지보대책도 함께 제시되는 것이 특징이다.

2) SMR분류법은 RMR분류법을 기본으로 하므로 RMR값에서 고려하는 ① 암석의 강도 ② RQD ③ 불연속면 간격 ④ 불연속면 상태 ⑤ 지하수 상태 등 5가지 요인을 더한 값과 SMR에서 고려하는 보정요소에 대한 값들을 더하여 구한다.

$$SMR = R_{basic} + (F_1 \times F_2 \times F_3) + F_4 \tag{3.4}$$

(1) F_1: 암반 비탈면의 경사방향과 불연속면 경사방향과의 차이각의 절대값으로 구하며, 그 값은 0.15에서 1사이의 값을 가진다.

(2) F_2: 평면파괴 형태에서의 불연속면의 경사각과 관련된 요소로 불연속면의 전단거동 가능성의 척도를 나타내며, 이 값은 1.00(경사각이 45°보다 큰 경우)에서 0.15(경사각이 20°보다 작은 경우)사이의 값을 가진다. 그리고 전도파괴에서는 F_2는 1의 값을 가진다.

(3) F_3: 비탈면과 불연속면의 경사각의 차이값으로 나타낸다. 평면파괴에서는 비탈면에 'daylight'되는 불연속면의 가능성과 관련되며, 비탈면과 불연속면이 평행할 때는 양호한 상태이며, 비탈면의 경사각이 불연속면의 경사각보다 10°이상 클 때는 불안정한 상태가 된다. 또한 전도파괴의 경우는 전도의 성격상 불안정하거나 매우 불안정한 상태는 일어날 수 없으며 또한 갑작스런 전도파괴도 극히 드물고 전도된 비탈면도 그대로 유지되는 경우가 많다.

(4) F_4: 비탈면의 굴착방법에 따라 변하는 보정요소로 경험적으로 그 값은 다음과 같이 자연비탈면은 15, presplitting은 10, smooth blasting이 8, 일반파괴나 기계적인 리핑의 경우는 0이고, 잘못된 발파의 경우는 −8의 값으로 고정된다.

표 3.7 SMR 보정요소에 대한 배점(F_1, F_2, F_3)

구분		매우 유리	유리	양호	불리	매우 불리
P_{abs} T_{abs} P/T	$\lvert a_j - a_s \rvert$ $\lvert a_j - a_s - 180° \rvert$ F_1	〉30 0.15	20~30 0.40	10~20 0.70	5~10 0.85	〈 5 1.00
P_{abs} P T	$\lvert \beta_j \rvert$ F_2 F_2	〈 20 0.15 1	20~30 0.40 1	30~35 0.70 1	35~45 0.85 1	〉45 1.00 1
P_{abs} T_{abs} P/T	$\beta_j - \beta_s$ $\beta_j + \beta_s$ F_3	〉10 〈 110 0	0~10 110~120 −6	0 〉120 −25	0~(−10) −50	〈 −10 −60

P=Plane failure a_s=Slope dip direction a_j=Joint dip direction
T=Toppling failure β_s=Slope dip β_j=Joint dip

표 3.8 비탈면 굴착공법에 따른 교란효과와 보정값(F_4)의 비교

굴착방법	자연비탈면	조절발파		일반발파	과장약 발파
		Presplitting	Smooth blasting		
F_4	+15	+10	+8	0	−8

3) SMR분류에 의한 비탈면 안정성 평가 및 붕괴유형

표 3.9 SMR분류에 의한 비탈면 안정성 평가 및 붕괴유형

등급	V	IV	III	II	I
SMR	0~20	21~40	41~60	61~80	81~100
상 태	매우 나쁨	나쁨	보통	좋음	매우 좋음
안정성	매우 불안전	불안전	부분적 안전	안전	매우 안전
붕괴	대규모 평면파괴 또는 토층과 유사한 파괴	평면 혹은 대규모 쐐기파괴	일부 절리 혹은 많은 쐐기파괴	일부 블록	없음
보강	재굴착	중요 보완	체계적인 보강	때때로 필요	필요 없음

3.5.5 굴착에 따른 암반분류

1) 개요

암반의 굴착이라 함은 인력, 기계, 발파 등의 수단을 사용하여 암석을 제거하는 작업을 말하며, 암반 분류는 어느 암반이 기계굴착 또는 발파가 적당한지 여부를 판단하기 위하여 필요하다.

(1) 굴착분야 : 채광 및 채석, 도로 및 철도, 항로 및 운하, 기초공사 등

(2) 굴착장소 : 노천굴착, 지하터널 굴착, 수중굴착 등

(3) 굴착방법 : 육상 기계굴착, 수중 기계굴착, 발파에 의한 굴착 등

2) 토사, 리핑암, 발파암 구분

(1) 표준관입 시험치(N값)가 50회/15cm 이상이면 리핑암으로 한다.

(2) 토사, 리핑암 및 발파암은 불연속면의 발달빈도(TCR, RQD)와 탄성파 속도를 기준으로 비교 평가하여 구분한다.

표 3.10 불연속면의 발달빈도에 따른 분류

구분	리핑암		발파암	
	약한 암석인 풍화암, 연암, 보통암 중에서		강한 암석인 보통암, 경암, 극경암 중에서	
불연속면의 발달빈도	BX 크기	TCR=5%이하이고, RQD=0%정도	BX 크기	TCR=10%이상이고, RQD=0~10%정도
	NX 크기	TCR=20%이하이고, RQD=10%이하	NX 크기	TCR=20%이상이고, RQD=10%이상
약한 강도	풍화암		경암	

표 3.11 탄성파 속도에 따른 분류

암종그룹	탄성파 속도(m/sec)			비고
	토사	리핑 암반	발파 암반	
A 그룹	700이하	700~1,200	1,200이상	편마암, 사질편암, 석회암, 사암, 역암, 화강암, 섬록암, 안산암, 현무암, 녹색편암, 감람암 등
B 그룹	1,000이하	1,000~1,800	1,800이상	흑색편암, 세일, 이암, 응회암, 집괴암 등

3.5.6 국내 기관별 암반분류기준

국내의 암반분류 기준은 기관별로 표 3.12와 같이 상이하게 제시하고 있으나 향후 기관별 기준보다는 공종별로 통일성 있는 국내 기준정립이 요망된다.

표 3.12 국내 기관별 암반분류기준

분류명	분류목적	분류기준	검토 내용	비고
건설표준품셈	토공	1) 탄성파속도 2) 내압강도 3) 암석종류	1) 토공작업방법 결정을 위한 기준 2) 암편의 일축압축강도기준이 너무 높음	국토교통부
용역협회기준	시추조사시 암석분류	1) 탄성파속도 2)일축압축강도	시추주상도의 암분류 시 이용	한국기술용역협회
서울시 표준지반분류	토목공사	1) SPT, TCR, RQD 2) 일축압축강도 3) 절리면 간격	지반의 정성적 분류기준	서울시
서울 지하철 분류기준	터널	1) SPT, TCR, RQD 2) 일축압축강도 3) 절리면 간격 4) RMR과 연계	1) 서울시 표준지반분류를 근간으로 한 기준 2) RMR과 연계시 등급간격이 일정치 않음	서울지하철9호선 설계기준안 (1997)
고속철도 분류기준	터널	1) 일축압축강도 2) 탄성파 속도 3) 변형계수 4) 지반강도비 5) TCR, RQD 6) 현장 육안관찰	1) 개별요소에 의한 분류보다는 종합분석 필요 2) 국내 기존 분류방법 보완	고속철도시방서 (지반분류)
한국도로공사 분류기준	터널	1) TCR, RQD 2) RMR 3) Q-system 4) 탄성파속도 5) 일축압축강도	1) RMR, Q-system 주로 활용 2) 개별요소에 의한 분류보다는 종합적인 판단 필요	한국도로공사

3.6 암반의 초기지압

초기지압은 터널 또는 지하발전소와 같은 공동을 굴착할 때 이전에 지반에 작용하고 있던 1차 지압을 말하며, 이것은 심부의 지하공동 설계 시 가장 중요한 요소 중의 하나이다.

3.6.1 심부지하공동 설계 시 중요 요소

1) 초기응력 크기

2) 최대주응력 방향(암반파쇄는 주응력방향과 평행하게 발생)

3) 수평성분과 연직성분의 응력비(K) 값

3.6.2 초기지압 측정 종류 및 시험 방법

1) 응력해방법(Over coring법)

(1) 암반매설용 시추공 착공

(2) 계기매설

(3) 게이지 매설 후 계기의 초기치 측정

Over coring하면 매설계기 주변 지압이 해방되어 변형이 발생하는데 오버코어링 전·후의 변형량차가 응력해방에 의한 변형량이다.

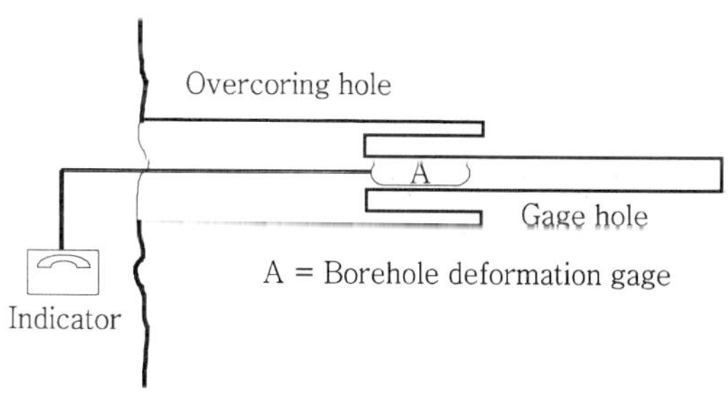

(a)초기응력 측정모식도 (Duball, 1967)

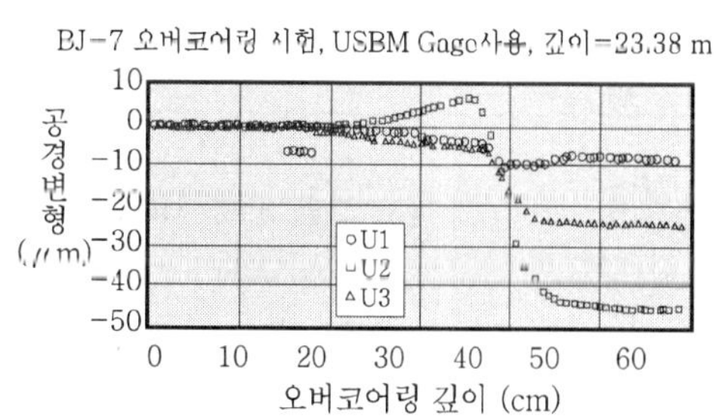

(b)초기응력 측정결과(HICT,1996)

그림 3.19 응력해방법(Over coring법)

2) 응력회복법(Flat jack test)

(1) 시험기구 : Jack 크기는 330~480mm, slot 두께는 40mm

(2) 측정방법 : Flat jack을 삽입하여 유압을 가한 후 가압 및 제거를 수차례 반복하여 압력이 원위치에 도달하게 될 때의 압력을 측정하면 이때의 압력이 원위치 응력이다.

3) AE법

재료에 가해지는 응력을 점차 증가해 가면 그 응력이 완만해지다 AE발생이 급증할때 응력치를 알면 초기지압측정이 가능하다.

4) 시추공 내에 packer를 삽입하는 수압파쇄법

(1) 위치선정

초기지압 측정위치를 잘 선정하며 암질을 확인할 수 있도록 check boring을 실시하고 시추위치는 갱도 폭의 약 2배 떨어진 곳에서 실시한다.

(2) 측정방법 및 특징

시추공의 일부를 공기압을 넣은 packer를 이용하여 막은 후 유압을 가하여 암반에 균열이 생길 때까지 압을 높여 암반의 원위치 응력과 항복응력을 측정한다. 정확성이 약간 떨어지나 비교적 신뢰할만하고 비용이 적게 든다. 측정치 오차를 최소화하기 위하여 많은 측정치로부터 초기지압을 결정하며 1개의 borehole 에서도 3~4번 이상 측정하는 것이 좋다.

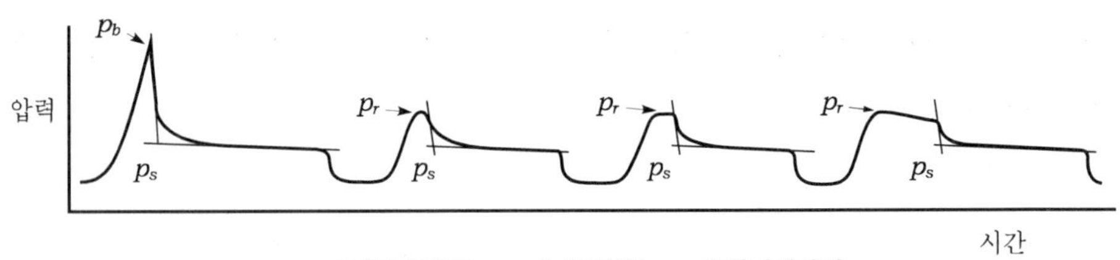

p_b : 균열발생압력, p_r : 재개방압력, p_s: 균열폐쇄압력

그림 3.20 시추공내에 packer를 삽입하는 수압파쇄법

3.6.4 실무적용 시 유의사항

1) 응력해방법 : 이론적으로 명확하며 단단한 탄성암반에 적합하다.

2) 수압파쇄법 : 연직방향 시추공에 적합하다.

3) 2개 이상의 다른 방법으로 측정 후 비교하는 것이 바람직하다.

4) 기존 공동의 영향을 배제할 수 있도록 공동부 폭의 2배 이상 이격하여 측정하는 것이 바람직하다.

3.7 암석의 시험강도

암석은 공시체내에 존재하는 기존의 불연속면 또는 암석재료 자체의 파괴나 이들의 복합작용에 의하여 파괴되므로 실무적용시 원위치 암석강도와 시험강도의 차이를 고려하여 적용해야 한다.

3.7.1 암반기초 안정성 검토를 위한 조사 및 시험

암반상에 기초의 지지력 및 거동특성을 분석하기 위하여 시추조사 외에 다음과 같은 현장시험 및 실내시험을 실시하여 검토에 활용하여야 한다.

1) RMR 분류

Intact rock(무결함 암석)에 대한 실내시험 결과를 rock mass(암반)의 물성치로 보정할 수 있도록 기초 저면의 기반암에 대하여 RMR을 실시한다.

2) 공내재하시험

하중과 재하방식이 다른 2개의 시험장비(elastometer, Goodman et al.)에 의해 현지 기반암의 원위치 탄성계수(변형계수)를 측정한다.

3) 실내시험

무결암의 강도 및 변형특성을 규명하기 위하여 각종 실내시험을 실시한 후 RMR 평점을 이용하여 rock mass의 물성치로 보정한다.

3.7.2 원위치 강도와 시험강도 차이

1) 불연속면의 영향

암석강도는 시료형상, 시료내 존재하는 불연속면(육안관찰이 불가능한 경우도 있음)의 방향 및 축응력 등의 관계에서 강도 특성이 달라지게 된다.

2) 시험 공시체의 형상에 따른 영향

시료직경과 길이의 비(D/h)에 따라서 측정된 강도에 차이가 있기 때문에 ASTM에서는 원주형 시료의 D/h비에 따른 다음과 같은 보정식을 적용하고 있다.

$$S_c = S_c' / [0.778 + 0.222(D/h)] \tag{3.5}$$

여기서, S_c : D/h=1인 시편의 강도, S_c' : 시험된 시편의 강도, D : 직경, h : 길이

3) 시험편 상하의 맞물림 상태에 따른 영향

압축시험의 가압판과 시험편의 접촉면이 평활하지 않은 경우 응력집중이 발생하여 파괴가 시작되므로 강도가 감소하게 된다. 이를 방지하기 위해서는 보통 길이 5cm 전후의 시험편의 상하면의 평형 정밀도는 ±5/100mm가 요구된다.

4) 함수비의 영향

암석의 간극 중에 포함된 물은 압축에 의하여 간극이 축소되면 쐐기와 같은 작용을 해서 입자의 틈이나 간극을 넓히며, 입자 표면에 부착되어 있는 물은 입자의 결합력을 작게 하여 강도를 감소시킨다.

3.8 암반 비탈면 안정성 해석순서

암반 비탈면 안정성 해석순서는 다음과 같다.

1) 한 노두에서 절리방향이 국부적으로 변하는 지역을 그룹으로 나누어 해석한다.

2) 평사투영법 해석 시 위험, 약간위험, 중간위험으로 구분하여 해석한다.

3) 안정성 검토 후 현장답사를 다시하여 암반의 geometry나 절리의 값에 영향을 주는 지하수, 충진물질 등을 재확인 후 최종적으로 안전성을 재검토한다.

4) 재검토 후 위험한 암반만 수치해석하여 안전율을 분석한다.

5) 현장 조건에 맞고 경제적인 비탈면안정 대책을 강구한다.

3.9 실무적용시 유의사항

3.9.1 조사 문제점 및 대책

1) 연암, 경암 및 극경암 등이 나타날 경우 지반조사를 중단하나 그 이하 깊이에서 단층이 나타나면 단층면을 따라 화강풍화토보다 활동성이 큰 단층점토가 존재할 수 있으므로 조사 시 유의해야 한다.
2) 시추조사는 강한 암석이 나오는 깊이에서 중단 할 것이 아니고 최소 절개지 예정깊이 까지 실시하며, 암석강도 뿐만 아니라 지반구조를 파악하여 비탈면안정을 판단해야 한다.
3) 암석의 강도판정 및 분류는 객관적이며 정량적으로 판정할 수 있는 Schmidt hammer rebound tester나 point load strength tester를 사용해야 한다.
4) 암석강도는 암석의 함수상태나 암석의 이방성 등에 따라 강도변화가 현저하므로 현장과 실내조건을 상호 고려하여 강도특성을 결정해야 한다.

3.9.2 설계 시 문제점 및 대책

1) 표면경사를 일률적으로 정하지 말고 암반지층의 특징을 고려하여 깍기경사를 적용하여야 한다.
2) 풍화암이나 연암은 절개 후 풍화되어 조사시 자료와 지층의 성격이 다른 경우가 빈번하므로 설계 시 이를 감안해야 한다.
3) 높이가 높고 풍화된 비탈면의 경우(6m이상)에는 표준경사보다는 비원호 활동파괴 또는 비선형 활동파괴에 대한 해석방법 도입이 효과적이다.
4) 풍화암이나 절리가 많은 연암의 비탈면은 토사비탈면의 특성을 보이는 경우가 많으므로 비탈면안정해석방법 선택에 주의해야 한다.
5) 깍기비탈면 안정해석 시 토사, 리핑암 및 RQD가 0(zero)에 가까운 파쇄암에 대해서는 비탈면안정해석용 프로그램을 이용하여 해석하고, 암반에서는 평사투영법을 이용하여 해석한다.
6) 암반 비탈면의 비탈면안정 검토는 암석강도와 불연속면 발달 상태를 비교 검토하여 판단한다.
7) 전체적인 암반 비탈면의 안정성뿐만 아니라 부분적인 붕괴위험도 파악해야 한다.
8) 자연적인 낙반 가능성뿐만 아니라 각종 토목공사의 암반굴착 시 발파에 의한 낙반가능성도 검토해야 한다.
9) 비탈면 방향에 따른 일조 시간의 양과 지하수 유무에 따른 습윤상태 등이 비탈면보호 또는 녹화공법의 선택에 영향을 미치므로 이를 고려해야 한다.

10) 보링조사 결과에 의한 지층분류는 연속성이 없는 결함이 있으므로 암석강도, 불연속면의 간격 및 방향은 geotomograph나 tele-viedo 등의 기술을 도입하여야 한다.
11) 경암으로 된 암반에서 불연속면으로 인한 붕괴위험이 없으면 90°경사도 안정하므로 63°~ 73° 등의 경사로 낮출 필요가 없다.
12) 경암이라도 불연속면으로 인한 붕괴위험이 예상되면 63°~73°경사가 아닌 30°~ 40°정도까지로 경사를 낮추어야 안정하게 되는 경우가 있으며 경암이라도 불연속면이 많은 경우 리핑암으로 분류한다.
13) 불연속면(주향, 경사) 방향에 따라 비탈면 불안정 요인을 제거시킬 수 있는 범위를 고려하여 설계를 수행한다.
14) 파쇄가 심한 암반(RQD= 10%이하)은 토층 비탈면과 같이 원형파괴가 일어나므로 한계평형법으로 계산한다.
15) 불연속면이 존재하지 않고 암반의 파쇄가 적은 경우(RQD= 30~100%)에는 1 : 0.5의 비탈면경사가 적당하다.
16) 절취고, 용출수 유무, weak zone의 분포 및 방향 등을 감안하여 깍기비탈면 경사를 고려하여야 한다.
17) 암석 강도 및 암반 내에 분포하는 불연속면(절리, 단층)의 존재와 발달 상태를 고려하여 암반 비탈면 안전성을 검토한다.

3.9.3 시공시 문제점 및 대책

1) 공사 개시전 표준경사로 설계된 비탈면의 적정여부를 시험절취하여 확인한 후 공사를 시작하여야 하나 설계의 적정성에 대한 검토 없이 도면대로만 시행하는 경우가 있다.
2) 단층을 사전에 판단 못하고 암반절개를 하면 암반 비탈면 전체가 단층면을 따라 붕괴될 우려가 있다.
3) 발파 시 발생하는 진동의 영향은 기존 비탈면 안정을 해치므로 유의해야 한다.
4) 보강 필요시 보강공사와 절취공사를 병행하는 것이 효과적일 경우가 있으나, 일반적으로 절취공사 후 보강공사 하는 것이 바람직하다.
5) 암반내의 지하수위는 불연속면을 따라 흐르므로 지하수 유로가 되는 불연속면에 접하여 배수관을 설치하는 것이 좋다.
6) 아카시아 나무 및 대나무 뿌리는 불연속면을 따라 침투하여 불연속면 틈새에서 쐐기역할을 하며 인장력이 발생할 뿐만 아니라 나무 자중에 의해 암괴의 전도파괴를 야기하므로 암반 비탈면에서 아카시아 나무는 미리 제거한다.

CHAPTER 4

제 4 장 연약지반

제 4 장 연약지반

4.1 연약지반

4.1.1 연약지반의 정의

연약지반이란, 흙의 성질상 전단강도가 작고 압축성이 큰 연약토로 이루어진 지반을 말하며 지반공학적인 개념의 연약지반은 대상 지반위에 축조될 구조물의 규모, 하중 및 형식을 고려한 지반개량을 필요로 하는 지반을 의미한다.

4.1.2 연약지반 판정기준

연약지반 판정 기준은 공사 발주기관에 따라 다를 수 있으며 이것은 각 기관에서 다루는 구조물의 종류, 형식, 규모가 다르고, 인근지역의 시공사례 등이 반영되기 때문이다. 대표적인 각 기관별 연약지반 판정기준은 다음과 같다.

1) 한국도로공사(1999)

표 4.1 한국도로공사 연약지반 판정기준(한국도로공사, 1999)

구분	연약층 두께(m)	N값	$q_c(kPa)$	$q_u(kPa)$	비고
점성토 및 유기질토	$10m$ 미만	4 이하	800 이하	60 이하	1) q_c : 콘관입저항치 2) q_u : 일축압축강도
	$10m$ 이상	6 이하	1,200 이하	100 이하	
사질토		10 이하	4,000 이하	–	

표 4.2 토질 특성에 따른 연약지반 판정기준(한국도로공사, 1999)

지반 구분	토층 및 토질 구분			토질 성수			
				w_n(%)	e_o	$q_u(kPa)$	N값
점토질 지 반	세립토	유기질토	소성도 A선 이하의 유기질토	100~200	2.5~5.0	< 100	< 4
		화산회질 점토	소성도 A선 이상, 화산회질 2차 퇴적점성토				
		Silt	소성도 A선 이하, dilatancy 큼	50~100	1.25~2.5		
		Clay	소성도 A선 이상, dilatancy 큼				
이탄질 지 반	고유기질토	Peat	섬유질 고압축토	300 이상	7.5 이상	< 40	<1
		흑니	분해가 진척된 고 유기질토	200~300	5.0~7.5		
사질 지반	사질토	SM, SC	#200번체 통과량 15~50%	30~50	0.8~1.25	≒ 0	<10
		SP-SC SW-SW	#200번체 통과량 15% 이하	<30	<0.8		

2) 일본토질공학회(1978)

표 4.3 구조물의 종류에 따른 개략적인 연약지반 판정기준(일본토질공학회, 1978)

구조물의 종 류	지 반 상 태						판 정
	토질	두께	N값	$q_u(kPa)$	$q_c(kPa)$	함수비(%)	
도로	-		2이하	25 이하	125 이하	-	초연약
			2~4	25~50	125~250	-	연약
			4~8	50~100	250~500	-	보통
고속 도로	이탄층	-	4이하	50 이하	-	-	연약지반
	점성토	-	4이하	50 이하	-	-	
	사질토	-	10이하	-	-	-	

3) Terzaghi & Peck 기준

표 4.4 Terzaghi & Peck의 연약지반 판정 기준

점토층의 구분	초연약	연약	중간	견고	매우견고	단단
N	〈 2	2~4	4~8	8~15	15~30	〉 30
$q_c(kPa)$	〈 50	50~150		150~300	300~600	〉 600
Terzaghi & Peck(1967)	Very soft	Soft	Medium	Stiff	Very stiff	Hard
Szechy & Varga(1978)	Very soft	Soft~medium		Stiff	Very stiff	Hard

4.1.3 연약지반의 공학적 특성

1) 해성점토

청회색의 균질점토 및 실트로 이루어져 있으며, SPT의 N값은 약 5이하로서 전단 강도가 작고 압축성이 크다.

2) 모래층

모래층은 세사로 이루어져 있고, N값은 10이하로서 균등계수가 작다. 모래의 입경은 0.1~1mm인 세사로서 상대밀도가 35% 이하인 경우 진동 및 지진발생시 액상화현상 발생이 가능하다.

3) 고유기질토(Peat)

연약지반을 구성하고 있는 식물질의 유기질토는 니탄토 또는 토탄이라 부르기도 하며 전단강도가 작고 압축성이 크므로 안정과 침하문제가 연약지반보다 심각하다. 유기질토 함유량이 5% 이상인 경우 침하, 지지력 문제 발생 가능성이 높다. 특히 유기질토는 2차 압밀특성이 크게 나타나므로 유의할 필요가 있다.

4.1.4 연약지반에서 발생하는 공학적 문제

1) 압밀침하, 말뚝에 작용하는 부마찰력 등 흙의 압축성이 커서 생기는 침하문제
2) 연약지반 상에 흙쌓기를 할 때 원호활동, 기초의 지지력, 토압 등 흙의 전단저항이 약하여 생기는 안정문제
3) 진동과 같은 동적하중으로 생기는 액상화 문제
4) 차수, 분사현상, 파이핑과 같은 투수성 문제

4.2 연약지반 관련 주요 용어

4.2.1 과잉간극수압

부분 또는 완전히 포화된 흙에 하중(ΔP)이 작용하면 하중으로 인해 그림 4.1과 같이 간극수압이 발생되는데 이때의 수압은 상재하중의 영향으로 정수압에 의한 간극수압에 비해 크게 나타나며 이를 과잉간극수압(excess pore water pressure, u_e)이라 한다.

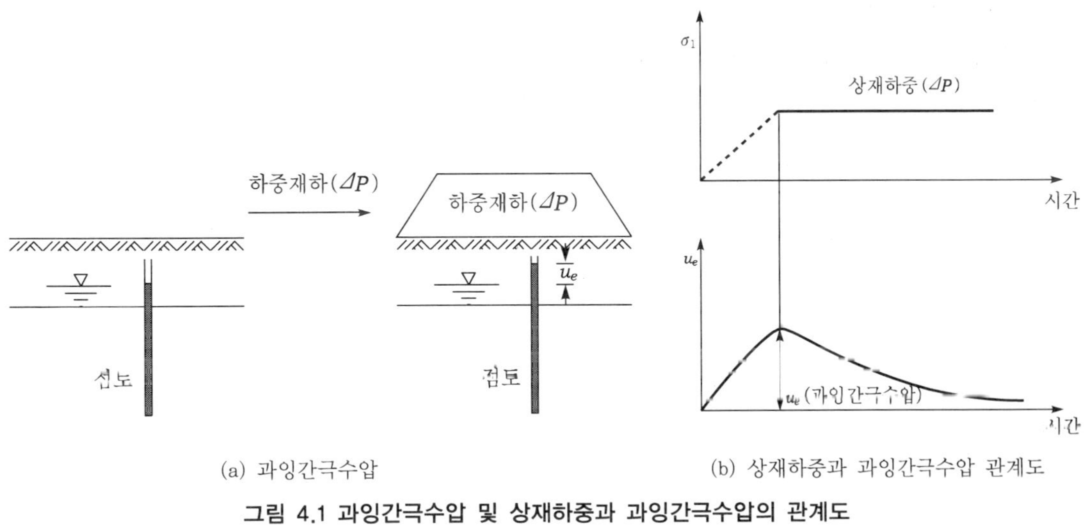

(a) 과잉간극수압 (b) 상재하중과 과잉간극수압 관계도

그림 4.1 과잉간극수압 및 상재하중과 과잉간극수압의 관계도

과잉간극수압은 상재하중 재하 시 점도가 비배수조건인 경우 가해진 상재하중 크기와 같다. 즉, $u_i = \Delta P$(u_i : 초기과잉간극수압, ΔP : 상재하중)이다. 압밀진행 중에는 투수성에 따라 서서히 압밀되면서 과잉간극수압이 소산되며 시간에 따른 과잉간극수압의 변화는 곡선을 나타내는데 이를 등시곡선(isochrone)이라 한다. 이론에 의하면 압밀완료시에는 과잉간극수압이 전부 소산되고, 지하수에 의한 정

수압 조건으로 도달하는 것으로 되어 $u_f = 0$(u_f : 최종과잉간극수압)이다. 그러나 현장에서 간극수압계를 매설하여 상재하중에 따른 간극수압을 측정하면 과잉간극수압이 완전히 소산되지 않고 여러 가지 요인에 의해 정수압보다 약간 큰 상태에 있게 되고 이 상태에서 수압이 수렴하면 압밀이 완료된 것으로 판단한다.

4.2.2 압축

지반에 하중이 가해질 때 토립자 배열 형태의 변화 즉 전단변형에 의한 침하를 압축이라 하며, 사질토 지반에서는 재하직후 압축침하가 발생하고 짧은 시간에 침하가 완료되므로 이를 즉시침하 또는 탄성침하라 하며 그 침하량도 비교적 작게 발생한다.

4.2.3 압밀

완전히 포화되어 있거나 또는 부분적으로 포화되어 있는 흙에 하중이 가해지면 그 하중으로 말미암아 과잉간극수압이 발생한다. 이 수압으로 인하여 시간경과에 따라 어느 두 점 사이에 수두차가 생겨 흙속의 간극수가 서서히 배제되면서 압축되는 현상을 압밀이라 한다. 압축은 토립자 형태의 변화에 의한 침하이고 압밀은 간극내의 공기와 물의 유출에 의한 체적변화에 의한 침하이다. 압밀침하 = 1차 압밀침하(간극수압이 소산되기까지) + 2차 압밀침하(간극수압 소산 후 creep 변형)

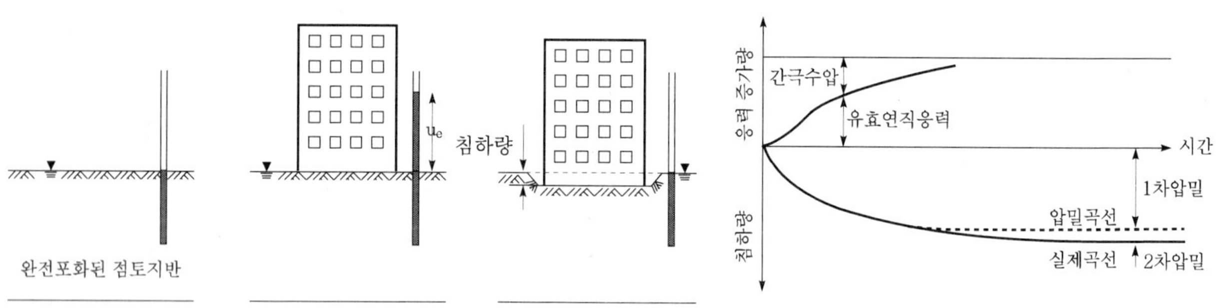

(a) 포화지반 (b) 구조물 완공직후 (c) 시간이 지난 후 (d) 압밀곡선

그림 4.2 시간 경과에 따른 구조물 침하 및 압밀곡선

4.2.4 압밀도(Degree of consolidation)

지반내의 어떤 점에서 임의시간 t에 있어서의 간극수압 소산의 정도 또는 압밀의 진행정도를 백분율로 표시한 것을 압밀도라고 한다. 지층의 깊이에 따라 압밀도가 다르므로 압밀층 전두께에 대하여 과잉간극수압의 평균을 취한 압밀도를 평균압밀도라 한다.

$$U_z = \frac{u_i - u_e}{u_i} = 1 - \frac{u_e}{u_i} \tag{4.1}$$

여기서, U_z : 임의 지층에 대한 압밀도

u_e : 현재 시점에서의 과잉간극수압

u_i : 초기 과잉간극수압

한편 과잉간극수압이 소산되면 더 이상의 침하가 없고 또한 과잉간극수압의 소산에 비례하여 침하가 발생한다고 가정하면 평균압밀도는 침하량의 함수로서 다음과 같이 나타낼 수도 있다.

$$U = \frac{S_{ct}}{S_c} \tag{4.2}$$

여기서, S_c : 선압밀침하량

S_{ct} : 임의 시간에서의 침하량

예제 4.1

지표면침하판과 간극수압계를 지중에 매설하고 프리로딩을 재하하였다. 프리로딩 재하후 3개월이 경과된 시점에서 지표면침하판에 의한 침하량은 30㎝이고, 이때 장래예측 최종침하량은 60㎝이다. 간극수압계의 경우 프리로딩재하 직후 초기 과잉간극수압은 100㎪이고 3개월이 경과된 현재의 과잉간극수압은 50㎪이다. 지표면침하판과, 간극수압계 각각에 의한 현재의 압밀도를 구하라.

풀이

1) 지표면침하판에 의한 압밀도 : $U = \frac{S_{ct}}{S_c} = \frac{30}{60} = 0.5$, 즉 50%이다.

2) 간극수압계에 의한 압밀도 : $U_z = 1 - \frac{u_e}{u_i} = 1 - \frac{50}{100} = 0.5$, 즉 50%이다.

4.2.5 선행압밀응력(Preconsolidation stress, P_c)

압밀곡선은 과거에 받았던 압력을 다시 받을 때까지는 곡선의 경사가 완만하나, 과거에 받지 않았던 초과압력을 받게 되면 그 경사(C_c)가 갑작스럽게 변하게 된다. 이와 같이 흙의 응력이력(stress history)에 의해 경사변화의 경계가 되는 압력, 즉 대상지반이 과거에 받았던 최대 유효상재압력을 선행압밀응력(σ_c)이라 한다.

Casagrande는 선행압밀응력 결정방법을 다음과 같이 제시하였다.

① 압밀시험결과를 e −log σ곡선에 작도한 후 곡률이 최대인 점 A를 결정한 후 수평선(H)을 긋는다.

② 점 A에서 곡선에 접하는 접선 T를 그린다.

③ H와 T가 이루는 각의 2등분선(M)을 그린다.

④ 처녀 압밀곡선의 연장선(E)을 그린다.

⑤ M과 E의 교점 B에서 연직선을 그려서 log σ축과 만나는 점이 선행압밀응력(σ_c) 이다.

⑥ 선행압밀응력의 가능범위는 점 E와 점 D사이 이다. 가능범위의 최소점 E는 $\overline{KE}$와 초기간극비(e_o) 또는 압밀시험의 연직방향 변형률이 0인 수평선과의 교점이고, 최대점 D는 $\overline{KE}$와 압밀곡선이 이탈되기 시작한 점(일종의 접점)이다.

그러나 이 방법은 다음과 같은 문제점을 내포하고 있다.

1) 간극비의 축을 어느 구간에서 선택하는가에 따른 선행압밀응력의 차이
2) 분석자의 판단기준에 따라 최대변곡점을 다르게 선정 한 경우
3) 정규압밀구간에서 직선적인 경향을 나타내지 않는 경우에 연장선 작도의 문제
   (일반적으로 연약한 점성토는 $\overline{\mathrm{ADF}}$와 같은 형상을 나타낸다.)

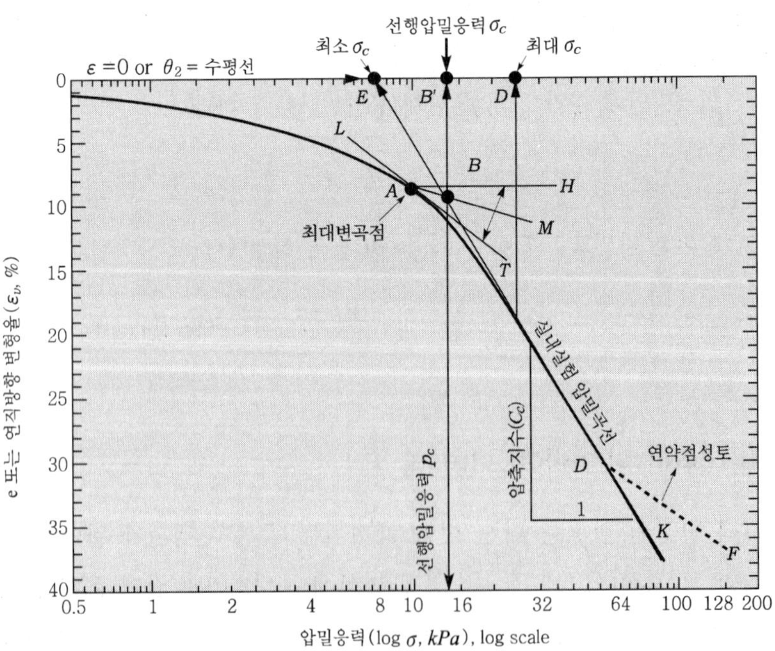

그림 4.3 선행압밀응력 결정방법

4.2.6 지반의 응력이력(과압밀비, 정규압밀점토, 과압밀점토)

1) 과압밀비(Over consoildation ratio, OCR)

과거에 경험한 최대하중인 선행압밀하중을 현재 작용하고 있는 하중인 유효상재하중으로 나눈 값을 과압밀비($OCR = \frac{\text{선행압밀하중}}{\text{유효상재하중}}$)로 표시한다.

2) 과압밀비에 의한 점토분류

(1) OCR〈1 : 과소압밀점토(그림 4.4의 점 A, under consolidated clay)

이곳은 압밀진행 중으로서 강이나 바다에 퇴적중인 신생 점토지반 이거나 인위적으로 매립된 상태로서 압밀 침하량도 매우 크다.

$$OCR = \frac{\sigma_c}{\sigma_{ro}} = 0 \quad \text{또는 } OCR < 1$$

(2) OCR = 1 : 정규압밀점토(그림 4.4의 점 B, normally consolidated clay, NC)

과거나 현재의 유효상재응력 변화가 없거나 현재상태가 지반토가 경험한 가장 큰 유효상재하중인 경우이며, 국내 대부분의 흙이 여기에 속한다.

(3) OCR〉1 : 과압밀점토(그림 4.4의 점 C, over consolidated clay, OC)

자연현상에 의해 산이 무너지거나 깎인 경우 또는 인위적으로 깎아서 조성된 지표면이나 외부조건에 의해 지하수위가 상승한 경우에는 현재 유효응력과 비교할 때 과압밀특성을 나타낸다.

$$\sigma_{ro} < \sigma_c \text{이므로 } OCR = \frac{\sigma_c}{\sigma_{ro}} > 1$$

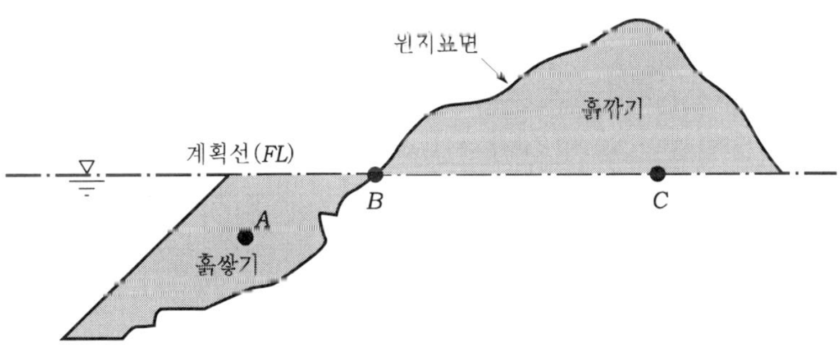

그림 4.4 지반의 응력이력 상태

예제 4.2

아래 그림 4.5와 같이 하천에 토사가 $8m$ 퇴적되어 있는 조건에서 수위가 지상 $2m$(A선)에 있다가 지하 $2m$까지(B선) 저하하였다. 수위가 지상 $2m$에 있을 때와 지하 $2m$에 있을 때 X-X'면의 유효응력을 구하여라.

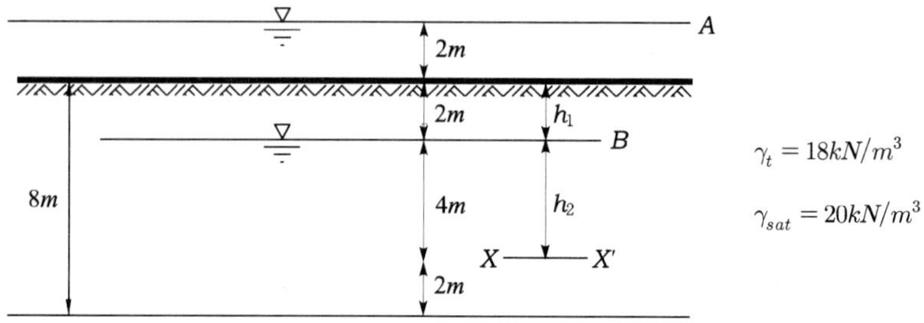

그림 4.5 예제 4.1의 지반조건

풀이

1) A의 경우 $\gamma_{sub} = \gamma_{sat} - r_w = 20 - 10 = 10kN/m^3$

$\sigma' = \gamma_{sub} \times (h_1 + h_2) = 10 \times 6.0 = 60kN/m^3$

2) B의 경우 $\sigma' = \gamma_t h_1 + \gamma_{sub} h_2 = 20 \times 1.8 + 10 \times 4.0 = 76kN/m^3$

즉, 수위가 저하하면 유효응력이 증가하여 지반이 압밀되고, 만일 지하수위가 다시 상승하게 되면 지반은 과압밀 조건이 된다. 현장에서 굴착공사 시 수위가 저하될 경우 유효응력이 증가하여 구조물이 있는 경우 침하가 발생할 수 있으므로 침하 발생여부를 판단하기 위하여 지속적인 수위 관측이 필요하다.

예제 4.3

현재 지하수위는 지표면에 위치하고 있고, 과거 지하수위는 지표 아래 $2m$에 위치하였다면 깊이 $5m$까지 현재지반의 유효응력(σ_o'), 선행압밀하중(σ_c), 과압밀비(OCR)를 계산하고 $1m$ 깊이별로 σ_c, OCR의 분포도를 그려라. (단, $\gamma_t = 18kN/m^3$, $\gamma_{sub} = 10kN/m^3$이다.)

풀이

1) 지표하 $5m$ 까지의 유효응력(σ_o'), 선행압밀하중(σ_c), 과압밀비(OCR)

깊이	유효응력(σ_o', kPa) = $\gamma_{sub} \times H$	선행압밀응력 (σ_c, kPa)	과압밀비 (OCR = σ_c/γ_{uo}')
GL. $-1m$	10 × 1.0 = 10	18 × 1.0 = 18	1.8
GL. $-2m$	10 × 2.0 = 20	18 × 2.0 = 36	1.8
GL. $-3m$	10 × 3.0 = 30	(18×2.0)+(10×1) = 46	1.53
GL. $-4m$	10 × 4.0 = 40	(18×2.0)+(10×2) = 56	1.4
GL. $-5m$	10 × 5.0 = 50	(18×2.0)+(10×3) = 66	1.32

2) 깊이별 σ_o, σ_c 및 OCR의 분포도

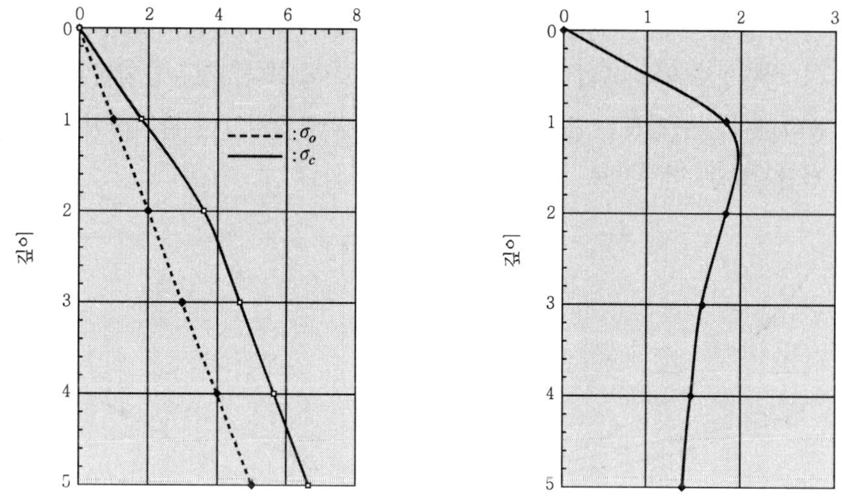

(a) σ_o σ_c 의 분포도 (b) OCR 의 분포도

그림 4.6 예제 4.2의 풀이 그림(σ_o, σ_c 및 OCR의 분포도)

4.2.7 정규압밀점토, 과압밀점토 차이점

1) 물리적 성질

표 4.5 정규압밀점토, 과압밀점토 차이점

구분	NC	OC	수식
액성지수	$I_L \doteq 1$ (0.6~1.0)	$I_L \doteq 0$ (0.0~0.6)	$I_L = \frac{w_n - P_L}{I_p}$
연경지수	$I_c < 0$	$0 < I_c < 1$	$I_c = \frac{w_L - w_n}{I_p}$
정지토압계수	K_o = 0.4~0.6	K_o = 0.5~1.0	$K_o = \frac{\sigma_h}{\sigma_v}$
흙 구조	면모구조	이산구조	
압축성	큼	적음	
전단강도	적음	큼	
OCR	1	> 1	

2) 간극비 – 압밀압력(e $-\log P$)곡선

과압밀점토는 일반적으로 정규압밀점토에 비하여 함수비 및 간극비가 작게 나타난다.

3) 비배수전단강도 – 압밀압력곡선

과압밀점토는 압밀에 의해 함수비와 간극비가 작아져서 더 조밀한 밀도를 갖기 때문에 동일한 압력에서 과압밀점토의 전단강도가 정규압밀점토의 전단강도보다 크다. 정규압밀점토는 파괴포락선(A, B, C, F)이 원점을 통과하며 전단강도는 직선으로 증가하나, 과압밀점토는 파괴포락선(D, E, C)이 원점을 통과하지 않으며 전단강도는 직선으로 증가하지 않는다.

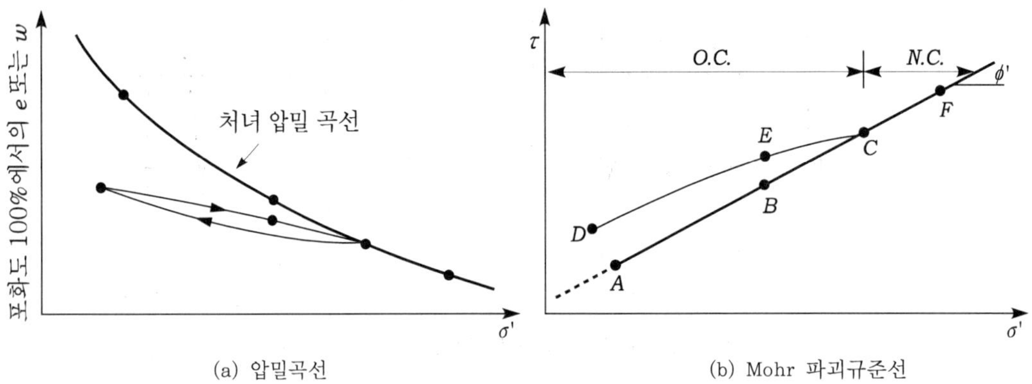

그림 4.7 압밀곡선과 Mohr 파괴규준선

4) 축차응력 – 변형률 곡선

파괴 시 축변형률에 대한 축차응력은 과압밀점토가 정규압밀점토에 비하여 크게 나타난다.

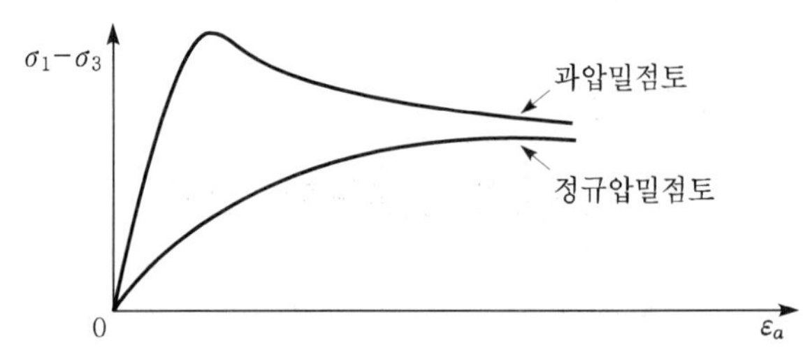

그림 4.8 축차응력–변형률곡선

5) 간극수압 – 변형률 곡선

정규압밀점토에서는 전단변형이 진행되는 동안 과잉간극수압은 계속하여 증가하며 구속하중에 의해 시료는 압축되어 정(+)의 간극수압만 발생하며, 과압밀점토에서는 초기에는 정의 간극수압이 증가되다가 시간이 지남에 따라 시료가 팽창하려는 성향으로 인하여 부(–)의 간극수압이 발생한다.

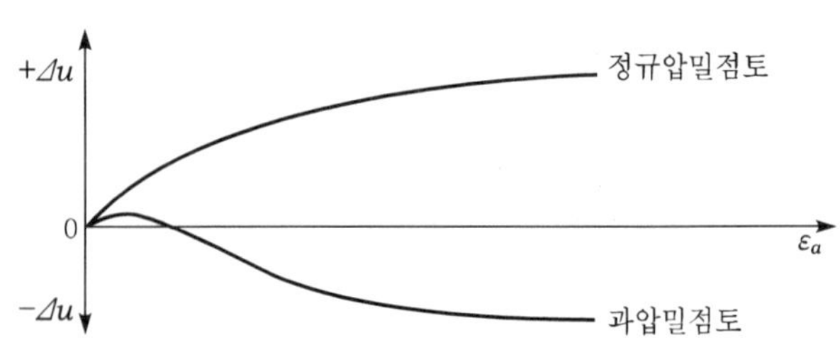

그림 4.9 간극수압–변형률 곡선

4.3 압밀이론

4.3.1 Terzaghi 압밀방정식의 기본가정

Terzaghi(1925)는 포화점토의 1차압밀에 대한 방정식을 유도하였는데, 수학적으로 해를 구하기 위해 다음과 같은 가정을 설정하였다.

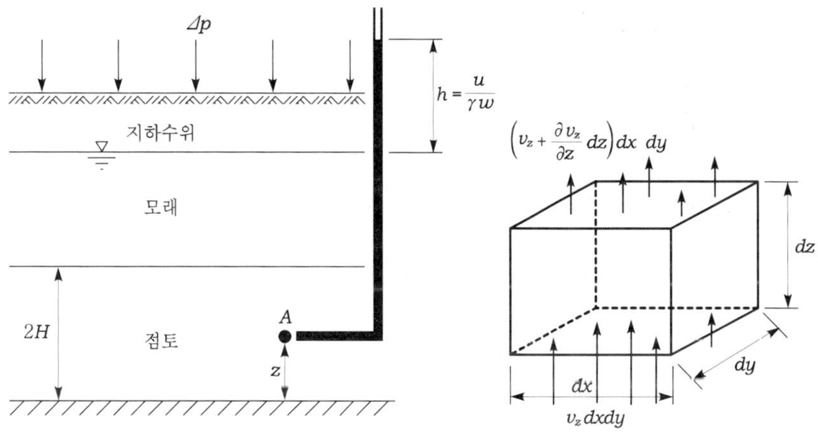

(a) 점토층　　(c) 간극수의 흐름

그림 4.10 흙요소의 1차원 압밀개념

1) 흙은 포화되어 있고 균질하다.
2) 흙입자와 물은 압축되지 않으며 흙의 압축은 간극수의 유출에 기인한다.
3) 물의 흐름은 Darcy법칙이 적용되고 압밀이 되어도 투수계수는 일정하다.
4) 간극수의 흐름은 1차원 수직방향으로만 발생한다.
5) 투수계수와 체적변화계수는 항상 일정하다.
6) 간극비는 유효응력에 반비례한다.

그림 4.10과 같이 점토층에 연직하중 ΔP가 작용하면 A점에서의 간극수압은 u 만큼 증가한다.

부피 변화율 = z 방향으로의 유출량 − 유입량

$$\left(v_z+\frac{\partial v_z}{\partial z}dz\right)dx\,dy \quad v_z\,dx\,dy-\frac{\partial V}{\partial t}$$

여기서, V=흙요소의 부피= $dx\,dy\,dz$

$$\frac{\partial v_z}{\partial z}dz\,dx\,dy=\frac{\partial V}{\partial t} \tag{4.3}$$

Darcy의 법칙에서,

$$v_z=ki=k\frac{\partial h}{\partial z}=\frac{k}{\gamma_w}\frac{\partial u}{\partial z} \tag{4.4}$$

식 (4.4)를 식 (4.3)에 대입하여 정리하면, $\frac{k}{\gamma_w}\frac{\partial^2 u}{\partial z^2}=\frac{1}{dx\,dy\,dz}\frac{\partial V}{\partial t}$

압밀 중의 부피변화율은 간극의 부피변화율과 같으므로,

$$\frac{\partial V}{\partial t} = \frac{\partial V_v}{\partial t}, \quad V_v = e V_s$$

$$\frac{\partial V}{\partial t} = V_s \frac{\partial e}{\partial t} = \frac{V}{1+e}\frac{\partial e}{\partial t} = \frac{dx\,dy\,dz}{1+e}\frac{\partial e}{\partial t}$$

$$\frac{k}{\gamma_w}\frac{\partial^2 u}{\partial z^2} = \frac{1}{1+e}\frac{\partial e}{\partial t}$$

간극비의 변화 ∂e는 유효응력의 증가에 선형적으로 반비례한다면,

$$\partial e = -a_v \partial\sigma', \quad a_v = \text{압축계수} = -\frac{\partial e}{\partial\sigma'}$$

유효응력의 증가는 간극수압의 감소에 기인하므로($\sigma' = \sigma - u$)

$$\partial e = a_v \partial u, \quad \frac{k}{\gamma_w}\frac{\partial^2 u}{\partial z^2} = \frac{a_v}{1+e}\frac{\partial u}{\partial t} = m_v \frac{\partial u}{\partial t}$$

여기서, m_v =체적변화계수(coefficient of volumn change)= $\dfrac{a_v}{1+e_o}$

$$\frac{\partial u}{\partial t} = \frac{k}{\gamma_w\, m_v}\frac{\partial^2 u}{\partial z^2} = c_v \frac{\partial^2 u}{\partial z^2} \qquad (4.5)$$

이 식을 Terzaghi 압밀이론의 기본방정식이라고 한다.

여기서, 압밀계수 $c_v = \dfrac{k}{\gamma_w\, m_v}(cm^2/\text{sec})$, 투수계수 $k = c_v\, \gamma_w\, m_v$이다.

식(4, 5)는 Terzaghi 압밀 이론의 기본 미분 방정식이며 다음의 경계 조건을 이용하여 풀 수 있다.

$$z = 0, \qquad u = 0$$
$$z = H_{dr}, \qquad u = 0$$
$$t = 0, \qquad u = u_0$$

그 해는 다음과 같다.

$$u = \sum_{m=0}^{m=\infty}\left[\frac{2u_o}{M} sin\left(\frac{M_z}{H_{dr}}\right)\right] e^{-M^2 T_v} \qquad (4.6)$$

여기서, m = 정수, $M = \dfrac{\pi}{2}(2m+1)$, u_o =초기과잉간극수압,

$T_v = \dfrac{c_v t}{H_{dr}^2}$ =시간계수(무차원수)

과잉간극수압이 소산되면서 압밀이 진행되므로, 임의 시각 t와 깊이 z에서의 압밀도(degree of consolidation)는 다음과 같다.

$$U_z = \frac{u_o - u_z}{u_o} = 1 - \frac{u_z}{u_o} \tag{4.7}$$

여기서, u_z =시간 t에서의 과잉간극수압

식 (4.6)과 (4.7)을 결합하여 임의 깊이 z에서의 압밀도를 구할 수 있다.

임의 시각 t에서 점토층 전체 깊이에 대한 평균압밀도는 식 (4.7)로부터 다음과 같이 나타낼 수 있다.

$$U_{av} = \frac{S_t}{S} = 1 - \frac{\left(\frac{1}{2H_{dr}}\right)\int_0^{2H_{dr}} u_z \, . \, dz}{u_o} \tag{4.8}$$

여기서, U_{av} =평균압밀도, S_t =시간 t일 때 토층의 침하량, S=1차압밀로 인한 토층의 최종 침하량

식 (4, 6)으로 표시된 과잉간극수압을 식 (4, 8)에 대입하면 다음과 같다.

$$U_{av} = 1 - \sum_{m=0}^{m=\infty} \frac{2}{M^2} e^{-M^2 T_v} \tag{4.9}$$

4.3.2 기본가정의 문제점

1) 흙은 본래 위치마다 공학적 성질이 달라 비균질하며 또한 지하수위 아래 있는 흙이라도 소량의 기포가 존재하므로 포화도가 100% 이하이다.
2) 도로와 방조(파)제와 같은 대상하중은 2차원 압밀조건이지만, 연약지반에 sliding 또는 측방유동이 발생할 경우는 3차원 압밀조건이 된다.
3) 순수한 사질 또는 입자가 큰 모래에서는 난류의 흐름이 존재하므로 Darcy의 법칙이 적용되지 않는다.
4) 체적변화계수는 압밀응력이 증가할수록 감소하므로 모든 점에서 일정하지 않다.
5) 실제 지반에서는 1차 압밀이 끝난 후 creep 변형에 의한 2차 압밀침하가 발생한다.

4.3.3 Terzaghi 1차원 압밀이론으로 침하량 계산 시 문제점

1) Terzaghi 압밀이론은 과잉간극수압의 소산정도가 흙이 압축되는 양으로 가정하였으므로 과잉간극수압과 관계없는 2차 압밀침하량 계산에는 적용할 수 없다.
2) 압밀 기본 방정식은 시공하는 순간 구조물 전체의 하중이 작용한다는 가정에서 유도되므로 점증하중 작용시는 순간하중으로 계산한 침하량을 수정해야 한다.

4.4 연약지반처리 설계

4.4.1 설계개요 및 흐름도

연직배수공법에 의한 연약지반개량 원리는 연직배수재(PBD, SD)를 일정간격으로 지중에 타입한 후 preloading을 재하할 경우 연직배수재의 투수계수가 연약지반의 투수계수보다 크므로 과잉간극수는 배수재를 중심으로 집수되어 상향으로 배출되도록 한 것이다. 이는 또한 지반의 압밀시간은 배수거리의 제곱에 비례하므로 배수재 설치에 의한 배수거리 단축으로 지반의 압밀침하를 촉진시키게 된다. 연약지반처리는 지반개량 기간, 연직배수재의 간격, 압밀도와 밀접한 관계가 있으며 설계 시 지반개량 기간과 배수재 간격을 알고 압밀도를 구하는 경우, 지반개량 기간과 압밀도를 알고 간격을 구하는 경우, 및 간격과 압밀도를 알고 시간을 구하는 경우가 있으며 최종결정은 연약지반조건, 공사기간, 경제성, 시공성 안정성 등을 종합적으로 비교 검토하여 결정하여야 한다.

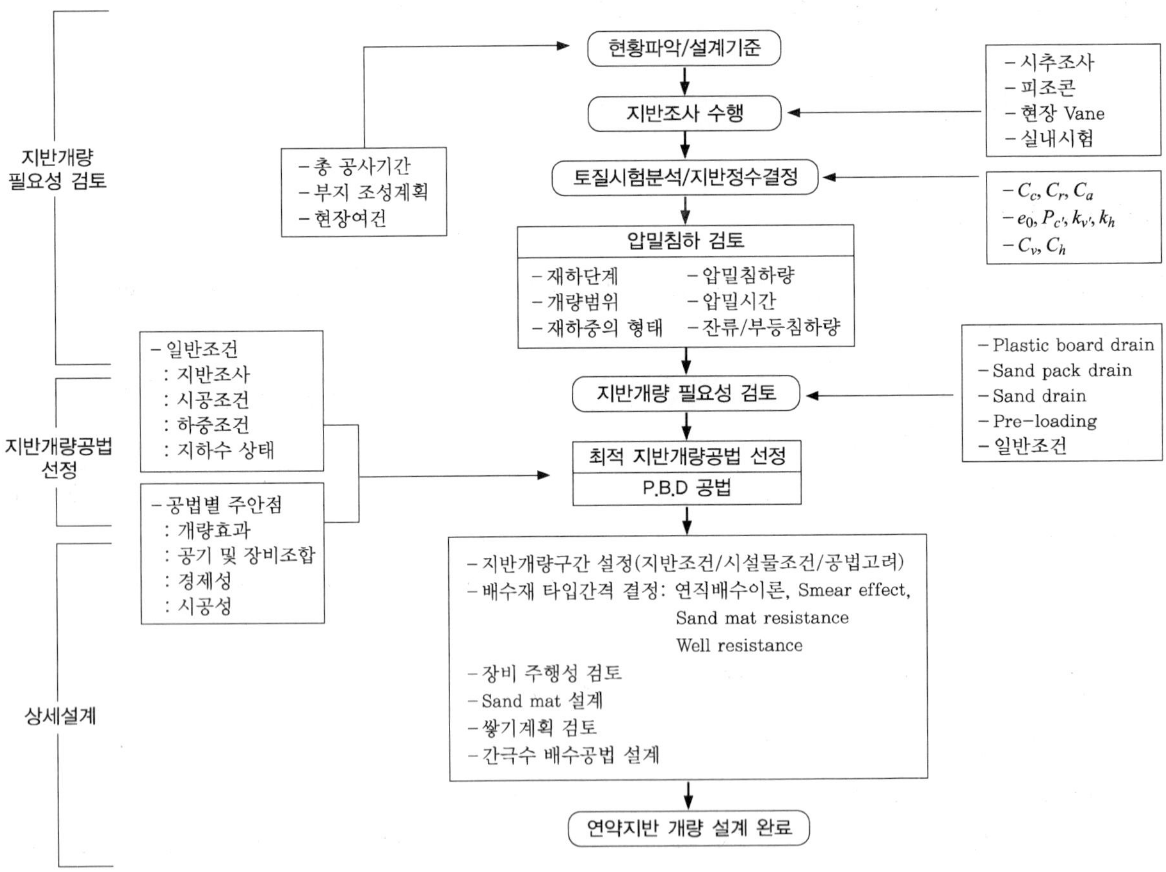

그림 4.11 연약지반처리설계 흐름도

4.4.2 점토지반의 침하특성

점토지반은 하중작용 시 투수계수가 작아 장기적인 침하가 발생하게 되며, 재하조건과 발생 시기에 따라 침하의 종류가 다음과 같이 분류된다.

즉시침하	➡	하중재하 시 발생되는 침하로서 토립자의 입자배열 변화가 주원인으로 주로 모래지반에서 발생되며, 단기간에 발생한다.
⬇		
1차 압밀침하	➡	증가하중에 의해 유발된 과잉간극수압으로 인해 흙 입자의 간극수가 배출됨에 따라 발생된다.
⬇		
2차 압밀침하	➡	과잉간극수압의 소산 후에 발생하는 침하로서 장기간에 걸쳐 creep 변형에 의해 발생된다.

그림 4.12 침하의 종류

4.4.3 침하시간 산정방법

1) 압밀도-시간과의 관계

(1) 연약지반 상 성토에 따른 지반의 침하는 침하량 그 자체보다 압밀소요기간이 길어 공용개시 이후 지속적인 침하발생과 침하량의 불연속성에 기인한 부등침하가 발생되어 시설물이 파손되는 문제점을 발생시킨다.

(2) 따라서 지반개량공사에는 공사기간이 중요한 요소로 작용하며 이를 예측하기 위해서는 연약지반개량 시간에 따른 압밀도를 파악하여야 한다.

(3) 압밀시간은 Terzaghi의 1차원 압밀의 해법인 압밀도(U)와 시간(t)계수의 관계에서 산정하였으며, 그 방법은 다음과 같다.

$$t = \frac{T_v \cdot H^2}{c_v} \tag{4.10}$$

여기서, t : 압밀시간, H : 간극수의 배수거리 T_v : 시간계수, c_v : 압밀계수

(4) 시간계수(T_v)는 Terzaghi의 간이계산식을 이용하여 구할 수 있고, 임의 시간 (t)에서 지층깊이에 따른 과잉간극수압의 분포는 sine곡선을 보이며 압밀도는 지층깊이에 따라 다르다. 공학적인 측면과 실무에서는 각 깊이에서의 압밀도보다 이들을 합하여 평균을 나타낸 평균압밀도를 많이 사용한다. 평균압밀도와 시간계수의 상관관계는 다음과 같다.

0% 〈 U_{av} 〈 53%인 경우, T_v = (π/4)·[(U/100)]^2 (4.11)

53% 〈 U_{av} 〈 100%인 경우, T_v = 1.781 − 0.933[log (100−U)] (4.12)

만일 평균압밀도가 50%라 하면 식 (4.11)로부터 시간계수 T_v = (π/4)·[(50/100)]^2 = 0.197, 평균압밀도가 90%라 하면 식 (4.12)로부터 시간계수 T_v = 1.781 − 0.933[log (100−90)] = 0.848을 구할 수 있다.

만일 평균압밀도가 50%를 초과하는 경우에는 $U_{av} = 1 - \sum_{m=0}^{m=\infty} \frac{2}{M^2} e^{-M^2 T_v}$의 수렴이 대단히 빠르므로 제 1항($m$=0)만이 의미를 가지게 된다. 따라서, m=0으로 두면 평균압밀도는 다음과 같이 나타 낼 수도 있다.

$$U_{av} \geq \ 50\%\text{인 경우}, U_{av} \approx \left[1 - \frac{8}{\pi^2} exp(-\frac{\pi^2 T_v}{4})\right] \quad (4.13)$$

또는, 위 식을 시간계수(T_v)에 대해 정리하면 다음과 같다.

$$U_{av} \geq \ 50\%\text{인 경우}, T_v \approx 1.781 - 0.933 \log_{10}\left[100 - U_{av}(\%)\right] \quad (4.14)$$

4.4.4 점성토의 압밀침하량 산정방법

1) 연약지반 침하량 추정방법

연약지반 침하량은 설계 시에 토질 실험결과, 유한요소법 등을 이용하여 추정이 가능하고, 현장 시공 시에는 계측결과를 이용하여 쌍곡선법, 평방근법, Asaoka법으로 침하량을 추정 할 수 있다.

표 4.6 연약지반 침하량 추정방법

구분	적용방법	특징
토질시험	일차원 압밀	압밀시험에서 압축지수(C_c), 체적압축계수(m_v), 초기간극비(e_o)로 구함
	Skempton~Bjerum법(1957)	표준압밀시험이나 압밀비배수 3축압축시험을 실시하여 체적압축계수, 압축계수를 구함
	Lamne 응력경로법(1964)	압밀배수 삼축압축시험에서 연직변형을 구함
유한요소법	선형 탄성해석 비선형 탄성해석 탄소성 해석	압밀비배수 삼축시험, 압밀배수 삼축시험에서 흙의 응력-변형률 관계를 모델화하여 구함
현장계측	쌍곡선법, 평방근법 Asaoka법	현재까지 흙쌓기에 의한 계측결과의 침하량에서 최종침하량을 단계적으로 추정함

2) 1차 압밀침하량 산정방법

점성토 지역의 침하량 예측은 Terzaghi의 일차원 압밀이론에 의한 침하량 산정식을 사용한다. 1차 압밀침하 산정 시 실무에서는 응력이력에 따라 침하산정이 용이한 압축지수(C_c)법을 주로 이용하며, 항만공사의 경우에는 m_v법을 주로 이용한다.

표 4.7 1차 압밀침하량 산정방법

구분	압축지수(C_c)법	체적압축계수(m_v)법	초기간극비(e_o)법
개요도	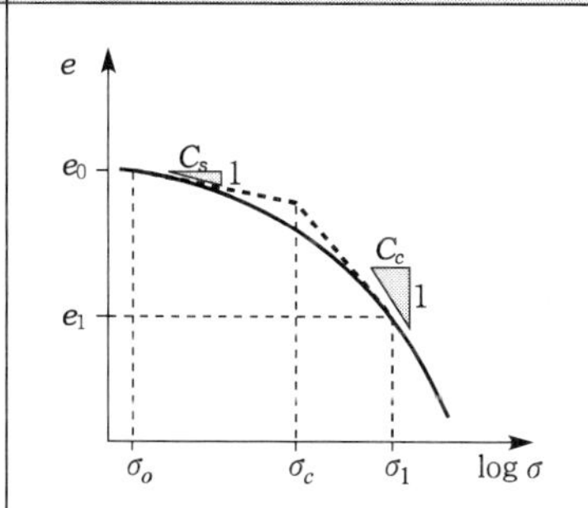	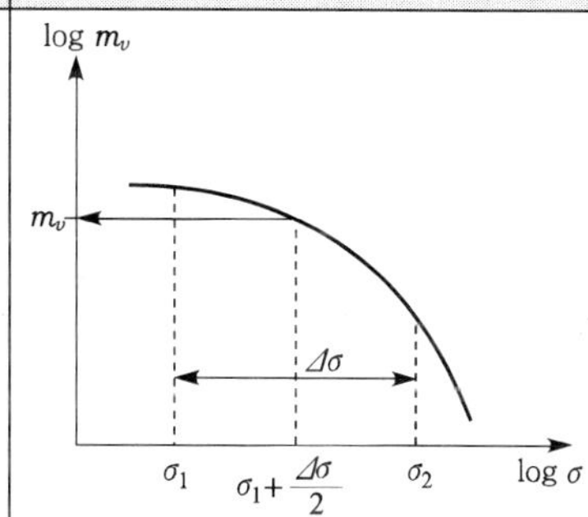	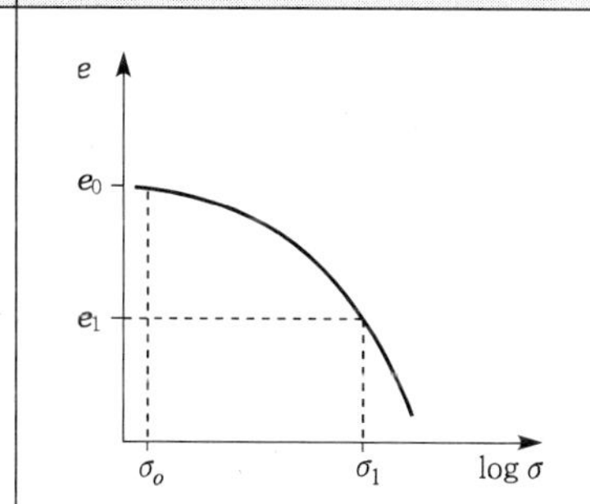
침하량 계산식	$S_c = \frac{C_c}{1+e_o} H \log(\frac{\sigma_o{}' + \Delta\sigma}{\sigma_c{}'})$	$S_c = m_v \times \Delta\sigma \times H$	$S_c = \frac{e_o - e_1}{1+e_o} \times H$
특징	C_c는 e-log σ 관계에서 직선으로 표시되나 연약 점토에서는 실제 하중별로 역 S 형태로 나타나므로 C_c 분산이 클 경우 과대평가되는 경향이 있다. 이때는 C_c를 2단계로 나누어 구할 필요가 있다.	과압밀 영역에서는 m_v의 분산정도가 높아 오차가 많으나 정규압밀 영역에서는 비교적 정도가 좋은 것으로 알려져 있다.	시험 data가 많아 e-log σ곡선의 분산이 클 경우 침하산정이 어려운 이론적 방법으로 실제로는 거의 사용하지 않는다.
실무적용	응력에 다른 침하량 산정이 용이하고 단계성토시 침하량 산정이 용이한 압축지수(C_c)법을 주로 이용한다.		

3) 1차 압밀침하

1차 압밀침하는 현장조건과 실내시험에서 현장조건을 고려하여 압밀시험을 실시하게 되므로 아래와 같은 개념도를 만들 수 있으며 이 조건으로부터 압밀침하량 공식을 아래와 같이 유도할 수 있다.

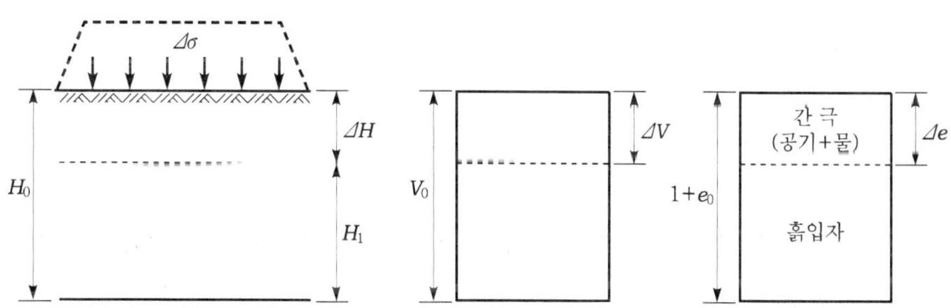

(a) 현장조사 (b) $\Delta H = \frac{\Delta V}{V_0} H_0$ (c) 실내조건

그림 4.13 흙의 1차 압밀침하 개념도

연약지반에 응력증가($\triangle\sigma$)가 발생함에 따라 연직방향으로 압밀된다고 하면(즉, 1차압밀) 연약지반 두께 H_0에 대한 침하량의 변화 $\triangle H$는 다음과 같이 나타낼 수 있다.

$$\frac{\triangle H}{H_0} = \frac{\triangle V}{V_0} = -\frac{\triangle e}{1+e_0} \tag{4.15}$$

여기서, $a_v = -\frac{\triangle e}{\triangle\sigma}$, $\triangle e = -a_v \triangle\sigma$

$$\triangle H = H_0 \frac{a_v}{1+e_0} \triangle\sigma \tag{4.16}$$

$\frac{a_v}{1+e_0} = m_v$는 체적변화계수 이므로 이것을 식 (4.16)에 대입하면,

$$\triangle H = H_o m_v \triangle\sigma \tag{4.17}$$

여기서, $\triangle P$는 외부 하중으로 인하여 연약지반층에 생긴 유효응력의 증가량이며, 이것은 Boussinesq의 방법이나, 또는 Westergaard의 방법으로 결정할 수 있다. m_v는 압밀시험의 결과를 이용하여 구할 수 있다. 그러나, m_v를 계산하는 것보다 $e - \log\sigma$ 곡선에서 C_c를 구하는 것이 더 용이하므로, 이것을 이용하여 압밀침하량을 구하는 공식을 유도하는 것이 사용하는데 더 편리하다. 따라서,

$$C_c = -\frac{\triangle e}{\triangle \log_{10} \triangle\sigma} \tag{4.18}$$

$$\triangle e = -C_c \triangle \log_{10}(\triangle\sigma) = -C_c \log_{10}\left(\frac{\sigma_0{}' + \triangle\sigma}{\sigma_0{}'}\right) \tag{4.19}$$

여기서 $\sigma_0{}'$은 하중이 원지반에 작용하기전의 연직유효응력이다. 이것을 식 (4.15)에 대입하고 정규압밀점토의 침하량 S_c 를 구하면,

$$S_c = \triangle H = \frac{C_c}{1+e_o} H \log\left(\frac{\sigma_o{}' + \triangle\sigma}{\sigma_o{}'}\right) \tag{4.20}$$

상기 식은 정규압밀점토인 경우에 연약지반의 중간 깊이에서의 응력을 대표로 하여 침하량을 구할 때 적용이 가능하나 연약지반 심도가 깊은 경우는 점토층을 몇 개의 층으로 나누어 각층에 대하여 압밀침하량을 구하고 이를 더하여 압밀침하량을 구할 수 있다. 과압밀 점토의 경우는 현재의 유효응력($\sigma_O{}'$)과 유

효응력증가량($\Delta\sigma$)의 합이 선행압밀하중(σ_c)을 초과하느냐, 초과하지 않느냐에 따라 적용공식이 달라지게 되며 하중조건별 압밀침하량 계산식은 표 4.8과 같다.

표 4.8 하중조건별 압밀침하량 계산식

구분	정규압밀점토 ($\sigma_o' = \sigma_c$)	과압밀점토	
		$\sigma_o' + \Delta\sigma < \sigma_c$	$\sigma_o' < \sigma_c < \sigma_o' + \Delta\sigma$
개념	정규압밀점토 지반에서는 토피하중보다 더 큰 응력이 유발되면 압밀은 정규압밀곡선(C_c)을 따라 발생한다.	원위치 유효 응력과 유효응력 증가량의 합이 선행 압밀하중 이내에 있는 경우 압밀이 과압밀 응력 범위 내에서 생기므로 팽창지수(C_r)로 침하량을 계산한다.	원위치 유효응력과 유효응력의 증가량을 합친 값이 선행 압밀하중보다 큰 경우로 과압밀 범위내의 압밀침하량과 정규압밀 범위내의 침하량으로 침하량을 계산한다.
개념도	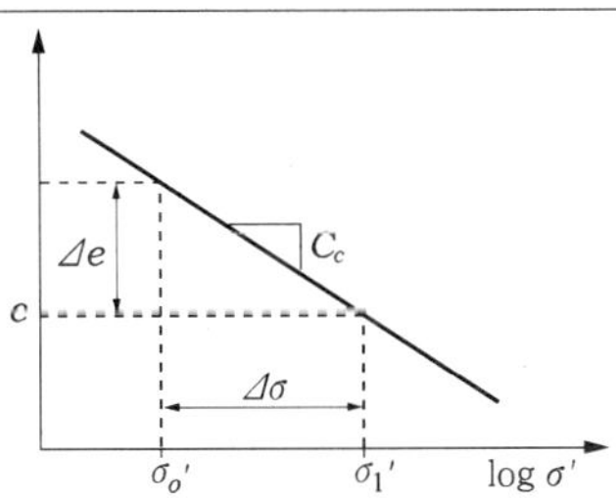	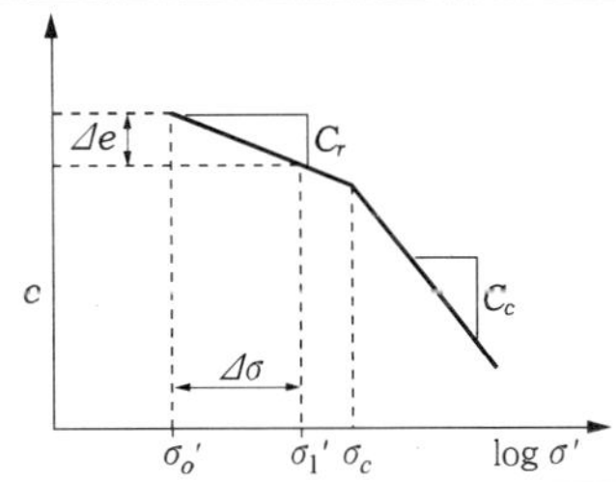	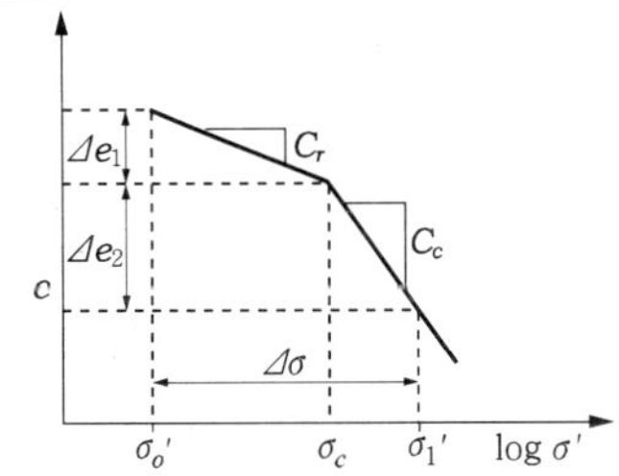
침하량 계산식	$S_c = \frac{C_c}{1+e_o} H \log(\frac{\sigma_o' + \Delta\sigma}{\sigma_o'})$	$S = \frac{C_r}{1+e_o} H \log(\frac{\sigma_o' + \Delta\sigma}{\sigma_o'})$	$S_c = \frac{C_r}{1+e_o} H \log\frac{\sigma_c}{\sigma_o'} + \frac{C_c}{1+e_o} H \log\frac{(\sigma_o' + \Delta\sigma)}{\sigma_c}$
실무 적용	하중 조건에 따라 침하량 공식을 선택 적용한다(p. 223 참조).		

여기서, S_c : 압밀침하량, C_r : 팽창지수, H : 압밀층의 두께

σ_o' : 유효상재하중, e_o : 초기간극비, σ_c : 선행압밀하중

C_r : 압축지수, $\Delta\sigma$: 흙쌓기 및 활하중에 의한 하중증가

4) 2차 압밀침하

과잉간극수압이 완전히 소산된 후 압축되는 현상을 2차 압밀(secondary consolidation)이라 한다. 그림 4.14에서 1차 압밀 완료 후의 2차 압밀은 거의 직선을 보이며, 이 직선의 기울기로부터 2차 압축지수 c_a를 구할 수 있다.

$$c_a = \frac{\text{변형률}}{\text{대수로표시한 시간차}} = \frac{\Delta H/H_p}{\Delta \log_{10} t} \quad (4.21)$$

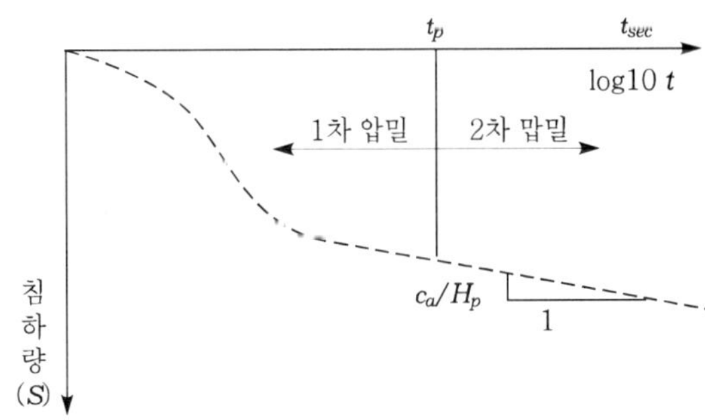

그림 4.14 2차 압축지수의 결정

2차 압축지수는 그림 4.15와 같이 NAVFAC DM 7.1에서 자연함수비에 대한 압축지수를 적용한다. (예: 실내시험 결과, 함수비가 평균 36%인 경우 2차 압축지수는 0.008)

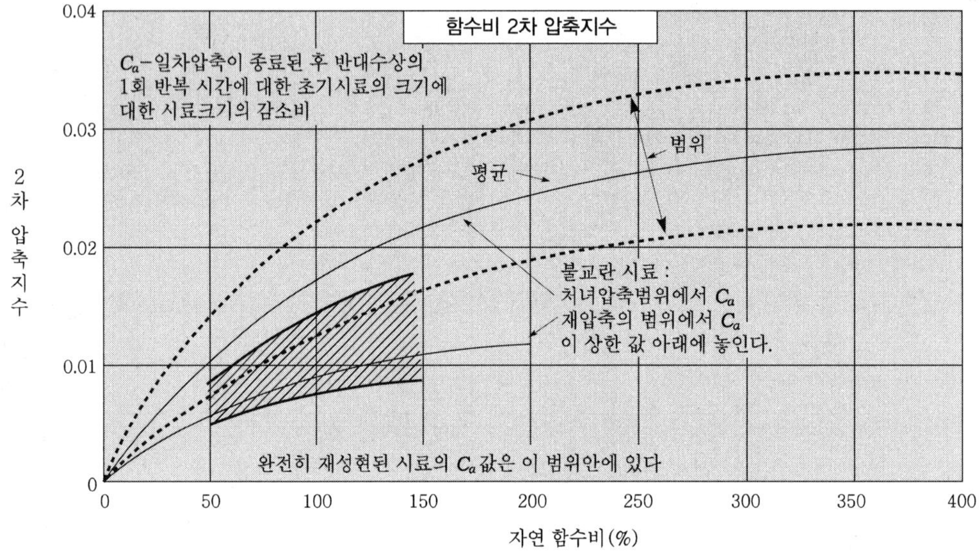

그림 4.15 2차 압축지수와 자연함수비의 관계(NAVFAC DM 7.1)

일반적으로 2차 압축지수는 NAVFAC DM 7.1에서 자연함수비(w_n)에 해당하는 값을 사용하며, 2차 압밀침하량 계산식은 다음과 같다. 1차압밀이 종료된 후 지속되는 2차 압밀침하기간은 실무에서 도로는 약 20년, 공항 활주로의 경우에는 약 30년간 지속되는 creep 변형량을 계산하고 있으나 이는 현장조건에 따라 달리 정할 수 있으며 포장공사 완료 후 2차 압밀침하가 거의 종료되면 Over lay(덧씌우기)를 하게 된다.

$$S_s = C_\alpha \cdot H_t \cdot \log\left(\frac{t_{\sec}}{t_p}\right) \tag{4.22}$$

여기서, S_s = 2차 압밀침하량 C_α = 2차 압밀계수

H_t = 최초두께에서 1차압밀침하량을 제외한 압밀층의 두께

$t_{\sec}$ = 2차 압밀시간(가정시간), t_p = 1차압밀 종료시간

예제 4.4

그림 4.16과 같이 지표면에 무한대로 넓은 범위로 $\Delta\sigma = 60kPa$의 하중이 작용되었다.
이 점토의 특징은 $c_v = 1.26m^2/yr$, C_c=0.32, e_0 = 0.85의 정규압밀점토이다.

1) 1차 압밀침하량과 t = 3년 후의 침하량을 구하라.

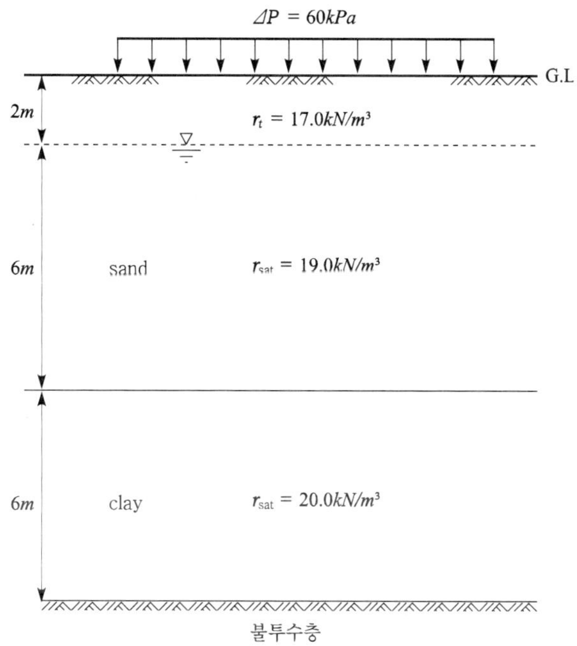

그림 4.16 하중 및 연약지반 조건

2) 만일 그림 4.16의 점토층 4.5m 지점에 sand seam이 연속적으로 존재한다면, 1차 압밀침하량과 3년 후의 침하량은 얼마인가.

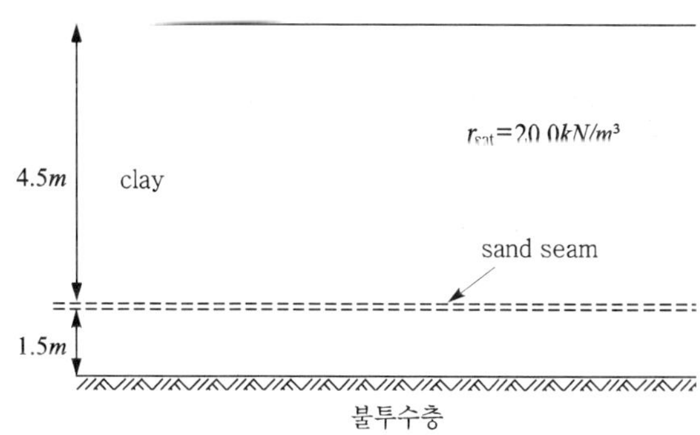

그림 4.17 sand seam 위치

풀이

1) 초기 유효응력(P_o)의 계산

$$P_o = 17 \times 2 + (19-10) \times 6 + (20-10) \times 3 = 118kPa$$

– 정규압밀점토이므로 1차 압밀침하량 계산은 다음과 같다.

$$S_c = \frac{C_c}{1+e_o} H \log\left(\frac{P_o + \Delta P}{P_o}\right) = \frac{0.32}{1+0.85} \times 600 \times \log\left(\frac{118+60}{118}\right) = 18.53cm$$

– 3년 후의 시간계수

$$T_v = \frac{c_v\, t}{H_{dr}^2} = \frac{1.26 \times 3}{6^2} = 0.105$$

U_{avg} 〈 50% 이므로 $U_{avg} = \sqrt{\frac{T_v \times 4}{\pi}} = \sqrt{\frac{0.105 \times 4}{3.14}} \times 100 = 36.6\%$

$\therefore S_{3yr} = S_c \times U_{avg} = 18.53 \times 0.366 = 6.78cm$

2) (1)층의 배수거리 H_{dr1} = 4.5 / 2 = 2.25m

(2)층의 배수거리 H_{dr2} = 1.5m

총 침하량은 18.53cm로 동일하며, 배수거리 변화에 따라 시간계수가 변한다.

$$T_{v1} = \frac{c_v\, t}{H_{dr1}^2} = \frac{1.26 \times 3}{2.25^2} = 0.747, \quad T_{v2} = \frac{c_v\, t}{H_{dr2}^2} = \frac{1.26 \times 3}{1.5^2} = 1.680$$

$$U_{avg1} = [1 - \frac{8}{3.14^2} exp(-\frac{3.14^2 \times 0.747}{4})] \times 100 = 87.13\%$$

$$U_{avg2} = [1 - \frac{8}{3.14^2} exp(-\frac{3.14^2 \times 1.680}{4})] \times 100 = 98.71\%$$

평균압밀도 $U_{avg} = \frac{4.5 \times 0.8713 + 1.5 \times 0.9871}{6} = 0.90 = 90\%$

$\therefore S_{3yr} = S_c \times \frac{90}{100} = 18.53 \times 0.9 = 16.68cm$

4.5 지표면에 하중작용 시 지중응력 및 지반강도증가

4.5.1 지중응력 이론과 실무적용 분야

지표면에 하중이 작용할 때 이 하중으로 인하여 지반 내에 생기는 지중응력의 계산방법은 탄성론으로부터 유도된 결과를 이용할 수 있다. 이 이론을 적용함에 있어 흙은 균질하고 등방성이며 탄성이라고 가정하였다. 그러나 지반내의 흙 성질은 이 가정과 차이가 있으나 실제와 크게 차이가 나지는 않는다. 이론

에서 제시하는 지중응력을 실무적용분야와 관련하여 살펴보면,

1) 집중하중으로 작용하는 경우는 항공기 하중과 같은 응력계산 시 적용할 수 있다.
2) 원형단면상에 등분포하중이 작용하는 경우는 탱크기초의 응력계산 시 적용이 가능하다.
3) 등분포하중에 의한 지중응력은 DB-24와 같은 차량하중의 응력계산 시 적용이 가능하다.
4) 사다리꼴 분포하중이 작용하는 경우는 preloading하중, 댐 및 제방과 같은 응력계산 시 적용 할 수 있다.

여기서는 연약지반개량설계 시 실무에서 등분포하중인 경우에 사용되고 있는 Kögler(케클러)의 근사해법과 프리로딩(Preloading)과 같은 사다리꼴 성토단면인 경우 Osterberg 도표에 의한 방법 및 Osterberg(1957)식에 의한 지중응력 증가이론에 대하여 살펴보기로 한다.

4.5.2 집중하중으로 인한 응력의 증가

그림 4.18(a)와 같이 지표면에 집중하중 Q가 작용할 때, 좌표 x, y, z 에 있는 요소 A에 생기는 응력은 Boussinesq에 의해 유도되었으며, 이를 간단히 표시하면 다음과 같다.

$$\triangle\sigma_v = I_B\left(\frac{Q}{z^2}\right) \tag{4.23}$$

여기에서, $I_B = \dfrac{3z^5}{2\pi R^5}$ 이고, I_B는 영향계수이며 집중하중에서 r(반경)이 있는 경우에 대하여 거의 계산을 하지 않는다. 식 (4.23)에서 알 수 있듯이 지표면에 집중하중이 놓일때 연직응력의 증가량은 깊이의 제곱에 반비례하고 하중의 중심에서 멀어질수록 감소한다. 즉, 지중응력은 그림 4.18(b)와 같이 하중의 중심선에서 가장 크며, 깊이가 깊어짐에 따라 감소하여 한계깊이 이상에서는 지표면에 있는 하중의 영향을 받지 않는다. 실무에서 항공기 하중과 같은 집중하중의 지중응력 증가계산 시 $\frac{r}{z}$은 o(zero)인 조건으로 계산하며 이때의 영향계수는 0.4775를 적용한다. 인천국제공항 1단계 건설시 비행기하중의 지중응력증가 계산 사례는 다음과 같다

- 항공기하중 : 1,148kN(비행기 총 하중에서 바퀴 한 개가 받을 수 있는 집중하중)
- 원지반 G.L : EL(+) 1.2m
- 활주로 포장계획고 : EL(+)7.0m
- 침하량 대상 연약층심도 : 6.6m
- 집중하중에 의한 지중응력 증가 : {1,143/[(7.0−1.2)+(6.6/2)]^2}× 0.4775 ≒ 6.6kPa

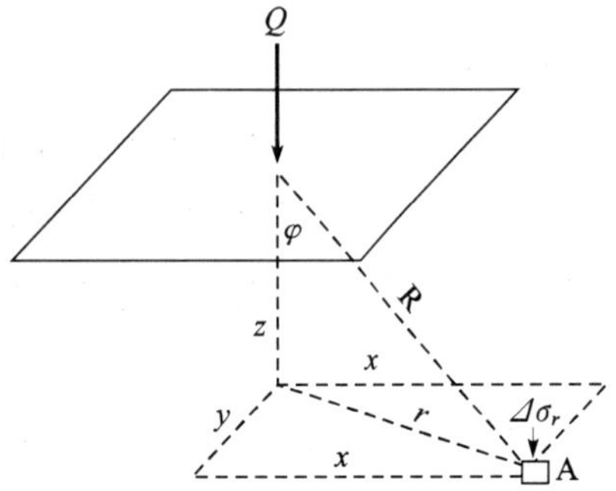

(a) 지표면에 집중하중 작용시 지반응력

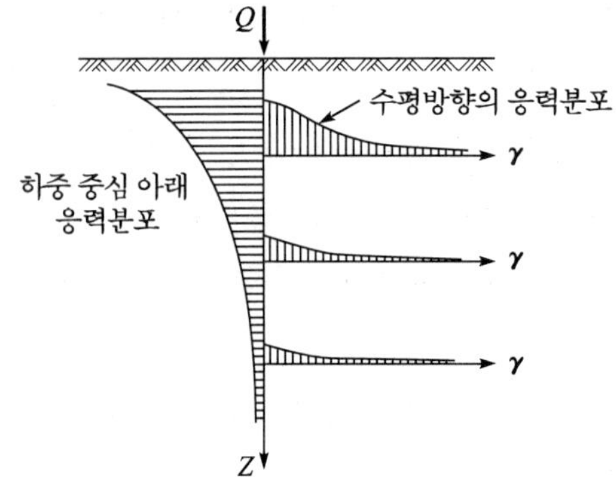

(b) 지표면에 집중하중 작용시 응력분포

그림 4.18 지표면에 집중하중 작용시 지반응력 및 지중응력 분포

4.5.3 Kögler의 근사해법

Kögler의 근사해법은 지반의 심도가 구조물 폭 B의 1~4배인 곳에 적용하는 것이 바람직하고, 그림 4.19와 같이 연직하중이 연직면과 α의 각도로 직선적으로 균일하게 분포된다고 가정하여 계산하는 방법으로 다음 식으로 구한다.

대상균등분포하중 : $$\triangle\sigma = \frac{\sigma \times B}{B + 2z\tan\alpha} \qquad (4.24)$$

사각형등분포하중 : $$\triangle\sigma = \frac{\sigma \times (B \times L)}{(B + 2z\tan\alpha)(L + 2z\tan\alpha)} \qquad (4.25)$$

여기서, σ : 기초지반상에 작용하는 등분포하중(kPa)
B : 작용하는 분포하중의 폭(m)
L : 분포하중의 길이(m)
z : 기초저면으로부터의 심도(m)
α : 지중응력의 분포각(°)

지중응력의 분포각(α)은 Boston code법에서는 30°로 하고 있으며, 또한 점성토지반은 45°, 모래지반에서는 30°로 하는 경우도 있다.

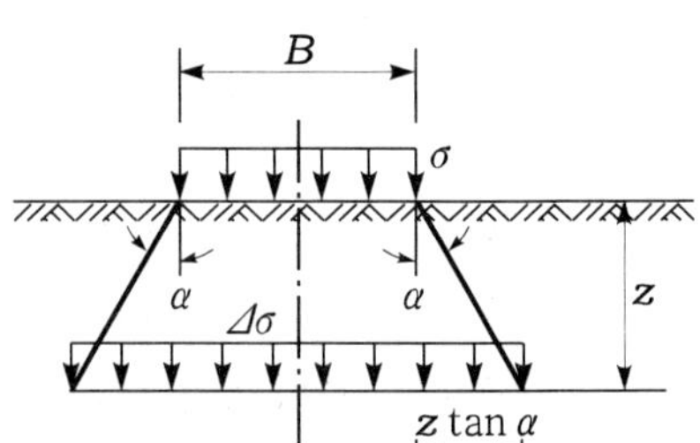

그림 4.19 대상균등분포하중 지중응력분포

4.5.4 Osterberg 도표에 의한 방법

Osterberg 도표에 의한 방법은 성토하중과 같은 대상하중에 대한 집중응력을 구하는 법으로, 높이 H인 성토 단면에서 지중의 임의 점에서의 지중증가응력은 그림 4.20과 같고, 이것은 2차원 하중 조건이다. 비탈면이 있는 토공의 경우 흙쌓기 하중에 의해 생기는 지중증가응력은 다음과 같다.

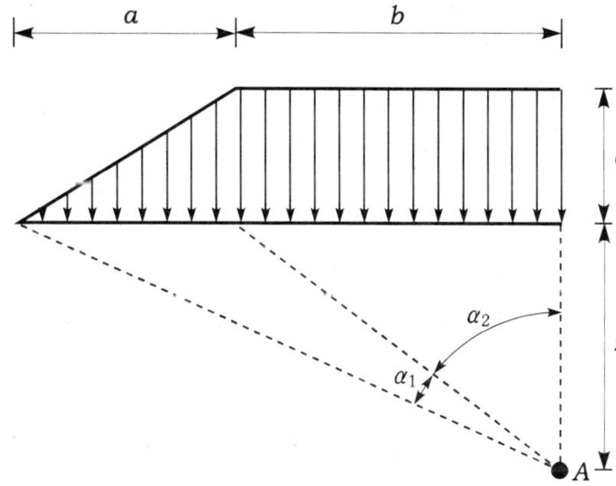

그림 4.20 사다리꼴(대상) 성토단면

$$\Delta p = \frac{q}{\pi}\left[\left(\frac{b+a}{a}\right)(\alpha_1+\alpha_2) - \frac{b}{a}(\alpha_2)\right] \tag{4.26}$$

여기서, $q=\gamma H$, $\gamma=$ 쌓기재의 단위중량, $H=$ 쌓기 높이

$$\alpha_1\,(\text{radians}) = \tan^{-1}\left(\frac{b+a}{z}\right) - \tan^{-1}\left(\frac{b}{z}\right), \quad \alpha_2 = \tan^{-1}\left(\frac{b}{z}\right) \tag{4.27}$$

간단한 형태로 표시하면,

$$\Delta p(\Delta\sigma_v) = qI \tag{4.28}$$

여기서, I(영향계수)는 b/z와 a/z의 함수

$$\therefore\ I = \frac{1}{\pi}\left[\left(\frac{a+b}{a}\right)(\alpha_1+\alpha_2) - \frac{b}{a}\alpha_2\right] \tag{4.29}$$

임의깊이($\Delta\sigma_z$)의 응력계산은 a/z, b/z를 계산하고 연직응력 영향계수(I)를 그림 4.21의 Osterberg 도표로부터 구하며 단면 형상별 응력은 다음과 같이 계산한다.

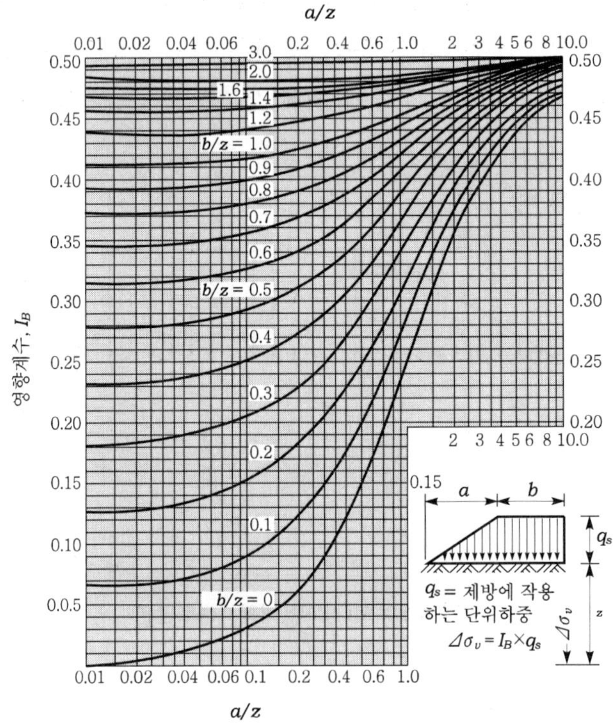

그림 4.21 긴 제방아래 지반 내 연직응력을 구하는 도표(Osterberg, 1957)

1) 성토 중심하의 응력을 구할 때(좌, 우대칭)

(1) a/z, b/z를 계산하고 I를 구한다.

(2) $q = r_t \times H$

(3) $\Delta\sigma_z = 2 \times q \times I$

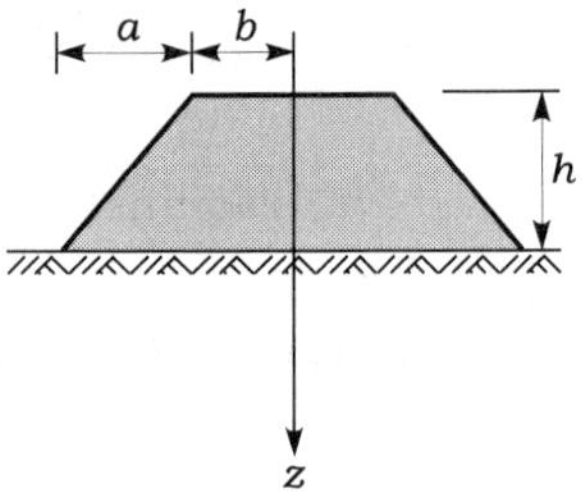

그림 4.22 좌, 우대칭

2) 성토 중부 임의점 아래의 응력을 구할 때(좌, 우 비대칭)

(1) a/z, b_1/z을 계산하고 I_1을 구한다.

(2) a/z, b_2/z로 I_2를 구한다.

(3) $\Delta\sigma_z = q \times (I_1 + I_2)$

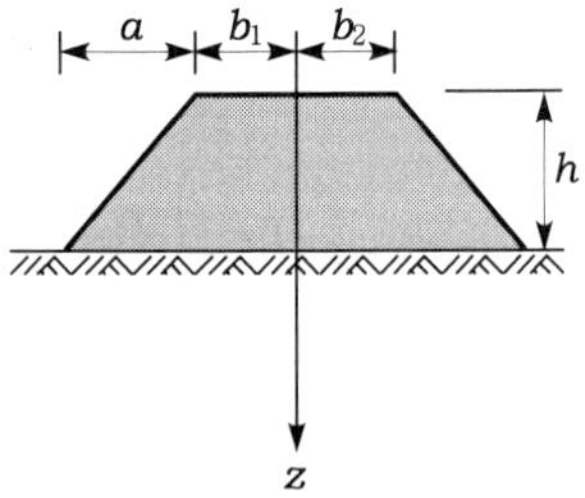

그림 4.23 좌,우 비대칭

3) 비탈면 중앙 아래의 응력을 구할 때,

(1) $2a/z$, $(a+b)/z$를 계산하고 I (I_1, I_2)를 구한다.

(2) $\Delta\sigma_z = q \times I$

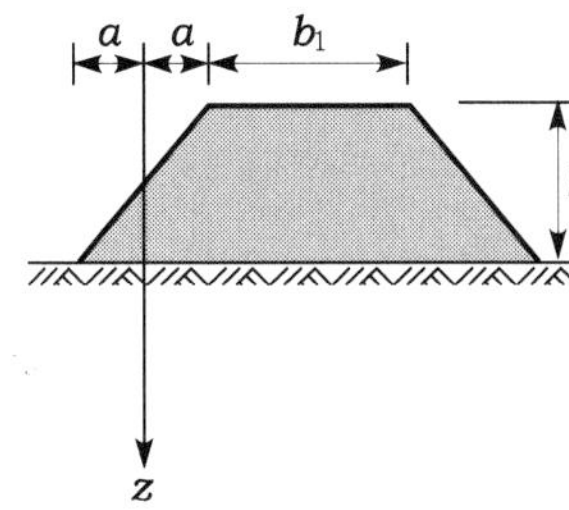

그림 4.24 사면 중앙하부

4) 비탈면 임의점 아래의 응력을 구할 때,

(1) $(a_1 + a_2)/z$, $(a+b)/z$를 계산하고 I_1을 구한다.

(2) a_1/z, b/z($b=0$으로 한다.)를 계산하고 I_2를 구한다.

(3) a_2/z, b/z($b=0$ 으로 한다.)로 I_3를 구한다.

(4) $\Delta\sigma_z = (\gamma_t \times (H_1 + H_2) \times I_1) - (\gamma_y \times H_1 \times I_2)) + (\gamma_t \times H_2 \times I_3)$

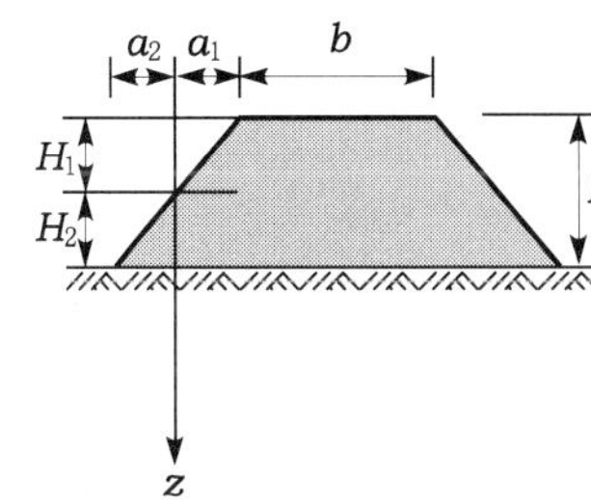

그림 4.25 사면 임의하부

5) 성토부 외부의 응력을 구할 때,

(1) a_1/z, $(a_1 + a_2 + b)/z$를 계산하고 I_1을 구한다.

(2) a_1/z, a_2/z를 계산하고 I_2를 구한다.

(3) $\Delta\sigma_z = q \times (I_1 - I_2)$

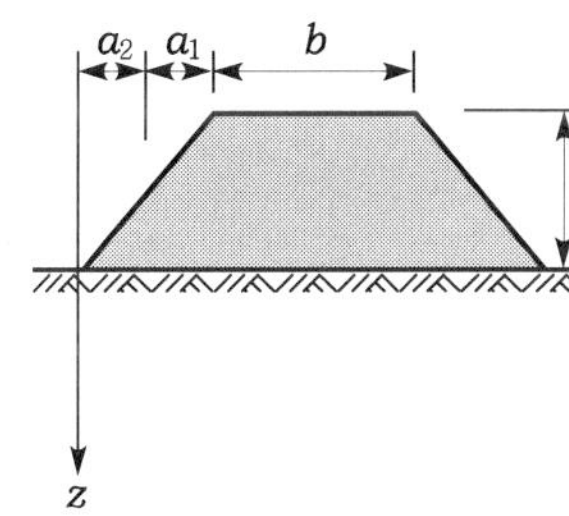

그림 4.26 성토외부

Osterberg 이론의 실무적용 분야는 다음과 같다. 도로 흙쌓기 또는 프리로딩 재하시 지표면에 길이 방향으로 사다리꼴 하중과 같이 작용하는 경우가 많으며 이로 인한 응력 영향계수(I)는 중심부에서 단부로 갈수록 영향계수 감소로 인하여 압밀도 및 침하 차이가 발생할 수 있다. 즉 사다리꼴 중앙부 연약지층 임이전과 동일 심도에서 단부의 응력은 작아지므로 부등침하방지를 위하여 프리로딩 여유폭을 그림 4.27(a)와 같이 재하하는 것이 바람직하다. 구조물 설치예정지에는 그림 4.27(b)와 같이 지반개량을 시행한 후 구조물공사를 위한 터파기를 실시하여야 한다. 그러나 구조물 폭이 좁아 구조물 폭을 포함하여 지반개량을 실시할지 여부는 공사기간 및 경제성을 검토하여 결정한다. 또한 구조물공사를 하면서 프리로딩을 병행하여 재하하거나, 액상화 방지를 위하여 준설토(모래)를 다질 경우는 그림 4.28과 같이 가시설 또는 구조물에 영향이 가지 않고 지반개량이 이루어 질 수 있도록 세심한 검토를 하여야 한다.

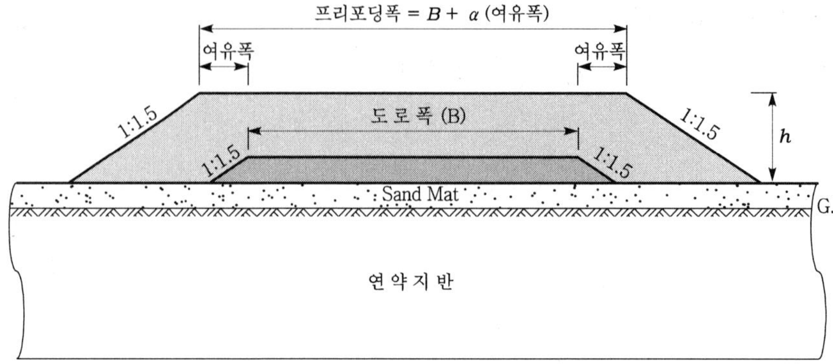

(a) 도로예정지에 프리로딩을 재하 할 경우

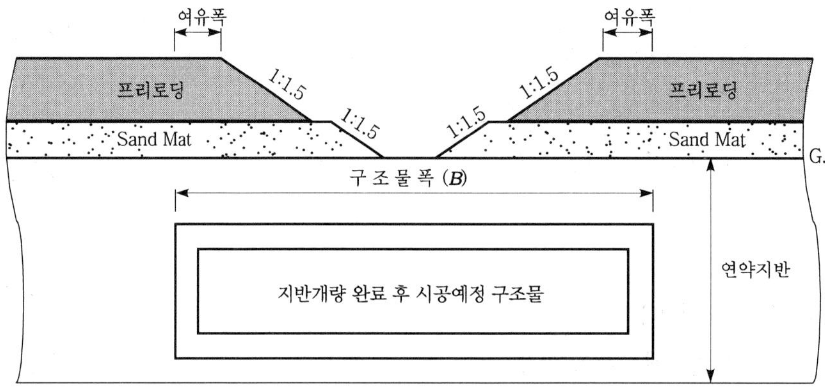

(b) 구조물예정지에 프리로딩을 재하 할 경우

그림 4.27 도로 또는 구조물 설치예정지에 프리로딩을 재하할 경우

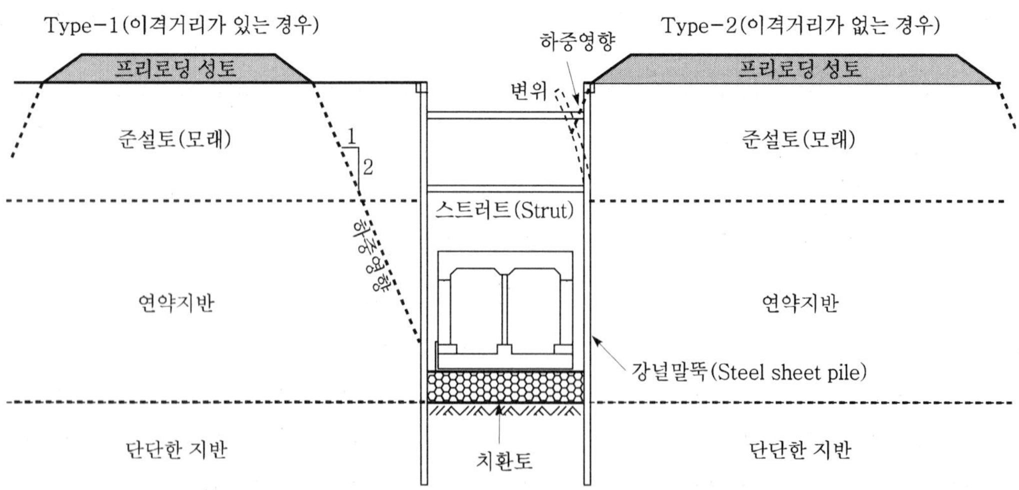

그림 4.28 구조물 시공중에 프리로딩을 재하 할 경우

예제 4.5

습윤단위중량이 $20kN/m^3$인 흙으로 그림 4.29와 같이 $4m$의 흙쌓기(프리로딩)을 할 경우 심도 z = $10m$의 ①~③지점에 대한 지중증가응력을 Osterberg의 도표를 사용하여 구하라.

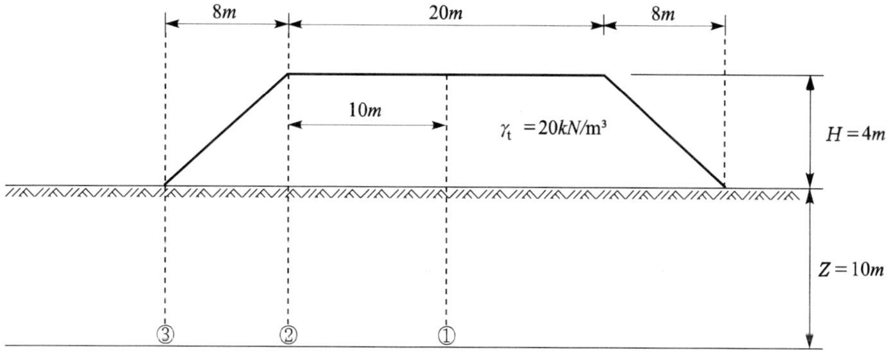

그림 4.29 예제 4.5의 그림

풀이

$q=\gamma_t \times H=20\times 4.0=80kPa$

1) 흙쌓기 중심하 ①지점 지중증가응력

그림과 같이 좌, 우대칭일 때 지중증가응력을 구한다.

$a=8m,\ b=10m,\ \dfrac{a}{z}=\dfrac{8}{10}=0.8,\ \dfrac{b}{z}=\dfrac{10}{10}=1.0$

상기 값을 이용하여 Osterberg에서 영향계수 I를 구하면 I=0 45가 된다

따라서 좌, 우대칭이므로 지중응력은,

$\Delta\sigma_Z=2\cdot q\cdot I=2\times 80\times 0.45=72kPa$

2) 비탈면 상단의 끝단부 ②지점 지중증가응력

(1) ②지점의 연직선 좌측

$a=8m,\ b=0m,\ \dfrac{a}{z}=\dfrac{8}{10}=0.8,\ \dfrac{b}{z}=\dfrac{0}{10}=0$

상기값을 이용하여 Osterberg 도표에서 영향계수 I_L을 구하면 I_L=0.215가 된다.

(2) ②지점의 연직선 우측

$a=8m,\ b=20m,\ \frac{a}{z}=\frac{8}{10}=0.8,\ \frac{b}{z}=\frac{20}{10}=2.0$

상기의 값을 이용하여 Osterberg도표에서 영향계수 I_R을 구하면 I_R=0.485가 된다.

$\Delta\sigma_z=q(I_L+I_R)=80\times(0.215+0.485)=56kPa$

3) 비탈면 하단의 끝단부 ③지점 지중증가응력

(1) ③지점의 연직선 좌측

$a=0m,\ b=0m,\ \frac{a}{z}=\frac{0}{10}=0,\ \frac{b}{z}=\frac{0}{10}=0$

Osterberg 도표에서 영향계수 I_L을 구하면 I_L=0이 된다.

(2) ③지점의 연직선 우측

$a=8m,\ b=20m,\ \frac{a}{z}=\frac{8}{10}=0.8,\ \frac{b}{z}=\frac{20}{10}=2.0$

상기의 값을 이용하여 Osterberg 도표에서 영향계수 I_R을 구하면 I_R=0.485가 된다.

$\Delta\sigma_z=q\cdot(I_L+I_R)=80\times(0+0.485)=38.8kPa$

①, ②, ③ 지점의 지중증가응력도를 나타내면 그림 4.30과 같다.

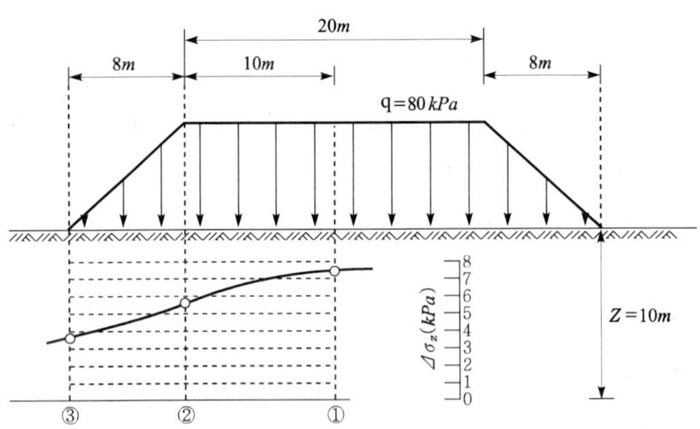

그림 4.30 사다리꼴하중에 의한 지중증가응력

4.5.5 쌓기하중에 의한 강도증가율

점토층은 압밀하중에 의해 압밀이 진행하면서 비배수 전단강도가 증가되며 강도증가율은 실내시험 또는 경험식을 이용하여 산정할 수 있다.

1) 강도증가 추정

전응력해석법을 바탕으로 하므로 깊이에 따른 유효응력증가에 대하여 비배수 전단강도 값의 비로 나타낼 수 있고 정규압밀점토와 과압밀점토는 다음과 같이 추정할 수 있다.

(1) 정규압밀점토 : $(\frac{c_u}{\sigma'})_{NC}$ – 일정 (4.30)

(2) 과압밀점토 : $\frac{(c_u/\sigma')_{OC}}{(c_u/\sigma')_{NC}} = \mathrm{OCR}^{0.8}$ (4.31)

2) 강도증가율 산정방법

(1) 삼축압축시험 및 일축압축시험 결과 이용

삼축압축시험과 일축압축시험의 결과를 깊이에 따라 plot할 때 비배수 전단강도 분포가 심도에 대비하여 증가하는 경우 비배수 전단강도는 다음과 같다.

$$S_u = k \times z + S_o \tag{4.32}$$

여기서, S_u : 임의의 깊이에서의 비배수 전단강도(kPa)
k : 깊이에 대한 S_u의 증가율
z : 지표면에서부터 임의 지점까지의 깊이(m)
S_o : 초기 비배수 전단강도 (kPa)

이때 강도증가율(α)은 다음과 같다.

$$\alpha = \frac{S_u}{P'} = \frac{k}{\gamma_{sub}} \tag{4.33}$$

(2) 압밀비배수 삼축압축시험 분석

삼축압축시험에 의해 강도증가율(S_u/σ')를 구하는 경우에는 실제의 지반에 대한 압밀조건에 맞추기 위한 연직방향의 변위만을 허용하는 K_o압밀(CK_oU)을 실시하여 구하는 것이 바람직하나 삼축시험에서는 보통 등방압력에 의한 압밀 (CIU)을 실시하여 S_u/σ'를 구한다. 이 경우 S_u/σ'는 과대평가 되어 이를 보정 해야 하는데 이는 등방압밀에 의한 영향뿐만 아니라 자연상태의 시료를 채취하여 시험실에서 본래의 하중 상태가 되도록 재압밀하면 간극비는 줄고, 강도는 더 증가되기 때문이다. 특히 예민비가 높은 점성토에서는 이러한 경향들이 크며 이러한 점들을 감안하여 일본에서는 표준 삼축압축시험(CIU)에서 구한 S_u/σ'를 실무에 적용할 경우에는 약 86 ~ 91% 정도 보정하여 적용할 것을 권장하고 있다.

강도증가율은 압밀비배수 삼축압축시험에 의해 얻어진 Mohr-Coulomb의 파괴 시($K_o=1$) 유효응력원을 이용하여 다음과 같이 산정할 수 있다.

$$\left(\frac{S_u}{\sigma_o{}'}\right)_{CIU} = \frac{\sin\phi'}{1+(2A_f-1)\sin\phi'},\quad A_f = 1 \text{ (정규압밀상태)} \tag{4.34}$$

이 식을 이용하여 S_u/σ'를 구한 결과는 0.2 ~ 0.4 정도이다.

(3) 경험식을 이용하는 방법

점토의 물리적 성질을 이용한 강도증가율 산정방법 중에서 가장 보편적으로 이용되는 경험식은 Skempton식과 Hansbo식이며 정규압밀점토를 대상으로 한다.

① Hansbo 제안식 : $\frac{s_u}{\sigma_o} = 0.45LL$ (조건, LL≥40) (4.35)

② Skempton 제안식 : $\frac{s_u}{\sigma_o} = 0.11+0.00379PI$ (조건, PI≥10) (4.36)

3) 강도증가율을 고려한 비배수 전단강도 산정

강도증가율을 이용하여 증가된 비배수 전단강도는 다음과 같이 구할 수 있다.

$$S_u = S_o + \Delta\sigma \times U \times I \times m \tag{4.37}$$

여기서, S_u : 비배수 전단강도(kPa), S_o : 초기 비배수 전단강도(kPa)

m : 강도증가율, ΔP : 유효 토피압에 의한 응력 증가량

U : 압밀도, I : 지중응력계수

4) 실무적용

(1) 연약지반의 강도증가율(s_u/σ_0') 산정 시 Skempton식과 Hansbo식은 참고자료로 활용하고 가급적 삼축압축시험과 원위치시험(피조콘, vane)값을 비교검토 후 적정 값을 적용하는 것이 바람직하다.

(2) 원지반의 경우 대부분 과압밀토이나 과압밀 조건으로 강도증가를 구할 경우 과소설계 위험이 있으므로 일반적으로 정규압밀로 강도증가율을 계산한다.

(3) 재하기간이 충분하지 않아 압밀도가 50%이하로 낮을 경우는 시공 시 교란 영향에 의해 강도 증가율이 직선보다 아래쪽에 위치하는 경우가 많으므로 유의를 요한다.

4.6 한계쌓기높이

4.6.1 개요

지반의 안정은 침하와 더불어 안정 처리의 주된 목표로서 연약지반상에 흙쌓기를 실시하면 이로부터 전단응력이 발생한다. 전단응력이 지반 고유의 지지력을 초과하면 지반은 전단 파괴가 발생하며 이로부터 교란에 의한 강도 감소 및 과다 변위를 유발한다. 연약지반에서 성토하중으로 인한 원지반의 지지력 부족에 의한 활동파괴현상을 방지할 수 있는 성토 높이를 한계성토고라 한다.

4.6.2 한계 쌓기높이 검토

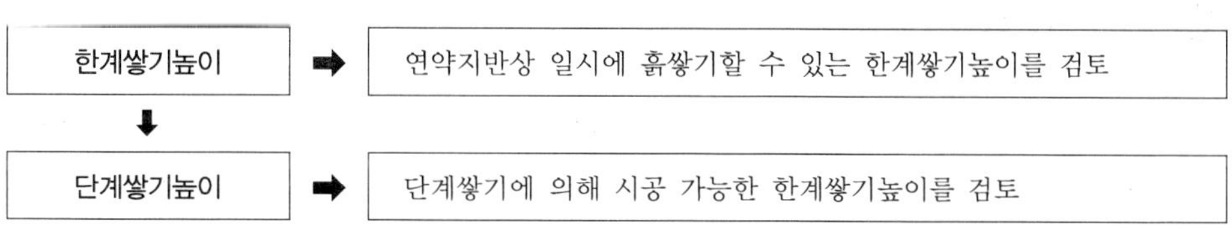

그림 4.31 한계쌓기높이 검토 흐름도

$$한계쌓기높이 : h_c = \frac{q_{ult}}{\gamma_t \cdot F_s} = \frac{5.14\ c_u}{\gamma_t \cdot F_s} \tag{4.38}$$

여기서, $q_{ult} = c_u N_c + \gamma \cdot D_f$, c_u : 비배수 강도(kPa)

N_c : 지지력 계수(= 5.14), γ_t : 흙쌓기재의 단위중량

D_f : 지표면에서 기초바닥 까지의 깊이, F_s : 안전율(= 1.2)

예제 4.6

지표면에 흙쌓기공사 수행 시 한계흙쌓기높이(h_c) 및 압밀도 95%일 때의 비배수 전단강도를 산정하라.
(단, $\gamma_t = 18kN/m^3$, $c_u = 10kPa$, 강도증가율 m=0.25 이다.)

풀이

1) 지표면에서 근입 심도가 0(zero)이므로 $\gamma \cdot D_f$를 무시하면,

- 한계흙쌓기높이 $h_c = \frac{5.14 c_u}{\gamma_t \cdot F_s} = \frac{5.14 \times 10}{18 \times 1.2} \fallingdotseq 2.4m$

2) 한계흙쌓기높이를 고려한 비배수 전단강도 산정

1)항과 같이 2.4m를 쌓기할 경우 강도 증가율 m=0.25일 때, 압밀도 95% 조건에서 비배수 전단강도(s_u)를 계산하면

$S_u = S_o + \Delta P \times U \times m = 10 + (2.4 \times 18) \times 0.95 \times 0.25 \fallingdotseq 20kPa$

4.6.3 실무적용시 유의사항

비탈면안정 해석 시 전단강도 부족으로 불안전한 해석이 될 경우 강도증대 목적으로 한계흙쌓기높이를 계산하여 흙쌓기높이를 결정하거나, 압밀도를 높여(예, 90% ⇒ 95%) 안정해석이 되도록 검토를 한다.

4.7 연약지반 개량공법

연약지반개량은 연직배수재를 지중에 타입하여 점성토층의 배수거리를 짧게 함으로서 압밀침하를 촉진시켜 개량목표 기간에 연약지반을 개량하는 방법이다. 공법별 개량원리, 개량목적 및 적용대상지반은 표 4.9와 같다.

표 4.9 연약지반 개량공법의 분류 및 적용지반

<table>
<tr><th>구분</th><th>개량원리</th><th colspan="2">주요공법</th><th>개량목적</th><th>적용대상지반</th></tr>
<tr><td rowspan="6">하중조절</td><td>경량화</td><td colspan="2">경량자재</td><td rowspan="6">지반 지지력 향상
지반 전단변형 억제
지반 침하억제
활동파괴 방지
기계의 주행성확보</td><td rowspan="5">점성토 지반
유기질토 지반</td></tr>
<tr><td>하중균형</td><td colspan="2">압성토공법</td></tr>
<tr><td rowspan="4">하중분산</td><td colspan="2">침상공법</td></tr>
<tr><td colspan="2">Sheet net 공법</td></tr>
<tr><td colspan="2">Sand mat 공법</td></tr>
<tr><td colspan="2">표층혼합처리공법</td><td>점성토 지반</td></tr>
<tr><td rowspan="21">지반개량</td><td rowspan="2">치환</td><td colspan="2">굴착치환공법</td><td rowspan="2">활동파괴 방지, 침하 감소, 지반 전단변형의 억제</td><td rowspan="2">점성토 지반
유기질토 지반</td></tr>
<tr><td colspan="2">강제치환공법</td></tr>
<tr><td rowspan="7">탈수</td><td colspan="2">Preloading</td><td rowspan="7">압밀침하 촉진
지반 강도증가 촉진
활동파괴 방지</td><td rowspan="4">점성토 지반
유기질토 지반</td></tr>
<tr><td rowspan="3">연직배수재공법</td><td>Plastic board drain 공법</td></tr>
<tr><td>Sand drain 공법</td></tr>
<tr><td>Pack drain 공법</td></tr>
<tr><td rowspan="2">지하수위저하공법</td><td>Well point 공법</td><td>사질토 지반</td></tr>
<tr><td>Deep well 공법</td><td rowspan="2">점성토 지반</td></tr>
<tr><td colspan="2">생석회 pile 공법</td></tr>
<tr><td rowspan="5">다짐</td><td colspan="2">Sand compaction pile 공법</td><td rowspan="5">침하 감소
액상화 방지
활동파괴 방지</td><td>점성토, 사질토, 유기질토</td></tr>
<tr><td colspan="2">Vibroflotation 공법</td><td rowspan="2">사질토 지반</td></tr>
<tr><td colspan="2">Vibrotamper 공법</td></tr>
<tr><td colspan="2">쇄석 Pile 공법</td><td>점성토, 사질토 지반</td></tr>
<tr><td colspan="2">동압밀공법</td><td>사질토 지반</td></tr>
<tr><td rowspan="4">고결</td><td colspan="2">석회계 심층혼합처리공법</td><td rowspan="4">활동파괴 방지
침하 감소
지반 전단변형 방지
Piping 방지</td><td rowspan="2">점성토 지반</td></tr>
<tr><td colspan="2">시멘트계 심층혼합처리공법</td></tr>
<tr><td colspan="2">분사교반공법</td><td rowspan="2">점성토, 사질토 지반</td></tr>
<tr><td colspan="2">동결공법</td></tr>
<tr><td rowspan="3">지수</td><td colspan="2">약액주입방법</td><td rowspan="3">지반토 측방유동방지 지수</td><td>사질토 지반</td></tr>
<tr><td colspan="2">분사주입방법</td><td>점성토, 사질토 지반</td></tr>
<tr><td colspan="2">지수널말뚝공법</td><td>사질토, 유기질토 지반</td></tr>
<tr><td rowspan="2">지중구조</td><td rowspan="2">골격형성</td><td colspan="2">체절성토공법</td><td rowspan="2">활동파괴 방지
측방유동 방지</td><td rowspan="2">점성토, 사질토 지반
유기질토 지반</td></tr>
<tr><td colspan="2">Pile slab공법</td></tr>
</table>

4.8 표층처리공법

표층 강도증진을 통한 장비의 주행성(trafficability) 확보 및 간극수의 지표 배출이 주목적이다. 표층처리공법의 종류는 박영목 등(2010)이 제시한 NCM을 포함하여 표 4.10과 같으며 자세한 내용은 제 11장 준설매립편에서 다루기로 한다.

표 4.10 표층처리공법의 종류

분류	공법	공법의 개요
포설공법	Sand mat	연약토 표층에 모래를 포설하여 장비 주행성 확보 및 간극수 지표배출
	토목섬유	연약토 표층에 토목섬유를 포설하여 인력 및 장비의 진입성 증진
	대나무매트	연약층 위에 대나무를 연속 또는 격자로 묶어 포설하여 지지력 확보
배수 및 건조	PTM	표층에 점진적인 트렌치를 시공하여 표면배수 및 건조층 형성 촉진
	표층배수	표층에 배수로를 설치하여 지반의 수위 저하
	진공수평배수	표층부에 수평배수재를 설치하여 진공압으로 배수 촉진
	NCM	표층부에 공장제품 Net chunnel을 일정간격으로 연속설치하고 강제 펌핑을 통하여 표면과 표층부 배수 및 표층부에 건조층 형성으로 지지력 확보, 유해곤충 발생 방지

4.9 샌드매트(Sand mat) 공법

sand mat 설치는 연직배수재 타입장비의 주행성(trafficability) 확보가 우선이며 다음으로 압밀침하로 발생되는 간극수의 배출에 목적이 있다. 따라서 연약지반의 정도에 따라 모래가 단독으로 사용되기 보다는 PET mat와 조합하여 사용하는 것이 효과를 증대시킬 수 있다.

그림 4.32 샌드매트 포설 후 연직배수재(PBD) 타입완료 장면

4.9.1 장비 주행성 확보를 위한 저면 mat인장강도 결정

원지반 강도로는 덤프트럭 및 배수재 타입장비의 통행이 불가능할 경우 저면 mat를 보강하여 지반의 지지력을 확보한다. mat설계 시 작용하중, 재하 폭, 재질 등에 대하여 검토를 하여야 하며 mat위에 하중이 작용할 때 mat가 받는 인장강도는 다음의 방법에 의하여 산정한다.

1) Terzaghi방법에 의한 인장강도 계산(복토 전)

(1) 사용장비의 접지압 산정

$$Q = \frac{W}{a \cdot b} \qquad (4.39)$$

덤프트럭(후륜하중 사용($W=0.4P$)), 괘도(=$P/2$)

여기서, Q : 장비접지압 , W : 작용하중 a, b : 접지길이, 접지폭,

B : 하중폭 P : 장비 총 하중

(2) 저면 mat의 소요강도 계산

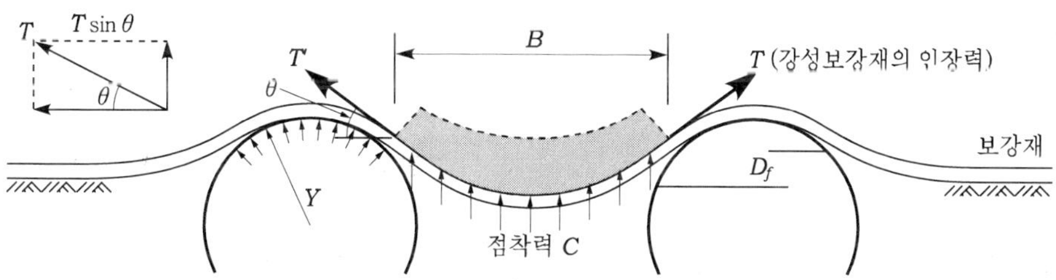

그림 4.33 저면 mat의 소요강도 모식도

$$q_a = Q = (\frac{1}{F_s})\left\{c \cdot N_c + \frac{2Tsin\theta}{B} + (\frac{T}{r} + r' D_f) \cdot N_q\right\} \qquad (4.40)$$

연약점토층에서 $\phi = 0$이므로 N_q=1이며, D_f를 무시하고 간략화 하면

$$T = \frac{F_s \cdot Q - c \cdot N_c}{2 \cdot \sin\theta / B} \qquad (4.41)$$

여기서, T : 저면 mat 설계인장강도, F_s : 안전율, r : 가상원의 반경,

θ : 저면 mat가 수평면과 이루는 각, B : 하중 폭

저면 mat 설계인장강도는 최대인장강도에 배수재 타설시 천공 및 봉합부위 강도 감소를 고려하여 허용인장강도를 적용한다.

$$\tau_{allow} = \frac{\tau_{ult'}}{F_{s_{설치}} \times F_{s_{크리프}} \times F_{s_{화학적손상}} \times F_{s_{생물학적손상}} \times F_{s_{천공}}} \qquad (4.42)$$

여기서, τ_{allow} = 허용인장강도, τ_{ult} = 극한인장강도

일반적으로 저면매트는 단기 지지력 확보용이므로 실무에서는 설치 시 손상안전율 1.5를 적용하며, 배수재 타입 시 천공에 의한 저감효과를 고려하기 위하여 안전율 3.0을 적용한다.

2) Yamanouchi방법에 의한 인장강도 계산(복토 후)

연약지반상 저면 mat 및 sand mat를 부설한 후 시공 장비에 의한 지반의 지지력 검토는 Prandtl의 지지력공식을 이용하여 그림 4.34와 같은 Yamanouchi모델을 적용하여 계산한다.

Mat 및 sand mat의 보강효과를 고려한 연약지반의 허용지지력은 다음과 같은 계산식을 이용하여 구할 수 있다.

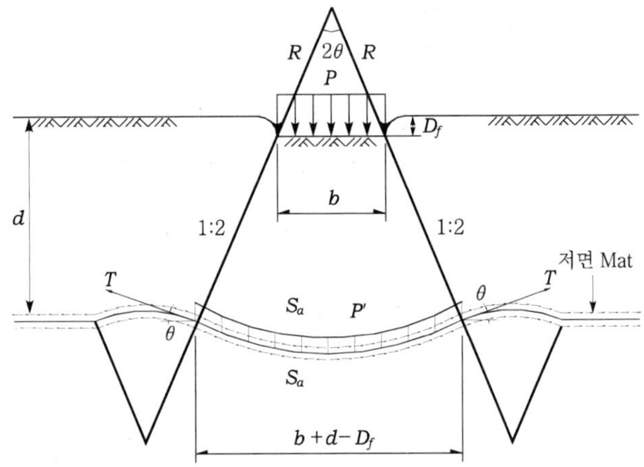

그림 4.34 Yamanouchi방법에 의한 인장강도 계산(복토 후)

$$q_a = P = \frac{1}{F_s}(1+\frac{d-D_f}{b})\cdot\ [5.3c + T(\frac{2\sin\theta}{b}+\frac{1}{r}) + \frac{4\cdot\ S_a\cdot\ R(1-\cos\theta)}{b+d-D_f} + r_1\cdot\ D_f] \qquad (4.43)$$

위의 식에서 S_a, D_f, r 를 무시하고 mat의 인장강도를 계산하면 다음과 같다.

$$T = \frac{b}{2\sin\theta}\cdot(\frac{P\cdot F_s}{1+d/b} - 5\cdot 3c) \qquad (4.44)$$

여기서, T : 저면 mat 최대인장강도, F_s : 안전율

θ : 저면 mat가 수평면과 이루는각, D_f : 장비 근입심도

b : 타설장비 접지폭, d : sand mat두께, c : 지반의 점착력

S_a : Mat 전단저항, γ_t : sand mat의 단위중량, P : 장비의 접지압

r : 장비 접지로 인해 발생되는 성토부의 융기를 원형으로 가정했을때의 반경

4.9.2 sand mat 두께 결정

1) Yamanouchi이론에 의한 계산

식 (4.44)를 두께 d에 대한 식으로 정리하면 장비 접지압에 대응되는 소요 복토두께를 계산할 수 있으며, 식은 다음과 같다.

$$\therefore d = b \cdot \left(\frac{P \cdot F_s}{5.3c + \dfrac{2T\sin\theta}{b}} - 1 \right) \tag{4.45}$$

2) 표층부의 콘지지력을 이용하는 방법

표 4.11 표층의 콘 지지력에 의한 sand mat 두께 결정

표층 콘 지지력(kPa)	sand mat 두께(cm)	표층 콘 지지력(kPa)	sand mat 두께(cm)
200 이상	50	75～50	100～120
200~100	50～80	50 이하	120
100~75	80～100		

3) 시공 장비의 접지압에 따른 방법

표 4.12 장비의 최대 접지압에 따른 sand mat 두께

장비의 최대 접지압(kPa)	sand mat 두께(cm)	장비의 최대 접지압(kPa)	sand mat 두께(cm)
70 이하	50	150～250	120～150
70~100	50～80	250 이하	150
100~150	80～120		

예제 4.7

설계부지 연약지반의 비배수전단강도의 분포가 12~25kPa(평균 18kPa)으로 지반강도가 약하여 토공장비 진입이 어려워 장비 주행성을 확보하고자 sand mat를 포설하는 경우 적절한 sand mat 두께를 산정하고 간극수배출 가능성을 검토하라. 단, 압밀도 50%에 해당하는 침하량 38cm, 압밀침하시간 354일에 따른 평균침하속도 S=0.11cm/day이고, 투수계수(k) 8.23m/sec, 수평 배수거리(L)은 1,340cm이다.

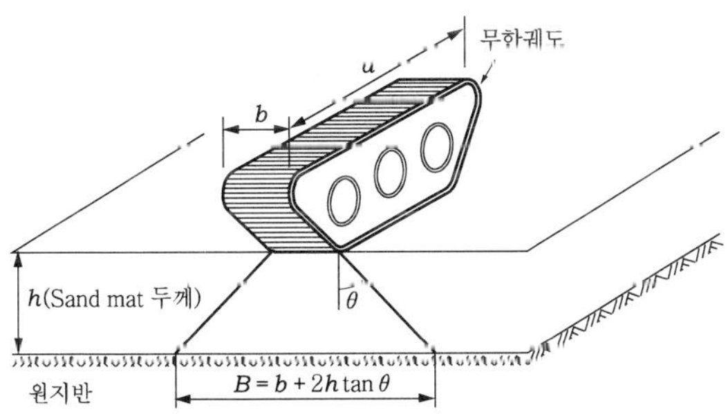

1) 타설가능심도 : 35.0m
2) PBD 장비 총 중량 : 620kN
3) 궤도제원 : a(4.0m)×b(0.9m)
4) 기준안전율(F_s) : 1.5
5) θ : 하중 분산각(30°)
6) h : sand mat 두께
7) 한쪽의 무한궤도에 작용하는 접지압을 이용하여 검토

그림 4.35 예제 4.7의 그림

크레인장비 구성에 따른 장비 중량 400kN, leader 중량 170kN, casing 중량 25kN, vibro hammer 중량은 25kN 이다.

풀이

1) 접지압은 계산 시에는 부대장비가 한방향으로 집중될 경우 작용하중은 P=400/2+170+25+25 = 420kN이며, sand mat 두께(h)를 50㎝로 가정한 경우 접지압은 다음과 같이 계산할 수 있다.

$$q_d = \frac{420kN}{b(1.477m) \times a(4.0m)} = 71kPa$$

여기서, b = 0.9 + 2 × 0.5 × tan30° = 1.477

표 4.13 장비주행성에 따른 sand mat 두께별 안전율

sand mat 두께(m)	극한지지력 (q_u, kPa)	접지압 (q_d, kPa)	안전율(F_s)	판정	비고
0.5	q_u = 5.14×c_u	71	1.30	N.G	c_u는 전단파괴구간의 평균 전단강도 적용
0.6	= 5.14×18	65.9	1.40	N.G	
0.7	= 92.5	61.5	1.50	O.K	

따라서, 검토결과에서 sand mat는 0.7m를 포설해야 안전율(F_s) 1.5 조건에서 주행성 확보가 가능한 것으로 검토되었다.

2) sand mat 두께가 50㎝로도 간극수 배출이 가능한지 여부를 판단하여 본다.

sand mat두께(h)를 가정하여 식 (4.46)으로 Δh_w를 구한 후 이 값이 h보다 작으면 sand mat를 통하여 배수가 원활하게 이루어진다고 볼 수 있다.

압밀도 50%에 해당하는 침하량이 38㎝, 압밀침하시간이 354일 소요되므로 평균침하속도 S=0.11㎝/sec 이고 투수계수(k)는 823㎝/sec이므로 압력수두(Δh_w)를 다음과 같이 계산 할 수 있다.

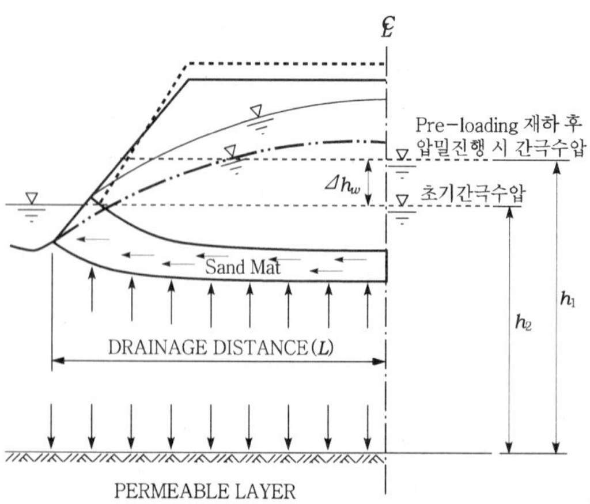

$$Q = LS = \frac{2 \cdot k \cdot h \cdot \Delta h_w}{L} \quad (4.46)$$

$$\Delta h_w = \frac{L^2 \cdot S}{2kh} \quad (4.47)$$

여기서,
Q : 배수량(cm^3)
B : 쌓기저면폭(m)
L : 배수층의 배수거리($L = B/2cm$)
S : 성토재료 평균침하속도(cm/sec)
k : sand mat 투수계수(cm/sec)
h : sand mat 두께(cm)
Δh_w : sand mat 내 압력수두로 h미만이어야 함 ($h_1 - h_2$)

그림 4.36 sand mat 배수개념도 및 두께 산정

$$\triangle h_w = \frac{L^2 S}{2kh} = \frac{1,340^2 \times 0.11}{2 \times 823 \times 50} = 2.4cm$$

표 4.14 sand mat 배수기능

sand mat 두께(cm)	평균배수거리 (cm)	평균침하속도 (cm/sec)	Δh_w (cm)	판정
50	1,340	0.11	2.4	O.K

(1) 위의 검토결과에서 sand mat두께는 장비의 주행성 측면에서는 70cm, 통수능력 측면에서는 50cm가 적절한 것으로 판단되었으나 sand mat두께는 주행성확보 목적이 우선이므로 70cm를 포설해야 한다.
(2) 만일 투수성이 불량한 성토체인 경우 토체 내에 상승된 간극수두는 성토체 내부에 잔류되므로 시반개량 공기가 지연되는 mat resistance 문제가 발생하게 되므로 두께 산정 시 주의를 요하여야 한다.

4.9.3 sand mat 실무적용시 유의사항

1) sand mat 포설두께는 시공 장비의 접지압을 우선 고려하여 산정하되 토질정수는 전단파괴영역(shear failure zone)에 해당하는 전단강도를 적용하여야 한다.
2) sand mat는 입도와 투수계수가 매우 중요하므로 투수계수가 1×10^{-3} cm/sec 이상인 재료를 사용하여야 하며 배수원활을 위해 단절됨이 없이 연속적으로 포설되어야 한다.
3) 시공사례에 의하면 sand mat 두께는 서해안 군산이북은 50cm, 서해안 남부, 남해안 등은 50~80cm가 많으며 이는 군산이북이 서·남해안에 비하여 지반조건이 양호함을 의미한다. PP mat 사용 시는 자외선에 약하므로 포설 후 조기에 sand mat를 포설하여 강도저하 손상을 막도록 해야 한다.
4) 고성토시 성토하중으로 sand mat가 압축되면 투수성이 저하되어 well resistance는 물론 mat resistance에 의해 압밀이 지연될 수 있으므로 압축을 고려하여 충분한 sand mat두께 확보가 필요하다(양산택지개발 시 건조단위중량이 14kN/m^3에서 16kN/m^3으로 증가하여 투수계수가 1/10로 저하된 사례가 있다).
5) sand mat 포설 두께는 상재하중에 의한 침하가 되더라도 배수기능을 할 수 있도록 비탈면하단 끝에서 0.5~1.0m를 여유 폭으로 포설하는 것이 바람직하다.
6) sand mat 내의 간극수가 원활히 배출되지 않을 경우 프리로딩재하기간이 지연되어 시공기간이 연장될 수 있다. 대책방안으로는 동수구배가 커지도록 비탈면선단부에 배수로를 만들거나 지중에 집수정을 설치하여 pumping 작업을 할 수 있다.

4.10 압밀배수공법

4.10.1 프리로딩공법(Preloading method)

프리로딩공법은 연약지반 표면에 계획 구조물의 하중보다 크거나 동등한 하중을 미리 재하시켜 영구 구조물의 설치 이전에 필요한 만큼의 침하가 발생하도록 유도하는 공법이다. 서해안과 남해안의 대규모 매립지의 지반개량공법으로 널리 사용되고 있으나, 공법의 설계 가정에서 많은 불확실성과 가정을 내포하므로 침하량의 크기, 침하속도, 그리고 지반의 활동에 대한 안정성 등을 지속적으로 계측해야 한다.

1) 공법의 원리

(1) 설계 하중보다 초과하중(P_s) 만큼 큰 하중을 재하한다면 선행하중 재하 시 발생하는 1차 압밀침하량과 시간의 관계는 실선과 같다.

(2) 침하량의 크기가 설계하중 하에서의 최종 1차 압밀 침하량(S_d)와 같아지는 시간(t_c)가 경과하면 초과하중을 제거하여도 추가 변위가 발생되지 않는 것이 공법의 원리이다.

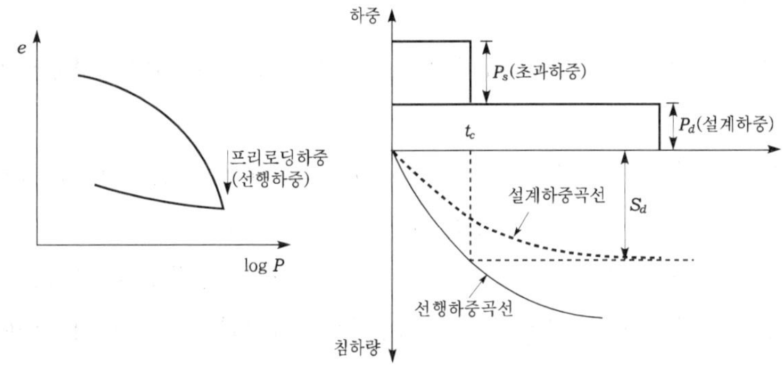

(a) 프로로딩에 의한 침하유도 개념도

(b) 프리로딩재하 장면

그림 4.37 프리로딩 개념도 및 프리로딩재하 장면

(3) 프리로딩공법은 공사기간과 하중재하 시 하중에 대한 안정성을 검토하여 다음과 같이 단계재하하는 방법이 일반적으로 적용된다.

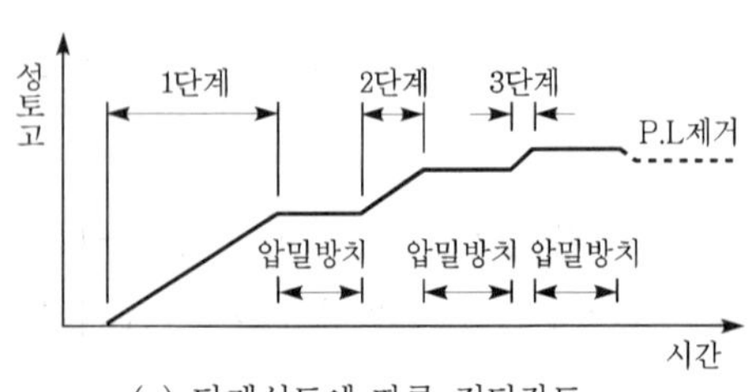

(a) 단계성토에 따른 전단강도

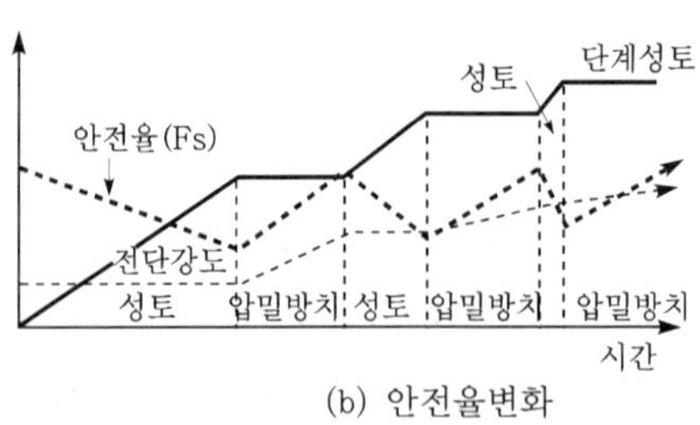

(b) 안전율변화

그림 4.38 단계성토에 따른 전단강도 및 안전율변화

2) 공법의 특징

(1) 흙쌓기 또는 구조물 시공 전에 압밀 완료에 따른 시간적 여유가 있을 때 적용한다.

(2) 흙쌓기하중을 선행 재하중으로 이용하면 타 공법에 비해 경제적이다.

(3) 연약지반의 예상 침하기간이 긴 경우

(4) 프리로딩공법에 의한 지반 개량 시, 연약층이 두꺼우면 개량기간이 매우 길어지게 되는데, 이 기간을 단축시키기 위해서는 연직배수공법(PBD, SD, SCP 등)과 병행하여 시공할 수 있다.

3) 프리로딩높이 결정 순서

(1) 영구하중 하에서 예상되는 침하량이 주어진 시간 내에 일어나도록 과재하중 크기를 결정한다.

(2) 주어진 프리로딩 하에서 침하량까지 도달되는 침하시간을 결정한다.

(3) 프리로딩 하중의 규모와 재하시간은 시설물의 허용침하량(S_a) 또는 목표로 하는 지반의 강도에 의하여 결정한다.

(4) 프리로딩(Preloding) 높이의 결정은 다음과 같다.

① 목표침하량(S_t) = [총침하량(S) − 허용침하량(S_a)] ÷ 압밀도(U)

② 프리로딩에 의한 침하량에서 목표침하량에 대한 유효증가응력($\Delta\sigma$)을 구하면 프리로딩 높이 H = $\Delta\sigma \div \gamma_t$(프리로딩 재료 습윤단위중량)

4) 비배수강도이 증가

(1) 선행재하에 의한 압밀과정에서 지반의 비배수 전단강도가 증가하는데 단계재하는 압밀에 따른 전단강도 증가율을 이용한다.

(2) 압밀에 의한 강도증가를 예측하기 위하여, 흙의 소성지수, 유효연직응력에 대한 비배수 전단강도비(c_u/σ_o)의 관계 그리고 압밀비배수 삼축압축시험 결과로부터 구한 비배수 강도곡선 등을 이용할 수 있다.

5) 프리로딩공법 시공순서 및 개념도

표 4.15 프리로딩 공법 시공순서 및 개념도

<table>
<tr><th>주요공사 내용</th><th>개념도</th></tr>
<tr><td>1) 원지반에 계측기 설치 및 초기치 설정
지표침하판, 층별침하계, 간극 수압계, 지하수위계, 경사계

2) sand mat 포설
원지반이 연약하여 계측기 설치가 어려운 경우는 sand mat 포설 후 계측기를 설치하되 sand mat에 의한 침하량으로 계측결과를 역해석하여 원지반 침하량 추정</td><td>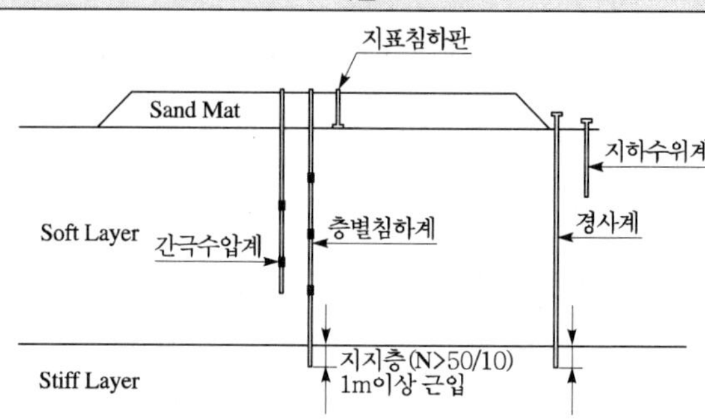
</td></tr>
<tr><td>1) 필요시 연직배수재 타입
PBD, SD, SCP 등을 지중에 타입

2) 프리로딩재하(흙쌓기시공) 하면서 계측cable 연장</td><td>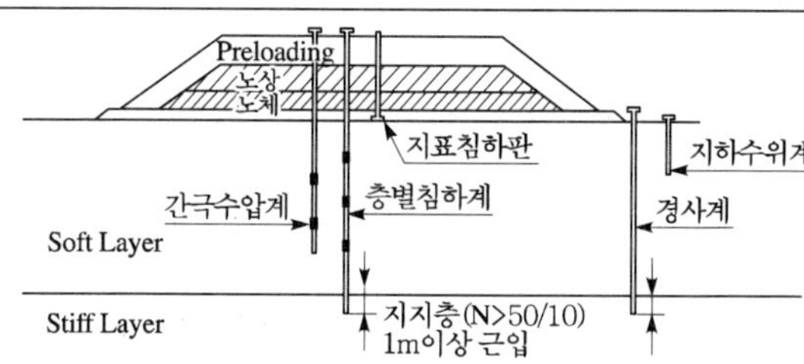
</td></tr>
<tr><td>1) 침하 및 안정관리
① 침하관리
(쌍곡선법, Asaoka법, Hoshino법 등)
② 흙쌓기 비탈면 안정관리
(Matsuo-Kawamuto, Tominaga-Hashimoto, Kurihara-Ichimoto 방법 등)
③ 계측치에 의한 역해석 및 종합분석 : 침하량, 압밀도, 추가흙쌓기높이 등 결정</td><td>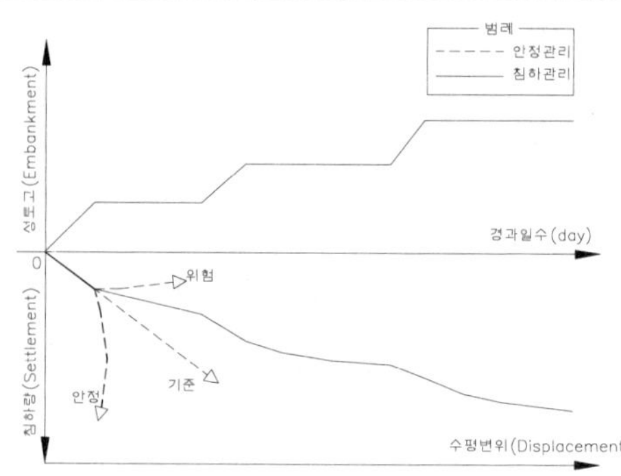
</td></tr>
<tr><td>1) 프리로딩 제거

2) Rebound 계측
① 약 1~2개월간 rebound 계측
(계측항목 : 지표 침하판, 층별 침하계, 지하수위계)
② Rebound 계측하여 재압축지수(C_r) 산정 후 설계적정여부 확인</td><td>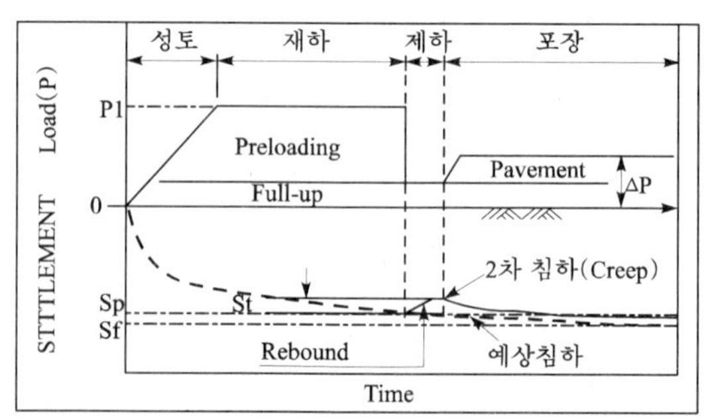

〈Preloading 제거에 의한 rebound 경향〉</td></tr>
</table>

6) 프리로딩 제거시기 결정

정규압밀점토인 경우에 운영단계하중을 고려하여 프리로딩을 재하하면 그림 4.39와 같이 압축지수(C_c)에 의해 침하량이 발생하고, 프리로딩을 제거하면 과압밀점토 조건이 되어 운영조건의 포장 및 차량하중 운영단계 시에는 과압밀의 재압축지수(C_r)에 의한 침하가 발생하므로 침하량은 줄어들게 된다(p. 197 참조). 운영단계하중을 고려한 프리로딩을 재하하여 잔류침하량(S_r)을 현장 계측결과로부터 결정하는 것은 매우 중요하며, 특히 프리로딩을 일정기간 재하한 후 이를 제거하는 결정은 연약지반 개량공사의 성패를 좌우할 수 있다.

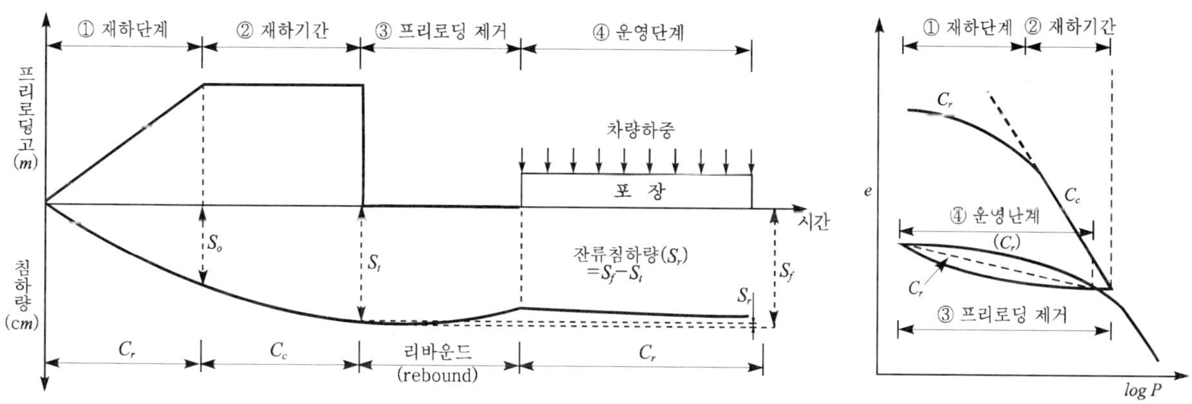

그림 4.39 흙쌓기하중에 따른 침하와 $e-\log P$ 관계곡선

(1) 프리로딩 제거 결정방법 종류

① 목표침하량 기준

프리로딩 제거는 침하측정 결과가 설계침하량에 도달하였을 때 제거한다. 실내 압밀특성과 현장에서의 압밀특성이 동일하다는 전제하에 성립되므로 비합리적이어서 실무에서는 잘 적용하지 않는다.

② 설계압밀도 기준

프리로딩에 의한 침하자료로부터 최종 침하량을 예측하고 현재 침하량과 최종 침하량 비에 의하여 현재의 압밀도를 판단하며 현장 계측에 의한 침하량 거동이 설계 시 예측된 값보다 클 경우 과소평가되는 문제가 있다. 프리로딩 제거는 현재의 압밀도가 설계 압밀도보다 클 경우 제거한다. 이때 현장에서는 실내조건과 다르게 측방 유동분이 침하량에 포함될 수 있으므로 측방 유동에 의한 침하량을 고려할 필요가 있다.

③ 허용침하 기준

프리로딩에 의한 침하자료로부터 최종 침하량을 예측하고 현재 침하량과 최종 예측침하량을 비교하여 잔류침하량이 허용침하량보다 적으면 프리로딩을 제거하고, 그렇지 않은 경우 프리로딩을 재하하는 기준이다. 본 기준은 잔류침하량을 프리로딩 재하에 대한 잔류침하량으로 관리하므로 안전측이며 실무에서 주로 이용한다.

7) 프리로딩 제거기준 검토사례

(1) 개 요

인천국제공항 1단계 건설공사에 있어 설계 시 반영된 압밀침하량이 계측에 의한 실측침하량과 차이를 보여 압밀도 기준으로 프리로딩을 제거 할 경우 잔류침하량이 허용치 보다 크게 나타날 수 있는 문제가 있었다. 대책방안으로 프리로딩제거기준을 압밀도와 허용침하기준을 대상으로 아래와 같이 검토하였다.

(2) 검토내용

유도로(taxiway)의 설계 최종침하량이 50cm였으며, 설계압밀도는 90%, 허용 침하량이 5cm이므로 다음과 같이 프리로딩 제거를 검토하였다.

① 계측결과에 의한 실측침하량 36cm, 장래예측 최종침하량 40cm일때 :

설계압밀도로 관리할 경우 $U = \dfrac{S_t}{S_f} = \dfrac{36}{40} = 90\%$ ∴ O.K

② 계측결과에 의한 실측침하량 90cm, 장래예측 침하량이 100cm일때 :

- 설계압밀도로 관리할 경우

  $U = \dfrac{S_t}{S_f} = \dfrac{90}{100} = 90\%$ ∴ O.K

- 허용침하량으로 관리할 경우

  장래최종침하량 100cm − 실측침하량 90cm = 10cm

  잔류침하량(10cm) 〉 허용침하량(5cm) ∴ N.G

(3) 결론

연약지반은 조사, 시험, 설계, 시공, 계측 및 유지관리 등의 과정에서 불확실한 요소가 많으므로 프리로딩제거는 허용침하기준을 적용하는 것이 바람직하다.

8) 프리로딩 하중감소에 따른 조치 사례

(1) 현장조건

프리로딩 재료의 단위중량은 당초 설계치인 18kN/m^3를 목표로 시공완료 하였으나 공사 중 단위중량을 그림 4.40(a)와 같이 확인한 결과 16kN/m^3이었다. 또한 지하수위 계측결과 그림 4.40(b)와 같이 설계 시보다 0.5~1.5m 상승되어 있었다. 따라서 흙쌓기재의 유효응력 감소로 인한 압밀기간의 증가가 예상되어 공기지연이 우려되는 실정이었다.

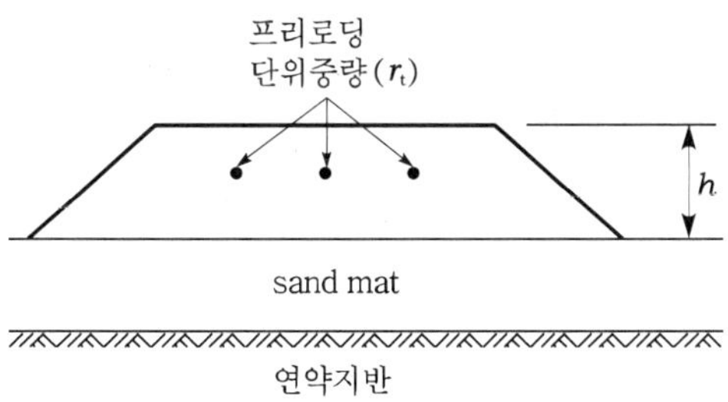

(a) 흙쌓기중 단위중량 확인

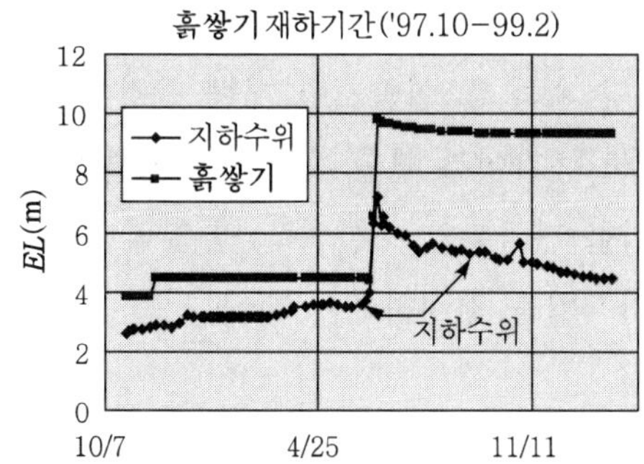

(b) 흙쌓기중 지하수위 변화

그림 4.40 흙쌓기 중 단위중량 확인 및 지하수위 변화

(2) 조치대책 검토

① P/L 하중을 추가로 재하할 경우

흙쌓기높이는 (부족하중 : 5~15kPa) / (현장 P/L 단위중량 γ_t : 16kN/m^3)일 때 약 0.3~1.0m의 추가 흙쌓기가 필요하다.

② 지하수위를 저감할 경우

프리로딩 비탈면에 배수로를 굴착하여 지하수위의 상승높이만큼 수위를 아래와 같이 저하시킨다. (부족하중 : 5~15kPa) / (물의 단위중량 γ_w : 10kN/m^3)로서 약 0.5~1.5m의 지하수위 저하가 필요하다.

표 4.16 부족하중에 대한 검토 내용

지하수위 변화(m)	하중		부족하중
	당초	현재	
0.5m	0.5m×16kN/m^3=8kPa	0.5m×6kN/m^3=3kPa	5kPa
1.0m	1.0m×16kN/m^3=16kPa	1.0m×6kN/m^3=6kPa	10kPa
1.5m	1.5m×16kN/m^3=24kPa	1.5m×6kN/m^3=9kPa	15kPa

③ 현장적용

지하수위 저하방법을 적용 할 경우 프리로딩 비탈면부를 굴착해야 하고 이 경우 주위의 연약지반개량 완료구간의 교란이 우려되므로 프리로딩 하중을 0.3~1.0m 추가 흙쌓기하여 하중감소에 대한 문제를 해결하였다.

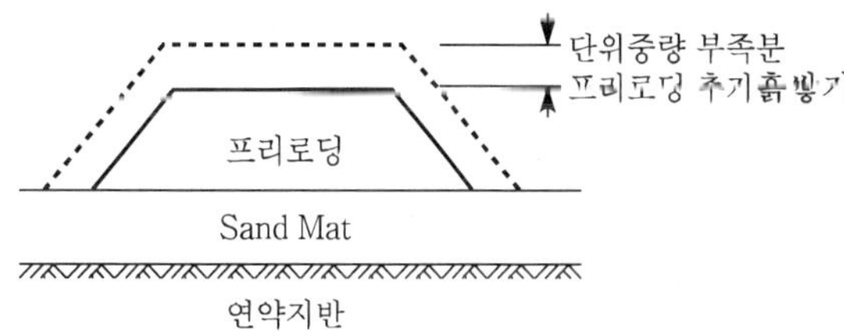

그림 4.41 프리로딩 추가흙쌓기

9) 실무적용

프리로딩 재하 후 연약지반 개량 적정여부 평가는 ① 사전, 사후 확인조사후 함수비 감소, 간극비 감소, 전단강도 증가여부 판단 ② 계측분석결과에 의한 침하량이 허용 침하량 이내에 있는지 여부 ③ 간극수압계에 의한 간극수압 소산여부 및 압밀도 ④ 층별침하계에 의한 압밀도 등을 종합적으로 평가하여 프리로딩 제거시기를 결정하여야 한다.

4.10.2 연직배수공법 (Vertical drain method)

연직배수공법은 연약층 사이에 주상의 투수층을 촘촘하게 땅속에 배치하여 연약한 점성토 층의 배수거리를 짧게하여 압밀침하를 촉진시킴으로써 단기간내에 지반을 안정화시키는 방법으로 플라스틱 보드 드레인(plastic board drain), 샌드 드레인(Sand drain), 팩 드레인(pack drain) 등이 있으며 그 원리가 모두 동일하다. 연직배수공법의 원리는 Terzaghi 1차원 압밀이론(점토층의 압밀시간은 배수거리의 제곱에 비례, $t = T_v \cdot H^2/c_v$)에 착안하여 연약지반에 배수재를 타설하여 배수거리를 단축하는 것이 핵심이다.

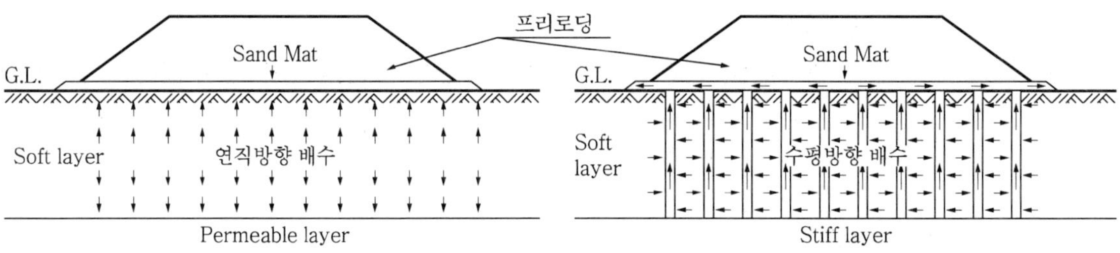

그림 4.42 무처리 시 및 연직배수재 타설시 배수방향 및 배수거리

1) 공법의 종류

연직배수공법 중 실무에서는 plastic board drain(PBD), sand drain(SD) 및 sand compaction pile (SCP)공법 등이 널리 사용되고 있으며 최근에는 모래 수급이 용이하지 않아 PBD 공법의 적용이 활발하다.

2) 연직배수공법의 압밀이론

연직배수공법의 압밀이론은 Barron(1948), Yoshikuni(1979), Hansbo(1981), Onoue(1988) et al.에 의해 제안되었다. Barron(1948)은 점토층 내에서 발생하는 연직변형에 대하여 두가지 가정에 대해 정밀한 형태의 해를 제시했다. 첫째로 자유 연직변형률은 표면하중의 균등한 분포로 발생되며, 둘째로 등연직변형률은 표면의 모든 점들에 대해 동일한 연직변형이 발생된다는 2가지 가정을 제시하였다. 자유연직변형률의 경우와 등연직변형률의 경우에 대하여 지반교란효과(smear effect)와 well resistance의 영향을 고려한 평균압밀도를 산정하는 제안식을 제안하였다. Barron의 제안식은 Terzaghi 일차원 압밀방정식에 기초를 둔 것으로서 연직배수와 수평배수를 고려하여 점토의 투수계수 및 체적압축계수는 압밀중에 변하지 않는다는 가정 하에 다음과 같은 식을 제안하였다.

$$\frac{\partial u}{\partial t} = c_v\left(\frac{\partial^2 u}{\partial z^2}\right) + c_h\left(\frac{\partial^2 u}{\partial r^2} + \frac{1}{r}\frac{\partial u}{\partial r}\right) \tag{4.48}$$

연직배수효과를 무시하고 수평방향배수만을 고려하면, 식 (4.49)와 같이 나타낼 수 있다.

$$\frac{\partial u}{\partial t} = c_h\left(\frac{\partial^2 u}{\partial r^2} + \frac{1}{r}\frac{\partial u}{\partial r}\right) \tag{4.49}$$

여기서, u는 임의 깊이에서의 평균과잉간극수압이다.

t : 전 연직응력의 증가 이후의 시간(sec)

z : 깊이방향의 심도(cm)

r : 동심원상의 중심으로부터 고려하고자 하는 지점의 거리(cm)

c_v : 연직방향 압밀계수(cm^2/sec)

c_h : 수평방향 압밀계수(cm^2/sec)

Yoshikuni는 well resistance만을 고려하여 평균압밀도($\overline{U_r}$)를 산정할 수 있는 근사식을 제안하였다. Hansbo는 방사상 흐름만을 가진 토층의 등연직변형률의 조건에 대한 해를 제시했다. 이 제안된 해는 교란이 없는 경우 Barron의 해와 동일하며, 교란을 고려한 경우 Hansbo는 교란된 흙을 Barron의 이론처럼 비압축성으로 가정하는 대신에 불교란된 흙과 동일한 압축성을 가진다는 가정에서 유도되었다. 또한 Hansbo는 지반교란과 배수정저항을 모두 고려한 해를 제시하였다. Onoue(1988)는 지반의 전압밀도에 영향을 미치는 흙의 방사방향이 압축성 증가보다는 오히려 교란된 흙의 투수성 감소가 더 영향을 준다고 결론지어, 등가 간격비(equivalent spacing ratio:n')를 이용한 근사식을 제안하였다. 연직배수 이론에 대한 제안자별 이론식을 정리하면 표 4.17과 같다.

표 4.17 제안자별 이론식 비교

제안자	제안식	특징
Barron (1948)	$U_h(T_h)=1-\exp(-8T_h/F(n))$, $F(n)=\frac{n^2}{n^2-1}\ln(n)-\frac{3n^2-1}{4n^2}$ 여기서, U_h = 수평방향의 평균압밀도 $n=\frac{d_e}{d_w}$, d_e: 영향원의 직경 d_w: 연직배수재의 직경 T_h (수평 방향 시간 계수): $\frac{c_h \cdot t}{{d_e}^2}$ c_h: 수평방향 압밀계수	1) 스미어와 well resistance 미고려 2) 압밀도 과대평가
Yoshikuni (1979)	$U_h(T_h)=1-\exp(-8T_h/F(n)+0.8L)$, $F(n)=\frac{n^2}{n^2-1}\ln(n)-\frac{3n^2-1}{4n^2}$ $L=\frac{32}{\pi^2}\frac{k_h}{k_w}(\frac{H}{d_w})^2$ (배수저항계수) 여기서, H=배수재 길이(양면:$H/2$, 일면:H)	1) well resistance만 고려 2) 배수재의 통수능력이 작을 경우 압밀도 과대평가
Hansbo (1979)	$U_h(z, T_h)=1-\exp(-8T_h/F)$, $F=F_{(n)}+F_s+F_r$ $F(n)=\ln(\frac{d_e}{d_w})-\frac{3}{4}=\ln(n)-0.75$: (배수재 타설 간격에 의한 영향) $F_s=(\frac{k_h}{k_s}-1)\cdot\ln(\frac{d_s}{d_w})$: (smear zone 영향) $F_r=\pi z(L-z)\frac{k_h}{q_w}$: (well resistance의 영향) 여기서, d_s=배수재 주위의 교란영역 직경, d_m= mandrel 직경 d_w (연직배수재 직경) : $d_w=\sqrt{\frac{4 \cdot q_w}{\pi \cdot k_w}}$ (q_w: 배수재 통수능력) k_s, k_h : smear zone 및 점토지반 각각의 수평투수계수 k_w=연직배수재의 투수계수 z : 임의의 심도 L=배수재의 배수길이(양면배수: $L=H$, 단면배수: $L=2H$)	1) 스미어와 well resistance 모두 고려 2) 전체 평균압밀도 산정 곤란
Onoue (1988)	$U_h(T_h)=1-\exp(-8T_h/F(n')+0.8L)$, $F(n')=\frac{(n')^2}{(n')^2-1}\ln(n')-\frac{3(n')^2-1}{4(n')^2}$, $n'=nS^{\eta-1}$, $\eta=\frac{k_h}{k_w}$, $S=\frac{d_s}{d_w}$ $L=\frac{32}{\pi^2}\frac{k_h}{k_w}(\frac{H}{d_w})^2$ (배수저항계수) 여기서, $n'=nS^{\eta-1}$, $\eta=k_h/k_s$ $S=d_s/d_w$, H=배수재 길이	1) 스미어와 well resistance 모두 고려 2) 다층지반의 경우에 Hansbo식에 비해 압밀도 과대평가

3) 연약층 두께에 대한 제안식별 압밀 소요기간 검토사례

① 검토조건

- PBD간격 : $150cm$, d_e : $169.5cm$, d_w : $5cm$
- 설계정수 : $c_v = 4.36 \times 10^{-3} cm^2/\sec$, $c_h \doteqdot 2c_v = 8.72 \times 10^{-3} cm^2/\sec$

  $k_v = 4.02 \times 10^{-6} cm/\sec$, $k_w = 0.1 cm/\sec$

  $n(=d_e/d_w)$: 33.90, $d_s/d_w = 2.0$, $Q_w = 1.96 cm^3/\sec$

  $k_h / k_s = 2.0$

② 제안식별 압밀소요기간($t_u = 90\%$) 비교

- Hansbo식은 연약층 두께가 $5m$ 이상일 경우 표 4.18과 그림 4.43에서 나타났듯이 다른 제안식과 비교하여 압밀기간이 장기간 소요되는 것으로 나타났다.

표 4.18 제안자별 압밀소요기간 (단위:월)

제안식 \ 연약층두께	2m	5m	10m	20m	40m
Hansbo식[1] (1979)	1.36	1.86	3.62	10.68	38.92
Hansbo식[2] (1981)	1.36	1.86	3.62	10.68	38.92
Yoshikuni식 (1974)	1.08	1.40	2.54	7.12	25.43
Onoue식 (1988)	1.33	1.65	2.79	7.37	25.68

※ 1. Hansbo식에서 well resistance(F_r) 계산 시 임의심도 $z=H$로 고려한 결과이다.

2. Hansbo 수정식(1981)은 식 (4.50)을 적용하였다.

$$U_h = 1 - \exp(-8T_h/\mu) \tag{4.50}$$

여기서, $n = \dfrac{d_e}{d_w}$, $s = \dfrac{d_s}{d_w}$

$$\mu = \ln\left(\frac{n}{s}\right) + \left(\frac{k_h}{k_s}\right)\ln(s) - 0.75 + \pi \cdot z(L-z)\frac{k_h}{q_w}$$

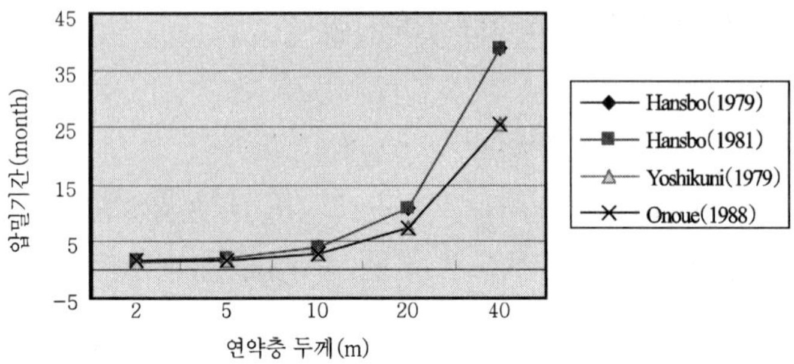

그림 4.43 연약층 두께별 제안자별 압밀기간(압밀도 90% 조건)

- Hansbo식의 경우 일면배수조건에 대한 심도별 과잉간극수압 분포형태와 압밀기간에 따른 심도별 압밀도 산정은 그림 4.44와 같다. 여기서 배수층 하단을 기준으로 하면 평균압밀도는 낮게 평가될 수 있으므로 실무적용시 유의를 요한다.

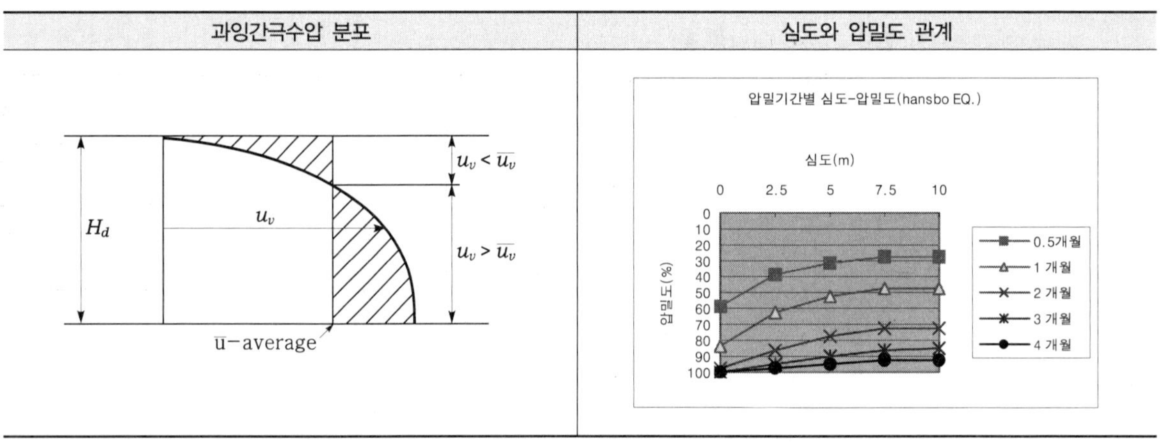

그림 4.44 Hansbo식에 의한 심도와 압밀도 관계

③ Hansbo식 적용시 개선안

- 1안 : Chai & Miura(1997)가 발표한 간편식 사용 (well resistance 항 조정)

$$U_h = 1 - \exp(-8T_h/\mu),\ \ \mu = \ln(\frac{n}{s}) + (\frac{k_h}{k_s})\ln(s) - \frac{3}{4} + \pi\cdot\frac{2l^2 k_h}{3q_w}$$

- 2안 : Hansbo(1997)식에서 $z \fallingdotseq 0.4 \sim 0.5H$로 적용하고, $n = d_e/d_w$, $s = d_s/d_w$를 적용 할 경우 표 4.19와 같이 다른 제안자와 압밀도가 근접한다.

표 4.19 Hansbo(1997)식을 개선하여 적용 한 압밀기간(단위:월)

제안식 \ 연약층두께	2m	5m	10m	20m	40m
Chai and Miura 간편식(1997)	1.33	1.66	2.84	7.54	26.37
Hansbo식(1979) $z=0.42H$ 로 고려	1.33	1.66	2.83	7.51	26.25
Yoshikuni식(1974)	1.08	1.40	2.54	7.12	25.43
Onoue식(1988)	1.33	1.65	2.79	7.37	25.68

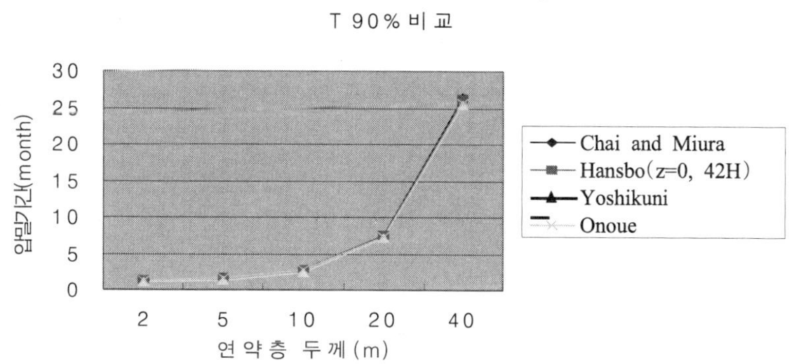

그림 4.45 제안자별 압밀기간

4) 압밀이론식 설계적용 시 유의사항

① Hansbo식 적용 시 well resistance 계산을 위한 임의 심도 z를 연약층 총두께 H로 가정할 경우 평균 압밀도가 과소 평가될 수 있으므로 $z \fallingdotseq 0.4 \sim 0.5H$ 를 적용하는 것이 바람직 할 것으로 판단된다.

② smear zone 직경비(d_s/d_w) 산정 시 mandrel 직경(d_m)을 고려하지 않을 경우 압밀기간이 과소평가될 수 있으므로 이를 고려하여야 한다.

③ Onoue식에서 smear zone의 투수계수비(k_h/k_s)를 적용하여야 하며, 배수재의 투수계수비(k_h/k_w)를 적용하여서는 안된다. 이 경우 일반적인 조건에서 압밀소요기간 (t)는 다음과 같이 산정된다.

$t_{Hansbo} > t_{Onoue} > t_{Yoshikuni}$

④ 압밀대상층 심도가 10m 이하인 경우 $z=H$로 고려하여 Hansbo(1979)식과 다른 제안자들의 식을 비교하여야 하며, 압밀층 심도가 10m 이상인 경우 Chai & Miura(1997) 혹은 Onoue식(1988)을 사용하는 것이 바람직하다.

예제 4.8

$H=10m$, $c_v= 5\times10^{-2}m^2/day$, $c_h= 4c_v = 20\times10^{-2}m^2/day$, $d_w=1.2m$, $d_e=12m$이고, $t=150$일 인 경우 그림 4.46을 이용하여 평균압밀도 $U(\%)$를 구하라.

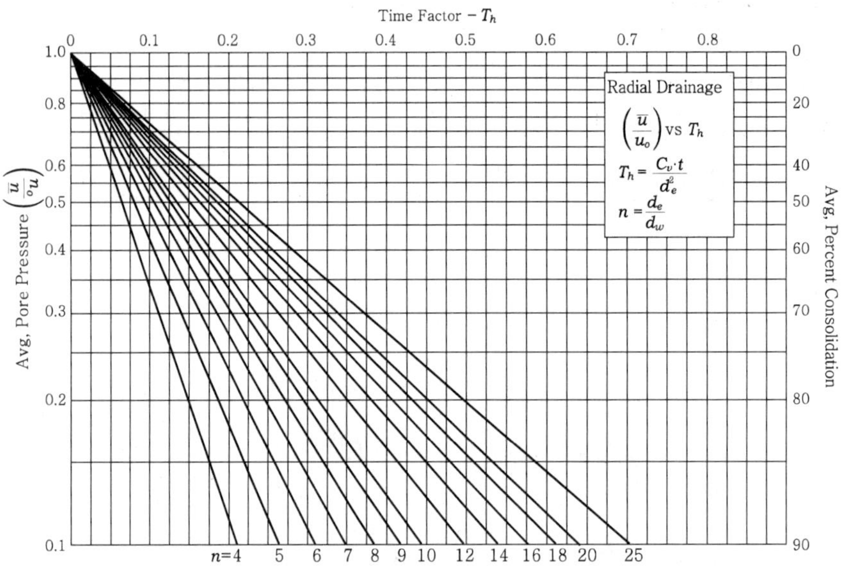

그림 4.46 $\left(\frac{\bar{U}}{U_o}\right) \sim T_h$ **관계도**

풀이

1) 연직배수만 고려할 때,

$$T_v = c_v\frac{t}{H^2} = \frac{5\times10^{-1}(150)}{10^2} = 0.075$$

$$\sqrt{t} = 0.886U_z,\ \sqrt{0.075} = 0.886U_z,\ U_z = 0.31$$

※ Taylor method($\sqrt{t}$ 법) 사용 $T=\frac{\pi}{4}U^2$ or $\sqrt{T}=0.886U_z$

2) 수평배수만 고려할 때,

$$T_h = c_h\frac{t}{{d_e}^2} = \frac{20\times10^{-2}(150)}{(12)^2} = 0.208,$$ 그림 4.46을 이용하여,

$n=\frac{12}{1.2}=10$이고 $T_h=0.208$일 때, $\frac{\bar{u}}{u_o}=0.35$, $\therefore U_r=0.65$

3) 연직, 수평배수에 의한 평균압밀도

$$U(\%) = 1-(1-U_z)(1-U_r)$$
$$= 1-(1-0.31)(1-0.65)$$
$$= 1-(0.69\times0.35) = 0.759$$
$$= 75.9\%$$

4.10.3 스미어 존(Smear zone)

연직배수재 타설시 mandrel의 관입으로 주변지반에 전단변형과 변위 등에 의해 교란된 영역을 smear zone 이라 하며 이것이 형성되면 투수계수가 현저히 감소하므로 압밀을 지연시킨다. Bergado et al.(1991)의 연구에 의하면 mandrel의 직경이 커질수록 교란영역 영향이 증가되는 것으로 보고되었다. 그림 4.47에는 mandrel 타설에 의한 smear zone 발생 개념도를 나타낸다.

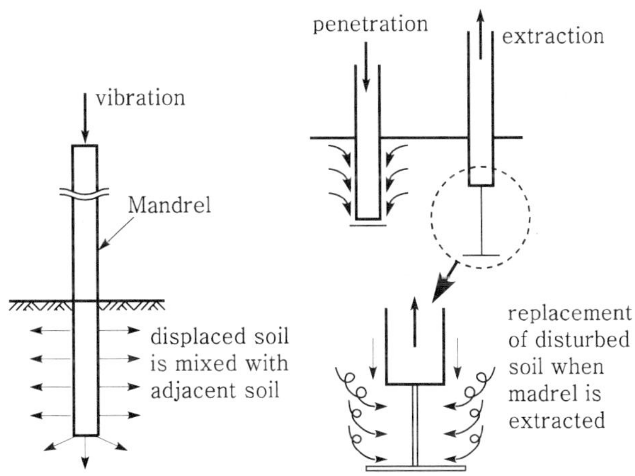

그림 4.47 Mandrel 타설에 의한 smear zone 발생개념도

1) smear zone의 산정 및 분석

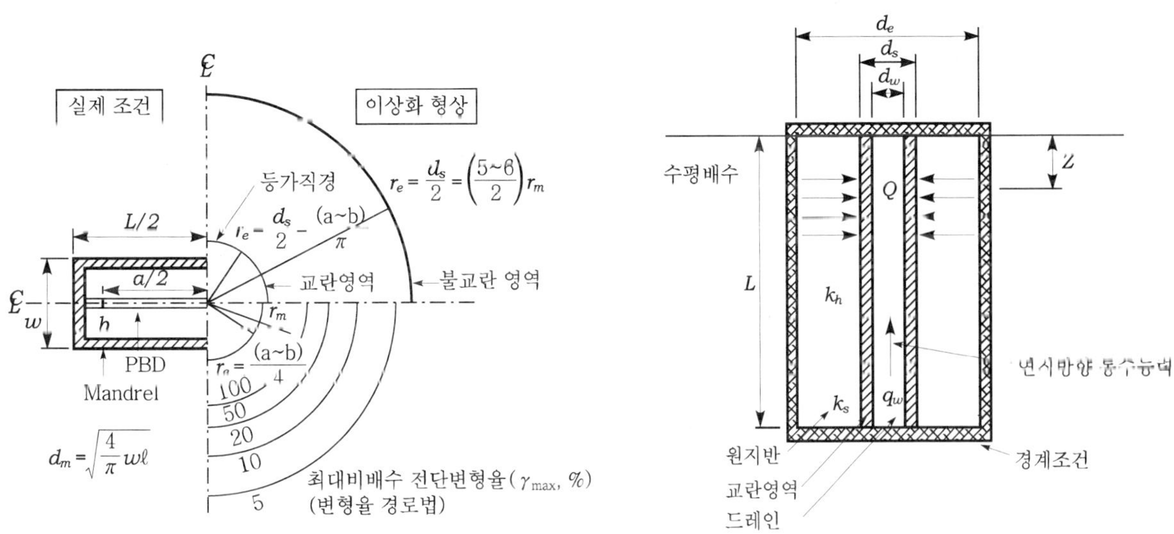

그림 4.48 Mandrel 주위의 smear zone(Rixner et al., 1986)

그림 4.48에는 Rixner et al.(1986)이 mandrel 주위의 smear zone 범위를 나타낸 것이다. 연직배수재 관입으로 주변지반에 발생하는 smear zone 범위에 대한 국내·외 연구내용은 표 4.20과 같다.

표 4.20 smear zone범위

d_s/d 범위	제안자	산정방법
1.5 미만	Hunt(1985)	-
1.5	박병기 등(1985)	d_s/d_m=1.5로 가정하여 Barron식에 modified cam clay모델을 결합한 FEM해석을 실시하여 sand drain공법의 smear effect를 고려하였다.
2.0	Hansbo(1987)	압밀침하의 예측값과 측정값 비교 및 Holtz & Holm(1973)의 연구에 기초하여 제안하였다.
	Bergado et al. (1990, 1991)	실내 및 현장시험을 실시하여 smear zone의 수평투수계수는 연직투수계수와 같고 smear zone의 범위는 mandrel 직경의 2배라고 제안하였다.
2.5~3.0	Jamiokowski(1981)	Cone 관입시의 유효응력과 과잉간극수압을 이용하여 가정하였다.
	朴永穆(1994)	불교란 시료와 재압밀시료를 이용하여 2차원과 3차원 실내시험을 실시하여 제안하였다.

2) smear zone의 영향

지반중에 배수재를 연직으로 타설하는 경우, 간극수는 수평방향으로 이동하여 배수재 내에 유입되므로 압밀계산에서는 c_h를 이용하는 것이 합리적이다. 그런데 실제의 연직배수공법의 설계 시 간편함 때문에 표준압밀시험에서 구한 c_v값을 사용하는 경우가 일반적이다. 이것은 배수재 타설을 위하여 mandrel의 관입 및 인발과정 중에 주위지반이 교란되어 생기는 smear zone의 영향으로 c_h가 일부 감소되는 현상을 경험적으로 이용한 것에 불과하다.

尾上(1991)은 mandrel을 사용하여 연직배수공법을 적용하는 경우 배수재 타설간격이 넓을수록 불교란 지반이 차지하는 부분이 상대적으로 증가하므로 지반의 평균적인 압밀계수는 커진다고 보고하고 있다. 따라서 smear zone의 영역 및 압밀특성이 결정되면, smear zone과 불교란 zone 영역의 수평방향 압밀계수를 사용하여 합리적인 설계가 가능하게 된다.

Hansbo(1979)는 smear zone이 간극수 배제속도에 미치는 영향을 다음 식과 같이 제안하고 있다.

$$F_s = (\frac{k_h}{k_s} - 1) \cdot \ln(\frac{d_s}{d_w}) \tag{4.51}$$

여기서, d_s는 스미어 존의 직경이다.

Rixner et al.(1986)은 smear zone이 간극수 배제속도에 끼치는 영향은 배수재의 타설간격의 영향과 같은 정도 또는 그 이상이며, 대표적인 범위의 $F(n)$에 대하여 $F(s)$의 값을 이론적으로 구하여 $F(s)/F(n)=1\sim3$임을 보고하고 있다.

Madhav, Park & Miura(1993)는 smear zone의 실측결과에 근거하여 그림 4.49와 같은 현장조건을 고려한 내, 외부의 2층 smear zone 모델을 제안했다. 그림 4.50에는 이 모델을 근거로 smear zone이 발생하지 않는다는 조건(no smear zone), 기존의 가정조건(1 smear zone) 및 제안조건(2 smear zone)의 해석결과를 비교하여 나타냈다. 1 smear zone 곡선은 단층의 smear zone이 배수재 유효폭 a_e의 3배이고, 이 영역에서의 투수계수 k_s는 불교란 존의 투수계수 k_c의 0.5배로 취한 경우이며, 이 결과 no smear zone 곡선과 비교할 때 압밀지연이 발생하여 smear zone이 압밀속도에 영향을 크게 미침을 나타낸다. 또한, 2층 smear zone의 경우 곡선은 실측결과에 근거하여 불교란 존의 k_c에 대하여 외부 smear zone의 k_{so}는 0.5, 내부스미어 존 k_{si}는 0.2로 하였으며 외부와 내부 스미어 존의 범위는 각각 배수재 유효폭의 3, 1.5배로 하여 구하였다.

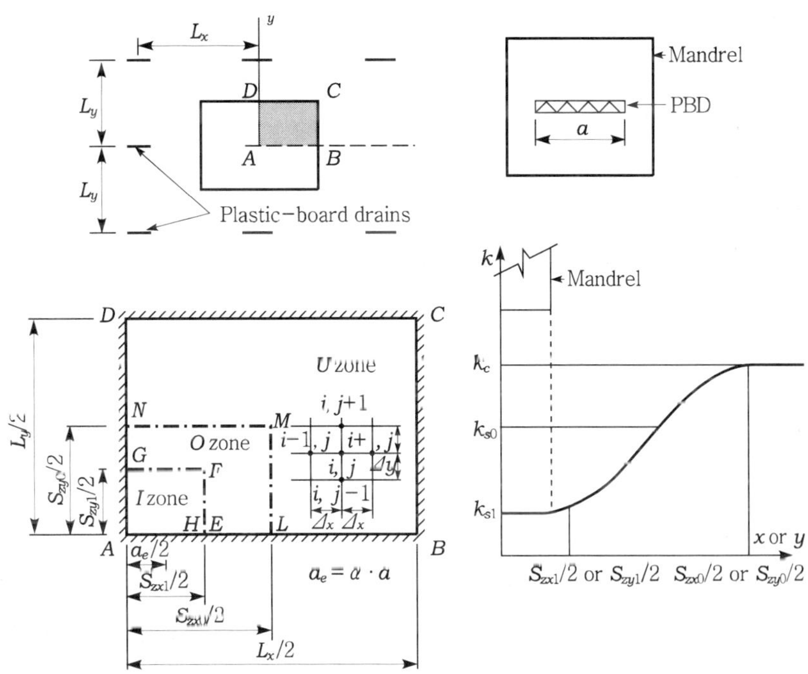

그림 4.49 Smear zone의 수치해석을 위한 모델링(Madhav, park & Miura, 1993)

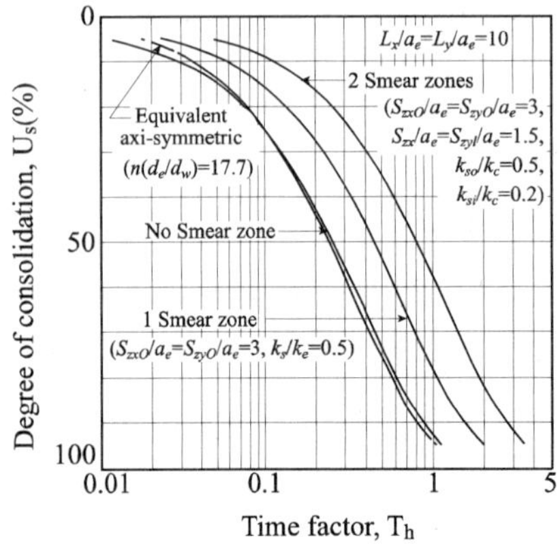

그림 4.50 압밀도 U_ε, 시간계수 T_h의 비교(朴, 1994)

표 4.21 Smear zone의 범위에 대한 경험식

연구자	연구내용
De Mello(1969), Akagi(1977), Holtz & Holm(1973)	smear zone의 직경을 mandrel 직경의 2배로 가정
Hansbo et al.(1981)	mandrel의 영향은 고려하지 않고 단순히 배수재의 직경(d_w)과 smear zone의 직경(d_s)의 비 ($s=d_s/d_w$)를 1.5의 값을 사용
Jamiolkowski(1981), Rixner et al.(1986)	$d_s=\frac{(5\sim6)d_m}{2}$, ($d_s$, d_m : smear 및 mandrel의 직경)
박병기 등(1985)	$d_s/d_m=1.5$
Hansbo(1987)	$d_s=2d_m$
Bergado et al.(1991)	smear zone 범위가 mandrel 직경의 2배
朴(1994)	실내시험 $d_s=2\sim3\ d_m$, 현장시험 $d_s=5\sim7\ d_m$

4.10.4 압밀에 따른 배수재의 변형특성

배수재의 변형은 만곡하는 경우와 국부적인 꺾임으로 분류할 수 있다. 朴(1994)은 꺾임에 의한 영향으로 인한 종방향 통수능력(Q_w)의 저하는 만곡에 의한 Q_w의 저하보다 많다고 기술하고 있다. Kremer et al.(1983)은 지반의 침하량이 층두께의 약 15~20%를 넘을 경우 배수재는 꺾임이 크게 발생하여 통수능력이 크게 저하한다고 보고하고 있다. Van Zanten(1986)은 만곡이나 꺾임이 생기는 경우 배수재의 통수능력은 적고 직립의 경우에 비해 약 75%를 유지한다고 하였다. Holz & Christoper(1987)는 배수재의 통수능력 저하에 영향을 미치는 요인으로 연직방향의 큰 변형에 의한 만곡이나 꺾임에 영향을 강조하고 있다.

Lawrence & Koerner(1988)는 그림 4.51에 나타내듯이 큰 변형으로 생긴 배수재의 다른 형상을 가정하고 있다. 균일한 휨(a), 정현곡선형의 휨(b), 국부적 휨(c), 국부적인 꺽임(d) 및 다수의 꺽임(e)의 형상이 발생 가능한 배수재의 변형형상이다. 그러나, 많은 연구자들이 실내모형시험에 의한 압밀 후에 측정한 배수재의 형상은 Lawrence & Koerner(1988)가 가정한 형상과 다르다. 따라서 배수재의 변형에 관한 예측을 수행 할 필요가 있다.

표 4.22 PBD 변형에 관한 연구내용

연구자	연구내용
Van Zanten(1986)	만곡이나 꺽임이 발생하는 경우 PBD재의 통수능은 적고 직립의 경우에 대하여 약 75%이상을 유지함.
Holts & Christopher(1987)	연직방향의 큰 변형에 의한 만곡이나, 꺽임이 PBD재의 통수능력 저하에 큰 영향을 미침.
Lawrence & Koerner(1988)	PBD재의 큰 변형에 의하여 균일한 휨, 정현곡선형의 휨, 국부적 휨, 국부적인 꺽임 및 다수의 꺽임의 형상이 발생.
Kremer et al.(1993)	지반의 침하량이 총두께의 약 15~20%를 상회할 경우 PBD는 발생하여 통수능력이 크게 저하됨
朴(1994)	꺽임에 의한 영향으로 인한 통수능의 저하는 만곡에 의한 통수능의 저하 보다 많음. 대표적인 PBD에 의한 실험 결과 만곡 20%시 Q_w 저하는 최대 21cm^3/sec, 꺽임 1개소 27cm^3/sec
Bergado(1996)	PBD 통수능의 감소율은 10% 굴곡변형에서 14~38%, 20% 굴곡변형에서 22~40%, 180°꼬임조건에서 25~85%의 감소를 보인다고 함.

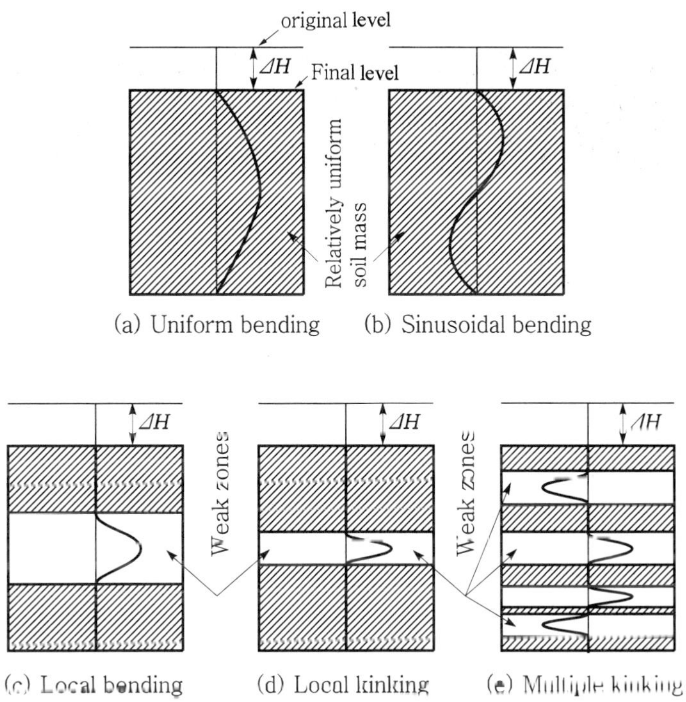

그림 4.51 배수재의 변형 형상의 가정(Lawrence & Koerner, 1988)

4.10.5 Well resistance

상재하중재하 시 지중의 간극수는 연직배수재를 통하여 배출되는데 동수구배가 작을 경우 간극수 배제가 원활하지 않아 저항을 받게 되는데 이를 well resistance라고 한다. well resistance는 주로 PBD 및 pack drain 타설시 고려하여야 하나 sand drain의 경우는 타설 심도가 깊은 경우에 well resistance를 검토하나 타설심도가 깊지 않은 경우 압밀시간에 큰 영향을 주지 않으므로 well resistance는 무시하여도 좋다. 연약한 지반에 깊은 심도의 배수재를 타설할 경우 배수재의 직경이 적은 것(PBD, pack drain)은 well resistance의 영향을 받기 쉬우므로 배수재의 투수성능이 좋은 재료를 사용하는 것이 바람직하다.

4.10.6 Plastic board drain(PBD)공법

연약지반에 합성 섬유재질의 연직배수재(PBD)를 타입하여 압밀을 촉진하는 공법으로서 연직배수재가 점성토층 두께에 비해 작은 간격(1.0~2.0m)으로 타설되기 때문에 연직방향의 흐름은 무시하고 수평방향의 흐름만을 고려하여 압밀도를 계산한다. 초기에는 PBD대신에 paper(종이)를 사용하여 간극수를 배제하므로 paper drain 공법으로 불리우기도 하였으나 최근에는 paper대신에 plastic board를 사용하므로 국제적으로도 PBD공법 및 prefabricated vertical drain(기성연직배수재, PVD)공법으로 불리운다.

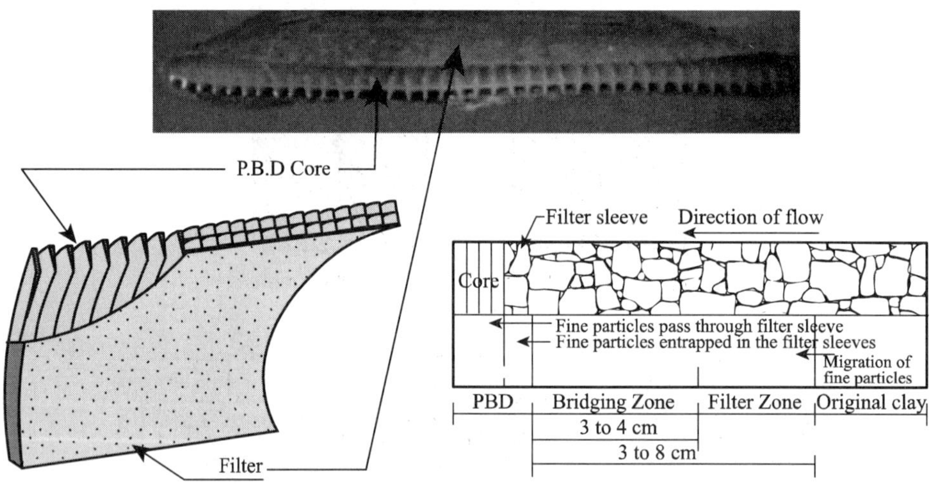

그림 4.52 PBD재료 및 압밀 종료 후 PBD 주변의 흙입자 분포(朴, 1994)

1) 연직배수재의 요구통수능력

(1) 연직배수재 통수능 허용계수 추정

① Bergado(1988)의 방법

Bergado(1996)에 의하면 각종 변형조건에 대한 통수능 시험 결과 변형에 따른 PBD 통수능의 감소율은 10% 굴곡변형에서 14~38%, 20% 굴곡변형에서 22~40%, 180°꼬임조건에서 25~85% 를 나타낸다고 제안하였다.(단, Fiber drain은 제외)

표 4.23 배수재의 변형조건에 따른 통수능력의 감소율(Bergado, 1996)

배수재	10% 굴곡	20% 굴곡	90° 비틀림	180° 비틀림	20% 굴곡(one-clamp)	30% 굴곡(two-clamp)
Alidrain	34	34	42	45	52	51
Amerdrain	18	32	32	50	47	75
Castleboard	19	22	22	25	27	34
Colboard	25	31	38	44	37	45
Desol	27	28	40	85	96	99
(Fiberdrain)	66	78	78	79	84	86
Flodrain	14	26	23	44	52	81
Geodrain	28	36	31	45	62	70
Hongplast	35	28	27	46	54	91
Mebradrain	38	40	59	59	61	67

배수재의 통수능을 산정할 경우 시간경과, 배수재 변형 및 막힘현상 등의 영향에 의한 저감계수를 다음과 같이 고려할 필요가 있다.

$$Q_{req} = f \cdot Q_w = f_t \cdot f_c \cdot f_{fc} \cdot Q_w \quad (4.52)$$

여기서, Q_{req}: 현장에서 요구되는 통수능　　Q_w: 실내시험에서 구한 통수능

f : 허용계수,　　f_t : 시간경과에 따른 저감계수(PBD = 0.8)

f_c : 배수변형에 따른 저감계수(PBD = 0.5)

f_{fc} : 막힘현상에 따른 저감계수(PBD = 0.286)

② Koerner(1997)의 방법

실내시험에서 구한 연직배수재의 통수능을 현장타설 후 비교 연구한 후 다음의 5가지 감소계수를 사용하여 저감시킬 것을 제안하였다.

$$Q_{req} = Q_w / R = Q_w / (F_i + F_d + F_c + F_b + F_h) \quad (4.53)$$

여기서, R : 저감계수

표 4.24 감소계수 인자 및 크기(Koerner, 1997)

감소요인(Cause for reduction)	인자(Factors)	크기(Magnitude)
Deformation of filter into core space	F_i	1.5~2.5
Deformation of core and intrusion of filter into core space	F_d	1.0~2.5
Chemical clogging of filter or core space	F_c	1.0~1.2
Biological clogging of filter or core space	F_b	1.0~1.2
Kinking due to settlement of clay layers	F_k	1.0~4.0

③ Koda(1989)의 방법

현장타설 후 채취한 배수재 시료에 대한 실험적 연구를 통하여 측압과 시간의 경과에 따른 배수재의 통수능 변화를 그림 4.53과 같이 제안하였다.

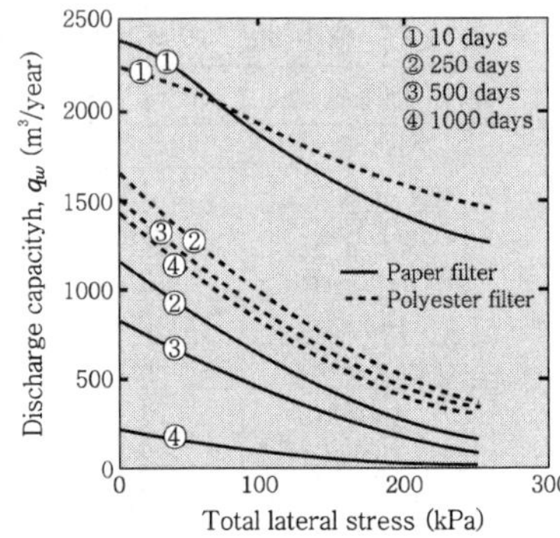

그림 4.53 측압과 시간의 경과에 따른 통수능 변화(Kota, 1989)

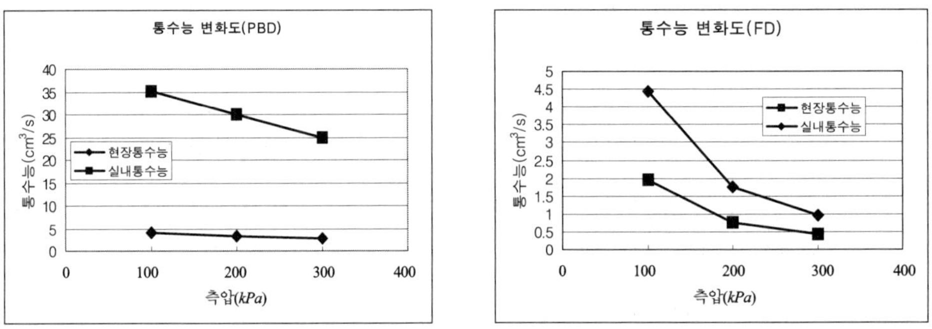

그림 4.54 측압변화에 따른 통수능 변화

④ 朴(1994)의 방법

朴(1994)은 배수재의 변형조건, 측압조건 및 동수경사의 변화에 따른 수종의 PBD에 대한 많은 실험을 실시하여 그림 4.55, 그림 4.56 및 그림 4.57과 같은 결과를 나타내고 있다.

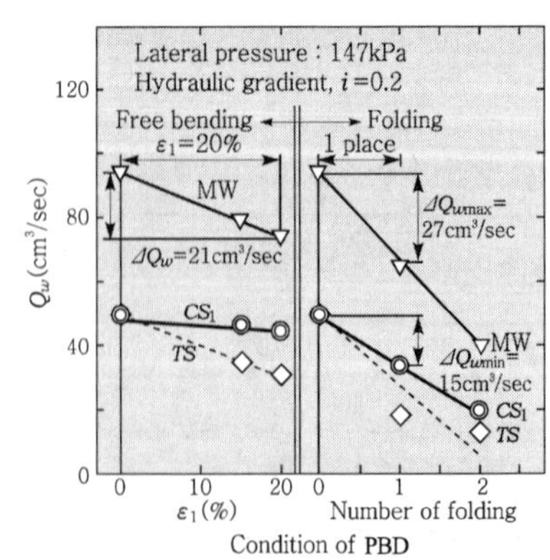

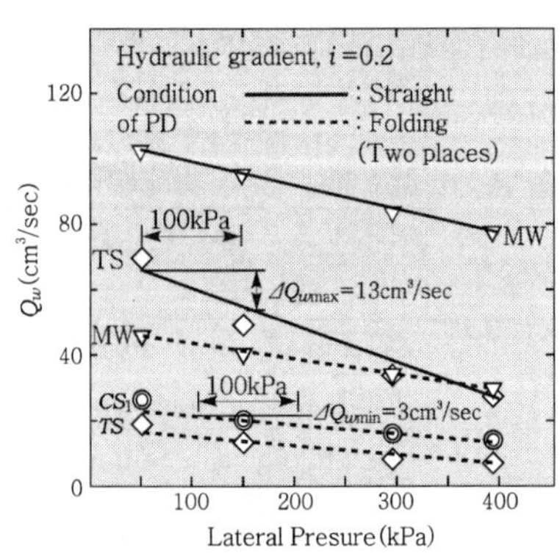

그림 4.55 통수능(Q_w)과 PBD변형(꺽임수)와의 관계(朴, 1994)

그림 4.56 측압에 의한 통수능(Q_w)의 변화(朴, 1994)

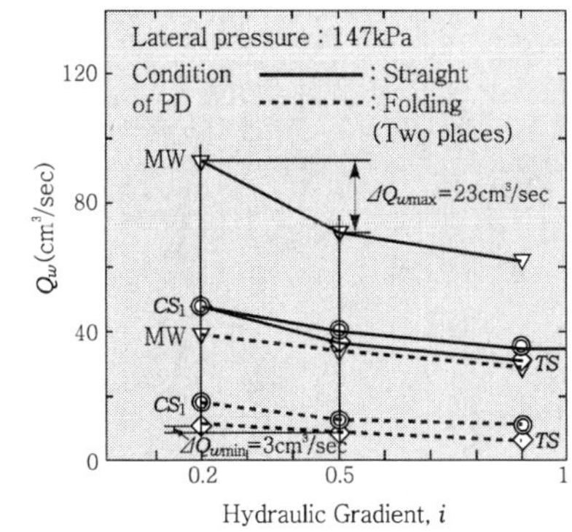

그림 4.57 동수구배에 따른 통수능(Q_w)의 변화(朴, 1994)

그림 4.55에 나타낸 바와 같이 PBD가 자유 굴곡한 상태와 강제 절곡된 상태에서 직립보다 통수능이 감소되고 있으며 측압 150kPa의 경우 자유 굴곡 조건에서는 변형률 20%에 대해 통수능(Q_w)의 저하는 최대 21cm^3/sec임을 나타내었다. 또한, PBD를 강제로 절곡한 경우 1개소 당 15~27cm^3/sec의 통수능력 저하를 나타낸다고 주장하고 있다. 그림 4.56에서 알 수 있듯이 PBD의 통수능은 측압이 증가하면 거의 직선적으로 감소하는 경향을 나타내며 측압 100kPa당 통수능의 감소량은 3~13cm^3/sec의 범위로 감소됨을 나타내었다. 또한 朴(1994)은 실내에서 통수능 시험 시 측압을 50kPa과 400kPa로 맞추어 실험을 수행한 뒤 현장 여건에 맞는 측압 조건을 보간법으로 구하면 된다고 주장하였다. 그림 4.57은 동수구배에 따른 통수능의 저하 특성을 나타내었다. 그림에서 알 수 있듯이 동수구배가 증가하면 PBD 내부의 간극수 흐름이 난류상태가 되어 통수능이 저하하는 것으로 되어있다. 현장에서의 동수구배는 보편적으로 0.3~0.5로 이루어지므로 실무에서 실내시험을 수행 할 경우 이 범위에서 실험을 수행하고 그림 4.57의 감소 경향을 고려하면 적정 할 것으로 판단된다.

(2) 통수능 허용계수 및 현장 소요통수능의 결정

① 통수능 허용계수 결정

- PBD의 경우 Koerner 제안 값의 평균치를 적용한다.
- Fiber drain의 경우 압밀에 따른 배수재의 막힘, 꼬임이 거의 없으므로 F_c, F_b, $F_k = 1$을 적용하며, $F_i \times F_d$는 통상적으로 1.5~3.0 범위로 보고되고 있다.

② 현장 요구통수능의 계산($Q_{req} = f \cdot Q_w$)

Holtz et al.(1991), Bergado(1996) 등의 통수능 시험결과, 배수재 타설 후 통수능의 감소비는 10이하이며, 10 이상에서도 압밀지연 현상은 5% 내외로 연구되었다.

2) 압밀진행에 따른 소요통수량

(1) 개념

朴(1994)은 다양한 조건으로 수 천회의 실내 시험을 실시하여 그 경향을 분석하여 참고하고 조건이 불량한 PBD에 대하여 그림 4.58과 같이 압밀 진행과정중의 소요 통수능력 Q_{req}과 통수능력 Q_w의 변화를 개념적으로 나타냈다.

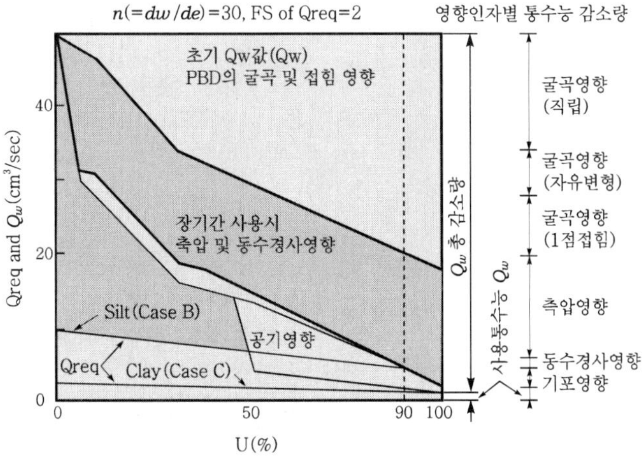

그림 4.58 압밀 중 Q_w와 Q_{req}의 변화도(朴, 1994)

(2) 검토이론

① 압밀의 진행에 따라 배수재를 통하여 간극수가 배출되며 이 때 배수재의 통수능은 간극수의 최대배출속도 이상이어야 한다(Lee et al., 2000).

② 간극수의 최대배출은 시간-침하 관계의 초기 기울기의 접선으로부터 구하면 다음과 같이 계산한다.

$$q_s = A \cdot S_0 = A \cdot S_f (\partial U/\partial t)_{t=0} = 2\pi \cdot S_f c_h / \mu \tag{4.54}$$

여기서, $A = \pi de^2/4$, de : 배수재 영향원의 직경, d_w : 배수재의 등가직경(5cm)

S_f : 최종침하량, c_h : 수평방향압밀계수(1.27×10-2cm^2/sec),

$F(m) = \mu = \ln(d_w / d_e) - 3/4$

(3) 계산결과

표 4.25와 그림 4.59에는 임의의 조건에 대하여 배수재 설치 간격과 침하량에 대한 소요 통수량을 산정한 결과를 나타낸다.

표 4.25 설치간격과 영향직경에 따른 침하량별 소요통수량

설치 간격 S(m)	영향 직경 D(cm)	침하량(S_f, cm)별 소요통수량(q_s, cm^3/sec)					
		25	50	75	100	150	200
1.00	113	0.84	1.68	2.53	3.37	5.05	6.74
1.25	141	0.77	1.54	2.31	3.08	4.62	6.16
1.50	170	0.72	1.44	2.16	2.88	4.32	5.75
1.75	198	0.68	1.36	2.04	2.73	4.09	5.45
2.00	226	0.65	1.30	1.96	2.61	3.91	5.21
2.25	254	0.63	1.26	1.88	2.51	3.77	5.02
2.50	283	0.61	1.21	1.82	2.43	3.64	4.86

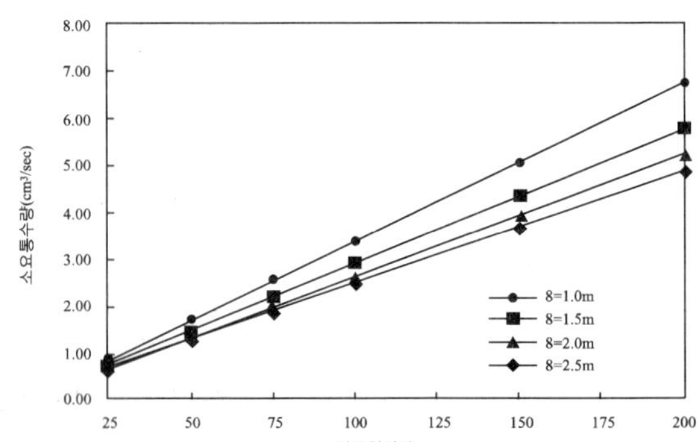

그림 4.59 압밀 진행에 대한 소요통수량(배수재 간격별)

3) Well resistance 영향요인

표 4.26에는 朴(1994)이 다양한 실내시험을 통하여 PBD재의 well resistance에 영향을 미치는 내·외적인 요인을 나타낸 것이다. 이 표를 이용하면 조건변화에 따른 통수능력의 변화특성 파악이 가능할 것으로 판단된다.

표 4.26 PBD재의 well resistance에 미치는 내·외적인 요인(朴, 1994)

요소		메카니즘	Well resistance 영향치
외적요소	측압(σ_3)	PBD가 지반 중에 타설 후 단기간에 σ_3에 의한 통수단면적 A_f의 감소	σ_3 : 50kPa→400 kPa증가시 ; Q_w → (0.3~0.85) Q_w
	PBD재의 변형	주위지반의 압밀에 기인하여 PBD재의 굴곡 등의 변형발생으로 A_f의 감소 및 공기(기포)누적가능	PBD 직립상태→2개소 강제 절곡 Q_w→(0.25~0.6) Q_w
	지중온도(T)	물의 동점성계수 차이에 따른 통수능력 변화	T : 20℃~15℃ Q_w → (0.9)Q_w
	세립자의 이동	PBD재 내부에 주위지반의 세립자 침입에 따른 영향	영향치 무시 가능
	공기(기포)	물의 상방향 이동에 따라 구속압의 해방에 기인하여 간극수속의 용존공기(기포)의 환원	PBD재의 굴곡부에 누적될 경우 그 영향이 심각함. 극단적으로 Q_w가 0까지 저하
	동수구배 (i)	PBD재 속의 물의 흐름이 동수구배가 커지면 난류가 되어 통수능력의 저하 유발	i : 0.2 → 0.9 Q_w → (0.6~0.85)Q_w
내적요소	재질	장기간 PBD필터의 흡습에 기인된 크리프 변형으로 통수단면적의 감소	Q_w → 2~60일 경과시 : Q_w → (0.55~0.7)Q_w
	통수 단면적(A_f)	PBD재의 내부의 겉보기 단면과 통수 가능한 순 단면적의 차이	A_f → (0.35~0.75)A_f L_{CWR} → (1.5~2.5)L_{CWR}
	PBD 길이(H)	길이 증가에 따라 well resistance(마찰손실수두)의 증가	H : 5m → 50m L → (95)L

표 4.27은 朴(1994)은 통수능력(Q_w) 최대치와 최소치를 나타내는 PBD와 통수능력이 가장 낮은 부직포의 PBD제품인 TF를 대상으로 실내 통수능력시험을 실시하고, Yoshikuni(1970)가 제시한 well resistance 계수(L) 산정식을 이용하여 산출한 결과이다.

표 4.27 Well resistance 계수의 산출(朴, 1994)

PBD 길이, H(m)	$k_w(cm/sec)$			$k_c(cm/sec)$	$d_w(cm)$	Well resistance(L)		
	최대치	최소치	TF			최대치	최소치	TF
5	27.6	1.1	0.08	1×10-7	5	0.0001	0.0030	0.0405
10	27.6	1.1	0.08	1×10-7	5	0.0005	0.0118	0.1621
20	27.6	1.1	0.08	1×10-7	5	0.0019	0.0471	0.6483
30	27.6	1.1	0.08	1×10-7	5	0.0042	0.1061	1.4590
50	27.6	1.1	0.08	1×10-7	5	0.0118	0.2948	4.0529

☞ 상기 표에서, $L = \frac{32}{\pi^2}\frac{k_h}{k_w}(\frac{H}{d_w})^2$, TF : 배수재종류

4) PBD 설계 시 고려사항

(1) PBD 타설간격은 다음과 같이 결정한다.

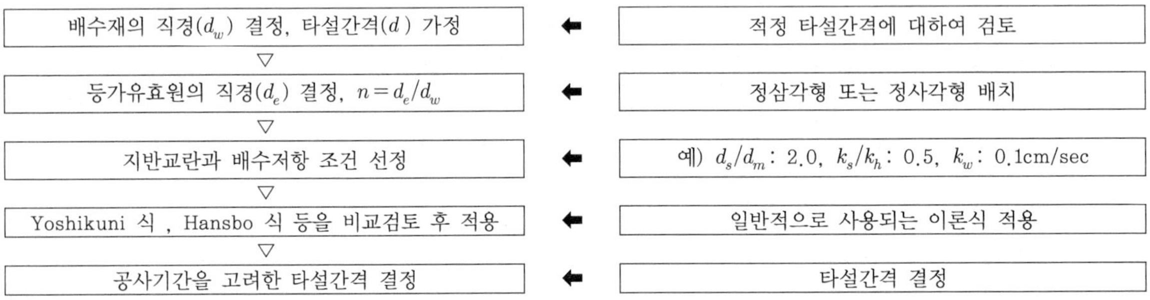

그림 4.60 PBD 타설간격 결정

(2) 연직배수재에 의한 수평방향 압밀이론은 점토층내의 간극수가 배수재의 원형단면으로 배수되는 것으로 가정한다. 단, 정확한 해석을 위해서는 실제의 타입 형상과 스미어 특성이 고려된 Madhav et al.(1993)이 제시한 해석법을 적용할 필요가 있다.

(3) PBD 타설 시 삼각형 배치는 균등지반개량이 가능하나 시공성이 저하되므로 시공성이 좋은 사각형 배치를 적용하는 것이 합리적이다.

표 4.28 PBD 배치(정방형, 삼각형) 비교

구분	정방형 배치	삼각형 배치
배치 형태	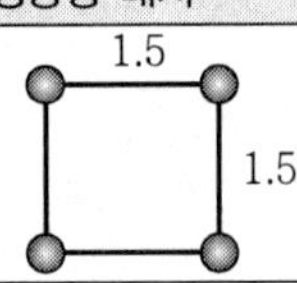	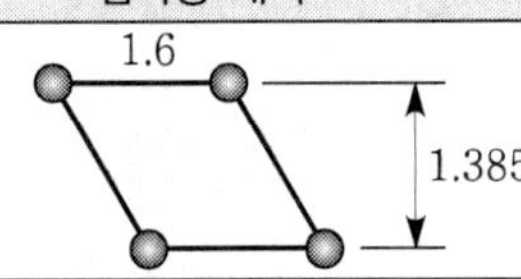
면적(A)	면적(A) : 1.5×1.5 = 2.25m^2	면적(A) : 1.6×1.385 = 2.22m^2
수량대비	1	0.986
장 점	1) 영향원을 고려한 지반개량범위 결정 용이 2) 삼각형배치보다 수량이 많이 타입되나 시공성이 좋음	균등한 지반개량이 가능
단 점	영향원 사이에 취약지대가 형성	1) 영향원 사이에 사각지대 없음 2) 배수재 타설시 시공효율 저하 3) 흙쌓기단부에서의 간격조정이 어려움

(4) 지반에 타설되어 있는 PBD는 원형배수재로 환산된 등가직경 d_w를 구하여 설계에 적용하여야 한다.

$$d_w = a \cdot \frac{2(b+t)}{\pi} \tag{4.55}$$

여기서, d_w : 배수재의 등치환산원 직경, b : 배수재 폭 (보통 b=10cm)

t : 배수재 두께(보통 t=0.3cm), a : 형상계수(보통 a=0.9 : 朴, 1994)

(5) PBD 타설간격별 압밀도에 따른 침하시간을 검토하여야 하며 일반적으로 안전측 설계를 위하여 점증하중의 영향은 고려하지 않는다. 인천국제공항 1단계 건설공사의 연약지반개량공사에서 압밀도 90% 조건의 PBD 타설간격은 0.8×0.8m~2.0×2.0m을 적용하였다. 여기서, PBD 타설간격을 0.8×0.8m로 적용한 구간은 다른 타설간격에 비해 상대적으로 설계기간보다 압밀이 지연되었다. 그 이유는 PBD 타설간격이 적어 Mandrel 주위 지반교란에 의한 영향이 타 간격에 비해 큰 것으로 분석되었다. 따라서 압밀도 90%조건의 PBD 간격은 1.0×1.0m~2.0×2.0m을 적용하는 것이 바람직하다.

(6) PBD타입 후 흙쌓기하중(surcharge, 또는 프리로딩)에 의한 지중 거동
PBD(또는 band drain)가 높은 횡압을 받을 때에는 필터슬러브가 코어 쪽으로 밀려들어 배수단면을 축소시키게 되며 그림 4.61과 같이 압밀진행에 의해 비압축성인 PBD가 꺾이게 되어도 배수단면이 축소된다. 이와 같이 단면이 축소되더라도 통수 능력을 가진 재료를 선정 하여야 한다.

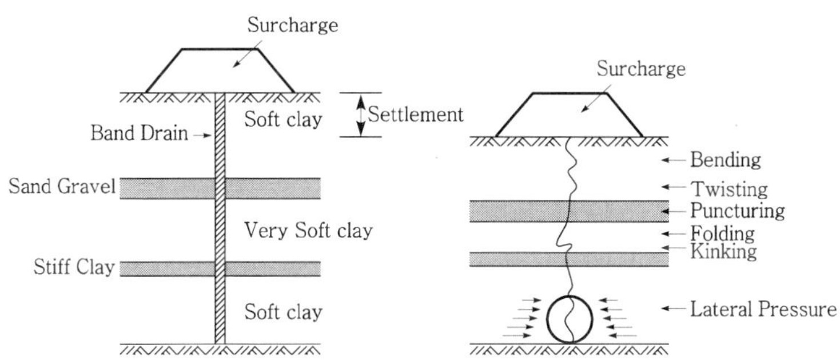

(a) PBD 타입 및 surcharge 시공 직후 (b) 침하발생 후 PBD 변형상태

그림 4.61 압밀이 진행되는 동안의 PBD 변형

(7) PBD 압밀속도에 영향을 주는 요인
Hansbo(1979)는 압밀시 소요 시간(t) 및 속도 영향요소(F)를 다음과 같이 제안하였으므로 실세 시 이를 고려하여야 한다

$$F = F(n) + F_s + F_r = (\text{PBD재 타설간격} + \text{스미어 영향} + \text{well resistance}) \tag{4.56}$$

朴(1994)은 보편적인 설계 시공범위인 표 4.29 조건에 대하여 각각의 영향을 그림 4.62와 같이 나타내어 smear의 영향이 큰 것을 발표하였으며 sand mat의 투수계수가 불량한 경우 sand mat resistance도 영향이 있음을 지적하고 있다.

표 4.29 지반 및 PBD재의 조건 (朴, 1994)

구분	인자 조건		
	PBD 길이 (cm)	$k_c(=k_h)(cm/sec)$	비고
A	1,000	10^{-5}	$d_w=5cm$ $k_w=10cm/sec$ $s(=d_s/d_w)=3$ $k_c/k_s=3$
B	3,000	10^{-7}	
C	3,000	10^{-5}	
D	5,000	10^{-7}	
E	5,000	10^{-5}	

d_S : 스미어 존의 직경 k_w : 배수재의 종방향 투수계수
k_c/k_s : 불교란 존과 스미어 존의 수평방향 투수계수비

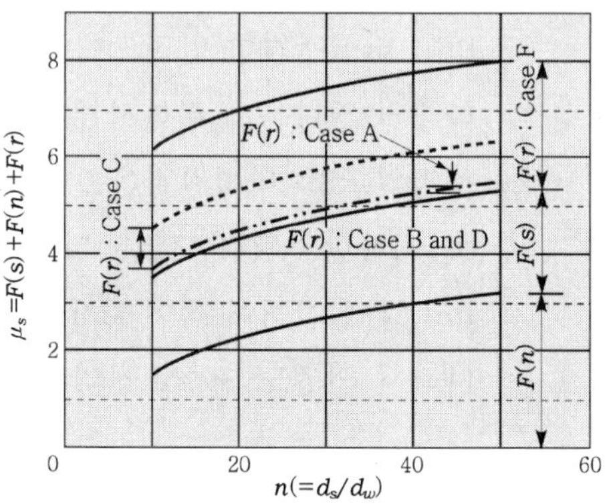

그림 4.62 PBD 조건별 $F_{(n)}+F_S+F_r$의 영향치 산정 결과(朴, 1994)

5) 시공순서

PBD의 시공순서 개념도 및 현장 시공순서는 그림 4.63과 같다.

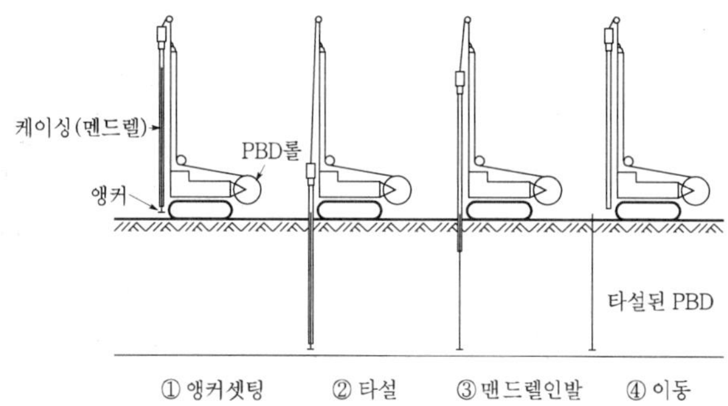

(a) PBD 시공 개념도

① PBD 타설용 mandrel

앵커(anchor)

② PBD를 앵커(anchor)에 결합

맨드렐(Mandrel)

③ Mandrel을 이용한 PBD 타설

④ PBD 타설 완료장면

(b) PBD 현장 시공장면

그림 4.63 PBD 시공순서 개념도 및 현장 시공장면

6) 시공 시 유의사항

(1) 공내에서 배수재를 연결하여 사용하는 것은 가급적 피하며 불가피할 경우는 공당 1회에 한하여 30cm 이상 포켓방식으로 겹치게 한다.

(2) 배수재 시공 후 일정시간이 경과할 때마다 이미 타입 된 배수재의 대표시료를 채취하여 배수성능시험을 실시해서 품질적정 여부를 확인하여야 한다.

(3) PBD타입 완료 후 샌드 매트(sand mat) 상단의 PBD 여유길이 30cm는 그림 4.64와 같이 지중의 간극수가 용이하게 배출토록 샌드 매트(sand mat) 상단에 매입한다. 매입하지 않을 경우 간극수배제에 원활을 기하기 곤란하며 간극이 큰 프리로딩재료로 재하 시 일부 재하토가 수중단위중량조건으로 될 수 있다.

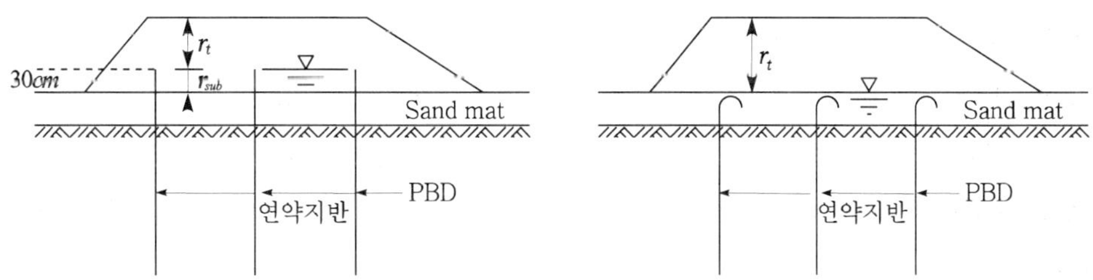

그림 4.64 PBD 여유길이 처리 개념도

(4) PBD의 품질은 제조회사별로 다르며 동일한 회사제품이라 하더라도 구성성분의 변경, 보관상태, 사용경과일수에 따라 다르므로 품질관리기준을 정립하여 정기적인 품질시험과 검사를 하는 것이 중요하다.

(5) 배수능력시험은 국내, 국외의 경우 시험방법, 시험기구의 차이 등에 의해 많은 오차가 있으므로 국내·국외의 시방기준, 품질관리기준, 실내시험기준(현장여건에 맞는 동수구배 등)을 통합한 기준정립이 필요한 실정이다.

(6) 국내 시방서는 대부분 PBD타설 연직도 및 계측기타입 연직도가 2°를 초과하지 않도록 되어 있으나 최근 대심도의 지반개량이 증가하므로 깊이가 깊어질수록 경사영향이 커진다. 그림 4.65에서 나타낸 바와 같이 P.B.D 타설 깊이가 60m일 경우 연직도를 1°기울어진 경우를 가정하면 오차는 반경 1m이상[수평거리 = $\tan(1°) \times 60m \doteq 1.05m$]이 된다. 또한 기반안에 고정시키는 계측기(경사계, 층별 침하계)의 경우도 설치심도가 30m~60m이다. 따라서 연직도 관리가 안 될 경우 매설된 간극수압계는 과잉간극수압소산 측정이 제대로 되지 않아 압밀진행여부 판단에 어려움이 많으므로 PBD 및 계측기 천공은 가급적 연직이 되도록 하되 부득이한 경우 연직도를 1°이하로 관리하는 것이 바람직하다. 연직도 관리가 잘 안될 경우 역해석(back analysis)을 한다 하더라도 신뢰도가 많이 떨어지므로 연약지반개량공사에서 연직도 관리는 매우 중요하다.

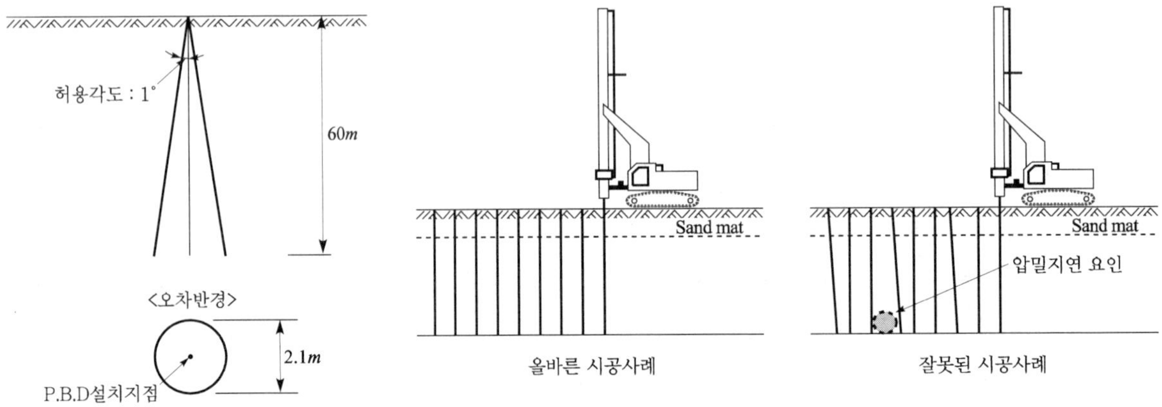

그림 4.65 PBD 오차반경 및 시공사례

(7) 상재하중에 의한 잔류침하량이 허용침하량 이내에 범위 내로 예상될 경우 계측관리 빈도를 현장여건에 맞게 변경조정(예: 2~3회/1~2주)하면 프리로딩재료를 원활히 유용할 수 있다.

(8) 타설 위치의 허용오차는 ±15cm이어야 하며, 계측기 매설주변은 ±5cm 이하로 하되 정확한 간극수압 소산측정을 위하여 mandrel 단면계수가 큰 방향이 간극수압계 설치지점과 인접한 방향이 될 수 있도록 한다.

(10) Mandrel은 가능한 지반교란의 영향을 최소화하기 위하여 단면적이 작은 제품을 사용하여야 하며 기 사용하던 mandrel은 단면계수가 작은 방향으로 휨이 발생하지 않는 경우에 한하여 사용한다.

(11) 표준관입시험(N)과 피조콘시험(q_c)을 병행하여 실시하였을 경우 연직배수재 타입심도 결정은 N값과 q_c값의 상관관계를 검토하여 타입심도를 결정하는 것이 바람직하다.

(12) 연직 배수재 타입 시 지반진동으로 인하여 구조물 손상이 우려되거나 그림 4.66과 같이 토공 비탈면의 활동(sliding)발생 가능성이 있는 경우 시험 시공 시 구조물 부위 및 토공비탈면에 진동 계측치를 측정하여 문제점을 사전에 검토하여야 한다.

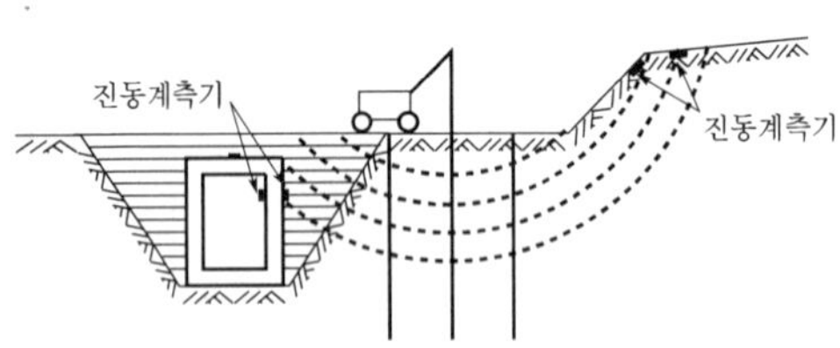

그림 4.66 구조물과 절·성토 비탈면이 있는 경우의 PBD타입

(13) 지반이 불규칙 한 것을 고려하지 않고 PBD를 균일하게 타입 할 경우 부등침하 발생이 우려되므로 PBD 타입 전에 시험시공을 통해 그림 4.67과 같이 전이구간(transition zone)에 PBD를 타입하여 단차발생을 방지하여야 한다.

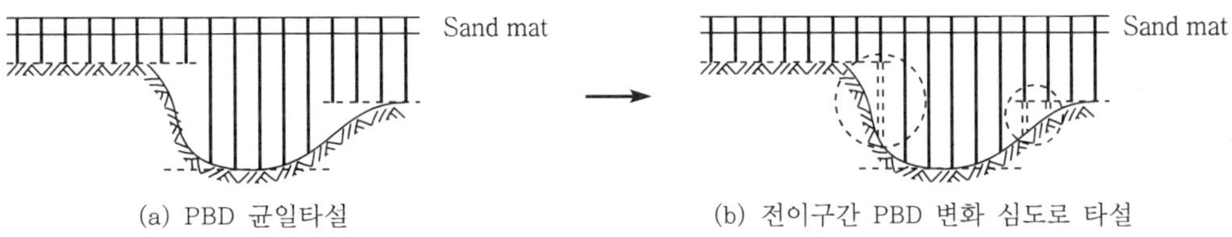

그림 4.67 부등침하를 대비하여 전이구간에 PBD타설

(14) 프리로딩을 블록별로 제거 시 인접 블록 단부에 지중응력이 적게 전달되어 미개량 구역이 발생 할 수 있으므로 이를 최소화하기 위하여 그림 4.68과 같이 인접 블럭에 지중응력이 전달 될 수 있는 부분은 프리로딩을 제거하지 않고 중첩 재하하는 것이 바람직하다.

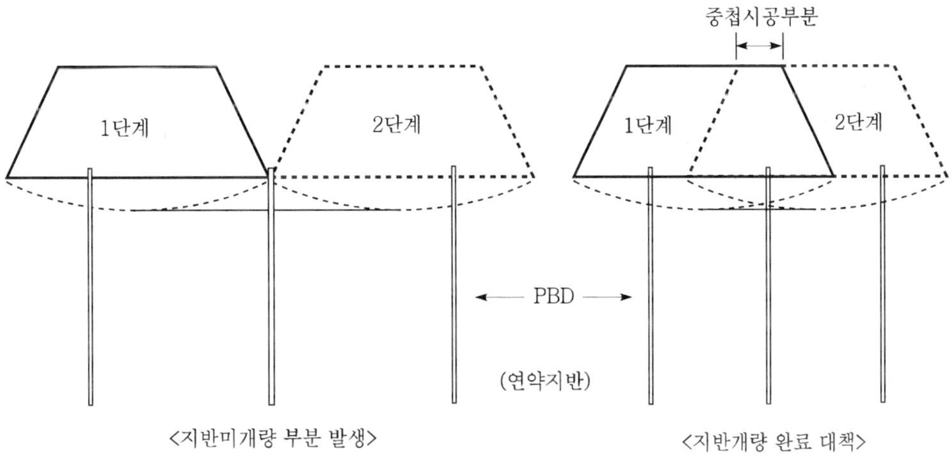

그림 4.68 프리로딩 중첩재하 단면

(15) PBD 타설완료 후 mandrel 인발 시 공벽의 함몰속도로 인하여 지반 내에 공동이 발생 할 수 있으며 이 경우 압밀지연효과가 생길 우려가 있다. 대책방법으로는 그림 4.69와 같이 물뷰사 또는 공동 내에 물을 주입 할 경우 주입으로 정상적인 간극수배수가 진행되어 안정적인 지반개량이 가능하다.

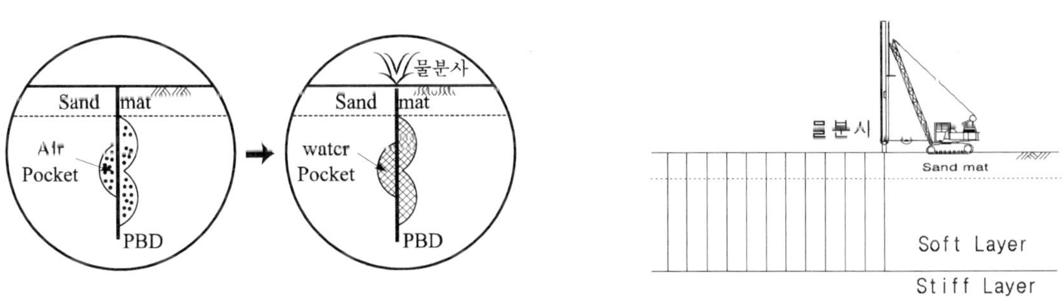

그림 4.69 개선된 PBD 시공방법

7) PBD재의 장점

(1) 공장제품이므로 재료가 균질하여 드레인 효과가 일정하다.

(2) 시공속도가 빠르고 공사비가 저렴하다.

(3) 시공장비가 경량이므로 초연약 지반 개량이 가능하며 지반 교란이 적다.

8) PBD재의 단점

(1) 샌드 드레인에서는 모래 말뚝(sand pile)에 의한 부차적인 강도증대가 기대되지만 PBD에서는 강도증가를 꾀할 수 없다.

(2) 상부에 단단한 모래층이 있는 경우 시공이 곤란하므로 장비중량이 큰 유압식 장비를 사용해야 한다.

(3) 압밀 진행에 따른 배수재의 변형 영향이 상대적으로 크다.

9) 연직 배수재 길이가 30m 이상인 경우 문제점 및 대책

일반적으로 연직방향 투수는 무한하다고 가정하고, 수평방향 투수만 고려하여 규정하나 현장에서는 배출되는 간극수가 수두손실의 영향을 받아 압밀이 지연되는 현상이 발생하는데 well resistance라 한다.

대책으로서는 배수재 선정 시 현장조건의 구속압으로 통수능력시험, 시간경과에 따른 배수재의 굴곡 등 변형에 의한 투수성 저하를 고려한 clogging시험 등을 사전에 실시해야 한다. 또는 배수로(trench)를 만들어 동수구배를 크게하거나 집수 펌프를 설치하면 well resistance를 줄일 수 있다.

10) 실무적용시 유의사항

표 4.30 실무적용시 유의사항

문제점	실무적용 시 유의사항
1) 연직배수 이론식의 적용기준이 확실하게 정립되지 않았다. ① Barron 식 ② Yoshikuni 식 ③ Hansbo 식 ④ Onoue 식	스미어효과 및 well resistance의 고려 여부에 따라 제안식을 선별하여 적용하여야 한다.
2) 흙의 특성과 배수조건에 대한 불확실성으로 배수효과에 대한 정량적 고려가 어렵다.	배수저항을 고려한 Hansbo, Yoshikuni, Onoue식 비교 검토 후 현장여건에 적정한 식을 적용한다.
3) Smear effect 및 smear zone의 범위가 정량화 되지 않았다.	Smear effect를 고려한 Hansbo, Onoue식 비교 검토 후 적용한다. 또는 朴(1994)의 시험방법에 의한 교란범위와 투수계수를 실측 후 적용한다.

4.10.7 침하량 및 압밀소요시간, PBD 간격, 프리로딩높이 산정(사례)

1) 대표단면 위치선정 및 침하량 산정

침하량 산정을 대표할 수 있는 단면이나 위치를 선정하여 지반조사를 실시하고, 설계정수를 결정하여 공용하중 조건에서의 예상 압밀침하량을 산정한다.

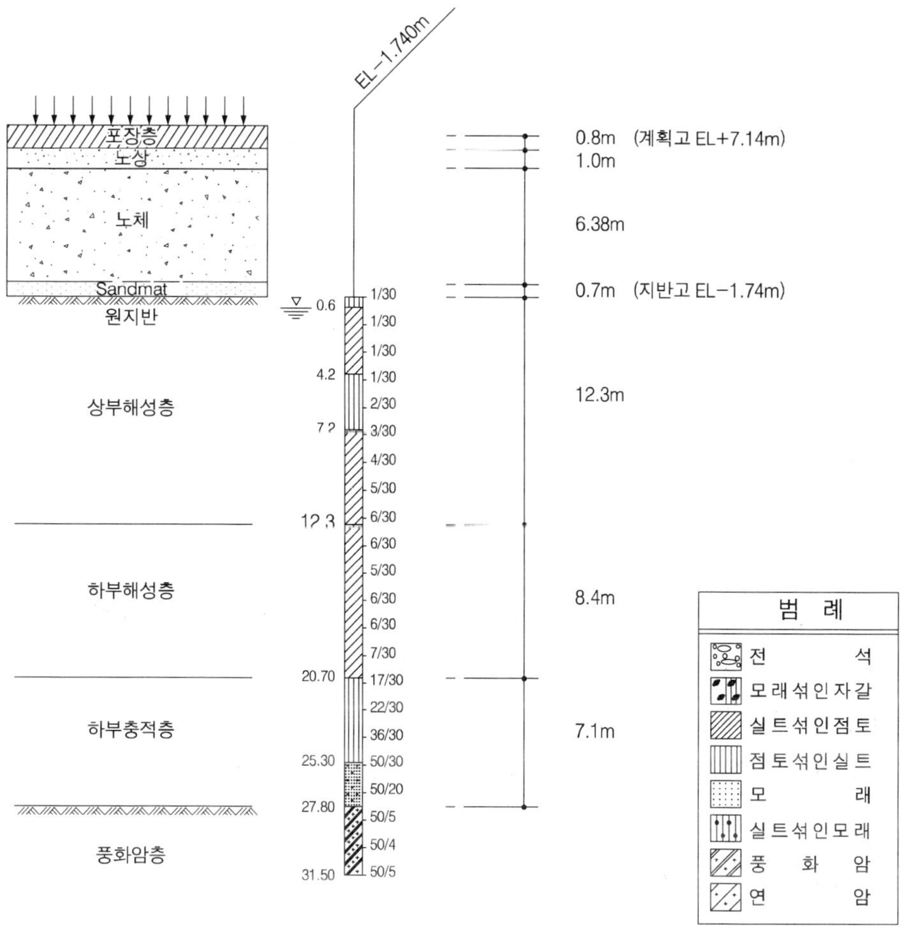

그림 4.70 대표 위치의 표준관입시험 결과 및 지층 상세도

(1) 설계입력정수 결정(압밀대상층)

표 4.31 압밀 대상층 설계 정수

구분	단위	설계입력치	비고
단위중량, γ_t	kN/m^3	18.9	
압축지수, C_c	−	0.240	
재압축지수, C_r	−	0.025	$C_r = C_c/10$
선행압밀하중, σ_c	kPa	68.8	$\sigma_c < \sigma_o + \Delta\sigma$
초기간극비, e_o	−	1.074	
압밀계수, c_v	cm^2/sec	5.5×10−3	
2차압밀계수, c_a	−	0.008	w=36%
연직투수계수, k_v	cm/sec	5.30×10−6	
수평투수계수, k_h	cm/sec	1.06×10−5	k_h=2.0k_v

(2) 공용하중 계산

표 4.32 사하중, 활하중 조건

구분		두께(m)	단위중량(kN/m^3)	사하중(kPa)
사하중	포장층	0.8	21	16.8
	노상	1.0	19.5	19.5
	노체	6.38	19	121.2
	Sand mat	0.7	18	12.6
	계	-	-	170.1
활하중	DB-24	-	-	13.0
$\Delta\sigma$		-	-	183.1

주) $\Delta\sigma$: 공용하중(= $\Delta\sigma_d + \Delta\sigma_l$)
$\Delta\sigma_d$: 사하중(=포장하중 + 노상 + 노체 + sand mat)
$\Delta\sigma_l$: 활하중(DB-24 적용)

(3) 예상 압밀침하량 계산

계획구조물 건설로 인하여 예상되는 총침하량을 계산하여 허용침하량(상부해성층 S_a=10.0cm, 하부해성층 S_a=5.0cm)기준에 적합한지 여부를 파악하면 다음과 같다.

① 1차 압밀침하량 계산

· $\sigma_o' \fallingdotseq \sigma_c$이므로 정규압밀토로 보고 침하량을 C_c법으로 구하면,

$$S_c = \frac{C_c}{1+e_o} \times H \times \log \frac{\sim \sigma_o' + \Delta\sigma}{\sigma_o'} \tag{4.57}$$

여기서, S_c : 1차 압밀침하량(m) C_c : 압축지수
e_o : 초기간극비 H : 압밀대상층의 두께(m)
σ_o' : 유효상재하중(kPa) $\Delta\sigma$: 작용하중(kPa)
(지하수위 : GL-0.6, 단위중량 지하수위 상단 : 18.9kN/m^3)
$= 18.9 \times 0.6 + \{(18.9-10) \times (12.3/2-0.6)\} = 60.7kPa$

$$S_c = \frac{0.249}{1+1.074} \times 12.3 \times \log \frac{60.7+183.1}{60.7} = 0.892m = 89.2cm > S_a = 10.0cm$$

(상부해성층 허용침하량)

∴ 계산된 침하량(89.2cm)이 허용침하량(10cm)을 초과하므로 연약지반처리가 필요하다.

· 하부해성층 $N = 5 \sim 7$이므로 과압밀점토로 보고 침하량을 구하면,

$$S_c = \frac{C_r}{1+e_o} \times H \times \log \frac{\sigma_o{}' + \Delta\sigma}{\sigma_o{}'} \tag{4.58}$$

여기서, C_r : 재압축지수

$\sigma_o{}'$: 유효상재하중(kPa)

$= 18.9 \times 0.6 + \{8.9 \times (12.3 - 0.6)\} + 8.9 \times \frac{8.4}{2} = \ 152.9kPa$

$$S_c = \frac{0.025}{1+1.074} \times 8.4 \times \log \frac{152.9 + 183.1}{152.9} = \ 3.5cm \ < S_a = 5.0cm \text{ (하부해성층 허용침하량)}$$

∴ 계산된 침하량(3.5cm)이 허용침하량(5cm)내에 있으므로 연약지반처리가 불필요하다.

② 2차 압밀침하량 계산

$$S_s = C_a H_t \log\left(\frac{t_{\sec}}{t_p}\right) \tag{4.59}$$

여기서, S_s : 2차 침하량(m), c_a : 2차 압축지수

H_t : 시간 t_p에서의 압밀대상층의 두께(m)

$t_{\sec}$: 30년, t_p : 3년

$$S_c = \ 0.008 \times (12.3 - 0.892) \times \log\left(\frac{30}{3}\right) = 0.091m = 9.1cm$$

③ 총 예상침하량 계산

총 예상침하량 $S = S_c(1\text{차}) + S_s(2\text{차})$ = 89.2+9.1 = 98.3cm

2) 압밀소요시간 계산

예상되는 압밀침하가 정해진 공기 내(6개월)에 최소한 압밀도 $U =$ 90%이상 완료될 수 있는지 여부를 계산하며 침하기간이 공기를 초과 할 경우 압밀촉진공법 적용을 결정한다.

$$t = \frac{T_v H^2}{c_v} \tag{4.60}$$

여기서, t : 압밀소요시간(sec)

T_v : 시간계수

= 1.781−0.933 log(100−90)(53%〈U〈100%) = 0.848

H : 배수거리(m) = (단면배수 조건)

c_v : 압밀계수(cm^2/sec)

$$t = \frac{0.848 \times (1230cm)^2}{5.5 \times 10^{-3} cm^2/\sec} = 90\text{개월} \ \rangle \ \text{공사기간(6개월)}$$

압밀소요시간이 90개월로서 공사기간 6개월을 초과하므로 연약지반개량(압밀촉진)공법 도입이 필요하다.

3) PBD 배치간격 및 프리로딩 높이 결정

정해진 공기 내에 지반개량을 완료하기 위하여 PBD를 이용한 압밀촉진공법을 적용하기로 하며, 실무에서 주로 이용되는 Hansbo의 식을 적용한다.

(1) PBD 배치간격의 결정

각 배치간격별 F값과 압밀소요시간을 계산하고 소요압밀도(90%)를 만족하는 배치간격을 선정하되, 이때 압밀도 U_h는 다음과 같이 계산한다.

$$U_h = 1 - \exp\left(\frac{-8T_h}{F}\right) \tag{4.61}$$

여기서, U_h : 압밀도(%)

T_h : 시간계수

F : 압밀지연계수($= F(n) + F_s + F_r$)

① $F(n)$의 계산

$$F(n) = \ln(\frac{d_e}{d_w}) - \frac{3}{4} = \ln(n) - 0.75 \tag{4.62}$$

여기서, n : d_e / d_w (간격비)

d_e : 등가유효원의 직경=1.13d(사각형배치)

d : PBD 배치간격(m)

d_w : 연직배수재의 환산직경=5.0cm

표 4.33 배수재 간격별 압밀지연 계수 $F(n)$

$d(m)$	$d_e(m)$	$d_w(cm)$	$F(n)$
1.1	1.24	5.0	2.46
1.2	1.36	5.0	2.55
1.4	1.58	5.0	2.70
1.6	1.81	5.0	2.84
1.8	2.03	5.0	2.95
2.0	2.26	5.0	3.06

② F_s의 계산

$$F_s = \left[\left(\frac{k_h}{k_s}\right) - 1\right] \cdot \ln\left(\frac{d_s}{d_w}\right) \tag{4.63}$$

여기서, k_h : 원지반의 수평방향 투수계수(cm/sec)

k_s : 스미어 존의 수 평방향 투수계수(cm/sec)=0.5k_h

d_s : 스미어 존의 직경(cm) =2d_m=28.1cm

d_w : 연직배수재의 환산직경(m) =5.0cm

표 4.34 스미어 영향(F_s)에 의한 압밀지연 계수

k_h(cm/sec)	k_s(cm/sec)	d_s(cm)	d_m(cm)	F_s
1.06×10^{-5}	5.28×10^{-6}	28	14.0	1.73

③ F_r의 계산

$$F_r = \pi \cdot z \cdot (L - z) \cdot \frac{k_h}{q_w} \tag{4.64}$$

여기서, z : 배수재의 배수거리(cm) = 12.3+0.7 = 13.0m

L : 배수재의 길이(cm), 단면배수인 경우 $L = 2z$ 적용

q_w : 배수재의 통수능력(통수성시 = 1)

=k_w(π · d_w^2)/4 = 0.1×(π×52)/4 = 1.963cm^3/sec

k_w : 배수재의 투수계수(cm/sec) = 0.1cm/sec

$$F_r = \pi \times 13.0 \times (2 \times 13.0 - 13.0) \times \frac{1.06 \times 10^{-5}}{1.963} \times 100 = 28.67$$

④ 압밀소요시간 및 배치간격 결정

압밀소요시간 및 배치간격 결정은 U_h =90%를 기준으로 할 경우 식 (4.65)와 같이 산정한다.

$$U_h = 1 - \exp\left(\frac{-8T_h}{F}\right) = 90\%, \quad t = \frac{T_h \cdot d_e^2}{c_h} \tag{4.65}$$

표 4.35 배수재 간격별 압밀소요 시간

$d(m)$	$F(n)$	F_s	F_r	F	T_h	t(월)
1.1	2.46	1.73	28.67	32.86	9.458	5.1
1.2	2.55			32.95	9.484*1	6.1*2
1.4	2.70			33.10	9.527	8.4
1.6	2.84			33.24	9.567	11.0
1.8	2.96			33.36	9.602	13.9
2.0	3.06			33.46	9.631	17.3

주) 1 : $T_h = \frac{-F}{8}\ln(1-U_h) = \frac{-32.95}{8}\ln(1-0.9) = 9.484$

2 : $t = \frac{T_h \cdot d_e^2}{c_h} = \frac{9.484 \times (1.356 \times 100cm)^2}{1.1 \times 10^{-2} cm^2/sec} = 6.1$개월

위에서 계산된 결과를 토대로 하여 개량공기가 6개월로 되어 있으므로 경제성을 고려하여 PBD 배치간격 $d = 1.2m$를 선택한다.

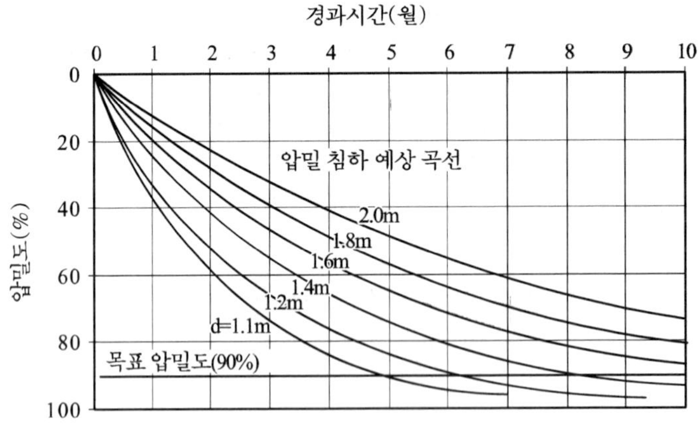

그림 4.71 PBD 간격별 경과시간~압밀도 곡선

(2) 프리로딩 높이(H)의 결정

① 목표침하량 계산

허용침하량을 고려하여 목표침하량을 결정하고 연직배수재의 간격에 따른 시간-압밀도 곡선에 따라 실제 발생침하량을 계산한다.

목표침하량(S_T) = 총침하량(S_t) - 허용침하량(S_a)

= 98.3-10.0 = 88.3 cm

목표침하량을 압밀도(U) 90%수준에서 발생시키려면 실제로 요구되는 침하량은 88.3/90% = 98.1 cm[total settlement = $(S_t - S_a)$/U]이며 비다짐 성토두께를 고려하여 프리로딩 높이를 결정하여야 한다.

② 프리로딩 높이 계산

정규압밀점토이므로 ($\sigma_o{}' = \sigma_c$)

$$S_c = \frac{C_c}{1+e_o} \times H \times \log \frac{\sigma_o{}' + \Delta\sigma}{\sigma_o{}'} \tag{4.66}$$

에서 프리로딩하중 $\triangle\sigma$를 구하면,

$$0.981 = \frac{0.249}{1+1.074} \times 12.3 \times \log \frac{60.7 + \Delta\sigma}{60.7}$$

$$0.981 = 1.477 \times \log y \Rightarrow y = 10^{0.664}$$

$$\frac{60.7 + \Delta\sigma}{60.7} = 10^{0.664} \Rightarrow \Delta\sigma = 219.32 kPa$$

$$\therefore H = \frac{\Delta\sigma}{\gamma_t} = \frac{219.32}{19} = 11.543m$$ (비다짐 성토 시 프리로딩 높이)

노체, 노상을 다져서 시공하는 것으로 계획하였으므로 노상 상단기준 프리로딩 H는 다음과 같다.

$$H = \frac{(\Delta\sigma_1 - \Delta\sigma_2)}{\gamma_t} = \frac{219.32 - 153.3}{19} = 3.5m$$

여기서, $\Delta\sigma_2$: 노상 + 노체 + sand mat의 하중

$=19.5\times1.0 + 19\times6.38 + 18\times0.7 = 153.3kPa$

예제 4.9

PBD a=10cm, b=0.3cm, $Q_w = 0.028m^3/\sec$, $k_w = 0.15m/\sec$,

$c_h = 1.8\times10^{-6}m^2/\sec$, $c_v = 9\times10^{-7}m^2/\sec$, d_m(멘드렐직경)$=0.15$,

PBD간격 $d=1.2$(정사각형), $k_h = 1.8\times10^{-8}m/\sec$, $k_s = 3\times10^{-9}m/\sec$,

$k_v = 3\times10^{-9}m/\sec$ 이다. 연직배수에 의한 t_{90} 압밀시간과, 수평배수에 의한 t_{90} 압밀시간을 Hansbo(1979), Onoue(1988)식으로 구하시오.

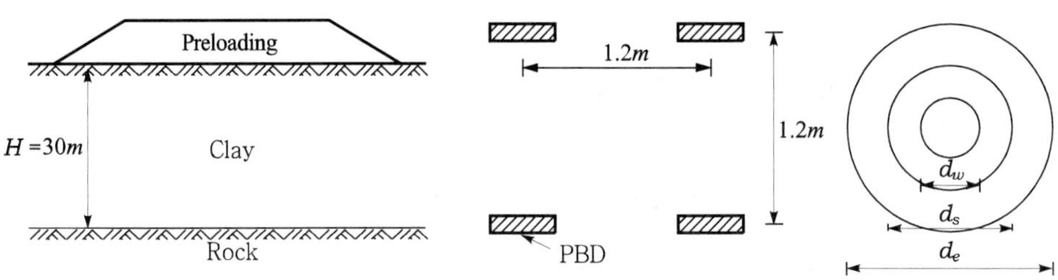

그림 4.72 예제 4.9의 그림

풀이

$$d_w = \frac{1.8(a+b)}{\pi} = \frac{1.8(10+0.3)}{\pi} = 5.9cm$$

$$d_s = 2d_m = 2\times0.15m = 0.3m$$

$$d_e = 1.13\times1.2 = 1.356m$$

$$n = \frac{d_e}{d_w} = \frac{1.356\times100}{5.9} = 22.9$$

$$s = \frac{d_s}{d_w} = \frac{0.3\times100}{5.9} = 5.1$$

$$T_{v90} = 0.848$$

1) 연직배수에 의한 압밀시간

$$t_{90}=T_{v90}\frac{H^2}{C_v}=0.848\frac{30^2}{9\times10^{-7}}=8.48\times10^8\text{초}=9814\text{일}\fallingdotseq 327\text{개월}$$

2) 수평배수에 의한 압밀시간

(1) Hansbo(1979)에 의한 계산

$$U_h(z,\ T_h)=1-\exp(\frac{-8T_h}{F})$$

$$F=F(n)+F(s)+F(r)=2.39+8.15+0.002=10.542$$

$$F(n)=\ln 23-\frac{3}{4}=2.39$$

$$F(s)=\left(\frac{k_h}{k_s}-1\right)\ln s=5\ln 5.1=8.15$$

$$F(r)=\pi z(2H-z)\frac{k_h}{q_w}=\pi\times30(2\times30-30)\frac{1.8\times10^{-8}}{0.028}=0.002$$

$$T_{90}=\frac{\ln 0.1\times10.542}{-8}=3.034$$

$$t_{90}=3.034\times\frac{(1.356)^2}{1.8\times10^{-6}}=3009291\text{초}=35\text{일}\fallingdotseq\text{약}1\text{개월}$$

• 연직, 수평 배수에 의한 합성 압밀도

$$35\text{일에서}\begin{cases}T_h=3.034\\ T_v=\dfrac{35}{9814}\times(0.848)=0.003\end{cases}$$

$$0.886U_z=\sqrt{T_v}=\sqrt{0.003},\quad U_z=0.06$$

$$U=[1-(1-U_r)(1-U_z)]\times100$$

$$=1-(0.10)(0.94)=0.906\simeq 90.1\%$$

(2) Onoue(1988)에 의한 계산

$$U_h(T_h)=1-\exp(\frac{-8T_h}{F(n')+0.8L})$$

$$n'=ns^{\eta-1}$$

$$=22.9\times5.1^5=79{,}010$$

$$\eta=\frac{k_h}{k_s}=\frac{1.8\times10^{-8}}{3\times10^{-9}}=6$$

$$F(n')=\frac{(n')^2}{(n')^2-1}\ln n'-\frac{3(n')^2-1}{4(n')^2}$$

$$=\ln 79{,}010-\frac{3}{4}=11.28-0.75=10.53$$

$$L = \frac{32}{\pi^2}\frac{k_h}{k_w}(\frac{H}{d_w})^2 = \frac{32}{\pi^2}\frac{1.8\times10^{-8}}{0.15}(\frac{30\times100}{5.9})^2$$

$$= 0.101$$

$$F(n') = 0.8L = 10.53 + 0.8\times0.101 = 10.61$$

$$T_{90} = \frac{\ln 0.1\times10.61}{-8} = 3.054$$

$$t_{90} = 3.057\times\frac{(1.356)^2}{1.8\times10^{-6}} = 3119722초$$

$$= 36일 \fallingdotseq 약1개월$$

$$35일에서 \begin{pmatrix} T_h = 3.054 & U_h = 0.9 \\ T_z = 0.003 & U_z = 0.06 \end{pmatrix}$$

따라서 연직, 수평 배수에 의한 합성 평균압밀도는,

$$U = [1-(1-U_h)(1-U_z)]\times100 = 0.906 \fallingdotseq 90.1\%$$

예제 4.10

d_w=0.3m, s=4m(사각형배치), $H=10m$, $c_h = c_v = 3.0\times10^{-3}m^2/day$일 때 다음을 구하여라.

1) 무처리시 연직배수만을 고려하여 t_{90}을 구하라.

2) 수평배수 만을 고려하여 t_{90}을 구하라.

3) 연직과 수평 배수에 의한 평균 압밀도를 구하라.

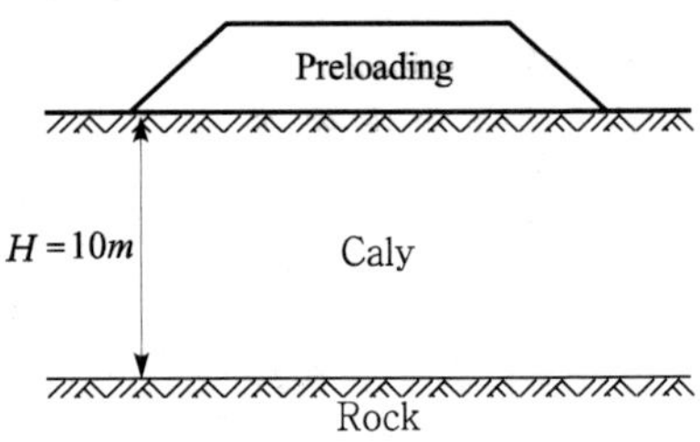

그림 4.73 예제 4.10의 그림

풀이

1) 연직배수에 의한 t_{90}

$$T_{90} = 0.848,\ t_{90} = T_{90}\frac{H^2}{c_v} = 0.848\times\frac{10^2}{3.0\times10^{-3}}$$

$$= 28,266일 \fallingdotseq 77년$$

2) 수평배수만을 고려한 t_{90}

$$d_e = 1.13s = 1.13\times4 = 4.52m,\ n = d_e/d_w = 4.52/0.3 = 15$$

$$F(n) = \ln(n) - \frac{3}{4} = \ln(15) - 0.75 = 1.96$$

$$T_h = -\frac{F}{8}\ln(1-U_h) = -\frac{1.96}{8}\ln(1-0.9) = 0.245$$

$$t_{90}=\frac{T_h\times d_e^2}{c_h}=\frac{0.245\times 4.52^2}{3.0\times 10^{-3}}=1{,}668\text{일} ≒ 4.6\text{년}$$

3) $t_{90}=4.6$년일 때의 연직과 수평 배수에 의한 합성 평균압밀도(U)

$$T_h=0.245,\ \ T_v=\frac{1668}{28266}\times 0.848=0.05,\ \ 0.886U_z=\sqrt{0.05}\ ,\ U_z=0.2524=25.2\%$$

$$U_{av}=[1-(1-U_r)(1-U_h)]=1-(0.10)(0.748)=92.5\%$$

예제 4.11

PBD 폭(a) = 10cm, 두께(b) = 0.3cm, $c_h=c_v=2.3\times 10^{-4}\,cm^2/\text{sec}$, $t_{90}=$ 620days(1.7년), 사각형 배치일 때, 적정 PBD타설 간격(d)를 구하라. (단, 연직배수는 무시한다.)

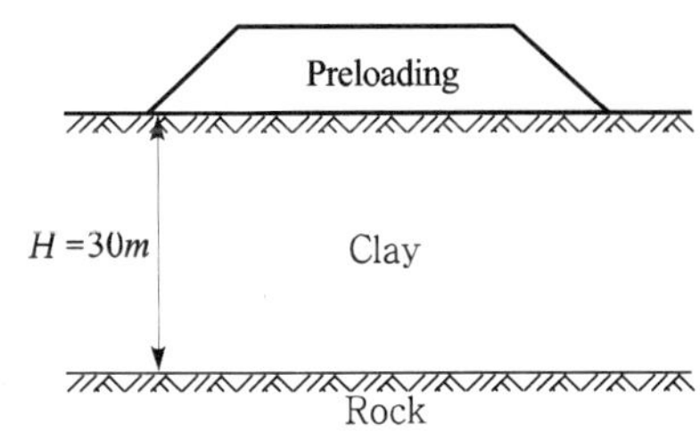

그림 4.74 예제 4.11의 그림

풀이

$$d_w=\frac{1.8(a+b)}{\pi}=\frac{1.8(10+0.3)}{\pi}=5.9cm$$

1) 간격 d =1.5m일 경우

$$d_e=1.13\times D=1.13\times 1.5=1.7m,\quad n=\frac{d_e}{d_w}=\frac{1.7\times 100}{5.9}=28.8$$

$$F(n)=\frac{28.8^2}{28.8^2-1}\ln 28.8-\frac{3(28.8^2)-1}{4(28.8^2)}=2.61$$

$$T_{h\,90}=\frac{2.61}{8}\ln(\frac{1}{1-0.9})=0.75$$

$$c_h=2.3\times 10^{-4}cm^2/\text{sec}=0.715m^2/year$$

$$t_{90}=\frac{0.75\times 1.7^2}{0.715}=3.03\text{년}\geq 1.7\text{년}\ \therefore N.G$$

2) 간격 수정 d =1.0m 일 경우

$$d_e=1.13\times D=1.13\times 1=1.13m,\quad n=\frac{d_e}{d_w}=\frac{1.13\times 100}{5.9}=19.2$$

$$F(n)=\frac{19.2^2}{19.2^2-1}\ln 19.2-\frac{3(19.2^2)-1}{4(19.2^2)}=2.21$$

$$T_{h\,90}=\frac{2.21}{8}\ln(\frac{1}{1-0.9})=0.64$$

$$t_{90}=\frac{0.64\times 1.13^2}{0.715}=1.1\text{년}\leq 1.7\text{년}\ \therefore N.G$$

3) 간격 수정 d =1.2m 일 경우

$$d_e = 1.13 \times D = 1.13 \times 1.2 = 1.36m, \quad n = \frac{d_e}{d_w} = \frac{1.36 \times 100}{5.9} = 23$$

$$F(n) = \frac{23^2}{23^2 - 1} \ln 23 - \frac{3(23^2) - 1}{4(23^2)} = 2.39$$

$$T_{h90} = \frac{39}{8} \ln\left(\frac{1}{1-0.9}\right) = 0.69$$

$$t_{90} = \frac{0.69 \times 1.36^2}{0.715} = 1.78\text{년} \fallingdotseq 1.7\text{년} \therefore O.K$$ 따라서 PBD 타설간격은 1.2m로 결정

예제 4.12

PBD(규격 b=107mm, t=3mm)을 정방형배치하여 수평압밀계수가 0.75$m^2/year$인 연약지반을 개량하려 한다. 지반개량 소요시간 1.7년(약 620일)에 압밀도를 80%로 하려고 한다. smear zone과 well resistance는 고려하지 말고 Barron식을 이용하여 PBD의 간격을 결정하라.

풀이

d_w(연직배수재의 직경) $= 1.8(a+t)/\pi = 1.8 \times (107+3)/\pi = 63.03mm = 0.063m$

타설 간격을 임의로 가정하여 $d = 1.5m$로 하면,

d_e(영향원의 직경) $= 1.50 \times 1.128 = 1.692m$

$$n = \frac{d_e}{d_w} = \frac{1.692}{0.063} = 26.9$$

$$F(n) = \frac{n^2}{n^2 - 1} \ln(n) - \frac{3n^2 - 1}{4n^2}$$ 에서,

$$F(n) = \frac{26.9^2}{26.9^2 - 1} \ln(26.9) - \frac{3 \times 26.9^2 - 1}{4 \times 26.9^2} = 2.546$$

여기서,

수평방향의 평균압밀도 $U_h = 1 - \exp(-8T_h/F(n))$

$$T_h = \frac{F(n)}{8} \times \ln\left(1 - \frac{1}{U_h}\right) = \frac{2.546}{8} \times \ln\left(\frac{1}{1-0.8}\right) = 0.512$$

따라서, U_s =80%에 대응하는 시간 t는

T_h= 수평 방향 시간 계수 : $\frac{c_h \cdot t}{d_e^{\ 2}}$ 식으로부터

$t = 1.692^2 \times 0.512/0.75 = 1.96$ 년 〉1.7년 N.G

간격을 좁혀서 d를 1.4m로 하면,

d_e = 1.40×1.128 = 1.579m = 157.92cm, n = 1.579/0.063 = 25.067 = 25.1

F_n = $[(25.1)^2/(25.1)^2-1] \times \ln(25.1)$ − $[3 \times (25.1)^2-1/4 \times (25.1)^2]$ = 2.493

$T_h = F_n/8 \cdot \ln[1-1/U_h] = 2.493/8 \cdot \ln[1/(1-0.8)] = 0.5016$

따라서 U = 80%에 대응하는 시간 t는

$t = (1.579)^2 \times 0.5016/0.75 = 1.668$년 ≒ 1.67년<1.7년 O.K

타설간격 $d = 1.40m$로 정한다.

4.10.8 Sand drain(SD)공법

점성토층의 연약지반에 $2\sim3m$ 간격으로 지름이 약 $40cm$인 모래기둥을 수직으로 타입하여 과잉간극수압이 연직방향은 물론 방사선방향으로 소산토록 하여 압밀을 촉진시키는 공법이다.

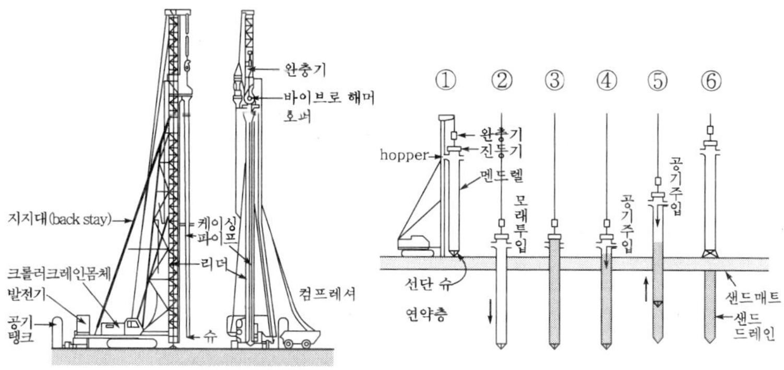

(a) Sand drain 시공순서

(b) mandrel 선단부

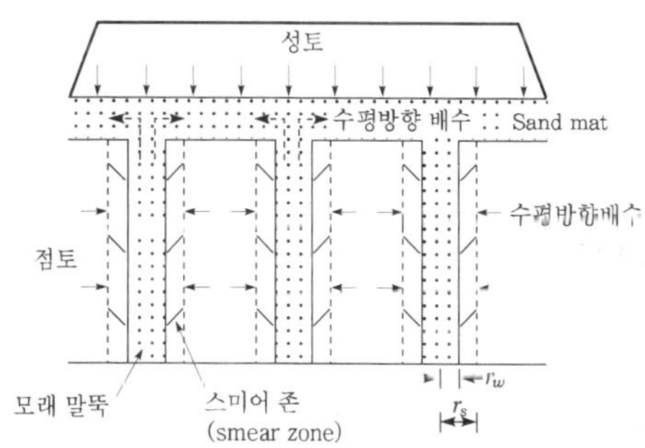

(c) Sand drain 개념도

그림 4.75 Sand drain 시공순서, mandrel 선단부 및 개념도

1) Sand drain 설계순서

(1) 간격 및 직경 결정

① 간격(S) : $2.0\sim3.0m$가 효과적

② 직경(d_w) : $30\sim50cm$(일반적으로 $40cm$)

(2) Sand drain이 분담하는 범위를 등면적으로 환산한 영향원 선택

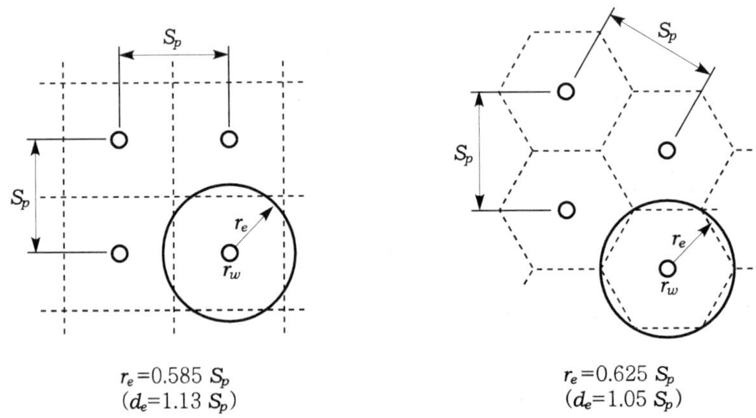

(a) 정방형 배치 (b) 정삼각형 배치

그림 4.76 수평방향 압밀의 영향범위

① 정삼각형배치 : $d_e = 1.05S$ (4.67)

② 정방형(사각형)배치 : $d_e = 1.13S$ (단, S : 샌드 드레인의 중심간격) (4.68)

여기서, d_e : 영향원의 직경

r_e : 영향원의 반경($r_e = \frac{d_e}{2}$)

r_w : 연직배수재의 반경

(3) 평균압밀도 계산

$$U_r = 1 - \exp(-\frac{8T_r}{\lambda}) = 1 - e^{-\frac{8T_r}{\lambda}} \quad (U_r : \text{ 방사방향의 압밀도}) \tag{4.69}$$

여기서, $\lambda = \frac{n^2}{n^2-1}\ln(n) - \frac{3n^2-1}{4n^2}$

$n = \frac{d_e}{d_w}$

$U_{vr} = 1 - (1-U_v)(1-U_r)$

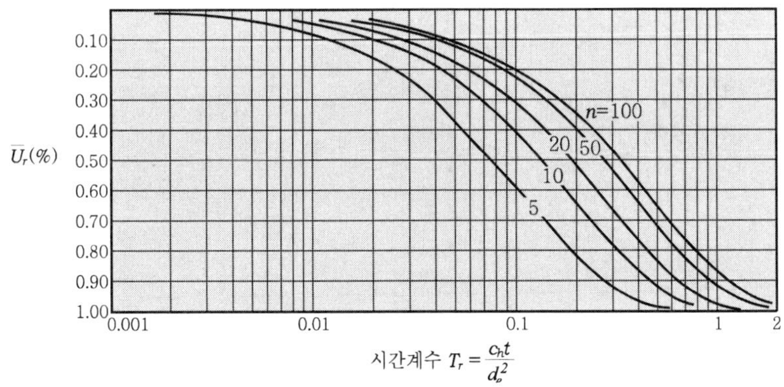

그림 4.77 방사형방향 배수에 대한 시간 계수 n, U_r, T_r 과의 관계

예제 4.13

다음을 이용하여 Yoshikuni식으로 sand drain의 압밀도(U)를 산정하라.

1) 압밀계수(c_v)결정: $c_v = 0.0054\,cm^2/\text{sec}$ (압밀 시험결과의 압밀계수)

2) t = 6개월(15,552,000sec) : 연약지반개량 기간

3) s = 2.6m 사각형 배치(sand drain 간격), d_w = 0.4m(sand drain 직경)

풀이

d_e = 1.13s = 1.13×2.6 = 2.938(사각형 배치)

$n = \frac{d_e}{d_w} = 7.345$, $F(n) = \lambda = \frac{n^2}{n^2-1}\ln(n) - \frac{3n^2-1}{4n^2}$ (Yoshikuni식)

$T_r = \frac{c_v \cdot t}{d_e^2} = 0.973$, $U = 1 - \exp[-\frac{8Tr}{F(n)}]$ = 99 %

또는, 그림 4.77에서 $T_r = 0.97$, $n = 7.35$일 때, 압밀도(U) = 99%

예제 4.14

점토층에 가해지는 영구(공용)하중이 100kPa이고, 점토층 중앙에서의 초기 유효응력이 150kPa이다. $H_c = 5m$, $C_c = 0.4$, $e_o = 0.7$, $c_v = 0.5m^2/month$이며, 점토는 정규압밀점토이고 양면배수조건이다.

1) 선행하중이 없을 경우 1차 압밀침하량을 구하라.

2) 연직배수재를 타설하지 않고 6개월 동안 선행하중을 가하여, 1차 압밀침하량을 제거하는데 필요한 과재(프리로딩)하중 $\Delta\sigma_f$를 구하라.

3) 샌드 드레인공법을 병행할 경우 $\Delta\sigma_f$를 구하라. $d_e = 4m$, $d_w = 0.3m$, $c_v = c_h$로 가정하고 smear zone과 well resistance 저항은 무시한다.

풀이

1) 정규압밀점토이므로,

$$S_c = \frac{C_c}{1+e_o}H\log\left(\frac{\sigma_o+\Delta\sigma}{\sigma_o}\right) = \frac{0.4}{1+0.7}\times 500\times\log\left(\frac{150+100}{150}\right) = 26.10cm$$

2) 프리로딩하중($\Delta\sigma_f$)

$$T_v = \frac{c_v t}{H_{dr}^2} = \frac{0.5\times 6}{2.5^2} = 0.48$$

$$U_{v(avg)} = [1-\frac{8}{\pi^2}exp(-\frac{\pi^2 T_v}{4})] \times 100$$

$$=[1-\frac{8}{3.14^2}exp(-\frac{3.14^2\times 0.48}{4})] \times 100 = 75.15\%$$

목표침하량 S_t = 26.1 / 0.7515 = 34.73cm

$$34.73 = \frac{0.4}{1+0.7}\times 500\times\log(\frac{150+\Delta\sigma_f}{150})$$

$\therefore \Delta\sigma_f' = 146kPa$

$\therefore \Delta\sigma_f = \Delta\sigma_f' - \Delta\sigma = 146-100 = 46kPa$

3) $\Delta\sigma_f$계산

$$n = \frac{d_e}{d_w} = \frac{4}{0.3} = 13.33$$

$$F = \frac{n^2}{n^2-1}ln(n) - \frac{3n^2-1}{4n^2} = \frac{13.33^2}{13.33^2-1}ln(n) - \frac{3\times 13.33^2-1}{4\times 13.33^2} = 1.856$$

$$T_h = \frac{c_h t}{d_e^{\ 2}} = \frac{0.5\times 6}{4^2} = 0.1875$$

U_{avg} 〈 50% 이므로 $U_{h(avg)} = \sqrt{\frac{T_v\times 4}{\pi}} = \sqrt{\frac{0.1875\times 4}{3.14}}\times 100 = 48.87\%$

$$U_{avg} = 1-(1-U_{v(avg)})(1-U_{h(avg)}) = 1-(1-0.7515)(1-0.4887) = 87.29\%$$

목표침하량 = 26.1 / 0.8729 =29.90 cm

$$29.90 = \frac{0.4}{1+0.7}\times 500\times\log(\frac{15+\Delta\sigma_f}{15}) \qquad \therefore \Delta\sigma_f' = 119.3kPa$$

$\therefore \Delta\sigma_f = \Delta\sigma_f' - \Delta\sigma = 119.3-100 = 19.3kPa$

4.10.9 Sand pack drain 공법

지반 중에서 배수단면이 절단되기 쉬운 샌드 드레인(sand drain)의 단점을 보완하여 점성토층의 압밀배수를 촉진시켜 지반의 압밀기간을 단축할 목적으로 사용되는 공법으로 polyethylene 망태에 모래를 채워 넣은 모래 기둥을 지반 중에 타설하여 지반의 압밀배수를 촉진시키는 공법이다. 이 공법은 1968년에 시험 시공된 이후로 현재까지 꾸준하게 적용되고 있다. 우리나라에서는 1990년대 초에 양산~구포간 고속도로 건설공사에서 처음 적용되었다.

(a) Sand pack drain 시공장비

(b) 설치완료 장면

그림 4.78 Sand pack drain 시공장비와 설치완료 장면

1) 유효직경(등가직경)

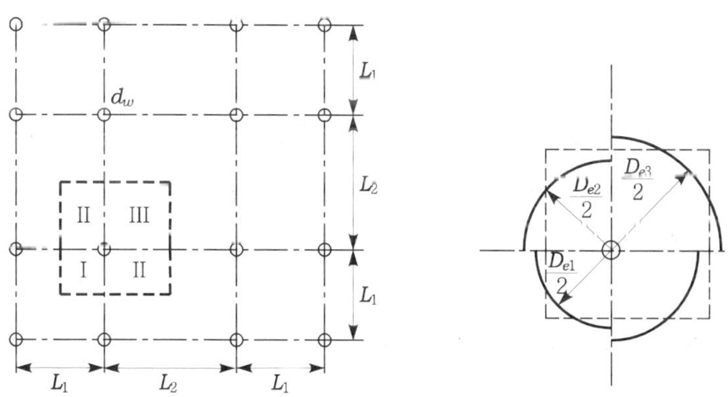

그림 4.79 Sand pack drain 개념도

$$d_{eII} = 1.128 \times L_1 (= 120cm),\ d_{eII} = 1.128 \times \sqrt{L_1 \times L_2},\ d_{e\,III} = 1.128 \times L_2 cm$$

시간계수 T_h는 다음과 같다.

$$T_{h\,I} = \frac{c_h \times t}{d_{e^2 I}},\ T_{h\,II} = \frac{c_h \times t}{d_{e^2 II}},\ T_{h\,III} = \frac{c_h \times t}{d_{e^2 III}}$$

간격비(n)은 다음과 같다.

$$n_I = \frac{d_{e\,I}}{d_w(12cm)},\ n_{II} = \frac{d_{e\,II}}{d_w(12cm)},\ n_{III} = \frac{d_{e\,III}}{d_w(12cm)}$$

위와 같이 분할된 단면마다 압밀도를 구하여 다음 식에 의하여 전체 평균압밀도를 결정한다.

$$U = \frac{A_I U_I + 2A_{II} U_{II} + A_{III} U_{III}}{A_I + 2A_{II} + A_{III}} \tag{4.70}$$

2) 특징

(1) 강인한 합성섬유 망대 속에 모래를 채워서 배수기둥을 만들기 때문에 배수재 직경 유지가 가능하다.

(2) 여러 본을 동시에 시공하므로 시공속도가 빨라 시공기간을 단축시킬 수 있다(4본 기준으로 샌드 드레인의 약 2배 수준).

(3) 4본 또는 6본 동시 타설로 지층의 굴곡에 따른 미개량부가 생길 수 있고 casing 길이 조정이 곤란하여 연약층 두께가 불규칙한 경우 장비대수가 많이 필요하다.

(4) 타설된 배수재가 mandrel 인발시 마찰저항에 의해 인발될 수 있다.

4.10.10 진공압밀공법

초 연약한 점성토층에 연성주름관을 타입, 지표에 진공보호막을 덮은 후 진공펌프와 연결하여 지중을 진공상태로 만들게 되면 대기압이 깊은 심도까지 동일한 등방하중으로 작용하게 되어 강제 탈수가 되게 하는 강제압밀촉진공법이다.

진공압밀공법은 등방압밀상태가 되므로 지표 및 자중까지 동일크기의 대기압이 작용한다. 진공으로 인한 대기압하중은 프리로딩 4.5m 높이의 여성토와 같은 효과로서 지반개량에 필요한 여성토 및 사토량이 절감된다. 진공압밀공법 개념도 및 응력경로는 그림 4.80과 같고 진공압밀하중과 성토하중의 하중조건 비교는 표 4.36과 같다.

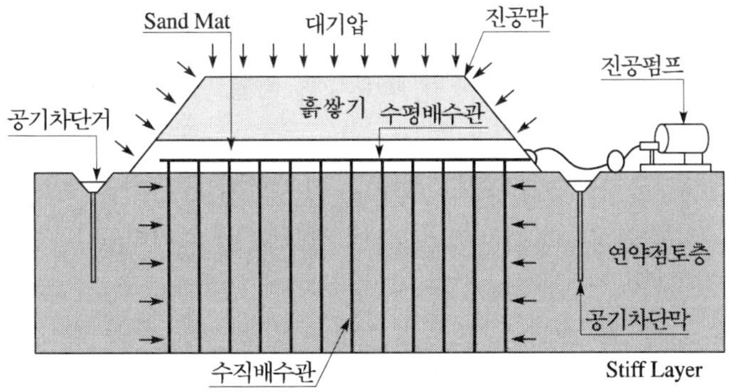

(a) 진공압밀공법 개념도

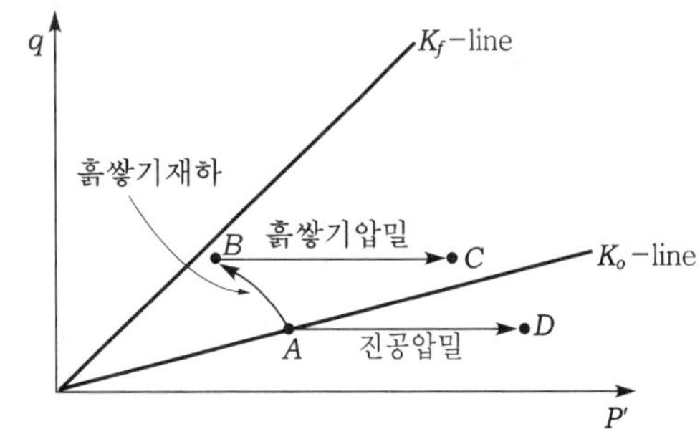

(b) 응력경로

그림 4.80 진공압밀공법 개념도 및 응력경로

표 4.36 진공하중과 성토하중의 응력경로 비교

구분	진공압밀 공법	성토하중 공법
개념도	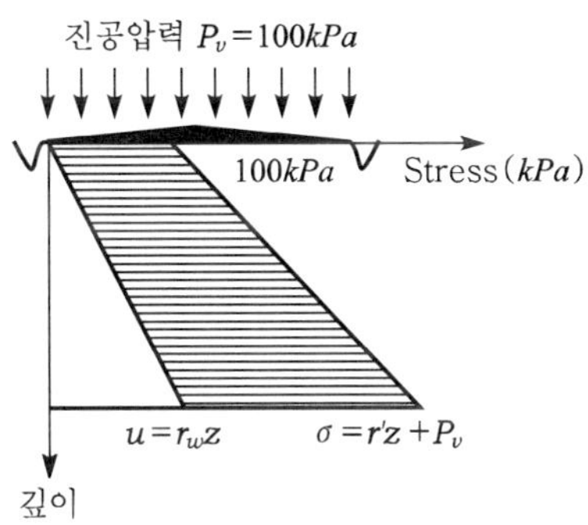	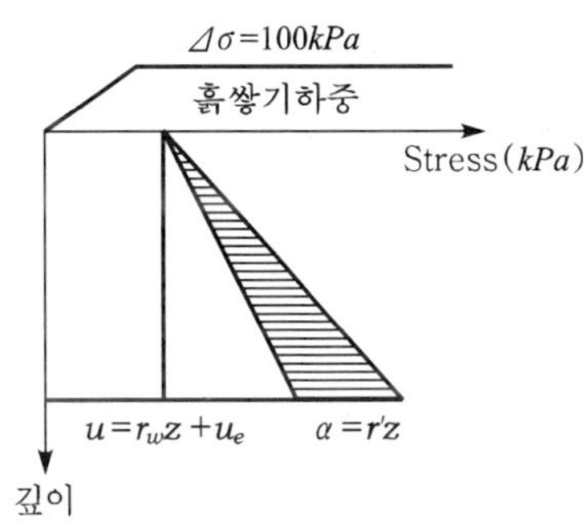
하중조건	지중 진공상태에 대한 대기압	일반 성토하중
압밀재하시 간극수압	$-u_e$(부과잉간극수압)	$+u_e$(과잉간극수압)
파괴거동	응력이 A→D로 이동하여 K_f선에 접근하지 않아 지반파괴 거동이 없음	응력이 A→B→C에서 C→B로 이동하여 K_f선에 접근하여 지반파괴거동 발생

4.10.11 실무적용 시 유의사항

1) 연약지반개량 설계 시 안전측 설계를 위하여 연약지반 두께는 가장 깊은 곳을 기준으로 하고, 압밀계수(c_v)는 평균값에서 표준편차를 뺀 값을 취하며 시공 시 계측관리를 통하여 검증하는 것이 바람직하다.

2) 장비 주행에 따른 샌드 매트 두께 결정시 비배수 전단강도(c_u)는 임의로 심도가 깊은 위치의 값을 적용하지 않고 가급적 전단영역(shear zone)범위내의 값을 평균하여 이용하여야 한다.
3) PP mat는 시공장비의 주행성과 샌드 매트의 배수기능을 위하여 포설하며 비탈면안정 검토 시에는 인장강도를 고려하지 않는다.
4) PP mat는 흙쌓기제체 및 원지반의 변형률을 고려하여 재료의 특성상 변형률이 유사하고 creep이 작은 PET(폴리에스터)매트를 사용하며 이 경우 인장강도는 5%변형 시 강도값을 의미하나 일반적으로 설계기준 강도값의 1/2을 적용한다.
5) 연약지반에 성토를 하거나 해안에 구조물 시공 시 과대한 침하와 측방변형이 발생될 수 있는데 이러한 경우는 creep 특성이 원인이 될 수도 있다. 따라서 삼축압축 시험 시 변형률, 변형률 속도 및 파괴시간 등에 대한 고려가 필요하다.
6) 연약지반 개량공법에서 치환공법 적용이 가능한 심도는 굴착장비 성능에 따라 $5m$ 이내를 기준으로 하며 터파기 비탈면의 기울기는 굴착장비의 상재하중을 고려한 안전율(F_s)은 F_s >1.2 이상이 되도록 한다.
7) 압성토고(H)는 성토본체의 $H/3$를 초과하지 않고 성토길이(L)는 $2H$정도로 하는 것이 좋다.
8) 연약층 내에 BM, TBM을 설치하는 경우 침하로 인하여 정도 높은 계측 시행이 어려우므로 파일 타입 등 침하가 발생하지 않도록 하여야 한다.
9) 수평방향의 배수가 지배적이므로 간편 설계일 경우 배수재 간격(s)이 깊이의 1/2이하인 경우 연직배수는 무시한다.
10) 압밀시험에 의한 수평방향의 압밀계수는 신뢰성이 떨어지므로 피조콘 소산시험결과의 압밀계수 값을 설계에 적용하는 것이 더욱 합리적이다.
11) 스미어 영향에 의한 교란범위는 타설 장비에 따라 다르므로 이에 대한 충분한 검토가 필요하며 실내에서 사용 mandrel 단면형상을 이용한 시험이 필요하다.
12) 배수용 모래는 Terzaghi 필터 규준에 적합한 투수성이 좋고 입도가 양호한 모래를 사용한다.
13) 점토층 내에 sand seam이 연속적으로 있는 경우 양면배수 조건이 되어 목표 압밀시간 내에 있을 경우 연직배수재 타입생략이 가능하다.
14) sand drain 공법 적용시 측방유동 또는 활동에 의하여 모래말뚝 절단이 예상되는 경우 배수효과가 저하되므로 주의를 요한다.
15) 지반개량여부 판단을 위하여 프리로딩 제거전에 표준관입시험 또는 피조콘관입시험 등을 실시하고 또한 시료를 채취하여 물리성시험 및 압밀시험을 실시하여 지반개량 전, 후의 지반특성을 비교, 평가하여야 한다.
16) 안정한 지반개량을 위하여 침하량 계산 시 공용조건의 지하수위는 원지반 상단으로 가정하며, 시공중의 지하수위는 상재하중영향으로 인하여 과잉간극수압이 샌드 매트 상단까지 상승하므로 샌드 매트는 γ_{sub} 조건으로 계산하는 것이 바람직하다.

4.11 기타 연약지반개량 공법

4.11.1 Sand compaction pile(SCP)공법

느슨한 사질토 또는 점성토지반에 1.5~2.5m 간격으로 직경 40cm 모래 말뚝을 소정의 깊이까지 모래를 투입하고 진동이나 충격에 모래를 다져서 모래다짐말뚝(0.6~0.8m)을 형성하는 공법이다. SCP공법의 목적은 느슨한 사질토에서는 액상화 방지, 전단저항 및 수평저항 증대이며, 점성토의 경우는 지지력 증대, 압밀침하 감소, 전단저항 증대 등을 목적으로 한다.

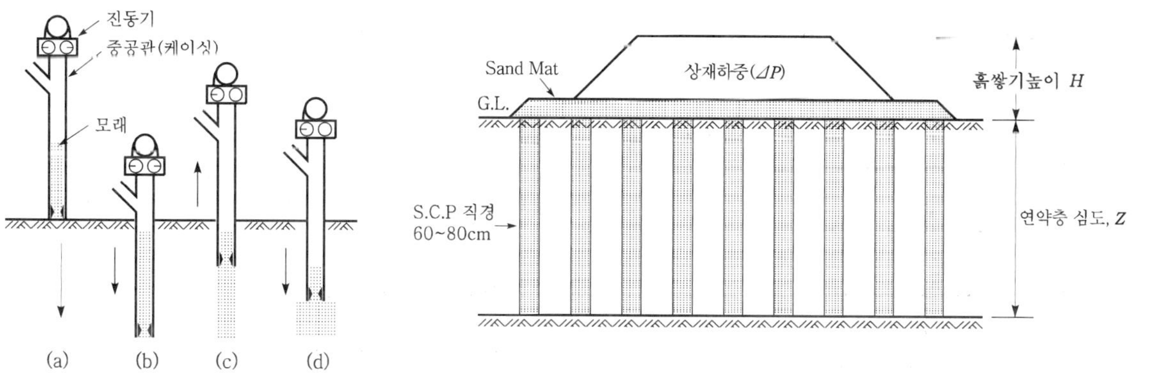

그림 4.81 SCP공법 시공순서 및 개념도

1) 기본원리

지반에 SCP를 타설하면 복합지반이 형성되어 재하중을 가할 경우 모래 말뚝과 연약 점성토는 응력 분담이 다르며 모래말뚝으로 응력이 집중되어 점토지반에 작용하는 응력을 저감시킬 수 있다.

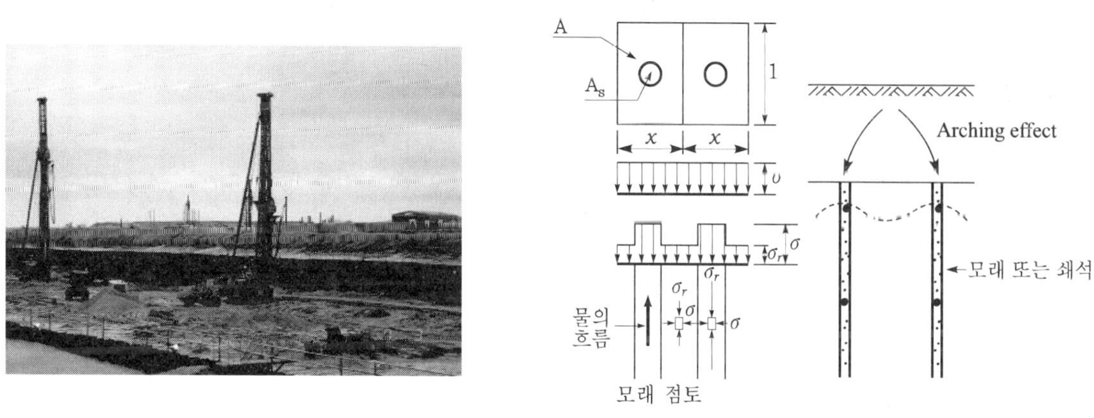

그림 4.82 SCP 시공 및 시공 후 복합지반 개념도

표 4.37 경과시간에 따른 복합지반 응력분담

구분	흙쌓기하중 재하직후	압밀과정 초기	초기이후 압밀과정
경과시간	매우 짧음	매우 짧음	긴 시간
모래말뚝 응력	재하압력과 거의 동일한 연직응력 증가	간극수압소산에 따른 유효응력 증가	유효응력 증가
점토지반 응력	재하압력과 거의 동일한 과잉 간극수압 발생(비배수상태)	유효응력 증가는 거의 없음	간극수압소산에 따른 유효응력 증가
복합지반 전체	점토와 모래에 의해 상재하중 지지	모래말뚝에 응력집중	복합지반 전체의 침하발생

2) SCP 설계순서

압밀침하시간은 샌드 드레인 공법과 동일하며 다음과 같은 과정으로 계산한다.

단계	내용
① 영향원 계산 (d_e)	정삼각형 배치 : d_e=1.05d 정사각형 배치 : d_e=1.13d
② 수평시간계수 계산	$T_h=-\frac{F(n)}{8}\ln(1-U_h)$ $F(n)=\frac{n^2}{n^2-1}\ln(n)-\frac{3n^2-1}{4n^2}\ (n\leq 20)$
③ 압밀시간의 계산	$t=\frac{T_h d_e^2}{c_h}$
④ 교란효과의 고려	Hansbo방법 $T_h=-\frac{(F(n)+F_s)}{8}\ln(1-U_h)$ $F_s=(\frac{k_h}{k_s}-1)\ln\frac{d_s}{d_w}$

그림 4.83 압밀 침하시간 계산 흐름도

3) SCP의 배치 및 치환율(a_s)

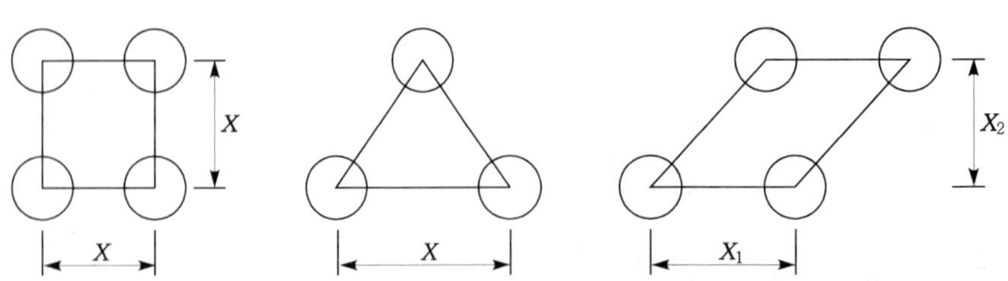

(a) 정방형 배치 (b) 정삼각형 배치 (c) 평행사변형 배치

그림 4.84 모래말뚝의 배치

표 4.38 치환율 및 모래말뚝의 단면적에 대한 일반적 설계값

지반조건	치환율	모래말뚝 직경(cm)	최신동향
육상사질토	0.05~0.25	60~80(표준 : 70)	육상공사 시 인접해 있는 시설물의 진동 및 소음 영향을 고려하여야 한다.
육상사질토	0.05~0.25	80~120	
육상점성토	0.1~0.3	60~80	
해상점성토	0.3~0.8	100~200(표준 : 160, 200)	

정방형 배치 : $a_s = \dfrac{A_s}{A} = \dfrac{A_s}{x^2}$ 정삼각형 배치 : $a_s = \dfrac{A_s}{A} = \dfrac{2}{\sqrt{3}}\dfrac{A_s}{x^2}$

A_s : 모래말뚝의 단면적

A : 모래말뚝 1개가 분담하는 면적

x : 모래말뚝간격 복합지반의 전단강도

$\tau_{sc} = \tau_s + \tau_c$: 복합지반의 전단강도

4) Sand cpmpaction pile 설계개념

(1) 복합지반에서의 응력집중

모래말뚝과 점성토로 된 지반은 서로의 강성차이가 많이 나게 되므로 하중에 의한 응력 분포가 서로 다르게 나타나게 된다. 이러한 지반을 복합지반이라고 하며 복합지반은 모래 말뚝에 응력이 집중되고 압밀촉진 효과를 갖게 된다. 그림 4.84와 같이 수직방향의 응력은 모래와 점토에 다르게 작용되며 그 크기는 다음과 같다.

$$A \times \sigma = (A - A_s) \times \sigma_c + A_s \times \sigma_s \tag{4.71}$$

여기서, $\sigma_s = \mu_s \cdot \sigma = \dfrac{n}{1+(n-1)\cdot a_s} \cdot \sigma$

$\sigma_c = \mu_c \cdot \sigma = \dfrac{1}{1+(n-1)\cdot a_s} \cdot \sigma$

μ_s : 모래의 응력집중계수 = $\dfrac{n}{1+(n-1)a_s}$

μ_c : 점토의 응력집중계수 = $\dfrac{1}{[1+(n-1)a_s]}$

n : 응력분담비 = $\dfrac{\sigma_s}{\sigma_c}$ = $\dfrac{E_s}{E_c}$ = 2 ~ 3

n 값은 치환율이 0.2 이하는 3, 0.3 이상은 2를 사용한다.

(2) 복합지반의 전단강도

복합지반의 전단강도(c, ϕ)는 다음과 같은 공식을 사용한다.

$$C = C_O(1-m) \tag{4.72}$$

여기서, C : 복합지반 점착력, C_O : 초기점착력, m : 강도증가율

$$\phi = \tan^{-1}(\mu_s \times a_s \times \tan\phi_p) \tag{4.73}$$

여기서, ϕ_p : 모래의 내부마찰각

(3) 복합지반에서의 침하량

SCP공법을 적용한 지반에서의 침하량은 모래에 응력이 집중되어 점토지반에 작용하는 하중을 분담하기 때문에 무처리시 침하량보다 감소하게 된다. 따라서 점토의 압밀침하량은 무처리시의 압밀침하량에 저감계수를 곱하여 다음과 같이 구하게 된다.

$$S_f = \beta \times S_{of} \tag{4.74}$$

여기서, S_{of} : 무처리시 압밀침하량, β : 저감계수 = $\dfrac{1}{1+(n-1)a_s}$

5) 점성토지반에서 SCP 기대효과

(1) 점성토는 사질토에 비해 투수성이 낮아 모래 압입에 의한 개량효과는 시간이 소요되므로 연약지반개량 목적으로 사용 할 경우는 프리로딩을 재하해야 한다.

(2) SCP가 타입된 지반은 연약지반과 모래로 구성된 복합(연약지반+모래) 지반이 되므로 구조물이나 흙쌓기 재하시 재하하중은 파일에 집중하고 연약토지반이 받는 흙은 하중이 경감되는 하중분담효과가 있다.

(3) SCP 공법은 타입 시 진동에 의하여 과잉간극수압발생으로 인한 개량효과가 크므로 간극수압을 빠른 시간 내에 소산시키기 위해서는 투수계수가 큰 양질의 샌드 매트를 포설하여야 한다.

6) 향후 연구개선 사항

(1) 저치환율 SCP공법은 모래말뚝 자체의 전단강도 외에 모래말뚝사이 점성토의 강도 증가를 고려하는 공법이기 때문에 해상 SCP의 품질확인 및 평가방법의 적정성에 대한 검토가 필요하다.

(2) SCP공법을 적용한 개량지반의 품질관리방법으로서, 표준관입시험 등에 의한 다짐도의 확인 외에, SCP공법의 핵심기술인 응력분담비와 치환률을 결정할 수 있는 합리적인 설계지침 확립이 필요하다.

(3) 모래수급의 어려움에 따른 다양한 재료원의 확보를 위하여 검증된 대체재료의 개발이 필요하다.

7) 실무적용시 유의사항

(1) SCP 시공 후 표층 1~2m 부분에서는 구속력이 적으므로 굴착제거 후 양질의 재료로 치환하는 것이 바람직하다.

(2) 조립토의 함유량이 20% 이상인 사질토에서는 SCP 효과가 저하된다.

(3) SCP 단면내에서는 N=30의 다짐정도가 확보되지만 파일 외곽부에서는 N=10으로 저하될 때가 많으므로 지반개량강도가 일정하지 않다.

(4) 지층 내에 N 〉10 지층이 있는 경우 확공이 잘 안되므로 설계 시 SCP공법 적용에 주의를 요한다.

예제 4.15

연약한 점성토층에 SCP를 타입하려고 한다. 파일직경(d_w) = 40cm, 원지반토의 압밀계수 $c_h = 2.83 \times 10^{-3} cm^3/\sec$, 점착력($c$) = 25$kPa$, 내부마찰각($\phi$) = 0°일 때, 압밀기간 2개월 내에 압밀도 90% 이상 발생시키기 위한 SCP 간격을 Yoshikuni의 식으로 결정하고, 응력분담비(n)는 3을 적용할 경우 SCP 타입직후 원지반의 점착력과 내부마찰각을 구하라.

풀이

1) SCP 간격 결정

SCP 간격을 2.4m로 가정하면,

d_e = 1.13s (정방형배치), (여기서, d_e : 영향원 직경, s : SCP 타설 간격)

$= 1.13 \times 2.4 = 2.712m$

$n = \dfrac{d_e}{d_w}$(여기서, n : 간격비, d_w : 파일 직경)

$= \dfrac{2.712}{0.4} = 6.78$

Yoshikuni 식 :

$$F(n) = \frac{n^2}{n^2-1}\ln(n) - \frac{3n^2-1}{4n^2}$$

$$= \frac{6.78^2}{6.78^2-1}\ln(6.78) - \frac{3\times 6.78^2-1}{4\times 6.78^2} = 1.212$$

$T_h = \frac{c_h \times t}{d_e^{\ 2}}$ (여기서, c_h : 수평방향의 압밀계수, t : 압밀에 필요한 시간(개월))

$= \frac{2.83 \times 10^{-3} \times (30 \times 24 \times 60 \times 60) \times 2}{2.712^2 \times (10^4)} = \frac{0.734 \times 2}{2.712^2} = 0.1996$

$U = 1 - \exp[-\frac{8 \times T_h}{F(n)}] = 1 - \exp[-\frac{8 \times 0.1996}{1.212}] = 73.2\%$ => N.G

SCP 간격을 2.0m로 가정

$d_e = 1.13s = 1.13 \times 2.0 = 2.26m$, $n = \frac{d_e}{d_w} = \frac{2.26}{0.4} = 5.65$

$F(n) = \frac{n^2}{n^2-1}\ln(n) - \frac{3n^2-1}{4n^2} = 1.045$

$T_h = \frac{c_h \times t}{d_e^{\ 2}} = 0.288$

$U = 1 - \exp[-\frac{8 \times T_h}{F(n)}]$,

$U = 1 - \exp[-\frac{8 \times 0.288}{1.045}] = 89.0\% ≒ 90\%$ ∴ O.K

따라서, SCP 간격을 2.0m ×2.0m로 정한다.

2) SCP 타입 후 지반의 전단강도

$\phi = \tan-1(\mu_s \times a_s \times \tan\phi_p)$

여기서, n : 응력분담비(n = 3 적용)　　a_s : 모래의 치환율(A_s/A)

A_s : SCP 1본당 면적　　A : SCP 1본당 분담면적

ϕ_p : 모래의 내부마찰각

SCP 간격(s) 2.0m(정방형배치)

$a_s = \frac{A_s}{A} = \frac{\frac{\pi}{4} \times 0.4^2}{2.0^2} = 0.031$

$\mu_s = \frac{n}{1+(n-1)a_s} = \frac{3}{1+(3-1) \times 0.031} = 2.82$

$\phi = \tan^{-1}(\mu_s \times a_s \times \tan 30°) = 2.9° = 3°$

$m = a_s \times \mu_s = 0.031 \times 2.82 = 0.087$

$c = c_o(1 - m) = 25 \times (1 - 0.087) = 22.8kPa$

∴ SCP 타설직후 원지반 점착력(c) = 22.8kPa , 내부마찰각(ϕ) = 3°

4.11.2 동다짐(Dynamic compaction) 공법

동다짐공법은 유압다짐공법과 같이 사질토의 액상화 방지를 위하여 저면적이 $2\sim4m^2$인 강재 또는 콘크리트제품의 중량($100\sim400kN$)을 크레인 등으로 $10\sim25m$ 높이로 올려 높은 곳에서 지표면에 반복적으로 자유낙하시켜 그때 생기는 충격력과 진동에 의하여 지반을 깊은 곳까지 개량하는 공법이다. 개량심도는 $10m$ 정도이나 타격에너지를 증가시키면 $40m$ 정도까지 가능하다(동다짐 시공 장비조합 = 크레인 + 다짐용중추 + 불도우저). 유압다짐공법은 진동판을 이용하여 비교적 낮은 높이 약 $1\sim4.0m$에서 중량추(약 $70\sim100kN$)를 낙하시켜 지면에 밀착된 foot를 타격하여 그 충격력으로 지반을 개량하는 공법이며 유압해머다짐의 타격에너지는 일반적으로 램머의 중량(W)은 $100kN$, 낙하고는 최대 $1.2m$이나 적정에너지 전달높이를 $1.0m$로 하며 동다짐 및 유압다짐공시 충격에너지에 의한 탄성파 전달모식도는 그림 4.85와 같다.

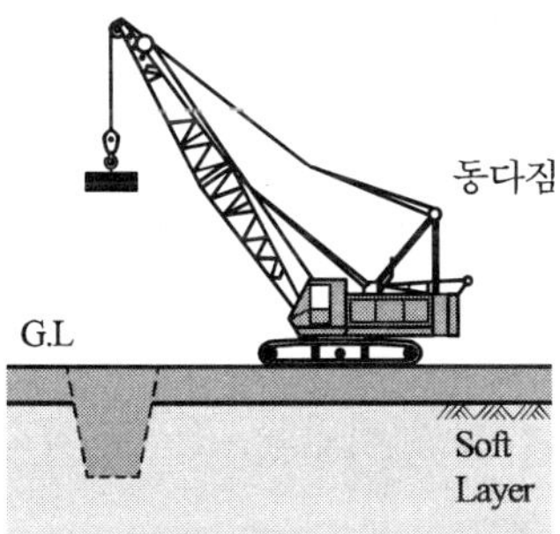

(a) 동다짐

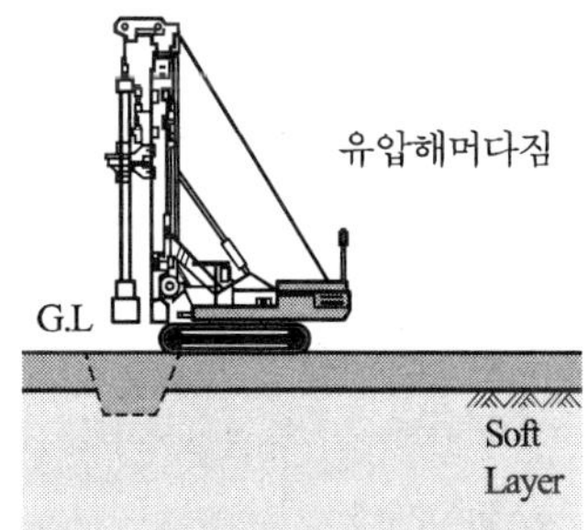

(b) 유압다짐

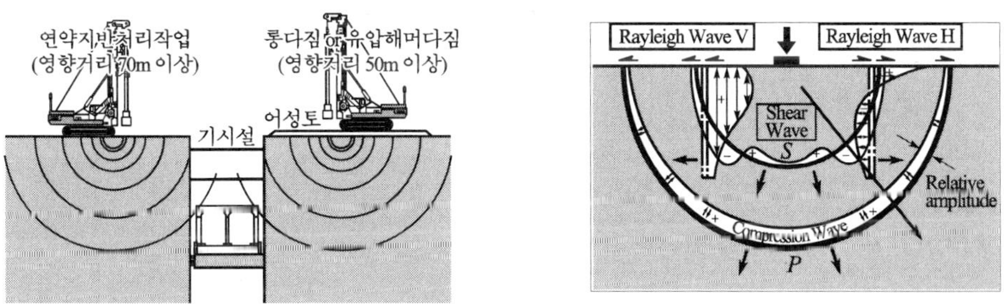

(c) 충격에너지 개념도

그림 4.85 동다짐, 유압다짐 및 충격에너지 개념도

1) 동다짐 개량원리

사질토는 충격에 의해 P파가 발생하여 간극수압이 증가되어 입자가 이완되고, 또한 S, R파는 흐트러진 입자를 조밀한 상태로 재배열하며 이를 동다짐이라 한다. 점성토는 해머로 충격을 주면 점성토가 과잉간극수압이 발생하여 지반이 연약화되나 간극수압의 소산으로 인하여 유효응력이 증가하여 전단강도, 탄성계수가 증가하게 되는데 이를 동압밀이라 한다. 동다짐은 주로 실트, 사질토에 적용하므로 실무에서는 주로 동다짐공법으로 부른다.

2) 지반내에 전달되는 파의 종류

동하중이 지반에 작용하면 일부는 소모되고 나머지는 파동에너지 형태로 전파되며 전파되는 파의 종류는 다음과 같다.

표 4.39 표면파, 체적파 내용

파의 구분	파의 종류	설명
1. 표면파(surface Wave) : 표면으로 전파	1) Rayleigh wave (R파)	1) 세번째로 도달하는 파이며 에너지가 67%이므로 수진구조물에 미치는 진동영향이 제일큼 2) P 파와 S 파의 복합형태로 변형
	2) Love Wave (L파)	특수한 조건에서만 발생되며 변형형태는 횡방향
2. 체적파(Body wave) : 지반내부로 전파	1) Primary wave (P파)	1) 첫번째로 도달되는 파로서 에너지는 7%임 2) 파의 진행 방향에 따라 압축과 인장변형 유발 (압축파, 종파)
	2)Secondary wave (S파)	1) 두번째로 도달되는 파로서 에너지는 26% 임 2) 파의 진행방향에 직교하는 연직, 수평방향 2축으로 전단변형을 유발하며 수평성분이 우수함(전단파, 횡파)

3) 동다짐에 의한 지반거동 변화

동다짐에 따른 에너지가 가해질 때마다 시간에 따른 다짐에너지, 체적변화, 간극수압소산비율, 지지력의 변화는 그림 4.86과 같다.

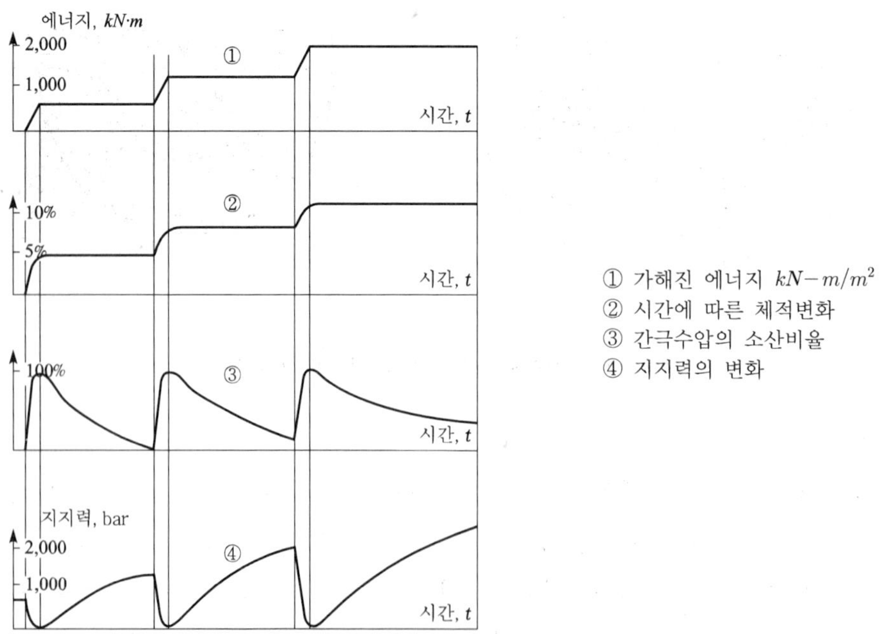

그림 4.86 동다짐시 시간에 따른 지반거동

4) 설계흐름

설계 시에는 지반개량 대상깊이를 결정한 후 토질 조건에 적정한 중추의 무게와 낙하고를 결정하여 타격점간 간격과 타격횟수를 정하며, 본 공사 전에 시험시공을 하고 결과를 분석하여 본 공사에 적용한다. 그림 4.87에는 동다짐공법 설계흐름도를 나타낸다.

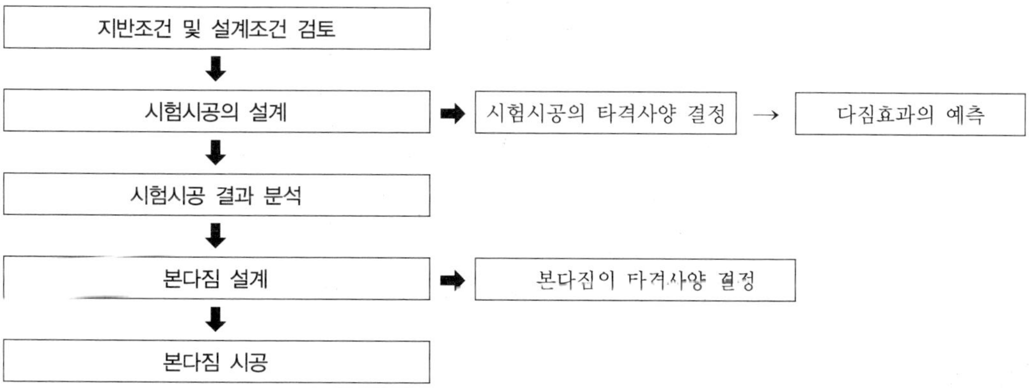

그림 4.87 설계흐름도

5) 설계순서

(1) 중추의 중량(W)과 낙하고(H) 결정

지반개량 깊이와 타격당 에너지로 표현할 수 있는 중추의 중량(W)과 낙하고(H)의 관계는 다음과 같은 경험식으로 표현할 수 있다.

$$D = C \times \alpha \times \sqrt{W \times H} \qquad (4.75)$$

여기서, D : 개량깊이(m)
W : 추의 중량(kN)
H : 낙하높이(m)
α : 토질 영향계수 (폐기물 0.3~0.5, 사질토 0.4~0.6, 쇄석 0.5~0.7)
C : 낙하방법에 따른 계수(0.9)

만일 동다짐 대상 토질이 실트질 모래(평균 α값 0.5)이고 심도가 10.0m인 경우 $\sqrt{WH}$는 그림 4.88로부터 20, 식 (4.71)로부터 22.2를 구할 수 있으며 이 값들은 그림과 식이 거의 같음을 알 수 있다.

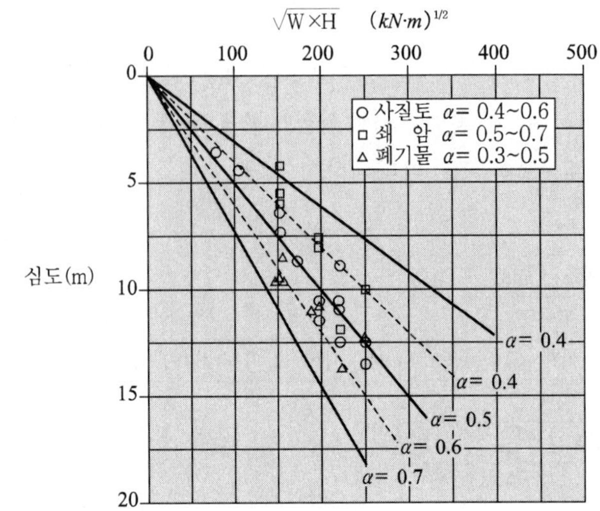

그림 4.88 심도(D)~ $\sqrt{W \cdot H}$ 관계에 따른 α 값의 변화

(2) 타격지점의 간격(L)

타격간격은 중추의 무게와 크기, 토질상태, 낙하높이 등을 고려하여 L = 0.5~1.0D를 사용하며 사질토 혹은 쓰레기매립지에서는 4.0~8.0m, 실트질 흙인 경우에는 세립질 포함정도에 따라 5.0~15.0m까지 정할 수 있다. 토질을 고려하여 위의 타격간격 산정식을 평균값으로 수정하면 식 (4.72)와 같이 된다.

$$L = 0.5 \sim 1.0\,D \Leftrightarrow L \fallingdotseq 0.7 \times D \text{ (일반적으로 점토 } L = 0.5D\text{, 사질토 } L = 1.0D\text{)} \qquad (4.76)$$

위식을 고려하여 동다짐에 의한 지반개량대상 깊이가 10m이고 대상 토질이 실트질 점토이면, 동다짐 타격간격(L)은 7.0m가 된다.

(3) 타격에너지(E_A) 산정

단위면적당의 타격에너지(E_A)는 식 (4.73)로 산정한다.

$$E_A = E_V \times D \qquad (4.77)$$

여기서, E_A: 타격에너지($kN \cdot m/m^2$)

E_V: 개량대상토 1m^3당의 타격에너지량($kN \cdot m/m^3$)

D : 개량깊이(m)

단위면적당의 타격에너지(E_A)는 과거의 경험식에서 유도된 그림 4.89에서 산정할 수 있다. 현재의 지반개량대상심도의 표준관입시험값(N)이 5이고 동다짐 후의 목표 개량값이 10인 경우에 목표 증가 값(ΔN)은 5이다. 지반의 $\triangle N$ 5에 대응하는 단위체적당 타격에너지(E_V)는 모래와 세립의 중간이므로 그림 4.89에서 34임을 알 수 있고 개량깊이는 10m이므로 단위면적당 소요 타격에너지량(E_A)는 340이다.

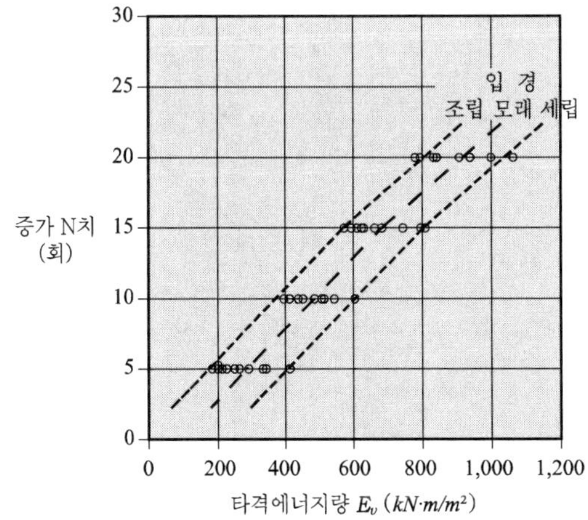

그림 4.89 증가N값($\triangle N$)와 타격에너지량(E_V)

(4) 타격횟수(N) 산정

상기 내용으로부터 중추중량(W) 200kN, 낙하고(H) 20m, 타격에너지(E) 340이 결정되었으므로 각 타격점의 타격횟수(N_b)를 식 (4.78)에서 구하면 11을 얻을 수 있다.

$$N_b = \frac{E \times L^2}{W \times H \times n} \tag{4.78}$$

여기서, N_b = 1타격점당 타격횟수(회)　　E = 타격에너지($kN \cdot m/m^2$)
L = 제 1시리즈의 타격점간격(m)　　W = 중추의 중량(kN)
H = 낙하높이(m)　　n = 시공의 단계수

(5) 시리즈 수(n), 정지시간 및 마무리 탬핑

시리즈 수(n)는 타격수를 나타내는 것으로 보통 제 1, 2, 3시리즈(또는 다짐)라고 부른다. 개량대상층의 구성이 세립이 주가 되는 토질이면, 타격간격이 넓어지면서 시리즈수는 많아진다. 탬핑의 목적은 느슨해진 주변지반을 다지는 것이고, 타격배치는 중추 저면적(예, 2.2×2.2m)의 크기에서 전면적으로 실시한다. 탬핑은 1,2,3 단계의 에너지보다 적게 실시하고 타격에너지에는 포함하지 않는다. 개량하고자 하는 시험토위에서 타격을 하면 상부층이 교란되므로 시험시공을 통하여 더쌓기(보통 1.0 m)를 정해야 하며 타격에너지 3,400kN/m^2을 분배한 1, 2, 3시리즈의 타격단계별 개념도 및 다짐내용을 정리하면 표 4.40과 같다.

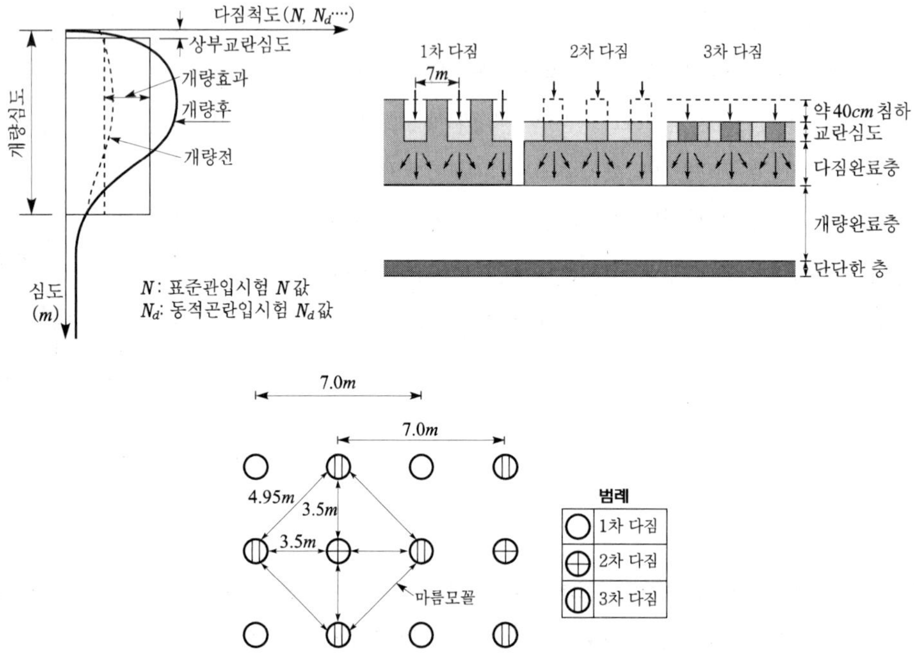

그림 4.90 다짐개량효과 및 타격단계별 개념도

표 4.40 개량심도 10.0 m인 경우 타격 단계별 에너지

타격단계수	타격간격($m\times m$)	추무게(kN)	낙하고(m)	타격회수(회)	타격에너지량(kPa)
1(사각형)	7.0×7.0	250	20	11	$112.2(\frac{3,400kPa}{7m\times 7m})$
2(사각형)	7.0×7.0	250	20	11	1,122
3(마름모꼴)	4.95×4.95 (3.5×1.414 = 4.95)	150	20	9	$110.2(\frac{3,400kPa}{4.95m\times 4.95m})$
마무리 탬핑	2.2×2.2	150	10	2	-
계					≒ 3,400kPa

(6) 시험시공결과 평가

① 상기에서 언급한 (1)~(5)내용은 설계과정에서 타격에너지를 정하는 과정이며 설계에서 정한 내용이 적정한지 여부는 본 공사전 설계내용으로 시험시공(pilot test)을 실시하고 그 결과에 따라 공사 착공전 설계내용을 조정(추무게, 낙하고, 타격회수 등)하여 본공사에 적용하여야 한다.

② 필요한 심도까지 개량이 되었는지 여부는 표준관입시험, 동적콘관입시험 등으로 확인한다.

③ 연직배수재 시공 또는 다짐시공 시 구조물의 진동, 소음의 허용기준치를 정한후 측정대상 위치에 진동, 소음 측정기를 설치하면 구조물의 진동, 소음영향 범위를 알 수 있다. 만일 진동, 소음영향 범위가 아래와 같이 측정되었고 구조물의 진동 허용기준이 0.2cm/sec이면 진동 영향범위는 50 m, 소음의 허용기준이 70dB이면 소음 영향범위는 170m로 판단 할 수 있다.

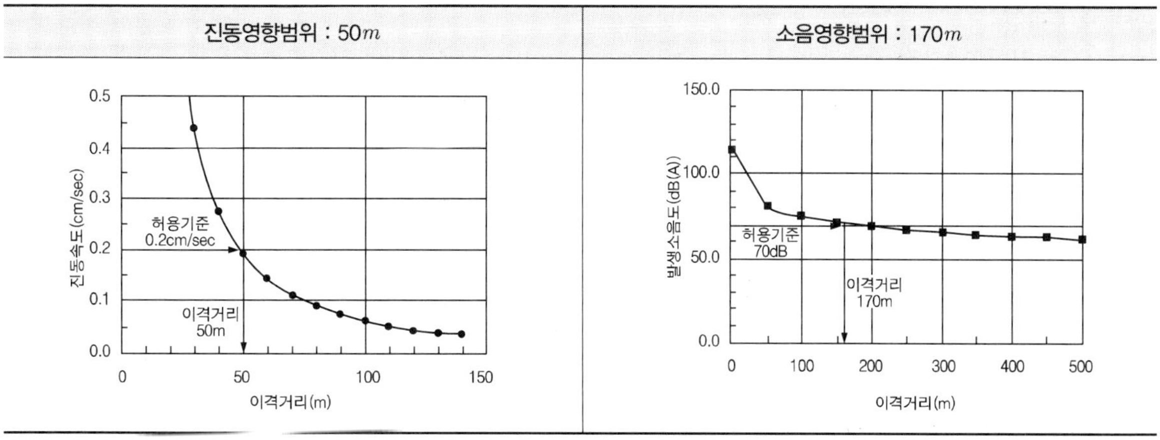

그림 4.91 이격거리별 영향범위 설정(예)

4.11.3 약액주입공법

지반 내에 주입관을 삽입하여 화학약액(주입재)을 지중에 압송, 충진 후 일정한 시간(gel time)을 경화시켜 지반을 고결시키는 공법이다. 약액주입공법은 지반의 차수, 지수 또는 지반강도 증대를 목적으로 하며 세립토의 함유량이 10%미만인 경우에 가장 적합하다.

1) 약액의 분류

(1) 현탁액형(비약액계) : 시멘트계, 점토계, 아스팔트계로서 N = 5~10인 점성토지반에 적용한다.

(2) 용액형(약액계)

① 물유리계, 고분자계(아크릴아미드계, 우레탄계 등)로서 N > 10인 점성토 및 사질토, 균열이 많은 풍화암에 적용한다.

② 차수가 주목적인 경우에는 물유리계만을 사용하고, 지반강도가 목적일 때는 시멘트계를 병용한다.

2) 약액주입형태

약액주입형태로서 가장 이상적인 것은 침투주입이다. 그러나 얇은 연약층이 있거나 토층경계면에는 약액이 할렬하면서 늘어가게 되어 소위 맥상주입이 되게 된다. 세사이하의 세립토층에서는 맥상 주입이 일반적인 패턴이며, 할렬주입은 지반을 주입압으로 할렬하여 수압파괴현상을 생기게 한다. Maag이론에서는 지반이 할렬되지 않고 침투주입이 되기 위해서는 지반의 투수계수(k)가 $1\times10^{-3}cm/\sec$이상 되어야 하며 gel time은 가능한 길게 하여야 한다고 제안하였다.

3) 설계순서

(1) 주입목적 결정

(2) 기초지반조사

(3) 주입공법 및 주입약액 선택

(4) 주입량 결정

$$주입량 : Q = V n \alpha (1+\beta) \quad (4.79)$$

여기서, V : 개량할 지반의 체적

n : 지반의 간극율

α ,β : 충진율과 손실율

(5) 그라우트 배합

(6) 주입압 설정 : 심도 $1m$에 대하여 약 10~20kPa 정도

(7) Gel time(응결시간 결정)

(8) 주입공 배치

① 일반적 간격: 0.6~2.5m(보통 1.5m) ② 배치 : 단열, 복열주입

4) 적용범위

그림 4.92에는 주입공법의 적용범위를 나타낸다. 그림에서 알 수 있듯이 주입공법의 용도는 다양하다.

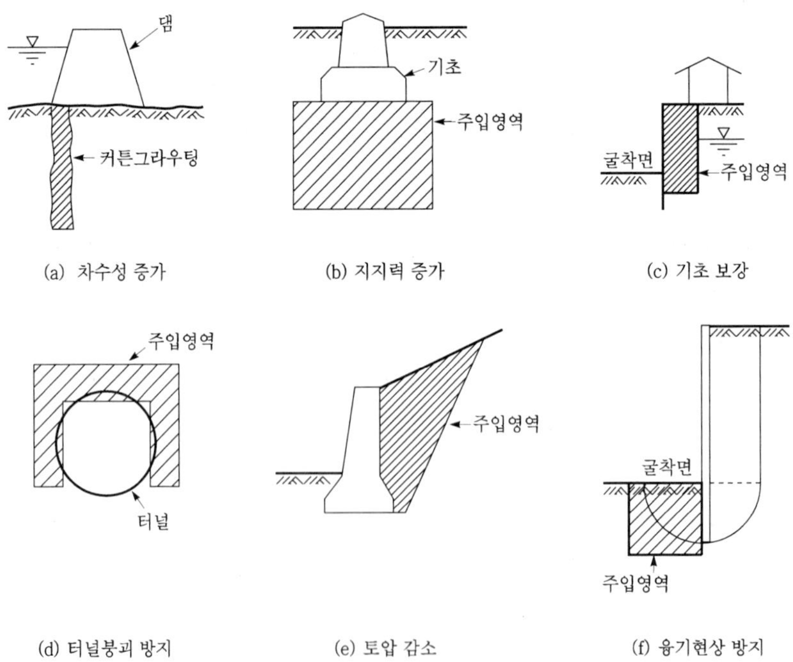

그림 4.92 주입공법의 적용분야

4.11.4 EPS(Expanded polystyrene) 공법

EPS공법은 경량재인 발포스티로폴을 쌓아 성토본체의 중량을 경량화 시켜 지반의 안정성을 꾀하는 경량성토공법의 일종이다. 지반의 침하 및 측방유동에 대한 활동을 억제시킬 수 있으며 수평토압과 측방유동을 감소시킬 수 있으므로 시공 후 발생하는 잔류침하가 적다.

1) EPS 공법의 적용성

① 연약지반상의 흙쌓기　　② 자립벽　　③ 교대 및 옹벽 뒷채움

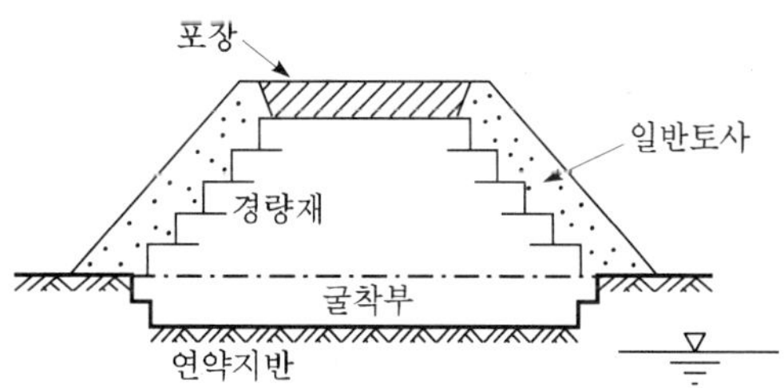

그림 4.93 EPS공법

2) 하중경감공법에 대한 설계

(1) EPS 부재응력도 검토

$$\sigma_z = \sigma_{z1} + \sigma_{z2} < \sigma_a \tag{4.80}$$

(여기서 σ_{z1} : EPS 상부 포장 + 흙쌓기 등의 하중, σ_{z2} : 윤하중 분포)

(2) EPS 치환두께(D)

① EPS 시공 전 토피하중 $P_o = \gamma \cdot D$ (4.81)

② EPS 시공 후 작용하중 P = 교통하중 + 포장·흙쌓기하중 + EPS 자중 (4.82)

③ $P_o = P$로 하여 치환 깊이 D 산출

(3) 부력 검토

$$F_s = \frac{P}{U} = \frac{\text{포장 + 흙쌓기하중}}{\gamma_w h'} > 1.2 \tag{4.83}$$

(h' : 지하수위 이하의 EPS 두께, EPS 자중무시)

(4) 지반의 침하검토

증가하중이 있게 되면 침하량식에 의해 계산하고 허용침하량과 비교한다

(5) 비탈면안정 검토

이때 EPS의 전단강도는 무시하고 하중으로만 고려하며 안전율 $F_s = 1.2$로 한다.

3) 시 공

(1) EPS 설치지반에 쇄석 등을 포설하고 2~5cm의 모래를 부설

(2) EPS 블럭을 엇갈리게 배치하고 Ground anchor 등이 연결기구로 일체화

(3) EPS 상부에는 하중분산 및 보호를 위해 콘크리트 상판 설치

4) 실무적용 시 유의사항

EPS공법 설계 시 안전측설계를 위하여 침하량 계산 시에는 교통하중을 적용하고, 부력 계산 시에는 불안전측 설계를 위하여 교통하중이 없을 수도 있으므로 교통하중이 없는 상태로 부력을 계산한다. 부력발생 예상 시 다음과 같이 처리한다.

(1) 굴착 깊이 감소(치환EPS 두께감소)

(2) 흙쌓기하중 증가(상부EPS 두께감소)

(3) 배수공 설치(지하수위 하강)

4.12 액상화(Liquefaction) 현상

4.12.1 개요

액상화 현상은 지반에 가해진 진동하중 영향으로 인하여 간극수압은 상승하고 지반의 유효응력은 감소하여 그 결과, 포화사질토가 외력에 대해 전단저항을 잃게 되는 현상이다. 이 경우 사질토 입자는 전단저항을 잃고 포화사질토의 단위중량을 가지는 액체와 같이 거동하게 되며 입자의 재구성이 이루어지면서 체적변화가 발생하게 된다. 즉 액상화는 진동에 의해 발생되는 전단응력이 대상 심도의 액상화 전단저항응력보다 클 때 발생한다. 그림 4.94에는 액상화 발생 시 응력변화 개념도 및 액상화에 의한 제방파괴 형태를 나타낸다.

1) 액상화 발생 시 흙입자의 구조

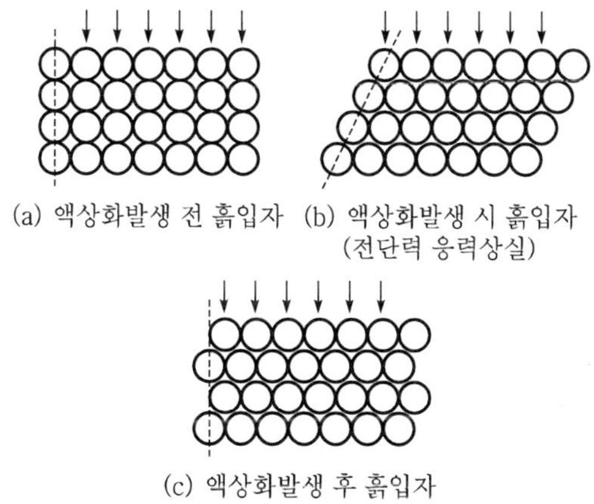

2) 액상화 발생 시 제방 파괴 형태

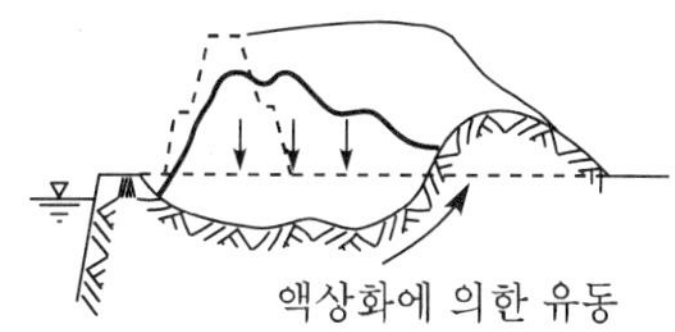

3) 액상화 발생 시 유효응력 및 간극비변화

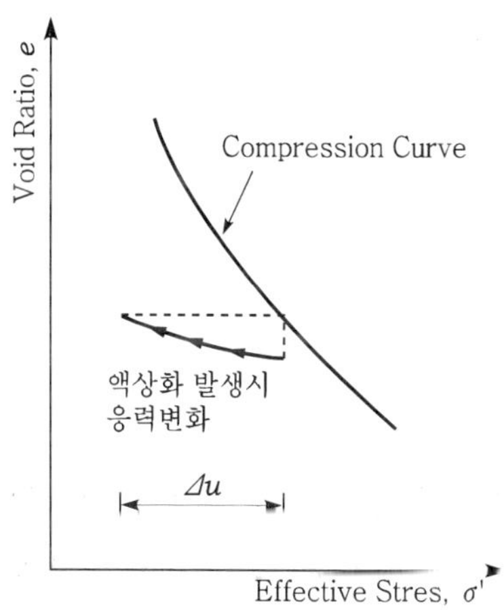

4) 액상화 발생전, 발생시 지중응력변화

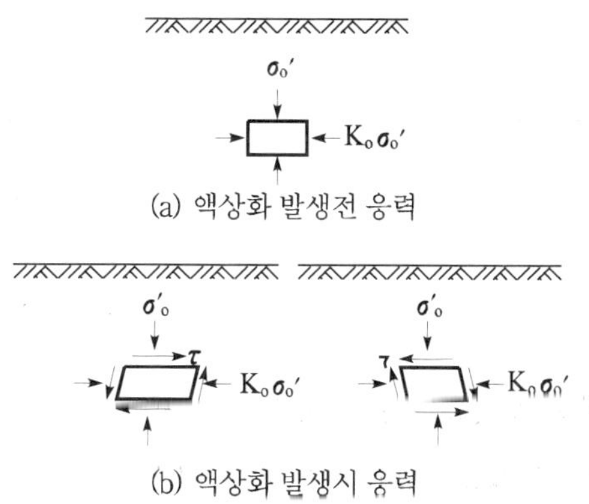

그림 4.94 액상화 발생 시 응력변화 개념도 및 제방파괴 형태

4.12.2 액상화 가능성 평가

1) 액상화 가능성 평가 방법에는 크게 간편예측법과 상세예측법이 있으며 간편예측법은 표준관입시험 결과를 이용한 간단한 평가방법이고, 상세예측법은 현장여건을 고려한 현장 및 실내시험을 수행하여 액상화 가능성을 검토하는 방법이다. 액상화 평가에 대한 흐름도는 그림 4.95와 같다.

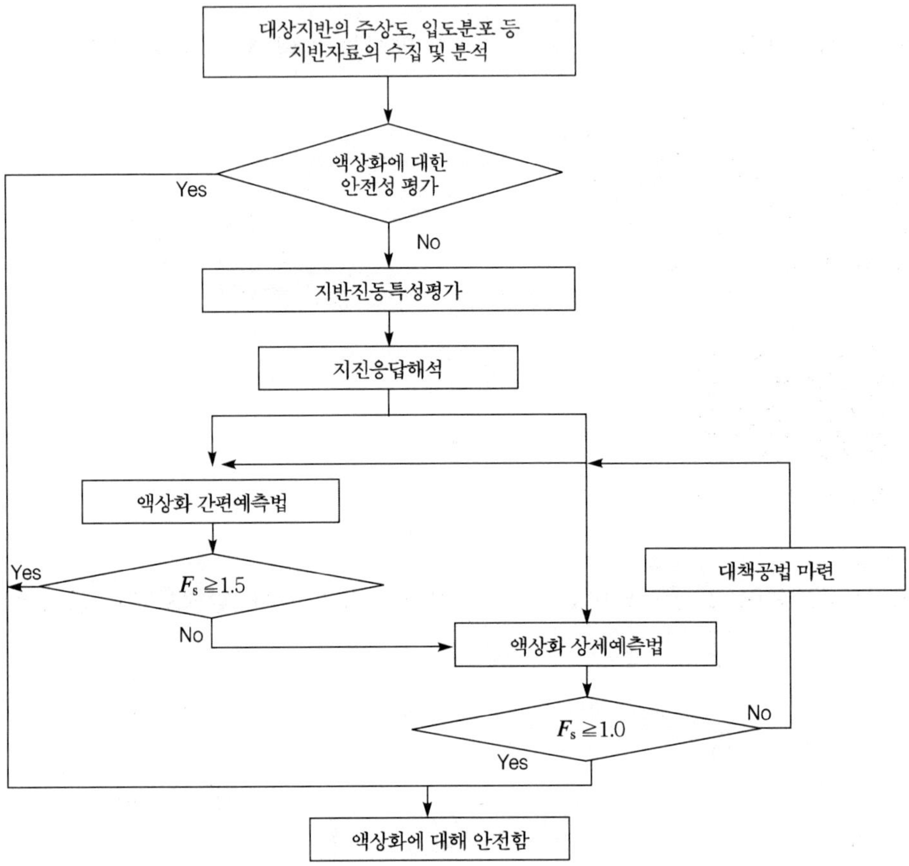

그림 4.95 액상화 평가 흐름도

2) 지반의 액상화 평가 과정은 먼저 현장여건을 고려하여 액상화 현상 발생 가능성 여부가 결정되어야 하며, 액상화 발생 가능성이 있으면 구조물의 중요도 및 내진설계 기준에 따라 간편법 및 상세예측법으로 평가가 수행되어야 한다.

3) 액상화 발생 가능성 여부는 다음과 같은 기준을 적용할 수 있으며, 아래와 같은 조건일 경우 액상화 현상에 대한 검토를 생략할 수 있다.

(1) 지진구역 Ⅱ에서의 내진 2등급 구조물이며 표준관입저항치(N)가 20이상인 지반

(2) 세립질의 입도를 가진 점성토가 포화된 경우 대상지반심도가 20m 이상인 지반

(3) 소성지수(PI)가 10이상이고 점토성분이 20%이상인 지반

(4) 세립토 함유량이 35%이상인 경우, 상대밀도가 80%이상인 지반

4) 현장의 입도분포를 조사하여 액상화 가능성 여부를 평가할 수 있으며, 입도분포상 액상화 발생 가능성이 없으면 별도의 검토를 생략할 수도 있다.

표 4.41 입도분포에 따른 액상화 평가 순서도

균등계수가 작은 사질토	균등계수가 큰 사질토
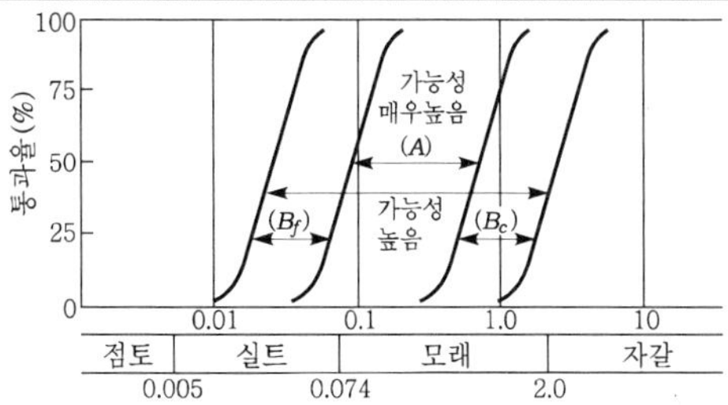	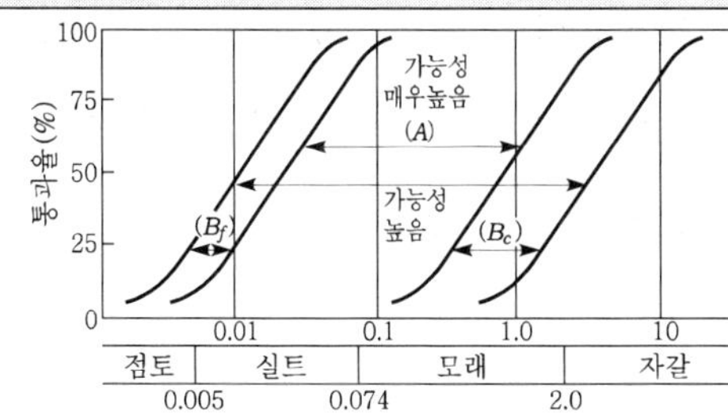

평가	영역 A, 영역 B_f, 영역 B_c를 제외한 나머지 영역의 입도분포는 액상화 가능성이 없는 것으로 간주, 영역 A는 영역 B_f 및 B_c보다 액상화 발생 가능성이 높음

5) 진동삼축시험을 이용하여 아래와 진동횟수에 따라 변형률이 증가하면 과잉간극수압이 초기유효응력과 같아지는 시점이 액상화가 발생하는 시점임을 알 수 있다.

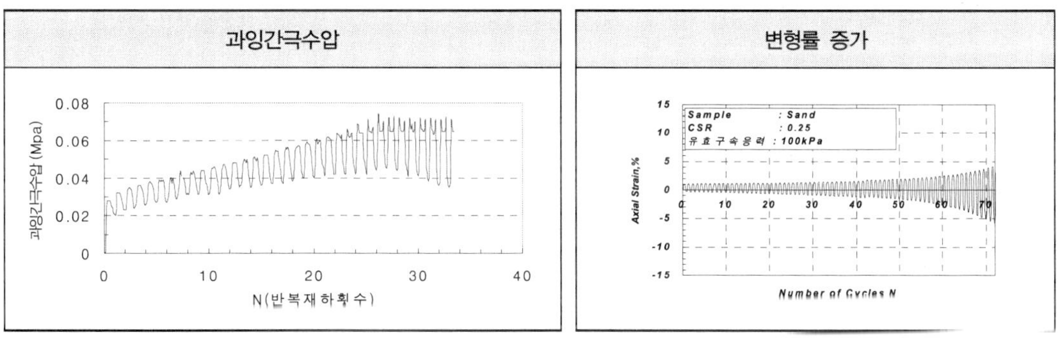

그림 4.96 변형률 증가에 따른 과잉간극수압 분포

6) 액상화 현상에 미칠 수 있는 영향인자를 정리하면 표 4.42와 같다.

표 4.42 액상화 영향인자

영향인자	내용
토층의 형성과 지질학적 연령	퇴적년대가 오래 된 지층일수록 액상화의 가능성이 적다. (Youd & Perkins, 1978)
세립자의 함유율과 소성지수(PI)	세립자의 함유율과 소성지수가 높을수록 액상화의 가능성은 감소 (Ishihara et al., 1989)
포화도	80~85%의 포화도를 가진 흙일지라도 액상화의 가능성은 존재. 따라서, 지하수위를 최고 만수위에 준하여 액상화를 평가하는 것이 바람직함
지하구조물과 심도	기초형식에 따라 액상화가 발생할 수 있는 심도는 달라짐. 예를 들면, 선단지지말뚝은 약 30m이내, 얕은 기초는 약 15m이내의 흙은 액상화의 가능성이 존재
지반의 관입저항도	SPT시험의 N_{60}〉22이상이거나, CPT시험의 콘저항력이 15MPa(1,500kPa) 이상 이면 액상화는 발생하지 않는 것으로 알려져 있음(Seed & Idriss(1982), Shibata & Teparaska(1988))

4.12.3 간편예측법

1) Seed & Idriss 방법

(1) Seed & Idriss방법은 표준관입저항치를 이용하여 액상화에 대한 평가를 수행하는 방법으로, 액상화 저항응력비(τ_{dl} / σ'_{3c})와 대상지반의 최대가속도 $a_{\max}$에 따른 지진 시 발생하는 최대전단응력비($\tau_{dmax} / \sigma'_{3c}$)를 비교하여 안전율을 평가하는 방법이다.

(2) Seed & Idriss방법의 흐름도는 그림 4.97과 같다.

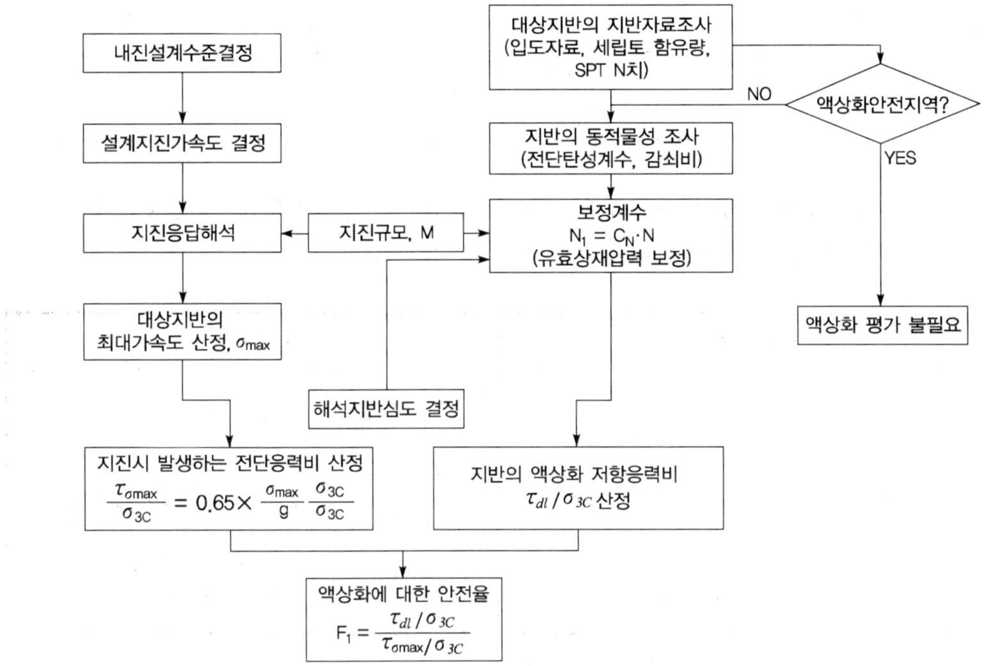

그림 4.97 Seed & Idriss방법 흐름도

(3) 지진 발생 시 발생하는 실제 전단응력의 크기는 불규칙하여 최대전단응력의 65%를 등가전단응력으로 환산한다는 이론으로서 최대전단응력은 다음과 같이 산정할 수 있다.

$$\tau_{cyc} = 0.65 \frac{a_{\max}}{g} \sigma_{v_o} r_d \tag{4.84}$$

여기서, τ_{cyc} : 지진 시 발생하는 최대전단응력(kPa)

g : 중력가속도($m/\sec^2$)

a_{max} : 지표면에서의 최대수평가속도(m/sec^2)

σ_{v_o} : 액상화를 평가하고자 하는 깊이에서의 총 상재압(kPa)

r_d : 응력감소계수 (무차원)

① 응력감소계수(Seed & Idriss, 1971)는 그림 4.98과 같다.

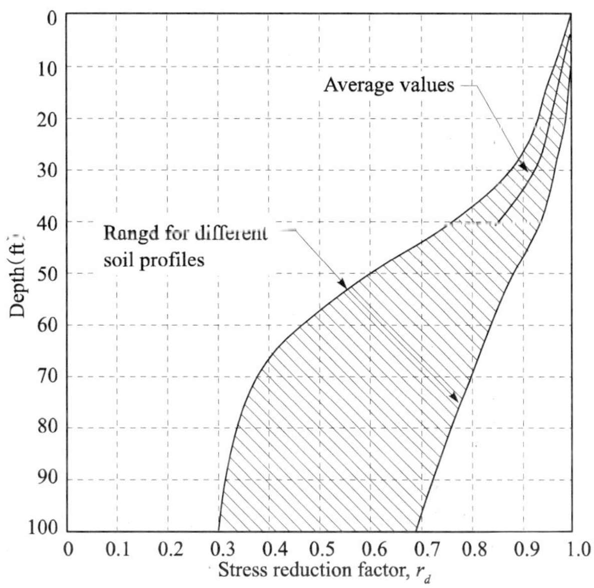

그림 4.98 심도별 응력감소계수(Seed & Idriss, 1971)

② 지진 시 발생하는 실제 전단응력의 크기는 불규칙하므로 등가 평균전단응력으로 환산이 필요하다.

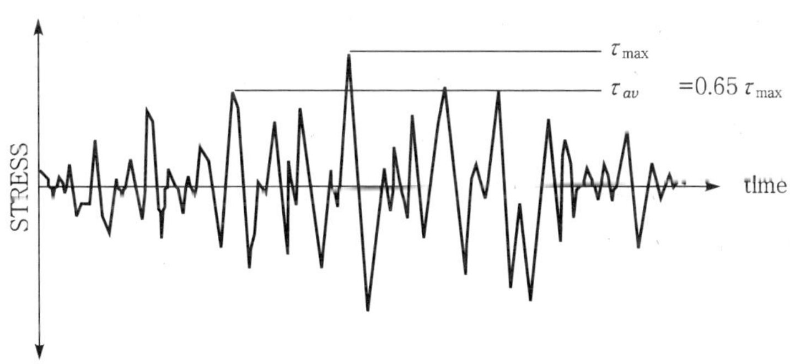

그림 4.99 등가 평균전단응력

③ 지반의 액상화 저항응력은 다음과 같이 계산할 수 있다.

$$\tau_{cyc,L} = \mathrm{CSR_L}\,\sigma'_{\mathrm{vo}} \tag{4.85}$$

여기서, $\tau_{cyc,L}$: 지반의 액상화 저항응력(kPa)

$\mathrm{CSR_L}$: 액상화반복응력비(L : M = 6.5 적용)

σ'_{vo} : 액상화를 평가대상 깊이에서의 유효 상재압(kPa)

표준관입시험결과에 대한 액상화 반복응력비인 $\mathrm{CSR_L}$은 다음과 같이 나타낼 수 있다.

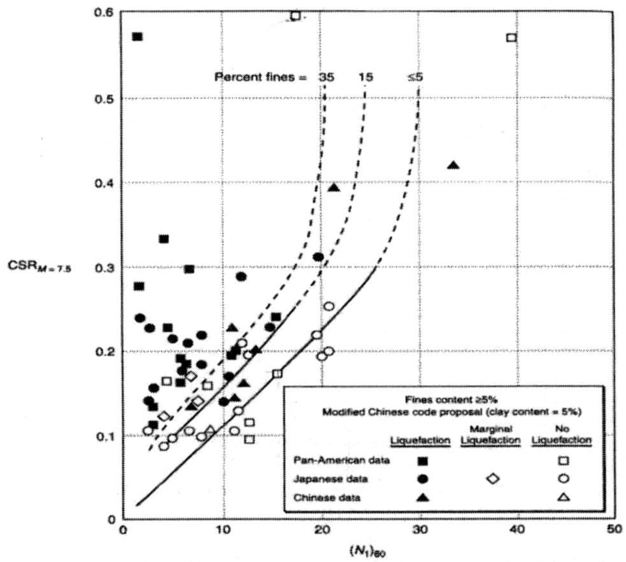

그림 4.100 반복응력비와 $(N_1)_{60}$과의 관계(Seed et al., 1975)

④ 국내의 경우 액상화 평가에 이용되는 설계지진규모는 국내에 발생한 지진의 특성을 고려하여 리히터규모 6.5를 적용하고 있으므로 리히터규모 6.5에 적합한 반복응력비를 산정하기 위해서는 다음과 같은 보정계수를 적용해야 한다.

표 4.43 진도규모에 따른 반복응력비 보정계수

Magnitude, M	$\mathrm{CSR_M} / \mathrm{CSR_{M=7.5}}$
$5\frac{1}{2}$	1.50
6	1.32
$6\frac{1}{4}$	1.13
$6\frac{1}{2}$	1.04
$7\frac{1}{2}$	1.00
$8\frac{1}{2}$	0.89

2) 일본 도로교 시방서 방법

일본 도로교 시방서에서 제시한 액상화 평가방법은 액상화 저항 강도비(R)를 N값과 입경으로부터 추정하고, 지진 시 발생하는 전단응력비(L)는 지표 최대가속도로부터 추정하여 액상화 발생가능성을 예측하는 방법이다.

4.12.4 상세예측법

1) 진동삼축시험을 통하여 지진 시 발생하는 지반의 응력-변형 특성을 파악하여, 지진규모에 따른 지반의 액상화 전단저항응력비($\tau_l\ /\sigma_v{}'$)를 산정하여 지반에 작용하는 진동전단응력비($\tau_d\ /\sigma_v{}'$)와 비교하여 액상화에 대하여 안전한 것으로 판정하는 방법이다.

2) 상세예측법의 순시도를 나타내면 그림 4.101과 같다.

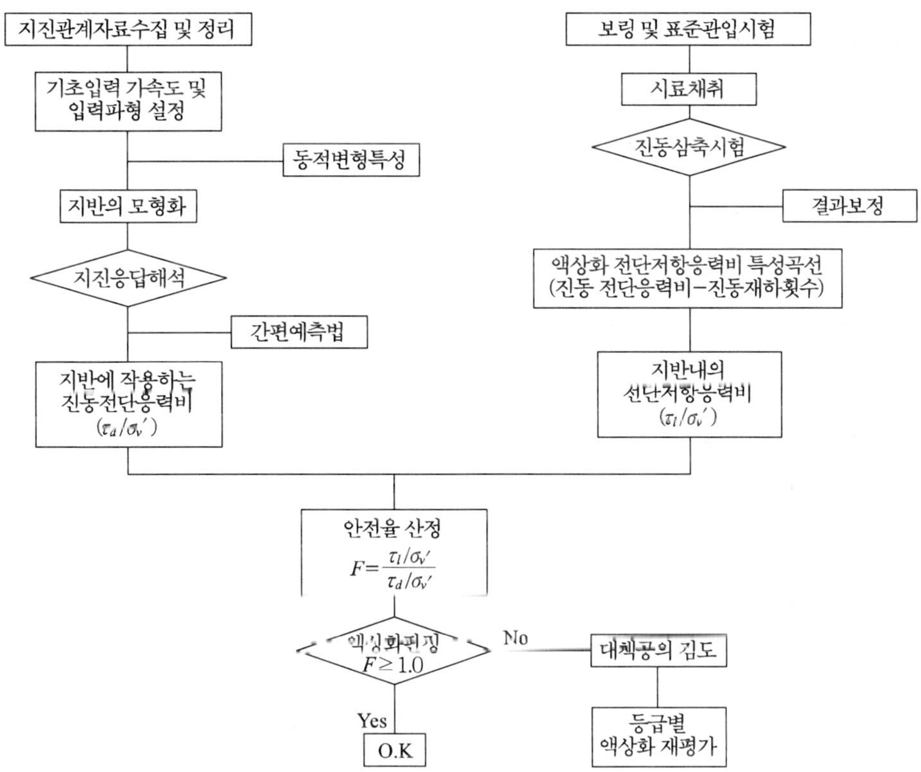

그림 4.101 상세예측법의 흐름도

3) 상세예측법으로 액상화 평가를 수행할 경우 지반의 저항전단응력비를 산정하는 과정에서 액상화 발생 시 반복삼축시험 재하횟수에 따른 전단응력비 관계는 그림 4.102와 같다.

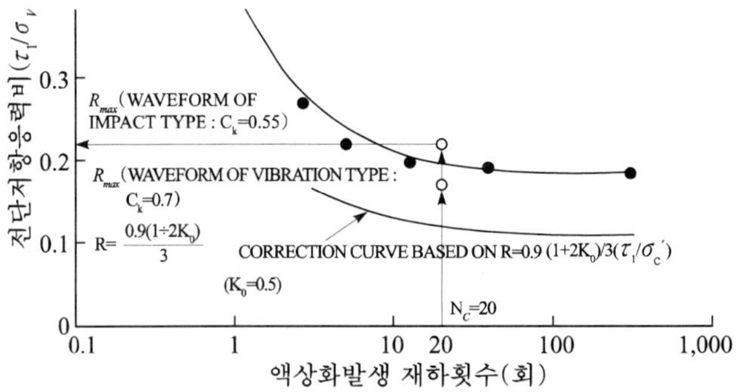

그림 4.102 상세예측법의 흐름도

4.12.5 액상화 방지대책

1) 입도가 불량한 사질토 지반의 대책

(1) 입도가 불량한 재료를 입도가 양호한 재료로 치환한다.

(2) 치환 깊이가 깊은 경우는 지반의 밀도를 증가시키는 방법이 필요하다.

2) 포화된 사질토 지반의 대책

(1) 지하수위를 저하시키고 포화도를 낮추기 위해 well point 공법, deep well 공법 등을 사용한다.

(2) 지하수위 저하로 구조물에 침하영향이 예상되는 경우는 유지관리가 필요하다.

3) 느슨한 사질토 지반의 대책

밀도를 증가하여 한계간극비 이하로 상대밀도를 유지하는 방법으로 SCP, vibro-flotation, 유압다짐, 동다짐공법 등이 있다.

4.12.6 실무적용시 유의사항

1) 내진 1등급 구조물인 경우 간편법에 의해 안전율이 확보되지 않거나 보다 상세한 예측법이 필요한 경우는 지진응답해석을 이용한 액상화 평가와 실내 진동삼축시험을 이용하여 액상화 평가를 수행하여야 한다.

2) 액상화 예측방법은 지표면 최대가속도(a_{max}), 지진규모(M : Magnitude), 표준관입시험치(N값)를 이용하는 간이예측인 경험적방법과 지진규모를 고려한 실내액상화시험, 지진응답해석으로 판단하는 상세예측인 해석적 방법이 있으며 보통 경험적인 방법을 많이 사용한다. 그러나 중요한 교량, 내진 1등급 교량은 가급적 2가지 방법을 종합 검토하여 액상화를 예측하여야 한다.

4.13 측방유동

4.13.1 정의

연약지반 위에 설치된 교대나 옹벽과 같은 상시 도로 재하중을 받는 구조물에서는 배면흙쌓기가 하중으로 작용하여 소성변형을 일으켜서 지반이 수평으로 이동하는 현상을 측방유동이라 한다.

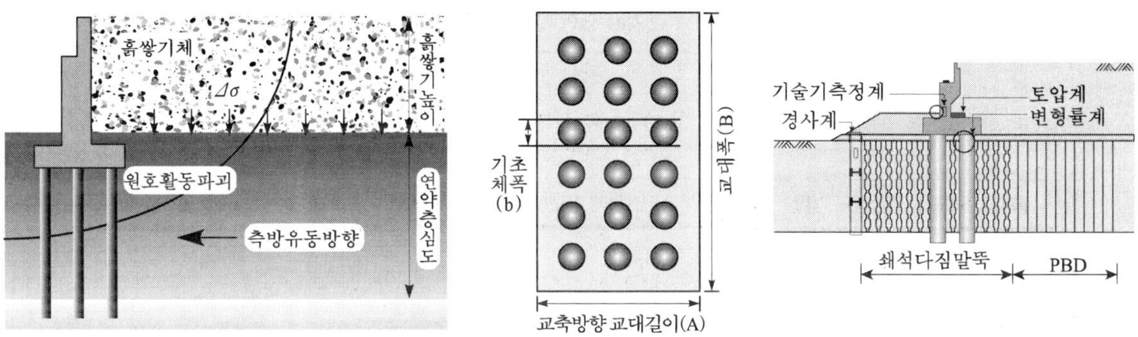

(a) 교대 측면도 (b) 교대 평면도 (c) 계측기 설치(예)

그림 4.103 교대 측방유동 발생 개념도

4.13.2 측방유동 영향요소

연약지반상 교대의 측방유동을 지배하는 요인은 배면흙쌓기에 의한 측방토압 이외에 다음과 같은 영향 요소가 있다.

- 연약층의 진단강도
- 연약층 두께
- 기초형식(기초의 교축직각방향의 폭)
- 교대배면 흙쌓기재의 단위중량
- 교대형식(교대의 교축방향의 길이)

4.13.3 측방유동 발생 시 문제점

- 압밀침하에 의한 교대배면의 단차
- 교대의 수평이동과 경사
- 신축이음부의 기능저하
- 말뚝에 휨모멘트가 발생하여 두부파손

4.13.4 측방유동 판정방법

현재 국내·외에서 사용하고 있는 점성토 지반의 측방유동을 판정하는 방법은 배면 흙쌓기하중과 원지반 전단강도에 의한 방법, 교대의 이동량이나 지표침하량에 의한 변위에 의한 방법, 비탈면안전율과 관련한 방법 등으로 구분되며 3가지 방법 중 실무에서는 흙쌓기 하중과 전단강도 방법이 널리 이용되고 있다.

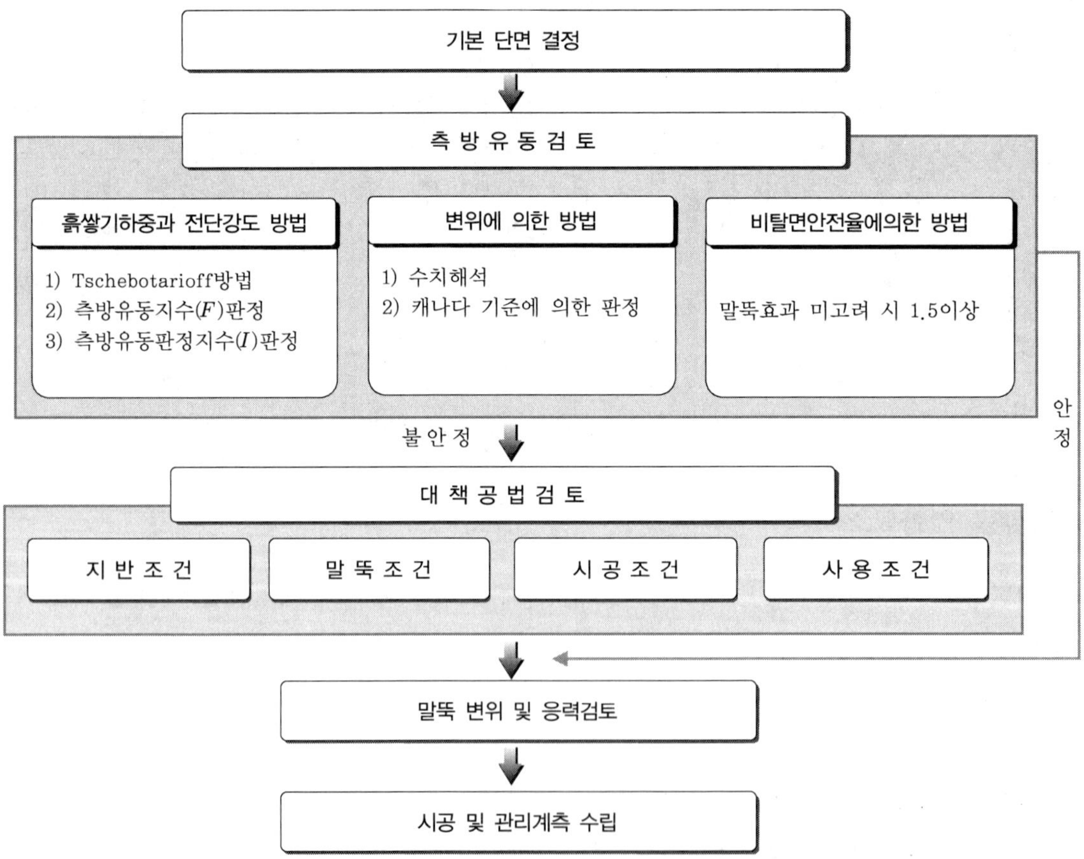

그림 4.104 측방유동 판정 흐름도

표 4.44 흙쌓기하중과 전단강도에 의한 방법

판정기준	판정방법
Tschebotarioff 방법	1) 판정방법 : $N_b = \frac{\gamma H}{c_u}$ 2) 판　　정 : N_b > 3 측방유동 발생가능
측방이동지수(F)에 의한 판정법 (일본 도로공단)	1) 판정방법 : $F = \frac{c_u}{\gamma \cdot H \cdot D}$ 2) 판　　정 : F< 0.04 : 교대의 측방이동 가능성 있음
측방이동지수(I)에 의한 판정법 (일본 건설성 토목연구소)	1) 판정방법 : $I = \mu_1 \mu_2 \mu_3 \frac{\gamma H}{c_u} \geq 1.2$ 2) 판　　정 : I ≥ 1.5 : 교대의 측방이동 가능성 있음
수정측방이동지수(M_I)에 의한 판정법 (한국도로공사)	1) 판정방법 : $M_I = a\frac{\gamma H}{c_u} \leq 1.5$ 2) 판　　정 : M_I ≥ 1.5 : 측방유동에 대하여 안정함

4.13.5 측방유동의 대책 공법

측방유동에 대한 일반적인 대책공법은 그림 4.105와 같고, 위치별 측방유동 세부 대책 공법은 표 4.45와 같으며, 연약지반에서 측방유동을 고려한 교대시공 순서도는 그림 4.106과 같다.

그림 4.105 측방유동 대책 공법

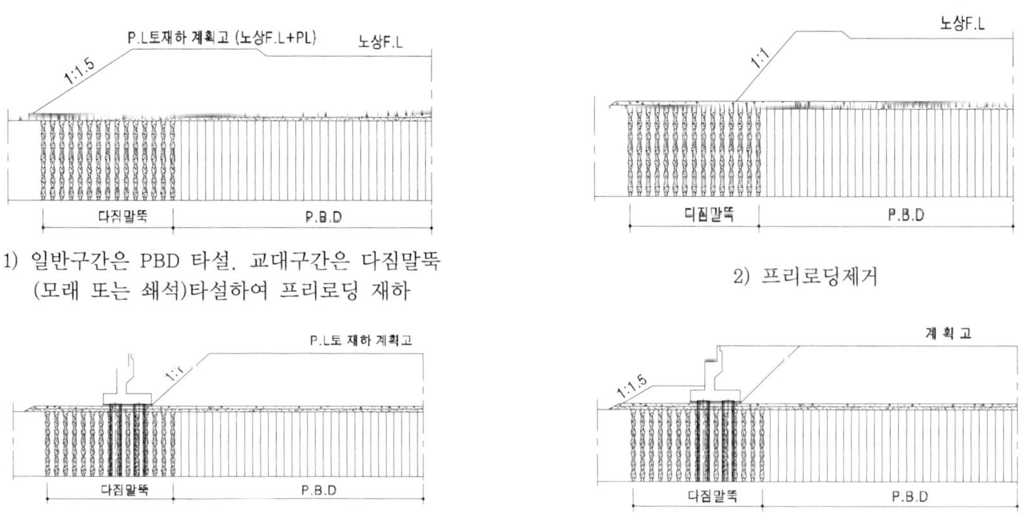

1) 일반구간은 PBD 타설. 교대구간은 다짐말뚝 (모래 또는 쇄석)타설하여 프리로딩 재하

2) 프리로딩제거

3) 강관 또는 현장 타설말뚝 시공 후 교대시공

4) 압성토 및 교대배면 되메움

그림 4.106 측방유동을 고려한 교대시공 순서도(사례)

표 4.45 위치별 측방유동 세부 대책 공법

대상부분	개량원리	대책공법
뒷채움 성토	편재하중의 경감	1) 연속 culvert box 공법　2) 파이프 매설공법 3) EPS 쌓기공법　4) 슬래그 채움 공법
	배면토압의 경감	1) 소형교대　2) Approach cusion공법 3) 압성토 공법
연약지반	압밀촉진에 의한 지반강도의 증대	1) Preloading　2) Sand compaction pile
	화학반응에 대한 지반강도의 증대	생석회 말뚝 주입공법
	치환에 의한 지반개량	치환공법
교대구조물	교대형식	1) 벽식교대 지양　2) 소형교대 공법 3) Approach cusion공법
	교대치수	교축방향길이 증대
기초체	기초형식	케이슨 기초 지양
	기초의 강성 증대	1) 흙쌓기지지 말뚝공법　2) 버팀슬래브 공법 3) 말뚝본수의 증가

4.14 지오신세틱스(Geosynthetics, 토목섬유)

Geosynthetics는 1960년대 초부터 지오텍스타일 필터(geotextile filter) 기능을 이용하여 piping 방지 목적으로 사용하기 시작하였으나 최근에는 배수재, 분리재, filter재, 보강재 등으로 사용되고 있다. Geosynthetics는 "Geomechanics"와 "Synthetics"가 합쳐져 만들어진 용어로 1986년 브라질에서 개최된 국제토목섬유학술회의에서 국제통용어로 제안된 용어이다.

4.14.1 지오신세틱스(Geosynthetics) 기능

1) 배수기능 : 투수성이 낮은 재료(세립토, 콘크리트)와 밀착 설치되어 물을 모아 배수시키는 기능
2) 분리기능 : 세립토와 조립토가 외부하중에 의해 서로 압착될 때 두 재료 사이에 토목섬유를 부설하여 세립토와 조립토가 혼합되는 것을 막아주는 기능
3) 필터기능 : 흙이나 콘크리트 등에 밀착 설치되어 세립토의 이동을 막고 물만 통과시키는 기능
4) 보강기능 : 흙 사이에 토목섬유를 포설하여 토목섬유의 인장강도에 의하여 토류구조물의 안정성을 증진시키는 기능
5) 방수 및 차수기능: 구조물, 댐 비탈면 및 배수로비탈면 등에 지오멤브레인(geo membrane)을 설치하여 수위의 흐름을 방수 및 차수하는 기능

4.14.2 지오신세틱스(Geosynthetics) 종류별 특징

1) Geotextile

합성섬유로 만들어서 직포, 부직포로 나눠지며 지반보강용으로 실무에서 많이 사용되고 있다.

2) Geomembrane

소재는 합성수지, 고무이며 주기능은 액체 및 수분의 차단 및 분리기능이 있고 geotextile에 비해 사용빈도가 낮다.

3) Geogrid

플라스틱으로 만든 격자모양이며 주기능은 보강, 분리기능이 있다.

4) Geocomposite

Geotextile+geomembrane, geotextile+geogrid, geogrid+geomembrane 과 같이 혼합해서 사용하거나 또는 이들 중의 한가지와 흙, plastic, sheet, 강재, 강재 앵커 등과 함께 혼합 또는 조합해서 사용한다. Geocomposite는 배수, 분리, 필터, 보강 기능이 있다.

4.15 연약지반 시공 문제점과 대책

4.15.1 연약지반의 저성토 시공 시 생기는 문제점 및 대책

흙쌓기 높이가 택지 등의 부지조성에는 약 $1.5m$, 도로에는 $2.0\sim2.5m$, 중량이 큰 열차하중이 주행하는 철도에는 $3.0m$ 이하를 저성토라 한다.

1) 얕은 흙쌓기 시공 시 생기는 무제점

연약지반 위에 시공하는 흙쌓기는 높이가 낮을수록 안정되며 즉시 침하를 포함한 전침하량이 적게 끝나므로 공사비 절감은 가능하나 다음과 같은 문제가 있다.

(1) 표층에 접하여 시공이 이루어지므로 흙쌓기다짐이 불충분하게 되어 흙쌓기재에 따라서는 지하수위 영향을 받아서 노상이나 보조기층이 필요로 하는 지지력 확보가 어렵다.

(2) 고성토보다 흙쌓기강도가 낮은 휨성이므로 지반의 불균일성에 좌우되기 쉽고 하성 퇴적지반이나 층두께 변화가 심한 충적지반 위의 저성토에는 부등침하 발생 가능성이 있다.

(3) 흙쌓기 위에 시공한 노면의 평탄성저하 또는 노상유지가 어려우며 저성토에 매설한 관거는 부등침하 발생 가능성이 높다.

(4) 고성토와 같이 교통하중을 흙쌓기내에서 충분히 분산시킬 수 없으므로 교통하중에 의한 기초지반의 변형이나 침하가 예상된다.

2) 저성토에 생기는 침하예측

(1) 흙쌓기하중에 의한 압밀침하 외에 공용 후 반복교통하중에 의한 침하를 아는 것이 중요하다.

(2) 교통하중에 의한 침하량을 예측하는 방법으로는 기초지반에서 채취한 시료를 사용하여 반복하중을 가해서 구한 시험치(동적삼축압축시험)로 해석하는 방법 또는 유사흙쌓기공사에 대해 얻어진 관측치를 사용하여 추정하는 방법이 있다.

4.15.2 도로구조물과 토공 사이에 일어나는 부등침하 원인과 방지대책

1) 부등침하 원인

비압축성 구조물(강성)과 압축성인 뒷채움 재료(연성) 사이에 부등침하 발생 가능성이 높으며, 강우시 교대 배면토에서 배수가 잘 안될 경우 배면토가 포화되어 침하가 발생한다.

2) 방지대책

(1) 구조물과 흙쌓기부 접속부에 지반개량, approach slab 설치 및 geogrid를 보강한다.

(2) 뒷채움 재료는 배수성과 다짐밀도가 좋은 재료를 사용한다.

(3) 소형다짐 장비 사용으로 다짐을 철저히 한다.

(4) 배수시설을 충분히 설치한다.

4.16 시험시공의 필요성

4.16.1 개요

설계 시 토질조사 분석에 의해 선정된 처리공법과 침하량 및 침하기간 등의 제반조건이 이론치와 실측치가 많은 차이가 있으므로 시공 전에 시험시공을 반드시 실시하여 최적공법을 결정하고 시공단계에 적용하여야 한다.

4.16.2 국내·외 시험시공 사례 및 규모

1) 국내 시험 시공 사례

표 4.46 국내 시험시공 사례

구분	인천국제공항(1단계)	광양항
규모	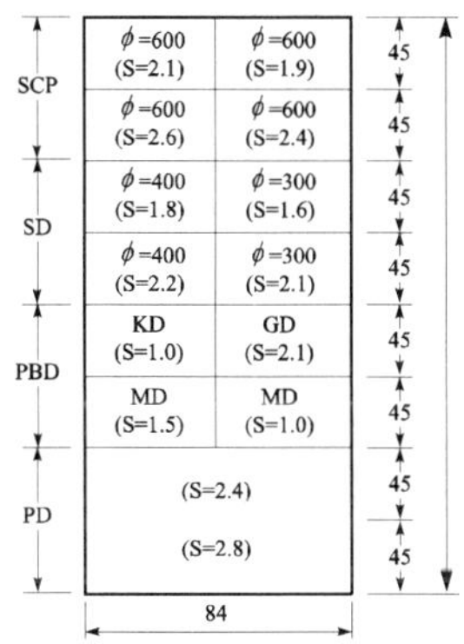	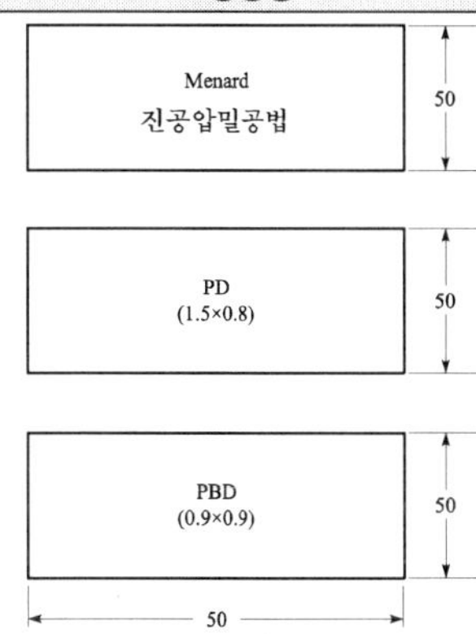
연직배수재 적용공법	1) PBD 공법 2) SD공법 3) SCP 공법 4) PD(Pack drain)공법	1) PBD 공법 2) PD(Pack drain)공법 3) Menard 진공압밀공법
연약층깊이	0 ~ 11.5m(평균 9.0m)	19.1 ~ 26.2m(평균 22.0m)
연약층과 규모 상관관계	연직배수 공법별 폭과 길이는 연약층 심도의 약 5배, 전체 폭은 연약층 심도의 약 9배이며 길이는 40배임	연직배수 공법별 폭과 길이는 연약층 심도의 약 2.5배이고, 전체 폭은 연약층 심도의 약 2.2배이며 길이는 9배임
구분	**양산물금**	**부산 신항 배후 부지**
규모	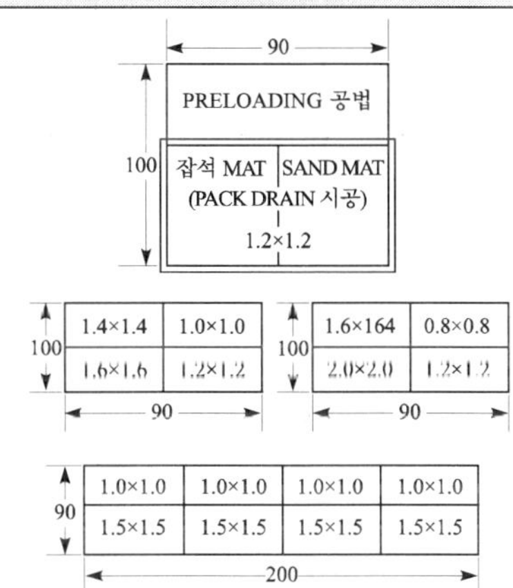	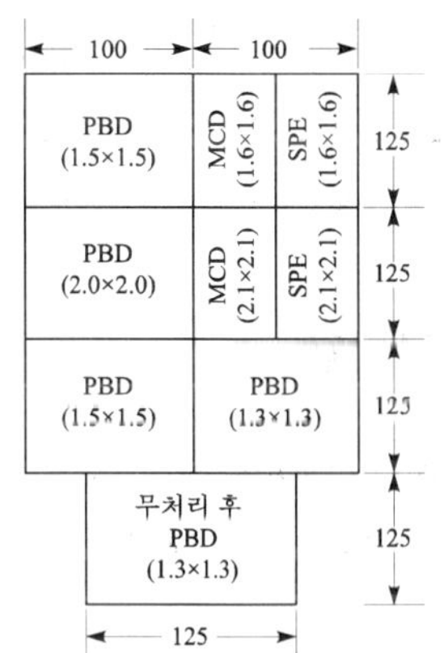
연직배수재 적용공법	1) PBD 공법 2) Pack drain 공법 3) Menard drain 공법 4) Proloading 공법	1) PBD 공법 2) MCD(Mcnard cylindcrical drain) 공법 3) SPE(Spiral poly ethylem) 공법
연약층깊이	25~27m(평균 26.0m)	평균 60m
연약층과 규모 상관관계	연직배수 공법별 폭은 연약층 심도의 약 1.7배(=45/26)이고, 길이는 약2배이며, 공법별 시험시공 부지를 공법별로 정하여 시행하였으므로 전체 규모 비교는 의미가 없음	연직배수 공법별 폭은 연약층 심도의 약 1.6배이고 길이는 약2배이며, 전체폭은 연약층 심도의 약 3배이고 길이는 약 80배임

※ 주) 크기 : non scale, 단위 : m, ( ) : 배수재 간격을 의미함.

2) 국외 시험시공 사례

표 4.47 국외 시험시공 사례

구분	Chep Lap Kok공항(홍콩)	Changi공항(싱카폴)	Kansai공항(일본)
규모	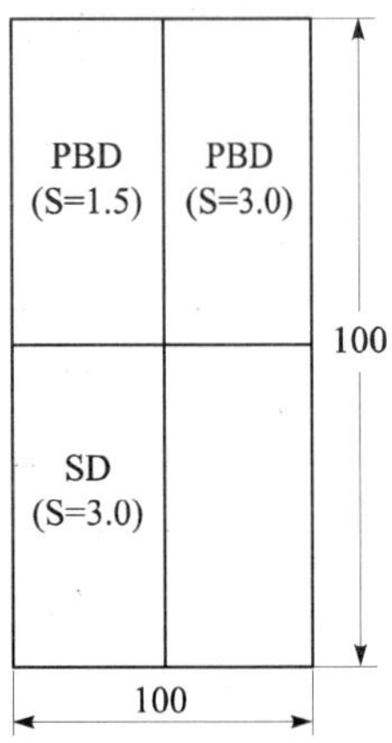	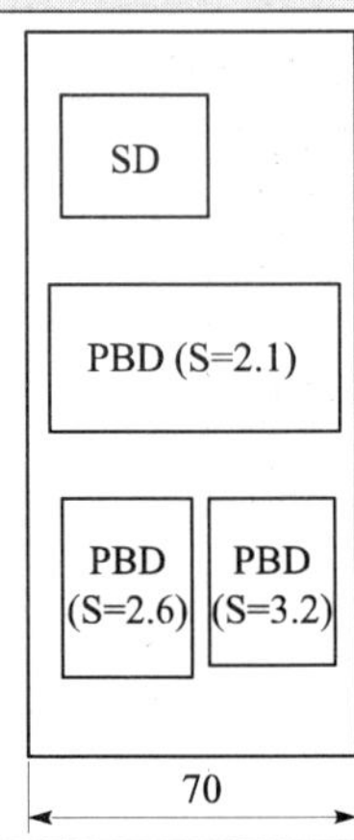	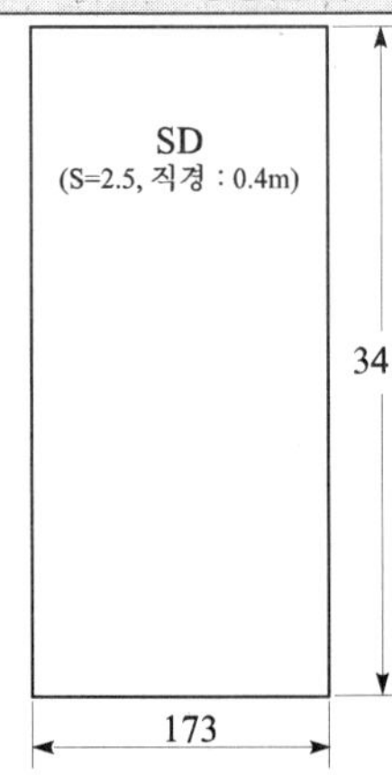
연직배수재 적용공법	1) PBD 공법 2) SD 공법 3) 무처리	1) PBD 공법 2) SD 공법 3) 무처리	SD 공법
연약층 깊이	15~20m(평균 17.5m)	14~15m(평균 14.5m)	16~20m(약 20.0m) [하부 홍적층 : 400m]
연약층과 규모 상관관계	연직배수 공법별 폭과 길이는 연약층 심도의 약 3배이며, 전체 폭과 길이는 연약층 심도의 약 6배임.	자료 불충분으로 인하여 연직배수 공법별 폭과 길이는 정확히 알 수 없으나 전체규모의 폭은 연약층 심도의 약 5배이며, 길이는 약 8배임.	연직배수 공법 및 전체 폭은 연약층 심도의 약 8.5배이며 길이는 17배임.

※ 주) 크기 : non scale, 단위 : m, ( ) : 배수재 간격을 의미함.

4.16.3 실무적용

Schmertmann은 기초중심 아래 연직변위의 분포를 단순화하여 침하를 추정하는 방법을 변위영향계수(I_z)로 하는 것을 제안하였고, 변형은 기초아래 $2B$(폭) 이하의 깊이에서는 거의 생기지 않는다고 가정하였다. 따라서 연약층의 심도(Z)가 10m인 경우 1차원 압밀조건을 만족하기 위한 시험시공 폭($B=\frac{Z}{2}$)은 다음과 같이 계산할 수 있으며, 계산은 이론식에 의한 개략계산이므로 시험시공 규모(폭, 길이)는 현장여건 및 시험시공목적에 따라 달리 정할 수 있다.

$$Z=2B \qquad \therefore B=\frac{Z}{2}=\frac{10m}{2}=5m$$

CHAPTER

5

제 5 장 굴착 및 흙막이 공법

제 5 장 굴착 및 흙막이 공법

5.1 굴착공사

5.1.1 설계 및 시공 시 공법선정을 위한 기본 원칙

지반이 연약하지 않은 경우에는 구조물을 시공하기 위하여 심도 1~2m 정도는 연직으로 굴착할 수 있다. 그러나 지반이 무너질 우려가 있는 경우에는 지반이 무너지지 않도록 경사를 주어 굴착하거나 연직굴착면을 보강하여야 한다. 시가지 굴착 공사에서는 특히 주변 건물에 악영향을 미치지 않도록 안전한 공사가 전제되어야 한다.

1) 안전한 공사 - 부실, 파손 및 과대한 변형방지
2) 경제적인 공사 - 공비의 저렴화·공기의 단축
3) 주변공해가 없는 공사 - 저소음·저진동 공법, 주변 침하 및 지하수위 저하 방지

5.1.2 굴착공법의 종류

- 굴착 공법
  - 비탈면개착(Slope open cut)공법
  - 개착공법
    - 전단면 굴착공법
      - 자립식 굴착공법
      - 흙막이식 굴착공법
    - 부분 굴착공법
      - 아일랜드 컷(Island cut)공법
      - 트렌치 컷(Trench cut)공법
  - 역타공법(Top down)공법
  - 케이슨공법
    - 오픈 케이슨(Open caisson)공법
    - 박스 케이슨(Box caisson)공법
    - 뉴메틱 케이슨(Pneumatic caisson)공법

그림 5.1 굴착 공법의 종류

1) 비탈면 개작공법(Slope open cut method)

그림 5.2와 같이 지반이 무너지지 않을 정도의 경사를 유지하면서 굴착하는 공법이며 굴착면적이 넓고 용지 여유가 있는 경우에 적합하다. 다만 굴착 깊이가 깊은 경우 터파기량과 되메우기량이 많아져 비경제적이다.

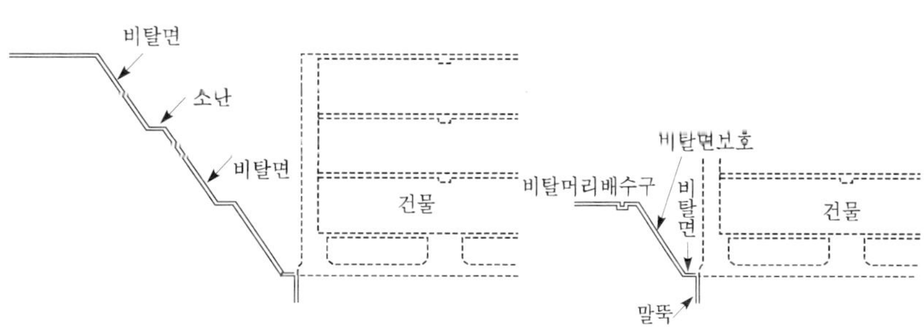

그림 5.2 비탈면 개착공법

2) 흙막이 개착공법

흙막이벽(H-pile + 토류판, 강널말뚝)을 지중에 설치하고 굴착을 하는 방법이며 만일 굴착 깊이가 깊어지면 버팀대(strut)나 그라운드 앵커(ground anchor) 등의 지보공으로 지지하며 굴착해야 한다.

3) 아일랜드공법(Island cut method)

그림 5.3과 같이 굴착부지 외곽을 따라 흙막이벽을 시공한 후 흙막이벽이 자립할 만큼의 비탈면만 남기고 중앙부를 굴착하고, 구조물을 시공한다. 먼저 시공된 중앙부의 구조물을 이용하여 버팀대를 설치한 후 나머지 비탈면을 굴착하고 주변부의 구조물을 시공한다.

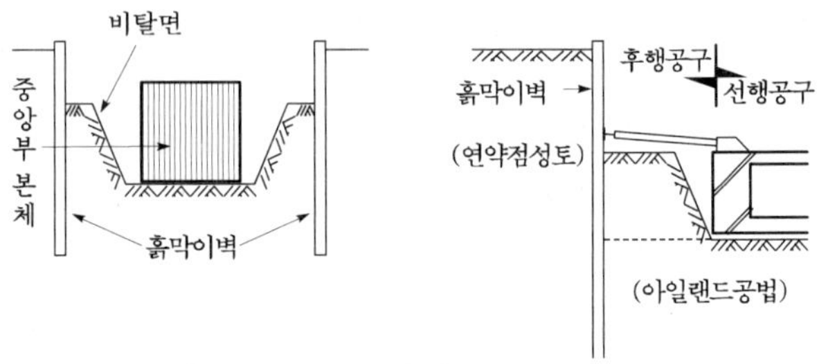

그림 5.3 아일랜드 공법

4) 트렌치공법(Trench cut method)

그림 5.4와 같이 굴착부지 외곽을 따라 2열로 설치한 흙막이벽의 안쪽을 굴착하고 주변부의 구조물을 시공하여 이 구조물을 흙막이로 이용해 중앙부분을 굴착하고 중앙부의 구조물을 시공한다.

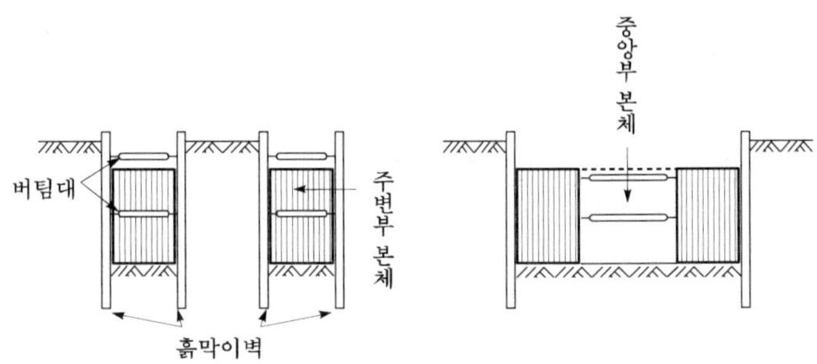

(a) 1차 굴착 (b) 2차 굴착

그림 5.4 트렌치 공법

5) 역타공법(Top down method)

굴착 전에 지하벽과 기둥을 포함하는 기초공사를 먼저 시공하는 공법으로서 지상에서부터 지하로 내려가며 구조물을 시공하면서 굴착을 해나간다. 장점으로는 지하벽과 슬래브를 지보공으로 이용하기 때문에 안정성이 매우 좋고 작업시간이 단축된다. 그러나 지하공사의 작업공간이 좁고 굴착과 본체공사가 교대로 이루어지므로 작업효율이 떨어진다는 단점이 있다. 그림 5.5는 역타공법 개념도를 나타낸다.

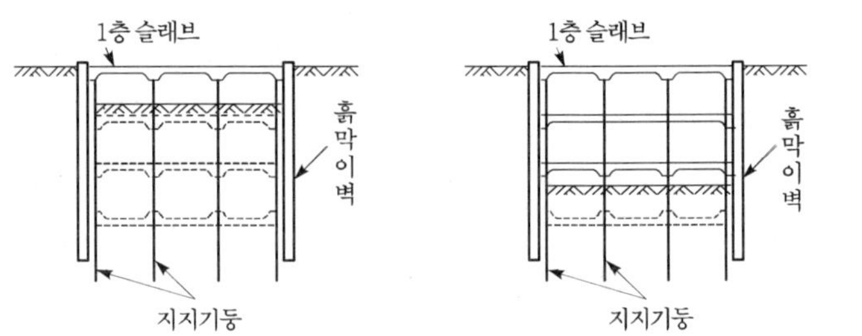

(a) 굴착 초기 (b) 굴착 후기

그림 5.5 역타공법 개념도

6) 케이슨공법(Caisson method)

지하층 전체를 지상에서 만든 후 지지층까지 지반을 굴착하여 지하층을 침설시키는 방법으로서 깊은기초의 일종이며, 공법의 종류로는 오픈케이슨, 박스케이슨 및 뉴메틱 케이슨 기초 등이 있다. 세부 내용은 제 7장 깊은기초편에서 다루기로 한다.

5.1.3 굴착공법 선정 시 고려사항

굴착공법 선정 시 고려할 사항을 요약정리하면 다음과 같다.

표 5.1 굴착공법 선정 시 고려사항

항목	고려사항
지층 조건	1) 굴착지반이 연약한 점성토 또는 느슨한 사질토일 경우 굴착에 따른 토류벽의 변위가 크게 되므로 주변지반의 침하량과 침하영향범위를 고려해야한다. 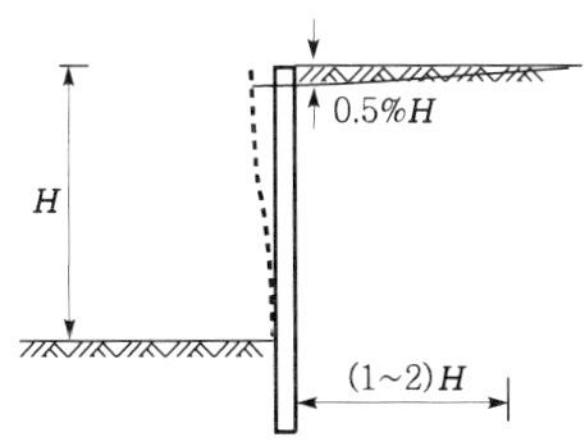 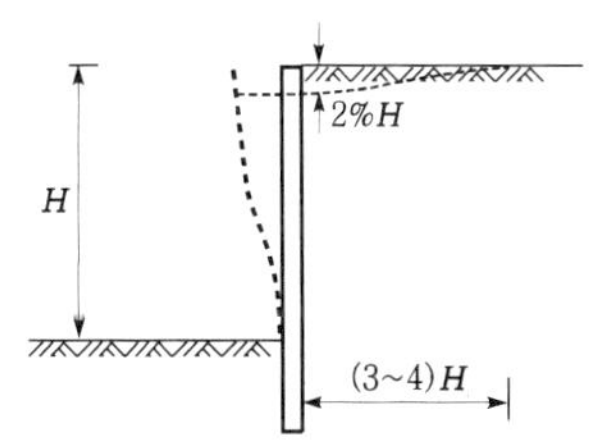 ① 양호한 지반 (최대침하 = 최대변위의 50%이하) ② 불량한 지반 (최대침하 = 최대변위의 50~80%) 2) 벽체강성이 클수록 변위가 적게되며 벽체강성은 다음 순서와 같다. (H-pile+토류판 〈 강널말뚝(sheet pile) 〈 SCW 〈 CIP 〈 지중연속벽) 3) 자갈층인 경우 sheet pile 타입이 곤란할 수 있고, SCW는 입경이 굵은 자갈, 호박돌이 섞인 토사 및 전석이 섞인 지반에는 시공성이 결여된다. 4) 암반층에서 CIP는 공사기간이 길어지고 SCW, sheet pile은 적용이 곤란하다.
지하수위	1) 지하수위가 높으면 굴착으로 지하수 유입과 토사가 혼입되어 굴착배면토의 이완, 지하수위 저하로 인하여 지반침하가 발생되므로 적절한 차수공법이 고려되어야 한다. 2) H-pile + 토류판은 별도 차수공이 필요하며 CIP는 공사 시에 보조 차수공이 필요하다. Sheet pile은 이음부에 문제가 있을 수 있으므로 지수재 도포가 필요하며 SCW, 지중연속벽은 차수성이 큰 토류벽이다.
근입부 안정	1) 토류벽 붕괴의 가장 큰 위험은 근입부 불안정에 있으며 점토지반의 heaving, 모래지반의 boiling, 주동과 수동토압의 토압균형 등에 대한 안정성이 중요하다. 2) Heaving, boiling이 예상되는 경우 벽체 배면, 또는 굴착저면의 지반을 보강해야 한다.
주변 구조물, 매설물	1) 주변구조물이나 지하매설물이 있는 경우 침하, 변위가 최소 또는 허용한도이하여야 하며, 근접시공으로 취급하여 주변구조물과의 상호작용을 고려해야 한다. 2) 이 경우 벽체강성이 크고 차수성이 있는 토류벽체 선정이 필수적이다.
환경피해	소음, 진동유발 시 민원의 대상이 되므로 사전천공(pre-auger), 저소음, 저진동으로 해야 하며 시공 시 계측을 통해 관리해야하다
공사기간, 경제성	동일조건이면 공기가 짧고 경제적인 공법을 선택한다.

5.1.4 굴착공사의 지반공학적 문제

1) 흙막이 구조물 자체의 안정성은 물론 인접구조물에 미치는 변형거동을 추정해야 한다.
2) 외력인 토압 및 수압 등이 일정하지 않으므로 굴착진행에 따른 지반거동의 추정이 어렵다.
3) 흙막이 구조물에 작용하는 실제 토압은 Coulomb이나 Rankine토압과 달리 깊이에 따라 직선적 증가를 하지 않는다.

4) 건물지하 강성벽체사이의 좁은 공간에 작용하는 토압은 벽체변위를 근거로 한 Coulomb이나 Rankine토압과는 일치되지 않는 점이 있다.
5) 굴착지반이 다층토인 경우 흙과 기반암 사이의 풍화대 내지 풍화암층은 풍화 정도에 따른 지반정수 추정이 어렵다.
6) 불확정요소 등을 계측결과를 통하여 역해석해야 하나 설계단계에서 이를 적용 할 수 없다. 지반굴착에 따른 연직응력의 변화상태는 그림 5.6과 같다.

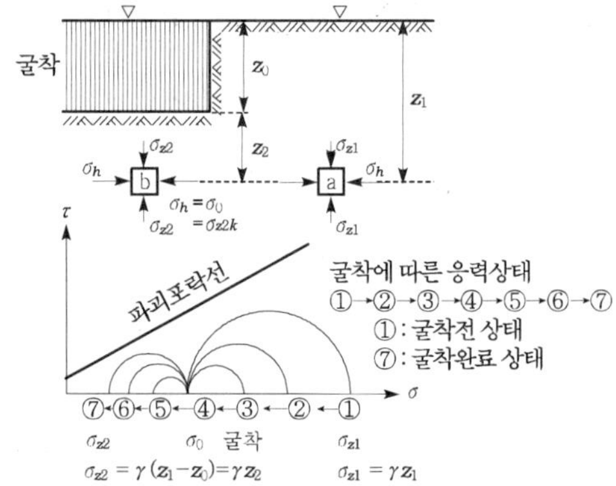

그림 5.6 지반굴착에 따른 연직응력의 변화

5.1.5 굴착저면의 안정검토

1) Boiling

사질토 지반을 굴착하는 경우 가설흙막이 배면의 수위와 굴착내의 수위차가 생기면 이 수위차에 따라서 굴착 내에는 상향의 침투류가 생긴다. 이 침투력과 흙의 수중에서의 유효중량과의 균형이 파괴되면 굴착저면에 특히 흙막이 말뚝부근의 흙은 마치 액체와 같이 되어 끓어오른다. 이와 같은 상태를 boiling이라 부르며, 일단 boiling이 생기면 그 부근의 흙 전단저항은 거의 없게 되며 말뚝 전면의 저항토압이 소실되기 때문에 가설 흙막이가 붕괴되는 사고로 연결된다. 또 boiling을 일으킨 지반은 그것이 정지된 후에 일반적으로 대단히 연약한 상태가 되므로 지지력이 크게 감소된다. 이와 같은 현상은 굴착저면하에 피압지하수가 있는 경우에도 일어날 가능성이 있다.

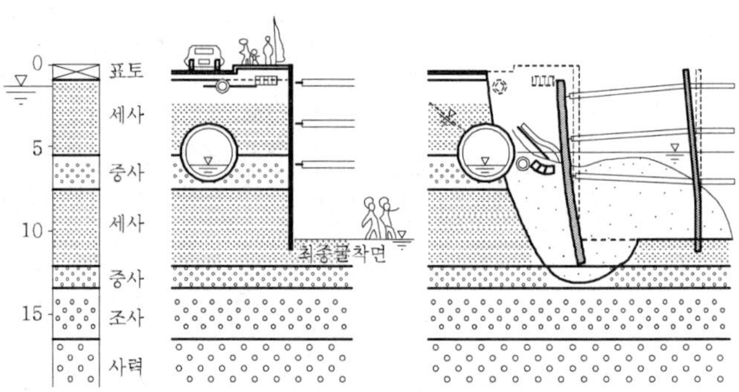

그림 5.7 Boiling에 의한 흙막이의 붕괴(三橋, 1999)

(1) Boiling 검토

Boiling에 대한 검토는 유선망에 의해 정확한 해석을 해야 하지만 유선망에 의한 방법은 번잡하므로 실무에서는 Terzaghi에 의한 방법, 한계동수경사방법을 주로 이용한다. 이 두 가지 방법은 boiling 검토에 대한 견해가 다르기 때문에 반드시 두 식을 만족하도록 하지 않으면 안 된다.

① Terzaghi에 의한 방법

Boiling을 일으키려 하는 힘은 그림 5.8에서 과잉수압 U이며, 저항하는 힘은 흙의 중량 W이다. 안전율을 F_s로 하면 균형식은 $W = F_s U$ 가 된다.

Terzaghi에 의하면 Boiling이 일어나는 폭은 $d_2/2$이다.

$$W = \gamma' {d_2}^2/2 \quad (5.1)$$

$$U = \gamma_w \, h_a \, d_2/2 \quad (5.2)$$

여기서, d_2 : 굴착저면에서의 흙막이벽 근입깊이(m)

γ_w : 물의 단위중량(kN/m^3)

γ' : 모래의 수중단위중량(kN/m^3)

h_a : boiling의 평균과잉수두(m)

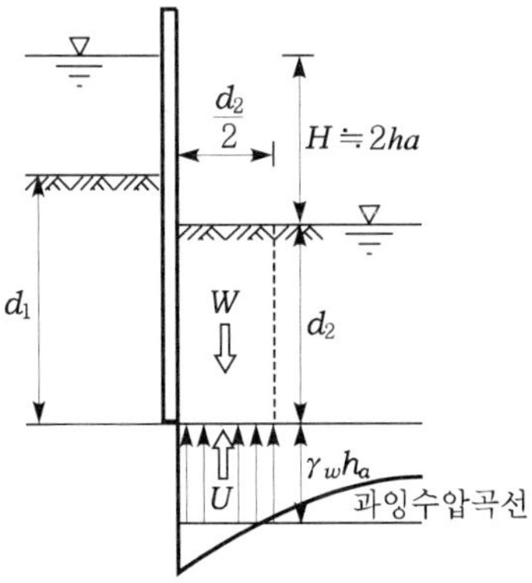

그림 5.8 Terzaghi에 의한 boiling의 검토법

식 (5.1)과 식 (5.2)에서 $W = F_s U$ 로부터

$$\gamma' d_2 = F_s \, \gamma_w \, h_a$$

$$d_2 = F_s \gamma_w h_a / \gamma' \quad (5.3)$$

Boiling의 평균과잉수두 h_a는 유선망을 그려서 결정하지 않으면 안되나 평균측으로 보아서 $h_a = H/2$로 하고 $\gamma_w = 10kN/m^3$으로 하면 식 (5.4)와 같이 된다.

$$d_2 \geq \frac{F_s}{2} \cdot \frac{H}{\gamma'} \quad (5.4)$$

여기서, 현 지반에서의 근입깊이 d_1은 고려되지 않는다. Terzaghi는 Boiling에 대한 최소안전율로 1.5를 제안하였으며, 실무에서는 구조물의 중요도 및 안정성을 고려하여 1.5~2.0 정도를 적용할 수 있다.

② 한계동수경사방법

그림 5.9와 같이 지표($a-a$)면에 추가 놓여 있는 모래지반에 상향 침투가 발생하는 경우 $b-b$면의 연직 유효응력 σ'_v은

$$\sigma'_v = \gamma' L - \gamma_w \Delta h$$

수두차 Δh가 충분히 커지면 σ'_v은 0(zero)이 될 수 있다.

σ'_v가 0이 되는 Δh를 특히 Δh_{cr}이라 표시하면

$$\gamma' L - \gamma_w \Delta h_{cr} = 0$$

$$\text{또는 } \Delta h_{cr} = \frac{\gamma'}{\gamma_w} L \quad (5.5)$$

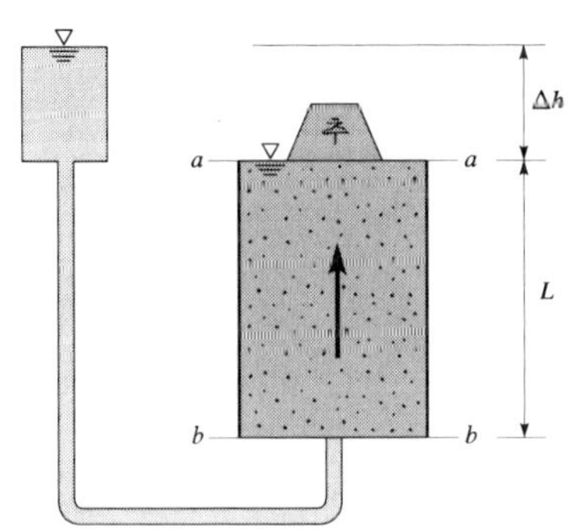

그림 5.9 유효응력과 동수구배

현장의 Δh가 Δh_{cr}보다 커지면 유효응력 σ'_v이 0이 되어 결과적으로 모래는 강도가 없어지는 상태가 된다. 이러한 현상을 분사현상 또는 quick sand라 한다.

$\Delta h \geq \Delta h_{cr} \leftrightarrows$ 분사현상 발생

식 (5.5)에서 $\gamma' \approx \gamma_w$이므로 $\Delta h_{cr} \approx L$이다.

유효응력 $\sigma'_v = 0$이 되면 전응력(하중) 중 흙이 분담할 수 있는 부분은 없고 모든 하중은 '물'이 전담하게 된다. 여기서 '물'이라 함은 본래의 물과 액체처럼 거동하게 된 모래를 합한 것이다. 물은 강도가 없으므로 그림 5.9의 추는 가라앉게 된다. 이와 같이 상향의 침투수압 $\gamma_w \Delta h$에 의하여 유효응력 $\sigma'_v = 0$이 되고 결과적으로 모래의 강도가 0(zero)이 되는 현상을 분사현상(噴砂現象, quick sand)이라 한다.

모래가 quick sand 상태로 되면 $\sigma'_v = 0$이 되어 토립자의 접촉면에서 전달되는 응력(힘)이 없어져 버린다. 이러한 모래는 상향의 침투수류에 의하여 알알이 분리되어 외견상 끓고 있는 것처럼 보이므로 이를 보일링(boiling)현상 또는 분사현상(噴砂現象)이라 한다. 즉 quick sand, boiling현상 및 분사현상은 같은 현상이다.

분사현상이 일어나는 조건을 더 편리하게 나타내기 위해 식 (5.5)에서

$$\frac{\Delta h_{cr}}{L} = \frac{\gamma'}{\gamma_w}$$

$\dfrac{\Delta h_{cr}}{L}$은 분사현상이 일어나는 동수경사이므로 이를 임계동수경사(critical hydraulic gradient)라 하고 i_{cr}로 표시한다. 따라서

$$i_{cr} = \frac{\gamma'}{\gamma_w} = \frac{G_s - 1}{1 + e} \tag{5.6}$$

현장 동수경사 i가 임계동수경사 i_{cr} 이상이 되면 분사현상이 발생한다.

모래의 임계동수경사는 대략 1 정도이다($i_{cr} \approx 1$). 이것은 모래의 경우 $e \approx 0.65$, $G_s \approx 2.65$이므로

$$i_{cr} = \frac{G_s - 1}{1 + e} = \frac{2.65 - 1}{1 + 0.65} = 1$$

$i_{cr} = \dfrac{\Delta h_{cr}}{L}$이므로 $i_{cr} = 1$이면 $\Delta h_{cr} = L$, 즉 현장의 $\Delta h \geq L$이면 분사현상이 일어날 우려가 있다.

유선길이 L은 $L \geqq F_s \cdot H \cdot \gamma_w / \gamma'$가 되며 지하수위면의 위치에 따른 최단유선 길이 L 및 한계 동수구배에 의한 근입 깊이 산정방법은 그림 5.10과 같다.

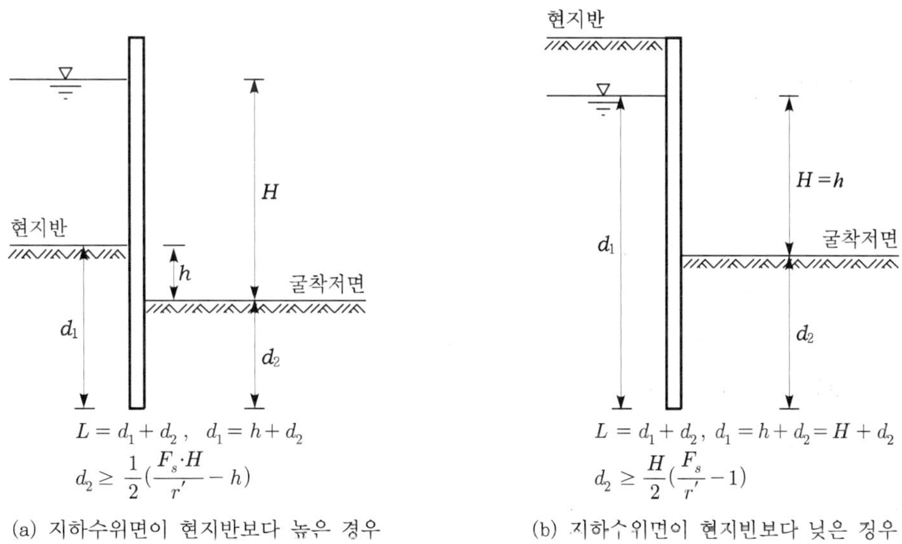

그림 5.10 한계동수구배에 의한 boiling의 검토방법

(2) Boiling 대책 방법

① 굴착 밑보다 깊은 투수층에 우물을 만들고 수위를 낮추어 굴착 밑면 아래의 토피압을 증가시킨다.

② 웰포인트, 깊은 우물(deep well) 등의 지하수위 저하공법을 이용하여 흙막이벽의 배면에서 배수하여 수위를 낮추고 수두차를 작게 한다.

③ 흙막이벽의 근입을 깊게 하여 유선을 길게 한다.

④ 흙막이벽의 근입을 깊게 할 수 없는 경우는 흙시멘트 주열식 공법, 심층혼합처리공법, 약액주입공법 등의 차수성 흙막이공법을 적용한다.

예제 5.1

모래지반에 그림 5.11과 같은 널말뚝을 설치하고자 할 때 boiling에 대하여 안전한가를 검토하라. (단, 널말뚝 하단에서의 평균손실 수두는 $0.35h$로 가정)

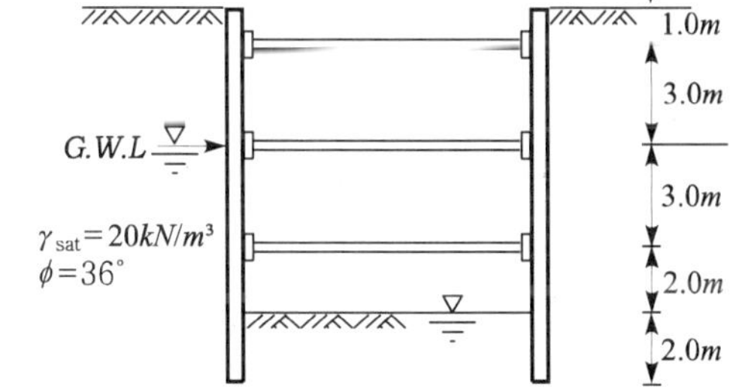

그림 5.11 널말뚝 설치 단면

풀이

1) Terzagi에 의한 검토

① Boiling을 일으키려고 하는 힘

$$U = r_w \cdot h_a \cdot \frac{d}{2} = 10 \times (0.35 \times 5.00) \times \frac{2.00}{2} = 17.5kN/m$$

여기서, γ_w : 물의 단위중량(kN/m^3)

h_a : 평균손실수두($0.35h,\ m$)

d : 굴착저면에서의 흙막이벽 근입길이(m)

② Boiling에 저항하려는 흙의 힘

$$W = \gamma' \cdot d \cdot \frac{d}{2} = 10 \times 2.00 \times \frac{2.00}{2} = 20kN/m$$

여기서, γ' : 수중단위 중량 (kN/m^3)$= \gamma_{sat} - 10 = 20 - 10 = 10kN/m^3$

③ Boiling에 대한 안전율

$$F_s = \frac{W}{U} = \frac{20}{17.5} = 1.14 < 1.50 \quad \text{N.G}$$

2) 한계동수경사에 의한 검토

① 동수경사

$$i = \frac{H}{L} = \frac{5.00}{9.00} = 0.56$$

여기서, H : 수위차(m)

L : 모래층의 두께(유선길이, m)

② 한계동수경사

$$i_c = \frac{r'}{r_w} = \frac{10}{10} = 1.00$$

③ Boiling에 대한 안전율

$$F_s = \frac{i_c}{i} = \frac{1.00}{0.56} = 1.79 > 1.50 \quad \text{O.K}$$

3) Boiling에 대한 안정성 판단

상기 검토방법 모두를 만족하여야 하나 Terzaghi 방법으로 검토 시 boiling에 대해 불안정하므로 근입깊이 증가, 배수공법, 치수공법 등이 적용되어야 한다. 이와 같은 대책방법 중 근입깊이 1.0m를 증가시킬 경우 계산된 안전율이 약 1.7로써 최소안전율 1.5 이상을 만족한다.

2) Heaving

Heaving이란 연약한 세립질 지반을 굴착할 때 굴착배면의 토괴 중량이 굴착면 이하 지반지지력 보다 크게 되어 지반내의 흙이 미끄러져 굴착지면이 부풀어 오르는 현상이다.

Heaving에 대한 검토방법은 지지력식에 의한 방법(Terzaghi-Peck식, Techebotarioff의 식, Bierrum식)과 모멘트균형에 의한 방법(일본 건축학회 규준, 일본 도로협회계산법)이 있다. Heaving 검토 시 실무에서는 Terzaghi- Peck식에 의한 지반지지력에 의한 방법과 일본의 건축학회규준의 모멘트균형에 의한 방법을 주로 이용한다.

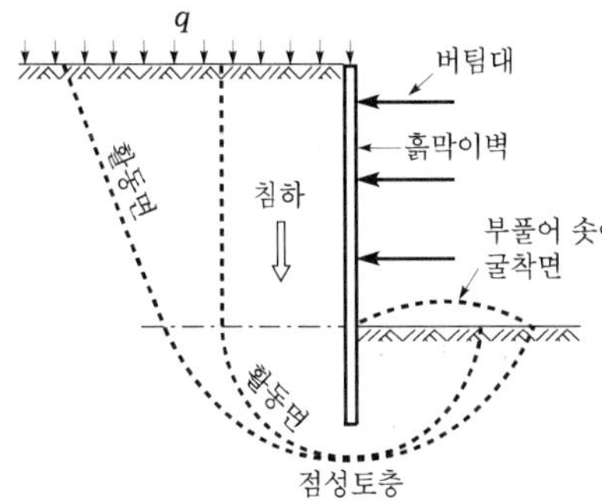

그림 5.12 Heaving 현상의 발생

① 지반지지력(Terzaghi-Peck)에 의한 방법

• 단단한 지반이 깊은 경우

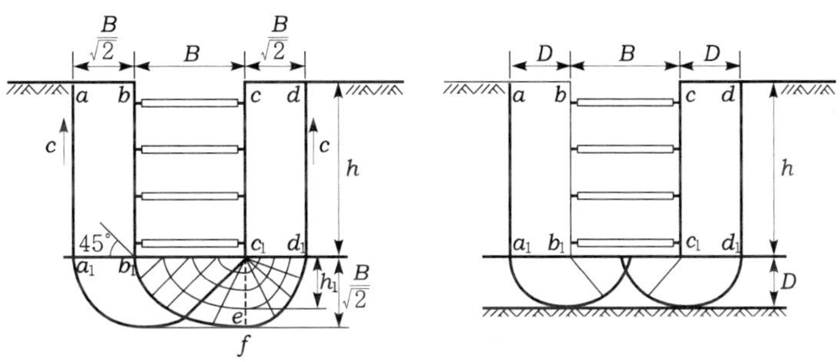

(a) 단단한 지반이 깊은 경우 (b) 단단한 지반이 얕은 경우

그림 5.13 Terzaghi-Peck의 히빙 검토 방법

그림 5.13(a)에서 dd_1 면에서 점착력 c가 작용하므로 c_1d_1 면에 작용하는 전체 하중 P는 다음과 같다.

$$P = \frac{B}{\sqrt{2}}\gamma h - ch \tag{5.7}$$

여기서, γ : 흙의 단위중량 (kN/m^3), c : 흙의 점착력 (kPa)

B : 굴착면의 폭(m), h : 굴착깊이(m)

따라서, 재하하중 강도 P_v 는 다음과 같다.

$$P_v = \gamma h - \frac{\sqrt{2}\,ch}{B} \tag{5.8}$$

여기서, Terzaghi에 의한 점착력 c인 점토지반의 극한지지력 ($q_d = 5.7c$)을 적용하면, 히빙에 대한 안전율(F_s)은 식 (5.9)와 같으며, 최소안전율은 1.5를 제안하였다.

$$F_s = \frac{q_d}{P_v} = \frac{5.7c}{\gamma h - \dfrac{\sqrt{2}\,ch}{B}} \tag{5.9}$$

• 단단한 지반이 얕은 경우($D < 0.7B$)

그림 5.13(b)와 같이 단단한 지반이 얕은 경우에는 미끄럼면은 단단한 층에 접하여 발생하는 것으로 생각하여, $c_1 d_1 = D$가 되므로 재하하중강도(p_w) 및 안전율(F_s)은 다음과 같다.

$$P_v = rh - \frac{ch}{D} \tag{5.10}$$

$$F_s = \frac{5.7c}{\gamma h - \dfrac{ch}{D}} \tag{5.11}$$

② 모멘트균형에 의한 방법

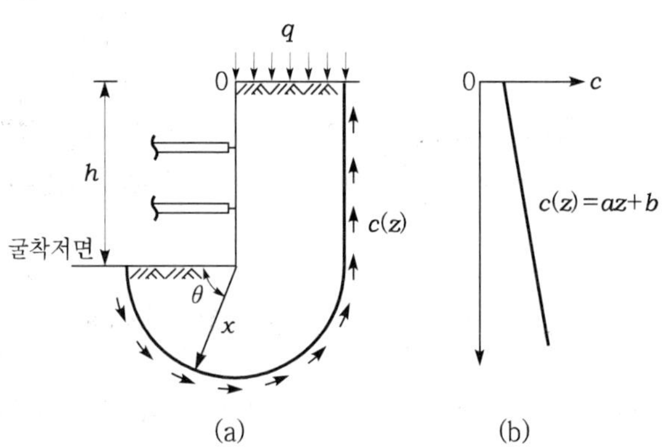

그림 5.14 말뚝의 강성과 근입깊이를 고려한 히빙검토법

흙의 활동면과 점착력에 의한 활동저항은 그림 5.14(a)에 표시한 바와 같이 예상하며, 점착력(c)은 그림 5.14(b)에 표시된 바와 같이 지표면에서의 깊이(z)의 함수라고 가정하면 모멘트의 균형안전율은 다음과 같이 계산할 수 있다.

$$F_s = \frac{M_r}{M_a} \tag{5.12}$$

$$M_r = \int_o^{\pi} c(z) x^2 d\theta + \int_o^h c(z) x dz \tag{5.13}$$

$$M_a = \frac{1}{2}(\gamma h + q)x^2 \tag{5.14}$$

여기서, F_s : 안전율, γ : 흙의 단위중량 (kN/m^3)
h : 굴착깊이(m), q : 지표의 상재하중 (kPa)
$c(z)$: 깊이의 함수로 나타낸 점착력 (kPa)

이 계산에 있어서 우선 최소의 안전율을 나타내는 가능활동 깊이 x_o를 구한다. x_o가 가상지지점보다 낮은 경우 또는 그보다 깊더라도 $x = x_o$의 깊이에서 안전율 $F_s \geq 1.2$ 일 때는 히빙에 대해서는 안전하다고 판단 할 수 있다. x_o가 가상지지점 보다도 깊고 또한 안전율 $F_s < 1.2$일 때에는 $x = x_o$의 점에 다시 가상지지점을 가정하여 재차 말뚝단면 및 변위의 계산을 실시한다. 이때 x_o가 극단으로 큰 값이 되면 히빙 검토로 매우 큰 단면이 필요하고 비경제적이 되므로 x_o의 최대치는 $5m$로 한다.

예제 5.2

그림 5.15와 같은 점토지반을 굴착할 경우 지반지지력(Terzaghi-Peck) 에 의한 방법과 모멘트 균형에 의한 방법으로 heaving 안정성을 검토하라(단, $D = 0.7B$).

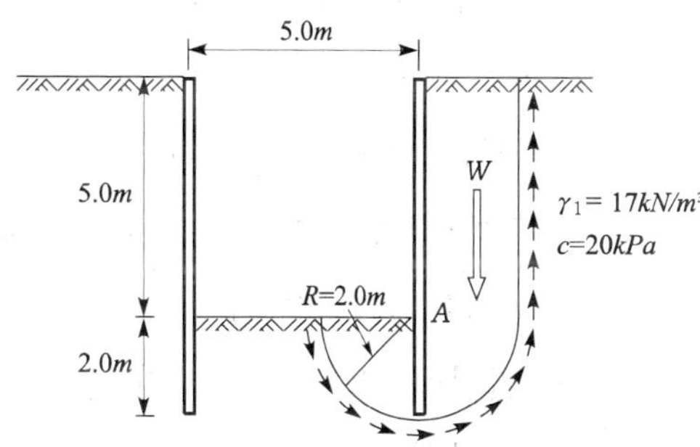

그림 5.15 Heaving 검토단면

풀이

1) 지반지지력(Terzaghi-Peck)에 의한 방법

$$F_s = \frac{Q_u}{Q} = \frac{5.7c}{\gamma_t H - \frac{cH}{0.7B}}$$

$$= \frac{5.7 \times 20}{17 \times 5.00 - \frac{20 \times 5.00}{0.7 \times 5.00}} = 2.02 > 1.50 \quad \text{O.K}$$

2) 모멘트 균형에 의한 방법

① A점에 관한 회전모멘트

$$M_d = \frac{WR}{2} = \frac{\gamma_1 \cdot H \cdot R^2}{2} = \frac{17 \times 5.00 \times 2.00^2}{2} = 170kN \cdot m$$

② A점에 관한 저항모멘트

$$M_r = \pi c R^2 + HcR = \pi \times 20 \times 2.00^2 + 5.00 \times 20 \times 2.00 = 451.3kN \cdot m$$

③ 히빙에 대한 안전율

$$F_s = \frac{M_r}{M_d} = \frac{451.3}{170} = 2.65 > 1.50 \quad \text{O.K}$$

5.1.6 굴착공사시 지반거동

1) 흙막이벽 횡방향 변위에 따른 인접지반 침하 영향거리 추정

지반굴착 시 흙막이벽 횡방향 변위로 인하여 굴착 인접지반의 지반침하가 발생하고, 지반침하는 인접 구조물 또는 지하매설물 등에 침하를 유발하여 경제적 피해가 커질 수 있다. 횡방향 변위에 따른 인접지반의 침하는 실측, 계측 또는 계산에 의하여 구할 수 있으며, 예측방법으로는 Caspe(1966)의 이론적 방법, Peck(1969)의 계측결과를 이용한 방법, Clough et al.(1990)의 계측결과를 이용한 유한요소방법 등이 있다. 실무에서는 Caspe 방법을 많이 이용하며, Caspe 방법에 의한 침하 영향거리(D) 산정 방법, 침하량 및 계산사례는 아래와 같다.

(1) Caspe 방법에 의한 침하 영향거리(D) 산정 방법

· 굴착심도 (H_w)

· 굴착영향심도 $H_t = H_p + H_w$ 계산 (5.15)

· 굴착면 하부 영향심도(H_p)는 계측자료를 이용하는 방법(H_p : 굴착면 하부의 수평변위발생 심도)과 다음과 같은 개략 추정방법이 있다.

– 굴착배면토가 $\phi = 0$ 인 경우 : $H_p = B$

– 굴착배면토가 $\phi > 0$ 인 경우 : $H_p = 0.5B \times \tan(45° + \phi/2)$

개략 추정방법은 균질한 지반조건에서 굴착심도와 굴착폭이 비슷한 경우에 적용성이 있으나, 다층지반조건 또는 좁고 깊은 굴착이나 넓고 얕은 굴착시에는 적용성이 떨어진다. 따라서 굴착면 하부 영향심도(H_p) 산정시 계측자료를 이용하는 것이 가장 바람직하다. 이 경우 지중경사계가 견고한 지층심도까지 매설되어 굴착면 하부의 변위발생 심도를 명확히 구분할 수 있는 계측자료를 사용해야 한다.

· 침하영향거리(D) 계산

$$D = H_t \times \tan(45° - \phi/2) \tag{5.16}$$

· 침하 영향거리 계산(예)

– 굴착심도 $H_w = 15m$

– 가시설 배면토가 점성토이므로 $\phi = 0$

$H_p = B = 29m$

– 침하 영향거리(D)

$D = (29 + 15)\tan 45° = 44m$

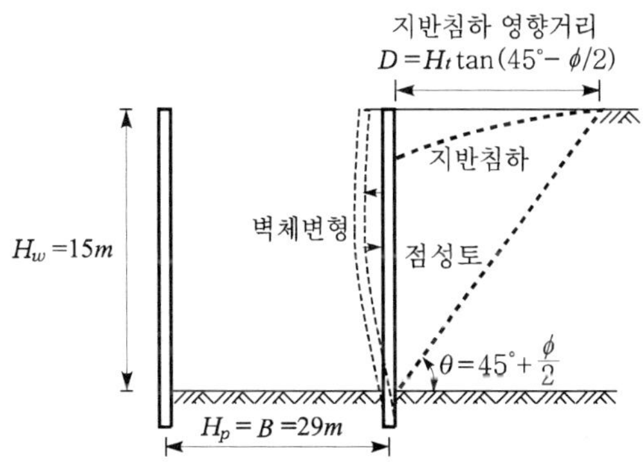

그림 5.16 침하 영향거리 계산

(2) 흙막이벽 주변의 침하량 산정법

· 흙막이벽 주변의 최대 지표침하량 $S_w = 4V_s/D$ 이다.

여기서, V_s는 흙막이 벽체의 수평변위로서 양단면평균법, 사다리꼴공식 등을 이용하여 체적변화를 구할 수 있다.

· 벽체에서 거리(x)되는 거리별 침하량 $S_i = S_w(D - x/D)^2$ 이다.

· 침하량 산정(예)

흙막이 벽체의 수평변위(V_s) $1.768m^3/m$, 침하영향거리(D) $26m$이면 최대 지표침하량 $S_w = 4V_s/D = (4 \times 1.768)/26 = 0.272m$ 이다. 따라서 이격거리 $d_o = 0(zero)$에서의 지표침하량은 $27.2cm$, 이격거리 $d = 5m$에서의 지표침하량 $S_{5m} = 0.272[(26-5)/26]^2 = 17.7cm$, 이격거리 $d_{10} = 10m$에서의 침하량 $S_{10m} = 0.272[(26-10)/26]^2 = 10.3cm$와 같이 구할 수 있고, 이와 같은 방법으로 이격거리 $d = 15m, 20m$에서의 지표침하량은 각각 $4.9cm$, $1.4cm$를 구할 수 있다.

2) 경험적인 방법에 의한 구조물 영향범위 추정

토류벽 배면의 주동파괴면 형태를 가정하여 구조물이 변위의 영향범위 내에 있는지 여부를 판단할 수 있다.

표 5.2 굴착공사 시 구조물 영향 범위 추정

구분	토류벽의 휨변형에 기인하는 경우		
	모래질 지반		점성토 지반
영향 범위 (Ⅲ)	1) 토류벽에 변형이 생기는 깊이를 D_2라 할 때 활동면을 대수나선으로 가정하여 얻어지는 영역 2) 토괴자중, 기설구조물에 작용하는 하중, 점착력 및 토류벽의 반력에 의한 모멘트의 적합조건에서 토류벽의 반력이 최대로 되는 대수나선(그림 (a))	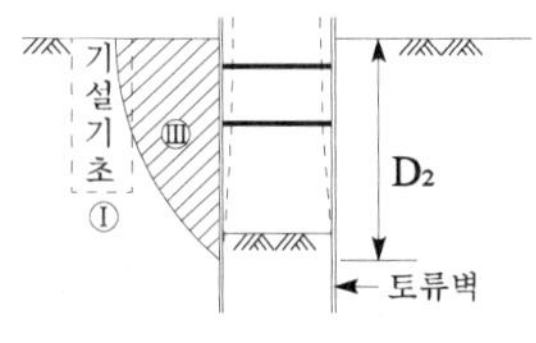 (a) 영향범위, 영향 외 범위	그림 (b)에서 나타난 영역. 여기서 D_2는 계산상 토류벽에 휨변형이 생기는 길이 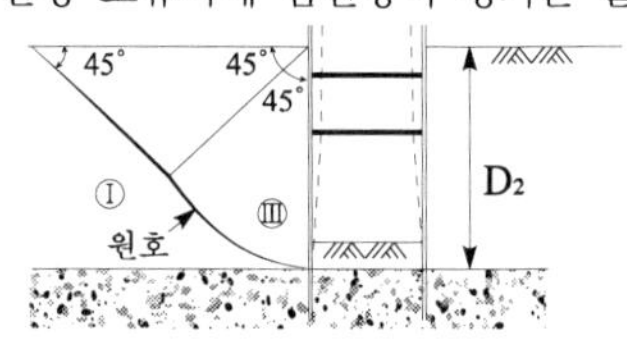 (b) 영향범위, 영향 외 범위
요주의 범위(Ⅱ) (그림(c))	1) 위의 판정에 있어 영향범위 Ⅲ에 기설구조물이 포함되지 않는 경우 2) 영향외 범위 Ⅰ과 요주의 범위에 모두 포함되는 경우 요주의 범위로 함	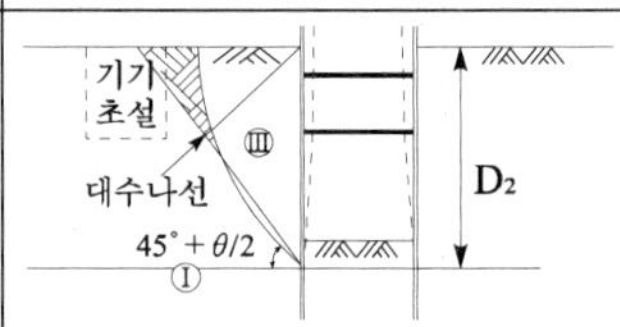 (c) 요주의 범위	
영향 외 범위(Ⅰ)	위 경우 이외의 영역(그림 (a))		위 이외에 영역(그림 (b))

3) 수치해석에 의한 인접 구조물 영향성 검토

(1) 굴착 시 구조물 하부지반의 침하량 산정

유한차분해석을 통해 굴착에 따른 주변 지반의 침하량을 정량적으로 추정할 수 있다. 이 방법은 입력물성치와 경계조건 설정방법에 따라 해석결과의 편차가 크므로 유의해야 한다. 그림 5.17에는 현장여건을 고려하여 수치해석을 실시한 결과 예를 대표적으로 나타낸다.

침하해석결과

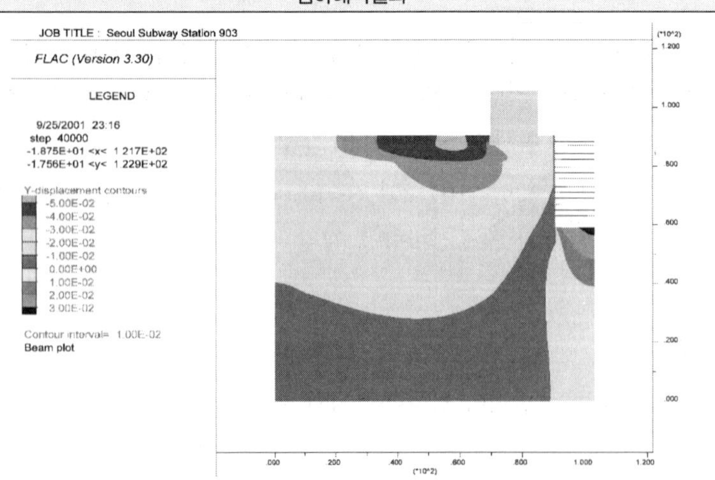

안정성 검토

구 분	최대침하	부등침하
해석치	0.2cm	0.0001S
허용치	5cm	0.003S
판정	O.K	O.K

(S : 구조물의 임의 두 점 사이 거리)

그림 5.17 굴착 시 인접지반의 침하량 산정(예)

(2) 지하수위 저하에 의한 주변지반의 침하량 산정

침투류 유한요소해석을 통해 산정된 배면측 지하수위 저하량을 이용하여 대상 지점의 지반침하량을 산정할 수 있으며 이 방법은 경계조건 설정이 중요하므로 적용 시 주의해야 한다.

침투류해석결과(유선과 등수두선)	침하량 산정
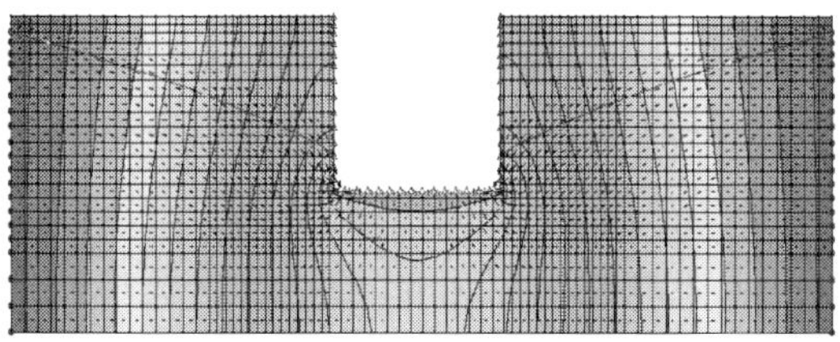	1) 사질토층의 침하 (Lohman,1961) $\triangle\delta = S_s \cdot \gamma_w \cdot H \cdot \triangle\sigma$ S_s : 비저류량, γ_w : 물의 단위중량 H : 토층 두께 $\Delta\sigma$: 수위저하에 따른 유효응력증분
1) 굴착위치 경계조건 : 유출조건 2) 좌,우 경계조건 : 전수두조건 3) 적용프로그램 : SEEP/W 5.0	2) 점성토층의 침하 (1차원 압밀식) $S_c = \dfrac{C_c}{1+e_o} \cdot H \cdot \log\left(\dfrac{\sigma_o{}' + \triangle\sigma}{\sigma_o{}'}\right)$

그림 5.18 지하수위 저하에 의한 지반침하량 산정(예)

5.2 구조물 벽체 변위에 따른 토압

구조물 벽체의 안정성 검토 시에는 지반 내에 작용하는 수평토압을 흔히 토압이라고 하며, 토압의 크기는 벽체의 변위와 깊은 관계가 있으며 변위상태에 따라 그림 5.19와 같이 주동상태, 정지상태와 수동상태로 구분된다. 토압의 크기는 수동상태(K_p) > 정지상태(K_o) > 주동상태(K_a)의 순서이다.

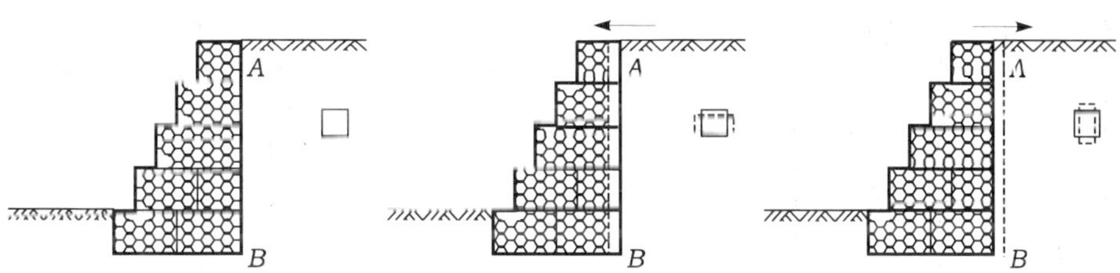

그림 5.19 토압(정지, 주동, 수동)변위 및 개념도

5.2.1 주동토압(Active earth pressure, P_a)

1) 벽체가 뒷채움 흙에 의한 횡방향의 압력으로 회전하거나 움직인다면 뒷채움 흙은 수평방향으로 팽창하게 되며, 파괴가 될 때를 주동상태라 한다.

2) 주동상태 때의 토압을 주동토압이라 하며, 연직유효응력에 대한 수평유효응력의 비$\left(\frac{\sigma_h'}{\sigma_v'}\right)$를 주동토압계수($K_a$)라 한다.

$$K_a = \frac{1-\sin\phi}{1+\sin\phi} = \tan^2(45 - \frac{\phi}{2}) \quad (5.17)$$

여기서, ϕ : 뒷채움 흙의 내부마찰각

3) 주동토압 크기(P_a)는 배면에 작용하는 토압 삼각형의 면적과 같으며 식 (5.18)과 같이 표현된다. 사질토 지반의 경우는 점착력이 0(zero)이므로 식 (5.18)의 제 2항이 생략된다.

$$P_a = \frac{1}{2}\gamma H^2 K_a - 2c\sqrt{K_a} \quad (5.18)$$

여기서, H는 옹벽높이, γ는 배면토의 단위중량, c는 점착력을 나타낸다.

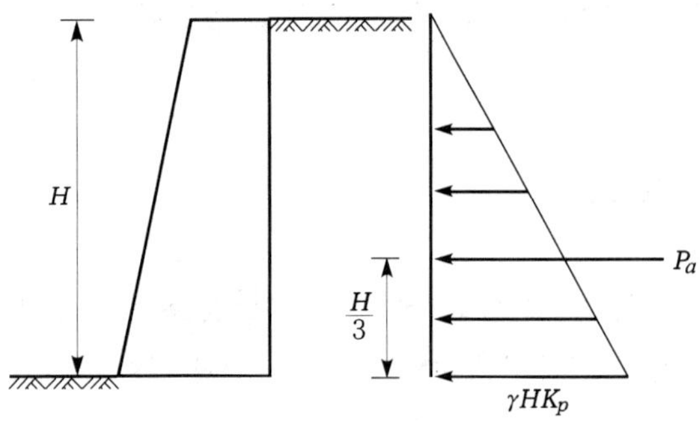

(a) 사질토의 주동토압

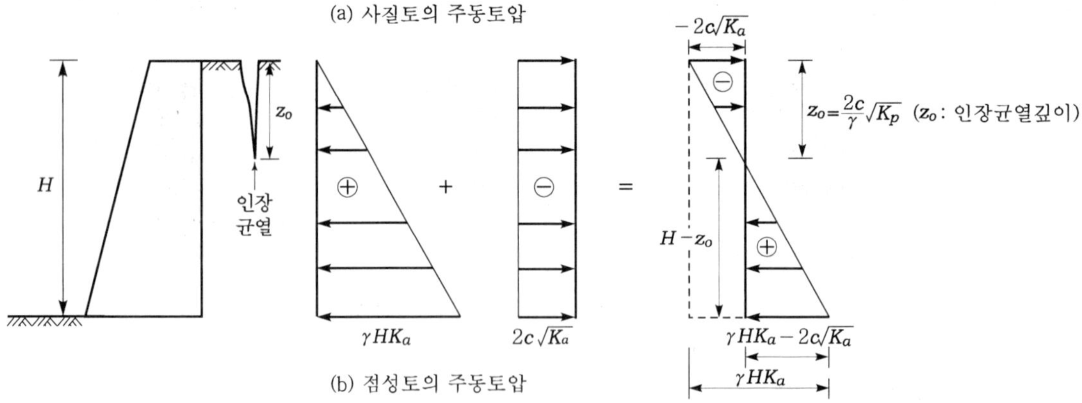

(b) 점성토의 주동토압

그림 5.20 사질토의 주동토압과 점성토의 주동토압(점착력이 있는 경우)

4) 실무적용

중력식과 같은 옹벽은 안정 또는 벽체 계산 시 Coulomb의 주동토압을 적용하고, 역 T형, L형과 같은 옹벽은 Rankine 주동토압을 적용한다.

5.2.2 정지토압(Earth pressure at rest, P_o)

1) 자연상태에 있는 지반처럼 수평방향으로 전혀 변위가 없을 때나 벽체의 횡방향변위가 전혀 없어서 뒷채움 흙이 정지되어 있을 때 토압을 정지토압이라고 한다.
2) 정지상태의 연직응력에 대한 수평토압의 비를 정지토압계수(K_o)라 하며 토압(P_o)의 크기는 다음과 같다.

$$K_o = \frac{\sigma_h}{\sigma_v} \fallingdotseq 1 - \sin\phi' \tag{5.19}$$

여기서, ϕ' : 유효응력으로 표시한 내부마찰각

$$P_o = \frac{1}{2}\gamma H^2 K_o \tag{5.20}$$

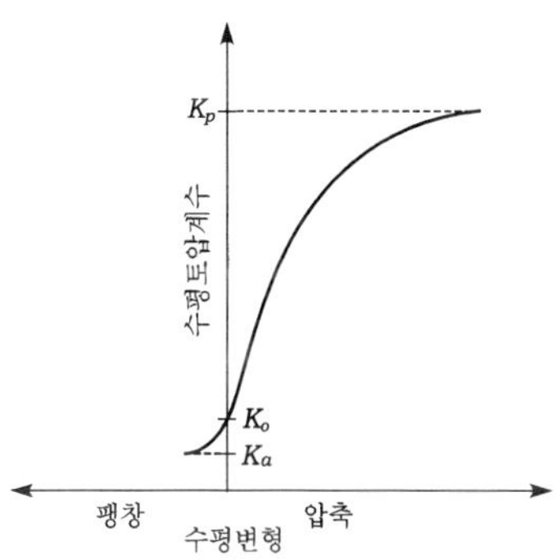

(a) 수평변형과 수평토압계수

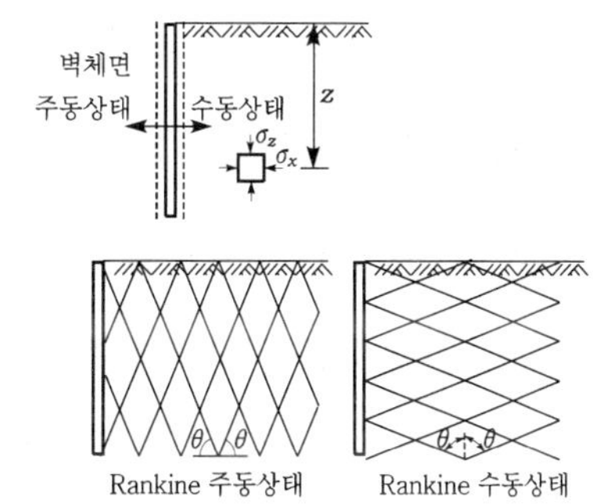

(b) Rankine의 주동과 수동상태

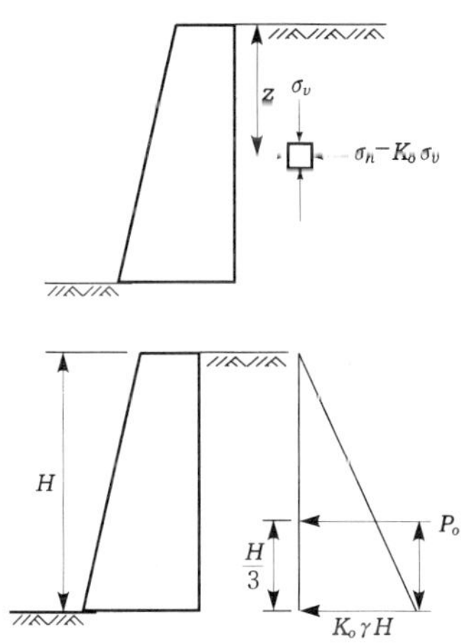

(c) 연직 및 수평응력분포

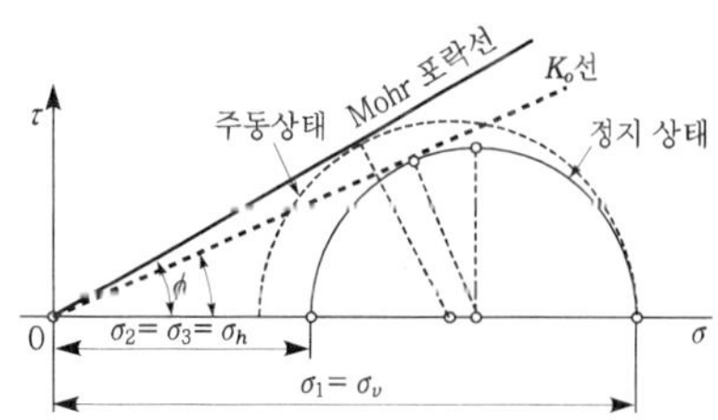

(d) 정지상태를 나타내는 Mohr원

그림 5.21 연직 및 수평응력분포 및 정지상태를 나타내는 Mohr원

3) 특징

과압밀점토와 같이 원지반을 깎기한 경우처럼 토층에 과거에 무거운 하중을 받은 적이 있었을 때에는 수평응력이 연직응력을 초과할 수가 있다. 이것은 무거운 연직하중으로 생긴 수평응력은 구속상태로 되어 있어 연직하중이 일부분 제거되었다 하여도 없어지지 않기 때문이며 이 경우 정지토압계수(K_o)값은 3 까지 될 수 있다.

4) 정지토압계수 산정방법

(1) 실내시험(등방압밀삼축시험)에 의한 방법

일반적으로 토체는 3차원 압축을 받지만 실내에서는 재현이 어려우므로 통상 1차원 압밀시험을 실시한다. 정지토압계수 산정은 공시체의 수평변형률이 0(zero)이 되도록 압력실의 수압(σ_3)을 조절하면서 축응력($\sigma_1 = \sigma_z$)을 가하고 간극수의 배출과 토체의 변형이 수직방향으로만 일어나도록 한다. 이때 축응력값에 대한 수압(σ_3)을 측정하여 $K_o = \dfrac{\mu}{1-\mu}$ (μ:포아송비)의 식을 이용하면 정지토압계수(K_o)를 산정할 수 있다.

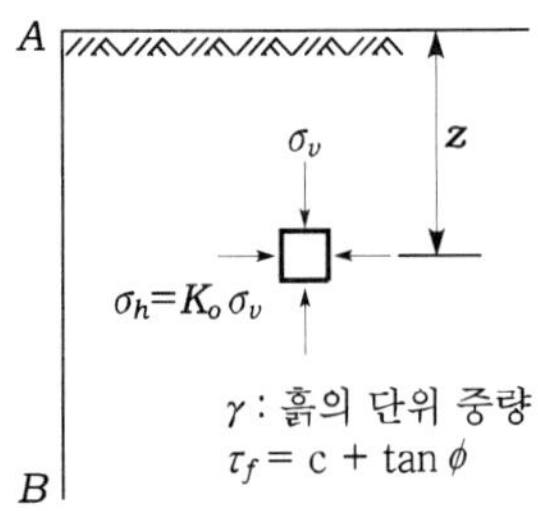

그림 5.22 K_o 응력 상태

(2) 현장시험에 의한 방법

① Lateral load test(LLT), ② Pressure meter test(PMT), ③ Dilato meter test(DMT)

(3) 경험식에 의한 방법 : $K_o = 1 - \sin\phi'$

(4) 일반적 K_o 값

① 모래, 자갈 : 0.35~0.60 ② 점토, 실트 : 0.45~0.75

③ 과압밀 점토 : 1.0~3.0 ④ 일반적 적용 : 0.5

5) 실무적용

건물 지하벽, box culvert 등의 지하구조물이 정지된 상태에 있거나 변위를 허용하지 않는 교대 등에는 정지토압(부재단면이 커짐)을 적용한다.

5.2.3 수동토압(Passive earth pressure, P_p)

1) 벽체가 옹벽 외측에서 배면측으로 이동하게 되어 횡방향 압축에 의해 파괴가 될 때를 수동상태라 하며 이때의 토압을 수동토압이라 한다.

2) 수동상태의 연직응력에 대한 수평토압비를 수동토압계수라 한다.

$$K_p = \frac{1+\sin\phi}{1-\sin\phi} = \tan^2(45+\frac{\phi}{2}) = \frac{1}{K_a} \tag{5.21}$$

3) 수동토압크기(P_p)

수동토압의 크기는 전면에 작용하는 토압삼각형 면적과 같으며 식 (5.22)와 같이 표현된다.

$$P_p = \frac{1}{2}\gamma H^2 K_p + 2c\sqrt{K_p} \tag{5.22}$$

사질토지반의 경우는 점착력이 0(zero)이므로 식 (5.22)에서 $2c\sqrt{K_p}=0$이 된다.

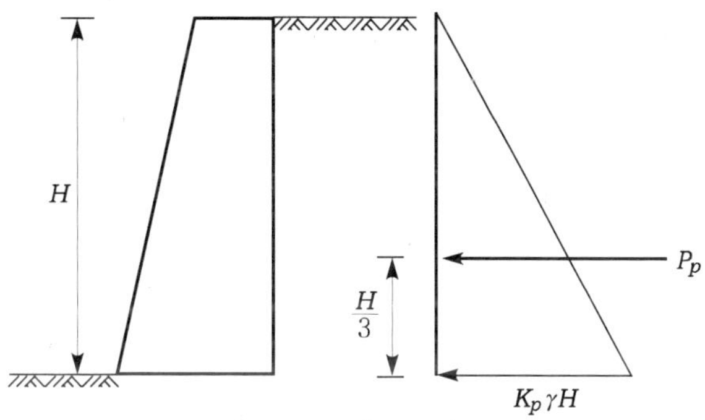

그림 5.23 Rankine의 수동토압

4) 실무적용

(1) 옹벽의 전면에 압성토가 있는 경우, 널말뚝(sheet pile) 또는 토류벽의 근입부 토압계산 시 적용한다.

(2) 주동토압은 흙이 팽창하여 발생되고, 수동토압은 흙이 압축되어 파괴될 때 생기게 되므로 수동토압은 주동토압상태 보다 크기는 하지만 계산된 토압만큼 발생하지는 않는다.

5.3 흙막이 공법

5.3.1 공법 선정조건

흙막이 벽은 "흙을 머무르게 하는 벽(土留壁)"을 의미하며, 지하공사를 안전하고 원활하게 할 수 있도록 굴착벽면의 붕괴나 토사유입방지를 위하여 설치되는 가설 또는 영구 구조물이다. 공법 선정은 다음 조건을 고려하여야 한다.

1) 지반조건 : 토질 상태, 지반 침하, 지하수 상태 등
2) 주변 구조물 상황 : 건축토목 구조물, 지중 매설물
3) 공해대책의 필요성 : 소음, 진동 등
4) 굴착의 규모, 평면형상, 굴착깊이
5) 공사비, 공사기간 등

5.3.2 흙막이벽의 종류 및 지지구조

- 흙막이벽
  - 엄지말뚝과 토류판(수평널) 벽체
  - 강널말뚝(Sheet pile)
  - 주열식 벽체(Continuous pile wall)
    - Soil cement wall : SCW, JSP et al.
    - Concrete wall : CIP, PIP, MIP
    - Steel sheet pile wall
  - 연속벽체(Slurry wall)
    - RC wall (diaphram wall)
    - Prefabricated wall (precast panel)
- 지지구조
  - 자립식(중력식, Cantilever)
  - 내부 bracing(strut, raker)
  - Tie-back system
    - Ground anchor
    - Tie-rod anchor

그림 5.24 흙막이벽의 종류 및 지지구조

5.4 흙막이 주요 공법

5.4.1 엄지말뚝과 토류판 벽체

1) 개요

굴토 이전에 엄지말뚝(H-pile)을 지중에 근입하고 굴착하면서 토류판(목재)을 엄지말뚝 사이에 끼워 넣어 토류벽체(H-pile + 토류판)를 형성한다. 지하수위가 낮은 경우에 적용 가능하나 지하수위가 높은 경우 별도의 차수그라우팅이 필요하다.

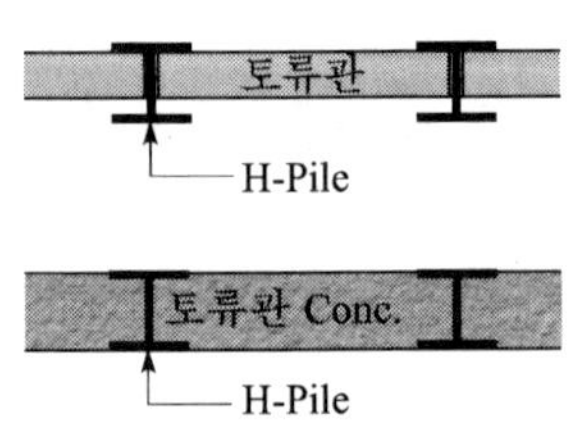

그림 5.25 엄지말뚝과 토류판 또는 토류벽 Conc

2) 실무적용 시 유의사항

(1) 흙막이벽 중 가장 경제적임
(2) 차수가 안 되므로 작용수압이 미소

(3) 말뚝을 회수하여 재사용 가능 (4) 투수성이 큰 지반에서 수위조절 불가능

(5) Piping, heaving, boiling에 취약

(6) 벽체 변형이 크므로 주변지반과 구조물에 피해 발생 가능

5.4.2 강널말뚝 벽체(Steel sheet pile wall)

1) 개요

항타 장비에 의한 항타 또는 진동하중을 이용하여 굴착 이전에 강널말뚝(steel sheet pile)을 지반에 근입시켜 토류벽체(wall)를 형성한다.

2) 실무적용 시 유의사항

(1) 차수성 및 근입부의 연속성 우수

(2) 연약 지반에 대규모 시공 가능 및 굴착 이전에 설치하므로 토사유출 방지

(3) 전석층, 풍화암층 암반이상에서 시공 곤란

(4) 진동 및 소음에 따른 환경공해 유발 및 도심지 시공 곤란

(5) Slurry wall에 비해 가요성이므로 벽체 변위가 큼

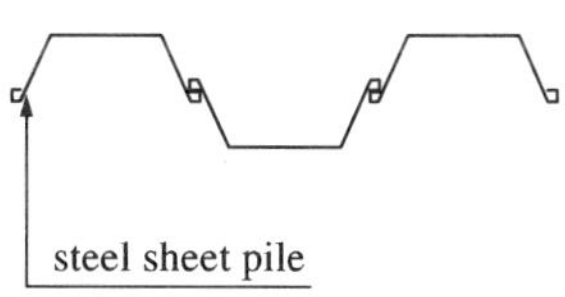

(a) Vibro hammer를 이용한 강널말뚝(steel sheet pile) 타입

(b) 강널말뚝 타입 완료 후 굴착 공사 진행

그림 5.26 강널말뚝(Sheet pile) 타입 및 굴착공사

5.4.3 수열식 벽체(Cast in placed, CIP)

1) 개요

오거(Auger) 또는 로터리 보링(rotary boring)기로 천공하며 홀(hole)의 붕괴 방지는 케이싱(casing) 또는 안정액(slurry)을 사용한다. 천공기 선단에서 모르타르를 부어 말뚝을 만들고 천공기를 인발한 후 철골 또는 철근 바구니를 근입하여 이를 토류벽체로 이용한다. 본 공법은 굴착 시 지하수 유출, boiling, heaving이 예상되는 지층에 적용이 가능하며, 만일 CIP 기둥끼리 연결성 불량, 수직도 관리가 어려운 경우 및 차수 대책으로는 soil cement wall 등의 보조차수공법 적용이 검토되어야 한다.

2) 실무적용 시 유의사항

(1) 소음·진동 적음

(2) 강성이 좋아 주변지반과 구조물에 피해 적음

(3) 견고한 지반에 시공 가능하며 차수성 양호

(4) 공기가 길고 공사비 고가

(5) 공벽 안정을 위한 니수 처리가 필요함

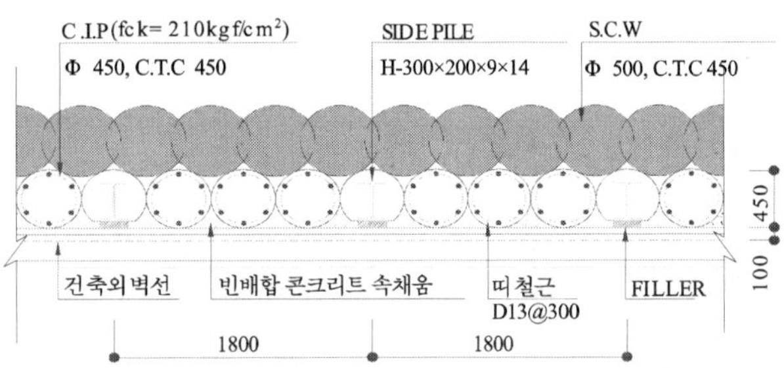

(a) 흙막이(CIP + SCW) 평면도

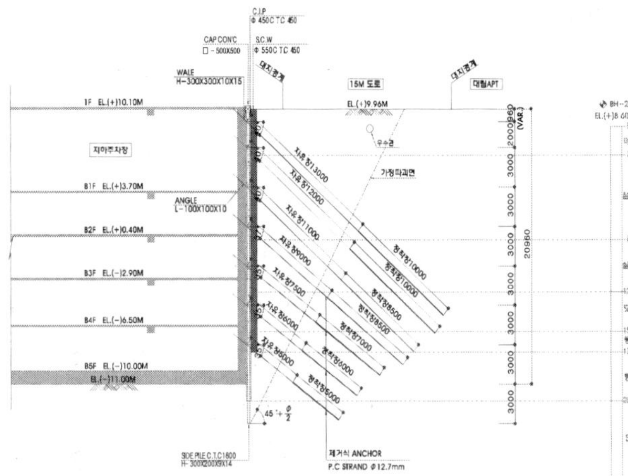

(b) 흙막이(CIP + SCW) 단면도

(c) CIP 콘크리트 타설

(d) CIP 완성

그림 5.27 흙막이 시공순서 [CIP → SCW(차수공사) → Anchor 시공 → 구조물 시공]

5.4.4 연속벽체(Diaphragm wall)

1) 개요

굴착면의 붕괴와 지하수의 침투를 방지하기 위해 일정폭으로 굴착한 트렌치(trench)에 안정액(slurry)을 공급하면서 소정의 깊이까지 굴착한 후 지중에 철근콘크리트, 프리캐스트(precast) 등의 벽체를 조성하고 이러한 각각의 패널(panel)을 연속적인 벽체로 형성시키는 공법이다.

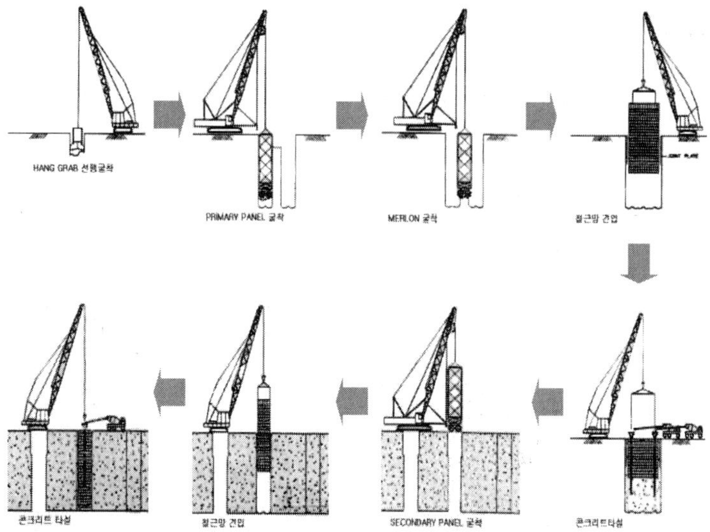

그림 5.28 지하연속벽 시공순서

2) 실무적용 시 유의사항

(1) 강성이 크므로 대규모, 대심도 굴착 가능
(2) 영구 벽체로 사용 가능
(3) 공기가 길고 공사비가 고가
(4) 대지 경계선까지 시공 가능하므로 지하 공간 최대 이용 가능
(5) 안정액의 처리 문제가 곤란하고 품질관리에 어려움이 있음

5.4.5 가시설 차수 및 보강그라우팅공법

가시실 시공 시 차수가 안 될 경우 굴착공사 시 건조상태 작업(dry work)이 어렵고, 지하수위의 저하로 유효응력이 증가하여 가시설 배면지반의 도로, 지하매설물 및 인접건물 등의 침하 문제가 발생할 수 있다. 따라서 굴착공사 시 이에 대한 대책공법으로 가시설 차수 및 보강그라우팅을 하게 되며 이 경우 사용되는 그라우팅의 종류별 특징은 표 5.3과 같다.

1) 차수그라우팅

표 5.3 차수그라우팅

구분	약액주입공법		
	MSG 공법(Micro silica grouting)	LW 공법(Labiles wasserglass)	SGR 공법(Space grouting rocket)
공법 모식도	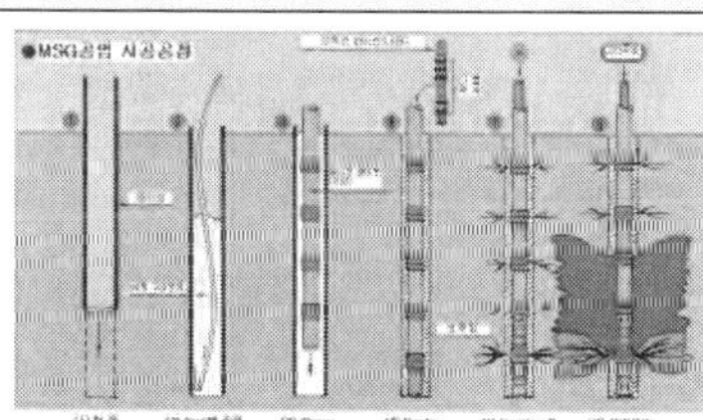	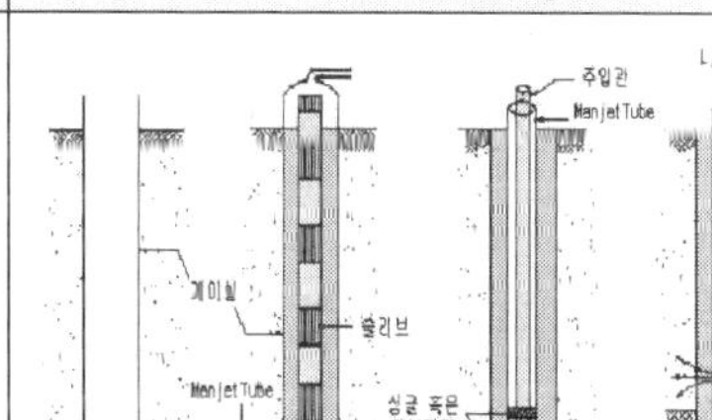	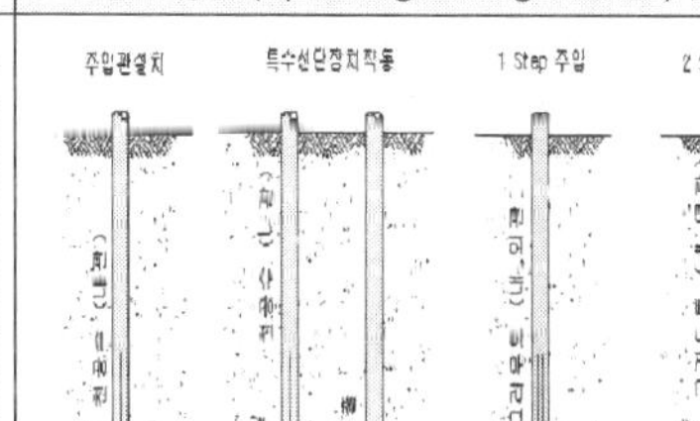
공법 개요	지반천공 후 1.5 또는 2 shot 방식으로 sleeve pipe에 double packer를 이용, 주입재를 주입하는 저압침투공법이다	지반천공 후 manjet tube를 삽입하여 double packer를 설치, 주입재를 주입하는 저압침투공법이다	지반천공 후 이중관 rod에 선단 rocket를 결합시켜 유도공간을 형성시키면서 주입재를 주입하는 공법이다
특징	1) 침투력이 우수 2) 풍화대에서 사용가능	공정이 상대적으로 간단	유도공간 형성으로 균등한 주입가능, 차수효과우수
주입압	1,500kPa 이하(통상 400~800kPa)	2,000kPa 이하(통상 600~1,000kPa)	1,500kPa 이하(통상 400~800kPa)
주입 재료	1) Micro silica 2) 실리카졸계 활성규산	1) 물유리수용액(규산소다) 2) 시멘트, 벤토나이트	1) SGR용액+물유리 2) 시멘트, gel type 조절제
적용지반	점성토, 사질토, 사력층, 풍화대	사질토, 점성토	사질토, 점성토

2) 보강공법

가시설 시공 시 배면지반이 연약할 경우 지반을 보강하게 되고 이 경우 보강공법별 특징은 아래 표와 같으며 보강공법은 차수역할도 하게 된다.

표 5.4 보강공법

구분	고압분사공법 (Jet grouting)		
	JSP 공법(Jumbo special pattern)	SQJ 공법(Square jet)	RJP 공법(Rodin jet pile)
공법 모식도	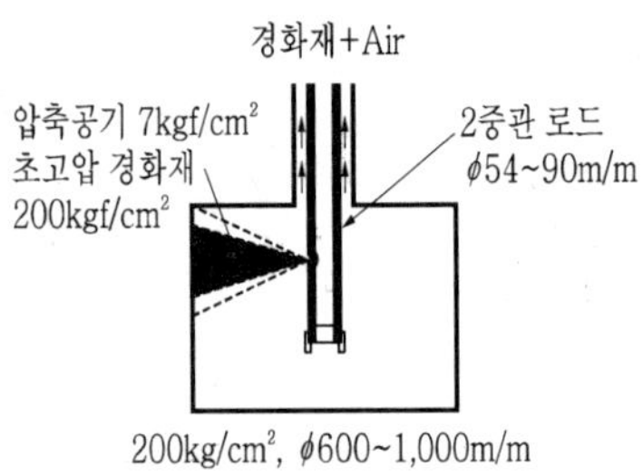	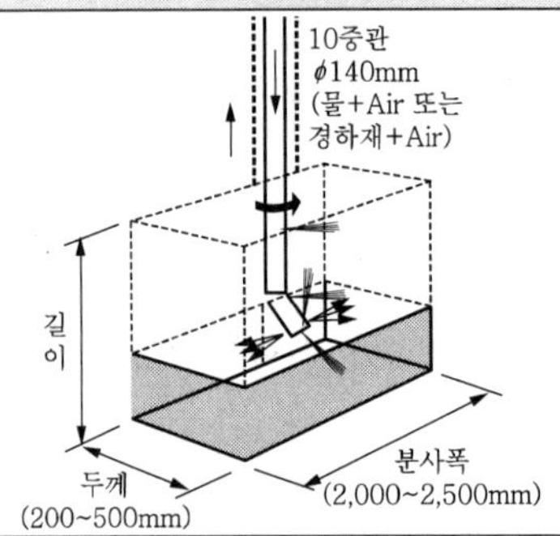	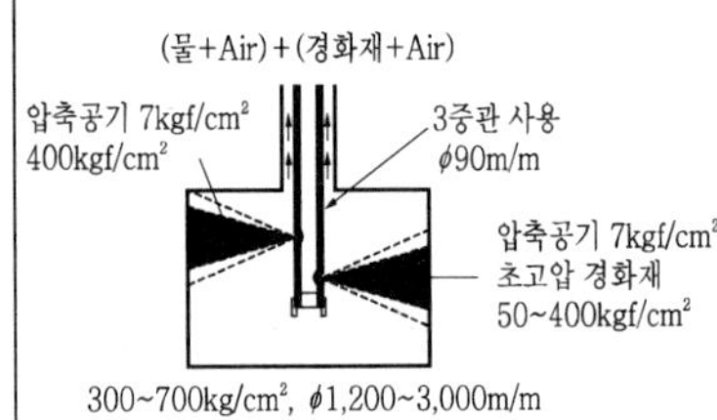
공법 개요	2중관 로드(rod)와 초고압펌프를 사용, 압축공기와 물로 지반을 절삭해가면서 충진, Φ600~1,000mm의 원주형 개량체를 형성시키는 공법	선단부의 특수모니터부가 굴절요동하면서 사각형의 개량체를 조성하는 공법(사각형을 기본으로 하여 조성체의 형상을 원형, 부체꼴, 십자형 등 다양하게 조성가능)	3중관 로드(rod)와 초고압펌프를 사용, 압축공기와 물로 지반굴삭 후 고화재를 고압으로 충진, Φ1,200~3,000mm의 원주형 개량체를 형성시키는 공법
특징	소규모(도심지)현장에 시공성이 우수	1) 사각형 개량체로 차수벽 형성에 유리 2) 경제적인 차수벽 시공	대구경의 개량체 조성가능
주입압	1) 공　기 : 700kPa 2) 고화재 : 20,000~40,000kPa	1) 물　　: 20,000kPa 2) 공　기 : 700kPa 3) 고화재 : 40,000kPa	1) 물　　: 40,000~50,000kPa 2) 공　기 : 1,500~2,000kPa 3) 고화재 : 40,000~50,000kPa
주입 재료	시멘트 paste	시멘트 paste	시멘트 paste
적용 지반	점성토, 사질토, 사력층	점성토, 사질토, 사력층	점성토, 사질토, 사력층

5.5 흙막이공법의 지지구조

5.5.1 자립식 흙막이공법

자립식 흙막이 공법은 그림 5.29(a)와 같이 설치되며 굴착 시 흙의 주동토압을 흙막이벽의 휨저항 및 근입부분 흙의 수동토압에 의하여 부담하게 하고 굴착을 진행하는 방법으로, 흙의 강도가 크고 얕은 굴착인 경우에 많이 사용한다.

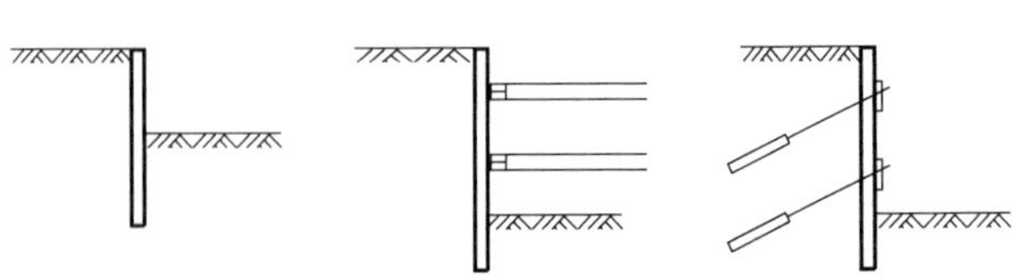
(a) 자립식　(b) 버팀대식　(c) 그라운드앵커

그림 5.29 흙막이공법의 지지 구조

5.5.2 버팀대식 흙막이공법

버팀대(strut)식 흙막이공법 시공순서는 흙막이벽을 먼저 설치하고 순차적으로 굴착하면서 버팀대, 그라운드 앵커(ground anchor) 등의 지보공을 가설하여 토압을 지지하면서 굴착을 진행하는 방법이다. 그림 5.30은 버팀대식 흙막이 공법의 시공순서를 나타낸다. 공정에 여유가 없는 경우에 버팀대식은 굴착 및 지하구조물 시공 시 장해가 될 수 있으므로, 그라운드 앵커식 적용 검토가 필요하다. 굴착이 완료되면 구조물을 설치한 후 되메우기를 하면서 지보공을 철거하고, 되메우기가 완료된 후 현장 여건에 따라 흙막이 벽을 인발 또는 매몰한다.

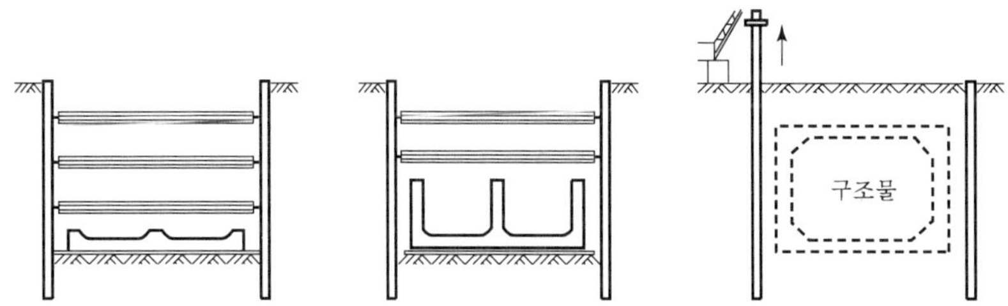

(a) 구조물 설치 (b) 되메우기 및 지보공 철거 (c) 흙막이벽 인발

그림 5.30 버팀대식 흙막이공법의 시공순서

5.5.3 그라운드앵커(Ground anchor)식 흙막이 공법

흙막이 구조가 자립이 불가능한 경우로서 지하구조물 시공이 복잡하거나 굴착면적이 넓은 경우에는 그림 5.29(c)에 나타낸 그라운드 앵커식 흙막이 공법의 적용이 바람직하다.

5.6 흙막이벽 설계

5.6.1 기본원칙

1) 가시설 흙막이는 시공단계별로 계산하여 가장 불리한 경우에 대하여 설계하도록 한다.
2) 좌, 우측 지반고 차이로 인한 편토압 작용에 대한 영향을 고려한다.
3) 피압대수층, 불투수층, 암반 등의 존재로 지하수위에 의한 정수압과 다른 수압이 작용할 때에는 전문 기술자의 판단에 따라 별도의 수압을 고려한다.
4) 구조물의 확폭 구간에 대한 흙막이공의 경우는 단면변화부에 사보강재에 의한 보강과 필요에 따라 그라운드앵커 등으로 지지하여야 한다.
5) 흙막이 벽체 설계 시 굴착 단계별로 단면력을 해석하고, 적용토압은 Peck의 경험토압, Rankine토압 등을 사용하되 발생될 수 있는 최악의 조건을 고려하여 안전측 해석이 되도록 해야 한다.

5.6.2 흙막이 구조물의 설계 및 시공흐름도

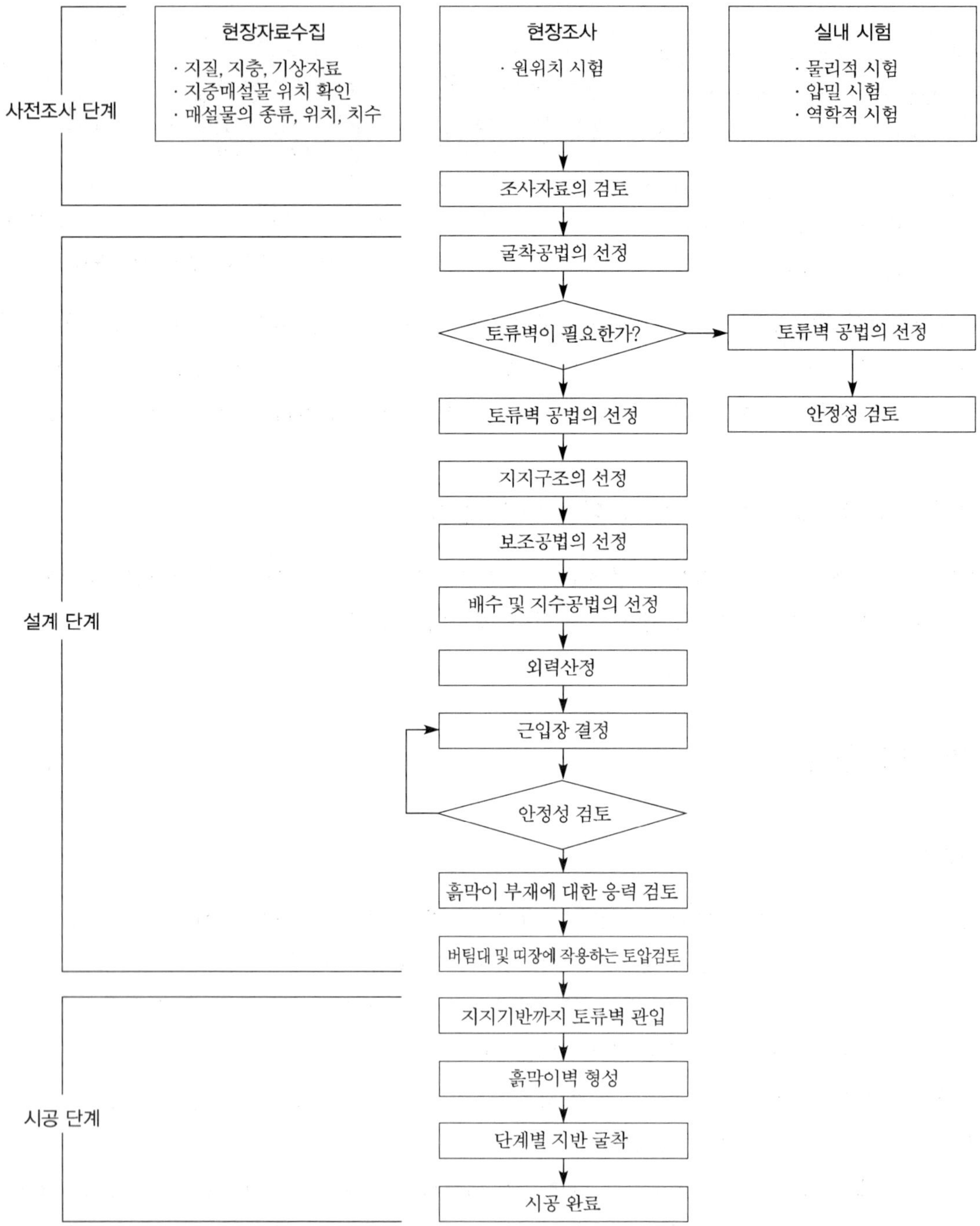

그림 5.31 흙막이 구조물의 설계 및 시공흐름도

5.6.3 설계 시 일반적인 고려사항

1) 설계기법 : 가시설구조물의 부재설계는 허용응력 설계법 적용

2) 하중조건

(1) 자동차 하중은 도로교 표준시방서에 규정된 DB하중 적용

(2) 보도부분에는 $5kN/m^2$의 군집하중 적용

(3) 지표면 상재하중

① 흙막이 배면에는 $10kPa$의 과재하중을 기본적으로 고려

② 기타 흙막이 주변의 근접하중에 대해서는 아래사항을 참고하여 선정

- 인접구조물이 없고 경차량이 통행하는 경우 : $q=10kPa$
- 중차량이 통과하는 도로(도심지)인 경우 : $q=20kPa$
- 크레인(Crane)이 토류벽 위에 지지하거나 레미콘차가 거치되는 경우 : $q=30kPa$

3) 강재의 허용응력

(1) 강재반입 후 장기사용을 고려하여 보정계수 (0.9)를 적용

(2) 강널말뚝(Steel sheet pile)의 연결부는 강 결합상태가 아니므로 강재의 단면계수와 단면 2차 모멘트의 유효율은 60~80% 고려하는 것이 바람직하다.

4) 설계정수 산정

(1) 원위치 시험 및 실내시험결과 값을 종합 검토하여 지층별 설계정수를 산정하여야 하며, 그 사례를 표 5.5에 제시하였다.

표 5.5 지층별 지반정수 산정기준(사례)

지층	$\gamma_t(kN/m^3)$	$c(kPa)$	ϕ(deg)	$k_s(kN/m^3)$
사질 매립층	1) N값으로부터 산정된 ϕ값과 NAVFAC Design Manual 7.149 table, Hunt(1986) table을 이용하여 평균적인 값 적용 2) 현장시굴조사(Test pit)시 들밀도 시험에 의한 γ_t 값 적용	사질토가 우세하므로 고려하지 않음	N값을 이용하는 사질토의 내부마찰각 산정식 (1), 2))으로 계산된 ϕ 값 중 최소값 적용 1) Peck의 제안식 $\phi=0.3N+27$ 2) Dunham의 제안식 $\phi=\sqrt{12N}+15\sim25$	1) N값을 이용하는 Hukuoka 제안식 $k_s=6,910\times N^{0.406}$ 2) 공내재하시험결과로부터 k_s 산정
충적층 (ML, CL)	실내 삼축압축시험, 압밀시험 시 측정된 건조단위중량 γ_d, 함수비 w에 의해 다음 식으로 산정 $\gamma_t=(1+w)\times\gamma_d$	1) 삼축압축시험(UU) 결과치인 c_u 값 2) Ozaki의 제안식 참고 $q_u=40+5NkPa$ $c=q_u/2$ 3) Vane shear test 결과에 의한 c 값	1) Bowles(1982)의 Table 등을 참고 2) 삼축압축시험(CU) 결과치인 ϕ_{CU} 참고	1) Hukuoka의 제안식 사용 2) 공내재하시험 결과로부터 k_s산정
풍화토 (SM)	N값으로부터 균적인 값 적용	사질토가 우세할 경우 고려하지 않음	사질매립층과 동일	사질매립층과 동일
풍화암	암반의 전단 특성치 참조	1) 공내전단시험 결과 2) 암반의 전단특성치 참조	1) 공내전단시험 결과치 2) 암반의 전단특성치 참조	1) Hukuoka의 제안식 사용 2) 공내재하시험 결과로 k_s산정

(2) 강도정수 추정 국내연구 동향

이종규(2002)는 강도정수 추정에 관한 연구를 다음과 같이 수행하였다.

- 풍화암층의 강도정수 산정 시 N값에 의존하지 않고 흡수율, 건조밀도, 내구성 지수를 이용하여 강도정수 추정이 가능토록 하였다.
- 공내 재하시험결과로부터 추정된 점착력 및 내부마찰각은 1종의 풍화토에서 실시한 현장 삼축압축시험 결과와 비교한 연구결과 잘 일치하였으므로 공내 재하시험결과로 부터 강도정수 추정이 가능하다.

5) 토압

(1) 일반사항

① 굴착단계별 토압, 근입깊이 결정 및 자립식 널말뚝의 단면계산은 Rankine & Resal, Caquot 및 Kerissel 등의 안정적인 삼각형 토압을 적용한다.

② 흙막이 벽체를 설계함에 있어 굴착단계별 검토 시에는 삼각형 토압분포를 적용하고, 굴착 및 버팀 구조가 완료된 후의 장기적 안정해석에는 경험토압을 적용한다.

③ 안정성 검토 및 부재단면 검토 시 두 가지 경우의 해석을 모두 병행한 후 그 결과를 종합하여 설계를 수행한다.

(2) 굴착 단계별 토압

굴착 단계별 토압과 근입깊이 결정에 사용되는 안정 계산용 토압은 삼각형 토압공식을 사용한다.

Rankine & Resal의 토압 분포(예)

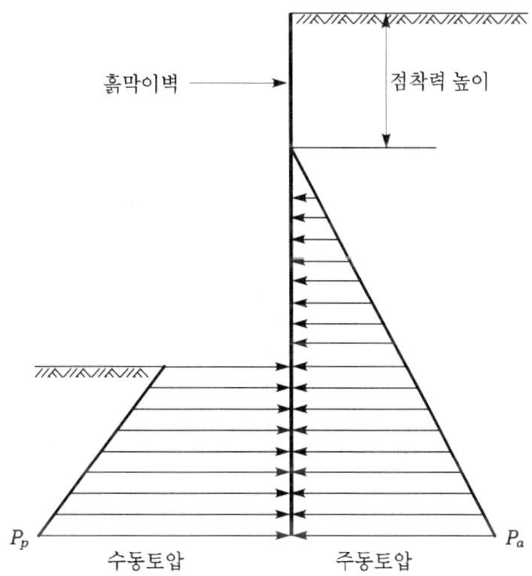

주동토압 (P_a)	수동토압 (P_p)
$P_a=(q+\gamma h)\cdot\tan^2\left(45°-\frac{\phi}{2}\right)$ $-2c\cdot\tan\left(45°-\frac{\phi}{2}\right)$	$P_p=(q+\gamma h)\cdot\tan^2\left(45°+\frac{\phi}{2}\right)$ $+2c\cdot\tan\left(45°+\frac{\phi}{2}\right)$

q : 지표면상에서의 상재하중(kPa)　　γ : 흙의 단위체적중량(kN/m^3)
h : 지표면에서 임의점까지의 깊이(m)　　ϕ : 흙의 내부마찰각(°)　　c : 흙의 점착력 (kPa)

그림 5.32 Rankine & Resal의 토압분포

(3) 경험 토압

① 단계별 굴착과 지지구조 설치가 완료된 후 토압의 산정은 토류벽의 종류, 지반조건 등에 따라 다양한 제안식이 있으나, 실무에서는 실측자료 및 최악의 조건 등을 고려하여 Peck의 제안식을 기본적으로 적용한다.

경험토압분포는 대부분 굴착깊이가 $15m$ 이하, 지하수위는 최종 굴착면 아래, 모래질은 간극수가 없고, 점토지반은 간극수압을 고려하지 않은 상태의 토압분포이다. 따라서 사질토나 자갈층(투수계수가 큰 지층)에서 차수를 겸한 흙막이벽인 경우 경험토압분포에 수압을 별도로 고려해야 한다.

② 다층으로 구성된 지반이나 암반층이 포함된 지반의 경우 이에 대한 영향을 고려하여야 한다.

점성토 지반에서의 Peck 토압 분포

$K_a \geq 0.4$의 경우(연약 또는 중간정도의 점토지반)	$K_a < 0.4$의 경우(단단한 점토지반)
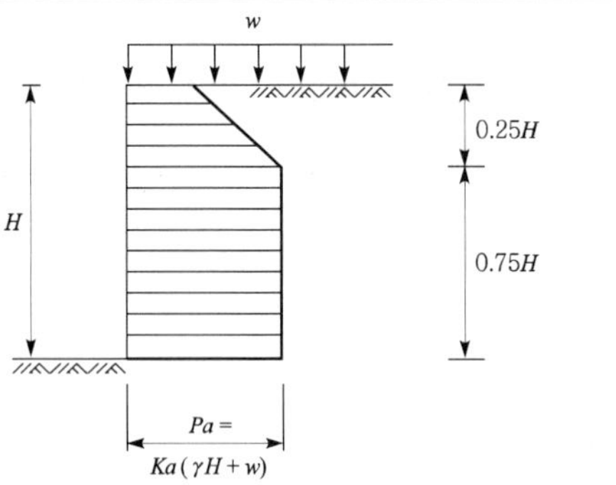	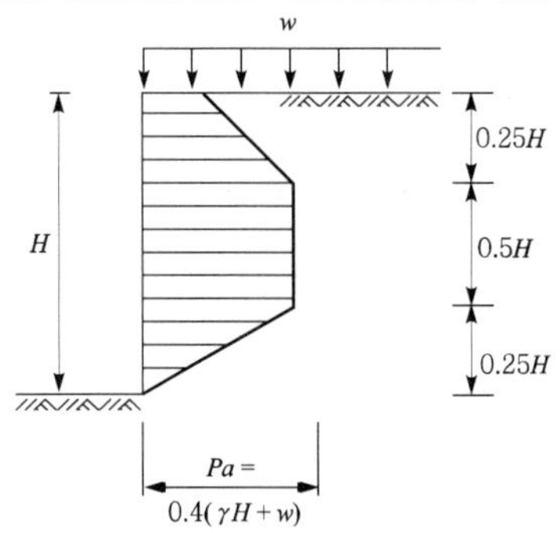

K_a : 토압 계수$\left(=1-m\dfrac{4c}{\gamma H}\right)$, m : 체감률 (=1.0), c : 흙의 점착력 (kPa)

γ : 흙의 습윤단위중량(kN/m^3), w : 지표면 과재하중(kPa)

그림 5.33 점성토 지반에서의 Peck 토압 분포

사질토 지반에서의 Peck 토압 분포

개수성 흙막이	차수성 흙막이 (강널말뚝, 지중연속벽, 주열식말뚝)
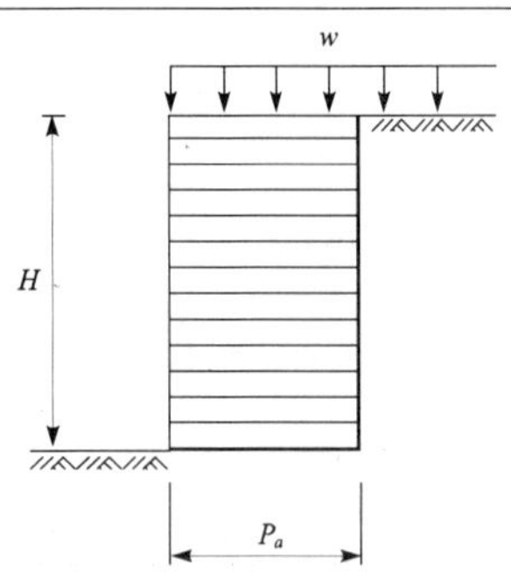	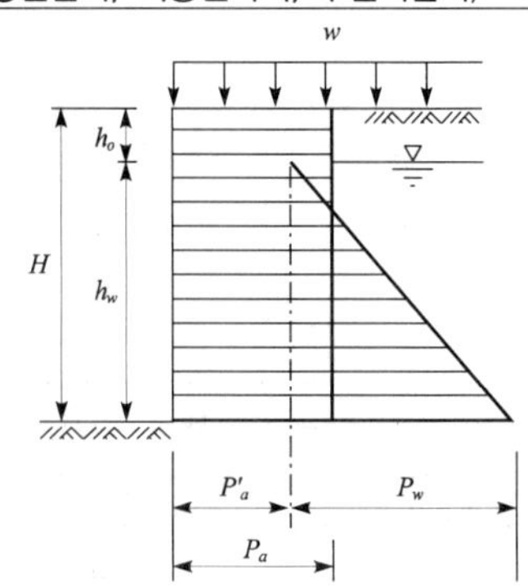

$P_a = 0.65K_a\gamma H + K_a w$, $P_a{}' = 0.65K_a\gamma' h_w + K_a w$, $P_w = h_w\gamma_w$

K_a : 주동토압 계수[$=(1-\sin\phi)/(1+\sin\phi)$], ϕ : 흙의 내부마찰각(°)

γ : 흙의 습윤단위중량(kN/m^3), γ' : 흙의 수중단위중량(kN/m^3)

γ_w : 물의 단위중량(kN/m^3), H : 굴착깊이로서 공사용 측구 하단까지 포함(m)

w : 지표면 과재하중(kPa), h_w : 지하수면의 높이(m)

그림 5.34 사질토 지반에서의 Peck 토압 분포

점토층 위에 모래층이 있는 경우와 이질의 점성토층으로 이루어진 경우는 ϕ=0 개념을 근거로 제형분포토압을 사용하며, 이때의 점착력과 단위중량은 평균점착력(c_{av})과 평균단위중량(γ_a)을 적용한다.

(4) 암반 지반에서의 토압 적용 방법

① 시추조사 결과에 나타난 RQD, 코어 회수율, 절리 및 단층 등의 지질구조, 불연속면 등을 관찰하여 불연속면 방향성과 경사각의 임계 파괴면을 충분히 고려하여 책임기술자의 판단에 의해 적용한다.

② 암반 파괴형상이 원형파괴에 해당되는 RQD가 거의 0인 상태, 파쇄가 심한 경우에는 토사와 같이 연속체 모델로 적용될 수 있으며, 견고한 지반이나 자갈지반으로 평가하여 수평토압을 산정한다.

③ 뚜렷한 방향성의 불연속면이 존재하는 경우 점착력은 0으로 하고 전단저항각 ϕ만 고려하여 수평토압을 산정한다.

④ 암반의 불연속면이 거의 없고 방향이 특정방향이 아닌 경우(신선한 경우) 암반의 수평토압은 무시된다.

⑤ 불연속면이 적당히 있을 때 암반의 평점 분류인 RMR(rock mass rating)을 이용하여 강도정수 (c, ϕ) 값을 산정하며 이를 이용하여 암반의 수평토압을 산정한다.

6) 수압

(1) 일반사항

① 수압의 크기는 흙막이벽의 차수성 여부와 벽체가 불투수층에 도달한 정도에 따라 달리 적용한다.

② 흙막이벽에 작용하는 수압은 지하수위 아래 토층의 투수성에 따라 투수성이 크면 수압을 적용하고 투수성이 작으면 수압을 적용하지 않는 것이 일반적이다.

③ 모래, 자갈층($k > 10^{-3} cm/\mathrm{sec}$)은 수압을 적용하고 점성토, 실트 및 암반($k > 10^{-7} \sim 10^{-8} cm/\mathrm{sec}$인 경우)인 경우에는 수압을 적용하지 않는다. 다만 토사층의 경우 투수성이 크다고 판단되면 수압을 적용하여야 한다.

(2) 토사 지반에 작용하는 수압 - 1 (벽체가 개수성일 때)

□불투수층에 이상적으로 관입된 경우	□불투수층에 관입되지 못한 경우
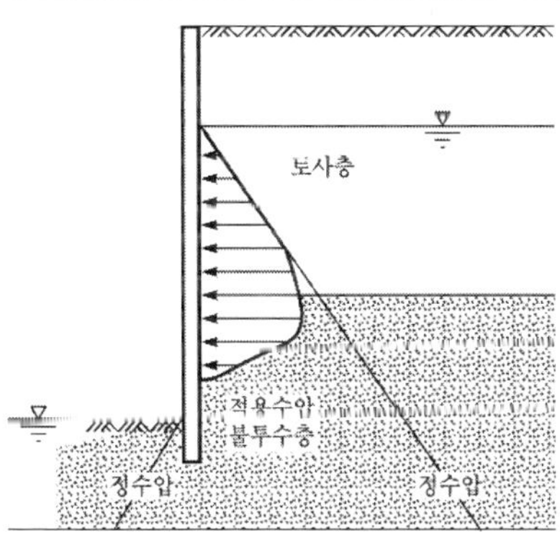	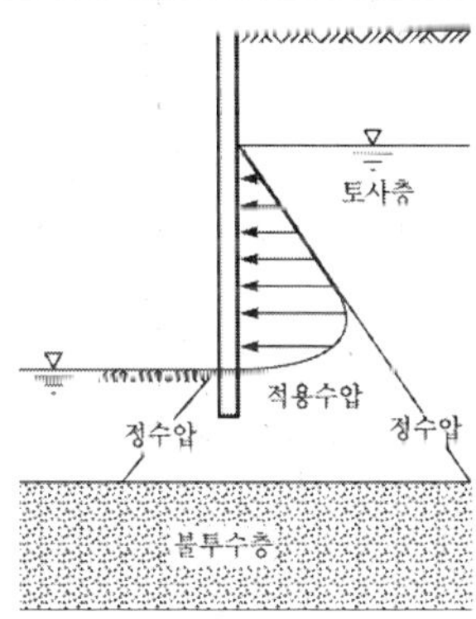
토사층에는 정수압이 작용하며 불투수층에서는 수압이 소산되어 작용한다.	수압은 깊이에 따라 증가하다 침투력에 의한 수두 손실로 인해 감소하여 굴착면 하단에서는 0이 된다.
그림 5.35 가시설이 불투수층에 관입된 경우의 수압분포	**그림 5.36 가시설이 불투수층에 관입되지 못한 경우의 수압분포**

(3) 토사 지반에 작용하는 수압 - 2 (벽체가 차수성일 때)

□불투수층에 이상적으로 관입된 경우	□불투수층에 관입되지 못한 경우
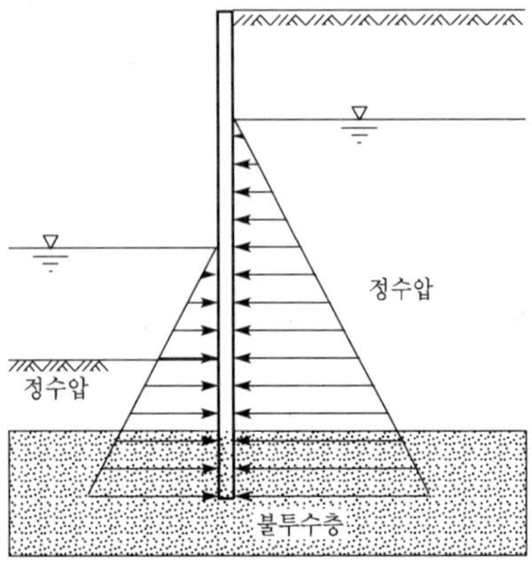	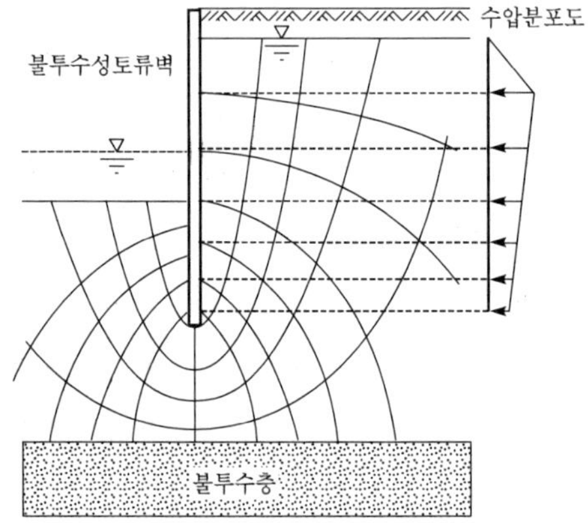
1) 수동측의 정수압을 제외하고 배면측에 정수압을 적용시킨다. 2) 대부분의 경우 완전한 차수벽, 불투수층의 존재 및 완전 관입 등의 조건이 되지 못하므로 감소된 수압을 평가하여 적용시킨다.	1) 수압은 깊이에 따라 증가하다 다시 감소하여 흙막이 벽체 하단에서는 0(zero)이 된다. 2) 감소된 수압의 정량적 계산은 유선망 작도내지 침투류 해석에 의해 구한다.

그림 5.37 가시설이 불투수층에 관입된 경우의 토압분포

그림 5.38 가시설이 불투수층에 관입되지 못한 경우

□배면측이 투수계수가 다른 층인 경우	
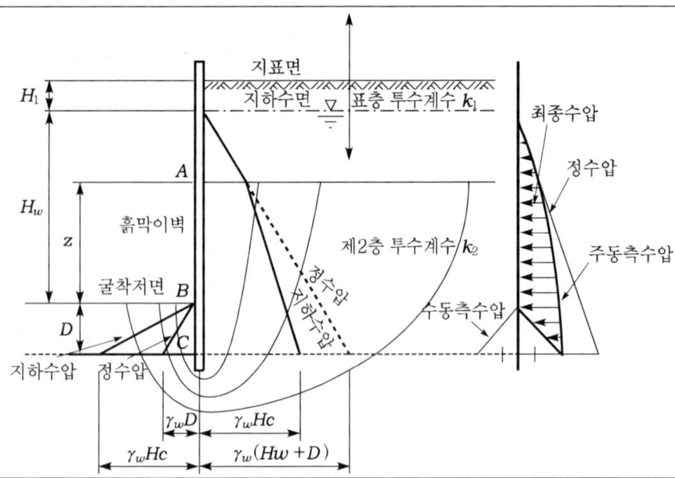	투수계수가 큰 상부층에서는 손실이 없어 거의 정수압이 작용하나 투수계수가 작은 하부층에서는 수두손실이 발생하여 수압이 정수압보다 감소한다.

그림 5.39 배면측이 투수계수가 다른 층인 경우의 수압분포

(4) 암반 지반에 작용하는 수압

□암반의 투수성이 작은 경우

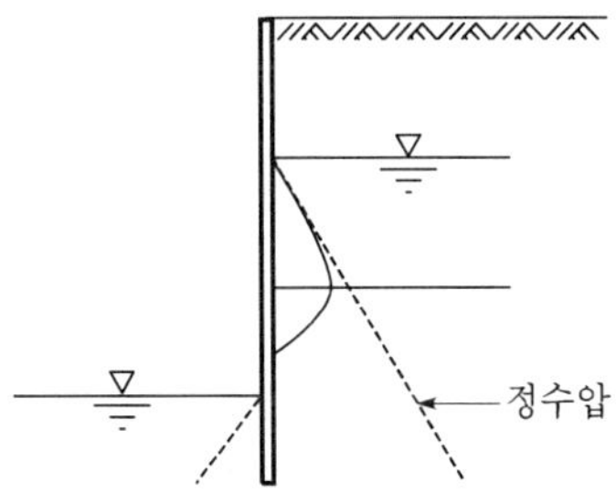

암반층에서 수압이 소산되어 작용한다.

그림 5.40 암반지반에 작용하는 수압분포

예제 5.3

그림 5.41과 같은 지반조건에서 구조물을 설치하기 위해 steel sheet pile을 사용하여 굴착고 H=4 m의 자립식 토류벽체를 시공 시 적정 근입심도(D)를 계산하라.

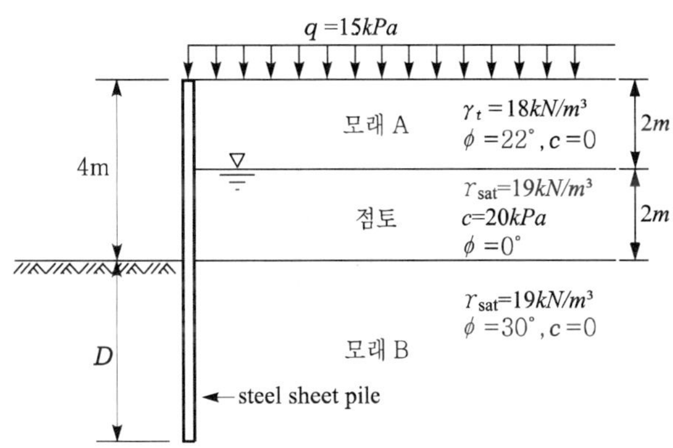

그림 5.41 지반조건

풀이

미국에서는 근입장 검토 시 사질토와 점성토 지반을 구분하여 벽체모멘트를 고려한 토압분포를 적용하고 있는데 점성토와 사질토가 혼재하는 다층지반 조건에서는 Rankine & Resal 토압을 적용함이 합리적이다. 또한 점토층에서 수압을 보는 견해가 다양하므로 보수적인 측면에서 수압을 고려하는 것이 바람직하다. 자립식 검토 시 발생 모멘트에 따른 강재 규격결정과 수평변위에 대한 체크를 하는 것이 바람직하나, 계산과정이 복잡하므로 가시설 설계 시 실무에서는 일반적으로 생략한다.

① Rankine & Resal 토압을 적용한다(계산편의상, $\gamma_{sub}=\gamma_t-10$으로 고려).

② Sheet pile 하단부를 중심으로 모멘트 균형깊이를 계산한다.

③ 실무에서 설계 근입장은 계산된 길이에 20~40%(평균 30%) 할증하여 적용하며, 이는 수동토압의 안전율을 1.5~2.0 정도 고려하는 효과와 동일하다.

$$P_a = K_a(\gamma \cdot z + q) - 2c\sqrt{k_a}\,,\quad P_p = K_p(\gamma \cdot z + q) + 2c\sqrt{k_p}\quad K_a = \frac{1-\sin\phi}{1+\sin\phi}\,,\quad K_p = \frac{1+\sin\phi}{1-\sin\phi}$$

1) GL. ±0.0m : P_{a0} = $q \cdot K_a$ = 15×0.455 = 6.8kPa

2) GL. −2.0m(상단) : P_{a1} = $(q+\gamma z)\cdot K_a$ = (15+18×2)×0.455 = 23.2kPa

3) GL. −2.0m(하단) : P_{a2} = $(q+\gamma z)\cdot K_a - 2c\sqrt{K_a}$

= (15+18×2)×1 − 2×20 $\sqrt{1}$ = 11kPa

4) GL. −4.0m(상단) : P_{a3} = (15+18×2 + 9×2)×1 − 2×20 $\sqrt{1}$ = 29kPa

5) GL. −4.0m(하단) : P_{a4} = (15+18×2 + 9×2)×0.333 = 23kPa

6) Sheet pile 단부 : P_{a5} = (15+18×2+9×2+9×D)×0.333=23+3$DkPa$

7) 주동측 수압강도 : P_{wa} = $\gamma_w \cdot D$ = (20+D)kPa

8) Sheet pile 단부(수동측) : P_p = 9×D×3 = 27$DkPa$

9) 수동측 수압강도 : P_{wp} = $\gamma_w \cdot D$ = 10$DkPa$

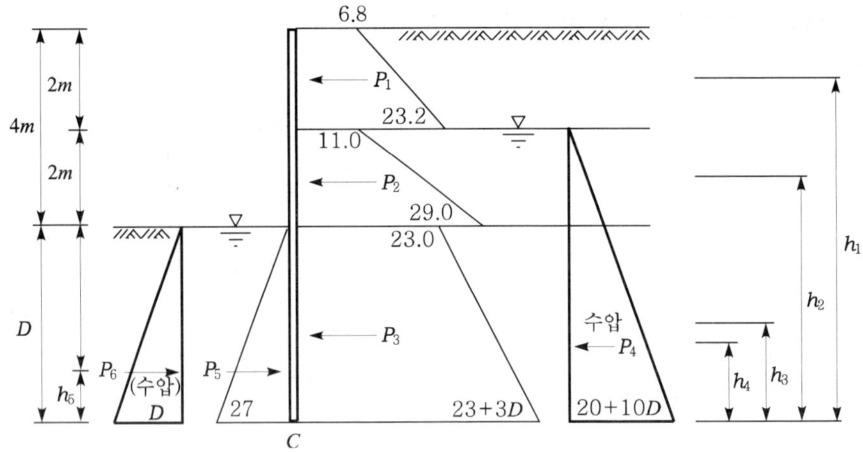

그림 5.42 토압 분포도

Sheet pile 단부 점 C를 중심으로 모멘트를 취하여 $\Sigma M_c = 0$이 되는 심도를 계산한다.

주동모멘트 $M_a = P_1 \cdot h_1 + P_2 \cdot h_2 + P_3 \cdot h_3 + P_4 \cdot h_4$

수동모멘트 $M_p = P_5 \cdot h_5 + P_6 \cdot h_5$

$$M_a = [\frac{1}{2}(6.8+23.2)\times 2]\times[\frac{2\times 6.8+23.2}{6.8+23.2}\times\frac{2}{3}+(D+2)]$$

$$+[\frac{1}{2}(11+29)\times 2]\times[\frac{2\times 11+29}{11+29}\times\frac{2}{3}+D]$$

$$+[\frac{1}{2}(23+23+3D)\times D]\times[\frac{2\times 23+23+3D}{23+23+3D}\times\frac{D}{3}]$$

$$+[\frac{1}{2}(20+10D)\times(D+2)]\times[\frac{D+2}{3}]$$

$$=[\frac{0.45D^4+17.25D^3+158.7D^2}{13.8+0.9D}]+[\frac{1}{6}D^3+D^2+9D+131.86]$$

$$M_p = [\frac{1}{2}\times 27D\times D]\times[\frac{D}{3}]+[\frac{1}{2}\times 10D\times D]\times[\frac{D}{3}] = 6.17D^3$$

M_a = M_p 가 되어야 하므로,

$$\left[\frac{0.45D^4+17.25D^3+158.7D^2}{138+9D}\right]+\left[\frac{1}{6}D^3+D^2+9D+131.86\right] = 6.17D^3$$

위 식을 정리하면, $3.60D^4+35.9D^3-377.7D^2-1,3606D-1,819.7 = 0$

시행착오법으로 계산하면, $D \fallingdotseq 8.48m$

안전율을 고려하여 이론적인 계산 길이에 30% 할증

∴ 설계근입장 D_{actual} = 8.48×1.3 ≒ 11m

(5) 실무적용 시 유의사항

① 토압에 대하여는 학자 및 전문기술자별로 많은 이견이 있으므로 일률적으로 규정할 수 없다. 다만 Peck의 토압이론은 점착력이 무시되어 토압이 크게 산정되므로 안전측으로 설계되고 주로 도심지 등 대규모(지하철 등)굴착공사에 주로 적용되며, 굴착고가 15m이하인 경우는 Rankine의 토압이론을 적용하는 것이 합리적이다.

② 가시설단면의 과대 또는 과소 설계의 주요 요인이 되는 풍화암과 점성토 지반에서의 토압, 침투류 해석을 고려한 수압분포에 대한 정립이 필요한 실정이다.

5.6.4 흙막이 해석법 분류

1) 관용법(벽체만을 보로 해석)

(1) 단순보법

(2) 연속보법

(3) 캔틸레버식 해법 : 자유단지지법, 고정단지지법

2) 실측된 토압을 이용하는 방법(Rankine/Coulomb의 삼각형 토압 적용)

(1) 탄성법

(2) 소성법

(3) 탄소성법(가장 널리 이용)

(4) 가상지점법

3) 흙-구조물 상호작용을 고려한 해석법(벽체와 지반을 동시에 해석)

(1) 유한요소법

① 벽체의 변형과 지반거동간의 상호작용 고려

② 굴토현장 주변의 지반이나 구조물 거동 파악 가능

③ 문제점 : 지반변형계수의 부정확성

(2) 경계요소법

5.6.5 가시설 흙막이 계산에 사용되는 해석법

1) 탄성법과 탄소성법 비교

(1) 탄성법 : 흙막이 벽체의 횡저항이 벽체변위에 비례하는 것으로 가정하므로 굴착저면에 가까운 부분에서는 횡저항이 주어진 지반의 수동토압을 초과할 수 있다.

(2) 탄소성법 : 탄성법의 모순을 보완하기 위하여 탄소성법에서 구해지는 횡저항이 수동토압을 초과 할 수 없도록 제한하는 방법이며 실무에서 주로 이용되고 있다.

2) 탄소성법 특징(국내 상용 프로그램 기준)

(1) 같은 토층 내에서도 깊이별로 물성의 변화가 가능하다.

(2) 굴착측과 배면측의 지반물성이 달라도 가능하다.

(3) 굴착 깊이에 제한이 없다.

(4) 다양한 과재하중, 측압적용이 가능하다.

(5) 정수압뿐만 아니라 특수한 형태의 수압적용 가능하다.

표 5.6 탄소성법 개념도 및 계산순서

항목	탄소성법
개요	토류벽체의 굴착단계별 수평변위와 토압산정을 위하여 그림과 같이 벽체는 탄성보, 지보공은 탄성스프링, 지반은 탄소성 스프링으로 모델링하고 탄성보에 초기토압을 가하여 발생하는 변위를 계산하고 그 변위에 상응하는 지반의 탄소성 상태를 판단한 후 토압을 보정하여 다시 변위를 계산하는 반복과정을 통하여 흙막이 벽체의 변위, 응력 및 지보공의 반력을 계산하는 해석법이다.
개념도	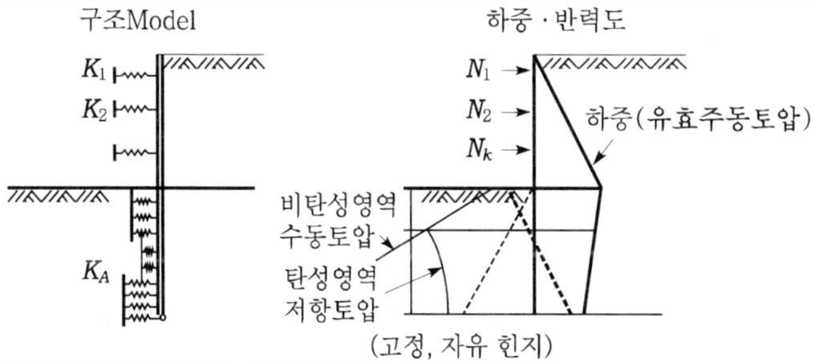
구조모델	1) 벽체는 근입상 유한의 완전탄성체로 하고 선단조건은 고정, 자유, 힌지 중에서 선택한다. 2) Strut 설치 후의 strut 지점은 그 강성에 맞는 탄성지점으로 한다.
토압수압	굴착면측은 벽의 변형에 일차 비례하는 저항토압이 작용하고, 수동토압을 초과하지 않는 것으로 한다. 지층에 의해 수평 지반반력계수의 변화를 고려할 수 있다.

3) 유한요소법

유한요소법 개념도 및 계산순서는 다음과 같다.

표 5.7 유한요소법 개념도 및 계산 순서

항목	유한요소법
개념도	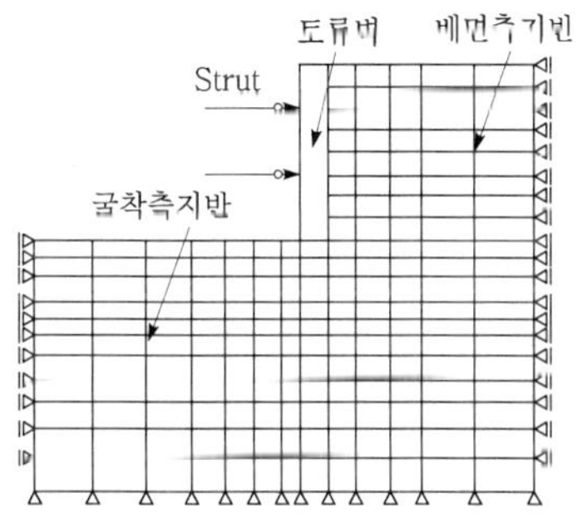 $P = K \cdot \delta$ P: 격점력 K: 요소의 강성Matrix δ : 격점의 변위
구조모델	1) 벽체는 벽체재료와 동일한 강성(E, ν, A, I)을 갖는 면요소 혹은 봉요소로 한다. 2) Strut는 봉요소로 하든가 스프링으로서 취급한다.
토압수압	1) 지반을 유한개의 요소로 분할해 각 요소에 흙의 응력-변형 관계를 가정한다. 2) 이 응력-변형관계의 모델에 의해 탄성법과 탄소성 해석법을 생각할 수 있다.

5.6.6 가시설 벽체의 수평변위 기준

가시설 설계에서 벽체의 변위기준을 엄격히 적용할수록 근접 구조물의 안정성 확보에는 유리하지만 토류벽 자체에는 큰 토압이 작용되어 시공성과 경제성에서 불리한 설계가 되므로 실제 굴착과정에서 토류벽 거동을 어느 정도 허용하면서 토압을 줄여주는 방법이 합리적이다.

수평변위의 기준은 지반조건, 근접 구조물의 중요도, 가시설 벽체 강성, 지보공법, 공사 규모 등을 고려하여야 하며 토류벽 변위와 관련하여 국내에서 상용되는 기준과 옹벽구조물에서 지반특성을 고려한 한계변위 자료를 소개하면 다음과 같다.

1) 한국지반공학회 기준

표 5.8 가시설 엄지말뚝 수평변위 기준(한국지반공학회, 1992)

굴착 바닥	점성토 : 1.0cm
	사질토 : 0.3cm
엄지말뚝 상단	3.0cm

2) 서울지하철 설계기준(2001) 및 국토교통부 철도설계기준(2004)

엄지말뚝의 수평변위는 배면지반 침하량 및 부등침하 경사각을 검토하여 판정하되, 최대 수평변위는 최종 굴착깊이(H)의 0.2%로 한다.

3) Canadian geotechnical society에서 제안한 강성벽체의 한계변위

옹벽구조물에서 Rankine의 소성평형상태를 일으키는 한계변위 기준으로 제시된 자료이다.

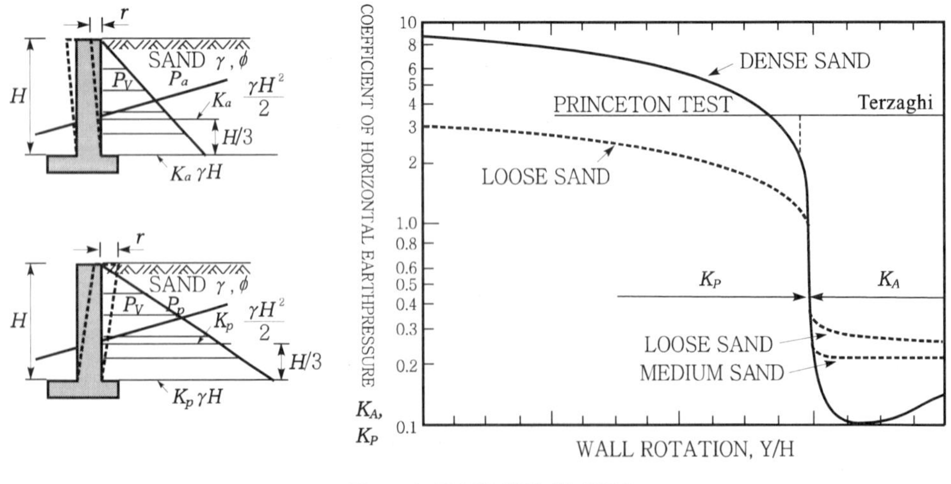

그림 5.43 강성벽체의 한계변위

표 5.9 옹벽구조물의 한계변위(NAVFAC DM-7.2-60, 1982)

지반 상태	회전각(Y/H)	
	주동측	수동측
조밀한 사질토	0.0005 (0.05%H)	0.002 (0.2%H)
느슨한 사질토	0.002 (0.2%H)	0.006 (0.6%H)
굳은 점성토	0.01 (1.0%H)	0.02 (2.0%H)
연약 점성토	0.02 (2.0%H)	0.04 (4.0%H)

5.6.7 실무적용 시 유의사항

1) 가시설 강재는 자재 수급 용이성, 설치 시 장비조합 측면에서 볼 때 국내에서 일반적으로 상용되는 규격을 사용하는 것이 유리하다.
2) 벽체강성은 전단면에 걸쳐 동일하게 계획하여야 하며 버팀대 지지구조에서 양측 토류벽의 강성이 상이할 경우 편토압이 발생된다.
3) 노면복공에 사용되는 주형보는 횡토압에 대한 지지구조체가 아니므로 벽체 구조검토 시 버팀부재로 고려해서는 안 된다.
4) 가시설 벽체의 근입장은 벽체의 모멘트 안정 계산, 보일링 또는 히빙 계산, 지지력계산 결과 가운데 큰 값을 소요 근입장으로 결정한다.
5) Sheet pile 인발 시 진동하중(vibro hammer기준)이 작용하게 되면 지중응력 증가와 지반에 과잉간극수압이 발생하게 되어 지반이 느슨한 사질토인 경우 액상화 발생이 우려되므로 검토가 필요하다.
6) Sheet pile 항타장비 선정 시 지층의 연경도에 관계없이 대부분 60kW 진동 햄머를 설계에 적용하나 지층이 단단한 경우(N>20)는 60kW 햄머타입이 어려우므로 워터제트(water jet)공법과 병행하거나, 90kW 진동 햄머를 선정하는 것이 바람직하다. 만일 워터제트공법을 적용할 경우는 지반교란이 발생하므로 적용시 주의를 요한다.
7) Sheet pile 길이가 25m 이상인 경우 sheet pile 이음을 설계 시 고려해야 한다.
8) Sheet pile 인발시 인발로 인하여 발생한 지중공동이 인접구조물에 미치는 영향 유무를 검토한 후 인발 또는 매몰여부를 결정하여야 한다.
9) Sheet pile 자립 시 발생변위를 고려하여 자립고를 검토하여야 한다.
10) 버팀대 지지공법에서는 공법이 특성상 과굴착이 불가피하므로 소단(berm)을 소성하면서 굴착하도록 설계도서에 명기해야 한다.
11) 초기 굴착 시 과굴착을 억제하여 벽체 안정성을 확보하기 위해서는 제 1단 지보재를 벽체상단에서 1.5m 이내 위치에 배치하는 것이 좋다.
12) 버팀대 배치 시 구조물 slab 시공에 저촉되지 않도록 상하간격을 조정해야 한다.

5.7 그라운드앵커(Ground anchor)

구조물과 지반을 결합시키기 위해 설치되는 그라운드앵커는 국내에서 earth anchor와 rock anchor로 불리우고 있으나 국제적으로는 ground anchor 또는 tieback으로 불리우고 있다. 앵커의 주요 구성은 앵커체, 인장부, 앵커두부로 구성되며 앵커체는 지반과 그라우팅의 부착력에 의해 앵커의 소요응력을 직접 발휘하고, 인장부는 정착부에서 발휘하는 응력을 구조체에 전달하는 매개체로서 자유장의 기능이 있으며, 앵커두부는 앵커의 소요 응력을 구조체에 직접 작용토록 하는 역할을 한다. 앵커두부는 그림 5.44와 같이 정착구(定着具), 지압판(支壓板), 좌대(座臺)의 3부분으로 구성되어 있다.

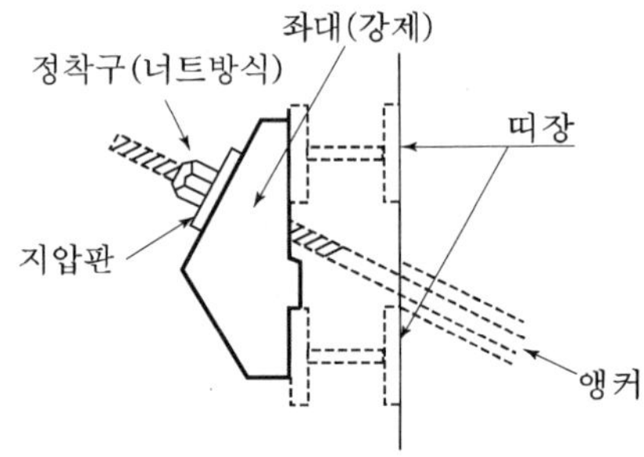

그림 5.44 앵커두부의 구성

그라운드앵커공법은 그림 5.45와 같이 가설 토류벽의 지보공, 영구앵커 토류벽, 송전탑 기초, 댐의 보강, 지하 구조물의 부력 앵커, 비탈면 보강 등에 사용되고 있다.

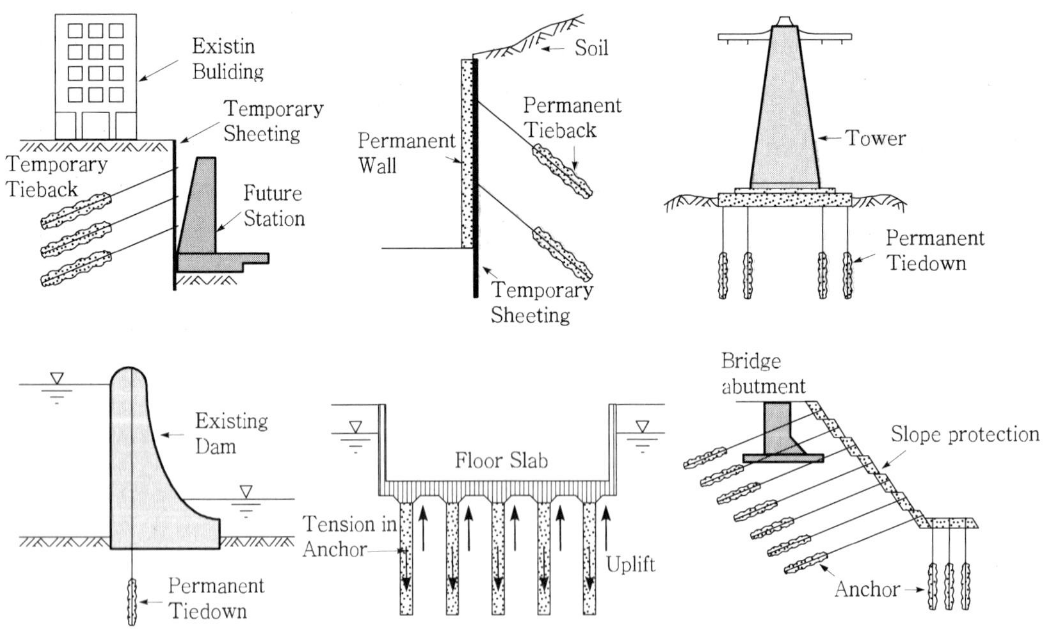

그림 5.45 그라운드앵커 적용 분야

5.7.1 그라운드 앵커 분류

가설 토류벽이나 지반을 일시적으로 보강하기 위해 사용하는 앵커를 가설 앵커라 하며, 초기 인장력이 최소 6개월 이상 유지할 수 있도록 설계한다. 구조물의 잔존 기간과 관련이 있고 보통 2년 이상의 장기간 사용하는 앵커를 영구앵커라 한다.

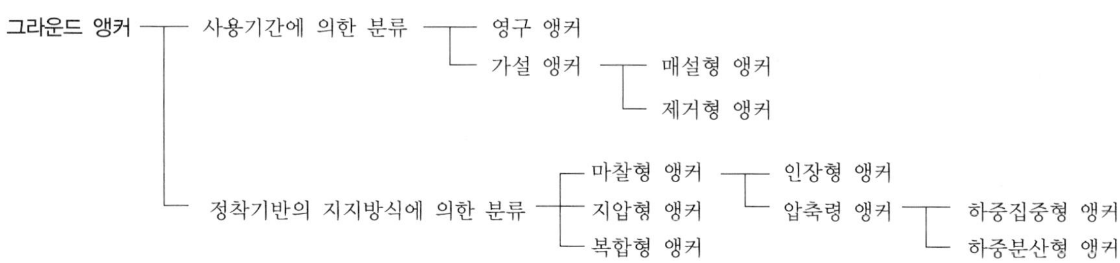

그림 5.46 그라운드 앵커의 분류

정착지반의 지지 방식에 의한 분류는 그림 5.47과 같이 그라우트(grout)와 지반의 마찰력으로 지지되는 마찰형, 지압판이나 파일 등을 사용하여 지반의 수동저항력으로 앵커력이 확보되는 지압형 및 이들 두 가지 기능을 복합시킨 복합형으로 분류할 수 있다. 또 마찰형 앵커는 그라우트에 하중이 가해지는 방식에 따라 인장형과 압축형으로 분류할 수 있으며, 인장형 앵커의 경우 앵커 두부에 가해지는 하중은 인장재를 통해 그라우트로 전이되고, 정착장을 통해 지반으로 전이되기 때문에 정착장에는 인장력, 자유장에는 압축력이 작용하게 된다. 그러나 압축형 앵커의 경우에는 인장재 전장이 쉬스(sheath)관에 의해 보호되므로 앵커 두부에 가해지는 하중은 앵커체 선단 그라우트에서부터 지반으로 전이된다.

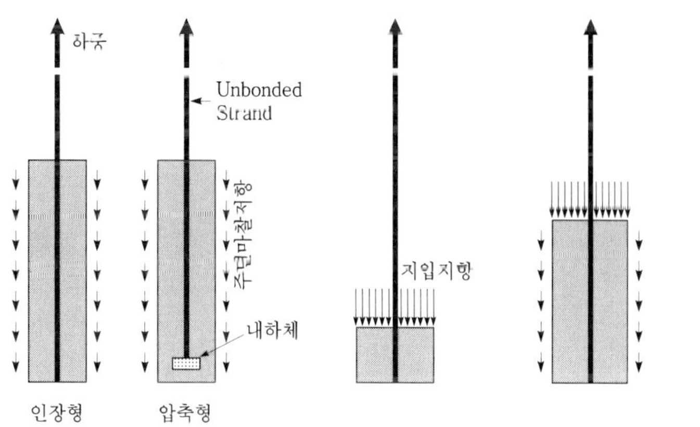

(a) 마찰형앵커　(b) 지압형앵커　(c)복합형 앵커

그림 5.47 지지방식에 의한 앵커의 분류

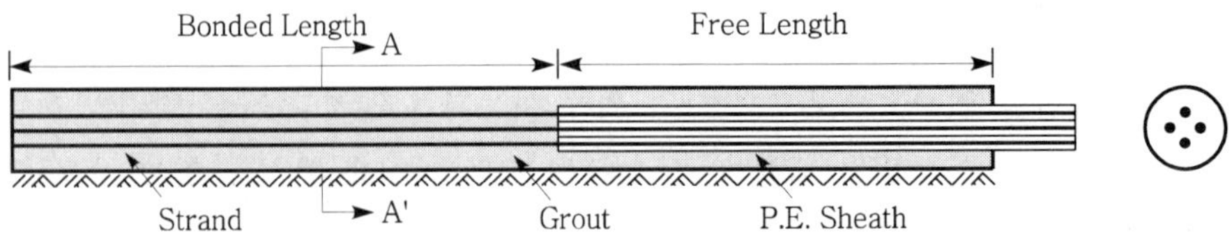

그림 5.48 마찰식 인장형 앵커 개념도

5.7.2 공법 선정 시 고려사항

그라운드앵커 공법 선정 시 다음 사항을 유의하여야 한다.

1) 사전 매설물조사
2) 지하수에 대한 대비
3) 지반조사 철저
4) 앵커체 타설각도 확인
5) 주입재에 대한 검토
6) 인장 시 작업안정성 확보

5.7.3 그라운드 앵커 설계

1) 기본원칙

(1) 앵커는 구조물의 규모, 형상, 지반조건 및 환경조건에 적합한 것을 선정하고, 설계하중에 대하여 인발저항력을 갖도록 설계하여야 한다.

(2) 앵커는 흙막이의 구조, 앵커의 치수 등을 고려해서 소요 정착력이 얻어지도록 설계하여야 한다.

(3) 앵커는 양호한 지반에 정착하는 것으로 하고, 그 길이 및 배치는 토질조건, 시공조건, 환경조건 등을 고려하여 결정한다.

2) 설계 순서

(1) 주어진 지반조건, 하중조건을 검토하고 시공성을 고려하여 앵커 배치계획을 수립한다.

(2) 1개의 앵커에 가해지는 외력을 계산한다.

(3) 안전율을 고려하여 앵커 1개당 극한인발저항력을 구하고 앵커체 설계를 한다.

(4) 흙막이의 경우 구조체 전체의 안정성 검토를 실시한다.

(5) 앵커 두부, 인장부, 대좌(또는 좌대) 등의 세부 설계를 실시한다.

(6) 변위량, 초기인장력 등 구조물과 관련된 세부 설계를 실시한다.

3) 앵커의 허용정착력 (T_a)

(1) 일반사항

① 설계정착력(T_d)은 허용정착력(T_a) 이하이어야 한다.

② 허용정착력(T_a)은 허용인발력(T_{ag})과 허용인장력(T_{as}) 중 작은 값을 사용한다.

(2) 허용인발력(T_{ag})

① 앵커체 단위면적당 지반과의 주면마찰저항(τ_u)은 시험을 토대로 구하는 것이 원칙이나, 시험에 의하지 않을 경우 책임기술자의 판단에 의해 정할 수 있다.

② 앵커종류별 안전율

표 5.10 앵커종류별 안전율

앵커의 종류		사용 기간	극한인발력(T_{ug})에 대한 안전율
일시 앵커		2년 미만	1.5
영구 앵커	상시	2년 이상	2.5
	지진 시	2년 이상	1.5 ~ 2.0

(3) 앵커의 허용인장력 (T_{as})

① 허용인장력(T_{as})은 인장재 극한하중(T_{us}) 및 인장재 항복하중 (T_{ys})에 대하여 표 5.11의 값 중에서 작은 값을 사용한다.

표 5.11 앵커종류별 허용인장력 계산

앵커의 종류		사용기간	인장재 극한하중(T_{us})에 대하여	인장재 항복하중(T_{ys})에 대하여
일시 앵커		2년 미만	$0.65\,T_{us}$	$0.80\,T_{ys}$
영구 앵커	상시	2년 이상	$0.60\,T_{us}$	$0.75\,T_{ys}$
	지진시	2년 이상	$0.75\,T_{us}$	$0.90\,T_{ys}$

4) 앵커의 정착상(L_a)

(1) 일반사항

① 앵커의 정착장(L_a)은 설계정착력으로부터 산출되는 앵커의 정착장(L_a')과 인장재의 부착장(L_{sa}) 중 큰 값을 적용한다.

② 토사층인 경우 최소 정착장은 $4.5m$ 이상으로 한다.

③ 정착장 검토에 있어 진행성 파괴에 대한 검토를 생략할 수 있는 경우는 정착장이 $10m$ 이내인 경우로 한다.

(2) 앵커의 정착장 산정

표 5.12 앵커의 정착장 및 부착장 산정

구분	앵커의 정착장 (L_a')	인장재의 부착장 (L_{sa})
산출식	$L_a' = \dfrac{T_d \times F_s}{\pi \times D_a \times \tau_u}$	$L_{sa} = \dfrac{T}{\pi \times n \times d_e \times \tau_a}$
	T_d : 설계정착력(kN) F_s : 안전율(=1.5) D_a : 앵커체의 지름(cm) τ_u : 앵커체와 지반의 주변마찰저항(kPa)	T_d : 설계정착력(kN) n : 인장재의 사용본수 d_e : 인장재의 지름(cm) τ_a : 주입재와 인장재의 허용부착응력(kPa)

(3) 지반종류별 단기, 장기 허용부착응력(τ_u)

표 5.13 지반종류별 단기, 장기 허용부착응력 (τ_u)

지반의 종류	단기허용 부착응력 (kPa)	장기허용 부착응력(kPa)
토사	400	700
암반	700	1,000

5) 앵커 축력 및 정착 위치

표 5.14 앵커 축력 및 정착 위치

앵커 축력 및 연직벽에 작용하는 축력	앵커의 정착 위치
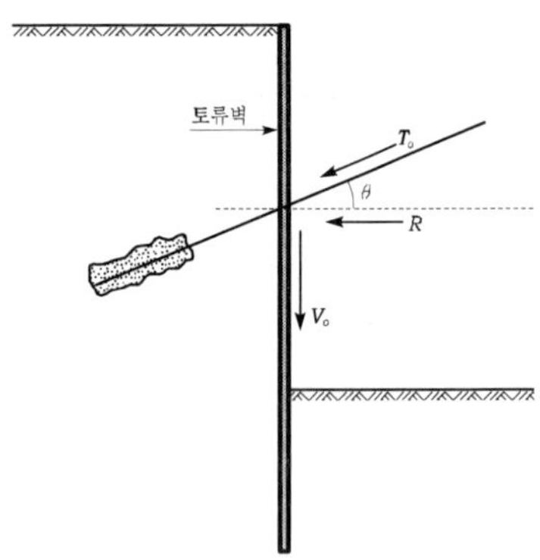	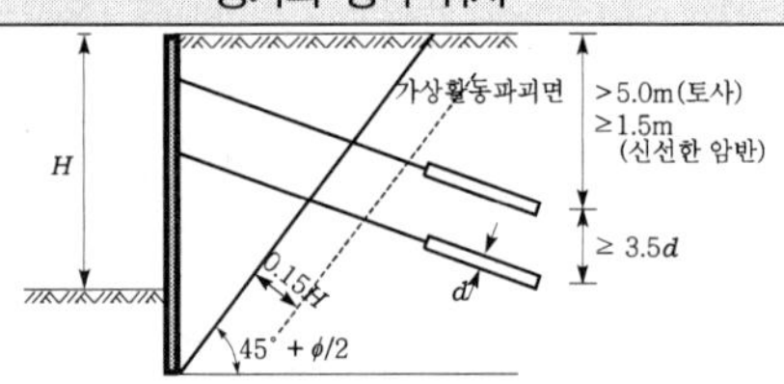 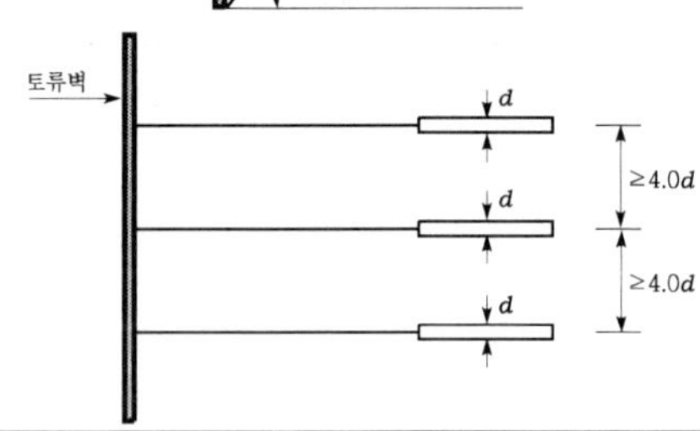
1) 앵커 축력 : $T_0 = R/\cos\theta$ 2) 연직벽에 작용하는 축력 $V_0 = R \cdot \tan\theta$ 3) R : 앵커의 수평력 (최대 지반반력) 4) θ : 앵커의 설치 각도	1) 설계 자유장 (앵커 지점에서 파괴면까지의 거리)+(0.15H 또는 1.5m값 중 큰 값) 2) 최상단 앵커체의 최소 토피고 ① 토사층 : 5.0m 이상 ② 신선한 암반층 : 1.5m 이상 3) 앵커체간 이격거리 ① 수직방향 : 3.5d(=앵커체 지름) 이상 ② 수평방향 : 4.0d(=앵커체 지름) 이상 4) 1단 앵커 시공 시 벽체는 캔틸레버가 되므로 초기변위 억제를 위해 지표에서 1.0~1.5m 아래에 설치함.

6) 앵커의 자유장

(1) 지지구조체가 앵커인 경우 정착부는 벽체로부터 가상 활동파괴면 밖에 위치하여야 하며, 자유장은 가상 활동면으로부터 1.5m 또는 0.15×H(=굴착 깊이)를 더한 값 중 큰 값을 적용하되 최소 4.0m 이상으로 한다.

(2) 앵커체가 설계정착력을 충분히 발휘할 수 있는 양호한 지반에 위치하도록 지반조건, 동상 등의 기상조건, 구조조건 등을 고려하여 앵커자유장을 결정한다.

7) 자유장, 정착장, 긴장력(jacking force) 산정 방법

(1) 자유장 산정방법(사례)

자유장 길이는 앵커가 유효하게 작용하기 위해서는 최저 4m이상 취하는 것이 바람직하다. 단, 주동활동면에서 여유(굴착고의 0.15~0.3배, 최소 1.5m이상)를 두어야 한다.

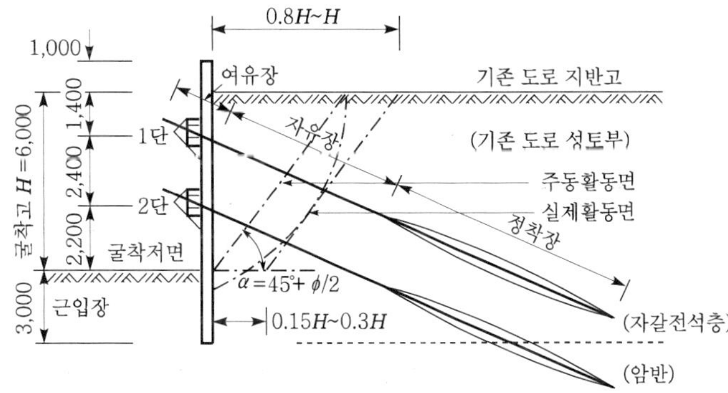

그림 5.49 자유장 길이 산정 사례

자유장 $L_f = (\text{굴착고} - \text{앵커깊이}) \times \cos\alpha / \sin\beta$

여기서, 굴착고 H = 6.0m, 1단 앵커깊이 = 1.4m

$\alpha = 45 + \frac{\phi}{2}$ = 45+25/2 = 57.5° (ϕ = 25°로 가정)

$\beta = 180° - \alpha - \text{앵커각}(30°)$ = 180 - 57.5 - 30 = 92.5°

각도보정,

$L_f - (6.0 - 1.4) \times \cos 57.5° / \sin 92.5° = 2.474m$

여유길이 = H×(0.15~0.3배) = 6.0×0.3 = 1.8m 〉 1.5m 이상

∴ 필요 자유장 = 2.474 + 1.80m(여유길이) = 4.274m ===〉 사용 자유장 = 5.0m

(2) 정착장 및 긴장력 산정 방법의 경우

① 정착장 산정방법

정착장은 마찰저항장과 부착저항장 중 큰 값으로 하고 이때 최소 설계정착장은 5.0m 이상(최대 10m미만)으로 하는 것이 바람직하다.(한국도로공사, 1996)

ⓐ 마찰저항장 $l_a = \dfrac{T_d \times F_S}{\pi \times D_a \times \tau}$ (5.23)

ⓑ 부착저항장 $l_{sa} = \dfrac{T_d}{U \times \tau_a}$ (5.24)

⇒ ⓐ, ⓑ중 큰 값 이상

여기서, T_d : 설계앵커력(kN)　　F_s : 안전율(F_s = 1.5)

D_a : 앵커(Anchor) 천공직경(cm)　　τ : 주변 토층의 마찰저항력

U : 스트랜드(Strand)의 주변장(cm)　　τ_a : 스트랜드(Strand)의 부착력

② 정착장의 정착층 위치 적용 현황 비교

구분	CASE - 1	CASE - 2
개요	최소 자유장/긴 정착장(토사지반 정착)	긴 자유장/최소 정착장 (암지반 정착)
개요도	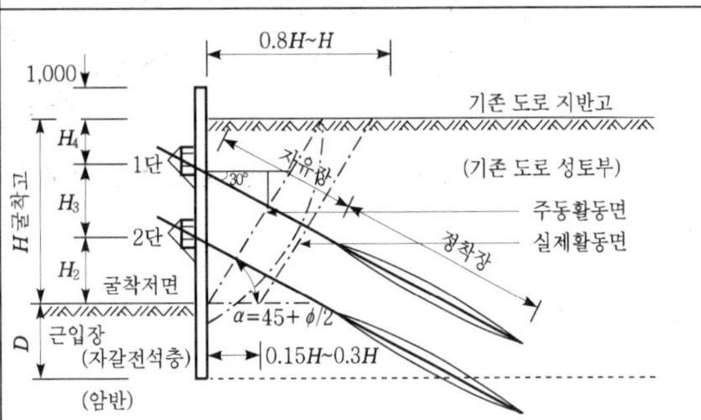	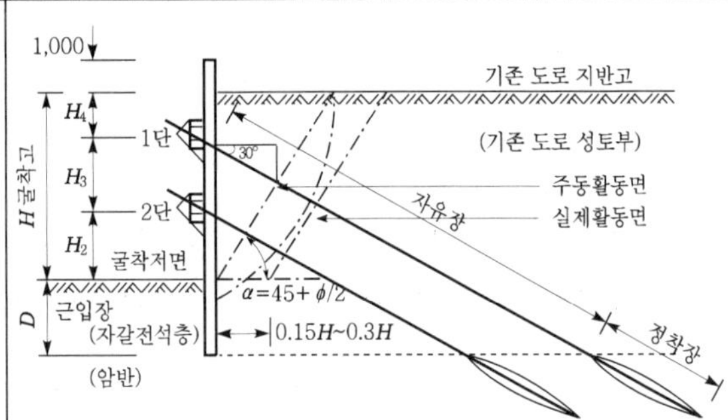
특징	1) 주동활동면 고려, 최소 자유장 확보 2) 그라운드앵커 천공 및 앵커장 최소화 3) 정착층이 토사지반이므로 긴 정착장 필요 4) 그라우팅 주입범위 및 정착능력 불확실	1) 자유장을 길게하여 암지반 정착장근입 2) 그라운드앵커 천공 및 앵커장 과다 3) 정착장이 암지반이므로 정착장 최소화 4) 비경제적이나 정착능력의 신뢰성이 큼

그림 5.50 토사지반 및 암지반 정착장 위치

(3) 긴장력(Jacking force) 산정방법

그라운드앵커의 긴장력은 축력값(정착장 산정 시의 T_d와 같은 값)과 프리스트레스의 감소량(정착장치 및 relaxation의 감소량)을 고려하여 산정한다.

$$JF = T_d + \delta(P_p) + \delta(P_{pr}) \tag{5.25}$$

여기서, T_d : 설계앵커력(kN)

$\delta(P_p)$: 정착장치 감소량

$\delta(P_{pr})$: relaxation 감소량

8) 실무적용

(1) 정착장의 정착층 위치를 어떤 지반에 둘 것인가에 대하여는 명확한 기준이 없으므로 지반의 정착능력이 확보된다면 굳이 암층에 위치하기 위하여 무리하게 근입할 필요는 없다. 다만, 자유장을 길게하여 정착장을 암층에 두는 것과 자유장을 짧게 하여 토사지반에 긴 정착장을 형성하는 방안에 대하여 시공 전 인발, 인장시험을 통한 합리적인 판단이 필요하다.

(2) 정착장 산정의 설계앵커력(T_d)은 도입되는 긴장력과의 상호 비례적인 관계가 있으므로 실제 강선의 긴장력이 도입되는 값인 앵커의 초기 인장값을 기준으로 정착장을 산정하는 것이 바람직하다.

예제 5.4

그림 5.51과 지반조건으로 지반굴착을 할 경우 이에 설치할 ground anchor의 자유장과 정착장을 구하라.

(조건)
- 설계축력: 300kN/m
- 설치각도 : 수평과 30°
- 1단 G/A설치위치 : GL. −1.0m
- 굴토깊이 : GL. −8.0m
- 배면뒷채움토의 내부마찰각 : 30°
- H−pile설치간격 : 2.0m
- 정착부의 주면마찰저항 : 200kPa
- 천공직경 : 10cm

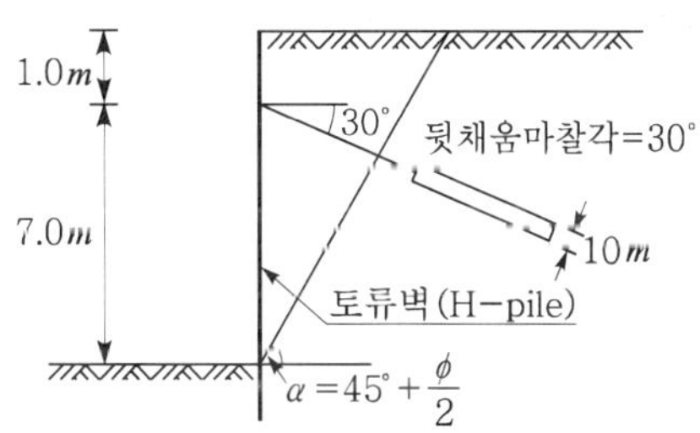

그림 5.51 ground anchor 시공 조건

풀이

1) 자유장

실제활동면은 주동활동면($45°+\frac{\phi}{2}$) 선으로부터 0.15H (H : 굴착깊이) 떨어진 거리이여야 하고 최소 4.5m 이상이여야 한다.

자유장 = $7m \times \sin 30° + 0.15 \times 8m$ = $4.7m$ ≒ $5.0m$로 한다.

2) 정착장

정착장은 마찰저항장과 부착저항장 중 큰 값으로 하여야 하나 부착저항장 계산에 필요한 strand의 주변장 값이 없으므로 마찰저항장 $l_a = T_d F_s / \pi D_a \tau$ 을 정착장(L)으로 계산한다. 안전율(F_s)은 가설, 영구조건에 따라 다르나 사용기간 2년 미만의 일시(가설)앵커로 고려하여 1.5를 적용한다.

① 앵커축력 $(T) = \dfrac{P \cdot a}{\cos\alpha} = \dfrac{300kN/m \times 2m}{\cos 30^\circ} = 693kN$

② 앵커직경 (D_a) = $10cm$ = $0.1m$

③ 주면마찰저항 (τ) = $2kgf/cm^2$ = $200kPa$

④ $L = \dfrac{693 \times 1.5}{3.14 \times 0.1 \times 200} = 16.6m \fallingdotseq 17.0m$로 한다.

3) 평가

① 정착길이가 $17m$로 긴 편이므로 진행성파괴의 가능성을 고려하여 가급적 $10m$ 이내로 제한해야하며 이 경우 앵커 간격축소 및 직경확대 등을 검토해야 한다. 단, 앵커인발시험으로 주면마찰력과 정착효과가 확인된 경우 정착장을 길게 할 수도 있다.

② 현장 시공 시 앵커의 천공각 오차가 ±2.5°정도이므로 지중에서 앵커체간의 간섭을 피하기 위해서는 엄지말뚝과 앵커설치간격이 1.5~2.0m 인 경우 앵커 총 연장(자유장+정착장)은 $30m$ 이내가 바람직하며 천공각 오차를 2°로 할 경우 간섭영향은 그림 5.52와 같다.

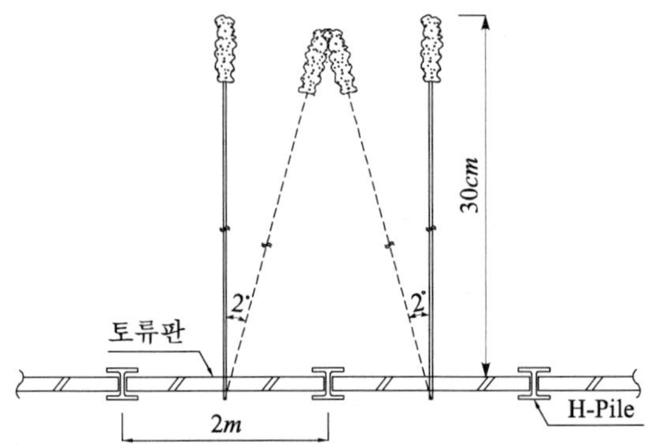

그림 5.52 앵커간섭 영향 개념도

5.7.4 시공 순서 및 유의사항

1) 시공 시 유의사항

(1) Ground anchor 설치 시 그라우팅 주입 압력으로 인하여 배면 지반이 교란될 수 있으므로 주입 압력을 지반조건에 맞게 조절하여야 한다.

(2) 앵커긴장 시 하중계가 설치된 위치는 주변 앵커를 긴장 후에 긴장하여야 한다. 그 이유는 하중계 부위를 먼저 긴장한 후 주변앵커를 긴장하면 가시설 배면축력을 정확히 알 수 없기 때문이다.

(3) 천공 시 주상도와 지반상태를 항시 비교하고 공이 자립할 수 없는 경우 casing을 사용하고 영구앵커의 경우 자유 장부와 정착부의 인장재에 대해 장기적인 방식대책을 수립하여야 한다.

2) 시공순서

(a) 바이브로 햄머로 sheet pile 관입 (b) 크롤러드릴로 천공작업 (c) 천공부위에 PC 강선 삽입 및 그라우팅 완료 (d) 정착장 인장 완료 및 하중계 설치

그림 5.53 그라운드 앵커 시공 순서

5.7.5 그라운드 앵커시험 종류 및 인장시험 사례

그라운드 앵커시험 종류별 실시내용 및 시기는 다음과 같다.

1) 앵커시험 종류 및 실시내용

표 5.15 앵커시험 종류 및 실시내용

시험	목적	주된 확인 항목 및 시험방법	시험 실시시기
인발 시험	1) 극한인발력(T_{ug})으로부터 단위면적당의 주면마찰저항(τ_u)을 구한다. 2) 앵커의 거동을 조사한다.	1) 하중~변위특성을 구해서 극한 인발력을 확인한다. 2) 계산된 극한 앵커력의 0.2배 간격으로 5단계로 나누어 재하~제하를 되풀이하여 인발될 때까지 또는 항복하중의 90%까지 재하한다.	시공초기단계
인장 시험	1) 설계대로 앵커가 조성되어 있는가를 확인한다. 2) 확인시험 시 판정의 기준으로 사용한다. 3) 시공 상태의 양부를 판정한다.	1) 하중~변위특성으로부터 인장재 자유장, 마찰손실량을 추정하고, 설계앵커력에 대해서 안전한가를 확인한다. 2) 설계앵커력의 1.2~1.3배의 하중을 계획 최대하중으로 하여 그 힘의 0.2배 간격으로 5단계로 나누어 재하와 제하를 되풀이한다.	시공초기 또는 시공 중
확인 시험	앵커가 설계대로 내력을 갖는지 확인한다.	1) 설계 앵커력에 대한 안전여부와 하중~변위특성이 인장 시험의 결과와 크게 차이가 없는가를 확인한다. 2) 설계 앵커력의 1.0~1.2배의 긴장력으로 1회 재하한다.	인발시험과 인장시험을 제외한 모든 앵커 시공 시

5.7.6 인천국제공항 그라운드앵커 설계 및 시공사례

1) 가시설 앵커 설계 및 시공사례

인천국제공항 1단계 건설시 그라운드 앵커 설계 및 시공시 앵커 정착부는 N치 9~25의 점성토층에 형성시킨 경우, N치 35~50의 조밀한 사질층에 형성시킨 경우, N치 50 이상의 풍화대에 설치한 경우 등으로 다양한 편이다. 여객터미널에 시공된 앵커는 그림 5.54와 같이 평균 N치 15정도의 견고한 점성토층에 정착부를 형성하였으나 앵커시공 후 해체 시까지 약 2년간 소정의 축력을 지속적으로 유지한 것으로 나타났다. 한편 앵커축력은 시간경과에 따라 서서히 감소하는 것이 일반적이나 그림 5.55와 같이 공사 후반부에서 축력이 증가한 이유는 sheet pile 배면부가 공사용 도로로 활용되었고, 구조물공사를 위한 각종 자재적치로 인해 상재하중이 증가된 영향으로 판단된다. 또한 하중계를 설치하여 축력변화를 판단하므로서 N값이 9인 지반도 앵커정착이 가능함을 알 수 있었다.

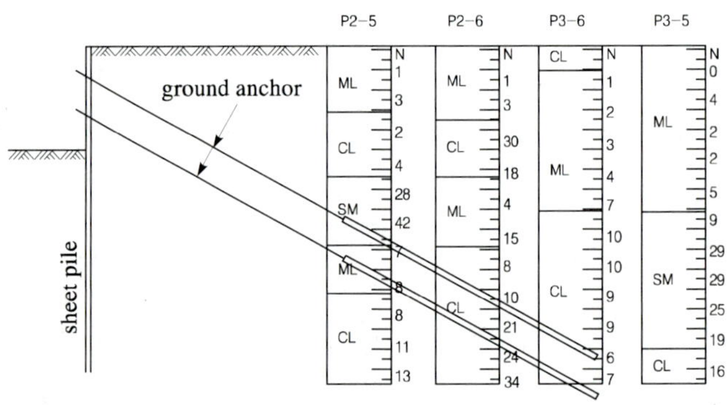

그림 5.54 현장 앵커 정착장 위치의 토질주상도

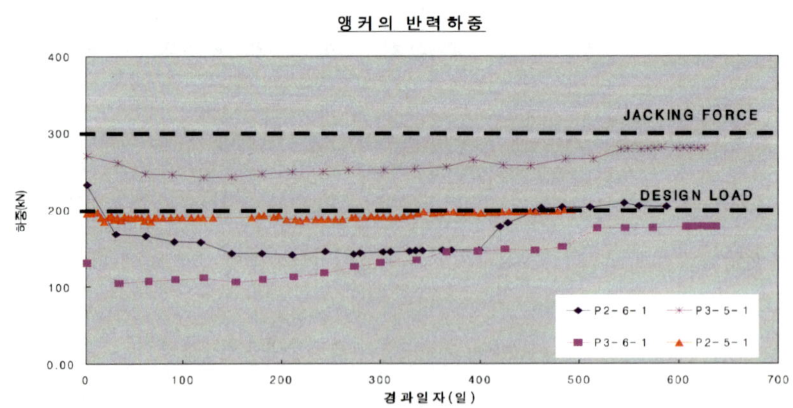

그림 5.55 여객터미널에 시공된 앵커축력 경시변화도

공항 기반시설의 주요 공종별 가시설 앵커 설계 현황은 표 5.16과 같다.

표 5.16 주요 공종별 가시설 앵커 설계현황

구간 \ 항목		여객터미널	IAT/BHS	고가교량	교통센타	철도노반	Airside 공동구(남측)	Airside 공동구(북측)
굴착심도(m)		3.6~10.0	9~14	9~15	5~9	15~25	11~14	10~14
지지방식		sheet pile+ G/A	sheet pile+ G/A	sheet pile+ G/A	sheet pile+ G/A	sheet pile+ strut+G/A	sheet pile+ strut+G/A	sheet pile+ strut+G/A
앵커 시공장 (m)	자유장(1)	12~15	6~25	17~26	16~18	5~40	11~36	19~27
	정착장(2)	14~17	7~13	15	14	6~20	10~19	9~12
	총길이 (1)+(2)	29	19~33	31~41	30~32	12~50	25~46	31~36
천공각(°)		30	35	40	30	40	40	35
강선수(본)		4	4~7	4	4	4~8	7~9	5~6
긴장력(kN)		300~400	400~890	340~360	250~300	330~810	670~1,030	490~630
정착부 지층조건		CL,ML SM (N=9~25)	SM (N=35~50)	CL, ML (N=11~38)	CL (N=8~38)	CL, SM (N=12~45)	풍화토 이상 (N>50)	풍화토 (N=32~50)
정착부 주면마찰력 (kPa)		100~120	230~290	100	80~100	25~700	250~350	270
앵커간 수평간격(m)		1.6	2.0~2.4	1.6	1.2~2.0	1.6	1.6~2.4	2.4
앵커간 수직간격(m)		2.3~2.4	1.8~3.0	1.8~1.9	2.0	1.7~2.2	2.0~2.7	1.6~2.3

2) 그라운드 앵커(G/A) 인장시험 및 결과분석 사례

(1) 그라운드 앵커(G/A) 설계 및 시험하중

G/A 설계하중(P_d) = $525.6kN$

최대시험하중(P_m) = $1.3P_d$ = $683.3kN$

초기하중(P_i) = $0.2P_m$ = $136.7kN$

단계별 증분하중(ΔP) = $(P_m - P_i)/5$단계 = $109.3kN$

(2) 상한, 하한 한계곡선

하중단계별 상, 하한 변위량(그라운드앵커기술협회, 1997)이 한계는 식(5.26), (5.27)과 같다.

상한 한계 곡선 : $\Delta l_{\max} = P \cdot (L_e + L_f + L_b/2)/(A \cdot N \cdot E)$ (5.26)

하한 한계 곡선 : $\Delta l_{\max} = P \cdot (L_e + L_f) \cdot 0.8/(A \cdot N \cdot E)$ (5.27)

여기서, P : 단계별 시험하중(kN), A : PC strand 단면적 = $0.9871cm^2$

N : PC strand 가닥수 = 5가닥, E : PC strand 탄성계수 = $200MPa$

L_e : 여유장 = $1.5m$, L_f : 자유장 = $29m$,

L_b : 정착장 = $8m$

(3) 인장시험결과 그라운드 3단 앵커 좌측, 우측에 대한 인장시험 결과는 다음과 같다.

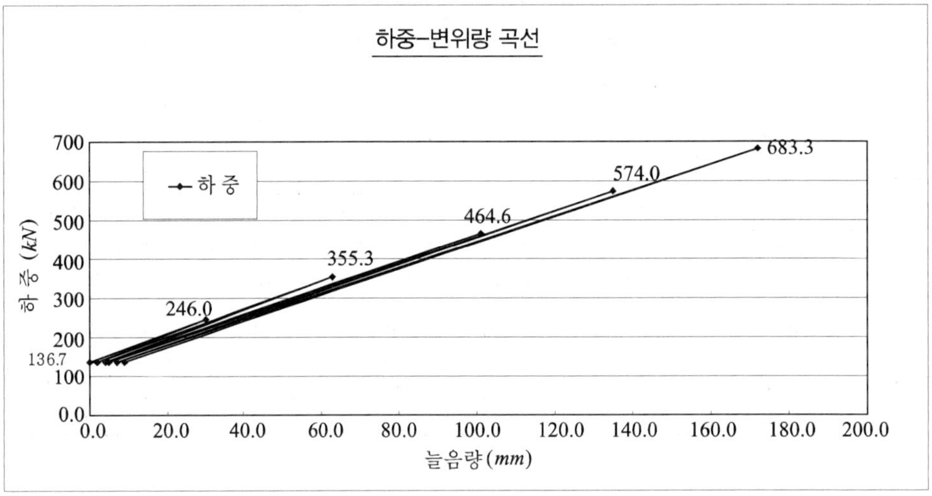

그림 5.56 인장시험 결과(좌측)

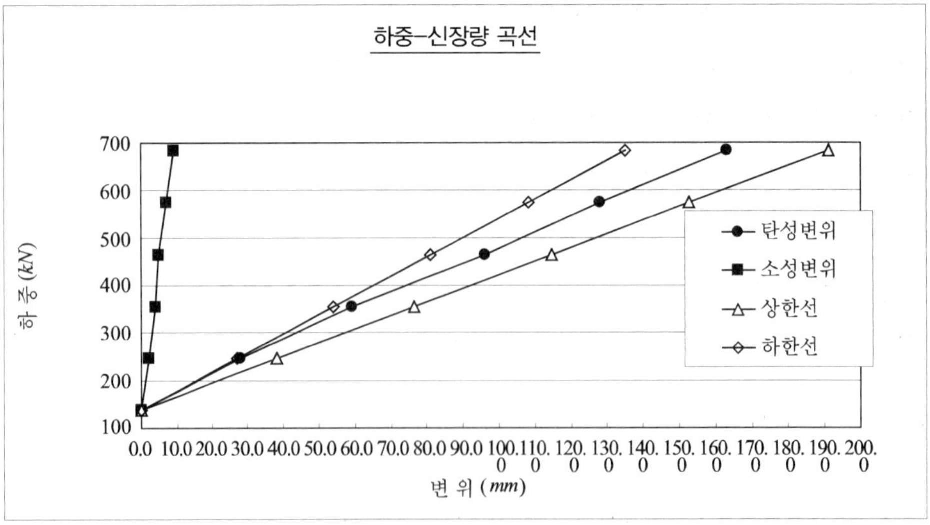

그림 5.57 인장시험 결과(우측)

(4) 시험결과 분석

앵커하중(P_{sm})에 의한 유효영향길이 $L[(탄성변위량\times A\times N\times E)/(P_m-P_1)]$은 29.43$m$ 로 산정되었다. 시험앵커의 자유장은 29m, 정착장은 8m이므로 경우 유효정착장[8.0-(29.34-29.0)]은 7.57 m로 추정되며 0.43m의 정착장이 자유장화 되었음을 알 수 있다. 또한, 이를 측정하중에 대해 지반의 극한마찰저항력을 역계산하면, $\tau_p=P/(\pi\times D\times l_b)$= 683.3×1000 / (3.14×10.2×757) = 28.3 kPa로 나타난다. 여기서 P는 G/A의 최대측정하중, D는 G/A의 천공직경, τ_p는 지반의 극한마찰저항력, l_b는 유효정착장을 나타낸다. 인장시험 앵커체의 탄성신장량은 실제 자유장보다 길게 나타났으며 주요원인은 앵커의 정착부 상단에 인장하중이 국부적으로 작용했기 때문인 것으로 판단된다. 우측 3단(그림 5.57)의 하중-신장량 곡선은 그림 5.58(c)와 같은 특성을 나타내므로 하중단계별 신장량이 상한, 하한 한계곡선에 들어오지 않음을 알 수 있었다. 주요 원인은 앵커두부가 불량하게 시공되어 자유장과 정착장이 제대로 시공되었는지 알 수 없었으며 대책방안으로 인접주위에 재 천공을 실시하였다. 앵커 시공 전 인발시험을 실시하여 설계조건과의 차이를 규명한 후 본 시공에 임해야 하며 또한 시공도중 인장시험을 실시하여 하중-신장량이 상한선, 하한선 범위 내에 들어오는지 여부를 확인하고 그렇지 않은 경우는 앵커 재천공 등의 적합한 조치가 필요하다. 인장시험 결과의 유형을 그림 5.58과 같이 비교하면 앵커시공 상태를 판단할 수 있다.

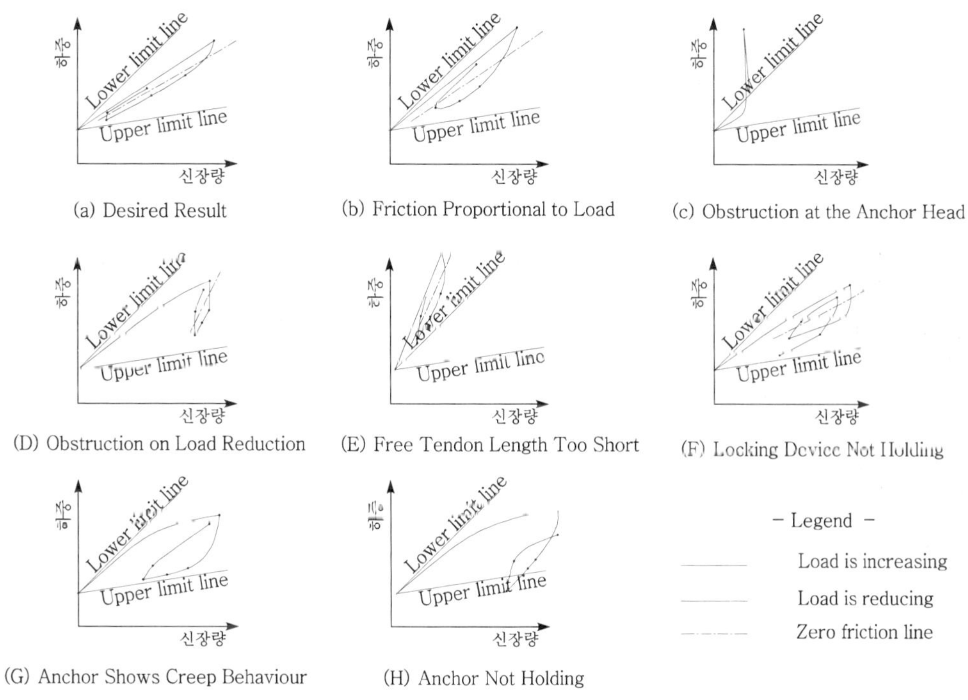

그림 5.58 인장시험 결과 유형(Geotechnical control office, 1989)

5.8 옹벽

5.8.1 옹벽의 종류

옹벽의 종류는 중력식, 반중력식, 캔틸레버식 등이 주로 사용되고 있으며 형식별 개념도는 그림 5.59와 같다.

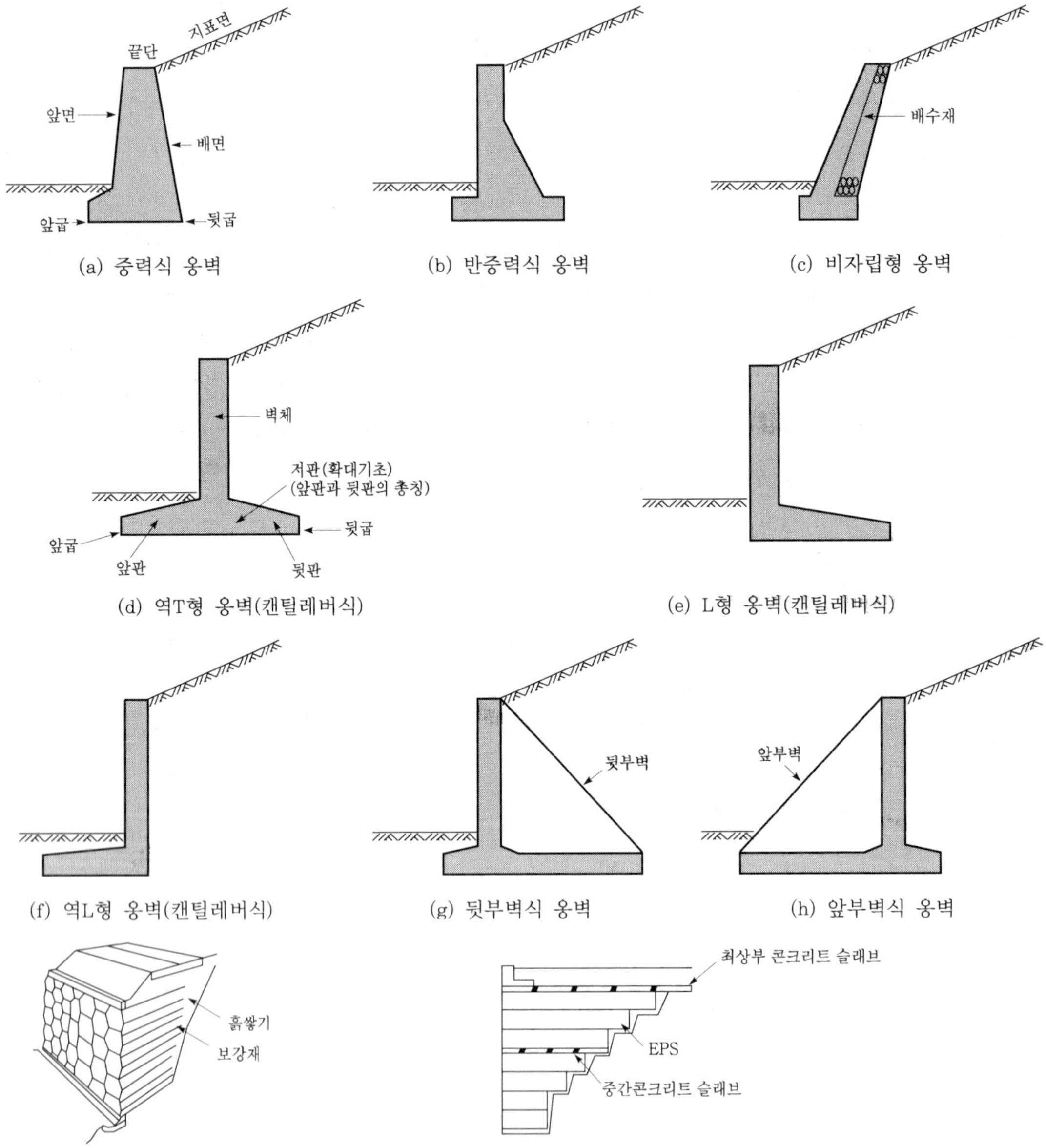

(a) 중력식 옹벽 (b) 반중력식 옹벽 (c) 비자립형 옹벽

(d) 역T형 옹벽(캔틸레버식) (e) L형 옹벽(캔틸레버식)

(f) 역L형 옹벽(캔틸레버식) (g) 뒷부벽식 옹벽 (h) 앞부벽식 옹벽

(i) 보강토 옹벽 (j) EPS 옹벽

그림 5.59 옹벽의 종류

5.8.2 옹벽형식 선정

1) 부지여건에 따른 형식 결정

(1) 옹벽 높이가 일정할 경우 옹벽기초 저면에 작용하는 최대 압력 크기순서는 중력식 > 반중력식 > L형 > 역 T형 옹벽 이다.

(2) 높이가 높지 않고 지반의 지지력이 양호한 경우 중력식이나 반중력식이 적합하다.

(3) 높이가 비교적 높은 곳은 지반의 지지력이 양호하더라도 경제적인 설계를 위해 캔틸레버식 옹벽이 적합하다.

(4) 높이 $10m$ 이상은 보강토 옹벽, EPS옹벽 및 부벽식 옹벽을 검토해야 한다.

2) 옹벽 높이에 따른 형식 결정

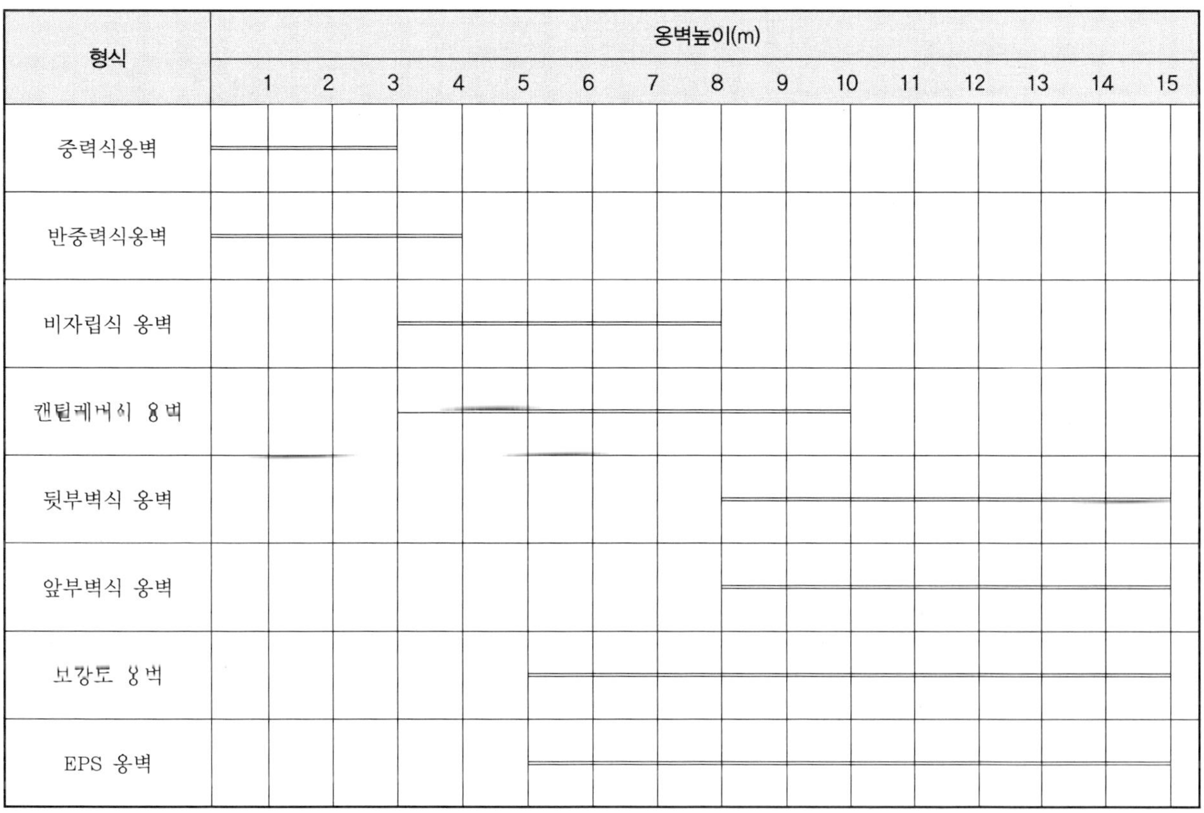

그림 5.60 옹벽높이에 따른 형식 적용

5.8.3 옹벽에 작용하는 토압

1) Rankine의 수평토압과 Coulomb의 수평토압 비교

옹벽을 설계하려면, 옹벽 뒤와 저판 아래에 있는 흙의 기본적인 성질, 즉 단위 중량, 마찰각, 점착력 등을 알아야 하며, 옹벽에 작용하는 수평력을 결정하여야 한다. 이러한 옹벽 설계 단계에서 쓰이는 옹벽 전체에 대한 안정을 검토하는 방법으로 실무에서 주로 사용하는 대표적인 수평 토압 이론은 Rankine의 수평토압과 Coulomb의 수평토압이며 기본가정 및 적용성은 표 5.17과 같다.

표 5.17 Rankine과 Coulomb 토압이론 비교

구분	Rankine 토압(소성이론)	Coulomb 토압(흙쐐기 이론)
기본가정	흙은 비압축성의 균질재료 즉, 침하하지 않는다고 가정하므로 벽마찰이 생기지 않는다.	흙은 비압축성의 균질재료이지만 파괴시 강소성 쐐기의 미끄러짐으로 벽마찰이 발생한다.
이론근거	횡방향 팽창 또는 압축에 의한 소성파괴상태에 따른 토압 (소성론) 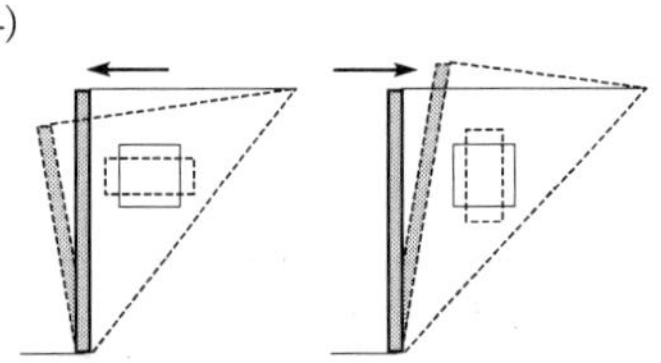 (주동상태) (수동상태)	흙이 쐐기상태로 활동하면서 벽에 작용하는 토압 (흙쐐기 이론) 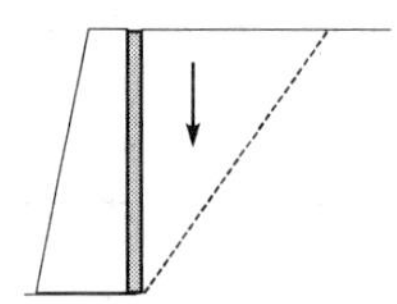 (흙쐐기이론)
차이점	1) 벽마찰각 무시로 주동토압은 과대평가, 수동토압은 과소평가 (설계상 안전측 결과됨) 2) 파괴면내 배면토는 모두 소성상태에 도달함. 3) 작용방향은 지표면과 평행 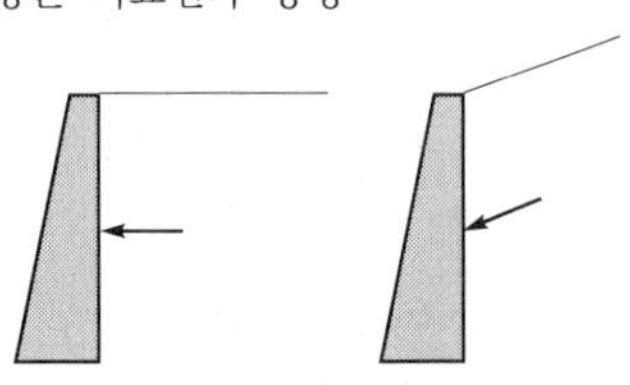 4) Mohr-Coulomb 파괴기준에 충실 (논리적임)	1) 벽마찰각 고려한 평면파괴로 주동토압은 실제에 접근, 수동토압은 과대평가(수동토압 : 신뢰성 결여) 2) 파괴면만 극한 상태에 있고 흙쐐기는 강체로 간주함. 3) 작용방향은 지표경사와 무관하며 벽마찰각 고려함. ($\delta \fallingdotseq \frac{2}{3}\phi$, Φ: 흙의 내부 마찰각) 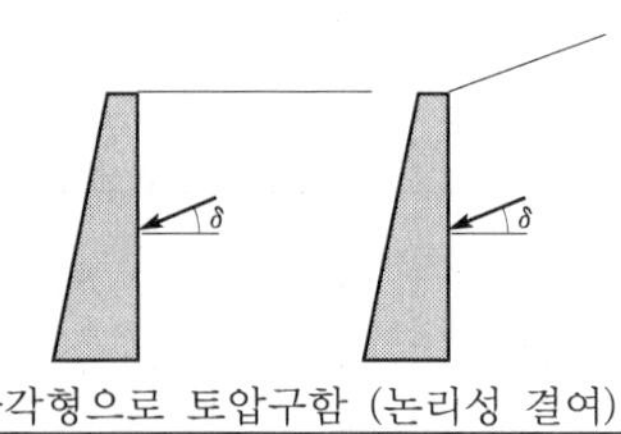 4) 힘의 다각형으로 토압구함 (논리성 결여)
적용성	1) 계산이 간단하므로 많이 사용되나 토압은 높이의 제곱에 비례하므로 높이가 높거나 중요 구조물에 대해서는 다른 방법을 사용하는 것이 좋다. 2) 지표면이 수평이고 벽면이 연직인 경우 주로 이용한다.	1) 주동의 경우 곡선부분이 적기 때문에 직선으로 가정할 수 있으며 이는 주동토압이 δ의 크기에 영향을 크게 받지 않기 때문이다. 2) 수동의 경우 (1) $\delta < \frac{\phi}{3}$: 직선으로 가정할 수 있음 (2) $\delta > \frac{\phi}{3}$: 곡선부분까지 영향 고려
상재하중 영향	1) 등분포 하중 : 계산 가능 2) 선, 집중하중 : 계산 불가능	1) 등분포하중 2) 선, 집중하중 흙쐐기 무게 W에 포함시켜 계산 가능
계산결과	1) 주동토압 : 과대평가(안전측) 2) 수동토압 : 과소평가(안전측) 벽면마찰을 무시하고 있으나 실제는 발생하므로 계산에 영향 미침	1) 주동토압 : Rankine 값보다 작고 실제와 잘 맞음 2) 곡면파괴로 구한 값보다 크게 평가되는데 벽면마찰각이 클수록 차이 큼

2) 옹벽종류별 적용하는 토압

(1) 캔틸레버식 옹벽

안정검토 시 Rankine의 토압이론을 적용하는 경우에는 그림 5.61(a)와 같이 뒷굽판 점 A를 지나는 연직선 AB를 그리고 Rankine의 주동토압 P_a와 뒷굽판 위에 있는 흙의 무게 W_s 및 옹벽콘크리트의 자중 W_c에 대하여 안정 검토한다.

(2) 중력식 옹벽

그림 5.61(b)와 같이 Rankine이나 Coulomb 토압을 적용하여 안정을 검토 할 수 있다. Coulomb 토압을 적용하는 경우 흙의 무게를 무시하고 주동토압 P_a와 옹벽의 자중 W_c만을 고려할 수 있다.

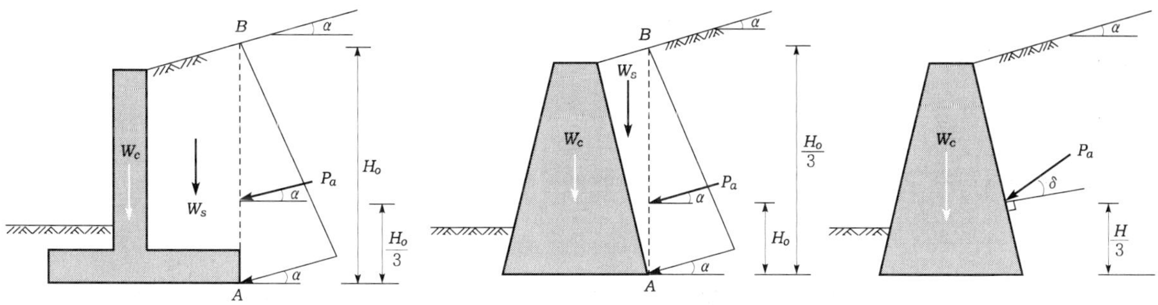

(a) 캔틸레버식 옹벽 (b) 중력식 옹벽

그림 5.61 캔틸레버식 옹벽의 Rankine 토압과 중력식 옹벽

3) 옹벽단면의 크기 가정

국토교통부 표준단면도를 이용하여 H(높이)만 알면 다음 표에 의하여 단면을 선택 할 수 있으며, 가정된 단면이 안정한 경우 옹벽단면의 크기로 결정한다.

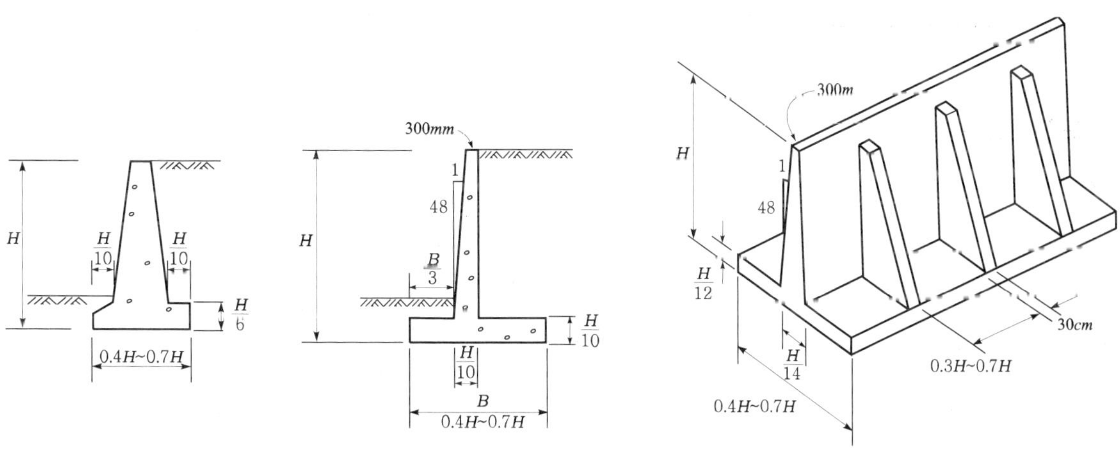

(a) 중력식 옹벽 (b) 켄틸레버식 옹벽 (c) 부벽식 옹벽

그림 5.62 옹벽단면의 크기 가정

표 5.18 국토교통부 옹벽종류별 표준단면

옹벽종류	전면벽의 상부	저판의 폭	저판~바닥까지 깊이 D	부벽의 두께	부벽의 중심간격
중력식 옹벽	콘크리트 타설을 원할하게 하기 위해 0.3m이상	0.4~0.7 H 정도	0.6m 이상이며, 겨울철에는 동결심도 아래까지	-	-
캔틸레버식 옹벽				-	-
부벽식 옹벽				0.3m정도	0.3~0.7H 정도

5.8.4 배수대책

1) 설계 시 대책

(1) 배수처리를 고려하여 설계를 해야 한다.

(2) 배수처리가 곤란한 경우는 수압을 고려하여 설계한다.

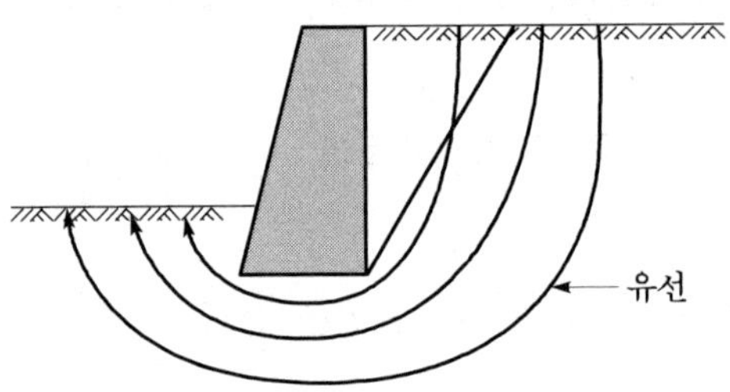

그림 5.63 배수구가 없는 경우의 유선

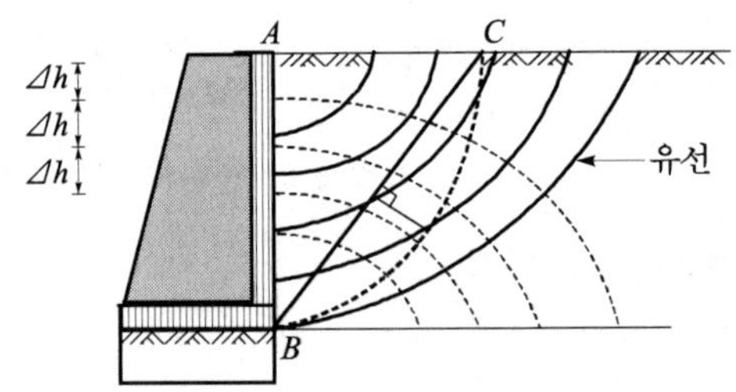

그림 5.64 배면에 연직배수구가 있는 경우의 유선

2) 뒷채움 토질조건별 배수대책

(1) 배수가 잘되는 사질토일 경우

① 물구멍설치 : $\phi = 5cm$, 간격 $1.5 \sim 4.5m$(일반적으로 $2m \times 2m$)

② 유공관을 옹벽의 연장을 따라 설치 한 후 한쪽 방향으로 배수

(2) 배수가 다소 불량한 사질토

① '(1)' +연직필터재료 설치 ② 필터 크기: $30 \times 30cm$ ③ 필터위치: 물구멍사이

(3) 세립토의 경우 : $30cm$ 두께의 필터층을 연직 또는 경사지게 설치

(4) 팽창성 점토일 경우 : 2중의 blanket 배수층 설치

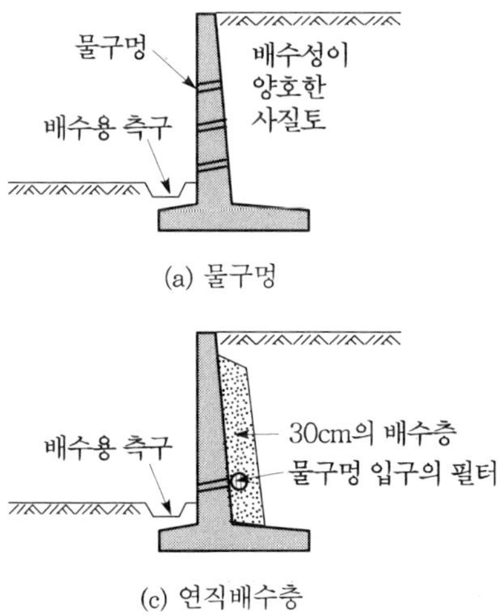

그림 5.65 옹벽 뒷채움의 배수층

3) 실무적용 시 유의사항

옹벽 설계 시 단위중량은 습윤단위중량(γ_t) 조건으로 적용하며 그 이유는 옹벽의 뒷채움 재료가 배수가 되기 때문이다. 따라서 뒷채움 재료는 배수가 잘되는 조립토를 사용하거나 또는 이미 침투한 물이 배수되고 향후 옹벽쪽으로 유입되지 않도록 유도배수를 한다. 또한 세립토의 경우는 연직배수층이나 경사배수층을 추가로 설치하도록 한다.

5.8.5 뒷채움 재료 기준

옹벽에서 일반적인 뒷채움 재료 기준은 다음과 같다.

1) 최대치수 : 100mm 이하
2) No. 4체 통과량 : 25~100%
3) No. 200체 통과량 : 0~15%
4) 소성지수(PI) : 10% 이하
5) CBR 10% 이상
6) 투수성이 좋은 사질토

5.8.6 옹벽설계

1) 설계순서

(1) 지형조사, 지반 및 뒷채움 흙의 토질조사

(2) 시방서를 고려한 설계조건 결정

(3) 옹벽형식을 선정하고 단면을 가정

(4) 옹벽의 자중, 토압과 뒷채움 흙 위의 상재하중의 크기를 계산

(5) 옹벽에 대한 안정 검토

(6) 뒷채움 흙에 따라 배수시설 형식과 벽체의 세부구조 결정

2) 설계흐름도

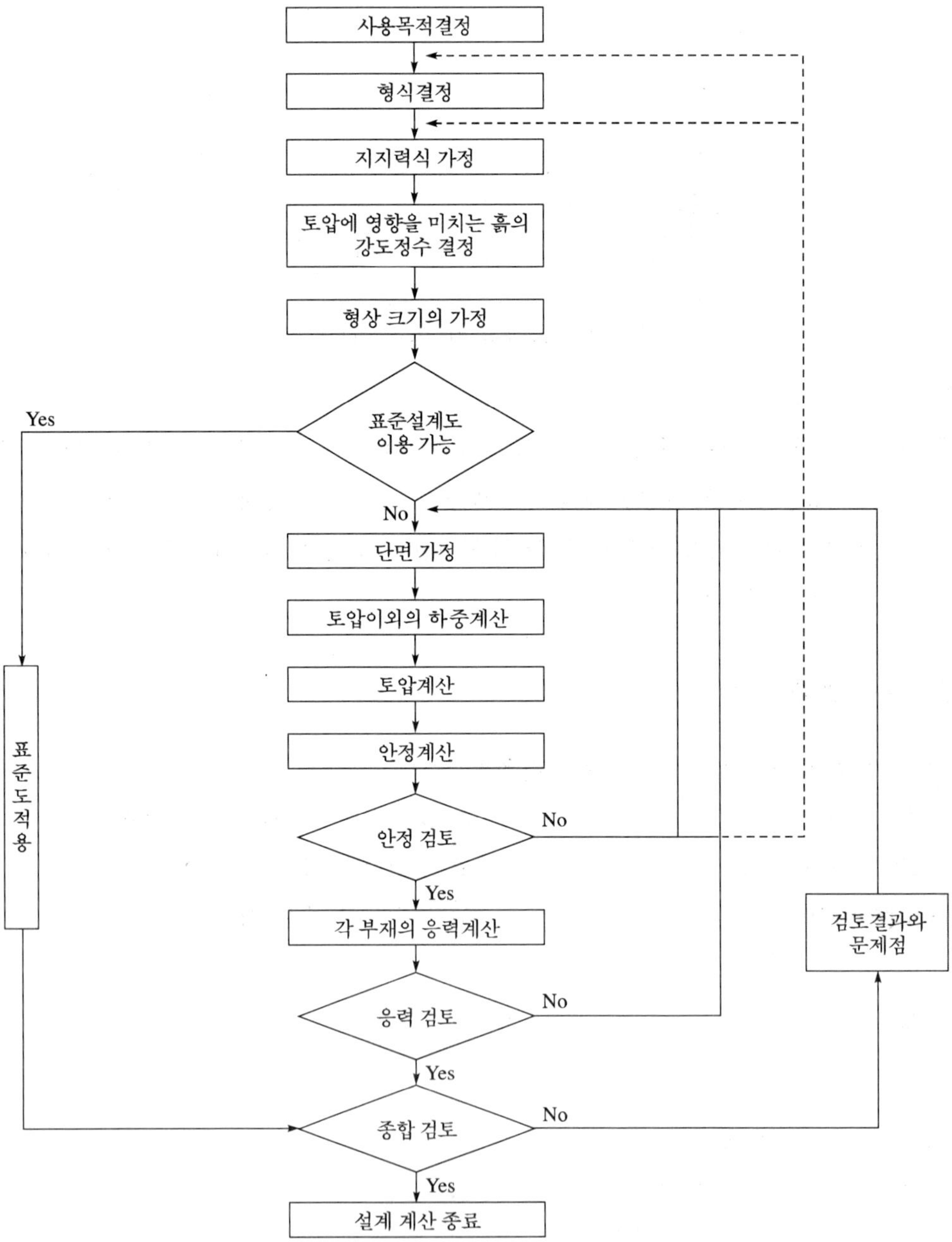

그림 5.66 옹벽 설계순서(국토교통부, 2016)

3) 옹벽 안정성 검토

(1) 활동

① 활동에 대한 안전율 F_s

$$F_s = \frac{F_r}{F_d} \geq 1.5 \tag{5.28}$$

여기서, F_r : 저항력의 합

F_d : 수평력의 합

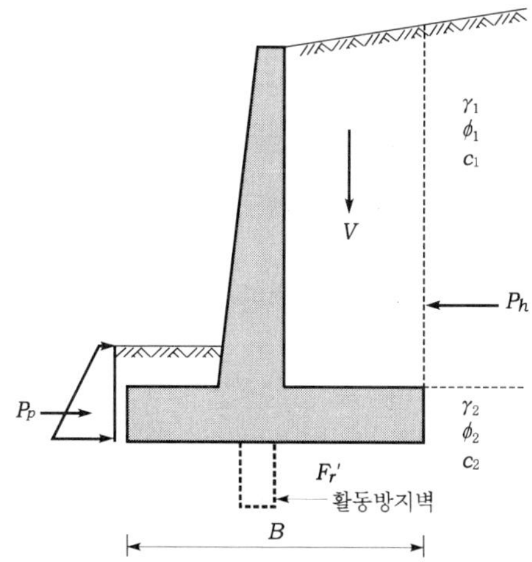

그림 5.67 활동에 대한 검토

② F_d는 주동토압의 수평분력에 의해 발생한다.

$$F_d = P_h = P_a \cos\alpha \tag{5.29}$$

③ F_r은 옹벽저판에 작용하는 마찰력, 점착력 및 옹벽 전면의 수평토압 P_p의 합력이다.

$$F_r = F_r' + P_p = V\tan\phi_2 + c_2 B + P_p \tag{5.30}$$

여기서, F_r' : 마찰력과 점착력의 합력, V : 옹벽에 작용하는 수직력의 합

B : 옹벽 저판의 폭, ϕ_2 : 옹벽 기초 지반의 내부마찰각

c_2 : 옹벽 기초 지반의 점착력

④ 마찰각 ϕ_2를 1/2 ~ 1/3, c_2는 0.5~0.7로 감소시킨 값을 사용한 경우의 합력은,

$$F_r = V\tan(k_1\phi_2) + k_2 c_2 B + P_p \tag{5.31}$$

여기서, k_1=1/2 ~2/3, k_2=0.5 ~ 0.9 범위의 값이다.

⑤ 활동에 대한 저항력 계산에서 수동토압 P_p를 무시하기도 한다.
(P_p를 무시하면 안전율 1.5 이상, P_p를 고려하면 안전율 2.0 이상)

⑥ 안전율이 부족한 옹벽에서 활동에 대한 저항력을 증가시키기 위해 활동방지벽(base shear key)을 사용하기도 한다.

(2) 전도에 대한 검토

그림 5.68은 캔틸레버식 옹벽에 작용하는 Rankine의 주동 토압과 앞굽판에 작용하는 수동토압을 나타낸다.

전도에 대한 안전율(F_s)

$$F_s = \frac{M_r}{M_o} \geq 2 \tag{5.32}$$

여기서, M_r : 점 C를 중심으로 한 저항모멘트의 합(뒷굽판 위에 있는 흙의 수직분력) $P_v(=P_a \sin\alpha)$

M_o : 점 C를 중심으로 한 전도모멘트의 합 ($M_o = P_h \cdot H_o / 3$, 여기서 $P_h = P_a \cos\alpha$)

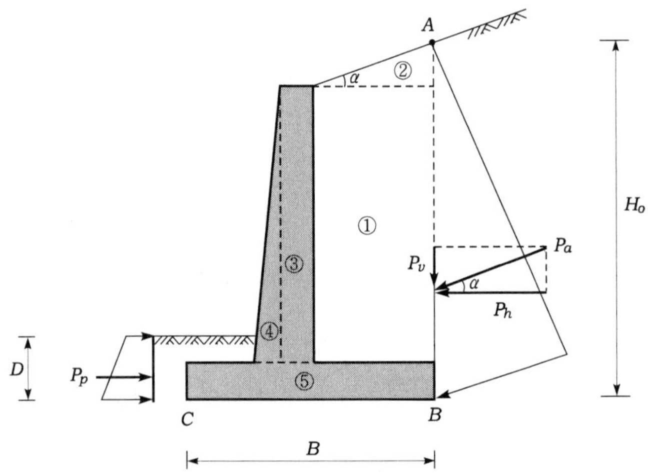

그림 5.68 전도에 대한 검토

① P_p에 의한 저항 모멘트는 무시한다.

② 옹벽에 작용하는 합력이 저판 폭 1/3이내(middle third)에 있으면 전도에 대한 안정성 검토를 생략한다.

③ 기초지반이 암반일 경우, 합력이 중앙 1/2이내에 있으면 전도에 대한 안정성 검사는 생략한다.

(3) 지지력에 대한 검토

① 흙으로 전달되는 수직 압력지반의 허용지지력

$$\vec{R} = \vec{V} + \vec{P_h} \tag{5.33}$$

여기서, V : 수직력의 합

P_h : 수평력

R : 수직, 수평 합력

앞굽판 점 C에 대한 모멘트 합은,

$$M' = M_r - M_o \tag{5.34}$$

합력(R)의 작용선이 점 E에서 저판과 교차하며, $\overline{CE}$의 거리는 식 (5.35)와 같다.

$$\overline{CE} = x = \frac{M'}{V} = \frac{M_r - M_o}{V} \tag{5.35}$$

따라서 합력 R의 편심거리 e는 식 (5.36)과 같다.

$$e = \frac{B}{2} - x = \frac{B}{2} - \frac{M_r - M_o}{V} \tag{5.36}$$

저판 아래의 압력분포는 식 (5.37)과 같이 구할 수 있다.

$$q = \frac{V}{A} \pm \frac{M'}{I} y \tag{5.37}$$

여기서, $M' = V \cdot e$

I (저판 단면의 단위 길이 당 단면 2차모멘트)

$= \dfrac{1 \times B^3}{12}$

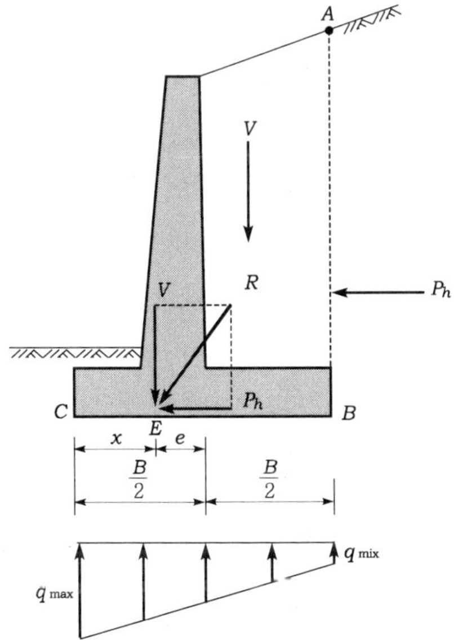

그림 5.69 지지력에 대한 검토

지지력에 대한 안전율,

$$F_s = \frac{q_a}{q_{max}} \geq 1 \tag{5.38}$$

여기서, $q_a = q_u / 3$

4) 설계 시 고려사항

(1) 역 T형 옹벽 설치 시 터파기선이 부지외곽을 많이 차지하여 비경제적인 경우와 배면이 암반일 경우에 L형 옹벽을 적용하는 것이 유리하다.

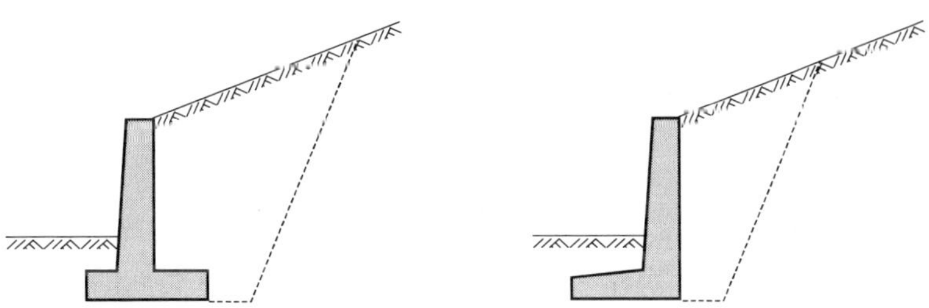

(a) T형 옹벽 터파기선 (b) 역 L형 옹벽 터파기선

그림 5.70 역 T형 옹벽 터파기선과 역 L형 옹벽 터파기선

(2) 옹벽 설계 시 앞쪽의 변위를 허용하므로 주로 주동 상태의 토압을 사용하며 옹벽 전면에 작용하는 수동토압은 안전측이므로 무시한다.

(3) Rankine토압과 Coulomb토압 선택

① 벽면마찰이 없고 옹벽배면 경사각이 없는 경우 두 방법의 계산결과는 동일하므로 계산이 간단한 Rankine방법을 주로 이용한다.

② 흙의 상대변위가 있어 마찰력의 고려가 필요할 경우 Coulomb토압을 사용하되 배면이 암반 등으로 상대 변위가 없을 경우 Rankine방법이 적정하다.

③ 다짐 초기 시 다짐 변형이 대부분 발생하므로 배면에 흙쌓기 하는 경우 주로 Coulomb 토압선정이 적정하다.

(4) 높이 $8m$ 이하의 옹벽 토압계산은 $P_a = \frac{1}{2}\gamma H^2 K_a$ 식에 의해 구하고 높이 $8m$ 이상의 토압은 뒷채움재의 토질시험을 실시하여 설계 토질정수를 정하며 Rankine, Coulomb, Terzaghi 방법으로 토압을 구한다. 다만 지표면의 경사가 크거나 불규칙한 경우 Culmanm도 해법에 의해 토압을 계산한다.

(5) 활동에 대한 안정 검토시 안전율(F_s) 1.5를 만족하지 않을 경우에는 저판폭을 넓히고, 지형관계로 넓힐 수 없는 경우는 기초를 깊게 하여 전면의 수동토압을 고려하기도 하며 말뚝의 수평 저항을 고려하기도 한다.

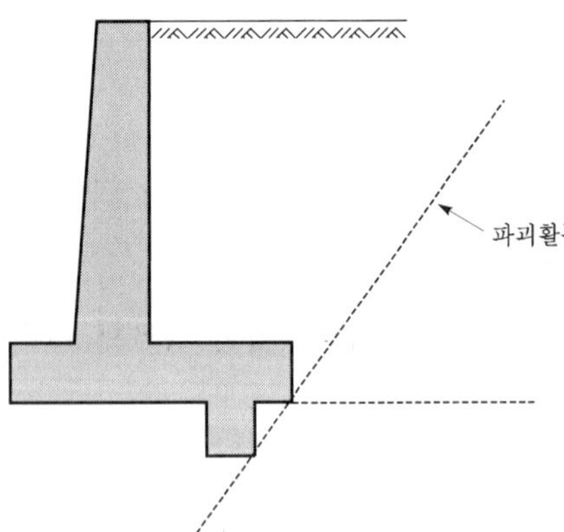

그림 5.71 활동방지벽 설치위치 개념도

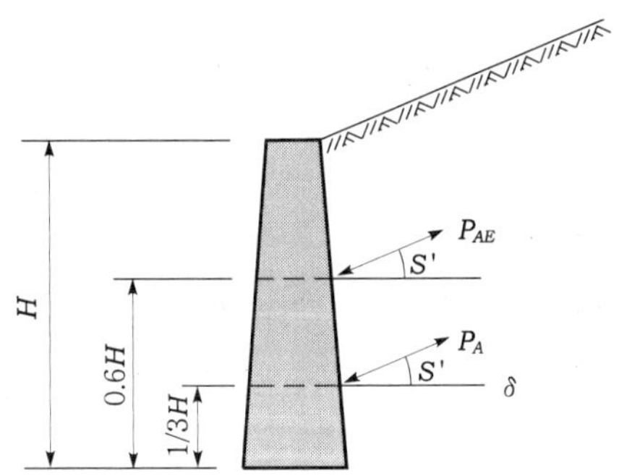

그림 5.72 옹벽에 지진작용 시 토압 작용점

(6) 옹벽에서는 배수에 대한 설계 및 시공을 하게 되므로 토압 이외에 수압은 고려하지 않는다. 다만 원호활동에 대한 안정검토 시 원호 파괴면이 지하 수위면을 통과하는 경우가 많으므로 지하수위 영향을 고려한다.

(7) 옹벽 기초형식 선정 시 연약층의 두께가 약 $1m$인 경우에는 옹벽의 지하 근입 깊이를 깊게 하거나 양질의 재료로 치환함이 유리하다. 연약층의 두께가 약 $2\sim3m$인 경우에는 역학적으로 말뚝기초 적용이 곤란하므로 치환공법을 계획 하여야 하며 연약층이 깊을 때에는 말뚝기초로 한다.

(8) 활동 방지벽의 설치 위치는 마찰 저항력 측면에서는 옹벽 배면에 설치할수록 유리하나 이 경우 토압이 증대되어 불리한 조건이 되므로 토압이 증가하지 않는 범위 내에서 배면측에 근접되게 설치하여야 한다.

(9) 지표면과 동일하게 지하수위가 있는 경우 옹벽 안전율이 저하되며 옹벽의 횡방향 응력은 배면 배수층 형상에 따라 변화하는데 경사배수가 수직배수보다 수압감소에 효과적이다. Terzaghi는 강우 중 수직배수는 경사배수에 비해 유효응력이 1.3배 증가 한다고 하였다.

(10) 지진 시에 대한 안정검토 시 옹벽 벽체 뒤의 토체(흙쐐기)를 자유물체(강체)로 간주하되 흙 쐐기 자중에 수평 및 수직지진계수를 곱한 지진력을 포함하여 힘의 평형에 대하여 계산한다. (진동하중과 지진 시 주동토압은 추가되며 수동토압은 감소되는 것으로 설계 할 수 있다.)

(11) 옹벽에 지진작용 시 토압 작용점의 정적 분력은 토압 작용면 높이의 $\frac{1}{3}$ 위치에, 동적 분력은 토압 작용면 높이의 0.6배 위치에 작용하는 것으로 본다.

예제 5.5

그림 5.73에 보인 캔틸레버식 옹벽 저판 아래의 최대 및 최소 응력과 활동, 전도에 대한 안전율을 구하여라. 성토의 강도정수는 $c'=0$, $\phi'=40°$, $\gamma_t=17kN/m^3$이고, 지반의 허용지지력은 $180kPa$지하수위는 저판 훨씬 아래에 있다. 흙과 저판의 마찰각은 30°로 취하고 콘크리트의 단위중량은 $24\,kN/m^3$으로 가정한다.

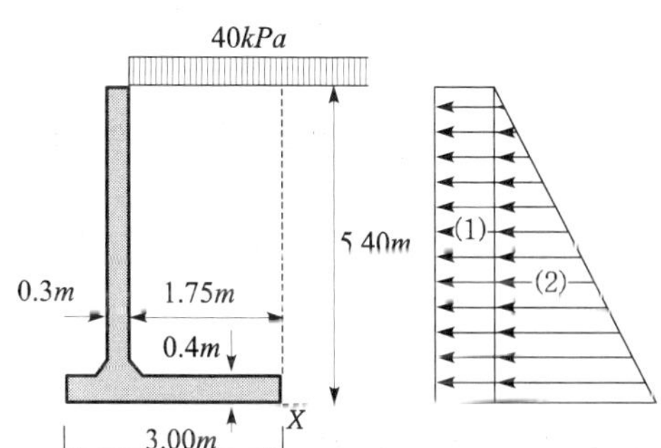

그림 5.73 옹벽 설치 조건

풀이

1) 주동토압계수 : $K_a=\frac{1-\sin\phi}{1+\sin\phi}=\frac{1-\sin 40}{1+\sin 40}=0.217$

표로부터 $\phi'=40°$에 대해 $K_a=0.217$ 이다.

여기서 가상벽면에 작용하는 토압은 Rankine토압이 실제와 더 잘 부합된다.

2) 작용토압 = 가상벽면에 작용하는 토압 + 상재하중으로 인한 토압

$$=\frac{1}{2}\gamma_t H^2 K_a+q_s HK_a=\frac{1}{2}\times17\times5.4^2\times0.217+40\times5.4\times0.217=53.79+46.87=100.66kN/m$$

표 5.19 모멘트 계산

단위 m당 하중(kN)	앞축에 대한 길이(m)	모멘트($kN-m$)
1) 0.217×40×5.40=46.87	5.4/2=2.70	126.6
2) 1/2×0.217×17×5.42=53.79	5.4/3=1.8	96.8
R_h=100.66		M_h=223.4
1) 벽체 5.0×0.3×24=36.0	1.1	39.6
2) 저판 0.4×3.0×24=28.8	1.5	43.2
3) 흙　1.75×5.0×17=148.8	2.125	316.1
4) 상재하중 1.75×40=70	2.125	148.8
R_v=283.6		M_v=547.7

3) 활동에 대한 안전검토

$$F_s = \frac{283.6 \times \tan 30°}{100.66} = \frac{163.7}{100.66} = 1.6 \rangle 1.5 \quad \text{O.K}$$

4) 전도에 대한 안전검토

전도 모멘트 M_o = 223.4$kN-m$,　저항 모멘트 M_r = 547.7$kN-m$

$$F_s = \frac{547.7}{223.4} = 2.45 > 2.0 \quad \text{O.K}$$

5) 지지력에 대한 검토 :

$$e = \frac{B}{2} - \frac{M_v}{R_v} = \frac{3}{2} - \frac{324.3}{283.6} = 1.5 - 1.14 = 0.36 \ \langle 3/6 = 0.5$$

$$\sigma = \frac{R_v}{B}\left(1 \pm \frac{6e}{B}\right) = \frac{283.6}{3}\left(1 \pm 6 \times \frac{0.36}{3}\right) \quad \text{O.K}$$

$$= 94.5(1.0 \pm 0.72) = 162.5kPa, \quad 26.5kPa < 180kPa$$

5.9 보강토 옹벽

보강재의 개념은 과일을 상자안에 담을 경우 신문지 등을 끼워 넣는 것은 과일이 상하지 않도록 하는 목적도 있지만 옆으로 무너지지 않도록 하는 목적도 있으므로 과일은 흙의 입자이며 신문지는 수평이동을 제어하는 보강재로 볼 수 있다. 즉 보강토 옹벽은 흙과의 결속력이 큰 보강재를 보강토체에 삽입하여 흙과 보강재사이의 마찰력에 의해 양자를 일체화 시켜 흙을 보강하는 공법이다.

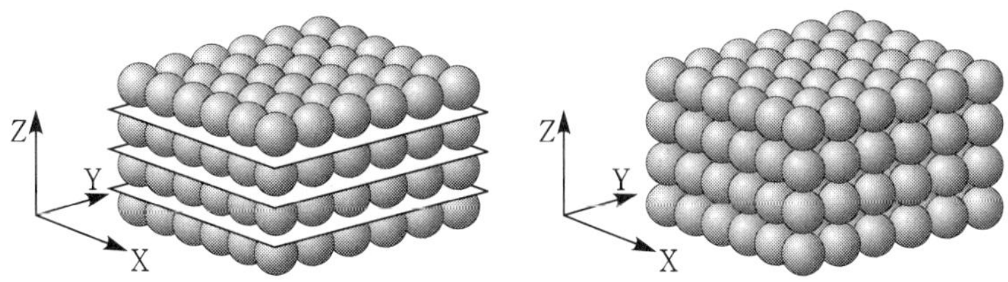

(a) 보강(Reinforced)상태 (b) 무보강(Unreinforced)상태

그림 5.74 보강토공법 개념도

5.9.1 이론적 배경

토체는 흙의 자중에 의하여 수직응력(σ_v)이 작용하며 토체의 수직응력에 의한 수평분력($\Sigma\sigma_h$)은 흙의 토질정수 c와 ϕ의 함수인 소위 토압계수에 의하여 결정되며 흙입자를 횡방향으로 이동시키려는 능동적인 힘이다.

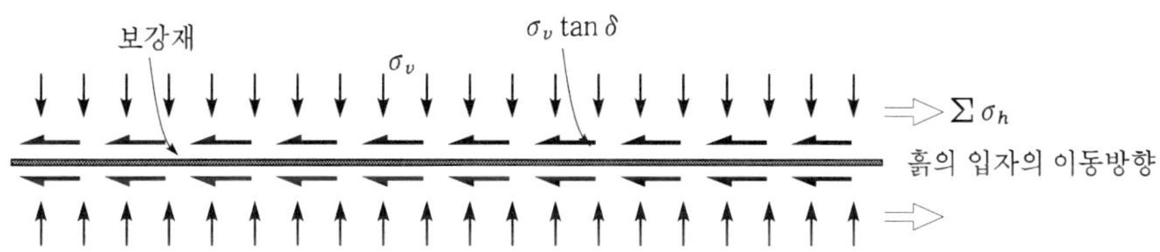

(a) 보강토체의 흙의 횡방향이동 저항

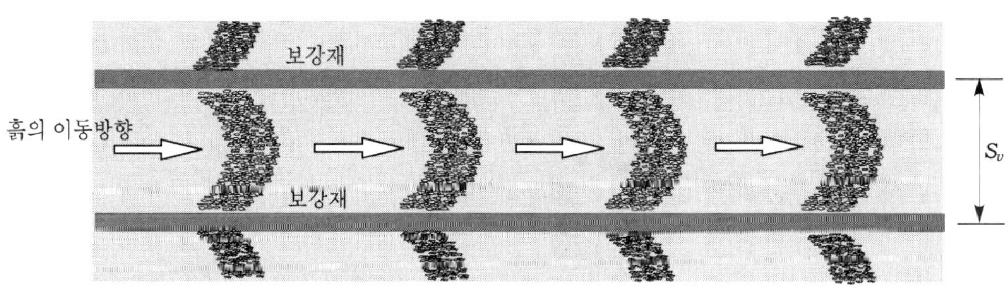

(b) Arching 현상

그림 5.75 보강토체의 흙의 횡방향이동 저항 및 arching현상

$$\sigma_h = K \cdot \sigma_r \tag{5.39}$$

여기서, K : 토압계수 $f\ (\phi,\ c)$

$$\sigma_r = \sigma_v \tan\delta \fallingdotseq f^{*}\sigma_v \tag{5.40}$$

$$\delta = f\ (\phi, c) \tag{5.41}$$

여기서, $\tan\delta$: 흙과 보강재의 마찰계수

f^{*} : 흙과 보강재의 결속저항계수 (포괄적 의미의 저항계수)

$$\text{안정적인 보강토체} : \Sigma\sigma_r \geq \Sigma\sigma_h \tag{5.42}$$

$$\text{불안정한 보강토체} : \Sigma\sigma_r < \Sigma\sigma_h \tag{5.43}$$

5.9.2 보강토옹벽 개념도 및 파괴형태

보강토옹벽에서 패널(pannel)식과 블록(block)식 개념도는 그림 5.76과 같다.

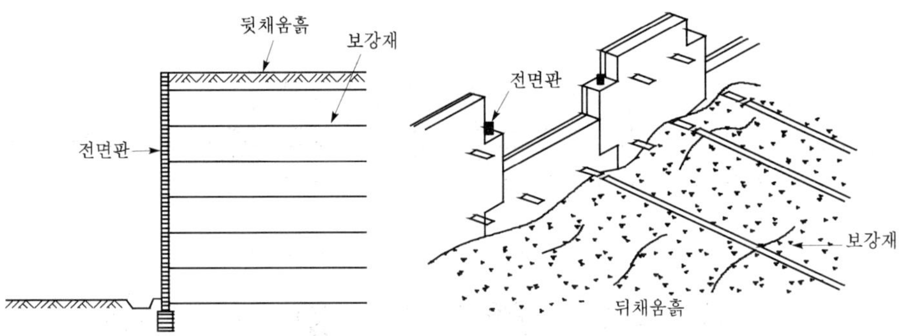

(a) 패널식 보강토옹벽

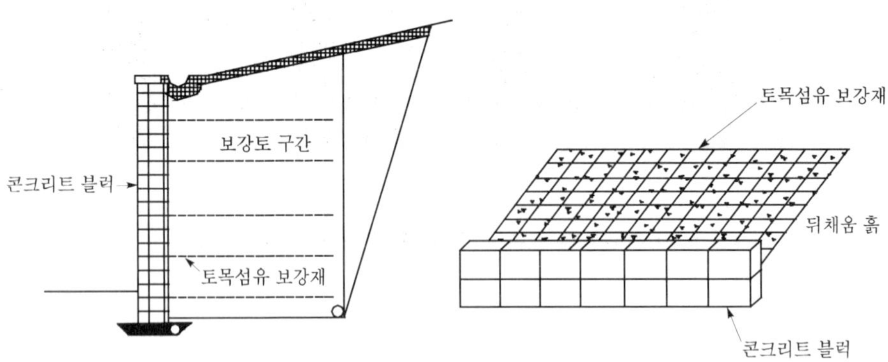

(b) 블록식 보강토 옹벽

그림 5.76 보강토 옹벽 개념도(패널식, 블록식)

보강토 옹벽의 주요 외적파괴형태는 그림 5.77과 같으며, 주요 내적파괴형태는 그림 5.78과 같다.

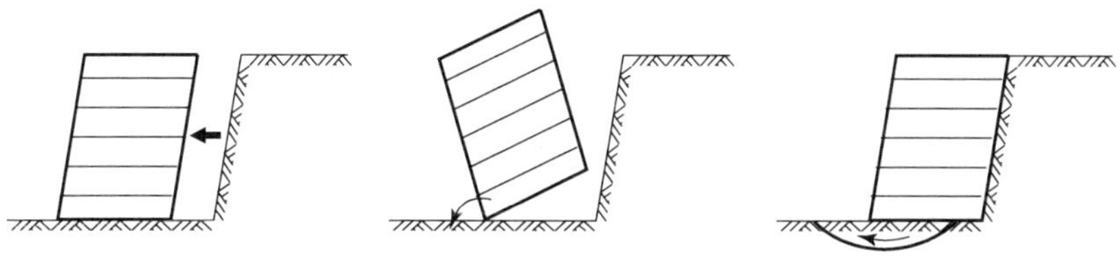

(a) 활동(base sliding) (b) 전도(overturning) (c) 지지력(bearing capactity)

그림 5.77 보강토체 파괴형태(외적파괴)

(a) 인발(pullout) (b) 절단(tensile over-stress)

그림 5.78 보강토체 파괴형태(내적파괴)

5.9.3 보강토옹벽 설계

1) 설계순서

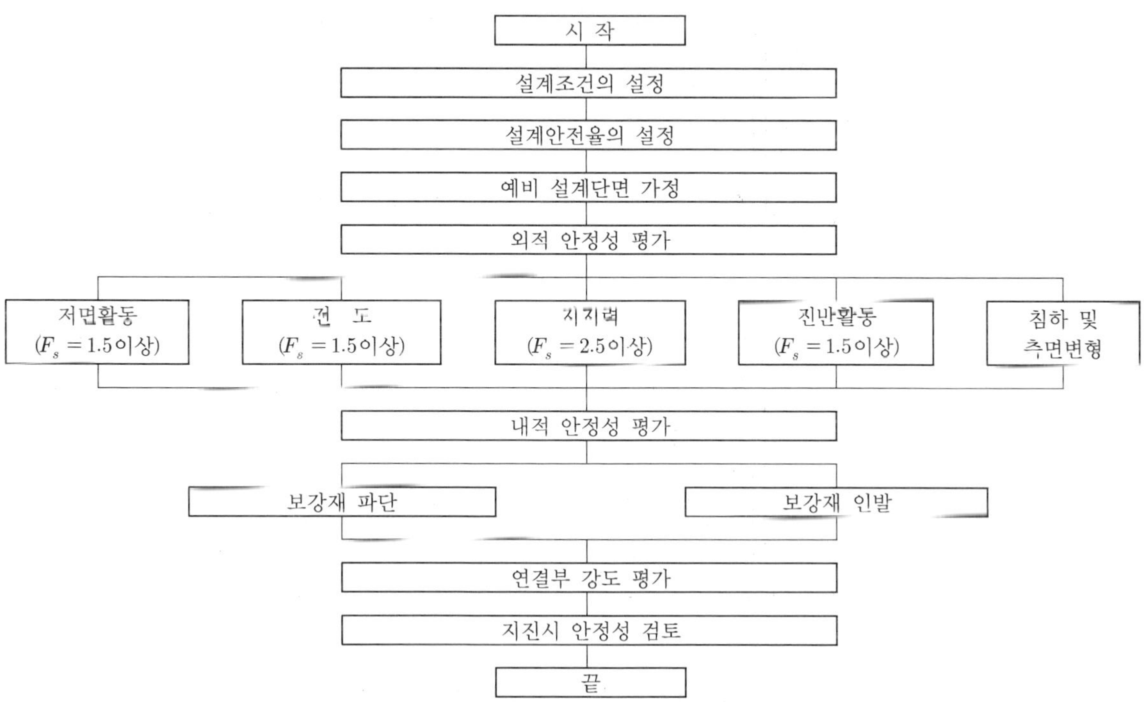

그림 5.79 보강토 옹벽의 개략적인 설계순서(한국지반공학회, 1998)

2) 실용적 설계법

반경험적 보강토옹벽 설계법으로는 마찰쐐기(tie-back wedge)법과 복합중력식(coherent gravity)법 등의 두 가지 방법이 있다. 이 두 가지 방법은 보강재의 특성과 주동파괴 영역 및 토압계수의 분포, 그리고 토압분포를 어떻게 보는가에 따라서 달라진다. 마찰쐐기법은 geotextile, geogrid 등의 합성섬유 등을 이용한 신장성 보강재를 적용한 보강토옹벽 설계에 적용한다. 예상파괴면은 그림 5.81(a)와 같이 벽체와 함께 삼각형을 이루는 직선 형태로 가정하며, 토압계수는 옹벽 전체 높이에 걸쳐서 일정하게 적용한다.

복합중력식법은 비신장성인 보강재를 적용한 보강토 옹벽 설계에 적용하고, 예상파괴면은 그림 5.81(b)와 같이 2개의 직선으로 가정한다. 토압계수는 옹벽상부에서 6m까지는 정지토압계수에서 주동토압계수까지 직선 비례적으로 감소시키며, 6m이하의 부분에서는 주동토압계수를 일정하게 적용한다.

하중전달방식
- 1) 마찰방식 ⇒ 띠형(strip), 봉형, sheet형 보강재(Tie-back wedge 법)
- 2) 지압방식 ⇒ Geogrid 보강재(Coherent gravity 법)

그림 5.80 하중전달방식에 따른 분류

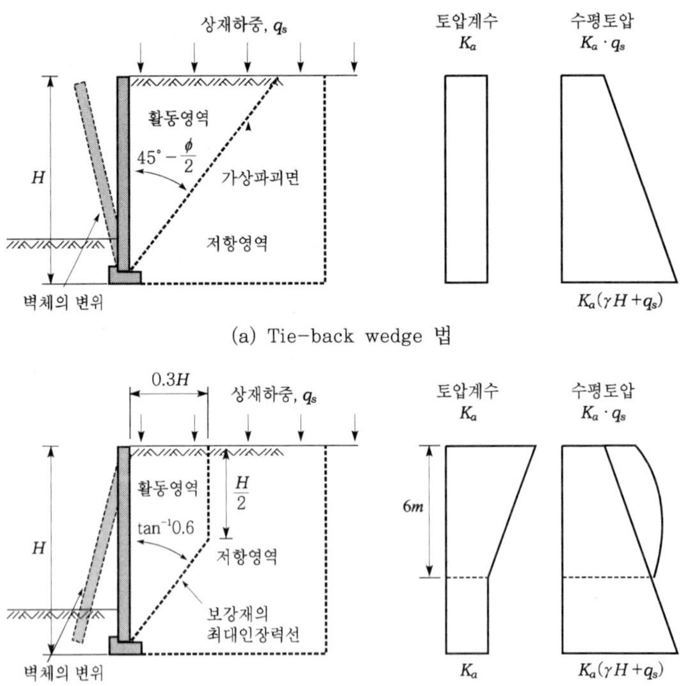

(a) Tie-back wedge 법

(b) Coherent gravity 법

그림 5.81 보강토옹벽의 반경험적 설계법

3) 설계 하중율(Load factor)

보강토 옹벽의 설계에서 적용되는 모든 하중은 발생 가능한 모든 경우에 대한 안정 검토를 위하여 표 5.20과 같은 하중율을 적용한다. 안전성은 하중율을 적용했을 때 발생 가능한 가장 불리한 조건에서의 검토하여야 하며, 이 점이 일반 옹벽의 하중조건과 다른 점이다. 여기서, 발생 가능한 가장 불리한 조건이란 최악의 하중조건이 될 경우이다.

표 5.20 보강토 옹벽의 설계하중율(한국지반공학회, 1998)

하중 \ 구분		지지력에 대한 안정 및 내적 안정 검토(1)	활동에 대한 안정 및 내적 안정 검토(2)	침하에 대한 안정 검토(3)
사하중	배면토압	1.35	1.35	1.00
	보강토체	1.35	1.00	1.00
	상재하중	1.35	1.00	1.00
상재 활하중		1.60	1.60	1.20

※ 주 : 1)과 2)는 보강토 옹벽의 내적 및 외적안정성 검토시 사용하고 3)은 보강토 구조물의 침하량 산정시에만 사용
예) 보강토 옹벽의 내적 안정검토시 설계 상재 하중 산정
설계상재하중 = 실재상재하중 × 1.35
단, 하중계수를 적용하는 경우의 안전율은 표 5.21을 참고하여 적용한다.

표 5.21 보강토옹벽 설계 안전율(하중계수 적용 시)

보강재종류	외적안정성			내적안정성		전체안정
	지면활동	전도	지반지지력	보강재 파단	보강재 인발	
철제보강재	1.2	1.0	1.5	1.0	1.35	1.25
섬유보강재	1.2	1.0	1.5	1.25	1.35	1.25

4) 외적 안정성 검토

보강토 옹벽의 외적안정은 보강토체를 포함한 뒷채움흙 쌓기 전체의 비탈면활동에 대한 안정을 검토하거나 이것에 더하여 보강토 옹벽의 침하에 대해서만 검토하는 경우가 많다. 그러나 보강토 옹벽이 기초지반이나 보강토체 배면의 토질과 비교하여 강성이 있다고 판단될 경우에는 일반 강성옹벽과 마찬가지로 지지력, 활동, 전도 등에 대해서도 검토하여야 하고, 토압은 Rankine 토압을 적용하며 계산방법은 강성옹벽과 동일하다. 만일 외적안정성이 불안한 경우는 보강재 간격을 줄이거나 길이를 증가시켜 검토하면 된다.

(1) 전체 쌓기비탈면의 안정성

그림 5.83과 같이 풍화도가 깊은 경사비탈면에 보강토 옹벽을 설치한다면 비탈면의 예상파괴면(potential failure surface)이 보강토체 밖에서 나타날 수 있으므로 설계 시에 이에 대한 충분한 사전 검토가 있어야 한다. 보강토체를 포함한 뒷채움흙쌓기 전체의 비탈면 활동 파괴에 대한 검토는 원호활동법으로 해석된다. 이 경우 보강재가 배치되는 범위는 보강재에 의하여 보강효과가 기대될 수 있기 때문에 가상 활동면은 보강 범위를 벗어나는 것으로 간주한다.

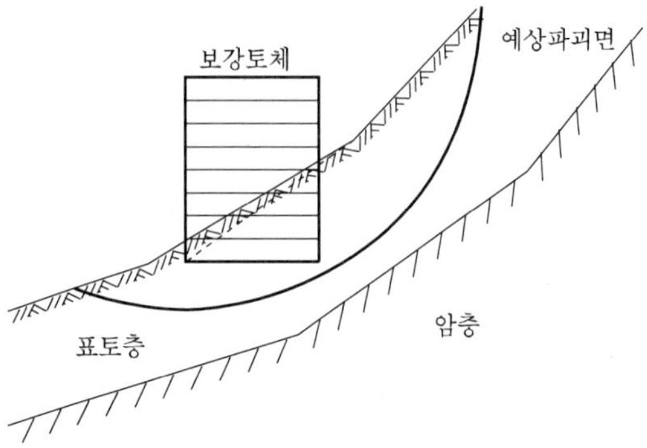

그림 5.82 경비탈면에 계획된 보강토 토류벽체

(2) 기초지반의 침하에 대한 안정성

침하의 가능성이 있는 지반 위에 설치된 보강토 옹벽에 대해서는 침하의 영향을 고려해야 한다. 또 잔류 침하량이 표 5.22에 규정된 한계 값을 상회할 때에는 사용목적 및 설치 지반에 적합한 대책공법을 병용하는 것으로 한다. 옹벽 구조물의 경우, 허용할 수 있는 부등 침하량을 벽체 높이의 1/1,000정도로 한정하는 반면, 보강토 구조물의 경우 허용될 수 있는 부등 침하량은 벽체 높이의 1/100정도로 보고 있다. 또한 기초지반의 부등 침하로 인하여 전면판에 큰 변형을 일으키지 않는 한계는 다음과 같다.

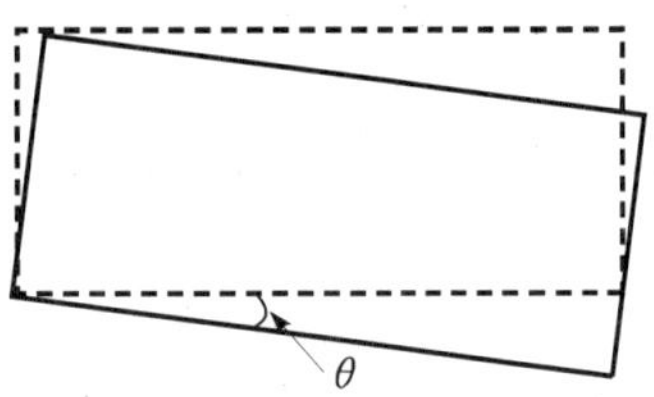

그림 5.83 보강토체의 부등침하

콘크리트 전면판의 경우 : $\theta < \frac{1.5}{100} \times H$

금속 전면판의 경우 : $\theta < \frac{3}{100} \times H$

표 5.22 잔류 침하량의 한계값(한국지반공학회, 1998)

검토항목	잔류침하량
교량, 고가의 접속부에 있는 보강토 옹벽	10~20 cm
상기 이외의 경우	15~30 cm

(3) 활동에 대한 안정

보강토 저면에서의 마찰저항력(P_H)과 저면에 작용하는 수평력(R_H)을 비교하여야 하고, 보강토체를 일반옹벽과 같이 생각하여 활동에 대한 검토를 하며 안전율($F_{s(sliding)}$)의 평가식은 다음과 같다.

$$F_{s(sliding)} = \frac{R_H}{P_H} > 1.5 \tag{5.44}$$

(4) 전도에 대한 안정

보강토옹벽은 저항모멘트에 기여하는 토체하중이 크므로 전도에 대한 안정검토는 토체 높이가 높지 않으면 생략할 수도 있다. 보강토 벽체의 전도에 대한 안전율은 일반옹벽의 전도 안정검토방법을 따르며 활동모멘트(M_o)와 저항모멘트(M_r)의 비로서 결정하고 그 계산식은 다음과 같다.

$$F_{s(ot)} = \frac{M_o}{M_R} > 1.5 \tag{5.45}$$

(5) 지지력에 대한 안정

보강토저면의 최대압축응력(P_v)은 기초지반의 허용지지력(V_b)를 초과하지 않아야 하며 이 경우 안전율 평가식은 식 (5.46)과 같다.

$$F'_{s(bear)} = \frac{V_b}{P_v} > 2.5 \tag{5.46}$$

5) 내적 안정성 검토

선단활동 파괴에 대하여 최소의 안전율을 나타내는 예상파괴면이 결정되면 이를 기준으로 보강재의 인발 및 파단파괴에 대하여 검토하게 되며, 각 보강재에서 발휘되는 축방향 최대인장력(T_{max})은 보강재의 허용인장강도(allowable tensile strength) 및 보강재의 유효길이에 따른 인발저항력 보다는 작아야 한다. 각각의 파괴 형태에 대한 안전율 평가식 및 기준을 정리하면 다음과 같다. 만일 인발에 대한 안정성이 불안한 경우는 보강재 길이를 증가시켜 검토하여야 하며, 파단에 대한 안정성이 불안한 경우는 보강재의 인장강도가 큰 것으로 검토하여야 한다.

보강재는 벽체의 모든 깊이에서 그림 5.84와 같이 일정한 수평간격 S_h와 수평간격 S_v로 설치하고 옹벽의 전면은 비교적 연성의 얇은 금속재료를 사용하여 여러 조각으로 시공된다.

가장 보편적으로 쓰이는 Rankine의 보강재 설계법은 다음과 같다.

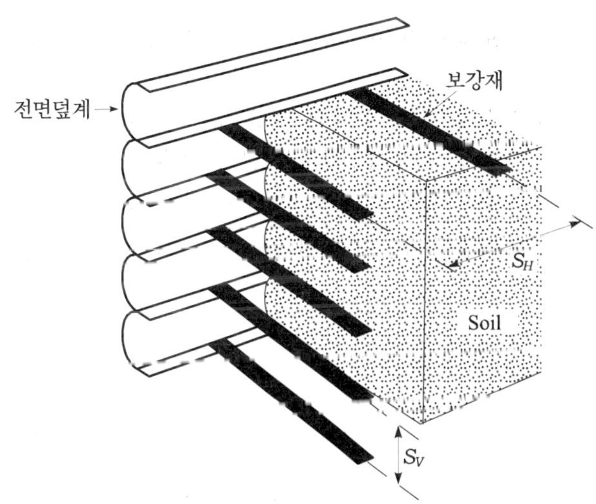

그림 5.84 보강재 개념도

Rankine의 주동토압이론에 따라 깊이 z에서의 Rankine 주동토압을 구하면,

$$\sigma_a = K_a \sigma_v - 2c\sqrt{K_a} \tag{5.47}$$

상재하중이 없는 건조된 사질토의 경우 점착력은 0(zero)이므로 $\sigma_a = K_a \sigma_v$ 이다.

임의의 깊이에서 보강토 옹벽의 단위 길이당 보강재에 작용하는 힘은 다음과 같다.
T_Z = 깊이 z에서의 주동토압×1개의 보강재에 의해 지지되는 옹벽의 면적

$$T_Z = \sigma_a (S_v \times S_h)$$

보강토 옹벽의 파괴는 각 심도별로 포설된 보강재의 파단 또는 인발시에 발생한다.

(1) 보강재의 파단에 대한 안정성 검토
봉형의 보강재의 파단에 대한 안전율은 식 (5.48)로 구할 수 있다.

$$F_{s(b)} = \frac{\text{보강재의 항복강도}}{\text{보강재에 작용하는 힘}} = \frac{\sigma_y \cdot \frac{\pi d^2}{4}}{\sigma_a S_v S_h} \tag{5.48}$$

여기서, σ_y = 보강재의 항복강도 또는 파괴강도, d = 봉형의 직경
S_v = 보강재의 연직간격, S_h = 보강재의 수평간격

보강재가 봉형인 경우에 직경(d)에 대해 정리하면 $d = \sqrt{\frac{4(\sigma_a S_v S_h) F_{s(b)}}{\sigma_y \pi}}$ 이다.

(2) 보강재의 인발에 대한 안전성 검토
임의의 깊이 z에 포설된 보강재의 인발 파괴는 보강재 표면을 따라 발현되는 마찰저항력이 보강재에 작용되는 힘보다 작은 경우에 발생한다. 마찰 저항이 발생되는 보강재의 유효길이는 보수적으로 Rankine의 주동파괴영역을 넘어선, 나머지 보강재의 길이이다. 깊이 z에서 보강재에 작용하는 최대 마찰력(F_r)은 다음 식과 같다.

$$F_r = \sigma_v \tan\phi_u \pi d \tag{5.49}$$

여기서, σ_v = 깊이 z에서의 유효연직응력
ϕ_u = 흙과 보강재 사이의 마찰각
l_e = 보강재의 유효길이

깊이 z에 포설된 보강재의 인발에 대한 안전율은 다음과 같다.

$$F_{s(p)} = \frac{\text{보강재에 작용하는 최대마찰력}}{\text{보강재에 작용하는 힘}} = \frac{F_R}{T} = \frac{\pi d l_e \sigma_v \tan\phi_u}{\sigma_v S_v S_h} = \frac{\pi d l_e \sigma_v \tan\phi_u}{K_a \sigma_v S_v S_h} \quad (5.50)$$

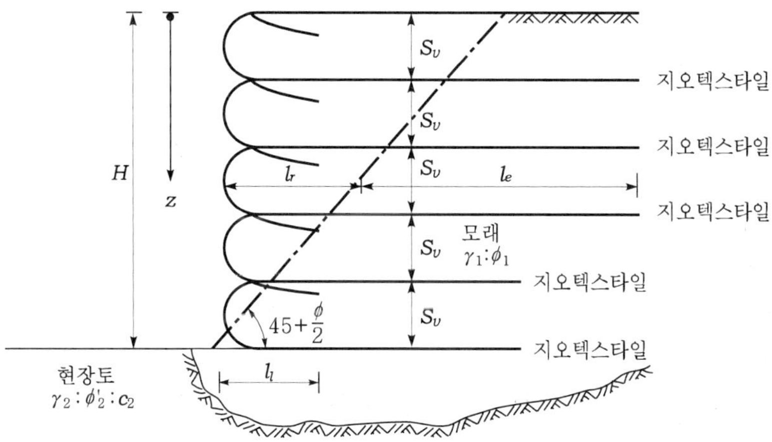

그림 5.85 보강재의 유효길이

따라서 보강재의 유효길이(l_e)는 식 (5.51)과 같이 산정된다.

$$l_e = \frac{K_a S_v S_h F_{s(p)}}{\pi d \tan\phi_u} \quad (5.51)$$

보강재의 인발저항을 위한 유효길이 l_e는 Rankine의 파괴면 밖의 길이에 대해서 계산되었다. 최근의 현장 측정과 이론적인 해석결과에 의하면 잠재적인 파괴면은 보강재의 종류에 따라 달라질 수 있다고 하였다. 그러나 일반적으로 임의의 깊이에서 필요한 봉형의 보강재 길이 L은 식 (5.52)와 같이 구한다.

$$L = l_r + l_e = (H - z)\tan(45 - \frac{\phi}{2}) + \frac{K_a S_v S_h F_{s(p)}}{\pi d \tan\phi_u} \quad (5.52)$$

여기서, l_r : 활동파괴 영역내의 보강재 길이

그림 5.86(a)는 조립토로 뒤채움한 옹벽에 인장 변형이 작은 보강재를 사용한 보강토 옹벽의 잠재적인 파괴면은 보이고, 그림 5.86(b)는 인장 변형이 큰 보강재를 사용했을 경우의 잠재적인 파괴면을 보여준다.

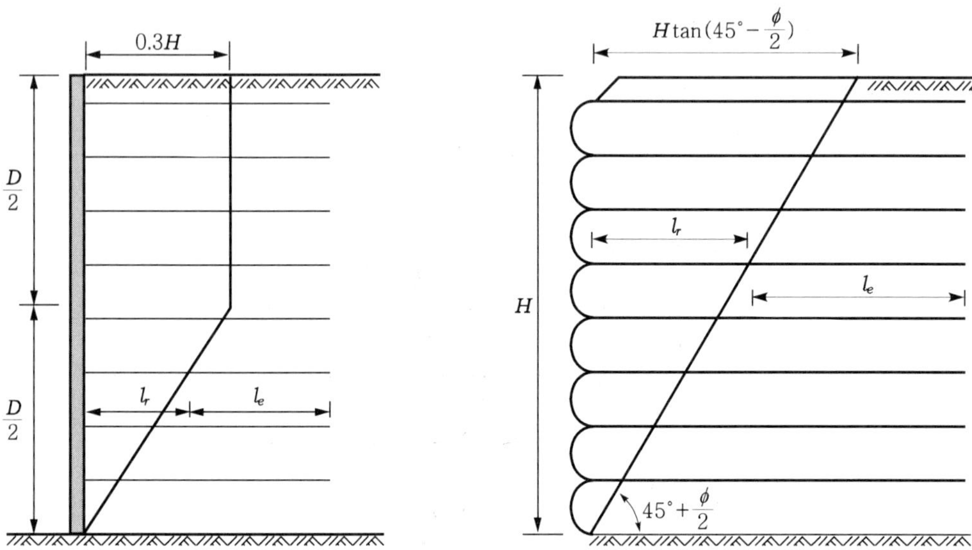

(a) 인장변형이 작은 보강재　　(b) 인장변형이 큰 보강재

그림 5.86 인장변형 크기에 따른 잠재적인 파괴면의 위치

5.9.4 국내에서 사용중인 보강토 옹벽

국내에서 보강토 옹벽은 1980년대 초 처음 시험 시공되었으며, 1980년대 중반 영국의 Websol system (그림 5.87(a))이 도입된 이후부터 1990년대 중반부터는 블록식 보강토 옹벽(그림 5.87(b))의 보급도 활발해져 본격적인 보강토 옹벽의 보급시대가 도래하였다. 최근에는 순수 국내기술과 재료로 설계 및 시공이 가능한 분리형 보강토옹벽 공법이 개발되어 국토교통부로부터 신기술지정을 받은바 있다.(그림 5.87(c))

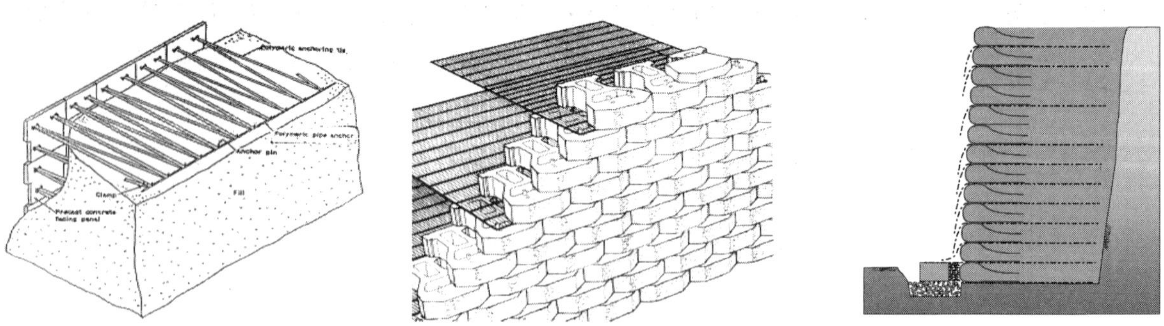

(a) Websol System　　(b) 블록식 보강토 공법　　(c) 분리형보강토공법

그림 5.87 국내에서 사용중인 보강토공법 종류

5.9.5 보강토 옹벽 특징

1) 높이가 높을수록(10m 이상) 경제적이다.

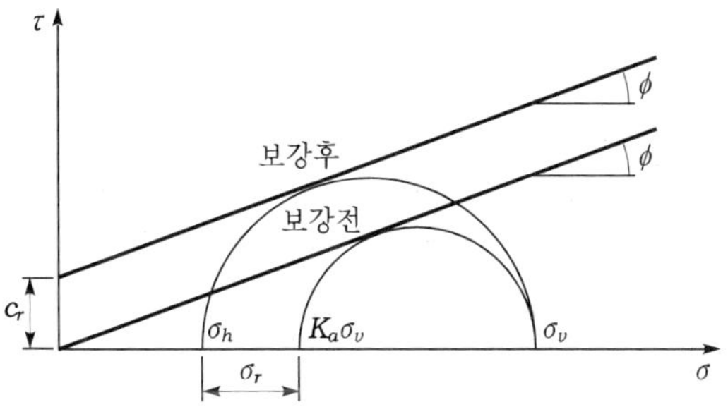

그림 5.88 보강토체의 수평응력감소이론

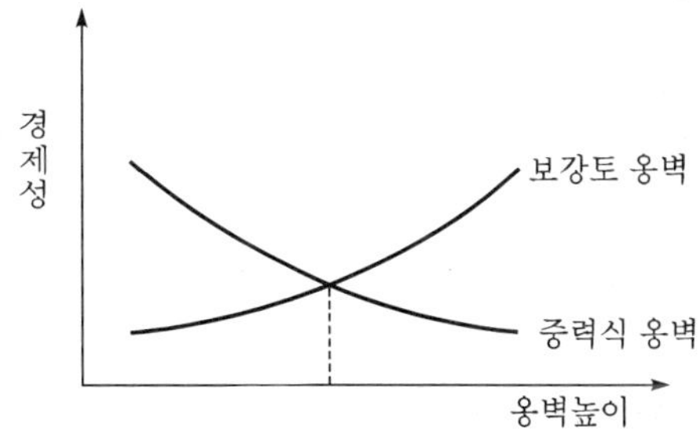

그림 5.89 옹벽높이에 따른 경제성

2) 단순한 기초처리로 공사비 절감이 가능하다.

3) 공사기간이 짧고 부지이용도가 높으며 용지보상비가 적다.

4) 기존의 철근 콘크리트는 구조체가 토압에 저항을 하나 보강토 옹벽은 흙과 보강재가 마찰력으로 토압에 저항 한다.

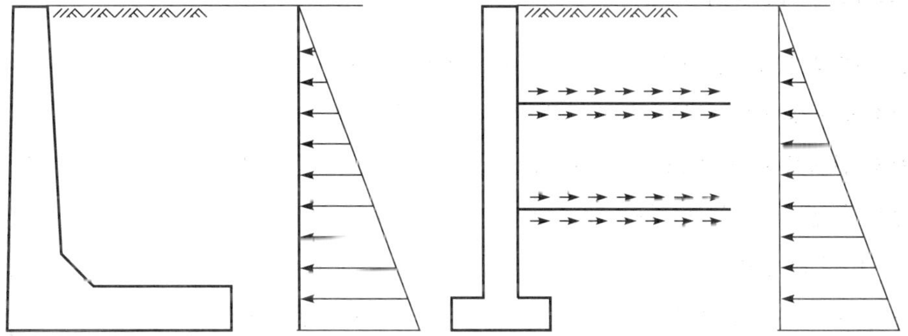

그림 5.90 철근곤크리트 옹벽과 보강토옹벽 토압저항

5.9.6 보강토 옹벽 시공순서

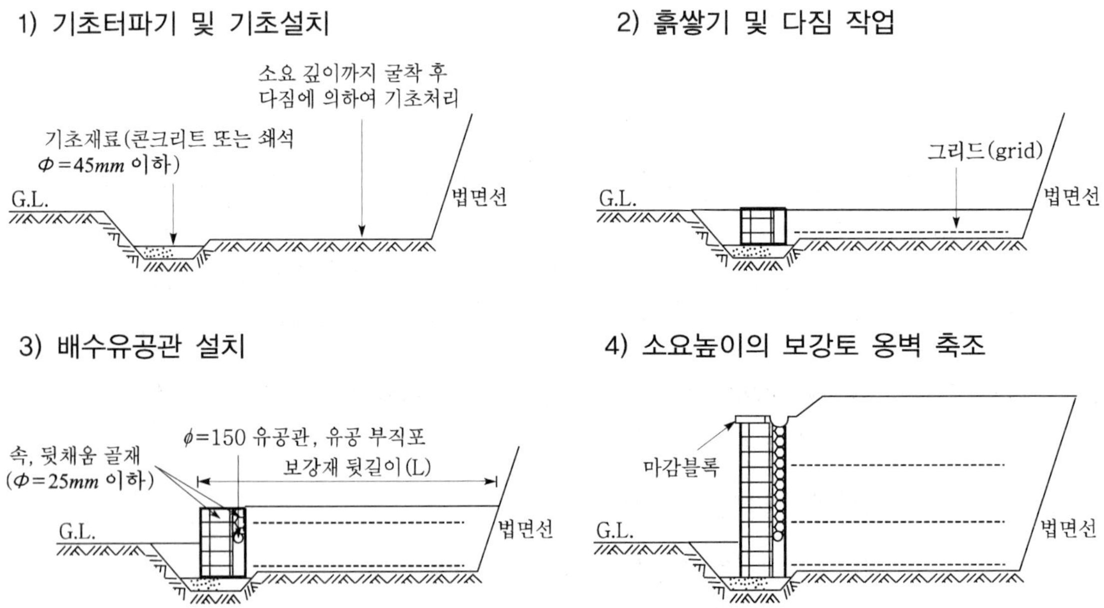

그림 5.91 보강토 옹벽 시공순서

5.9.7 보강토 옹벽 설계의 최근 현황

보강토 옹벽의 설계 시 Rankine의 주동토압이 주로 사용되었다. 그러나 설계에 사용되는 토압계수의 적절한 값은 흙속에 있는 보강재가 지반의 변형을 어느 정도 억제하는가에 의해 결정되므로, 만약 벽체가 충분한 변형이 일어난다면 Rankine의 주동토압은 적합하지만, 모든 종류의 보강토 옹벽에 적용되는 것은 아니다. 따라서 보강재의 종류에 따라 횡토압계수가 달라진다. 그림 5.92는 횡토압계수 K의 추천 설계 값이다.

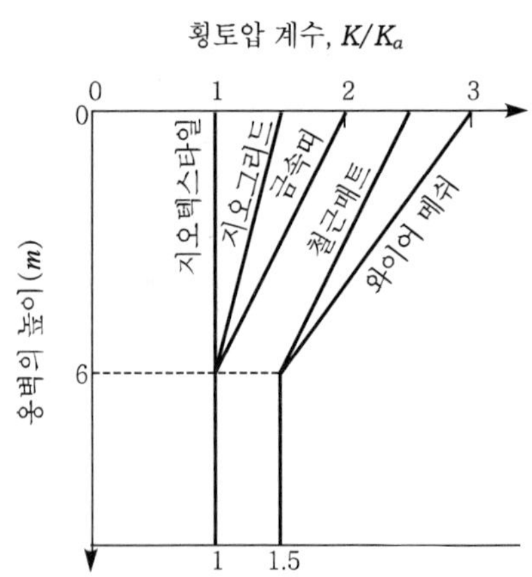

그림 5.92 횡토압계수 K의 추천 설계값

$$\sigma'_h = K\sigma'_v = K\gamma_t z \qquad (5.53)$$

여기서, σ'_h=횡토압, σ'_v=유효연직응력

그림 5.93에서 $K_a = \tan^2(45^o - \frac{\phi}{2})$이고 ϕ은 뒷채움재의 유효 마찰각이다.

5.9.8 설계 및 시공시의 유의사항

1) 보강토 공법이 성공적으로 수행되기 위해서는 양질의 뒷채움 흙이 필수적이다. 보강토옹벽 뒷채움 재료의 품질기준은 $15\mu m \leq 10\%$이며 직접전단시험을 통하여 내부마찰각이 25°이상인 화강토라면 사용이 적합하다고 판단할 수 있다.

2) 보강토체에 이용되는 뒷채움 재료는 배면 유입수로 뒷채움 흙이 포화되면 흙의 전단강도가 급격히 저하하여 불안한 상태가 될 수 있으므로 배수시설을 하여야 한다.
특히 계곡부에 설치되는 보강토 토류벽은 반드시 일반 흙쌓기 공사와 동일하게 적정한 크기의 배수구를 설치하여야 한다.

3) 다짐시의 유발 수평응력은 벽체의 수평변위의 주요원인이 되므로 전면 벽체 배면 $2m$까지 흙다짐은 특히 주이를 요하며 뒷채움재 포실은 벽년측부터 하되 벽면에 평행하게 주행한다.

4) 강우시의 침투수압에 의한 영향 및 지진시의 하중증가에 의한 영향을 고려하여 보강토 옹벽의 안정성을 확보하여야 한다.

CHAPTER

6

제 6 장 얕은 기초

제 6 장 얕은 기초

6.1 얕은 기초 정의 및 근입깊이

6.1.1 얕은 기초 정의

구조물을 지지하는 기초는 얕은 기초(shallow foundation)와 깊은 기초(deep foundation)로 구분되고 얕은 기초는 상부구조로부터의 하중을 직접 지반에 전달시키는 형식의 기초이며, 깊은 기초는 말뚝이나 케이슨 등을 통해 상부하중이 지중으로 전달되게 하는 기초이다. 얕은 기초는 직접기초(direct foundation)라고도 하며, 깊이(D_f)와 폭(B)을 비교하여 D_f / B ≤ 1이거나(Terzaghi, 1943), D_f / B ≤ (4~5)인 경우(Bowles, 1977), D_f / B≤4인 경우(Das, 1984)를 말하며, 확대 기초(spread footing)와 전면기초(mat foundation)로 분류한다.

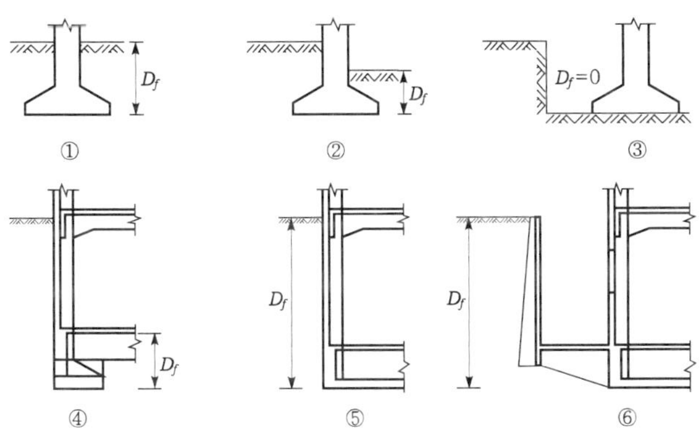

(a) 얕은 기초의 근입깊이(D_f)

(b) 얕은 기초 되메움 전경

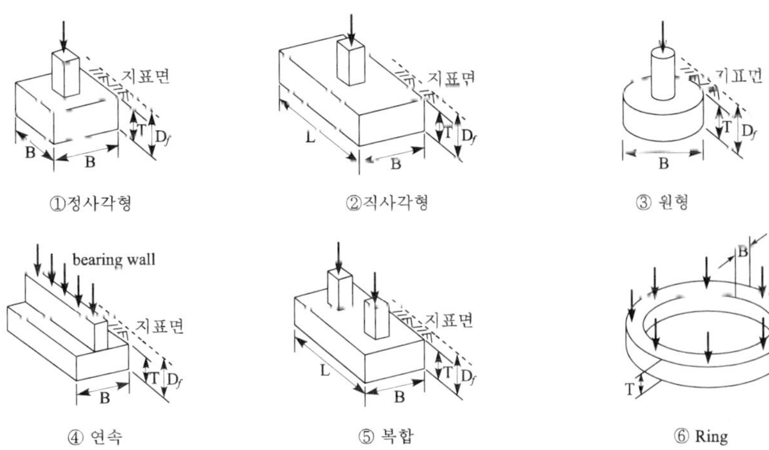

(c) 얕은 기초의 종류

그림 6.1 얕은 기초의 근입깊이(D_f), 시공전경 및 기초의 종류

6.1.2 기초 근입깊이(D_f) 결정방법

기초 근입깊이(D_f)는 기초의 종류 및 지반고에 따라 다르며 실무에서 적용되는 분야는 설계 시 지지력 산정은 물론 현장에서 평판재하시험에서도 장, 단기지지력 산정시 매우 중요한 인자이다. 그림 6.1에서 D_f 결정시 ①과 같은 경우는 지표면에서 기초저면까지의 D_f를 취하고, ②와 같은 경우는 표고가 낮은 표면에서 D_f를 취한다. ③과 같이 터파기 저면에 독립기초를 놓았을 때 $D_f = 0$으로 취하고 ④와 같이 지하실바닥이 기초위에 있을 때는 상단위에서 기초 밑까지 D_f를 취하지만 ⑤와 같이 전면기초일 때는 지표면에서 구조물 하단 밑까지 D_f를 취한다. ⑥과 같이 지하실 주변에 건조영역(dry area)이 있을 때는 이 구조물의 기초부분이 단단하여 건물본체의 기초 슬래브(slab)와 같이 간주될 때에 D_f를 지표면에서 슬래브(slab)밑면까지로 한다.

6.2 얕은 기초 분류 및 용도

6.2.1 얕은 기초 분류

- 얕은기초
  - 확대기초(Spread footing)
    - 독립확대기초(Individual footing)
    - 복합확대기초(Combind footing)
    - 연속확대기초(Continuous footing)
    - 켄틸레버 확대기초(Cantilever footing)
  - 전면기초(Mat foundation)

그림 6.2 얕은 기초의 분류

6.2.2 얕은 기초의 형식 및 용도

1) 확대기초(Spread footing)

상부 구조물에서 전달되는 압력이 지반의 허용지지력 이하가 되도록 기둥이나 벽의 하단을 확대한 기초로서 작용하중을 안전하게 지지할 수 있는 지지력을 갖는 지반에 적용한다. 설계 시 검토항목은 즉시침하, 압밀침하, 부등침하, 지지력이다.

2) 전면기초(Mat foundation)

온통기초라고도 하며 상부 구조물의 벽이나 기둥 전부를 하나의 큰 기초 슬래브로 지지하며 접지면적을 확대하여 하중을 분산시킬 수 있으므로 지반의 지지력이 기초보다 작은 지반에 적용한다. 전면기초는 상부 구조물 단면적에 대하여 기초의 단면적이 70% 이상일 경우를 말한다. 설계 시 검토항목은 침하, 지지력이다.

표 6.1 얕은 기초 형식 및 기초의 용도

기초형식		기초의 용도
확대기초	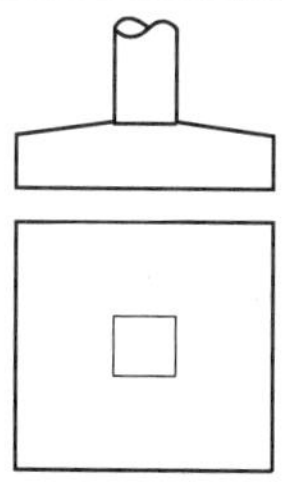 독립확대기초	1) 가장 일반적인 직접기초 형태로 한 개의 기둥만을 지지하는 경우에 적용. 2) 정사각형 독립기초는 정사각형 또는 원형의 기둥을 지지하는데 가장 경제적이며 구형기둥 또는 벽체에 대해서는 구형기초가 경제적.
	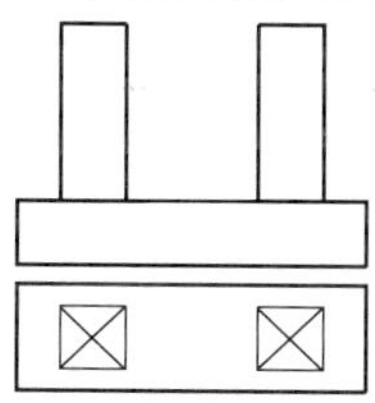 복합확대기초 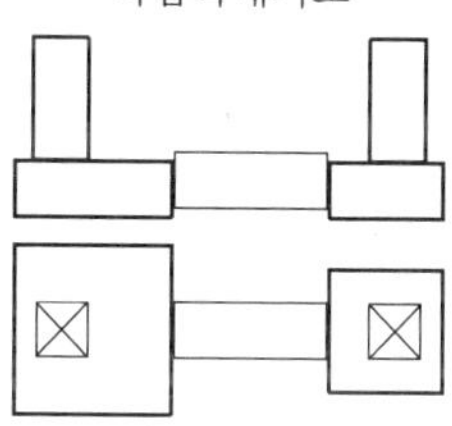 Strap footing	1) 2개의 기둥이 근접하고 있어 독립기초 2개 설치하기 힘든 경우라든가 또는 기둥이 용지경계선에 극히 접근하고 있어서 인접지를 침범하지 않도록 독립기초를 설치하면 심한 편심이 생겨서 불리한 경우에 적용. 2) 기초지반의 지지력이 클 때에는 복합기초보다는 캔틸레버식 또는 strap footing이 경제적임. 3) 연결보인 strap을 크고 깊은 위치에 시공하여야 하는 경우에는 복합확대기초가 경제적임.
전면기초	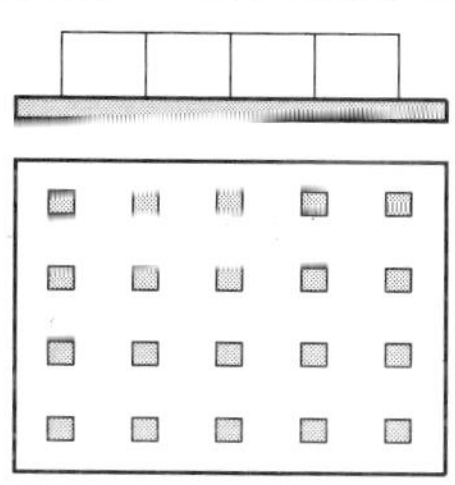 전면기초	1) 기초지반의 지지력이 작아서 개개의 기초를 하나의 큰 슬래브로 연결하여 지반에 작용하는 단위압력을 감소시키려는 경우에 적용. 2) 과도한 침하를 방지하기 위해 사질지반인 경우 N값이 10 이상일 경우에만 적용.

3) 기초형식 적용성

직접기초의 적용을 우선 검토하고, 지층심도 및 현장여건상 적용이 불가능한 경우에는 깊은기초 적용을 검토한다. 표 6.2는 얕은 기초 굴착 공법의 종류를 나타낸다.

표 6.2 얕은 기초 시공공법

구분	Open-cut 공법	H-pile + 토류판 공법	Steel sheet pile 공법
개념도	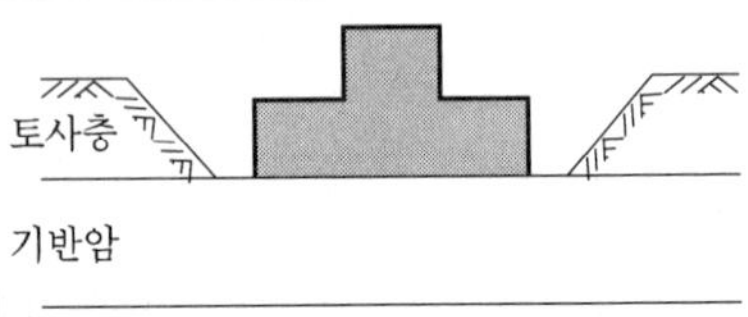	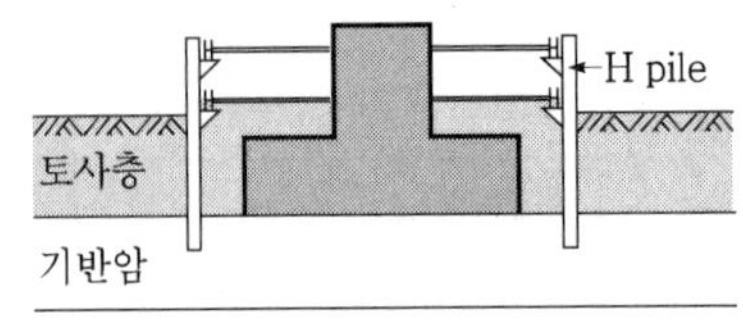	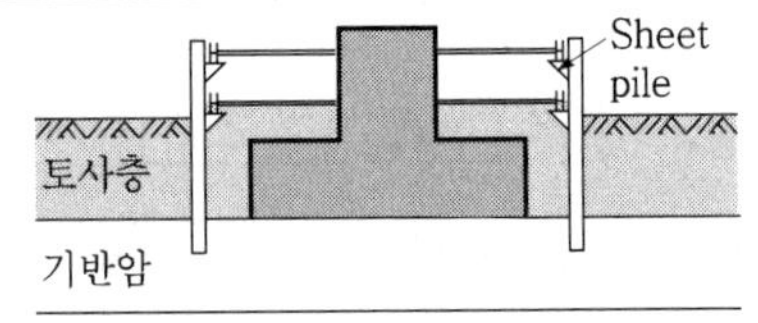
개요	자연기울기로 터파기	H-pile 항타+굴착+토류판	Sheet pile 항타 + 굴착
장점	1) 공정이 단순, 소음진동 적음 2) 공사비 저렴, 공기가 짧음	1) 터파기량이 적어 부지활용 용이 2) 강성이 커 인근변위 억제	1) 터파기량이 적어 부지활용 용이 2) 벽체 및 차수겸용
단점	1) 지하수 및 우수에 의한 붕괴우려 2) 지수효과가 적고 차수 공법 필요 3) 연약지반 굴착 시 붕괴우려	1) 지수효과가 적고 차수 공법 필요 2) 항타시 소음진동이 큼 3) 공사비 및 공기 측면에서 불리	1) 항타시 소음진동 발생 2) 자갈 및 전석층에 시공 곤란 3) 공사비 및 공기 측면에서 불리
대상 지역	지하수위 낮고 굴착심도 깊지 않은 구간으로 부지여유 많은 경우	1) Open-cut공법 적용이 곤란한 경우 2) 굴착심도 깊고, 지하수위 낮은 곳	1) Open-cut공법 적용이 곤란한 경우 2) 굴착심도 깊고, 지하수위 높은 곳

6.3 기초지반의 파괴형태

기초 아래에 있는 흙은 기초에 가해진 하중으로 인한 지반의 전단파괴는 지반의 강성도와 기초의 근입깊이에 따라 전반, 국부 및 펀칭 전단파괴로 구분되며 이러한 파괴형태는 기초의 지지력 공식을 유도 할 수 있는 기본개념을 제시한다.

6.3.1 기초지반의 파괴형태

1) 전반전단파괴(General shear failure)

조밀한 모래나 굳은 점토지반에서 일어나며, 일정한 하중 q_u보다 큰 하중이 가해지면 침하 및 파괴가 발생하며 파괴형태는 거의 선형적으로 증가한다. 이때 q_u를 기초의 극한지지력(ultimate bearing capacity)이라 하며, 하중~침하곡선에서 최대점(peak)이 뚜렷하다.

2) 국부전단파괴(Local shear failure)

보통의 모래지반이나 연약한 점성토에서는 하중이 증가하여도 파괴가 국부적으로 발생하여 점차 확대되면서 지반에 국부파괴가 발생되며 소성유동 거동을 보인다. 하중~침하곡선에서 최대점이 뚜렷하지 않고 하중이 증가 할수록 침하가 크게 발생한다. 2, 3차 변곡점이 발생하며 하중-침하곡선의 경사가 급해져서 직선으로 변하기 시작하는 하중 q_u가 극한지지력이다.

3) 관입전단파괴(Punching shear failure)

느슨한 지반에서 기초가 지반에 관입될 때에 흙이 가라앉기만 하고 부풀어 오르는 현상은 없다. 하중 증가에 비해 침하량이 급속히 증가 하나 최대점이 나타나지 않으므로 곡률이 최대가 되는 하중 q_u를 극한지지력이라 한다.

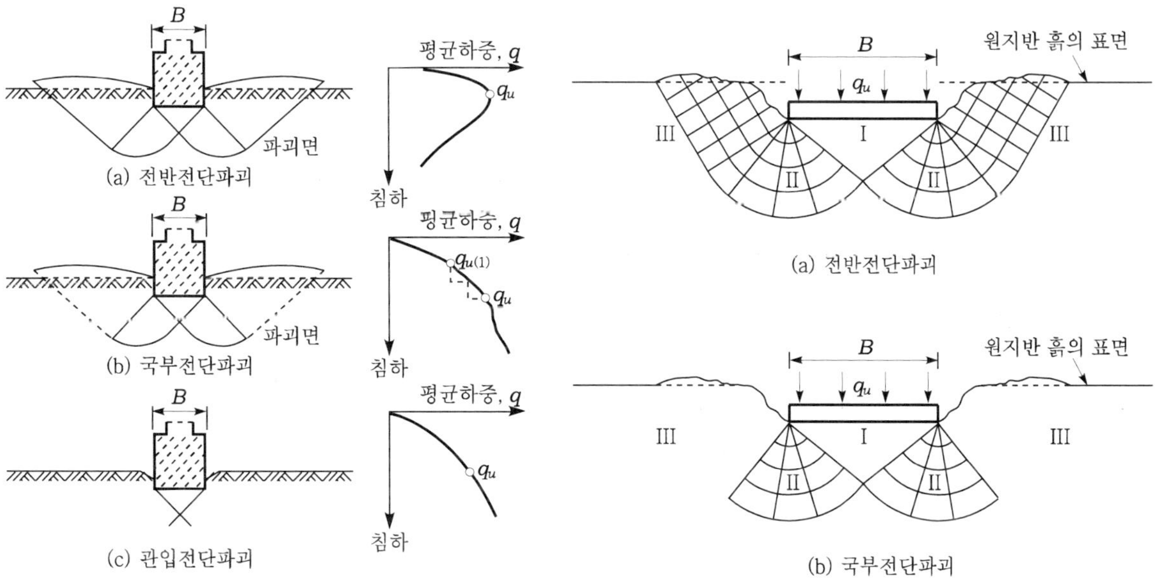

그림 6.3 지반의 강성도에 따른 기초파괴의 형상

6.3.2 사질토지반의 상대밀도에 따른 기초의 파괴형상

사질토에서는 근입깊이와 상대밀도에 따라 관입전단 → 국부전단 → 전반전단 형태로 파괴된다. 따라서 기초의 전단파괴 형상은 근입깊이와 상대밀도의 영향을 동시에 받아서 결정된다. 그림 6.4에서 상대밀도가 0.85일 때에 원형기초가 지표에 있으면 전반전단파괴가 일어나지만 근입깊이가 3.5 B이상이면 국부전단파괴, 그리고 4.5 B 이상이면 관입전단파괴가 일어나는 것을 알 수 있다.

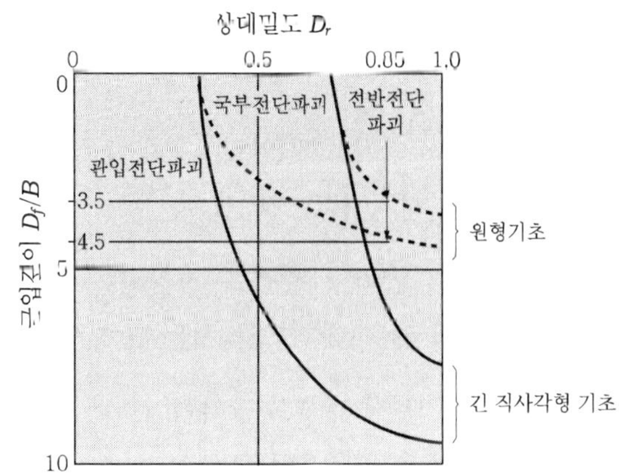

그림 6.4 사질토지반의 상대 밀도에 따른 기초의 파괴 형상(Vesic, 1973)

6.4 얕은 기초 안정성 및 기초형식 선정요인

6.4.1 기초의 안정성

얕은 기초의 안정성을 확보하기 위해서는 침하 및 지지력 조건을 만족시켜야 한다.

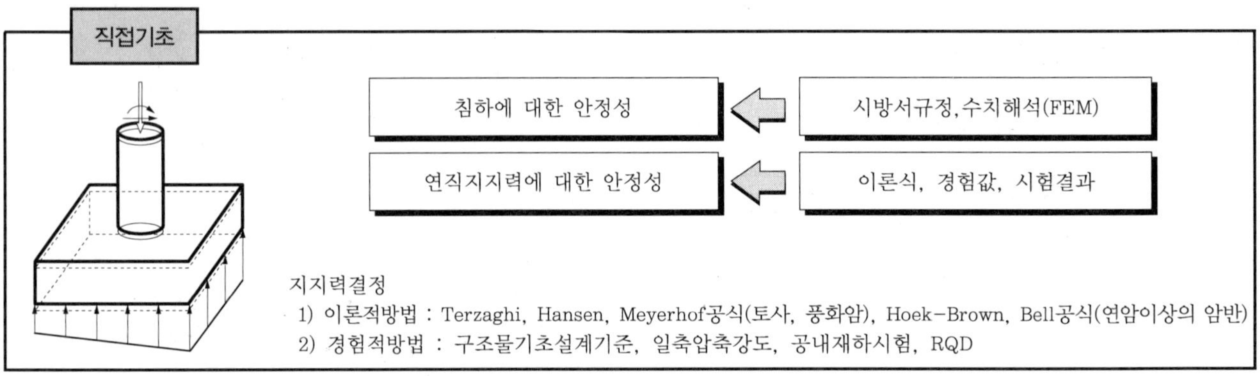

그림 6.5 얕은 기초의 안정성 검토

표 6.3 침하 및 지지력 검토 내용

구분	내용
침하	1) 지지층의 변형특성을 근거로 기초저면 작용반력에 대한 침하량 산정 2) 지점의 단독 침하량을 산정하는 한편 지점간의 상대변위(부등침하)를 검토
지지력	1) 기초하단에 작용하는 접지압과 기초형상 및 지반특성을 고려한 허용지지력 평가 2) 안정성 미 확보 시 최적 기초형상 및 지지층 결정을 위한 피드백(feed back) 시행

6.4.2 기초형식 선정 시 검토 항목

1) 기초 저면에서의 연직지반반력은 저면지반의 허용연직지지력 이내일 것

2) 하중의 합력 작용점은 평상시는 저면의 중심에서 B/6 이내, 지진 시는 B/3 이내일 것

3) 기초 저면에서의 전단지반반력은 저면 지반의 허용전단저항력 이내일 것

4) 기초의 변위량은 허용변위량 이내일 것

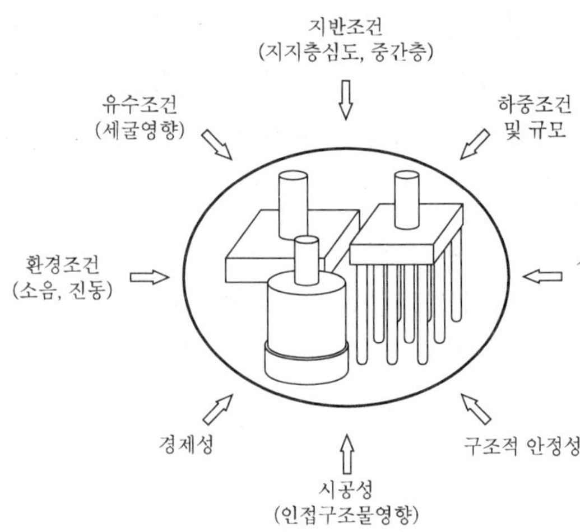

그림 6.6 기초 형식 선정 시 검토 항목

6.5 침하

얕은 기초는 지지력 및 침하에 대한 안정성을 모두 만족하여야 기초로서의 역할을 충실히 수행할 수 있다. 얕은 기초는 기초의 지지력보다는 허용침하량 기준에 의하여 기초의 크기 등이 결정되므로, 침하량 산정은 설계에서도 가장 중요한 부분을 차지한다. 사질토 지반에서의 즉시침하량 산정방법은 크게 탄성론에 기초한 방법과 경험적 제안식에 의한 방법으로 구분된다.

6.5.1 탄성이론에 의한 즉시침하량 산정

1) 탄성이론에 의한 즉시침하량

$$S = q \times B \times \frac{1-\upsilon^2}{E} \times I_s \tag{6.1}$$

표 6.4 탄성침하 영향계수

q : 작용하중 B : 기초의 폭 υ : 포아송비 E : 변형계수(탄성계수) I_s : 탄성침하 영향계수	탄성침하 영향계수 (I_s) 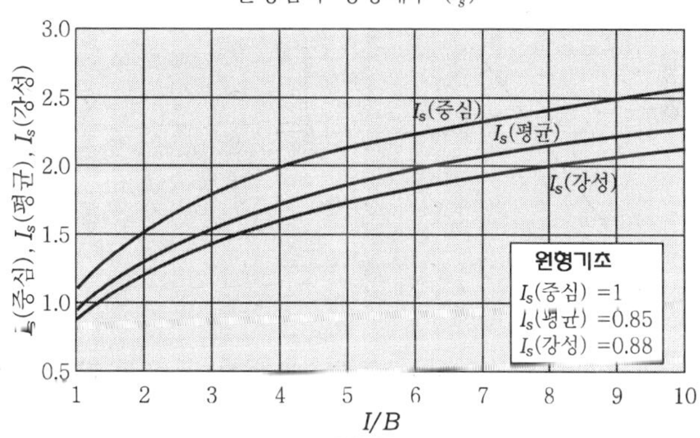

6.5.2 경험적 방법에 의한 즉시침하량 산정

사질토층에서 발생하는 침하는 하중의 재하와 동시에 발생하는 즉시침하이고, 침하량 산정 방법은 Schmertmann, Meyerhof, Peck, De Beer, Parry et al.이 제안한 방법이 있으며 각각의 방법들은 적용방법에 따라서 침하량에 상당한 변화를 나타낸다. 특히 사질토 지반은 불교란시료 채취 및 성형이 어려워 정확한 역학적 특성 값을 산정하기 어려우므로 표준관입시험값(N)을 이용하여 사질토 지반의 침하량을 산출한다.

1) De Beer방법

$$S_i = 0.04\frac{\sigma_o}{N} \times H \times \log\frac{\sigma_o + \triangle\sigma}{\sigma_o} \tag{6.2}$$

여기서, S_i : 즉시 침하량(m) σ_o : 유효상재하중(kPa)

N : 표준관입시험치 H : 침하대상층의 두께(m)

$\triangle\sigma$: 흙쌓기하중에 의한 하중증가분(kPa)

2) Schmertmann-Hartman방법

사질토상에서 강성기초의 탄성침하량은 실무에서 반 경험적인 변형률 영향계수를 사용하여 산정하는 Schmertmann-Hartman(1978)방법을 주로 적용한다.

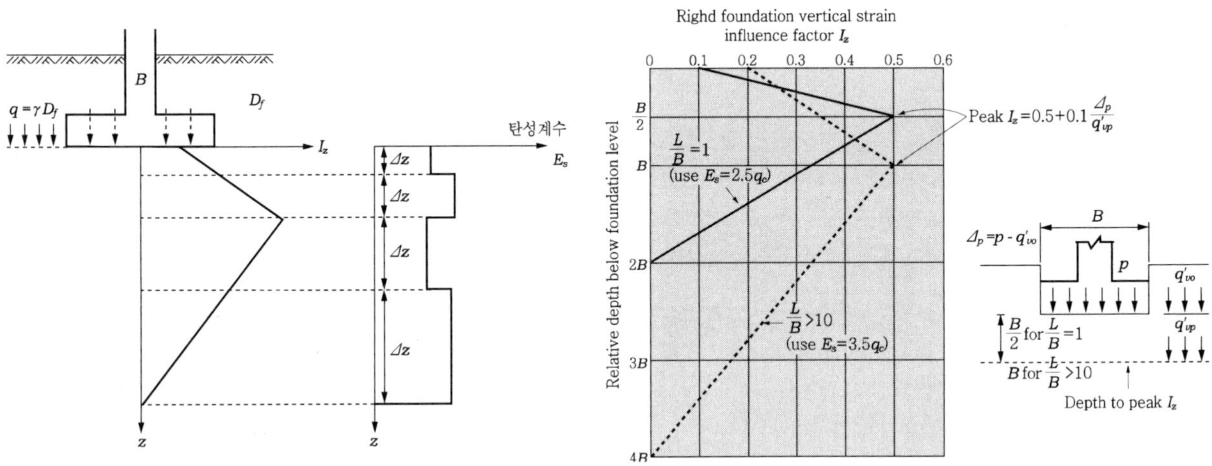

그림 6.7 변형영향계수에 의한 방법(Schmertmann-Hartman)

$$S = C_1 \times C_2 \times (q' - q) \times \sum \frac{I_z}{E_s} \times \Delta z \tag{6.3}$$

여기서, C_1 : 기초의 근입깊이에 대한 보정계수 $(=1 - 0.5 \times \frac{q}{q' - q})$

C_2 : 흙의 크리프에 대한 보정계수$(=1 + 0.2 \times \log\frac{t}{0.1})$

q' : 기초면의 응력 q : $\gamma_t \times D_f$

t : 경과시간 (년 수 : 5년) I_z = 깊이에 대한 변형률 영향계수

표 6.5 깊이에 대한 변형률 영향계수(I_z)

정방형 또는 원형기초		L/B ≥ 10인 구형기초	
심도(z, m)	변형률영향계수(I_z)	심도(z, m)	변형률영향계수(I_z)
0	0.1	0	0.2
0.5B	0.5	B	0.5
2B	0.0	4B	0.0

6.5.3 허용침하량과 허용각변형

균질한 지반이라도 구조물의 규모가 커서 길이가 길거나 바닥면적이 넓으면 구조물의 중앙부에 응력이 집중되어 외곽보다 침하가 크게 일어 날 수 있다. 구조물 침하의 종류에는 균등침하와 부등침하가 있으며 부등침하는 지층이 불규칙하거나 하중의 부분집중에 의해서도 발생한다. 또한 기존 구조물에 인접하여 흙쌓기재하 시 연직응력의 증가로 인해 부등침하가 발생하고 구조물이 기울어 질 수도 있다. 연약지반상에 설치된 구조물의 침하량이 허용치를 초과하면 구조물의 응력과 모멘트 등이 증가되어 구조물의 기능 상실은 물론 보수로 인한 추가공사비가 발생하게 된다. 기초의 크기가 클수록 지반은 균질한 지반과 유사하게 거동하기 때문에 구조물의 독립기초들을 하나의 공동 기초판으로 대체시키면 부등침하를 줄일 수도 있다. 또한 침하량을 줄이기 위해 지반을 개량하거나 치환하는 방법도 적용된다. 부등침하의 크기는 부등침하의 절대치보다 그림 6.8과 같이 부등침하량 Δs와 구조물의 길이로부터 구한 처짐각 α[즉, tan α(허용각변형) = $\Delta s/l$]로 표현한다.

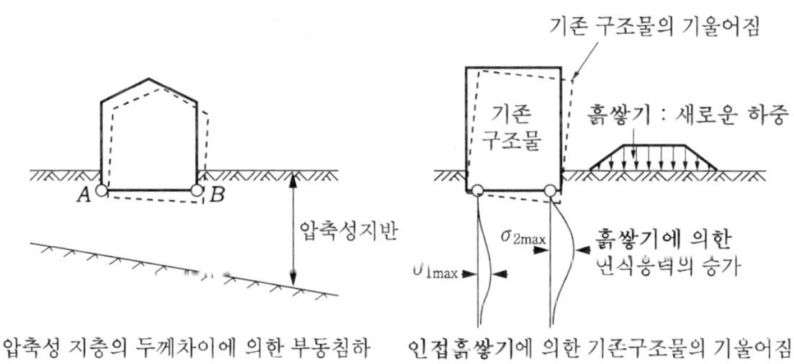

(a) 부등침하의 개념도

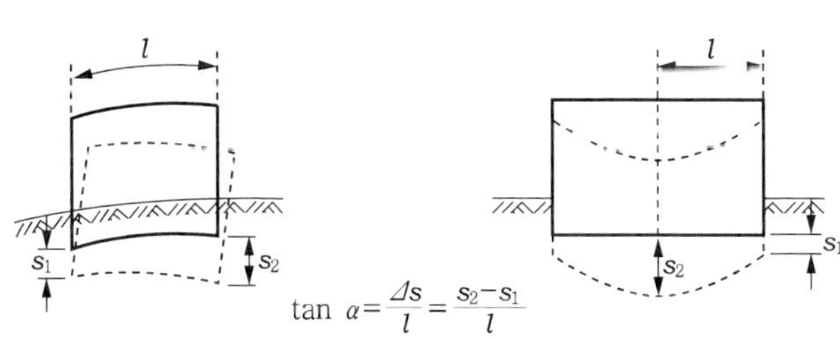

(b) 허용각변형 개념도

그림 6.8 부등침하 및 허용각변형(α) 개념도

설계 시 지하차도와 같은 선형의 중요구조물의 허용침하량(S_a)을 정할 경우에는 표 6.6의 허용각변형과 구조물시공이음을 고려하여 정하는 것이 바람직하다. 유지관리시에는 시공된 구조물이 부등침하가 발생하고 있는지를 판단하기 위하여 지점변위계 및 경사계를 매설하여 관리하여야 한다.

표 6.6 제안자별 구조물의 허용침하량 및 허용각변형

구분	구조형식	허용침하량(*cm*)	허용각변형(*rad*)
Baumann(1873)	철근콘크리트 구조	4	–
Jenny(1885)	철근콘크리트 구조	5~7.5	–
Purdy(1891)	–	7.5~12.5	–
Simpson(1934)	철근콘크리트 구조	10~12.5	–
Terzaghi(1935)	철근콘크리트 구조	5	–
	연와(벽돌)구조	–	1/280
Terzaghi & Peck(1948)	철근콘크리트 구조	5	1/320
Tschebotarioff(1951)	연와(벽돌)구조	5~7.5	–
Ward & Green(1952)	연와(벽돌)구조	–	1/480
Meyerhof(1953)	철근콘크리트 구조	–	1/300
	철근콘크리트 구조	–	1/1,000
	연와(벽돌)구조	–	1/600
大畸(1956)	철근콘크리트 구조	–	1/600~1/1,000

표 6.7 구조물의 종류에 따른 허용침하량(Sowers, 1962)

침하형태	구조물의 종류	최대 허용침하량
전체침하	1) 배수시설	15.0~30.0*cm*
	2) 출입구	30.0~60.0*cm*
	3) 부등침하의 가능성	
	① 석적 및 벽돌구조	2.5~5.0*cm*
	② 뼈대 구조	5.0~10.0*cm*
	③ 굴뚝, 사이로, 매트	7.5~30.0*cm*
전도	1) 탑, 굴뚝	0.004S
	2) 물품 적재	0.01S
	3) 크레인 레일	0.003S
부등침하	1) 빌딩의 벽돌벽체	0.0005S~0.002S
	2) 철근콘크리트 뼈대 구조	0.003S
	3) 강 뼈대 구조(연속)	0.002S
	4) 강 뼈대 구조(단순)	0.005S

주) S : 기둥사이의 간격, 또는 임의의 2점 사이의 거리

6.5.4 실무적용

1) 지반이 사질토인 경우에는 주로 즉시침하(탄성침하)만을 검토하지만 지반조건 및 하중규모에 따라서 탄소성 침하를 검토하기도 한다.
2) 지반이 경사지거나 암반상태가 국부적으로 상이한 경우에는 부등침하 발생가능성이 있으나, 탄성침하 산정공식만으로는 이러한 조건을 고려하기 어렵기 때문에 수치해석을 이용하여 보완 검토하여야 한다.
3) 유한요소해석은 현장 조건을 2차원(plane strain condition)문제로 단순화시켜서 검토하는데, 실제는 3차원으로 발생하므로 유한요소해석의 변위는 과장되게 나타나는 경향이 있으므로 안전측의 검토라고 볼 수 있다.

예제 6.1

지하차도 구조물의 허용각변형(rad)을 1/600로 하고 구조물의 시공이음을 15m로 하려고 할 때 허용침하량(S_a)을 정하라.

풀이

허용침하량(S_a) = 허용각변형(rad)×구조물길이(L) = 1/600×1500cm

= 2.5cm

6.6 지지력

6.6.1 이론적인 기본 개념

지지력 이론식은 Terzaghi(1943)에 의하여 처음 정립되었고 Meyerhof(1951, 1963), Hansen(1970), Vesic(1973, 1975), Chen(1975) et al.에 의하여 다른 지지력 산정식이 제안되었다. 제안자들의 지지력 산정식 중 지지력계수는 N_c, N_q, N_r의 항을 포함하는데, N_c항은 모든 제안식들이 동일한 항을 적용하고, N_q항 역시 Terzaghi의 식을 제외하고는 역시 동일한 항을 적용하였으나, N_r의 경우는 학자들에 따라 각각 다르게 제시되고 있다. 얕은 기초의 지지력 선정 시 제안식들은 문제를 단순화하기 위하여 대상 지반은 반무한의 균질, 등방으로 가정하고 있고, 또한 기초저면이 거친 하나의 연속기초인 경우로 제한되기 때문에 직접기초 설계 시 생길 수 있는 모든 문제점들을 고려 할 수는 없다. 얕은 기초의 지지력에 영향을 주는 요소는 다음과 같이 15개의 항목으로 분류할 수 있다.

① 기초형상의 영향　② 파괴 형태
③ 경사하중　④ 편심하중
⑤ 근입깊이　⑥ 지하수위의 영향
⑦ 흙의 압축성과 기초크기의 영향　⑧ 기초저면 거칠기의 영향
⑨ 기초저면 수직 단면의 영향　⑩ 인접 푸팅의 영향
⑪ 재하속도의 영향　⑫ 다층지반(비균질성)
⑬ 지반의 비등방성　⑭ 지하 공동의 존재
⑮ 기초저면 위에 있는 흙의 전단저항에 의한 영향

이외에도 지지력에 영향을 주는 요소가 있을 수 있으나 그 영향은 적으므로 무시 할 수 있다. 상기 항목 중 기존의 지지력이론으로 고려 할 수 있는 요소와 연구개발이 필요한 요소는 표 6.8과 같다. Terzaghi의 이론은 너무 보수적인 경향이 있으나 Meyerhof와 Vesic et al.은 Terzaghi의 이론을 많이 개선하였다.

표 6.8 직접기초의 지지력에 영향을 주는 요소

구분	고려 가능한 요소			연구개발이 필요한 요소
	Terzaghi(1943)	Meyerhof(1951, 1963)	Vesic(1975)	
영향요소	① ② ⑥	① ② ③ ④ ⑤ ⑥ ⑮	① ② ③ ④ ⑤ ⑥	⑦ ⑧ ⑨ ⑩ ⑪ ⑫ ⑬ ⑭

얕은 기초의 지지력은 두 가지 조건에 의하여 제한된다. 첫째는 허용지지력 상태의 침하량이 허용치를 초과해서는 안되고, 둘째는 극한 전단파괴에 대한 지지력이 확보되어야 한다. 얕은 기초의 극한지지력 산정방법은 아래와 같다.

1) 이론식에 의한 지지력 산정방법

① Terzaghi 방법　② Meyerhof 방법
③ Hansen 방법　④ Vesic 방법

2) 현장시험에 의한 지지력 산정방법

① 표준관입시험　② 콘관입시험　③ 평판재하시험

3) 경험적 방법에 의한 지지력 산정방법

구조물 기초설계기준, 도로교 표준시방서 등 참조

6.6.2 이론식에 의한 지지력 산정

극한 지지력은 지반이 파괴가 일어날 때까지 지지할 수 있는 최대 하중지지능력을 말하고, 극한지지력은 하중 및 지반조건, 기초의 형상 및 근입조건을 고려하여 검토하여야 한다. 또한 허용지지력은 극한지지력을 안전율(F_s)로 나눈값을 말한다.

1) Terzaghi 이론식(점성토, 사질토에 적용)

Terzaghi가 제시한 기초의 지지력공식은 3개의 항으로 구성되며 이에 대하여 다음과 같은 가정이 필요하며, 만일 경사하중이 작용하거나 기초의 길이가 한정된 경우는 지지력을 보정하여야 한다.

(1) 기초바닥은 거칠다.

(2) 기초 바닥이 수평이고 무한히 길다(평면문제).

(3) 하중이 기초중심에 연직으로 작용한다.

(4) 지반은 균질하고 등방성이며, 지표면은 수평이다.

(5) 근입깊이 D_f가 작다($D_f < B$).

1921년 Prandtl은 금속의 펀칭현상과 같이 강도가 강한 물체가 강도가 약한 물체내로가 관입하는 경우의 파괴메커니즘에 관한 연구결과를 발표했다. Terzaghi(1943)는 얕은 줄기초(shallow strip footing)에 대한 지지력을 계산하기 위해 Prandtl의 소성파괴 이론을 발전시켰다. 또한 그는 지반의 극한지지력 계산에서 기초위의 흙 무게를 균일한 상재하중, $q=\gamma D_f$로 가정하여 계산하였다.

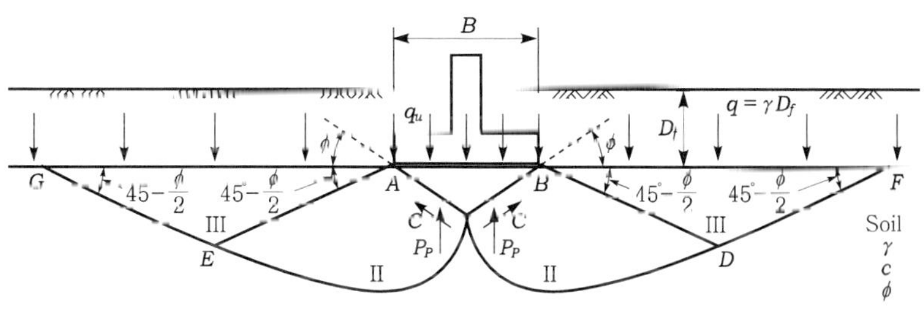

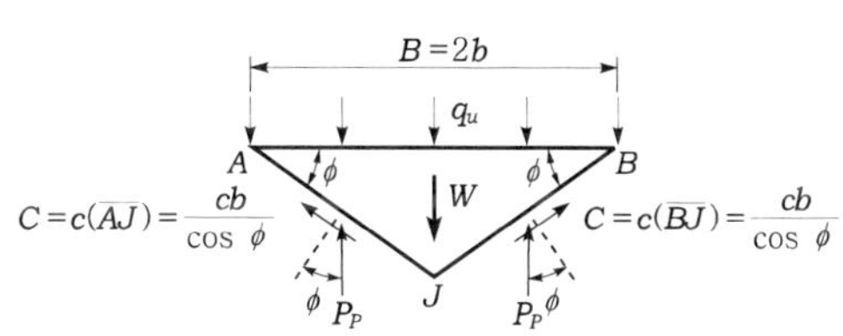

그림 6.9 Terzaghi가 제시한 기초지반 파괴형태

지표에서 D_f깊이에 놓인 접촉면이 거친 줄기초에 대한 전반전단파괴시의 극한 지지력을 계산하기 위해 Terzaghi는 파괴형태를 그림 6.10(a)와 같이 가정하였다. 흙 쐐기 영역Ⅰ(ABJ)는 탄성영역으로 AJ, BJ 모두 수평선과 ϕ의 각도를 이룬다. 영역Ⅱ(AJE, BJD)는 방사형전단영역(radial shear zone)이고, 영역Ⅲ은 Rankine의 수동영역이다. 파괴면 JD, JE는 대수나선 원호이고 DF, EG는 직선이다. AE, BD, EG 및 DF는 수평선과 45-ϕ/2의 각을 이룬다. 대수나선원호 JD와 JE의 방정식은 식 (6.4)와 같다.

$$r = r_o e^{\theta \tan\phi} \tag{6.4}$$

단위면적당 하중 q_u가 기초에 작용한다면 전반전단파괴가 일어나고 수동토압 P_p가 흙쐐기 ABJ면에 작용한다. 이것은 AJ 및 BJ가 흙쐐기 AJEG와 BJDF를 수동파괴 시키려고 밀어내는 두 벽체라고 생각하면 쉽게 이해할 수 있다.

이 경우, 벽면마찰각 δ는 흙의 내부마찰각 ϕ와 같고, AJ와 BJ는 수평선과 ϕ의 각도를 이루기 때문에 수동토압 P_p는 이면에 수직하게 작용한다. 그림 6.10(b)와 같이 흙쐐기 ABJ의 자유도를 고려해 보자. 기초의 단위길이를 고려하면 평형조건으로부터,

$$(q_u)\cdot(2b)\cdot(1) = -W + 2c\sin\phi + 2P_p \tag{6.5}$$

여기서, b : $\dfrac{B}{2}$

W : 흙쐐기 ABJ의 무게 = $\gamma b^2 \tan\phi$

c : AJ, BJ면에 작용하는 점착력 = $cb/(\cos\phi)$

따라서,

$$2b\,q_u = 2P_p + 2bc\tan\phi - \gamma b^2 \tan\phi \tag{6.6}$$

식 (6.6)에서 수동토압 P_p는 흙의 단위중량 γ, 점착력 c, 상재하중 q상분의 합이다. 그림 6.10은 흙쐐기면 BJ상에 위의 각 항목이 작용하는 수동토압을 나타낸 것이며, 이것을 다시 쓰면,

$$P_p = \frac{1}{2}\gamma(b\tan\phi)^2 K_r + c(b\tan\phi)K_c + q(b\tan\phi)K_q \tag{6.7}$$

여기서, K_r, K_c, K_q는 흙의 내부마찰각 ϕ의 함수로써 토압계수이다.

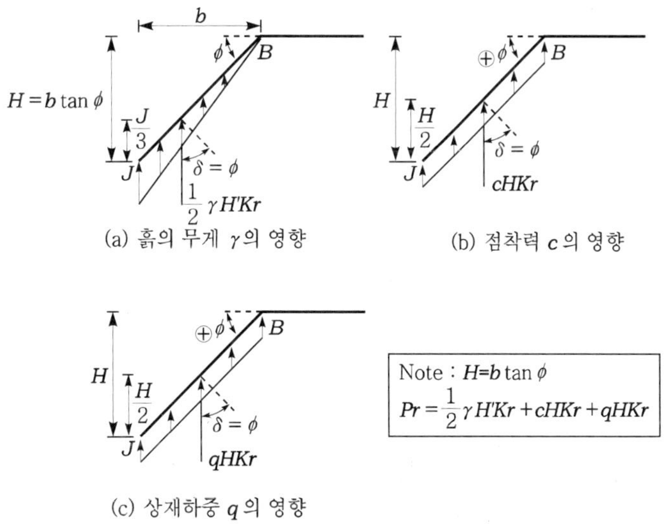

그림 6.10 그림 6.9에서 보여준 쐐기 BJ면에 대한 수동토압 분포도

$$q_u = \alpha cN_c + \gamma_1 D_f \ N_q + \frac{1}{2}\beta\gamma_2 BN_r \tag{6.8}$$

여기서, q_u : 기초의 극한지지력(kPa)

c : 지반의 점착력(kPa)

γ_1 : 기초저면보다 상부에 있는 지반의 단위중량($\mathrm{k}N/m^3$)

γ_2 : 기초저면보다 하부에 있는 지반의 단위중량($\mathrm{k}N/m^3$)

B : 기초의 폭(m)

D_f : 기초의 근입깊이(m)

N_c, N_q, N_r은 전반전단파괴에 대한 지지력계수라고 하며, 내부마찰각 ϕ의 함수이고 다음 식으로 계산하거나 그림 6.11로부터 구한다.

$$N_c = \cot\phi\left[\frac{e^{2(3\pi/4-\phi/2)\tan\phi}}{2\cos^2(45+\dfrac{\phi}{2})} - 1\right]$$

$$N_q = \frac{e^{2(3\pi/4-\phi/2)\tan\phi}}{2\cos^2(45+\frac{\phi}{2})}$$

$$N_r = \frac{1}{2}[\frac{K_p}{\cos^2\phi}-1]\tan\phi$$

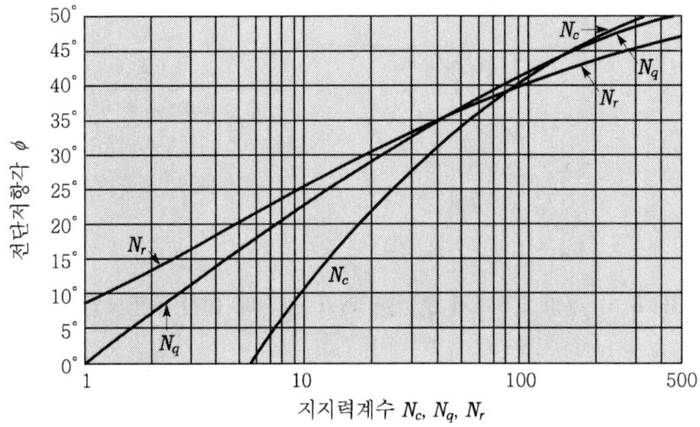

그림 6.11 Terzaghi 가정한 지지력계수를 구하는 도표

상기 식은 전반전단파괴시를 전제로 한 것으로서 Prandtl(1921)이 제시한 N_c값과 Reissner(1924)의 N_q값을 수정하여 제시한 것이다. 전반전단파괴는 일반적으로 조밀한 사질토나 굳은 점성토에 대한 파괴 형태이고, 느슨한 모래나 연약한 점성토에서는 국부전단파괴가 발생한다. K_r , K_c , K_q는 극한 지지력을 산정하는 점착력, 상재하중, 흙의 단위중량에 해당하는 지지력 계수인데 계산이 복잡하므로 Terzaghi는 극한지지력 q_u를 산정하는 개략적인 방정식을 다음과 같이 제시하였다.

1. $c = o$, $q = o$(즉, $D_f = o$)이면, $q_u = q_r = \frac{1}{2}\gamma BN_r$
2. $\gamma = o$ (중량이 없는 흙), $q = o$이면, $q_u = q_c = cN_c$
3. $\gamma = o$ (중량이 없는 흙), $c = o$이면, $q_u = q_q = qN_q$

중첩의 원리에 의해 흙의 단위중량, 점착력, 상재하중을 고려하면

$$q_u = q_c + q_q + q_r = cN_c + qN_q + \frac{1}{2}\gamma BN_r \tag{6.9}$$

식 (6.9)는 Terzaghi의 극한지지력 공식이라 하며, N_c, N_q, N_r은 지지력 계수이다.

정사각형 기초와 원형기초의 극한지지력에 대한 Terzaghi는 다음과 같은 방정식을 제안하였다.

정사각형 기초 : $q_u = 1.3\,cN_c + qN_q + 0.4\gamma BN_r$ (6.10)

원형기초 : $q_u = 1.3\,cN_c + qN_q + 0.3\gamma BN_r$ (6.11)

여기서, B : 기초의 폭

식 (6.9)는 전반전단파괴가 발생한다는 가정 하에 유도된 것이며, 국부전단파괴가 일어날 경우에는 별도의 지지력이론이 제시되어 있지 않으므로 국부전단파괴 시 다음과 같이 가정한다.

$$c' = \frac{2}{3}c \tag{6.12}$$

$$\tan\phi' = \frac{2}{3}tan\,\phi \tag{6.13}$$

띠 기초에 대한 극한 지지력 공식은 다음과 같다.

$$q_u = c'N_c' + qN_q' + \frac{1}{2}\gamma BN_r' \tag{6.14}$$

Terzaghi 공식에서는 지지력계수가 전반전단파괴와 국부전단파괴의 경우에 각각 다르게 주어져 있으나 실제의 파괴가 내부마찰각 크기에 따라 어느 형태로 일어날지 예측하기가 어렵다. 즉 내부마찰각이 몇도에서는 전반전단파괴가 일어나고 몇도에서는 국부전단파괴가 일어나는지 명확히 구분할 수 없다. 따라서 두가지 파괴 형태를 모두 수용할 수 있도록 내부마찰각이 작을때에는 국부전단파괴에 대한 식이 적용되고 내부마찰각이 어느 값에 이르면 전반전단파괴식이 적용되도록 합성한 실용적인 식을 Terzaghi의 수정지지력 공식이라 한다.

수정지지력 공식 중 수정지지력계수 N_c', N_q', N_r'은 ϕ대신에 $\phi = \tan^{-1}(\frac{2}{3}tan\,\phi)$를 대입하여, N_c, N_q, N_r와 같은 방법으로 계산한다. 정사각형 및 원형기초의 국부전단파괴 시 극한지지력 공식은 다음 식과 같다.

정사각형 기초 : $q_u = 1.3\,cN_c' + qN_q' + 0.4\gamma BN_r'$ (6.15)

원형기초 : $q_u = 1.3cN_c' + qN_q' + 0.3\gamma BN_r'$ (6.16)

Terzaghi의 수정지지력 공식계수는 표 6.9와 같다.

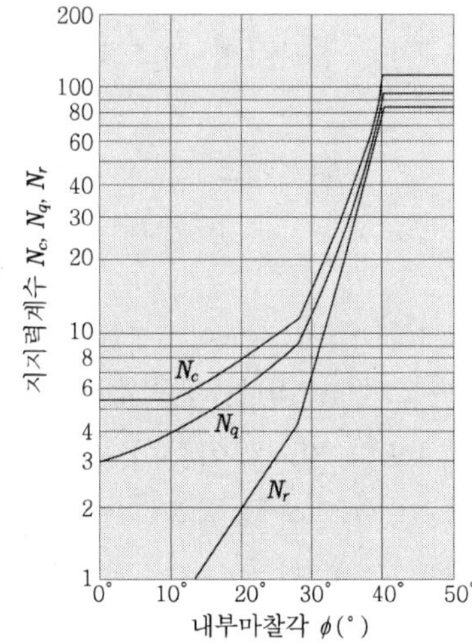

그림 6.12 수정지지력 계수

표 6.9 Terzaghi의 수정 지지력계수

지지력계수 \ ϕ(°)	0	5	10	15	20	25	28	32	36	40이상
N_c'	5.3	5.3	5.3	6.5	7.9	9.9	11.4	20.9	42.2	95.7
N_r'	0	0	0	1.2	2.0	3.3	4.4	10.6	30.5	114.0
N_q'	1.0	1.4	1.9	2.7	3.9	5.6	7.1	14.1	31.6	81.2

2) Meyerhof의 이론식

Meyerhof는 Terzaghi의 파괴메커니즘과 유사하지만 기초바닥 바로 아래의 쐐기형 파괴체의 각도가 다르고 파괴면이 지표면까지 연장되는 파괴형상을 가정하여 극한지지력공식을 유도하였다. 극한지지력공식은 Terzaghi의 식과 같은 모양이며, 다만 N_c, N_q, N_r의 지지력 계수만이 다르다.

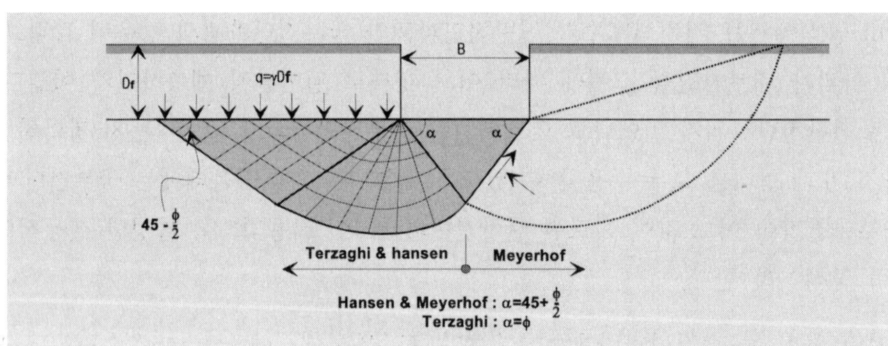

그림 6.13 지지력 파괴 형태

Meyerhof(1963)는 N_c, N_q 는 원래의 Prandtl과 Reissner의 값을 사용하고 N_r은 아래와 같이 제안하였다.

$$q_{ult} = cN_cS_c + \frac{1}{2}\gamma_1 BN_rS_r + \gamma_2 D_f N_q S_q \tag{6.17}$$

$$N_c = \cot\phi(N_q - 1) \text{ (단, } \phi=0 \text{ 일 때, } N_c=5.14\text{) [Prandtl, 1921]} \tag{6.18}$$

$$N_q = e^{\pi \tan \phi} \tan^2(45 + \frac{\phi}{2}) \text{ [Reissner, 1924]} \tag{6.19}$$

$$N_r = (N_q - 1)\tan(1.4\phi) \text{ [Meyerhof, 1963]} \tag{6.20}$$

또한, Meyerhof는 기초의 모양을 고려한 형상계수(shape factor), 기초 저면 위 파괴면의 전단저항을 고려한 깊이계수(depth factor) 및 기초 중심에 대해 하중의 방향을 고려한 경사계수(inclination) 등을 도입하여 수정공식을 제안하였다.

$$q_{ult} = cN_cS_cd_ci_c + \frac{1}{2}\gamma_1 BN_rS_rd_ri_r + \gamma_2 D_f N_q S_q d_q i_q \tag{6.21}$$

표 6.10 Meyerhof의 형상계수, 깊이계수, 경시계수

	$\phi=0°$	$\phi \geq 10°$
형상계수	$S_c = 1 + 0.2(\frac{B}{L})$ $S_q = 1$ $S_r = 1$	$S_c = 1 + 0.2(\frac{B}{L})K_p$ $S_q = 1 + 0.1(\frac{B}{L})K_p$ $S_r = 1 + 0.1(\frac{B}{L})K_p$
	$\phi=0°$	$\phi \geq 10°$
깊이계수	$d_c = 1 + 0.2(\frac{D_f}{B})$ $d_q = 1$ $d_r = 1$	$d_c = 1 + 0.2(\frac{D_f}{B})\sqrt{K_p}$ $d_q = 1 + 0.1(\frac{D_f}{B})\sqrt{K_p}$ $d_r = 1 + 0.1(\frac{D_f}{B})\sqrt{K_p}$
경시계수	$i_c = (1 - \frac{\alpha°}{90°})^2$ $i_q = (1 - \frac{\alpha°}{90°})^2$ $i_r = (1 - \frac{\alpha°}{90°})^2$	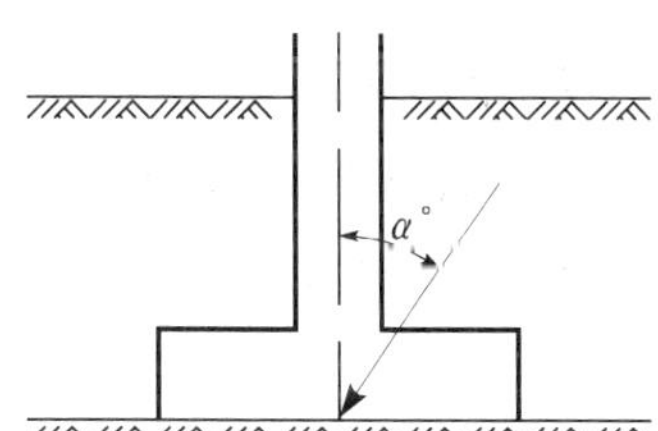

표 6.11 Terzaghi와 Meyerhof의 지지력계수

ϕ	Terzaghi			Meyerhof		
	N_c	N_γ	N_q	N_c	N_γ	N_q
0	5.7	0	1.0	5.14	0	1.0
5	7.3	0.5	1.6	6.5	0.1	1.6
10	9.6	1.2	2.7	8.3	0.4	2.5
15	12.9	2.5	4.4	11.0	1.1	3.9
20	17.7	5.0	7.4	14.8	2.9	6.4
25	25.1	9.7	12.7	20.7	6.8	10.7
30	37.2	19.7	22.5	30.1	15.7	18.4
35	57.8	42.4	41.4	46.1	37.1	33.3
40	95.7	100.4	81.3	75.3	93.7	64.2
45	172.3	297.5	173.3	133.9	262.7	134.9
48	258.3	780.1	287.9			
50	347.5	1153.2	415.1	266.9	873.7	319.0

3) Hansen의 제안식

Hansen은 Meyerhof의 수정식에 지반 및 기초계수를 추가한 공식을 제안하였다.

$$q_{ult} = cN_cS_cd_ci_cg_cb_c + \frac{1}{2}\gamma_1 BN_rS_rd_ri_rg_rb_r + \gamma_2 D_fN_qS_qd_qi_qg_qb_q \quad (6.22)$$

여기서 지지력계수 N_c, N_q 값은 Meyerhof의 값과 같으나 N_r은 다음과 같이 제안하였다.

$N_r = 1.5(N_q - 1)\tan\phi$ [Hansen, 1970]

γ_1 : 기초바닥부 흙의 단위중량(kN/m^3)

γ_2 : 기초근입부 흙의 단위중량(kN/m^3)

g_c, g_r, g_q : 지반계수(국토교통부, 1986)

b_c, b_r, b_q : 기층계수(국토교통부, 1986)

4) 일반적 지지력공식

Terzaghi의 지지력 공식 발표 이후 많은 학자들이 연구를 계속해 왔고, 또한 많은 해석법이 발표되었다. 그 중 일반적으로 형상, 깊이, 경사에 대한 계수를 적용한 공식이 주로 사용된다.

$$q_{ult} = cN_cS_cd_ci_c + \frac{1}{2}\gamma_1 BN_rS_rd_ri_r + \gamma_2 D_fN_qS_qd_qi_q \quad (6.23)$$

위의 일반적 지지력 공식에 사용되는 계수들은 다음과 같고 계수값중 N_c값은 Prandtl이 제안한 식, N_q값은 Reissner가 제안한 식을 주로 사용하고 N_r은 Meyerhof, Hansen, Vesic et al.의 식들이 주로 사용된다. 제안자별 지지력 계수는 다음과 같다.

$$N_c = \cot\phi(N_q - 1) \text{ (단, } \phi = 0 \text{ 일 때, } N_c = 5.14) \quad \text{[Prandtl , 1921]} \tag{6.24}$$

$$N_q = e^{\pi \tan\phi} K_p \quad \text{[Reissner, 1924]} \tag{6.25}$$

$$N_r = (N_q - 1)\tan(1.4\phi) \quad \text{[Meyerhof , 1963]} \tag{6.26}$$

$$N_r = 1.5(N_q - 1)\tan\phi \quad \text{[Hansen, 1970]} \tag{6.27}$$

$$N_r = 2(N_q + 1)\tan\phi \quad \text{[Vesic, 1973]} \tag{6.28}$$

표 6.12 일반적으로 사용되는 형상계수, 깊이계수, 경사계수

형상계수 (De Beer)	$S_c = 1 + (\frac{B}{L})(\frac{N_q}{Nc})$ $S_q = 1 + (\frac{B}{L})\tan\phi$ $S_r = 1 - 0.4(\frac{B}{L})$	
깊이계수 (Hansen)	$\frac{D_f}{B} < 1$	$\frac{D_f}{B} > 1$
	$d_c = 1 + 0.4(\frac{D_f}{B})$ $d_q = 1 + 2\tan(1-\sin\phi)2(\frac{D_f}{B})$ $d_r = 1$	$d_c = 1 + 0.4\tan^{-1}(\frac{D_f}{B})$ $d_q = 1 + 2\tan(1-\sin\phi)2\tan^{-1}(\frac{D_f}{B})$ $d_r = 1$
경사계수 (Meyerhof)	$i_c = (1 - \frac{\alpha^\circ}{90^\circ})^2$ $i_q = (1 - \frac{\alpha^\circ}{90^\circ})^2$ $i_r = (1 - \frac{\alpha^\circ}{90^\circ})^2$	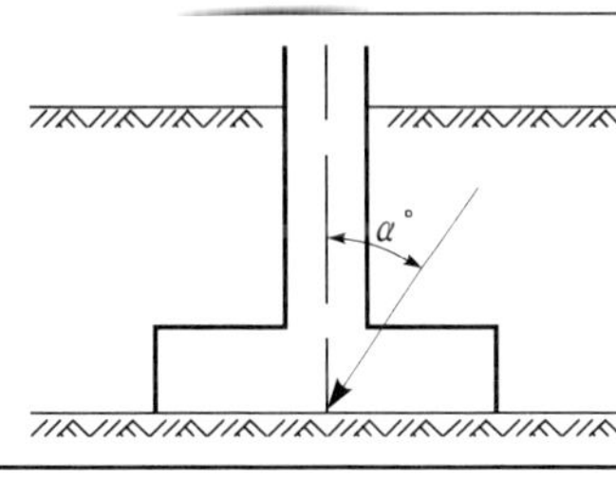

5) 이질층에 대한 지지력공식(Meyerhof, 1974)

(1) 개요

모래층 및 양질의 하부재료에 점토층이 있을 때 모래층 및 양질의 재료층이 두터우면 점토층은 지지력에 영향을 주지 않으나 얇은 경우에는 파괴면이 점토층을 통과하게 되므로 지지력 보정이 필요하다.

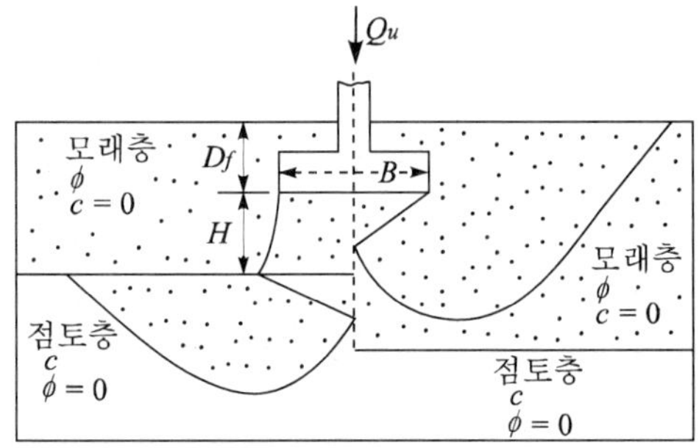

그림 6.14 점토층 위에 있는 모래층에 놓인 확대기초

(2) 지지력 심도

연약한 점성토를 부분적으로 치환하여 지지력을 확보할 경우 띠기초의 지지력 계산은 다음과 같은 식(Meyerhof, 1974)을 이용할 수 있다.

① Case 1 ($B > H$) : 매립층(모래층)의 두께가 얇은 경우 파괴면이 점토층을 통과하므로 이에 대한 보정이 필요하다.

$$\text{연속기초 : } q_u = cN_c + \gamma H^2\left(1+\frac{2D_f}{H}\right)K_s\frac{\tan\phi}{B} + \gamma D_f \leq \frac{1}{2}\gamma BN_r + \gamma D_f N_q \tag{6.29}$$

$$\text{직사각형기초 : } q_u = \left(1+0.2\frac{B}{L}\right)cN_c + \gamma H^2\left(1+\frac{B}{L}\right)\left(1+\frac{2D_f}{H}\right)K_s\frac{\tan\phi}{B} + \gamma \times D_f \tag{6.30}$$

$$\leq \frac{1}{2}\left(1-0.4\frac{B}{L}\right)\gamma BN_\gamma + \gamma D_f N_q$$

② Case 2 ($B < H$) : 매립층(모래층)이 두꺼운 경우 점토층은 지지력에 영향을 주지 않는다.

$$q_u = cN_cS_c + \frac{1}{2}\gamma_1 BN_rS_r + \gamma_2 D_f N_qS_q \tag{6.31}$$

여기서, γ_1, γ_2 : 기초하부 및 기초근입부 흙의 단위중량(kN/m^3)

B : 기초의 폭(m)

D_f : 기초의 근입깊이(m)

c : 지반의 점착력,

ϕ : 상부 치환재의 내부마찰각(kPa)

N_c, N_r, N_q : 지지력 계수(°)

S_c, S_q, S_r : 지지력 계수

K_s : 관입저항전단계수

위의 식에서 볼 때 지반의 지지력은 치환토 하부지반의 점착력과 근입심도 및 치환재료에 따라 좌우되며 치환재의 내부마찰각에 따른 관입전단저항계수는 다음과 같다.

표 6.13 관입저항 전단계수 값

내부마찰각(ϕ)	20	25	30	35	40	45	50
K_s	1.89	2.22	3.06	4.45	6.95	11.12	19.15

6) Terzaghi이론식은 안전측이고, Meyerhof공식은 기초의 형상, 기초깊이의 영향, 경사하중을 고려하고 있기 때문에 널리 사용되고 있다. 현장시험 연구결과에 의하면 Meyerhof와 Hansen공식이 잘 맞는 것으로 보고되었으며 제안자별 지지력 공식과 파괴 형태에 대한 비교 내용은 표 6.14와 같다.

표 6.14 제안자별 지지력 공식 비교

구분	Terzaghi 지지력 공식	Meyerhof, Hansen 지지력 공식
특징	기초하부 펀칭지역의 파괴각을 내부마찰각과 동일한 것으로 평가하며, 상재하중으로 작용하는 토사층에 대한 파괴저항을 고려하지 않는다.	기초형상, 근입깊이, 하중경사 등을 고려하여 지지력평가
결과치	실제 값보다 다소 작은 경향을 보임	Terzaghi식 보다 다소 큰 값으로 나타남

7) 실무적용 시 유의사항

지지력계수는 내부마찰각의 함수로서 내부마찰각이 작을 때 지지력계수 차이는 거의 없으나 마찰각이 클수록 지지력계수 차이가 크다. 만일 내부마찰각이 30에서 40로 약 33% 증가할 경우 지지력계수 N_r값은 Meyerhof식에서는 488%, Hansen식에서는 433% 증가하게 되므로 내부마찰각 결정 및 선정에 주의하여야 한다.

예제 6.2

$4m \times 4m$ 크기의 정방형 기초 깊이가 $2m$일 때 다음 그림과 같은 조건에서 Terzaghi, Meyerhof, Hansen, Vesic의 해석으로 각각의 허용지지력을 구하라.(단, F_s = 3이다.)

☞ 조건 1) Terzaghi의 지지력계수 N_c = 52.64, N_r = 36.96, N_q = 35.51을 사용하라.
2) Meyerhof, Hansen, Vesic의 N_c = 42.16, N_q = 29.44를 사용하라.
3) N_r은 각각의 제안자의 공식을 사용하라.
4) 형상계수는 De beer의 식을, 깊이계수는 Hansen식을 사용하라.

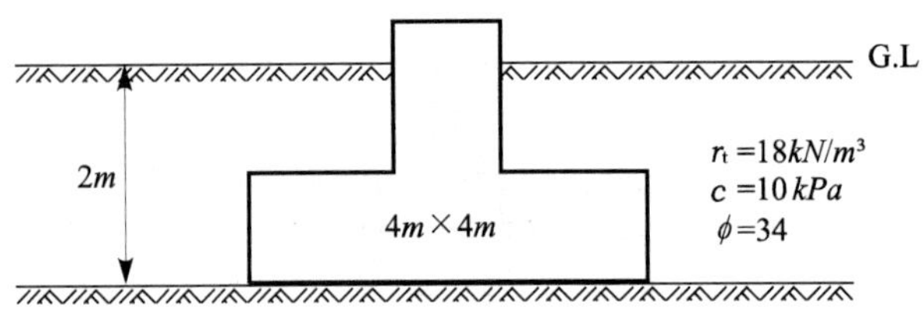

그림 6.15 예제 6.2의 그림

풀이

– 형상계수의 계산

$$S_c = 1 + (\frac{B}{L})(\frac{N_q}{Nc}) = 1 + 1 \times (\frac{29.44}{42.16}) = 1.70$$

$$S_q = 1 + (\frac{B}{L}) \tan\phi = 1 + 1 \times \tan 34 = 1.67$$

$$S_r = 1 - 0.4(\frac{B}{L}) = 1 - 0.4 \times 1 = 0.6$$

– 깊이계수의 계산

$$(\frac{D_f}{B}) = \frac{2}{4} = 0/5 \langle 1 \text{ 이므로}$$

$$d_c = 1 + 0.4\frac{D_f}{B} = 1 + 0.4 \times 0.5 = 1.2$$

$$d_q = 1 + 2\tan\phi(1-\sin\phi)2\frac{D_f}{B} = 1 + 2\tan 34(1-\sin 34)2(0.5) = 1.13$$

$$d_r = 1$$

1) Terzaghi의 허용지지력

정방형 기초이므로,

$$q_u = 1.3cN_c + 0.4\gamma_1 BN_r S_r + \gamma_2 D_f N_q$$

$$= 1.3 \times 10 \times 52.64 + 0.4 \times 18 \times 4 \times 36.96 + 18 \times 2 \times 35.51 = 3{,}027.13kPa$$

$$q_a = \frac{q_u}{Fs} = \frac{3{,}027.13}{3} = 1{,}009.04kPa$$

2) Meyerhof의 허용지지력

$N_r = (N_q - 1)\tan(1.4\phi) = (29.44-1)\ \tan(1.4 \times 34) = 31.15$

$q_u = cN_cS_cd_ci_c + \frac{1}{2}\gamma_1 BN_rS_rd_ri_r + \gamma_2 D_fN_qS_qd_qi_q$

$= 10 \times 42.16 \times 1.7 \times 1.2 \times 1 + \frac{1}{2} \times 18 \times 4 \times 31.15 \times 0.6 \times 1 \times 1 + 18 \times 2 \times 29.44 \times 1.67 \times 1.13 \times 1$

$= 3,532.9 kPa$

$q_a = \frac{q_u}{F_s} = \frac{3,532.9}{3} = 1,177.6 tf/m^2$

3) Hansen의 허용지지력

$N_r = 1.5(N_q - 1)\tan\phi = 1.5 \times (29.44-1)\tan 34 = 28.77$

$q_u = cN_cS_cd_ci_c + \frac{1}{2}\gamma_1 BN_rS_rd_ri_r + \gamma_2 D_f N_qS_qd_qi_q$

$= 10 \times 42.16 \times 1.7 \times 1.2 \times 1 + \frac{1}{2} \times 18 \times 4 \times 28.77 \times 0.6 \times 1 \times 1 + 18 \times 2 \times 29.44 \times 1.67$

$\times 1.13 \times 1 = 3,481.5 kPa$

$q_a = \frac{q_u}{F_s} = \frac{3.481.5}{3} = 1,160.5 kPa$

4) Vesic의 허용지지력

$N_r = 2(N_q + 1)\tan\phi = 2 \times (29.44 + 1)\tan 34° = 41.06$

$q_u = cN_cS_cd_ci_c + \frac{1}{2}\gamma_1 BN_rS_rd_ri_r + \gamma_2 D_fN_qS_qd_qi_q$

$= (10 \times 42.16 \times 1.7 \times 1.2 \times 1) + (\frac{1}{2} \times 18 \times 4 \times 41.06 \times 0.6 \times 1 \times 1)$

$+ (18 \times 2 \times 29.44 \times 1.67 \times 1.13 \times 1) = 4,338.2 kPa$

$q_a = \frac{q_u}{F_s} = \frac{4,338.2}{3} = 1,446.1 kPa$

5) 제안자별 지지력 비교

Terzaghi		Hansen		Meyerhof		Vesic
1,009.04kPa	〈	1,160.5kPa	〈	1,177.6kPa	〈	1,446.1kPa

실무에서는 현장여건에 맞는 제안자별 지지력을 비교 검토하고 적정한 값을 사용하는 것이 바람직하다.

예제 6.3

아래 그림과 같은 배수구조물에 1.3kPa의 등분포하중이 작용한다. Terzaghi 지지력공식을 이용하여 양압력 미 고려시의 접지압이 허용지지력(안전율, F_s = 3) 범위에 있는지 판단하라. 만일 허용 지지력이 안 나올 경우 Meyerhof의 이질층에 대한 지지력공식으로 치환심도를 계산하라. (단, 구조물 내부 물의 중량은 내측 통수면적의 90%적용)

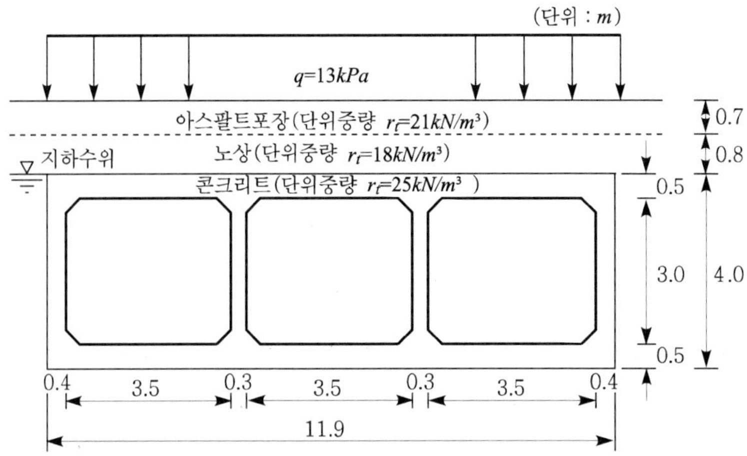

그림 6.16 예제 6.3의 그림

- 설계조건

① 기초상부 흙 단위중량 γ_t = 17kN/m^3, 기초하부 점착력(c) = 14kPa

② 기초하부 내부마찰각(ϕ) = 0˚, 기초하부 흙 포화단위중량 γ_{sat} = 17kN/m^3

③ 치환재료 흙의 N값 ≒ 6 (비배수점착력 $c_u = \dfrac{N}{1.6} = \dfrac{6}{1.6} = 37.5kPa$)

④ 치환재료 내부 마찰각(ϕ) = 30˚, 치환재료 포화단위중량 γ_{sat} = 18kN/m^3

풀이

1. 작용하중

1) 사하중

(1) 구조물 자중

$A_1 = 11.900 \times 4.000 = 47.600m^2$,

$A_2 = \{(3.500 \times 3.000) - 1/2 \times 0.250 \times 0.250 \times 4\} \times 3 = 31.125m^2$

$A_c = A_1 - A_2 = 47.600 - 31.125 = 16.475m^2$,

$W_c = \gamma_c \times A_c = 25 \times 16.475 = 411.88kN/m$

$w_c = W_c/B = 411.88/11.900 = 34.61kPa$

(2) 아스콘(Ascon) 포장

$w_p = \gamma_p \times T_p = 21 \times 0.7 = 14.7kPa$

(3) 노상

$w_s = \gamma_s \times T_s = 18 \times 0.8 = 14.4kPa$

(4) 사하중계 : (1) + (2) + (3)

$w_D = w_c + w_p + w_s = 34.61 + 14.7 + 14.4 = 63.71kPa$

2) 활하중(표준트럭하중, DB-24) : $q_o = 13kPa$

3) 물 하중

Box 구조물 내측통수면적의 90%를 적용한다.

$A_w = 31.125 \times 0.9 = 28.013m^2$,

$W_w = \gamma_w \times A_w = 10 \times 28.013 = 280.13kN/m$

$w_w = W_w / B = 280.13/11.900 = 23.54kPa$

4) 양압력

GL-1.5m 기준, $w_B = 10 \times (5.5 - 1.5) = 40kPa$

2. 설계 반력 계산 : $q = 100.25kPa$

1) 양압력 미고려 시 : $63.71kPa + 13kPa + 23.54kPa = 100.25kPa$

2) 양압력 고려 시 : $63.71kPa + 13kPa + 23.540kPa - 40kPa = 60.25kPa$

3. 지반의 지지력 검토

1) 지반의 허용지지력(역학적 지지력 공식, Terzaghi 지지력 이론)

$q_u = cN_c + \bar{q}N_q + \frac{1}{2}\gamma BN_r$ (연속기초이므로)

$= 14 \times 5.7 + 93.5 \times 1.0 + \frac{1}{2} \times 7 \times 11.900 \times 0.0 = 173.3kPa$

여기서, c : 점착력 $(=14kPa)$

ϕ = 0°이므로 $N_c = 5.7,\ N_q = 1.0,\ N_r = 0$

$\bar{q} = \gamma_t D_f = 17 \times 5.5 = 93.5kPa$

γ_1 : 기초 상부의 흙의 단위중량 $(=17kN/m^3)$

D_f : 기초 상부의 흙의 두께 $(=5.50m)$

γ_2 : 기초 하부의 흙의 수중단위중량 $(=7kN/m^3)$

허용지지력 $q_a = q_u/3.0 = 173.3/3 = 57kPa$

2) 허용지지력 적정여부 판단

양압력 미고려시 접지압 $(q) = 100.25kPa$ > 허용지지력 $(q_a) = 57kPa$

∴ 불안정

4. 치환심도 검토(H=2.5m 치환 시)

연약지반의 지지력이 부족하므로 양질의 재료로 치환 깊이를 H=2.5m로 할 경우 다층지반 지지력계산이 가능한 Meyerhof식으로 지지력을 다음과 같이 구할 수 있다.

$$q_u = cN_c + \gamma H^2\left(1+\frac{2D_f}{H}\right)K_s\frac{\tan\phi}{B} + \gamma D_f$$

$$= 37.5\times5.14 + 8\times2.500^2\times\left(1+\frac{2\times5.500}{2.500}\right)\times3.06\times\frac{\tan30^\circ}{11.900} + 18\times5.500 = 331.83kPa$$

여기서, H : 치환깊이(= 2.50)

γ_{sub}: 치환재료의 수중단위중량$(=8kN/m^3)$

K_s : 관입전단저항계수 3.06(여기서, ϕ = 30°)

허용지지력 $q_a = q_u/3.0 = 331.83/3 = 110.61kPa > q = 100.25kPa$

∴ 연약지반을 양질의 재료로 2.5m 치환하여 기초를 시공하여야 한다.

설계 및 시공시 구조물에 대한 지지력이 부족하여 양질 재료로 치환 할 경우 현장은 이질층 조건이 되므로 실무에서는 상기(Meyerhof, 1974)와 같은방법으로 치환심도를 결정한다.

6.6.3 현장시험 및 경험에 의한 지지력 산정방법

1) 현장시험에 의한 지지력 산정방법은 표 6.15와 같이 표준관입시험, 콘 관입시험 및 평판재하시험 등이 있다. 표준관입시험에 의한 방법 중 Terzaghi/Peck(1967)은 N값으로 허용지지력을 구하는 방법을 제시하였으나 안전측인 것으로 확인되었다. Meyerhof(1974)는 N값을 이용하여 1 inch(2.54mm)침하를 기준으로 폭이 근입깊이가 D_f인 기초의 허용지지력을 구하는 식을 아래표와 같이 제시하였으나 안전측이므로 Bowles(1988)가 수정식을 제안하였다.

표 6.15 직접기초에서의 현장시험에 의한 지지력 산정방법

현장 시험 방법	지지력 산정방법
표준관입시험 (SPT)	1) Meyerhof의 수정지지력공식(안전측 해석) [$1kPa$ ≒ $10KN/m^2$ 로 계산할 경우] $q_{all}(kPa) = 12NK_d$ [B ≤ 1.2m] $q_{all}(kPa) = 8N(\frac{B+0.3}{B})^2 K_d$ [B 〉 1.2m] q_{all} : 침하량 25mm에 대한 지지력(kPa) 여기서 N : 보정된 N값, K_d : 깊이계수, $K_d = 1 + \frac{0.33D_f}{B}$ (D_f 〈 B) , K_d = 1.3 (D_f 〉 B) 2) Bowles의 지지력 공식(실무적 해석) [$1tf/m^2$ ≒ $10KN/m^2$ 로 계산할 경우] $q_{t(all)}(kPa) = 19NK_d(\frac{S}{25})$ [B ≤ 1.2m] $q_{t(all)}(kPa) = 12N(\frac{B+0.3}{B})^2 K_d(\frac{S}{25})$ [B 〉 1.2m] $q_{t(all)}$: 순하중을 이용한 지지력 kPa, N : 보정된 N 값 K_d : 깊이계수, $K_d = 1 + \frac{0.33D_f}{B}$ (D_f 〈 B) , K_d = 1.3 (D_f 〉 B)
콘관입시험(CPT)	$q_{all} = 0.1q_c$ (q_c: 콘관입저항치)
평판재하시험	$q_a = q_t + \frac{1}{3}\gamma D_f N_q$ (q_t : 재하시험결과에 의한 허용지지력)

2) 경험적 방법에 의한 지지력 산정은 “구조물기초 설계기준”에 제시된 시층구성 상태에 따른 허용지지력의 범위를 고려하여 산정한다.

표 6.16 토질별 상시 지반반력 상한치

지층	상시 지반반력 상한치 (kPa)
자갈	700
모래	400
점성토	200

표 6.17 확대기초의 지지력 경험치

지지층	현장 연경도 상태	허용 지지력 (kPa)	
		범위	추천값
입도분포가 양호한 세립토 모래자갈의 혼합물 : 빙하 퇴적물, 하드팬(hardpan), 점성토 섞인 자갈 (GW-GC, SC)	매우 조밀함	850~1,300	1,050
자갈, 자갈 - 모래 혼합물, 호박돌 - 자갈 혼합물 (GW, GP, SW, SP)	매우 조밀함 중간정도 조밀 느슨함	650~1,050 400~750 200~650	750 500 300
입자가 굵거나 중간 정도의 모래, 자갈이 약간 섞인 모래 (SW, SP)	매우 조밀함 중간정도 조밀 느슨함	400~650 200~400 100~300	400 300 150
가는 모래, 실트질이나 점토질 중간정도 입도나 굵은 모래(SW, SM, SC)	매우 조밀함 중간정도 조밀 느슨함	300~500 200~400 100~300	300 250 150
균질한 점토, 모래질이나 실트질, 점토	굳음 중간정도 굳음 느슨함	300~600 100~300 50~100	400 200 50
실트, 모래질 실트, 점토질 실트, 교호된(varved) 실트-점토-세사층	매우 굳음 중간정도 굳음 연함	200~400 100~300 50~100	300 150 50

주) 1. 암반이나 사질지반에서 기초는 인접 최저 지표로부터 최소 0.5m 근입시킨다.
2. 상기에서 규정한 최소 근입깊이(0.5m)로부터 근입깊이가 0.3m 증가할 때마다 공칭 경험값의 5%를 할증하여 사용한다.

3) 실무적용

(1) 상기에 제시된 값들은 기초의 순수한 지지력이라기보다 기초의 침하까지 고려한 지내력 개념에 더 가깝다고 볼 수 있다. 상기 값은 상시에 대한 것으로 지진 시 지반의 허용지지력은 상시의 1.5배로 한다.

(2) 풍화암층은 자갈지반보다 다소 지반반력이 작다고 판단하여 최대지반반력은 600kPa을 적용한다.

예제 6.4

얕은 기초 구조물 폭(B)이 3.5m, 근입깊이(D_f) 6.5m, 구조물하중(q_p)113.14kPa, 허용침하량(S_a)이 20mm일 때 표준관입시험을 실시한 결과 평균 N값이 8.0인 경우 Meyerhof, Bowles의 수정 지지력공식으로 허용지지력을 계산하시오.

풀이

1) Meyerhof 수정지지력 이용 시,

(1) $B > 1.2m$ 이므로 $q_a(kPa) = 8N(\frac{B+0.3}{B})^2 K_d$ 공식사용

(2) Meyerhof의 수정지지력공식은 허용침하량을 25mm로 가정한 공식이므로

(3) $q_a(kPa) = 8N(\frac{B+0.3}{B})^2 K_d(\frac{S}{25})$로 변형하여 사용

(4) K_d의 계산 : $D_f = 6.5m > B = 3.5m$ 이므로 $K_d = 1.3$

(5) $q_a(kPa) = 8 \times 8 \times (\frac{3.5+0.3}{3.5})^2 \times 1.3 \times \left(\frac{20}{25}\right) = 78.46kPa$

$q_a < q_p$ 이므로 치환을 하여야 한다.

(6) 치환깊이의 계산

$$D = \frac{(q_p - q_a)B}{2q_a} = \frac{(113.14 - 78.46) \times 3.5}{2 \times 78.46} = 0.774m$$

∴ 치환깊이는 80㎝로 정함

(7) 치환 후의 지지력 검토

$$q_p = \frac{q_p \times B}{B + 2D\ \tan 45} = \frac{113.14 \times 3.5}{3.5 + (2 \times 0.8 \times 1)}$$

$= 77.64kPa < 78.46kPa\left(= q_{all}\right)$ ∴ O.K

2) Bowles의 지지력 공식 이용 시

(1) $B > 1.2m$ 이므로 $q_{net}(kPa) = 12N(kPa)(\frac{B+0.3}{B})^2 K_d\left(\frac{S}{25}\right)$

(2) K_d의 계산 : $D_f = 6.5m > B = 3.5m$ 이므로 $K_d = 1.3$

(3) $q_{net}(kPa) = 12 \times 8 \times \left(\frac{3.5+0.3}{3.5}\right)^2 \times 1.3 \times \left(\frac{20}{25}\right)$

$= 117.68kPa > 113.14kPa(= q_p)$ ∴ O.K (치환이 필요 없다.)

상기에서 살펴본바와 같이 동일 조건이라도 제안자에 따라 지지력이 다르게 나타나므로 실무 적용 시 현장 여건에 적정한 제안자별 지지력공식을 비교 선토 후 적용하여야 한다.

6.6.4 지하수위를 고려한 지지력

1) 개요

지지력 공식에 사용되는 흙의 단위중량은 유효단위중량이므로 기초부근에 지하수위가 존재한다면 지지력에 크게 영향을 미친다. 만일 지하수위가 지표면과 일치한다면 $q_u = \alpha c N_c + \beta \gamma_2 B N_\gamma + \gamma_1 D_f N_q$의 식 중에서 제2항과 제3항의 단위중량 γ_1과 γ_2는 수중단위중량을 써야 하므로 지지력은 거의 반감하게 된다.

2) 지하수위 위치에 따른 지지력 공식 수정

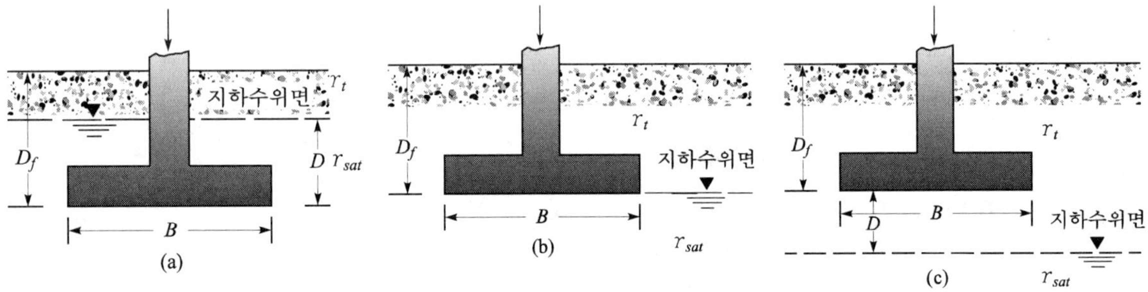

그림 6.17 구조물별 지하수위 위치

(1) 지하수위가 기초바닥 위에 있는 경우(그림 6.17(a))

$$q_u = \alpha c N_c + \beta \gamma_2 B N_\gamma + \gamma_1 D_f N_q \tag{6.32}$$

$\gamma_2 = \gamma_{sub}$, $\gamma_1 \cdot D_f = \gamma_t \cdot (D_f - D) + \gamma$

(2) 지하수위가 기초바닥과 일치하는 경우(그림 6.17(b))

$$q_u = \alpha c N_c + \beta \gamma_2 B N_\gamma + \gamma_1 D_f N_q \tag{6.33}$$

$\gamma_2 = \gamma_{sub}$, $\gamma_1 = \gamma_t$

(3) 지하수위가 기초바닥 아래에 있는 경우(그림 6.17(c))

$D > B$ 일 때, $\gamma_2 = \gamma_t$, $\gamma_1 = \gamma_t$

$D \leq B$ 일 때에는 제2항의 단위중량(γ)은 아래의 공식으로 평균단위중량을 구하여 계산한다.

$$\begin{aligned} \bar{\gamma} &= \frac{D}{B}\gamma_t + \gamma_{sub} - \frac{D}{B}\gamma_{sub} \\ &= \gamma_{sub} + \frac{D}{B}(\gamma_t - \gamma_{sub}) \end{aligned} \tag{6.34}$$

예제 6.5

Terzaghi의 전반전단파괴공식을 이용하여 그림 6.18과 같이 정방형 기초가 받을 수 있는 허용하중을 구하여라. (단, 안전율은 3, 내부마찰각 : 30°, 점착력 : 50kPa, N_c =37.2, N_r =19.7, N_q =22.5)

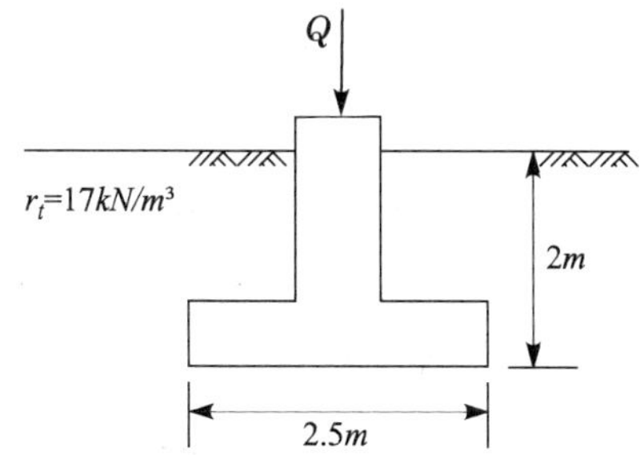

그림 6.18 정방형 기초

풀이

극한지지력 $q_{ult} = \alpha c N_c + \beta \gamma B N_r + \gamma D_f N_q$

(정방형이므로 $\alpha = 1.3$, $\beta = 0.4$ 이다.)

$= 1.3 \times 50 \times 37.2 + 0.4 \times 17 \times 2.5 \times 19.7 + 17 \times 2.0 \times 22.5$

$= 3{,}517.9kPa$

허용지지력 $q_a = \dfrac{q_u}{F_s} = \dfrac{3{,}517.9}{3} = 1{,}172.6kPa$

허용하중 $Q = q_a \times A = 1{,}172.6 \times 2.5 \times 2.5 \fallingdotseq 7{,}330kN$

예제 6.6

정방형기초(2.5m× 2.5m)가 그림 6.18과 같이 실트 섞인 모래지반 위에 축조되었다. 그림 6.19(a), (b), (c) 각 경우에 대하여 안전율(F_s)을 3으로 할 때 Terzaghi식으로 허용지지력을 계산하여라. 여기서 흙의 습윤단위중량 $\gamma_t = 17kN/m^3$, 내부 마찰각 $\phi = 30°$, 점착력 $c = 11kPa$, 비중 $G_s = 2.62$, 함수비 $w = 33\%$이다.

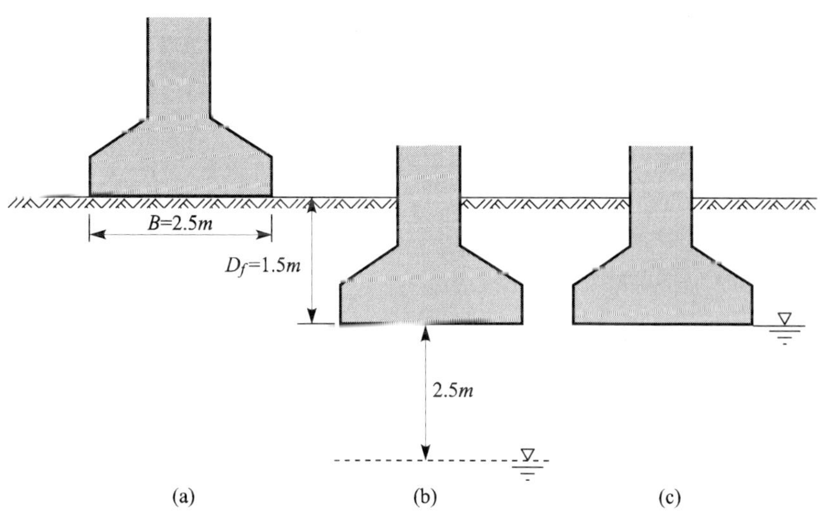

그림 6.19 정방형 기초 설치 위치

풀이

(a)의 경우($D_f = 0$)

$$q_u = \alpha c N_c + \beta \gamma_1 B N_r + \gamma_2 D_f N_q$$

$\alpha = 1.3, \quad \beta = 0.4, \quad D_f = 0$

$\gamma_1, \gamma_2 = 17kN/m^3 \quad c = 11kPa$

$N_c = 30.1, \quad N_r = 15.7, \quad N_q = 18.4,$

$$q_u = 1.3 \times 11 \times 30.1 + 0.4 \times 17 \times 2.5 \times 15.7 + 17 \times 0 \times 18.4 = 430 + 267 = 697kPa$$

안전율을 3으로 하면 $q_a = \dfrac{q_u}{F_s} = \dfrac{697}{3} = 232kPa$

(b)의 경우($D_f = 1.5m$)

$$q_u = 1.3 \times 11 \times 30.1 + 0.4 \times 17 \times 2.5 \times 15.7 + 17 \times 1.5 \times 18.4 = 430 + 267 + 469.2 = 1,166.2kPa$$

$$q_a = \frac{q_u}{F_s} = \frac{1,166.2}{3} = 388.7kPa$$

(c)의 경우

기초 하부는 지하수위가 있으므로 흙의 건조단위중량을 수중단위중량으로 고쳐야 한다.

건조단위중량 $\gamma_d = \dfrac{\gamma_t}{1+W} = \dfrac{17}{1+0.33} = 12.8kN/m^3$

여기서, 간극비 $e = \dfrac{G_s \gamma_w}{\gamma_d} - 1 = \dfrac{2.62 \times 10}{12.8} - 1 = 10.5$

수중단위중량 $\gamma_{sub} = \dfrac{G_s - 1}{1+e}\gamma_w = \dfrac{2.62-1}{1+1.05} \times 10 = 7.9kN/m^3$

$$q_u = 1.3 \times 11 \times 30.1 + 0.4 \times 7.9 \times 2.5 \times 15.7 + 17 \times 1.5 \times 18.4$$

$$= 430 + 124 + 469.2 = 1,023.2kPa$$

$$q_a = \frac{q_u}{F_s} = \frac{1,023.2}{3} = 341,1kPa$$

상기에서 살펴본바와 같이 같은 기초라도 지표하에 근입깊이(D_f)가 있는 것이 지표상보다 지지력이 크고 기초하단이 같은 표고하에 있어도 지하수가 있는 경우의 지지력은 떨어진다.

6.7 기초지반의 접지압 분포

1) 접지압 정의

기초가 지반과 접촉하는 바닥면에서의 압력분포를 기초의 접지압(contact pressure)이라 하며 그 크기와 분포는 구조물 하부지반과 구조물의 상대적특성에 따라 다르다. 기초설계 시 접지압을 알아야 기초 바닥에 작용하는 모멘트와 전단력을 계산 할 수 있다.

2) 강성기초, 연성기초지반의 접지압 분포

접지압을 등분포로 가정하면 사질토에서는 안전측이지만 점성토에서는 불안전측일 수 있다. 전면기초와 같이 넓은 기초에서는 과다 또는 과소설계가 되지 않도록 접지압의 분포를 고려하여야 한다.

(1) 연성기초

① 점토지반 : 침하는 중앙에서 최대이며 접지압은 균등하다.

② 사질토지반 : 기초의 구속효과로 인하여 모래의 탄성계수는 중심에서 크고 양단에서 작으므로 침하는 점토와 반대로 양단이 중심보다 크다.

(2) 강성기초

① 침하량은 기초의 전면적에 걸쳐 일정하다.

② 접지압은 연성기초와는 반대로 균등침하가 발생하기위하여 휨성기초가 작게 침하하는 점에서는 응력을 많이 받고 많이 침하하는 점에서는 응력을 작게 받는다. 유연성기초에서는 접지압 분포가 일정 하게 나타나고 강성기초에서는 침하가 일정하다.

$$\sigma = E \cdot \epsilon, \ \epsilon = \frac{\sigma}{E}$$

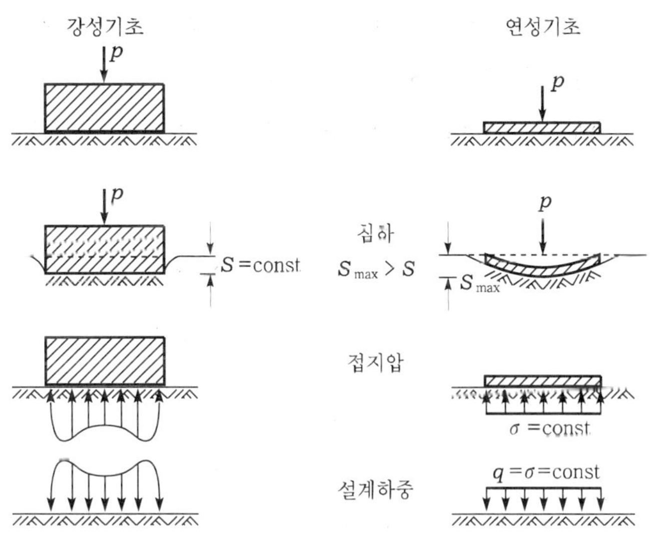

(a) 강성기초 (b) 연성기초

그림 6.20 강성기초와 연성기초의 접지압 분포

즉, E가 커지면 변형이 줄고 E가 작아지면 변형이 증대한다. 등분포 하중을 받는 강성기초의 즉시 침하는 연성기초의 침하량 보다 약 7%가 적다는 보고가 있다.

$$I_q(\text{강성}) = I_q(\text{연성}) \times 0.93 \tag{6.35}$$

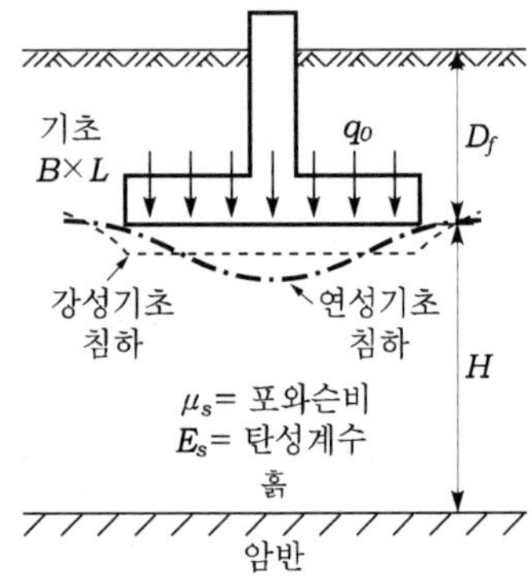

그림 6.21 기초의 탄성침하

표 6.18 기초의 탄성침하량(Harr, 1966)

기초의 종류		탄성침하량	기초의 종류	탄성침하량
연성기초	모서리	$S_e = \frac{q_o B}{E_s}(1-\mu_s^2)\frac{\alpha}{2}$	강성기초	$S_e = \frac{q_o B}{E_s}(1-\mu_s^2)\alpha_r$
	중 심	$S_e = \frac{q_o B}{E_s}(1-\mu_s^2)\alpha$		
	평 균	$S_e = \frac{q_o B}{E_s}(1-\mu_s^2)\alpha_{av}$		

6.8 암반의 지지력

6.8.1 개 요

기반암(연암, 경암)이 지지층인 독립기초의 경우 토사지반에 설치되는 기초와 같이 지지력에 대한 안정성이 문제가 되는 경우는 흔치 않으나, 상부로부터 전달된 하중이 큰 경우나 풍화 및 불연속면의 정도에 따라 아래 그림과 같은 파괴가 발생할 수 있다.

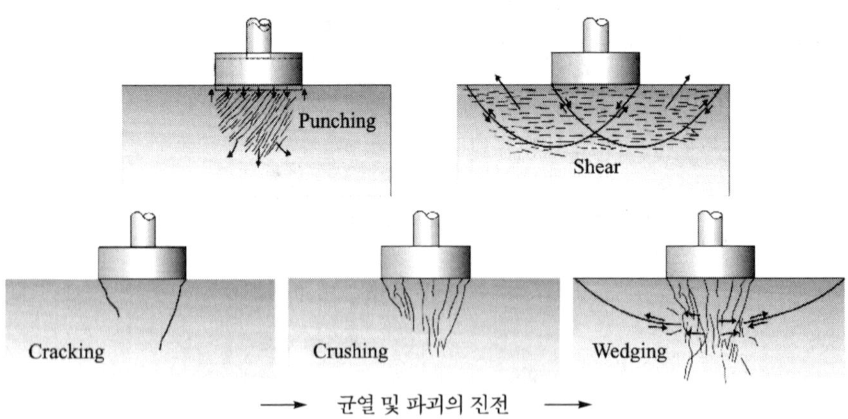

그림 6.22 암반기초의 파괴

6.8.2 지지력에 대한 안정성

1) 지지력 결정 방법

이론적 방법에 의한 지지력평가는 실내암석시험(일축압축) 결과와 현장암반상태를 고려하여 지지력을 산정하는 Hoek & Brown 공식과 암반의 전반전단파괴를 가정한 Bell의 공식을 이용하여 산정한다.

표 6.19 지지력 결정 방법

구분	지지력 결정 방법
이론적 방법	탄성론에 의한 방법 1) Hoek & Brown 공식 : 암반분류(Q값, RMR)와 일축압축강도 이용 2) Bell 지지력 공식 : 암반에서 쐐기파괴(General Wedge Failure)가 예상되는 경우에 이용
경험적 방법	1) 공내재하시험에 의한 방법 2) 기존자료에 의한 방법(RMR 및 기존문헌에 의한 방법)
기타 방법	시방기준
실무 적용	1) 상기 이론적인 방법, 경험적인 방법 및 시방기준과 상호비교, 지반의 지지력 평가는 안정성을 고려하여 적정값을 적용하여야 한다. 2) 기초저면에 대한 RMR평점 결과에 따라 다음과 같이 허용지지력 공식을 결정 ⇨ RMR평점 > 40 : Hoek-Brown공식, RMR평점 < 40 : Bell방법

2) 지지력 산정

(1) 일축압축강도에 의한 암반의 지지력

캐나다 지반공학회의 Foundation Engineering Manual(1992)에 제시된 일축압축강도에 의한 지지력의 산정은 무결암의 일축압축강도와 절리면 간격에 따른 보정계수를 이용하여 다음과 같이 산정할 수 있다.

표 6.20 절리면 간격에 따른 허용지지력

$Q_a = K_{sp} \cdot q_{u(core)}$	절리면 간격에 따른 C1		
	불연속면간격	K_{sp}	간 격(m)
여기서, Q_a : 허용지지력	비교적 좁음	0.1	0.3 ~ 1
$q_{u(core)}$: 코어의 평균일축압축강도	넓음	0.25	1 ~ 3
K_{sp} : 안전율 3을 포함한 경험적 계수	비교적 넓음	0.4	> 3

(2) RQD와 암반의 지지력 관계

RQD에 대한 허용지지력을 평가하는 반경험적인 방법으로서 이 방법에 의해 지지력을 산정할 경우 해당지역 기반암의 특성이 반영되어야 한다.

계산된 허용지지력이 암석의 일축압축강도와 기초 콘크리트의 허용응력 중 어느 하나보다 크다면,

암의 일축압축강도와 콘크리트의 허용응력 중에서 작은 값을 허용지지력으로 한다. 콘크리트의 허용응력은 $0.3f_{ck}$로 간주할 수 있다.

표 6.21 암의 허용지지력-사용한계상태(Peck, Hanson과 Thombum, 1974)

RQD	허용지지력	
	(MPa)	(kPa)
100	28.7	29,260
90	19.2	19,570
75	11.5	11,720
50	6.23	6,350
25	2.87	2,920
0	0.96	970

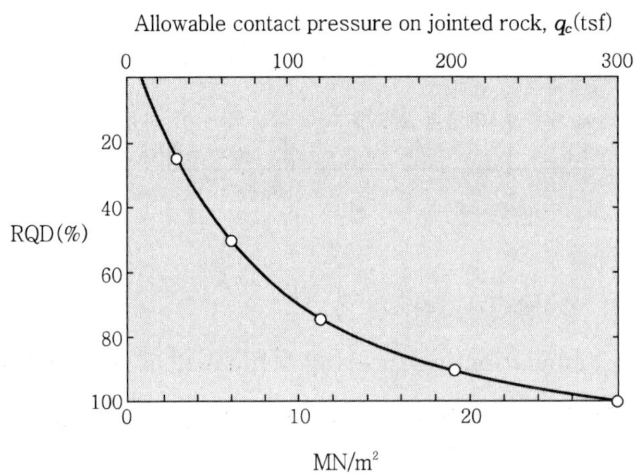

그림 6.23 RQD를 이용한 암반의 지지력 산출(Peck et al., 1974)

(3) 문헌에 의한 지지력 산정

① 도로교표준시방서에 의한 암반의 최대 지반반력의 상한치

표 6.22 암반의 최대지반반력

암반의 종류		최대지반반력		기준으로 하는 값	
		평상시	지진시	일축압축강도 (kPa)	공내재하시험 변형계수 (kPa)
경암	균열이 작음	250	375	10,000 이상	500,000 이상
	균열이 많음	100	150	10,000 이상	500,000 미만
연암·이암		60	90	1,000 이상	500,000 미만

② NAVFAC(1982)에서 제시한 암반 허용지지력 경험치

표 6.23 지지층 조건별 허용 지지력

지지층	현장 연경도 상태	허용 지지력(kPa)	
		범위	추천값
괴상의 결정질 화강암, 변성암 : 화강암, 섬록암, 현무암, 완전히 고결된 역암	경질의 신선한 암	6,500~10,700 [6,000~10,000]	8,600 [8,000]
엽리성의 변성암 : 슬레이트, 편암	중간경질의 신선한 암	3,200~4,300 [3,000~4,000]	3,750 [3,500]
퇴적암 : 시멘트화된 경질의 셰일, 실트암, 사암, 동공이 없는 석회암	중간경질의 신선한 암	1,600~2,700 [1,500~2,500]	2,150 [2,000]
풍화되거나 파쇄된 모암, 이질암(셰일)이외의 모든 암, RQD<25	연암	850~1,300 [800~1,200]	1,050 [1,000]

6.9 얕은 기초 설계

6.9.1 얕은 기초 형식 선정

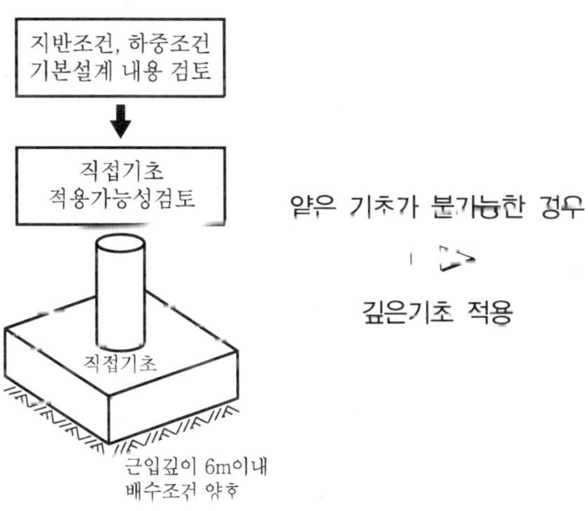

1) 육상구간의 깊은기초 시공방법의 선정을 위해 현장시공조건을 고려하여 항타공법, 속파기공법, 회전압입공법 등을 비교 검토

2) 형식선정 시 구조적 안정성, 시공성, 경제성을 모두 검토하여 동일한 안정성이 확보되는 경우에는 시공성 및 경제성이 우수한 기초형식을 선정

3) 기초형식 선정 후 현장여건에 부합하는 공법을 비교 선정

그림 6.24 얕은 기초 형식 선정 흐름도

6.9.2 얕은 기초 설계

1) 얕은 기초 설계절차

표 6.24 얕은 기초 설계절차

지반조사, 현장여건분석	기초형식, 공법선정	기초안정성 검토	유지관리
1) 해상, 환경조건 분석 2) 상부구조특성 분석 : 하중규모, 작용특성 3) 지반조사결과 분석 ① 지층분포 상태 ② 구조선, 파쇄대분석 ③ 공학적 특성 분석	1) 기초형식별로 구분 2) 상부구조물 특성에 따른 하중저항개념 설정 3) 국내외 시공사례 참조 4) 시공성, 경제성 분석을 통한 상세형식 선정	1) 기초의 지지력 2) 침하 및 부등침하 3) 수평변위, 활동 4) 단면 응력 5) 구조물-지반내진해석 6) 가시설계획 7) 굴착에 따른 rebound, heaving	1) 기초 내구성 향상 ① 세굴방지대책 ② 기초내염대책 2) 시공관리방안 ① 재하시험 ② 품질관리방안

2) 공종별 설계 시 고려사항

표 6.25 공종별 설계 시 고려사항

항목	주요고려사항	검토항목
지지층 선정	1) 구조물의 위치와 하중규모, 지반조건, 시공성을 고려한 예비 지지층 선정 2) 조사시험결과(강도 및 변형특성)를 반영, 안정성 검토 후 최종 지지층 결정	1) 기초저면 최대반력산정 2) 지층별, 기초별 허용 지지력
기초형식 선정	1) 작용하중, 지반조건, 주변여건을 고려한 기초형식 선정 2) 안정성, 시공성 및 경제성 등을 종합적으로 비교 분석하여 기초형식 선정	1) 공법별경제성검토 2) 시공방법 검토
안정성 검토	1) 안정성 검토시 조사시험 결과를 반영한 지반특성 적용 2) 이론적, 경험적 방법 등 최신의 검증된 기법 적용	지지력 및 침하 검토
내진해석	1) 지반조건을 반영한 지진응답해석, 변형률 의존 동적 물성치 산정 2) 액상화 가능성 검토 및 지반-구조물 상호작용을 고려한 기초의 동적 해석	1) 구조물~기초 상호작용 해석 2) 액상화 검토 (간편예측 및 상세 예측)
가시설 계획	1) 지반의 투수성과 시공성을 고려한 굴착계획 수립 및 차수공법의 검토 2) 흙막이 공법의 적용성 비교 분석, 안정성 및 단면 검토	1) 침투류해석 2) 탄소성 흙막이해석
시공품질 확보방안	직접기초의 지지력 확인을 위한 재하시험 세부 계획 수립	재하시험 항목, 위치 및 수량검토

3) 실무적용 시 유의 사항

(1) 구조물 설계 시 공사 후 양압력에 대한 검토가 되어야 하며, 공사 중에도 양압력에 대한 안정여부를 검토 하여야 한다.

(2) 허용침하, 부등침하 기준정립 후 설계를 실시하여야 한다.

(3) 순하중 개념의 검토여부를 설계 전에 정립하여야 한다.

(4) 기초의 깊이와 간격 선정 시 동결 깊이와 팽창성 여부를 판단한다.

(5) 기초의 허용부등침하량에 대한 국내기준이 없으므로 이에 대한 정립이 필요한 실정이다.

6.10 얕은 기초 시공

1) 얕은 기초 시공순서는 다음과 같다.

흙막이(필요시) ➡ 굴착 ➡ PC BOX 설치 또는 현장타설 ➡ 되메우기

(a) 얕은 기초(PC BOX) 설치 (b) 기초주변 되메움 시공 (c) 되메움시공 완료

그림 6.25 얕은 기초 시공순서

2) 얕은 기초는 굴착이 가능한 얕고 양질의 지지층이 있는 경우에 적용한다. 지지층이 깊거나 지하수위가 높은 곳에 있는 경우에는 흙막이나 물막이(차수)를 실시한 후에 굴착을 한다.

3) 연약지반에서의 얕은 기초는 연약지반개량 완료 후 시공하며 치환할 경우 재료는 구조물 뒷채움 재료(모래, 잡석)이상으로 한다.

6.11 얕은 기초의 주요 문제점과 대책

6.11.1 양압력 발생원인 및 대책공법

1) 양압력과 부력비교

(1) 양압력(Uplift pressure)

구조물이 지하수위 이하에 놓이게 되는 경우 구조물 하부에 상향으로 작용하는 물의 압력으로서 수위차가 없는 경우 양압력은 정수압과 같다.

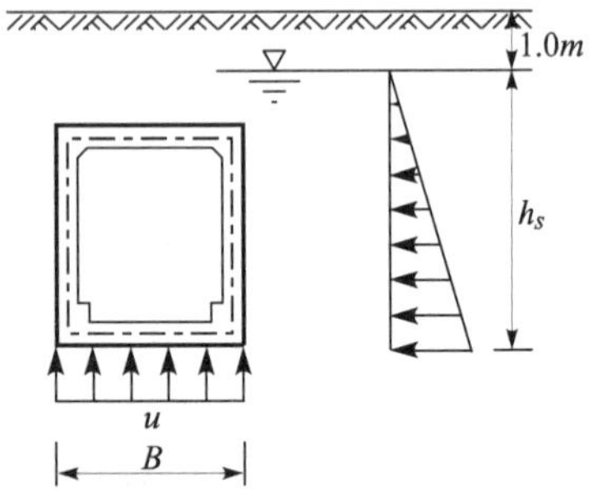

$$U_p = \gamma_w \times h_s \times B$$
$$(u = \gamma_w \times h_s)$$

여기서, U_p : 양압력(kN/m)

γ_w : 물의 단위중량(kN/m^3)

h_s : 지하수의 심도(m)

B : 구조물에 작용하는 양압력의 폭(m)

그림 6.26 구조물의 양압력

댐과 같이 구조물 전후의 수위차가 있는 경우 양압력은 유선망에 의해서 침투압이 고려되어 얻어지고 유선망 형상에 따라서 그 크기가 달라지므로 그림 6.27(a)와 같이 비선형적으로 나타난다.

(2) 부력(Buoyancy)

지하수위 아래 물에 잠긴 구조물 부피만큼의 정수압이 상향으로 작용하는 힘으로서 물체 표면에 상향으로 작용하고 있는 물의 압력이다. 부력은 정수압에 의해서 구해지므로 그 분포가 선형적이고 크기가 간단히 정해진다.

$$\text{부력}(B) = \gamma_w \cdot V \tag{6.36}$$

여기서, γ_w : 물의 단위중량

V : 유체 속에 잠긴 물체의 부피

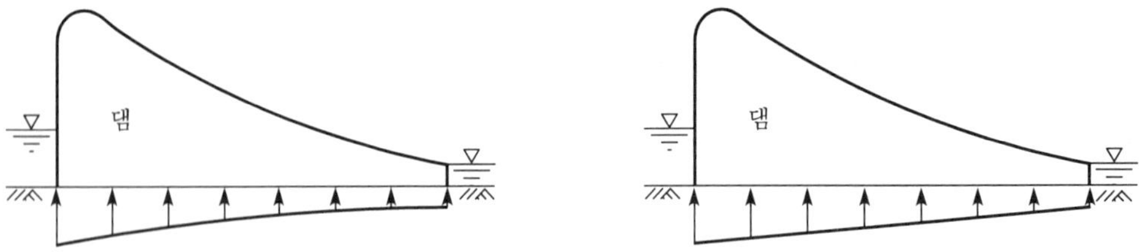

(a) 수위차에 의한 비선형적 양압력 (b) 정수압 조건의 선형적 부력

그림 6.27 댐에서 양압력과 부력

2) 양압력 발생원인

구조물 공사는 지하수가 배제된 상태에서 시공하거나 또는 원지반에 구조물 축조 후 주변을 흙쌓기하여 구조물을 완성하게 된다. 이 경우 다음과 같은 지하수 상승원인으로 양압력에 대한 피해가 발생하게 된다.

(1) 지하수위가 높은 지역에서 구조물 완성 후 배수를 중단 할 경우

(2) 강우에 의한 지표수와 지하수위 상승 시

(3) 구조물 주변에서 상수도관 파열 등으로 지하수위 상승 시

3) 양압력 안전율

구조물이 지하수위 아래에 설치되는 경우 지하구조물이 양압력에 대해 안전률을 유지하는지의 여부를 다음 식에 의해 검토하여야 한다.

$$F_s = \frac{W_b + Q_s}{U_p} > 1.2 \tag{6.37}$$

여기서, W_b : 각 시공단계별 구조물의 자중

Q_s : 흙의 전단저항 혹은 측벽과 흙의 마찰저항 (시공조건 등을 고려하여 적용성 여부 결정)

U_p : 각 시공단계별 기초구조물의 저면에 작용하는 상방향의 수압

4) 양압력에 대한 대책공법

(1) 사하중에 의한 공법

건물의 순수하중과 건물에 작용하는 마찰력이 양압력보다 크도록 설계하는 공법이다.

(2) 영구앵커(부력앵커)에 의한 공법

건물의 순수하중과 건물에 작용하는 마찰력이 양압력보다 작은 경우에 그 차이만큼을 기초바닥 아래 암반층에 앵커를 설치하는 공법이다.

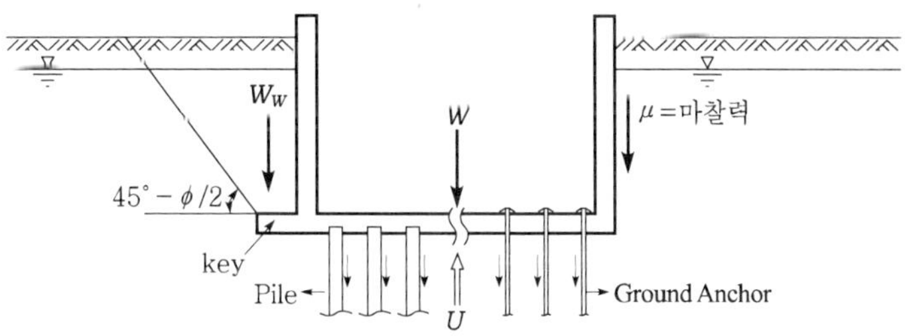

그림 6.28 부력 앵커 단면도

(3) 외부 배수처리에 의한 공법

지하 벽체 외부의 소정 심도에 배수층을 만들어 유공관을 통하여 집수정으로 지하수를 모은 후 펌프에 의한 배수처리로 지하벽체에 작용하는 양압력을 감소시키는 공법이다.

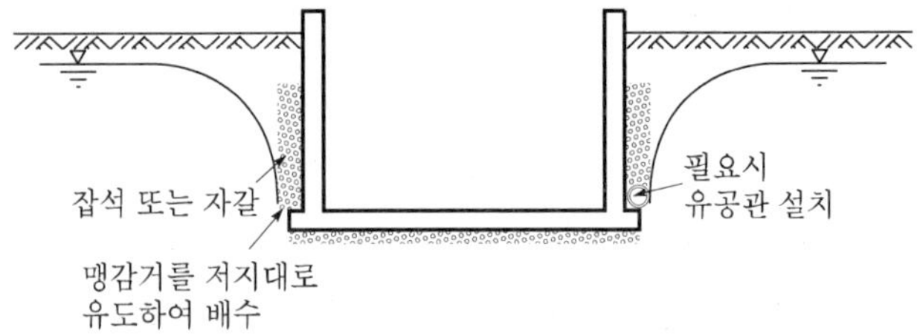

그림 6.29 외부 배수처리 공법

(4) 기초바닥 영구배수에 의한 공법(내부 배수처리 공법)

기초 바닥에 인위적인 배수층을 만들고 유공관을 통하여 집수정으로 지하수를 모아 펌프에 의한 배수처리로 수압을 감소시키는 공법이다.

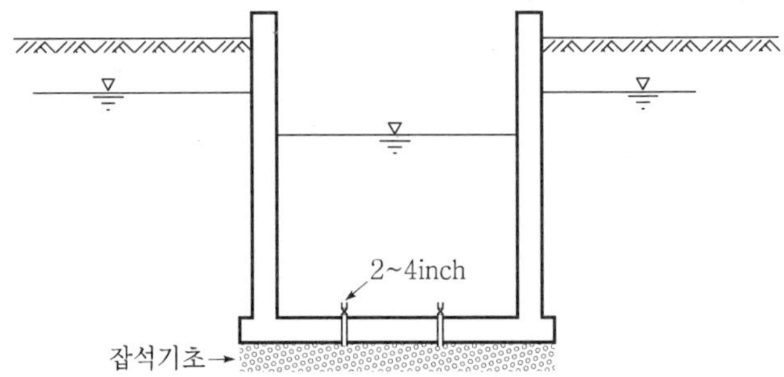

그림 6.30 내부 배수처리 공법

5) 설계 시 양압력 고려사항

(1) 양압력을 받는 구조물의 안정에 대한 안전율(F_s)은 1.2 이상으로 한다.

(2) 지하구조물의 양압력에 대한 검토는 공사 중 가장 불리한 조건과 완공 후 조건에 대하여 각각 검토하고, 부재단면력은 불리한 조건에 대하여 부재설계를 한다.

① 시공 중 : 구조물 자중과 지하수위 고려

② 시공 완료시 : 구조물 자중, 토피하중, 측면 마찰저항, 지하수위 고려

예제 6.7

그림 6.31과 같이 구조물 면적이 $100m^2$이고 구조물하단은 지표면으로부터 $10m$ 위치에 있으며 지하수위는 지표면에 있을 때 부력과 양압력을 구하라.

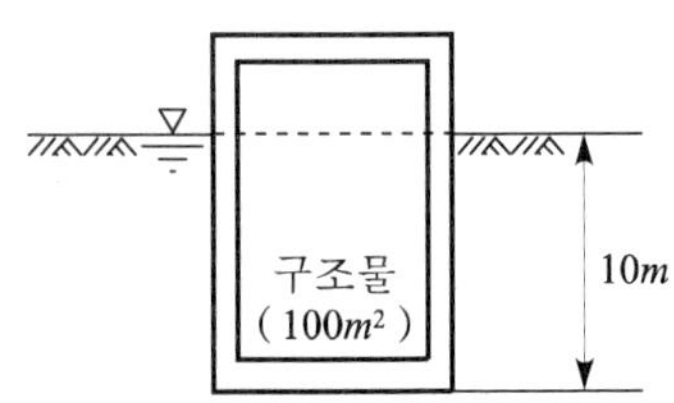

그림 6.31 예제 6.7의 그림

풀이

1) 부력(B) $= \gamma_w \times V = 10kN/m^3 \times 100m^2 \times 10m = 10{,}000kN$

2) 양압력(U_p)$= \gamma_w \times D = 10kN/m^3 \times 10m = 100kPa$

6.11.2 구조물의 침하 원인 및 대책

1) 개요

구조물의 침하는 외력(하중, 진동, 토압)에 의해 발생되는 접지압이 지반의 극한지지력을 초과할 경우 발생하게 되므로 설계 및 시공 시 침하 원인에 대한 대책을 수립하여 안정성 있는 구조물이 되도록 하여야 한다.

2) 구조물의 침하원인 및 대책

(1) 상부구조물

표 6.26 상부 구조물 침하원인 및 대책

침하원인	대책
1) 지반의 지지력에 비해 구조물 중량이 과다한 경우	구조물을 경량화 하여 지중응력을 감소시킴
2) 구조물의 중량이 일정하지 않아 지중응력 분포가 일정하지 않는 경우	구조물의 중량배분을 균등하게 함
3) 인접구조물에 지나치게 근접 시공하여 지중응력이 중첩되는 경우	인접구조물과 이격 간격을 충분히 함

(2) 기초지반

표 6.27 기초지반 침하원인 및 대책

침하원인	대책
1) 압축성이 큰 포화 점토지반이나 느슨한 포화 사질토지반에 축조하는 경우 2) 팽창성 지반이나 붕괴성 지반에 축조하는 경우 3) 연약층 두께가 불규칙한 경우	1) 기초 지반을 개량한다. ① 점토지반: 치환, (PBD, SD)+ preloading공법, ② 사질지반: SCP, vibroflotation, 동다짐공법 등 2) 주입공법 (CGS, JSP RJP, SIG공법 등)으로 지반을 보강한다. 지반 개량, 보강 시 시험시공 및 계측관리를 시행한다. 3) 구조물 축조 이후에도 유지관리계측을 실시하여 안정여부를 확인하는 것이 바람직하다.

(3) 기타 영향

표 6.28 기타영향에 의한 침하원인 및 대책

침하원인	대책
1) 인근지역 터파기로 지하수위가 저하하여, 유효응력이 증가하는 경우 2) 동결작용 시 얼음층(ice lense)이 형성되어 지반융기 또는 융해 시 지반이 연약화 되는 경우 3) 세굴 또는 침식이 되는 경우	1) 터파기시 차수벽을 설치하여 지하수위 저하를 방지한다. 2) 동결이 되지 않도록 지하수위를 차단시키거나 배수구를 설치한다. 3) 세굴, 침식 경로를 차단하거나 경로를 바꾼다.

6.11.3 얕은 기초형식의 지반변형계수(E_o)

얕은 기초와 깊은기초 구조물 설계 시 입력정수중 하나인 연직지반반력계수를 알기 위해서는 지반변형계수(E_o)를 정확히 평가하여야 한다. 이 경우 구조물 하부지반의 연직지반반력계수(k_v)는 평판재하시험 등의 현장시험결과를 이용하는 것이 가장 이상적이나, 설계 시점에서 굴착심도가 깊은 구조물하부지반에 대한 재하시험이 어려운 실정이다.

1) 연직지반반력계수 산정(k_v)

도로교설계기준 해설에서 제안한 (6.38)식을 이용하여 하부지반에 대한 연직지반반력계수를 산정할 수 있다.

$$k_v = k_{vo} \cdot \left(\frac{B_v}{30}\right)^{-3/4} \tag{6.38}$$

여기서, k_v : 연직방향 지반반력 계수(kN/m^3)

k_{vo} : 지름 $30cm$의 강체원판에 의한 평판재하시험에 값에 상당하는 지반반력계수(kN/m^3)

k_{vo} : 지반반력 추정에 쓰이는 계수

$$k_{vo} = \frac{1}{30}\alpha \cdot E_o$$

B_v : 기초의 재하환산 폭(cm)

E_o : 지반변형계수

2) 지반변형계수(E_o) 산정(사례)

(1) 개요

지반변형계수는 도로교 시방서 제안식($E_0 = 28N$)을 이용하여 구할 수 있으나, 최근 $E_0 = 28N$ 제안식에 의한 변형계수값은 다소 과대평가된 경향이 있다고 보고되고 있다. 그러나 설계시점에서 준용할 만한 다른 시방규정식이 명확하지 않으므로 $E_0 = 28N$ 식을 이용하되, 지층별 변형계수의 가중평균치 적용값과 비교 판단하여 적정여부를 판단하는데 그 목적이 있다.

(2) 현장조건

지반변형계수 E_0값의 특성은 대부분 심도가 깊어짐에 따라 증가하며, 적용심도는 구조물의 지중응력

분포를 고려하며 $2B(B$:구조물폭)정도이다. 계산 대상구조물의 경우 지반굴착에 따라 연약층은 모두 제거되며, 구조물하부 $2B$깊이 아래의 평균 N값은 36정도이다.

(3) 변형계수(E_0) 산정

지층별 변형계수의 가중평균치 적용식을 적용하여 지반조사위치 2공(case 1, case 2)을 대상으로 문헌자료 및 경험식을 이용하여 변형계수를 결정내용은 아래와 같다. 지중응력 영향범위 $H=2B$(구조물 B=26m)로 판단하였다.

$$E_o = \frac{\sum(E_{o1} \times H_1 + E_{o2} \times H_2 + \ldots\ldots + E_{on} \times H_n)}{H} \tag{6.39}$$

표 6.29 Case 1의 변형계수 결정

지층	문헌자료 (단위:kPa)	변형계수 (단위:kPa)		변형계수 결정 (단위:kPa)	N 값
		적용식 (kPa)	변형계수 (kPa)		
모래치환층(3m)	15,000	$766 \cdot N$	15,000	15,000	N=20
상부해성층(0.8m)	5,000	$800 \cdot S_u$	42,800	5,000	
하부해성(1.5m)	10,000	$1{,}200 \cdot S_u$	74,600	10,000	
하부충적층(14.5m)	20,000	$300(N+6)$	17,000	17,000	N=50
풍화토(1.5m)	50,000	$500(N+15)$	33,000	33,00	N=50
풍화암(30.7m)	100,000	-		100,000	

$$E_s = \frac{3 \times 15{,}000 + 0.8 \times 5{,}000 + 1.5 \times 10{,}000 + 14.5 \times 17{,}000 + 1.5 \times 33{,}000 + 30.7 \times 100{,}000}{2 \times 26}$$
$$= 65{,}960kPa$$

표 6.30 Case 2의 변형계수 결정

지층	문헌자료 (단위:kPa)	변형계수 (단위:kPa)		변형계수 결정 (단위:kPa)	N 값
		적용식 (kPa)	변형계수 (kPa)		
모래치환층(1m)	15,000	$766 \cdot N$	15,000	15,000	N=20
상부해성층(2.7m)	5,000	$800 \cdot S_u$	22,560	5,000	
하부해성층(10m)	10,000	$1200 \cdot S_u$	84,060	10,000	
하부충적층(6.8m)	20,000	$300(N+6)$	17,000	17,000	N=50
풍화토(3m)	50,000	$500(N+15)$	33,000	33,000	N=50
풍화암(28.5m)	100,000	-	-	100,000	

$$E_s = \frac{1\times 15{,}000 + 2.7\times 5{,}000 + 10\times 10{,}000 + 6.8\times 17{,}000 + 3.0\times 33{,}000 + 28.5\times 100{,}000}{2\times 26}$$
$$= 61{,}400kPa$$

$E_0 = 28N$ 적용 시 $N = 20$(모래치환층 기준)을 적용 할 경우 $56{,}000kPa$이나, 문헌자료 및 N값 이용 시 $61{,}400\sim 65{,}960kPa$ 값을 보이고 있으므로 $E_0 = 28N$ 적용은 적정한 값으로 사용 할 수 있었다.

(4) 실무적용 시 유의사항

① 변형계수(E_0)는 NAVFAC DM-7에 의하면 흙의 종류에 따라 $4\sim 12N$, 한국지반공학회 $12N$, 도로교 설계기준 $28N$, 이인모등(1996)은 $2\sim 6N$, 개선된 강관말뚝의 설계와 시공에서는 $8\sim 17N$으로 제안하였다. 상기 값을 비교 판단하여 적용하기에는 어려움이 많이 있으므로 설계 시에는 표준관입시험 N 값으로 지층별 변형계수의 가중평균치 값을 적용하고, 시공 시에는 공내재하시험을 통하여 설계 적정성을 확인하는 것이 바람직 할 것으로 판단된다.

② 깊은기초의 수평지반반력계수($k_h = (1/30)\times a\times E_0$) 산정 시에도 변형계수($E_0$)값 선정은 (1)항과 같이 적용하는 것이 바람직 할 것으로 판단된다.

③ 문헌자료나 경험식에 의한 변형계수산정 시 구조물 하부지반을 치환할 경우는 원지반 조건에 대한 변형계수를 사용해서는 안되고 치환되는 재료에 대한 변형계수 값을 적용해야 한다.

6.11.4 보상기초(compensated foundation)

1) 정의

굴착된 흙 중량(W_1)이 건축물의 중량(W_2)과 동일한 경우 이러한 기초를 완전보상기초(completely or fully compensated foundation)라고 정의하며, $W_1 < W_2$일 경우에는 부분 보상기초(partially compensated foundation)라고 한다. 즉, 구조물 기초하단 계획고까지 원지반을 굴착하여 구조물로 인한 하중증가를 감소 또는 완전히 제거시키는 형식으로서 얕은 기초의 일종이다.

2) 보상기초의 원리 및 설계

보상기초 개념도는 그림 6.32와 같고 완전보상기초를 위한 굴착깊이는 식 (6.40)에 의하여 정의한다.

$$\gamma\times D_f = q \text{ 또는 } D_f = \frac{q}{\gamma} \tag{6.40}$$

여기서, γ는 굴착토의 단위중량이며,

D_f 는 굴착깊이이고,

q는 건물의 단위면적당 하중을 의미한다.

그림 6.32 보상기초 개념도

부분 보상기초에 대한 침하는 $W_1 < W_2$와 같은 조건에서 추가하중(ΔP)이 지반에 전달될 때부터 발생하며 침하량계산법은 얕은 기초에 대한 침하량계산법에서 건물의 순응력(q_{net})을 적용하는 것을 제외하면 모두 동일하다. 설계 시 고려사항으로는 지하수위변화에 따라 유효응력의 증가가 없도록 하고, 굴착에 의한 지반팽창과 건물축조에 의한 재압축을 고려해야 한다. 또한 부등침하를 줄이기 위하여 강성을 증대시키고, 액상화영향 등에 대하여 검토하여야 한다(Tomlinson, 1995: Golder, 1975). 만일 침하량이 건물의 허용침하량을 초과하면 선행재하공법(preloading)을 적용하여 지반개량 후에 완전보상기초로 할 수도 있다.

3) 건물시공 가능깊이 계산(예)

(1) 건물하중 = $5kN/m^2/m$

(2) 굴착토 응력 $= \gamma_t \times h = 18 \times 5 = 90kPa$

(3) 건물 시공가능높이= $90/5 \fallingdotseq 18m$까지 이론적으로 가능하다.

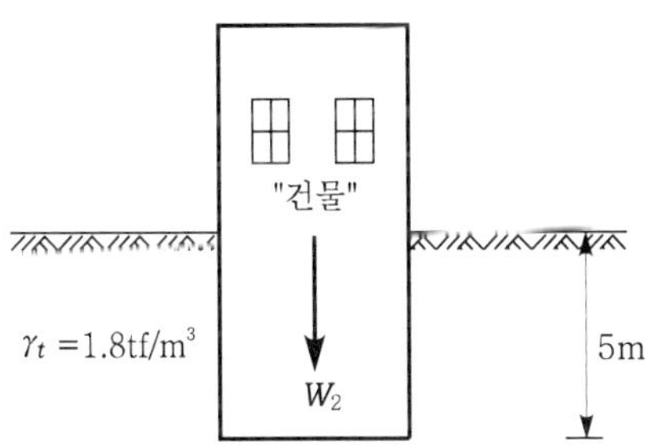

그림 6.33 건물 시공

6.11.5 기타 공종의 문제점 및 대책

1) 동결

표 6.31 동결 문제점 및 대책

문제점	대책
동결되기 쉬운 흙이 장기간 0℃이하가 지속되면 지반이 동결(지하수, 모세관현상)되고 이로 인해 동상이 발생하여 해빙기 융해에 따른 연화 현상으로 지반의 강도가 상실되어 구조물에 피해가 유발된다.	1) 동결깊이 이하로 기초를 내린다.(보통 기초근입깊이 1~1.5m) 2) 배수로 설치로 지하수를 저하시킨다. 3) 비동상층 재료로 치환(동상 방치층 설치)한다.

2) 팽창성지반

표 6.32 팽창성지반 문제점 및 대책

문제점	대책
1) 활성도가 큰 점토지반에 기초 설치 시 함수비가 증가하면 팽창압력을 받게 되어 기초융기, 균열 등의 파손이 생기고 구조물이 뒤틀릴 수 있다. 2) 팽창성 흙은 액성한계(LL)〉 40%, 소성지수(PI)〉 15% 보다 크다.	1) 함수비를 조절한다. (두께 0.3~1.0m로 조립토를 깔아 모세관수를 억제하고 점토층 일정 함수비 유지) 2) 기초아래의 팽창성 흙을 양질재료로 치환한다. 3) 성토 자중으로 팽창압과 균형을 이루도록 한다.

3) 세굴

표 6.33 세굴 문제점 및 대책

문제점	대책
교각과 같이 유수에 기초 설치 시 유로 폭이 작아지고 유속이 가속화되어 세굴이 생길 수 있다.	1) 세굴심도 이하로 기초 깊이를 내린다. 2) 널말뚝(Sheet pile) 등으로 세굴을 보호한다. 3) 사석 등을 세굴 방지용으로 설치한다.

4) 지하수위

표 6.34 지하수위 문제점 및 대책

문제점	대책
1) 사질지반에서 분사현상(quick sand) 발생 2) 구조물의 부력발생, 방수문제	1) 지하수위 저하(웰 포인트, 집수정 등) 2) 상재하중 증가 또는 부력 앵커 설치

5) 기초저면 지반형태에 따른 처리대책

직접기초를 경사진 암반상에 설치할 경우 저부로 작용하는 수평력에 의해 지지력이 감소될 수 있으며, 요철부의 경우 기초저면과 암반의 접촉불량으로 인해 지지력 감소요인이 될 수 있으므로 다음과 같은 기초처리가 필요하다.

기초암반이 경사져 있을 때	기초암반이 수평상태 일때
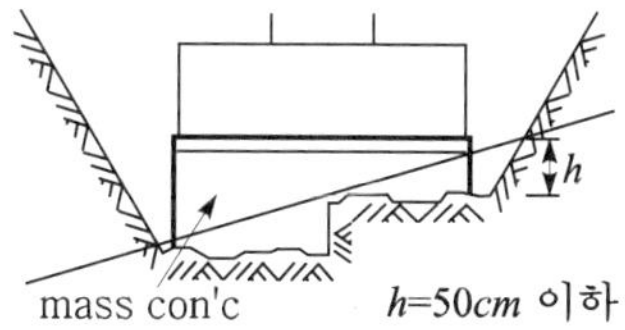	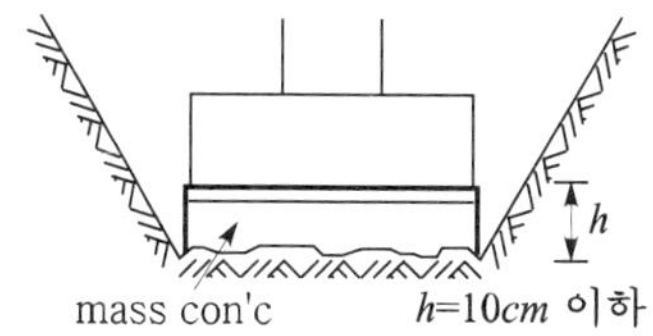
1) 기초 폭 $7m$ 미만의 경우는 수평굴착 2) 기초 폭 $7m$ 이상인 경우 ① 암반의 기울기 〉 1 : 4 ⇒ 계단식 굴착 ② 암반의 기울기 〈 1 : 4 ⇒ 저면수평으로 굴착	암 굴착면의 요철은 ±10cm 이내

그림 6.34 기초지반 형태에 따른 기초처리

6) 경사지에서의 기초설치 방법

비탈면에 기초 설치 시 최소근입깊이	횡방향으로 경사진 경우
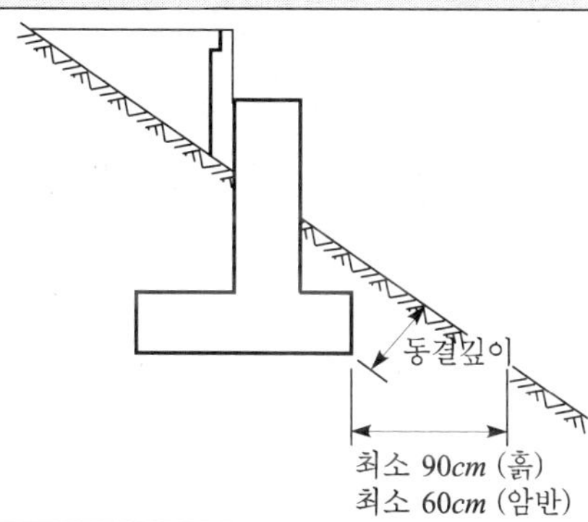	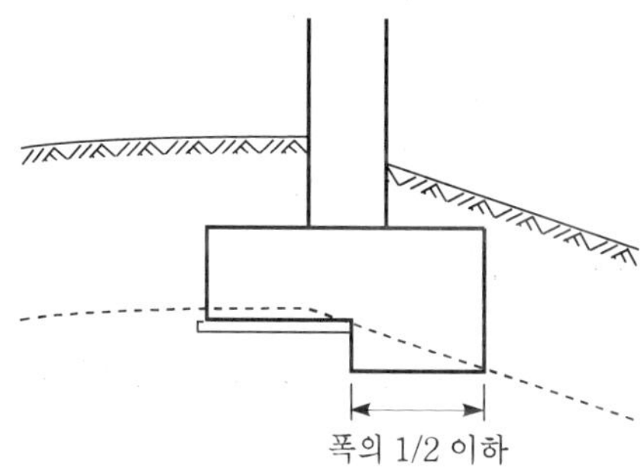
경사지에 건설하는 기초는 풍화작용을 고려하여 비탈면에서 최소한 60~90cm정도 떨어져야 하며 근입깊이는 동결심도보다 크게 하여야 함	1) 횡방향으로 경사진 직접기초는 footing을 수평으로 하고 매시브(massive)한 콘크리트를 사용함 2) 구체 높이를 비대칭으로 설계하면 응력이 달라지므로 기초저판 폭의 1/2 이하는 매시브한 콘크리트를 사용

그림 6.35 경사지에서의 기초처리

7) 암반기초 선정 시 유의 사항

그림 6.36은 암반에 불연속면이 있을 때 암반 구조가 어떻게 기초의 안정성에 영향을 미칠 수 있는지를 나타낸다. 첫째는 단층을 따르나가 비탈면 저부에서는 무결함 암석층을 통과하는 파괴면(a–a)으로 이루어지는 교대의 전반파괴 가능성이 있다. 둘째는 비탈면과 틈이 생기는 방향성을 갖는 절리면 상에서 수직교각 기초의 국부파괴 (b)가 발생될 수 있다. 셋째는 단층대 내의 연약한 재료가 압축되면서 아치 기초에 침하(c)가 일어날 수 있으며, 넷째는 볼트가 정착된 영역 내의 불량한 암반이 볼트의 파괴(d)와 같이 교대지지력의 손실을 초래할 수 있으므로 불연속면이 있는 경우는 기초선정 시 주의를 요

하여야 한다. 그림 6.37과 같이 기초영역을 관통 및 우회하는 지하수 유동은 전단강도 감소와는 별개로 안정성에 대하여 다음과 같은 다수의 영향을 미칠 수 있으므로 기초위치 선정 시 주의를 요하여야 한다.

첫째, 지하수의 급속한 유동은 강도가 작은 균열 및 충전물을 세굴하고, 기초 하부를 침식하여 공동을 형성할 수 있다. 둘째, 석회암과 같은 용해성 암반을 통과하는 지하수 침투는 공동의 발달을 초래할 수 있다. 셋째 셰일과 같은 암석은 시간 경과에 따라 풍화 및 열화되면서 지지력 손실을 발생시킬 수 있다. 이런 풍화는 굴착 후 신속한 지지면 보호가 필요할 정도로 급속하게 진전되거나, 또는 장기개념의 구조물 침하를 초래하면서 시공 후 상당한 기간에 걸쳐 발생될 수도 있다.

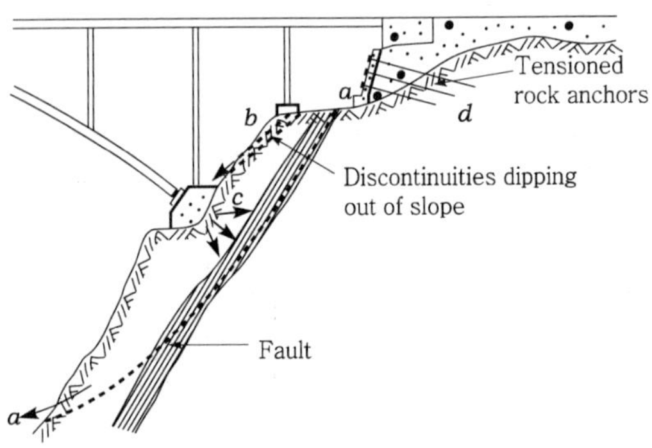

그림 6.36 암반 상에 설치된 교량

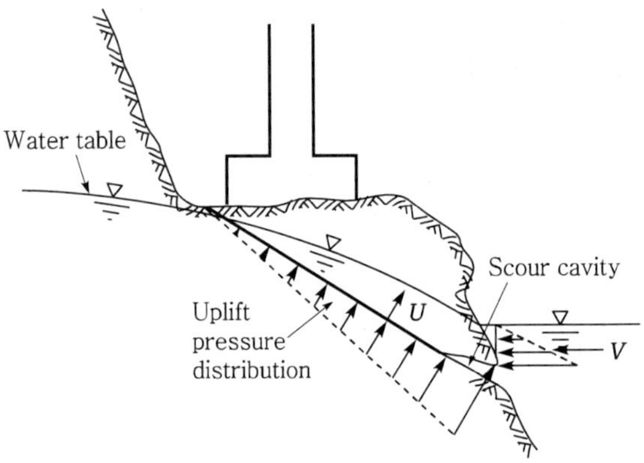

그림 6.37 지하수 상부의 암반 기초

6.12 실무적용 시 유의사항

1) 얕은 기초 하부지층이 아래 항에 속할 경우 기초깊이를 아래 항보다 깊게 설치하는 방법, 아래항의 재료를 양질의 재료로 치환하는 방법, 연약지반처리방법 등에 대하여 안전성, 경제성을 비교검토 하여 적용하여야 한다.

(1) 함수비변화에 따라 체적변화가 심한 지층
(2) 유기질토층
(3) 교란된 지층
(4) 다짐하지 않고 매립한 토층
(5) 유수에 의해 세굴이 예상되는 지층
(6) 붕괴가 예상되는 지층

2) 기존기초 구조물에 인접하여 기초를 설치 할 때는 그림 6.38(a)와 같이 새로이 설치하는 기초의 저면과 기존의 기초 모서리 사이에 연결한 선은 수평면과 45°이하의 경사를 이루도록 설치하여야 한다. 이 경우 m은 두 기초의 고저차 z_f보다 커야 한다. 그림 6.38(b)와 같이 기존기초 하부를 굴착할 경우

굴착에 의해 수평지지력이 없어지게 되므로 안정성 검토 후 굴착하여야 한다.

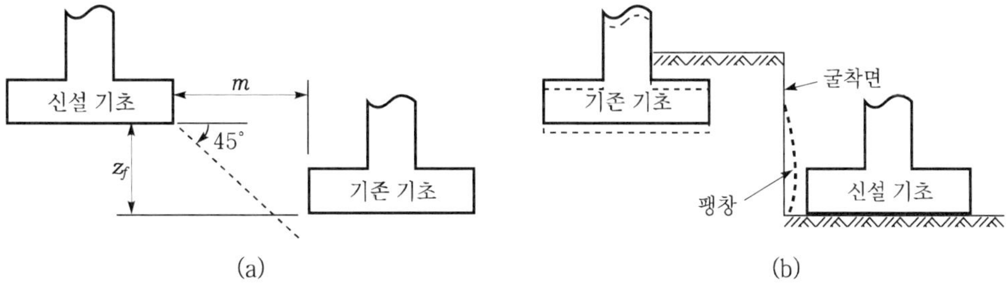

그림 6.38 기존 및 신설기초 이격 간격

3) 기초 신설시 그림 6.39와 같이 기존기초 가까이 굴착을 하면 지지력 공식에서 $\gamma \times D_f$ 가 감소하여 기존기초의 지지력이 작아지고, 침하(S)가 증가하여 굴착저면의 융기가 발생할 수 있으므로 굴착면에서 정지토압(K_o)상태가 유지될 수 있도록 강널말뚝과 같은 흙막이 벽을 사용하여야 한다.

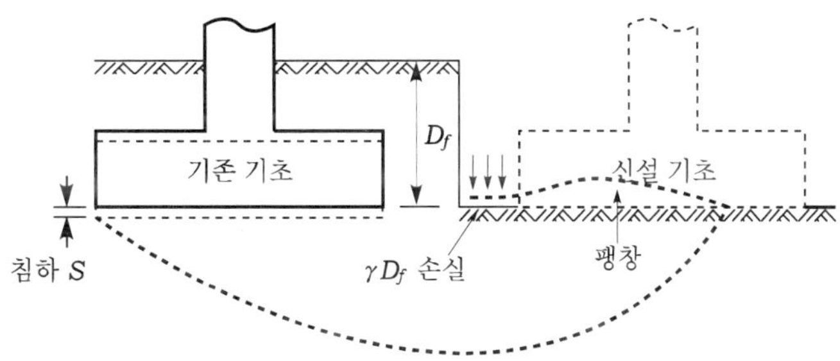

그림 6.39 신설기초 굴착(D)으로 인한 기존기초 침하(S)

4) 연약지반 상에 구조물을 설치하는 경우 구조물의 안정성을 고려하여 말뚝기초를 적용하는 경우가 가끔 있다. 개선 대책으로서는 구조물 터파기 토사의 중량(W)이 구조물설계하중(q)보다 클 경우는 직접기초(보상기초 또는 부등기초)를 적용하여야 하며 이 경우 기초설치 깊이까지 굴착 시 원지반토가 교란되므로 장비 주행성확보를 고려한 양질의 재료를 치환($t = 0.3 \sim 1.0m$)하는 것이 바람직하다. 만일 터파기 토사의 중량(W)이 구조물실제하중(q)보다 적은 경우는 하부 연약지반을 일부 치환하거나 또는 연약지반을 개량한 후 직접기초를 적용하는 것을 검토하여야 한다. 만일 치환 깊이가 깊어 공사가 어렵다고 판단되거나 치환공사비가 말뚝기초보다 공사비가 클 경우는 말뚝기초를 적용하여야 한다.

5) 얕은 기초 근입깊이는 세굴, 동결융해 또는 풍화의 영향을 받지 않는 위치에 설치하여야 한다.

CHAPTER 7

제 7 장 깊은 기초

제 7 장 깊은 기초

7.1 개 요

깊은 기초는 기초 아래에 있는 흙이 연약하여 상부 구조물의 하중을 지지할 수 없는 경우에 깊은 곳의 견고한 지층에 하중을 전달시키기 위한 기초이며, 기초의 근입깊이(D_f)와 폭(B)의 비(D_f/B)는 4~5 이상이다.

표 7.1 얕은 기초와 깊은 기초 비교

기초 형식	얕은 기초	깊은 기초	
		말뚝기초	케이슨기초
하중 지지 개념	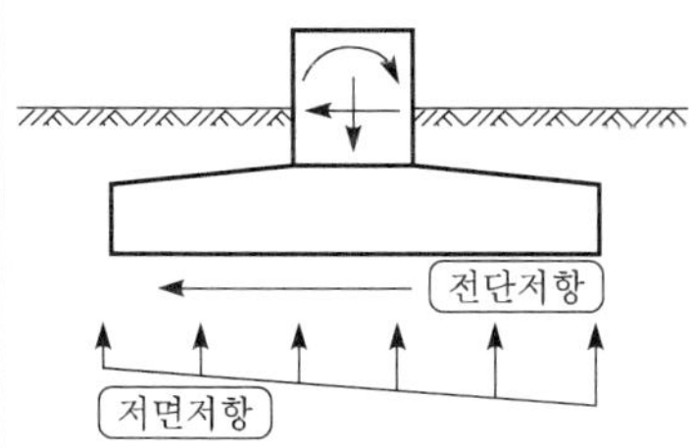	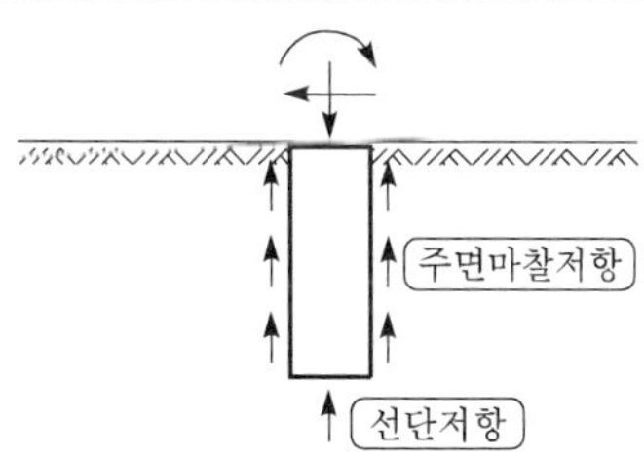	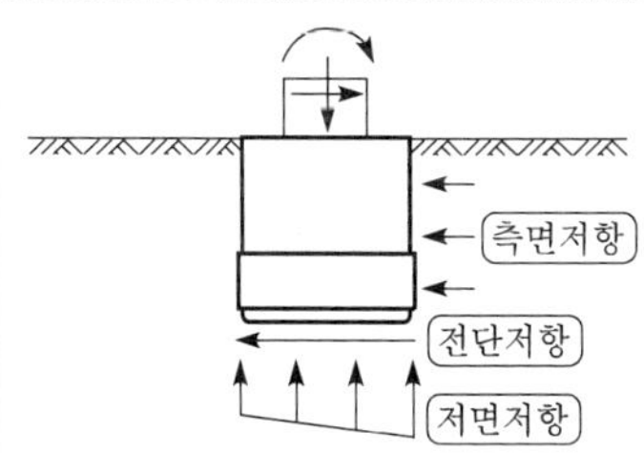
	1) 연직력 : 저면반력 2) 수평력 : 기초저면의 전단저항 (마찰저항)	1) 연직력 : 선단, 주면마찰저항 2) 수평력 : 말뚝 휨강성과 주변지반 수동저항	1) 연직력 : 저면반력 2) 수평력 : 측면반력 및 전단저항 (마찰저항)
공법별 구 분	1) 독립기초 2) 복합기초 3) 줄기초 4) 전면기초	1) 항타말뚝 2) 매입말뚝 3) 현장타설말뚝	1) 오픈케이슨 2) 공기케이슨 3) 특수케이슨 4) 강관널말뚝
적용 기준	1) 기초심도 : 6.0m 내외 2) 터파기 영향권 내 장애물이 없고 시공 중 배수처리가 용이한 곳.	1) 기초심도 : 6~60m 2) 현장조건 및 하중조건에 따라 시공법 선정	1) 기초심도 : 6~30m 2) 하상, 수상 등 말뚝기초 적용이 곤란한 지역

7.2 깊은 기초의 분류

깊은 기초는 일반적 분류(말뚝기초, 피어기초, 케이슨기초), 말뚝재료에 의한 분류, 지지하중에 의한 분류, 시공법에 따른 분류로 구분 할 수 있다. 말뚝기초(타입말뚝)는 가늘고 긴 말뚝을 타격이나 진동에 의한 방법으로 견고한 지반에 도달시키는 기초이고, 피어기초(천공말뚝)는 지반에 구멍을 굴착한 후에 콘크리트를 타설한 기초이며, 케이슨 기초는 원형이나 사각형의 구조물을 지상에서 만들어 수심하부의 견고한 지반까지 침하시켜 설치하는 기초이다. 그림 7.1은 깊은 기초의 일반적인 분류이다.

- 깊은 기초
  - 말뚝 기초(Pile)
  - 피어 기초(Pier)
  - 케이슨 기초(Caisson)
    - 오픈케이슨(Open caisson)
    - 공기케이슨(Pneumatic caisson)
    - 박스케이슨(Box caisson)

그림 7.1 깊은 기초의 일반적 분류

7.2.1 말뚝기초

- 말뚝재료
  - 강재 — 강말뚝(주로 사용)
  - 철근 콘크리트
    - 기성제품
      - 원심력 철근 콘크리트 말뚝 (RC말뚝)
      - 원심력 프리스트레스트 콘크리트 말뚝 (PC말뚝)
      - 원심력 고강도 프리스트레스트 콘크리트 말뚝 (PHC말뚝)
      - 원심력 고강도 프리스트레스트 철근 콘크리트 말뚝 (PHC말뚝)
    - 현장제품
      - 베노토 말뚝(Benoto)
      - 어스 드릴 말뚝(Earth drill)
      - 오거 말뚝(Auger drill)
      - 리버스 서큘레이션 말뚝(Reverse Circulation)
      - 심초말뚝
      - 연속벽형 말뚝

그림 7.2 말뚝재료에 의한 말뚝의 분류

- 지지하중 말뚝 분류
  - 수직하중을 지지하는 말뚝
    - 선단지지말뚝(주로 사용)
    - 마찰말뚝
  - 수평하중에 저항하는 말뚝 — 수평말뚝
  - 인발하중에 저항하는 말뚝 — 인장말뚝

그림 7.3 지지하중에 의한 말뚝의 분류

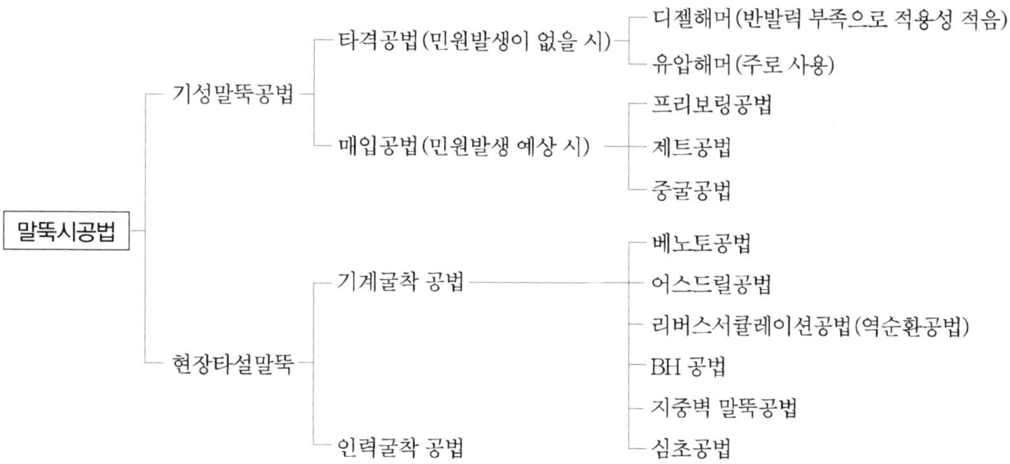

그림 7.4 시공법에 따른 분류

7.2.2 피어기초

피어기초는 지반에 구멍을 파고 현장에서 콘크리트를 타설하여 지중에서 양생 제작하는 직경 $75cm$ 이상의 현장타설 콘크리트 말뚝이며, 피어의 종류에는 그림 7.5와 같이 선단지지형 피어, 선단관입형 피어, 선단확대형 피어 등이 있다.

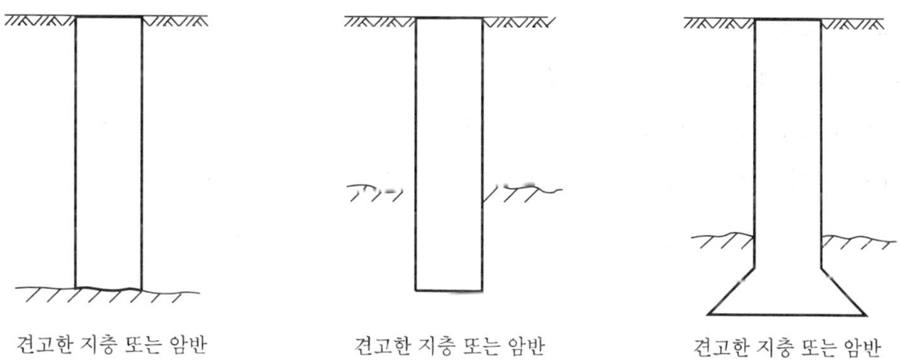

(a) 선단지지형 피어 (b) 선단관입형 피어 (c) 선단확대형 피어

그림 7.5 피어의 종류

1) 피어의 특징

피어는 구조물 기초 바닥까지 구멍을 뚫거나 굴착한 후 콘크리트를 채우며, 지반조건에 따라서 시공 시 구멍 주위의 흙이 무너지지 않도록 케이싱이나 토류판을 사용하기도 한다.

표 7.2 피어기초의 장·단점

장점	단점
1) 지지력이 말뚝보다 크므로 소요 개수가 적다. 2) 큰 수평하중이나 휨모멘트를 받을 수 있다. 3) 조밀한 모래나 자갈층에서는 피어가 말뚝에 비해 유리하다. 4) 말뚝 항타 시 생기는 소음, 지반진동, 지반융기나 인접말뚝의 변형 등이 없다. 5) 작업 중에도 단면, 길이, 품질 등을 변경할 수 있다. 6) 선단부를 확장할 수 있으므로, 인발력에 대한 저항력이 크다. 7) 굴착된 구멍의 바닥을 사람이 들어가서 직접 검사할 수 있다.	1) 피어 시공을 결정하기 전에 다른 기초보다 더 상세한 지반조사를 하여야 한다. 2) 시공 후 품질검사가 어려우며, 콘크리트 작업 시 항상 세심한 감독을 하여야 하고, 날씨가 나쁜 경우에는 작업을 연기하여야 한다. 3) 피어시공을 위한 깊은 굴착이 지반침하와 인접구조물에의 피해를 유발시킬 수 있다.

2) 시카고공법(Chicago method)

피어의 시공방법 중 가장 오래된 공법의 하나로서, 인력으로 직경 $1.1m$ 이상의 원형 구멍을 한 번에 $0.6\sim1.8m$ 정도의 깊이로 굴착하는 방법이다. 굴착된 구멍의 측면은 연직토류판(lagging)을 대고 2개의 원형 강재링으로 고정시킨다. 링 설치 후 $0.6\sim1.8m$ 깊이의 굴착을 계속하고, 굴착이 소요깊이까지 끝난 후 선단부를 확대굴착하고, 구멍을 콘크리트로 채운다.

3) 가우공법(Gow method)

인력으로 구멍을 굴착하는 공법으로, 구멍의 직경은 $1.2m$ 이상이고, 구멍의 측면이 무너지지 않도록 중첩식 강재케이싱(telescopic steel casing)을 사용한다. 케이싱의 직경은 바로 위에 설치한 케이싱의 직경보다 약 $50mm$ 정도 작으며, 케이싱은 콘크리트 타설 시 한번에 한 단면씩 위로 끌어 올린다.

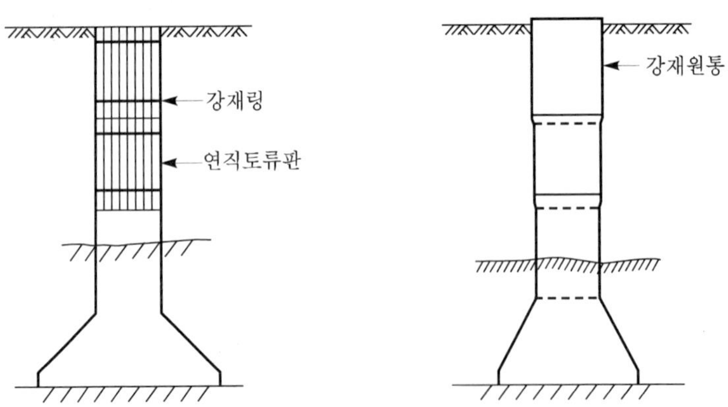

(a) 시카고공법 (b) 가우공법

그림 7.6 인력굴착공법

7.2.3 케이슨(Caisson) 기초

케이슨은 수상이나 육상에서 제작한 속이 빈 콘크리트 구조물을 자중이나 적재하중으로 지지층까지 침하시킨 후, 모래나 자갈, 콘크리트 등으로 속채움을 하는 기초로서 박스 케이슨, 오픈 케이슨, 뉴메틱 케이슨의 3가지 종류가 있다.

1) 박스케이슨(Box caisson)

지지층이 수평이어야 하며 경사진 경우에는 미리 굴착하여 수평하게 하여야 한다. 수심이 깊은 경우에는 사석을 쌓고 그 위에 케이슨을 설치한다.

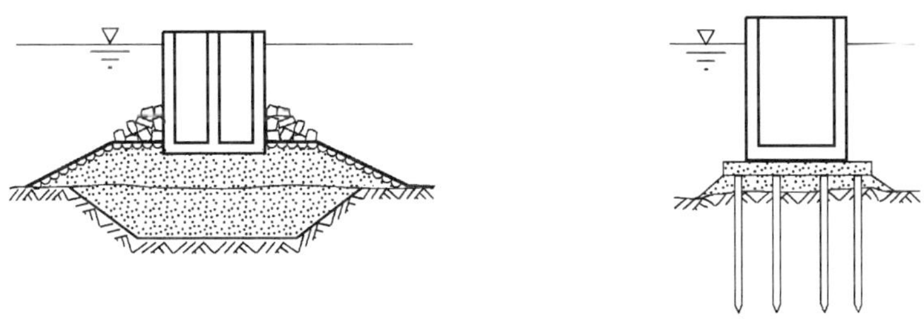

그림 7.7 박스 케이슨 기초

2) 오픈케이슨(Open caisson)

지반에 선단을 구축하고 세그별 내부굴착, 케이슨 침하를 반복하여 지지층에 근입시키는 강체기초이다. 굴착과정 중 지층변화에 대한 대응이 쉽고 말뚝기초에 비해 저면 지지 저항 비율이 크므로 대규모 기초에 적용된다.

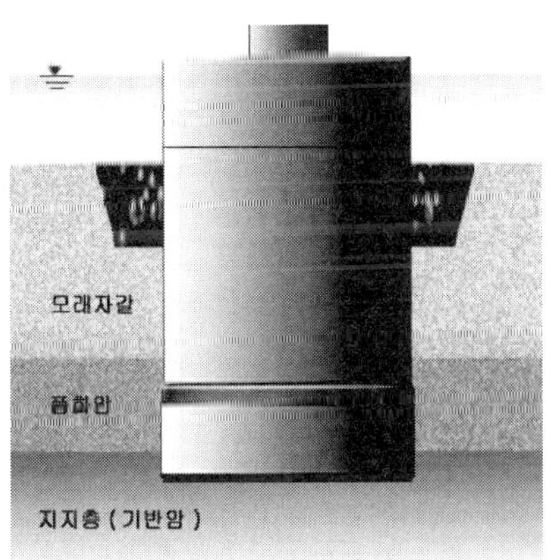

(a) 침설식 오픈케이슨

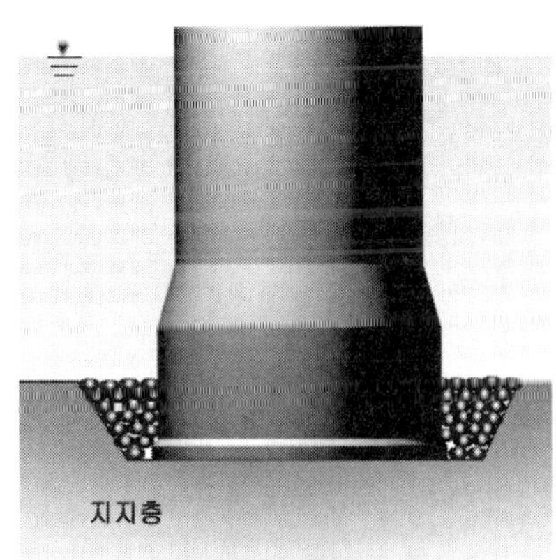

(b) 거치식 오픈케이슨

그림 7.8 오픈케이슨 개념도

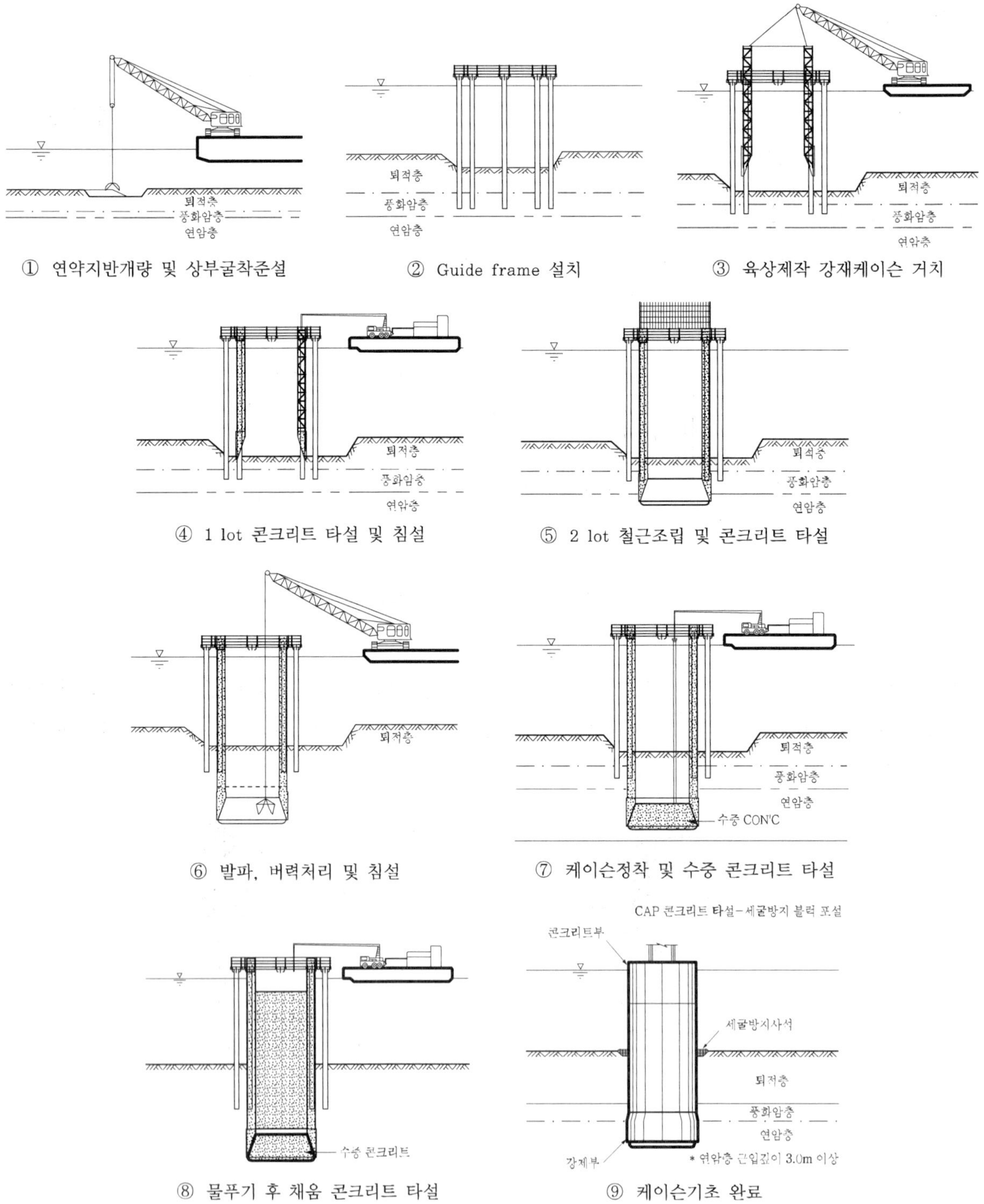

그림 7.9 오픈케이슨 시공순서

3) 뉴메틱케이슨(Pneumatic caisson)

지반 상에 굴착 작업실을 갖춘 선단부분을 구축하고, 작업 공간에 공기압을 가하여 물의 침입을 억제 하면서 지반 저부 굴착, 케이슨 침하를 반복하여 지지층에 근입시키는 강체기초이다. 지지지반 확인이 가능하며, 말뚝기초에 비해 저면지지 저항비율이 커서 큰 하중에 대처하기 쉽기 때문에 대규모 기초에 적용되나 대수심에서는 고기압에 의한 시공의 한계성이 있다. 케이슨 작업 시 요양갑을 설치하여 인부들이 직업병인 뉴메틱케이슨 병에 걸리지 않도록 특별관리가 요망된다.

그림 7.10 뉴메틱 케이슨공법

7.3 깊은 기초 선정 및 검토

7.3.1 깊은 기초 선정

1) 말뚝기초는 기성말뚝의 항타를 기본으로 하되, 소음, 진동에 의한 환경피해가 우려되거나 자갈, 전석의 관통이 어려운 구간에 대해서는 매입공법을 검토한다.

2) 하중규모가 매우 크고 지지층 심도가 최대 $50m$에 이르는 경우, 또는 기성말뚝으로 상부의 연직력과 수평력이 부족한 경우는 기성말뚝보다 현장타설말뚝 적용이 적합하다.

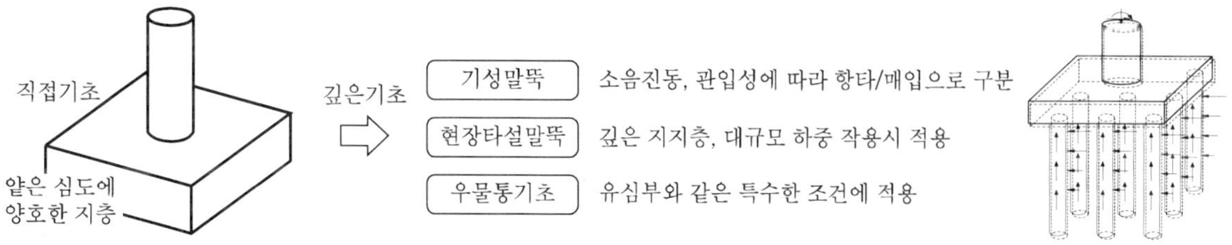

그림 7.11 깊은 기초 선정 흐름도

7.3.2 검토항목

표 7.3 말뚝 안정성 검토 항목 및 방법

검토대상	검토항목		검토항목 및 방법
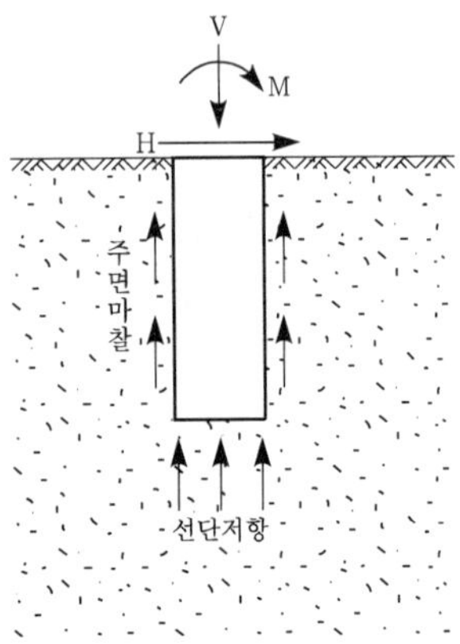	연직 방향 안정성	지지력	1) Meyerhof, Vesic 식 등에 의한 지지력 산정 2) SPT에 의한 정역학적 방법(도로교 설계기준 등) 3) 무리말뚝, 재료의 허용응력, 부마찰력 등 고려
		침하량	침하량 및 부등침하량 검토(이론식, 유한요소해석)
	수평방향 안정성		1) 극한지반반력법 및 허용변위법(P-y 곡선법) 2) 무리말뚝효과를 고려한 검토
	단면의 적정성		P-M 상관도 분석에 의한 단면의 적정성 검토
	내진 해석		1) 동적응답해석에 의한 말뚝수평력 산정 2) 등가정적해석에 의한 안정성 검토

7.4 깊은 기초 관련 주요 용어

7.4.1 배토말뚝과 비배토말뚝

콘크리트 말뚝이나 끝이 막힌 강관말뚝(폐단말뚝)을 타입하면 주변지반과 선단지반이 밀려서 배토되므로 배토말뚝이라 하고 이러한 말뚝은 주변마찰저항이 크다. H 말뚝, 선굴착 후 최종 항타말뚝은 타입 시 주변지반의 횡방향 이동이 적어서 지반이 약간만 다져지므로 소배토말뚝이라 한다. 반면에 중굴말뚝 또는 현장타설말뚝 등은 말뚝설치 시 주변지반과 선단지반에서 배토가 이루어지지 않으므로 비배토말뚝이라 하며 주변마찰저항이 적고 주로 선단저항력으로 지지한다.

7.4.2 주동, 수동 말뚝

주동 말뚝은 말뚝이 지표면에서 수평력을 받는 경우 말뚝이 변형함에 따라 지반이 저항하게 되어 말뚝이 움직이는 주체가 되며, 수동말뚝은 어떤 원인에 의해 지반이 먼저 변형하고 그 결과 말뚝에 측방토압이 작용하게 되며 이 경우 지반이 움직임의 주체가 된다.

1) 주동, 수동말뚝 적용분야

주동말뚝	수동말뚝
1) 교대기초 말뚝 높은 강도특성을 가지는 지반상에 교대를 설치하면 교대 배면에는 토압이 작용하게 되며 이러한 토압은 교대를 수평으로 이동시킨다. 2) 해양구조물 기초말뚝 해양구조물은 조수 간만의 차에 의해 수평력을 받는 구조물이다. 3) 지진 시 구조물 기초말뚝 지진 시에는 수평진동에 의해 수평력이 말뚝기초에 작용한다. 4) 기타 주동말뚝 : 주로 인장력에 저항하도록 설치된 말뚝이다.	1) 교대기초말뚝 연약지반상에 설치된 말뚝은 배면하중에 의해 측방거동을 한다. 2) 구조물 기초말뚝 성토, 야적에 의해 수평변위를 받는 말뚝이다. 3) 횡잔교 기초말뚝 주동말뚝으로 해석하는 경우가 많으나, 비탈면에 설치된 기초말뚝은 수동말뚝으로 해석해야 한다. 4) 비탈면 안정용 말뚝 : 억지말뚝에 해당된다. 5) 기타 수동말뚝 : 측방유동방지용 말뚝은 수동말뚝이다.

2) 주동, 수동말뚝 안정성 검토

주동말뚝	수동말뚝
1) 수평지지력과 변위의 만족검도 2) 지반반력계수에 의한 탄성지반 반력법(Chang의 제안)으로 계산	1) 측방유동압을 산정하여 일반적 하중을 합하여 말뚝응력 및 변위검토 2) 연약층에 대한 비탈면안정 검토

3) 수동, 주동말뚝 개념도

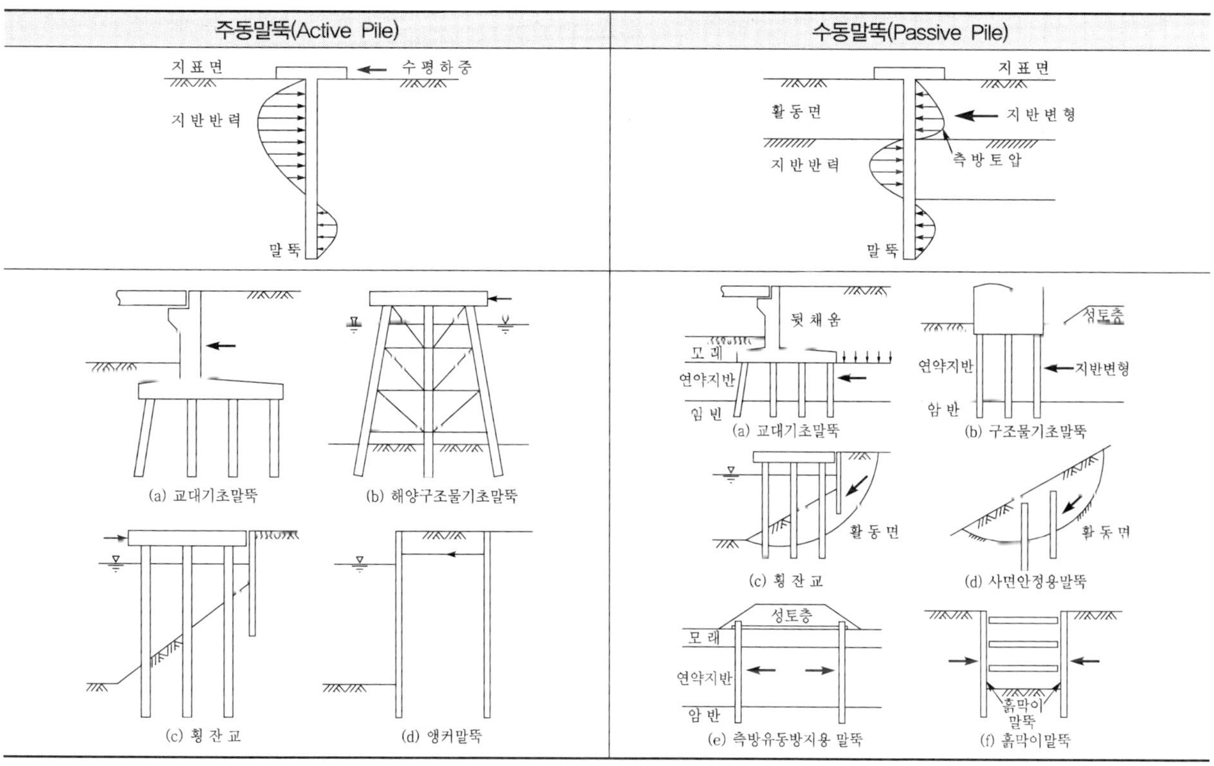

그림 7.12 수평력을 받는 주동 및 수동말뚝 개념도 및 적용분야

7.4.3 횡하중 말뚝

횡하중을 받는 말뚝은 짧은 말뚝과 긴 말뚝으로 구분되며 흙과 말뚝사이의 변형특성을 근거로 구분한다. 짧은 말뚝은 횡하중을 받아 회전하려 할 때 강성이 커서 말뚝의 축변형이 거의 없고 극한 수평저항이 흙의 강도에 의해 지배된다.

긴 말뚝은 횡하중을 받을 때 축변형이 생기며 극한 저항은 말뚝의 저항모멘트에 의해 지배된다. 짧은 말뚝과 긴말뚝의 구분 방법은 점성토의 경우 $\beta L \leq 2.25$ 이면 짧은 말뚝, $\beta L > 2.25$ 이면 긴 말뚝이라 하고, 사질토의 경우는 $\eta L < 2.0$ 이면 짧은 말뚝, $\eta L > 4.0$ 이면 긴 말뚝으로 판단한다. 여기서 짧은 말뚝과 긴말뚝의 판단에 필요한 β와 η는 말뚝의 횡방향 특성치이다.

7.4.4 횡방향 특성치(β)

횡방향 특성치(β)는 긴 말뚝과 짧은 말뚝을 구분할 때 이용하며 $1 < \beta L$(말뚝길이) < 3인 경우는 짧은 말뚝이 되어 수평저항력은 지반강도에 지배되고, $\beta L > 3$인 경우는 긴말뚝이 되어 수평저항력은 말뚝 휨저항에 지배되는 것으로 판단한다. 또한 횡방향 특성치(β)는 수평지지력 분담길이 산정에도 이용하며 말뚝특성치의 역수, 즉 $1/\beta$되는 길이가 수평력 저항 분담구간이다. 수평지반반력계수 대상깊이는 $1/\beta$되는 길이를 적용해야 하며 $1/\beta$ 보다 깊은 지반까지 수평지반반력계수를 고려하면 수평지지력을 과대평가하게 된다. 횡방향 특성치(β)는 다음 식으로 구할 수 있다.

$$\beta = \sqrt[4]{\frac{k_h B}{4EI}}, \ \eta = \sqrt[5]{\frac{n_h}{EI}} \tag{7.1}$$

여기서, k_h : $\frac{1}{\beta}$ 깊이의 지반반력계수

β : 말뚝의 횡방향 특성치(m^{-1})

I : 단면2차 모멘트(m^4)

E : 탄성계수(kPa)

B :말뚝직경(m)

$n_h = \frac{K_h B}{X}$ ($\frac{K_h}{X}$: 지반반력 계수의 깊이방향 증가율)

7.5 단(외)말뚝의 거동

말뚝에 작용하는 하중은 2가지 방법으로 지중에 전달된다. 첫째는 말뚝선단에서의 압축력, 즉 선단지지(end bearing)에 의한 것이고, 둘째는 말뚝표면을 따라 발생하는 전단력, 즉 주면마찰력(skin friction)에 의한 것이다. 따라서 말뚝의 극한지지력은 아래와 같이 극한 선단지지력과 주면마찰력으로 구분하여 계산할 수 있다.

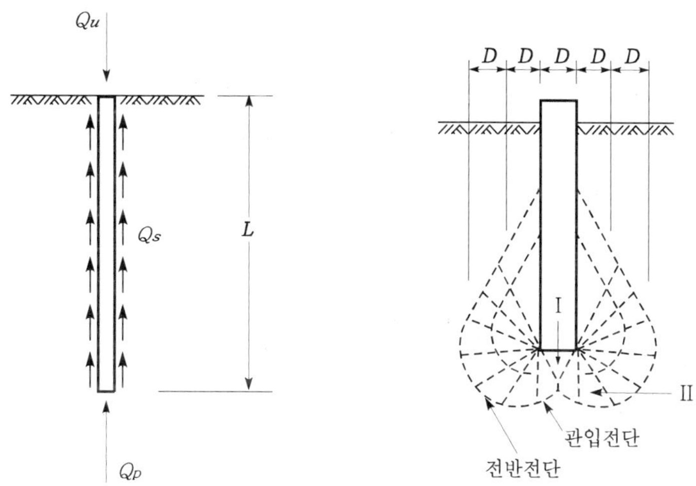

(a) 외말뚝의 극한지지력 (b) 말뚝선단에서의 전단형태

그림 7.13 단(외)말뚝의 극한 지지력 개념도

$$Q_u = Q_p + Q_s = q_p A_p + f_s A_s \tag{7.2}$$

여기서, Q_u : 외말뚝의 축방향 극한 지지력

q_p : 단위면적당 선단지지력$(= q' N_q + c N_c)$

f_s : 단위면적당 주면마찰력$(= c_\alpha + K_s \sigma'_v \tan\delta)$

q' : 말뚝 선단 깊이의 유효상재압(kPa)

N_q, N_c : 깊은 기초의 지지력 계수

c : 말뚝지지층의 점착력(kPa)

c_α : 말뚝과 주변 흙 사이의 부착력(kPa)

K_s : 말뚝면에 작용하는 법선토압계수(kPa)

σ'_v: 말뚝주변 지층의 평균 유효상재압(kPa)

δ : 말뚝과 주변 흙사이의 마찰각(°)

말뚝의 지지력 산정 시 정역학적 방법, 현장시험(정재하, 동재하)에 의한 방법, 파동방정식 해석 등은 설계 시 예비적인 지지력 결정에 이용될 수 있으며 동역학적 방법은 재하시험과 비교 후 항타기의 효율, 지지력 대비하여 시공관리에 사용될 수 있다. 말뚝지지력 추정방법의 신뢰성크기 순서는 정재하시험 〉 동재하시험 〉 파동방정식 〉 정역학적 공식 순이다. 말뚝 근입깊이에 따른 선단지지력-침하관계를 구하면 그림 7.14와 같으며 그림에서 말뚝번호 1은 지표에서부터 근입 시킨 경우이며 말뚝번호 4부터는 더 이상 증가하지 않고 일정한 값을 유지하는데 이 깊이를 한계깊이라 한다. 이러한 한계깊이는 천공말뚝이나 타입말뚝이 상호 유사하다.

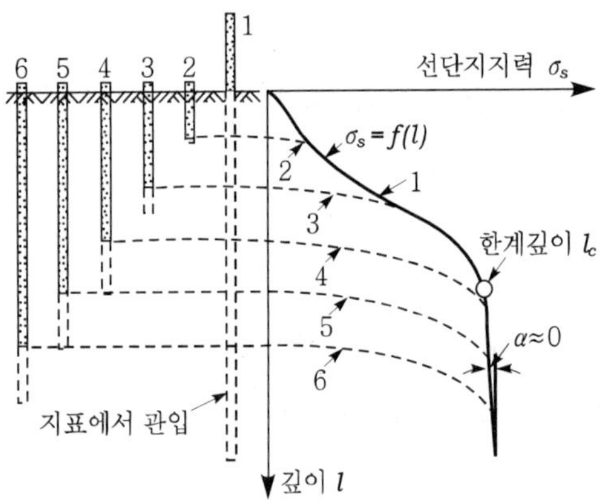

(a) 말뚝의 근입깊이에 따른 선단지지력 분포

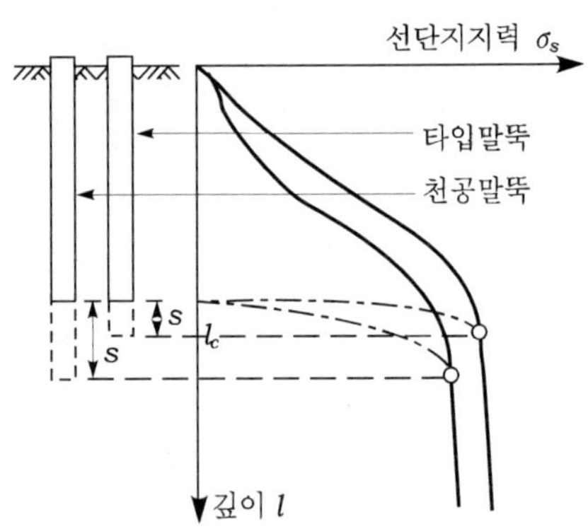

(b) 천공말뚝과 타입말뚝이 선단지지력 한계깊이

그림 7.14 말뚝의 근입깊이에 따른 선단지지력 분포

7.5.1 사질토, 점성토에서의 선단지지력과 주변마찰력

1) 사질토의 선단지지력과 주면마찰력

(1) 선단지지력

사질토 지반에 선단지지된 마찰말뚝의 극한 선단지지력은 점착력이 없는 경우로 단순화할 경우 식 (7.3)과 같이 나타낼 수 있다.

$$q_b = \sigma_{vb}{}' N_q \leq q_{bl} = 5N_q \tan\phi \,(kPa) \tag{7.3}$$

여기서, $\sigma_{vb}{}'$: 선단부 위치에서의 지반의 연직유효응력(한계관입깊이 20B로 계산함)

N_q : 선단지지력 계수

국토교통부(1986)는 Meyerhof(1976)가 제안한 N_q값을 적용하도록 추천하고 있다.

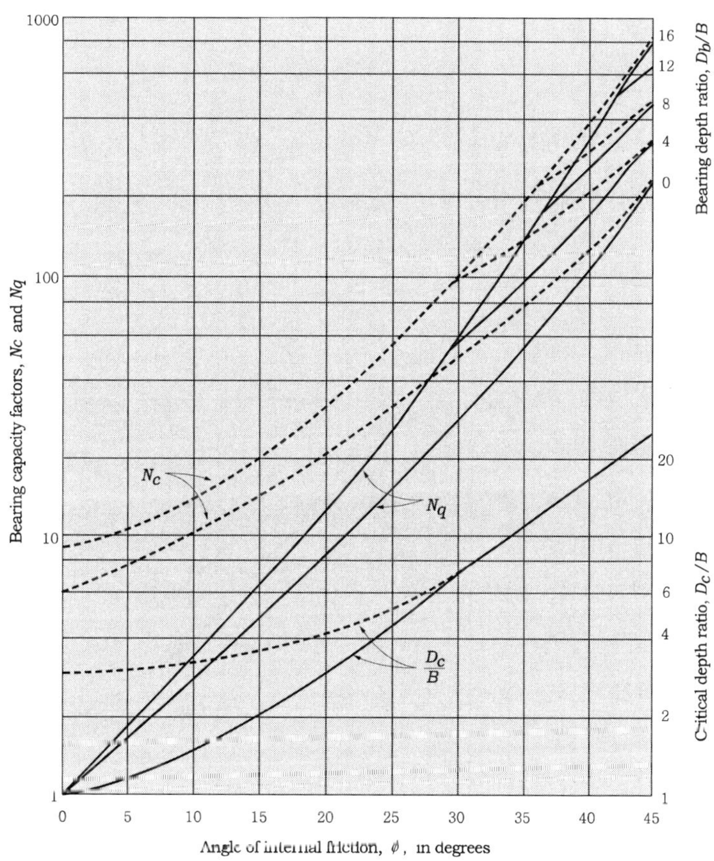

그림 7.15 N_q값과 ϕ 및 한계관입비의 관계(Meyerhof, 1976)

(2) 주면마찰력

$$f_s = K_s \sigma_v{}' \tan\delta \tag{7.4}$$

여기서, K_s : 말뚝측면에 작용하는 법선토압계수로서 느슨한 모래에서는 0.5, 조밀한 모래에서는 1.0을 사용한다.

δ : 말뚝과 흙의 마찰각으로서 강관말뚝에서는 A_{as}의 추천값 20°를 사용한다.

$\sigma_v{}'$: 말뚝측면 흙의 유효상재압(kPa)

2) 점성토의 선단지지력과 주면마찰력

(1) 선단지지력

$$q_b = N_c \cdot c_u \fallingdotseq 9\,c_u \tag{7.5}$$

여기서, N_c : 지지력 계수

c_u : 비배수 점착력

(2) 주면마찰력

① α방법(전응력해석법)

점성토 지반에서 말뚝의 극한 주면마찰력 산정은 전응력 해석법인 α방법 및 유효응력해석법인 β방법이 일반적으로 사용되고 있다. α는 말뚝과 흙사이의 부착계수(adhesion factor)이며 연약한 점토인 경우에는 1또는 그 이상이 되나 점착력이 클수록 줄어든다. α방법에서는 말뚝의 단위면적당 극한 주면마찰력은 지반의 비배수점착력(c_u)에 비례한

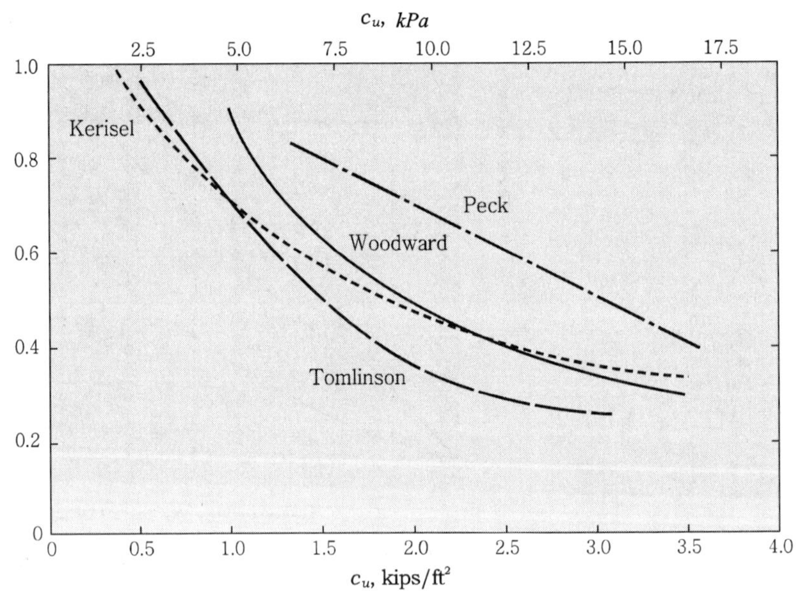

그림 7.16 점토지반 타입말뚝에 대한 부착력 계수(McClelland, 1974)

다는 개념으로 아래의 식으로 표시된다. 길이가 짧은 말뚝에서는 그림 7.16에서 Woodward가 제안한 곡선을 적용하고 굳은 점토나 모래층 아래에 있는 점토 등 다른 점토의 점토에 대한 α의 값은 Tomlinson(1970) 또는 Hunt(1986)의 문헌을 참조하여 구할 수 있다.

$$f_s = c_\alpha = \alpha c_u \tag{7.6}$$

여기서 f_s : 단위면적당 극한 주면마찰력

c_α : 말뚝과 지반간의 단위면적당 부착력

c_u : 점성토 지반의 비배수 점착력

α : 부착력계수(그림 7.16 참조)

② β계수법(유효응력해석법)

$$f_s = \sigma_v{}' K \tan\delta = \beta \sigma_v{}' \tag{7.7}$$

여기서, $\sigma_v{}'$: 주면마찰력을 계산하는 위치에서의 연직유효응력

K : 횡방향 토압계수(Burland(1972)의 연구결과 β=0.3 ± 0.1정도)

δ : 말뚝과 지반간의 마찰각

과압밀 점성토에서는 이 관계식보다 높은 극한 주면마찰력이 발휘되며 식 (7.7)에서 K값을 산정하는 데에는 식 (7.8)을 사용하여 β값을 보정하도록 한다.

$$K = (1 - \sin\phi_{cv}{}')\sqrt{\mathrm{OCR}} \tag{7.8}$$

여기서 $\phi_{cv}{}'$: 교란된 점성토의 잔류마찰각

OCR : 과압밀비

7.5.2 말뚝의 극한지지력

1) 정역학공식에 의한 극한지지력

(1) 토압론에 기인한 고전적 지지력 공식(예 : Dörr의 공식 등)

되르(Dörr)의 말뚝지지력 공식의 제 1항은 말뚝주변에 작용하는 수평토압에 의한 주변마찰저항이고, 제 2항은 점착력에 의한 주변점착저항이며, 제 3항은 말뚝선단에 작용하는 수동토압이다. 이 식은 주로 마찰말뚝에 적용하며 현장타설말뚝과 같이 주변지반을 압축하지 않는 말뚝에는 적용하지 않는다.

$$Q_u = \frac{1}{2} U \gamma L^2 K \tan\delta + U c L + A_p \tan^2\left(45 + \frac{\phi}{2}\right)\gamma L \tag{7.9}$$

여기서, Q_u : 말뚝의 극한지지력(kN)
L : 말뚝의 관입깊이(m)
U : 말뚝의 둘레(m)
A_p : 말뚝의 선단지지면적(m^2)
c : 흙의 점착력(kN/m^2)
γ : 흙의 단위중량(kN/m^3)
ϕ : 흙의 내부마찰각 (°)
δ :말뚝주변과 지반사이의 벽마찰각 (°)
K : 토압계수, $K_a < K_o < K_p$ 보통 $K_o = \sec^2\phi = 1 - \sin\phi'$로 한다.

(2) 얕은기초의 지지력이론에 기인한 지지력공식(Terzaghi, Meyerhof의 공식 등)

① Terzaghi의 말뚝지지력공식

Terzaghi의 말뚝지지력 공식에서는 말뚝을 얕은 기초로 간주하고 기초 폭을 말뚝의 직경 또는 폭, 근입 깊이를 말뚝의 관입 길이로 하여 얕은 기초에 대한 지지력 공식으로부터 말뚝지지력을 구하였다.

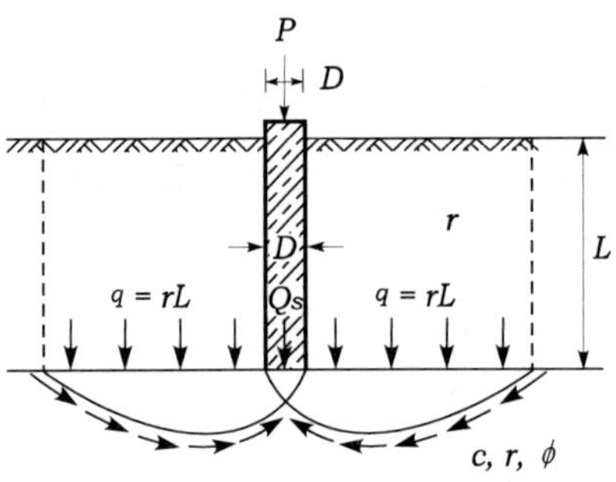

말뚝의 선단지지개념

그림 7.17 말뚝의 선단지지 개념

$$Q_u = (\alpha\, c\, N_c + \beta\, \gamma_2\, B\, N_r + \gamma_1\, L\, N_q)\, A_p + U\, L\, f_s \tag{7.10}$$

여기서, Q_u : 말뚝의 극한지지력(kN)
U : 말뚝의 둘레(m)
B : 말뚝의 직경 또는 폭(m)
L : 말뚝의 관입길이(m)
A_p : 말뚝의 선단지지면적(m^2)
α, β : 기초의 형상계수
N_c, N_q, N_r : 말뚝선단 하부 지반의 수정지지력계수
c : 말뚝선단 하부 지반의 점착력(kN/m^2)
γ_2 : 말뚝선단 하부 지반의 단위중량(kN/m^3)

γ_1 : 말뚝주변지반의 단위중량(kN/m^3)

f_s : 평균주변마찰력 $= \dfrac{\sum(c_{ai} + K_{si}\, q_i \tan\delta) l_i}{L}$

c_{ai} : i 층에서의 흙과 말뚝 사이의 부착력(kN/m^2)

K_{si} : 말뚝에 작용하는 수평토압계수,

q_i : i 층에서의 평균유효상재하중(kN/m^2)

δ : 말뚝과 지반 사이의 마찰각,

L_i : i 층의 두께(m)

L : 말뚝주면마찰력 대상깊이(m)

흙과 말뚝사이의 부착력 c_a는 지반의 점착력의 크기에 따라 다르다. 말뚝에 작용하는 수평토압계수 K_s와 말뚝과 지반사이의 마찰계수 $\tan\delta$의 값은 모두 조밀한 모래에서는 0.8, 느슨한 모래에서는 0.5 정도를 사용하면 된다.

② Meyerhof의 말뚝지지력 공식

Meyerhof는 표준관입시험(SPT)을 이용하여 식 (7.11)을 산정하였다. Meyerhof의 말뚝지지력공식에서는 제1항은 말뚝선단의 지지력을, 제2항은 사질토층의 주변마찰력을 제3항은 점착력을 나타낸다. 말뚝주변에 점성토층이 있는 경우에도 적용할 수 있다.

$$q_u = 30N\,A_p + \frac{1}{5}N_s A_s + \frac{N_c}{2}A_c \tag{7.11}$$

Q_u : 말뚝의 극한지지력(kN)　　N : 말뚝선단지반(모래지반)의 N값

$N - (N_1 + N_2)/2$

N_1 : 말뚝선단 부분의 N값(단 말뚝선단하부에서 깊이에 따라 N값이 감소하면 말뚝선단 아래 $2B$ 깊이 범위내의 평균 N값)

N_2 : 말뚝선단에서 위로 $10B$의 범위내의 평균 N값

N_s : 말뚝주변 모래층의 평균 N값,　　A_s : 모래층내의 말뚝의 주변면적(m^2)

$A_s = U\,l_s$, U : 말뚝의 둘레길이(m),　　l_s : 모래층 내에 말뚝길이(m)

N_c : 말뚝주변 점토층 N값의 평균치,　　A_c : 점토층내의 말뚝의 주변면적(m^2)

$A_c = U\,l_c$, l_c : 점토층내의 말뚝길이(m)

2) 관입시험에 의한 극한지지력

현장시험에 의한 극한지지력은 실용적이고 신뢰도가 높은 표준관입시험, 정적콘관입시험 등에 의해 구할 수 있으나 이 방법을 적용 할 경우 항타분석 프로그램으로 항타시공관입성을 고려한 지지력 검토와 병행 검토되어야 한다.

(1) 표준관입시험(SPT)

표준관입시험을 이용하여 Meyerhof의 말뚝지지력 공식으로 지지력을 산정할 수 있고 구조물 기초설계 기준에서는 Meyerhof의 값을 약간 감소시켜 다음과 같은 식을 제시하였다.

$$Q_u = q_p A_p + f A_s + 0.5 A_c \tag{7.12}$$

여기서, q_p : $3N\dfrac{L_b}{D} \leq 40N(kPa)$

f : 배토말뚝 0.2, 소배토말뚝 0.1

A_s : 사질토층 내의 말뚝 주변면적(m^2)

A_c : 점토층내의 말뚝 주변면적(m^2)

N : 수정 N치($N = C_n N'$, N' : 측정치)

$C_n = 0.77\log\dfrac{20}{\sigma_v'}$ ($\sigma_v' \geq 25kPa$)

(2) 정적콘관입시험(CPT)

선굴착 말뚝은 타입말뚝의 1/2을 적용한다.

$$Q_u = q_c A_p + f_c A_s \tag{7.13}$$

여기서, q_c : 콘선단저항력, f_c : 콘주면저항력

3) 동역학적 항타공식(Hiley, ENR 공식)에 의한 극한 지지력

항타 공식은 말뚝의 정적인 극한지지력을 동적인 관입저항에서 구하는 것으로써 지반조건에 따라 부합여부가 달라지고 재하시험 결과와 비교할 때 편차가 클 수 있으므로 재하시험과 비교하여 적용하여야 한다. 다만 공사규모가 작고 비용면으로 재하시험을 하지 못할 때는 각종 항타공식을 사용하여 지지력을 종합적으로 판정하여야 하고, 또 허용지지력을 구하는 데는 충분히 큰 안전율을 사용해야 한다. 같은 지반에서 많은 말뚝타입시공을 할 때에는 항타공식을 시공관리에 사용할 수가 있다. 즉, 각 말뚝의 지지력의 변동을 확인하거나 또는 같은 조건으로 되도록 타입을 할 수 있다. 항타공식은 최종관입량(S)이 적어

도 $5mm$이상이 되어야 정확히 사용 할 수 있다. 자주 이용되는 동역학적 말뚝지지력 공식은엔지니어링 뉴스공식, Hiley 항타 공식, Sander 공식이 있다. 항타공식은 해머효율에 따라 지지력이 크게 다르므로 실무 적용시에는 시공 장비에 대한 효율을 측정해 적용해야 하고, 재하시험과의 대비를 통해 적용 안전율을 판단하여야 한다.

(1) 엔지니어링 뉴스공식

드롭해머인 경우 $Q_u = \dfrac{W_H H}{S+2.5}(kN)$ (7.14)

단동식 증기해머인 경우 $Q_u = \dfrac{W_H H}{S+0.25}(kN)$ (7.15)

복동식 증기해머인 경우 $Q_u = \dfrac{H(W_H + A_p P)}{S+0.25}(kN)$ (7.16)

여기서, Q_u : 말뚝의 극한지지력(kN), W_H : 해머의 무게(kN)

H : 해머의 낙하고(m), A_p : 피스톤의 면적(m^2)

P : 해머에 작용하는 증기압(kN/m^2), S : 타격당 말뚝의 평균 관입량(m)

이 경우에 지지력에 대한 안전율 $F_s = 6$ 정도로 한다.

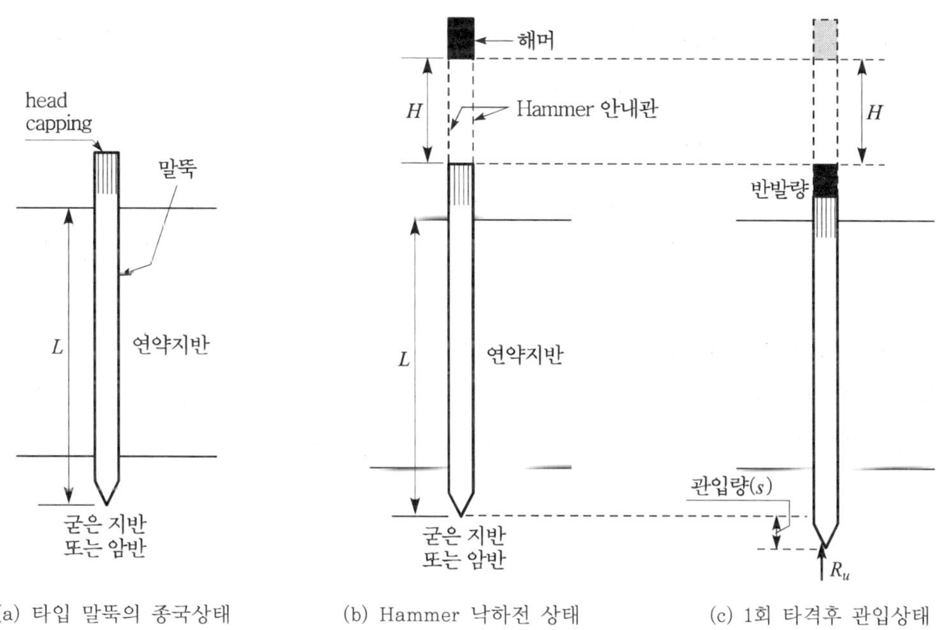

그림 7.18 말뚝 관입흐름도

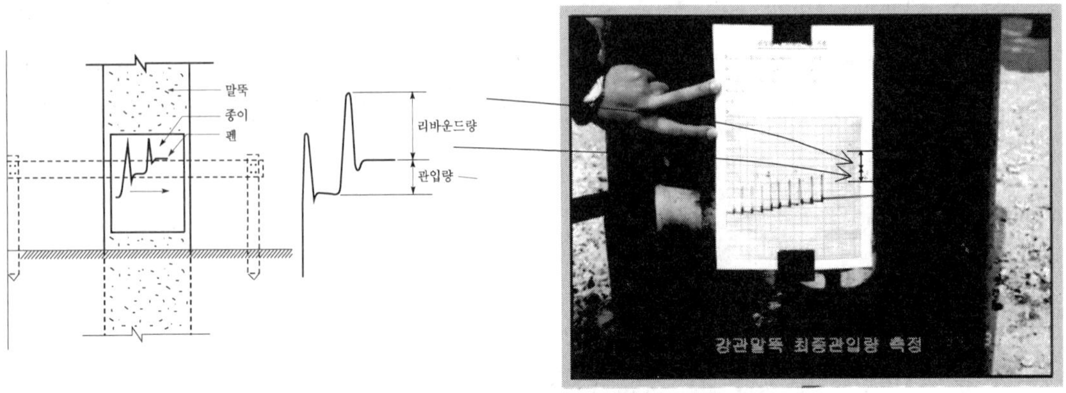

그림 7.19 말뚝의 리바운드량, 관입량 개념도 및 현장측정 장면

(2) Hiley 항타공식

기본가정은 말뚝해머의 낙하로 인한 운동에너지와 말뚝이 행한 일은 같다.

즉, 말뚝에 가해진 에너지 = (해머의 기계적 마찰, 충격, 말뚝, 흙의 일시적 압축에 의한 손실+일)로 표현 할 수 있다.

$$Q_u = \frac{e_f W_H H}{S + 0.5(C_1 + C_2 + C_3)} \frac{W_H + e^2 W_p}{W_H + W_p} \tag{7.17}$$

여기서, Q_u : 말뚝의 극한지지력(kN), W_H : 해머의 무게(kN)

W_p : 말뚝의 무게(kN), H : 해머의 낙하고(m)

e_f : 해머의 효율

e : 반발계수(e=1 : 완전 탄성, e=0 : 완전 비탄성)

S : 말뚝의 최종 관입량(m), C_1 : 말뚝의 축방향 탄성변형량(m)

Hiley공식은 사질토에 박힌 말뚝 지지력 결정시 잘 맞는 것으로 알려져 있으며, 허용하중은 극한하중을 안전율을 2~2.5(보통 2.5 적용)로 나누어서 구한다. 긴 말뚝이나 강성이 큰 말뚝에 적용하면 과소평가되는 경향이 있고 철근콘크리트에 적용 적정길이는 9~15m이다.

(3) Sander 공식

$$R_a = \frac{W \cdot H}{8S} \tag{7.18}$$

여기서, S : 1회 타격에 의한 말뚝의 관입량(cm)

4) 재하시험결과에 의한 말뚝지지력

설계 시 산정한 기초의 지지력은 경험식이나 이론식에 따른 것으로 시공초기에 재하시험을 실시하여 설계 시 적용한 허용지지력의 타당성 여부를 확인하여야 한다. 정역학 공식에 의한 지지력은 오랜 연구결과에도 불구하고 입력데이터, 현장 시공조건과의 불일치등으로 인하여 신뢰도가 낮으며, 말뚝지지력 추정방법의 신뢰성 순서는 정재하시험 〉 동재하시험 〉 파동방정식 〉 정, 동역학적 지지력 공식 순이다.

표 7.4 말뚝 재하시험 시기 및 목적

시험시기	시험목적	실무적용
시공 전 단계	설계유효성 확인	설계 유효성 확인을 위하여 시공 전 단계에 시행하는 재하시험은 현실적으로 적용이 곤란하므로 시공단계에서 품질확인을 목적으로 시행하도록 계획하는 것이 바람직하다.
시공 단계	품질(지지력) 확인	

말뚝기초의 재하시험종류는 그림 7.20과 같고, 기초형식별 재하시험 선정은 표 7.5와 같다.

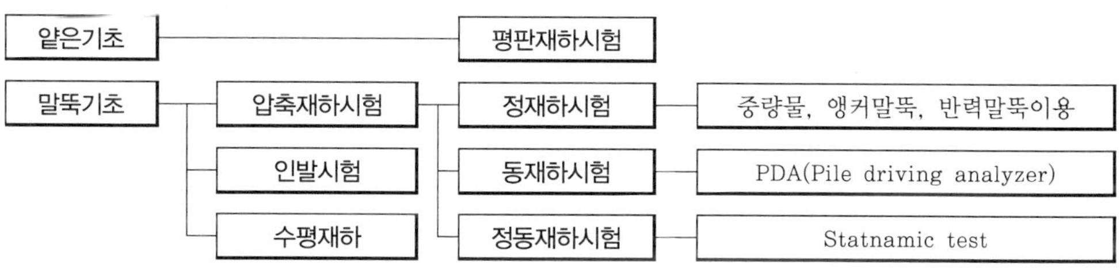

그림 7.20 말뚝재하시험의 종류

표 7.5 기초 형식별 재하시험의 선정

구분	얕은기초		말뚝기초
지지층	잔류토 및 풍화암	연암 및 경암	풍화암 및 연암
재하시험	1) 육안 판정 2) 평판재하시험	육안 판정	1) 말뚝정재하시험 2) 말뚝동재하시험 3) 말뚝수평 재하시험

(1) 정재하시험

말뚝기초의 지지력 평가 시 단말뚝의 축방향지지력은 압축정재하시험을 통하여 확인하는 것을 목적으로 실시하며 실하중재하법이다. 시험최대하중은 설계지지력의 200%까지 재하하며, 하중 재하방법의 종류로는 반력 말뚝법, 실하중재하법, 반력앵커법이 있으며 실하중재하법 적용 시 시간과 비용이 많이 소요되므로 동재하시험과 병행하여 적용하는 것이 바람직하다. 항복지지력 산정은 하중-침하곡선을

① $s-\log t$, ② $\dfrac{d_s}{d(\log t)}-P$, ③ $\log P-\log S$ 방법으로 나타낼 수 있다.

수평재하 시험방법은 반력말뚝을 이용한 방법이 있으며, 실무에서는 반력말뚝을 이용한 수평재하시험법을 주로 사용한다.

표 7.6 말뚝재하시험 방법

구분	반력말뚝법	실하중재하법	반력앵커법
조건	1) 기시공말뚝 사용으로 시험일정 단축가능, 설치 간편 2) 현장여건상 반력말뚝의 배치가 가능하며, 반력말뚝 사용 시 말뚝이 충분한 인발력(주면 마찰력)이 확보되어야 함.	1) 재하하중(철근 또는 강재)이 시험하중의 1.3배 정도 현장에서 제공되어야 함. 2) 지지대의 변위, 변형으로 인한 안전에 유의해야 함	1) 앵커시공에 따른 양생기간 필요 2) 현장여건상실하중 재하법, 반력 말뚝법이 어려울 때 이용
장, 단점	본 말뚝배치가 반력으로 사용가능하며 경비가 저렴	재하 시험시점에서 철근확보 가능을 우선 고려	비용이 고가

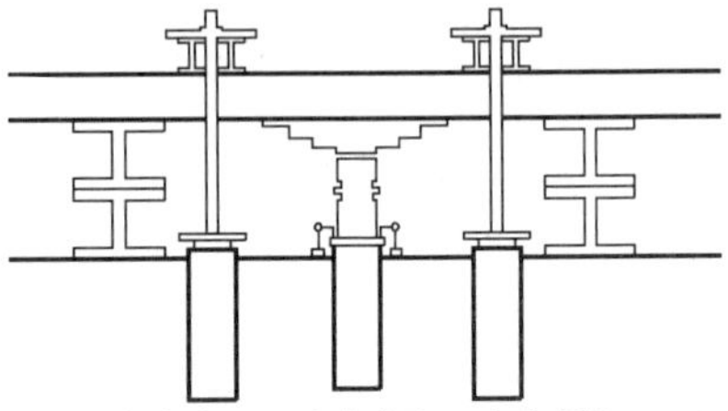

(a) 반력말뚝을 이용한 정재하시험 개념도

(b) 실하중 정재하시험 장면

그림 7.21 정재하시험

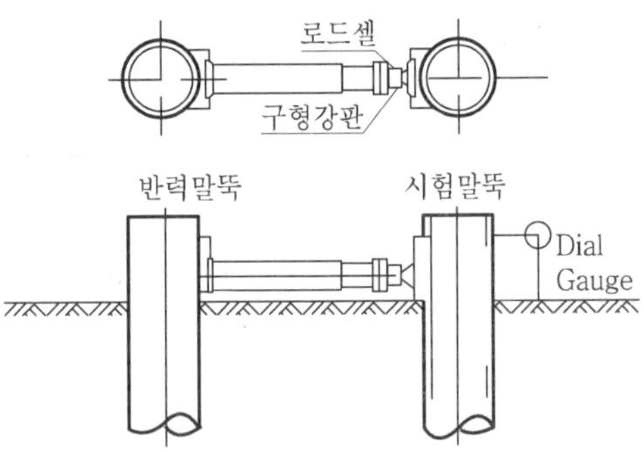

(a) 수평재하시험 개념도

(b) 수평재하시험 장면

그림 7.22 수평재하시험

(2) 동재하시험

말뚝 항타분석기(PDA, Pile driving analyzer)는 힘과 속도에 대한 동적측정장비로서 항타장비에 의한 말뚝의 초기항타 또는 재항타 때 말뚝 지지력, 말뚝에 전달되는 응력분포, 경시효과 등 지반의 거동을 정량화하기 위해서 사용된다. 말뚝의 지지력은 동적재하시험 결과와 비교하는 검증과정을 거친 후에 적용하여야 한다. 이 경우 시간과 비용이 많이 소요되는 정적재하시험 횟수를 줄일 수 있을 뿐만 아니라 더욱 많은 지지력 확인이 가능하여 품질관리측면에서 효과적이다. 항타 분석기에 의하여 측정된 힘과 속도의 파 경로는 타격 시 비례관계를 보이며 이러한 관계는 흙의 저항력 또는 말뚝의 단면변화로부터 반사파가 센서 위치에 도달할 때까지 이어진다. 파일 항타 분석기는 일차원파의 전달이론을 기초로 하여 말뚝의 동적 및 정적저항력을 계산하며 다음과 같이 예측된다. 항타로 인해 말뚝두부의 충격 → 말뚝두부에 압축력 및 압축변형 발생 → 응력 말뚝에 전달 → 말뚝 내의 변위발생은 말뚝에 부착된 변형율계와 가속도계로 측정되어 컴퓨터에 저장된다.

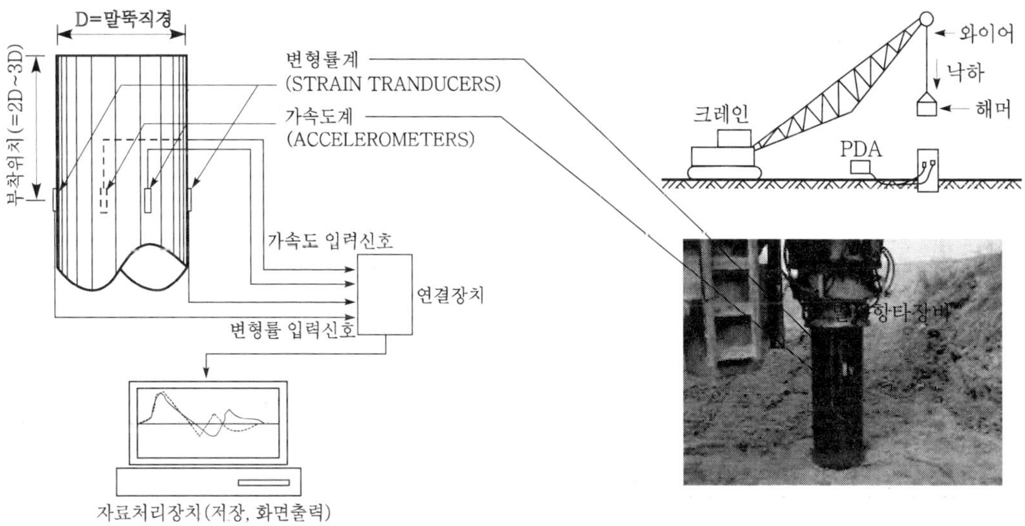

그림 7.23 동재하시험 개요도 및 말뚝에 부착된 변형률계, 가속도계

시험결과의 방법 중 case 방법은 동적재하시험에 의한 지지력 예측방법의 간편계산법이고, CAPWAP(Case pile wave analysis program) 방법은 말뚝 두부에서 계측된 힘과 시간, 가속도와 시간과의 관계를 이용하여 말뚝의 지지력을 예측하는 방법이다. 동적관입저항에는 속도에 의한 점성저항효과가 포함되어 있어 이 차이를 보정해 주어야하며 말뚝을 타입한 후에는 지반의 지지력이 회복하게 되며 따라서 이 크기와 정도를 보정해 주어야 한다. 시험결과는 ① 말뚝기초의 품질관리 ② 시간경과에 따른 지지력 확인 ③ 정재하시험과의 비교, 검증 등에 활용된다.

(3) 정·동재하시험(Statnamic test)

말뚝의 극한지지력을 시험하는 방법으로 static의 'stat'와 dynamic의 'namic'을 조합하여 만든 용어로서 하중재하시험은 dynamic test와 비슷하여 static test에 비하여 시험시간이 적게 소요되고 dynamic test의 부정확성과 말뚝의 손상에 대한 우려 없이 비교적 정확한 결과를 얻을 수 있다. 정·동재하시험은 지금까지 시험이 불가능했던 대구경 말뚝의 극한지지력시험이나 지지력이 큰 현장타설말뚝의 재하시험이 가능한 방법이며 기초가 암반에 지지된 경우 정재하시험 값과 거의 같다.

(4) 말뚝의 인발시험

말뚝기초의 두 가지 지지력 성분 중 주면마찰력에 대한 시험으로 선단지지력의 불확실이 배제되어 비교적 분명한 결과를 얻을 수 있다. 인발시험 결과는 ① 말뚝기초 설계 시 풍하중 또는 인발하중에 저항하는 인발저항력 산정 ② 최근에는 말뚝의 부주면마찰력 예상에도 활용할 수 있다.

(5) 국내 재하시험 기준

표 7.7 국내 기관별 재하시험기준

관련문헌	적용기준
토목공사 표준시방서 (국토교통부, 1996)	동재하시험 처음 100개 말뚝에 대하여 1회 동재하시험 다음 250개 말뚝에 대하여 1회 동재하시험
구조물기초 설계기준 (국토교통부, 2003)	1) 정재하시험 지반조건에 큰 변화가 없는 경우 말뚝 250개당 1회 또는 구조물별로 1회 실시 2) 동재하시험 구조물별 말뚝수 ①1~80본 ⇨ 2회, ②1~160본 ⇨ 3회, ③160본 이상 ⇨ 4회
고속도로 전문시방서 (한국도로공사, 2001)	동재하시험 ① 푸팅별 말뚝수 1~80본 ⇨ 2회 ② 푸팅별 말뚝수 1~160본 ⇨ 3회 ③ 푸팅별 말뚝수 160본 이상 ⇨ 4회

표 7.8 실무에서 재하시험 기준설정(예)

구분	재하시험계획
동재하시험	구조물기초설계기준에 준하여, 1) 1~80본 ⇨ 2회 2) 1~160본 ⇨ 3회 3) 160본 이상 ⇨ 4회
정재하시험	구조물에 개소당 1회를 실시하며, 지지층이 변화되는 경우 지지층별로 추가 실시
수평재하시험	수평력이 크게 걸리는 위치에 대해 실시
평판재하시험	시공 시 필요한 경우 실시

(6) 재하시험 최근동향

대구경 현장타설 말뚝의 빈번한 사용과 더불어 오스터버그 셀 시험(Osterberg cell test)과 선단유압 재하시험의 사용이 크게 늘어나고 있으며, 선단유압 재하시험은 오스터버그 셀 시험의 대체기술로 개발된 국산화 기술이다.

5) 파동방정식(WEAP)에 의한 극한지지력

지반조건, 항타기, 말뚝 재질 등을 고려하여 지지력을 검토하므로 합리성은 있으나 적용 시 통계 처리된 장비효율사용, 선단과 주면마찰력 비율가정, 진동(quake), 댐핑(damping) 가정이 필요하다.

6) 실무에서 말뚝 지지력 산정

상기 지지력 내용을 고려하여 실무에서 풍화암층 및 기반암(연암이상)층에의 지지력 개념도 및 지지력 산정 시 적용하는 주요공식의 종류는 아래와 같다.

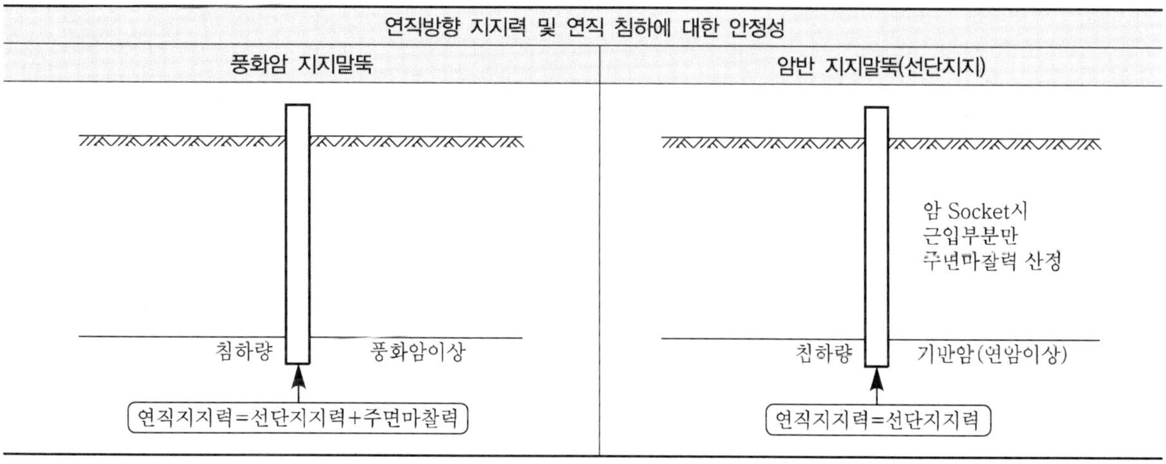

그림 7.24 지지력 개념도

표 7.9 말뚝 지지력 산정 방법

풍화암층에 지지된 기초	기반암(연암이상)에 지지된 기초
1) 이론식 및 경험식에 의한 지지력 산정 ① Meyerhof 지지력 공식 ② 표준관입시험에 의한 지지력 ③ Vesic 지지력 공식 2) 현장시험에 의한 방법(PMT를 이용한 방법)	1) 이론식 및 경험식에 의한 지지력 산정 ① Goodman 방법 ② Canadian 시방서 ③ 구조물 기초설계기준 제안식 ④ 도로교설계기준 2) 말뚝 본체의 허용지지력

(1) 풍화암층에 지지된 기초 (이론식 및 경험식에 의한 지지력 산정)

① 표준관입시험에 의한 극한지지력(구조물기초설계기준)

$$Q_u = q_d \cdot A_p + U \cdot \sum l \cdot f_i$$

Q_u : 극한 지지력(kN)
A_p : 말뚝 선단면적
U : 말뚝의 둘레길이(m)
ΣL : 주면마찰력을 고려하는 층두께(m)
f_i : 최대주면마찰력 (kPa) - 표 7.11참조
N : 말뚝선단 위로 10D, 아래로 4D 평균값

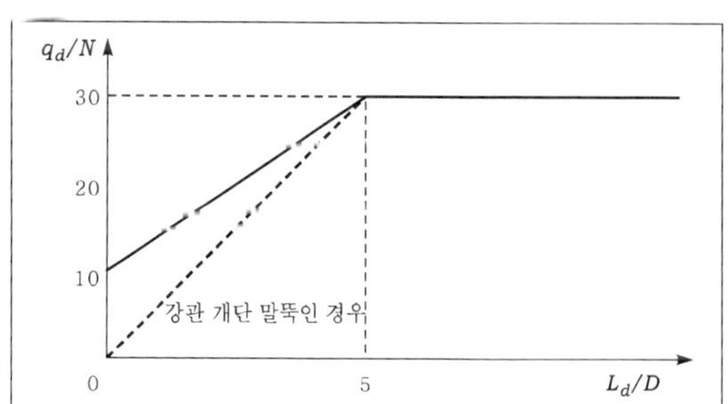

말뚝선단지반의 극한지지력 산정도

그림 7.25 구조물기초설계기준(국토교통부, 1996)

② Meyerhof 지지력 공식

표 7.10 Meyerhof 지지력 공식

$$Q_{ult} = A_p \cdot q_p + A_s \cdot q_s = A_p \cdot (c \cdot N_c + q' N_q) + A_s \cdot (c_a + K_s \sigma_v \tan\delta)$$

Q_{ult}	: 말뚝의 극한지지력
A_p	: 말뚝 선단면적
A_s	: 말뚝 주면적
N_q, N_c	: 그림에서 구함
L_b	: 말뚝근입깊이 (풍화암에서는 말뚝길이)
D	: 말뚝의 직경
L_b/D	: 근입깊이 비
σ_v	: $\gamma \cdot z$, 한계깊이 $L_c = 20D$ 사용$(=q')$
K_s	: 말뚝면에 작용하는 법선토압계수

말뚝의 형태	K_s	
	느슨한 모래	촘촘한 모래
타입 H말뚝	0.5	1.0
타입치환말뚝	1.0	1.5
타입치환쐐기형말뚝	1.5	2.0
타입사수말뚝	0.4	0.9
굴착말뚝(B ≤ 1500mm)	0.7	

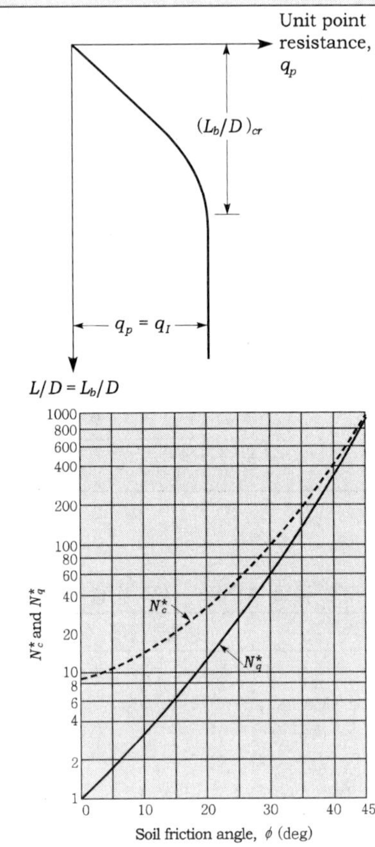

가) 주면마찰력의 산정

표 7.11 주면마찰력의 산정

구분		타입말뚝	내부굴착말뚝	현장타설말뚝
$f_i(kPa)$	사질토	$20N$ (≤10)	$1N$ (≤5)	$5N$ (≤20)
	점성토	$10c$ 또는 $10N$ (≤15)	5 c 또는 $5N$(≤10)	10 c 또는 $10N$ (≤15)

나) 말뚝선단지반의 극한지지력(q_d) 계산(예)

강관개단말뚝인 경우 q_d는 그림 7.25로부터 폐색효과를 고려하여 산정 할 수 있으며 말뚝선단의 지지층 근입 깊이가 3m인 경우 q_d는 다음과 같다.

- 근입비 계산 : 3/0.5(지지층에서의 환산깊이 / 말뚝의 지름) = 6

$\therefore\ q_d = 30N\ (N \le 40)$

③ 시공법별 선단지지력 산정 (일본건설성 고시기준)

표 7.12 시공법별 선단지지력 산정

시공법	선단지지력	말뚝선단부의 조건	비고
타격공법	$Q_p=30N\cdot A_p$	N : 말뚝 선단부 평균치, $N\le 60$	항타말뚝적용
시멘트 페이스트 주입공법	$Q_p=20N\cdot A_p$	N : 말뚝 선단부 평균치, $N\le 50$	-
선굴착 고결공법	$Q_p=25N\cdot A_p$	N : 말뚝 선단부 평균치, $N\le 60$	-
선굴착 최종타격공법	$Q_p=30N\cdot A_p$	N : 말뚝 선단부 평균치, $N\le 50$	-
선굴착 최종경타공법	$Q_p=25N\cdot A_p$	N : 말뚝 선단부 평균치, $N\le 50$	SDA 말뚝적용

④ Vesic의 지지력 공식

$$Q_{ult}=A_p\cdot q_p+A_s\cdot q_s=A_p\cdot(c\,N_c^*+\sigma_o{}'\,N_\sigma^*)+A_s\cdot(c_a+K_s\sigma_v\tan\delta)$$

$N_\sigma^*=\dfrac{3N_q^*}{(1+2K_0)}$ $\quad N_c^*=(N_q^*-1)\cot\phi$ $N_\sigma^*=f(I_{rr})$ $\quad \sigma_0=\left(\dfrac{1+2K_0}{3}\right)q'$ I_r (Rigidity index) $=\dfrac{E_s}{2(1+\mu_s)(c+q'\tan\phi)}$	나머지 값은 Meyerhof식과 동일

(2) 기반암에 지지된 기초(이론식 및 경험식에 의한 지지력 산정)

① Goodman의 제안식(Goodman, 1989)

$Q_u=\left(\dfrac{q_{u\,(lab)}}{5}(N_\phi+1)\right)\cdot A_p$	실험실에서 구한 일축압축강도에 크기 효과(scale effect)를 고려하여 q_u 값을 사용하도록 추천하고 있으나, 허용 선단지지력은 최소한 3.0 이상의 안전율을 적용한다.
N_ϕ : 지지력 계수($\tan^2(45°+\phi/2)$) ϕ : 배수상태에서의 마찰각(°)	

② 일축압축강도에 의한 암반기초 지지력 (Canadian Foundation Engineering Manual, 1992)

표 7.13 일축압축강도에 의한 암반기초 지지력

$Q_a=q_a\cdot K_s\cdot d\cdot A_p$	말뚝의 형태	K_s	
		느슨한 모래	촘촘한 모래
d : 무차원 깊이계수, $=1+0.4H_s/D_s\le 3.4$ H_s : 암반에 근입된 말뚝 근입깊이(m), 기반암에 거치된 경우 $H_s=0$ D_s : 말뚝 근입부 지름(m) K_s : 말뚝면에 작용하는 법선토압계수	타입 H말뚝	0.5	1.0
	타입치환말뚝	1.0	1.5
	타입치환쐐기형 말뚝	1.5	2.0
	타입사수말뚝	0.4	0.9
	굴착말뚝($B\le 1500mm$)	0.7	

③ 구조물 기초설계기준(국토교통부, 1997)

$Q_a = (\frac{1}{5} \sim \frac{1}{8}) q_u A_p$	풍화암층에 지지된 말뚝과 동일
q_u : 지지암반의 일축압축강도 (kPa) A_p : 강관말뚝의 단면적 (m^2)	

④ 연암, 이암을 지지층으로하는 타입강관말뚝의 지지력추정방법(도로교 표준시방서)

암반에 근입된 강관말뚝의 극한선단지지력을 산정하는 방법은 많지 않으며 그 신뢰성 또한 의문시된다. 건교부 제정 「도로교표준시방서, 1996」 에서는 식 (7.19)와 같은 경험식을 참고자료로 제시하고 있다.

$$Q_a = \frac{1}{3} \cdot 140 \cdot q_u^{0.5} \cdot A_t^{2/5} \cdot A_i^{1/3} \tag{7.19}$$

여기서, Q_a : 강관말뚝의 허용지지력(kN)

q_u : 암반의 일축압축 강도(kPa)

$q_u \leq 1{,}000 kPa$

$A_t = \frac{\pi}{4}(D_{out}^2 - D_{in}^2)$: 강관말뚝의 선단 순단면적(m^2)

$A_i = \frac{\pi}{4} D_{in}^2$: 강관말뚝의 선단 심부면적(m^2)

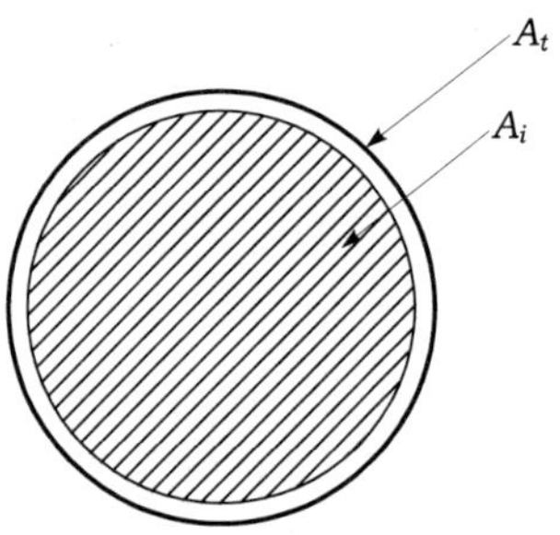

그림 7.26 A_t 및 A_i 산정

7) 말뚝의 허용지지력

말뚝의 축방향 허용지지력은 지반의 허용지지력과 말뚝의 허용지지력을 비교하여 작은값으로 결정하며 축방향 지지력산정 시 고려사항은 말뚝재료의 압축응력, 말뚝이음에 대한 감소, 장경비에 대한 감소, 부주면 마찰력, 말뚝의 침하량 등이다.

정역학적 공식에 의한 말뚝의 극한 지지력 계산 시 기초말뚝의 허용지지력은 지반의 허용지지력과 말뚝의 허용지지력을 비교하여 작은 값으로 결정하고, 말뚝의 축방향 허용지지력은 극한지지력을 소정의 안전율로 나눈 값을 말한다.

표 7.14 말뚝의 안전율

말뚝의 종류	선단지지말뚝	마찰말뚝	
		양호한 모래지반	기타지반
평상 시	3	3	4
지진 시	2	2	3

8) 실무적용 시 유의사항

(1) 말뚝지지력은 설계정수 적용에 따라 계산 결과가 다를 수 있으므로 가급적 지반조사 및 실내시험 결과값을 적용하되, 부득이한 경우는 인근 설계 및 시공사례를 조사하여 참고문헌의 설계 정수 값을 적용하여야 한다.

(2) 말뚝지지력은 지층조건, 물성치는 물론이지만 항타 장비의 특성, 시공방법(항타, 선굴착 후 매입말뚝)의 차이, 항타 시 공관입성의 고려 등이 종합적으로 관계되므로 재하시험에 의한 방법이 가장 신뢰성 있다.

(3) 재하시험 측정 시기는 암반에 근입된 말뚝의 지지력은 타입직후 발휘되나 모래지반은 약 2~3일, 점토지반은 약 1~2개월 후 발휘되므로 재하시험시기 선정에 주의해야 한다.

(4) 사질토 지반의 조밀정도, 지지층내의 근입정도에 따라 파괴양상이 상이하기 때문에 실제 재하시험에서 극한하중 규명 시 지층특성 등을 고려하여 정해야 한다.

7.5.3 말뚝의 침하

1) 축하중을 받는 단말뚝 침하는 다음과 같이 여러 요인에 의해 발생한다.

(1) 말뚝자체의 탄성침하

(2) 주변지반에 의한 말뚝의 상대적인 미끄러짐

(3) 말뚝하중에 의한 주변지반의 침하(부주면 마찰력 발생)

(4) 말뚝선단아래 지반의 침하(탄성 및 압밀침하)

(5) 말뚝재료의 장기적인 크리프(creep)

2) 침하량 산정방법

단말뚝의 침하량 해석 시 탄성이론에 근거한 방법 중 탄성침하 간편법에 의거하여 반경험적 방법과 경험적 방법으로 분석한다. 탄성 이론에 근거한 말뚝의 침하는 말뚝의 축방향 압축변형에 의한 말뚝자체의 침하, 말뚝선단에 전달된 선단하중에 의한 선단하부지반의 침하량과 말뚝의 주면하중에 의해 전달된 말뚝주변지반이 선단 하부지반을 가압하여 침하가 발생되는 침하량의 총합으로 산정된다.

표 7.15 말뚝 침하량 계산

1) 외(단일)말뚝의 전 침하량 $S_{total} = S_s + S_p + S_{ps}$ 2) 탄성 침하량 $S_s = \dfrac{(Q_{pa} + \alpha_s \cdot Q_{fa}) \times L}{A_p \cdot E_p}$ 3) 선단하중에 의한 선단 침하량 $S_p = \dfrac{C_p \cdot Q_{pa}}{D \cdot q_p}$ 4) 주면하중에 의한 선단 침하량 $S_{ps} = \dfrac{C_s \cdot Q_{fa}}{D_f \cdot q_p}$	S_{total} : 기초의 전체 침하량(m) Q_{pa}, Q_{fa} : 말뚝선단부와 주면에 전달되는 하중(kN) q_p : 단위 면적당 극한선단하중(kPa) α_s : 주면마찰력 분포에 따른 영향계수 (포물선분포 : 0.5, 삼각형 분포 : 0.67) A_p : 말뚝의 단면적(m^2) E_p : 말뚝의 탄성계수(kPa) L : 말뚝의 길이(m) C_p : 말뚝의 시공방법과 지반조건에 따른 계수 $C_s = (0.93 + 0.16\sqrt{L/D}\,) \times C_p$ D_f : 말뚝의 근입깊이 (m)

여기서, C_p는 경험계수로 말뚝의 시공방법과 지반조건에 따른 계수로서 일반적인 값은 표 7.16과 같다.

표 7.16 말뚝의 시공방법과 지반조건에 따른 계수(C_p)

흙의 종류	타입 말뚝	매입(굴착) 말뚝
모래(조밀~느슨)	0.02~0.04	0.09~0.18
점토(굳은~연약)	0.02~0.03	0.03~0.06
실트(조밀~느슨)	0.03~0.05	0.09~1.12

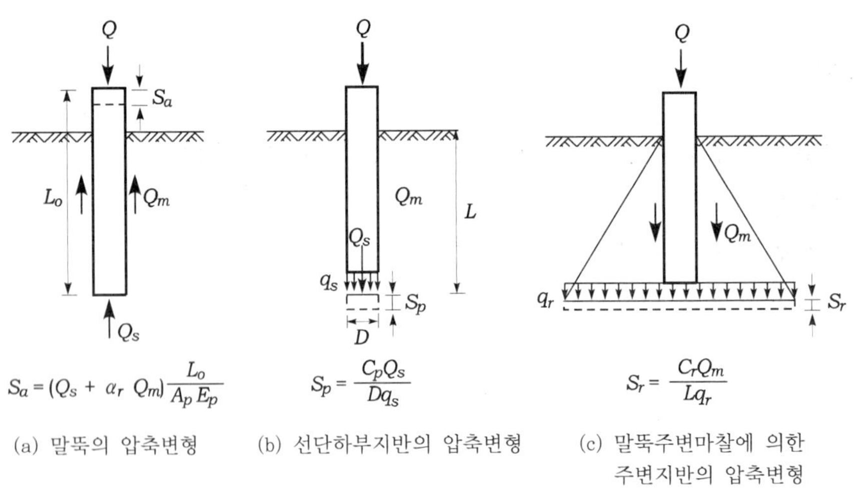

그림 7.27 말뚝의 침하 개념도

3) 실무적용 시 유의사항

상부구조의 하중으로 인하여 발생하는 침하량이 허용 범위내에 있도록 하여야 하고, 기초의 부등침하에 의한 기울기(각변위)가 상부구조물에 영향이 없도록 검토하여야 한다.

예제 7.1

점성토를 관통하여 사질토 지반에 말뚝직경 $600mm$를 근입깊이 $10m$에 타입하였다. 말뚝에 작용하는 하중이 $1,000kN$이다. 주면 마찰력에 의해 $Q_{fa}=300kN$이 지지되고 말뚝선단에서 $Q_{pa}=700kN$이 지지될 경우 단말뚝의 침하량을 구하라.($E_p=2.1\times10^7kPa$, $a_s=0.5$, $q_p=1,000kPa$, C_p는 표 7.16을 참고하여 평균값을 사용한다.)

풀이

1) 탄성침하량(S_s)

$$S_s=\frac{(Q_{pa}+a_s\times Q_{fa})\times L}{A_p\times E_p}=\frac{(700+0.5\times300)\times10}{\left(\frac{\pi\times0.6^2}{4}\right)\times21,000,000}=0.00143m=1.43mm$$

2) 선단하중에 의한 선단침하량(S_p)

$$S_p=\frac{C_p\times Q_{pa}}{D\times q_p}=\frac{0.03\times700}{0.6\times1,000}=0.035m=35mm$$

3) 주면하중에 의한 선단침하량

$$C_s=\left(0.93+0.16\sqrt{10/0.6}\right)\times0.03=0.047$$

$$S_{ps}=\frac{C_s\times Q_{fa}}{D_f\times q_p}=\frac{0.047\times300}{10\times1,000}=0.00141m=1.41mm$$

∴ 단일말뚝의 전침하량 : $S_{tatal}=S_s+S_p+S_{ps}=1.43+35+1.41=37.8mm=3.78cm$

7.5.4 부마찰력

부마찰력(또는 부의 주면마찰력, Negative skin friction)이란 말뚝의 주변 침하량이 말뚝의 침하량보다 상대적으로 클 때에 말뚝을 아래로 끌어 내리는 부(-)의 주변마찰력이 생기며 부의 주변마찰력은 설계 시 말뚝에 재하되는 축방향 하중으로 본다. 말뚝에 부마찰력이 작용하지 않는 경우의 말뚝에 작용하는 최대 하중은 말뚝상단에 위치하고 말뚝두부에 작용된 하중과 같으나, 부마찰력이 작용하는 경우는 말뚝두부가 아닌 중립점 위치에서 최대하중이 작용하며 작용하중에 부마찰력을 더한 값이 된다.

1) 중립점 깊이

(1) 말뚝주변 압밀침하량은 지표면에서 최대이고 깊이에 따라 점차 감소하여 압밀층 최하단에서는 침하량이 0(zero)이 된다.

(2) 중립점이란 압밀층 내의 한 점에서 지반침하와 말뚝의 침하가 같아서 상대적 이동이 없는 경계점을 중립점이라 하며 부마찰력은 이 중립점 위에서만 발생한다.

(3) 중립층까지의 두께 구하는 방법 :

$L = n \cdot H$

여기서, L : 중립축까지 거리(m)

H : 마찰말뚝의 경우 전체깊이를, 불완전 지지말뚝에 대해서는 압밀층 하단까지 거리(m)

n : 말뚝지지형태에 따른 계수(마찰말뚝, 불완전 지지말뚝: 0.8, 모래 또는 자갈에 지지하는 경우 : 0.9, 암반이나 굳은 지층 : 1.0)

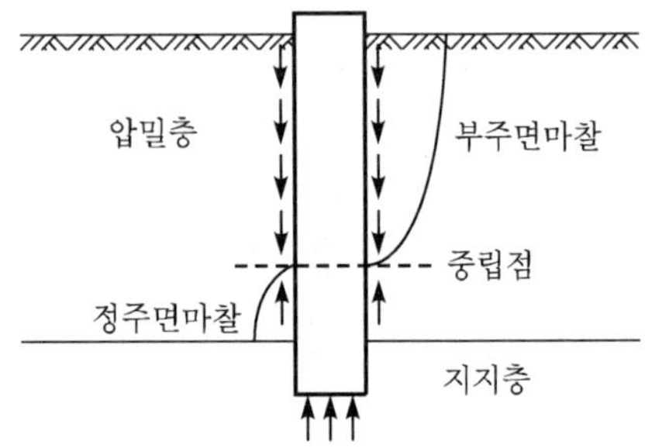

그림 7.28 부마찰력 중립점 개념도

2) 부마찰력 진행과정

(1) 처음에는 (+)의 주변마찰력이 생긴다.

(2) 그 후 주변지반 침하로 말뚝상부는 (-)주면마찰력이 발생하고 하부에서는 여전히(+)의 주면마찰력이 존재한다. 따라서 말뚝 주변 지반이 계속 침하가 되면 그림 7.29(c)와 같이 전체 (-)주면마찰력이 생긴다. 실험에 의하면 말뚝 전체가 (-)주면마찰력이 생기는 경우는 없으며 대체로 말뚝의 75~95%정도가 (-)주변마찰력이 생긴다고 보고되고 있다.

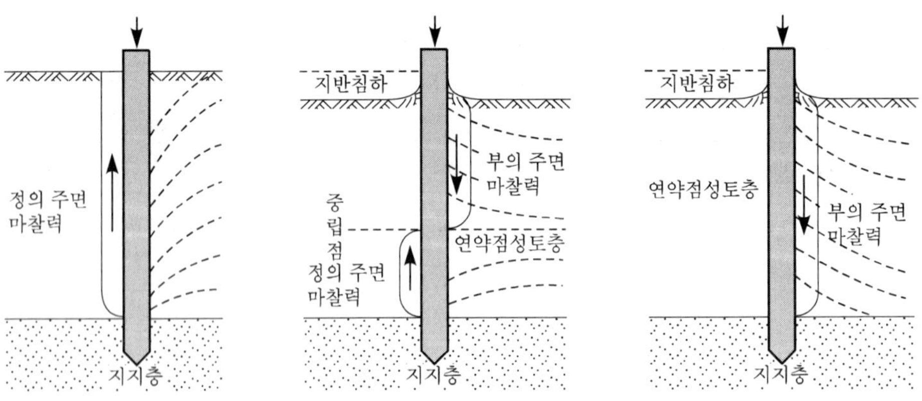

그림 7.29 부마찰력 진행과정

3) 부마찰력 산정방법

(1) 점성토

$$Q_{ns} = f_n \cdot A_s = \sigma_h{}' \cdot \tan\delta \cdot A_s = \sigma_v{}' \cdot K_h \cdot \tan\delta \cdot A_s \tag{7.20}$$

여기서, Q_{ns} : 부마찰력(kN)

f_n : 압밀층의 말뚝과 점성토의 평균 주면마찰력(kPa),

$f_n = \beta \cdot \sigma_v{}' = \sigma_v{}' K_h \tan\delta$

A_s : 말뚝 주면적(m^2)

$\sigma_n{}'$: 말뚝에 작용하는 평균 유효 수평하중

δ : 흙과 말뚝의 마찰각

$\sigma_v{}'$: 말뚝에 작용하는 평균 유효 연직하중

K_h : 횡방향 토압계수

(2) 사질토

$$Q_{ns} = f_n \cdot A_s = (3 + \frac{N}{5}) \cdot A_s \tag{7.21}$$

여기서, N : 마찰력이 작용하는 모래층의 평균 N값

(3) 단말뚝의 부마찰력 산정방법

부마찰력 산정은 α계수법, β계수법의 방법과 N값 및 전단강도를 이용하는 방법 등이 있다.

표 7.17 단말뚝 부마찰력 산정

구분	α 계수법	β계수법	N값 및 전단강도 이용
산 정 식	$f_{sn} = c_a = \alpha \cdot c_u$ c_u :비배수점착력 (kPa) α : 부착력 계수	$f_{sn} = \beta\ \sigma_v{}'$ $\sigma_v{}'$: 각층 연직유효응력 β : 유효응력계수	정주면마찰력 산정식 참조
적용조건	점성토의 단기거동	점성토, 사질토 장기거동	점성토, 사질토

일반적으로 정주면 마찰력은 N값 및 전단강도를 이용하여 산정하고, 부마찰력은 장기거동을 고려한 β계수법을 이용하여 산정하는 경우가 많은데 이것은 동일한 주면마찰력 산정에 다른 기법을 적용한다는 점에서 바람직하지 않다. 실무에서는 주면마찰력 산정의 일관성을 위해 N값 및 전단강도를 이용한 방법을 주로 적용하고 있으며 이 방법은 β계수법을 이용한 결과와도 큰 차이를 보이지 않는다.

4) 부마찰력을 고려한 허용지지력 산정

부마찰력을 고려한 허용지지력 산정식은 아래와 같이 다양한 방법이 있으나 도로교 표준시방서 등에서는 부마찰력이 허용지지력을 상회하는 경우가 있으므로 적용 시 주의를 요한다.

표 7.18 부마찰력을 고려한 허용지지력 산정(구조물 설계기준)

기준종류	제안사항
구조물기초 설계기준(2003)	$Q_a = \frac{1}{3}(Q_p + Q_{ps} - Q_{ns})$
도로교 설계기준 해설(2000)	$Q_a = \frac{1}{3}(Q_u - W'_s - Q_{ns}) + W'_s + W$
도로교 표준시방서(2003)	$R_a' = \frac{1}{1.5}(R'_u - W'_s) + W'_s - (R_{nf} + W)$

5) 부마찰력의 발생원인 및 발생조건

표 7.19 부마찰력 발생원인 및 조건

발생원인	구분	발생조건
1) 성토 또는 과재하중으로 상재하중이 재하되는 경우 2) 지반자체의 압밀(자중압밀) 3) 말뚝항타 시 과잉간극수압 발생→ 수두차 발생 → 배수→ 압밀 4) 지하수위 저하 5) 동결흙의 해빙	구조물기초 설계기준	1) 압밀층 깊이가 15m 이상인 구간 2) 말뚝항타로 인한 과잉간극수압 발생 우려가 있는 연약점성토 지반 3) 말뚝시공후 성토로 인한 압밀침하가 예상되는 지반
	Briaud & Tueker (1993)	1) 지표면의 전체 침하가 100mm보다 클 경우 2) 말뚝항타 후 지표면 침하가 10mm보다 클 경우 3) 지표면위에 설치된 성토고가 2m보다 클 경우 4) 연약지반의 두께가 10m보다 클 경우 5) 지하수위가 4m보다 더 낮아질 경우 6) 말뚝의 길이가 25m이상일 경우
	Tomlinson (1995)	1) 말뚝과 지반사이의 상대변위 2) 말뚝과 압밀지반 아래 지반 사이의 상대변위 3) 말뚝의 탄성침하 4) 지반의 압밀침하
	미연방도로국	흙과 말뚝사이의 상대변위가 약 10~12mm 발생될 경우

6) 부마찰력의 문제점

부마찰력이 작용하는 경우 말뚝침하는 정마찰력이 작용하는 경우에 비하여 상대적으로 매우 크며 이때 하향력은 다음과 같은 문제점이 발생한다.

(1) 말뚝자체의 구조적파괴 (2) 지반층의 지지력 파괴

(3) 말뚝의 과도한 침하발생 (4) 상부구조물의 과대한 손상

(5) 말뚝지지력 감소

7) 부마찰력 저감대책

(1) 프리로딩을 가하여 연약지반 침하를 미리 발생시키는 방법

(2) 말뚝표면에 역청재 도포 방법

(3) 말뚝 박기 전에 말뚝직경보다 큰 구멍 뚫은 후 벤토나이트 슬러리를 구멍에 채우고 말뚝을 박아서 마찰력을 감소시키는 방법

(4) 이중관 말뚝사용(외관 : 하향력 하중, 내관 : 상부구조물 하중 받게 하는 방법)

8) 실무적용 시 유의사항

(1) 부마찰력은 말뚝의 지지력에 관한 문제보다는 말뚝침하로 인하여 말뚝에 작용하는 최대하중의 크기 및 작용위치가 달라지는 것이 문제이다.

(2) 말뚝의 극한지지력은 하향력의 유무에 관계없이 일정하나 말뚝과 주변지반간의 상대적인 변위차로 인하여 부마찰력의 크기 및 형태가 달라지므로 중립축의 정확한 산정이 중요하다.

(3) 단말뚝의 부마찰력 산정방법 중 전단강도법은 점토와 점토질 실트의 단기 거동해석에만, 유효응력법은 장기거동에만 적용이 가능하다.

(4) 실무에서 모래층, 실트층까지 합하여 중립점을 계산함은 물론 역청재도 모래층 또는 실트층까지 도포하는 과다설계의 경우가 가끔 있다. 부마찰력은 점토층에서만 발생하므로 점토층에 대해서만 중립점을 계산하여야 하며 부마찰력 저감대책인 역청재도 점토층을 통과하는 말뚝길이만 도포하는 것으로 설계하여야 한다.

(5) 부마찰력 산정 시 국내 연구사례가 미비하여 외국의 경험식을 적용하고 있으나 지반의 불확실성으로 인하여 부마찰력을 과다 산정하는 경우가 있다. 규모가 큰 말뚝 공사 시에는 부마찰력에 대한 시험시공을 실시하여 부마찰력크기와 역청재도포로 인한 부마찰력 저감율 적정성 등을 규명하여야 한다.

7.6 무리말뚝 효과 및 지지력

7.6.1 개요

말뚝기초에서 말뚝간의 간격이 충분히 이격되어 있지 않으면 하중재하 시 간섭효과가 발생하여 단(단일)말뚝의 경우보다 안정성이 저하되는데 이것을 무리(군)말뚝 효과라 한다.

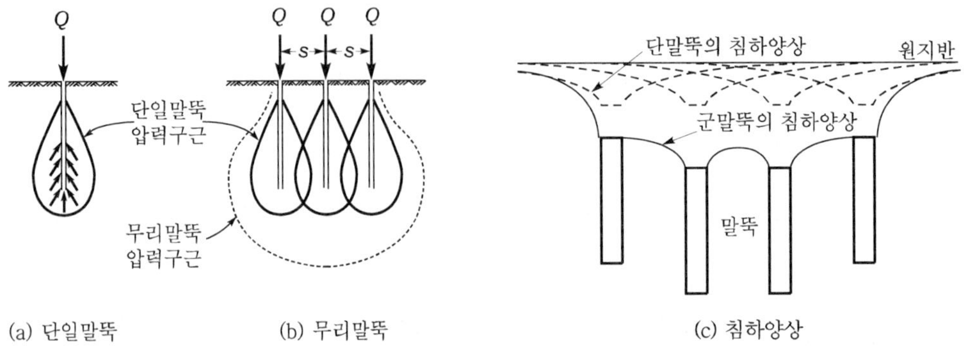

그림 7.30 마찰말뚝에서 단일말뚝과 무리말뚝의 압력구근, 침하현상

7.6.2 무리말뚝 효과

무리말뚝효과에 대한 국내 설계기준과 문제점 및 대책은 표 7.20과 같다. 말뚝간의 간격이 충분히 이격되어 있지 않으면 하중재하 시 간섭효과가 발생하여 단독말뚝의 경우보다 안정성이 저하될 수 있으므로 무리말뚝효과를 검토하여야 한다. 실무에서 교량의 무리말뚝효과 검토단면은 교대와 교각에 대해 하중조합이 큰 단면에 대해 검토를 수행하여야 한다.

표 7.20 무리말뚝 효과 고려방법

구분	무리말뚝효과 고려 방법
도로교 설계기준	1) 말뚝 중심간격이 $2.5D$ 이상이라면 단말뚝의 수평방향 지반반력계수(K_h)를 그대로 사용하여도 별지장이 없는 것으로 판단하고 있음 2) 말뚝 중심간격이 $2.5D$ 이하인 경우 수평방향 지반반력계수에 다음의 감소계수를 적용하는 방법으로 무리말뚝의 영향을 고려함 $\mu = 1-0.2(2.5-\frac{L}{D})\,[L< 2.5D]$ L : 말뚝 중심간격(m) , D : 말뚝지름(m)
구조물 기초설계기준	1) 하중작용 직각방향에 대해서는 말뚝간격이 $2.5D$ 이상이면 무리말뚝에 대한 효과를 고려하지 않음 2) 하중이 작용하는 방향의 말뚝중심간 거리가 말뚝직경의 8배 이하일 경우 수평방향 지반반력계수(K_h)의 감소계수를 적용하는 방법으로 무리말뚝의 영향을 고려함
문제점	기존방법은 하중의 작용방향 및 직각방향에 대한 영향을 정밀하게 고려할 수 없을 뿐 아니라, 무리말뚝의 수평 방향에 대한 안정성을 지나치게 과소평가하거나 과대평가하는 극단적인 경향을 보이고 있음
대책	현장시험, 원심모형시험사례 등을 통해 보다 합리적인 무리말뚝 고려방법 적용이 필요함

7.6.3 무리말뚝의 압밀침하

무리말뚝 거동은 사질토의 경우 각각의 말뚝이 개별적으로 거동하므로 말뚝기초의 폭(B_g)과 말뚝의 직경(D)의 상대적인 크기를 고려하여 단일말뚝의 탄성침하(S_o)로 부터 무리말뚝의 탄성침하(S_g)를 계산한다(Vesic, 1969).

$$S_g = S_o\sqrt{\frac{B_g}{D}} \tag{7.22}$$

여기서, 단일말뚝의 탄성침하(S_o)는 계산하거나 재하시험하여 결정한다.

점토지반에 박힌 말뚝의 침하량 계산은 점토지반에 놓인 기초의 압밀침하량을 구하는 방법과 같은 방법으로 추정 할 수 있다. 만일 연약지반이 단일층이면 기초의 바닥은 그림 7.31(a)와 같이 말뚝머리로부터 그 길이의 2/3되는 위치에 놓이고 지중응력은 2:1로 분포된다고 가정하여 침하량을 구한다. 그러나 지반이 2층으로 구성되고 아래지반이 더 단단한 지지층이면 그림 7.31(b)와 같이 말뚝길이를 견고한 층에만 박힌 것으로 간주하여 2:1 지중응력법을 이용하여 압밀침하량을 결정한다.

무리말뚝 전경

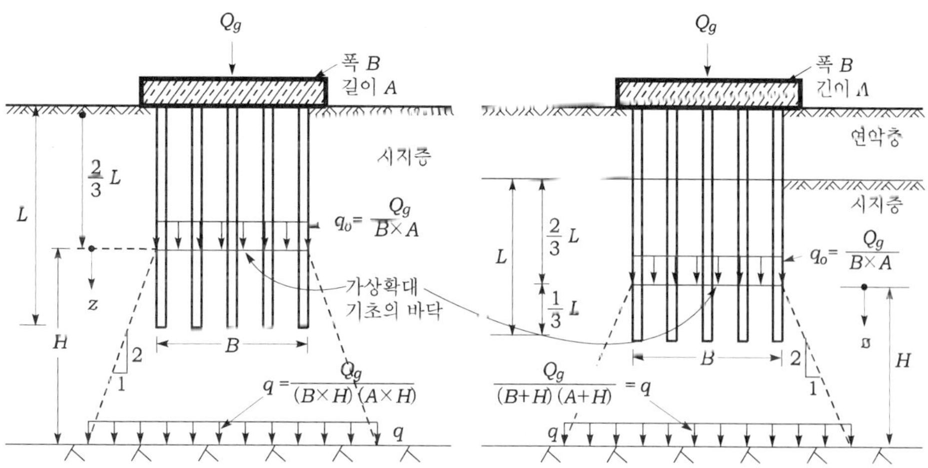

(a) 균질한 지층　　(b) 연약층 아래 지지층이 있는경우

지층조건별 지중응력 개념도

그림 7.31 무리말뚝의 전경 및 지층조건별 지중응력 개념도

예제 7.2

정규 압밀된 지층에 그림 7.32와 같이 무리말뚝(B_g=7.5m, L_g=12.0m)을 타입하려고 한다. 무리말뚝의 침하량을 구하라.

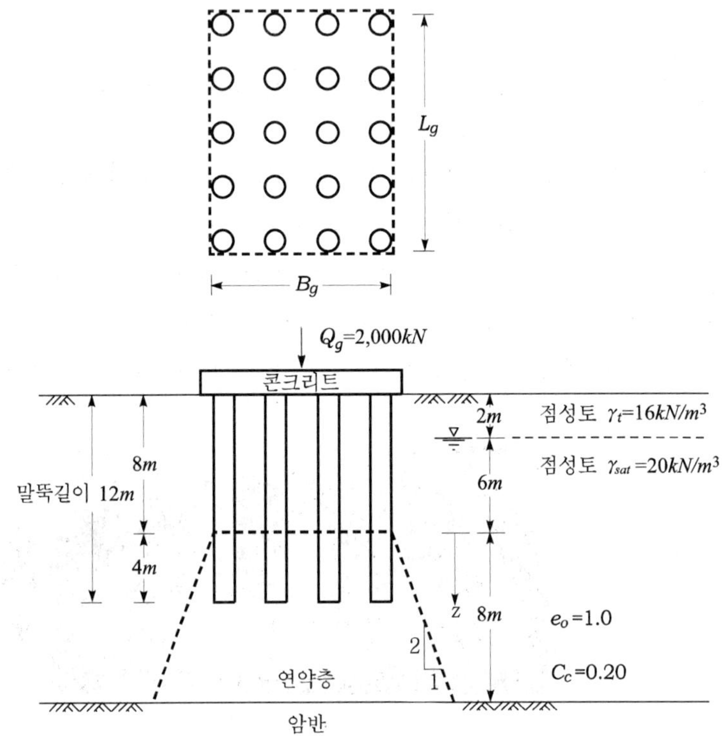

그림 7.32 예제 7.2

풀이

말뚝은 균질한 연약층에 타입하게 되므로 가상 확대기초의 바닥은 말뚝머리로부터 2/3거리인 8m하단부터 응력증가가 작용하는 것으로 한다.

1) 지중응력

$$(\sigma_o) = (16\times 2.0) + (20-10)\times(6.0+\frac{8.0}{2}) = 132kPa$$

2) 응력증가

$$(\Delta\sigma) = \frac{Q_g}{(B_g+z)+(L_g+z)} = \frac{2,000}{(7.5+(8/2))+(12+(8/2))} = 72.7kPa$$

3) 정규압밀토 압밀침하량

$$S = \frac{C_c}{1+e}H\log\frac{\sigma_o+\Delta\sigma}{\sigma_o} = \frac{0.20}{1+1.0}\times 800\times\log\frac{132+72.7}{132} \fallingdotseq 15.2\,cm$$

예제 7.3

그림 7.33과 같은 무리말뚝에서 Converse-Labarre 공식으로 무리말뚝 효율을 구하라. 여기서, n_1 = 4, n_2 = 5, 원형말뚝의 직경D=500mm 이다.

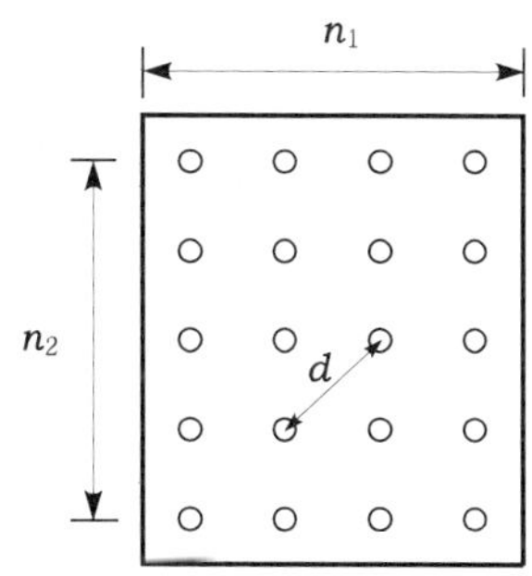

그림 7.33 예제 7.3의 그림

풀이

Converse-Labarre 공식으로 무리말뚝의 효율을 구하는 공식은 다음과 같다.

$$n = 1 - \frac{n_1(n_2-1)+n_2(n_1-1)}{(90\times n_1\times n_2)}\times\theta$$

여기서 n_1 : x열 말뚝 갯수

n_2 : y열 말뚝 갯수

θ : $\theta = \tan^{-1}\left(\frac{D}{d}\right)$

d : 말뚝간 최소거리 (2.5×D)

$$n = 1 - \frac{4\times(5-1)+5\times(4-1)}{90\times4\times5}\times21.8 = 0.625 = 62.5\%$$

$$d = 2.5\times D = 2.5\times500 = 1,250$$

$$\theta = \tan^{-1}\left(\frac{D}{d}\right) = \tan^{-1}\left(\frac{500}{1,250}\right) = \tan^{-1}(0.4) = 21.8°$$

예제 7.4

무리말뚝형 기초에 사용된 말뚝의 개수는 총 9개이다. 무리말뚝 A점에 연직하중 4,500kN이 작용 할 경우 말뚝 중 2, 4, 9번을 선정하여 2, 4, 9번 말뚝 중 연직하중이 가장 큰 말뚝을 찾아라. 여기서, A는 기초에 작용하는 총 연직 하중 작용점이다.

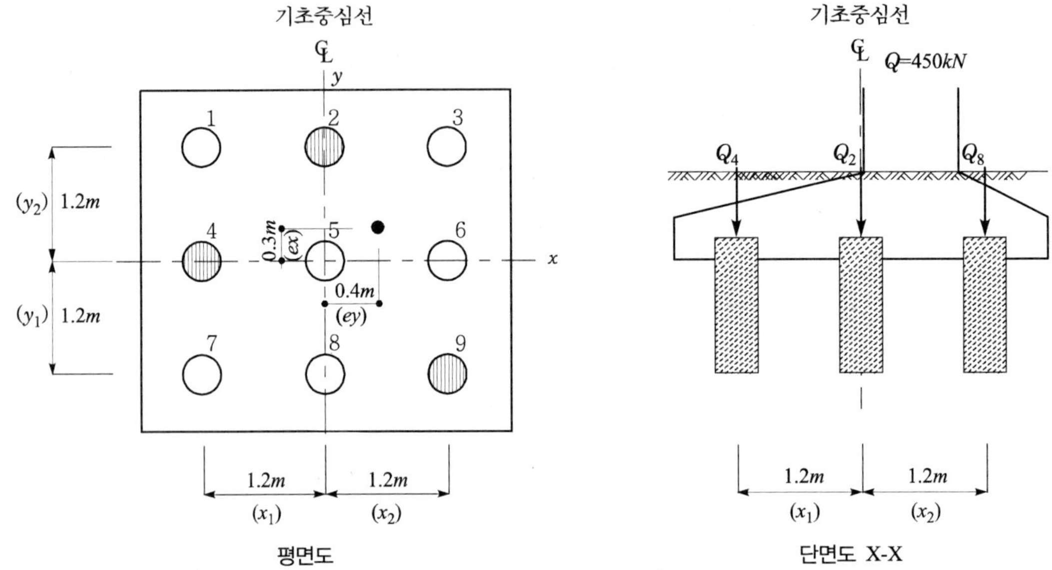

그림 7.34 예제 7.4의 그림

풀이

무리말뚝 중 i번째 말뚝에 작용하는 연직하중을 구하는 공식은 다음과 같다.

i번째 말뚝의 응력 $\sigma = \frac{M_y}{I} \cdot x_i$ 이며, 단면2차모멘트 $I = I_i + A \times x_i^2$에서, I_i는 하중크기이므로 생략한다.

따라서,

$$\sigma = \frac{M_y}{A \times x_i^2} \times x_i \tag{7.23}$$

i번째 말뚝에 작용하는 y축에 대한 편심하중은 $\frac{M_y}{\Sigma x_i^2} \times x_i$ 이며

여기서, A : 무리말뚝 단면적(개수=1)

x축에 대한 편심하중도 같은 방식으로 유도되며 식 (7.24)로 정리된다.

$$Q_i = \frac{Q}{n} + \frac{M_y}{\Sigma x_i^2} \times x_i + \frac{M_x}{\Sigma y_i^2} \times y_i \tag{7.24}$$

여기서, Q_i : i번째 말뚝에 작용하는 연직하중

Q : 무리말뚝에 작용하는 연직하중의 합력

n : 무리말뚝의 총갯수

M_x, M_y: 무리말뚝 중심 x축, y축에 대한 모멘트

x_i, y_i : 무리말뚝 중심축에서 i번째 말뚝의 x축, y축까지의 거리

e_x, e_y : 무리말뚝 중심과 연직하중 합력의 x축, y축 편심거리

1) 2번 말뚝의 연직하중은,

$$Q_{②} = \frac{Q}{n} + \frac{M_y}{\Sigma x_i^2} \times x_i + \frac{M_x}{\Sigma y_i^2} \times y_i$$

$$= \frac{4{,}500}{9} + \frac{1{,}800}{8.64} \times (0) + \frac{1{,}350}{8.64} \times 1.2 = 688kN$$ (*x_i, y_i의 부호는 인장을 (−), 압축을 (+)로 한다.)

2) 4번 말뚝의 연직하중은,

$$Q_{④} = \frac{Q}{n} + \frac{M_y}{\Sigma x_i^2} \times x_i + \frac{M_x}{\Sigma y_i^2} \times y_i$$

$$= \frac{4{,}500}{9} + \frac{1{,}800}{8.64} \times (-1.2) + \frac{1{,}350}{8.64} \times (0) = 250kN$$

3) 9번 말뚝의 연직하중은,

$$Q_{⑨} = \frac{Q}{n} + \frac{M_y}{\Sigma x_i^2} \times x_i + \frac{M_x}{\Sigma y_i^2} \times y_i$$

$$= \frac{4{,}500}{9} + \frac{1{,}800}{8.64} \times 1.2 + \frac{1{,}350}{8.64} \times (-1.2) = 563kN$$

여기서, Q : $4{,}500kN$ n : 9개

M_y : $Q \times e_y = 4{,}500 \times 0.4 = 1{,}800kN \cdot m$ M_x : $Q \times e_x = 4{,}500 \times 0.3 = 1{,}350kN \cdot m$

Σx_i^2 : $(3 \times x_1^2) + (3 \times x_2^2) = (3 \times 1.2^2) + (3 \times 1.2^2) = 8.64m^2$

Σy_i^2 : $(3 \times y_1^2) + (3 \times y_2^2) = (3 \times 1.2^2) + (3 \times 1.2^2) = 8.64m^2$

따라서, 선정된 말뚝 중 연직하중이 가장 크게 작용하는 말뚝은 2번 말뚝이다.

예제 7.5

현재 교각에 연직말뚝과 경사말뚝을 조합하여 무리말뚝으로 사용하였다. ①, ②, ③, ④ 말뚝의 연직하중과 수평하중을 구하라.

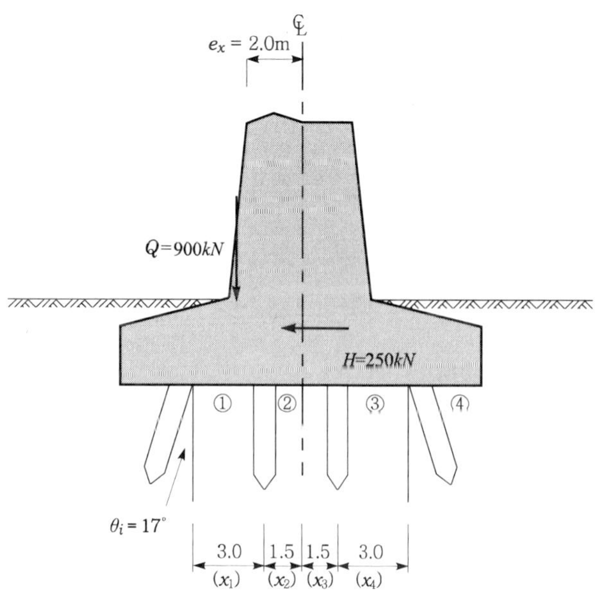

그림 7.35 예제 7.5

풀이

1) 무리말뚝 중 i 번째 말뚝에 작용하는 연직하중을 구하는 공식은 다음과 같다.

$$Q_i = \frac{Q}{n} + \frac{Q}{\Sigma x_i^2} \times e_x \times x_i$$

$$= \frac{900}{4} + \frac{900}{45} \times 2.0 \times x_i = 225 + (40 \times x_i)$$

$\sum x_i^2 = x_1^2 + x_2^2 + x_3^2 + x_4^2 = 4.5^2 + 1.5^2 + 1.5^2 + 4.5^2 = 45$

* x_i, y_i의 부호는 인장을 (-), 압축을 (+)로 한다.

(1) ①번 말뚝의 연직하중

$Q_{①} = 225 + 40 \times (x_1 + x_2) = 225 + (40 \times 4.5) = 405kN$

(2) ②번 말뚝의 연직하중

$Q_{②} = 225 + 40 \times x_2 = 225 + (40 \times 1.5) = 285kN$

(3) ③번 말뚝의 연직하중

$Q_3 = 225 + 40 \times x_3 = 225 + (40 \times (-1.5)) = 165kN$

(4) ④번 말뚝의 연직하중

$Q_{④} = 225 + 40 \times (x_3 + x_4) = 225 + (40 \times (-4.5)) = 45kN$

2) 무리말뚝 중 i 번째 말뚝에 작용하는 수평하중을 구하는 공식은 다음과 같다.

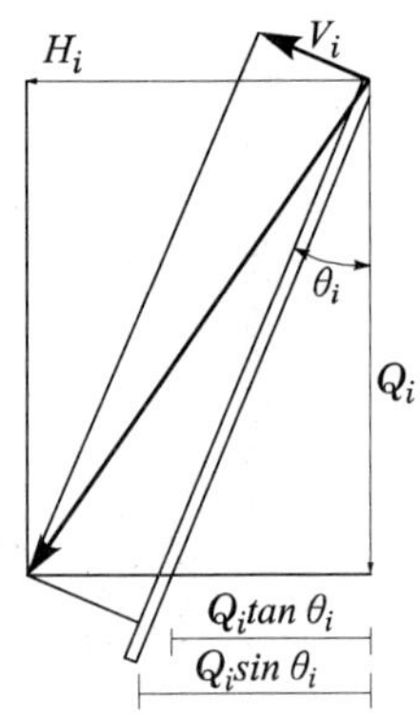

* i번째 말뚝의 연직하중에 의한 수평력 : $H_i = Q_i \tan\theta_i$

* i번째 말뚝의 수평하중에 의한 수평력

i) 수평하중 H에 의한 말뚝의 축방향력(P)

$$P = \left(\frac{H/n}{\cos\theta_1} + \frac{H/n}{\cos\theta_2} + \cdot\ \cdot\ \cdot\ \cdot\ \cdot\ \cdot\ \cdot + \frac{H/n}{\cos\theta_n}\right) = \frac{H}{\sum\cos\theta_i}$$

ii) 연직하중 Q로 인한 축방향력은,

$$P = \frac{\sum Q_i \tan\theta_i}{\sum \cos\theta_i}$$

축방향력의 차 $\triangle H = \dfrac{(H - \sum Q_i \tan\theta_i)}{\sum\cos\theta_i}$

$$H_i = \cos\theta_2 \times \triangle H$$

∴ 수평하중에 의한 수평력 $H_i = \dfrac{\cos\theta_i}{\sum\cos\theta_i} \times (H - \sum Q_i \tan\theta_i)$

i번째 말뚝에 작용하는 수평력,

$$H_i = Q_i \tan\theta_i + \frac{\cos\theta_i}{\sum\cos\theta_i} \times (H - \sum Q_i \tan\theta_i)$$

$$= Q_i \tan\theta_i + \frac{\cos\theta_i}{3.913} \times (250 - 110)$$

$$= Q_i \tan\theta_i + 35.8\cos\theta_i$$

여기서, $H = 250kN$

$$\sum \cos\theta_i = \cos 17^\circ + \cos 0^\circ + \cos 0^\circ + \cos(-17^\circ) = 3.913$$

$$\sum Q_i \tan\theta_i = (405\times\tan 17^\circ) + (285\times\tan 0^\circ) + (165\times\tan 0^\circ) + (45\times\tan(-17^\circ)) = 110kN$$

(1) ①번 말뚝의 수평하중은,

$$H_{①} = Q_{①}\tan\theta_1 + 35.8\cos\theta_1 = (405\times\tan 17°) + (35.8\times\cos 17°) = 158.1kN$$

(2) ②번 말뚝의 수평하중은,

$$H_{②} = Q_{②}\tan\theta_2 + 35.8\cos\theta_2 = (285\times\tan 0°) + (35.8\times\cos 0°) = 35.8kN$$

(3) ③번 말뚝이 수평하중은,

$$H_{③} = Q_{③}\tan\theta_3 + 35.8\cos\theta_3 = (165\times\tan 0°) + (35.8\times\cos 0°) = 35.8kN$$

(4) ④번 말뚝의 수평하중은,

$$H_{④} = Q_{④}\tan\theta_3 + 35.8\cos\theta_3 = (45\times\tan(-17°)) + (35.8\times\cos(-17°)) = 20.5kN$$

예제 7.6

교각말뚝 ①, ②, ③, ④의 연직하중 및 수평하중, 경사말뚝의 경사각은 표 7.21과 같다. 표 7.21의 하중값과 제원을 이용하여 각 말뚝의 축 방향력과 축의 직각 방향력을 구하라.

표 7.21 말뚝별 하중제원

말뚝번호	①	②	③	④
연직하중(Q)	405	285	165	45
수평하중(H)	158.1	35.8	35.8	20.5
경사각(θ)	17	0	0	-17

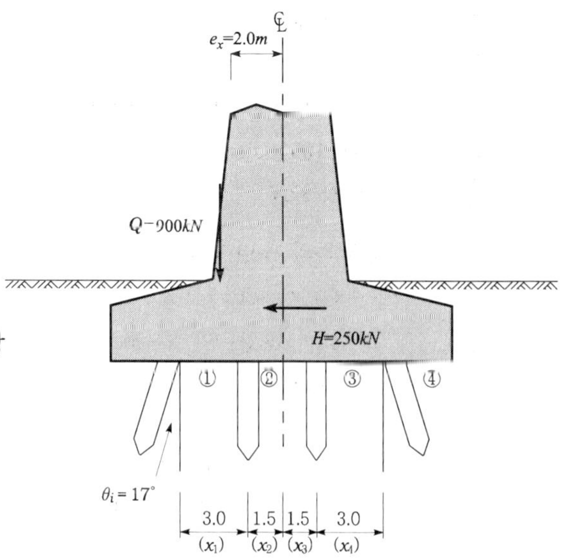

그림 7.36 예제 7.6 그림

풀이

무리말뚝 중 i 번째에 작용하는 축 방향력과 축 직각 방향력을 구하는 공식은 다음과 같다.

$P_i = Q_i \times \cos\theta_i + H_i \times \sin\theta_i$: 축 방향력

$V_i = -Q_i \times \sin\theta_i + H_i \times \cos\theta_i$: 축 직각 방향력

* 부호는 인장력을 (−), 압축력을 (+)로 한다.

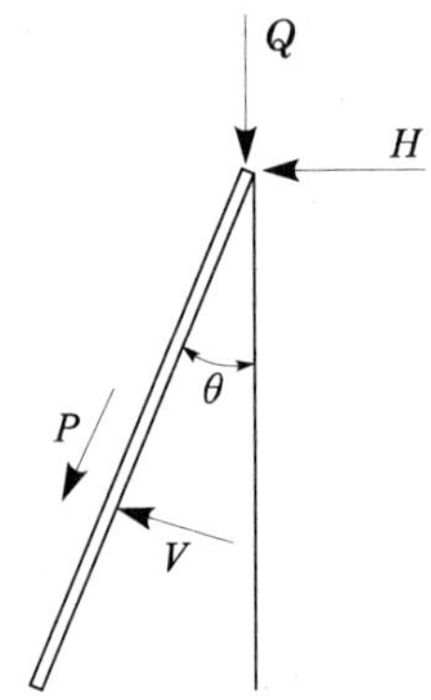

그림 7.37 예제 7.6

(1) ①번말뚝의 축방향력과 축 직각 방향력

$$P_{①} = Q_{①} \times \cos\theta_1 + H_{①} \times \sin\theta_1$$
$$= 405 \times \cos 17^\circ + 158.1 \times \sin 17^\circ$$
$$= 433.5kN$$

$$V_{①} = -Q_{①} \times \sin\theta_1 + H_{①} \times \cos\theta_1$$
$$= -405 \times \sin 17^\circ + 158.1 \times \cos 17^\circ$$
$$= 32.8kN$$

(2) ②번말뚝의 축방향력과 축 직각 방향력

$$P_{②} = Q_{②} \times \cos\theta_2 + H_{②} \times \sin\theta_2$$
$$= 285 \times \cos 0^\circ + 35.8 \times \sin 0^\circ$$
$$= 285kN$$

$$V_{②} = -Q_{②} \times \sin\theta_2 + H_{②} \times \cos\theta_2$$
$$= -285 \times \sin 0^\circ + 35.8 \times \cos 0^\circ$$
$$= 35.8kN$$

(3) ③번말뚝의 축방향력과 축 직각 방향력

$$P_{③} = Q_{③} \times \cos\theta_3 + H_{③} \times \sin\theta_3$$
$$= 165 \times \cos 0^\circ + 35.8 \times \sin 0^\circ$$
$$= 165kN$$

$$V_{③} = -Q_{③} \times \sin\theta_3 + H_{③} \times \cos\theta_3$$
$$= -165 \times \sin 0^\circ + 35.8 \times \cos 0^\circ$$
$$= 35.8kN$$

(4) ④번말뚝의 축방향력과 축 직각 방향력

$$P_{④} = Q_{④} \times \cos\theta_4 + H_{④} \times \sin\theta_4$$
$$= 45 \times \cos(-17^\circ) + 20.5 \times \sin(-17^\circ)$$
$$= 37kN$$

$$V_{④} = -Q_{④} \times \sin\theta_4 + H_{④} \times \cos\theta_4$$
$$= -45 \times \sin(-17^\circ) + 20.5 \times \cos(-17^\circ)$$
$$= 32.8kN$$

7.7 말뚝 항타 시공관리

말뚝항타 시공관리의 목적은 말뚝을 타입할 위치에 과도한 항타에 의한 말뚝체의 파손을 방지하고 체계적인 시공관리에 의한 품질확보 및 소요의 지지력 확보에 목적이 있다.

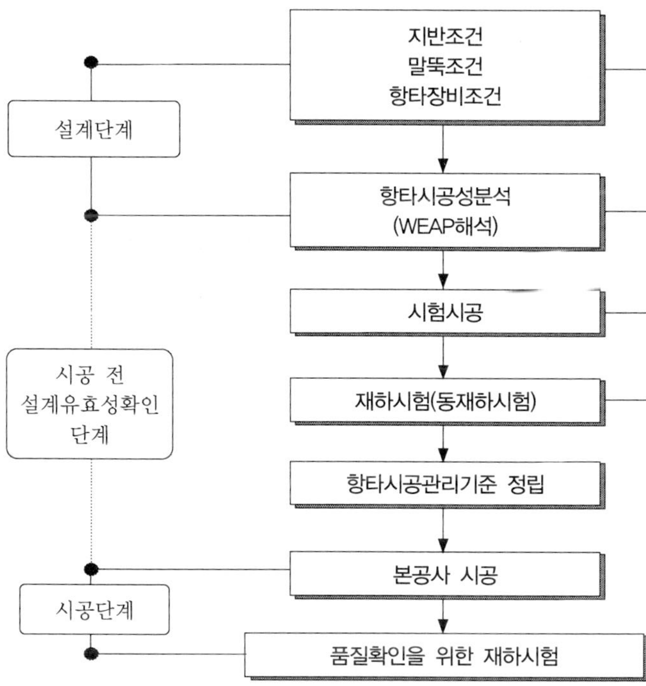

그림 7.38 말뚝 항타 시공관리 흐름도

7.7.1 말뚝의 시공순서

말뚝공사 시 타입 시공순서는 시공의 난이도, 말뚝기초의 성능, 공정관리 등에 많은 영향을 미친다. 말뚝타입 시 외측에서 중앙부를 타입 할 경우 중앙부 지반이 다져져서 말뚝타입이 곤란해 질 수 있으므로 그림 7.39와 같이 중앙부에서 타입하여 외측으로 진행하여 나간다. 해안 등 경사지인 경우에는 육지에서 바다를 향하여 타입하거나 높은 곳에서 낮은 곳을 향하여 타입해 나간다.

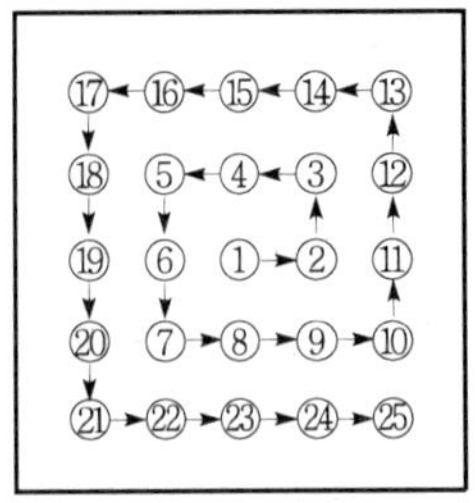

(a) 무리말뚝의 항타순서

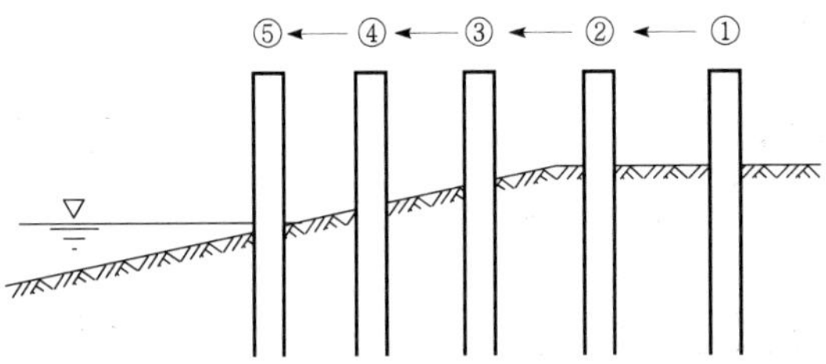

(b) 해안등 경사지에서 말뚝의 항타순서

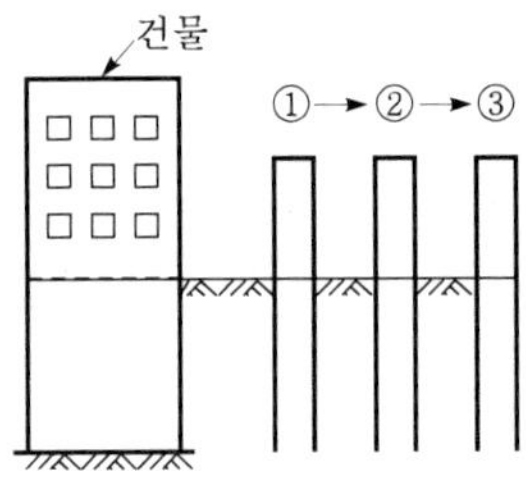

(c) 건물인접부 항타순서

그림 7.39 말뚝의 항타순서

7.7.2 WEAP에 의한 항타 시공성

항타 시공성 검토는 해석적인 방법에 의한 방법과 시험시공에 의해 확인하는 방법이 있으며, 설계단계에서는 전자의 방법에 의해 개략적인 항타 장비 조합을 선정하고 시공단계에서는 후자의 방법으로 시공성을 확인한다. 실무에서는 해석적인 방법으로 현장조건에 부합되는 말뚝 항타장비 조합을 선정하고 항타 시공성 예측을 위해 파동방정식 기본이론을 근거로 하는 WEAP(Wave equation analysis of pile driving)해석을 널리 이용한다. WEAP 해석 방법으로는 정해진 깊이에서 항타장비 조합에 따른 말뚝 지지력을 예측하는 지지력 분석(bearing analysis)과 관입깊이에 따른 말뚝의 관입능력을 파악할 수 있는 항타시공 관입성 분석(drivability analysis)방법이 있다. 실무에서는 강관파일과 PHC파일을 지지층인 연암까지 관입시켜 소요의 지지력을 확보하는지 검토하기 위하여 주로 지지력 분석을 시행하고 있다.

7.8 말뚝의 횡방향 안정

횡하중은 연직하중에 비해 큰 하중과 모멘트를 받으며 부두에 정박할 때의 배의 충격이나 또는 파랑하중 등은 말뚝기초의 구조물에 횡하중이 작용하는 좋은 예이다. 이와 같이 횡력이 예상되거나 진행중인 경우는 말뚝의 안정을 검토하여야 한다.

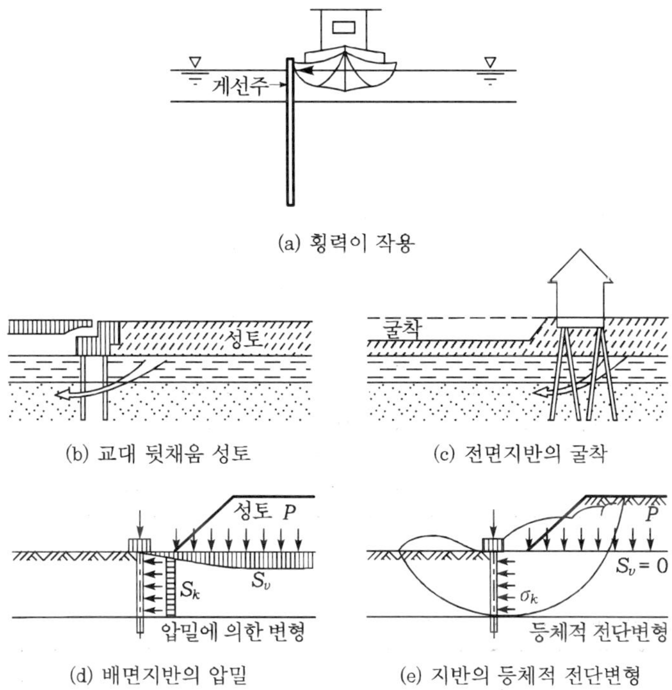

그림 7.40 말뚝의 횡하중이 작용하는 경우의 개념도

7.8.1 수평지반반력계수

교대설치구간에 연약지반이 있는 경우 교대기초의 측방유동 방지 및 부마찰력 발생 저감을 위하여 지반개량 후 교대기초를 시공하게 된다. 교대 안정성 요인은 수평지반반력계수, 지반강도정수, 변형계수가 있으며 안정성 대상은 $1/\beta$(말뚝특성치) 깊이까지 말뚝 및 지반에 변형이 있는 것으로 간주하므로 수평지반반력계수 산정은 매우 중요하다. 수평지반반력계수(K_h) 대상깊이는 말뚝수평거동의 지배구간인 $1/\beta$(횡방향특성치)심도 범위에 대하여 산정하여야 한다. 수평지반반력계수 산정방법으로는 재하 및 실내시험에 의한 방법(C_u), 경험식에 의한 방법이 있으며 적용식은 아래 표와 같다.

표 7.22 수평지반반력계수 산정방법

구분		적용식
수평재하시험	1) 도로교 설계기준 2) 구조물기초 설계기준	수평재하시험에서 구한 하중~변위 곡선으로부터 K_h 산정
공내재하시험	구조물기초 설계기준	1) 사질토 : $K_h = 3.3\frac{E_M}{B} = \frac{25P_1}{B}$ 2) 점성토 : $K_h = 1.6\frac{E_M}{B} = \frac{16P_1}{B}$ E_M : Pressmeter에서 측정된 탄성계수 P_1 : Pressmeter에서 측정된 한계압
실내시험결과	구조물기초 설계기준	1) 점성토 $K_h = 67c_u/D$ 2) 퇴적모래 $K_h = 8N/B$ (B : 말뚝직경) 3) 자갈, 잔류토 : $K_h = 10N/B$
경험식	도로교 설계기준	1) $K_h = K_{ho}(B_H/30)^{-3/4}$, $K_{ho} = (1/30)\alpha E_o$ 2) $K_h = 0.34\times(\alpha E_o)^{1.1}\times d^{-0.31}\times(EI)^{-0.1}$
	Hukuoka 공식	$K_h = 0.691N^{0.406}$ (kgf/cm^3)
	Vesic 공식	$K_h = 0.016\times(1\sim1.3)\times E_s$ (kgf/cm^3)

표 7.23 변형계수(E_0) 산정방법에 따른 α의 결정

변형계수 E_0 (kPa)	α	
	평상시	지진시
지름 30cm의 강체원판에 의한 평판재하시험을 반복시킨 곡선에서 구한 변형계수의 1/2	1	2
보링 공내에서 측정한 변형계수	4	8
공시체의 일축 또는 삼축압축시험에서 구한 변형계수	4	8
표준관입시험의 N값에서 $E_0 = 28N$으로 추정한 변형계수	1	2

깊은 기초에서의 토질별 변형계수(E_0) 산정 방법은 얕은기초의 6.12.3항과 같다. 다만 변형계수 대상 깊이(H)는 얕은기초의 경우 지중응력을 고려하여 $H=2B$까지, 깊은 기초에서는 말뚝수평거동의 지배구간인 $1/\beta$심도(=말뚝머리로부터 약 $2\sim3D$ 심도)까지 검토한다.

표 7.24 토질에 대한 기관별 변형계수(E_0)

흙의 종류	$E_o\ (kPa)$		
	NAVFAC DM-7	도로교 설계기준	한국지반공학회
실트, 모래질 실트	$40N$	$280N$	$120N$
가는 모래, 중간 모래	$70N$		
굵은 모래, 자갈이 함유된 모래	$100N$		
모래질 자갈, 자갈	$120N$		

7.8.2 횡방향 허용지지력

말뚝의 횡방향 허용지지력은 다음 2가지 조건을 만족해야 된다.

1) 말뚝에 발생하는 휨응력이 말뚝재료의 허용휨응력을 넘어서는 안된다.

2) 말뚝머리의 변위량(횡방향 변위량)이 상부구조에서 정해지는 허용변위량을 넘어서는 안된다.

7.8.3 말뚝기초의 횡방향 안정성 검토

말뚝의 수평방향 안정성은 그림 7.41과 같이 수평변위에 대한 조건과 지지력에 대하여 검토하여야 한다.

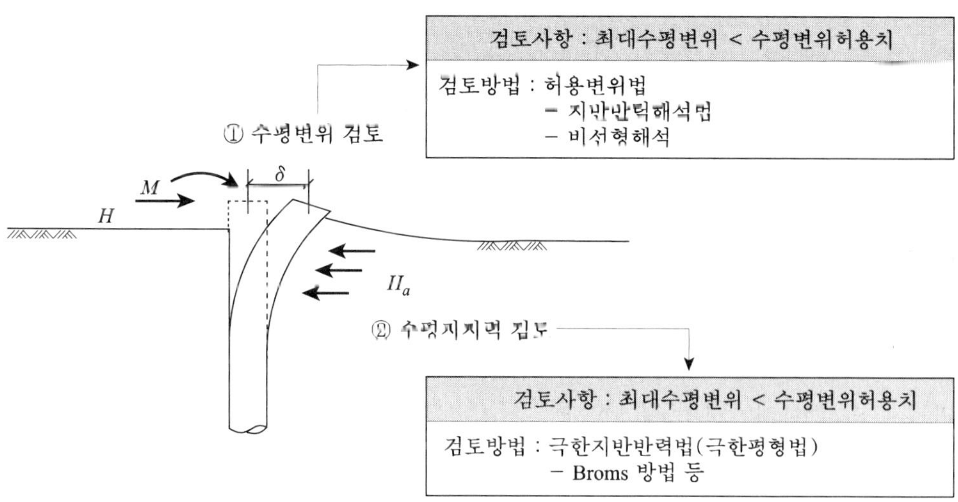

그림 7.41 말뚝기초의 수평방향 안정성

1) 횡방향 지지력 및 변위 해석 방법 및 내용

표 7.25 횡방향 지지력 및 변위 해석 방법 및 내용

해석방법			해석내용
현장수평재하시험			설계단계 또는 시공단계에서 실제규모의 수평재하 시험을 수행하여 말뚝기초의 수평지지력을 평가함
해석적 검토	지지력	극한지반반력법 (Broms의 방법)	말뚝에 작용하는 본당 최대수평반력에 대한 지반의 반력 특성 및 말뚝의 강성에 의한 지지력을 산정
	변위	선형 탄성 해석법 (Chang의 방법)	기초저면으로부터 1/ β심도까지의 평균 수평지반반력계수를 적용하여 말뚝두부에 작용하는 하중에 의한 탄성변위 산정
		비선형 해석방법 (p-y curve)	수평하중을 받는 말뚝의 지반반력은 그림 7.42(a)의 우측하단과 같이 수평하중을 받기 전에는 균형적인 응력이 분포되지만 하중을 받는다면(after loading) 말뚝의 후면부는 응력이 감소하고 전면부는 응력이 증가한다. 이에 따른 p-y 곡선을 작성하여 말뚝두부 작용하중에 의한 탄소성변위를 산정(지반을 일련의 p-y곡선으로 표현)

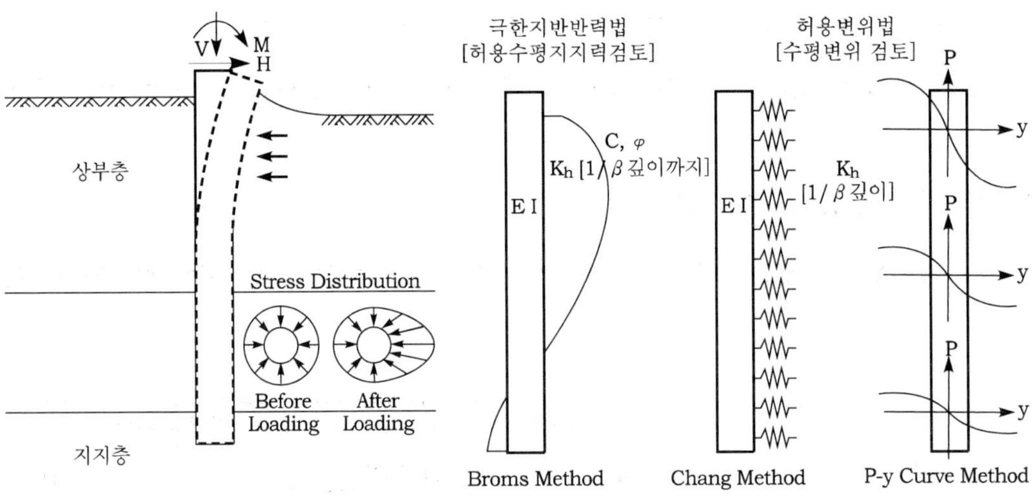

그림 7.42 제안자별 횡방향 지지력 특성

2) 극한지반반력법(Broms법)에 의한 수평방향 지지력 산정

Broms방법은 극한지반반력법으로써 최대 수평하중에 대한 허용 수평지지력(H_u)을 산정하는 방법으로 미연방도로국(FHWA)에서 제시한 그림 7.43과 같은 과정에 의하여 지지력을 평가한다.

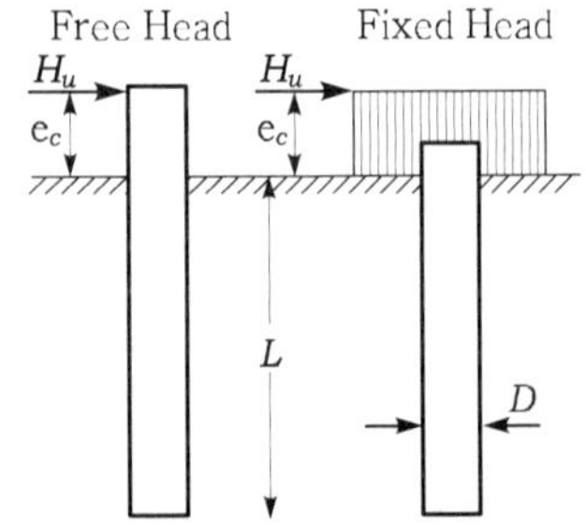

그림 7.43 극한지반반력법

(1) 말뚝 단면조건 및 지반조건을 고려한 말뚝길이의 판정

말뚝 길이의 판정은 말뚝 및 지반의 강성, 반력 조건에 따라 산정한다.

표 7.26 말뚝길이 판정(국토교통부, 2003)

구분	점성토		사질토	
짧은 말뚝	$\beta \cdot L \leq 2.25$	$\beta = \left(\frac{k_h B}{4EI}\right)^{\frac{1}{4}}$	$\eta \cdot L \leq 2.0$	$\eta = \left(\frac{n_h}{EI}\right)^{\frac{1}{5}}$
중간 말뚝	-		$2.0 \leq \eta \cdot L \leq 4.0$	
긴 말뚝	$\beta \cdot L \geq 2.25$		$\eta \cdot L \geq 4.0$	

여기서, k_h : 지반반력계수 (kN/m^3)
n_h : 지반반력계수의 깊이방향 증가율×말뚝직경
B : 말뚝직경(cm)
E : 말뚝의 탄성계수(kPa)
I : 말뚝의 단면 2차 모멘트(cm^4)

▸ 사질토의 n_h에 대한 일반적인 값은 다음과 같다.

구분	건조, 습윤 모래	수중 모래
느슨	0.18~0.22	0.10~0.14
중간	0.55~0.77	0.35~0.45
조밀	1.50~1.80	0.90~1.20

(2) 하중조건(본당 최대 수평반력) 및 지반조건(단위중량, 수동토압계수) 산정

(3) 말뚝조건 및 하중, 지반조건이 고려된 항복계수, 하중계수 관계그래프를 이용한 극한수평저항력을 산정

3) 수평변위 산정방법

(1) 수평변위 산정 흐름도

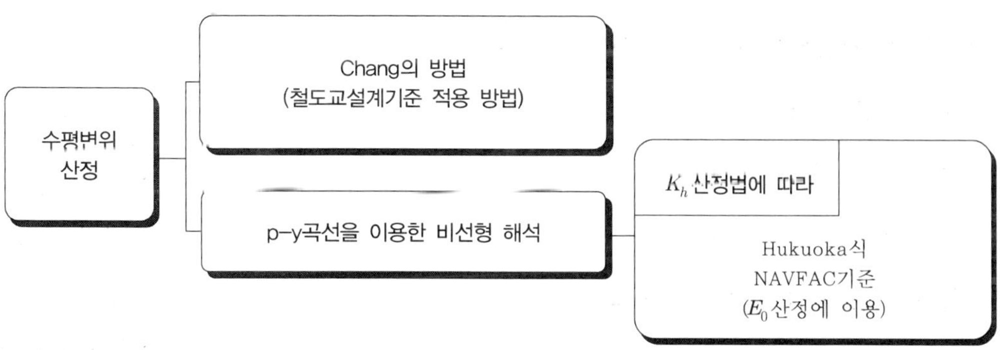

그림 7.44 수평변위 산정 흐름도

(2) Chang의 방법과 p-y곡선 해석개요 및 특징

표 7.27 Chang의 방법과 p-y곡선 해석개요 및 특징

구분	Chang의 방법	p-y곡선을 이용한 비선형 해석
해 석 개 요	1) 말뚝머리에서 발생한 수평방향 소성변형이 하부로 전달되는 것에 착안하여 말뚝머리 상부지반으로부터 1/β 범위의 영역에서의 지반특성을 이용하고 경계조건을 단순화시켜 기본미분방정식의 해를 구하는 방법 2) 단일층해석	1) 말뚝의 변위 증가에 의한 지반반력과의 관계는 비선형성을 보인다는 사실에 근거한 해석방법 2) 임의의 깊이에서의 말뚝변위는 그 위치에서의 지반반력에만 의존하므로, 지반을 일련의 p-y곡선으로 표현함 3) 복합층해석
특 징	1) 계산이 비교적 간편함 2) 실제 지반의 지반의 비선형성을 고려하지 못함. 3) 수평지반반력계수는 대부분의 경우 E_0=28N의 관계로부터 구하고 있으나 이 관계식은 Small Strain 문제에서는 변위를 과소평가할 수 있음	1) 임의의 깊이에 대한 지반반력-변위관계(p-y곡선)를 추정하고 이것을 이용하여 수치해석하는 방법임 2) 실제 지반의 비선형성이나 지표면에서 시작하는 전형적인 파괴형상을 충실히 고려할 수 있음

4) 수평지지력(두부고정, 지중묻힘 조건)

$$H_a = \frac{K_H D}{\beta}\delta_a \tag{7.25}$$

여기서, H_a : 수평지지력, K_h : $\frac{1}{\beta}$깊이의 지반반력계수,

D : 말뚝직경 , δ_a : 허용변위량

7.8.4 횡방향 안정대책

말뚝에 횡력이 작용하는 경우 아래와 같은 대책을 검토하여야 한다.

1) 횡력 차단구조물 설치

2) 지반을 개량하여 연직지지력 증가

3) 연약지반을 양질지반으로 치환

4) 깊은 기초를 시공하여 발생되는 횡력을 감소

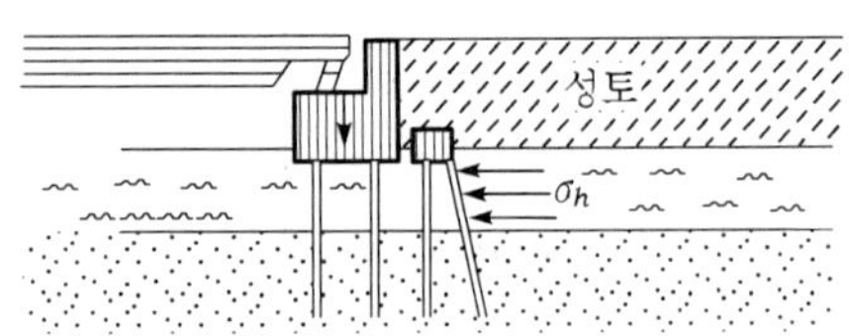

횡력차단 구조물 설치

그림 7.45 말뚝에 작용하는 횡력대책

7.9 현장타설말뚝(Cast in place pile)

7.9.1 현장타설말뚝 공법선정

타입말뚝은 항타 시 발생하는 소음과 진동으로 민원이 발생하므로 그 사용이 제한되고 있는 실정이다. 이러한 항타에 따른 소음과 진동 문제를 해결하기 위하여 여러 선진국에서는 일찍부터 현장타설말뚝을 사용해 왔다.

현장타설말뚝은 천공된 구멍에 콘크리트를 타설함으로써 만들어지며 일명 피어기초라고도 한다. 피어기초는 현장에서 타설한 기초로서 말뚝기초와의 차이점은 말뚝기초는 기성말뚝을 지중에 타입하지만 피어기초는 시공 전에 굴착을 하여 최소 직경이 $75cm$ 이상인 말뚝을 시공하므로서 지지력이 크고 말뚝개수가 줄어든다.

피어구체는 밑면에서 발생하는 최대 압력이 허용지내력을 초과하여서는 안되고 허용치 이상의 침하를 일으키지 않도록 해야 할 뿐만 아니라 활동, 전도에 대해서도 안전하여야 한다.

피어기초의 폭은 길이에 비하여 작으므로 하중의 일부는 피어주면과 흙 사이의 마찰과 점착력에 의해서 지지되기도 한다. 그러므로 길이 l 인 피어의 극한 지지력은 말뚝기초의 지지력을 구하는 정역학적공식과 같은 방법으로 구할 수 있다.

특히 타입말뚝의 시공이 불가능하거나 용이하지 않은 지반 조건 즉 자갈, 전석층 또는 풍화암 등으로 이루어져 있을 때는 원하는 지지력을 확보할 수 있는 가장 확실한 방법으로 알려져 있다.

현장타설말뚝의 국내설계법은 2001년에 새로 개정된 도로교 설계기준 해설(하부구조편)과 2002년에 발간된 개정판 지반공학시리즈 깊은 기초에 미국 연방도로국(Federal Highway Administration, 1988년) 설계법(FHWA-88)을 검토하여 실무에 적용하고 있다.

현장타설말뚝 공법의 종류는 표 7.28과 같다.

표 7.28 현장타설말뚝 공법의 종류

구분	RCD 공법	Benoto공법(요동식 all casing)	돗바늘공법(전선회식 all casing)
굴삭장비	1) RCD 굴삭기 2) Crawler crane 3) Hammer grab 4) Suction pump	1) Oscillator casing 굴삭기 2) Crawler crane 3) Hammer grab 4) Chisel	1) 전선회식 casing굴삭기 2) Crawler crane 3) Hammer grab 4) Casing crown with bit
굴삭방법	1) 토사 : Hammer grab 2) 암반 : RCD회전 bit	1) 토사 : Hammer grab 2) 암반 : Chisel	1) 토사 : hammer Grab 2) 암반 : casing crown
	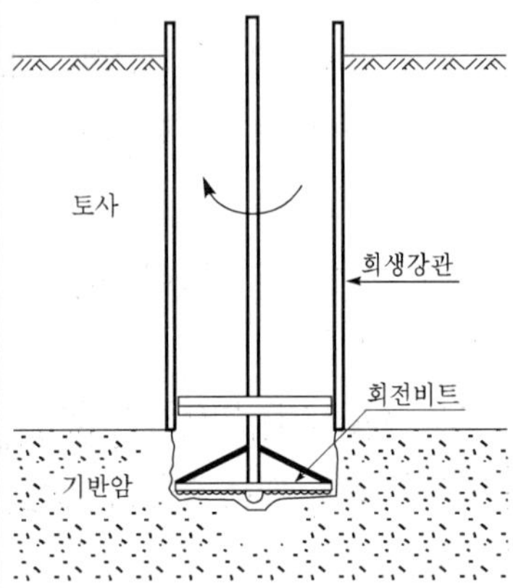 	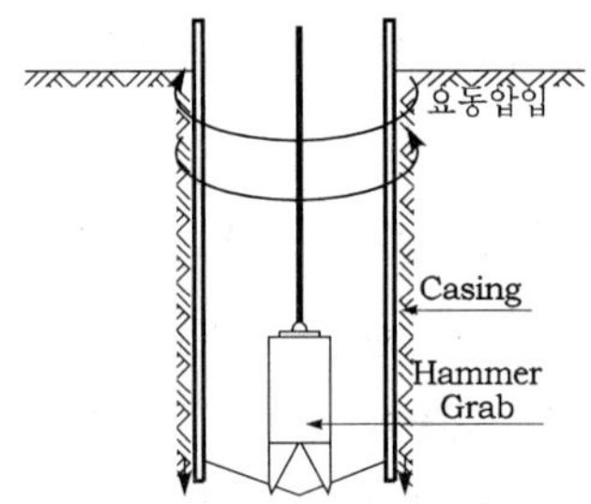 	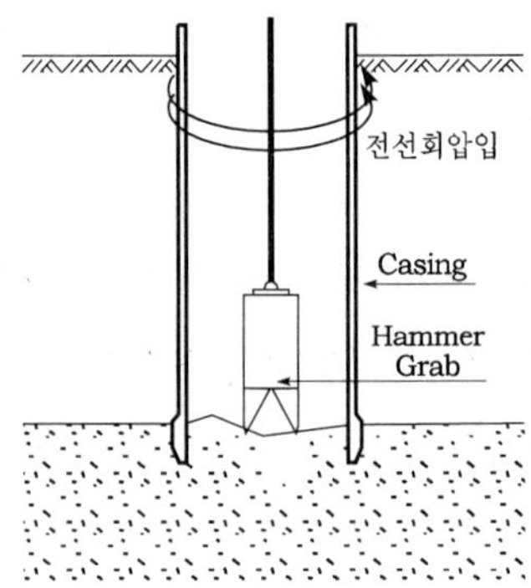
시공방법	1) 지층상부에 케이싱 근입 2) 공벽붕괴 방지를 위해 벤토나 이트슬러리용액 주입 (수두차 $2m$ 이상 유지) 3) 햄머 그랩으로 토사 굴착 4) 암반층은 RCD굴착기로 굴착	1) 발진기(Oscillator)로 케이싱 요동 압입 2) 햄머 그랩, 끌(chisel)을 이용하여 토사, 풍화암 굴착	1) 특수비트 장착된 케이싱을 전선회시켜 굴착 2) 케이싱 굴착과 동시에 내부토사 및 암반버력은 햄머 그랩으로 배출
장·단점	1) 깊은심도 굴착 가능 2) 암반굴착 시 특수 비트(bit)가 달린 밀링 에이킹(milling achine)사용으로 굴진속도가 탁월함 3) 연약층, 자갈층에서의 공벽붕괴 가능성이 있어 균일한 품질확보 곤란	1) 케이싱에 의한 공벽유지가 확실 2) 파일(Pile) 수직상태가 양호 3) 햄머 그랩 선행으로 공내 히빙(heaving) 발생 4) 연암이상의 암반굴착이 많을 경우 RCD굴착기 병용 5) 점토층 케이싱 인발곤란	1) 케이싱에 의한 공벽유지가 확실 2) 케이싱 튜브가 선행하므로 히빙이 없음 3) 특수비트 케이싱으로 암반 굴착 가능 4) 장비가 대형이며 시공비가 매우 고가임

1) RCD 공법 시공 순서

RCD 공법 설계 및 시공 시 시공구간의 지층상태가 불량하거나 또는 수상, 해상 구간으로서 축도가 어려운 경우 및 공벽붕괴 가능성이 높은 지반의 경우는 거푸집 개념의 희생강관을 적용하여 매몰한다. 이 외의 경우는 희생강관을 적용하지 않으며 RCD공법의 일반적 시공순서는 그림 7.46과 같다.

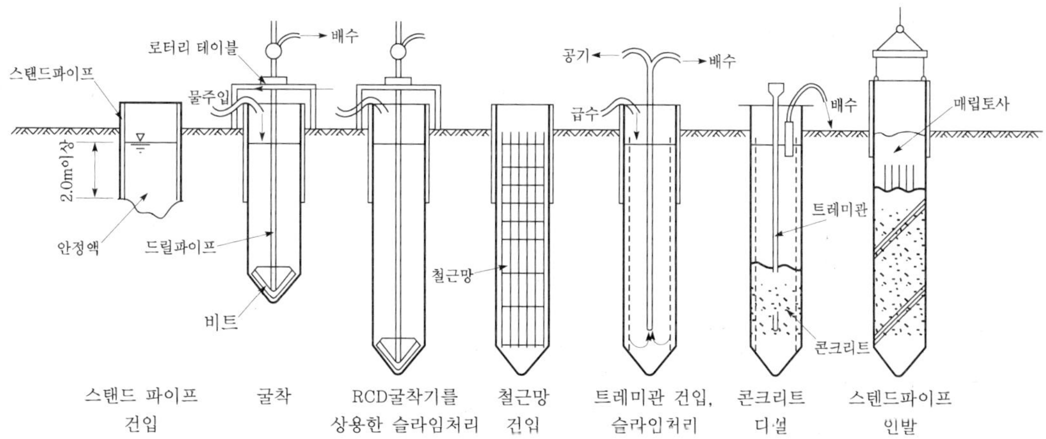

그림 7.46 RCD 공법 시공 순서

2) Benoto 공법(올케이싱공법) 시공 순서

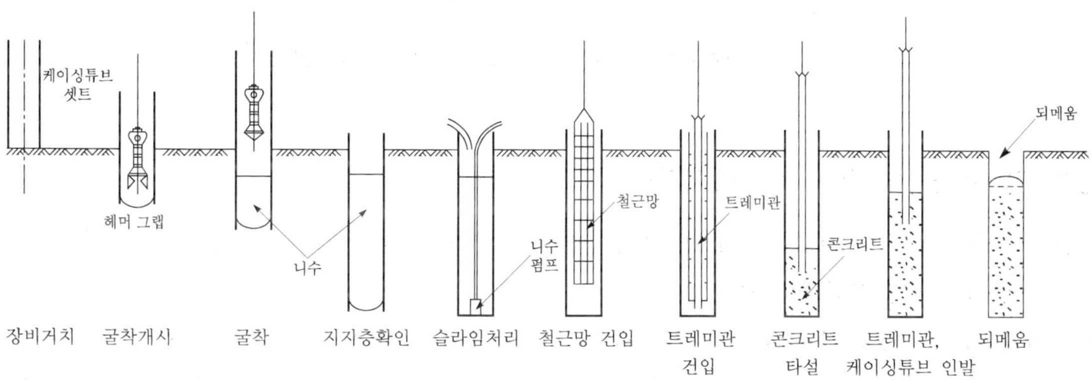

그림 7.47 Benoto 공법 시공 순서

3) 돗바늘 공법 시공순서

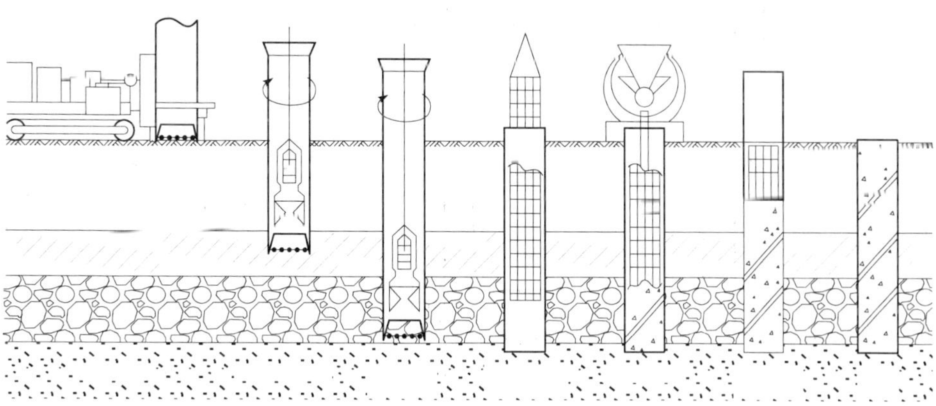

그림 7.48 돗바늘 공법 시공 순서

7.9.2 현장타설말뚝의 연직지지력

하중규모가 매우 크고 근입심도가 깊어 기성말뚝에 의한 지지력 및 시공성 확보가 곤란한 경우에는 현장타설말뚝이 유리하다.

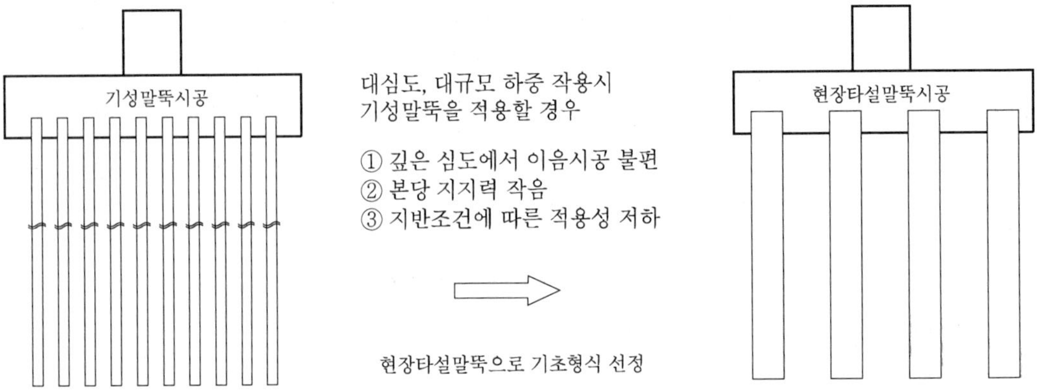

그림 7.49 현장타설 말뚝의 기초형식 산정흐름도

1) 암반에 근입된 현장타설말뚝의 하중지지개념

(1) 현장타설말뚝에 대부분의 하중을 말뚝의 근입부 주면에서 받게 되며, 이 경우 말뚝 지지력의 대부분은 주면마찰력에 의해 발현된다.

(2) 그러나 변위가 일정 한도($1cm$)를 초과하게 되면 말뚝의 주면저항은 극한 상태를 초과하게 되므로 이때의 하중은 말뚝의 선단지반에서 부담하게 되며, 이 경우는 말뚝 지지력의 대부분은 선단지지력에 의해 발현된다.(하중전이 개념)

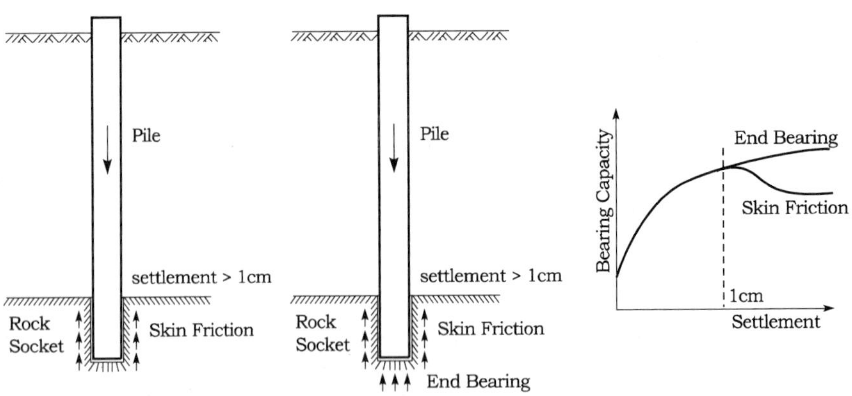

그림 7.50 암반에 근입된 현장타설말뚝의 하중지지개념

2) 현장타설말뚝 지지력 산정방법

설계하중 및 근입깊이에 따른 지지력은 풍화암 지지말뚝과 암반근입 말뚝으로 구분하여 산정하며 산정방법은 다음과 같다.

표 7.29 현장타설말뚝 지지력 산정방법

풍화암에 지지된 말뚝	Rock socketed pile
1) 경험식에 의한 지지력 산정 ① 구조물 기초설계기준 ② 철도교설계기준 2) 현장재하시험에 의한 방법	1) 경험식에 의한 방법(AASHTO-LRFD ,1994) (말뚝머리 침하량을 기준으로 마찰말뚝, 선단 지지말뚝으로 구분하여 계산하는 방법) 2) 현장재하시험에 의한 방법(하중전이고려)

3) 풍화암층에 지지된 기초의 지지력 산정

(1) 풍화암에 지지된 현장타설말뚝의 지지력은 강관말뚝의 지지력 산정 시 표준관입시험치를 이용한 방법과 동일한 개념으로 산정함

(2) 극한 지지력 산정

$$R_u = Q_p + Q_s = q_d \cdot A + U \Sigma l_i \cdot f_i \tag{7.26}$$

여기서, R_u : 말뚝의 극한지지력, Q_p : 선단지지력, Q_s : 주면마찰력

q_d : 말뚝선단 단위면적당 극한지지력, f_i : 최대주면마찰력

A : 말뚝선단면적, U : 말뚝둘레길이

표 7.30 지반종류에 따른 극한지지력 및 주면마찰력

지반종류	말뚝선단 극한지지력 (kPa)	최대주면마찰력 (kPa)
사질토	3,000 ($N \geq 30$ 인 사질토)	$5N$ (≤ 20)
점성토	$30 \cdot q_u$ (단단한 점성토)	$10c$ 또는 $10N$ (≤ 15)

4) Rock socketed pile 지지력 산정

(1) 암반에 소켓된 현장타설말뚝의 지지력 산정에 대한 국내 시방은 도로교 설계기준(2001)이 미국의 AASHTO를 근간으로 하여 제시하고 있으나 완전히 정립된 상태는 아니다.

(2) 암반에 근입된 현장타설말뚝의 거동은 하중전이 개념으로 설명할 수 있는데 정확한 하중전이 함수의 적용을 위해서는 재하시험이 병용되어야 하나 단기간에서는 재하시험 결과 적용이 현실적으로 어려운 상황이다.

따라서 국내의 도로교설계기준(2001)과 AASHTO의 LRFD설계기준을 참고로 하여 현장타설말뚝의 지지력을 산정하는 방법은 다음과 같다.

표 7.31 현장 타설말뚝의 지지력 상세 산정 방법

단계		상세산정방법
1단계 말뚝침하량 산정		$\delta_e = \dfrac{PL}{E_c A}$, $\delta_{base} = \dfrac{PI_p}{DE_r}$ 여기서, δ_e : 말뚝몸체의 탄성침하량, δ_{base} : 말뚝선단에서의 침하량, P : 말뚝에 작용하는 하중(kN) A : 소켓의 단면적(m^2), E_c : 콘크리트의 탄성계수(kPa), E_r : 암반의 탄성계수(kPa) L : 소켓의 관입깊이(m), D : 말뚝의 직경(m), I_p : 영향계수
2단계 지지방식 검토		$\delta_{total} \le 1cm$: 마찰지지, $\delta_{total} > 1cm$: 선단지지 + 마찰지지
3단계 지지력 산정	마찰 지지	1) 모든 하중은 소켓부분의 주면마찰력으로 저항 (이 경우 소켓 상부 토체의 주면마찰력은 무시) 2) 허용주면마찰력 : $Q_{sa} = \dfrac{q_s \times \pi \times D \times L}{F}$ 여기서, q_s : 단위극한주면마찰력, $q_s = 2.1\sqrt{q_u}$ (kPa) [Horvath & Kenney (1979)] q_u : 암석의 일축압축강도(kPa)
	선단 지지	$Q_p = q_p \times \dfrac{\pi \times D^2}{4}$ (김명모, 1997) 여기서, q_p : 단위선단지지력 $q_p = 115.1 \times e^{0.0324\mathrm{RQD}}$ (kPa)

5) 현장타설말뚝 문제점 및 대책

(1) 문제점 및 발생요인

표 7.32 현장타설말뚝 문제발생 요인

구분	문제점	문제 발생요인
굴착	공벽 붕괴	1) 부지내의 방수지에서 침투 2) 표면케이싱의 관입부족 3) 연벽의 내측수위가 다른 말뚝시공에 의해 상승 4) 보링조사와 다른 토질
	굴착 불능 능률 저하	1) 지반조사에 제시되어 있지 않은 큰입경의 전석 등 존재 2) 지지층의 경사 3) 중간층에 경질의 각력층 존재
	굴착공의 휨, 편심 및 굴곡	1) 표층찌꺼기 등에 의한 중심의 어긋남 2) 이완된 지반으로 기울어짐 3) 장애물, 호박돌에 닿음 4) 케이싱 튜브의 처짐과 마모 5) 다져진 중간모래층을 억지로 굴착
말뚝 본체	콘크리트의 품질 불량	1) 슬라임 처리 부족 2) 좁은 철근간격 3) 콘크리트의 유동성 부족 4) 철근망의 편심 5) 트레미관 이음부의 누수
	단면형상의 변화	1) 초연약층이 콘크리트 측압에 의해 확대 2) 연약지반에서의 공벽의 부풀음
철근망	철근망의 공상	1) 철근망의 편심, 휨, 좌굴 2) 철근과 케이싱 간에 콘크리트의 재료분리 등에 의한 자갈존재 3) 이어붓기에 시간이 걸려 콘크리트가 경화 4) 콘크리트의 타설 속도가 빠름 5) 말뚝길이가 짧아 철근망이 가벼움
	철근망의 변형	1) 주철근이 용접에 의해 단면 결손 2) 콘크리트의 유동압에 의한 하부철근 좌굴 3) 지반이 철근망의 중량을 지지할 수 없어서 침하
지지력	지지력 부족	1) 응력해방에 의한 모래층의 이완 2) 지지층 요철로 일부 말뚝이 지지층에 도달하지 않음 3) 선단에 슬라임 퇴적 4) 지지층의 두께가 지반조사 결과보다 얇음

(2) 시공 시 예상되는 문제에 대한 대책방안

표 7.33 현장타설 말뚝 시공시 대책방안

항목		대책방안
굴착 시 공벽분리		1) 공벽붕괴 우려가 없는 풍화암 상단까지 케이싱 사용 2) All casing 적용에 의한 공벽붕괴방지
말뚝본체 불 량	형상불량	1) 케이싱 인발속도 조절 2) 트레미관을 통한 콘크리트 타설속도 조절 3) 건전도 시험실시
	정착불량	1) 지하수 유속에 의한 재료분리가 발생하지 않도록 수중 불분리성 콘크리트 사용 2) 말뚝 선단에 매설된 관을 통한 압력 그라우팅 실시
철근망의 변형		1) 뒤틀림 방지 철근을 사용하여 운반 및 콘크리트 타설시 변형방지 2) 선단부 스페이서를 설치하여 지반과 주철근의 직접적인 접촉방지
지지력 부족		1) 신단정착부 압력 그라우팅 실시 2) 재하시험에 의한 지지력 확인

7.10 매입말뚝

7.10.1 개요

매입말뚝은 크게 선굴착공법과 속파기공법으로 분류되는데 이들 공법의 차이는 굴착방법과 말뚝설치 방법에 있으며, 최근에 적용사례가 많은 공법은 다음과 같다.

1) 이중케이싱을 이용한 유압해머굴착＋시멘트풀주입＋말뚝삽입 (PRD공법)

2) 오거 스크류(Auger screw) 천공＋시멘트밀크주입＋말뚝삽입 (SDA공법)

3) 오거배토굴착＋시멘트풀주입＋말뚝경타 (SIP공법)

7.10.2 말뚝시공법 선정

1) 기성말뚝은 항타말뚝의 적용성을 우선 고려하고 소음진동에 의한 민원발생 예상구간과 자갈 및 전석에 의해 항타 관입이 어려운 구간에 대해서는 매입말뚝 적용을 검토하여야 하며 공법의 종류는 아래와 같다.

표 7.34 매입말뚝 공법

구분	SIP 공법	SDA(DRA) 공법	PRD 공법
공법 개요도	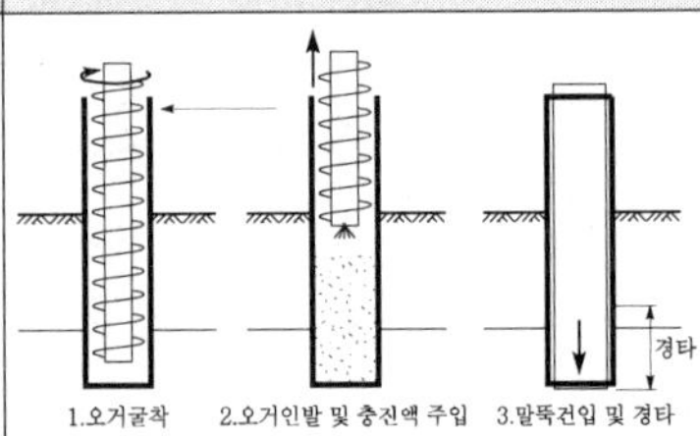	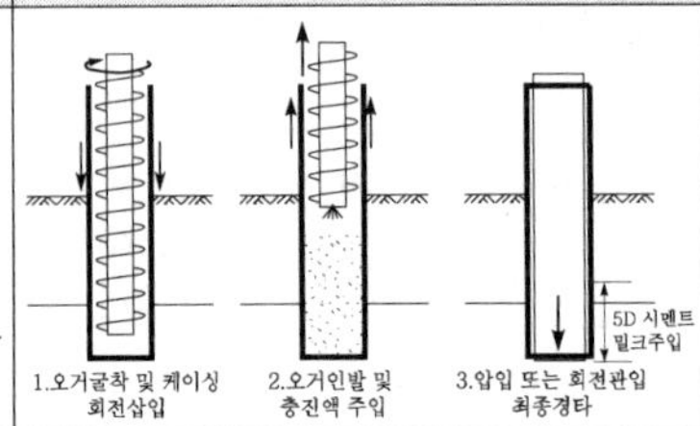	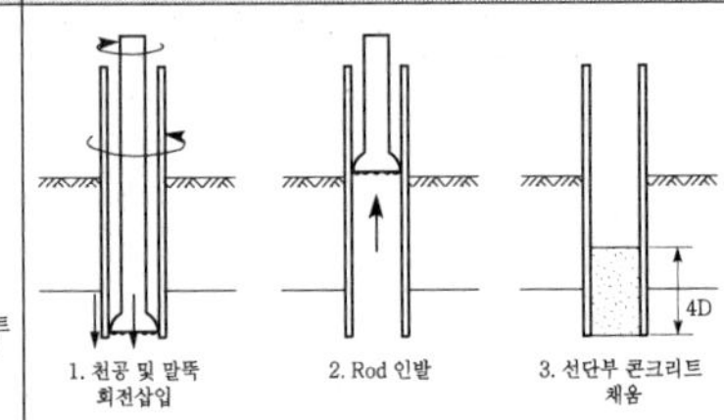
공법개요	1) 오거 스크류 장비를 사용 지지층까지 선굴착 2) 시멘트 페이스트 등 주면고결액을 주입한 후 말뚝을 자중에 의해 관입 및 햄머에 의해 최종 경타 처리	1) 오거 스크류로 천공한 후 압축공기에 의한 배토 2) 1차 시멘트밀크 주입 후 오거 스크류 인발 3) 말뚝회전 압입 후 2차 시멘트밀크 주입과 케이싱 스크류 인발	1) 상호 역회전하는 내측 샤프트(shaft)와 외측 케이싱(casing) 구조를 이용하여 케이싱내부를 공기 진동으로 천공 말뚝매설 2) 저압 공기 진동으로 강관 내부를 배토
장점	1) 저소음, 저진동 공법 2) 선굴착하므로 지지층 확인이 용이 3) 말뚝주면을 고결시키므로 주면마찰력 및 횡방향 저항에 유리 4) 붕괴우려가 없는 지반에서 시공성 및 경제성 우수	1) 저소음, 저진동 공법 2) 모든 지층에 적용가능 3) 케이싱을 이용하여 천공하기 때문에 붕괴우려가 있는 지층에 적합 4) 굴착토를 육안 확인하여 지지층을 확인할 수 있으므로 큰 선단지지력 확보 가능	1) 저소음, 저진동 공법 2) 지층에 따른 제약이 없으며, 최대 30m까지 시공가능 3) 선단에 링 비트(ring bit)가 부착되어 지지층까지 근입하므로 선단지지력 양호 4) 강관을 회전, 압입하므로 주면마찰력이 큼
단점	굴착배토 시 지반응력 이완, 굴착공벽 붕괴로 말뚝지지력 감소	심도가 깊은 경우 선단부 완전 배토가 어려움	시공속도는 빠르나 말뚝 매 본당 장비 셋팅 시간이 길다.

2) 자갈의 최대입경이 10cm 미만인 경우는 항타 가능한 것으로 판단하고, 10cm 이상인 경우에는 항타 불가능이므로 매입말뚝이 유리하다.

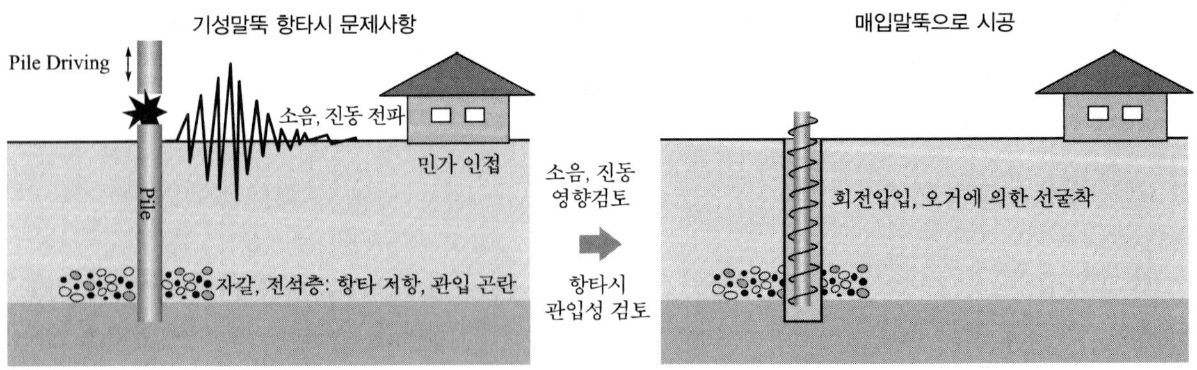

그림 7.51 말뚝 시공법 선정 흐름도

7.10.3 매입말뚝 속채움 길이 검토

1) 매입말뚝 시공 시 선단부는 1.0~1.5m정도 길이의 콘크리트로 채우며 말뚝의 허용지지력에 따른 속채움 길이를 계산한다.

2) 콘크리트의 속채움 길이

$$L = \frac{P}{\pi \cdot D \cdot \tau} \tag{7.27}$$

여기서, P : 강관말뚝의 작용하중(kN/본)

D : 강관말뚝의 내부 직경 ($\phi 484mm$)

τ : 강관과 콘크리트의 허용부착력 (192kPa)

표 7.35 강관 직경별 속채움 길이(강관 내부 직경 ϕ484인 경우)

강관말뚝의 작용하중	600 (kN/본)	700 (kN/본)	800 (kN/본)	900 (kN/본)	1,000 (kN/본)
콘크리트의 속채움 길이	1.71m	2.0m	2.28m	2.57m	2.85m

7.10.4 매입말뚝 시공 시 품질관리

표 7.36 매입말뚝 시공 시 품질 관리

품질관리	선단부 처리	슬라임 처리
1) 지압자재는 검사를 득한 후 작업에 사용 2) 장비 수직도 및 천공 시 강관말뚝 수직도 유지 3) 강관말뚝 이음 및 강관 케이싱 슈 용접 시 용접부위 정리 후 설치 4) 계획된 깊이까지 천공하였는지 확인 5) 두부처리 시 측량으로 정확한 EL 설정 후 시행	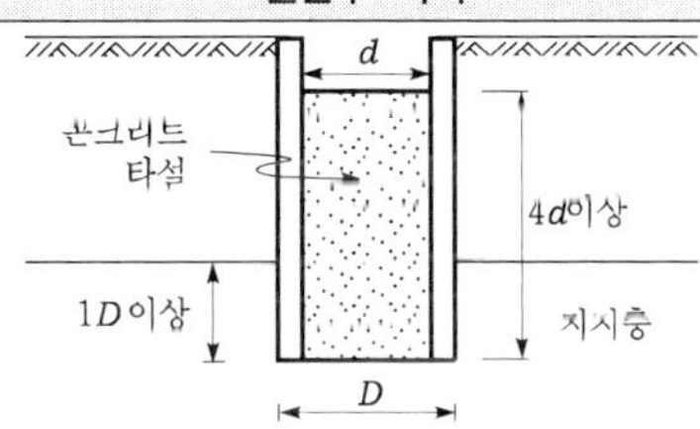	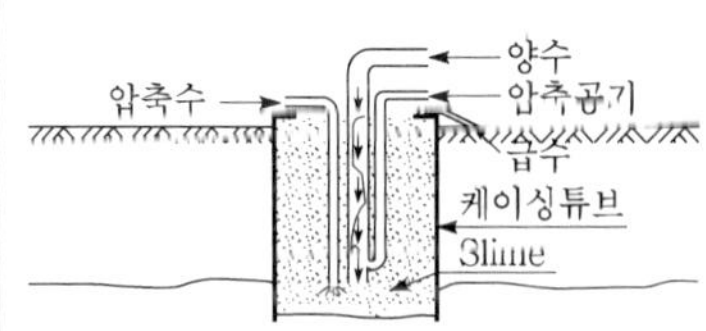
	선단 4D 콘크리트채움	Air lift pumping

7.10.5. 실무적용 시 유의사항

매입말뚝은 선굴착을 실시하게 되므로 말뚝주변의 마찰력이 감소된다. 따라서 말뚝의 주면마찰력을 증대시키고 선 굴착에 따른 공벽붕괴 방지를 위해 시멘트풀 주입등의 적용을 검토하여야 한다.

7.11 말뚝지지 전면기초(Piled raft)

말뚝지지 전면기초는 그림 7.52와 같이 말뚝, 래프트 및 지반의 3개 지지요소로 구성된 복합 구조체로 거동하는 기초이다. 강성도에 따라 래프트는 말뚝과 동시에 구조물의 전체하중 S_{tot} 을 접촉압력으로 분포시키며, 말뚝지지 전면기초의 전체 지지력은 다음의 식과 같이 표현된다(Katzenbach & Reul, 1997).

$$R_{tot} = R_{raft} + \sum_{i=1}^{n} R_{pile} \tag{7.28}$$

여기서, R_{tot} : 말뚝지지 전면기초의 전체지지력

R_{raft} : 래프트가 부담하는 지지력

$\sum_{i=1}^{n} R_{pile}$: 말뚝이 부담하는 지지력이다.

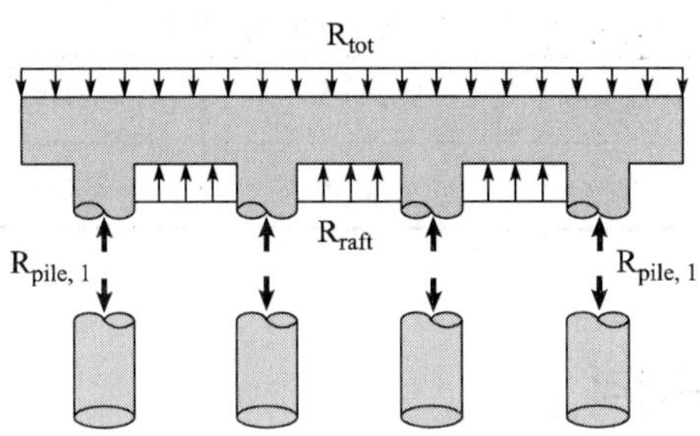

그림 7.52 복합 구조체로서의 말뚝지지 전면기초(Katzenbach & Reul, 1997)

기존의 기초설계에서는 래프트 또는 말뚝이 구조물의 하중을 지반에 전달하는 것으로 생각하여, 전체적인 안정이나 지지력 파괴에 대하여 적절한 안전율을 고려하여 래프트나 말뚝이 구조물 하중을 지지하는 것으로 설계한다. 그러나 말뚝지지 전면기초의 설계에서는 래프트와 말뚝 모두 지지력을 분담하는 것으로 보기 때문에 지반-구조물의 상호관계에 대한 새로운 이해를 필요로 한다(Katzenbach et al., 1998). 말뚝지지 전면기초의 지지거동은 식 (7.28)과 같이 전체 지지하중에서 말뚝이 부담하는 지지하중의 비로 정의되는 하중분담계수 α_{pr}를 이용하여 설명할 수 있다.

$$\alpha_{pr} = \frac{\sum R_{pile}}{R_{tot}} \tag{7.29}$$

말뚝지지 전면기초는 하중분담계수가 0과 1사이인 경우이며, 하중분담계수 α_{pr}가 0인 경우에는 상부 구조물의 하중을 래프트가 전부 분담하는 얕은 기초의 지지거동을 나타내며, 하중분담계수 α_{pr}가 1인 경우에는 상부 구조물의 하중을 래프트의 접지압이 작용하지 않는 상태에서 말뚝이 모든 하중을 부담하는

깊은 기초의 지지거동을 나타낸다. 모든 말뚝기초 구조물은 몇몇 경우(예, 해양구조물의 말뚝기초)를 제외하면 말뚝지지 전면기초의 거동을 나타낸다. 말뚝이 래프트의 침하 감소에 미치는 영향은 하중분담계수에 좌우되며, 그 외 하부지반 조건, 말뚝지지 전면기초의 기하학적 형상의 영향을 받는다. 동일한 지반조건과 동일한 래프트의 경우에도 하중분담계수는 말뚝의 수와 길이에 따라 다르게 된다. 말뚝지지 전면기초의 장점으로는,

1) 말뚝기초와 비교하여 말뚝개수의 감소
2) 침하 및 부등침하의 감소로 얕은 기초의 공용성 증대
3) 말뚝의 최적배치로 내부응력과 모멘트의 감소
4) 말뚝과 래프트의 하중분담으로 인한 지시력의 증대
5) 편심하중 작용부분에 말뚝을 집중 배치하여 기초 저항력의 중앙집중화 등을 들 수 있다.

7.12 현장타설말뚝 품질관리

현장타설 말뚝기초(drilled shaft)가 대규모 교량의 하부기초로 널리 사용됨에 따라 그에 대한 품질관리가 더욱 중요시 되고 있다. 말뚝 내부의 결함은 지지력을 감소시키거나 또는 부등침하를 초래하여 상부 구조물의 안전에 큰 영향을 미칠 수 있다. 현재 주로 사용되고 있는 현장타설 말뚝기초의 비파괴시험 기법에는 공대공 초음파 검사(crosshole sonic logging, CSL), 감마선을 이용하는 방법(gamma-gamma logging method), 충격반향기법(impact echo, IE), 충격응답기법(impulse response method, IR) 4가지가 있다. 이들 비파괴 검사기법은 에너지의 전달 및 반사의 형태로 나타나는 신호를 어떻게 분석하고 처리하느냐에 따라 달라지며, 이러한 신호는 잡음과 간섭 등 수많은 외부 요소들에 의하여 영향을 받기 때문에 비파괴 검사기법은 반드시 육안 검사와 병행하여 사용되어야 한다. 국내에서는 한국도로공사에 의해 공대공 초음파 검사기법이 실제 현장타설 말뚝기초의 품질관리에 적용되고 있으며, 이 때 초음파 검사는 총 말뚝의 30% 이내를 기준으로 시행함을 원칙으로 하고 있다. 따라서 나머지 70% 이상의 말뚝에 대해서는 검측공을 사용하지 않는 충격반향기법 및 충격응답기법으로 품질관리를 해야 한다. 최근에는 말뚝 내부에 센서 설치를 통한 비파괴 검사 기법에 대한 연구가 진행 중이다. 이러한 센서(embedded sensor)를 이용하게 되면 시공직후 뿐만 아니라 상부 구조물이 들어선 이후에도 말뚝의 품질관리를 지속적으로 수행할 수 있다. 비파괴 시험을 통해 현장타설 말뚝을 효율적으로 품질 관리를 하기 위해서는 각각의 비파괴검사에 대해 적용성 및 한계를 이해하고 현장에 적용하는 것이 중요하다. 또한 해당 말뚝에 대해 여러 실험을 동시에 수행하여 종합적으로 판단하여 평가하는 것이 바람직하다.

7.13 깊은 기초 설계

7.13.1 설계 기본방향

1) 기초형식은 현장여건과 구조적 안정성, 시공성 및 경제성을 고려
2) 지반조사 및 시험결과에 의해 기초지반의 공학적 특성을 파악하여 기초의 안정성 평가
3) 선정된 기초형식에 대한 시공성(장비 진입성, 시공능력 등) 평가 및 품질관리 계획을 수립

7.13.2 깊은 기초 설계흐름도

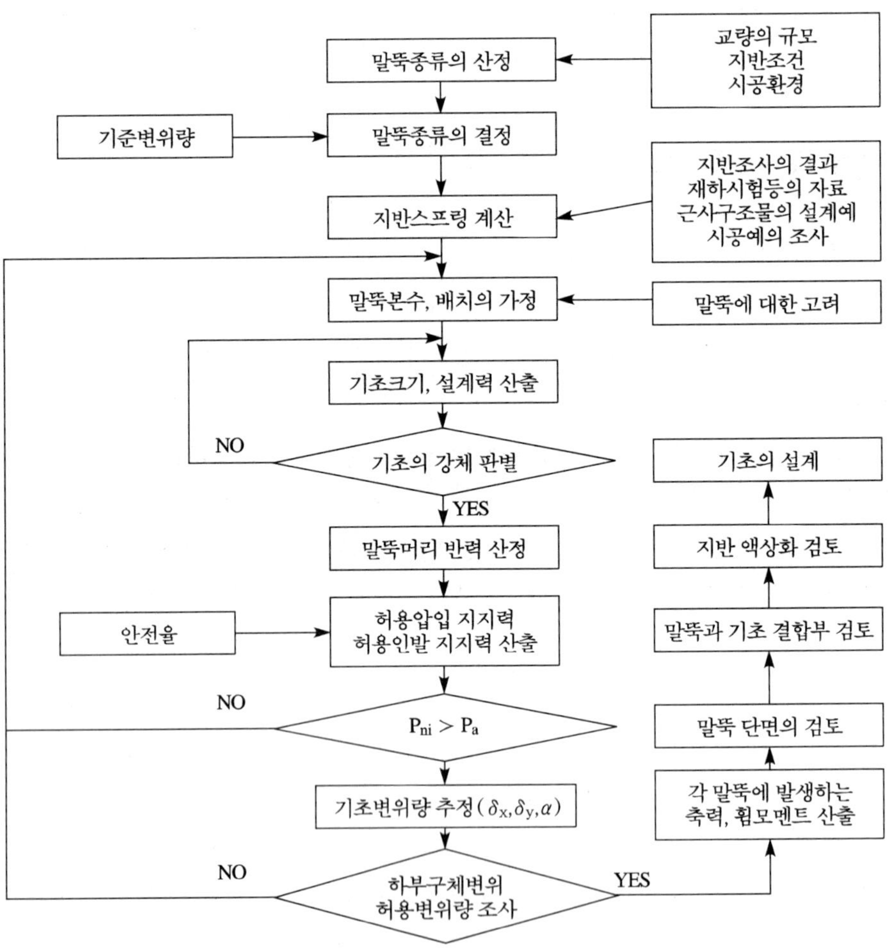

그림 7.53 깊은 기초 설계흐름도

7.13.3 설계 시 주요 고려사항

1) 부등침하

기초별 기초형식이 다르거나 기초형식이 동일할지라도 그림 7.54와 같이 지지층이 다를 경우 기초별 부등침하에 의해 구조물이 파괴될 수 있다.

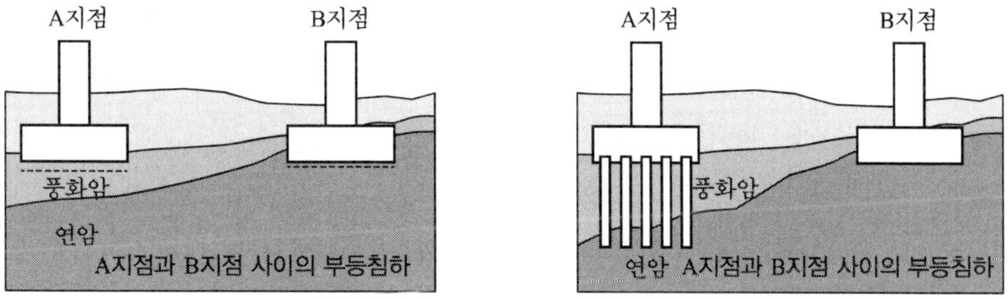

(a) 상이한 지지층 상의 동일 기초형식　　(b) 같은 지지층내 상이한 기초형식

그림 7.54 지지층이 상이한 경우

부등침하 검토방향은 단일 기초내에서의 각변위량과 상부구조물의 안정성을 확보하기 위한 기초간의 부등침하에 대한 안정성 검토가 필요하다. 또한 기초별 부등침하량은 침하량 검토결과를 근거로 지점간 부등침하량을 산정하여야한다.

표 7.37 부등침하 검토 방향

구분	검토방향	검토개념도
기초 간 부등침하	상부구조검토에 의한 허용각변위를 적용하여 기초간 및 경간별로 부등침하에 의한 각변위 검토가 필요하다.	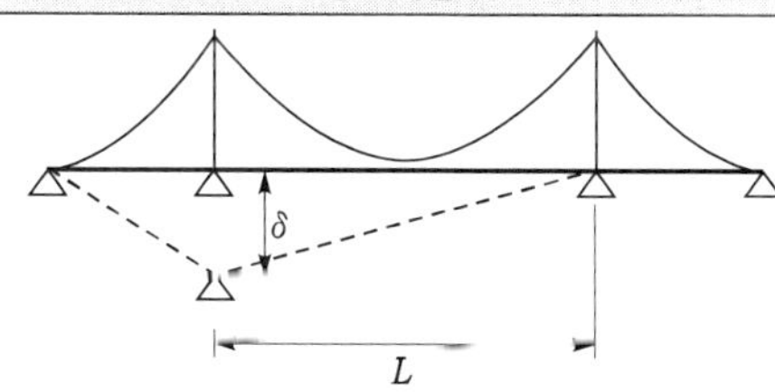
단일기초 각변위량	구조물기초 설계기준의 각변위 허용치는 단독 기초에서 지지층을 동일하게 적용할 경우 지지층의 차이로 인한 부등침하량 검토가 필요하다.	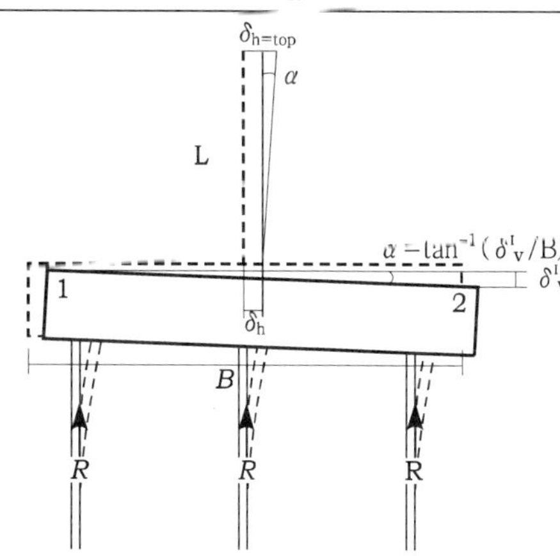

2) 단층파쇄대 구간에 위치한 구조물 안정성

단층대 상부에 기초 구조물이 계획될 경우 동일한 기초 내에서도 기반암의 심도 편차가 심하여 지지층을 설정하기가 매우 어려우며, 기초 바닥면에 존재하는 지층상태의 불균질로 인하여 부등침하 발생 우려가 있다. 단층 파쇄대구간에 구조물을 설치 할 경우 지하 단층대에 발달한 불연속면방향에 따라 지반에 작용하는 응력분포상태가 균질한 지반상태와는 전혀 다른 양상을 보여, 한곳에 응력이 집중되는 현상을 나타내며 이는 연직반력이 불규칙하여 기초의 안정성에 매우 큰 영향을 미칠 수 있다.

지반의 불균일성에 대한 안정성 검토는 3차원 유한요소 해석을 통하여 실시하며 변위(연직 및 수평) 및 지반반력에 대한 안정성을 평가하여야 한다. 또한 단층파쇄대 구간에 대한 제한된 실내시험자료(공내재하시험, 시추공 전단시험 등), 경험치 적용 및 기반암의 불균질로 인한 지반특성치의 변화에 대한 신뢰성 제고를 위하여 하중재하조건을 실재하 하중의 2~4배 까지 증가시켜 이에 대한 변위양상을 검토하여야 한다.

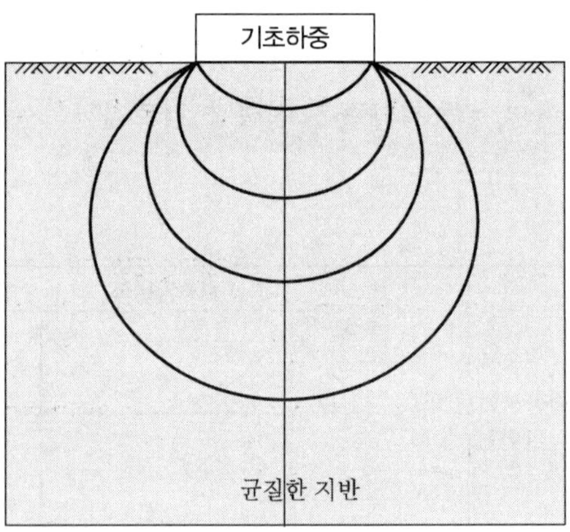

(a) 균질한 지반 응력분포상태 (b) 절리방향에 따른 응력분포상태

그림 7.55 지반조건에 따른 응력집중 상태

7.14 깊은 기초 유지관리 계측

관리방법	정기적 측정 ➡ 관측결과 분석 및 보고 ➡ 이상 시 적절한 대책마련

기초 침하 측정	교각주변 유속측정	교대배면 변위측정
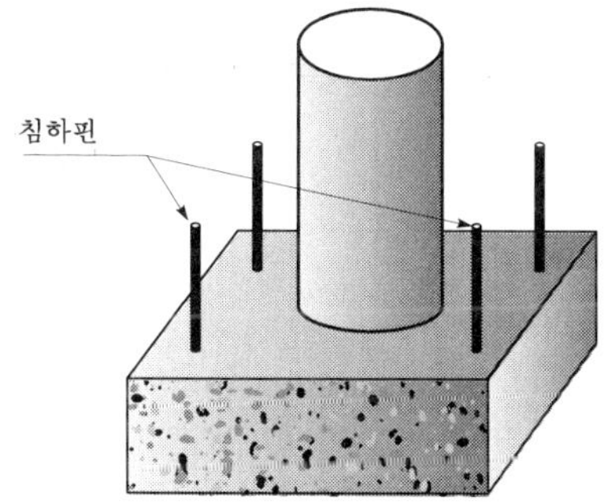	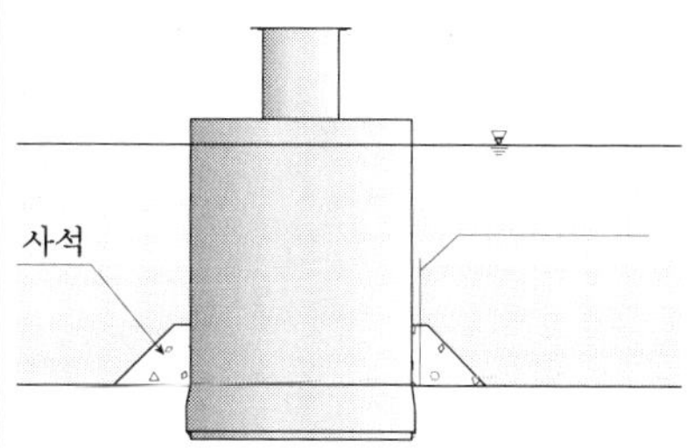	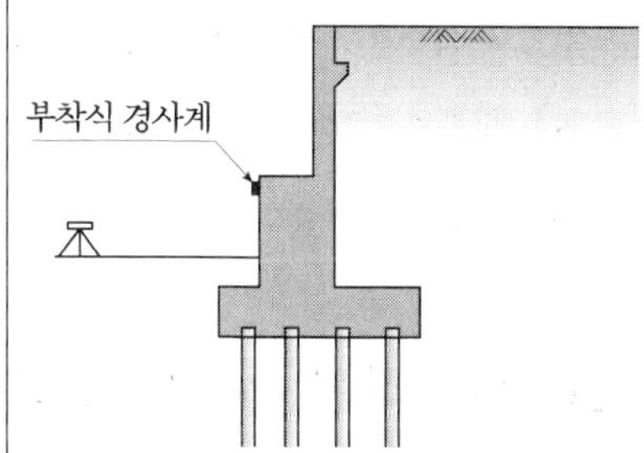
기초의 침하정도 측정	세굴에 대한 안정성 측정	수평방향 변위측정

그림 7.56 깊은 기초 유지관리 계측

7.15 깊은 기초 기술동향

1990년대 후반에 들어서는 도시지역은 물론 많은 토목공사 현장에서도 항타공해 문제가 제기되고 있다. 이와 같은 말뚝 시공 여건의 변화는 말뚝 재료의 선택에도 큰 영향을 미쳤다. 항타 공해 문제를 해결하는 방안으로 국내에서 가장 일반적인 공법으로 매입말뚝공법을 들 수 있다. 매입공법은 원리상 지반을 선 굴착하여 지반을 교란하기 때문에 말뚝의 품질 및 지지력 면에서 불리하다. 따라서 이들 공법이 항타말뚝과 같은 지지력을 내기 위해서는 관입깊이가 증가되므로 재료가격에서 상대적으로 불리한 강관말뚝의 이용이 제한될 수밖에 없었다. 물론 매입말뚝공법의 사용이후 강관말뚝의 사용이 줄어든 이유에는 강관말뚝이 개단말뚝의 형태로 시공되는 것으로 인해 PHC 말뚝에 비해 매입말뚝공법의 종류가 제한된 것에도 원인을 찾을 수 있겠다. 최근에는 구조물기초설계기준 해설(한국지반공학회, 2003)에서 현장타설말뚝의 설계 시 보강재의 역할을 고려하는 방향으로 설계법이 변경되어 현타말뚝의 경제성이 향상되었고 또한 현타말뚝 자체로 저공해시공이 가능하므로 향후 강관말뚝의 이용은 더욱 위축될 수 있을 것으로 보인다. 지난 10년간 국내에서 말뚝기초 분야의 획기적인 기술발전을 이루는데 기여를 한 요소기술로 말뚝기초의 설계시공 시 말뚝지지력의 시간경과 효과의 반영이 가능해 졌다는 것과 고강도 강관재료(SPS490)의 활용을 들 수 있다. 국내에서 시간경과 효과에 관한 연구는 동적측정기술의 도입 및 활용에 힘입어 비약적으로 이루어 졌으며 이제는 이를 제대로 적용하는 관점이 보다 중요시되고 있다. 강관말뚝 분야는 이러한 어려운 상황을 극복하기 위해서는 강관말뚝에 관한 설계 및 시공기술의 향상 및 새로운 기술의 개발이 요구된다. 기술개발 고려항목으로,

1) 강관 재료의 강도향상, 복합재료로의 활용, 부식방지와 관련한 재료의 개선을 위한 연구
2) 국내에 맞는 저공해 강관말뚝 기초공법의 도입 및 개발
3) 아직 국내에서는 강관 재료 강도의 60% 정도밖에 이용하지 못하는 설계 수준을 개선하기 위한 연구
4) 재료하중을 최대로 활용하는 최적설계를 달성하기 위한 강관말뚝의 시공기술 및 품질관리기술 향상

등의 과제가 요구된다.

7.16 실무적용 시 유의사항

1) 말뚝의 설계 하중은 말뚝이 실제 지반내의 어느 지층까지 관입될 수 있는지에 가장 큰 영향을 받는다. 따라서 말뚝의 선단부는 관행대로 N값이 50인 지층까지 관입하는 것 보다 항타 시공 관입성분석을 고려하여 타입하는 것이 바람직하다.
2) 말뚝 적용기준은 PHC 말뚝의 경우 $N<30$, 강관 말뚝의 경우 $N<50$ 까지 타입이 가능하고 말뚝 길이($L>15m$)가 긴 경우 이음을 설계 시 반영하여야 한다. PHC 말뚝은 길이가 긴 경우에는 용접결합이 중요하며 타입 시 수직도 관리에 대한 대책을 수립하여야 한다.
3) PC 및 PHC 말뚝은 모두 프리스트레싱(prestressing)되어 있는데, 말뚝재료의 허용하중을 결정할 때에는 이 프리스트레싱을 고려해야만 한다. 그러나 PC 및 PHC 말뚝을 사용하고 있는 일본에서도 프리스트레싱 고려에 대한 분명한 규정은 없는 실정이며, 국내에도 기관에 따라 상이한 기준이 적용되고 있으므로 이에 대한 개선이 요망된다.
4) 계산식에 의한 허용지지력은 3.0의 안전율을 적용하도록 하고 있으나 말뚝재하시험을 실시하여 경제성 있는 시공이 되도록 하여야 한다.
5) 압밀 침하가 생기는 지반을 관통할 경우는 부마찰력 등에 의한 지반침하가 기초에 미치는 영향에 대하여 검토한다.
6) 국, 내외의 연구 결과에 의하면 말뚝의 지지력은 시공 후 경과한 시간에 따라 변화하는 것이 확인되었으므로 과잉시공을 할 경우 경제성 저하는 물론이고 과잉 항타로 인한 말뚝재료 파손 가능성도 높아진다. 반대로 시간경과에 따라 말뚝지지력이 감소하는 지반 조건에서 이를 설계 또는 시공시 반영하지 못할 경우에는 대형사고까지 발생시킬 수 있다.

CHAPTER

8

제 8 장 비탈면안정

제 8 장 비탈면안정

8.1 비탈면안정

8.1.1 비탈면정의 및 활동

비탈면은 인공비탈면과 자연비탈면으로 분류된다. 인공비탈면은 정해진 흙쌓기재료로 요구되는 단면을 축조해야 하므로 재료의 구분이 명확하고 그 공학적 성질이 잘 밝혀 질수가 있다. 하지만, 자연비탈면의 경우는 흙과 암석이 불규칙하게 뒤섞인 불균질한 지층을 이루기도 하며, 때로는 암석이 풍화되어 있거나 단층, 절리, 층리 등의 불연속면이 발달되어 있다. 따라서, 자연비탈면에 관한 안정 문제를 평가하는 경우에는 지반 공학적인 측면에서 종합적인 검토가 이루어져야 한다. 해석방법을 정하기 위한 목적으로 비탈은 무한비탈면(infinite slope)과 유한비탈면(finite slope)으로 나눌 수 있다.

1) 비탈면활동의 종류

(1) 무한비탈면 활동(평면 활동)

비탈면의 활동면 깊이가 비교적 얕으며 완만한 비탈면에 이동이 서서히 일어나는 현상($\frac{\text{비탈면길이}}{\text{활동면깊이}} \geq 10$)

(2) 유한비탈면 활동

비탈면의 활동면 깊이가 비교적 깊으며 비교적 급경사에서 급격히 변형하여 붕괴가 발생하는 현상

2) 흙쌓기비탈면 안정검토 시 고려사항

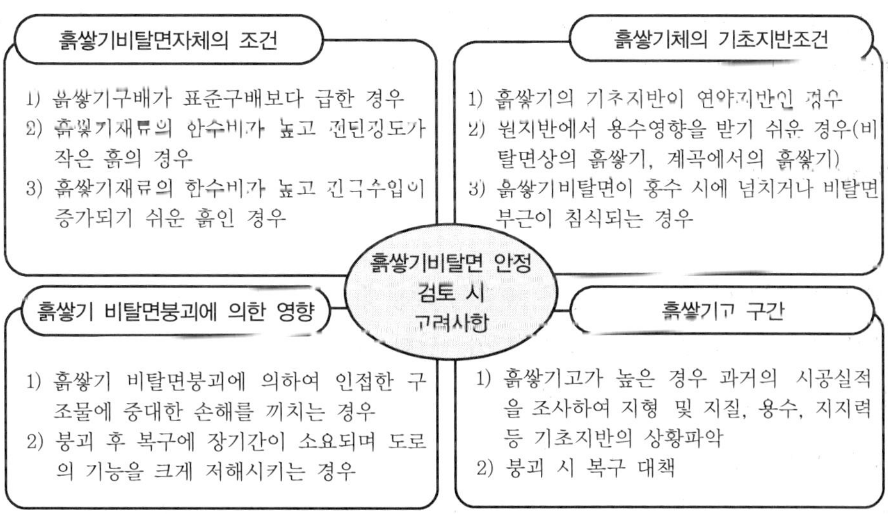

그림 8.1 흙쌓기비탈면 안정 검토

8.1.2 비탈면의 인장균열

점토비탈면의 활동파괴에 앞서 인장응력에 의해 비탈면 끝의 약간 후방부에 발생하는 균열로서 인장균열내로 물이 침투하면 비탈면안정성이 저하된다. 다만 수동토압 작용 시 수평응력은 항상 압축이므로 인장균열이 생기지 않는다. 지표면으로부터 수평토압이 0(zero)되는 점까지의 깊이를 인장균열 깊이(Z_C)라 한다. 인장균열 개념도는 그림 8.2와 같다.

- 인장균열 깊이(Z_C)

$\sigma_{ha} = 0 = K_A \gamma Z_C - 2C\sqrt{K_A}$ 이므로

$$\therefore\ Z_C = \frac{2C}{\gamma}\frac{\sqrt{K_A}}{K_A} = \frac{2C}{\gamma}\frac{1}{\sqrt{K_A}} = \frac{2C}{\gamma}\sqrt{K_P}$$

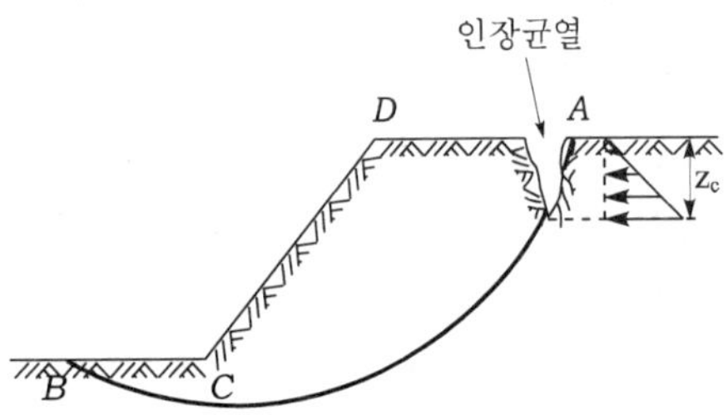

(a) 인장균열 개념도

(b) 인장균열 발생 전경

그림 8.2 인장균열 개념도 및 발생전경

인장균열 속에 물이 채워진다면 그 깊이까지 수압이 작용하므로 비탈면인 경우 안정성이 위험하고 옹벽의 경우 전도와 활동을 일으키는 추가적 요인이 된다. 인장균열이 생기는 깊이까지는 전단강도가 없으므로 인장균열은 폭보다 깊이가 중요하다. 따라서 균열발생시 깊이가 깊어지지 않도록 동태관찰을 해야 하며 균열발생 후 물이 들어가지 않도록 주의해야 한다.

8.1.3 Land Slide 및 Land Creep

1) Land Slide

비탈면경사가 30도 이상인 급경사인 경우 중력의 작용에 의하여 낮은 곳으로 이동하는 현상으로서 이동의 속도가 극히 빠르며 대부분이 순간적으로 일어난다. 이러한 현상은 호우나 지진 등에 의하여 흙속의 응력이 증대하고 역학적 강도가 감소하면 발생하게 된다.

(1) 흙의 종류에 따른 Land Slide의 구분

① 느슨한 모래의 비탈면붕괴 : 항타시 발생하는 진동으로 인한 액상현상

② 모래층이 중간에 끼어있는 점토비탈면의 붕괴 : 간극수압의 증가로 인한 전단저항력의 감소

③ 연약한 점토비탈면의 붕괴 : 비탈면선단부근의 굴착에 의한 유발

④ 단단한 점토비탈면의 붕괴 : 자연비탈면의 비탈면선단이 침식으로 발생

⑤ 암설(detritus)의 붕괴 : 암설의 중량이 증가하고 강도가 감소되어 점성류와 같이 유동함

(2) Land Slide의 방지대책

① 느슨한 모래 : 지반의 밀도증가

② 모래층이 중간에 끼어있는 점토비탈면 : 배수로 의하여 모래층의 함유수를 배제

③ 연약한 점토비탈면 : 배수에 의한 전단강도

④ 단단한 점토비탈면 : 경사를 완만하게 함

⑤ 암설 : 배수가 가장 유효하며 층이 얕을 때에는 말뚝을 박아서 정지함

2) Land Creep

비탈면경사가 5~20도 인 경우 비교적 완만한 경우에 중력의 작용에 의하여 낮은 곳으로 이동하는 현상으로써 주로 풍화된 층의 토사나 암층의 표층이 이동하게 된다. 이동의 속도가 완만하여 강우 융설에 의한 지하수위가 상승하거나 침식이 진행되는 과정에서 발생하게 쉽다. Land Creep의 방지대책은 다음과 같다.

(1) Land Creep의 운동을 저지하는 구조물을 설치하여 비탈면의 안정을 유지하는 방법으로서 활동면의 선단에 옹벽등을 설치하고 활동면을 관통하는 말뚝을 설치 할 수 있다.

(2) 배수에 의해 Land Creep에 대한 흙의 저항력을 증가시켜 Land Creep의 힘을 감소시켜 균형을 유지하는 방법으로서 지표에 잡석으로 배수로를 설치하거나 지하에 배수암거를 설치한다.

(3) 윗부분 흙을 제거하여 Land Creep의 힘을 감소시킬 수 있다.

8.2 비탈면안정해석

비탈면의 토체가 위 또는 아래쪽으로 움직임으로 인해 파괴에 도달하는 것을 미끄러짐(sliding) 또는 비탈면파괴(slope failure)라고 한다. 이러한 비탈면파괴는 여러 가지 이유로 인하여 발생하며, 급속히 또는 아주 완만하게 진행된다. 파괴의 원인으로는 비탈면 하단(too)의 침식, 굴착, 지상구조물에 의한 지반의 점진적인 파괴, 간극수압의 증가 그리고 충격하중에 의한 지반의 액상화 등이 있다. 사질토와는 달리 점흙쌓기 비탈면의 안정해석에는 시공 직후의 상태에 대한 안정성을 평가하는 단기 안정성(short-term stability) 측면과 시공 후 상당 시간이 경과하여 압밀이 종료되고 지반 내의 간극수가 정상투수 상태에 도달한 상태에서 안정성을 평가하는 장기 안정성(long-term stability)측면에서 검토가 이

루어져야 한다. 비탈면 안정해석의 방법으로는 활동면을 따라 파괴가 일어나려고 하는 시점의 토체의 정역학적인 평형을 고려하여 안전성을 해석하는 한계평형 해석(limit equilibrium analysis)이 가장 널리 사용되고 있으며, 최근에는 흙의 응력-변형률 관계를 이용하고 소성상태(항복규준과 관련 유동규칙)를 고려하는 한계해석(limit analysis)법과 비탈면에서 발생하는 큰 변형률(large strain)을 모사할 수 있는 구성방정식을 수치적으로 풀어 해를 구하는 수치해석(numerical analysis) 등이 도입되어 사용되고 있다. 한계평형 해석은 깍기·쌓기 비탈면의 안정해석에서 널리 사용되고 있으며, 이 방법의 유용성과 신뢰성은 현재까지 축적된 경험을 통하여 잘 알려져 있다. 한계평형 해석에 의한 비탈면 안정해석방법에는 여러 가지가 있으나 그 정확성은 해석에 사용하는 지반의 강도정수와 비탈면의 기하학적 조건의 정확도 등에 큰 영향을 받는다. 일반적으로 알려진 비탈면안정해석에 영향을 주는 요소들은 다음과 같다.

1) 파괴면의 형상(failure plan geometry)
2) 비균질성(nonhomogeneity)
3) 침투(seepage flow)
4) 지진(earthquake)
5) 동적 하중(dynamic loading)
6) 인장균열(tension crack)

8.2.1 안전율 및 비탈면구배기준

안전율(Factor of safety)은 비탈면이 파괴에 도달하거나 과도한 변형으로 인하여 더 이상 사용이 불가능한 경우를 결정하기 위해 공학적으로 사용된다. 안전율은 비탈면의 활동면이 가지고 있는 전단강도에 대한 한계평형상태에서의 전단응력 비를 뜻한다. 따라서 이론상으로는 안전율이 1보다 크면 비탈면은 안전한 것으로 볼 수 있지만 실제의 경우에는 기상 및 비탈면내의 불확정 요인을 고려하여 안전율이 허용안전율(allowable factor of safety)이상이 되어야만 비탈면이 안전한 것으로 판단한다. 이러한 허용안전율을 사용하는 것은 사실상 지반의 강도와 비탈면조건을 정확하게 결정할 수 없기 때문이다. 만약, 비탈면의 정확한 형상과 지반의 정확한 조건을 알 수 있다면 허용안전율은 상당히 1에 근접할 수 있을 것이다. 비탈면의 안전율은 실제 설계와 시공에 있어서 경제적인 측면과 안정성 확보 측면에서 미치는 영향이 아주 크기 때문에 신중하게 결정하여야 한다. 비탈면의 허용안전율의 결정에 영향을 미치는 가장 큰 요소는 비탈면의 형상을 포함한 주변 환경과 지반의 강도정수 그리고 만약의 경우 비탈면이 붕괴 할 때 발생하는 피해의 정도 등이 있다.

1) 비탈면 최소안전율 적용기준

비탈면의 안전율은 비탈면의 제반조건 아래서 활동파괴 시 피해의 정도, 경제성 및 영구적인 안전을 도모하기 위하여 타당하게 적용되어야 한다.

표 8.1 깎기비탈면 건기와 우기에 따른 최소안전율

구분	최소안전율	내용
건기	F_s 〉 1.5	1) 암반 : 인장균열면이나 활동면에 따라 수압이 작용되지 않음 2) 토층 및 풍화암 : 지하수 미 고려
우기	F_s 〉 1.1~1.2	1) 암반 : 인장균열면이나 활동면에 따라 작용되는 수압을 $H_w = 0.5H$로 가정하여 적용 2) 토층 및 풍화암 : 지하수위 고려

표 8.2 국, 내외 기관별 흙쌓기비탈면의 최소안전율

구분	최소안전율	
한국도로공사	도로설계요령	$F_s \geq 1.3$
일본건설성	표준적인 계획 안전율(일본)	$F_s \geq$ 1.1~1.3
국토교통부	구조물 기초 설계기준	$F_s \geq 1.3$

2) 국내 기관별 흙쌓기비탈면 구배 설계기준

표 8.3 국내 기관별 흙쌓기비탈면 설계 기준

흙쌓기재료	흙쌓기높이	경사기준			
		국토교통부	도로공사	토지공사	주택공사
도사	6m 이상	1 : 1.8	1 : 1.8		
	0~6m	1 : 1.5	1 : 1.5		
	5m 이상			1 : 2.0	
	0~5m			1 : 1.5	
입도분포가 좋은 모래 및 자갈 섞인 모래, 사실토 및 굵은 모래	6m 이상				1 : 2.0
	3~6m				1 : 1.8
	0~3m				1 : 1.5
입도분포가 나쁜 모래, 연약한 점흙쌓기	6m 이상				별도 적용
	3~6m				1 : 2.0
	0~3m				1 : 1.8

3) 국내 기관별 흙깎기비탈면 구배 설계기준

표 8.4 국내 기관별 흙깎기비탈면 설계 기준

토질조건		비탈면높이	구배기준			
			국토교통부	도로공사	토지공사	주택공사
토사 (사질토, 점흙쌓기)		5m 이상	1 : 1.5	1 : 1.5	1 : 1.5	1 : 1.5
		0~5m	1 : 1.2	1 : 1.2	1 : 1.2	1 : 1.2
리핑암 (풍화암)		5m 이상	1 : 0.7	1 : 1.0	1 : 1.0	1 : 1.2
		0~5m				1 : 1.0
발파암	연암	5m 이상	1 : 0.5	1 : 0.5	1 : 0.5	1 : 1.0
		0~5m				1 : 0.8
	경암	5m 이상				1 : 0.8
		0~5m				1 : 0.5

4) 국내 기관별 소단 설치기준

소단은 비탈면 침식방지를 위한 배수시설 설치 및 점검보수용 통로 등과 같은 유지관리를 위해 일정폭으로 설치하며, 국, 내 기관별 설치기준은 다음과 같다.

표 8.5 국내 기관별 소단 설치 기준

기관 및 규정명	소단적용 기준
한국도로공사 도로설계실무편람(1996)	1) 리핑암 RQD = 0~10% : H = 5m 마다 소단 1m 2) 발파암 RQD = 10~25% : H = 10m 마다 소단 2m RQD = 25~35% : H = 10m 마다 소단 2m RQD = 40~50% : H = 20m 마다 소단 3m
건교부 도로시설 기준	H = 5~10m 마다 소단 1.0~1.5m
LH공사 공사비 적산기준	H = 5m 마다 소단 0.5~1.0m

8.2.2 비탈면안정해석(한계평형해석, Limit equilibrium analysis)

1) Taylor method (마찰원법)

마찰원법(Taylor, 1937)은 그림 8.3과 같이 비탈면의 활동면이 임의의 중심점을 가지는 원형의 마찰원(반지름 R)의 형태를 가지는 것으로 가정하고 해석을 하는 방법이다. 토체의 자중과 활동면을 따라 저항하는 점착력(c)과 반력(P)의 평형을 고려하여 비탈면의 안정을 평가한다. 그림 8.3과 같이 지반의 단위중량과 점착력, 내부마찰각(ϕ)을 알고 있으면 해당 조건에서의 최대 흙쌓기높이를 의미하는 한계 흙쌓기고(H_c)를 다음 식으로부터 계산할 수 있다.

$$H_c = N_s \frac{c}{\gamma} \tag{8.1}$$

여기서, H_c : 한계 흙쌓기고
c : 점착력
γ : 단위중량
N_s : 안정계수(stability factor)

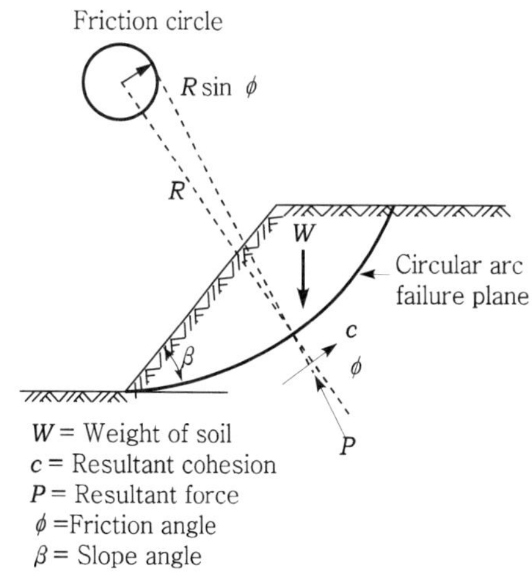

그림 8.3 마찰원법(Taylor, 1937)

안정계수(N_c)는 단순히 비탈면의 경사(β)와 내부마찰각(ϕ)에 의존하는 변수이며, 그림 8.4(a)에서 비탈면의 경사와 내부마찰각이 주어진 경우에 쉽게 안정계수를 찾을 수 있다. 그림 8.4(b)는 비탈면 아래 지반에 단단한 층이 있을 경우, 비탈면 높이에 대한 단단한 지반까지의 거리비(D)에 따른 안정계수이다.

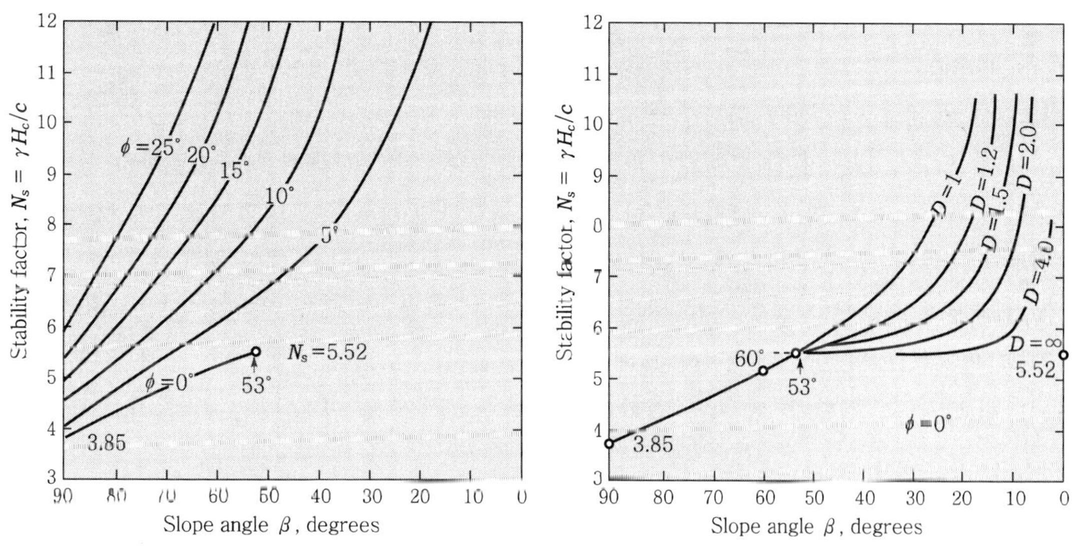

(a) 내부마찰각에 따른 비교 (b) 단단한 층과의 거리에 따른 비교

그림 8.4 비탈면경사와 안정성

예제 8.1

그림 8.4(a)를 이용하여 비탈면의 한계 흙쌓기높이(H_c)를 구하라.

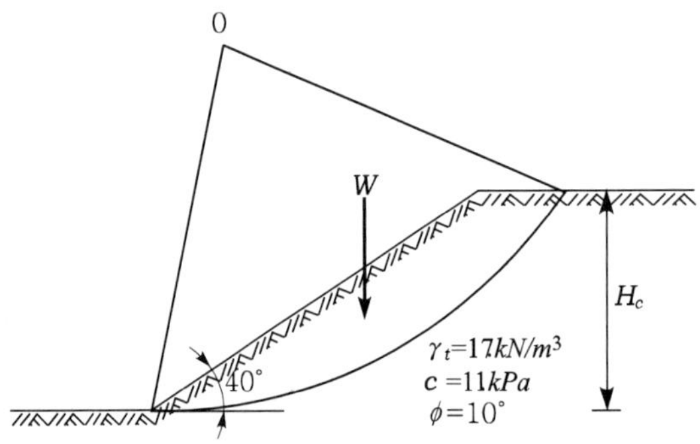

그림 8.5 비탈면 한계 흙쌓기높이

풀이

1) 그림 8.4(a) 그래프에서 $N_s = 10.4$를 구한다.

2) 한계 흙쌓기고 : $H_c = N_s \dfrac{c}{\gamma_t} = 10.4 \times \dfrac{11}{17} = 6.73\,m$

2) Fellinius method

마찰원법은 활동비탈면의 전체 도체가 동일한 단위중량과 점착력 및 내부 마찰각을 가진 것으로 가정하고 해석을 수행하기 때문에 실제 비탈면과는 차이가 있다. 이러한 문제점을 해결하기 위해 그림 8.6과 같이 비탈면의 흙쐐기를 여러 개의 절편(slice)으로 분할하여 해석하는 방법이 절편법이다. 그러나 절편법은 절편에 작용하는 힘의 평형과 모멘트의 평형을 고려하여 해석을 해야 하지만, 미지수가 입력정수보다 많기 때문에 적절한 가정을 통해 해를 구하게 된다. 그림 8.6에서 절편과 절편 사이에 작용하는 전단력(T)과 연직력(E)을 0으로 가정하고 해석하는 방법이 Fellinius 방법이다. 절편의 마찰면에 작용하는 연직반력(ΔF_n)과 전단력(ΔF_t)은 절편의 자중과 상재하중에 의해 다음 식과 같이 얻어진다.

$$\Delta F_n = (W + Q)\cos\alpha \tag{8.2}$$

$$\Delta F_t = (W + Q)\sin\alpha \tag{8.3}$$

이것을 단위길이에 대해 작용하는 연직응력과 전단응력으로 표시하면 다음과 같다.

$$\sigma_n = \frac{1}{\Delta L}(W+Q)\cos\alpha \tag{8.4}$$

$$\tau_n = \frac{1}{\Delta L}(W+Q)\sin\alpha \tag{8.5}$$

흙의 전단강도(s)는 식 (8.6)과 같이 표현된다.

여기서, 전단강도의 의미는 파괴 가능면에서 전단 저항할 수 있는 최대 저항력을 말한다. 전단강도는 흙의 고유성질을 나타내는 것이 아니고, 같은 흙이라 하더라도 유효응력 크기에 따라 변할 수 있다.

$$s = c' + \sigma'\tan\phi' \tag{8.6}$$

여기서, c' : 점착력, σ' : 유효연직응력, ϕ' : 내부마찰각

전체 활동면에 작용하는 전단력은 각 절편의 전단력을 합산한 $\Sigma(W+Q)\sin\alpha$와 같으며, 활동면을 따라 작용하는 전단저항력은 식 (8.7)과 같다.

$$s\,\Delta L = c'\,\Delta L + [(W+Q)\cos\alpha - u\Delta L]\tan\phi' \tag{8.7}$$

여기서 유효응력해석을 위해 간극수압 u를 고려하였다. 최종적으로 전단력과 전단저항력과의 비로 정의되는 안전율은 식 (8.8)과 같이 정리할 수 있다.

$$F_s = \frac{s}{\tau} = \frac{\Sigma c'\,\Delta L + [(W+Q)\cos\alpha - u\Delta L]\tan\phi'}{\Sigma(W+Q)\sin\alpha} \tag{8.8}$$

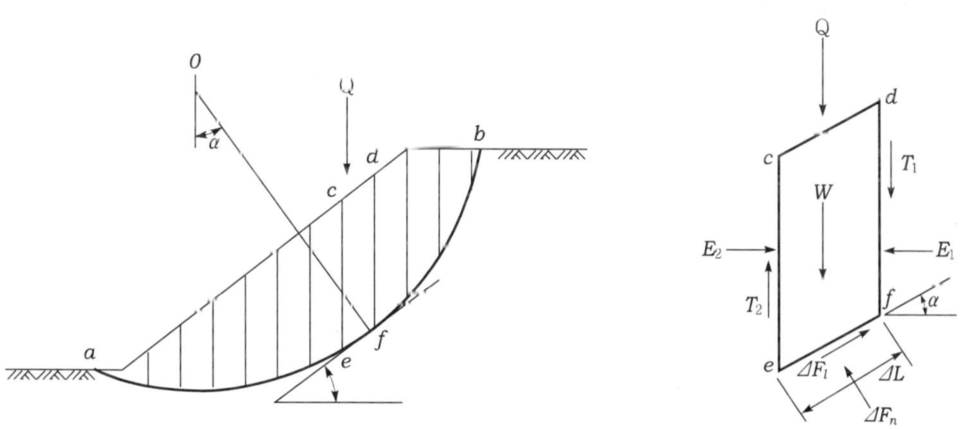

그림 8.6 절편법(Slice method)

3) Bishop method

Bishop 방법은 Fellinius 방법보다 정밀한 해석을 수행하기 위해 절편과 절편 사이에서 작용하는 전단력(T)과 연직력(E)을 고려하여 해석을 실시하는 방법이다. 그림 8.6에서 절편에 작용하는 연직력의 합과 연직반력을 구하면 식 (8.9)와 같다.

$$\Delta F_n \cos\alpha = (W+Q) + (T_1 - T_2) - u\Delta L\cos\alpha - \Delta F_t \sin\alpha \tag{8.9}$$

여기에서 전단력(ΔF_t)은 활동면을 따라 저항하는 힘을 안전율(F_s)로 나눈 값으로 볼 수 있으므로 식 (8.10)과 같이 정리할 수 있다.

$$\Delta F_t = \frac{c'\Delta L}{F} + \Delta F_n \frac{\tan\phi'}{F_s} \tag{8.10}$$

식 (8.10)을 식 (8.9)에 대입하여 정리하면,

$$\Delta \overline{F_n} = \left[(W+Q) + (T_1 - T_2) - u\Delta L\cos\alpha - \frac{c'\Delta L}{F}\sin\alpha\right] \times \frac{1}{m_a} \tag{8.11}$$

여기서, $m_a = \cos\alpha + (\tan\phi' \sin\alpha / F)$

안전율은 전단력과 전단저항력의 비로 정리하면,

$$F_s = \frac{\Sigma(c'\Delta L + \Delta\overline{F_n}\tan\phi')}{\Sigma(W+Q)\sin\alpha} \tag{8.12}$$

식 (8.12)에 식 (8.11)을 대입하면,

$$F_s = \frac{\Sigma c'\Delta L\cos\alpha + [(W+Q-u\Delta L\cos\alpha) + (T_1 - T_2)]\tan\phi' \times m_a^{-1}}{\Sigma(W+Q)\sin\alpha} \tag{8.13}$$

이 식을 풀기 위해서 $\Sigma(T_1 - T_2)\tan\phi'$를 0(zero)으로 두고 안전율을 가정한 후 반복 계산을 수행하여 최종 안전율을 구하는 방법을 Bishop의 수정해석법 (modified Bishop method)라고 하며, 정확한 해를 구하기 위해 절편 사이에서 작용하는 하중조건인 $\Sigma(E_1 - E_2) = 0$ 조건과 $\Sigma(T_1 - T_2) = 0$조건을 이용하여, 반복적인 계산을 수행하는 것을 Bishop의 정해석법(exact Bishop method)이라고 한다. 다음 그림 8.7은 m_a의 계산 편의를 위해 제안된 도표이다.

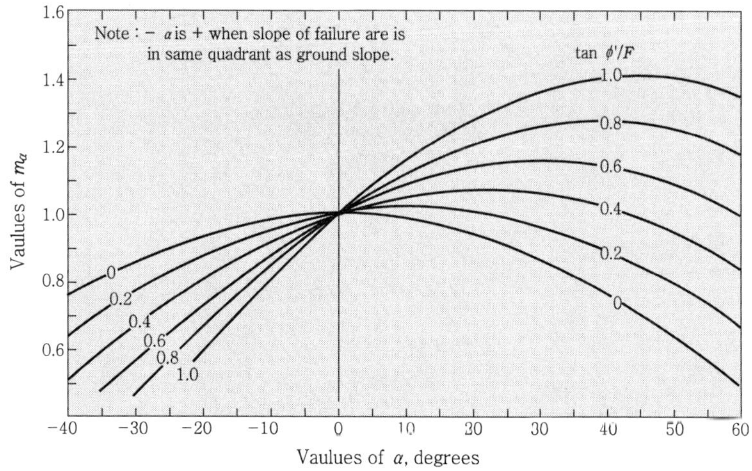

그림 8.7 m_α(Janbu, 1956)

예제 8.2

Bishop의 방법을 사용하여 그림 8.8에 나타낸 비탈의 한 활동원에 대한 안전율을 구하여라. 각 절편의 저변에 작용하는 간극수압은 각 절편마다 표시되어 있고 이 흙의 전체 단위중량은 $\gamma_t=19kN/m^3$, $c'=10kPa$, $\phi'=29°$ 이다(단, α는 그림 8.8 참조).

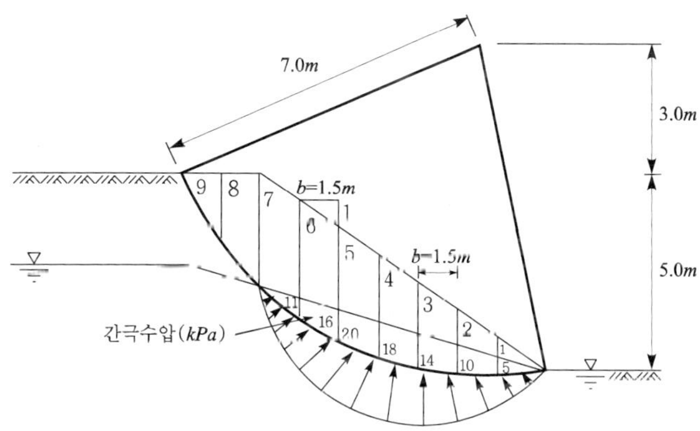

절편번호	9	8	7	6	5	4	3	2	1
$h(m)$	1.08	2.30	2.97	2.97	2.7	2.43	1.89	1.35	0.68
α(°)	60	48	42	35	29	23	10	0	−8

그림 8.8 비탈면활동 개념도 및 절편번호별 높이

풀이

계산순서는 1) ~ 9)와 같다.

1) $W=\gamma b h$
2) $b=1.5m$
3) $c \cdot b \cdot 1=15kN$
4) $u \cdot b \cdot 1$
5) $W-u \cdot b$
6) $(W-u \cdot b)\times\tan\phi'$
7) $(c \cdot b \cdot 1)+(W-u \cdot b)\times\tan\phi'$

절편 번호	$W(kN)$	$c\cdot b(kN)$	$u\cdot b(kN)$	$W-u\cdot b(kN)$	$(W-u\cdot b)\times\tan\phi'$	$(c\cdot b\cdot 1)+(W-u\cdot b)\times\tan\phi'$
1	19.3	15	7.5	11.8	6.5	21.5
2	38.5	15	15	23.5	13	28
3	53.9	15	21	32.9	18.2	33.2
4	69.3	15	27	42.3	23.4	38.4
5	77.0	15	30	47.0	26	41
6	84.7	15	24	60.7	33.6	48.6
7	84.7	15	16.5	68.2	37.8	52.8
8	65.5	15	0	65.5	36.3	51.3
9	30.8	15	0	30.8	17.1	32.1

☞ 계산 예) 절편 1의 $W=\gamma bh=19\times1.5\times0.68=19.38 \fallingdotseq 19.4$

절편 5의 $W=\gamma bh=19\times1.5\times2.7=76.95 \fallingdotseq 77.0$

8) $F_s=1.50$이라 가정하면, $\dfrac{\tan\phi'}{F_s}=\dfrac{\tan 29}{1.5}=0.370$

단, m_α는 그림 8.7 m_α를 참조

절편 번호	$\alpha(^\circ)$	$W\cdot\sin\alpha$	m_α	$\dfrac{(c\cdot b\cdot 1)+(W-u\cdot b)\times\tan\phi'}{m_\alpha}$
1	−8	−2.7	0.87	24.76
2	0	0	1.00	28.02
3	10	9.4	1.01	32.90
4	23	27.1	1.05	36.60
5	29	37.3	1.04	39.46
6	35	48.6	1.01	48.15
7	42	56.7	0.97	54.42
8	48	48.7	0.91	56.36
9	60	26.7	0.81	39.58
Σ		251.8		360.24

$F_s=1.50$이라 가정하였을 때 $F_s=\dfrac{360.24}{251.8}=1.43$ ∴ 불일치

9) $F_s = 1.40$이라 가정하면, $\frac{\tan\phi'}{F_s} = \frac{\tan 29}{1.4} = 0.396$

	$\alpha(^\circ)$	$W \cdot \sin\alpha$	m_α	$\frac{(c \cdot b \cdot 1)+(W-u \cdot b)\times\tan\phi'}{m_\alpha}$
1	−8	−2.7	0.84	25.64
2	0	0	1.00	28.02
3	10	9.4	1.03	32.26
4	23	27.1	1.08	35.59
5	29	37.3	1.07	38.35
6	35	48.6	1.05	46.31
7	42	56.7	1.01	52.26
8	48	48.7	0.94	54.56
9	60	26.7	0.84	38.17
Σ		251.8		351.16

$F_s = 1.40$이라 가정하였을 때 $F_s = \frac{351.16}{251.8} = 1.395 \fallingdotseq 1.40 \quad \therefore \ F_s = 1.40$

4) Bishop & Morgenstern method

Bishop & Morgenstern 방법(1960)은 Bishop의 절편법을 근거로 하여 평균간극수압비(r_u)를 고려한 방법이다. 평균간극수압비 정의는 식 (8.14)와 같다.

$$r_u = \frac{u}{\gamma h} \tag{8.14}$$

여기에서 u: 간극수압, γ: 단위중량, h: 지표면에서의 활동면까지의 거리

안전율은 식 (8.15)와 같이 계산한다.

$$F_s = m - (n)(r_u) \tag{8.15}$$

여기서, m과 n은 안정계수(stability coefficients)이며 다음 그림 8.9, 그림 8.10 및 그림 8.11에서 얻을 수 있다. 단단한 층까지의 깊이 비로 정의된 깊이 계수(D)가 1.00, 1.25 및 1.50에 대하여 제시된 노모를 이용하면 쉽게 안전율을 산정할 수 있다. 또한, O'Connor & Mitchell(1977)은 자연비탈면에 대한 $c'/\gamma H$ = 0.075 및 c'/rH = 0.100에 해당하는 도표를 제시한 바 있으며, 이 방법은 예민한 점토나 Canadian Lada clay에서는 적용할 수 없다.

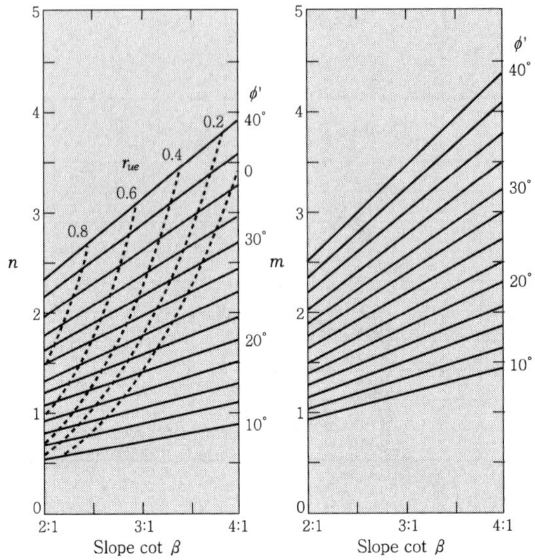

그림 8.9 안정계수 m, n($c'/\gamma H = 0.05$, $D = 1.00$)

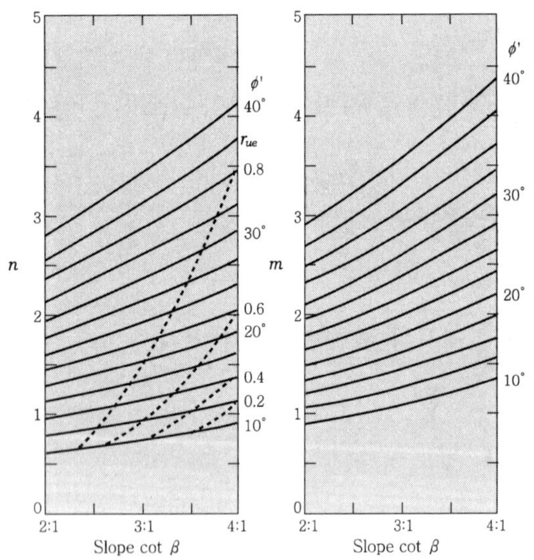

그림 8.10 안정계수 m, n($c'/\gamma H = 0.05$, $D = 1.25$)

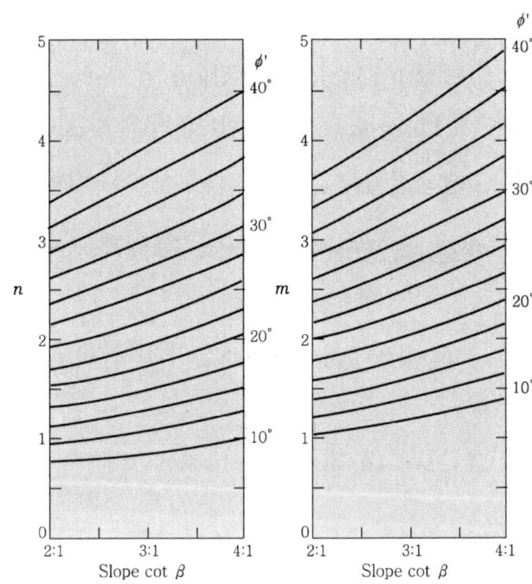

그림 8.11 안정계수 m, n($c'/\gamma H = 0.05$, $D = 1.50$)

5) Morgenstern method

이 방법은 Bishop & Morgenstern(1960) 방법에 근거한 방법으로 수위의 급강하로 인하여 유효응력 분포가 달라진 경우에 적용할 수 있다. 그림 8.12에서 L은 수위 급강하 거리이며 H는 비탈면높이 이다. 그림 8.12, 그림 8.13 및 그림 8.14는 $c'/\gamma H$가 각각 0.0125와 0.025 및 0.05의 경우에 대한 안전율 도표를 나타낸 것이다.

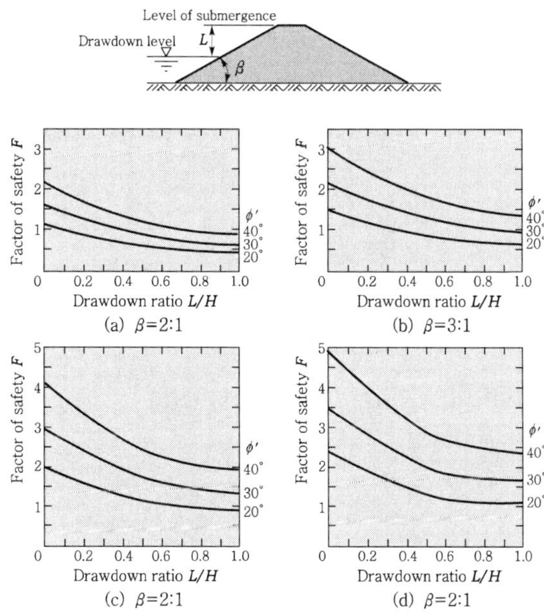

그림 8.12 $c'/\gamma H = 0.0125$

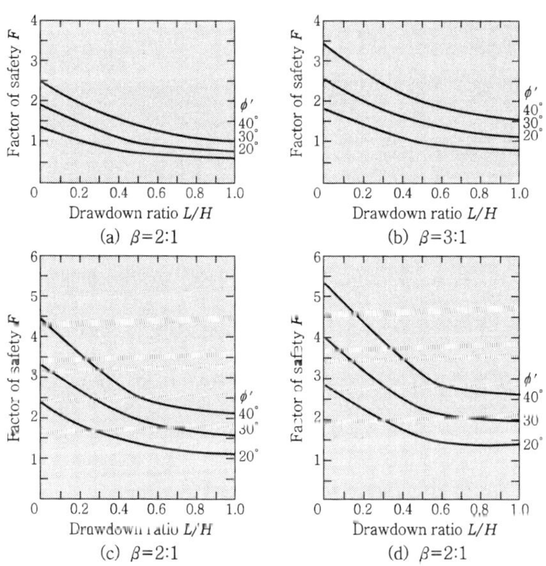

그림 8.13 $c'/\gamma H = 0.025$

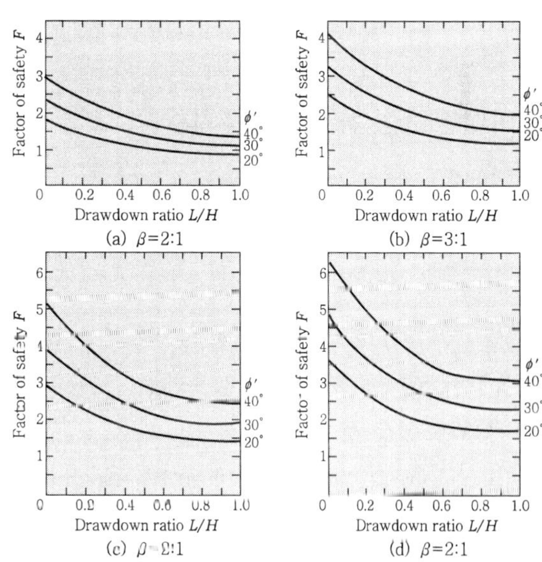

그림 8.14 $c'/\gamma H = 0.05$

6) Spencer method

이 방법은 그림 8.15에서 나타낸 것처럼 실제 절편에 작용하는 힘(E)의 방향이 그림 8.15와 같이 절편 옆에 대해 직각 방향이 아니라 기울어져 있는 것을 고려할 수 있도록 제안된 방법이다. 이 방법에서 간극수압은 균일하다고 가정하였으며, Bishop & Morgenstern 방법(1960)에서 제시된 γ_u 가 사용된다. 안정계수 N_s는 다음과 같이 정의되며, 그림 8.16에서 γ_u가 각각 0.00, 0.25, 0.50에 대한 도표를 제시하였다.

$$N_s = \frac{c'}{(F_s)\gamma H} \tag{8.16}$$

여기서, c' : 점착력, F_s : 안전율,

γ : 단위중량, H : 절편의 평균높이

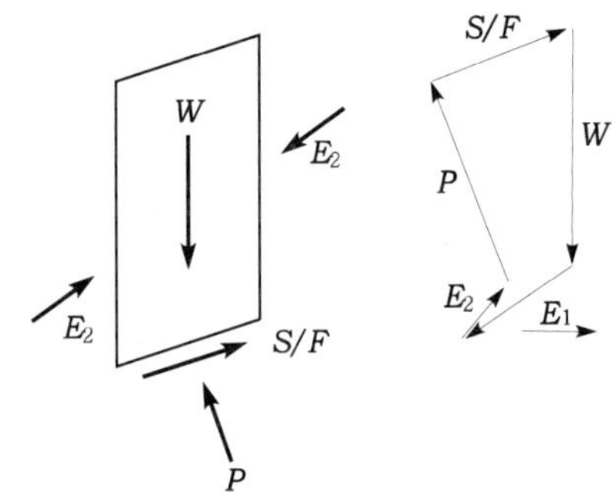

그림 8.15 자유물체도와 힘의 다각형

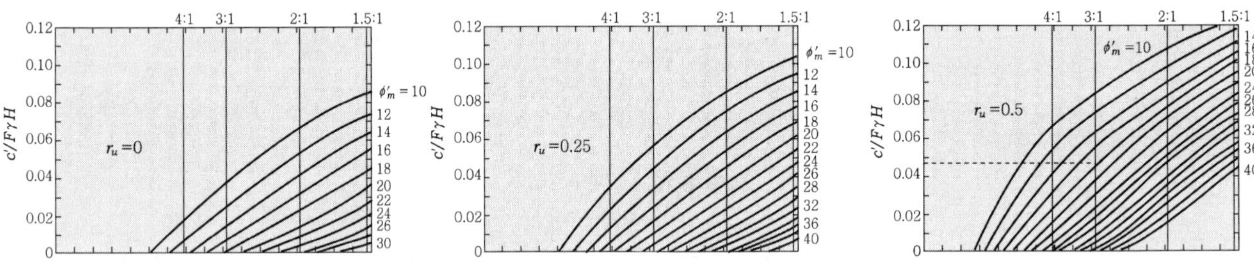

그림 8.16 안정도표

8.2.3 비탈면안정 해석 시 유의사항

비탈면파괴는 최대응력(최대강도)이 작용하는 시점과 잔류응력(잔류강도)이 작용하는 시점사이에 발생하므로 파괴면에는 최대강도가 작용하지 않는다. 따라서 비탈면파괴가 일어났거나 비탈면파괴가 진행 중인 경우에는 파괴면에 잔류강도가 작용하므로 비탈면안정 해석 시 강도정수 ϕ값은 잔류마찰각(ϕ_r)을 사용하는 것이 바람직하다. 암반의 비탈면안정 해석 시 불연속면에서의 점착력의 산정은 어렵다. 즉, 일부분이 붙어 있다고 가정하는 경우에만 그 존재가 인정되며 점착력을 고려하면 고려하지 않을 때 보다 안전율이 100% 이상 증가 할 수도 있으므로 신중하게 판단하여야 하며 활동면에서의 점착력 $c=0$으로 하여 설계하여야 한다. 따라서 비탈면안정 해석 시 사용되는 암석의 강도정수는 비탈면을 굴착할 때의 돌발사태 가능성을 줄이기 위하여 가능한 한 안전측에 가깝게 작은 값의 점착력과 마찰각을 사용하여야 한다. 지하수위는 해마다 변동하며 그에 따라 평형에 필요한 전단응력도 변하게 된다. 또한 가장 악조건은 비가 심하게 내리는 경우로 대부분의 파괴는 이 기간에 발생한다. 따라서 무한비탈면 안정해석 시에는 일반적으로 가장 악조건 즉, 지하수위가 비탈면의 표면에 있는 경우를 가정하여 해석한다. 비탈면의 활동을 해석하는 방법은 유한요소법과 같은 수치해석을 이용하는 탄성 또는 탄소성 해석과 파가 발생되는 경계면에서의 역학적인 평형관계만을 해석하는 한계평형해석방법으로 대별된다. 그러나 유한요소법과 같은 수치

해석은 실제로 사용하기에 많은 어려움이 있고 해석시간이 많이 소요되므로 현장에서는 적용 데이터가 일반적이고 해석이 용이한 한계평형 해석 방법이 주로 사용된다. 왜냐하면 STABL해석이나 FEM해석에서는 원칙적으로 지반을 연속체로 가정하여 지층별 강도정수가 균질한 지반상태로 보고 해석을 하게 되므로 불연속면을 포함하는 이방성을 띠는 암반에서의 (특히 절리면의 상태에 따른 암반파괴가 지배적인 암반비탈면) 안정해석에서는 근본적인 한계가 따른다. 토사층과 리핑암(풍화암) 및 RQD가 0(zero)에 가까운 파쇄암에 대해서는 비탈면파괴가 단일불연속면에 의해 결정되지만 원호파괴의 경로를 따르게 되므로 토사층으로 간주하여 STABLE 등의 프로그램(program)을 사용하여 비탈면안정해석을 수행하고 연암 이상의 암반에 대해서는 대표적인 불연속면의 공학적인 특성을 고려하여 평사투영법을 이용하여 비탈면안정해석을 수행한다. 단층이나 맥암의 존재 등 불연속면이 비교적 크고 연속될 때에는 이면에 따른 안정성을 한계평형해석으로 평가할 수 있다. 또한 활동파괴가 원호인 경우(균질한 토사나 파쇄가 심하게 발생된 암반의 경우)에는 Bishop의 간편법을 이용하고, 비원호 비탈면파괴의 안정해서 시에는 Janbu의 절편법 또는 Spencer법을 적용하고 암반활동의 경우에는 수정 Janbu법을 적용하는 것이 합리적이다. 무한비탈면 해석을 적용할 수 있는 비탈면은 비탈면 길이가 활동면 깊이의 대략 10배 이상이 되어야하며, 무한비탈면의 파괴는 이질적인 토층의 경계면을 따라서 발생하는 것이 보통이므로 붕적토층과 풍화토층 및 풍화암층과 연암층의 경계면을 파괴면으로 보고 이들 두개의 파괴면에 대하여 안전율을 구해야 한다.

8.3 전응력해석과 유효응력해석

자연비탈면이나 인공비탈면의 안정해석은 전응력 해석과 유효응력으로 나누어 생각할 수 있다. 전응력 해석은 시공속도가 지반의 압밀속도보다 빠르다면 시공 중 또는 시공직후에 과잉간극수압이 거의 소산되지 않으므로 비배수 시험조건에서 얻은 강도정수를 사용하여 해석하는 방법이며 간극수압은 고려하지 않는다. 유효응력 해석은 시공 중에 압밀이 진행되어 과잉간극수압 이 많이 소멸되는 경우 $\overline{CU}$시험에서 구한 강도정수와 간극수압을 고려하여 해석하는 방법이다.

1) 전응력 해석조건(해석방법의 선택)

(1) 포화점흙쌓기로 이루어진 흙깎기 또는 비탈의 시공직후 안정계산, 단 시공 기간이 흙의 압밀시간에 비해 짧은 경우 ($\phi-0$ 해석, $c=s_u$)

(2) 불포화토로 이루어진 비탈의 시공직후 안정계산, 단 시공기간이 흙의 압밀시간에 비해 짧은 경우(전응력 해석 c_u, ϕ_u 사용)

(3) 점흙쌓기 강우시의 안정 - 간극수압분포를 알지 못할 경우

(4) 포화점토지반의 급속재하 - UU, CU 시험

2) 유효응력해석조건(해석방법 선택)

(1) 불포화토로 이루어진 비탈의 시공직후 안정계산, 단 시공기간이 압밀시간보다 긴 경우 (c', ϕ' 간극수압 사용)

(2) 시공직후의 비탈안정 계산(단, 시공기간이 압밀시간보다 긴 경우)

(3) 비탈의 장기 안정해석

(4) 시공직후와 장기 안정사이의 중간 단계

(5) 심한 OC, NC 지반에 흙깎기비탈면 시공종료후

(6) 침투류가 있는 제방(정상침투), earth dam 안정 해석

(7) 완속시공하는 점흙쌓기 흙쌓기 안정 해석

3) 전응력해석과 유효응력해석의 비교

표 8.6 전응력해석과 유효응력해석의 비교

구분	전응력 해석	유효응력 해석
기본 개념	비배수 강도시험으로 얻은 강도정수 c_u, ϕ_u를 써서 해석하는 방법이다. 특히 비배수강도만으로 안정해석을 한다면 이를 $\phi'=0$ 해석이라 한다. 간극수압은 고려하지 않는다. UU, CIU 또는 CAU 시험에서 얻어지는 점착력과 전단저항각을 해석에 적용한다. 즉, $S=s_u(\phi=0$ 해석 시 적용) $S=c_u+\sigma\tan\phi_u$	유효응력으로 얻은 강도정수 c', ϕ'으로 해석하는 방법으로서 간극수압을 고려한다. CIU 시험 또는 CD 시험에서 얻어지는 점착력과 전단저항각을 해석에 적용한다. $S=c_u'+\sigma'\tan\phi_u'=c'+(\sigma-u)\tan\phi'$
현장 적용	단기 안정인 경우 1) 외력에 의해 발생된 간극수압이 소산되지 않은 상태의 지반 안정문제 해석 시 → 흙쌓기·깎기 직 후의 단기안정 2) 하중상태의 변화 및 전단 시 발생한 간극수압의 예측이 어려운 경우	장기 안정인 경우 1) 침투수에 의한 제방의 안정문제 2) 완속시공 3) 점토 절취 - 장기안정문제 즉 시간의 흐름에 따라 간극수압이 평형상태가 되는 지반의 안정문제 해석
외력에 의한 간극수압변화 결정	강도정수 내에는 Δu의 변화로 인한 강도 증감이 내포되어 있고 Δu의 크기는 시험과정에 따라 변하므로 시험결과의 정확성에 의존한다.	파괴 시 현 위치 간극수압 측정이나 추정이 어려우나 시험조건에 예민하지 않기 때문에 비교적 정확한 관계를 얻을 수 있다.
간편성	전응력 해석이 훨씬 적은 노력 소요(간극수압 변화를 결정해야 하는 단계가 생략되기 때문)	
신뢰성	비배수시험에서의 적절한 시험조건을 만들기 어려운 만큼 간극수압변화 예측도 어렵기 때문에 별 차이 없다.	
해석결과의 명료성	흙의 강도가 유효응력에 지배되므로 유효응력해석이 더욱 명확하며 시공중 간극수압을 측정함으로써 설계의 적정성을 검토할 수 있다.	
강도정수 구하는 시험	1) 비압밀비배수(UU) 2) 등방압밀비배수(CIU) 3) 비등방압밀비배수(CAU)	1) CIU시험(간극수압을 측정하는 등 방압밀비배수시험) 2) CD시험(간극수압의 측정) 3) Piezometer를 설치하여 직접측정 4) 유선망을 그려서 추정하는 방법 5) CIU시험 시 간극수압을 측정하여 간극수압계수를 구하여 추정하는 방법 $\Delta u=B[\Delta\sigma_3+A(\Delta\sigma_1-\Delta\sigma_3)]$

8.4 시공조건에 따른 전단응력, 간극수압, 강도, 안전율 변화

8.4.1 점토층 굴착

1) 전단응력

(1) 시공 중에는 흙깎기로 인하여 흙깎기비탈면이 불안정하게 되어 높은 부분의 흙이 낮은 부분으로 이동하려는 힘(전단응력)이 증대하므로, 안전율은 감소한다.

(2) 굴착 과정동안 지하수위 저하가 발생되며 유효응력이 상승한다.

2) 간극수압

(1) 비탈면을 절취하는 경우 배수를 병행한다면 시공도중 간극수압은 감소한다.

(2) 시공완료 후에는 비탈면내의 지하수에 의하여 정상 침투가 일어나게 되어 간극수압은 증가하게 되고 일정 시간이 경과되면 지하수에 의한 정수압이 되어 간극수압은 일정하게 된다.

(3) 과압밀점토에서는 굴착도중 팽창하려는 성향으로 인하여 (−)간극수압이 발생한다. 이때 발생하는 간극수압계수 A는 식(8.17)과 같이 나타낼 수 있으며, A계수 값은 흙의 종류에 따라 다르며 정규압밀점토인 경우 0.7~1.3, 약간 과압밀점토 0.3~0.7, 단단한 과압밀점토는 −0.5~0(zero)의 값을 나타낸다.

$$A = \frac{\Delta u - \Delta \sigma_3}{\Delta \sigma_1 - \Delta \sigma_3} \tag{8.17}$$

① $A = 0$인 경우 $\Delta u - \Delta \sigma_3 = 0$, $\Delta u = \Delta \sigma_3$

② $A = 1$인 경우 $\Delta u - \Delta \sigma_3 = \Delta \sigma_1 - \Delta \sigma_3$, $\Delta u = \Delta \sigma_1$

그림 8.17에서 $\Delta \sigma_1$, $\Delta \sigma_3$는 굴착 진행중일 때 (−)값이므로 Δu 감소, P점 에서 굴착으로 인한 응력 감소량은 $\Delta \sigma_3 > \Delta \sigma_1$이므로 $A = 0$ 선이 $A = 1$인 선보다 더 밑에 위치함을 알 수 있다.

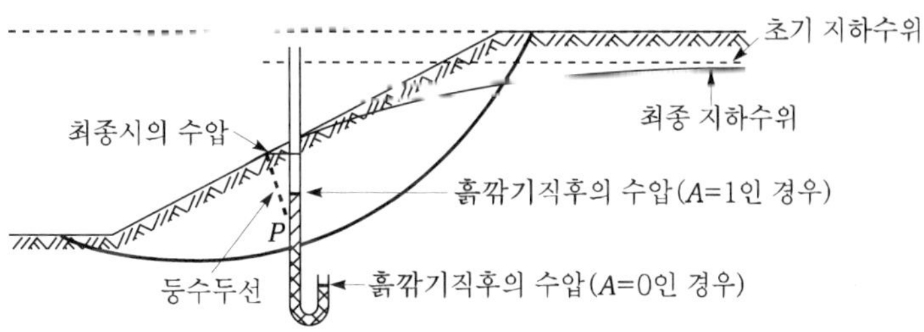

그림 8.17 점토지반 굴착 시 간극수압 변화

3) 전단강도, 안전율

시공완료 후에는 전단응력은 일정하나 파괴면상에서의 간극수압은 정상침투로 인하여 증대되어 유효응력이 감소되고 전단강도가 감소하며 안전율도 감소한다.

시공 중에는 간극수압이 감소하고 굴착 후 정상침투 시 간극수압이 가장 커서 안전율이 최소가 되므로 안전율 계산에 쓰여 질 강도정수는 간극수압을 고려한 c'와 ϕ'을 사용한다. 간극수압은 정상 침투에 대한 유선망으로부터 결정할 수 있으며 c', ϕ'의 결정은 압밀배수 조건이므로 CD시험으로 구해야 하나 시간과 경비가 많이 소요되므로 $\overline{CU}$ 시험으로 대체한다.

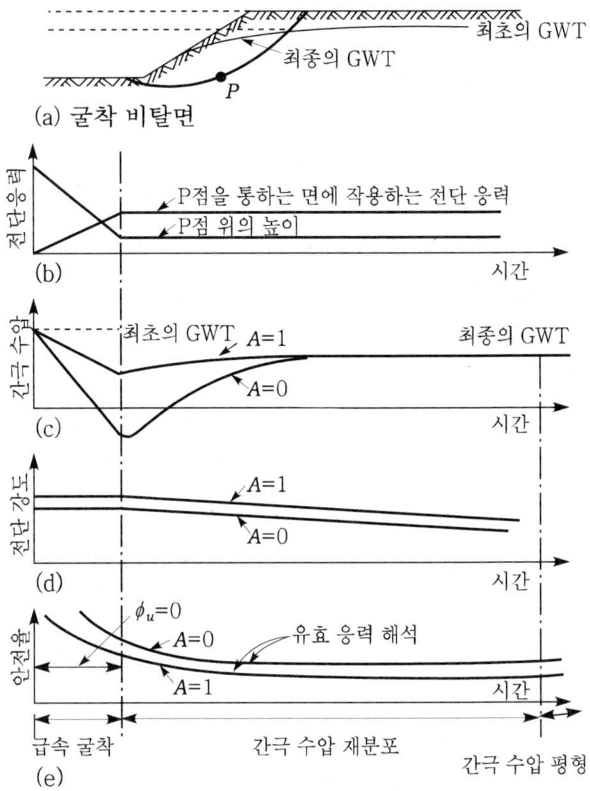

그림 8.18 점토지반 굴착 시 시간에 따른 안전율 변화

8.4.2 흙쌓기층 하부의 점토지반

1) 전단응력

응력은 축조기간 동안에 상재하중에 의해 증가하며 축조가 끝나면 일정하게 유지된다.

2) 간극수압

제방 축조전의 P점에서의 간극수압은 정수압($u = \gamma_w \cdot h$)과 같으며 간극 수압은 상재하중 증가에 의하여 증가하고 축조가 끝나면 시간경과에 따라 압밀배수에 의해 감소하다가 원래의 지하수(정수압)를 유지한다.

3) 전단강도

급속축조를 하게 되면 압밀진행은 시공속도에 비해 대단히 느리므로 간극수의 배수를 무시한다면 전단강도 증가는 무시할 수 있으며, 전단응력 및 간극수압의 증가로 인하여 안전율은 감소한다. 이때 $\tau_f = c_u$

(비배수 전단강도)가 된다.

4) 안전율

(1) 시공완료 후에는 시간경과에 따라 전단응력이 일정하게 되나 압밀이 진행되므로 간극수압이 감소하고 전단강도는 점차 증가되어 안전율이 증가한다.

(2) 흙쌓기비탈면의 시공 중 기준안전율(F_s) = 1.3을 적용하는 것으로 하고 시공 후 기준 안전율(F_s)은 1.1 이상으로 한다. 따라서 흙쌓기비탈면은 시공 중 안전율이 1.3으로 안전할 경우 시공 후에도 안전하다는 것을 의미한다.

급속 흙쌓기 시 압밀의 진행은 시공속도에 비하여 매우 느리므로 압밀로 인한 전단강도 증가는 무시할 수 있으며 압밀이 일어나지 않는 상태에서 유발된 간극수압은 가장 큰 상태이므로 시공직후 안전율이 최소가 되어 이때가 가장 위험하고, 흙쌓기 완료후의 안정해석을 할 경우에는 흙쌓기완료에 따라 간극수 배출이 생기므로 간극수압을 고려한 유효응력법으로 해석을 해야 한다. 흙쌓기 중에 불안정이 예상되면 간극수압 소산속도를 높이기 위하여 샌드 드레인(sand drain)을 설치하거나 간극수압이 충분히 소산되도록 단계별 시공을 하고 이때에는 간극수압을 측정하여 c', ϕ'해석으로 비탈면안정을 검토해야 한다.

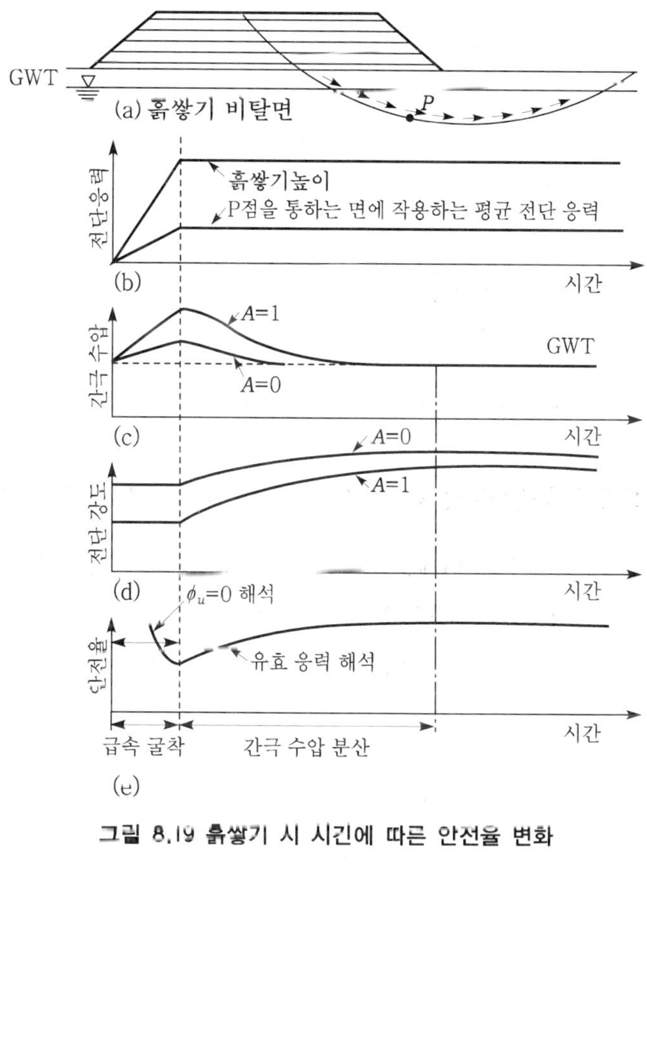

그림 8.19 흙쌓기 시 시간에 따른 안전율 변화

8.5 비탈면의 불안정 요인 및 파괴형태

8.5.1 비탈면의 불안정 요인

표 8.7에는 비탈면의 붕괴발생 원인을 각종 요인별로 분류하여 나타내었다.

표 8.7 비탈면붕괴 발생원인 검토항목(Cruden & Varnes, 1996)

1) 지질학적 요인	2) 지형학적 요인
① 지반 강도 자체가 약한 경우 ② 예민한 지반 ③ 풍화된 지반 ④ 기존에 전단된 지반(단층 혹은 과거에 일차 붕괴된 비탈면) ⑤ 절리가 발달된 지반 ⑥ 불연속면이 불리한 방향으로 경사 진 지반 ⑦ 지층 간의 투수계수가 다른 지반	① 물에 의한 비탈면 기슭(toe) 부분의 침식 ② 파도에 의한 비탈면 토우 부분의 침식 ③ 비탈면 측면부의 침식 ④ 비탈면 내부의 침식(석회암과 같은 물질의 용해 혹은 퇴적물의 유출에 기인한 파이핑) ⑤ 비탈면 정상부에 퇴적물에 의한 하 중 증가 ⑥ 초목의 제거(산불이나 가뭄에 의해)
3) 물리적 요인	**4) 인간 활동에 의한 요인**
① 매우 심한 폭우 ② 눈의 녹음 속도가 매우 빠름 ③ 장기간의 강우 ④ 수위의 매우 빠른 저하(홍수나 조 수) ⑤ 화산 폭발 ⑥ 해빙 ⑦ 동결융해의 기후	① 비탈면이나 비탈면 토우 부분의 절개 ② 비탈면이나 비탈면 정상부의 하중 증가 ③ 저수지의 수위 강하 ④ 산림 훼손 ⑤ 관개 ⑥ 광산 활동 ⑦ 인위적인 진동(발파) ⑧ 시설물로부터 누수가 발생하는 경우

8.5.2 비탈면의 파괴에 대한 내적요인과 외적요인

그림 8.20에는 비탈면 파괴의 내·외적 요인을 나타내었다.

1) 외적 원인(흙 속에 발생하는 전단응력을 증가시키는 원인)

2) 내적 요인(흙 자체의 전단강도를 감소시키는 원인)

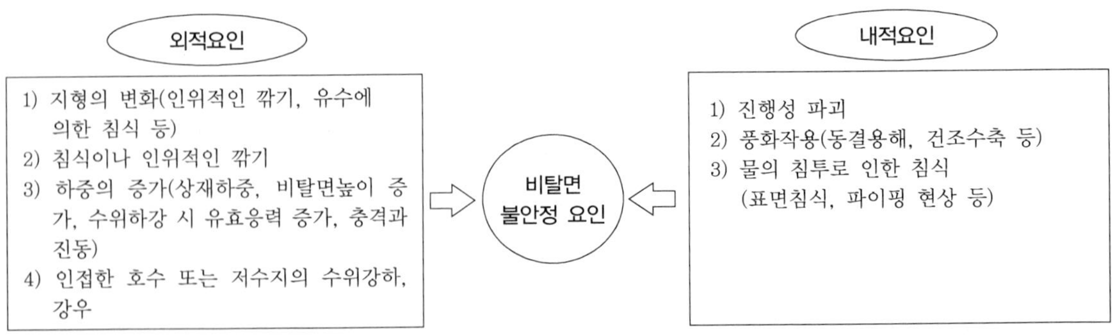

그림 8.20 비탈면의 불안정 요인

그림 8.21에는 Striegler & Werner(1969)에 의한 비탈면 파괴 원인을 간편하게 나타내었다.

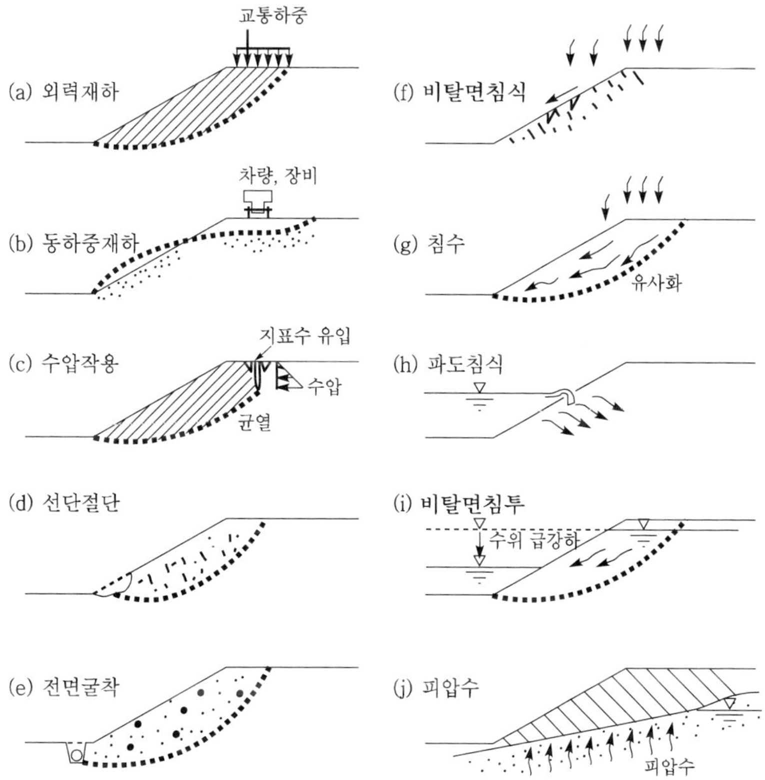

그림 8.21 비탈면 파괴원인(Striegler & Werner, 1969)

3) 비탈면보강 사례

비탈면높이 20m이상의 대절토 및 대규모 경사완화가 필요한 비탈면에 대해 설치최소화 방안을 수립하여 자연훼손을 최소화하여야 하며, 흙깎기비탈면 높이별 실무에서 시행하는 일반적인 비탈면보강 사례는 그림 8.22와 같다.

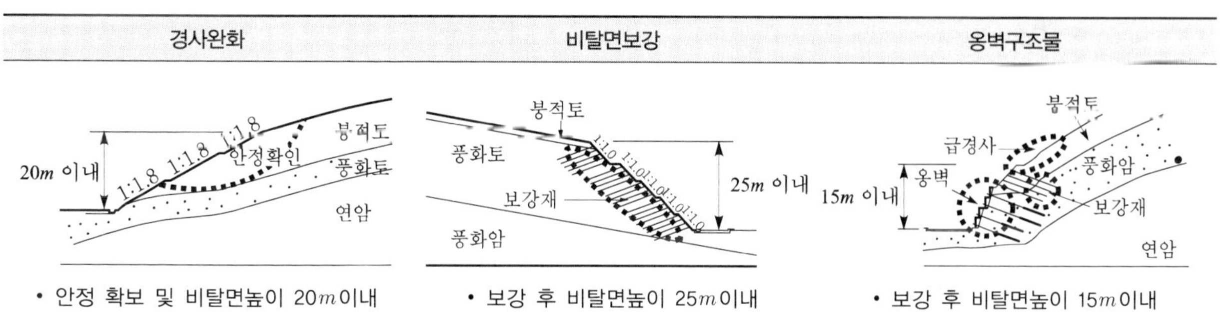

그림 8.22 비탈면 보강사례

8.5.3 토사 비탈면의 파괴형태

1) 인공, 자연비탈면붕괴형태

- 인공비탈면
  - 깎기비탈면
    - 얇은 표층 붕괴(침식, 세굴 포함) : 사질토, 표층풍화암
    - 깊은 흙깎기 붕괴 : 점흙쌓기, 붕적층, 파쇄대를 포함한 암
    - 깊고 광범위하게 산사태(landslide)적 붕괴 : 절리 발달한 암
  - 흙쌓기비탈면
    - 얇은 표층 붕괴(침식, 세굴 포함) : 사질토, 화강토
    - 깊은 흙깎기 붕괴 : 점흙쌓기, 지하수위가 높은 사질토
    - 기초지반을 포함한 붕괴 : 연약지반, 경사진 불안정한 지반
- 자연비탈면
  - 붕괴(slope failure) : 급경사지에서 돌발적으로 발생, 이동 속도 및 규모가 작은 편(원호활동), 풍화된 비탈면붕괴, 낙석
  - 지반활동(land slide) : 침투수가 집중되는 연약점토와 같은 특수한 지질구조를 갖는 완경사지에서 서서히 발생, 속도가 매우 느리고 그 규모가 큼(무한비탈면)
  - 토석류(土石流, 산사태) : 붕괴에 비해 유하거리가 극히 길고(100~1000 m) 암을 포함한 토사가 물과 일체가 되어 급속히 흘러내림

그림 8.23 비탈면붕괴형태

2) 절토 비탈면의 붕괴형태 및 특성

구 분	붕락(Fall)	활동(Slide)	퍼짐(Spread)	유동(Flow)
파괴형태	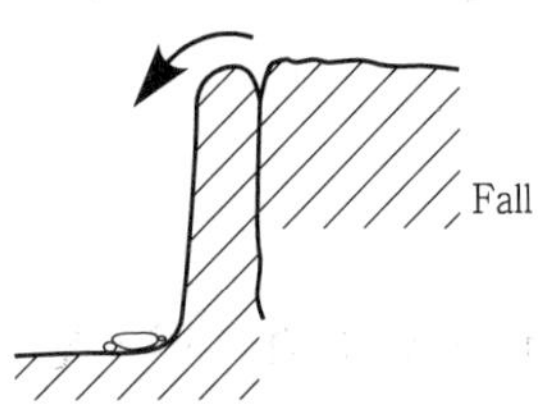	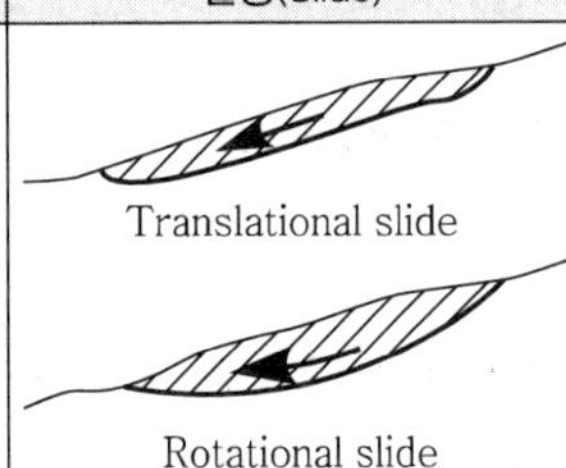	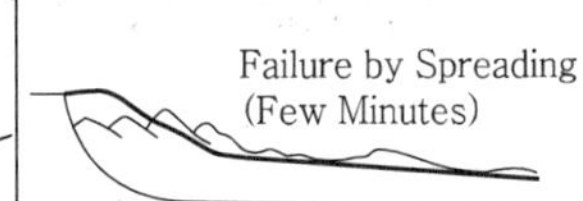	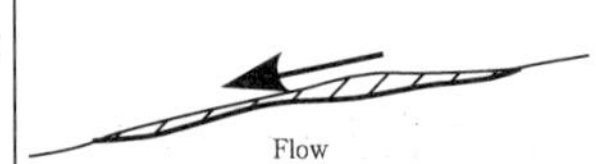
파괴양상	흙이나 돌이 가파른 벼랑이나 비탈에서 떨어져 나와 공중에서 낙하하거나 굴러서 아래로 떨어짐	1) 활동물질과 활동면 사이에 전단변형이 발생 2) 평행활동과 회전활동의 두 가지 형상	지층중에 전단강도가 현저히 약한 층이 존재할 때 그 층을 따라 흙덩이가 멀리까지 퍼지면서 활동하는 것	1) 전단저항력의 부족으로 인한 활동이라기보다는 소성적인 활동이 지배적인 경우 2) 활동이 대단히 느리며 지반 크리프(creep)가 발생

그림 8.24 깎기비탈면붕괴 형태

8.5.4 암반 비탈면의 파괴형태

1) 암반 비탈면의 파괴형태의 종류는 원형파괴(circular failure), 평면파괴(plane failure), 쐐기파괴(wedge failure) 및 전도파괴(toppling failure)가 있다.

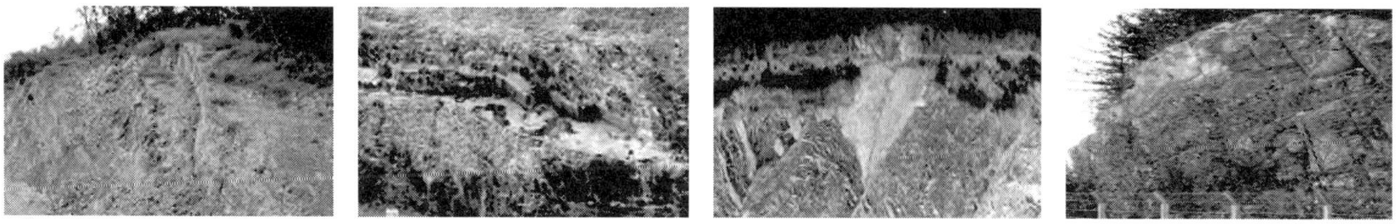

(a) 원형파괴 (b) 평면파괴 (c) 쐐기파괴 (d) 전도파괴

그림 8.25 암반비탈면의 파괴형태별 전경

2) 특히, 암반에서의 파괴는 불연속면의 방향(주향 및 경사)이나 기타 여러 가지 요인에 의해 발생할 수 있으므로 현장 지표지질조사 결과를 이용하여 비탈면의 파괴 형태를 평가해야 한다.

구분	전형적인 파괴형태와 극점분포	발생조건
원형파괴	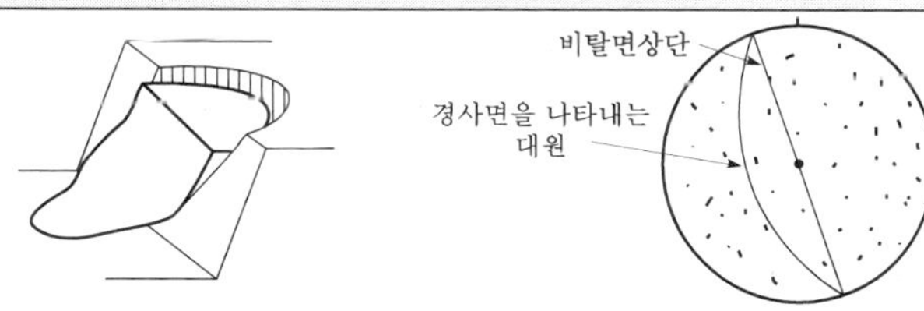	1) 풍화가 심하거나 절리가 심하게 발달된 암반에서 불연속면이 불규칙하게 많이 발달하여 뚜렷한 구조적인 특징이 없을 때 2) 연약한 토비탈면이나 절리정도가 심한 파쇄암에서 주로 발생
평면파괴	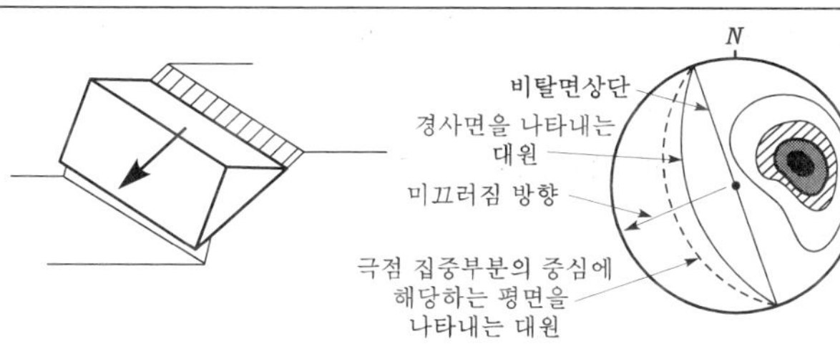	1) 불연속면의 경사방향이 절개면의 경사방향과 평행할 때 2) 불연속면이 한 방향으로 발달할 때 3) 절개면과 절리면의 주향차가 ±20도 이내 일 때 4) 절개면의 경사 〉 절리의 경사 〉 절리의 마찰각 일 때
쐐기파괴	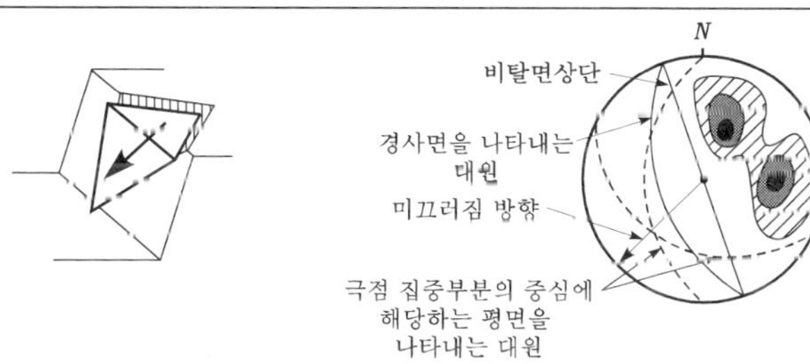	1) 2개의 불연속면이 2방향으로 발달하여 불연속면이 교차될 때 2) 절리의 교선과 절개면의 방향이 같을 때 3) 절개면의 경사〉절리교선의 경사〉절리의 마찰각 4) 2개의 불연속면의 교선이 비탈면의 표면에 나올 때
전도파괴	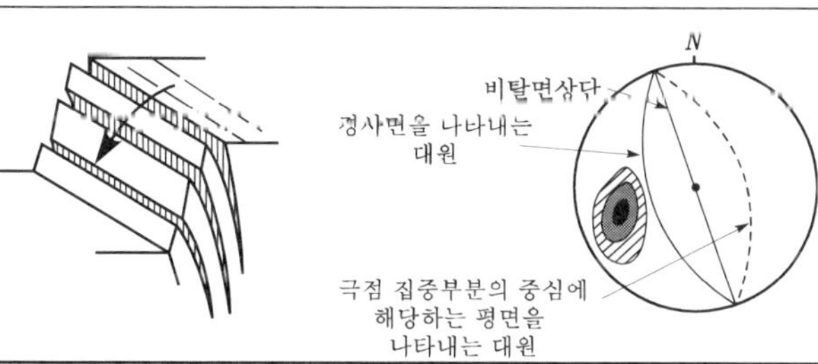	1) 절개면의 경사방향과 절리면의 경사방향이 반대일 때 2) 절개면과 절리면의 주향차가 ±30° 이내일 때 암주가 전도되면서 발생

그림 8.26 암반 비탈면 파괴 형태

8.5.5 붕괴비탈면의 보수대책

1) 지반조사

비탈면에서 활동파괴가 일어나면 원인을 분석하고 보수대책 마련을 하기 위하여 지반조사를 실시하여야 한다. 오거링, 보링 및 사운딩 등의 지반조사를 통하여 기본적인 물성뿐만 아니라 활동면의 깊이, 지하수 상태, 지층수 등을 확인하고 토질정수를 알기 위해 불교란시료를 채취하여 실험한다. 활동면의 깊이는 경사계를 사용하여 계측으로 확인할 수 있다.

2) 보수 대책

(1) 철근콘크리트말뚝, 철근콘크리트 패널, 널말뚝 등으로 지지 구조물 설치
(2) 옹벽, 게비온(gabion), 조립식 옹벽, 네일링벽 등의 지지구조물 설치
(3) 쇄석, 콘크리트 덩어리 또는 흙-시멘트 혼합체를 이용하여 지지구조물 설치
(4) 지지 구조물과 병행하여 인장말뚝 또는 영구앵커 설치
(5) 시멘트 모르타르의 주입으로 지반의 전단강도 증가
(6) 비탈면 선단 부분에 흙쌓기하고 산쪽의 지반은 굴착하여 지반의 외력을 감소
(7) 배수시설 또는 배수정을 이용하여 비탈면내의 지하수를 배수
(8) 암거 또는 우물 등을 이용하여 비탈면내의 지하수를 심층배수
(9) 붕괴지반 치환 후 양질의 비탈면시공

8.6 암반비탈면

8.6.1 서론

암반비탈면 설계 및 시공 시 절개지역의 불연속면 발달상태를 고려하지 않고 절개각도를 선정하거나, 시공할 경우 고속도로변, 건물의 기초처리를 위한 절개면 등에서 과도 복구비용이 발생 될 수 있다.

8.6.2 암반비탈면 안정성 평가

암반비탈면 안정해석방법으로는 평사투영, 한계평형, 개별요소 및 key-block 해석 방법이 있다.

1) 평사투영해석에 의한 안정성 평가

암반비탈면의 안정성을 분석하는 방법은 정량적인 방법과 정성적인 방법이 있다. 정량적인 방법은 비탈면의 불연속면을 측정하여 파괴블록 형상에 대한 전단강도 값을 산정하여 안정성을 분석할 수 있다. 그러나 현장암반의 전단강도 값과 내부마찰각을 측정하는 것은 쉽지 않다. 따라서 암반비탈면의 안정분석은 정성적인 방법을 사용하기도 한다. Stereonet상에 비탈면, daylight envelope, friction cone, toppling envelope 등을 작성, 절리면 방향의 밀도 분포에 의하여 비탈면 안정성을 평가한다. 평사투영법은 암반비탈면의 불안정 요소인 불연속면의 기하학적인 배치를 나타내므로 평사투영에 의해 안정한 것으로 평가된 비탈면은 한계평형해석을 수행하지 않는다.

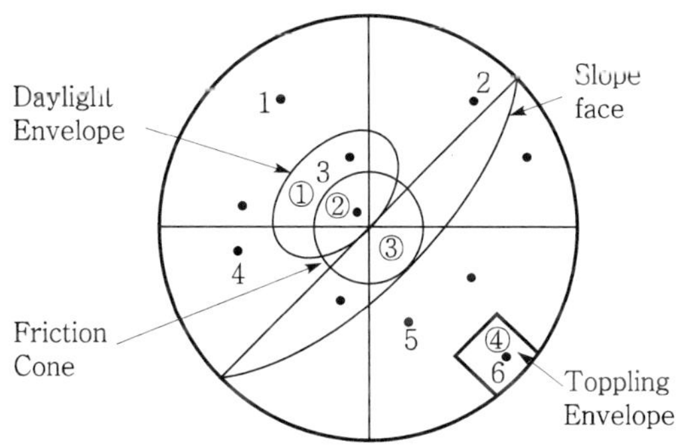

1) 지역 : 불연속면의 경사각이 마찰각보다 큰 daylight로서 불안정한 지역
2) 지역 : 불연속면의 경사각이 마찰각보다 작은 daylight로서 안정한 지역
3) 지역 : 불연속면의 경사각이 마찰각보다 작으며, daylight도 아닌 안정한 지역
4) 지역 : 전도파괴(Toppling failure)의 위험성이 잠재된 불안정한 지역
5) 지역 : 불연속면의 경사각이 마찰각보다 크더라도 daylight나 toppling envelope이 아니므로 안정한 지역

그림 8.27 평사투영 해석

2) 한계평형해석에 의한 안정성 평가

(1) 개 요

운동학적 평가를 통하여 암반비탈면 파괴가능성이 존재하는 것으로 평가되면, 주어진 비탈면에 대하여 안정성 평가(stability analysis)를 수행하고 필요시 보강대책을 수립하여야 한다. 파괴형태에 대한 안정성 분석 방법을 서술하면 다음과 같다.

(2) 평면파괴에 대한 안정성 해석

일단 운동학적 평가에 의하여 평면파괴의 가능성이 존재하는 것으로 판명되면, 그림 8.28과 같은 형상으로 발생하는 것으로 가정하며 다음의 순서에 의하여 평면파괴에 대한 안정성을 평가한다.

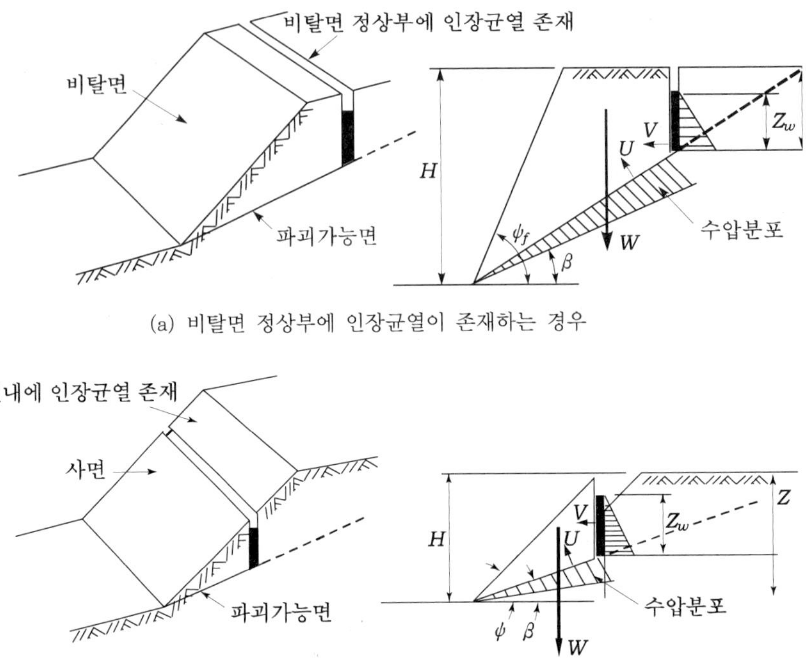

그림 8.28 평면파괴 시 인장 균열의 수압 분포

① 불연속면과 인장균열의 주향은 비탈면의 주향과 동일하다.
(±20°이내에 조건을 만족하면 안정성 해석에서는 주향의 차이가 없는 것으로 가정)

② 인장균열은 연직방향으로 발생하며, 인장 균열부에는 높이 Z_w만큼 물로 채워져 있다.

③ 인장균열부 및 불연속면에 작용되는 수압은 그림 8.28에서와 같이 삼각형 분포를 이룬다.

④ 암석블록에 작용되는 모든 힘은 무게중심을 지난다. 즉, 모멘트에 대한 평형조건은 언제나 만족된다.

⑤ 불연속면에서의 전단강도는 Mohr-Coulomb의 파괴이론을 따른다. 즉, $\tau_f = c' + \sigma_n' \tan\phi'$로 정의한다. 불연속면의 전단강도 모델이 Bilinear 또는 비선형모델로 주어진 경우 암반비탈면에 작용되는 평균수직응력 σ_n'을 계산하여 비선형모델을 σ_n'에 대응되는 선형모델로 단순화하여야 하며 Bilinear모델에서는 σ_n'에 맞는 c', ϕ'값을 취하여야 한다.

8.6.3 국내 암반 비탈면 파괴유형(한국지반공학회, 1996)

우리나라 암반비탈면 중 고속도로 구간에서 발생한 비탈면 파괴를 조사한 결과 파괴형식은 평면파괴가 50%이상이고 암종류는 변성암이 약 60%, 퇴적암이 35%, 화성암이 5%에 해당된다. 암반비탈면 보강공법 과정은 그림 8.29와 같다.

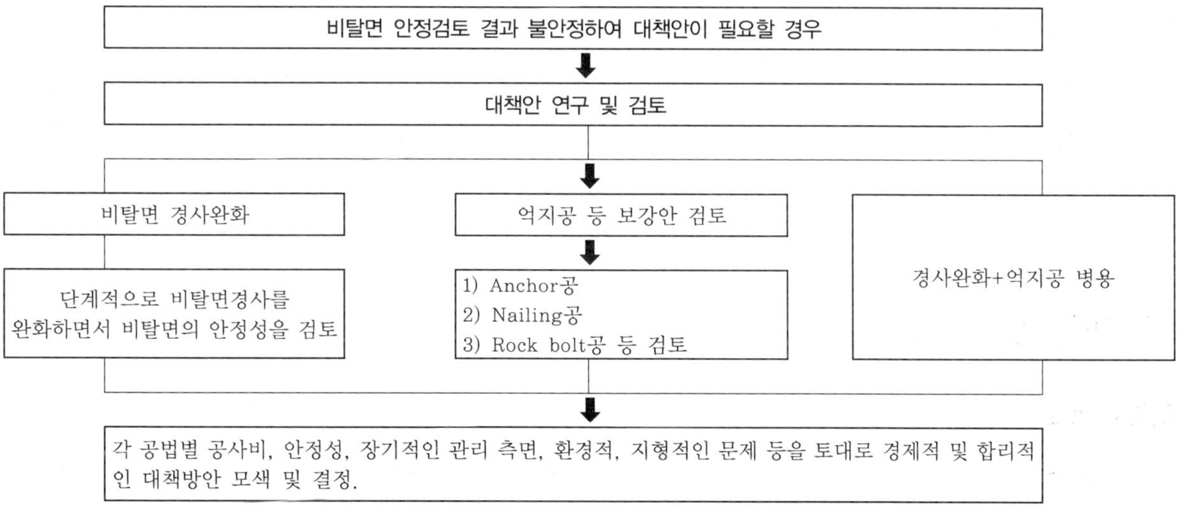

그림 8.29 암반비탈면 보강 공법

8.6.4 암반비탈면의 조사, 평가 및 해석 흐름도

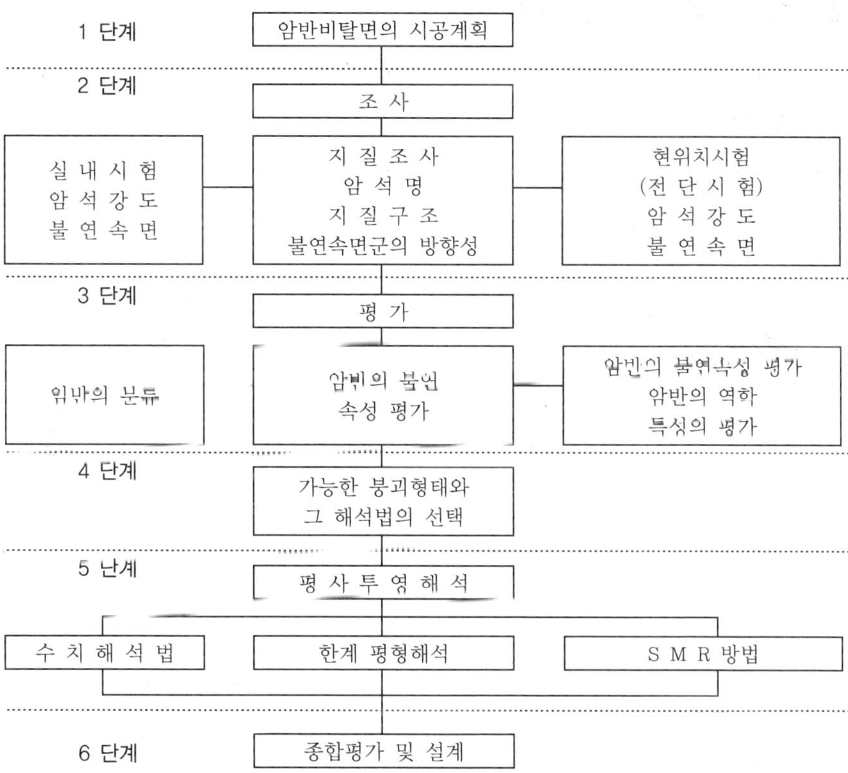

그림 8.30 암반비탈면의 조사, 평가 설계흐름도

8.6.5 실무적용

경제적인 암반비탈면 안정공법은 비탈면구배를 완화하거나 또는 비탈면을 깍기하는 것이고 적극적인 방법은 록 앵커(rock anchor), 록 볼트(rock bolt), 억지말뚝공에 의한 방법이며 기타 방법들은 보조공법 중 뜬돌, 표면풍화, 균열, 지하수 여건 등을 고려하여 적용해야 한다.

8.7 비탈면 보호공법

8.7.1 개요

비탈면붕괴위험이 크지 않은 경우는 줄떼, 평떼 등을 이용하여 비탈면을 보호하는 비탈면보호공법이 있고, 붕괴 위험성이 있는 비탈면은 록볼트(rock bolt), 록앵커(rock anchor), 소일네일링(soil nailing) 등을 이용하여 보강하는 보강공법이 있다.

8.7.2 비탈면 보호공법의 종류 및 장,단점

암반 보강 및 암석제거에 대한 개념도는 그림 8.31과 같고, 비탈면보호 및 비탈면보강공법의 종류 및 장, 단점은 표 8.8과 같다.

암반보강

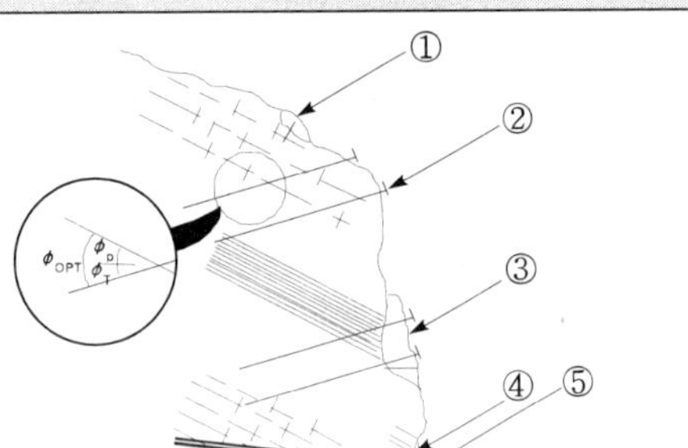

1) ①: 암괴의 미끄러짐을 방지하기 위한 다웰(dowel)공법
2) ②: 인장형 록앵커 또는 록볼트
3) ③: 단층대를 따른 활동을 방지 하는 띠형옹벽(tied-back wall)
4) ④: 파쇄암의 교란부를 보호하는 숏크리트
5) ⑤: 비탈면 내 간극수압을 감소시 키는 배수공
6) ⑥: 비탈면 저부의 움푹한 부위를 보강하는 콘크리트 부벽(buttress)

암석제거

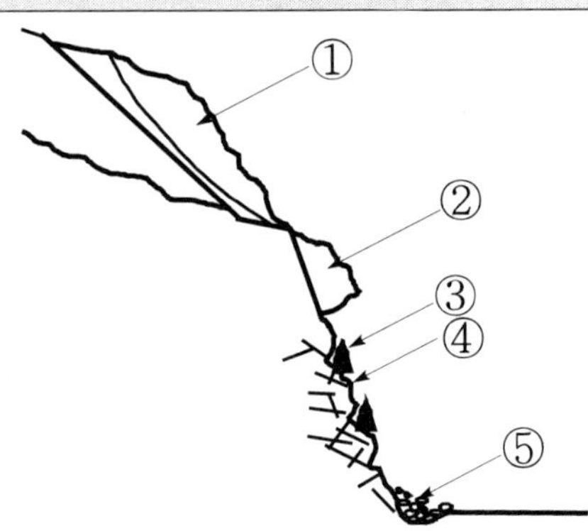

1) ①: 불안정한 부위를 구배완화(resloping)
2) ②: 제어발파에 의한 부석제거(triming)
3) ③: 균열에 뿌리를 내리는 관목 제거
4) ④: 파쇄된 암석의 비탈면정리(scaling)
5) ⑤: 낙석방지 측구 관리

그림 8.31 암반보강 및 암석제거(비탈면 안정화 대책) 방법

표 8.8 비탈면 보호, 보강공법의 종류 및 장단점

구분	보호공	공법개요	적용	장·단점
표면보호공법	숏크리트 (Shotcrete)	표면 정리 후 철망을 정해진 위치에 앵커핀으로 고정시킨 후 시멘트 모르타르를 뿜칠하여 표면을 보호하는 공법	암반 비탈면	1) 표면보호능력 양호 2) 지하수가 많은 곳에서는 쉽게 탈락 3) 배수성과 미관이 불량하고 동결되면 균열발생
	격자 블록	표면 정리 후 블록으로 격자를 만들어 앵커핀으로 고정시키고 격자 안에 흙채움을 하여 표면을 보호하는 공법	흙 비탈면	1) 급비탈면에 적용곤란 2) 부분침식 발생
	녹생토	부착망을 앵커판과 착지판으로 고정시킨 후 점토질 토양개량제와 잔디씨를 혼합하여 뿜칠함으로서 표면을 보호하는 공법	암반 비탈면	1) 녹화효과 양호 2) 해빙기에 강도저하
	텍솔 (Texsol)	부착망을 앵커판과 착지판으로 고정시킨 후 연속장섬유와 잔디씨가 혼합된 사질토를 뿜칠함으로서 표면을 보호하는 공법	암반 비탈면	1) 경사에 관계없이 사용 2) 배수성 양호하고 인장강도 우수 3) 적용면적 협소 시 단가 상 승
	볏짚 녹화공	잔디 및 초목류를 혼합파종한 후 볏짚을 그 위에 덮어 비탈면을 보호하고 비탈면유실을 방지하는 공법	흙 비탈면	1) 가격이 저렴 2) 침식 및 탈락 발생
	코아 넷 (Coir net)	코코넛 섬유질 매트로 비탈면을 피복한 후 씨앗과 혼합된 사질토를 뿜칠하여 표면을 보호하는 공법	암반 비탈면	1) 가격이 저렴 2) 침식 및 탈락 발생
	줄떼공	식생토를 사용하여 비탈면하단에서부터 줄떼의 장변을 비탈면에 따라 수평으로 펴고 흙을 씌워 표면을 보호하는 공법	흙 비탈면	
	평떼공	비탈면 어깨로부터 떼의 긴 변은 수평방향으로 놓고 떼와 비탈면이 밀착되도록 두들겨서 표면을 보호하는 공법	흙 비탈면	
사면보강공법	경사완화	경사를 완화시켜 비탈면의 안정성을 증대시키는 공법	흙 비탈면 암반 비탈면	자연훼손이 발생하고 기존구조물 존재 시 적용곤란, 추가적인 토지확보 필요
	마이크로 파일 (Micro pile)	지중에 천공후 $\phi 162.5mm$의 강관을 삽입하고 시멘트 밀크를 주입하여 소구경 파일을 형성하는 공법	흙 비탈면	1) 시공성 우수, 품질확보 확 실 2) 암반이 견고할 때 별도의 장비 필요
	록볼트 (Rock bolt)	암블럭과 기반암을 록볼트로 연결시켜 암반을 안정화시키는 공법	암반 비탈면	1) 시공성 우수, 추가적인 토 지확보 불필요 2) 시공 후 계측필요
	록앵커 (Rock anchor)	앵커의 인장력으로 암반블럭의 전단저항력을 증가시켜 암반을 안정화시키는 공법	암반 비탈면	1) 원지반 보강 및 강도정수 증대효과 2) 추가적인 토지확보 불필요
	소일네일링 (Soil nailing)	지중에 소형 천공 후 철근이나 록볼트를 삽입하고 시멘트 그라우팅하여 고격시키는 공법	흙 비탈면	1) 시공성 우수 2) 추가적인 토지확보 불필요
	옹벽	옹벽구조물을 설치하여 옹벽이 배면토압을 부담함으로써 비탈면을 안정화시키는 공법	흙 비탈면	
	다웰바 (Dowel bar)	국부적인 탈락이 예상되는 암블록에 다웰바를 설치하여 블록의 탈락을 방지시키는 공법	암반 비탈면	

8.7.3 록볼트(Rock bolt)공법

1) 개요

원지반을 착암기 등으로 천공하여 그 속에 볼트를 삽입한 후 정착시킴으로써 부석 등을 원지반에 고정시키는 공법이다. 록볼트(Rock bolt)는 지반자체가 강도를 발휘하도록 도와주는 지보재의 일종으로 록볼트의 길이와 간격은 지반의 강도, 절리, 균열의 발달상태, 용수상황, 천공경의 확대 유무의 용이성, 정착의 확실성 등을 고려하여 결정한다.

2) 적용범위

(1) 예상활동면의 심도가 깊지 않거나, 낙반이 예상되는 암비탈면.

(2) 암반의 균열과 절리를 따라 발생하는 활동방지 목적.

(3) 절취비탈면의 부분적인 암반의 붕괴를 방지할 목적.

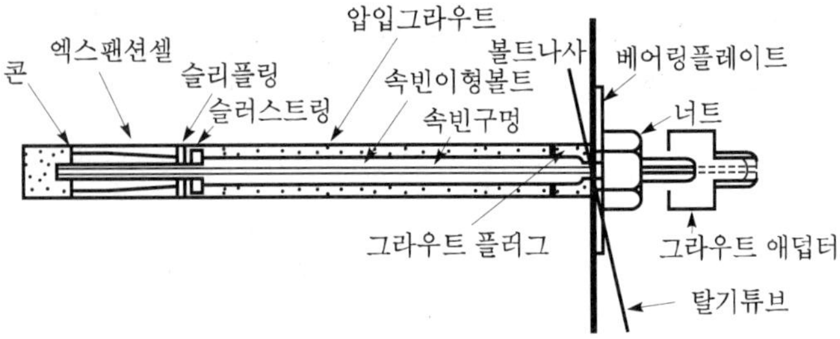

그림 8.32 록볼트(Rock bolt) 개요도

3) 특성

(1) 균열 및 절리가 심한 부분 또는 낙석위험이 있는 대상구간을 부분적으로 보강할 경우에 유리함.

(2) 소규모 공사에 경제적이며 효과적임.

(3) 정착부에 비교적 견고한 암반이 분포할 경우에만 적용가능 함.

(4) 비탈면 내 배수처리를 위한 수발공이 필요함.

(5) 비탈면이 이완되기 전에 보강해야 하므로 반드시 단계별굴착을 하면서 시공해야 하며 이미 이완된 비탈면은 시공이 곤란함.

8.7.4 록앵커(Rock anchor)공법

1) 개요

록앵커(Rock anchor)공법은 원지반을 천공한 후, 비탈면의 예상활동면보다 깊은 위치에 앵커체를 정착한 후 이를 고장력 PC강선이나 강봉 등을 통해 지표면에 설치된 수압부에 연결하여 긴장력을 가해 정착시킴으로서 지반의 활동을 억지하는 공법이다.

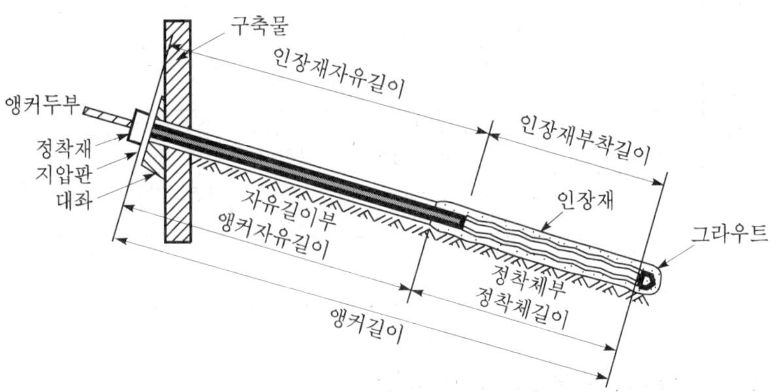

그림 8.33 록앵커(Rock anchor) 개요도

2) 적용범위

(1) 대단위 파괴가 우려되는 암반비탈면

(2) 암반의 상태는 양호하나, 불연속면의 연속성으로 비탈면안정이 필요한 경우

(3) 절취비탈면의 보강 및 장기적인 면에서 안정성 확보가 요구되는 경우

3) 특성

(1) 토질이나 암반에 모두 적용
(2) 대단위 비탈면붕괴에 대한 보강대책으로 유리
(3) 자유장 부분에서 발생되는 국부적인 비탈면붕괴에 대해서는 안정성을 확보하기 어려움
(4) 시간경과에 따른 긴장재의 이완으로 인한 인장력 감소
(5) 가압 그라우팅이 아닌 단순 천공 홀채움 방식이므로 파쇄가 심하고 절리가 발달된 지반에서는 적용성이 떨어짐

8.7.5 소일네일링(Soil nailing) 공법

소일네일링(주로 이형철근)공법은 네일(nail)을 프리스트레싱없이 비교적 촘촘한 간격으로 원지반에 삽입하여 원지반 자체의 전체적인 전단강도를 증대시키고 공사도중이나 완료 후에 예상되는 지반의 변형을 가능한 억제 하는 공법이다. 소일네일링(Soil nailing)공법의 원리는 보강토공법과 같으며 굴착면의 일부 토사를 하나의 큰 보강체로 구성함으로써 보강구조체 배면의 토압에 저항할 수 있도록 한 것이다. 보강토 공법은 흙쌓기제체에 적용하는 반면 소일네일링(soil nailing)은 깎기지반에 적용한다는 점이 일반 보강토 토류벽과 다르다.

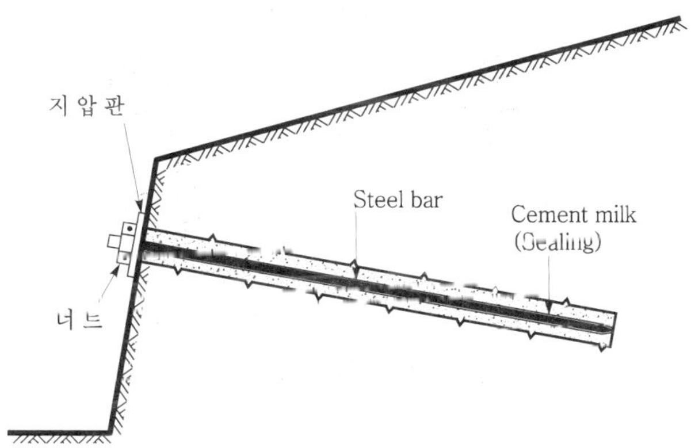

(a) 소일네일링(Soil nailing) 개념도

(b) 소일네일링(Soil nailing) 시공전경

그림 8.34 소일네일링(Soil nailing) 개념도와 시공전경

1) 적용범위

(1) 토사 또는 풍화가 심한 대규모 깎기 비탈면
(2) 평면활동이 우려되고 얕은 활동이 발생 예상비탈면
(3) 구조물 신설, 기존 도로 및 철도 확장 등에 활용

2) 공법특징 및 시공순서

(1) 공법특징

소일네일링(Soil nailing)공법은 저렴한 공사비, 경량의 시공장비, 현장 여건 및 지반조건의 적응성, 유연성 등의 장점을 지니고 있으며, 지진 등의 동적하중이 작용하는 경우에도 과다한 변위 없이 저항능력을 충분히 발휘할 수 있다. 국내에서는 가시설 흙막이 벽체구조물에 깊이 30m 이상을 소일네일(soil nail)로 시공한 예가 있으며, 20m이상의 비탈면보강 공사에 적용한 사례도 있다.

(2) 시공순서

시공순서는 그림 8.35와 같이 지반굴착, 천공, 보강재의 삽입, 그라우팅 실시, 전면보호공의 순서로 실시된다.

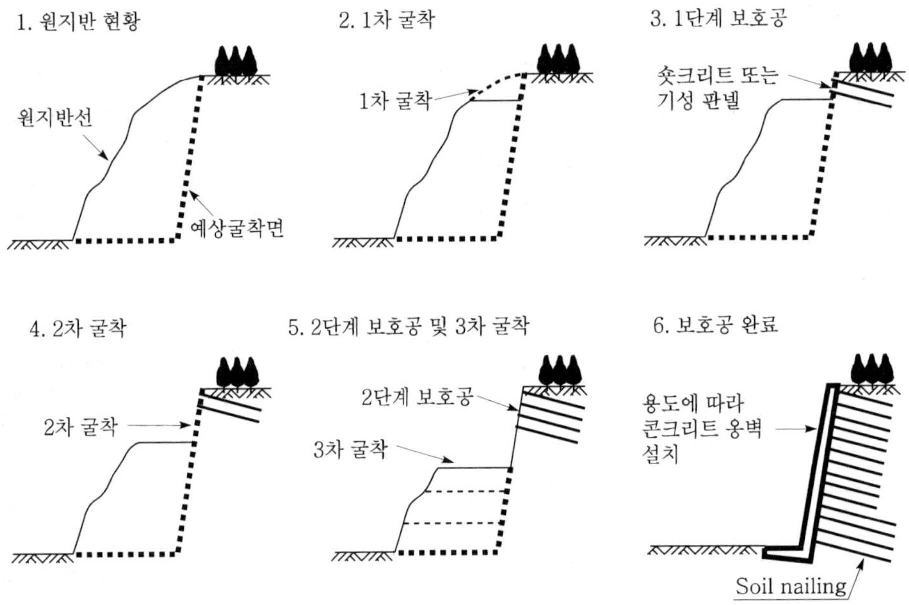

그림 8.35 소일네일링(Soil nailing) 공법의 시공순서

8.8 비탈면설계

8.8.1 기본 방향

1) 지반조사 성과를 바탕으로 깎기, 쌓기, 터널 갱구비탈면 등의 안정성 평가

2) 주변 지형·지질 및 환경조건을 고려하여 환경친화적인 비탈면설계 실시

3) 국, 내외 기준 및 노선주변 인근비탈면 분석결과를 이용하여 비탈면 설계기준 도출
4) 상시, 강우 시, 지진 시 지반의 상태변화에 따른 토사풍화암 비탈면의 안정성 평가
5) 불연속면 특성 및 확률론적 신뢰도 분석을 하여 비탈면안정 파괴확률 제시
6) 시공 중 및 시공 후의 유지관리, 계측계획, 시공관리 대책수립

8.8.2 설계흐름도

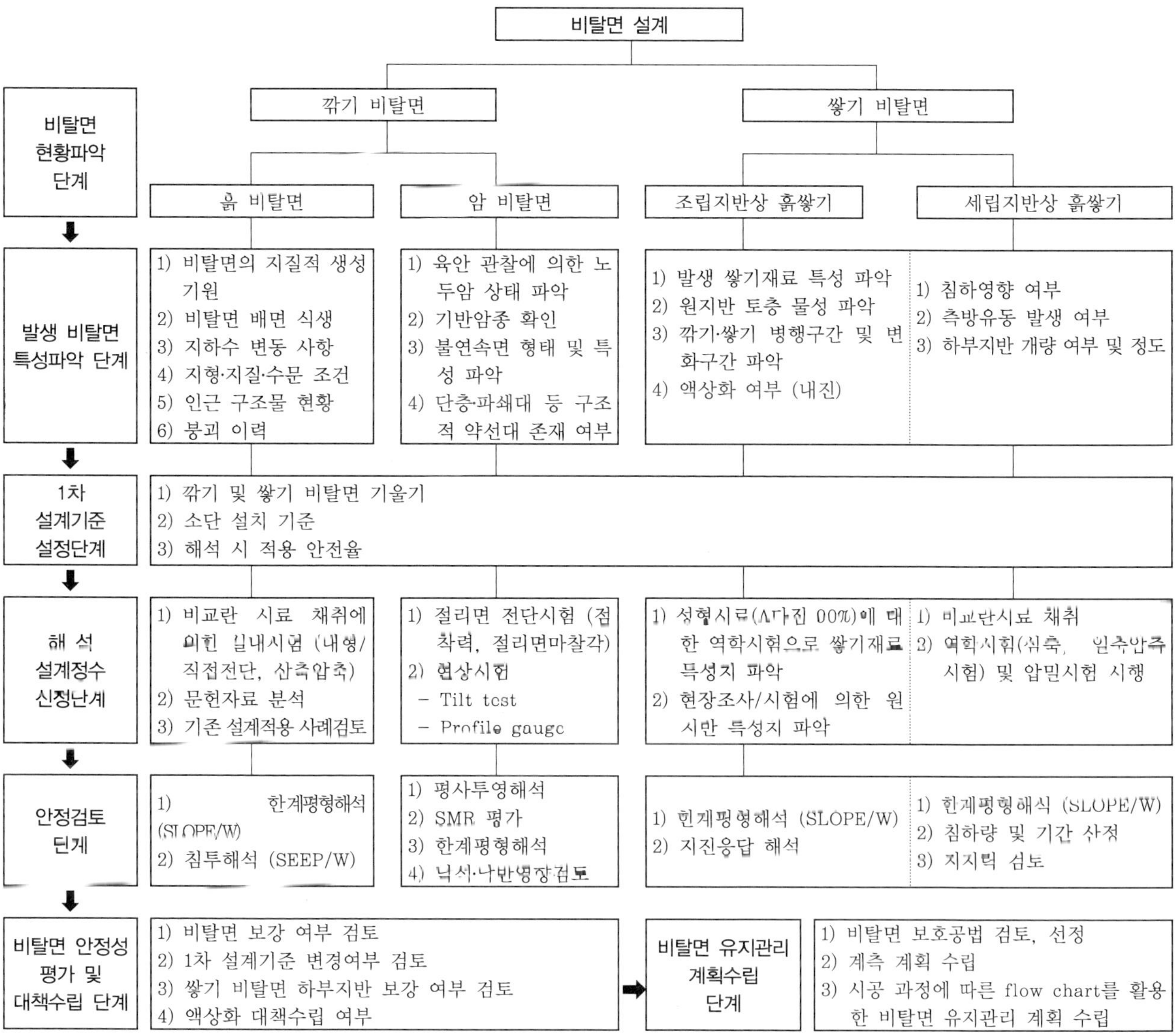

그림 8.36 비탈면 설계 흐름도

8.8.3 설계 지반정수의 결정

자연시료에 대하여 물리성 및 역학적시험을 실시하여 현장조건에 맞게 결정하여야 하나 사질토나 단단한 점토에서는 시료채취가 어려운 경우 실무에서는 일반적으로 적용하는 한국도로공사의 개략토질정수와 도로교 표준 시방서를 참고하여 적정한 토질정수를 적용하는 것이 바람직하다.

표 8.9 토공재료의 개략적인 토질정수

종류		재료의 상태		단위 체적중량 (kN/m^3)	내부 마찰각 (도)	점착력 (kPa)	분류기호 (통일분류)
흙쌓기	자갈 및 자갈섞인 모래	다진 것		20	40	0	GW, GP
	모 래	다진것	입도가 좋은 것	20	35	0	SW, SP
			입도가 나쁜 것	19	30	0	
	사질토	다진 것		19	25	3이하	SM, SC
	점흙쌓기	다진 것		18	15	5이하	ML, CL, MH, CH
자연시료	자 갈	밀실한 것, 입도가 좋은 것		20	40	0	GW, GP
		밀실하지 않은 것, 입도가 나쁜 것		18	35	0	
	자갈섞인 모래	밀실한 것		21	40	0	GW, GP
		밀실하지 않은 것		19	35	0	
	모 래	밀실한 것, 입도가 좋은 것		20	35	0	SW, SP
		밀실하지 않은 것, 입도가 나쁜 것		18	30	0	
자연시료	사질토	밀실한 것		19	30	30이하	SM, SC
		밀실하지 않은 것		17	25	0	
	점흙쌓기	굳은 것 (손가락으로 강하게 눌러 조금 들어감)		18	25	50이하	ML, CL
		약간 무른 것 (손가락으로 중간정도의 힘으로 들어감)		17	20	30이하	
		무른 것(손가락이 쉽게 눌러 들어감)		17	20	15이하	
	점토 및 실트	굳은 것(손가락이 세게 눌러 조금 들어감)		17	20	50이하	OH, MH, ML
		약간 무른 것 (손가락으로 중간정도의 힘으로 들어감)		16	15	30이하	
		무른 것(손가락이 쉽게 들어감)		14	15	15이하	

8.8.4 비탈면 안정분야 설계 개선사항

현재 수행하고 있는 비탈면안정분야의 설계개선사항은 표 8.10과 같다.

표 8.10 비탈면 안정분야 설계 개선사항

주요항목	현행	설계 개선사항
지반정수 산정	1) 정량적 암반강도정수 산정기준의 미흡 2) 풍화토, 풍화암 및 쌓기체의 강도정수 3) 불연속체의 지반정수 산정 미흡	1) 실내시험, 시추코어, 조사선, 조사창, BIPS 해석으로 Monte-Carlo 통계처리기법 활용 2) 공내전단시험(BST) 실시 3) 절리통계분석에 의한 합리적인 지반정수산정
비탈면 기울기	1) TCR, RQD에 의한 개략적인 경사 기준 2) SMR분류 시 불연속면 강도특성 미 고려	1) 국내·외 기울기 기준, 인근 비탈면 현황 등을 종합적으로 고려한 경사기준설정 2) SMR Net을 도입, 합리적인 평가기법의 도입
암반분류 및 비탈면검토	1) 한계평형해석 프로그램의 적정성 2) 암반비탈면의 주절리 특성에 따른 검토 3) 토사비탈면의 비탈면거동에 따른 안정성	1) 비탈면파괴 확률해석 2) 3차원 확률절리망 구성 및 UDEC해석 수행 3) 수치해석(FLAC)을 통한 안정성 검증
강우 시 비탈면의 불안전 요인	비탈면 형태에 따라 안전율의 과소 또는 과대평가의 우려가 있음	1) 지역강우특성을 고려한 포화심도의 산정 2) 강우 시 비탈면 침투에 의한 포화대의 심도 결정 3) 침투로 인한 지하수위 상승을 고려
내진설계	1) 유사정적해석에 의한 비탈면 안정성 검토 미흡 2) 내진 설계자료의 확보	1) 동적시험 결과분석에 의한 동적물성치 산정 2) 역사지진 및 지반특성을 고려한 지진하중 설정 3) 지진응답해석에 의한 비탈면의 안정검토
비탈면 안정에 대한 신뢰도	1) 확률론적 안전 개념 미확보 2) 비탈면에 대한 장기적 안정성 확보 미흡	1) 설계입력정수의 불확실성을 고려하여 비탈면 신뢰도 분석을 통한 비탈면 파괴확률검토 및 대책수립 2) 비탈면 계측, 유지관리 계획수립

8.8.5 비탈면안정 검토

지진은 동하중을 발생시키며 발생된 하중으로 인하여 지반 내 전단응력이 증가되고 이로 인해 지반재료의 강도가 감소되어 비탈면안정의 저해요인으로 작용하므로 내진해석 시 주의를 요한다.

1) 비탈면조건별 해석 종류

표 8.11 비탈면 조건별 해석 종류

토사, 풍화암 비탈면	암반비탈면	비탈면 정밀 해석
1) 유한차분해석 2) 한계평형해석 실시 3) 연속체의 내진해석	1) 평사투영해석 2) 한계평형해석 3) SMR Net 해석 4) 낙석 및 낙반검토	1) 지진응답해석 2) 비탈면파괴 확률해석 3) 강우특성을 고려한 안정성 검토

2) 토사 및 풍화암의 내진해석 방법(예)

표 8.12 토사 및 풍화암의 내진해석 방법

구분	해석방법	사용 소프트웨어	해석방법
깎기 비탈면	등가정적해석	SLOPE/W	진동하중인 지진하중(지진가속도 계수)을 정적하중으로 고려
	동적내진해석	SIMQKE(인공지진파 작성) ⇩ FLAC 2D(2차원 유한차분해석)	인공지진파를 이용한 시간이력해석
쌓기 비탈면	등가정적해석	SLOPE/W	진동하중인 지진하중(지진가속도 계수)을 정적하중으로 고려

3) 동적내진해석(시간이력해석)의 절차(예)

해석위치선정 및 동적지반물성치 산정	➡	실내 및 현장시험에서의 결과를 이용하여 동적해석에 필요한 입력물성치 결정
⬇		
설계지반운동 결정	➡	1) "내진설계 기준"을 토대로 설계응답스펙트럼 작성 2) 설계응답스펙트럼에 부합하는 지표면 가속도 시간 이력곡선 작성(SIMQKE) 3) Deconvolution 절차에 의한 기반면 가속도 시간이력 작성(SHAKE) 4) 등가선형해석에 의한 입력물성치 조정(SHAKE)
⬇		
동적내진해석 및 결과분석	➡	1) 경계조건의 설정 2) 감쇄경계면에 대한 입력지반운동의 적용 3) 수치해석 및 해석방법의 적정성 검토 4) 정적해석과 동적해석 결과 비교 5) 동적거동시 안정성 검토

그림 8.37 동적 내진해석 절차

4) 암반비탈면의 내진해석 방법(예)

표 8.13 암반비탈면의 내진해석 방법

구분	해석방법	사용소프트웨어	내용
암반 깎기비탈면	등가정적해석	Swedge 및 Rock plane	진동하중인 지진하중(지진가속도계수)을 정적하중으로 고려
	동적내진해석	SIMQKE (인공지진파 작성) ⇩ FLAC 2D(2차원 유한차분법)	인공지진파를 이용한 시간이력해석

8.8.6 강우 시 비탈면 지하수위 적용

1) 기관별 우기 시 지하수위 적용기준

비탈면 파괴는 일반적으로 우기 시에 집중적으로 발생하므로 비탈면 안정검토 시 지하수위 조건에 대하여 각 기관별 제시된 기준, 비탈면붕괴사례 및 연구 논문을 참조하여 합리적인 지하수위 조건을 선정하여야 한다. 표 8.14에는 기관별 우기 시 지하수위 적용기준을 나타낸다.

표 8.14 기관별 우기 시 지하수위 적용기준

기관명		조건	우기시 적용기준
국토교통부	국도건설공사설계실무요령(2004)	토층/풍화암	지하수위는 지표면에 위치
한국도로공사	도로설계실무편람(1996) -토질 및 기초편-	토층/풍화암	지하수위는 G.L(-) 3.0m
	도로설계요령 (2001) -토공 및 배수-	토층/풍화암	지하수위는 지표면에 위치
한국토지공사	Koland 설계기법 연구보고서		지하수위는 G.L(-) 3.0m, 강우에 의한 표면파괴해석
한국철도시설공단	철도설계편람(2004) -토목편-		강우에 의한 비탈면 내 침투를 고려한 안정해석을 반드시 수행

2) 강우 시 비탈면내의 변화

강우가 지속됨에 따라 비탈면 내 토층은 깊이에 따라 포화도 분포양상이 다르게 되며 다음과 같은 영향을 나타낸다.

(1) 강우로 인해 지표부근은 완전히 포화되어 포화도가 1.0에 접근한다.

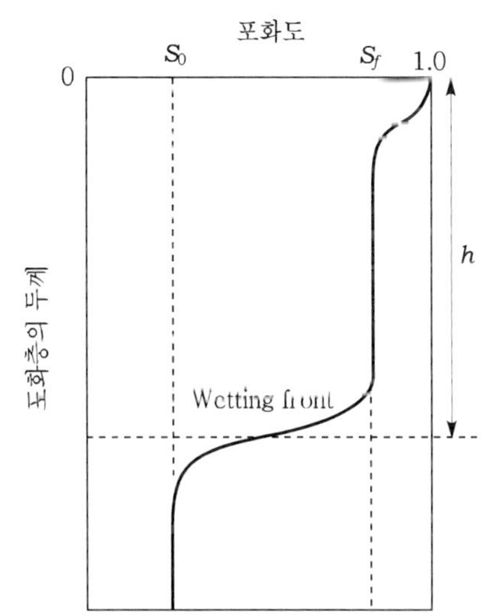

그림 8.38 강우 시 습윤대의 형성(Lumb, 1975)

(2) 중력의 영향으로 깊이가 깊어짐에 따라 점차 감소하다가 일정 깊이 이상에서는 일정한 포화도를 나타내며 습윤대(wetting band)를 형성한다. 습윤대는 강우가 지속됨에 따라 비탈면 지표부근은 완전 포화되고 중력의 영향으로 그 범위가 점차 깊어지며 포화정도는 감소하나 일정한 포화도를 나타내는 두께가 형성되는데 이를 wetting band라 한다.

(3) Wetting band approach (Lumb, 1962 and 1975)에서는 형성된 wetting band가 불투수층까지 강우 지속 여부와 무관하게 연직 방향으로 강하한다고 가정한다.

(4) 습윤대의 두께는 중력의 영향으로 점차 증가하다가 지하수위를 만나거나 투수계수가 낮은 지층에 도달하면 양의 간극수압을 나타내면서 지하수위를 상승시킨다.

(5) 우기 시 비탈면붕괴구조

표 8.15 우기 시 비탈면붕괴구조

연직침투 과정	기반암 평행침투 과정	비탈면붕괴 과정
강우가 비탈면 토층 내에 침투하면서 형성된 wetting band (wetting front)가 시간 경과와 함께 비탈면 심부로 강하해 가는 과정	Wetting band가 기반암층(불투수층)에 도달한 후 암반과 평행한 방향의 침투가 발생하는 과정	Wetting band의 연직침투와 상승된 지하수위의 평행 침투는 비탈면 하단부로 갈수록 크게 나타나며 한계수위 형성 위치에서 붕괴가 발생

(6) 지하수위 침투과정

연직 침투과정	불투수층 평행침투 후 지반내 수위상승

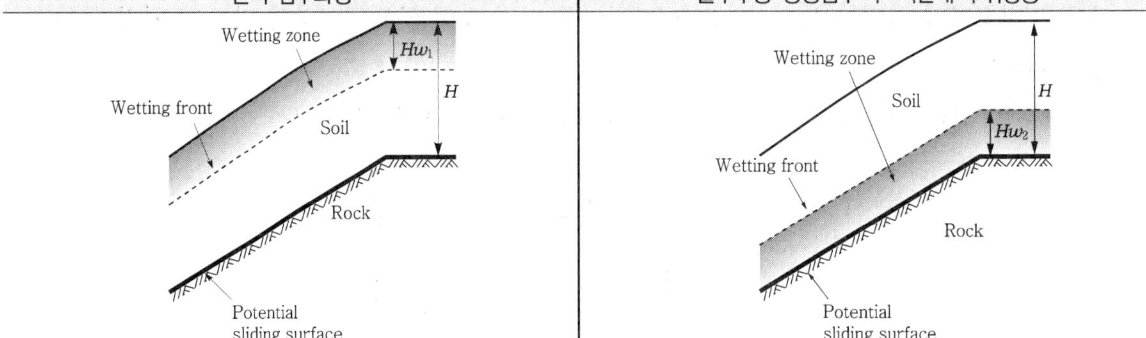

그림 8.39 지하수위 침투과정

3) 비탈면붕괴

표 8.16 1991년 용인-안성지역 산사태 (박용원, 1992)

개요	파괴면 형태	분석결과
1) 발생개소 : 2600여개 2) 단시간 집중호우 발생, 3) 당일 강우량은 114mm	1) 평면활동 : 20% 2) 유동형태 : 50% 3) 평면+유동형: 30%	1) 단시간의 집중호우로 인해 발생 2) 활동깊이 : 2.0m 이하

표 8.17 태풍루사(2002년), 태풍매미(2003년) 발생시 파괴형태 및 분석결과

개요	파괴면형태	분석결과
1) 발생개소 : 196개소 ① 강원도 : 65개소 ② 경남 : 75개소, ③ 경북 : 56개소 2) 집중호우 시 발생	1) Slide파괴 : 68% 2) 표층유실 : 12% 3) 토석류 : 12% 4) 기 타 : 8%	1) 활동깊이 : 2.5m 이하 2) 대책으로 구배완화 보다 표면보호시설 및 배수시설 설치추천

4) 비탈면 안정해석 사례

강우 시 지하수위 조건을 그림 8.40과 같이 비탈면 안정해석을 수행한 결과 지하수위가 지표면에 위치한다고 가정할 경우 안전율 F_s = 1.02로 불안정하고 상부 3m 포화 조건에 의해 검토시 안전율이 F_s = 1.42정도로 안정한 것으로 나타났다.

<table>
<tr><th>구분</th><th>지하수위가 지표면에 위치</th><th>상부 3m만 포화된 것으로 해석</th></tr>
<tr><td>해석
단면</td><td>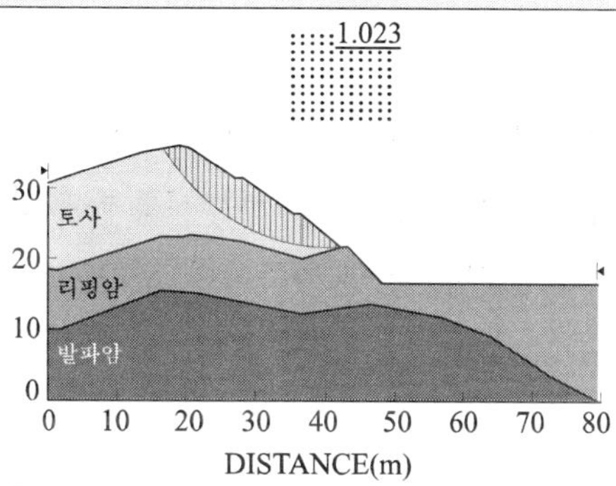
</td><td>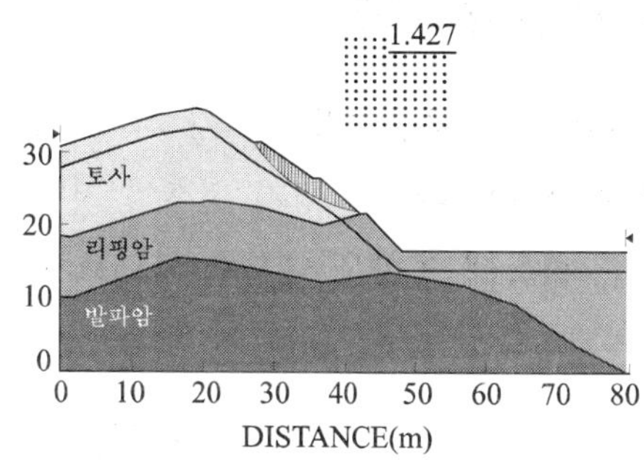
</td></tr>
<tr><td>해석
결과</td><td>안전율 F_s = 1.02 < 1.2 ⇒ 불안정</td><td>안전율 F_s = 1.42 > 1.2 ⇒ 안정</td></tr>
</table>

그림 8.40 지하수위 조건에 따른 비탈면 안정해석

5) 비탈면안정기술의 최근연구동향

풍화잔적토의 비탈면은 강우 시 soil suction의 문제로 표층부근이 포화되고 음이 간극수압이 소멸되어 전단강도가 저하되므로 천층파괴가 발생한다.

6) 실무적용 시 유의사항

(1) 국내 비탈면붕괴는 대부분 6월부터 9월 사이의 집중 호우 시 발생되고 있어 우수침투가 비탈면붕괴를 일으키는 주요인으로 작용하고 있으므로 강우 시 비탈면 내 간극수압 변화구조에 대한 현실적인 검토가 필요하다.

(2) 비탈면에서 강우가 발생하면 표층부근에서 포화되면서 천층 파괴가 발생하고 비탈면 파괴는 대부분 활동깊이 2.5m 이내의 표층에서 발생한다. 따라서 지하수위를 지표면 포화상태 조건으로 검토할 경우 대부분 비탈면이 불안정하여 비탈면보강공법을 적용하게 된다. 따라서 경제적인 설계를 위해서는 포화심도를 산정(최대 3m)하여 표층파괴에 대한 안정해석을 수행하는 것이 합리적이다.

(3) 강우 시 비탈면 안정검토는 지하수위 상승고를 획일적으로 적용함으로써 설계자 임의로 지정한 수위선에 대한 안정검토를 수행하고 있는 실정이나, 지표면에서의 지표수 침투에 따른 확률 강우를 고려한 포화심도와 함께 고려 할 필요가 있다.

(4) Wetting band법 적용을 위하여 깎기부 비탈면에 지표 투수시험(constant head field infiltration test)을 실시할 경우 예측결과의 현장 적용성을 높일 수 있다.

(5) 강우에 의한 지하수 침투하강과 지반 내 지하수의 상승 정도의 예측은 해당지역의 강우특성을 고려하여 분석된 지하수위로 해석하는 것이 바람직하다.

8.8.7 지하수위 관측

비탈면에 용출수가 있거나 지하수위가 높은 지반에서 급속시공을 할 경우 비탈면의 붕괴 가능성이 있을 수 있다. 따라서 깎기 전후의 지하수위는 안정상태까지 시간이 걸리고 심층부에 과잉 간극수압이 비탈면 활동에 영향을 미치게 되므로 시공 중에 지하수위 변화를 관측하여야 하다.

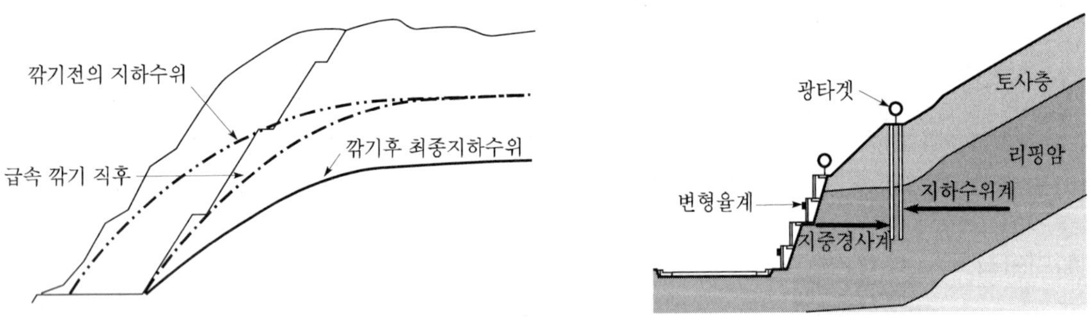

(a) 비탈면 깎기 전·후의 지하수위　　(b) 계측기설치

그림 8.41 비탈면 깎기 전·후의 지하수위 및 계측기설치

8.9 비탈면 유지관리

8.9.1 유지관리 방법

1) 유지관리 작업은 공사가 준공되고 나서 시행하는 것이지만 그 준비작업은 시공시점에서 시작된 조사자료와 시공스케치를 보존하여 비탈면 대장을 작성하여야 한다.
2) 비탈면 대장에는 위치, 보호공법 종류, 대책공법 종류 등 필요 항목을 기재하여 주의 관찰이 요구되는 구간은 유지관리를 실시하여야 한다.

8.9.2 주요 점검사항

1) 비탈면 대책공법을 실시한 곳은 붕괴가능성이 높은 곳이기 때문에 주의해야 하며, 붕괴이력이 있는 구간과 인접하는 구간도 지층구조가 같은 경우 붕괴가능성이 있으므로 주의해서 관찰해야 한다.
2) 비탈면의 붕괴는 대부분 시공 중에 일어나며 그 동안의 조사 사례에 의하면 비탈면 시공 후 붕괴의 90%는 표층 $3.0m$ 이내에서 붕괴되었다.
3) 강우에 의해 비탈면의 전단강도가 감소하여 붕괴 가능성의 위험 요소가 많으며 강우량이 적어도 주의하여 비탈면 관찰을 할 필요가 있다.

8.9.3 점검방법

1) 비탈면 관리 시 점검은 일반적인 점검 외에도 우기시나 동절기 등 붕괴현상이 집중되는 시기를 전후하여 임시 점검을 실시하는 것이 바람직하다.
2) 위험성이 내포되어 보수가 필요하다고 판단될 때 상세 조사를 수행하고 대응책을 강구하여야 한다.
3) 점검방법은 관리기간에 따라 다양하지만 표 8.18과 같이 그 빈도를 정하여 실시하는 것이 바람직하다.

표 8.18 비탈면 유지관리 점검항목 및 방법

구분		점검내용	빈도
일상점검		차량 내에서 확인할 수 있는 범위의 비탈면 상황을 관찰	1일 1회
정기점검	정기점검 A	걸어서 접근하여 관리구간 전체 상황을 전반적으로 점검	1년 1회
	정기점검 B	걸어서 접근하면서 관리구간 전체 상황을 세부적으로 점검	1년 1회
임시점검		일상점검 또는 정기점검을 보완하기 위해 필요에 따라 실시 일상점검에 의한 평가, 판정이 곤란할 경우 및 이상 기후 직전 혹은 통보에 의해 점검	필요에 따라

8.10 비탈면 계측관리

8.10.1 계측계획 흐름도

1단계

지반거동 정보수준 비상대책	사업개요	배치도 및 지질, 지하수상태, 시공계획
	지반거동	거동기구 및 중요위치 파악
	비상대책	재해경보 수준의 결정, 경보수준이 없을 때의 행동계획

⬇

2단계

일반적 계측계획	고려사항	계측목적
	측정항목	변위, 수위, 압력, 하중
	측정위치	중요위치와 깊이결정, 우선순위 결정
	측정시각	사업기간, 측정 및 빈도

⬇

3단계

세부사항 계측계획	인력투입계획	소요인원, 업무분담, 협조/보조계통, 계측계획 보고서 작성
	계측기기	기기선정, 보정, 배치계획, 계측설치위치 및 계측기기선정보고
	계기설치	설치위치 결정, 설치시기 및 과정 결정
	측 정	세부측정 계측계획 수립, 측정시마다 계측수행 보고서 작성
	자료정리 및 보고	사업기간, 측정 빈도, 계측결과에 따른 feed back 시행

그림 8.42 계측계획 단계별 업무 흐름도

8.10.2 계측기 종류별 측정항목 및 계측방법

8.19 계측기 종류별 측정항목 및 계측방법

구분	측정항목	계측방법
지중경사계	지중수평변위	지중에 access tube를 설치하여 지중수평변위를 계측
지하수위계	지 하 수 위	지중에 Casagrande tip을 설치하여 지하수위 변화를 계측
지표변위계	지표의 변위	신축계, 변위말뚝등으로 지표의 변위를 계측
낙석계측기	낙석의 유·무 낙석의 충격 낙석에 의한 진동	1) 낙석을 낙석 네트, 비닐 피복선등의 단선에 의해 감지 2) 감지판에 감지된 낙석의 횟수, 충격력을 전기적으로 계측 3) 낙석방호 울타리에 진동계를 설치해 낙석의 충격을 포착

8.10.3 비탈면붕괴형태에 따른 계측기 배치 예

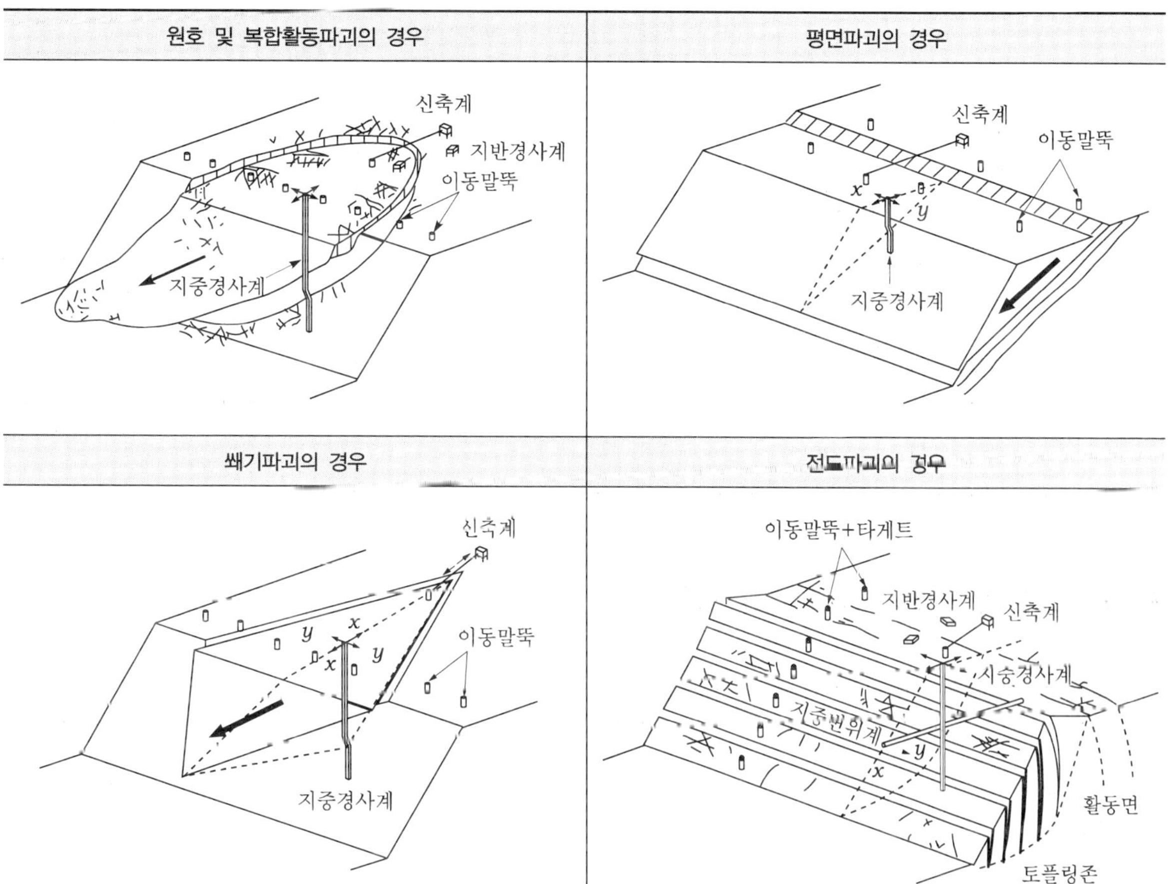

그림 8.43 비탈면붕괴 형태에 따른 계측기 배치

표 8.20 비탈면붕괴형태별 계측기 배치

붕괴형태 등	붕괴모델 및 계기배치	대상 지반	계측기기	계측항목
원호활동 붕괴	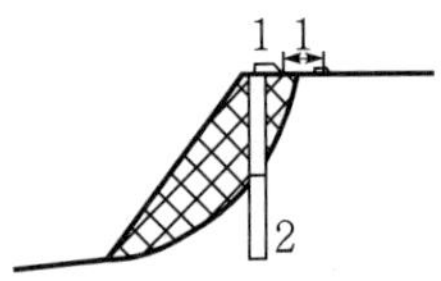	토사, 연암, 경암	1) 지표면신축계 이동말뚝측량 광타겟 2) 지중경사계 지중신축계 파이프변형계	1) 지표변위량 (수평, 수직성분) 2) 지중변위량 (활동면의 확인)
복합활동 붕괴	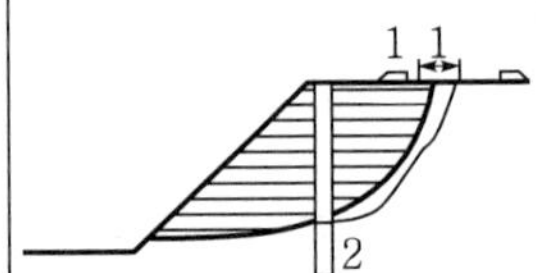	토사, 연암, 경암	1) 지표면신축계 이동말뚝측량 광타겟 2) 지중경사계 지중신축계 파이프변형계	1) 지표변위량 (수평, 수직성분) 2) 지중변위량 (활동면의 확인)
평면활동 붕괴	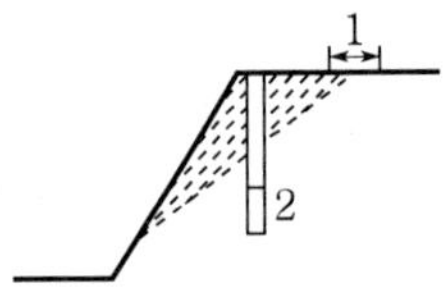	연암, 경암	1) 지표면신축계 이동말뚝측량 광 타 겟 2) 지중경사계 지중신축계 파이프변형계	1) 지표변위량 (수평, 수직성분) 2) 지중변위량 (활동면의 확인)
쐐기활동 붕괴	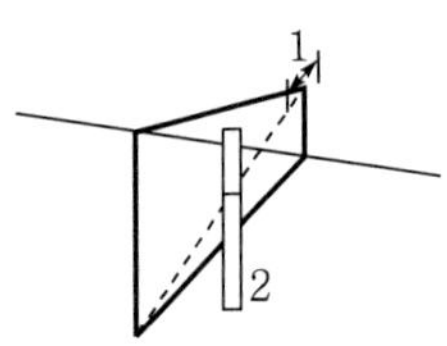	연암, 경암	1) 지표면신축계 이동말뚝측량 광 타 겟 2) 지중경사계 지중신축계 파이프변형계	1) 지표변위량 (수평, 수직성분) 2) 지중변위량 (활동면의 확인)

8.10.4 최근의 비탈면 계측 기술 동향

1) 광섬유 센서를 이용한 자동화 계측

자동화 계측시스템은 기존의 탐독기를 현장까지 이동하여 특정시간에 계측하던 방식에서 벗어나 자동화 기법을 이용한 상시 계측방식으로서 비탈면 붕괴에 의한 재해를 사전에 방지하는데 매우 효과적으로 이용될 수 있다.

2) 비탈면 무인감시 계측시스템

비탈면 무인감시 시스템은 실시간 무인감시를 통하여 비탈면붕괴를 조기에 예지 및 예보함으로서 비탈면

붕괴에 따른 피해를 최소한으로 억제하고, 수집된 계측자료는 체계적으로 저장·관리함으로서 비탈면붕괴의 원인분석과 대책수립에 효과적으로 활용이 가능하다.

3) 인공위성을 이용한 비탈면 계측시스템

인공위성을 이용한 비탈면 계측시스템은 최근 국내에서 개발 중인 모니터링 기법이다.

8.11 토사비탈면에 대한 최근 진행 중인 연구

1) 유한요소법 또는 유한차분법에 의한 비탈면안정해석
2) 3차원 비탈면안정해석
3) 한계해석법(Limit analysis)에 의한 비탈면안정해석
4) 쓰레기 매립비탈면 및 초연약 점토비탈면 등에서의 비탈면안정해석
5) 지진시의 비탈면안정해석
6) 말뚝 등으로 보강된 상태에서의 비탈면안정해석

8.12 실무적용 시 유의사항

1) 비탈면의 이론적인 활동형상은 직선, 원호 및 대수나선형이지만 연약층이 협재한 경우는 복합활동면 또는 적절한 활동면을 가정하여 검토한다.
2) 초기 비탈면의 안정검토는 전응력 해석을 하고 지반이 과압밀 되었거나 단계 흙쌓기를 시행하는 경우는 강도증가를 고려한 전응력 해석 또는 유효응력 해석을 실시한다.
3) 비탈면안정 해석시 안전율(F_s)은 이론상 1보다 크면 안전한 것이지만 설계 강도 정수, 하중 및 파괴모델 등의 불확실성으로 인하여 대상 허용 안전율 이상 되어야 안전한 것으로 판정한다.
4) 암반 안정해석 시 위험지점 및 붕괴 가능성이 있는 지점에 대해서는 평사 투영법을 이용한 비탈면 안정해석을 실시하고, 불안정 하다고 판정된 부분에 대해서는 필요시 한계평형식을 이용한 안정해석을 실시한다.
5) 암반 비탈면 해석 시 평사 투영해석, SMR Net 등을 이용하여 파괴 가능성만을 판단하고 파괴 가능성이 있는 경우는 한계평형해석으로 안정성을 검토한다.

6) 암반비탈면 강도정수 산정 시 유의사항

(1) 위험절리가 뚜렷한 절리면의 마찰각은 절리면에 대한 직접전단을 시행하여 마찰각 산정 시 이용한다.

(2) 암반이 이미 붕괴된 경우나 기존 활동면을 따라 비탈면이 파괴되는 경우에는 잔류강도를 사용한다.

(3) 시험 강도정수가 일정치 않은 경우는 인근 사례현장 내용을 참고하여 분석하되 신뢰성 분석 후 적정값을 선정하는 것이 안전측이다.

(4) 비탈면에서 지하수 상태를 알 수 없는 경우는 예상되는 가장 높은 지하수 조건을 적용한다.

7) 암반비탈면 안정해석 시 유의사항

평사 투영법 및 한계평형 해석법에서는 해석의 중요 요소인 절리면의 주향, 경사, 강도특성 등을 고려하나 비탈면의 불균질 및 단층이 있는 경우 안정성 파악 시 한계가 있다. 따라서 시공 시 비탈면에 나타나는 암반상태를 확인하여 설계값과 상이 할 경우는 face mapping을 수행하고 그 결과에 따라 비탈면의 경사변경 및 보강방법을 수립한다.

CHAPTER 9

제9장 터 널

제 9 장 터 널

9.1 터널의 계획

9.1.1 계획의 기본

터널계획은 터널건설의 목적 및 기능의 적합성, 공사의 안전성, 경제성, 환경성 및 시공성 등을 우선하여 수립하되 건설비 및 유지관리비를 포함하여 경제성이 있도록 하여야 한다. 터널건설이 예상되는 산간지에서 터널 연속 구간이나 전, 후에 높은 교각의 교량이 있을 경우에는 개개의 터널이 아닌 노선 전체적인 관점에서 계획해야 한다.

9.1.2 평면선형 계획

터널의 평면선형은 가능한 지반조건이 양호하고 유지관리가 용이하며 주변 환경에 미치는 영향이 적은 곳을 통과하도록 결정하여야 한다. 특히, 그림 9.1을 참조하여 편압이 예상되는 계곡부 및 습곡지역, 애추, 지하수 유입가능지역, 용출수가 많을 것으로 조사된 지역, 안정성이 우려되는 단층 및 파쇄대지역 등은 피하는 것이 바람직하다. 터널의 평면선형은 가능한 직선으로 계획하되 경제성 및 시공성을 고려하여야 하며 종단선형과 상호 연계하여 조화되도록 계획하여야 한다.

터널의 갱구위치는 안정된 지반으로 지형조건이 좋은 위치에 선정하도록 하며 토지이용 현황, 토피 등을 감안 시공성을 우선하여 결정하되 편압 및 비탈면활동의 영향이 없는 안정된 지반의 자연비탈면에 직교되도록 선정하는 것이 바람직하다.

(a) 습곡의 모식도 및 사례

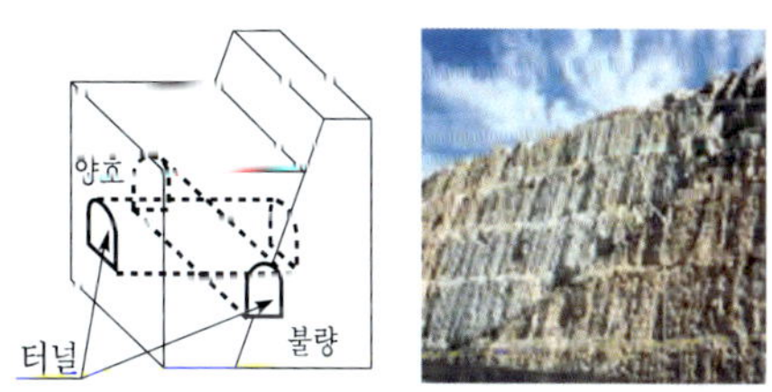

(b) 단층의 모식도 및 사례

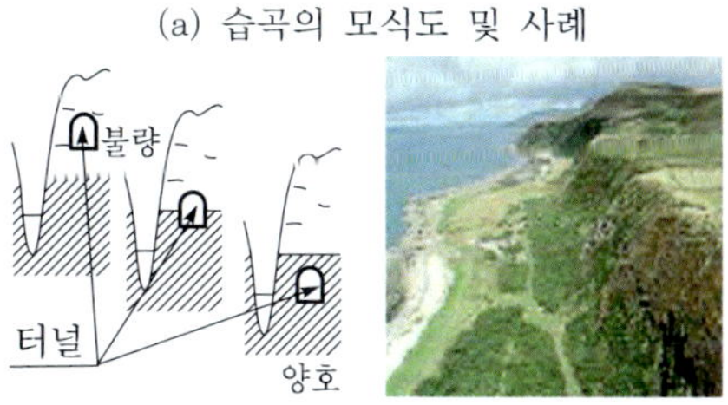

(c) 단구의 모식도 및 사례

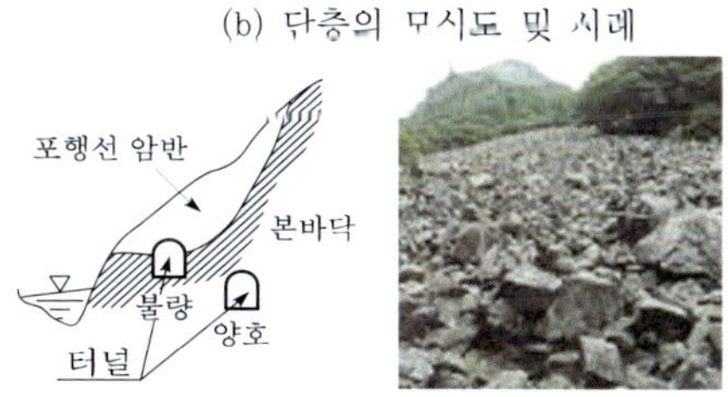

(d) 애추의 모식도 및 사례

그림 9.1 터널의 여러가지 지층구조(습곡, 단층, 단구, 애추)

병렬터널인 경우 터널 상호간의 중심간격 영향에 대해서는 지반조건이나 시공법에 따라 다르지만, 지반이 완전탄성체인 경우에는 굴착폭(D)의 2배, 연약지층인 경우에는 5배로 하면 상호간에 영향은 거의 없는 것으로 알려져 있다. 통상적인 암반지반에서는 중심 간격을 3D이상으로 하는 것이 일반적이지만, 토공구간의 증가로 인한 공사비 증가 및 유지관리 비용 증가를 초래하게 된다. 특히 도심지의 경우는 용지보상 비용이 많이 소요되므로 갱구 부근에서는 보강 공법을 적용하여 터널 간 간격을 근접시키면 경제적일 수 있다.

9.1.3 종단선형 계획

터널 개통후의 터널내부 용출수를 종단배수구에 의해 자연유출 시키려면 통상적으로 0.1% 이상의 경사가 있으면 효과적이지만, 시공 중의 용출수를 자연유출 시키기 위하여 용출수가 적은 경우 0.3%이상, 용출수가 많은 경우는 0.5% 정도의 경사가 필요하다. 또한 노면수가 터널내로 유입되면 결빙되어 차량운행에 안전사고가 발생할 수 있으므로 터널 시·종점부의 갱구선정에 특별히 유의하여 가급적 노면수가 유입되지 않도록 하여야 한다.

종단구배는 터널입구에서 진행방향으로 가능한 한 상향경사가 되도록 하여 시공 중 배수가 원활히 이루어지도록 계획하되 환기검토가 수반되어야 한다. 그러나 현장조건과 터널의 목적에 따라 하향경사가 불가피할 경우에는 공사 중 배수설비를 별도로 계획하여야 한다.

9.1.4 터널단면 계획

내공단면은 터널목적 및 기능에 따라 소요 시설한계와 선형조건에 따른 확폭량, 터널 내 제반설비의 시설 공간, 유지관리에 필요한 여유폭 등을 고려하여 결정해야 하며 시공오차 등에 대한 여유를 예상하여 결정해야 한다. 내공단면 결정순서 흐름도는 그림 9.2와 같다.

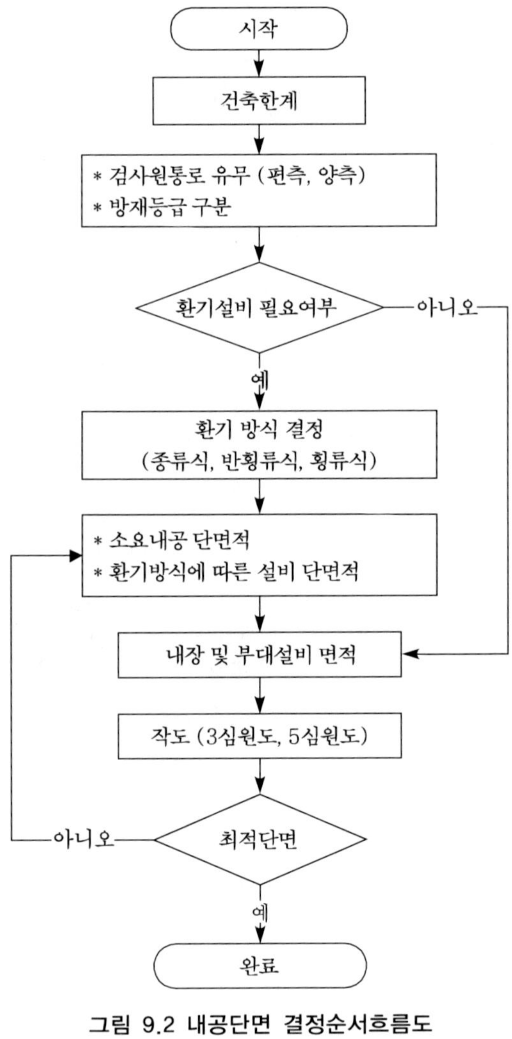

그림 9.2 내공단면 결정순서흐름도

터널 단면형상은 응력·변형 등에 대하여 구조적으로 안정하여야 하고 굴착량 등도 고려하여 선택하여야 하며 터널 단면형상에 따른 특성은 표 9.1과 같다.

표 9.1 터널 형상별 장, 단점 비교

구분 / 형상	단면	장점	단점
난형	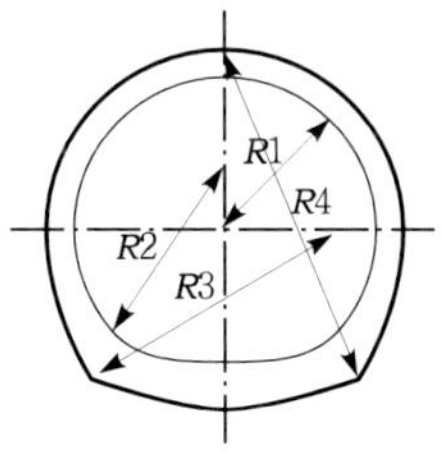	구조적으로 원형과 마제형의 중간 정도로 양호하고, 비배수형 터널에도 적용가능함	마제형보다 굴착량이 크므로 다소 비경제적임
원형	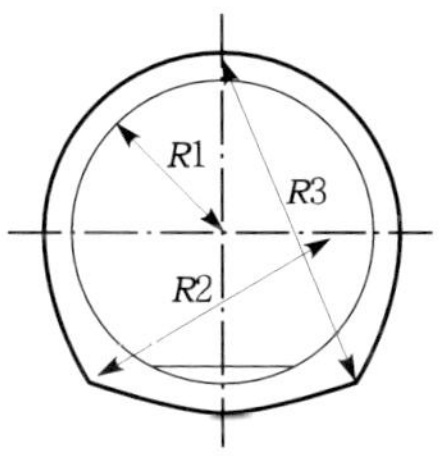	구조적으로 가장 안정하며, 비배수형 터널에 많이 적용함	시공이 까다롭고 굴착면적이 커서 비경제적임
마제형	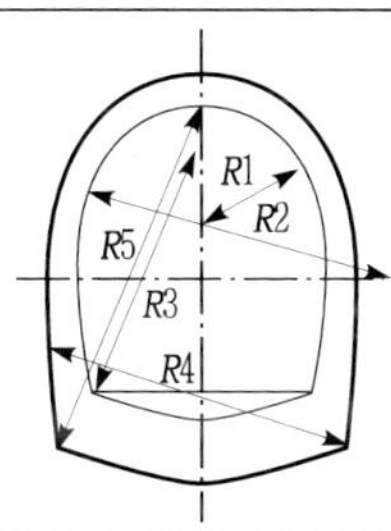	시공성이 양호하고 여굴량이 적어 경제적이므로 선호도가 높음	난형, 원형보다 구조적으로 다소 불안정함

터널 단면은 내공치수, 굴착공법, 지반 및 지하수 조건, 하중조건, 환기방식, 진동, 소음, 및 운영측면 등을 종합적으로 고려하여 결정하여야 한다. 터널의 내공치수와 최종 굴착 단면은 다음과 같이 결정한다.

1) 터널의 내공치수
   = 터널 용도에 따른 건축한계 + 필요한 여유

2) 최종 굴착단면
   = 내공치수 + 지보재 총 두께 + 지반변형량 + 시공허용오차

9.2 터널 지반조사

9.2.1 지반조사 착안사항

터널 지반조사시 항목별 조사 착안사항은 표 9.2와 같다.

표 9.2 터널조사의 착안사항

항목	조사착안사항
지층현황 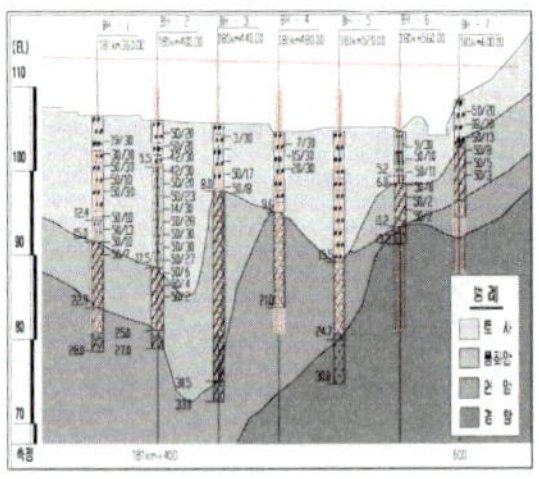	1) 조사 구간에 대해 물리탐사를 통한 지질이상대 파악 2) 시추조사에 의한 지층 및 암반의 분포상태 파악 3) 단층 파쇄대 확인을 위해 경사 시추조사 및 대심도 토모그래피탐사 실시 4) 지층 단면도 작성 시 지표물리탐사 이상대 구간을 반영 5) 물리탐사 및 시추조사 결과의 상호보완적 암반분류
암반등급결정 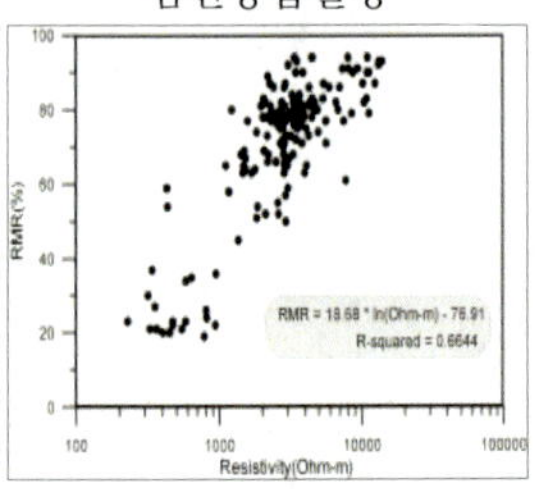	1) 터널 상부 1D, 계획심도, 하부 1D에 대해 RMR, Q분류 2) 실내암석시험 결과를 이용한 RMR, Q분류 (RMR - Q 상관관계 분석) 3) 전기비저항탐사, 탄성파 탐사 등과의 상관관계분석 (RMR - 전기비저항, 탄성파속도 - Q) 4) 구간별 암반등급 결정 ① 시추조사 〉 전기비저항 〉 탄성파 속도 순으로 기준설정 ② 터널 상부 1D 〉 터널구간 〉 하부 1D 순으로 기준 설정 5) 단층대와 같은 지질 위험지역 암반등급 하향조정
지질구조대 영향검토 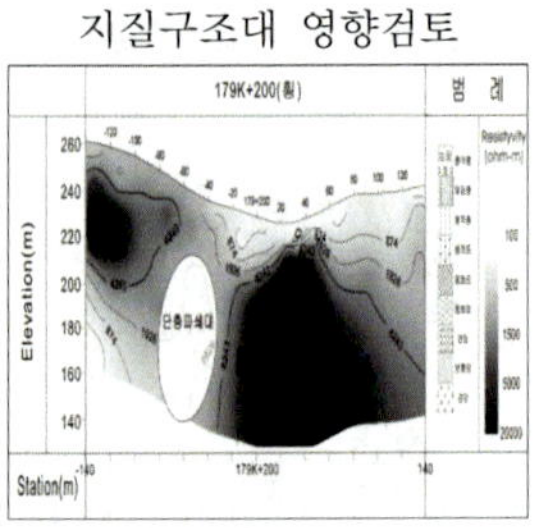	1) 단층 및 파쇄대, 지층 경계 지역에 대한 시추조사, 전기비저항탐사, 굴절법 탄성파 탐사 실시 2) 단층 예상구간에 대해 추가조사(실추, 대심도 토모그래피) 시행 3) 단층파쇄대 등 위험요인 규모 및 특성파악에 의한 암반등급 하향 조정
불연속면 특성 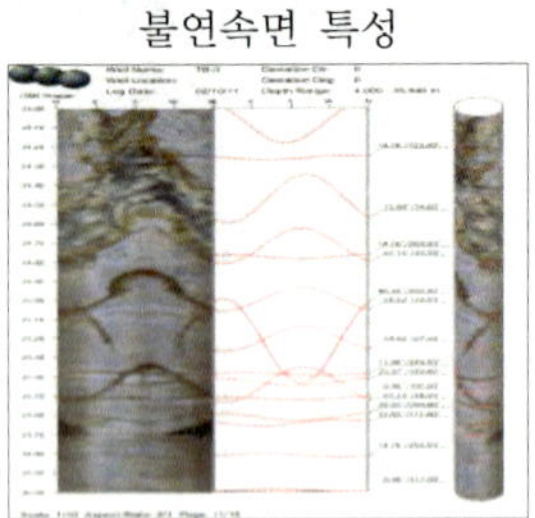	1) 지표지질조사, BIPS, Televiewer, DOM 시추결과의 절리간격, 방향성, 연장성 등 불연속면 특성 파악 2) JRC, JCS측정, 절리면전단시험을 통한 불연속체 해석 3) 불연속면의 통계분석에의한 설계정수 산정
주변환경 및 민원 반영 	1) 민가 인접지역에서 터널굴착에 따른 지하수 및 지표수 영향검토 2) 마을 인접구간 등에 대한 시추공 시험 발파, 실규모 시험 발파를 통한 소음, 진동, 분진 및 낙석 등민원 대책 강구

9.2.2 지반조사 단계별 목적 및 내용

지반 조사 단계별 목적 및 내용은 표 9.3과 같다.

표 9.3 터널 지반조사 단계별 내용

조사단계		시기	목적	내용	범위
예비조사	자료조사 현장답사	사업 구상에서 구체적으로 계획	터널 노선 계획	1) 각종 기존자료 조사 분석 2) 지표답사	대상구간의 광범위한 지역
	개략조사	비교 노선 검토에서부터 노선 결정까지	터널 노선의 선정	1) 지형·지질조건에 대한 개략조사 2) 환경·입지조건에 대한 광역조사	계획터널노선 및 비교터널 노선을 포함한 광범위한 지역
본조사		터널노선 결정 이후부터 공사 착공까지	설계 수행 시공계 획의 수립 ① 설계입력 자료 평가 ② 법 선정 ③ 단면해석 ④ 공사비 산출 등	1) 상세한 지질, 지반 조사 2) 터널 주변환경 및 공사에 필요한 제설비, 법규 등 조사	결정된 터널 노선 및 주변 지역
시공중 보완조사		시공중	시공 관리, 공사 통제	1) 막장조사 및 계측 (터널 내부 및 주변지반포함) 2) 주변환경의 영향 정도 조사 3) 시공관리 조사	터널 내부 및 터널시공으로 영향을 받을 우려가 있는 터널주변지역

9.2.3 지반조사 결과 실무적용

1) 터널굴진시 막장은 지보를 하지 않은 무지보상태에 있게 되며 무지보 자립시간과 최대 안정스팬은 지반조사시 수행한 RMR분류 결과와 굴착폭에 의하여 그림 9.3으로 부터 추정할 수 있다. 만일 무지보 자립시간내에 버력처리 및 지보공사가 완료 가능한 경우는 굴착단면에 계획된 굴진장이 적용 될 수 있으나, 무지보 자립시간이 부족한 경우는 굴착폭 감소, 분할굴착 및 보조공법 등을 검토하여야 한다.

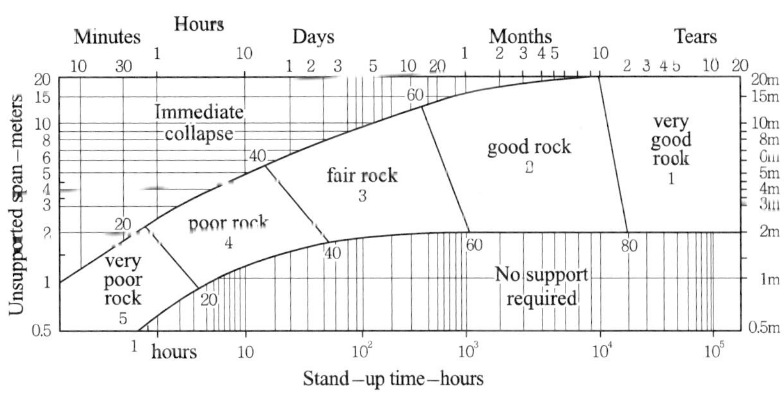

그림 9.3 RMR에 의한 터널의 무지보 유지시간과 터널의 최대 안정폭의 결정 (Bieniawski, 1976)

2) 불연속면의 경사를 알 경우 그림 9.4로부터 터널굴진과 불연속면의 경사의 관계로부터 터널굴착의 안정성 상태를 예측할 수 있다.

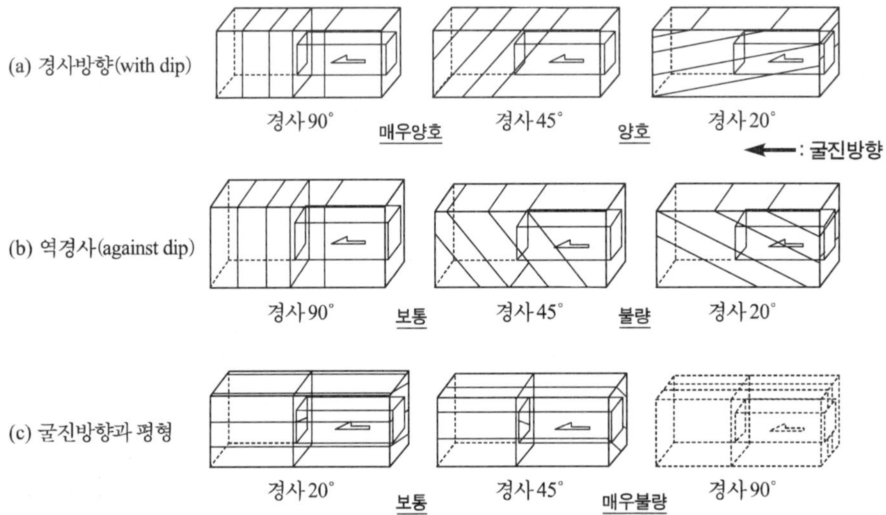

그림 9.4 터널굴진과 불연속면 경사와의 관계

9.3 굴착

9.3.1 개요

굴착방법은 막장의 지반을 굴착하는 수단을 말하며 인력굴착, 기계굴착, 파쇄굴착, 발파굴착 방법 등이 있다. 굴착방법은 막장면 또는 터널의 길이 방향의 굴착계획을 총칭하는 것으로 전단면굴착, 분할굴착, 선진도갱굴착공법 등이 있다. 인력굴착방법은 굴착면 지반의 자립시간이 짧고 진동의 영향을 심하게 받는 지반을 소규모로 굴착하고 빠른 시간내에 지보재를 설치해야 하는 경우에 적용 하는 방법이다. 기계굴착은 중장비에 쇼벨이나 브레이커를 장착하여 기계적으로 암반을 굴착하는 방법으로서 파쇄가 심한 암반이나 풍화암, 풍화토 지반에 주로 적용된다. 이 방법은 진동이나 소음을 억제하여야 할 경우에 적용되지만 지반조건이 양호한 경우에는 고압으로 암반을 할렬시켜 굴착하는 파쇄굴착방법을 적용하도록 되어있다. 일반적으로 적용되는 굴착방법은 발파 굴착방법이며, 이 방법은 화약이 폭발할 때 발생하는 고온고압의 에너지를 이용하여 암반을 발파하여 굴착하는 방법이다. 이러한 굴착수단을 이용하여 굴착할 경우에는 굴착면의 여굴량이 최소가 되도록 하여야 하고 굴착면 지반이 손상되지 않도록 하여야 한다.

(a) TBM

(b) Shield 기계

그림 9.5 TBM 및 Shield 기계

(a) 착암기 천공

(b) 장약 및 전색

그림 9.6 NATM 시공

실무에서 적용되는 터널의 시공법은 크게 기계 굴착과 발파 굴착공법으로 나눌 수 있다. 기계 굴착의 경우는 T.B.M(Tunnel Boring Machine)공법이 상대적으로 단면이 작은 수로 터널이나 도심지하철에서 소음이나 진동 방지를 목적으로 적용되었으며, 지하철의 연약지반 구간에서는 SHIELD 공법을 적용한 사례가 있다. 발파에 의한 공법은 주로 오스트리아의 NATM공법(New Austrian Tunnelling Method)을 적용하고 있으나 노르웨이의 N.M.T공법(Norwegian Mothod of Tunneling)이 일부 도입되어 적용중에 있다.

9.3.2 대표적 굴착공법

1) 기계굴착 공법

기계굴착은 인력이나 발파에 의존하지 않고 기계로 굴착하는 방법이며, 지반의 이완을 최소화하고 막장의 안정을 유지하여야 하며 여굴이 적게 발생하도록 하여야 한다. TBM 공법은 터널 전단면을 한번에 굴착하는 터널굴삭기를 이용하여 재래식 화약발파 공법이 아닌 회전식커터로 암석을 파쇄하여 굴착하는 터널공법이다. Shield공법은 연약한 지반의 터널을 건설할 때 선두에 강고한 강관을 잭압력으로 압입시키며 굴착하는 공법으로 굴진과 함께 강제통을 추진시키며 실드선단의 회전식 커터를 이용 전단면을 굴착하며 후부에서 철근콘크리트 세그먼트를 조립하고 공극을 그라우팅 주입하여 터널을 완성시키는 공법이다. 실무에서 널리 적용되고 있는 터널 굴착공법 비교는 표 9.4와 같다.

표 9.4 터널 굴착공법 비교

구분	NATM	TBM	Shield
개 요	발파에 의한 굴착 후 작은 변위단계에서 지반이 주지보재가 되도록 숏크리트, rock bolt 등을 보조하며 계측을 통해 시공 안전성을 확보하는 방법	굴착용 커터와 운반을 위한 컨베이어 벨트로 구성된 완전 기계식 굴착방법	Shield를 잭키로 추진하면서 보호된 공간의 흙을 굴착하고 후방에서 조립된 프리캐스트로 세그먼트를 복공하며 시공 안전성을 확보하는 방법
굴착방법	화약발파에 의한 굴착	TBM에 의한 기계굴착 후 화약발파에 의한 확공	인력 또는 기계 굴착
버력처리	버력 운반차량 수송	컨베이어 벨트	버력 운반차량, 수송벨트
지보재	록 볼트, 숏크리트, 강지보재, 복공(라이닝)	록 볼트, 숏크리트, 강지보재, 복공(라이닝)	프리캐스트 세그먼트
적용지반	풍화암 이상 지반	연암~경암	1) 자립성이 낮은 연약지반 2) 물밑지반(하천, 해협 등)
장 점	1) 시공장비가 소규모로 산악지 터널에 적합 2) 단면 변화가 심해도 시공가능 3) 곡선 터널에 유리 4) 불규칙 지반에 유리 5) 굴착도중 공법변경 가능 6) 시공실적 많음	1) 소단면 터널의 경우 굴진속도가 빠르고 연장 2*km* 이상인 수로 터널에 적합 2) 무소음, 무진동 3) 여굴량 최소화 4) 터널 내 환경 양호	1) 발파가 곤란한 도시터널에 적합 2) 지하용수가 많은 연약지반에서 시공 가능 3) 시공 및 품질관리 용이 4) 최근 적용지반에 따라 장비종류 다양
단 점	1) 화약발파로 진동, 소음이 문제됨 2) 모암의 이완으로 지내력이 저하되고 여굴 많이 발생 3) 변형 발생 시 보강 난이 4) 공정 복잡	1) 단면변화 심하고, 곡선터널이고, 굴착단면 크고, 불규칙 지반인 경우에 불리 2) 극경암과 풍화암에는 굴착 곤란 3) 장비이동 및 운반 어렵고 대규모 동력 및 부대설비 필요 4) 장비설치를 위해 30~50*cm* 화약발파 선행 필수	1) 단면변화가 심하고, 곡선터널이고, 굴착단면이 크고, 불규칙 지반인 경우에 불리 2) 시공도중 공법변경 불가 3) 토피가 적은 경우 막장 안전성 우려

2) 발파공법(NATM, NMT)

NATM공법은 오스트리아에서 개발된 터널공법으로 터널굴착후 변위를 허용하되 원지반이 지니고 있는 지지력을 활용하여 추가 변위가 발생하지 않도록 신속하게 숏크리트를 원지반에 밀착시켜 시공하므로 지반의 붕괴를 방지하면서 굴착하는 터널공법이다.

NATM 공법은 암판정 → 천공 → 장약 → 발파 및 환기 → 암버력 및 부석제거 → 1차 숏크리트타설 → 1차 와이어메쉬 설치 → 강지보재 설치 → 보조공법시공(훠폴링, 록볼트 등) → 2차 숏크리트 타설 → 2차 와이어메쉬 설치 → 3차 숏크리트 타설과 같은 순서로 시공하며 이 경우 1 Cycle time 은 평균 10 시간이 소요된다.

NATM은 기계굴착이나 인력굴착이 가능한 연암에 적합하며 계측은 필수적으로 2차 지보시기와 지보량을 결정하는 주요역할을 하는데 주지보재로 숏크리트가 사용되며 암반조건에 따라 록볼트와 강지보재의 시공패턴이 변경되어 사용된다. 반면에 NMT는 응력이 크고 절리가 많은 암반에 적용되며 NMT의 특징은 사전에 상세한 지반조사를 통하여 지반조건을 파악하여 미리 지보량을 결정하는 방법으로 시공중의 계측에 의하여 보강량이 결정되는 NATM과는 크게 구별된다. 따라서 NMT 방법에서는 시공중 지보량이 변경되는 범위가 제한적인데 반하여 NATM에서는 상당히 클 수 있다.

9.3.3 굴착방법

1) 굴착방법 선정

터널의 설계 및 시공시 굴착방법의 결정은 터널의 안정성, 경제성, 공기 등을 결정하는 중요한 요소이므로 터널단면의 크기, 막장의 자립성, 지반지지력 및 지표면 허용치 등 제반 여건을 고려하여 결정하여야 한다. 터널 시공법중 개착공법은 토피가 얇은 토사층을 대상으로 지표로부터 open cut으로 굴착하여 터널단면을 굴착하고 되메우는 공법이며, 굴착공법은 토피가 깊은 암반층을 대상으로 주로 암반발파에 의해 터널을 굴진하는 방법이다. 일반적인 굴착방법의 분류는 지반 여건에 따라 표 9.5와 같이 전단면 굴착, 반단면 굴착, 부분단면 굴착 및 선진도갱 굴착 등으로 분류할 수 있다.

표 9.5 굴착공법의 분류 및 적용 조건

<table>
<tr><th colspan="3">굴착 공법</th><th>정의</th><th>적용조건 (지반 및 단면의 크기)</th></tr>
<tr><td colspan="3">전단면 굴착</td><td>전단면을 1회에 굴착</td><td>소단면에서 일반적인 공법 또는 양호한 지반에서 중단면 이상도 가능</td></tr>
<tr><td rowspan="6">분할굴착</td><td rowspan="4">수평 분할 굴착</td><td>롱벤치</td><td>벤치길이(L) 〉 3D
(D:터널 직경)</td><td>비교적 양호한 지반에서 중단면 이상의 일반적 시공법</td></tr>
<tr><td>숏벤치</td><td>1D 〈 L 〈 3D</td><td>보통 지반에서 중단면 이상의 일반적 시공법</td></tr>
<tr><td>미니벤치</td><td>L 〈 1D</td><td>연약한 지반에서 중, 소단면일 경우</td></tr>
<tr><td>다단벤치</td><td>벤치수 3개 이상</td><td>중단면 이상에서 막장의 자립성이 극히 불량한 경우</td></tr>
<tr><td colspan="2">연직 분할굴착</td><td>연직 방향으로 분할굴착</td><td>대단면에서 지반이 비교적 불량한 경우, 또는 침하를 극소화할 필요가 있는 경우</td></tr>
<tr><td colspan="2">선진 도갱굴착</td><td>단면의 일부분을 먼저 굴착</td><td>중대단면 터널에서 침하를 극도로 억지해야하는 경우, 또는 비교적 단면으로 막장의 자립력이 부족한 경우</td></tr>
</table>

(a) 터널 개착공법 전경

(b) 터널 굴착공법 전경

그림 9.7 터널 개착공법 및 굴착공법

2) 굴착공법의 분류

(1) 전단면 공법

원칙적으로 단면전체를 1회에 굴착하는 방법으로 굴착에 따른 응력의 재배치가 1 cycle에 완료되므로 이론적으로 NATM공법에 따른 지보의 특성에 가장 부합되는 공법이다. 막장이 균일하므로 작업이 단순하나 단면이 큰 경우 Shotcrete 및 Rockbolt 작업이 늦어진다.

(2) 반단면굴착

터널단면의 상, 하반분(上下半分)의 어느 쪽이든 하나를 먼저, 나머지 부분을 뒤에 굴착하여 진행한다. 상부 반단면을 선행하는 것이 보통으로, 이 경우 하부 반분은 벤치 컷(Bench cut)공법을 적용하는 경우가 많다. 벤치 컷 공법은 롱벤치(Long Bench)공법, 숏 벤치(Short Bench)공법, 미니벤치(Mini Bench), 다단벤치(Multi Bench)공법 등이 있다.

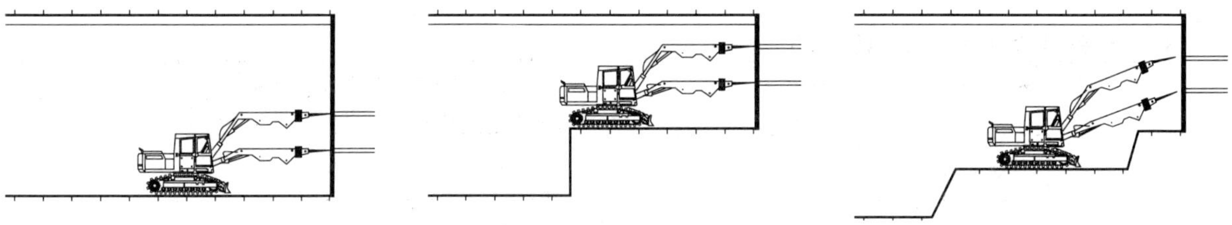

(a) 전단면 굴착　　(b) 상, 하분할 굴착　　(c) 다단벤치굴착

그림 9.8 굴착단면 형태별 굴착 개념도

3) 굴착공법 적용범위

지반조건별 굴착공법 적용범위는 표 9.6과 같다.

표 9.6 굴착공법 적용범위(예)

지반조건 \ 단면크기	소단면	중단면	대단면	특수대단면
풍화토	1) 전단면 굴착 2) 쇼트벤치 커트 3) 링커트+쇼트벤치 커트	1) 링커트+쇼트벤치커트 2) 쇼트벤치커트+가인버트	1) 링커트+쇼트벤치커트 2) 롱벤치커트+가인버트	1) 선진도갱굴착 2) 다단벤치커트+ 가인버트
풍화암	전단면 굴착	1) 쇼트벤치커트 2) 롱벤치커트+가인버트	1) 쇼트벤치커트 2) 롱벤치커트+가인버트	1) 신진도갱굴착 2) 다단벤치커트
연암	전단면 굴착	1) 롱벤치커트 2) 전단면 굴착	쇼트벤치커트+롱벤치 커트	1) 쇼트벤치커트 2) 다단벤치커트 3) 롱벤치커트
경암	전단면 굴착	전단면 굴착	전단면 굴착	1) 롱벤치커트 2) 다단벤치커트 3) 전단면 굴착

9.3.4 여굴

굴착시 여굴량이 최소가 되도록 하기 위하여 토사터널의 경우 보조공법을 적용할 수 있으며 암반터널의 경우 평활한 굴착면이 얻어지도록 제어발파를 고려할 수 있다. 여굴이 발생할 경우에는 여굴의 발생상태와 발생원인 등을 조사하여 여굴량을 줄일 수 있도록 시공법을 개선하여야 한다. 특히, 암반지역은 절리의 발달상태에 따라 발파공의 위치, 방향 등을 조절하여 여굴이 적게 발생하도록 하여야 한다. 여굴 발생부위는 적절히 조치하여 진행성 여굴이 발생하지 않도록 하여야 한다. 여굴이 심하게 발생한 곳은 숏크리트와 록볼트로 보강하여 응력의 집중에 따른 진행성 여굴 또는 불안정상태 발생을 방지한 후 잔여 여굴부분을 모르터 또는 콘크리트로 치밀하게 채워야 한다.

9.4 보조공법

9.4.1 목적

보조공법은 굴착시 지반의 상황이나 용수에 의해 시공이 곤란하거나, 지보효과가 저하되는 경우 안전하고 효율적으로 시공하기 위해 터널의 지보재(숏크리트, 록볼트, 철망, 강지보재등)와 병용하여 사용되는 공법으로서 다음 사항을 목적으로 시공한다.

1) 터널의 안전성을 증대시키기 위하여 주변지반의 전단강도를 강화한다.
2) 시멘트 모르타르, 시멘트 밀크 또는 약액 등을 사용하여 지반의 간극 충전으로 투수성을 감소시켜서 지하수 유출에 의한 터널의 안정성 저해 요소를 감소시킨다.
3) 지반강화 및 구조적 보강을 통하여 터널굴착에 따른 지반의 변형 및 파괴 방지를 도모한다.

9.4.2 보조공법 수행절차

보조공법의 설계 및 시공단계별 흐름도는 그림 9.9와 같다.

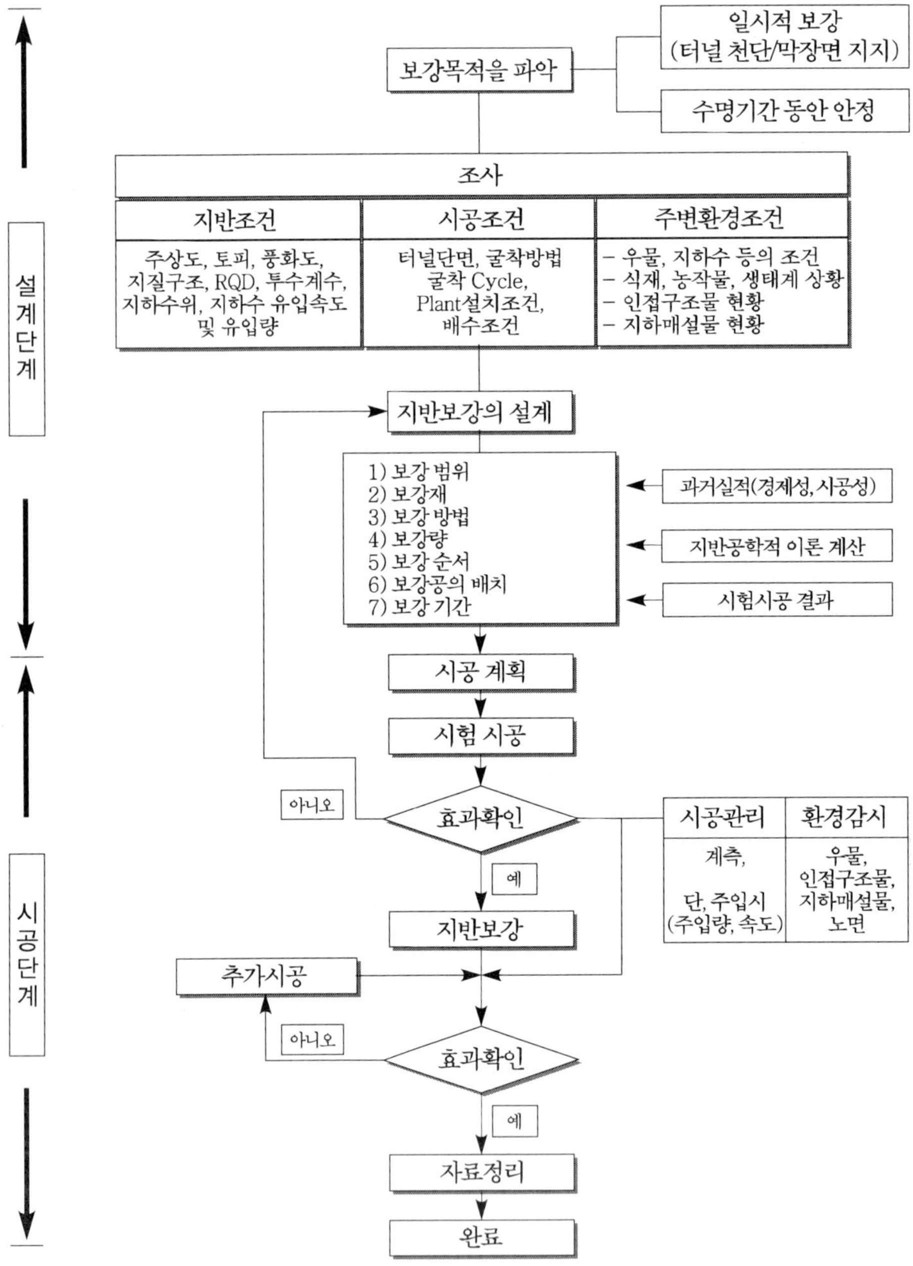

그림 9.9 보조공법 설계, 시공 단계별 고려사항 흐름도

9.4.3 보조공법 종류

각 보조공법의 중요도는 지반조건, 지하수 상황, 터널의 용도, 터널의 규모 등에 따라서 상이하기 때문에 구체적인 보강공법의 활용 목적과 평가 방법을 명확히 설정한 뒤 지반조사 결과에 따라 현장 여건에 필요한 공법을 선정하여야 하며, 시공방법과 잘 부합하도록 충분히 검토하여야 한다. 표 9.7은 터널 굴착 시 국내에서 주로 적용되는 굴착보조공법이다.

표 9.7 굴착 보조공법의 종류

목적	보강 대상	보조공법의 종류
막장의 안정	천단의 안정	훠폴링
		경사볼트
		파이프루프
		강관다단 그라우팅
	막장의 안정	막장면 지지코어
		막장면 숏크리트
		막장면 록볼트
		프리그라우팅
		동결공법
용수 처리	차수공법	약액주입공법
		동결공법
		압기공법
	배수공법	딮 웰공법
		웰포인트공법

1) 훠폴링(Forepoling) 공법

훠폴링 공법은 일시적인 지보재로서 굴착전 터널 천단부 종방향으로 설치하여 굴착면이 자유면 길이를 감소시키고, 국부적으로 낙반을 방지하여 굴착 천단부의 안정을 도모하며, 막장 전방의 지반보호 및 느슨함을 방지하기 위한 목적으로 사용한다.

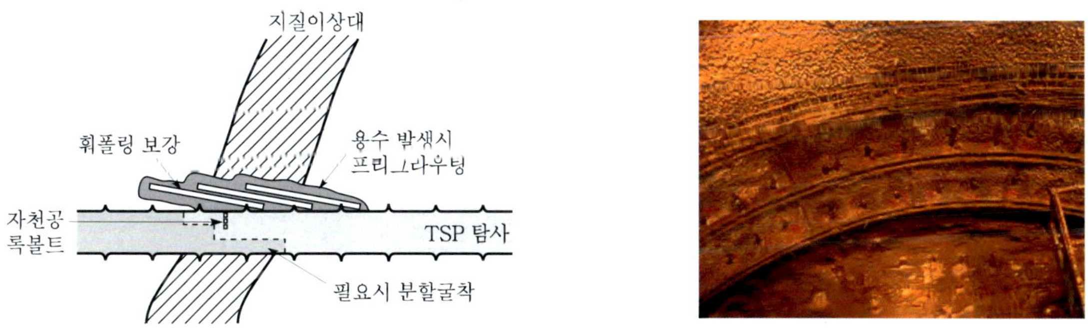

그림 9.10 훠폴링 공법 개념도 및 천단부에 시공완료 장면

2) 파이프루프(Pipe roof) 공법

터널 천단부 연약지반의 이완방지 등을 주된 목적으로 하며, 터널 내공변위를 최대한 억제하고 상부 구조물의 보호를 위해 보다 적극적으로 지지하여야 할 경우에 효과적이므로 주요 구조물 하부 통과 시 적합한 공법이다. 그러나 시공비가 고가이고, 작업대 및 플랜트(plant)설치 공간이 필요한 단점을 가지고 있으므로 세심한 검토를 바탕으로 적용하여야 한다.

철도, 도로 등과 같이 큰 상재하중이나 주요 구조물에 근접하여 시공할 경우 그림 9.11과 같이 강성을 크게하고 토사 유출방지를 위하여 $\phi 300mm$ 이상의 대구경 강관을 연결형으로 시공하는 것이 유리하지만, 토피가 어느 정도 형성된 경우는 소, 중구경 강관을 일정 간격으로 분리 배치하는 방법이 경제적이다.

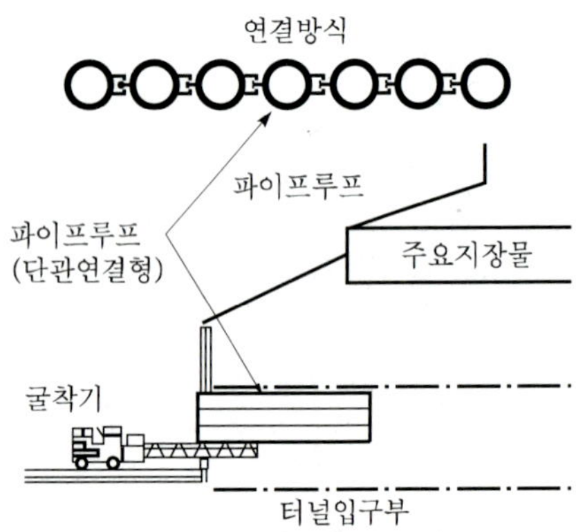

(a) 파이프루프 공법

(b) 공사전경

그림 9.11 파이프루프 공법 개념도 및 공사 전경

3) 강관다단 그라우팅 공법

강관다단 그라우팅은 터널 주변의 사력층 및 파쇄된 연암층과 암반 절리면을 통하여 유출되는 지하수를 차단하고 활동 가능면의 봉합을 위하여 터널 내에서 주로 적용되는 보조공법이다. 터널 굴착 전에 강관 길이 10 ~ $16m$를 3 ~ $4m$ 간격으로 중첩되게 시공하고 강관을 통하여 주입재를 주입함으로써 강관과 주변 지반을 일체화시키며, 차수 및 보강효과를 동시에 얻기 위하여 사용한다. 기대효과는 주입재에 의한 외곽 차수효과, 지표침하 및 천단침하 경감효과, 상부지반압의 경감효과 및 이완영역의 감소효과가 있다. 실무에서는 연약지반에서의 터널굴착, 터널 갱구부 보강, 도로 및 철도 등의 시설물 횡단 및 지상 및 지중구조물 주변 통과시 적용가능 하다.

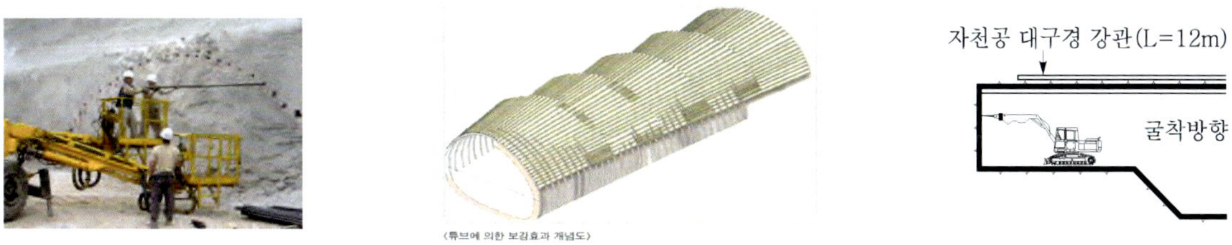

그림 9.12 강관 다단 그라우팅시공 → 보강효과 → 보강후 터널굴착

4) 막장면 록볼트(Rock bolt)

팽창성 지반이나 막장의 자립성이 극히 불량한 지반에서 막장면 이완방지 및 강화 대책의 하나로써 막장면에 수직으로 록볼트를 설치하는 방법이다. 록볼트 설치는 매 막장마다 록볼트를 엇갈리게 배치하고 그림 9.13과 같이 굴착면에 직각으로 시공하여야 하며, 지반 조건에 따른 록볼트 배치 개념은 표 9.8과 같다.

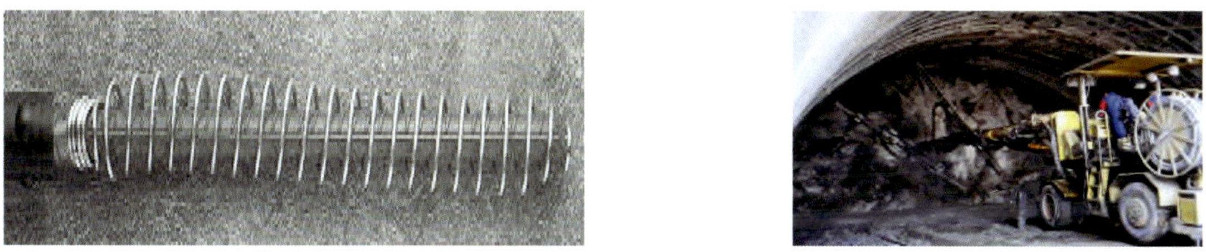

(a) 록볼트　　(b) 록볼트 시공전경

그림 9.13 록볼트 시공장면

표 9.8 지반 조건에 따른 록볼트 배치 개념

주요기능	적용지반	배치개념	배치개념도
봉합 효과	경암 ~ 연암	1) 암괴를 봉합하여 붕락 방지 2) 아치부에만 주로 배치	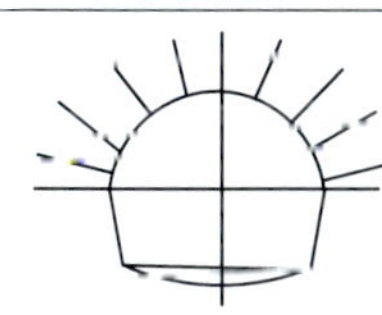
내압 및 아치 형성 효과	연암 ~ 풍화암	1) 시스템 록볼트 배치로 내압 및 보형성 효과를 기대 2) 터널 아치부 및 측벽에 배치 3) 팽창성 지반에서는 인버트부에도 배치	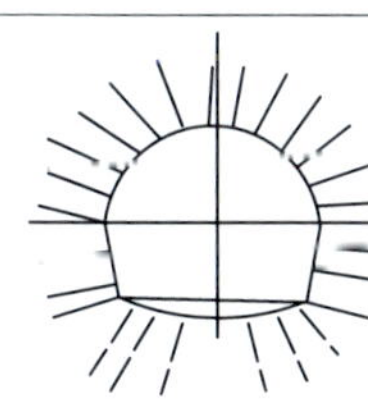
전단 저항 효과	토사	1) 연약지반의 전단 파괴가 지하 공동 측벽부에서부터 발생하므로 초기에 이를 방지하는 개념으로 배치 2) 아치 천단부를 제외한 아치 및 측벽부에 배치	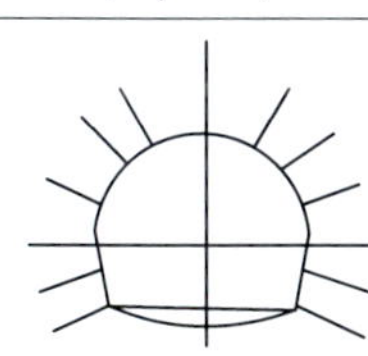

5) 약액주입 공법

터널 시공 중에 주변 구조물을 보호하고, 시공의 용이성 및 안정성을 도모하기 위하여 지반에 응결제를 주입·고결시켜 지반의 강도를 증가시키기도 하고, 지반의 투수성을 감소시키는 공법이다.

약액 주입공법의 설계 및 시공순서 흐름도는 그림 9.14와 같다.

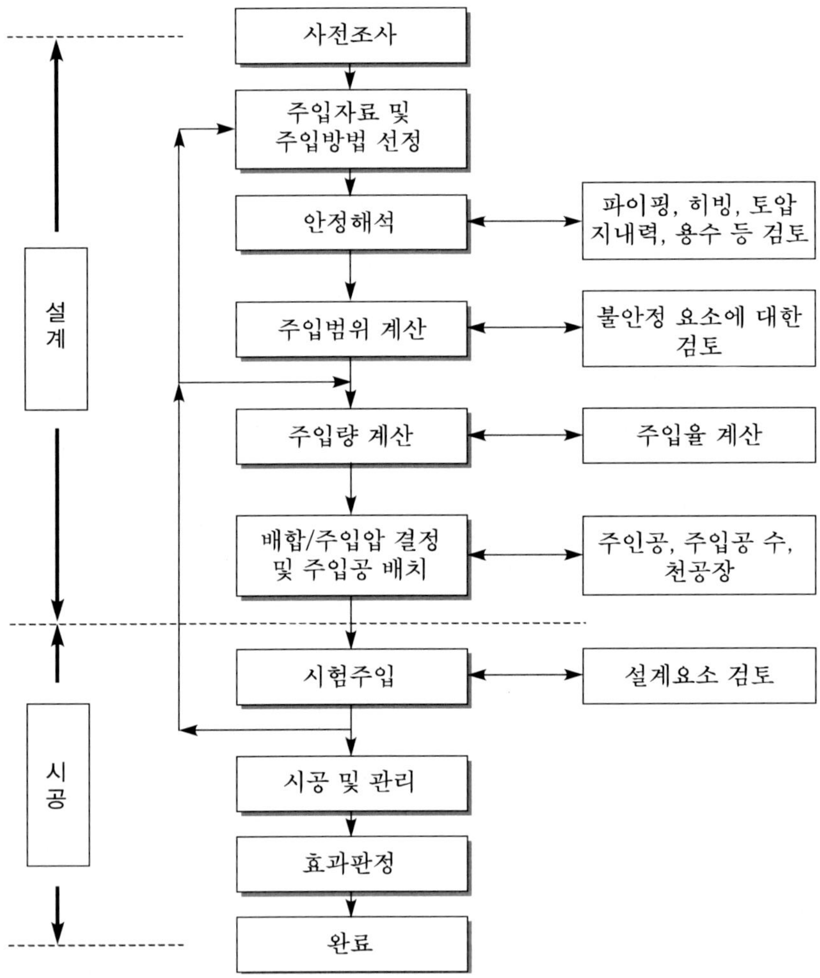

그림 9.14 주입공법의 설계 및 시공 순서 흐름도

6) 깊은 우물 공법

지표에서 깊은 우물(deep well, 외경 약 300mm)을 굴착하여 수중 펌프에 의해 배수하는 공법으로, 웰 포인트 공법에 비하여 다소 큰 규모의 유도 배수공법이다. 지표면에서 터널 노선을 따라 일정한 간격으로 설치하지 않으면 배수 효과가 저하되므로 지상구조물 및 지장물 등이 있는 경우에는 배치에 특히 주의해야 한다(그림 9.15 참조).

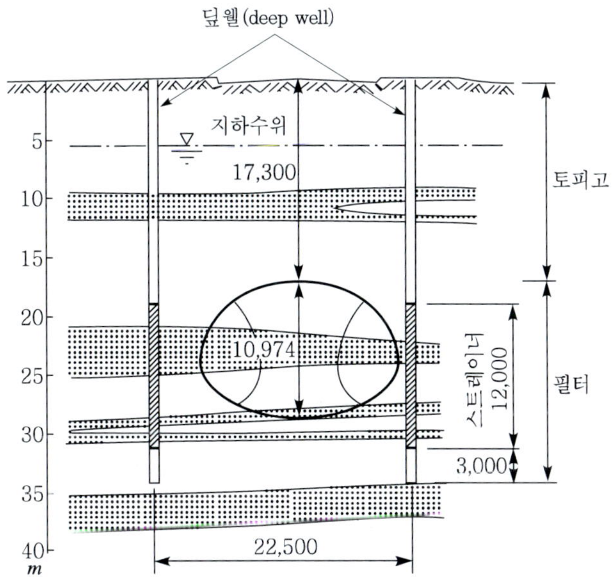

그림 9.15 유도배수를 위하여 지표에서 deep well공법을 시공한 예

7) 웰포인트(Well point) 공법

웰포인트라 불리는 집수관을 터널 바닥에 설치하고, 지반에 진공으로 부압(負壓)을 걸어서 지하수를 유도 배수시키는 공법이다. 웰포인트 공법의 적용은 터널의 토피가 적고 용출수량이 적은 경우에 터널의 굴착과 병행하여 시공할 수 있고, 미고결 사질토 지반에서 균등 계수가 5 이하로 75μm 이하의 세립분이 10~20% 이하의 경우일 때 적합하다. 또한 지하수위 저하 범위는 약 5~8m로서 그림 9.16에 나타낸 바와 같이 터널에서는 상반 굴착 후 설치하거나 혹은 토피가 적은 경우 지표에서 시공할 수도 있다.

(a) 웰포인트 선단부

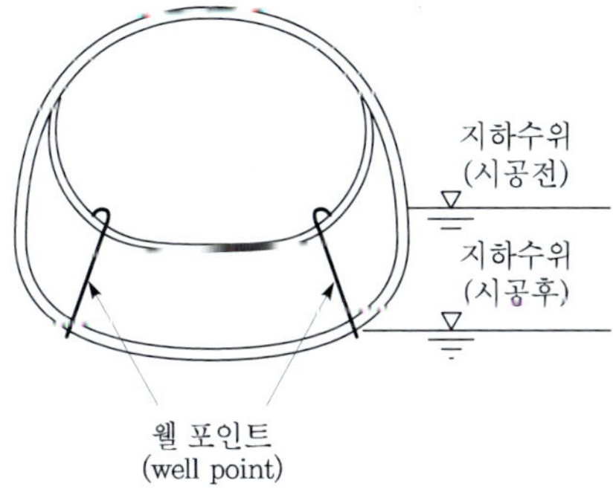

(b) 터널내부 웰포인트 시공효과

그림 9.16 웰포인트 선단부 및 터널내부 웰포인트 시공효과

9.5 지보공

지보공은 터널주변의 원지반이 보유하고 있는 지보기능을 최대한 활용할 수 있도록 설계하여야 한다. 따라서, 지보공 설계에 있어서는 지형, 지질, 지반의 역학적 특성, 토피의 대소, 용수의 유무, 굴착단면의 크기, 지표침하의 제약, 시공법 등 제반설계조건을 종합적으로 고려하여 합리적인 지보공을 설치하여야 한다. 지보공은 각각의 지보재가 보유하고 있는 지보기능을 충분히 고려하여 선정하여야 하며 지반조건에 따른 지보부재의 주요 기능은 표 9.9와 같다.

표 9.9 지보 단계별 지보재의 종류 및 기능

구분	종류	주요기능
1차 지보	Shotcrete, rock bolt, steel rib	1) 터널굴착 후 주변지반이 지보기능을 발휘할 수 있도록 지반거동을 억제하여 안정상태에 이르도록 한다. 2) 터널굴착에 의해 발생되는 지반 거동을 조기에 억제시켜 지반을 보유하고 있는 지지력 및 강도를 최대한 이용할 수 있도록 하고 지반을 안정시키므로써 안전하고 능률적인 갱내작업이 가능하도록 한다.
2차 지보	내부 라이닝	1) 배수형 터널의 경우 모든 지반하중을 1차 지보가 담당하고 내부라이닝은 터널 내부시설물의 보호, 미관유지, 쾌적한 공간유지등의 부수적인 기능을 담당한다. 2) 방수형 터널의 경우 지하수 배출을 차단하므로써 발생하는 수압을 지지한다.

9.5.1 숏크리트(Shotcrete)

굳지 않은 콘크리트를 가압시켜 노즐로부터 뿜어내어 소정의 위치에 시공하는 콘크리트이다. 숏크리트는 굴착 후 빠른 시간 내에 지반에 밀착하도록 시공함으로써 조기강도를 얻을 수 있으며 굴착단면의 형상에 크게 영향을 받지 않고 용이하게 시공이 가능한 지보재로서 1차 지보 중 가장 중요하다.

(a) 건식 타설 전경

(b) 습식 타설 전경

그림 9.17 숏크리트 타설 장면

숏크리트 타설 공법의 종류는 건식과 습식이 있다. 건식은 시멘트, 골재, 첨가재를 건조한 상태로 혼합하여 운반하고 노즐에서 물과 혼합하여 분사하는 방법이다. 분진이 많이 발생하며 물 혼합시 정확한 계량을 할 수 없고 경험에 의해서 첨가하기 때문에 숏크리트 강도에 상당한 영향을 준다. 습식은 콘트리트 재료를 배합비에 의거 사전에 시멘트, 골재, 물을 혼합하여 운반하고 노즐에서 급결재를 혼합하여 분사하는 방법이다. 숏크리트 두께는 지반조건과 연관하여 숏크리트가 1차 지보재로서 어떤 역할을 담당하는지를 고려하고 단면크기가 유사한 설계, 시공사례를 참고로 구조물의 기능 및 중요도를 고려하여 결정하여야 한다. 건식과 습식 숏크리트 타설 장면은 그림 9.17과 같고, 숏크리트의 작용 효과는 표 9.10과 같다.

표 9.10 숏크리트의 작용 효과

숏크리트의 작용효과	개념도
1) 지반과의 부착력, 전단력에 의한 저항 지반과의 부착 및 자체 선난 저항효과로 숏크리트에 작용하는 외력을 지반에 분산시키고, 터널 주변의 붕락하기 쉬운 암괴를 지지하며, 굴착면 가까이에 지반아치가 형성될 수 있도록 한다.	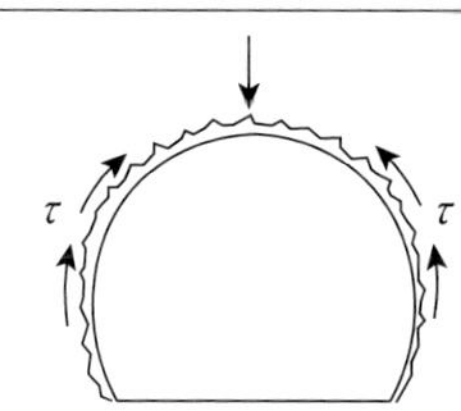
2) 휨압축 또는 축력에 의한 저항 지보재에 의해 지반변위가 구속되는 현상으로 인해 굴착면에 내압을 가함으로써, 굴착면 주변지반을 3축 응력 상태로 유지시켜 지반 강도 저하를 방지한다.	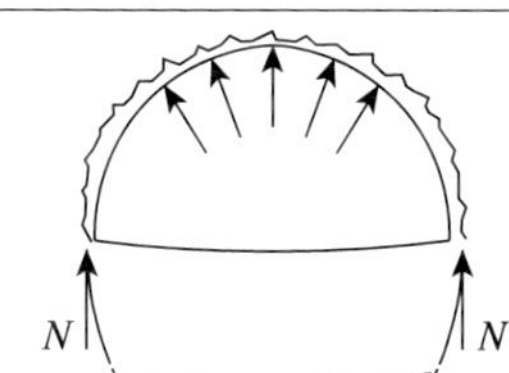
3) 지반 응력의 배분 효과 강지보재 또는 록볼트에 지반압을 전달하는 기능을 발휘한다.	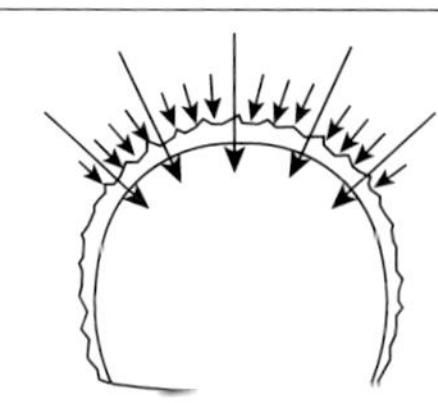
4) 약층의 보강 굴착된 지반의 굴곡부를 메우고 절리면 사이를 접착시킴으로써 응력집중현상을 피하도록 하고 약층을 보강하는 효과가 있다.	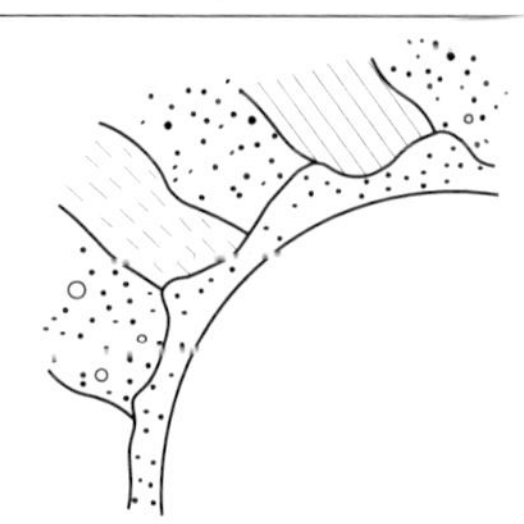
5) 피복효과 굴착면을 피복하여 풍화 방지, 지수, 세립사 유출 방지 등의 피복 효과가 있다.	

9.5.2 록볼트(Rock bolt)

록볼트는 지반자체가 강도를 발휘하도록 지반을 도와주는 지보재의 일종으로 지반의 강도, 절리, 균열의 상태, 용수상황, 천공경의 확대 유무와 유용성, 정착의 확실성, 경제성 등을 고려하여 선택한다.

1차 숏크리트 타설면의 평활한 위치에 시행하여 받침판(bearing plate)이 굴착면에 충분히 밀착되도록 하여야 하며, 천공방향은 굴착면에 직각이 되도록 한다. 록볼트 충진재로는 수지계인 레진과 시멘트 몰탈이 주로 쓰이며 록볼트충진재 발포장면은 그림 9.18과 같고 록볼트의 작용 효과 및 개념도는 표 9.11과 같다.

그림 9.18 록볼트 충진재 발포전경

표 9.11 록볼트의 작용 효과 및 개념도

기능	작용효과	개념도
봉합 작용 또는 매달음 작용	발파 등에 의해 이완된 암괴를 이완되지 않은 원지반에 고정하여 낙하를 방지하는 것으로 가장 단순한 효과이다. 균열, 절리가 발달된 지반에 있어서 숏크리트와 병용하면 비교적 작은 균열에 대해서도 효과가 있다.	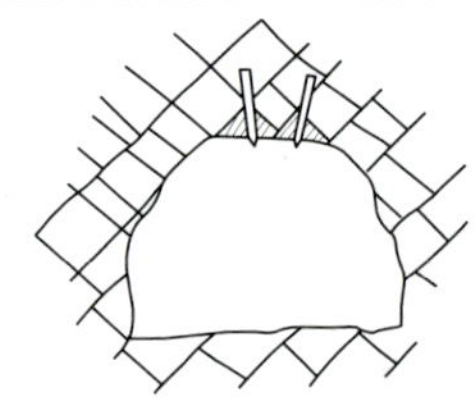
보형성 작용	터널 주변의 절리를 이루고 있는 원지반은 절리면에서 분리되어 겹침보로서 거동하나, 록볼트로 층을 이루고 있는 지반의 절리면 사이를 조여 줌으로써 절리면에서의 전단력의 전달을 가능하게 하여 합성보로서 거동시키는 효과이다.	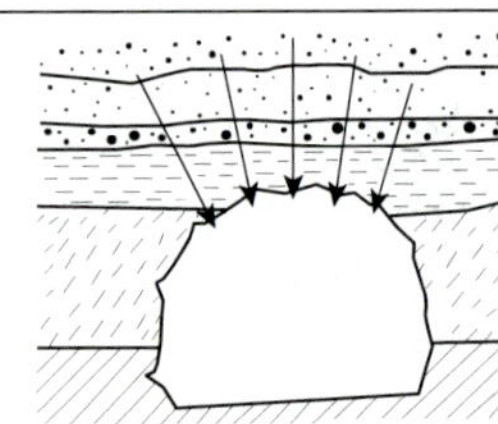
내압 작용	록볼트의 인장력과 동등한 힘이 내압으로 터널 벽면에 작용하면 2축응력 상태에 있던 터널 주변 지반이 3축 응력 상태로 되는 효과가 있다. 이것은 3축 시험 시 구속력(측압)의 증대와 같은 의미를 가지며 지반의 강도 혹은 내하력 저하를 억제하는 작용을 한다.	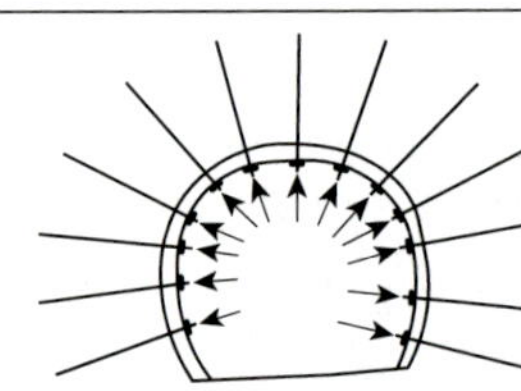
아치 형성 작용	시스템 록볼트에 의한 내압 효과로 내하 능력이 높아진 굴착면 주변의 지반은 내하력이 큰 그랜드아치를 형성한다.	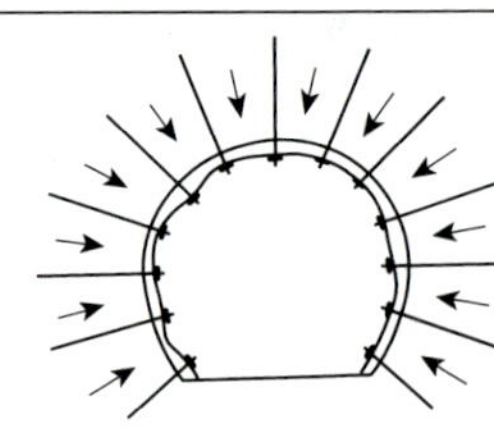
지반 보강 작용	지반 내에 록볼트를 타설하면 지반의 전단 저항능력이 증대하여 지반의 내하력이 증대될 뿐만 아니라 지반의 항복 후에도 잔류강도가 증가한다. 이와 같은 현상은 록볼트에 의해 지반 전체의 공학적 특성치가 개선되는 것을 의미한다.	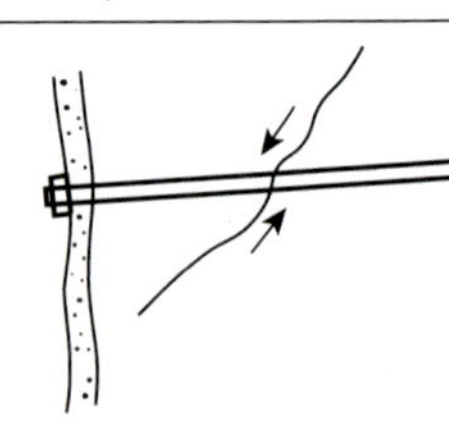

9.5.3 강지보공(Steel rib)

강지보재는 숏크리트가 경화할 때까지 즉시 지보효과를 발휘하며, 경화후에는 숏크리트와 결합하여 지지효과를 증진시킨다. 따라서 강지보재는 이음부가 적고 예상되는 외력, 기타 제조건에 대하여 유리한 형상을 가지며 시공상 유리한 것으로 한다. 강지보재는 구조용 H형강, U형강, 격자지보(Lattice Girder) 등을 사용하여 굴착면이나 숏크리트에 밀착되어 콘크리트 라이닝의 설계두께가 확보될 수 있도록 시공정확도와 지반 변형량을 반영하여 제작한다. 강지보재는 막장에 근접시켜 굴착 후 즉시 설치한다. 단, 지반조건이 양호한 경우 강지보재를 생략할 수 있다.

9.6 발파공법

9.6.1 발파계획

발파계획 수립은 미리 정해진 굴착공법, 굴착공정을 근거로 하여 지반조건, 단면의 모양과 크기를 고려하여 우선 발파예정 진행장(천공깊이)을 정한 다음 심발 형식, 발파공배치, 화약의 종류, 장약량, 뇌관의 형식, 주변공의 간격 및 약량, 발파순서 등을 정한다. 굴진 길이는 대부분 지반의 종류에 따라 다르게 되나 일반적으로 연암에서는 1.5~2.0m정도로 하며, 강지보재 설치가 필요 없는 경암지역에서는 지반의 상태에 따라 조정이 가능하다. 다만 발파지역 주위에 미치는 진동, 소음 등에 유의하고, 장공(4.0m 이상)발파도 포함하여 경제성과 안정성을 고려하여 1회 발파 굴진 길이를 결정할 필요가 있다.

9.6.2 발파공법의 종류

발파는 큰 에너지를 짧은 시간에 방출함으로써 주변의 건물이나 인체에 손상을 입힐 우려가 많으므로 이러한 손상을 일으키지 않기 위해서는 지반과 폭약의 성질을 잘 이용하여 최적의 발파공법을 적용해야 한다. 심발 및 굴착면 주변공에 대한 발파공법의 분류는 그림 9.19와 같고, 본공사 발파를 실시하기 전에 시행하는 시험발파 시험절차는 그림 9.20과 같다.

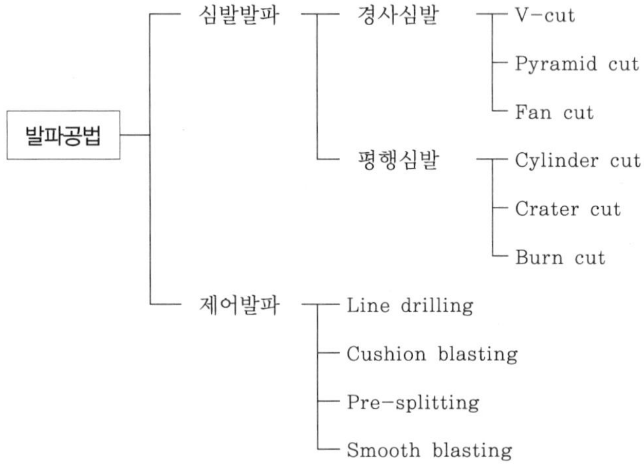

그림 9.19 발파공법의 종류

그림 9.20 시험발파 시험절차

9.6.3 심발발파

심발(또는 심빼기)발파는 매우 중요한 요소이다. 심발발파를 통해 2개의 자유면이 형성되면 확공발파가 용이해지므로 특히, 심발발파는 주변공 발파 전에 먼저 이루어지는 자유면 형성 과정이므로 현장여건 및 지반조건을 고려하여 최적의 심발방법을 채택하여야 한다.

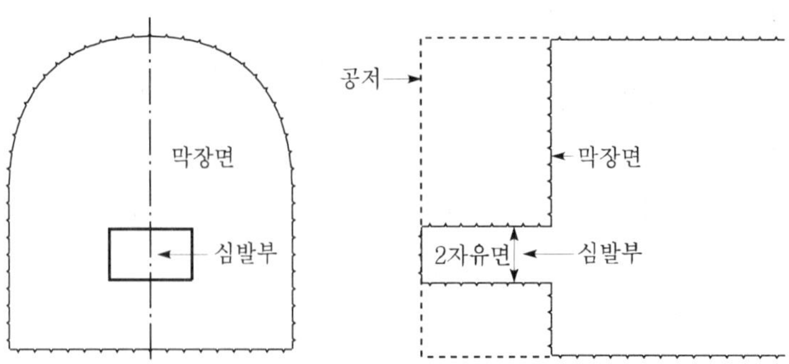

그림 9.21 심발 발파 개념도

심발방법 중 실무에서 주로 사용되는 V-cut, swing cut, pyramid cut, burn-cut 및 cylinder cut의 내용은 다음과 같다.

1) V-cut

경사 심발 중 가장 일반적인 심발방법으로서 충분한 발파 진행장을 얻기 위해서는 어느 정도의 폭을 필요로 한다. 즉 천공방향이 심발중심선 방향으로 향하는 것이 가장 이상적이지만 천공 시 rod 조작의 한계성 때문에 소단면에서는 적용하기가 곤란하다. 그러나 일회 굴진장이 비교적 짧은 경우(L=1.5m 이하)에는 진동으로 인하여 장약량이 극히 제한된다면 심발을 여러 단계로 나눈 다중 심발 발파를 함으로써 비교적 적은 장약량으로도 소기의 목적을 달성할 수 있다.

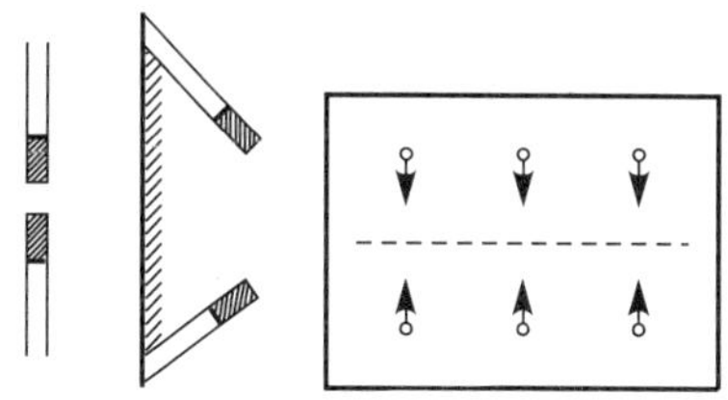

그림 9.22 V-cut 천공 및 장약

2) Swing cut

버력을 너무 비산시키지 않는 심빼기와 수직 갱도 밑에 물이 많이 고였을 때 유효하며, 우선 밑면의 반만큼 먼저 발파시켜 놓고 물을 거기에 집중시켜 놓은 다음에 물이 없는 부분을 발파하는 방법이다.

Swing cut은 버력이 너무 비산하지 않는 심빼기에 유효하며 특히 용수가 많을 때 편리하다.

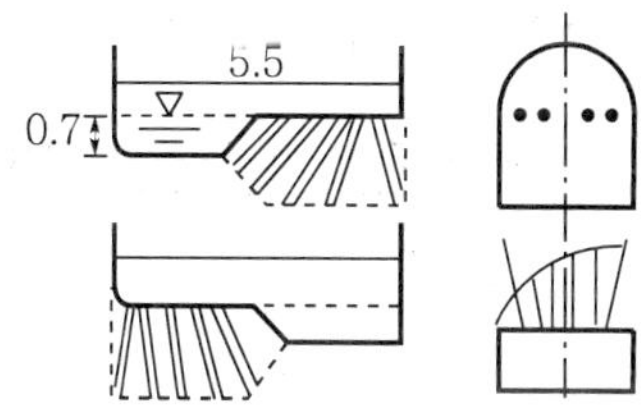

그림 9.23 Swing cut 천공 및 장약

3) Pyramid cut

굴착면의 중앙을 중심으로 향하여 3방향에서 피라미드형으로 천공하여 굴착면을 각추형으로 뽑아내는 방법이다. 이는 강인한 암석의 심발파에 적당하며 우리나라에서는 남산 3호 터널 굴착에 사용되었다.

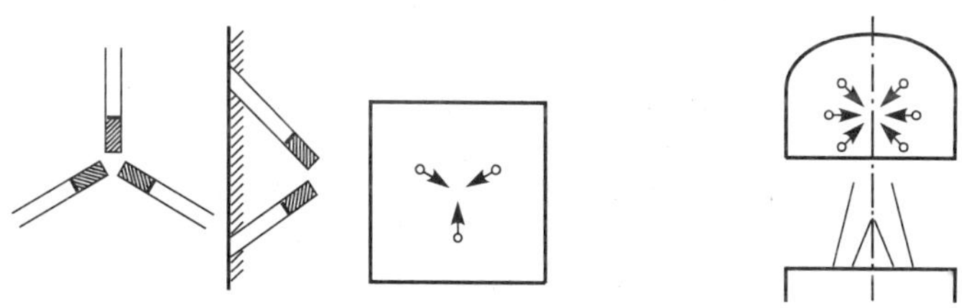

그림 9.24 Pyramid cut 천공 및 장약

4) Burn cut

Burn cut은 중앙부에 1개 혹은 수개의 burn hole을 천공하고 그 주변의 수평공으로부터 발파를 하여 순차적으로 발파를 해나가는 방법으로 정확한 수평천공을 기본요건으로 한다.

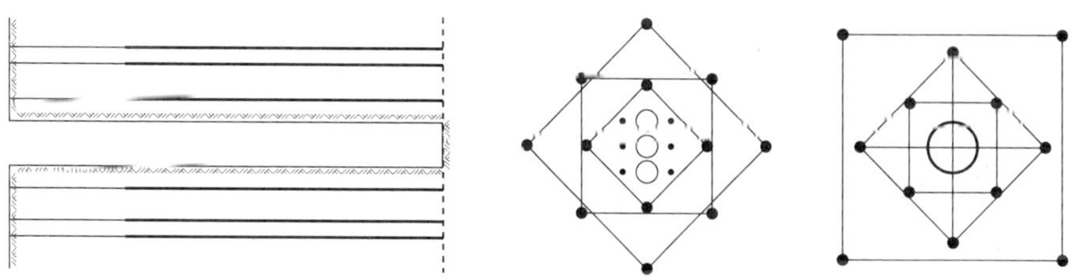

그림 9.25 Burn cut 천공 및 장약

5) Cylinder cut

Cylinder cut은 중앙부에 비교적 큰 burn hole을 1~2개 형성시켜 자유면으로 활용하므로써 burn cut에 비하여 심발효과가 확실하여 최근 터널 굴착에 가장 널리 쓰이는 방법이다.

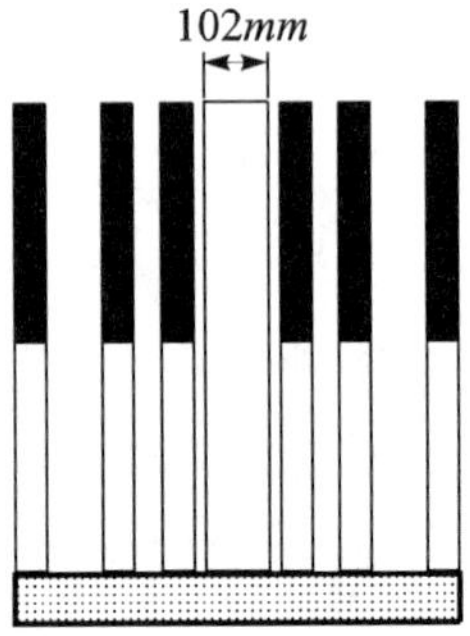

그림 9.26 Cylinder cut

6) V-cut과 Cylinder cut의 비교

표 9.12 V-cut와 Cylinder cut의 비교

구분	개요	장·단점
V-cut	현재 국내에서 가장 널리 사용되고 있는 공법으로 터널 중앙부로부터 일정간격의 양측에서 여유를 주어 천공하여 공저에서 일치하도록 하며 각 hole은 공저에서 최소 60°각도를 갖도록 한다.	1) 신자유면이 크므로 기능 미숙련 또는 천공편차, 천공면의 악조건 등으로 다소 천공이 불량하여도 비교적 목적에 가까운 굴진장을 얻을 수 있다. 2) 심발공을 자유면에 대하여 60°각도를 주어 천공하므로 천공 길이에 비해 굴진 길이가 줄어든다.
Cylinder - cut	Burn cut법을 개량한 신발파법으로 인위적인 신자유면 역할을 하는 무장약공을 장약공보다 대구경으로 천공한 다음 이를 중심으로 심발공을 밀집으로 천공하여 발파하는 공법으로 터널굴착에 널리 사용한다.	1) 심발공을 평행으로 천공하므로 V-cut과 같이 굴진 길이가 줄어드는 결점을 보완하였다. 2) 발파에 실패할 경우 다음 발파를 위한 천공이 어렵고 잔류화약 등으로 매우 위험하다. 3) 심발공의 공간거리를 10~20㎝로 밀집하여 평행 천공하므로 심발공 천공에 고도의 숙련을 요구하며 기능미숙, 천공편차, 천공면의 악조건 등으로 공발의 우려가 높다.

9.6.4 제어발파

보통 발파공법에는 폭약의 에너지가 작용하는 방향이 확실하지 않기 때문에 암반에 큰 손실을 주고 굴착면의 요철이 심하게 되며 때로는 균열이 굴착면 깊숙히 발달되기 쉽다. 이러한 발파로 인하여 터널의 굴착단면이 설계단면보다 커지게 되어 여굴이 많아진다. 이 경우 콘크리트 타설량도 많아지고 암반 손상에 따라 지보재도 과다하게 되므로 설계 굴착선에서는 여굴량과 암반의 균열을 최소로 하기 위해 제어발파(controlled blasting)를 실시한다. 제어발파의 방법으로는 Line drilling(라인드릴링)법, Cushion blasting(쿠션 블라스팅)법, Pre-splitting(프리스플리팅)법, Smooth blasting(스무스 블라스팅)법이 있다.

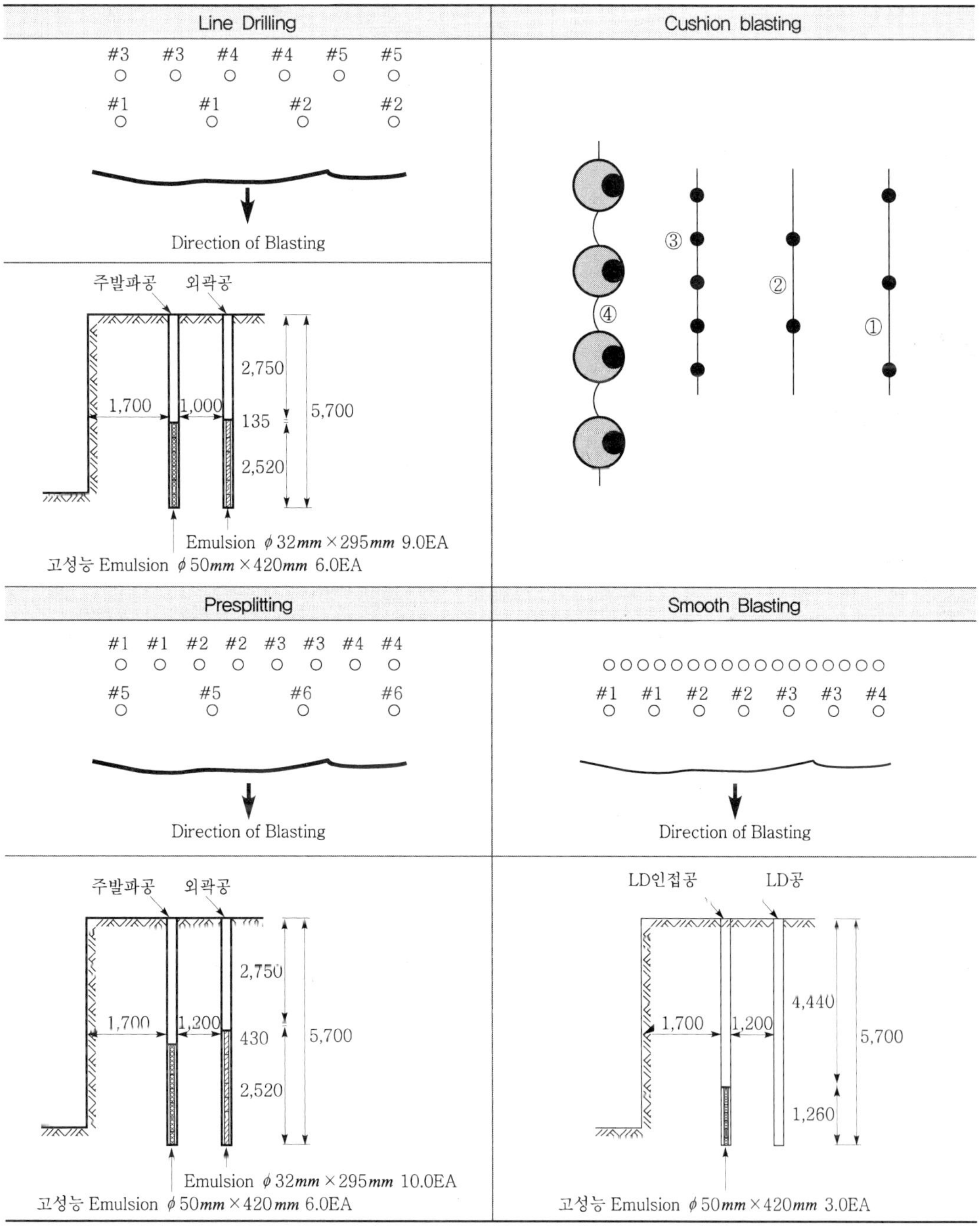

그림 9.27 제어(조절)발파공법의 종류

스무스 블라스팅(Smooth blasting)의 원리는 발파력의 쿠션 작용에 기초를 두는 것으로 굴착면을 따라 천공열을 평행하게 배치하고, 구멍지름보다 아주 작은 지름의 폭약을 사용하여 약장약으로 발파하는 방법이다. 장점으로는 발파 시 충격에 의한 불규칙적인 암반의 파쇄를 방지하고, 원지반의 손상을 방지하며 여굴도 줄일 수 있다. 터널 발파 시 주로 라인드릴링과, 스무스 블라스팅법이 쓰이지만 라인드릴링법은 천공수가 많기 때문에 NATM공법 적용 시 암반자체의 강도를 저하하지 않기 위하여 실무에서는 스무스블라스팅방법을 주로 적용한다.

9.6.5 암굴착공법

1) 무진동 암굴착공법

무진동 암굴착 공법은 유압식 할암공법 및 약액주입공법이 있으며 공법별 개요도 및 적용범위는 표 9.13과 같다.

표 9.13 무진동 암굴착 공법

구분	무진동굴착	
	유압식 할암공법(GNR)	약액주입공법(팽창성 파쇄재)
개요도	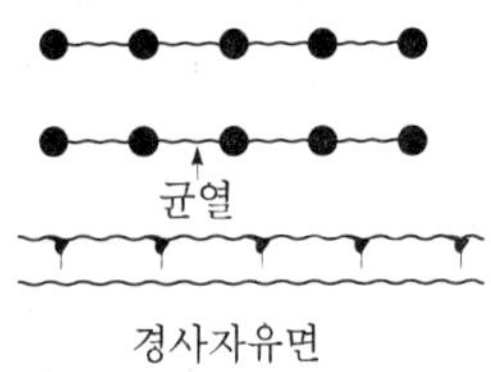	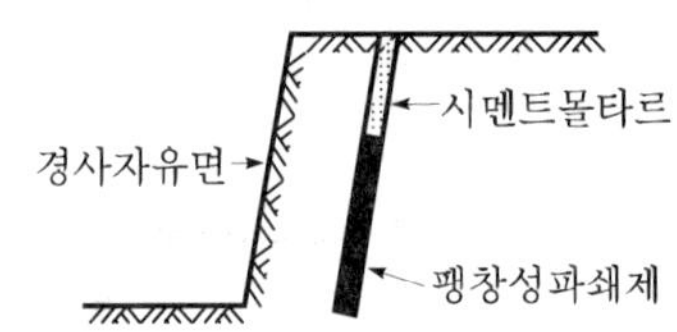
	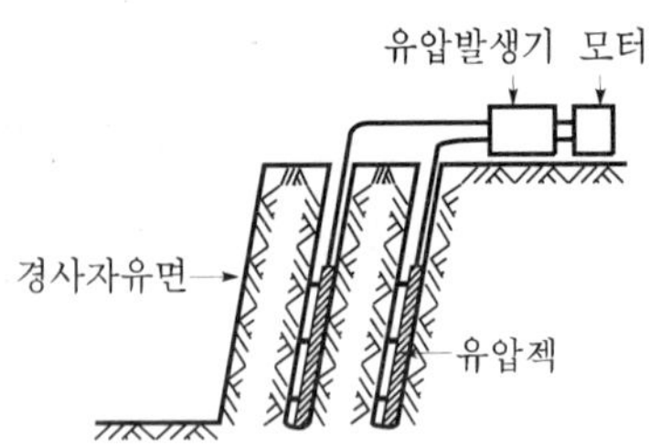	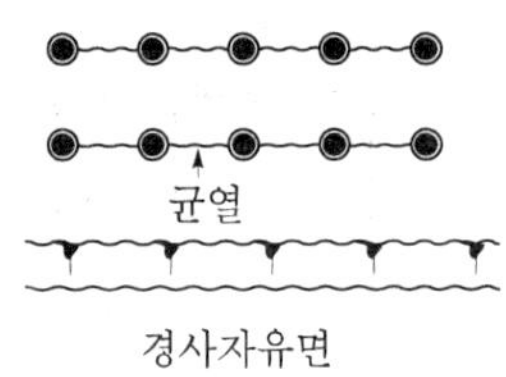
적용범위	지장물과의 이격거리 30m이내	지장물과의 이격거리 30m이내
원리	발파공해에 의해서 민원이 발생되는 지역에 대구경의 장비로 천공하고 공내에 공경보다 작은 유압잭을 삽입한 후 고압의 유압으로 잭을 팽창시켜 암반을 균열시키는 방법이다.	발파공해인 발파진동과 소음 등이 우려되는 개소에서 화약류를 사용하지 않는 무진동 굴착방법으로서 분말의 규산염 또는 석회무기화합물을 물에타서 반죽을 만든 다음 천공된 공내에 충전하여 서서히 팽창하는 압력으로 암반을 균열시키는 방법이다.

2) 미진동 암굴착공법

표 9.14 미진동 암굴착 공법

구분	미진동굴착		
	미진동파쇄기	이분위 미진동 발파	이완식 미진동발파
개요도	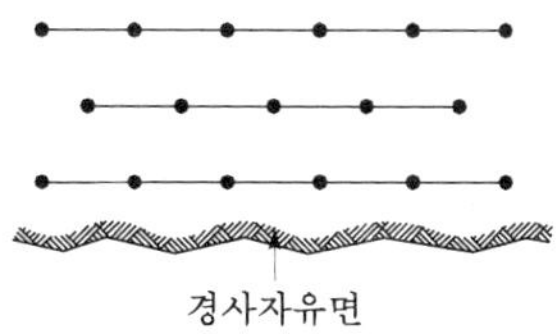	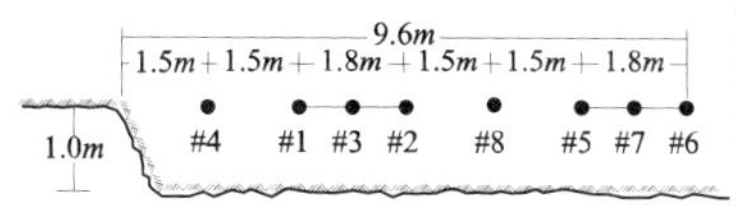	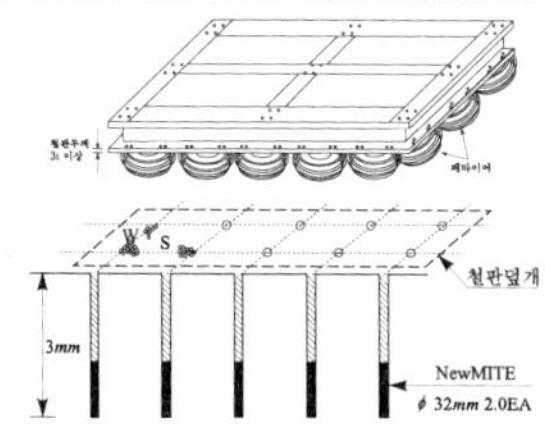
	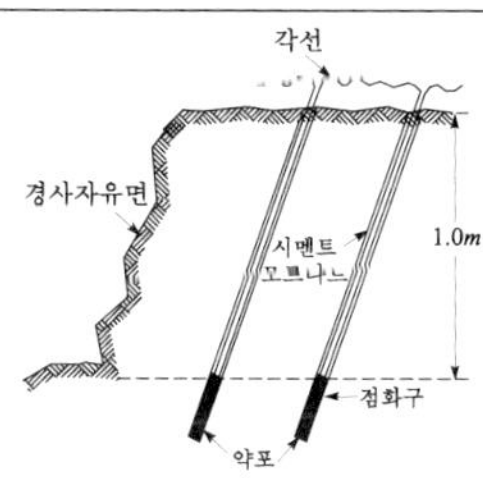	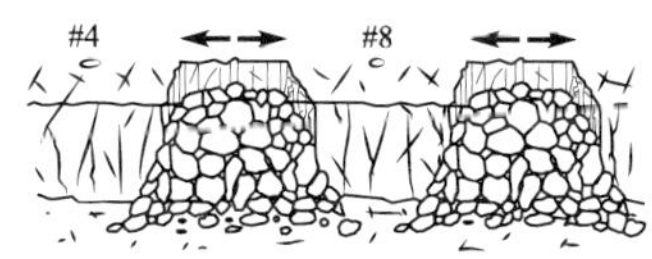	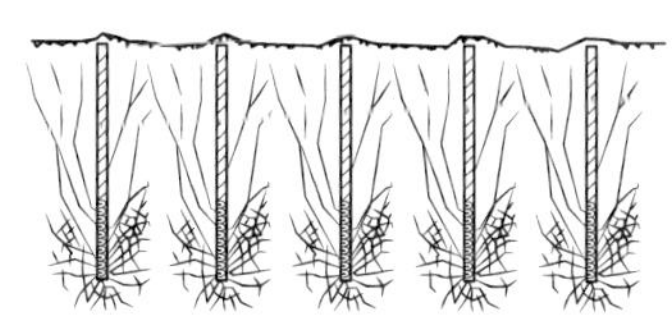
적용범위	지장물과의 이격거리 30~50m이내	지장물과의 이격거리 30~50m이내	지장물과의 이격거리 30~50m이내
원 리	1) 발파공해가 우려되는 개소에서 제한적으로 암반이나 구조물을 절취할 때 사용되는 방법임. 발파패턴은 미진동 소발파공법과 유사하나, 폭력이 약하므로 천공경사를 크게하며, 천공깊이와 간격을 보다 더 짧게함.	1) 천공방향과 발파방법을 이분위로 구분하여 자유면수를 늘려 발파효율을 극대화하는 메카니즘을 갖는 공법임. 2) 1차 발파(발파매개공+1차확장공)에서 3개공에 분산장약하여 20~150 ms의 시간차로 제어 발파하고, 2차 발파 시는 4자유면 발파 유도.	굴착대상 암반을 사전에 천공한 후 철판덮개를 이용하여 방호를 실시한 후 선행발파하여 느슨한 균열을 발생시킨 다음 2차적으로 불도저, breake 등을 사용하여 암반을 뜯어내는 굴착공법.

9.6.6 발파공법 적용시 유의사항

발파계획은 지반조건, 주위환경, 터널단면의 크기와 형상, 굴착공법, 굴진장, 벤치길이 등에 적합한 천공깊이, 천공배치, 폭약의 종류와 양, 뇌관의 형식, 발파순서 등을 종합적으로 판단하여 수립하여야 한다. 발파로 인한 소음, 진동 등 주변 환경에 미치는 영향을 고려하여 필요한 경우에는 그 대책을 강구하여야 한다. 대상 시설물에 대한 진동은 발파원으로부터 가장 근접한 위치의 시설물 부위에서 측정하고 여건상 이것이 불가능한 경우에는 이에 근접한 지표에서 측정할 수 있다. 시험발파 또는 발파패턴 변경 시에는 목표의 발파효과와 발파진동 관리치 도달시까지 매 발파마다 측정한다. 문화재, 진동예민 시설물 및 특별관리대상 시설물에 대하여는 발파 진동 영향권 전구간을 통과할 때까지 매 발파마다 측정하여야 한다. 발파지점 주변에 보호하여야 할 시설물이나 구조물이 있는 경우, 대상 시설물 위치에서의 발파진동허용치는 입자속도를 기준하여 표 9.15에 정한 값 이하로 한다.

표 9.15 구조물 손상기준 발파진동허용기준치(국토교통부 제정, 터널표준시방서, 1999년)

구분	진동예민구조물	조적식(벽돌, 석재등) 벽체와 목재로된 천정을가진 구조물	지하기초와 콘크리트 슬래브를 갖는 조적식 건물	철근콘크리트 골조 및 슬래브를 갖는 중소형 건축물	철근콘크리트 또는 철골골조 및슬래브를 갖는 대형건축물
	문화재 등	재래가옥저층 일반가옥 등	저층 양옥, 연립주택 등	중, 저층 아파트, 중소상가 및 공장	내진구조물(고층아파트 대형건물 등)
허용 입자속도 (cm/sec)	0.3	1.0	2.0	3.0	5.0

발파진동치가 허용범위를 초과할 경우에는 저폭속의 폭약사용, 다단발파 적용, 장약량제한, 심발발파 방법 조정, 발파방식 변경 및 진동 전파 방지 방법 등을 활용하여 진동치가 허용범위 이내가 되도록 검토하여야 한다.

9.7 터널의 배수 형식

터널의 시공위치와 지반의 특성상 지하수가 굴착된 터널의 전주면을 통해서 터널내부로 떨어지거나 흐르게 되기 때문에 방수를 실시하게 된다. 그림 9.28에는 터널내의 지하수 유입영향을 나타낸다. 쉴드터널에서는 콘크리트 세그먼트(segment)로 하여금 방수기능을 담당하도록 하고, NATM 개념의 터널공법에서는 콘크리트 라이닝과 숏크리트 사이에 방수막을 설치하여 터널내부로의 지하수 유입을 차단한다.

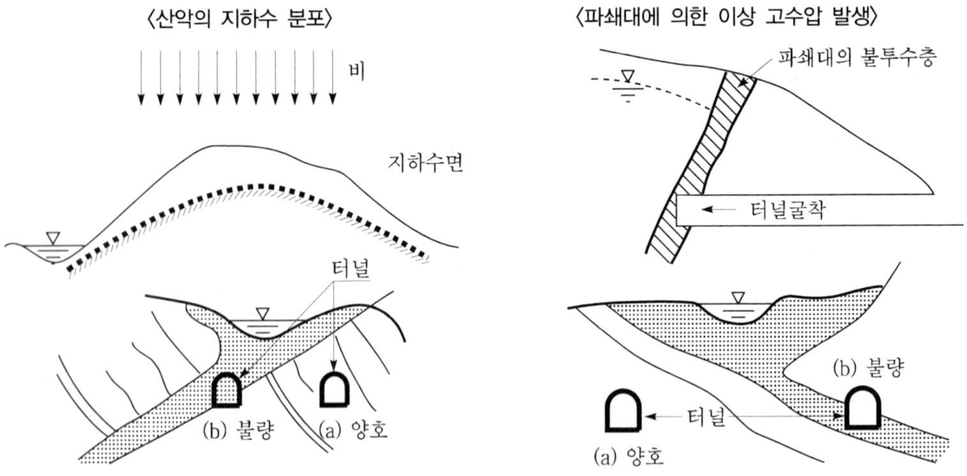

그림 9.28 터널내의 지하수 유입 영향

이때 세그먼트 또는 콘크리트 라이닝 외부의 지반에 지하수 유도 배수관을 두어 인위적으로 배수를 실시하여 콘크리트 라이닝에 지하수압이 작용하지 않도록하는 방법이 있는데 이 형식을 배수형 터널로 분류한다.

도로터널에서는 인버트 상부(천정부와 측벽부)에만 방수막을 설치하고 하부에서 배수하는 부분 배수형을 채택하는 경우가 대부분이지만, 콘크리트 라이닝 외부 전주면을 방수막으로 둘러싸고 방수막 외부에 배수로를 설치하여 배수하는 외부 배수형 터널도 적용할 수 있다. 반면 지하수 유도배수관을 설치하여 인위적으로 지하수를 배수하지 않는 형식을 비배수형 터널이라 정의한다. 비배수형 터널에서는 지하수위에 해당하는 지하수압이 콘크리트 라이닝에 작용하게 되므로 콘크리트 라이닝 구조물은 터널주변의 지하수압을 견디도록 설계하여야 한다. 수압에 가장 유리한 단면은 원형이며 수압이 클 경우에는 철근보강을 하여야 한다. 배수형과 비배수형 터널의 특징은 표 9.16과 같다.

표 9.16 터널의 배수형식별 특징 비교

구분	배수형터널	비배수형터널
개념도	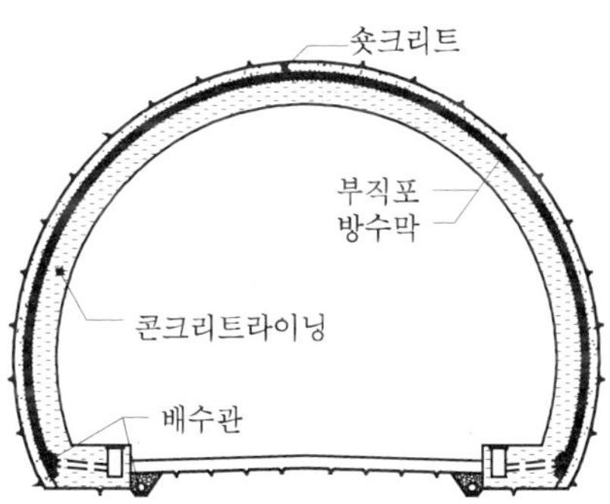	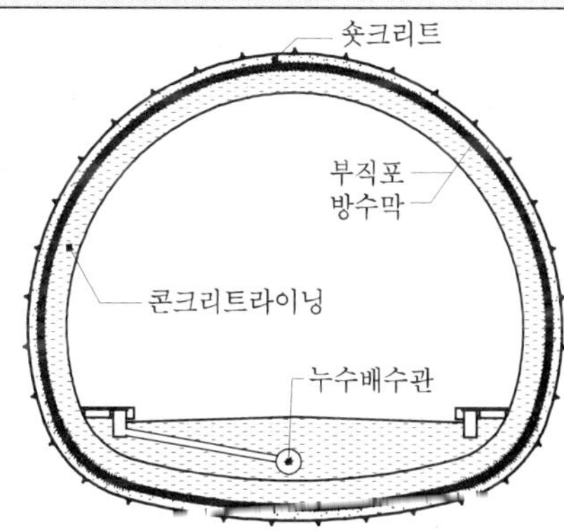
형식	부분배수형 : 방수막을 터널천정부와 측벽부에 설치하고 유입수를 배수층을 통하여 터널내부로 유도하여 배수처리 외부배수형 : 방수막으로 콘크리트 라이닝 전주면을 둘러싸고 인버트의 방수막 밖에 배수구를 설치하여 배수	터널 전굴착면에 방수막을 설치하여 터널내부로의 지하수의 유입을 차단
장점	1) 수압을 고려하지 않으므로 구조적으로 얇은 무근 콘크리트 라이닝도 가능 2) 특수 대단면 시공이 가능 3) 누수 보수 용이 및 시공비가 적음	1) 지하수 처리에 따른 유지비가 감소 2) 지하수위 변화가 없으므로 주변환경에 영향을 주지 않음
단점	1) 자연배수가 불가능한 경우에 유지비가 고가 2) 지하수위 저하로 주변 지반 침하와 지하수 이용에 문제 발생가능	1) 특수 대단면 또는 대심도에서 적용 곤란 및 시공비가 고가 2) 누수가 발생 시 보수비 고가이며 완전보수가 어려움
적용	지반조건이 양호하고, 주변 구조물에 영향이 없으며, 지하수 유입량이 적은 곳	지하수 공급이 많거나, 지하수 저하의 영향이 많은 곳

9.8 방수

배수형 터널에서 방수가 필요한 경우 지하수가 떨어지지 않도록 콘크리트 라이닝의 재질을 수밀콘크리트로 하거나 콘크리트 라이닝과 숏크리트 사이에 방수막을 터널 아치부에 설치하여야 한다. 비배수형 터널의 경우에는 터널내부로 지하수가 유입되지 않도록 콘크리트 라이닝 전주면에 방수막을 설치하여야 한다. 이 경우 필요에 따라 콘크리트 라이닝을 수밀 콘크리트 라이닝으로 시공할 수 있다. 비배수형의 터널에서는 터널의 용도에 따라 방수등급을 규정하고 방수 등급별로 별도의 허용누수량을 설정하여 관리할 수 있다. 콘크리트 라이닝은 사용 목적에 따라 구조체로서의 역학적 기능, 비배수형 터널에서의 내압기능, 영구 구조물로서의 내구성 확보 및 미관유지 기능 등의 역할을 하며 콘크리트 라이닝은 터널 주변의 지반상태, 환경조건 및 주지보재의 지보능력을 고려하여 사용목적에 적합하고 장기간 사용에 충분한 안전성과 내구성을 가지도록 설계 및 시공되어야 한다. 콘크리트 라이닝이 구조체로서의 역학적 기능을 발휘하게 되는 경우는 다음과 같다.

1) 숏크리트 등으로 형성된 주지보재가 영구 구조물로서 충분한 안전율이 미확보된 경우와 숏크리트에 균열과 록볼트에 큰 축력이 작용하고 응력 저항부에 크리프 현상이 발생하거나 볼트의 부식으로 인하여 지반응력이 콘크리트 라이닝에 전달되는 경우
2) 현장여건으로 인하여 지반변위가 수렴되기 전에 콘크리트 라이닝을 시공하는 경우
3) 토피가 작은 토사 지반 등에서 주변 환경의 영향을 받기 쉬워 상재하중을 반영한 역학적 검토가 필요한 경우
4) 비배수형 터널에서는 콘크리트 라이닝에 수압 이 작용하므로 수압을 고려하여 설계하는 경우 콘크리트 라이닝에 사용되는 재료는 터널의 사용 목적에 적합한 것이어야 한다.

지형 조건상 편압이 예상되는 경우 또는 큰크리트 라이닝이 구조적인 기능을 발휘하는 경우에는 인버트를 설치하는 것이 바람직하다. 인버트는 측벽과 일체가 되어 외력에 안전하게 저항할 수 있는 형상이 되도록 하여야 하며 인버트의 두께는 지형 및 지반조건에 따라 정하여야하며 시공성 및 경제성 등도 검토하여야 한다. 콘크리트 라이닝의 두께는 일반적으로 30 ~ 50cm 정도이다. 콘크리트 타설 특성상 천단부에는 물-시 멘트비(W/C)가 다른 구간에 비해 커질 가능성이 있으며 두께도 얇아져 숏크리트면과의 사이에 공극이 발생될 수 있다. 즉, 천단부는 다른 구간에 비해 품질관리상 취약점이 있다. 특히 철근보강 콘크리트 라이닝의 경우에는 종방향 철근배치로 인해 더욱 시공이 어렵게 된다. 이러한 문제를 해결하기 위하여 터널설계 기준에서는 종방향 철근을 시공이음부에서 단절하여 설계할 수 있도록 허용하고 있다. 콘크리트 라이닝은 주지보재의 시공이 완료된 후 계측결과를 토대로 변위가 수렴된 것을 확인한 후 시공한다.

콘크리트 타설은 좌우 대칭이 되어 거푸집에 편압이 발생하지 않도록 하여야 하며 바이브레타(vibrator) 등을 이용하여 다짐을 시행한다. 거푸집은 조립과 해체가 용이하며 이동성이 좋고, 견고한 구조가 되도록 그림 9.29와 같이 제작하여야 하며 콘크리트 투입 및 타설상태 확인 등을 위한 적당한 크기와 작업구를 두어야 한다. 콘크리트의 투입구는 콘크리트가 넓게 잘 퍼지도록 배치하고 측면판은 콘크리트의 압력에 견딜 수 있는 구조로 하고 콘크리트가 누출되지 않도록 설치한다.

그림 9.29 라이닝 거푸집 조립 및 시공완료 장면

9.9 터널설계

9.9.1 설계의 기본개념

자연지반에 터널을 굴착하게 되면 원래의 지반응력상태가 변하게 된다. 이렇게 변화된 응력과 지반강도와의 관계에서 터널이 안정상태를 유지하기 위해서는 지보재를 필요로 하거나 그렇지 않은 경우가 발생하게 된다. 이와 같이, 터널설계에서는 지반이 발휘할 수 있는 공학적인 능력을 평가하는 방법에 따라 지반을 두 가지의 극단적인 상태로 분류할 수 있다. 첫째는 지반을 자체 지보능력이 없는 것으로 간주하거나 적극적으로 이를 활용하고자 하지 않는 경우이고, 둘째는 지반자체가 보유하고 있는 지보능력을 최대한 활용하고자 하는 경우이다. 전자의 경우는 터널굴착으로 인해 발생하는 모든 하중을 지보재로 하여금 지지하도록 하여야 한다.

9.9.2 지반설계정수 산정

지반 설계정수는 현장 실내시험을 통하여 성과를 분석하고 통계 처리할 경우 신뢰성 있는 정수를 얻을 수 있으며 설계정수 산정 흐름도 사례는 그림 9.30과 같다.

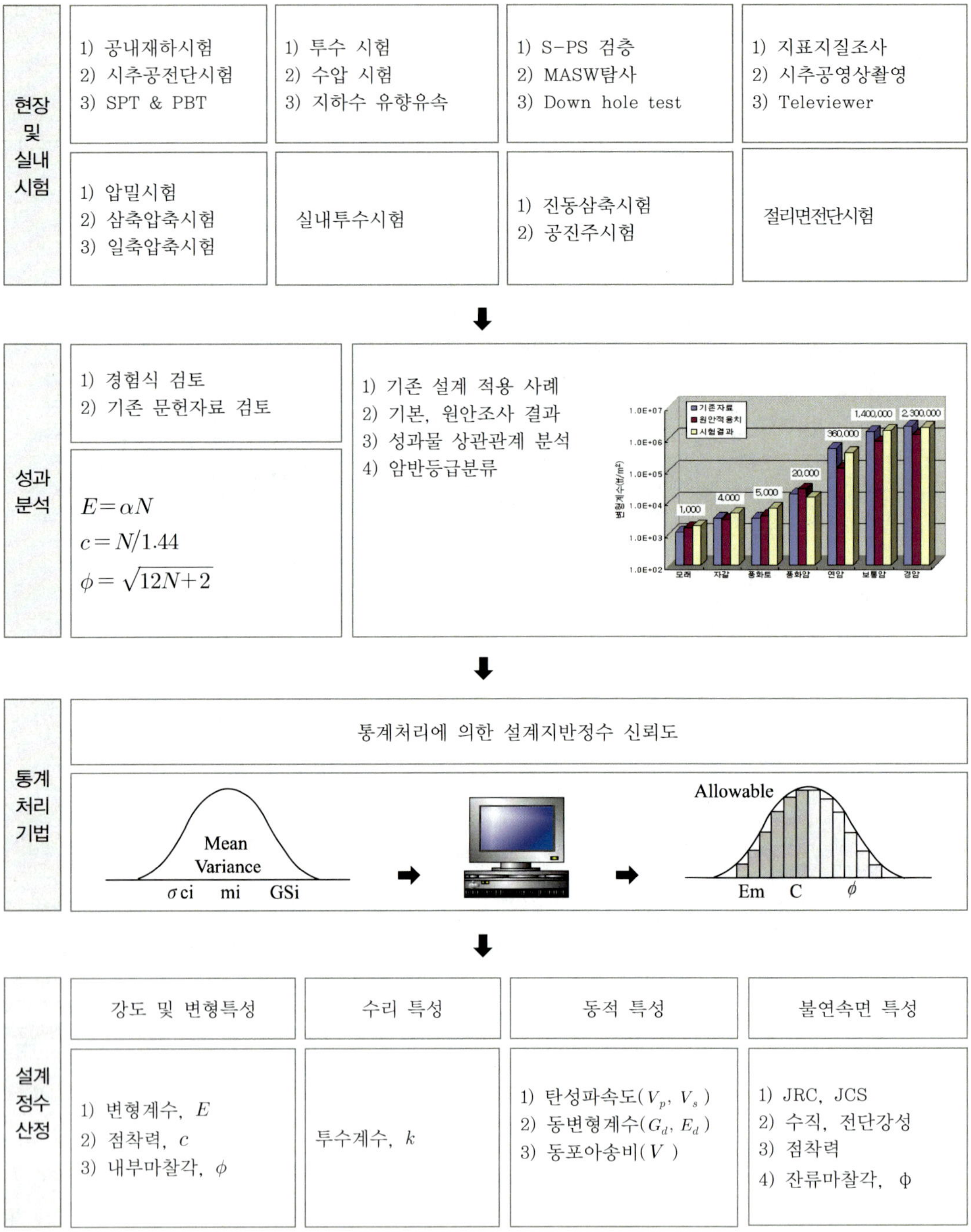

그림 9.30 지반설계정수 산정흐름도

9.9.3 터널 설계흐름도 및 설계방법

1) 설계 흐름도

그림 9.31 설계 흐름도

(1) 안정성 : 시공 시는 물론이고 완공 후에도 터널의 수명기간동안 안전한 구조물로서 기능을 발휘할 수 있도록 설계하여야 한다. 특히 토사지반의 얕은 터널 또는 상부지반이나 터널 인근지역에 개발이 예상되는 경우에는 이에 대한 영향을 미리설계에 반영하도록 하는 것이 바람직하다.

(2) 시공성 : 아무리 좋아 보이는 계획이라도 시공성이 고려되지 않았다면 결코 좋은설계가 될 수 없다. 시공성에서는 현장의 조건은 물론 기술수준까지를 감안하여 평가하여야 한다.

(3) 경제성 : 불확실한 설계일수록 비경제성을 내포하기 쉬우므로 현상의 실세시반소선과 계측결과를 활용하도록 함으로써 경제성을 도모할 수 있도록 설계하여야 한다.

(4) 내구성 : 주변의 환경 등을 면밀히 분석하여 터널의 수명기간동안 구조물의 내구성이 유지되도록 하여야 한다. 이 경우에는 지하수 영향 등도 고려하여야 한다.

(5) 유지관리의 효율성 : 터널의 구조물은 구조물 수명기간동안 유지관리가 쉬운 구조물이 되도록 설계하여야 한다. 배수형 터널의 경우에는 장기간 동안에도 배수계통의 기능이 유지될 수 있도록 설계하여야 한다.

2) 암반터널의 설계방법

지반내에 터널을 굴착하면 굴착면 주변의 지반은 3축 응력상태에서 2축 응력상태가 되는 평면변형률 조건이 된다. 터널붕괴의 대부분은 막장부근에서 발생한다. 2차원 평면해석의 문제점은 현장에서 발생 할 수 있는 불리한 조건을 해석하기가 어려우므로 일시적 취약조건을 3차원으로 해석하는 것이 바람직하다고 볼 수 있다.

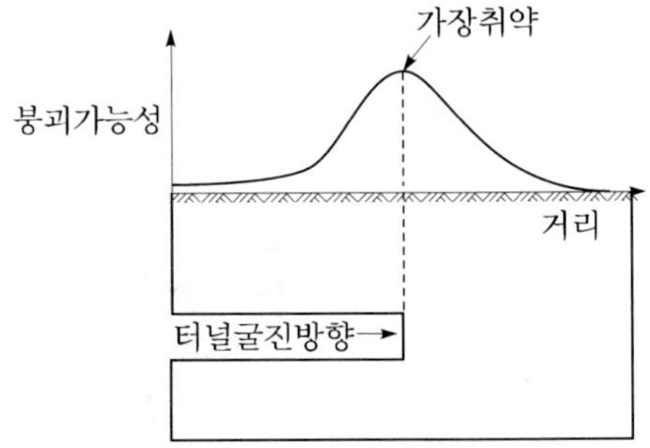

그림 9.32 터널의 붕괴 포텐셜

터널굴착시 굴착으로 인해 증가된 접선응력이 지반강도보다 적으면 터널 주변지반은 적응 변위과 함께 조기에 안정되나, 접선응력이 지반의 강도보다 크면 큰 변위가 발생되고 지보재로 지반을 지지하지 않으면 터널은 파괴에 이르게 된다. 지보재에 작용하는 응력과 굴착면의 변위관계는 그림 9.33과 같고 응력변화에 따른 변위의 단계별 설명은 다음과 같다.

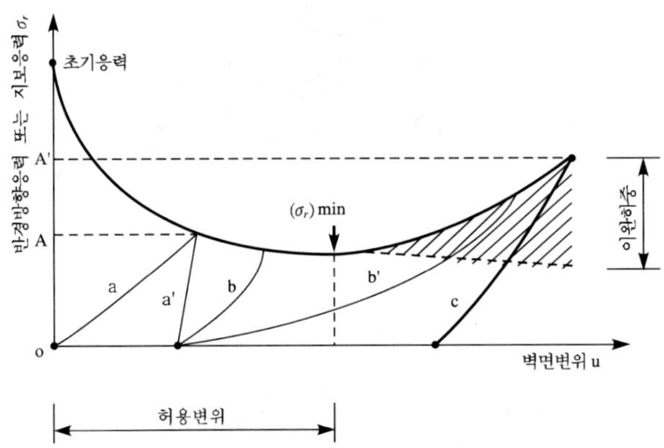

그림 9.33 지보재에 작용하는 응력과 굴착면의 변위관계

(1) 굴착과 동시에 초기응력과 동일한 응력을 굴착면에 작용시키면 반경방향의 변위(벽면의 변위)는 발생하지 않으므로 지보재에 작용하는 하중은 초기응력과 동일하다.

(2) 굴착면의 변위를 허용하면 변위가 증가하면서 반경 방향으로 작용하는 하중은 감소하나 어느 한계변위를 넘으면 지반은 이완되고 반경 방향의 응력은 그림 9.33의 곡선 b' & c의 경우와 같이 오히려 증가한다.

(3) 벽면의 변위가 한계치를 넘지 않도록 적절히 조치하여 지보재에 가해지는 응력을 최소화 $(\sigma_r)_{\min}$ 하여 지반자체의 지보능력 활용으로서 최소지지 지보재를 사용하여 굴착 공동안정을 도모한다.

(4) 지반이 자체지보 능력이 없다고 판단될 경우는 지반하중을 모두 지탱할 수 있는 지보재가 필요하며 이 경우는 지하구조물 설계와 동일하다.

(5) 지보가 강하면(a') 비경제적이고 너무 약하면(곡선 b') 위험을 초래하게 되므로 적절한 시기에 적절한

강성의 지보를 설치하는 것이 이상적(곡선 b) 이다.

(6) 따라서, 변위를 허용하는 가축성 지보재를 사용하여 변위를 허용하되 지반이 자체의 지보능력을 상실하지 않는 범위내에서 지보력과 지보재에 작용하는 지반응력이 평형상태가 되도록 설계하는 것이 합리적인 터널설계 개념이다.

암반터널의 설계방법에는 경험적 방법, 해석적 방법, 계측에 의한 방법 등으로 크게 나눌 수 있다. 경험적 방법은 이전의 터널 시공사례를 통계적으로 분석함으로써 암반조건과 터널의 안정성 및 지보량과의 관계를 경험적으로 도출하여 설계지침으로 제공한다. 지하암반 구조물의 안전도 평가를 위해 사용되는 가장 잘 알려진 경험적 방법은 암반의 공학적 분류법을 이용하는 것이다. 최근 들어 이 방법들에 많은 관심이 표명되고 있으며, 수많은 터널 프로젝트에서 설계의 실제적 근거를 제시하는 유일한 방법으로 사용되고 있다.

경험적 설계방법에는 암반하중 분류에 의한 지보설계, 암반의 공학적분류(RQD, SMR 및 Q분류)를 이용한 지보설계가 있으며 이중 Terzaghi(1946)의 암반하중 분류에 의한 지보설계법은 최초로 소개된 실용적인 분류법으로서, 암반하중의 개념을 그림 9.34에 나타내었고, 터널이 건설되는 동안 천장부나 측벽부에서 암반의 이완이 발생하게 되며 개념설명은 다음과 같다.

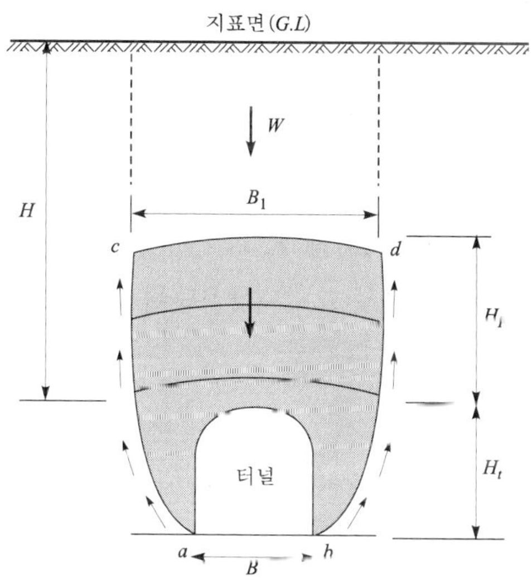

그림 9.34 Terzaghi의 암반하중 개념(Terzaghi, 1946)

acdb 영역의 이완된 암반은 터널내부로 이동하려는 경향을 보인다. 이러한 변형은 ac, bd 경계를 따라 발생하는 마찰력에 의해 저항을 받으며, 이러한 마찰력은 상부 피복암의 하중 W의 대부분을 터널 양측벽의 암반에 전달한다. 따라서 터널 천정부와 측벽부에서는 높이 H_p 에 해당하는 하중만을 지지하면 된다. 이완된 암반의 폭 B_1은 암반의 특성과 터널 높이 H_t 및 터널 폭 B 에 따라서 달라진다. 초기의 암반하중 분류법은 현대적인 터널설계에서 중요하게 고려하고 있는 지보재의 가축성, 지보재와 암반 사이의 틈새, 지하수 조건, 초기지압상태, 발파로 인한 균열대의 범위 등을 고려하지 않고 개발되었다. 또한 현대적인 터널공사에서는 숏크리트나 록볼트 같은 능동적 지보를 적용하고 있고, 조절발파나 TBM 사용에 의해 터널주의 암반의 교란을 최소화시키고 있음을 볼 때 Terzaghi의 암반하중 분류법에서 예측하는 암반하중은 실제보다 큰 값을 나타낼 수 있음을 알 수 있다. 따라서 암반하중 분류법은 보다 정량적이고 객관성 있는 지보량 산정을 필요로 하는 현대적인 터널굴착 설계에는 적합하지 않는 것으로 알려지고 있다. 이후 Cording, Hendron & Deere(1972)는 암반하중은 철제지보 터널에서는 상당 수준의 상관관계가 있으나 록볼트에 의해 지보되는 공동에는 상관관계가 없음이 밝혀졌다. 이러한 연구결과는 Terzaghi의 암반하중개념이 강재지보에 의해 지지되는 터널에 국한되어 적용되어야 한다는 것을 의미한다. RQD분류를 이용한 지보설계는 신속하고 적은 비용으로 구할 수 있는 지수이나 절리의 방향성, 충진물에 따라 고려 할 수 없는 한계성이 있다. 따라서 경험적 설계는 RMR, Q분류법(제 3장, 3.5항 참조)과 같은 발전된 암반분류를 적용한다. 해석적 방법은 공동주변부의 응력과 변형에 대한 해석결과를 이용하는 것이다. 여기에는 수학적 해법, 수치해석법(유한요소법, 유한차분법, 경계요소법), 아날로그 시뮬레이션(전기회로를 이용하는 법, 광탄성 해석) 및 모형실험과 같은 방법이 포함된다. 최근에는 시공과정에서 얻어진 계측자료를 이용한 역해석을 통하여 입력자료를 구하고 이를 설계단계에서 입력한 것과 비교하여 설계보완을 시도하는 방법도 제시되고 있다. 계측에 의한 방법은 굴착기간 동안 지반거동을 계측한 결과와 지반-지보상호작용의 분석결과를 본 공사에 적용하는 방법으로서 굴착하면서 설계하는 방법으로 생각할 수 있으며 대표적인 적용예는 NATM공법이다.

3) 배수조건에 따른 터널의 설계 개념

터널은 지하수의 처리 방법에 따라 배수터널과 비배수 터널로 구분할 수 있다. 비배수터널의 경우 물을 인위적으로 막는 구조이므로 수압이 전부 콘크리트라이닝에 작용하게 되며 배수터널의 경우 지하수의 조건에 따라 그 해석 매커니즘이 완전히 달라지게 된다.

(1) 완전 배수 개념

지하수위가 터널 하단 인버트 근처까지 저하된 경우로써 건조상태의 터널과 같은 개념으로 해석할 수 있다. 수압이 존재하지 않으므로 전응력=유효응력이 되며 습윤단위 중량을 사용한다.

(2) 침투를 고려한 배수 개념

정상류의 침투가 계속 발생되는 경우 라이닝의 수압은 0(zero)이나 경계부에서는 비배수인 경우처럼 '유효응력+정수압'이 작용하고, 지중응력은 "유효응력+침투수압"이 작용한다. 침투수압은 물이 침투하는 힘이기 때문에 지반자체에 전달되는 유효응력의 일종이며 지하수가 흐르는 한 지속적으로 발생한다. 이 침투수압의 크기는 터널주위의 수압분포를 그려 수압이 정수압으로부터 감소하기 시작하는 범위로부터 나타내며 유효응력에 대한 하중은 1차 지보재가, 침투수압은 2차 지보재인 콘크리트라이닝이 부담하도록 가정하고 설계하면 안전측이 된다.

(3) 완전방수 개념

정수압이 존재하므로 지중응력은 “유효응력+정수압”이 작용된다. 흙 입자는 유효응력만을 받으며 1차 지보재 설계를 위한 해석은 수중단위중량을 사용하고 1차 지보재가 유효응력을 모두 부담한다. 정수압은 2차 지보재인 콘크리트 라이닝이 부담한다.

표 9.17 배수조건에 따른 터널의 해석 개념

구분		배수형 터널		비배수형 터널
		완전 배수 개념	침투수를 고려한 배수개념	완전방수 개념
지하수위		배수에 의한 상하	변동 없음	변동 없음
침투		발생	발생	발생 없음
해석 조건	해석경계부	전응력(=유효응력)	유효응력 + 정수압	유효응력 + 정수압
	지중응력	유효응력(=전응력)	유효응력 + 침투수압	유효응력 + 정수압
	라이닝에 작용하는 수압	0(zero)	0(zero)	정수압

(4) 실무적용 시 유의사항

하천, 해저 터널과 같이 거의 무한대의 유입량을 가진 터널을 비배수형 터널로 시공할 경우 경제성이 결여되어 주변 그라우팅으로 유입수량을 최소화한 배수터널의 개념이 사용된다. 이때 라이닝이 작용하는 수압을 0(zero)으로 하면 위험한 설계가 될 수 있으므로 침투수압을 고려한 적절한 라이닝설계가 요구된다.

9.9.4 내진설계(사례)

1) 내진설계 해석 흐름도

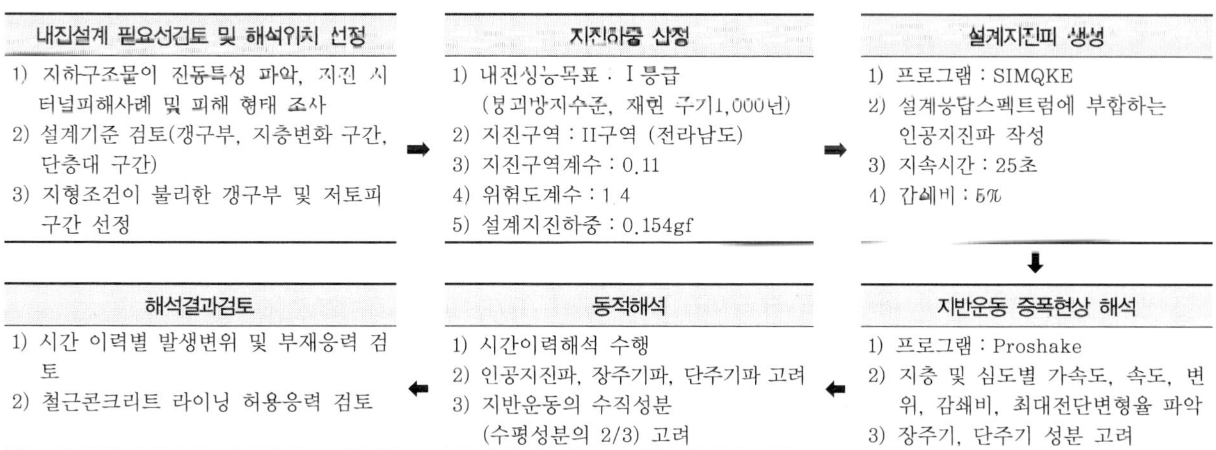

그림 9.35 내진설계 해석 흐름도

2) 내진설계 시 고려되는 하중의 종류

(1) 고정하중(D) : 상재하중을 포함하는 구조물 자중, 수직토압 및 지하수압

(2) 활하중(L) : 선로하중을 포함하는 활하중

(3) 횡하중(H) : 횡토압 및 횡방향 지하수압

(4) 지진하중(E) : 관성력, 지진 시 토압, 지진 시 수압

3) 하중조합 및 설계해석법

콘트리트 구조물인 개착터널의 터널구조 및 NATM터널의 라이닝은 원칙적으로 '콘크리트 구조설계기준'의 설계하중조합을 따른다. 내진설계를 위한 지진해석법으로 등가정적해석법, 응답변위법, 동적해석법을 제시하고 있다. 내진설계 시에는 터널 혹은 구조물과 주변 지반과의 상대질량 및 강성 등을 고려하여 최적의 방법을 선택 한다.

9.9.5 터널구조물의 내진해석(사례)

1) 터널의 지진 피해사례

지진 피해 현황	피해 상황 및 위치도
터널의 전형적인 피해 형태 1) 라이닝의 종방향, 횡방향 균열 2) 단면 균열과 대각선 방향 균열 3) 아치와 측벽 낙석에 의한 전단과 압축파괴 4) 기존 균열의 심화 5) 아치 최상단의 침하 6) 터널 종방향 시공이음부의 충돌 7) 터널 갱구부(입·출구부) 붕괴 8) 터널 갱구부 벽체 균열 9) 인버트의 균열과 히빙 발생	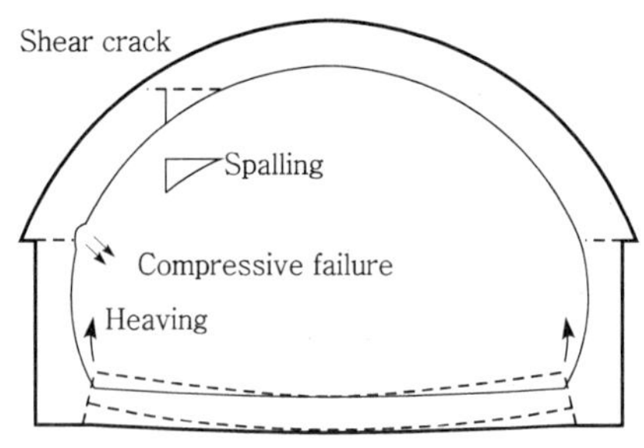

그림 9.36 터널의 지진 피해 상황 및 위치도

2) 지진 시 취약 구간의 선정

지진 시 터널 구조물의 피해사례 분석 결과 및 터널설계기준(국토교통부, 1999)을 고려하여 터널의 일부가 노출된 갱구부, 터널의 현저한 변화 경우, 터널하부의 지반이 심도에 따라 급격히 변화고 있는 경우 및 규모가 비교적 큰 단층대 통과 구간 등을 검토 대상구간으로 선정한다.

3) 내진해석 방법의 적정성 검토

내진설계는 지진 시 취약구간을 선정하여 지진으로 인한 하중이 가해질 경우 지중구조물에 발생하는 응력과 변형거동을 해석 이론을 통하여 분석하고 이를 통해 지중구조물이 소요강도 및 연성을 확보하도록 구조물의 형태 및 단면을 결정하는 과정이다.

해석모델링	지반조사 분석 및 동적지반특성치 산정
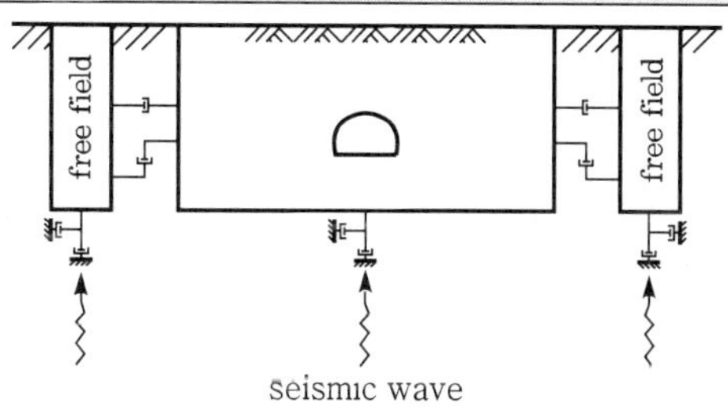	1) 시추조사, 표준관입시험 2) 탄성파 검사 ① P파 및 S파 속도 ② 동탄성 계수(저변형률 영역) 3) 공진주 시험 ① 감쇠비 ② 동탄성 계수(고변형률 영역) 4) 실내 암석 시험
지진파의 반사현상을 방지하기 위한 자유장 경계조건 적용 (free-field Boundary Condition)	

그림 9.37 내진해석 모델링 개념도

설계 시에는 국토교통부 '내진 설계 기준 연구'(1997.12) 및 서울시 '터널의 내진설계 점검표'(2000.7) 등에 제시된 내진 성능 수준에 기초한 설개개념을 적용, 지진력에 대한 안정성을 확보하도록 설계한다.

9.10 실무에서 터널의 주요변상 사례 및 분석

9.10.1 터널변상 원인

터널변상이란 사용성 또는 안정성 측면에서 터널의 기능이 저하된 상태 또는 가까운 장래에 저하될 가능성이 있는 상태를 의미하며, 내부 구조물의 변형, 결함, 노후 등을 포함한다.

터널변상은 크게 두 가지 원인으로 구분할 수 있는데 첫째는 지반원인에 의한 터널 외적원인과 둘째는 설계 부적절, 시공불량 등의 인위적 원인으로 대별된다. 그러나 변상현상이 발생하는 대부분의 터널에 있어서 그 원인은 복합적으로 작용한다. 터널변상은 라이닝 표면에 나타나는 이상 징후에 의해

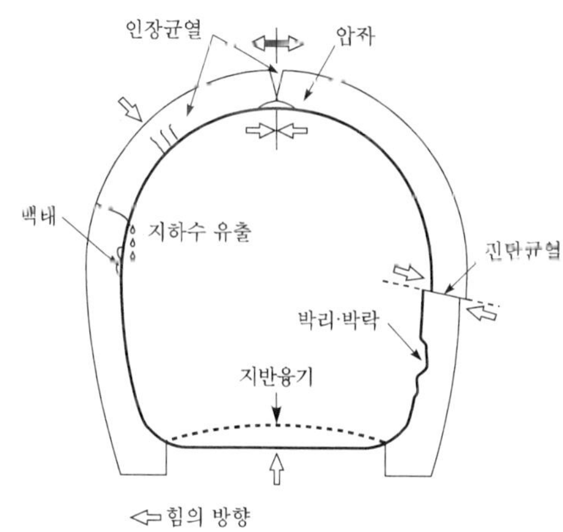

그림 9.38 일반적인 터널 변상현상

발견되는 경우가 많고 한번 변상이 발생한 터널은 지속적으로 발생 할 수 있으므로 초기에 이를 발견하여 대처하여야 한다. 터널변상으로 나타나는 일반적인 현상들은 그림 9.38에 나타난 것과 같이 인장균열, 압좌, 전단균열, 박리·박락 및 백태, 지하수 유출(누수) 등이 있다.

1) 터널변상의 외적원인

외적원인 중 주요한 터널변상의 발생원인 및 변상상태는 다음과 같다.

(1) 편토압·비탈면활동

터널에 작용하는 좌우의 지반압이 현저하게 불균형을 이루는 상태를 편토압 상태라 하고 일반적으로 경사지 지형에 터널이 존재하는 경우에 많으며 이암, 셰일, 편암 및 활동성이 높은 점토광물을 함유한 유동성 지반 등에서 편토압의 가능성은 더 커질 수 있다.

또한 비탈면기슭의 절취, 지하수위의 변동 등에 의하여 비탈면의 활동이 유발될 수 있으며 편토압으로 인해 나타나는 주요 현상들은 상부 비탈면측 어깨부의 수평 균열, 천단 중앙부근의 압좌 현상, 계곡부 측면에 수평균열 발생 등이 있다.

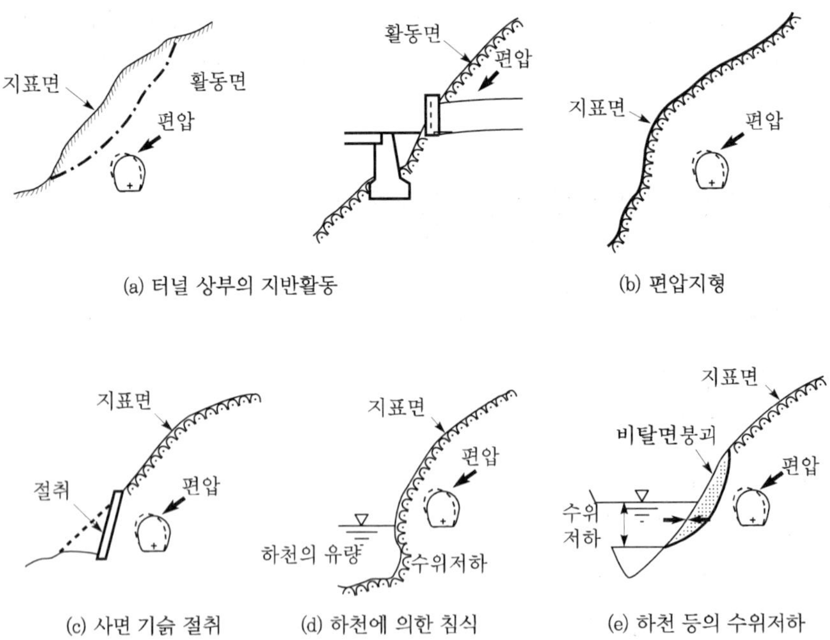

그림 9.39 편토압 비탈면활동의 예

편압이 작용할 경우 대책공법은 그림 9.40과 같다.

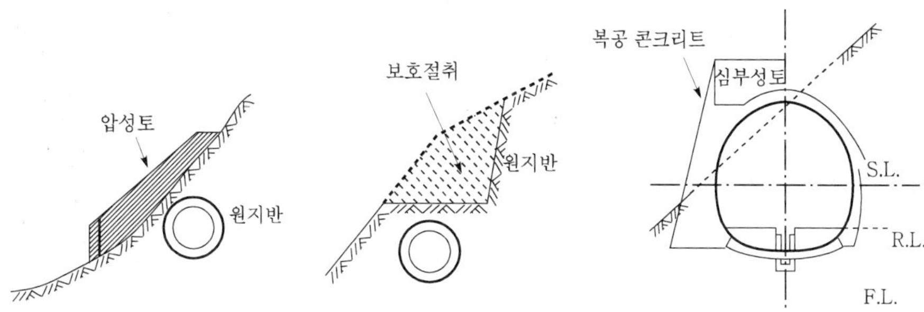

그림 9.40 편압에 대한 대책공법

(2) 지빈이완

터널 굴착 시 주변지반의 이완은 시간의 경과에 따라 더욱 진행되어 지반이 자체의 지보역할을 하지 못하고 터널구조물에 하중으로 작용하게 되는데 이는 풍화에 의한 절리면 결합도의 약화, 사질지반에서 세립 실트분의 유실에 의한 점착력의 저하, 라이닝 배면의 공동이나 두께 부족 등으로 인해 발생한다. 지반이완으로 인해 나타나는 터널 변상현상은 천단 부근에 터널 축방향 균열 발생, 천단 부근의 돌발적인 붕괴 및 아치 어깨부에 수평 또는 경사 균열 등이 있다.

그림 9.41 지반이완에 의한 터널 변상 개념도

(3) 소성압

터널주변 지반의 강도가 토피압에 비하여 작은 경우 혹은 강도열화가 현저하게 발생한 경우에는 터널주변에 생긴 소성영역이 확대되어 터널의 라이닝에 큰 하중으로 작용한다. 이러한 소성압은 팽창성 점토를 다량 함유한 이암, 단층 파쇄대, 열수변질 등 변질작용(alteration)을 받은 변성암 중 지반강도비($q_u / \gamma \cdot h$) $\leq$ 2인 지반에서 주로 발생하고 이로 인한 변상형태는 측벽 또는 아치부의 수평균열, 측벽의 압축에 의한 내공폭 축소 및 천정부의 압좌등이 있다.

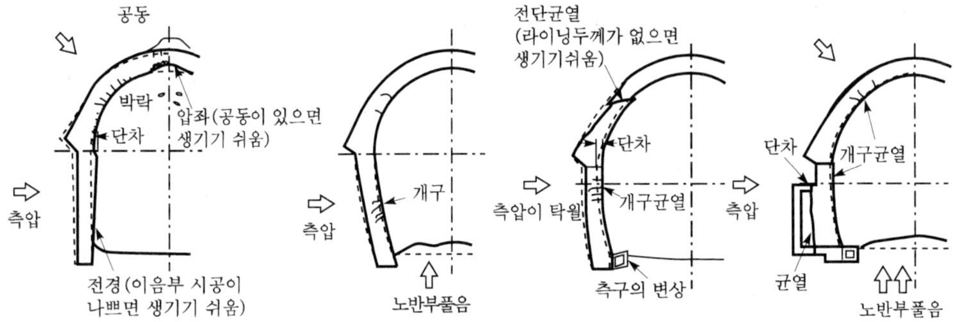

그림 9.42 소성압에 의한 터널변상 개념도

(4) 수압

누적된 강우에 의한 침투수가 다량 유입되거나 주변에 신설 댐이나 저수지 등의 건설로 인하여 터널 주변 지하수위가 상승할 경우에는 이상 수압이 발생할 수 있다.

터널라이닝에 발생하는 이상 수압은 배수불량 및 도수공의 단면부족, 막힘(clogging)등이 발생할 경우 라이닝 두께가 부족한 단면이나 구조적으로 결함이 수반된 부위에서 변상을 일으킬 수 있으며 이로 인한 변상의 형태는 라이닝 균열부나 인버트부 등에서 누수량 증가, 배수공에 다량의 토사유입 및 집중호우 시 돌발적으로 발생 등이 있다.

(5) 동상압

지반의 동결에 의한 변상으로 외기 온도가 낮아 일평균 0℃ 이하의 온도가 300℃·day 이상인 동결지수를 갖는 한냉지인 경우에 미고결 퇴적층이나 단층대에서 동상 가능성이 있다. 동상압에 의한 터널의 변상형태는 아치 콘크리트와 측벽 콘크리트와의 단차, 측벽 콘크리트의 압출, 측벽 콘크리트의 터널연장 방향의 개구균열 및 천단부의 압좌(천단 라이닝 배면에 공동이 있는 경우) 등이 있다.

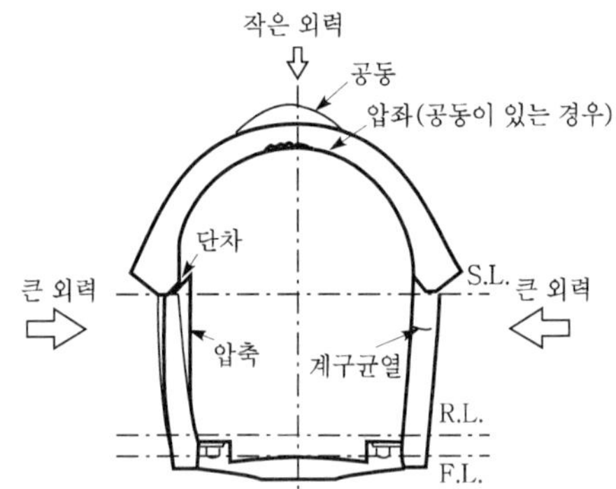

그림 9.43 동상압에 의한 터널변상 개념도

(6) 지반침하

지반침하에 의한 터널변상은 지하공동의 형상(화산암 중 다공질 분출암 지역, 석회암, 석탄층의 채굴적 등)이나 신설터널의 하교부차 등으로 인해 발생한다. 지반침하에 의한 터널의 변상특징은 터널이 종방향으로 휘는 듯이 변형하므로 횡단면상 균열 발생, 노면의 기폭이 특정구간에서 지속적으로 발생 및 시공이음이나 신축이음 이외의 부분에서도 불규칙하게 발생된다.

(7) 근접시공

근접시공의 종류는 터널의 병설, 교차, 터널상부 및 측벽의 개착, 터널상부의 흙쌓기 및 구조물 하중재하, 지반진동과 지하수위 변동 등이 있으며 이 들에 의한 대표적인 터널변상 개념도는 그림 9.44와 같다.

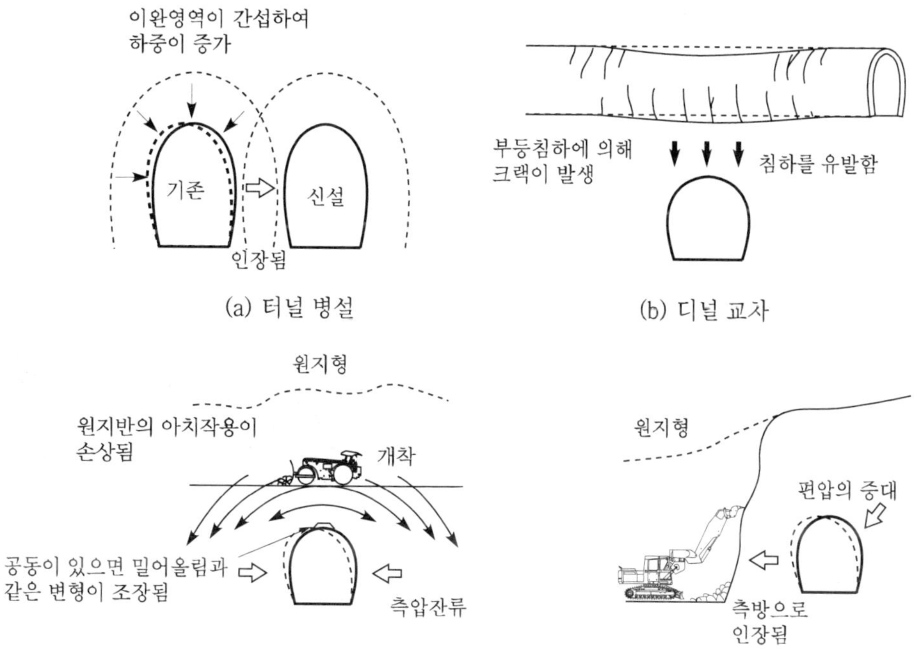

(a) 터널 병설 (b) 디널 교차

(c) 터널 상부 굴착 (d) 터널 측부 굴착

그림 9.44 근접시공에 의한 터널변상 개념도

2) 터널변상의 내적원인

내적원인 가운데 일반적인 주요 변상원인은 배수공불량, 라이닝두께부족, 측벽과 아치 접합부 불량 및 방수불량 등이 있다.

9.10.2 석회암 출현 시 예상 문제점 및 보강방안

1) 석회암의 특성

석회암은 50% 이상의 탄산칼슘(C_aCo_3)을 함유하고 퇴적암 중 비쇄설암에 속하는 암으로 국내 석회암은 지역에 따라 다양한 물리적 성질을 가지고 있다. 석회암을 모암으로 하는 지반의 경우에는 복잡 다양한 지반특성을 나타내므로 단순한 시추조사만으로 지반특성을 판단하는 것은 문제가 있으며 물리탐사(탄성파 및 전기비저항 탐사 등) 및 Face-Mapping을 정확하게 실시하여 유사한 지반별로 구역구분을 하고 각 구역별 대표적인 위치에서 시료를 채취하여 지반 정수를 적용하여 안정성 검토를 실시하여야 시추조사에서 파악이 곤란한 공동을 파악할 수 있다.

(1) 공동의 특성

단층/습곡에 의해 생성된 단열면으로 지하수가 유동하고 석회암 암류내의 방해석 성분이 지하수내 탄산에 용해되어 공동이 형성되며 시간에 따라 용식작용이 진전되어 공동이 성장하고 추후 공동붕괴가 발생하기도 한다. 그림 9.45에는 공동생성 메카니즘을 나타낸다.

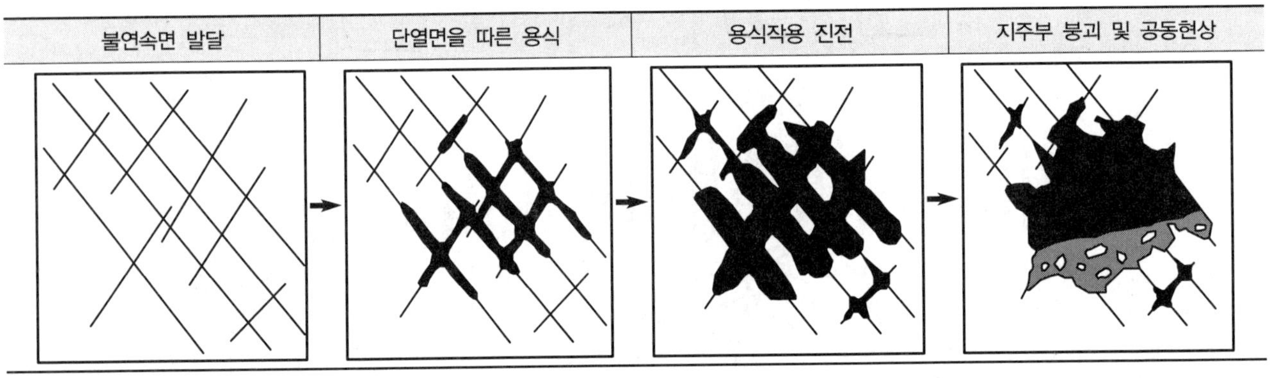

그림 9.45 공동생성 매카니즘

(2) 카르스트 지형

카르스트 지형이란 석회암 지역에서 잘 나타나는 것으로 화학적으로 용해하여 침식되어 나타나는 지형을 통칭하는 것이다. 석회암의 주성분인 탄산칼슘이 이산화탄소를 포함한 빗물과 지하수에 쉽게 용해되면서 나타난다. 지하에 하천이 흐르는 점이 가장 큰 특징으로, 점차 석회암을 용해시키면서 일련의 지형변화를 볼 수 있다.

2) 석회암 공동 조사방법

그림 9-46에서 나타내듯이 석회암 공동의 조사는 TSP 탐사, 선진수평시추, 전자기파 탐사 및 Pilot 터널을 이용한 조사방법 등이 있다.

TSP 탐사	선진수평시추	전자기파 탐사	Pilot 터널 & 감지공
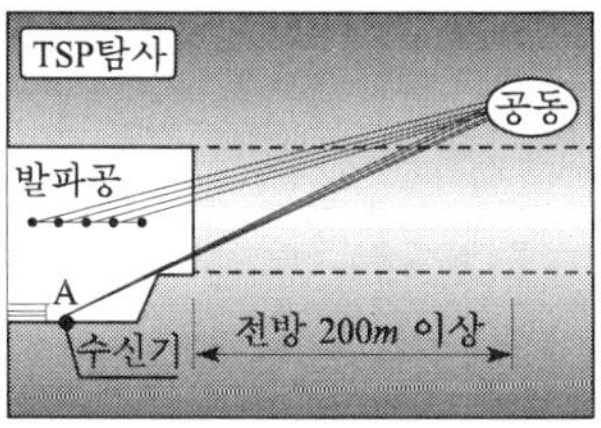	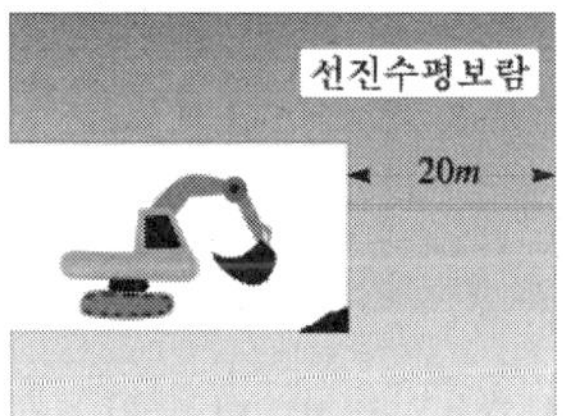		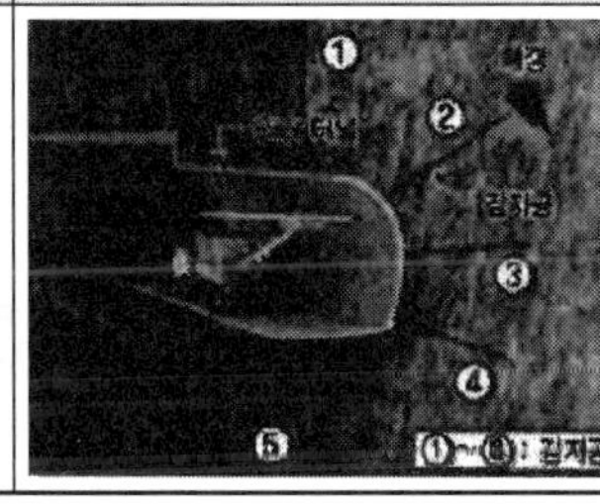

그림 9.46 석회암 공동 조사방법

2) 석회암 공동 출현 시 예상문제점

(1) 터널에 근접한 석회암 공동 영향으로 터널 형성의 원리가 되는 아칭효과 미발생

(2) 지표면과 연결된 공동과 만날 경우 공동 충진물이 터널 내부로 유입되어 발생되는 지반함몰

(3) 터널굴착에 의한 공동내의 급속한 지하수 유출로 주변지역 지하수위 강하

① 유효응력 증가에 의한 싱크홀 붕괴 발생 및 그 영향으로 인한 상부 토사층 함몰 유발

② 터널 내 유입수 처리를 위한 배수 작업으로 공기지연

③ 생활용수 또는 농업용수 부족에 의한 민원 발생

그림 9.47 터널내부에서 바라본 석회암 공동

3) 공동 보강공법

공동 보강공법에는 공동채움과 지보재 보강공법이 있으며 공법별 내용은 아래와 같다.

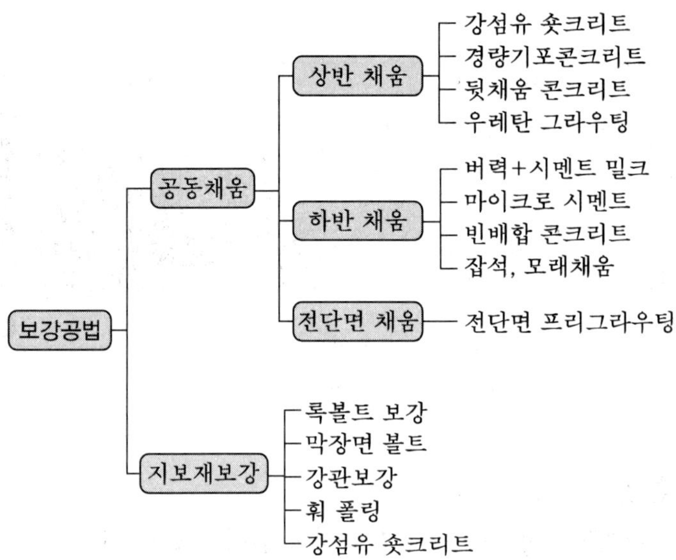

소규모 공동(1m 이하)	중규모 공동(1~3m 이하)	그물망 형태 공동
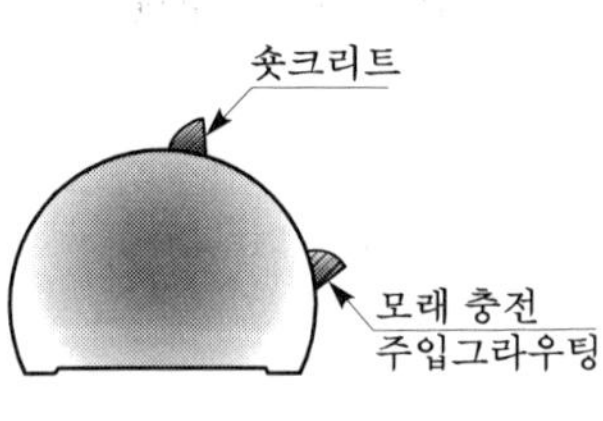	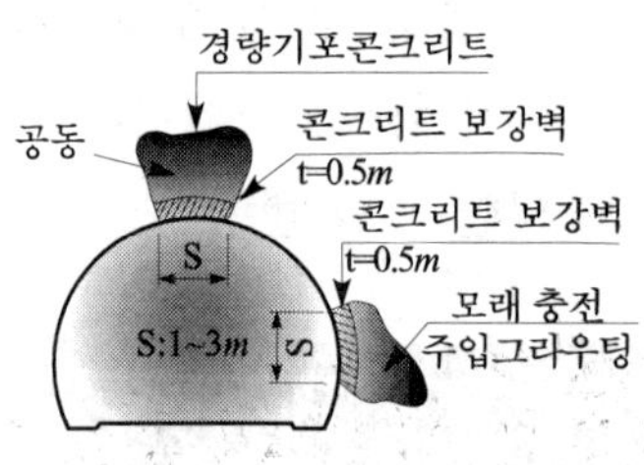	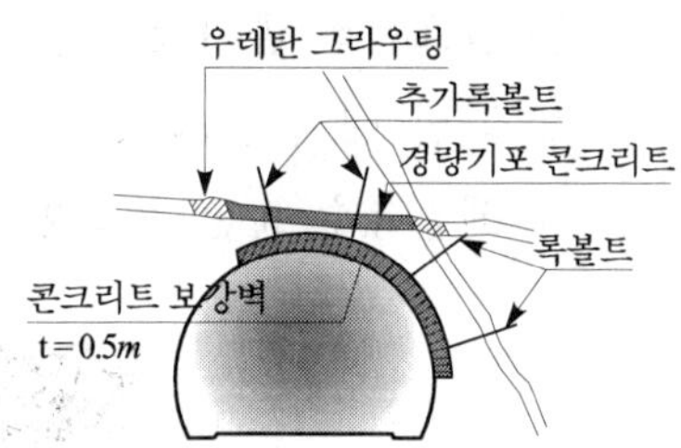
숏크리트로 공동 채움	보강벽 설치 및 공동충전	그라우팅 및 지보재보강

그림 9.48 공동 보강공법과 공법별 적용 예

9.11 최근 터널 연구동향

1) 대단면 장대터널, 국내 최장터널, 근접 병설터널과 같은 중요 사례연구가 주를 이루고 있으며, 지하저장고, 지하 하수처리장, LPG 지하저장공동과 같은 지하공동 프로젝트에 대한 연구도 진행중에 있다. 또한 방사성 폐기물 지하처분장에 대한 구체적인 연구가 상당히 진행되고 있으며, 최근 LNG 지하저장에 대한 연구가 새롭게 진행되고 있다.
2) Fuzzy, GIS 등과 같은 다른 분야의 신기술을 암반분야에 응용하려는 연구가 계속적으로 진행되고 있으며, 최근 터널 내 환기/방재에 대한 연구, 지하수 오염, 폐수처리와 같은 환경문제에 대한 연구가 수행되고 있다.

9.12 실무적용 시 유의사항

1) 지반 등급이 분류되면 해당 지반 등급에 적용할 표준적인 지보패턴과 굴착방법을 정하여야 한다. 이 경우 시공실적은 물론 RMR방법 및 Q-system에서 제안한 지보패턴을 참조하여 지보패턴을 정할 수 있다. 단, Q-system에서 제안한 방법을 사용하여 섬유보강이 없는 일반 숏크리트의 두께를 정하고자 할 경우에는 섬유보강 유무에 따른 숏크리트의 특성을 감안하여 그 두께를 결정하여야 한다.
2) 굴착면 주변의 지반 상태는 시간에 따라 지속적으로 변화하므로 지보설치의 시간개념을 도입하여 지반의 자립시간을 정량적으로 평가하고 그 시간 이내에 합리적인 굴착 및 지보를 실시하는 것이 중요하다. 지반의 거동특성상 지보능력 활용이 불가능할 경우에는 지반보강을 실시하거나 지보재로 하여금 지반을 모두 지지하도록 하는 방법을 채택할 수 있다.
3) 터널 입구부 표토의 활동붕괴를 방지하기 위해서 입구부 절취면에 적절한 기울기를 확보하고 토류공을 설치한다.
4) 지보패턴, 굴착방법과 순서가 선정되면 이에 대한 적합성을 해석적인 방법으로 검증하여야 한다. 이때 주의사항으로는 해석적인 검증과정에는 경계조건, 적용 입력치, 해석기법상의 제한이 있으므로 해석결과에 너무 집착하여 설계를 확정하지 않도록 하여야 한다.
5) 터널설계에는 불확실한 제반요소가 많이 있으므로 다소 보수적이며 경제성을 추구하는 지보패턴을 채택하되 동일한 지반조건에 대해서도 시공순서에 따라 지보패턴의 적합성이 달라질 수 있으므로 이를 충분히 검토하여야 한다.

6) 라이닝의 두께를 증가시키는 것은 지진력을 증대시키는 역효과를 가져올 수 있다. 따라서 라이닝의 두께를 증가시키는 대신에 라이닝에 철근을 보강하여 인성을 증가시키는 것이 바람직 할 수 있다.

7) 계측결과 변위가 과대하거나 막장의 암질이 갑자기 연약화하여 암종 또는 절리면 상태 확인이 필요한 경우 선진수평보링을 시행하여야 한다.

CHAPTER 10

제 10 장 댐

제 10 장 댐

10.1 개요

우리나라의 댐은 관련 법령에 따라 하천법에 따른 하천부속물로서의 다목적댐, 농어촌정비법에 따른 농업생산기반시설로서의 농업용수댐, 특례법에 따른 전원설비로서의 수력발전용 댐 등으로 구분할 수 있다. 댐은 지반공학적 측면에서 기초처리 및 수위조건에 따라 안정성 해석을 수행하여야 한다.

10.2 댐 종류

댐 종류는 록필댐(rock fill dam), 중력식 콘크리트댐, 아치댐(arch dam) 및 흙댐(earth fill dam)으로 분류 할 수 있으며 댐 종류별 개념도 및 정의는 그림 10.1과 같다.

구분	록필댐	중력식 콘크리트댐	아치댐
개념도	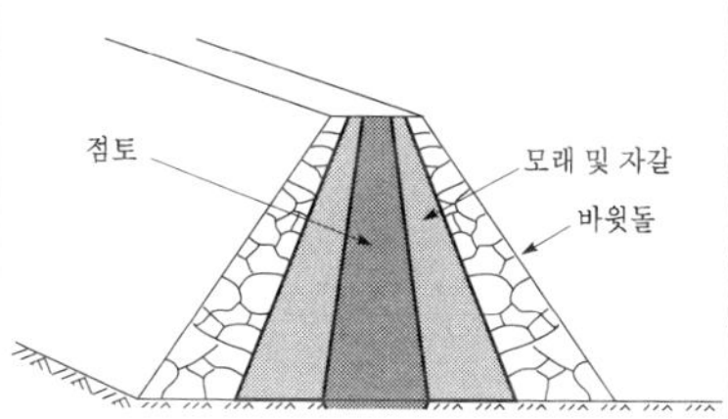	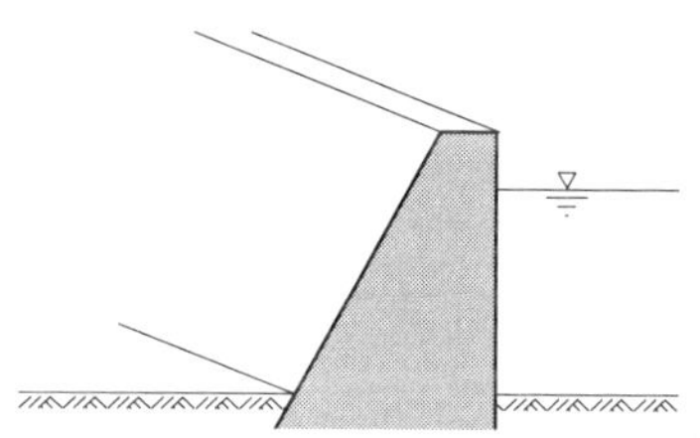	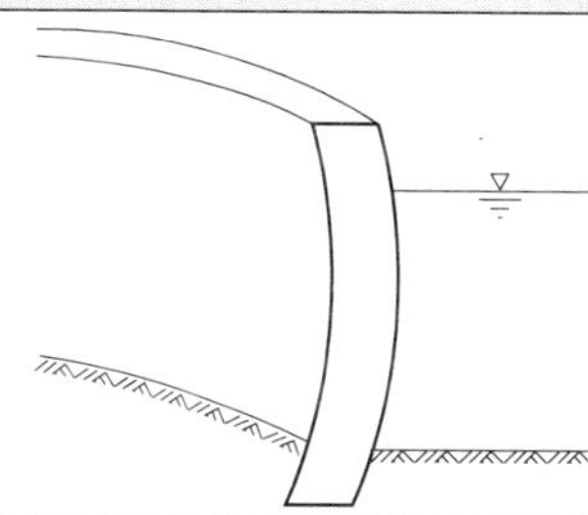
정의	댐의 1/2이상이 암석으로 구성된 댐으로서 석괴댐이라고도 함.	콘크리트댐으로 상류면에 작용하는 수평수압을 자중으로 막고 그 연직분력을 기초지반에 전달하는 구조임.	콘크리트댐으로 수평아치작용과 연직캔틸레버 보 작용으로 상류면에 작용되는 하중을 측방의 암반과 하방의 암반에 전달하는 구조임.
구분	흙댐(어스필 댐)	CFRD	중공 중력댐
개념도	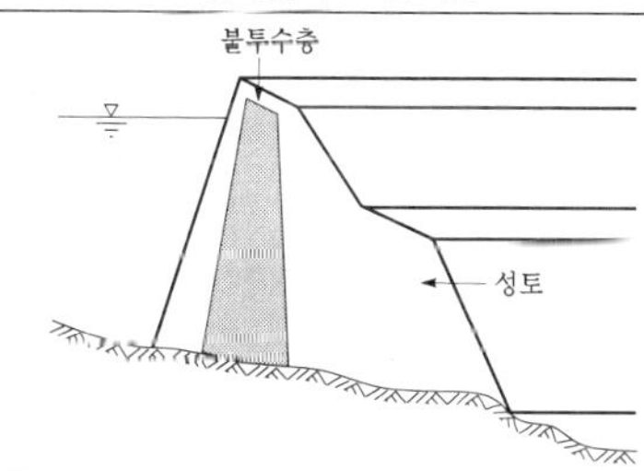	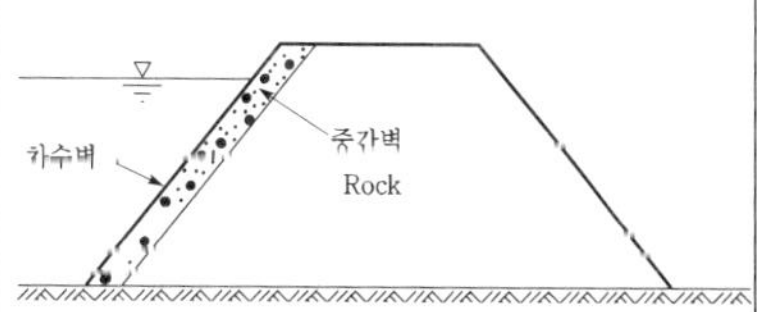	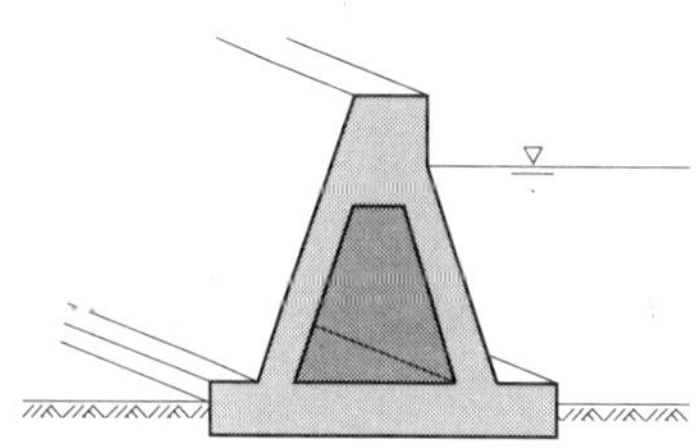
정의	필댐으로 흙, 돌 같은 자연재료를 이용하여 만들되 1/2이상이 흙으로 된 댐.	필댐으로 상류측에 콘크리트로 차수벽을 만든 형식.	콘크리트댐으로 내부에 빈공간을 만들어 댐에 작용하는 힘을 감소시키고 댐 자중이 감소되는 구조임.

그림 10.1 댐 종류별 개념도 및 정의

10.3 댐 시설 관련 법령 및 기준 현황

10.3.1 관련 법령

댐 시설은 특정다목적 댐법, 수도법, 전원개발에 관한 특별법 및 농어촌정비법 등을 근거로 추진되어 왔으며 댐 사업 관련법은 표 10.1과 같다.

표 10.1 댐 시설 관련법

근거법	주무부서	시행청	댐 정의
하천법	국토해양부	해당기관	댐은 기초지반으로부터 제정까지의 높이가 15m 이상이거나 총 저수용량이 2,000만m^3 이상인 것을 말한다.
특정다목적댐법 (댐건설지원법으로 통합)	국토해양부	한국수자원공사	다목적댐이라 함은 국토해양부장관이 하천법에 의하여 건설하는 댐으로서 그 저수를 발전·수도·공법 또는 농업의 용수, 홍수조절 기타의 용도(이하 "특정용도")중 2개 이상의 특정용도로 이용하는 것을 말한다.

10.3.2 관련 기준

1) 국 내

국내의 댐건설에 대한 기준으로는 댐시설기준(건설부, 1993), 농지개량사업계획 설계기준 댐편(농수산부, 1982) 등이 있으며, 관련기준으로는 도로교 표준시방서와 콘크리트 표준시방서 등이 있다.

2) 국 외

일본의 경우에는 다목적댐의 건설(건설성 하천국, 1977), 하천사방기술기준(건설성, 1986), 토지개량 사업설계기준(농림수산성 구조개선국, 1981), 미국의 경우에는 Design of Small Dams(USBR, 1977), Design of Gravity Dams(USBR, 1976) 등이 있다.

10.4 조사 및 시험

1) 지반조사 및 항목

(1) 조사 : 계획조사, 기본설계조사, 실시설계조사, 보완조사

(2) 조사항목 : 지표지질조사와 지하지질조사(보링, 탄성파탐사, 횡갱 등)

2) 시험

현장(원위치) 및 실내시험이 있고 콘크리트댐의 경우에는 블록전단시험, 암반전단시험 또는 암석삼축시험 등을 실시하여야 한다.

10.5 지반 조건에 따른 기초 처리

1) 연약지반

(1) (PBD/SD) + preloading공법

(2) 치환공법

(3) 압흙쌓기공법

(4) 구배완화공법

2) 모래지반

(1) SCP 공법

(2) Vibro floatation공법

(3) 동다짐공법

3) 투수성 지반

(1) 누수대책

① 지수공법

· 지수트렌치 : 불투수층까지 굴착 후, 불투수성 재료로 되메우는 방법

· 연속지수벽 : 기초지반 속에 지수벽을 설치하는 것으로 지수벽의 종류로는 슬러리트렌치, sheet pile, 차수 grouting방법 등이 있다.

② Blanket방법

투수성층이 깊어 지수공법의 시공성 및 경제성이 낮을 때 적용하는 공법이다.

· 자연 blanket

$$x_r = \sqrt{\frac{tdk}{k_1}} \tag{10.1}$$

· 인공 blanket

$$x_r = \frac{e^{2ax}-1}{a(e^{2ax}+1)} \quad a = \sqrt{\frac{tdk}{k_1}} \tag{10.2}$$

여기서, x_r : blanket의 길이, t : blanket의 두께

d : blanket 깊이, k : 기초지반의 투수계수

k_1 : blanket의 연직방향 투수계수

(2) 양압력 대책

① 필터층 설치

기초지반의 특성에 따라 적정한 입도의 필터층을 설치하여 세립분의 이동을 방지하고 간극수의 배수만 가능하도록 설치한다.

② 드레인(drain) 설치

지반내의 간극수압을 감소시키는 효과가 있으나, 침투로 장을 감소시키고 침투유량이 증대될 수 있으므로 설계 시 세심한 검토가 필요하다.

③ 감압정(relief well)

감압정을 하류 경비탈면 끝에 설치하고 강제 배수를 하여 수압을 감소 시켜 파이핑(piping)방지에 유효한 방법이며, 성층상태지반 및 지표불투수층이 두꺼운 경우에 적용한다.

4) 암반기초

(1) 고려사항

① 암반에 기초를 설치하므로 지지력에 대해서는 문제가 거의 없다.

② 절리, 단층 등의 불연속면에 대해서는 누수 대책이 필요하다.

③ 풍화된 운모편암, 점판암, 이암 등은 시공 중 비탈면활동 검토가 필요하다.

④ 굴착된 기초암반면의 표면에 요철이 심할 경우 부등침하 및 균열의 원인이 되므로 표면처리공법이 필요하다.

⑤ 시험공(Pilot, 파일럿 공)은 심도별 투수성을 확인하기 위해 일반 공보다 깊게 천공한다.

(2) 차수그라우팅(Curtain grouting)

① 목적 : 암반의 상당한 깊이에 걸쳐 누수차단, 양압력감소, piping방지

② 제원 : 간격은 1~3m로 하며 시공 적정여부는 주수시험으로 확인

③ 주입압 : 수압의 2~3배로 하며, 주입방법은 다단식 그라우팅으로 하고 주입재 입경은 암반틈새의 1/3 이하여야 한다.

(3) 복합그라우팅(Consolidation grouting)

① 목적 : 절리가 발달한 암반의 밀착, 지지력 보강, 변형억제와 굴착으로 인한 암반이완 보강을 목적으로 하며 지수효과도 얻게 된다.(주로 콘크리트 댐에서 사용)

② 제원 : 간격은 1.5~3.0m로 격자 또는 지그재그로 주입하며, 주입심도는 풍화된 구간 및 절리발달 구간에 보통 5~15 m로 한다.

③ 주입 : 주입압이 극한압력을 넘으면 상부암반이 들뜨게 되고, 적으면 그라우팅 효과가 저하되므로 극한압력을 초과하지 않는 범위에서 현장 시공현황을 판단하여 실시한다.

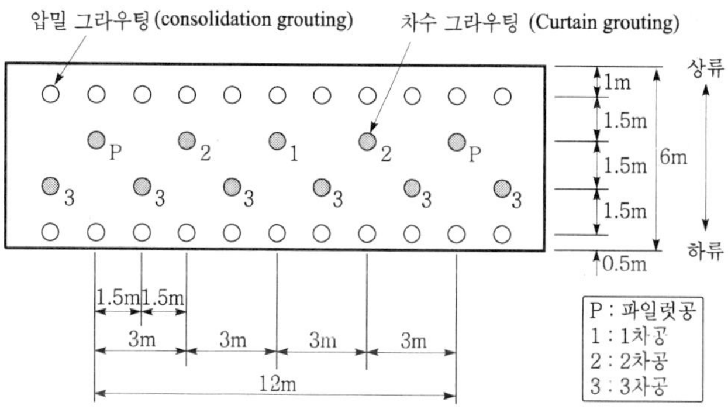

그림 10.2 차수 및 압밀그라우팅 시공 개념도

(4) 단층 처리

① 단층, 파쇄대 등이 있으면 부등침하 발생 및 파이핑 등이 예상되므로 대책수립이 필요하다.

② 연약한 부분은 제거 후 콘크리트로 채우고 그라우팅을 실시한다.

(5) 층상퇴적암 활동과 배수공

① 층리가 발달된 퇴적암의 경사가 활동되기 쉬운 방향인 경우 절리면 전단강도를 고려하여 비탈면 안정이 검토되어야 한다.

② 커튼 그라우팅 설치 후 양압력에 대해 검토하고 필요시 배수공을 설치해야 한다.

(6) 댐 양안에 대한 시공 중 비탈면안정검토

① 지표지질조사와 물리탐사, 시추조사자료 등을 검토하여 평사투영법, 수치해석을 실시하여 필요시 보강을 검토한다.

② 셰일, 점판암, 이암, 운모편암 및 편마암 등과 같은 암반은 활동가능성이 클 수 있으므로 세심한 검토가 요망된다.

(7) 댐 기초지반의 균열, 절리, 공동, 공극 처리

① 기반암에 절리가 발달한 경우 그라우팅을 실시하여야 한다.

② 그라우팅에 대한 효과 검증은 그라우팅 후 확인공 및 그라우팅공에 대하여 코어확인, BHTV (borehole TV)촬영, 수압시험, 다중온도센서 분석, 구간별 정밀수리특성 분석 등을 수행하여야 한다.

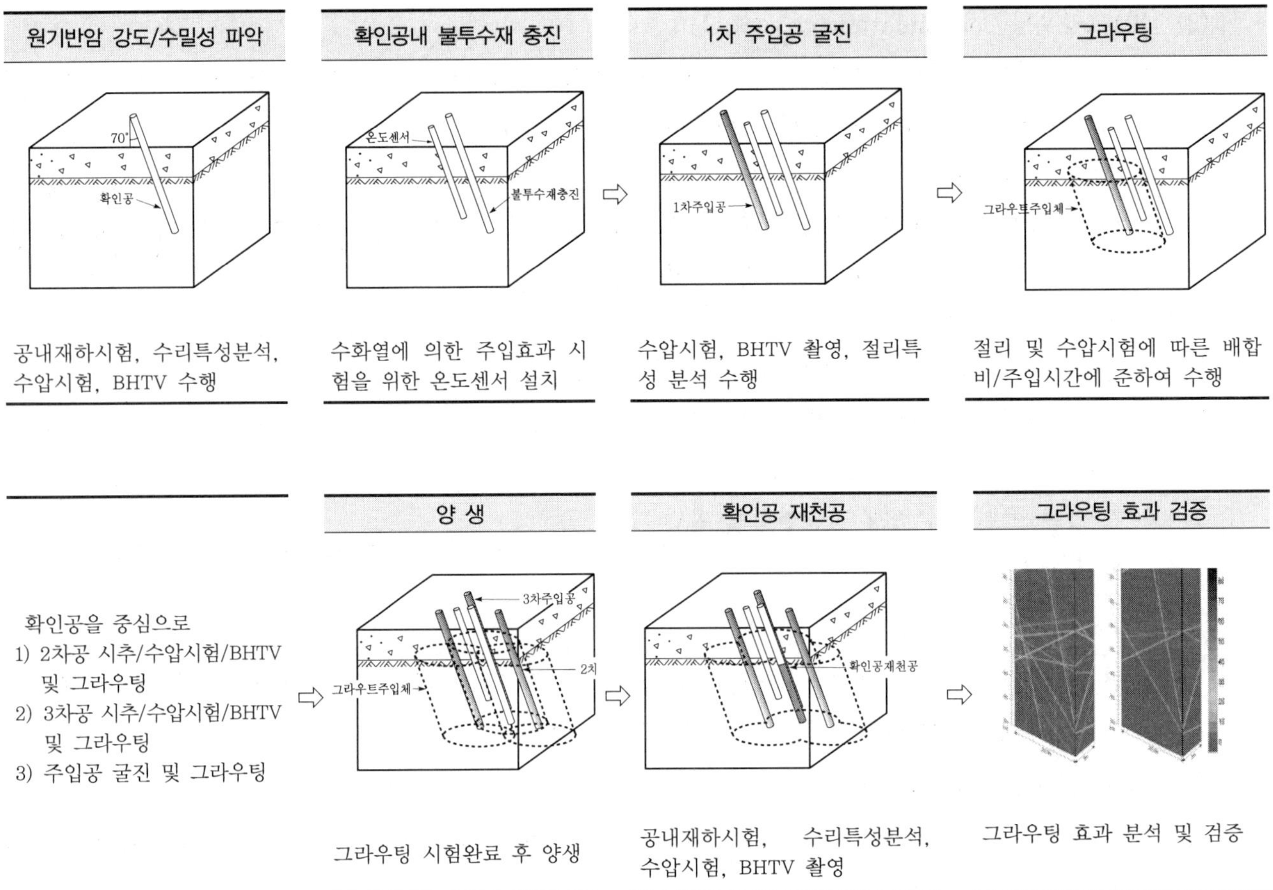

그림 10.3 수직절리가 있는 경우 그라우팅 시공순서

10.6 필터

댐 축조 시 필터는 투수성이 크게 다른 2가지 재료의 중간에 위치하여 침투수에 의한 불투수성 재료의 유출을 방지하고 침투수만을 완전히 배출, 유하시켜 파이핑에 의한 침투파괴를 방지할 목적으로 설치한다.

10.6.1 설계조건(필터의 요구조건)

1) 간극의 크기가 충분히 작아 인접해 있는 흙의 유실이 방지되어야 한다.

2) 필터로 들어온 물이 빨리 빠져나갈 수 있는 충분한 간극의 유지가 요망된다.

10.6.2 필터의 설계기준

필터재료와 필터주변의 보호토는 그림 10.4와 같이 평행한 것이 좋으며, 필터재료 입경이 너무 크면 보호토가 필터재를 통하여 빠져나갈 수 있으므로 필터와 보호토입자의 크기를 만족시키는 필터의 설계기준(흙의 입경을 근거, NAVFAC, 1971)은 다음과 같다.

$$\frac{(D_{15})_f}{(D_{85})_s} < 5, \quad 4 < \frac{(D_{15})_f}{(D_{15})_s} < 20, \quad \frac{(D_{50})_f}{(D_{50})_s} < 25 \tag{10.3}$$

여기서, D_{15}, D_{50}, D_{85} : 가적통과율 15%, 50%, 85%일 때의 입경

첨자$_f$: 필터, $_s$: 필터에 인접해 있는 보호토 표시

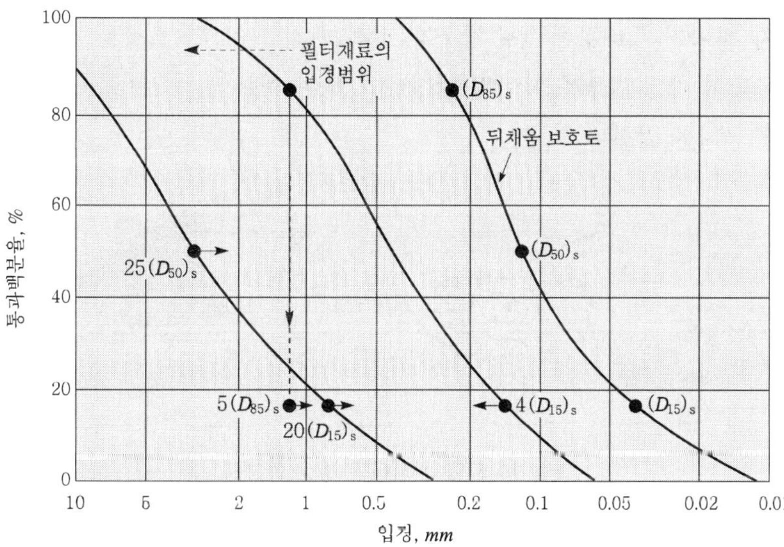

그림 10.4 필터 설계기준입경

10.6.3 필터가 규격에 맞지 않을 때 발생하는 현상

1) 흙 속의 간극수가 세립자로부터 조립자 쪽으로 통과한다면 작은 입자가 유실될 수 있다.

2) 흙 속의 간극수가 조립자로부터 세립자 쪽으로 통과한다면 과잉간극수압이 유발될 수 있다.

3) 파이핑 현상이 발생하면 제체가 세굴되어 동수경사가 커져서 침투량이 증가하므로 제체 파괴가 유발될 수 있다.

10.6.4 필터 두께설정

필터층의 두께는 이론상 매우 얇아도 그 기능을 충분히 확보할 수 있지만, 실제 설계에서는 시공성, 및 지진시의 안정 등을 고려하여 적정두께를 설정한다.

1) 수평필터의 경우 : 필터재료가 모래이면 약 15cm, 자갈이면 약 30cm 설치

2) 연직필터의 경우 : 일반적으로 2~4m의 두께로 설치

10.7 파이핑(Piping) 현상

수리구조물의 하류부나 널말뚝의 하류면에서 동수경사가 어느 한계를 넘으면 유수에 의해 지표면의 흙이 침식되고 유로가 짧아지기 때문에 동수경사가 점점 커진다. 물이 흐르는 방향으로 관 모양의 공동이 생기면서 흙이 세굴되어 가는 침투를 파이핑 현상이라 하며 이는 퀵 샌드(quick sand)현상의 붕괴상태가 국부적으로 발달한 상태를 말한다.

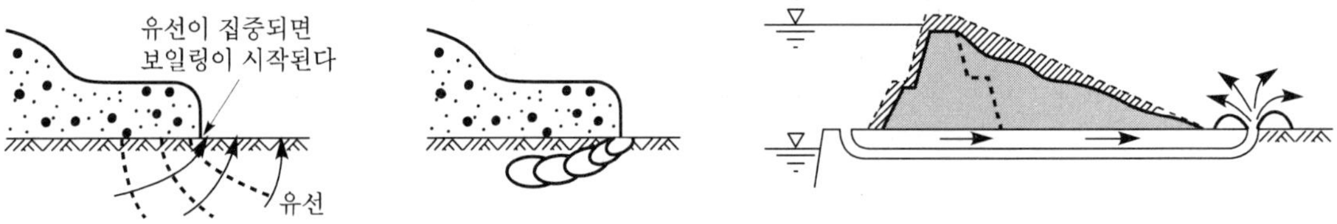

(a) 댐 뒷굽에서 파이핑 조기 조건 (b) 상향으로 진전되는 파이핑 현상 (c) 파이핑에 의한 지반토사의 유출

그림 10.5 댐의 파이핑 발생 개념도

10.7.1 파이핑 발생 원인

1) 흙 쌓기의 다짐이 불충분한 경우

2) 제체에 균열 발생 및 동식물에 의해 누수 경로가 생긴 경우

3) 필터층이 잘못 설계된 경우

4) 유선망이 촘촘한 하류부에 침투가 집중되는 경우

5) 간만의 조수차가 심한 해안의 방조제 축조 시 내·외 수위차가 큰 경우

6) 파이핑은 quick sand → boiling → piping 현상으로 단계적인 발전

10.7.2 침투에 의한 안정성 검토

1) Terzaghi의 이론식에 의한 방법

파이핑에 관한 최초의 이론식 해석은 모래지반에 설치된 널말뚝(sheet pile)에 대해 한계수두(critical head)를 도입하여 해석한 Terzaghi(1922)의 이론식이 있으나 이는 흙이 완전히 포화된 상태이거나 흙속의 수분이 포화에 가까운 정상 침투의 경우에만 성립된다. 또한 토립자 간의 마찰력 및 점착력을 무시하게 되는 결과를 초래하고, 사질토로 구성된 단면의 한정된 침출면에 대한 파이핑 해석만이 가능하다.

2) Lane의 크리프 비(creep ratio) 의한 검토

Lane(1935)은 크리프 비를 기준으로 파이핑에 대한 안전율을 검토하는 경험적인 방법을 제안했다. 크리프 비는 다음과 같이 정의된다. 아래 식에서 만일 가장 짧은 유선이 45° 보다 더 급하면 이것은 연직거리로 간주하고 45°보다 더 완만하다면 수평거리로 간주하여 유선의 최소거리로 계산하며, 계산된 크리프비가 표 10.2에 제시한 값보다 크면 파이핑에 대해 안전한 것으로 판단할 수 있다.

$$C_R = \frac{l_w}{h_1 - h_2} \tag{10.4}$$

여기서, $\triangle H = h_1 - h_2$: 상·하류면의 수두차

l_w : 유선이 구조물 아래 지반을 흐르는 최소 유선거리

$$l_w = \frac{\Sigma l_h}{3} + \Sigma l_v \quad (\text{여기서, } \Sigma l_h = l_{h1} + l_{h2},\ \Sigma l_v = l_{v1} + l_{v2})$$

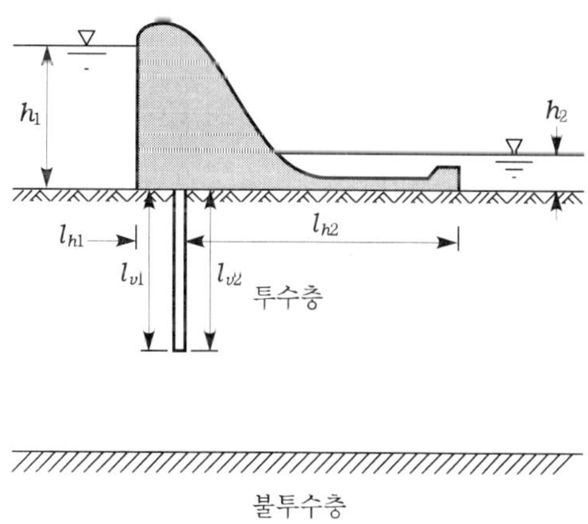

그림 10.6 최소 유선거리 및 크리프비 계산

표 10.2 크리프비의 안전치 (Lane, 1935)

흙의 종류	크리프 비의 안전치	흙의 종류	크리프 비의 안전치
아주 잔 모래 또는 실트	8.5	굵은 자갈	3.0
잔 모래	7.0	연약 또는 중간 점토	2.0~3.0
중간 모래	6.0	단단한 점토	1.8
굵은 모래	5.0	견고한 지반	1.6
잔 자갈	4.0		

예제 10.1

다음 조건일 때 크리프 비를 계산하라.

1) $\triangle H = h_1 - h_2 = 10\,m$

2) $l_{h1} = 5\,m,\ l_{h2} = 40\,m$

3) $l_{v1} = l_{v2} = 10\,m$

풀이

$\Sigma l_h = l_{h1} + l_{h2} = 5 + 40 = 45\,m$

$\Sigma l_v = l_{v1} + l_{v2} = 20\,m$

$$l_w = \frac{\sum l_h}{3} + \sum l_v = \frac{45}{3} + 20 = 35m$$

$$C_R = \frac{l_w}{h_1 - h_2} = \frac{(45/3) + 20}{10} = 3.5$$

3) 한계동수경사에 의한 방법

이 방법은 한계동수경사에 대한 제한치를 설정하여 파이핑의 기준을 정하거나 필터의 기준을 역으로 적용할 수도 있다. 그러나 이러한 방법은 일반적이고 경험적인 것이므로 정상 침투조건에 대한 안전율 설정에도 임의적인 요소가 많고 결과의 해석 범위가 커서 중요 구조물에 현지 조건의 정밀한 검토 없이 적용할 경우 그 결과의 불명확성이 커지게 되는 경향이 있다. 한계 동수경사는 식 (10.5)와 같다.

$$i_c = \frac{\gamma_{sub}}{\gamma_w} = \frac{G_s - 1}{1 + e} \tag{10.5}$$

여기서, i_c : 한계동수경사, i : 동수경사

G_s : 토립자의 비중, e : 간극비

4) 한계유속에 의한 방법

한계유속에 의한 방법은 현재까지 알려진 실용적인 파이핑 해석방법 중 기타방법에 비해 이론적인 배경과 함께 경험적으로 입증된 방법이다. 한계유속에 의한 방법은 흙속을 통과하는 침투수의 유속이 토립자를 유동하게 하는 한계치를 벗어나 파이핑이 발생하는 현상을 수학적으로 해석하는 방법, 유속과 유효압력 간의 관계식과 토립자의 입경별 또는 투수계수에 따른 한계유속을 설정하여 파이핑의 발생여부를 결정하는 경험요소가 포함된 이론적 방법이 있다. 흙 입자의 유동이 시작되는 한계유속에 대한 연구는 Justin(1923)에 의하여 시작된 후 Schmieder(1975), Sughii(1989) 등에 의하여 연구되었다.

① Justin(1923)에 의한 방법

제체 및 기초의 토립자가 소류력에 의하여 입자가 밀려나가는 한계의 침투유속을 다음 식으로 구하고 입자는 그 한계치를 넘으면 파이핑이 발생한다고 본다.

$$V_{cr} = \sqrt{\frac{Wg}{A\gamma_w}} = \sqrt{\frac{2}{3}(G_s - 1)d \cdot g} \tag{10.6}$$

여기서, V_{cr} : 한계유속(cm/s)

W : 토립자의 수중중량(gf)

G_s : 흙입자의 비중(gf/cm^3)

A : 물의 흐름을 받는 토립자의 면적(cm^2)

γ_w : 물의 단위체적 중량 (gf/cm^3)

g : 중력가속도$(cm/s2)$, d : 토립자의 입경(cm)

표 10.3 한계유속(국토교통부, 2001)

재료번호	입경(mm)	한계유속(cm/s)
1	4.00 ~ 4.80	20.0
2	2.80 ~ 3.40	17.0
3	1.00~ 1.20	10.0
4	0.70 ~ 0.85	8.5
5	0.40 ~ 0.70	7.0
6	0.25 ~ 0.50	4.2
7	0.11 ~ 0.25	3.5
8	0.075 ~ 0.11	2.5
9	0.044 ~ 0.075	2.0

② Schmieder(1975)에 의한 방법

흙의 대표적 단위중량을 고려하여 한계유속과 유효입경, 투수계수와의 관계를 유도하였으며 다음의 식과 같다.

$$V_{cr} = C_n[\frac{(\gamma_s - \gamma_w)D_{10}}{\gamma_w}]^{1/2} \simeq 2(D_{10})^{1/2} = 0.2(k)^{1/4} \ (cm/\sec) \quad (10.7)$$

여기서, V_{cr} : 한계유속($cm/\sec$), C_n : 계수

γ_s : 흙의 단위중량(gf/cm^3), γ_w : 물의 단위중량(gf/cm^3)

D_{10} : 유효입경(mm), k : 투수계수($cm/\sec$)

Schmieder는 위의 한계유속을 근거로 허용유속에 관한 실용기준을 만들었으며 이는 식 (10.8)과 같다.

$$V_{\lim} = 5 \times 10^{-2}(k)^{1/4} \ (cm/\sec) \quad (10.8)$$

여기서, $V_{\lim}$: 허용유속, k : 투수계수

③ Sughii(1989)에 의한 방법

Sughii 등은 토립자의 소유력(또는 토립자의 침강속도)을 바탕으로 하여 한계유속을 제안하였다. 토립자의 자유침강유속을 한계유속(V_c , $cm/\sec$)으로 생각할 경우 V_c는 다음과 같이 나타낼 수 있다.

$$V_c = \sqrt{\frac{4}{3CD}(G_s - 1)\cdot d \cdot g} \ (cm/\sec) \quad (10.9)$$

여기서, G_s : 토립자의 비중, g : 중력가속도(cm/s^2)

d : 유효입경(D_{10}, cm), CD : 저항계수(Reynolds수 Re의 함수)

일반적으로 저항계수 CD는 $Re \leq 1.0$일 때 $CD = \frac{24}{Re}$가 되고 Stokes의 침강속도는 다음과 같다.

$$V_c = \frac{1}{18\nu}\cdot(G_s - 1)\cdot d^2 \cdot g \quad (10.10)$$

여기서, ν : 동점성계수($cm^2/\sec$)

5) 실무적용 시 유의사항

(1) 침투압 발생으로 인한 파이핑 안정성을 검토하기 위해서는 제방흙쌓기 단면 및 구성, 기초지반의 투수특성, 구성지층 재료의 토질특성, 홍수위 변화 및 내수위 변화 등이 요구되며 제반 요건 중 가장 취약할 것으로 예상되는 조건을 선정하여 안정성을 검토하는 것이 바람직하다.

(2) 홍수위의 침투해석 방법으로는 수위변화를 고려했을 경우 수위조건을 대표적인 값으로 고정시키는 정상침투해석(steady-state analysis)과 시간적 수위변화를 고려하는 비정상 침투해석(transienst-state analysis)으로 나뉘며, 구흙쌓기층의 투수조건에 따라 포화토(saturated soil), 불포화토(unsaturated soil)로 나눌 수 있다.

(3) 제체의 침투류 해석단면은 흙쌓기고가 높거나 제체내로 침투우려가 예상되는 단면을 대표단면으로 선정하여 해석하고, 침투해석방법은 하천수위가 최대홍수위(HWL)시 및 수위급강하 시 모두 제체내 침투를 고려하는 정상 침투해석을 실시하는 것이 바람직하다. 단, 비탈면안정 검토 시는 수위변화조건에 대한 비정상 침투해석을 할 필요가 있다.

10.7.3 파이핑에 대한 최소안전율

표 10.4 파이핑에 대한 최소 안전율

기준	최소안전율(F_s)	기준	최소안전율(F_s)
국토교통부(2001), 댐설계기준	F_s = 2.0	Hunt R. E.	F_s = 3.0이상
NAVFAC(1971), DM-7.1	F_s = 1.5~2.0	Das B. M.	F_s = 1.5

예제 10.2

한계동수경사를 이용하여 다음 흙댐의 파이핑에 대한 안전성 평가를 하시오.

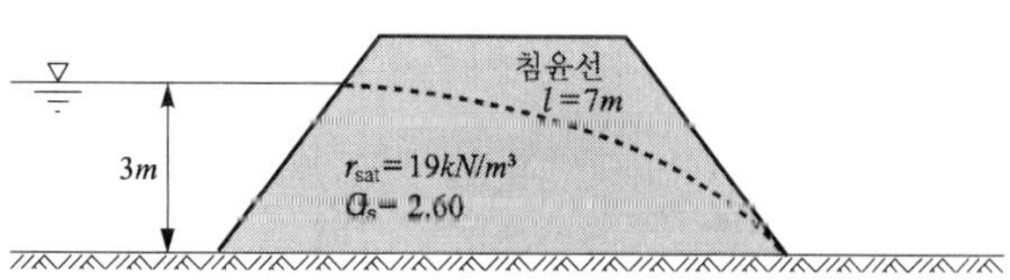

그림 10.7 흙댐

풀이

$i=\dfrac{\triangle h}{l}=\dfrac{3}{7}=0.43$, $\gamma_{sat}=\dfrac{G_s+e}{1+e}\gamma_w$ 이므로 $19=\dfrac{2.60+e}{1+e}\cdot 10$

$\therefore e=0.78$

$$i_c = \frac{G_s - 1}{1+e} = \frac{2.60-1}{1+0.78} = 0.90$$

$$\therefore F_s = \frac{i_c}{i} = \frac{0.90}{0.43} = 2.09$$ 〉 최소안전율 2.0 이므로, O.K

10.7.4 파이핑 방지대책

(1) 제체 축조 시 함수비, 밀도, 다짐 등의 시공관리를 철저히 해야 한다.

(2) 제체 중앙에 코어를 설치하여 침투수를 방지한다.

(3) 불투수성 재료의 유출을 방지하고 침투수만을 배출시키기 위하여 제체 하류선단에 필터를 설치한다.

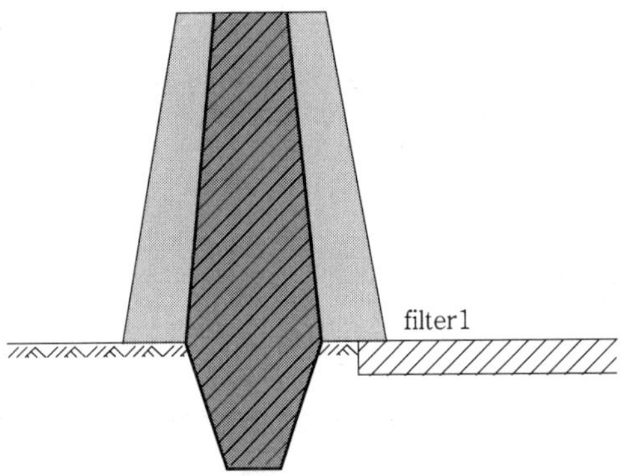

그림 10.8 댐체에 코어 및 필터 설치 위치

(4) 제체 하류에 널말뚝을 박아 침투로의 길이를 증가시켜 동수경사를 작게 한다.

(5) 제체 상류측 바닥에 널말뚝을 설치하여 침투로의 길이를 증가시켜 동수경사를 작게 한다.

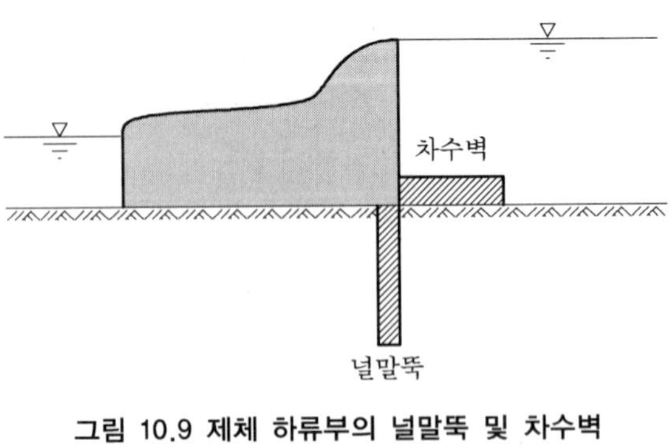

그림 10.9 제체 하류부의 널말뚝 및 차수벽

(6) 유효응력을 증가시키기 위하여 제체의 무게를 증가시킨다.

예제 10.3

그림 10.10과 같은 댐 I, II 에서 강널말뚝(sheet pile)을 댐 상류측에 설치하였을 때와 댐 하류측에 설치하였을 때 A점의 수압을 비교하여라.

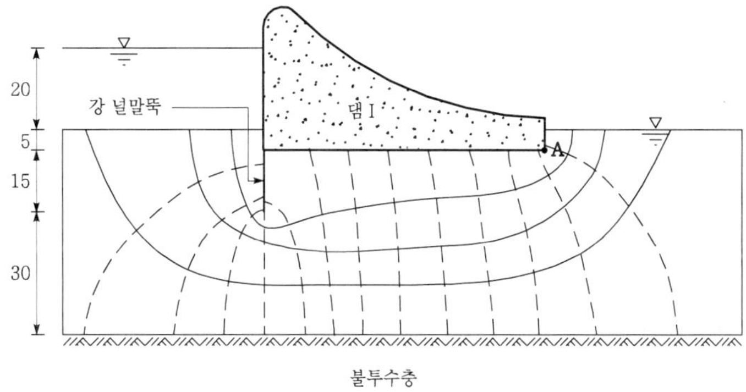

(a) 댐(Ⅰ)

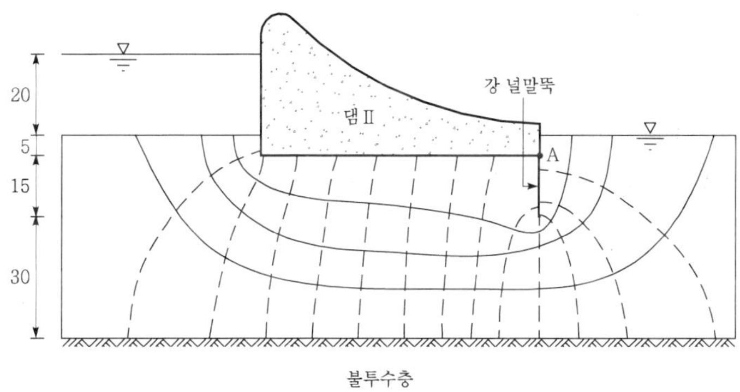

(b) 댐(Ⅱ)

그림 10.10 예제 10.3의 그림

풀이

댐명	위치수두	전수두	압력수두	A점 수압(kPa)
I	45	70−(20×12.5/14) = 52.1	52.1−45 = 7.1	71
II	45	70−(20×13.5/14) = 50.7	50.7−45 = 5.7	57

만일 댐 I, II 에 대하여 침투수량 $Q = kh(n_f/n_d)$ (k : 투수계수, h :수두차, n_f : 유선으로 싸인 간격수, n_d : 등수두선으로 싸인 간격 수)로 구할 경우 n_f, n_d의 수가 동일하므로 침투수량은 같다. 다만 유선망에 있어서 간격이 좁은 곳은 넓은 곳에 비해 동수경사가 크다. 동수경사 값은 파이핑현상 발생 가능여부에 대한 판단을 할 수 있고, 침투수압 결정시 많이 이용된다.

예제 10.4

그림 10.11에 나타낸 댐에 대하여 1) 침투수량, 2) A, B 및 C 점에서의 간극수압, 3) C 점에서 출구까지의 동수경사를 구하여라. 단, 이 흙의 투수계수는 $3\times10^{-1}cm/\text{sec}$이다.

풀이

1) 침투수량(Q)

유선으로 싸인 간격 수 $n_f=4$, 등수두선으로 싸인 간격 수 $n_d=12$

침투수량 $Q=kH\dfrac{n_f}{n_d}=3\times10^{-1}\times10^{-2}\times20\times\dfrac{4}{12}=0.02m^3/\text{sec}/m$

2) 하류면을 기준으로 할 때 A점에서의 전수두는,

$H-\dfrac{1.2}{12}H=\left(\dfrac{10.8}{12}\right)\times20=18.0\,m$

압력수두는 전수두에서 위치수두를 뺀 값이므로,

$h_p=18.0-(-5)=23.0m$

A점의 간극수압 $u_{(A)}=23.0\times10=230\,kPa$

동일한 방법으로 점 B와 점 C의 간극수압을 구하면,

$u_{(B)}=\left\{\left[20-\dfrac{6}{12}\times20\right]-(-5)\right\}\times10=150kPa$

$u_{(C)}=\left\{\left[20-\dfrac{10.8}{12}\times20\right]-(-5)\right\}\times10=70kPa$

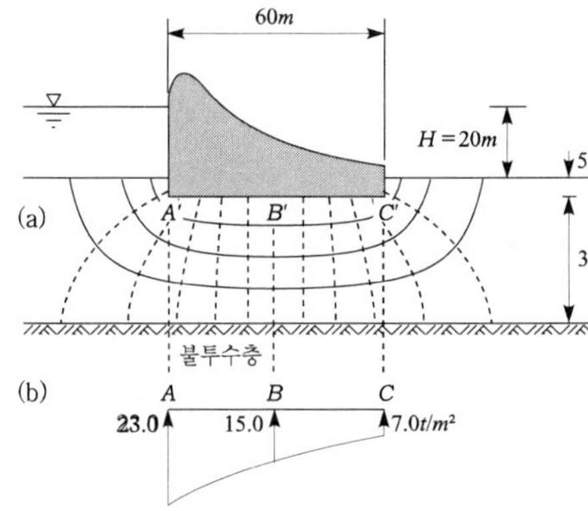

그림 10.11 댐 하부의 유선망 및 양압력

간극수압의 분포를 그리면 그림 10.11(b)와 같고 이것이 댐의 바닥에서 상향으로 작용하는 양압력이 된다.

3) 점 C에서 댐의 유선을 따라 측정한 거리는 $5m$이고 점 C와 하류면 사이의 수두손실은,

$\left(20-\dfrac{10.8}{12}\times20\right)=\dfrac{1.2}{12}\times20=2m$ 이므로, $i_c=\dfrac{2}{5}=0.4$

10.8 수압파쇄

심벽형 댐 시공 시 강성이 서로 다른 재료의 사용과 습곡지형 등의 이유로 응력전이와 부등침하가 발생한 상태에서 수위가 상승하면, 아치 효과가 감소된 최소 주응력 수평토압이 정수압보다 작아지는 곳에서 댐축에 수직한 균열이 발생하는 것을 수압파쇄(hydraulic fracturing)현상이라 한다.

10.8.1 발생원인

수압파쇄가 발생되는 원인은 부등침하와 응력전이의 두 가지로 생각할 수 있으며 실제에는 복합적으로 발생하는 경우가 많다.

1) 부등침하

(1) 댐은 축방향의 종단을 그리게 되면 중앙부근에서 댐 높이가 높고 양안으로 갈수록 작아지므로 다짐을 잘하더라도 다소간의 부등침하가 생기게 되며 재료, 댐 높이, 댐 하부의 연약지반에 존재여부 등에 따라 부등침하량의 차이가 발생할 수 있다.

(2) 댐 상부에 균열이 생기거나 나타나지 않을 수도 있지만 수평방향의 응력이 정지토압에 비해 감소하거나 인장력이 생기는 경우 수평방향으로 균열이 발생하여 댐체에 물이 침투하게 된다.

2) 응력전이

심벽과 필터층 또는 외곽재료와의 강성이 상이하여 심벽의 무게 일부가 인근의 재료로 옮겨지게 된다. 이를 응력전이라 하며 심벽의 무게가 상당히 감소하는 경우 담수 시 수압이 커져 심벽에 균열이 생기게 된다.

10.8.2 수압파쇄의 판정

수압파쇄의 판정은 Duncan 및 Seed의 제안식이 있다.

1) Duncan의 제안식

$p \geq \sigma_1 + \sigma_t$: 수압파쇄 가능성 있음

여기서, p : 해당부위의 수압, σ_1 : 해당부위의 최대 주응력, σ_t : 코어재의 인장강도

2) Seed의 제안식

$p \geq \sigma_3 + \sigma_t$: 수압파쇄 가능성 있음

여기서, p : 해당부위의 수압, σ_3 : 해당부위의 최소 주응력, σ_t : 코어재의 인장강도

위의 제안식에서 σ_1 , σ_3는 수치해석에서 얻어지며 강성이 다른 접촉부의 경계조건에 따라 그 결과가 달라질 수 있으므로 유의하여야 한다.

10.8.3 방지대책

1) 심벽 폭을 넓게하여 응력전이를 줄인다
2) 필터를 효과적으로 설계, 시공하면 침식을 방지하며 수압할렬이 생기더라도 균열이 발전되지는 않는다.
3) 심벽재료는 가능한 습윤측으로 다지는 것이 요망되며 필터의 D_{15}는 $0.7mm$이하 재료를 사용함이 바람직하다.
4) 응력전이가 생기더라도 수압 할렬은 재료의 불연속적인 결함이 중요하므로 신, 구 다짐층 사이가 잘 밀착되도록 한다.

10.9 제체 및 기초지반의 누수원인과 누수대책

10.9.1 제체의 누수원인 및 누수대책

1) 원 인

(1) 제체축조 시 다짐이 불량한 경우
(2) 제체축조 단면이 부족한 경우
(3) 투수성이 크거나 입도가 불량한 재료로 축조한 경우
(4) 외부(하부)비탈면이나 중심부에 균열이 발생한 경우
(5) 지진 등에 의하여 균열이 발생한 경우
(6) 제체에 두더지, 게 등의 생물이 구멍을 파 놓은 경우
(7) 식물 뿌리에 의해 유로가 형성된 경우
(8) 필터층이 잘못 설계된 경우

2) 대 책

(1) 기존 제체에 대한 누수대책

① 제방 단면을 확대한다.
② 제방 뒤 법면에 압흙쌓기 등을 실시하여 제방 및 법면부근을 보강한다.
③ 제방 앞면에 콘크리트나 아스팔트로 피복한다.
④ 제체 중앙에 지수벽을 설치한다.

(2) 신설제체에 대한 누수대책

① 충분한 다짐을 실시하여 통수로가 형성되지 않도록 한다.

② 상류비탈면에 콘크리트 슬래브 또는 아스팔트를 피복하여 침투수를 차단한다.

③ 제체에 중심 코어나 경사 코어, 널말뚝 및 그라우팅 등의 차수벽을 설치하여 침윤선을 낮춘다.

④ 하류비탈면에 배수시설을 설치하여 침윤선을 낮춘다.

10.9.2 기초지반의 누수원인과 누수대책

1) 원 인

(1) 기초지반에 투수층이 존재할 때

(2) 누수에 의하여 기초지반이 세굴될 때

(3) 그라우팅 간격, 주입압력 등의 기초처리공 시공이 불량할 때

(4) 파쇄대나 풍화대에 별도의 기초 처리없이 제체를 축조할 때

2) 대 책

(1) 불투수층의 암반까지 지수벽을 설치하여 침투류를 감소시킨다.

(2) 부분적 연직지수벽 및 불투수성 blanket을 설치하여 침투수의 유로를 연장시켜 침투유량을 감소시킨다.

(3) 제체 하류측 부근에 드레인 및 압력감소정을 설치하여 배수로 침투압을 감소시킨다.

(4) 암반의 단층 및 파쇄대를 규모에 따라 콘크리트로 치환한다.

10.10 안정성 검토

10.10.1 댐 형식별 안정성 검토 항목

댐 형식별 설계 시의 안정성 검토항목과 방법은 표 10.6와 같으며, 지반공학분야에서 주로 다루고 있는 필 댐의 안정성 검토내용은 다음과 같다.

표 10.5 댐 형식별 설계 시 안정성 검토 항목과 방법

댐형식	검토항목	검토방법	평가
필댐	1) 비탈면파괴(sliding)에 대한 안정성	비탈면 안정해석(원호활동면법)	안전율
	2) 침투에 대한 안정성	침투류해석, Justin의 한계유속 검토, 한계동수경사 검토	허용침투수량 및 안전률
중력식 콘크리트댐	1) 압축에 대한 안정성	기초 지반의 내하력 검토	허용범위
	2) 활동에 대한 안정성	Henny식에 의한 전단마찰저항력 검토	안전율
	3) 전도에 대한 안정성	구조물에 작용하는 합력의 작용위치 검토	안전율
	4) 제체에 발생하는 압축 및 인장 응력에 대한 안정성	유한 요소법, 하중분할법, 탄성이론해석법 등	허용응력
아치댐	1) 제체의 안정성	각 부분에 대한 응력 검토	허용응력
	2) 양안부의 안정성	양안부에 대하여 제체, 지지구조물 및 암반을 포함한 응력해석	허용응력
CFRD	1) 비탈면파괴에 대한 안정성	필요시 비탈면안정해석 (원호활동면법)	안전율
	2) 지진시의 비탈면파괴에 대한 안정성	Newmark법	안전율
	3) 침투에 대한 안정성	불고려	-

10.10.2 필댐의 안정성 검토

1) 비탈면파괴에 대한 안정성

원호활동면 제체의 안전상 중요한 조건인 상시만수위시의 허용안전율 값을 제시하고 있지 않아 설계자의 주관적 판단에 의존하고 있는 실정이다. 이 경우 문제점은 상당히 큰 수압이 제체에 작용하지만 상시만수위가 유지되는 기간이 상대적으로 짧다는 점이다. 따라서 지금까지의 댐축조 및 관리의 경험 등을 고려할 때 안전율(F_s)은 1.3 이상으로 하면 무방할 것으로 판단된다. 비탈면파괴 가능성에 대한 강도정수(점착력 및 내부마찰각) 산정은 댐 설계기준에 의하면 "가능한 삼축압축시험으로 하는 것이 좋다."로 되어 있으나 댐 축조 재료의 입경이 크고 또한 제체의 안정성을 좌우하는 것이 주로 암석재료임을 고려할 때 직경 300 mm, 높이 600mm이상의 공시체를 사용하는 대형삼축시험 결과를 적용하는 것이 바람직하다.

2) 비탈면안정해석 안전율 기준

평상시와 지진시의 비탈면안정해석 안전율 기준은 표 10.6과 같다.

표 10.6 비탈면안정해석 안전율 기준(국토교통부, 2001)

조건	저수상태	최소안전율	기준
평상시	일부저수	1.5	수정진도법 적용 시 F_s = 1.0
	만수	1.2	
지진 시	일부저수	1.5	
	만수	1.2	

3) 내진해석

댐 설계 시에는 진도법과 수정진도 법을 이용한 등가 정적해석과 한계평형 해석을 적용하여 내진해석을 실시하여야한다. 기존 댐 내진성능 평가는 실제상황을 재현 할 수 있고 보다 정밀한 지진응답 해석을 실시하여야 하며, 해석 시 일반적으로 2D모델을 이용하지만 실제적인 거동을 고려하여 3D 모델 해석을 실시함이 바람직하다.

4) 침투수에 대한 안정성

허용침투수량(또는 허용누수량) 기준에 대한 규정이 명확하지 않아 댐 완공 후 유지관리에 많은 어려움이 있다. 따라서 각 댐 형식별로 허용침투 수량을 어떻게 설정할 것인가에 대한 집중적인 연구가 필요하다. 즉, 제체의 하류에서 측정되는 침투수는 제체내의 불투수부(점토심벽)를 통한 침투수량, 기초암반 및 양안부의 산지 등을 통한 침투수, 지표수 등의 합으로 볼 수 있으므로 각각의 수량을 분리하여 계산할 수 있는 이론식 및 측정 시스템의 개발이 시급하게 요청된다.

10.11 댐의 안정해석

댐의 안정성은 그림 10.12에 나타난 바와 같이 담수직전, 담수인 경우, 정상침투, 수위 급강하 및 공수시인 경우에 따라 변하므로 각각의 조건에 대한 안정성을 평가하여야 한다. 댐의 시공 중에는 P점의 전단응력과 과잉간극수압이 계속 상승하므로 시공 직후까지 안전율이 감소한다. 시공 후에는 생성되었던 과잉간극수압이 소산되므로 안전율은 증가한다. 담수를 시작하면 수압은 계속 상승하고, 상류측의 전단응력은 비탈면에서의 수압작용으로 인하여 감소하나 하류측은 거의 변화가 없다. 만수 시에는 담수가 압흙쌓기 역할을 하므로 상류측은 안전하나, 하류측은 정상 침투 상태가

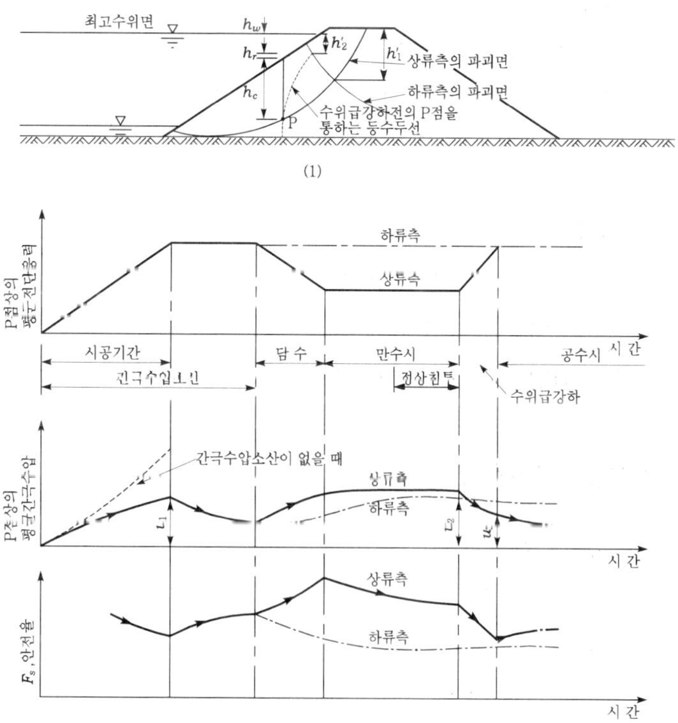

그림 10.12 흙댐의 시공 중 및 시공후의 응력, 간극수압, 안전율 변화

되므로 안전율이 감소한다. 만일 담수된 물을 갑자기 방류하면(rapid drawdown) 상류측의 전단응력이 증가하여 상류측이 위험하게 된다. 따라서 상류측(upstream side)이 위험한 경우는 시공직후 및 수위 급강하시이고 하류측(downstream side)이 위험한 경우는 시공직후 및 정상침투시이다.

10.11.1 담수 직전

시공직후의 해석으로는 $\phi_u = 0$ 해석법을 적용할 수도 있고 과잉간극수압을 예측하여 유효응력 해석법을 적용할 수도 있다. 다짐시공 시 살수를 하며 시공하기는 하나, 시공 중의 흙은 불포화토이다. 따라서, $\phi_u = 0$ 해석법을 적용 시 사용하는 비배수 전단강도는 불포화 조건으로 인하여, 포화된 점토의 c_u값보다 크게 된다.

유효응력해석법 적용 시 과잉간극수압 $\Delta u = B\left[\Delta\sigma_3 + A(\Delta\sigma_1 - \Delta\sigma_3)\right]$에서 B값은 불포화토 조건으로 인하여 1보다 작다. 즉, 포화토에 비하여 과잉간극수압의 크기는 작게 된다.

10.11.2 담수인 경우

1) 상류측

(1) 전단응력 : 비탈면이 물에 잠기므로(부력작용) 댐체 중량은 W에서 W'로 감소되어 전단응력 감소

(2) 간극수압 : 비탈면 상부의 물의 하중(수압)으로 인해 간극수압 증가

(3) 전단강도 : 담수가 급속하게 이루어진다고 가정하므로 c_u조건에서 $s = s_u$로 일정

2) 하류측

(1) 전단응력 : 비탈면이 거의 물에 잠기지 않으므로 전단응력 일정

(2) 간극수압 : 정상침투 상태로 되면서 간극수압 약간 증가

(3) 전단강도 : 상류와 마찬가지로 c_u조건에서 $s = s_u$로 일정

10.11.3 정상침투

1) 상류인 경우

(1) 전단응력 : 재하하중은 변화가 없으므로 전단응력이 일정함

(2) 간극수압 : 담수직후에 비해 약간 증가

(3) 전단강도(S)

$S = c' + (\sigma - u)\tan\phi'$에서 간극수압 ($u$)이 증가하므로 S는 감소

① 정상침투 초기

$$u = (h + h_w - h_1{}')\,\gamma_w\,,\ \ h = h_r + h_c \tag{10.11}$$

② 정상침투 말기

$$u = (h + h_w - h_2{}')\,\gamma_w\,,\ \ h = h_r + h_c \tag{10.12}$$

∴ 말기는 간극수압 증가

2) 하류인 경우

정상 침투시 하류측으로 침투가 일어나므로 하류측이 위험하다. 비탈면불안정을 최소화하기 위해서는 shell zone, filter zone에 투수성이 좋은 암질토를 시공하여 침윤선을 낮추므로서 침투압을 감소시켜야 한다.

3) 실무적용 시 유의사항

(1) 제방에 물이 채워져서 오랜 시간이 지난 후에는 정상침투가 일어난다.
(2) 이때에는 가장 상단에 있는 유선 아래의 흙이 완전 포화되었다고 가정한다.
(3) 유선망을 작성하여 가상활동면을 따르는 간극수압을 결정한 뒤 유효응력해석법으로 안정을 계산한다.
(4) 강도정수는 c', ϕ'을 쓰고 침윤선 위에서는 γ_t , 침윤선 아래에서는 γ_{sat} 를 사용한다.

10.11.4 수위 급강하

수위 급강하 시에는 상류측이 위험하다. 수위가 변하면 응력 변화로 인하여 과잉간극수압이 변화도 가져오게 되고, 따라서 비탈면 해석방법이 쉽지 않다. 그림 10.13에서 만수위 시 P점의 간극수압 u_0는 다음과 같다. BFC는 침윤선을 의미하므로,

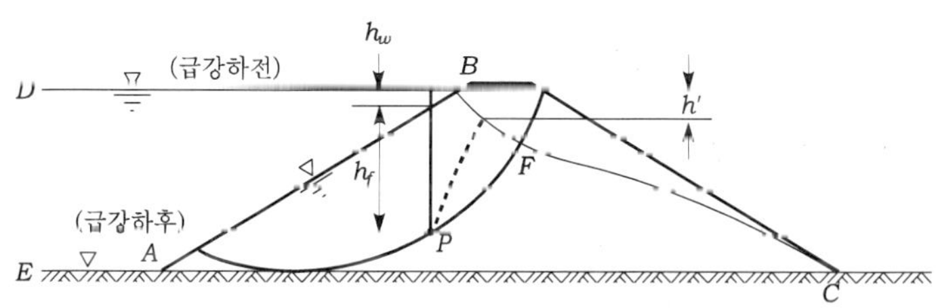

그림 10.13 수위 급강하 시 응력변화

$$u_0 = \gamma_w (h_w + h_f - h') \tag{10.13}$$

만일 $h' = 0$로 가정하면,

$$u_0 \fallingdotseq \gamma_w (h_w + h_f) \tag{10.14}$$

수위 급강하 시 수위가 EAB가 되었다고 하면(흙댐 속에 있는 물은 초기에 거의 배수가 되지 않는다고 가정). P점의 수압은 약산하여,

$$u \fallingdotseq \gamma_w h_w \tag{10.15}$$

식 (10.14)와 식 (10.15)를 비교하여 보면 수위 급강하 직후의 수압의 변화는 크지 않다. 즉, 전단강도의 변화는 크지 않다. 문제가 되는 것은 활동을 일으키는 토체의 물체력이다. 만수 시에는 수중비탈면이므로 토체가 유효중량으로 작용한다. 반면에, 수위 급강하가 발생하면 AB면에서의 경계면 수압이 없어지므로 토체가 거의 전중량으로 작용한다. 따라서 수위 급강하 시 P점에서의 전단강도에는 큰 변화가 없으나, 전단응력이 크게 증가하여(유효응력 → 전응력)비탈면이 위험하게 된다.

1) 상류인 경우

(1) 전단응력 : 비탈면 위의 물이 배제되므로 댐체 중량은 W'에서 W로 증가, 즉 전단응력이 크게 증가함

(2) 간극수압 : $u = u_o + \Delta u$, $B = \dfrac{\Delta u}{\Delta \sigma_1}$

$$\Delta\sigma_1 = -\gamma_w h_w \ , \ \Delta u = -\overline{B}\gamma_w h_w$$

$$\therefore\ u = \gamma_w(h + h_w - h' - \overline{B}h_w) \tag{10.16}$$

즉, 간극수압은 만수 시에 비해 감소

(3) 전단강도: 압밀된 후 수위가 급격히 하강하므로 CU조건(전응력)이다.

2) 하류인 경우

(1) 전단응력 : 만수 시와 별차이 없이 일정
(2) 간극수압 : 침윤선이 아래로 떨어지면서 간극수압이 약간씩 감소
(3) 전단강도 : 비배수 조건으로부터 일정

3) 수위급강하 시 2가지 현상 발생

(1) 흙의 수중단위중량(γ_{sub})이 전체 단위중량(γ_t)로 바뀌므로 활동하는 토괴중량이 증가한다.
(2) 수위 급강하에 의한 응력변화로 말미암아 간극수압이 증가하여 활동면을 따르는 전단저항의 감소현상이 발생한다.

10.11.5 공수 시

1) 상류인 경우

(1) 전단응력 : 댐체 중량은 $W(\gamma_{sat})$에서 $W'(\gamma_t)$로 감소되므로 전단응력은 감소

(2) 간극수압 : 간극수압이 점차 소산되면서 유효응력은 증가

(3) 전단강도 : 간극수압이 소산되므로 전단강도 증가

2) 하류인 경우

(1) 전단응력 : 전단응력 거의 일정

(2) 간극수압 : 점차 감소(큰 차이 없음)

(3) 전단강도 : 전단강도 증가(큰 차이 없음)

10.11.6 해석 조건에 대한 전응력 해석법과 유효응력 해석법의 요약

해석조건별 전응력 해석법과 유효응력 해석법의 사용강도식과 간극수압 적용여부 내용은 표 10.7과 같다.

표 10.7 전응력 해석법과 유효응력 해석법

해석조건	해석방법	사용강도식	간극수압	비고
부분 수중상태	$\phi = 0$	$s = s_u$	적용하지 않음	전응력 해석 시 γ_{sub}를 사용해서는 안됨
	전 응 력	$s = c_u + \sigma \cdot \tan\phi_u$	적용하지 않음	
	유효응력	$s = c' + (\sigma - u) \cdot \tan\phi'$	정수압 적용	
시공직후	$\phi = 0$	$s = s_u$	적용하지 않음	
	전 응 력	$s = c_u + \sigma \cdot \tan\phi_u$	적용하지 않음	
	유효응력	$s = c' + (\sigma - u) \cdot \tan\phi'$	γ_u 또는 측정값 사용	
정상침투	유효응력	$s = c' + (\sigma - u) \cdot \tan\phi'$	유선망에서 구함	
수위 급강하	전 응 력	$s = c_{cu} + \sigma \cdot \tan\phi_{cu}$	정수압 적용	
	유효응력	$s = c' + (\sigma - u) \cdot \tan\phi'$	유선망에서 구함 γ_u(간극수압비) 또는 측정값 사용	

10.11.7 댐의 안정해석 시 실무 필수지식

시공기간 중에는 흙하중이 계속해서 증가하므로 가상활동면상의 전단응력과 간극수압도 댐이 완공될 때까지 증가한다. 완공 후에는 과잉간극수압이 소산되기 시작하지만, 완공 후 물을 채우기 시작하면 수압 때문에 간극수압은 다시 증가한다.

이때 상류측의 제체는 부력의 작용으로 전단응력이 감소하지만 하류측에서의 평균전단응력은 거의 일정하거나 약간 증가할 뿐이다. 만수가 되고 난 뒤에는 정상상태가 된다. 이 후 수위가 급강하된다면 점 P(그림 10.13)의 전단응력이 증가하게 되고 그로 말미암아 댐의 안전율은 저하할 것이다. 이와 같이 댐의 수명동안 전단응력이나 간극수압은 몇 번씩 증감할 수 있다.

안정해석 시 시공 직후에는 전응력 해석을 하고 상류측의 수위급강하시나 하류측의 정상 침투 시에는 유효응력 해석을 한다. 그림 10.12의 시간-안전율 관계곡선에서 나타난 바와 같이 상류측이 가장 위험하게 되는 경우는 시공직후와 수위급강하 때이고, 하류측이 가장 위험하게 되는 경우는 시공직후 및 만수상태에서 정상 침투시이다. CFRD(concrete faced rock fill dam)의 현행 댐 시설기준에서는 댐에 축조된 암석의 내부마찰각은 자연안식각 보다 크다. 따라서 기존의 필 댐에서 발생하는 원호활동파괴와 같은 비탈면파괴는 일어날 수 없으므로 비탈면안정해석법을 적용하지 않아도 된다고 규정하고 있다. 한편, CFRD는 상류비탈면에 콘크리트 차수벽이 있어 원리상으로는 제체 내부가 완전히 건조상태(또는 습윤상태)로서 하류비탈면 끝에서 측정되는 침투수량은 모두 기초암반, 양안부 또는 지표수 등이 유입된 것으로 볼 수 있다. 그러나 실질적으로는 기초암반 역시 커튼그라우팅 등에 의하여 거의 불투수층에 가까움에도 불구하고 저수위 변동에 따라서 침투수량이 증감되는 경향을 나타내고 있어 실제 침투수의 흐름경로가 어떻게 되는지 파악이 어려워 CFRD의 경우 허용침투수량에 대한 규정정립이 어려운 실정이다.

10.12 댐 설계

10.12.1 설계정수 산정방향

원지반 토사, 축제재, 풍화암은 현장시험치 및 대형 실내시험에 근거한 지반 설계정수를 산정하고 암반은 타 암반분류와의 상관관계를 사용하여 설계지반정수를 산정한다. 합리적인 암반 물성치 산정을 위하여 통계적기법을 사용하고 현장시험 결과를 종합적으로 분석하여 내진해석을 위한 동적 지반설계정수를 산정하며 암반의 투수계수는 암반등급과의 상관도가 떨어지므로 루전등급별로 산정하는 것이 바람직하다.

10.12.2 설계지반정수 산정을 위한 대형실내시험

표 10.8 대형 실내시험 종류

구분	대형삼축압축시험	대형일면전단시험	대형투수시험	대형블럭전단시험
시험 전경	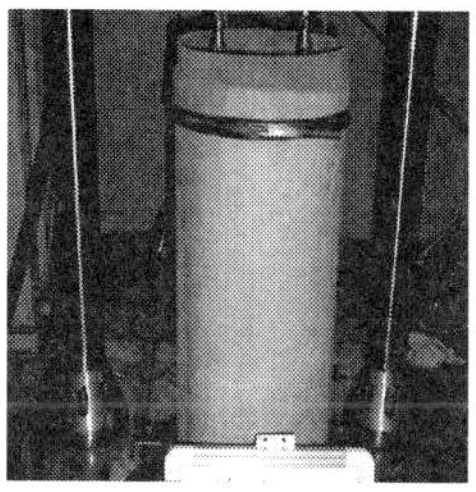			
시험 목적	1) 점착력, 내부마찰각 2) 비선형 모델 매개변수	점착력, 내부마찰각	투수계수	기반암의 전단 및 수직강성 산정
시료	1) 지름 : 30*cm*, 높이 : 60*cm* 2) 입도분포 상사법칙적용	1) 150×150×30*cm* 2) 입도분포 상사법칙적용	1) 지름 : 30*cm*, 높이 : 60*cm* 2) 입도분포 상사법칙적용	1) 블럭 : 40×40×40*cm* 2) 암반 : 60×60×60*cm*

10.12.3 분야별 주요 설계정수

표 10.9 분야별 주요 설계정수

구분	설계 주요 정수
토사층	단위중량, 점착력, 내부마찰각, 변형계수, 포아송비
쌓기재	단위중량, 점착력, 내부마찰각, 변형계수, 포아송비, 투수계수
풍화암	단위중량, 점착력, 내부마찰각, 변형계수, 포아송비
암반 연속체	암반의 등급별 단위중량, 점착력, 내부마찰각, 변형계수, 포아송비
암반 불연속체	절리면 거칠기계수(JRC), 절리면 압축강도(JCS), 마찰각, 점착력, 수직강성, 전단강성
측압 계수	방향별 측압계수
수리 특성치	토사층 및 풍화암의 투수계수, 기반암의 루전등급도와 등급별 투수계수
동적지반정수	각 지층 및 암반등급별 전단파속도, 동전단계수, 동탄성계수, 동체적계수, 동포아송비

10.12.4 분야별 필요한 시험내용

분야별로 조사결과를 종합 분석하여 구조물의 안정성해석 및 설계를 위한 지반설계정수를 제공 하여야 한다.

표 10.10 분야별 필요한 시험내용

구분	주요 분석 대상 조사 및 시험 내용
지질 특성	광역 및 상세 지표지질조사 등
지층 특성	시추조사, 탄성파탐사, 전기비저항탐사, 탄성파토모그래피탐사 등
수리 특성	투수시험, 수압시험 등
변형 특성	공내재하, 실내 토질 및 암석시험
강도 특성	표준관입시험, 실내 토질 및 암석시험
동적 특성	탄성파탐사, MASW 탐사, Suspension-PS검층, 타격응답시험, 암석충격반향시험 등
불연속면 특성	스캔라인조사, BIPS, BHTV, 영상절리분석 등

10.12.5 설계검토 주요 내용

댐의 안정성 및 기초지반 수밀성에 대한 설계검토 주요내용은 다음과 같다.

표 10.11 본 댐의 분야별 설계검토 주요내용

검토 분야	세부 항목	기초처리도 및 해석 모델링 개요	검토 내용
안정성	댐 거동분석	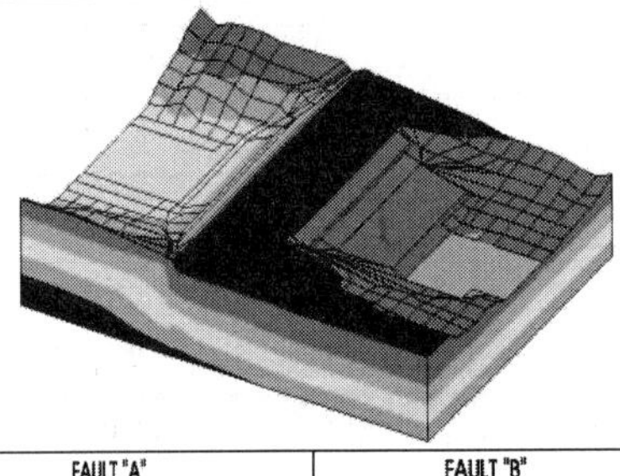	1) 2차원 및 3차원 수치해석 2) 지진 시 댐 기초의 안정성 검토 3) 하류비탈면 안정성 검토 및 개선안 검토
	단층대 처리	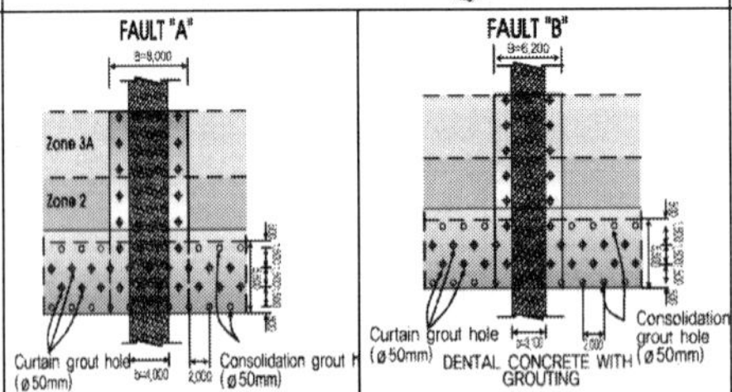	덴탈(dental) 콘크리트와 특수그라우팅으로 단층대 보강
기초지반 수 밀 성	차수그라우팅 및 침투류해석	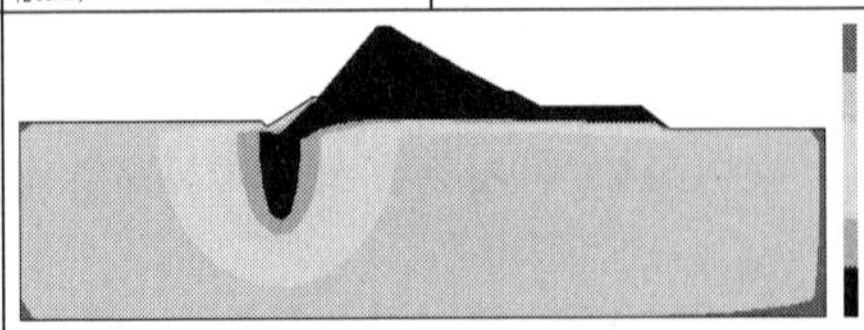	1) 기초지반을 통한 누수량 산정 및 차수그라우팅 설계 2) 침투류해석을 통한 차수그라우팅 효과의 정량적 평가

10.12.6 내진설계

상대적으로 지진발생 규모와 빈도가 적은 우리나라의 경우 진도법에 의한 내진설계는 타당하다고 할 수 있으나, 지진시의 댐 거동관측 및 수치 해석 결과에 따르면 댐 천단부의 응답가속도는 기초 부분의 가속도보다 약 2배 이상 증폭되는 것으로 나타났다. 댐의 이러한 증폭거동은 댐의 전 높이에 걸쳐 일정한 제체진도를 적용하는 기존의 진도법의 개념과 일치하지 않는다. 일본에서는 1991년 기존의 진도법을 수정하여 제체의 응답가속도가 증폭되는 특성을 고려할 수 있는 수정진도법으로 내진설계기준을 변경하여 적용하고 있다. 수정진도법은 관측결과와 동적해석결과를 토대로 진도법을 개정하여 만들어진 것으로서 이론적 근거가 명확하며, 실무자들이 이해하기 쉽고 계산이 용이하여 사용성이 뛰어나다는 장점이 있다. 이에 반하여 동적해석법은 입력정수(예를 들면, 댐 재료의 전단변형률, 전단탄성계수와 감쇠정수의 관계)를 구하기 어렵고, 해석이론이 실무자들이 이해하기 어려우며 복잡한 프로그램을 사용하여야 하므로 해석에 상당한 시간과 노력이 소요된다. 따라서 댐의 안정성을 평가하는 방법으로는 지진 시 댐의 거동을 비교적 유사하게 모의하고 지금까지 그 안전성이 증명되어 온 수정진도법에 의한 내진설계법의 채택이 바람직할 것으로 사료된다. 단, 정밀한 안전도 평가 등을 위해서는 동적해석 결과 등을 참고로 하는 것이 필요하다.

10.12.7 내진해석

1) 지진응답해석 - 기존 댐 성능평가 시 적용

2) 등가정적 FEM해석 - 설계 시 진도법, 수정진도법 적용

(1) 해석에 적용하는 기본조건은 진도법 경우와 동일

(2) 설계기준의 수정진도법 적용

3) 한계평형해석 - 진도법, 수정진도법, Newmark법(변위예측)

(1) 2차원 유한요소 해석결과와 비교평가 목적

(2) 해석조건

① 저수위 : 평상시, 지진 시 ② 만수위 : 평상시, 지진 시

10.12.8 설계 개선사항

현행 설계에 대한 개선사항은 표 10.12와 같다.

표 10.12 설계 개선사항

구분	현행설계	설계 개선사항
설계지반정수	설계지반정수 신뢰성 저하	1) 대형실내시험 수행으로 설계지반정수 신뢰성 제고 2) 대형실내시험, 기존 설계자료, 참고문헌 종합분석 후 선정
정적안정성	1) 2차원 선형 탄·소성 모델 이용 2) 시공단계 무시	1) 비선형 응력-변형률 특성 고려가 가능한 쌍곡선 모델 이용 2) 시공단계를 고려한 2차원, 3차원 수치해석 수행
진동대시험	응답특성 파악 불가	1) 축소모형 제작 후 장, 단주기 지진파에 대한 응답특성 파악 2) 수평변위, 연직침하량 산정 후 수치해석결과와 비교, 분석
동적안정성	1) 2차원 등가정적 해석법 이용 2) 거동특성 파악 불가	1) 2차원, 3차원 등가정적, 동적해석법 이용 2) 설계지진 0.154g 발생 시 댐 거동특성 파악 및 안정성 검토

10.13 댐의 계측관리

댐의 거동은 계측기를 설치하여 시공 중, 담수 시 또는 유지관리 시에 침투수량, 제체의 변형, 간극수압 및 토압 등을 측정하여 분석함으로써 댐의 안전도를 평가할 수 있다. 그러나 현행 댐 시설기준의 경우에는 콘크리트댐과 CFRD에 대한 것만 부분적으로 측정계기의 설치 및 계측에 대한 규정을 언급하고 있다. 계측수행 시 다음과 같은 사항에 착안하여 수행하는 것이 바람직하다.

1) 댐의 관리기간을 어떻게 구분할 것인가?
   (예 : 시공 중, 담수 시, 운영 중, 지진 시, 홍수 시)
2) 측정항목과 측정 빈도는 어떻게 설정할 것인가?
3) 댐 형식별로 필요한 측정계기의 종류, 수량 및 설치방법 등은 어떻게 할 것인가?
4) 측정값의 분석은 어떻게 할 것인가? 측정값의 신뢰도는 어떻게 평가할 것인가?
5) 측정계기의 노후화 및 고장 등에 대한 대책은 무엇인가?
6) 측정자동화 방안은 무엇인가?

10.13.1 계측계획 수립 흐름도

설계된 댐과 기초지반에 대하여 시공 중의 관리와 시공 후의 유지관리를 위한 계측계획을 수립하고 시공단계를 고려한 수치해석을 실시하여 댐 거동 예측 후 해석결과에 근거한 계측위치를 선정한다.

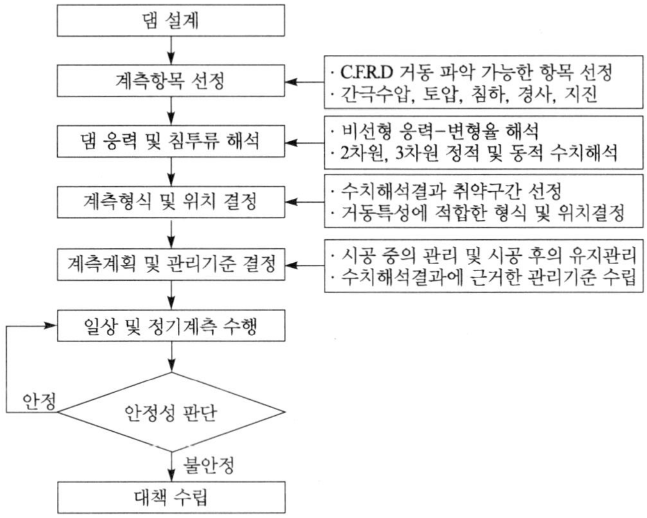

그림 10.14 계측계획 수립 흐름도

10.13.2 계측항목

기초지반의 계측항목은 간극수압과 지진이며, 댐 체 토압, 침하, 경사 그리고 지진으로 구분하여 선정한다.

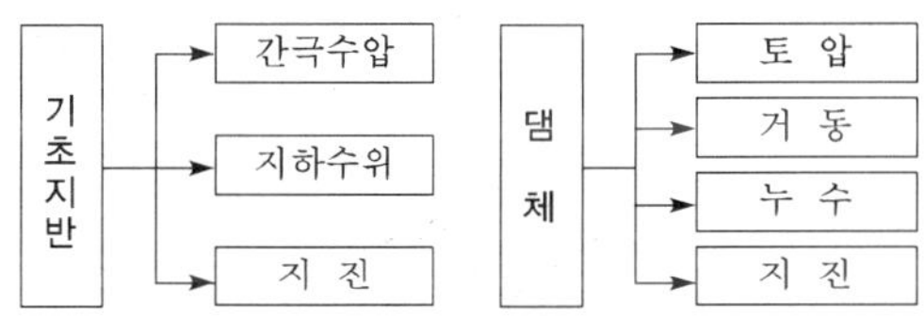

그림 10.15 기초지반 및 댐체의 계측항목

표 10.13 계측항목선정 및 설치목적

구분	측정항목	계측기 종류	설치목적
기초 지반	1) 간극수압	간극수압계	기초지반의 간극수압 측정
	2) 지하수위	수위측정계	기초지반의 지하수위 측정
	3) 지진	지진계	지진 발생 시 기초지반의 지진규모 측정
댐체	1) 토압	토압계	댐체의 응력상태 측정
	2) 거동	① 수평변위계	담수에 따른 댐체 거동 측정
		② 수직침하계	시공 중, 시공 후 침하거동 측정
		③ 연속침하측정계	시공 중, 시공 후 침하거동 측정
		④ 층별침하계 및 경사계	시공 중, 시공 후 침하, 수평거동 측정
		⑤ 정부침하측정점	시공 후 댐체 거동 측정
		⑥ 표면침하측정점	시공 후 댐체 거동 측정
		⑦ 기준점	시공 후 댐체 거동 측정
	3) 누수	누수량 측정장치	담수에 따른 댐체의 누수량 측정
	4) 지진	지진계	지진 발생 시 댐체의 응답현상 측정
댐체 주변	지하수위	지하수위계	댐 양안부를 통한 누수 가능성 판단

10.13.3 계측관리 설계 착안사항

표 10.14 계측관리 설계 착안사항

주요항목	세부항목	설계 착안사항
계측계획	1) 계측항목 2) 계측위치	1) 수치해석과 경험식을 통해 취약구간으로 선정된 지점에 거동특성 분석이 가능한 계측계획 수립 2) 원지반 지하수위 거동분석을 위한 계측계획 수립
계측기준	관리기준	1) 수치해석결과에 의한 관리기준 제시 2) 시공 시 계측결과에 따른 역해석을 통해 시공 중, 시공 후 안정관리 기준 확정
계측관리	자동화계측	1) 댐 거동분석에 대한 계측정보의 실시간 확인 2) 자동화 계측 시스템 구축으로 계측에 소요되는 인력 및 시간 단축

10.13.4 콘크리트 차수벽 석괴댐(CFRD) 계측기 배치방법(예)

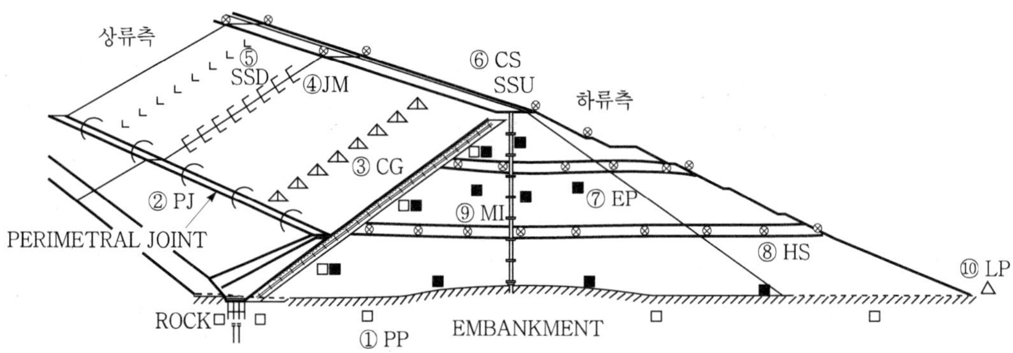

번호	기호	종류	권장형식	번호	기호	종류	권장형식
1	□	간극수압계	진동현식, 광센서형식	6	Θ	정상, 비탈면침하점	GPS, Total station, 광센서
2	⌒	주변이음부 변위계	진동현식, 광센서형식, potentiometer	7	■	토 압 계	진동현식, 광센서형식
3	⏃	차 수 벽 변형율계	진동현식, 광센서형식, potentiometer	8	⊗	수평변위계	진동현식, 광센서형식, potentiometer
4	⊓	개도계	진동현식, 광센서형식, Potentiometer	9	╪	층별침하계 경사계	Magnet/Reed Switch, Servo accelerometer
5	∨	비탈면침하점	GPS, Total station, 광센서	10	△	누수량계	초음파식, 진동현식

그림 10.16 콘크리트 차수벽 석괴댐 계측기 배치방법(예)

10.14 실무적용 시 유의사항

1) 롤러다짐 콘크리트댐(Roller compacted concrete dam : RCCD댐)은 중력식 콘크리트댐의 장점을 살리면서 필댐의 단점을 보완하여 지형, 지질 등의 다양한 조건변화에도 대응이 가능토록 한 댐이므로 이에 대한 설계 및 시공기준의 정립이 필요하다.

2) 내진설계는 건교부에서 추진하고 있는 각종 토목구조물의 내진설계기준을 참고로 하되, 설계 시에는 이론적으로나 실제 거동에 있어서 안정성이 증명된 설계방법을 채택하는 것이 바람직하다.

CHAPTER 11

제 11 장 준설매립 및 지반환경

제 11 장 준설매립 및 지반환경

[1] 준설매립분야

11.1 개요

해안 지역에서 시행되는 매립공사의 대부분은 해저 바닥에 퇴적되어 있는 퇴적토를 흙과 물의 혼합물인 slurry 상태로 준설선에 의해 pumping하여 매립지를 조성하게 된다. 이때, 매립지내의 준설토는 준설된 재료에 따라 실트질모래 또는 고함수비의 점토질 흙으로 쌓이게 된다. 실트질모래는 침하가 크지 않은 반면에 고함수비의 점토질 흙은 초기 매립상태가 거의 액성상태이고 이 경우 매립한 흙자체의 자중에 의해서 침하가 크게 발생하게 된다. 이러한 침하과정은 많은 시간이 소요되고 침하시간은 매립지 사용 계획을 위한 연약지반개량공사 계획, 흙쌓기(복토)재료 확보, 매립지내의 면적, 가호안 및 가토제 높이 결정시 중요한 인자이므로 설계 시 정도 높은 압밀예측이 필요하다. 초연약 점토에서는 상재하중 영향없이 자중에 의해서도 압밀이 발생하는 자중압밀이 일어난다.

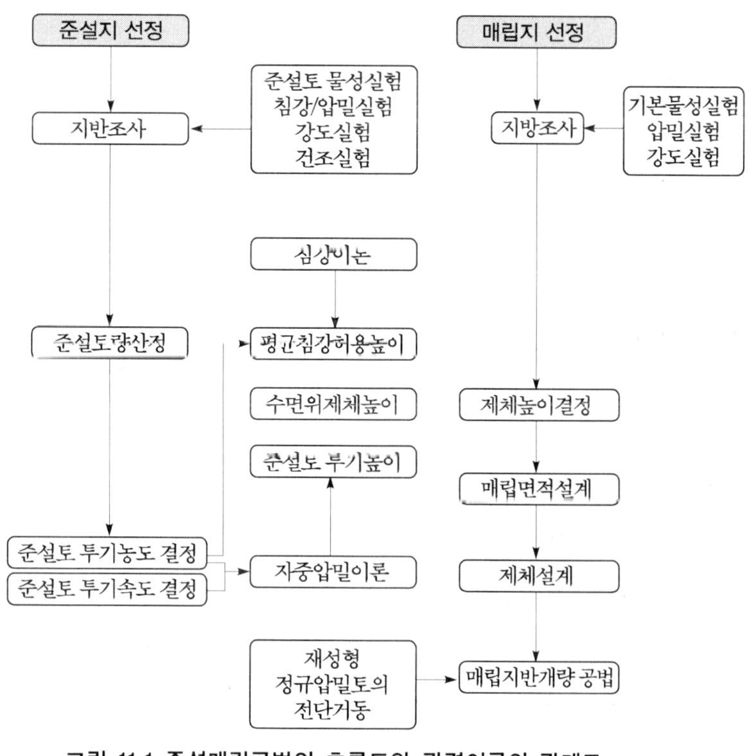

그림 11.1 준설매립공법의 흐름도와 관련이론의 관계도

즉, Terzaghi의 압밀이론에서 상수로 가정했던 압밀계수, 투수계수, 체적변화계수 등이 자중압밀에서는 압밀이 진행됨에 따라 변하게 된다. 따라서, 압밀과정동안의 거동양상이 비선형이기 때문에 해석적인 해를 구하기가 어렵다. 자중압밀에 관한 연구는 크게 침강단계를 포함해서 자중압밀의 거동을 살피는 방향과 침강단계를 제외하고 자중압밀이 시작되는 시점부터를 연구의 대상으로 하는 방향으로 진행되었다. 그러나 아직도 준설토의 침강과정에 관한 정확한 이론이 확립되지 못한 상태이고 다만 Been & Sills (1981)가 관찰한 바에 의하면 침강과정에도 약간의 유효응력이 발생하고 있다는 것이 밝혀졌다.

매립지 설계에서 중요한 사항은 그림 11.1에 보인바와 같이 준설지에서 채취한 흙을 매립지에 투기하였을 때 그의 체적변화를 고려한 제체의 높이와 투기장 면적의 결정이 요구되므로 투기 시 준설토의 침강압밀에 관련한 토질정수의 산정과 적합한 이론 적용이 필요하다.

본 장에서는 준설매립공사흐름, 준설토의 압밀 지배방정식 고찰, 자중압밀해석법, 준설토의 압밀특성실험, 준설물량산정방법 및 국내 시공사례 등에 대해 언급하고자 한다.

11.2 준설계획 및 매립토량의 확보

11.2.1 준설계획 수심

1) 준설계획수심 결정

준설계획수심은 출입하는 선박에 따라 결정되는데 일반적으로 대상선박의 만재흘수에 여유수심을 더하고 있다.

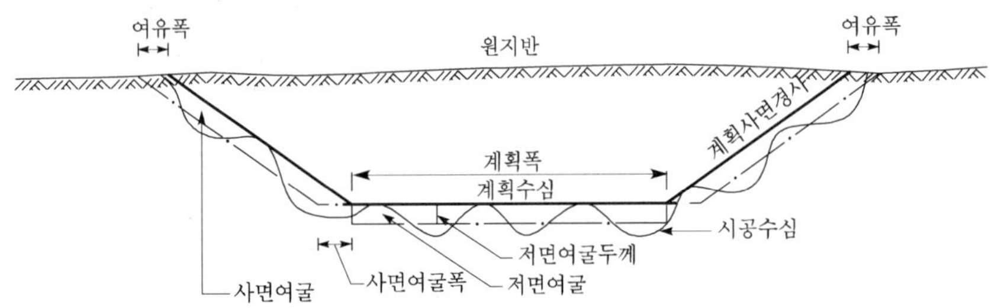

그림 11.2 준설단면

$$H = D + D_s + D_r + D_t + D_w \tag{11.1}$$

여기서, H : 계획수심(m)

D : 선박의 만재흘수

D_s : 선박항행 시 선체침하깊이(항행속도 8놋트일 때 0.5m)

D_r : 해저 토질조건에 따른 여유수심(모래: 0.3m, 암반: 0.6m)

D_t : 선박의 선회에 따른 여유수심(선장의 1/1000~1/2000)

D_w : 파고에 의한 여유수심(파고의 1/2)

2) 여굴 및 준설 여유폭

계획 준설 깊이로 준설하게 되면 수중 작업으로서 준설선 등에 의한 굴곡이 생기고 계획수심 유지를 위하여서는 굴곡만큼 더 파야 계획수심이 확보되므로 더 파는 깊이를 여굴이라고 하며 토질별, 투입 준설선별로 차이가 있으며 여굴량을 준설량에 가산하여야 한다. 여굴 두께는 다음 조건에 따라서도 달라지며 여굴두께는 준설토 토질조건 및 준설선종류에 따라 국내는 0.2~0.8m, 일본은 0.5~1.0m를 적용한다.

(1) 준설시공 심도
(2) 준설토의 공학적 특징
(3) 준설선의 형식과 능력
(4) 준설 토층의 두께
(5) 해상조건 등을 고려해야 한다.

준설토량 산정 시 예측되지 않은 비탈면붕괴와 준설 시 직선시공이 어려운 점등을 고려하여 여유 폭을 가산하여야 하며, 준설토 토질조건 및 준설선종류에 따라 국내는 4.0~6.0m, 일본은 2.0~6.5m를 적용한다.

11.2.2 매립토량의 확보

매립토량은 우선적으로 공공지역의 절토구역에서 발생된 토석이나, 사업지구 내 흙깍기구역에서 발생된 토석, 공사용 부두 등 준설소요지역에서 발생하는 준설토 순서로 확보하여야 한다. 다만 현장 여건에 따라 확보순서는 바뀔 수 있다. 양질의 재료를 매립하기 위해서는 외곽호안 및 가토제의 축조, 여수로 및 여수토 배치 등이 이루어져야 하며, 필요하다면 오탁 방지막을 설치하여야 한다. 매립재료로는 일반적으로 사업지구 부근의 토취장 토사와 준설구역의 점흙쌓기 또는 사질토를 사용하는 경우가 대부분이며, 각 매립재의 특성 및 장·단점을 비교하면 표 11.1과 같다.

표 11.1 매립재료별 장·단점

구분	준설토(실트, 점토)	준설토(모래)	산토
장점	1) 토취장 선정으로 인한 허가가 상대적으로 간단 2) 운반비용 및 투기비용절감 3) 기초 및 항로준설토를 이용하므로 사토장 불필요 4) 준설토의 확보가 용이	1) 토취장 선정으로 인한 허가가 상대적으로 간단 2) 사업지구 부근에서 재료 획득이 가능할 경우 비용 절감 및 항로 준설 사토장 불필요	1) 투기를 위한 외곽호안 축조 불필요 2) 매립토사 개량 불필요 3) 환경오염 최소화 4) 양호한 매립토사 선정 가능
단점	1) 준설토 투기를 위한 외곽호안 축조 필요 2) 원지반 및 준설토의 지반 개량 필요 3) 환경오염 방지시설 필요 4) 유해곤충 발생 우려	1) 준설토 투기를 위한 외곽호안 축조 필요 2) 사업지구 부근에서 다량의 모래 구득 곤란 3) 환경오염 방지시설 필요	1) 토취장 토사중 불량토(점토질 등)는 사토 필요 2) 암석류는 파쇄해야 함 3)기초 및 항로준설시 매립지 조성 필요 4) 토취장 개발시 민원발생
적용	항로 준설량을 단지부에 매립	부근에서 준설가능한 모래량만큼 매립	총매립량중 준설매립량을 제외한 부족량을 산토로 매립

11.3 준설매립공사

11.3.1 준설매립 공사 흐름도

준설매립과정은 준설선에 의한 펌핑 작업을 통해 거의 대부분이 이루어지고 준설매립 공사의 흐름도는 그림 11.3에 나타나 있으며, 개략적인 과정을 보면 다음과 같다.

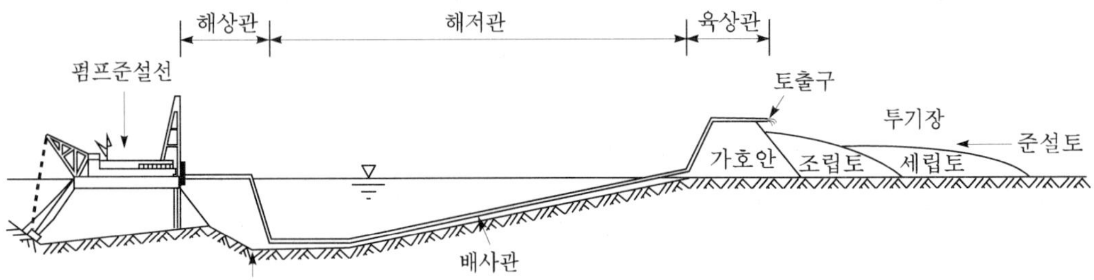

(a) 준설매립 개념도

가호안 및 가토제 시공
▶ 준설, 투기 및 매립 목적으로 현장여건에 적합한 가호안 및 가토제를 시공한다.

⬇

준 설 매 립
▶ 준설선을 이용하여 준설토(실토질모래, 실트질점토 등)를 지구내에 매립한다.

⬇

표 층 처 리
▶ 매립표층을 연직배수재 타설장비가 운행 가능하도록 표층의 지지력을 증대시킨다.

⬇

지 반 조 사
▶ 단지 계획고를 확인하고 해상 지반조사외에 지반개량에 필요한 지반조사를 시행한다.

⬇

복토 및 연약지반 개량
▶ 단지 계획고 및 잔류 침하량을 검토하여 복토 및 연약지반개량을 실시한다.

(b) 준설매립공사 흐름도

그림 11.3 준설매립 개념도 및 준설매립공사 흐름도

(a) 펌프준설선 (b) 원지반토 교반용 컷터

그림 11.4 펌프준설선 및 원지반토 교반용 컷터

11.3.2 준설선 선정

준설은 수중에서의 토사 굴착작업이므로 대상지구의 여건과 준설량 및 공사기간 그리고 흘수심 유지 가능 여부가 기종 선정에 가장 큰 조건이 된다. 준설공사는 특수한 공법을 제외하고는 준설선을 이용하여 시공하게 된다. 사용되는 준설선의 형식 및 준설토사의 운반처리 방식에 따라 시공방법이 정해지며, 준설선은 펌프준설선, 버켓선, 디퍼준설선 등이 있다. 국내에서는 주로 펌프 준설선이 이용되고 있으며, 준설선별 준설조건은 표 11.2와 같다.

표 11.2 준설선별 준설조건

기종 / 조건	펌프준설선	버킷준설선	디퍼준설선	그래브선	쇄암선
준설능력	크다	보통	작다	작다	작다
준설단가	저가	보통	고가	보통	고가
토운선	불필요	필요	필요	필요	필요
준설 후 굴곡	크다	보통	크다	크다	크다
최대토질조건	보통토사	연암	연암	보통토사	경암
작업점유수면	작다	크다	작다	작다	작다
건조비	보통	보통	고가	보통	고가
적용성	연질, 사질 토사에 적합	사토거리가 먼 곳에 유리	경질토사에 유리	협소한 장소의 연질토사에 적합	암반용

11.4 준설 공법

준설공법 선정 시에는 일반적으로 준설토의 토질조건, 운토거리, 매립장 특성, 지반개량 여부 등을 고려하여 선정하여야 한다. 준설토취장의 토질이 매립토 조건에 부합되지 않는 경우 상등수 및 점토분을 여수토로 보내거나 준설토 조건에 맞는 지반 개량공법의 채택이 필요하다. 준설토 배송거리가 멀지만 양질의 준설토 채취가 가능한 경우에는 중계펌프(booster)방법을 이용해서라도 먼 거리로 배송이 가능토록 하여 경제적인 준설이 가능한 공법을 선택하여야 하며 일반적으로 사용되는 준설공법은 다음과 같다.

11.4.1 직접준설방법

직접준설방법에는 매립방법에 따라 직접매립방법과 통제매립방법으로 대별된다. 직접매립방법은 선별된 토취장의 준설토를 배송하여 매립 시 외곽호안 내의 배사관에서 배출된 매립토로 직접 매립하는 방법이다. 배출된 토사는 1:40~1:50 정도의 완경사로 형성되며, 준설수와 함께 부유되는 세립토는 여수로 및 여수토 부근에 집중되기도 하며, 예기치 않은 곳에 실트 포켓(silt pocket)이 형성되는 단점이 있다.

11.4.2 중계펌프(Booster)방법

육상부 또는 해상부에 설치된 booster로 가압하는 방법으로 준설토의 배송거리가 준설선의 적정 배송거리보다 먼 경우 거리 극복을 위해 이용하는 방법이다. 12,000HP(horse power)급 대형 준설선에 3,000~4,000 HP(horse power)급 booster로 가압할시 약 1.5~2.0 km의 추가거리 극복이 가능하며, 5~6 km 이상 거리에서 준설물량을 증대시키는 것이 가능하다. 인천국제공항 1단계 준설매립 공사 시 남측방조제 부근에서 지구내까지 배송거리를 늘리기 위하여 booster를 사용한 사례가 있다.

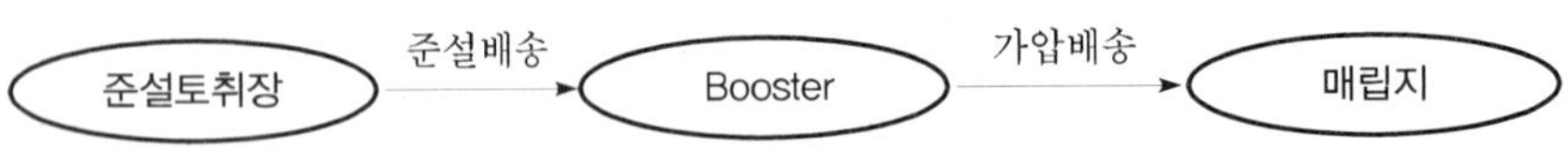

그림 11.5 중계펌프방법

11.4.3 2중 준설방법

외부에서 1차 준설하여 운반된 준설토를 매립장 인근에 투하 후 2차 준설을 통하여 매립하는 방법이다. 1차 준설을 받기 위한 pit를 호안 부근의 해상에 가호안으로 조성할 수도 있다. Pit에서의 준설토 개량이 가능하며 이 때 해양오염에 대한 대책 수립이 필요하다. Pit는 가급적 깊게 하여 준설선 작업이 용이하게 해야 한다.

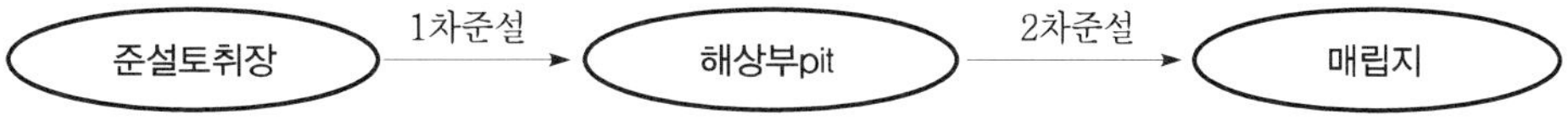

그림 11.6 2중 준설방법

11.4.4 Barge overflowing 방법

Barge내 투입된 준설토사 중 세립분을 barge가 넘칠 때 유출되도록 하여 입도개량이 가능한 공법으로 작은 barge일수록 개량효과가 양호하지만 월류된 세립토량이 많아 환경오염이 증가할 수 있으며 준설비가 고가이다.

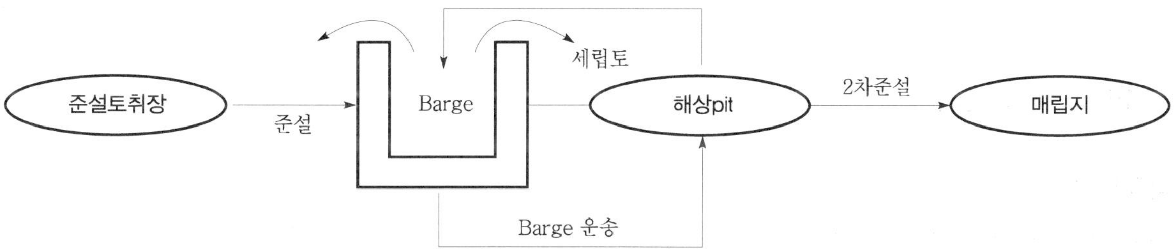

그림 11.7 Barge overflowing 방법

11.4.5 Cyclone 방법

매립지에 준설토를 배출할 때 원심력을 이용하여 조립토와 세립토를 분리하여 조립토만 매립하고 세립토는 별도 지정된 곳에 투기가 가능한 공법이다. Cyclone에 의한 선별매립은 소규모의 매립지 조성에는 유용하지만 대규모 준설매립시에는 cyclone의 규모도 커져야 하기 때문에 실용성에 문제점이 많다.

11.4.6 토운선 운반방법

펌프선 또는 대형 그래브선을 사용하여 준설하는 방법으로 펌프선의 경우는 barge overflowing 방법과 유사하여 토사유실이 많다. 운반거리에 제한이 없으며, 매립지 운송은 덤프 운반 또는 해상에 설치된 pit로부터 2차 준설이 가능하다. 또한, 덤프 운반 시 매립지에서 토질 확인 및 규정에 맞는 다짐을 시행할 수 있다는 장점이 있다.

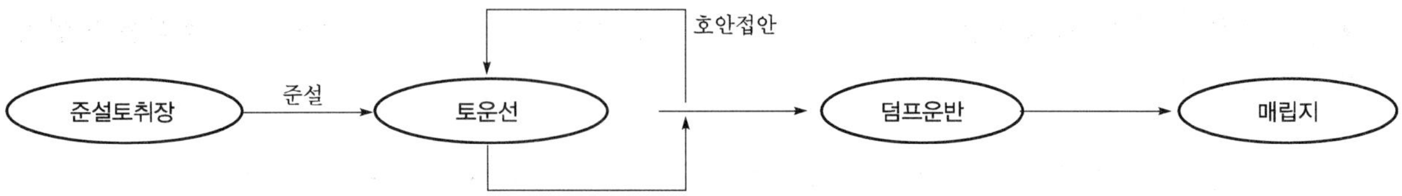

그림 11.8 토운선 운반방법

11.4.7 자항식 호퍼 준설선 방법

대용량 호퍼(hopper)를 갖는 준설선으로 준설과 토운선 역할을 겸비할 수 있어 운반거리에 제한을 받지 않고 준설이 가능하다. 국내 준설업체 보유 준설선의 호퍼 용량은 18,000m^3급에 달하며 호안까지의 접근성만 용이하게 확보된다면 대규모 매립에도 적용이 가능한 공법이다.

11.5 준설토의 침강 및 퇴적 특성

1) 침강특성

매립지에 투기된 준설토는 니수상태에서 시간경과에 따라 침강퇴적, 압밀침강 (자중압밀침하)과정을 거치는 체적감소현상이 발생한다. 해성점토를 펌프선으로 준설매립하는 경우 니수농도는 함수비 500%~2,000%의 범위이며, 더욱이 해수이기 때문에 점토입자가 응집하여 매립지 내에서의 침강양식은 극히 짧은 시간 내에 계면침강의 형태로 된다. 그림 11.9는 퇴적, 압밀침강과정의 상태를 계면침강곡선에 의해 표시하고 있다. 점토 니수는 초기에 청등수와 현탁액과의 사이에 명료한 계면을 만들고 같은 속도로 계면이 침강한다. 침강한 퇴적토는 하층에서부터 상승하고 곧이어 현탁액의 계면과 일치하여 침강퇴적의 종료점으로 된다. 침강퇴적이 종료한 후는 자중에 의한 압밀침강이 진행하여 어떤 시점에서는 침강속도가 늦은 creep의 형태로 된다.

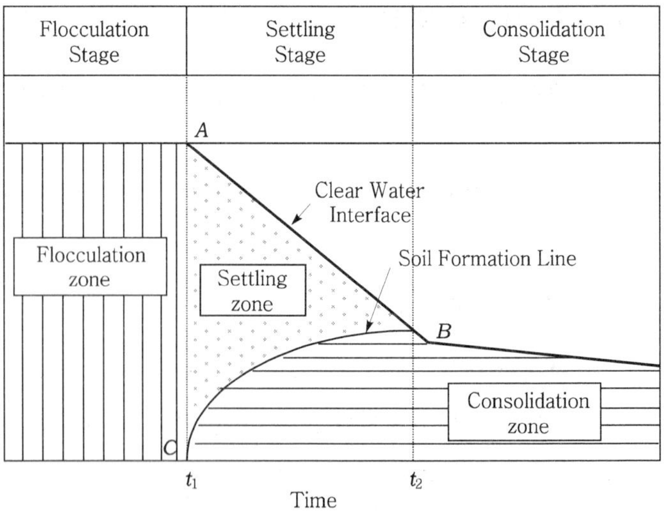

그림 11.9 구간침강의 침강곡선

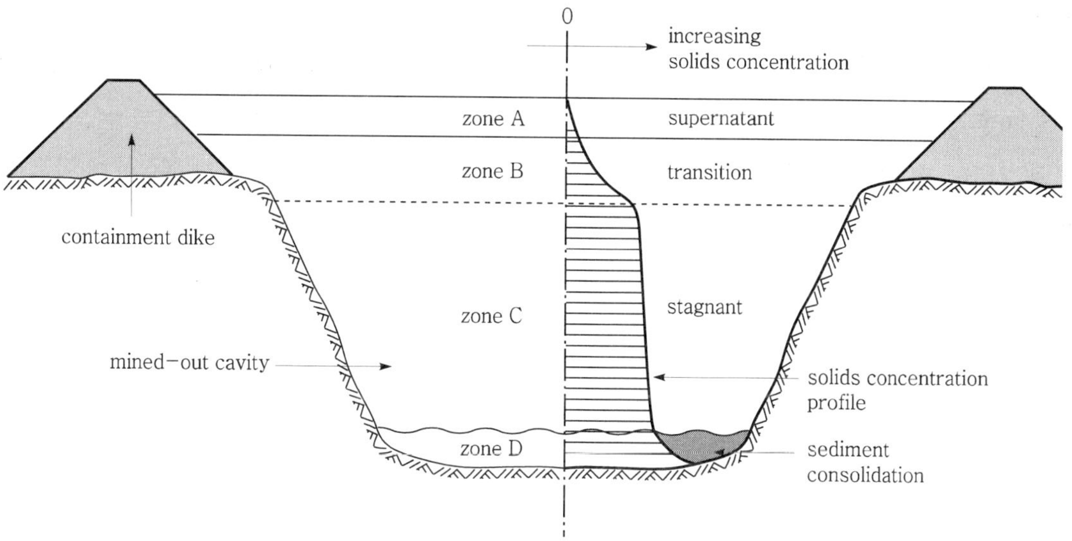

그림 11.10 준설토의 밀도분포 단면도(Young, 1984)

침강형태는 Imai에 의하면 다음과 같은 4가지로 구분되며, 침강의 형태를 결정하는 요인은 flocculation의 형성에 영향을 미치는 소금의 농도와 침강 속도와 침강단계의 최종 함수비에 영향을 미치는 흙의 농도 등이 있다.

2) 자중압밀단계(분산→응집→침강→자중압밀)

(1) 분산(Dispersed free settling)

입자간에 서로 영향을 미치지 않고 자유롭게 침강할 때 굵은 입자가 가는 입자보다 먼저 침강한다.

(2) 응집침강(Flocculated settling)

흙 입자들이 모이고 서로 다른 크기의 floc을 형성한다. Floc의 크기가 큰 것이 먼저 떨어지고 어떤 형태의 interface(맑은 물과 혼탁액 사이의 경계면)도 존재하지 않는다.

(3) 구간침강(Zone settling)

입경에 의한 분리가 다소 발생하며 어느 정도 밀도가 증대되고 연속적인 흙의 골격이 형성하는 단계이다.

(4) 자중압밀(Consolidation settling)

침강이 완료되어 자중으로 압밀되는 단계이다.

3) 퇴적특성

비교적 균질하고 세립분을 많이 함유하고 있는 준설토를 펌핑에 의해 매립지내로 이송하는 경우 시간의 변화에 따른 퇴적 상태는 토출구의 위치에서 가까운 지역에서는 조립토가 분리되면서 토립자의 중량에 의해 침강하는 현상과 투기속도에 의해 흘러가는 동안에 세립토가 입자간의 상호작용에 의해 floc을 형성하고 이것이 침강하는 현상으로 나타난다.

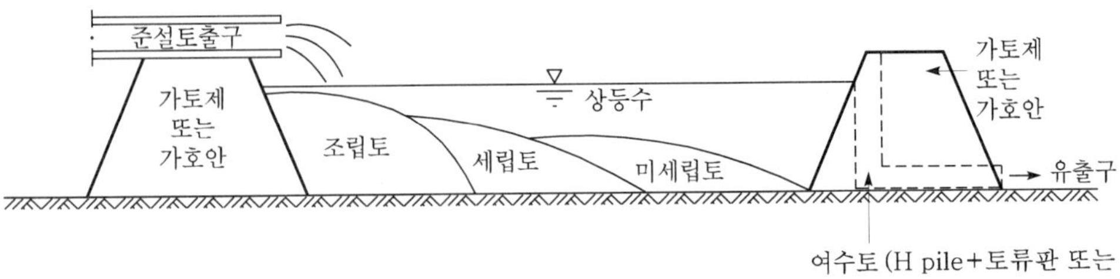

그림 11.11 준설토 매립과정

그 결과 매립지반을 구성하는 입도 조성은 준설된 원지반과는 다르게 되며 대략적으로 다음과 같이 구분할 수 있다. 즉, 폰드 내 토출구 부근에서는 입도분리현상이 발생하고 그로 인해 조립분이 바로 퇴적하는 반면에 그 외 지역은 해수와 혼합된 고함수비의 세립분으로 이루어지게 된다. 또한, 매립지가 평면적으로 구획화되어 있고 구획간에 중간 여수토가 있는 경우에는 그 하류에 있는 매립지 또는 매립 침전지는 세사가 거의 혼합되어 있지 않는 세립분으로 이루어진 지반이 형성된다.

11.6 준설토해석 및 강도특성

11.6.1 개요

압밀변형이 큰 초연약 점토에서는 투수계수나 압밀계수, 체적변화계수 등이 간극비나 응력상태에 따라 비선형적인 관계를 보이므로 Terzaghi의 압밀이론은 자중압밀을 해석하기에는 그 적용성이 떨어진다. 그러므로 Mikasa(1963)는 초기 간극비가 점토층의 깊이에 따라 일정하다는 조건하에 유한변형률 압밀지배방정식을 제안하였고 Gibson, Schiffman과 Cargill(1981)은 일정한 압밀함수 및 간극비-유효응력간의 지수함수를 사용한 압밀지배방정식을 제안하였다.

따라서 준설점토의 자중압밀 특성 파악을 위한 해석법은 대변형 압밀특성을 고려한 유한변형률 압밀 이론에 의한 해석법과 실내실험을 통해 얻어진 침강·압밀 곡선을 이용하는 이론에 의한 방법으로 나눌 수 있다.

자중압밀해석시 침강・압밀 곡선에 의한 이론은 Lin & Lohnes(1981)과 Yano(1985) 방법이 있다. Lin & Lohnes이론에 의하면 슬러리(slurry) 표면 간극비는 압밀되는 동안 변화하지 않는다고 하였으나, Been & Sills(1981)는 슬러리 표면에서 간극비는 100% 압밀시 e_o값으로 감소한다고 하였으며 간극비의 차를 가상상재층(imaginary overburden layer)의 결과로 가정하였다. 또한 슬러리의 표면에서는 어떤 압밀도에서도 과잉간극수압이 존재하지 않는다고 하고 자중압밀침하량과 자중압밀완료후의 최종 높이 산정이 가능토록 하였다.

Yano(1985)는 슬러리 상태로부터 압밀된 점토의 압밀정수를 구하기 위해 침투압밀시험기를 개발하고 현장조건의 침하량 예측이 가능토록 이론을 제시하였으나 일일 투기고를 선형적으로 한계고까지 계산하므로 투기기간에 압밀효과를 고려하지 못하는 단점이 있다. 그럼에도 불구하고 실무에서는 준설토침하량 예측시 Yano(1985)방법을 많이 사용하고 있다.

11.6.2 Yano 방법

준설물량 산정을 위한 자중압밀 종료 후의 체적변화비 및 자중압밀 침하량 산정시 실무에서는 주로 Yano가 제시한 경험적인 방법을 사용하고 있다. Yano는 실내 침강·압밀 곡선을 바탕으로 자중압밀 산정식을 적용하여 현장 준설 매립지반의 시간경과에 따른 자중압밀 침하량 및 체적변화비를 예측하기 위한 경험적인 방법을 제시하였다. 그림 11.12는 이 경험적인 방법을 흐름도로 나타내고 있다.

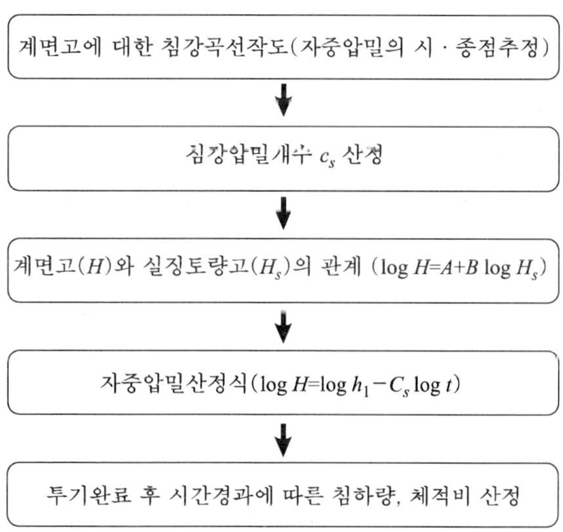

그림 11.12 Yano의 자중압밀침하량 예측방법

1) 자중압밀의 시 · 종점

압밀의 구분은 유효응력의 존재 유무이지만 실제로 이것을 측정하기는 매우 어렵기 때문에 침강곡선에서 속도의 변화를 보고 간접적으로 구할 수 있다. 압밀의 시작점은 학자마다 다소 차이가 있지만 일반적으로 침강곡선에서 침강속도가 느려지는 변곡점으로 보고 있다. 표 11.3에서 각 학자들의 정의 및 결정방법을 정리하였다.

표 11.3 자중압밀 시점에 대한 정의 및 결정방법에 대한 기존의 연구

연구자	정의	결정방법
Kynch(1952)	현탁액 상부에서 침강속도가 변곡되는 점	
McRoberts, Nixon(1976)	경계면이 생긴 후 일정속도로 침하되는 점	
Monte, Kriezek(1976)	응력이 형성되는 한계 유동상태	
Lin, Lohnes(1981)	1) 3차원 격자를 형성하여 한계농도에 도달한 시점 2) 2차 변곡이 생기는 지점 (초기농도 <한계농도) 3) 계면이 형성되는 시점 (초기농도>한계농도)	$\sqrt{t}-H$ 곡선
Yano(1985)	1) $\log t - \log H$ 곡선을 작도하여 일직선 이 시작되는 부분 (체적비 산정 시) 2) 전퇴적토층의 유효응력이 0인 상태에 있고 자중압밀이 개시되는 가상의 점	$\log t - \log H$ 곡선 $t_o' = \left(\frac{h_1}{H_{to}}\right)^{\frac{1}{C_s}} = \left(\frac{h_1 f_o}{h_2 H_o}\right)^{\frac{1}{C_s}}$
정인준, 유건선(1979)	침강속도가 느린 1단계, 빠른 2단계, 자중압밀이 시작되는 3단계에서 2단계와 3단계의 접선의 교점에 해당하는 시간	$\log t - \log H$ 곡선 또는 $\log t - f$ 곡선
김수삼(1983)	시간~침강곡선에서 상·하부 곡선에 접선을 그려 만나는 지점	시간–침강곡선

2) 침강압밀계수

실내에서 침강압밀실험을 실시하면 투기된 준설점토는 침강퇴적, 압밀침강의 과정을 거친다. 점토 니수는 우선 floc를 형성하여 청등수와 현탁액과의 사이에 명료한 계면을 만들고 등속으로 계면이 침강한다. 침강한 퇴적토는 하층에서부터 상승하고 곧이어 현탁액의 계면과 일치하여 침강퇴적의 종료점으로 된다. 침강퇴적이 종료한 후는 자중에 의한 압밀침강이 진행하여 어떤 시점에서는 침강속도가 늦은 creep의 형태로 된다.

침강시간–침하량(계면고) 관계를 대수눈금으로 나타내면 침강곡선에서 자중압밀시점t_0와 자중압밀종점 t_{100}구간에서는 직선성을 나타내는데 이 관계를 직선식으로 나타내면 다음과 같은 자중압밀산정식을 얻을 수 있다.

$$\log H = \log h_1 - C_s \cdot \log t \tag{11.2}$$

여기서, h_1 : 가상의 자중압밀시점 ($H = h_1$ 으로 되는 높이 상수)

H : 계면고

C_s : 침강압밀계수

침강압밀계수(C_s)는 압밀시점t_0와 자중압밀종점t_{100} 구간사이의 기울기를 의미하며 식 (11.3)과 같이 나타낼 수 있다.

$$C_s = \frac{\log(H_{t\,0}/H)}{\log(t/t_0)} \tag{11.3}$$

3) 계면고와 실질토량고와의 관계

준설토 체적과 매립토 체적의 관계를 구하는 중에 계면고(H)와 실질토량고(H_s)의 관계도를 작성하고 실질토량고에 의해 체적변화를 비교할 필요가 있다. 현장에서 채취한 시료를 이용하여 초기 높이를 변화시키면서 자중압밀 실험을 실시하면 다음과 같은 결과를 얻을 수 있다. 실제 준설토에 함유된 토립자의 양으로부터 구한 최종 퇴적고와 초기 준설고와의 관계는 식 (11.4)와 같이 나타낼 수 있다.

$$H_s = \frac{H_0}{1 + G_s/G_w \cdot \overline{w}} = \frac{H_0}{1 + \overline{e}} \tag{11.4}$$

여기서, H_0 : 이수 초기 준설고 G_s : 토립자의 비중 G_w : 물의 비중

$\overline{e}$: 퇴적토의 평균 간극비 $\overline{w}$: 퇴적토의 평균 함수비

초기함수비가 같고 높이가 다른 다수의 니수를 침강시켜 압밀침강개시시간, t_0와 creep변형에 들어갈 때의 시간, t_{100}에 대한 계면고를 $\log H - \log H_s$로 표시하면 그림 11.13과 같이 직선적으로 변하는데 이러한 선형성을 이용하여 매립지반의 계획고에 대한 실질토량고를 구할 수 있고, 이들의 관계를 식으로 나타내면 식 (11.5)와 같다.

$$\log H = A + B \log H_s \tag{11.5}$$

t_0시의 직선의 기울기 B가 t_{100}시의 기울기보다 약간 적은 경향이 있고, H가 크게 되면 t_0의 직선과 t_{100}의 직선이 교차하게 되어 불합리하다. 이 이유는 t_0의 직선은 침강퇴적과정에 대해서도 퇴적고의 상승에 따라 하층에서 압밀이 진행하고 있는 것을 의미하고 있다. 즉 계면침강현상에서 압밀침강

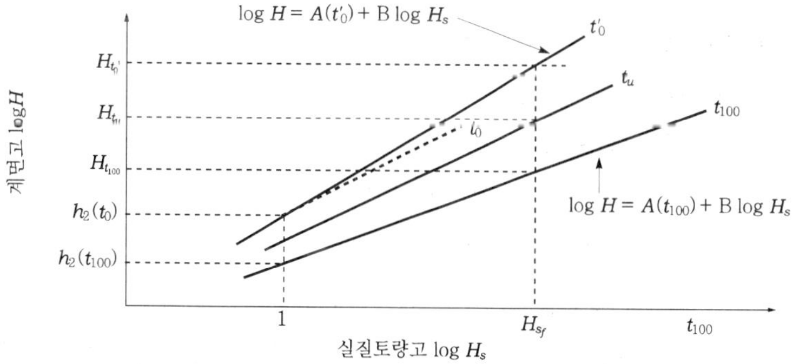

그림 11.13 계면고와 실질토량고의 관계

과정에 들어간 시간 t_0에서는 그 퇴적토의 평균압밀도가 0을 의미하지 않는다. 따라서 $\log H - \log H_s$의 관계에서의 직선의 기울기는 1이하가 되어야 한다.

4) 침하량 및 체적변화비 예측

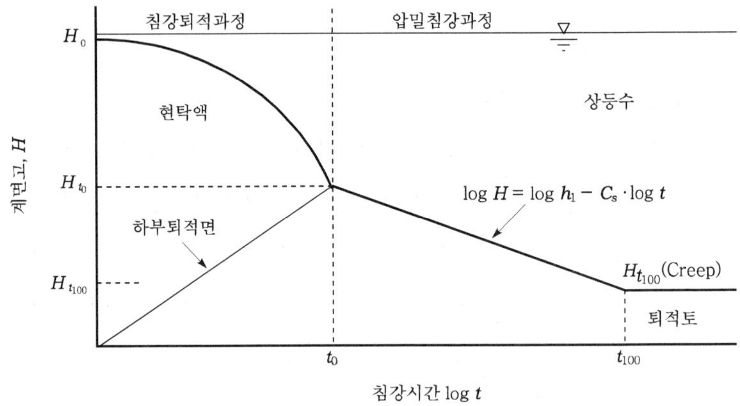

그림 11.14 침강퇴적·압밀침강과정의 형태

준설매립층의 체적변화비 및 자중압밀 침하량의 산정은 침강압밀계수, C_s를 curve fitting 하여 각 함수비에 대한 평균 침강압밀계수를 구하고 실제 준설토에 함유된 토립자의 양으로부터 구한 실질토량고(H_s)와 초기계면고(H_0) 사이에는 식 (11.4)의 관계가 있으므로, 실내에서 결정된 자중압밀 시·종점에 해당하는 계면고 및 그 때의 실질토량고를 산정한다. 각 함수비별 자중압밀 시·종점의 실질토량고와 계면고를 대수눈금으로 나타냈을 때 직선적으로 변하는데 이 직선을 이용하여 현장 매립지반의 초기 높이에 따른 실질토량고를 구할 수 있다. 또한 자중압밀 종점에서의 식 (11.5)를 이용하여 실질토량고에 대응하는 최대 압밀고(H_f)를 구할 수 있다. 투기 완료시까지의 소요된 시간과 그때의 계면고 높이에 대하여 식(11.2)를 이용하여 h_1을 구할 수 있으며, 산정된 h_1과 각 함수비에 해당하는 평균 침강압밀계수, C_s를 이용하여 투기 완료후의 각 경과 시간에 대한 자중압밀 침하량을 구할 수 있다. 원지반의 간극비와 비중값을 실내시험을 통하여 산정하고, 투기완료 후 시간경과에 따라 예측된 각 준설매립층의 높이와 실질토량고를 통해 시간경과에 따른 지반의 평균 간극비와 함수비를 구할 수 있으며 또한 원지반의 체적에 대한 투기완료후의 각 시간에 해당하는 준설매립토의 체적으로 체적비를 구할 수 있다.

5) 실무를 위한 참고사항

(1) 함수비가 높을수록, 초기 계면고가 작을수록 자중압밀이 빨리 시작되며 자중 압밀의 종료 즉, creep의 영역으로 들어가는 시간이 빨라진다. 또한 시료의 초기함수비가 높은 경우 자중압밀이 개시되기 이전 침강과정에서 침하가 크게 발생한다.

(2) 자중압밀의 시점과 종점은, Yano가 제안한 log(계면고) – log(시간) 곡선에서 일직선이 시작되는 부분을 자중압밀의 시점으로 보고 시간 축에 평행하게 수렴하는 거동으로 들어가는 시점을 자중압밀의 종점으로 선정한다. 일반적으로 함수비가 높을수록, 시료의 투기높이가 작을수록 자중압밀의 시종점이 빨리 나타난다고 알려져 있다.

(3) 미소변형을 기본과정으로 하는 Terzaghi 압밀이론은 자중영향을 고려하지 않았으므로 변형이 큰 준설점토의 자중압밀을 해석하기에는 부적합하다.

(4) 자중 압밀단계는 유효응력이 매우 작은 영역이다.

(5) 포화된 모래지반이 액상화를 일으킨 직후에 보이는 침하거동은 빠르게 진행하는 자중압밀로 볼 수 있다.

11.6.3 실내 토조모형시험(Column test)

1) 개요

토조모형시험 장치는 초기 간극비가 큰 준설매립토의 자중압밀특성을 실내시험에서 재현하기 위하여 투명한 아크릴로 10cm 단위로 임의의 column을 제작한다. 침강속도는 column 직경이 작을수록, 높이가 높을수록 빠르게 진행되는 경향이 있으나 column크기는 일반적으로 직경이 20cm이상, 높이 2m이상이 바람직하다.

2) 시험방법 및 결과이용

준설토 시료의 초기함수비 및 시료높이를 달리하고 시료투기 및 투기 후 초기 계면고 측정 시까지 계속적으로 침강이 발생하므로 이를 방지하기 위하여 계속하여 시료를 교반하여 주어야 한다. 시간변화에 따른 압밀침하량 및 각 segment의 중간부에 간극수압을 측정할 수 있는 장치를 연결하여 침강과정 동안 발생하는 간극수압을 측정하는 것이 바람직하며 시험순서는 그림 11.15와 같다.

(a) 시료 교반

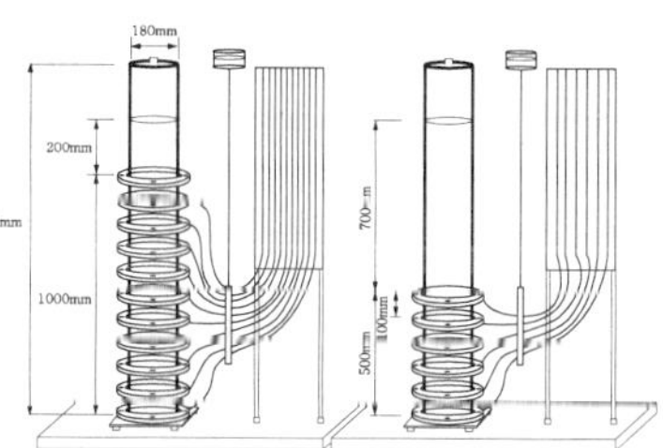

(b) 준설토 모형시험(Column test) 개념도

(c) 준설토 투기 후 교반 및 계면고 읽음

(d) 준설토 단위중량 측정

그림 11.15 토조모형시험(Column test) 순서도

침강압밀이 완료된 시점에서는 시료자중에 의하여 평형상태에 도달하였기 때문에 간극비-유효응력을 구할 수 있으며, 간극수압분포와 침강 및 압밀속도 측정에 따라 간극비-투수계수의 구성관계를 구할 수 있다.

11.6.4 실내 토조모형시험(Column test) 사례

1) 개요

토조모형 실내시험에서 준설토 시료의 초기함수비 500%와 1,000%에 대하여 시료높이를 120cm, 100cm, 80cm로 달리 주어 일시 투기하였으며 투기 후 초기 계면고 측정 시까지 500%는 28일간, 1,000%는 12일간 실험을 수행하였다.

2) 계면고의 변화 측정 및 자중압밀 시종점

시간에 따른 계면고의 변화곡선에서 초기함수비 1,000%의 경우 침강과정에서 계면고의 변화가 초기함수비 500%에 비해 크게 나타나고 있으므로 초기함수비가 큰 경우 자중압밀이 개시되기 이전 침강과정에서 침하가 크게 발생한다는 것을 예상할 수 있다. 자중압밀의 시점과 종점은, Yano가 제안한 log(계면고)~log(시간) 곡선에서 일직선이 시작되는 부분을 자중압밀의 시점(t_0)으로 보았고 시간 축에 평행하게 수렴하는 거동으로 들어가는 시점을 자중압밀의 종점(t_{100})으로 선정하였으며 압밀시간은 표 11.4, 침하경향은 그림 11.16과 같다. 그림 11.16을 보면 함수비가 높을수록, 시료의 투기높이가 작을수록 자중압밀의 시종점이 빨리 나타나는 것을 알 수 있다.

표 11.4 자중압밀시점 및 종점

시료초기높이(cm)		자중압밀시점, t_0, min		자중압밀종점, t_{100}, min	
W_i (%), 500	W_i (%), 1,000	W_i (%), 500	W_i (%), 1,000	W_i (%), 500	W_i (%), 1,000
120	120	1,320	600	36,000	15,750
100	100	1,080	540	25,920	12,540
80	80	780	480	14,940	11,850

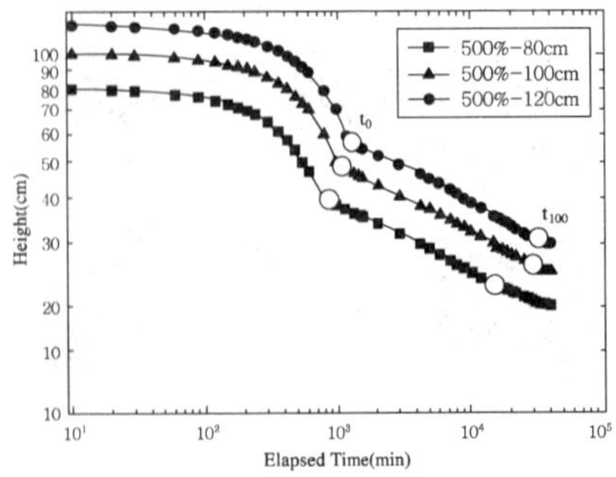

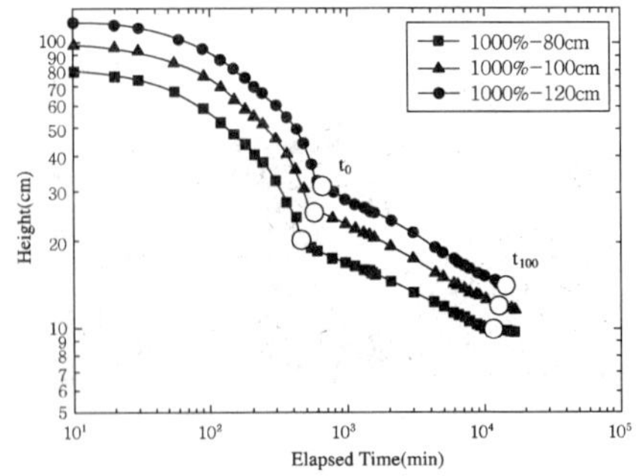

그림 11.16 자중압밀 시종점($W_i = 500\%$, $W_i = 1000\%$)

3) 침강압밀계수(C_s)

초기함수비 500%, 1,000%의 침강압밀계수는 표 11.5와 같고 일반적으로 초기함수비가 클수록 침강압밀계수가 크며, 실험결과에서도 1,000%가 500%의 경우보다 큰 값을 보이고 있다.

표 11.5 침강압밀계수(C_s)

초기함수비, W_i (%)	시료높이 (cm)	C_s (cm/min)	평 균 값	침강압밀계수 계산 예
500	120	0.194	0.187	초기함수 500%시 시료높이 120cm의 침강압밀계수 근거 $C_s = \frac{\log(H_{t0}/H)}{\log(t/t_0)}$ 에서 $C_s = \log\frac{(57/30)}{(36,000/1,320)} = 0.194$
	100	0.183		
	80	0.185		
1,000	120	0.266	0.249	
	100	0.258		
	80	0.224		

4) 계면고와 실질토량고와의 관계

자중압밀 시점과 종점에서의 계면고와 실질토량고와의 관계를 구하여 초기함수비 1,000%와 500%에 대하여 표 11.6과 같이 나타낼 수 있다.

표 11.6 함수비별 계면고와 실질토량고와의 관계

W_i = 500%의 경우	W_i = 1,000%의 경우
t_0 : $\log H = 1.0671 + 0.7068 \log H_s$	t_0 : $\log H = 0.8340 + 0.9193 \log H_s$
t_{100}: $\log H = 0.9483 + 0.5478 \log H_s$	t_{100}: $\log H = 0.5898 + 0.8125 \log H_s$

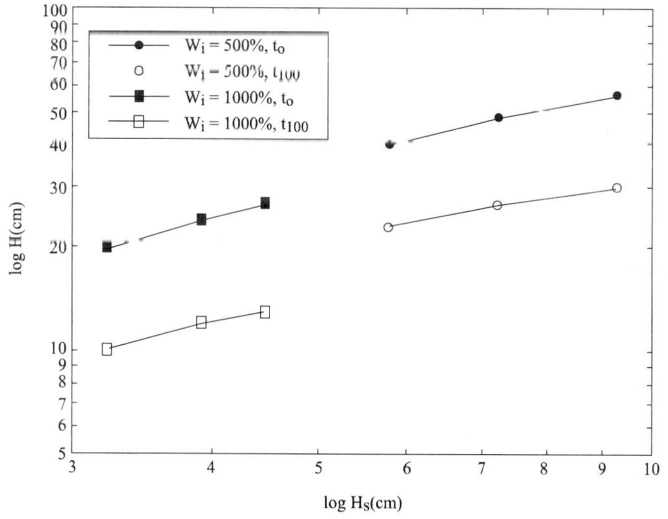

그림 11.17 계면고와 실질토량고와의 관계

11.6.5 자중압밀침하량 및 체적비 예측 사례

토조모형시험 결과를 바탕으로 현장 투기완료 후의 자중압밀 침하량 및 체적변화비를 구할 수 있다. 원지반의 비중 및 간극비가 각각 2.70, 2.65 이면 초기 함수비 600%에 대한 예측 방법은 다음과 같다. 준설 매립토의 초기 함수비를 600%, 매립계면고, H_i를 $6.0m$, 투기완료시간을 147일로 가정하고 자중압밀 시점(t_o)에서의 실질토량고와 이에 해당하는 자중압밀 종점(t_{100})에서의 관계식이 아래와 같다면 최대 압밀고(H_f)는 다음과 같은 과정으로 구할 수 있다.

$$t_o \;:\; \log H_i = 1.2738 + 0.7654 \log H_s \tag{11.6}$$

$H_i = 600\,cm$이므로 $H_s = 92.35\,cm$

$$t_{100} \;:\; \log H_f = 0.9629 + 0.8650 \log H_s \tag{11.7}$$

$H_s = 92.35\,cm$이므로 $H_f = 460.26\,cm$

초기 함수비가 600%, 침강압밀계수(C_s) $0.112cm/\min$일 경우, 자중압밀 시점 147일 전의 계면고 h_1은 계면고와 침강곡선의 관계식에서 다음과 같이 구할 수 있으며, h_1을 이용하여 준설매립 경과시간에 대한 $\log H$를 구하여 매립고 변화를 반복하여 추정할 수 있다.

$$\log 6.0 = \log h_1 - 0.112 \log 147 \tag{11.8}$$

여기서, $h_1 = 10.49m$

만일 준설토 투기 후 365일(1년) 경과 시 자중압밀 침하량을 계산하면 준설토 투기완료시간 147일이 경과된 후 자중압밀이 발생하게 되므로 식 (11.9)와 같이 계산한다.

$$\log H = \log(10.49) - 0.112 \log(147 + 365) \tag{11.9}$$

여기서, $H = 5.22m$

위의 과정을 반복하여 준설매립 침강시간에 해당하는 매립고를 추정할 수 있으며, 추정된 매립고와 실질 토량고를 이용하여 매립고에 대한 평균 간극비를 구할 수 있다. 표 11.7은 준설매립토 투기높이 $6.0\,m$를 147일 동안 투기한 후 경과시간 1일, 180일, 365일에 따른 계면고 변화와 체적변화비를 나타낸 것이다. 임의의 시간(t_i)에서 함수비(w_i), 간극비(e_i), 체적변화비(F_i)는 다음과 같이 산정된다.

$$w_i = \frac{H - H_s}{G_s \cdot H_s} \tag{11.10}$$

$$e_i = G_s \cdot w_i \tag{11.11}$$

$$F_i = \frac{1 + e_i}{1 + e_0} \tag{11.12}$$

표 11.7 투기종료 후 시간경과에 따른 계면고 및 체적비 변화 (600%)

침강 시간(일)	경과시간		log H	매립고 (m)	간극비(e_i)	함수비 (w_i)	체적변화비(F_i)
	일	년					
147	1	0	0.78	6.00	$e_i = (H - H_s)/H_s$ $= (600 - 92.35)/92.35$ $= 5.49$	203.41	$F_i = (1+e_i)/(1+e_0)$ $= (1+5.49)/(1+2.65)$ $= 1.78$
327	180	0.49	0.74	5.49	4.94	183.00	1.63
512	365	1	0.72	5.22	4.65	172.23	1.55

11.6.6 실무적용 시 유의사항

1) Yano 방법은 준설투기동안 자중압밀을 고려하지 않으므로 현장 침하량 계측결과나, 투기기간 중 자중압밀을 고려한 수치해석 결과에 비하여 체적비가 크게 산정되는 경향이 있으므로 현장과 일치하지 않는다.

2) 투기에 소요되는 일수는 현장의 준설선 용량에 따라 달라질 수 있으며 투기완료 후 시간경과에 따른 자중압밀 침하량을 산정하기 위하여 투기완료시까지 소요시간을 고려하여야 한다.

11.7 준설매립 후 연약지반개량

1) 표층처리공법의 종류

고함수비의 준설토는 준설직후에는 슬러리(slurry) 상태이므로 연직배수재 타입 및 프리로딩을 재하하는 연약지반개량공사를 하기 어려우므로 표층처리를 한 후 지반개량공사를 하여야 한다. 고함수를 준설하여 연약지반개량을 할 경우 흐름도는 그림 11.18과 같고, 고함수비를 대상으로 하는 표층처리공법의 종류는

표 11.8과 같다. 특히 최근에 개발된 Net Channel Method(박영목 등, 2010)공법은 친환경적인 특성과 공기단축, 공사비 절감효과가 있는 것으로 알려져 있다.

호안 축조 ➡ 펌프 및 그래브준설 ➡ 배사관 송출 ➡ 자연건조 ➡ 표층처리 공법적용 ➡ Sand mat 포설

➡ 연직배수재 타입(PBD) ➡ 프리로딩 재하흙쌓기 ➡ 방치 ➡ 제거 ➡ 연약지반 개량공사 완료

그림 11.18 준설매립 및 연약지반개량공사 흐름도

표 11.8 표층처리공법의 종류

구분	자연건조후 표층피복공법(토목섬유+복토)	Net Channel Method(NCM)공법	대나무매트 + 복토
개념도	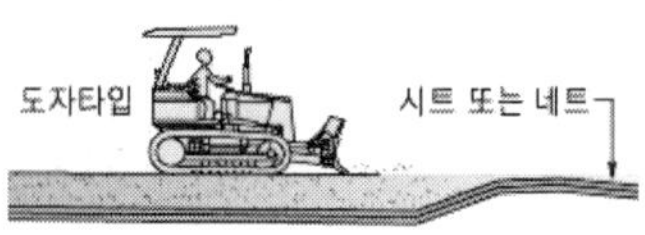	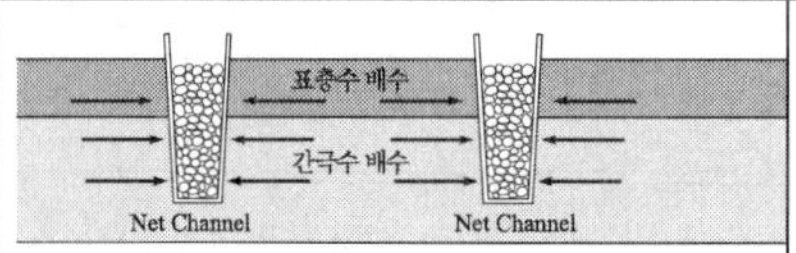	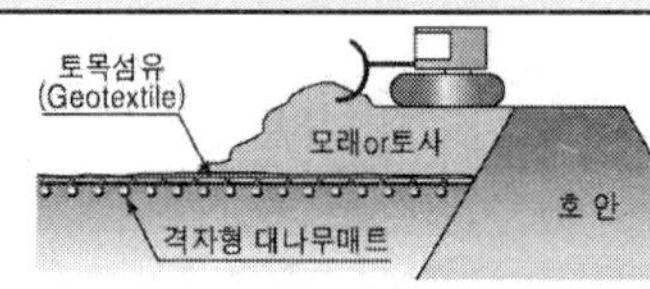
공법개요	자연방치 후 토목섬유 및 토사, 모래복토	기제작된 NC(B×H=0.5×1.0m)를 일정간격 연속으로 설치 후 펌핑에 의해 표면수와 간극수를 동시에 배수시켜 조기에 건조	대나무 휨강성과 매트의 인장력조합, 토사 복토
장점	1) 공종 단순 2) 표층이 자연건조 될 수 있는 공기가 확보될 경 우 경제적	1) 준설토 투기종료 후 즉시 시공으로 유해곤충발생 억제 2) 공사비 절감 및 공기단축 3) 친환경적으로 확실한 표층처리 가능	1) 시공속도 빠름 2) 대나무 경량성 및 부력에 의해 초연약지반 시공성 확보
단점	1) 계절적인 영향으로 공 기불분명 2) 배수로 경사유지 곤란 3) 흙쌓기 시 히빙발생 및 해충발생 가능	건조기간 별도소요 (이 기간 중 현장관리 가능)	1) 토사 흙쌓기 시 히빙 우려 및 해충발생 2) 불균질 재료 및 접합에 의 해 국부적 파괴 우려
구분	이중매트 수평진공배수공법	표층고화처리공법	PTM공법
개념도	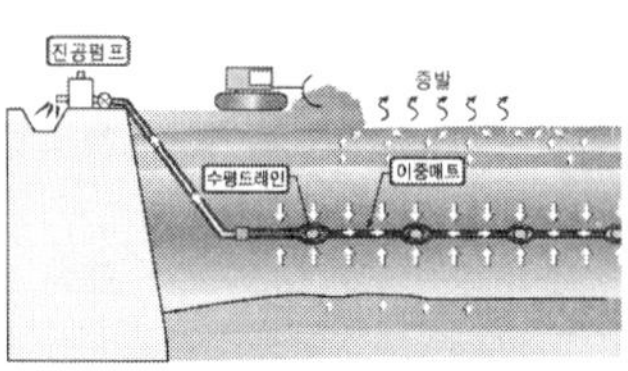		
공법개요	이중매트+수평드레인 설치, 진공압에 의해 강제 탈수	시멘트계 안정재 연약토에 혼합 첨가하여 지반개량	표층에 Amfirol 장비를 이용하여 Trench 형성
장점	1) 단기간 내 장비 진입가능 2) 지반강도증진 및 개량효과 확실 3) 지반교란억제, 공사기간 짧음	1) 표층 강도 및 내구성이 증대 2) 표층처리 후 단기간 내에 강도확보로 장비 진입 가능	1) 연속적인 가배수로 확장에 의한 건조 층두께 증대 2) 실트 성분이 많을 경우 효과적
단점	시공관리 및 배수재 품질관리 필요	1) 공사비 고가, 환경문제발생 가능성 2) 양생속도나 강도효과 불확실	1) 협소한 면적에 활용시 비경제적 2) 표층강도발현에 장기간 소요

2) 인천국제공항 사례 및 실무적용 시 유의사항

인천국제공사 1단계 건설공사 시 공항부지 내에 매립한 준설토 재료는 그림 11.19(a)와 같이 SP, SM과 같은 양질의 재료이므로 토출구의 준설토 색상이 모래와 같은 노란색을 띤 준설토가 매립되었다. 따라서 지지력이 확보되는 구간은 별도의 표층처리공법 적용 없이 sand mat만 포설하고 연직배수재 장비가 진입하여 PBD 또는 SD를 타입하였다.

그러나 그림 11.19(b)와 같이 CL 또는 CH같은 고함수비의 재료를 준설 할 경우는 토출구의 준설토색상이 검은색을 띠게 되며 재료 또한 연약하여 장비 진압이 어려우므로 표층처리를 한 후 연약지반개량공사를 하여야 한다. 연약지반개량 공사 완료후에도 CL 또는 CH성분의 준설토는 향후 반복하중이 작용하더라도 액상화 발생 염려가 없으나 사질토인 경우는 액상화 대책을 수립하여야 한다. 실무에서는 일반적으로 준설토가 사질토로서 심도가 $5m$ 이내인 경우는 유압다짐공법을 적용하고, 심도가 $5m$ 이상인 경우는 유압다짐보다 에너지가 큰 동다짐공법을 적용한다. 준설토가 사질토인 경우는 준설토의 밀도를 증대시켜 놓아야 향후 차량의 반복하중 및 지진시에도 상부 포장 및 시설물 등의 피해를 줄일 수 있다.

(a) 실트질 모래 매립(인천국제공항)

(b) 실트질 점토 매립(부산 신항만)

그림 11.19 준설토가 토출구를 통하여 지구내에 매립되는 광경

11.8 준설물량 산정

11.8.1 유보율 개념에 근거한 준설물량 산정

준설을 목적으로 하지 않고 매립을 주목적으로 하는 경우, 준설토의 침하와 유보율에 의하여 매립토량을 산출한다. 펌프 준설선으로 준설하는 경우에는 준설토사를 굴착하여 배사관을 통해 매립지에 운반, 공급하는 과정에서 토사가 부유되어 계획된 매립지 외부로 일부가 유출되는데 이를 유실이라 하며, 계획된 구역 내에 쌓이게 된 것을 유보량이라 하고, 유보량의 백분율을 유보율이라 한다. 유보율에 근거한 준설물량 산정식은 식 (11.13)과 같으며, 준설 매립토적에 대한 준설물량의 비를 산정할 수 있다. 일반적으로 매립기간 중 매립토의 자체수축에 의한 침하는 사질토에 대하여 층 두께의 5% 이하, 점흙쌓기에 대하여 층 두께의 20% 이하, 점흙쌓기와 사질토 혼합일 경우에는 층 두께의 10~15% 정도를 적용하기도 하며, 침하율은 Terzaghi의 1차원 압밀이론에 의한 침하량을 계산하여 원지반 두께에 대한 침하량으로 산정하기도 한다.

$$V = \frac{V_o}{P} \tag{11.13}$$

여기서, V : 매립시공토량(준설물량) (m^3)

V_o : 매립토량으로 매립토적 /(1−자체 수축율)×(1+침하율)로 계산

P : 매립토사의 평균유보율

토질조건 및 준설방법에 따라 유보율은 크게 차이가 발생하게 되는데 준설토의 조건에 따른 유보율 계획기준은 표 11.9와 같다

표 11.9 토질별 유보율

토질	유보율 (%)
점토 및 점토질 실트	70이하
모래질 실트	70~95
자갈	95~100

준설대상인 모래질 실트에 대한 토질별 유보율은 70~95%로 큰 변화폭을 갖고 있어 매우 불명확한 것이 사실이다. 이러한 유보율은 매립 외곽호안의 축조여부, 여수로 및 여수토의 위치와 높이, 배출구로부터의 거리, 매립면적, 매립재료의 품질관리 등 여러 가지 요인에 의해 달라지므로 적합한 시공관리로 유보율을 향상시키기 위해 노력하여야 한다.

(a) 매립을 위한 가토제

(b) 여수토 시공장면

그림 11.20 매립을 위한 가토제 및 여수토 시공전경

11.8.2 체적변화비에 의한 준설물량 산정

준설매립현장에서 자중압밀 종료 후의 체적비 변화를 구하기 위하기 Yano(矢野)가 제시한 경험적인 방법을 주로 사용하고 있다.

체적변화비는 원지반 체적에 대한 준설매립토의 체적비로 나타낼 수 있으며, 자중압밀이 완료된 이후에는 장기적으로 준설매립지반의 간극비 및 함수비가 원지반과 거의 같아지므로 체적변화비는 1이 된다.

체적변화비 산정 시 가장 유의하여야 할 경우는 단계별 준설매립 종료 후 체적비와 비교하여 체적변화비가 1 이하의 값을 나타낼 때이며, 이 때, 체적변화비가 원지반보다 더 작은 간극비와 함수비를 갖게 된다. 따라서, 실내실험 결과를 이용하여 Yano방법에 의한 체적변화비를 산정하고자 하는 경우 Yano방법의 자중압밀 직선식에 대한 보정이 필요하며, 반드시 인근 현장의 체적변화비 산정 결과와 비교 분석하여 준설매립지반의 체적변화비를 적정하게 산정하여야 한다.

11.8.3 이론적 근거에 의한 준설물량 산정

지금까지는 준설토 매립지 계획 시 항만시설물 설계 기준서에서 규정하고 있는 유실율 및 유보율 개념을 도입하여 매립지 능력을 검토하는 단계에서 벗어나지 못했으나 최근 유보율을 100%로 하여 환경에 대한 영향이 없도록 반영하고 있어 접근방법이 새롭게 정립되고 있는 과정에 있다.

또한, 계획된 일정에 의한 해성점토의 준설매립개념 설계의 접근 사례는 외국에서 흔히 있지만, 국내에서는 율촌산단 매립현장에서 해성점토 준설매립에 대한 새로운 개념을 정립하였으며, 현장별 준설물량 산정사례는 표 11.10과 같다.

표 11.10 준설매립 현장 준설물량 산정사례

현장명 검토 요소	아산산단	광양1차 개발단지	인천국제공항	율촌 산단	인천송도
1) 준설매립재 특성검토	○	○	○	○	○
2) 준설물량산정(유보율)	○	×	○	×	○
① 유보율	○	×	○	×	○
② 매립부 수축량	○	×	×	×	○
③ 원지반압밀량	○	○	○	×	○
3) 준설물량산정(경험식)	×	×	×	○	×
① 건조층 준설물량산정	×	×	×	○	×
② 원지반압밀량	×	×	×	○	×
4) 준설물량산정(체적변화비)	×	○	×	○	×
① 침강압밀시험	×	○	×	○	×
5) 자중압밀 해석	×	×	×	○	×

11.9 준설매립 시공사례

11.9.1 인천국제공항 1단계건설

1) 준설매립 및 연약지반개량

준설 토취장의 토질은 남해안에 퇴적된 고소성 점토와는 달리 실트질 모래(SM) 및 실트질 점토(CL)로 구성되어 있으며 준설재료 가능성을 보이는 No.200체 통과율은 대략 47.3%이다.

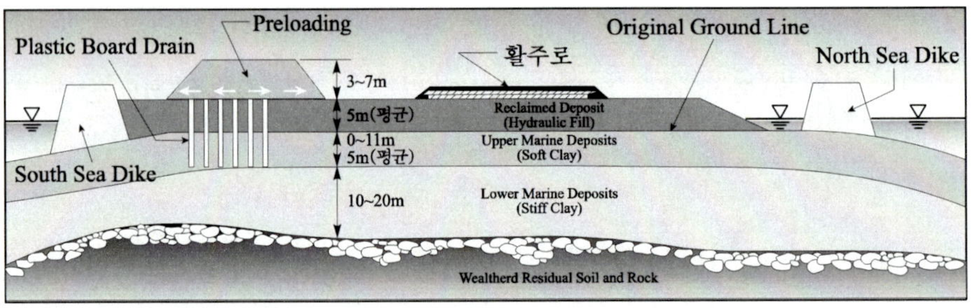

(a) 연약지반개량 개념도

① 가토제 시공

② 계측기 매설 후 준설매립

③ 상부해성층에
연직배수재(P.B.D)타설

④ 프리로딩 재하 후
지반개량이 완료되면 제거

⑤ 준설매립(모래)층 상단에
1m 여성 후 준설토를
대상으로 유압해머다짐

⑥ 여흙쌓기 제거 후
노상 및 활주로포장 시공

(b) 연약지반개량 시공순서

그림 11.21 준설매립완료 후 연약 지반개량 개념도 및 시공순서

준설토 유보율은 약 74%로 관리하였고 준설, 매립방법은 준설선의 능력, 매립계획 및 운반거리등을 고려하여 12,000~20,000 HP 펌프 준설선의 760mm 배사관으로 연약 지반위에 직접 준설매립 하였다. 매립두께는 2.0~6.1m이고 준설매립토(모래) 품질관리기준은 노상의 경우 $t=2m$, No.200체 통과량은 15%이하이며, 노체는 $t \fallingdotseq 3m$로서 No.200체 통과량은 25%이하이다. 준설매립층에서 준설표토가 연약한 구역은 sand mat를 0.5~0.7m 포설하였고, 준설포토가 양호한 구간은 항만공사에서 시행하는 고소성의 준설토(CL, CH)와 같은 별도의 표층처리공법은 적용하지 않았다.

시공순서는 그림 11.21과 같이 준설매립 전에 가토제 시공 ⇒ 준설매립 완료 ⇒ 준설매립층과 해성층을 대상으로 연약지반개량(PBD 또는 SD + 프리로딩) ⇒ 액상화방지 목적으로 준설매립층 유압해머다짐(다짐관리기준: cone penetration test 결과 노상〉20MPa, 노체〉15MPa) ⇒ 활주로 포장시공 순서로 시행하였다.

2) 준설매립공사 시 문제점 및 개선사항

(1) 준설토취장 보링간격 산정기준

표 11.11 보링간격 산정기준

현황	개선방안
준설토취장 보링간격이 500~1,500m로 실시되어 정확한 준설토량 산정이 곤란	준설토취장 산정 시 보링간격을 크게 하면 준설기간 중의 준설토가 보링결과와 상이할 경우가 발생될 수 있으므로 보링간격을 100~150m 간격으로 실시하고 조사비용이 과대할 경우 grab 준설선을 이용하여(보링+grab 준설조사)를 병행실시 하는 것이 바람직하다.

(2) 계측기의 준설매립 기간 중의 계측빈도

표 11.12 계측기의 계측빈도(준설매립기간)

현황	개선방안
준설매립기간중의 계측 빈도는 1회/1일 실시토록 규정	1) 준설매립중인 경우 준설하중에 의한 침하발생이 상대적으로 매우 적고, 준설 또한 장기간 진행되며 준설매립 기간중에는 계측결과에 큰 영향을 미치지 않는다. 2) 준설매립층의 압밀이 연직배수(배수거리가 길음)에 의한 것이며, 연약층의 과잉간극수압의 주중 변화는 적으므로 지표면침하판, 층별침하계, 간극수압계, 지하수위계의 계측빈도를 당초 1회/1주로 변경 조정하였다.

(3) P/L 거치 시 비탈면 끝단부분 중첩시공 및 프리로딩 토량 산정

표 11.13 프리로딩 토량 산정

현황	개선방안
P/L토량(준설토, 유용토) 산정 시 지반개량 면적 부위만 거치토록 설계되었다.	P/L거치시 지반개량 부위만 거치할 경우 비탈면 끝단부위 압밀도가 중앙부에 비하여 떨어져 향후 부등침하가 우려되므로 부등침하를 최소화하기 위하여는 지중응력을 고려하여 비탈면 끝단부 중첩을 실시함이 바람직하고, 이에 대한 소요물량을 준설물량 산정 시 반영함이 바람직하다.

(4) 남·북측 준설토취장 N값 관리 설계기준

표 11.14 N값 관리 기준

현황	개선방안
준설토량 산정 시 N값이 $N>7$인 경우도 있으나 N값을 보편적으로 7~8로 하였음	1) 품질관리기준에 의하면 노상, 노체의 경우 No.200체 통과량이 각각 15%, 25%이하이며, 이러한 양질의 재료를 확보하기 위해서는 경우에 따라 $N>10$ 이상일 수도 있다. 2) $N>10$ 이상일 경우는 준설능력이 저하되며, 공사도중 설계변경을 할 경우 공사지연의 근본원인이 될 수 있으므로, 정확한 보링조사와 적정한 N값을 설계에 반영함이 타당하다.

11.9.2 군장국가산업단지(준설소요량 산정)

1) 현황

준설매립토를 1년 이상 방치하면 표면에 건조·증발에 의한 건조층(desiccation crust)이 형성되고, 그 하부에는 연약한 상태의 준설매립층이 존재하므로 이를 구분하여 준설물량을 산정하였다. 자연방치 시 최대 0.3m까지 건조층이 형성되고, 그 하부에는 고함수비의 지반이 형성되어 있는 것으로 검토하였다. 준설매립토 하중에 의한 방치기간 중 원지반 연약층의 압밀량은 건조층 하부에 지하수위가 형성되어 있다고 가정하여 산정하였으며, 이에 추가 소요되는 준설물량은 유보율과 침하량을 고려하여 산정하였다. 순매입토량은 토적계산상 매립토량에서 공제량을 뺀 값으로 하였으며, 지반침하고 0.0287H를 고려하고, 평균 유보율은 92.5%로 하였다.

2) 준설소요량

표 11.15 준설매립물량 산정 사례

구분	순매립면적(m^2)	순매립토량(m^3)	원지반 침하율	매입소요량(V_0)	유보율(P)	준설소요량(V_o)
계	1,630,343	10,571,446	2.87%	10,874,689	92.5%	11,756,420

(1) 흙쌓기 높이(H)

$$H = \frac{\text{순매립토량}}{\text{순매립면적}} = \frac{10{,}571{,}446}{1{,}630{,}343} = 6.484m$$

(2) 침하량(S)

$$\text{지반침하고} = 0.0287H = 0.0287 \times 6.484 = 0.186m$$

$$\text{침하량}(S) = 0.186 \times 1{,}630{,}343 = 303{,}243m^3$$

$$\text{매립소요량}(V_0) = 10{,}571{,}446 + 303{,}243 = 10{,}874{,}689m^3$$

(3) 준설소요량 (V)

$$V = \frac{V_0}{P} = \frac{10{,}874{,}689}{0.925} = 11{,}756{,}420m^3$$

11.10 실무적용 시 유의사항

1) 프로젝트(Project)에 대한 마스터플랜(Masterplan)이 본공사 시 변경될 경우 매립계획 변경이 불가피하므로 마스터플랜이 확정된 후 정확한 준설매립계획을 세우는 것이 매우 중요하다.

2) 준설매립토 물량 산정 시 일반적으로 해상 지반조사를 넓게 시행하나 퇴적층이 불규칙한 경우는 설계물량과 시공물량의 차이가 많을 수 있으므로 퇴적층을 고려하여 충분한 보링조사를 하여야 한다.

3) 대부분의 준설 매립토의 압밀 침하량에 대한 예측은 1차 압밀 이론에 근거하고 있으나 투기조건은 3차원적으로 발생하며, 실트질 점토(ML/MH)인 경우에는 토출구로부터 여수토에 이르기 까지 입도분리에 따라 매립지층의 변화가 심하여 그에 따른 압밀 침하량의 예측 기법 개발 또는 대표시료 선정 및 해석기법의 개발이 요구된다.

4) 준설매립 전에 계측기를 매설한 후 준설과정중의 계측결과로부터 설계적정여부를 재평가하여야 하며 설계와 상이한 경우는 필요시 준설물량 변경을 하여야 한다.

5) 고소성의 준설점토의 침강 및 압밀특성에 대한 연구는 국, 내외에서 활발히 진행되고 있으나 비소성 준설토에 대한 연구는 거의 없는 실정이므로 이에 대한 대책이 강구되어야 한다.

6) 내구연한이 짧은 토공구조물은 준설 후 건조수축, 지반강도증가 등에 의한 표층에서의 변형이 설계 지배인자이지만 방조제, 교량 등 내구연한이 긴 구조물의 경우는 자중과 재하에 의한 장기 압밀침하가 주요 인자이므로 설계 시 이를 고려한 실내시험, 수치해석 및 현장에서의 철저한 시공관리가 필요하다.

7) 투기함수비, 투기속도 등의 투기조건은 투기 시 토립자간 구조형성에 따른 침강거동, 압밀거동 및 전단강도 거동에 영향을 미칠 뿐 아니라 매립지 지반 보강을 위한 적정의 표면처리 공법 선정 및 수행에도 영향을 미칠 것으로 예상되므로 설계 및 시공 시 주의하여야 한다.

[2] 지반환경분야

11.11 개 요

지반환경은 지반에 관련된 환경문제를 다루는 지반공학과 환경공학이 접목된 분야로서 지질학, 토양학, 수리학, 지하수학, 지구과학 등과도 많은 연관성을 가지고 있다. 지반환경분야에서는 지반환경 조사, 평가 및 복원 시스템의 구축, 구조물 기초지반의 환경개선 시스템 의 구축, 친환경 건설부지 및 토지 조성 기술, 친환경적 절취비탈면 복원, 폐광산지역의 복원, 유류오염지역의 복원, 생태계를 고려한 준설매립 및 연약지반개량, 환경을 고려한 지하굴착 및 그라우팅공사 등과 같은 지반의 환경문제를 다루고 있다. 지반환경분야는 이외에도 폐기물, 오염 등이 지반에 미치는 환경적 특성을 규명하는 분야이다.

표 11.16 지반환경 오염물질 배출원 및 이에 따른 오염물질의 종류

오염원	오염요인	예상오염물질
석유류 제조 및 저장시설	저장탱크 배관 부식, 누출사고	BTEX, TPH, PAHs, PCP et al.
유독물질 저장시설	저장탱크 배관 부식, 누출사고	VOC, PAHs et al.
산업지역	저장탱크 배관 부식, 누출사고	1) 유류 2) 유기용제 (TCE, PCE et al.) 3) 석유화학 원료 (톨루엔, 페놀 등) 4) 중금속 (카드뮴, 납, 6가크롬, 비소, 수은 등)
폐기물 매립지	침출수 누출	유기물, 중금속, VOC 등
폐기물 소각장	배출가스 및 소각재	1) 다이옥신, PAHs, 2) Pb, Cd 등 중금속
휴.폐광산	폐광재, 갱내수	1) 폐광재 : 중금속 2) 갱내수 : 중금속, 산성폐수
군부대	폐기물 매립, 유류누출, 사격장, 훈련장, 군항, 비행장 등	BTEX, PAHs, 중금속 등

11.12 폐기물 매립층의 지반공학적 특성

11.12.1 개요

폐기물은 주거생활에 의한 가정쓰레기, 상가와 음식점의 상업쓰레기, 고형물 등의 혼합형태로 그 구성물질은 월별, 계절별로 성분이 상이하다. 따라서 폐기물을 매립 할 경우 매립층은 비균질성이고 장기간에 걸쳐 부패하는 현상이 일어나므로 일반 흙흙쌓기와는 공학적 성질에서 많은 차이가 있다.

11.12.2 폐기물의 분해과정과 안정화

폐기물의 분해과정은 매우 복잡하지만 분해원리는 탄수화물이나 단백질과 같은 고분자화합물이 점점 저분자화 되어 당류나 유기물질, 알코올 등의 중간생성물을 거쳐 최종적으로 물이나 가스형태인 무기염류가 되어 감용화 및 안정화되는 과정이라 볼 수 있다. 매립층 내에서 폐기물의 분해는 공기중의 산소를 필요로 하는 미생물의 작용에 의한 호기성 분해와 공기중의 산소를 필요로 하지 않는 미생물의 작용에 의한 혐기성 분해가 있다. 매립층 내에서의 변화는 주로 미생물의 작용에 의하며 미생물의 대사과정에서 생성되는 물질이 가스나 침출수가 된다. 호기성 분해에 의하여 이산화탄소(CO_2), 물(H_2O), 암모니아(NH_3)가 생성되고, 약간의 냄새가 있으나 주변 환경에 미치는 영향은 그지 않다. 혐기성 분해에서는 이산화탄소(CO_2), 암모니아(NH_3) 이외에 메탄(CH_4)가스가 생성되며, 미량이지만 황화수소(H_2S), 유화메칠((CH_3)2S)등의 악취물질이 생성된다. 이러한 메탄 및 악취물질은 화재나 폭빌의 원인이 되기도 하고 또는 폐기물 상부의 복토 중에 장애발생 및 수목이 고사하는 등 주변환경에 악영향을 미친다. 실제로 매립지 폐기물층 전체를 호기성 상태로 유지하는 것은 사실상 불가능하며, 부분적으로 혐기성 상태가 되는 것은 피할 수 없다.

매립 처분된 분해성의 유기물은 토양미생물 등에 의해서 부패·분해되고 안정화되는 과정에서 최종부산물인 물과 가스가 발생된다. 이러한 안정화 과정은 그림 11.22와 같다.

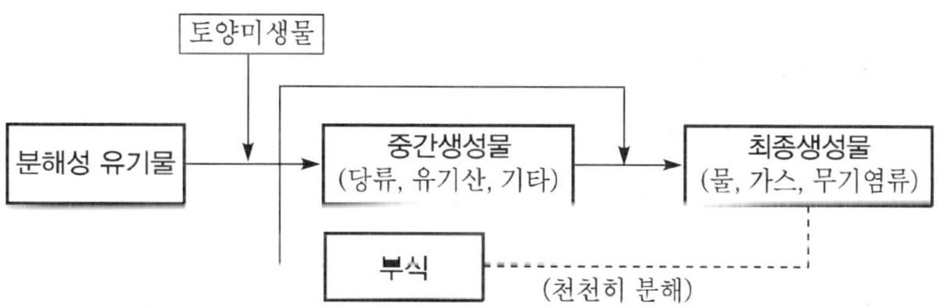

그림 11.22 토양미생물에 의한 폐기물의 안정화 과정

11.12.3 폐기물 매립지반의 공학적 특징

폐기물 매립지반의 공학적 특성은 구성성분, 다짐 등 기타 환경조건에 따라 다양하고, 시간의 경과에 따른 변화가 심하며 지반환경 분야에서 사용되는 기본 공학적 특성은 다음과 같다.

(1) 간극비

매립된 폐기물의 간극비를 측정하는 것은 매우 어려운 일이다. 폐기물은 서로 종류가 다른 물질이 불규칙하게 섞여 있으므로 간극비를 산정하는데 필요한 비중을 결정하기 어렵기 때문이다. Sowers

(1973)는 다짐이 불량한 경우의 간극비는 15, 양호한 경우는 2로서 넓은 범위의 값을 갖는다고 주장하였다.

(2) 함수비

폐기물의 함수비는 채취된 폐기물 내의 유기물질이 타지 않도록 약 40~60℃의 조건으로 건조로에서 수 시간 건조시켜 구한다. 폐기물의 함수비는 폐기물의 구성성분, 기후조건, 계절, 자연습도 등에 따라 변화가 매우 크다. 폐기물의 함수비에 대한 여러 조사결과를 표 11.17에 나타내었다.

표 11.17 폐기물의 함수비 분포(지반환경공학, 1998)

조사자 또는 발표자	함수비(%)	매립지 특성	국가
Huitric(1981), Tchobobanouglous(1993)	15~40	도시폐기물 매립지	미국
Landva와 Clark(1990)	10~120	오래된 매립지	캐나다
Sowers(1973)	10~50		
Oweis(1990)	15~40		
Blight et al.(1992)	10~110	요하네스버그의 Linbro공원 매립지	남아프리카
Gabr와 Valero(1995)	30~145	펜실버니아 Pioneer Crossing 매립지	미국
Coumoulos et al.(1995)	10~200	아테네의 Ano Liossa 매립지	그리스
한국지반공학회(1994)	5~27	서울 난지도매립지	한국

(3) 단위중량

폐기물의 단위중량은 폐기물의 구성성분, 매립지의 두께, 분해상태, 다짐정도, 시료채취 깊이 등에 따라 매우 다양하다. 따라서, 도시폐기물의 단위중량은 동일한 매립지라 하더라도 매립물의 위치에 따라 비균질하기 때문에 다른 값을 보이며 분산정도는 매우 크다.

폐기물의 단위중량은 일반적으로 7.14~14.27kN/m^3의 범위로 알려져 있다(Mitchell et al., 1995). 단위중량은 매립과정에서 다짐정도에 따라 변한다. 표 11.18은 다짐상태에 따른 폐기물의 단위중량을 나타내고 있다(Fassett et al., 1993 ; Mitchell et al., 1995).

표 11.18 다짐상태에 따른 폐기물의 단위중량(Fassett et al., 1993 ; Mitchell et al., 1995)

다짐상태	단위중량 (kN/m^3)
단위중량의 일반적 범위	7.14~14.27
불량한 다짐	3.06~9.17
중간정도 다짐	5.10~8.15
양호한 다짐	9.17~10.70
초기 불량한 다짐 후 10m이상 매립	초기 다짐이 양호한 경우와 유사

(4) 투수계수

도시폐기물 층의 투수계수는 폐기물이 비균질하고 유로가 불규칙적으로 형성되어 있기 때문에 자갈로 구성된 일반토사보다 투수계수를 측정하는데 어려움이 많다. 폐기물의 투수계수는 매우 다양하기 때문에 실내시험과 현장시험을 병행하여 적절한 투수계수의 산정이 이루어져야 한다. 표 11.19에 폐기물의 투수계수에 대한 자료를 요약하였다. 도시폐기물의 투수계수는 평균적으로 $10^{-3}cm/\text{sec}$ 정도의 값을 가지는 것을 알 수 있다.

표 11.19 도시폐기물의 투수계수 요약

발표자	단위중량(kN/m^3)	투수계수(cm/sec)	측정방법
Koriates et al.(1983)	8.6	$5.1\times10^{-3}\sim3.15\times10^{-3}$	실내시험
Oweis & Khera(1986)	6.5	10^{-3}	현장자료에 의한 산정
Oweis et al.(1990)	6.5 9.4~14 6.3~9.4	10^{-3} 1.5×10^{-4} 1.1×10^{-3}	양수시험 변수위 현장시험 시험굴
Landva & Clark(1990)	10~14	$1\times10^{-3}\sim4\times10^{-2}$	시험굴
Gabr & Valero(1995)	−	$10\text{-}5\sim10^{-3}$	실내시험
Blengino et al.(1996)	9~11	$3\times10^{-5}\sim3\times10^{-4}$	깊은보링(30~40m), 변수위 현장시험
Manassero(1990)	8~10	$1.5\times10^{-3}\sim2.6\times10^{-2}$	양수시험
Beaven & Powrie(1995)	5~13	$10^{-5}\sim10^{-2}$	0~600kPa압력에서의 실내시험
Brand(1990)	11~14(롤러다짐) 13~16(롤러+동다짐)	$2\times10^{-3}\sim7\times10^{-4}$ $5\times10^{-4}\sim3\times10^{-5}$	변수위 현장시험 시험굴
Brand(1994)	13~17(조밀한다짐)	$\times10^{-4}\sim3\times10^{-6}$	실내시험

11.12.4 폐기물 매립지반의 침하특성

일반토양의 경우에는 상부 하중에 의하여 즉시침하와 압밀침하가 발생하나 폐기물 매립지반의 경우에는 상기의 2가지 침하 외에 폐기물의 생화학적 분해에 의한 부패침하가 추가적으로 발생하게 되어 일반토양보다 상대적으로 침하량이 커지게 된다. 통상 매립된 폐기물의 성상이 고르지 않기 때문에 발생되는 침하량이 국부적으로 상이하여 부등침하가 발생하게 된다. 또한, 폐기물의 분해에 의한 침출수 및 가스의 생성 등도 매립물의 체적을 감소시켜 침하를 일으키는 직접적인 원인이 된다.

Grisolia & Napoleoni(1996)는 폐기물 매립지반의 침하는 다음과 같이 5단계로 구성된다고 하였다.

(1) 1 단계 : 폐기물간의 재배치로 인한 즉시침하

(2) 2 단계 : 체적변형이 큰 물질의 변형에 의한 침하

(3) 3 단계 : 크립과 유기성 물질 분해에 따른 침하

(4) 4 단계 : 분해가 완료되는 단계에서의 침하

(5) 5 단계 : 최종 잔존 침하

매립지반 침하의 일반적인 경향은 매립초기 몇 달 동안은 상당히 큰 침하가 발생하고, 그 이후에는 어느 정도 일정한 비율로 침하가 계속해서 일어난다. 초기침하를 1차 압축이라 하고 그 이후의 침하를 2차 압축이라 하는데, Sowers(1973)는 이때 1차 압축은 역학적인 작용에 기인하며 2차압축은 역학적인 2차 압축, 물리화학 작용 그리고 생화학적 작용에 기인한다고 하였다.

11.12.5 폐기물 매립지반의 침하량 산정

폐기물 매립지반의 침하량을 보다 신뢰성 있게 예측 및 산정하기 위하여 이용되어온 방법들은 Sowers방법, Yen & Scanlon의 방법, Morris & Woods의 방법, Gibson & Lo의 모델, Power creep law 등이 있다(한국지반공학회, 1994).

1) Sowers 방법

Sowers(1973)는 매립지의 침하량이 흙의 2차압축과 유사하게 대수 시간과 선형적인 관계를 갖는다고 가정하고 다음과 같은 식을 제안하였다.

$$S = \frac{C_a \cdot H}{1+e} \log \frac{t_1}{t_2} \tag{11.14}$$

여기서, S는 시간 t_1과 t_2사이에 발생하는 침하량을 의미하며, C_a는 2차 압축지수를 나타낸다. C_a의 값은 분해가 급속하게 이루어지는 경우는 $0.09e$, 분해 속도가 느린 경우는 $0.03e$라고 제안되었다. 본 예측식은 현장의 초기 간극비 산정이 매우 어렵다는 점과 유기물 함량에 따른 계수들의 정량화가 지나치게 개략적인 단점을 가지고 있다. 따라서, 매립지 침하의 경향 분석은 가능하나 실제적으로 적용되기는 곤란하다.

2) Yen & Scanlon의 방법

Yen & Scanlon(1975)은 폐기물 매립지반의 침하율을 측정하기 위하여 미국 캘리포니아의 매립깊이 10~40m 범위인 3개의 매립지를 선정하여 매립이 완료된 후 9년 동안 매립지반의 침하량을 측정하여 그 계측결과를 분석하였다. 이를 토대로 매립지반의 침하율을 산정할 수 있는 관계식을 다음과 같이 제시하였다. 침하율(m)은 관측경과시간(개월)에 대한 관측높이 변화의 비로 정의된다.

$$m = a - b \log(t_1) \tag{11.15}$$

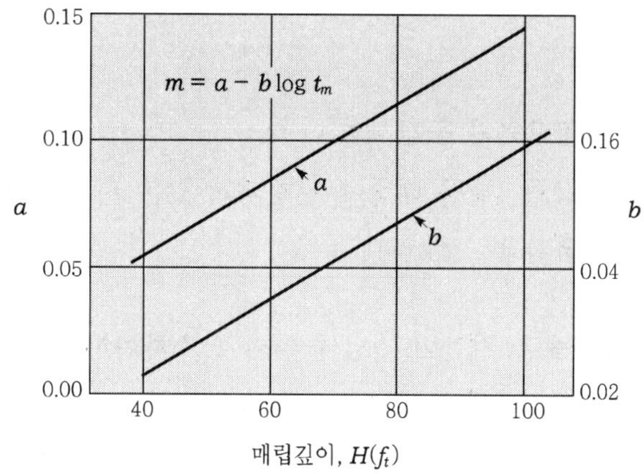

그림 11.23 침하율 매개변수 a**와** b

a와 b는 침하율 매개변수로서 그림 11.23과 같고 a와 b는 매립깊이(H)와 선형적인 관계가 있으나 매립기간(t_c)과는 관계가 없는 것으로 나타났다. 그림 11.23에서 매개변수 a, b와 매립깊이와의 관계식을 구하면 다음과 같다.

$$a = 0.0015 \cdot H - 0.0093(ft/month) \tag{11.16}$$

$$b = 0.0006 \cdot H - 0.0019(ft/month) \tag{11.17}$$

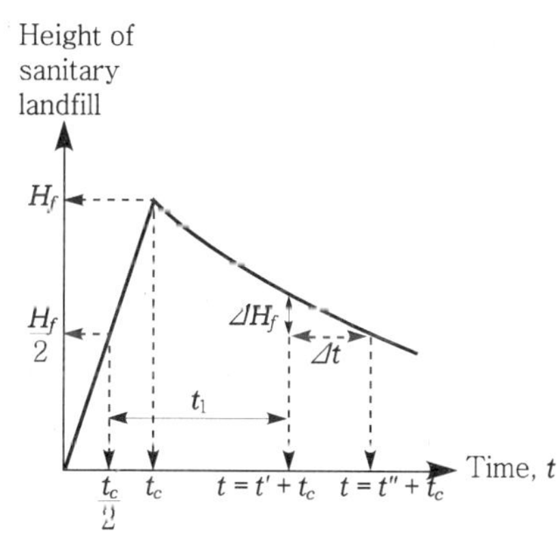

그림 11.24 매립지 침하특성 곡선

여기서, t_1은 침하율 해석에 있어서 매립기간을 고려하기 위하여 도입된 매립칼럼의 중간시기(median age of a fill column)라고 할 수 있는 수정기간이며, 이는 그림 11.24로부터 다음과 같이 정의된다.

$$t_1 = t - \frac{t_c}{2} \tag{11.18}$$

여기서, t_1 : 매립칼럼의 중간시기

t : 매립초기부터 매립이 진행되고 있는 시점까지의 총 경과시간

t_c : 매립기간

그러나, 본 식에 따르면 침하율은 시간이 지남에 따라 감소하여야 하나 일부 오래된 매립지의 침하량을 관측하여 본 결과, 일정 시점이 지난 후에는 침하율이 감소하지 않고 일정한 값이 계속되는 모습이 발견되었다. 본 모델식 역시 시간과 침하율의 관계를 지나치게 선형화 시켜 다른 매립지에서 계측된 결과와는 잘 일치하지 않는 경우가 많았다. 따라서, 본식 역시 매립지 침하의 정성적 파악만이 가능할 뿐 정확한 침하량을 예측하는데는 한계가 많다.

3) Morris & Woods의 방법

Morris & Woods(1990)는 일반 압밀식을 이용하여 매립지의 침하량을 산정하는 식을 다음과 같이 제안하였다.

$$s = H\frac{C_c}{1+e_0}\log\frac{\sigma_0 + \Delta\sigma}{\sigma_0} + H\frac{C_a}{1+e_0}\log\frac{t_2}{t_1} \tag{11.19}$$

위의 식에서 사용된 C_c, C_a는 각각 1차, 2차 압축지수를 의미하며, e_o와는 비례한다고 제안하고 있다. 두 계수와 e_o의 관계는 다음과 같다.

$$0.15e_o < C_c < 0.90e_o,\ 0.03e_o < C_a < 0.09e_o$$

위의 식에서 사용되는 t_1은 2차압축이 시작되는 시간으로 보통 매립 완료 후 1개월로 한다. 이 식은 일반적으로 알려진 변수를 사용하기 때문에 적용하기 쉽다는 장점이 있으나, 1차·2차 압축지수가 적용하는 자의 판단에 따라 많이 달라질 수 있으며, 그 값이 초기 간극비에만 비례한다는 가정에 문제가 있다.

4) 점탄성 모델식

Gibson & Lo는 스프링과 dashpot으로 구성된 모델을 이용하여 매립지의 침하거동을 모사하는 식을 다음과 같이 제안하였다. 이 식은 유기물을 많이 함유한 지반의 2차 압축거동을 모사하는데 적당한 식으로 알려져 있다.

$$S(t) = H_{\varepsilon}(t) = H\Delta\sigma\ [a+b(1-\exp\frac{-\lambda}{b}t)] \tag{11.20}$$

여기서, $\triangle P$는 매립지내에 작용하는 추가된 하중을 의미하며, 위 식을 구성하는 계수 a, b, λ는 현장 계측치를 시간과 $\log(d_{\varepsilon}/d_t)$의 관계로 나타낸 결과로부터 구할 수 있다. 그림 11.25는 본 모델의 구성을 보여주고 있다.

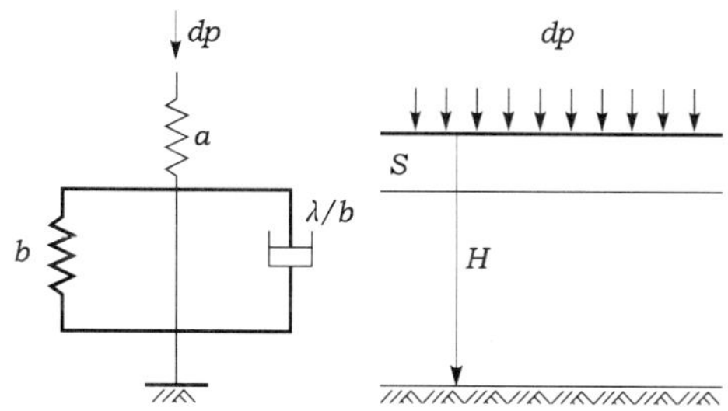

그림 11.25 Gibson & Lo의 모델

5) Power creep law

Power creep law(1990)는 공학에서 쓰이는 많은 재료들의 creep거동을 평가하기 위해 전통적으로 사용되어진 모델이다. 이 모델은 매립지의 침하거동이 일반적인 creep거동과 유사함을 이용하여 매립지의 침하를 설명하는 모델로 종종 채택된다. creep경향을 이용하여 매립지의 침하량을 평가하는 식은 다음과 같다.

$$S(t) = H\ \triangle P\ m\ (\frac{t}{t_r})^n \tag{11.21}$$

여기서, m : 기준 압축성(reference compressibility)

n : 압축비(rate of compression)

t_r : 기준 시간(reference time)

본 모델은 m, n의 결정이 어려우며, 일반적으로 2차압축의 영향을 과대평가한다고 알려져 있다.

11.12.6 폐기물 매립지반의 강도특성

매립물의 강도를 측정하는 방법에는 직접전단 혹은 삼축압축시험을 이용한 실내시험, 현장시험결과와 매립장 운영 시 획득한 계측자료를 바탕으로 한 역산, 현장실험 등의 방법으로 구할 수 있다. 그러나 실내 및 현장시험 방법 모두 매립지의 구성물질이 비균질성을 가지고 있기 때문에 그 적용성에 있어서 제한성이 매우 크다.

역산과 현장실험을 통해서 다양한 조건의 폐기물로부터 구한 강도정수는 그림 11.26에 나타나 있다(Singh & Murphy, 1990). 점착력(c)은 약 $75\sim110kN/m^2$, 마찰각(ϕ)은 25~36°의 범위에 있다.

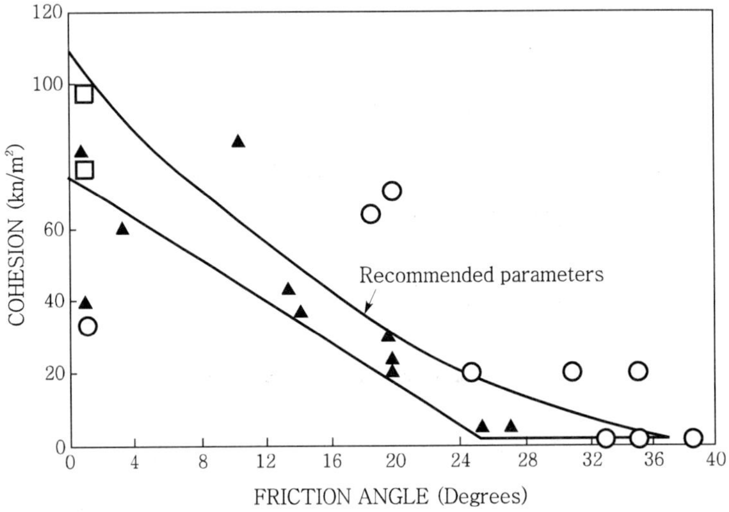

그림 11.26 폐기물의 마찰각과 점착력의 관계(Singh & Murphy, 1990)

폐기물은 구성입자의 크기 때문에 직접전단 시 대형전단시험기를 이용하는 것이 바람직하다. 직접전단시험으로부터 얻은 강도 데이터를 해석하는데 있어서는 많은 공학적 판단이 이루어져야 한다. 도시폐기물의 직접전단 시험특성은 다음과 같이 요약할 수 있다.

1) 도시 폐기물은 느슨하며 밀도가 낮다. 따라서, 폐기물이 전단되는 동안 밀도가 수직응력의 크기에 따라 달라지며 이에 따라 시료는 내부적으로 구조배열이 서로 다른 상태에서 전단을 받게 된다.
2) 강도곡선은 직선이 아니다. 곡선은 낮은 수직응력 범위에서는 곡선을 나타내며 높은 수직응력 범위에서는 직선을 나타낸다. 따라서, 낮은 수 직응력 범위에서는 내부마찰각은 크고 점착력은 작거나 0으로 나타나고, 큰 수직응력 범위에서는 상대적으로 낮은 수직응력 범위에 비하여 내부마찰각은 작고 점착력은 크게 나타난다.
3) 느슨한 폐기물은 최대강도에 이르기까지 일반 흙보다도 더 큰 변형범위를 나타내게 된다. 최대강도일 때의 변형률은 시료의 밀도에 따라 다르나, 파괴시의 변형률은 보통 20~50%정도가 된다.

Landva & Clark(1990)은 여러 종류의 폐기물에 대하여 $287mm\times434mm$의 크기를 가진 직접전단시험기를 이용하여 강도를 측정하였다. 전단시험결과 대체적으로 내부마찰각은 35~45°로 크게 나타나며 상대적으로 점착력은 작게 나타나 심지어 0인 경우도 있다고 보고하였다. 국내에서 수행된 여러 도시폐기물에 대한 대형직접전단 시험결과를 보면 점착력은 $4.1 \sim 26kPa$, 내부마찰각은 $22.1 \sim 41.6°$인 것으로 나타났다.

11.13 매립방식

매립방식은 불량매립(open dump)과 위생매립으로 분류된다. 불량매립은 운반된 상태 그대로 매립하고 완료 후 복토하는 방식으로 화재위험이 높고 매립지반이 매우 느슨하므로 강도가 약하며 지반붕괴와 침하의 우려가 많다. 중간복토가 없으므로 침출수 발생, 악취 및 곤충 등 피해가 발생하기 쉽다. 위생매립은 운반된 폐기물을 충분히 다짐하면서 매일 복토를 하고 적당한 높이에서 중간복토를 하며 매립완료 후 최종 복토를 하는 방식이다.

11.14 폐기물 매립지반의 개량공법

11.14.1 개량공법의 종류

도시지역에 위치한 폐기물 매립부지는 많은 경우 도로지반의 기초 또는 구조물의 기초지반으로 사용되어야 할 경우가 많다. 이러한 경우 적합한 지반 처리를 하지 않은 매립장에서는 부등침하 발생으로 인하여 계속적인 유지관리를 하는 경우가 많다. 대부분의 도시폐기물 흙쌓기체는 비교적 많은 공극의 부피를 건설이 시행되기 전 줄여 주어야 하며 환경적인 영향을 줄이기 위한 조치를 필요로 한다.

1) 치환공법

매립지내 쓰레기를 다른 장소로 이동시키고 양질의 토사로 치환하는 방법으로서 매립 쓰레기층의 침하발생이나 가스발생 및 오염된 침출수 등으로 인한 주변환경파괴 등의 문제점을 근본적으로 해소할 수 있다. 그러나, 다른 연약지반 대책에서와 같이 여러 다른 대책공법이 기술적, 환경적 요인으로 인하여 사용할 수 없는 경우 채택하는 방법으로서 치환하는데 소요되는 비용을 감수하여야 하며 대체 매립지를 물색하여야 한다. 또한, 재굴토하여 이동하게 될 경우의 분진, 소음 및 기타 발생할 환경적 위해 요소를 충분히 고려한 후 수행하여야 한다.

2) 소각공법

매립지 현장에 소각플랜트를 설치하고 쓰레기를 가연성 쓰레기와 불연성 쓰레기로 분류하여 소각하는 방법이다. 일반적으로 소각공법 자체로서 쓰레기지반을 개량하기보다는 치환, 선별과 같은 방법과 병행하여 적용된다.

소각을 시행할 경우에는 사전에 쓰레기에 대한 성상을 파악하고 소각으로 처리해야 할 쓰레기량이 충분할 경우에 실시하여야 그 경제성이 보장된다.

소각공법의 장점은 쓰레기의 대폭적인 감량이 가능하여 대규모 매립지의 경우 적당한 공법이며 주로 경량재인 가연성 쓰레기에 대한 강제적인 제거를 실시함으로서 쓰레기 매립지반의 안정을 극대화할 수 있다는 장점이 있다. 그러나, 단점으로는 일단 복토층을 제거한 경우에 발생하는 악취와 소각 시 발생하는 매연 등으로 인근 주민에 의한 민원의 소지가 우려되며 소각 시 사용하는 플랜트 장비가 고가이므로 소각시킬 쓰레기량이 상대적으로 적다면 경제적인 부담이 매우 크게 된다.

3) 다짐공법

다짐공법은 지반공학분야에서 과거부터 많이 사용되어온 지반개량공법 중의 하나로 폐기물 매립지의 다짐에도 응용되고 있다. 본 공법은 매립 시 쓰레기층의 다짐, 매립 시 1일 복토재 및 중간복토재의 다짐, 투수계수를 낮추기 위한 점토차수재 및 최종복토재의 다짐 등에 쓰여지고 있다. 다짐으로 폐기물의 밀도를 증가시킴으로서 매립물의 양 및 매립지의 사용 년수를 늘릴 수 있으며, 매립물의 강도 및 안정성을 높여주고 침하를 줄여준다.

4) 동다짐공법

동다짐공법은 매립지반의 밀도를 증가시켜 생화학적 분해율과 2차압축을 줄일 수 있으므로 적절히 사용하면 1차침하의 70% 그리고, 2차침하의 50% 정도까지 감소시킬 수 있는 것으로 알려져 있다.

5) 그라우팅 공법

그라우팅 공법이란 시멘트, 석회, 플라이애쉬 또는 라임/플라이애쉬 등의 재료를 매립물의 간극속으로 주입하여 지반의 지지력을 향상시키고 침하를 방지하여 매립지의 안정을 도모하는 공법이다. 그라우팅은 grid(격자) 패턴으로 주입공을 뚫고 그림 11.27과 같이 그라우트재를 매립층 속으로 주입한다. 매립층 내에 속이 빈 고강도 강재의 주입파이프를 타입하고 주입파이프에 설치된 노즐을 통하여 그라우트 슬러리를 고압으로 분사하여 폐기물층에 주입시킨다.

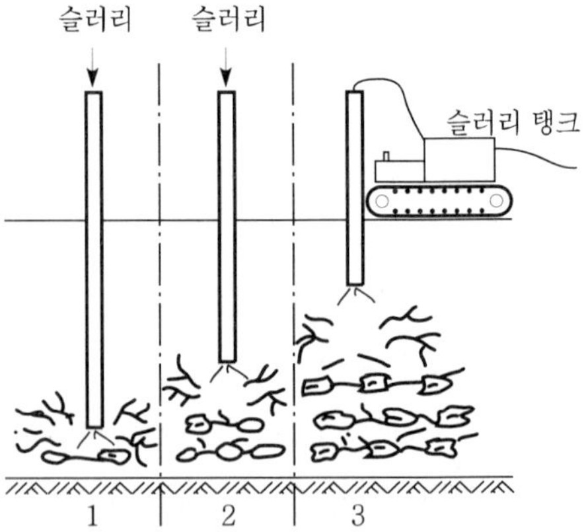

그림 11.27 슬러리 주입 과정

일반적인 그라우팅 시공순서는 다음과 같다.

① 주입봉을 그라우트 지점까지 집어넣는다.

② 각 봉을 통하여 동시에 그라우트를 주입하면서 천천히 주입 파이프를 들어올린다.

③ 지표면에 다다르면 슬러리 펌프를 끄고 다음 단계로 옮겨진다.

6) 지반고화 안정처리공법

연약지반 안정처리공법은 처리대상의 심도에 따라 표층안정처리, 심층안정처리로 구별되고 대개 표층안정처리는 표면에서 $2 \sim 3m$ 정도의 범위 내에서 말하는 경우가 많고 이보다 깊은 심도의 개량을 심층안정처리라고 한다. 즉, 여러 종류의 건설장비가 연약지반 상에 진입하여야 하나 이들 장비가 진입하지 못할 정도로 지반이 연약한 경우에 표층지반을 먼저 개량하여야 하며 이를 표층개량이라 한다. 한편, 심층개량은 연약지반 상에 축조되는 구조물을 지지하기 위하여 기초지반의 강도를 증대시키는 방법이다. 일반적으로 초연약점흙쌓기 지반의 경우 표층부를 먼저 개량해서 건설장비의 주행성을 확보해야만 지반 전체의 심층부를 개량할 수 있으므로 표층안정처리공법이 널리 이용되고 있다.

11.15 차수재

11.15.1 개요

차수재는 적용재료 및 방법에 의하여 점토차수재, 지오멤브레인차수재, 혼합차수재, 스프레이차수재 및 기타 등으로 분류된다. 여기서 분류된 각 차수재는 많은 종류로 또 세분되어 전체 종류로는 수십종에 이른다. 이와 같이 차수재에는 다양한 종류가 있는데, 이들 차수재는 다음과 같은 구비조건을 갖추어야 한다.

① 폐기물과 침출수에 대한 내구성이 있을 것

② 파손위험이 적고 신뢰성이 높을 것

③ 시공이 간단하고 품질관리, 보수 및 유지관리가 간단할 것

④ 장기간에 걸쳐 투수성이 적을 것 등

차수재를 선정하는데 있어서 매립지의 지형, 지질, 수리조건, 매립대상 폐기물의 상태 및, 침출수의 성상, 매립기간, 관리기간, 경제성 등을 고려하여 영향요소를 종합적으로 판단한다. 차수재 선정 시에는 먼저 매립처분 계획에 기초하여 최종매립지의 적지를 선정한 다음매립지에 대한 수문, 지질, 지하수조사에 의해 허용 침투량을 고려하여 차수공의 필요성을 판단한다.

11.15.2 차수재의 종류

차수재의 종류는 표 11.20과 같다.

표 11.20 차수재의 종류

대분류	세분류
점토차수재 (Clay liner)	1) 자연점토 차수재(natural clay liner) 2) 다짐점토 차수재(compacted clay liner)
지오멤브레인 (Geomemblane; flexible membrane; polymeric membrane liner)	1) 열가소성 ① PVC(polyvinyl chloride) ② HDPE(high density polyethylene), MDPE, LDPE, VLDPE, LLDPE ③ CPE(chlorinated polyethlene) ④ EIA(ethylene interpolymer alloy) ⑤ ECB(ethylene copolymer bitumen) 2) 열경화성 ① EVA(ethylene vinyl acetate), ② EPDM(ethylene propylene diene) ③ IIR(isoprene isobuthylene) ④ CR(polychloroprene terpolymer) ⑤ EPT(ethylene propylene terpolymer) 3) 혼합성 ① CSPE(chlororsulphonated polyethylene) ② PVC-nitrile ruber ③ PVC-ethyl vinyl acetate ④ Cross-linked CPE
GCL차수제 (Geosyntethic clay liner)	1) 지오텍스타일과 벤토나이트 결합재 ① Bentofix ② Bentomat ③ Claymax ④ Geobent 2) 지오멤브레인과 벤토나이트 결합재 ① Paraseal ② Gundseal
혼합차수재 (admixed liner)	1) 흙벤토나이트 2) 흙시멘트 3) 흙석회 4) 콘크리트 ① 포틀란트 시멘트 콘크리트 ② 로라 다짐 콘크리트 ③ 황산염 콘크리트 5) 아스팔트 ① 아스팔트 콘크리트 ② 고무 아스팔트 콘크리트 ③ 흙/모래 아스팔트
스프레이차수재 (Spray-on liner)	1) 아스팔트 코팅 2) 숏크리트
토질안정 차수재	1) Bee star 2) EMC(Earth materials catalyst) 3) Condor SS 4) Ion-X system
산업폐기물 재활용 차수재	1) 플라이애쉬 2) 폐타이어 3) 폐석고 4) 폐석회 5) 광산폐기물 6) 건설폐기물
흡착차수재 (Absorptive liner)	1) 활성탄 2) 페타이어 3) 석탄회 4) 제오라이트 5) 석회석

11.15.3 차수재의 설계

토목섬유를 이용한 차수공법이 사용되는 분야는 댐, 터널, 굴착공사, 저수조, 하천, 환경오염방지시설 등 토목공사 전반에 걸쳐서 사용되고 있다. 특히 1990년대 이후에는 환경규제가 강화되면서 폐기물매립장과 같은 환경오염방지시설에 핵심시설로서 취급되고 있으며, 차수에 사용되는 재료를 자연으로부터 공급해오던 것을 대신하여 인위적으로 가공하여 제조한 토목섬유를 사용함으로써 토목섬유를 이용한 공법이 시공 상의 편의성과 기술적 효율성에서 우수한 것으로 평가되고 있다.

1) 목적 및 원리

차수구조의 형식은 구조물의 형태나 하부지반의 상태 그리고 목적에 따라서 다양한 형식으로 설계할 수 있으며, 차수재에 작용하는 설계하중에 의해 발생하는 파괴에 대한 안정성 해석은 하중의 특성과 작용방향을 고려하여 적합한 이론을 적용하여야 한다. 차수 구조물에 작용하는 설계하중에 의해 차수재에 적용하는 외력은 차수재에 구조물의 형식에 따라 4가지의 서로 다른 응력을 유발시키는데 이러한 응력에 의해 차수재가 파괴되거나 훼손되는 사고가 발생한다. 외력으로 인해 차수재에 발생하는 응력은 인장 응력(tensile stress), 압축응력(compressive stress), 전단응력(shear stress) 그리고 꿰뚫림 응력(puncture stress) 등이다. 인장응력(tensile stress)은 대부분의 차수구조에서 나타나는데 비탈면부, 부등침하가 발생한 평면부, 정착부 등에서 특히 크게 나타난다. 압축응력(compressive stress)은 하부지반이 견고하고 차수재에 연직으로 하중이 작용할 때 발생하며, 전단응력(shear stress)은 하중이 차수재에 전단력으로서 작용하는 경우에 발생하는데 일반적인 차수구조에서는 드문 현상이다. 그리고 꿰뚫림응력(puncture stress)은 차수재 표면에 돌, 철근, 나무 등과 같이 견고하고 강한 고체상태의 돌출부나 모서리 등이 접촉한 상태에서 상부에 하중이 작용할 경우에 발생한다. 차수공의 설계는 이와 같이 차수재에 작용하는 파괴응력에 대응하는 안정성이 확보되도록 차수재의 재질과 규격을 결정하는 것이다.

2) 재료의 선정

차수용 지오신세틱스(geosynthetics)의 재료로서는 지오멤브레인(geomembranes), 토목섬유점토차수제(geosynthetic clay liner ; GCL)의 두 종류가 있다. 지오멤브레인은 폴리머(polymer) 계통의 합성수시성분으로 이루어진 재료, 지오텍스타일(geotextile)에 아스팔트로 포화시키거나 도포하여 만는 제품, 여러 겹의 역청재를 혼합한 지오콤포지트(geocomposite) 등이 있다. 일반적으로 지오멤브레인은 완전한 불투수성의 재로로 알려져 있으나 완전 불투수성의 재료는 아니며, 지오텍스타일이나 점토에 비해서는 불투수성의 재료라고 할 수 있다. 수증기 투과법에 의해 측정한 지오멤브레인의 투수계수는 $10^{-12} \sim 10^{-15} m/\sec$ 정도이다. 토목섬유-점토차수재(GCL)는 수밀성과 팽창성이 우수한 벤토나이트를 분말이나 조립의 상태로 지오텍스타일이나 지오멤브레인에 부착시키거나 도포하여 만든 제품이다(ASTM D4439).

3) 설계 이론

본 절에서는 지오멤브레인을 차수공법에 사용하는 경우에 있어서 설계와 안정성 해석이 요구되는 시설구조와 그에 따른 설계이론을 설명하고자 한다. 지오멤브레인을 차수구조에 사용하는 경우에 있어서 지오멤브레인은 외부하중에 대응하는 인장부재로서 인장응력에 저항하는 것으로 인장응력설계이론이 현재 적용되고 있다. 현재 지오신세틱스를 이용한 폐기물 매립지 설계에서는 바닥부, 비탈면부, 정착부의 세 영역으로 구분하여 설계가 이루어지고 있는데. 설계이론의 적용과 신뢰성에는 아직 미비한 점이 있다.

(1) 차수시설의 파괴원인

차수시설의 파괴원리는 시설의 위치와 형식에 따라 다르나 본 절에서는 인장파괴만을 고려하였다. 차수시설의 설계는 일반적으로 바닥부, 비탈면부, 정착부 등 세 개의 영역으로 구분하여 설계하는데 설계의 목적은 지오신세틱스에 작용하는 인장응력을 산출하고 이 인장응력에 저항하는 지오신세틱스의 규격과 제질을 결정하는데 있다.

① 바닥부 차수 시설

폐기물매립장의 바닥부에서는 매립하중에 의해 발생하는 하부지반의 부등침하, 균열 등에 의하여 지반에 변형이 생기고 이 변형을 곧바로 지오멤브레인에 인장응력을 발생시킨다. 지오멤브레인 변형은 하부지반의 부등침하에 의해 발생하는 단차만큼 생기는데 허용변형 이상이면 설계 강도를 상실하게 된다. 부등침하는 표면에 설치된 부재를 인발하려는 힘을 발생시키고, 침하가 발생하지 않는 부분에서는 지오멤브레인의 상부와 하부에서 상부의 매립하중에 의해 마찰력이 생기며 이 마찰력은 지오멤브레인의 인발에 저항하게 되며 이로 인하여 지오멤브레인에는 인장응력이 발생한다. 바닥부 부등침하에 의한 지오멤브레인의 파괴원리를 그림 11.28에 설명하였다.

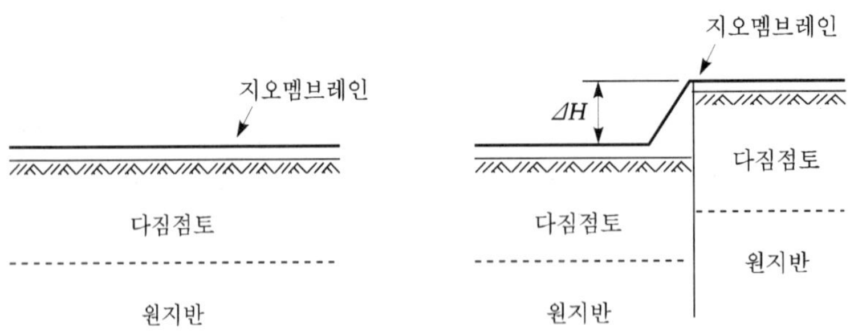

그림 11.28 바닥부 지오멤브레인의 파괴원리

② 비탈면부 차수시설

폐기물매립지에서는 비탈면 파괴는 매립지를 조성하기 위한 굴착작업 시, 매립 중 , 사용종료 후 등 여러 단계에서 발생할 수 있는데 매립지의 비탈면파괴의 종류에는 쓰레기층을 통한 원호파괴, 표면쓰레기를 통한 천층파괴, 쓰레기층/저부기초 원호파괴, 쓰레기층/저부기초 쐐기파괴 그리고 비탈면부에 포설된 토목섬유 라이너층위에 쓰레기 포설로 인하여 발생할 수 있는 파괴 등 다양하다. 이와 같은 비탈면파괴원리를 그림 11.29에서 설명하였다. 매립지형특성을 갖는 토목섬유 부재들을 적절하게 조합하여 사용한다. 비탈면에는 매립하중이 연직으로 작용하여 법면에 설치한 차수시설은 비탈면의 상단에 고정되어 있으므로 차수시설은 인장응력을 받게 된다. 차수구조 중에서 지오멤브레인은 그 상부와 하부에 인접한 재료와의 마찰력의 차이를 감당하게 되는데, 인장응력이 지오멤브레인의 항복인장강도보다 클 경우 이 지오멤브레인은 파괴된다. 비탈면부에 설치한 차수시설의 파괴원리를 그림 11.30에 제시하였다.

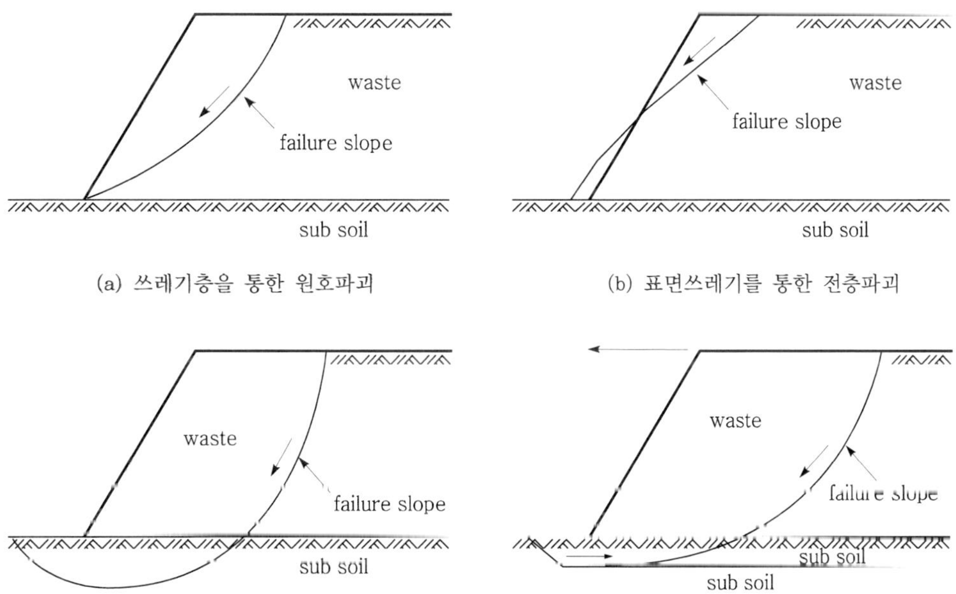

(a) 쓰레기층을 통한 원호파괴 (b) 표면쓰레기를 통한 전층파괴

(c) 쓰레기층/저부기초 원호파괴 (d) 쓰레기층/저부기초 쐐기파괴

그림 11.29 매립폐기물의 비탈면파괴원리

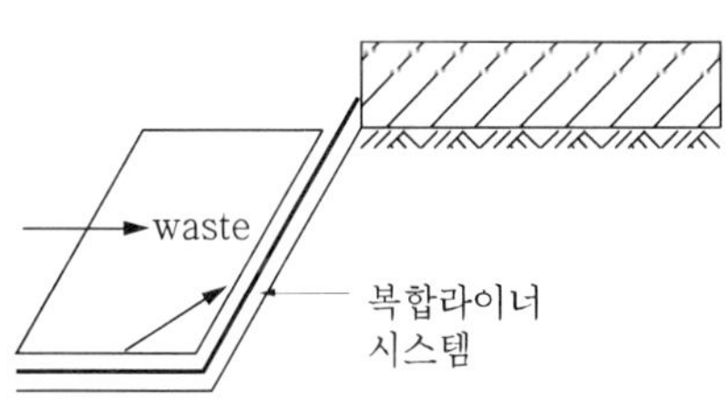

그림 11.30 비탈면부 차수시설의 파괴원리

③ 정착부 차수시설

비탈면부 차수시설은 비탈면의 상단에 정착을 하여 차수시설이 끌어내려 가지 않도록 정착을 하는데 정착방법과 정착부의 설계에 따라 차수시설의 안정성에 큰영향을 미친다. 매립하중으로 인한 비탈면에서의 지오멤브레인에 작용하는 인장응력이 지오멤브레인의 설계인장강도(항복인장강도)보다 클 경우, 정착력이 지오멤브레인의 설계인장강도보다 크면 지오멤브레인이 파괴되고, 그 반대인 경우(정착력이 지오멤브레인의 설계인장강도보다 작으면)에는 지오멤브레인은 정착부로부터 인발되어 비탈면을 따라 내려오게 된다. 따라서 정착부를 설계하는 경우에는 현장의 여건과 폐기물의 매립작업 등을 고려하여 설계조건을 설정하여야 할 것이다. 시스템에 사용되어지는 토목섬유는 쓰레기하중 등에 의한 인장파괴에 대비하여 비탈면 상부에 정착을 실시한다. 이때 토목섬유재들의 각기 다른 마찰력과 변형으로 인하여 각기 다른 인장력이 발생할 것이며 이들을 고정시키는 정착력도 이들 섬유재에 발생하는 인장응력의 최대치에 대비하여 산출되어야 할 것이다. 정착부에서의 인발원리를 그림 11.31에 설명하였다.

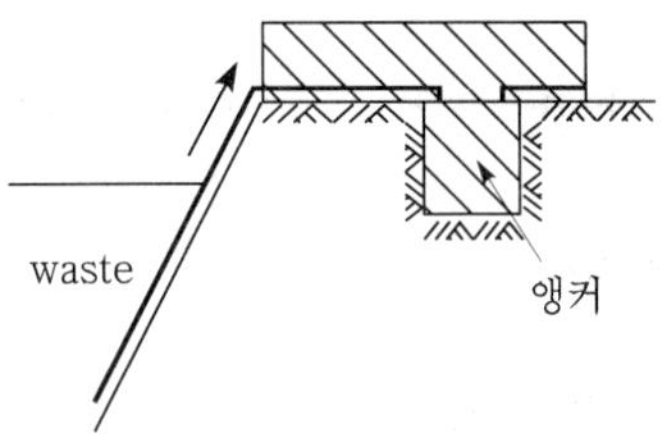

그림 11.31 정착부에서의 인발원리

(2) 설계관련 법적조항

우리나라에서 주변 환경의 오염을 최소화하는 위생매립개념을 도입한 것은 1980년대 후반이며 이후에 폐기물 위생매립에 대한 관심이 높아지고 있다.

폐기물 매립시설에 대한 중요 관심사로 매립지의 차수 및 집수 시설은 매립지 내에 발생하는 침출수를 최소한으로 저감시키고 외부로 누출되는 양을 최소한으로 하는 기능을 잘할 수 있도록 하는데 있다. 국내 폐기물관리법(환경부, 1999)에는 매립장의 안정성과 침출수가 매립시설에 유출되는 것을 방지하기 위하여 매립장의 옹벽, 비탈면 및 고밀도 폴리에틸렌 차수막에 대하여 적용법규를 규정하는데 관련된 내용만을 요약하면 다음과 같다.

① 옹벽의 안정

옹벽에 적용되는 국내의 관리법규로 폐기물의 유출을 방지할 수 있는 옹벽 및 제방은 매립되는 폐기물의 하중, 매립단면 및 침출수위 등을 고려하여 안전하게 설치하여야 한다. 이 경우 옹벽은 저면활동에 대한 안전율 1.5이상, 전도에 대한 안전율이 2.0 이상, 지지력에 대한 안전율이 3.0 이상이어야 한다고 규정되어 있다(폐기물관리법 제 20조).

② 비탈면의 안정

1999년 8월에 개정된 폐기물 관리법에 의하며 제방의 경우에는 비탈면안전율이 1.3 이상이어야 한다고 규정하고 있다. 제방의 안정해석 결과, 안전율이 규정 안전율보다 낮게 계산되었다면, 활동력(sliding force)을 줄이거나 저항력(resisting force)을 늘릴 수 있는 방법으로 설계를 변경해야 한다. 매립지에서 깎기비탈면과제방은 매립지의 경계면을 따라서 일률적으로 동일하지 않기 때문에 파괴 가능성이 제일 높은 비탈면이나 제방에 대해 안정해석을 실시하는 것이 중요하다. 일반적으로 파괴가능성이 가장 높은 비탈면의 단면(critical dike section)은 비탈면의 기울기가 크거나 높이가 높은 단면이 된다. 미국 EPA의 경우에 추천하는 최소안전율은 표 11.21과 같이 비탈면과 강도특성에 따라 1.25~2.0의 범위에서 규정하고 있다.

표 11.21 비탈면안정 해석을 위한 EPA 추천 최소 안전율(USEPA, 1990)

비탈면 파괴의 결과	흙 강도 측정의 불확실성	
	작은 경우(1)	큰 경우(2)
파괴 후 인간과 자연환경에 즉각적인 위험이 없는 경우	1.25	1.5
파괴 후 이간과자연환경에 즉각적인 위험이 있는 경우	1.5	2.0

1) 흙쌓기재료가 균등하며 흙의 강도특성에 대한 강도시험자료가 일관성이 있고, 합리적이어서 강도 측정이 불확실성이 낮을 때에 안전율
2) 강도측정의 불확실성이 클 때의 안전율

③ 차수재 설치기준

매립지의 차수재에 적용되는 국내외의 관리법규는 다음과 같다. 고밀도 폴리에틸렌 또는 합성수지 차수막을 사용하는 경우 두께 2.0mm(지정 폐기물을 매립하는 경우 2.5mm) 이상의 것을 1겹 이상 포설하고 매립시설의 바닥에 설치하는 합성수지 차수막 상부에는 모래 등으로 30cm 이상의 합성수지 보호층을 설치하여야 한다. 폐기물의 하중 등에 대한 안정성을 검토하여 항복인장강도의 안전율이 2.0 이상이 되도록 설계, 시공하여야 한다. 또한 고밀도 폴리에틸렌라이너(HDPE sheet)의 인장성능에 대하여 항복인장강도 15,000kPa, 파단인장강도 27,000kPa, 항복인장변형률 12%, 파단인장변형률 700% 이상으로 규정하고 있다(폐기물관리법 제 20조).

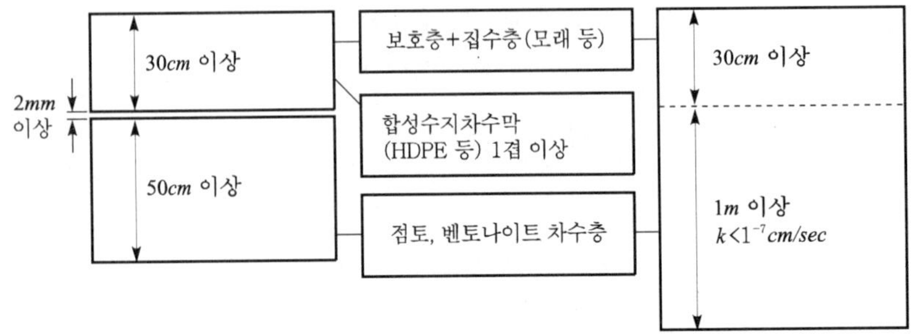

그림 11.32 일반폐기물매립장 차수시설 설치기준

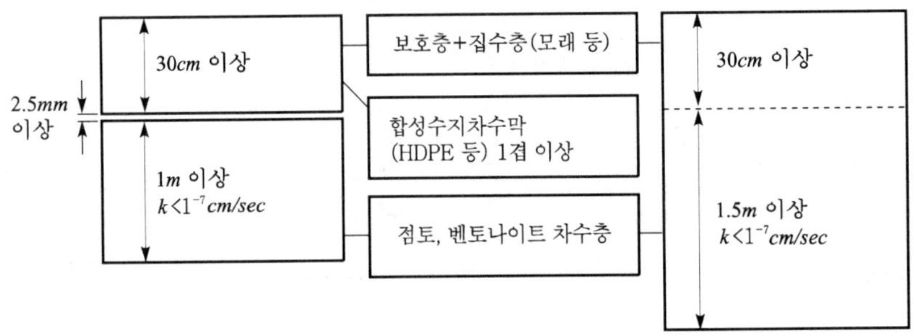

그림 11.33 지정폐기물매립장 차수시설 설치기준

4) 설계 일반적 흐름도

차수공의 설계는 대상 구조물에 적합한 차수재의 재질과 규격을 결정하고 그에 대한 안정성과 제반 시방 규정을 검토하여야 하며 일반적인 흐름도는 다음과 같다.

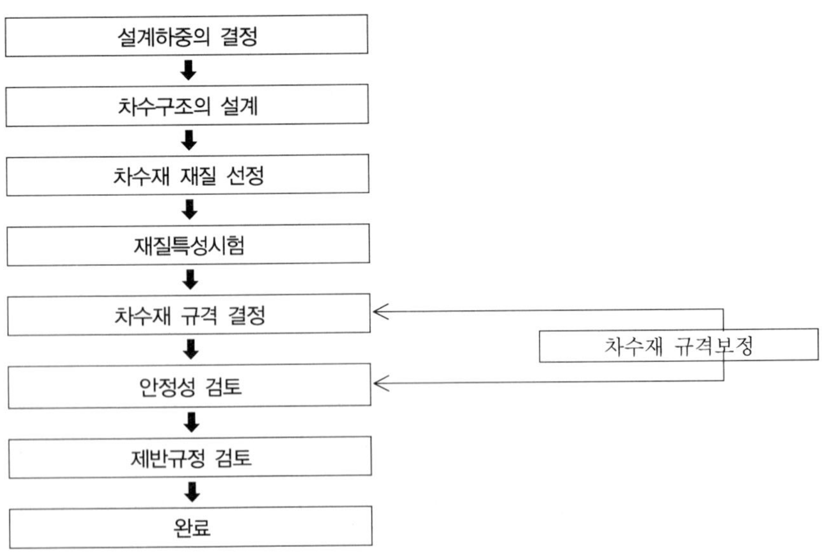

그림 11.34 차수재 설계의 일반적인 흐름도

(1) 수평(바닥)부에 설치하는 지오멤브레인

차수재는 외력하중 또는 압력에 의해 인장력이 작용하므로 차수재의 두께는 이러한 외력에 충분히 견딜 수 있도록 설계하여야 한다. 이러한 인장력을 발생시키는 요인으로는 부등침하, 비탈면에서의 집중하중 등이 있으며 다음의 경우에 특히 발생하기 쉽다.

1) 표층에서의 부등침하
2) 차수재 하부의 뒤채움토의 침하
3) 지적으로 분포한 연약토층 지역
4) 기타 차수재에 인장을 발생시키는 조건들

이와 같은 제반조건들을 고려하여 설계하여야 하며 수평부 차수재를 설계하는 흐름도는 그림 11.35에 나타내었다. 차수재의 두께를 결정하기 위한 모델은 그림 11.36과 같다. 차수새의 최소두께는 차수재 재질기준을 참고하여 결정하여야 하며, 차수재에 작용하는 하중과 설계조건에 따라 소요강도를 만족하는 차수재의 두께를 식 (11.22)와 같이 결정하여야 한다.

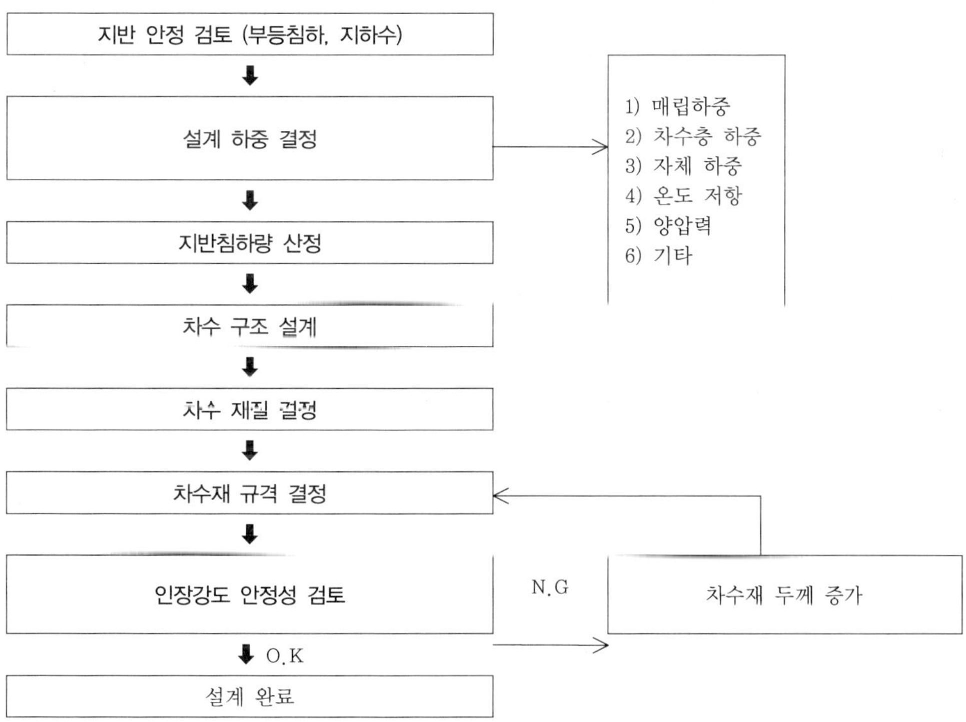

그림 11.35 수평부 차수재의 설계 흐름도

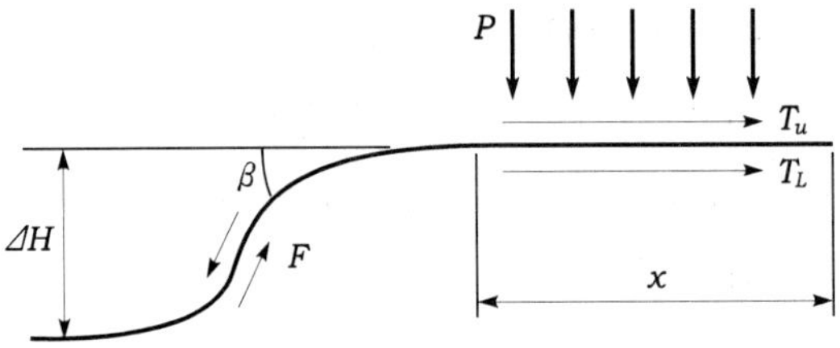

그림 11.36 차수재 두께결정 모델

$$F \cdot \cos\beta = T_U + T_L$$
$$(\sigma_{all} \cdot t)\cos\beta = p \cdot (\tan\delta_U + \tan\delta_L) \cdot x \tag{11.22}$$
$$t = \frac{p}{\cos\beta}\frac{x}{\sigma_{all}}(\tan\delta_U + \tan\delta_L)$$

여기서, β = 부등침하에 의한 경사각, t = 차수재의 두께
σ_{all} = 차수재의 허용인장응력, P = 저장물에 의한 압력
δ = 접촉재간의 접촉마찰각, x = 차수재의 변형량(지료시험에 의해 결정함)
T_U = 차수재 상부면에서의 전단력, T_L = 차수재 하부면에서의 전단력

(2) 비탈면부에 설치하는 지오멤브레인

비탈면의 차수시스템은 바닥의 차수층과 동일한 기능을 수행하지만 시공 및 안정성 유지에 많은 어려움이 있으며 상부의 하중을 충분히 고려하여 설계하여야 한다. 비탈면에 차수시스템을 설치함으로서 야기되는 문제점은 상부에 작용하는 하중이 비탈면에 연직으로 작용하여 차수시스템에 인장력을 발생시키고 이로 인해서 비탈면의 법면을 따라 법면과 층 분리 또는 슬라이딩(sliding)이 발생하여 결국 기능이 정지된다. 차수재의 인장파괴에 대한 안정설계를 위한 모델은 세 가지가 있는데 이들의 모델은 설계하중의 산출방법이 약간씩 다르게 적용되고 있다. 이들 세 가지의 설계모델은 표 11.22에 제시하였다. 방법 1은 매립지 비탈면위의 매립폐기물하중 자체를 차수구조에 작용하는 고정하중으로 보고 매립폐기물 측면부에 작용하는 마찰저항력과 상부에 놓이게 될 추가하중을 고려하지 않았다. 방법 2는 비탈면위의 매립폐기물 하중에서 비탈면 선단에서의 폐기물제체내의 마찰저항력만큼 감소하여 차수구조에 고정하중으로 작용하는 것으로 가정하였으며 상부에 추가 매립분은 고려하지 않고 있다. 방법 3은 제체내에서의 마찰저항력과 제체높이 상부의 추가 매립분까지 고려하여 설계하중을 산출하여 설계에 반영하였다. 설계에서 차수구종에 전달되는 설계하중은 앞에서 설명한 설계모델에 따라 서로 차이를 보이고 있는데 설계 시 현장의 여건과 상태를 잘 파악하여 적합한 설계모델을 적용하여야 할 것이다.

표 11.22 비탈면부 차수구조에 작용하는 설계하중 결정모델

구분	비탈면부 작용 하중 산출 개요 및 계산식	비고
방법 1 : (장연수, 1999)	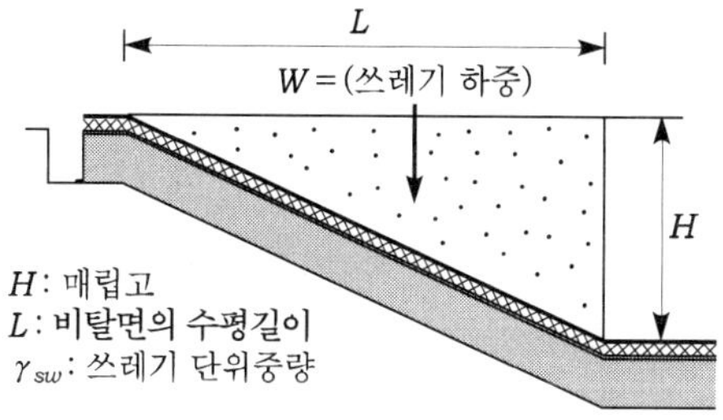	비탈면 위 단순 접촉 쓰레기 하중 고려
방법 2 : (koener, 1994)	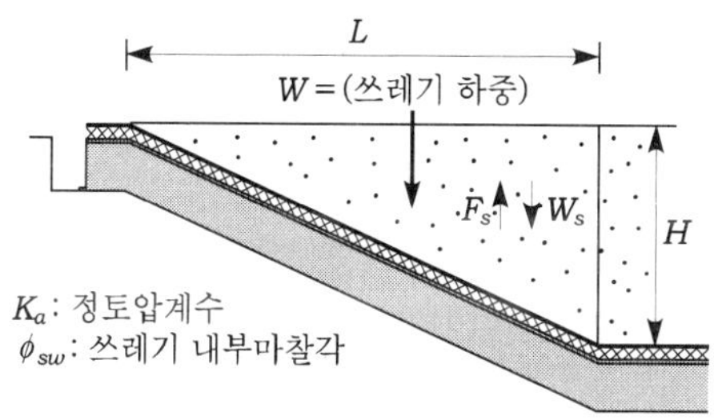	비탈면 선단부 쓰레기 제체내 측면 전단력 고려
방법 3 : (이광열, 1997)	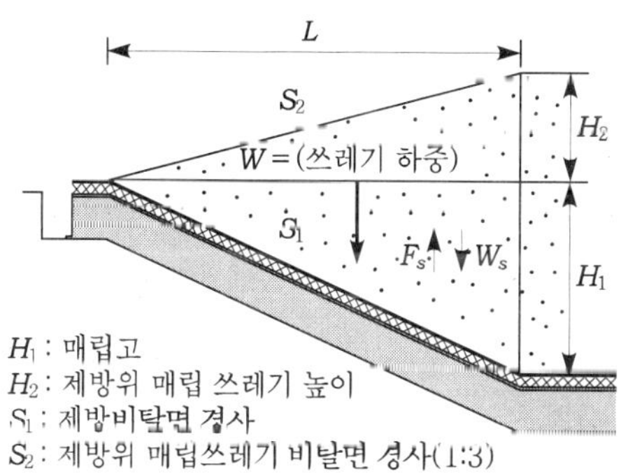	쓰레기 제체내 측면 전단력과 제방높이 이상의 매립쓰레기 하중고려

11.16 국내 · 외 기술동향 및 향후 전망

11.16.1 국내·외 기술동향

1) 국내

물리탐사 및 환경콘 등과 같은 지반환경조사 기법 및 장비의 개발이 진행되고 있으나 아직까지 상용화된 제품은 개발되지 못하고 있는 실정이다. 환경콘은 지중에 오염된 다양하고 복잡한 오염상황을 판단하기 위하여 개발된 것으로 전기비저항, redox potential, pH 측정, 온도의 측정 및 지중오염물의 추출이 동시에 가능하다.

국내의 경우 오염지반에 대한 정화사업은 나날이 증가하고 있는 추세에 있으며 주유소, 군사주둔지, 공장용지 등지에서 pump & treat 기술, SVE, bioventing, air sparging, SVE, bioremediation, vacuum extraction, biotrench, landfarming et al.의 기술이 적용되고 있다.

2) 국외

(1) 조사 분야

기존의 원격탐사(remote sensing), 지표물리탐사(surface geophysical survey), 공내물리검층(geophysical logging of borehole), 시추조사(drilling survey) 및 관입조사(penetrating survey) 기법의 응용기술이 개발되어 지반내의 오염범위, 오염농도, 오염두께, 지질구조 등이 정밀하게 측정되고 있다.

(2) 시험분야

폐기물 매립지반은 장기적으로 유기물의 분해 및 부패가 발생하므로 일반지반과는 다른 침하형태를 나타낸다. 따라서 외국에서는 이에 대한 연구가 많이 진행되었으며 점흙쌓기 압밀이론에 근거한 Sowers 방법, Morris와 Woods의 방법, 도시쓰레기 매립지반의 침하율 측정에 근거한 Yen과 Scanlon의 방법, 유동학적 모델인 Gibson과 Lo의 모델, 공학재료의 천이적인 creep거동을 추정하는 power creep law, Zimmerman의 이론 등과 같은 침하산정식 및 침하곡선식이 제안되었다.

(3) 지반오염 분야

지반내의 오염물질은 포화대(saturated zone) 또는 불포화대(vadose zone)에 존재하게 되는데 포화대내에서의 오염물질 이동은 그동안 많은 연구가 진행되어 이동특성이 규명 되었으나 불포화대에서의 오염물질 이동특성은 완전하게 규명이 되지 않아 이에 대한 연구가 활발히 진행 되고 있다.

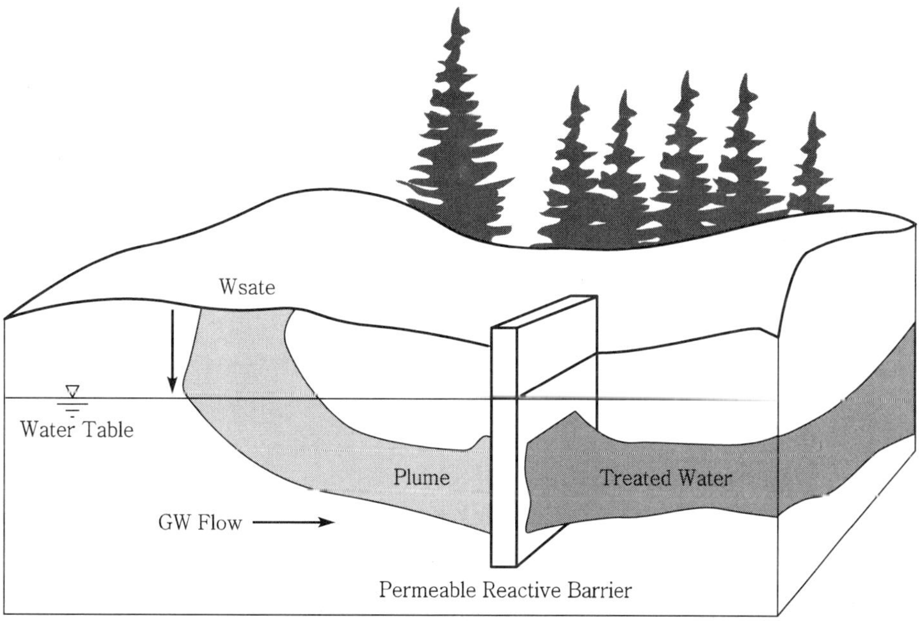

그림 11.37 투수성 반응벽에 의한 지반오염 정화

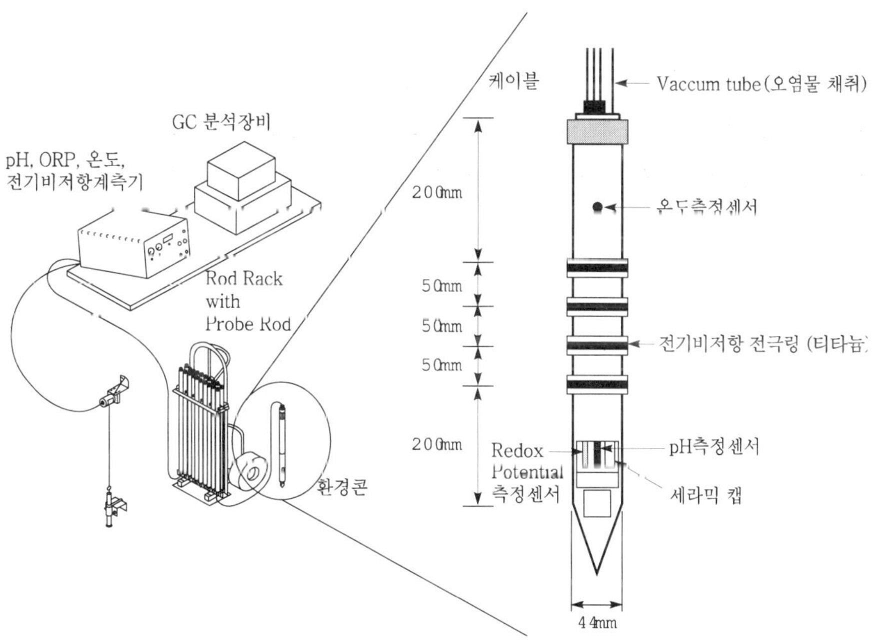

그림 11.38 환경콘(오염지반조사 장비) 개요도

(4) 폐기물 처리분야

전세계적으로 천연재료의 고갈로 인하여 건설재료난이 심화되고 있기 때문에 폐기물을 건설재료로 재활용하고자 하는 노력이 활발하게 진행되고 있다. 이 경우 흙의 공학적 특성을 규명하는 것과 같이 폐기물의 공학적 특성을 규명하는 것이 필요하다. 따라서 쓰레기, 고로슬래그, 제강슬래그, 폐석회, 펄프 및 제지폐기물, 광산폐기물, 석탄회, 인산폐기물, 건설폐기물, 준설폐기물, 하수 및 상수 슬러지 등과 같은 생활, 산업 및 건설폐기물에 대한 공학적 및 환경적 특성을 규명하는 노력이 많이 진행되고 있다.

11.16.2 지반환경 향후 전망

1) 현재까지는 주로 오염지반의 복원 시에 물, 오존, 전기, 계면활성제, 미생물, 증기 등을 개별적으로 사용하는 복원기술이 주로 개발되었으나, 앞으로는 이들을 상호 결합한 hybrid형의 복원기술이 개발되어 개별 오염물질보다는 복합 오염물질을 처리할 수 있게 될 것이다.

2) 매립장에 설치된 차수막이 파손되어 침출수가 누수되는 경우 현재에는 특별한 보수대책이 없으나 향후에는 폐기물의 매립고가 높은 매립장에도 적용될 수 있는 차수막 누수 보수기술이 개발될 전망이다.

3) 향후에는 건설재료난이 더욱 심화되므로 폐타이어, 슬래그, 폐석회 등의 산업폐기물, 광미, 폐석탄 등의 광물폐기물, 제지, 상·하수 슬러지 등의 슬러지폐기물, 건설잔토, 폐콘크리트, 폐목재, 폐철근 등의 건설폐기물에 대한 재활용기술이 적극적으로 개발되어야 할 것이다.

CHAPTER 12

제 12 장 정보화 시공

제 12 장 정보화 시공

12.1 정보화 시공

건설공사에서 수행하는 정보화계측이란 공사와 관련된 침하계, 간극수압계, 경사계, 지하수위계 등 각종 계측기를 관리 대상지점에 설치하여 수직변위, 간극수압 등을 측정하고 결과를 분석하여 설계 및 시공에 피드백(feed back) 함으로서 공사의 안전성과 경제성을 도모하는데 목적이 있다. 본장에서는 건설현장에서 널리 수행하고 있는 흙막이, 연약지반 및 터널분야의 계측관리에 대하여만 논하고자 한다.

12.1.1 계측기 선정

계측항목의 선정은 현장조건과 인근사례 등을 조사하여 선정하는 경우가 많지만 계측항목이 많거나 정밀도가 높은 계측기선정은 계측자료 정리 및 활용 시 불필요한 시간낭비를 초래하게 되므로 선정 시 주의하여야 한다. 표 12.1은 공사종류에 따른 계측목적 및 필요한 계측기 항목을 정리 한 것이다.

표 12.1 공사종류별 필요한 계측기명

공사명	계측 목적	필요한 계측기명
흙막이 계측관리	굴착공사 시 영향분석 및 인접구조물의 기초 및 건물의 안정성 분석	경사계, 토압계, 지하수위계, 하중계, 변형률계, 구조물(건물)경사계, 균열측정기 등
연약지반 계측관리	계측관리를 통한 연약지반 침하, 안정관리	침하계, 경사계, 간극수압계, 지하수위계, 층별침하계, 변위말뚝 등
터널 계측관리	굴착공사 시 주변지반의 거동 및 각 지보재의 역학적 거동특성 파악	천단침하계, 내공변위계, 지중변위계, 록볼트축력계, 숏크리트 등 응력계, 지중경사계 등

12.1.2 계측기 종류

흙막이, 연약지반 및 터널계측분야에서 사용하는 주요 계측기 종류별 용도 및 특징은 표 12.2와 같다.

표 12.2 계측기 종류별 용도 및 특징

종류 / 계측기명	지표침하핀 (Settlement pin)	액상침하계 (Pneumatic settlement cell)	지표침하판 (Settlement plate)
지표침하계 (Settlement gage)	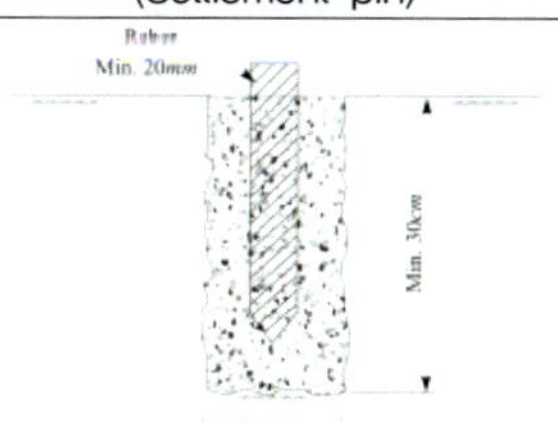		
용도/특징	흙막이 터널 주변침하용/ 경제적, 수준측량	연약지반용/설치·관리 난이, 정밀도 낮음	연약지반용/수준측량, 장기 내구성 취약

표 12.2 계측기 종류별 용도 및 특징 (계속)

종류 / 계측기명	자석식 (Magnetic type)	주름관식 (Corrugated pipe type)	로드방식 (Rod type)
지중침하계 (Borehole extenso~meter)		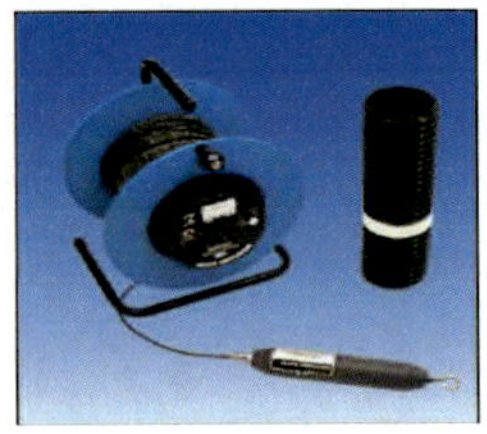	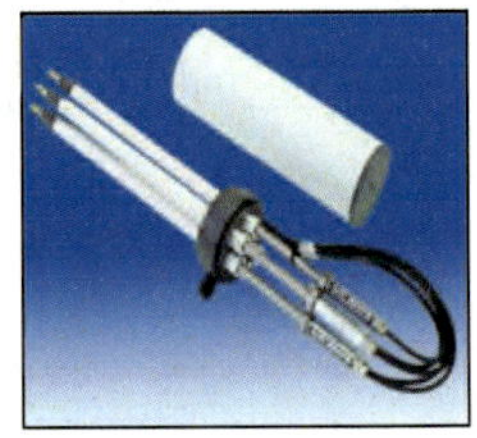
용도/특징	연약지반용/정밀도 낮음, 경제적, 수동계측	연약지반용/정밀도 낮음 수동계측	흙막이, 터널 주변침하용/ 측정범위 5~10㎝

종류 / 계측기명	지하수위계 (Observation well)	Casagrande type piezometer	VWP type piezometer	Pneumatic type piezometer
지하수위계 (Observation well) 및 간극수압계 (Piezometer)		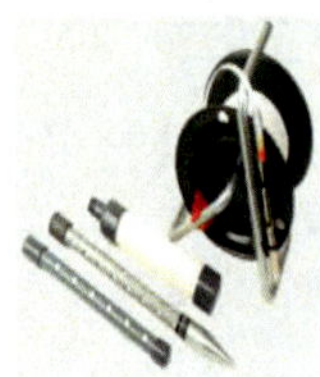		
용도/특징	수위측정/tip상단을 sealing하지 않음	간극수압측정/tip 상단을 sealing함	정밀도 높음, 고가 자동계측 가능	정밀도 낮음, 자동계측 불가능

종류 / 계측기명	지중수평변위계 (Vertical inclinometer)	지중수직변위계 (Horizontal inclinometer)	매설형 수평변위계 (In~place inclinometer)
지중경사계 (Inclinometer)	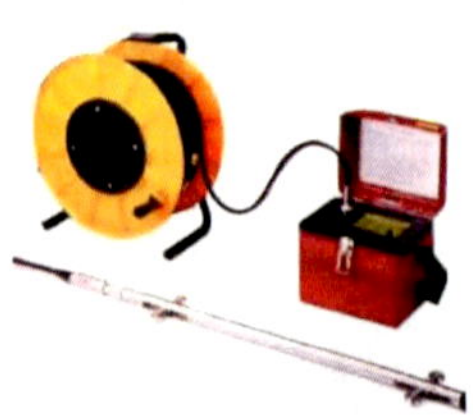	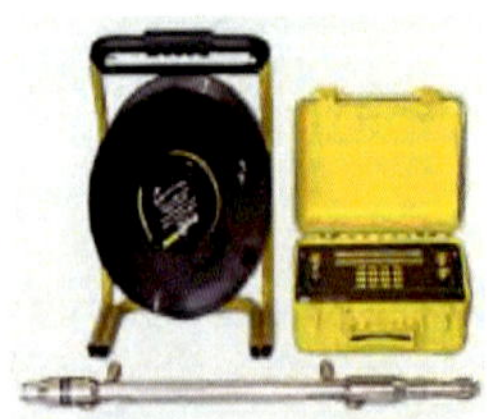	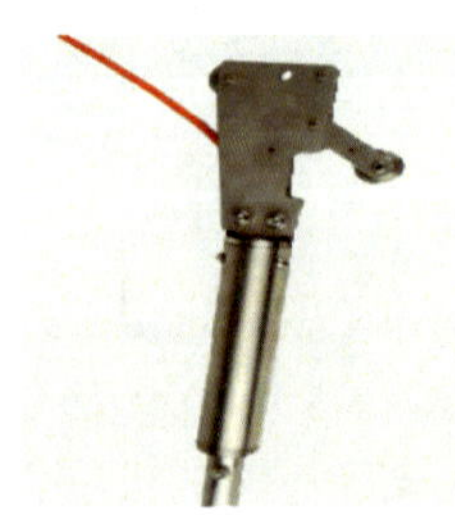
용도/특징	수평변위측정/2방향 측정	수직변위측정/1방향 측정	매설형,자동계측/2방향측정

표 12.2 계측기 종류별 용도 및 특징 (계속)

종류 / 계측기명	전기저항식 (Electrical type)	진동현식 (Vibrating wire type)	유압식 (Hydraulic type)
하중계 (Load cell)			
용도/특징	앵커하중측정/정밀도 높음, 전기 노이즈 취약	정밀도 보통, 현장적용성 양호(도선 저항 비소)	정밀도 낮음, 저가 내구성 약함

종류 / 계측기명	표면부착형 (Spot weldable type)	용접거치형 (Surface mount type)	매설형 (Embedment type)
변형률계 (Strain gage)	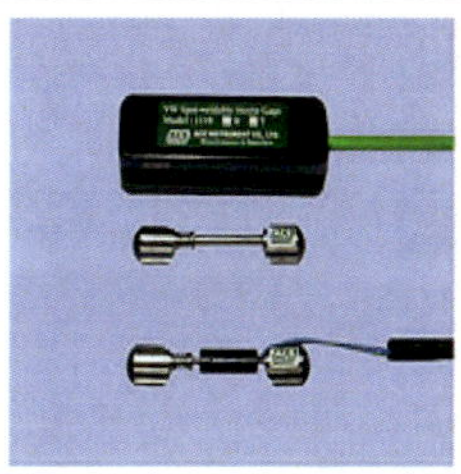	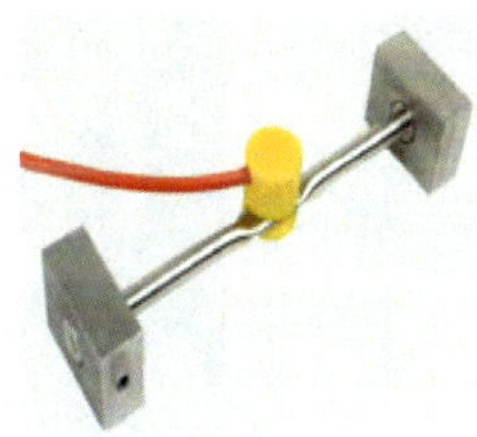	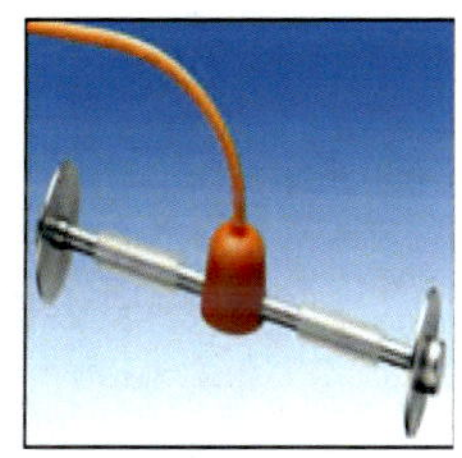
용도/특징	설치 간편, 경제적, 내구성이 약함	센서 재사용 가능, 내구성이 양호	매설형/ 콘크리트 내부의 정확한 응력산정 어려움

종류 / 계측기명	El 빔센서 (EL. beam sensor)	건물경사계 (Portable tiltmeter)	진동현/전기식 경사계 VW/foil strain gage type
구조물경사계 (Tiltmeter)	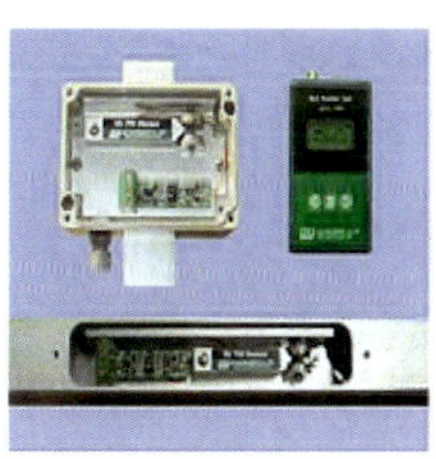		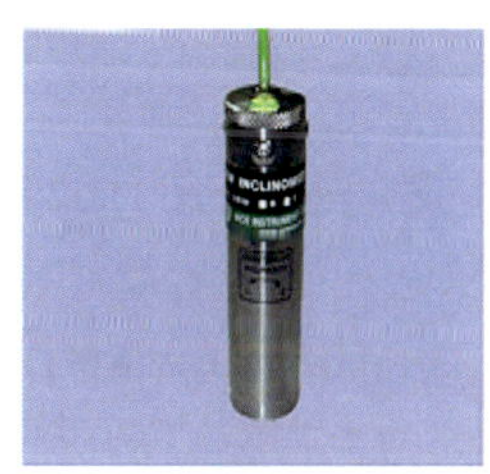
용도/특징	전해질식 센서, 고정밀, 측정범위 좁음(2~3°)	서보가속도계 센서, 10~30° 측정, 수동계측용	진동현 또는 전기식센서, 정밀도 낮음, 3~10° 측정

표 12.2 계측기 종류별 용도 및 특징 (계속)

내공변위계(Tape extensometer)	전단면변위계(Bassett convergence system)	지중변위계(Multipoint extensometer)
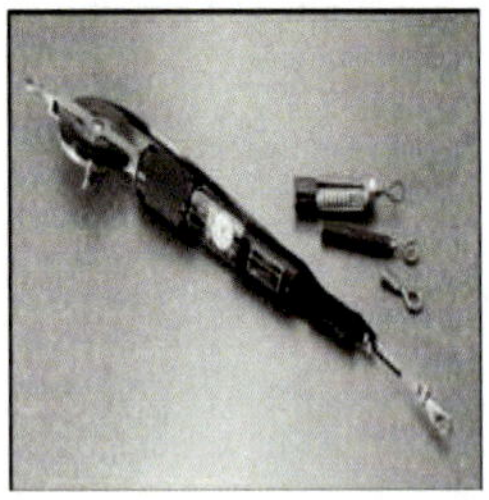		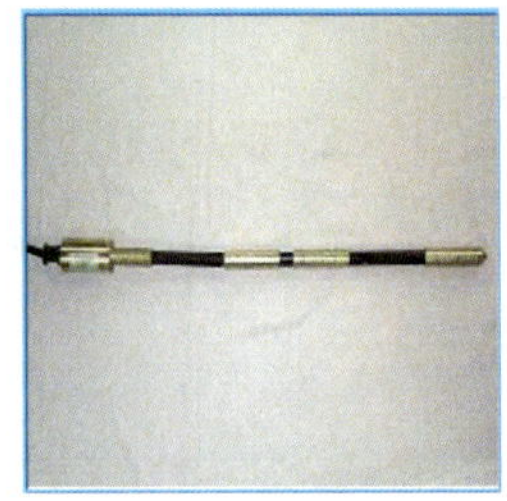
터널의 내공변위 측정 측정범위 : 20~30m 정밀도 낮음	터널 전단면의 2차원변위측정 전해질식 경사센서(고정밀) 측정범위 : ±2~10°	터널 반경방향의 상대변위측정 정밀도 : 0.1~0.01mm 측정범위 : 30~50mm
숏크리트 응력계(Shotcrete stress cell)	**토압계(Pressure cell)**	**록볼트 축력계(Rock bolt stress meter)**
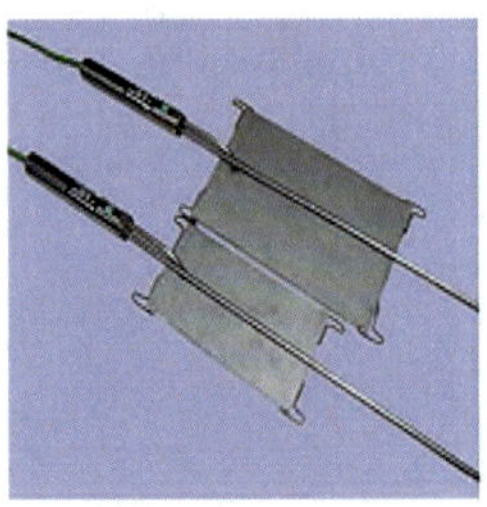	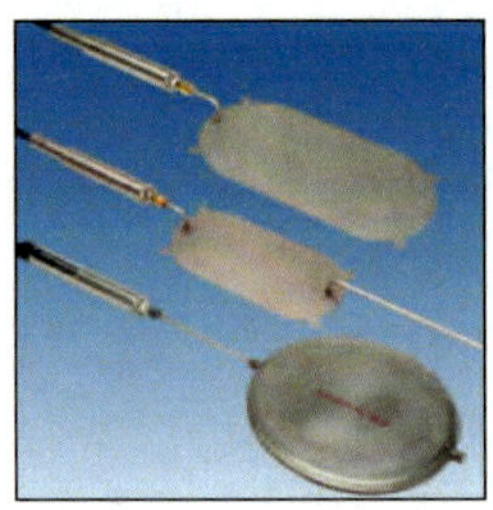	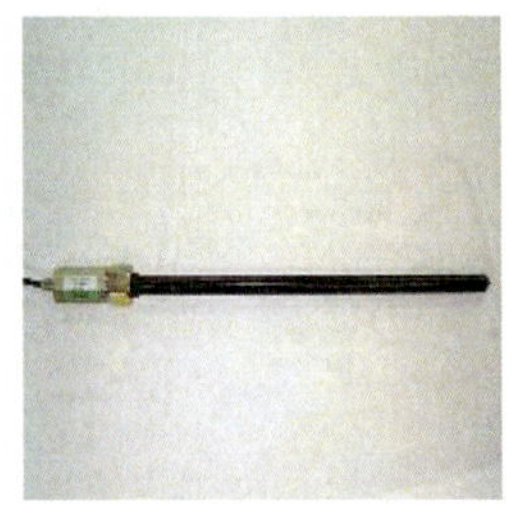
반경방향과 접선방향 구분설치 측정범위 : 30~200kgf/m^2 정량적인 응력관리 어려움	연약지반, 가시설, 댐 토압측정 측정범위 : 2~70kgf/m^2 정밀한 설치기술 필요	전기식, 기계식, 진동형 방식 정밀도가 낮음 축력의 변화추이 파악에 활용

12.2 흙막이 계측관리

흙막이 계측관리 목적은 소정의 계측기를 필요지점에 매설하여 굴착에 따른 지하수위의 변화, 토류벽체의 변위, 지점반력, 토압 및 수압의 변화, 인접지반의 거동 등을 지속적으로 파악하여 설계치와 비교, 검토함으로써 설계 시의 지반조건 및 각종 토질 정수에 대한 정보 부족의 불확실성을 제거하고, 이에 대한 최적의 보완시기와 방법을 강구하는데 있다.

12.2.1 흙막이 안정성

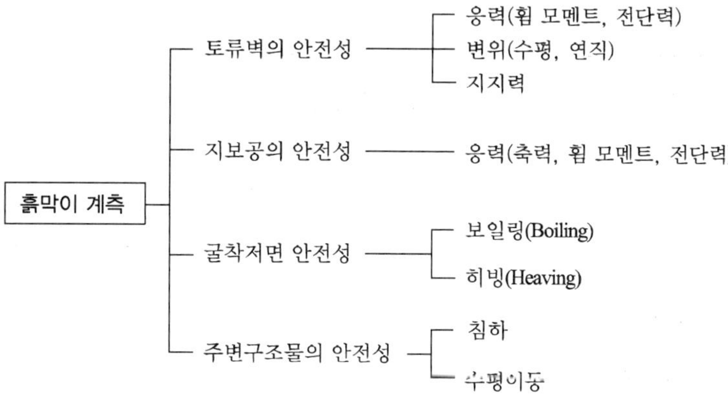

그림 12.1 흙막이 안정성 검토 항목

12.2.2 계측의 목적

1) 설계 시 현장의 대표 지점에서 얻어진 지반정보의 부족에 기인하여 발생할 수 있는 문제점을 시공기간 중에 발견한다.
2) 굴착공사 시 지반 및 인접구조물의 영향에 대한 정보를 제공한다.
3) 계측결과에 의한 설계의 수정 및 보강을 시행한다.
4) 축적된 자료를 통하여 차후설계에 반영하여, 흙막이 구조물 건설에 있어서 합리성을 확보한다.

12.2.3 계측계획 수립 검토항목

1) 개착구간의 계측계획 수립시의 일반적 검토 항목

표 12.3 개착구간 계측계획 수립시의 일반적 검토 항목

항목	내용	
인접 구조물 특성	1) 주변 도로망 파악 3) 인접건물 하부지반의 토질특성 파악	2) 인접건물의 배치 및 노후상태 파악 4) 인접건물의 기초형식을 포함한 제원
구조물 특성	1) 구조물 형태의 특성 파악 3) 자연적 현상 및 인위적 현상의 상호관계	2) 지반 지지 주체의 특성
지질, 토질 특성	1) 광역적 특성, 지질의 특성 3) 암반 및 토질의 공학적 특성	2) 해당지역의 지지 기반층 생성과 발달과정
지지부재 및 시공특성	1) 부재 및 뼈대구조의 거동 특성 3) 지층변화 및 지하수유동 예측	2) 시공순서 및 시공단계별 시간개념 4) 시공성 및 취약요소의 파악
계측기기의 특성	1) 작동원리 및 설치기법 3) 측정방법 및 경제성	2) 측정범위 및 측정오차 4) 내구성 및 운영시스템에의 상호 호환성

2) 시스템에 대한 검토사항

표 12.4 시스템에 대한 검토사항

항목	내용
계측빈도	계측 항목별로 시공 진행도 및 계측치 변화 속도 등을 검토 후 결정
계측방법	수동, 반자동, 자동 등의 방법 검토
처리 시스템	측정기, 컴퓨터 종류, 용량, 통신방법 등 환경정비 상태 검토
계측체제	담당자 선정, 시스템 구축, 계측관리 조직에 대한 장기적인 체제 확립

3) 계측기 배치에 대한 검토사항

표 12.5 계측기 배치에 대한 검토사항

항목	내용
계측목적과의 부합성	계측목적 및 해석위치와 상호 부합하는 위치선정과 배치간격, 수량 및 심도 검토
시공사항	1) 선행부분, 가장 취약하다고 판단되는 부분, 시공상 대표단면 검토 2) 시공 과정에 대한 합리성 검토 3) 자연조건 및 주변 여건 고려
전체관리 및 집중관리	1) 한 계기가 부담할 수 있는 영역 검토 2) 주 계측단면, 보조계측 단면의 산정 3) 한 단면에서 연계분석이 가능토록 계측계획수립검토
계기보수	1) 가설물, 중기 등에 대한 손상발생 2) 장기간 계측하는 경우의 설비 3) 중요부분 재설치 및 필요부문 추가설치 검토

4) 계측위치 선정 시 검토사항

계측위치 선정 시 경제성 및 시공성을 고려하여 흙막이 구조물 및 배면지반의 거동을 대표 할 수 있는 위치를 선정하여 최대효과를 얻도록 한다.

(1) 원위치시험 등에 의해서 지반조건이 충분히 파악되어 있는 곳
(또는 비교적 단순하고 대표적인 지반상태를 갖는 지점)

(2) 설계와 시공면에서 흙막이 구조물을 대표할 수 있는 장소

(3) 중요 구조물이 인접하여 있는 곳

(4) 우선적으로 굴착공사가 진행될 곳

(5) 흙막이 구조물이나 지반에 특수한 조건이 있어 공사에 영향을 미칠 것으로 예상 되는 장소 (지반상태 및 재료가 변경되는 지점)

(6) 교통량이 많은 장소

(7) 하천주위 등 지하수 분포가 다량이고 수위의 상승, 하강이 빈번한 곳

12.2.4 흙막이 공사 시 계측 항목

계측항목 선정 시 터파기 규모 또는 지반조건 등에 따라서 달라지기 때문에 구체적인 계측결과의 활용목적, 평가기법을 명확하게 수립한 후 필요한 계측항목을 선정하여야 한다.

1) 흙막이 공사에 따른 현장계측항목, 사용계기 및 측정 목적

표 12.6 흙막이 측정 항목 및 목적

측정위치	측정항목		사용계기	육안 관찰	측정 목적
흙막이 벽체	측압	토압 수압	토압계, 수압계	1) 벽체의 휨 및 균열 2) 흙막이벽의 연속성 확인 3) 누수 4) 주변지반 균열	① 측압의 계측/실측치 비교 ② 주변 수위, 간극수압, 벽면수압의 관련성 파악
	변형	두부변위 수평변위	트랜싯, 추, 경사계		① 변형이 허용치 이내인가? ② 토압, 수압, 벽체변형의 관계 파악
	벽체의 응력		변형계, 철근계		① 응력분포를 구해 설계 시 계산된 응력과 비교 ② 실측/허용응력의 비교로 벽체 안정성 확인
버팀보, 그라운드 앵커	축력, 신축량, 온도		하중계, 신축계, 변위계, 온도계	1) 버팀보 연결의 평 탄성 2) 볼트의 조임 상태 3) 띠장 등 가시설 변형상태 4) 앵커 설치상태 (천공각도 등)	① 버팀보, 그라운드 앵커의 토압분담 역할을 분명히 함. ② 허용축력과의 비교
굴착지반	굴착면 변위 임의적 변위 간극수압 지중수평변위		지중변위계, 간극수압계, 경사계	1) 내부지반 용수 2) 파이핑, 히빙	① 응력해방에 의한 굴착면의 횡변형 및 주변지반 거동 ② 배면, 흙막이벽, 굴착저면 상호간의 변위 관계 파악 ③ 실측/허용변위량 비교 ④ 굴착/배수에 따른 침하량 및 침하 범위 파악 ⑤ 지하매설물의 침하 파악
주변지반	지표 및 지중의 수직 및 수평변위 간극수압 지하수위		변위말뚝, 지중침하계, 경사계	1) 배면지반의 침하 및 균열 2) 도로연석, 블록 등의 벌어짐	
인접건물	수직변위, 경사		침하계 경사계	1) 구조물의 기울기 2) 구조물의 균열	굴착 및 배수에 수반되는 기존 구조물의 변위량 파악
유독가스 수질오염	도시가스 탄산/메탄가스 수질오염		가스 탐지기 수질시험	가스관 주변 지반침하 상태	① 굴착 내 가스 발생 확인 ② 지반개량 등에 의한 주변 지역의 수질오염 확인

2) 굴착시공 시 계측기 종류별 설치위치 개념도

(a) 가시설배면에 경사계설치 (b) 띠장에 설치된 하중계 (c) 스트러트(Strut)에 설치된 변형률계

그림 12.2 토류벽 계측기 개념도 및 계측기 설치

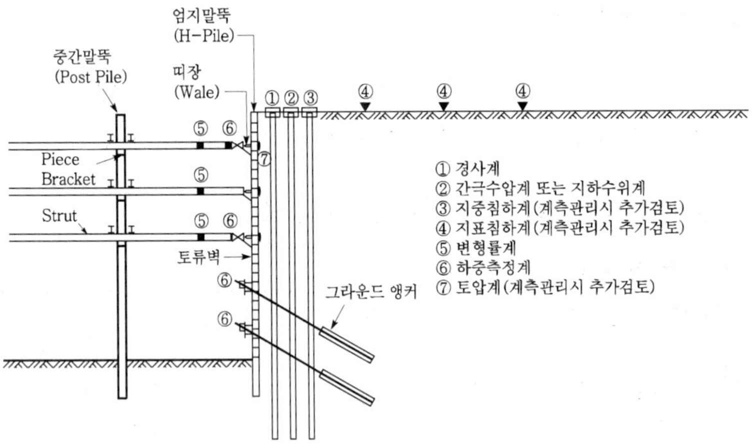

(d) 계측시 설치위치 개념도

그림 12.2 토류벽 계측기 설치 및 계측기 개념도 (계속)

12.2.5 계측 항목별 빈도

표 12.7 계측 항목별빈도

계측 항목	측정 시기	측정 빈도	비고
지하수위계	1) 설치 즉시 2) 공사 진행 중 3) 공사완료 후	1) 1회/일 (1일간) 2) 1회/일* 3) 2회/주*	1) 초기치 선정 2) 우천 이후 3일간 연속 측정
하중계	1) 설치 즉시 2) 공사 진행 중 3) 공사완료 후	1) 3회/일 (2일간) 2) 1회/일* 3) 2회/주*	1) 초기치 선정 2) 다음 단 설치 시 추가 측정 3) 다음 단 해체 시 추가 측정
변형률계	1) 설치 즉시 2) 공사 진행 중 3) 공사완료 후	1) 3회/일 2) 1회/일* 3) 2회/주*	1) 초기치 선정 2) 다음 단 설치 시 추가 측정 3) 다음 단 해체 시 추가 측정
지중경사계	1) 설치 즉시 2) 공사 진행 중 3) 공사완료 후	1) 1회/일 (3일간) 2) 1회/일* 3) 2회/주*	1) 초기치 선정 2) 다음 단 설치 시 추가 측정 3) 다음 단 해체 시 추가 측정
건물경사계	1) 설치 즉시 2) 공사 진행 중 3) 공사완료 후	1) 1회/일 (3일간) 2) 1회/일* 3) 2회/주*	초기치 선정
지표침하계	1) 설치 즉시 2) 공사 진행 중 3) 공사완료 후	1) 1회/일 (3일간) 2) 1회/일* 3) 2회/주*	초기치 선정

주) (1) 공사 중은 굴착공사를 의미한다.
(2) 상기 측정의 빈도는 현장여건에 따라 조정, 수행 할 수 있다.
(3) (*) 표시된 빈도는 외부하중 및 지반거동 변화 시 추가측정을 실시하며 공사가 중단된 경우 측정 빈도를 재조정하여야 한다.
(4) 지하수위계, 지중경사계, 건물경사계, 지표침하계는 굴착 전에 설치하고, 하중계 와 변형률계는 그라운드 앵커 및 가시설 시공 시 병행 설치한다.

12.2.6 계측관리 기준

1) 절대치 관리

(1) 일반사항

① 문제점 : 설계치에 대한 관리기준치의 결정 방법과 계측측정치가 관리기준치를 초과 했을 때의 대처방안

② 관리기준치 설정 방법(예)

- 1차 관리기준치 : 설계서에 나타난 각각 허용치의 80%로 설정한다.
- 2차 관리기준치 : 설계서에 나타난 각각 허용치의 100%로 설정한다.

③ 측정 결과치가 관리기준치에 도달하면 계측빈도를 높이는 등의 감시 체계를 강화하고, 측정치가 계속적인 증가 양상을 보일 경우에는 공사를 중단하고 그 발생 원인을 파악하여 이에 따른 대책을 강구하여야 한다.

(2) 계측 관리의 기본적 개념

① 1단계 : 측정치 ≤ 1차 관리기준치 ⇒ 토류구조물이 안전하다.

② 2단계 : 1차 관리기준치 〈 측정치 ≤ 2차 관리기준치

⇒ 다음 단계 굴착 시 예의 주시한다.

③ 3단계 : 2차 관리기준치 〈 측정치

⇒ 공사 중지 및 토류구조물 안정에 대한 전면 검토가 요구되며, 굴착 깊이의 변경이나 지보재에 대한 검토가 필요하다.

(3) 구조물별 계측항목 및 관리기순

표 12.8 구조물별 계측항목 및 관리기준(예)

구분	대상물	기준의 범위	관리 계측 항목
토류 구조물	1) 토류벽의 응력 2) 토류벽의 변형 3) 버팀보 축력, 응력 4) 버팀보의 평면도 5) 띠장의 응력	1) (장+단)/2 이하 2) 1/300, 설계치 이하 3) (장+단)/2 이하 4) 1/100 이하 5) (장+단)/2 이하	1) 토압계 2) 지중경사계 3) 하중계, 변형률계 4) 하중계
주변 시설물	1) 주변지반의 침하 2) 주변 매설물 (상·하수, 도시가스관) 3) 지하철 4) 주변 건물	1) 1/500~1/200 2) 관리담당자와 협의 3) 관리담당자와 협의 4) 1/1,000~1/300	1) 지표침하계 2) 건물경사계

주) 장 : 장기 허용응력도, 단 : 단기 허용응력도

(4) 토류구조물 공사에서 안전시공관리를 위한 기준

표 12.9 계측항목별 관리기준(예)

측정 항목	안전, 위험의 판정 기준치	판정법			
		지표 (관리기준)	위험	주의	안전
측압 (토압, 수압)	설계 시에 이용한 토압분포(지표면에서 각 단계 근입 깊이)	F_1 = 설계 시에 이용한 토압/실측에 의한 토압(예측)	$F_1<0.8$	$0.8 \le F_1 \le 1.2$	$F_1>1.2$
벽체 변형	설계 시의 측정치	F_2 = 설계 시의 추정치/실측의 변형량(예측)	$F_2<0.8$	$0.8 \le F_2 \le 1.2$	$F_2>1.2$
토류벽 내 응력	철근의 허용인장 응력	F_3 = 철근의 허용인장응력/실측 의 인장응력(예측)	$F_3<0.8$	$0.8 \le F_3 \le 1.0$	$F_3>1.0$
	토류벽의 허용 휨 모멘트	F_4 = 허용 휨 모멘트/실측에 의한 휨 모멘트 (예측)	$F_4<0.8$	$0.8 \le F_4 \le 1.0$	$F_4>1.0$
Strut 축력	부재의 허용축력	F_5 = 부재의 허용축력/실측의 축력(예측)	$F_5<0.7$	$0.7 \le F_5 \le 1.2$	$F_5>1.2$
굴착저면의 heaving량	실측결과와 Lambe에 의한 허용 heaving량 비교		실측결과가 안전영역에 plot 되는 경우	실측결과가 안전영역에 plot 되는 경우	실측결과가 안전영역에 plot 되는 경우
침하량	각 현장마다 허용치를 결정	각 현장 상황에 맞는 허용침하량을 지정하고, 그 허용침하량을 넘으면, 위험 또는 주의 신호로 판단한다.			
부등 침하량	건물의 허용 부등침하량	기둥간격에 대한 부등침하량의 비	1/300 이상	1/300~1/500	1/500 이하

2) 예측 관리

(1) 계측자료와 예측자료를 비교하여 계측자료가 허용 범위 내에 유지되어야 하나 그렇지 못한 경우에는 시공단계에서 얻어진 계측치에 근거한 설계 입력치를 재검토하여 해석 후 안전측에서 시공이 진행되도록 조치하여야 한다.

(2) 개착구간에서는 앞의 절대치 관리기법과 예측 관리기법을 병용한다.

(3) 개착구간에서는 절대치 관리기법을 주로 사용하고, 특수구간 및 문제발생 가능성이 상당히 높은 구간에 대해서는 예측 관리기법을 사용한다.

12.2.7 인천국제공항 흙막이 경사계 계측관리 기준 적용 사례

경사계 계측관리기준은 구조물 설치 예정지의 굴착 대상토가 대부분 점흙쌓기이었으므로 깊이에 대한 최대변위량이 위험기준치를 초과하더라도 연속변위증가량이 아래 기준 내에 들어오고 변위량이 일정 기간 동안 수렴하는 경우 안전한 것으로 판단하였다. 따라서 실무에서는 최대변위량과 연속변위증가량에 의한 병행 관리기준에 의하여 계측관리를 실시하는 것이 바람직하다.

표 12.10 경사계 계측관리 기준

구분	안전	주의	위험
최대변위량비(γ/H)	2.0%H 미만	2.0~3.0%H	3.0%H 이상
연속변위 증가량	3mm 미만 / 7일	4~5mm / 7일	6~11mm / 7일

12.2.8 흙막이 계측관리 실무적용 시 유의사항

1) 계측기설치를 위한 연약지반 천공 시 에어 콤프레셔(air compressor)로 할 경우는 주변 지반이 교란될 수 있으므로 이수 순환식 물보링을 실시함이 바람직하다.
부득이 지반교란을 야기시키는 장비를 사용할 경우는 경사계의 경우 충분한 시간이 경과한 후 지반이 안정화된 뒤의 계측치를 초기 값으로 선정하여 실제 굴착에 의한 지반의 변형을 정확히 파악하여야 한다.
2) 변형률계 설치 위치는 축력을 주로 받는 강재의 경우 웹(web), 휨 모멘트를 크게 받는 강재는 플랜지(flange)에 설치하는 것이 바람직하다. 또한 버팀보에 보다 정확한 축력을 측정하기 위해서는 web 양쪽에 각각 1개씩의 변형률계를 설치하여 평균축력을 계산하는 것이 바람직하다.
3) 스트러트(strut)에 설치하는 변형률계는 강재의 응력변화 파악을 위해 잭킹(jacking) 이전에 설치하여 zero reading값을 측정해야 한다. 버팀보의 축력측정은 변형률계를 설치하는 것 보다 하중계를 설치하여 측정하는 것이 더 정확하나 국내에서는 가격이 저렴한 변형률계를 대부분 사용하고 있다. 위험단면인 경우는 하중계를 설치하는 것이 바람직하다.
4) 변형률계, 하중계 설치위치는 토압과 밀접한 관계가 있으므로 경사계 매설지점과 가까운 곳에 설치하여 지반거동상태를 상호 연관하여 분석하여야 한다. 버팀보 지간이 길거나 버팀보 양쪽 지반조건이 동일하지 않는 경우는 양쪽에 변형률계, 하중계, 경사계를 각각 실시하여 실제지반조건이나 시공사항이 반영된 계측 분석이 되어야 한다.
5) 버팀보 축력은 대기 온도 변화에 따라 변하므로 반드시 온도를 측정하고 온도변화에 따른 영향을 분석하여야 한다. 특히 버팀보 축력이 크게 발생한 상태에서 온도변화와 일치하지 않는 거동이 발생시는 지반이 이완되거나 가시설의 변형이 발생할 수 있으므로 주의를 요한다.
6) 그라운드앵커 하중계가 설치된 곳을 인장할 경우는 주변앵커를 모두 인장 한 후 인장하여야 한다. 이 순서를 바꾸어 실시할 경우 주위 앵커인장으로 인해 하중계 인장력의 상당부분이 상실되어 부정확한 계측이 발생하기 때 문이다.
7) 하중계의 반력증감이 앵커체 문제인지 지반거동에 의한 상대적인 현상인지 구분하기 어려운 경우에는 측정 빈도를 규칙하게 시행하거나 경사계 측정시기와 같은 시기에 계측을 실시하는 것이 좋다.

12.3 연약지반 계측관리

연약지반 계측관리는 안정된 공사 수행을 위해 설계 시 예측된 지반거동 과 시공과정에서 발생하는 실제 지반거동을 파악하여, 필요한 경우 공사 방법을 변경하거나 재하 하중의 조정, 압밀기간 등을 조정하는데 목적이 있다.

12.3.1 계측관리

1) 계측관리 기술적 과제 및 관리법

표 12.11 계측관리 기술적 과제 및 관리법

기술적과제		현장관리사항	관리법·예측법	계측항목
활동 파괴	1) 설계예상과 실제의 차이 2) 지반형태의 차이	1) 흙쌓기의 안전율 2) 한계하중 3) 한계변형 4) 균열, 융기 등	1) 압밀진행 상태에 따른 비탈면 안정 재해석에 의한 관리 2) 지반활동에 대한 안정계산 3) 계측을 통한 안정관리	1) 변위측정 (수평, 연직변위) 2) 정기적 육안 관찰
침하량	1) 설계예상과 실제의 차이 2) 지반형태의 차이 3) 간접자료를 통한 추정의 정확도	1) 최종침하량 2) 압밀도 3) 장래침하	1) 침하 data를 이용한 침하예측법 2) 간극수압 data를 이용한 추정 3) 물리정수(함수비 등)의 변화로부터 추정 4) 강도(일축압축강도 등)의 변화로부터 추정	1) 침하측정 2) 간극수압측정
강도 증가	1) 설계예상과 실제의 차이 2) 지반형태의 차이	1) 지반강도 2) 재하하중 3) 압밀도	1) 강도조사 2) 흙쌓기높이 3) 침하예측법 4) 간극수압의 측정을 통한 추정 5) 물리정수(함수비 등)의 변화로부터 추정	응력측정
주변 지반의 변형	1) 설계예상과 실제의 차이 2) 간접자료를 통한 추정의 정확도	1) 주변지반의 변위 2) 기존구조물의 변위 변형	실측관리치	1) 변위측정 2) 응력측정 3) 지반조사

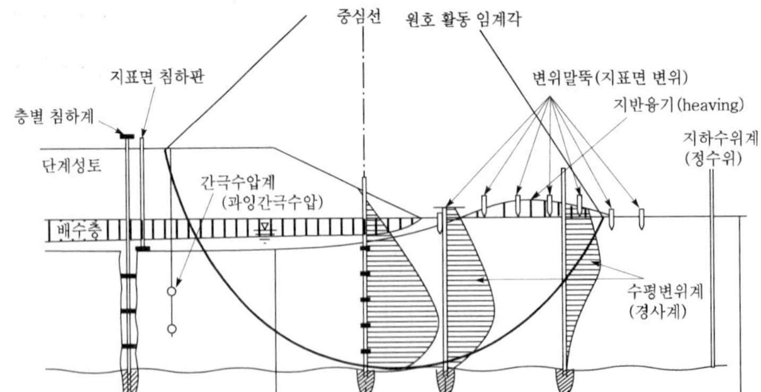

그림 12.3 연약지반 공사 시 일반적인 계측기 배치도

2) 침하, 안정관리

계측관리는 지반 개량 후 상재하중에 의한 지반의 잔류 침하를 예측하여 여흙쌓기의 제거시기를 결정하는 침하관리와, 흙쌓기 시공 중 흙쌓기체 및 원지반의 안정성을 평가하여 흙쌓기에 의한 비탈면 파괴, 원지반의 전단파괴 등이 발생하지 않도록 시공 속도를 조절하는 안정관리가 있다. 침하관리와 안정관리 항목별 기법의 흐름도는 그림 12.4와 같다.

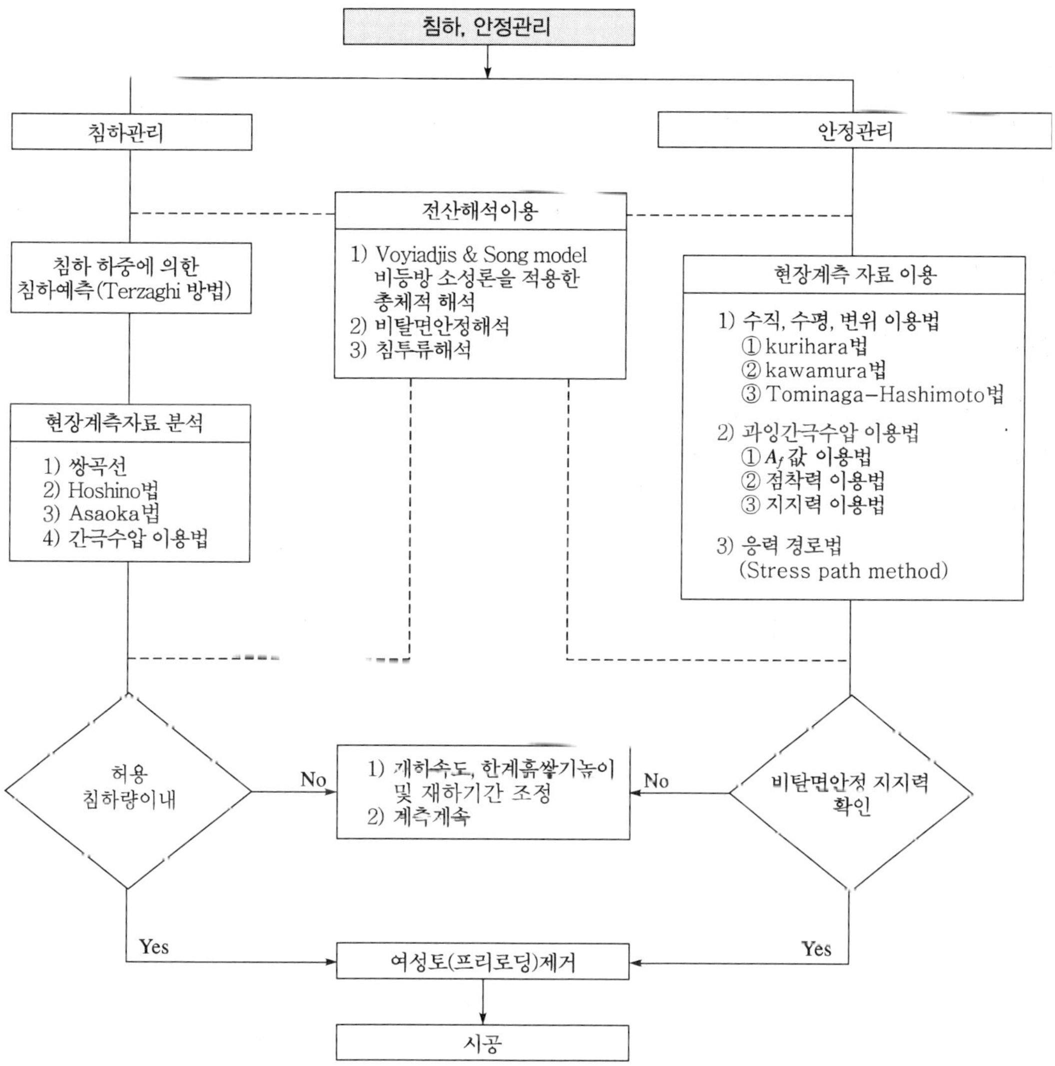

그림 12.4 침하, 안정관리 흐름도

12.3.2 침하관리

지표면 침하판, 층별 침하계 등을 침하관리 대상 지층에 매설하고 시공 중에 동태관측을 실시하여 그 결과로부터 장래 침하를 예측함으로서 장기 침하대책을 강구하기 위해 실시한다.

1) 침하관리 목적

(1) 장래침하량을 예측하여 구조물의 장기침하량 결정

(2) 부등침하량 확인 및 대책수립

(3) 프리로딩의 재하시간과 제거시기 결정

(4) 장래침하량의 예측에 따라 잔류침하량을 추정하여 구조물과 흙쌓기의 연결부 단차와 그 외의 침하에 대한 대책 수립

(5) 공사부지를 포함한 주변지반의 변형, 수로 등 기존구조물의 변위 등을 측정하여 장애가 발생치 않도록 관리

2) 계측항목별 측정목적

(1) 계측항목은 공사의 종류와 중요성, 관리목적, 관리체제와 인원 및 경제성 등을 충분히 고려하여 지반개량의 효과분석 및 안정관리 대상지 역에 계측항목, 계기의 종류와 성능 등을 결정하여 다음과 같이 선정 한다.

표 12.12 계측기 종류별 설치목적 및 활용내용

계측항목	계측기선정	설치목적 및 이용
침하 (침하관리)	지표침하계	최종 침하량 추정 및 프리로딩(preloading) 제거 시기 결정
	층별침하계	1) 각 층의 침하량 측정 및 심부의 지반거동 파악 2) 최종 침하량 추정 및 프리로딩 제거 시기 결정
변위 (안정관리)	경사계	1) 흙쌓기에 따른 지반의 심도별 수평변위량을 측정하여 단계흙쌓기시기 및 속도결정 2) 수평방향의 지반변위 및 안전도 판단.
수압 (침하·안정관리)	간극수압계	1) 흙쌓기하중에 의한 과잉 간극수압의 변화 측정 등의 지반처 리 효과 판정 2) 침하 진행상황 검토 및 프리로딩 제거 시기 결정
수위 (침하·안정관리)	지하수위계	지하수위를 측정하여 지반 내 간극수압으로부터 정수압과 과잉간극수압의 구분에 이용

(2) 계측기 설치위치

① 계측결과를 검토·분석하고 이를 통하여 현장 전반의 시공 상황과 여건변화를 종합적으로 판단·분석하고 향후의 상황을 예측할 수 있도록 선정한다.

표 12.13 계측기 종류별 설치위치

계측기 종류	설치위치	
지표침하판	침하판단용	흙쌓기체 중앙부 위치에서 원지반상에 설치
	안전판단용	흙쌓기체 양쪽 어깨 위치에서 원지반상에 설치
층별침하계	1) 흙쌓기체 내부에 설치하며 심도기준으로 기준소자는 지지층 $2m$까지 정착하고, 침하소자는 각 토층 상단에 설치 2) 층별침하계의 배치는 지반 층후를 고려하여 계측이 필요한 곳을 선정하여 적절히 배치 함.	
간극수압계	1) 간극수압계는 층간의 간극수압 경향을 파악하기 위하여 층별 침하계 사이에 매설. 2) 간극수압계 소자 설치기준 ① 연약층 심도 $5m$ 이하 : 1개소 설치 ② 연약층 심도 $5\sim10m$: 2개소 설치 ③ 연약층 심도 $10m$ 이상 : 3개소 설치	
지하수위계	1) 심도 기준으로 현 지하수위 레벨에서 $3m$ 이하의 심도까지 설치 2) 흙쌓기체 영향범위 외곽에 설치	
경사계	지지층(N>50/10)에서 $2.0m$ 이상 근입 설치	

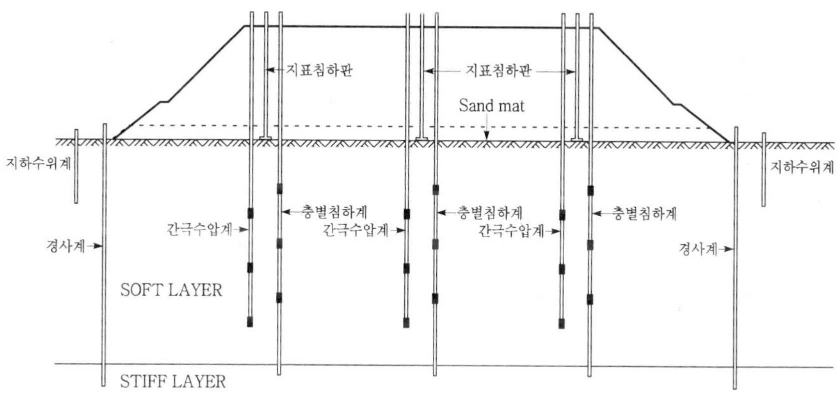

그림 12.5 계측기 설치 단면도

② 계측기 센서가 서로 근접될 경우 천공 시 수직도 문제로 인하여 망실우려가 있으며, PBD 간격 사이의 배치는 침하, 압밀도 등 계측값에 중요한 영향을 나타내므로 그림 12.6(a)와 같이 PBD 설치 중간지점에 계측기를 1공씩 설치하는 것이 바람직하다.

(a) 계측기 설치 평면도 (b) 계측기 현장 장면 (c) 지하수위계 선단부

그림 12.6 계측기 설치 평면도, 현장 계측기 및 지하수위계

(3) 계측기 종류별 설치시기

흙쌓기시공 전에 계측기를 설치하는 적정시점을 제시하면 다음 표 12.14와 같다.

표 12.14 계측기 설치시기

계측기 종류	설치 시기
지표침하판	계측기 설치의 대표 위치로 판단되는 지역은 PBD 타설 전 (PP mat 포설직후, case 1) 계측기 설치를 원칙으로 한다. 부득이한 지역은 PBD타설 후(sand mat 포설 후, case 2) 계측기를 설치하되 sand mat에 의한 침하량은 원지반에 설치한 계측기의 값을 역해석(back analysis)한다. 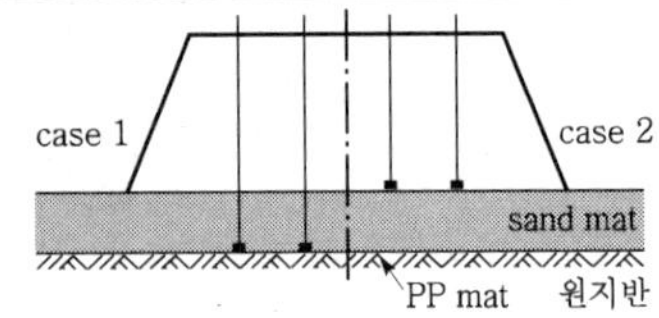
층별침하계 간극수압계 지하수위계 경사계	본 계측기들은 설치장비를 이용하여 지중을 천공하고 센서를 설치하는 항목이다. 가급적 원지반에 설치하는 것을 원칙으로 하되, 천공 시 장비 진입이 어려운 경우는 sand mat 부설직후 설치한다.

(4) 수동, 자동계측 비교

① 연약지반개량 계측시스템은 암흙쌓기시 계측기 파손 및 케이블의 절단 가능성, 광역 매립공사의 특성상 측정위치가 분산되어있는 점 등을 감안할 때 현장 여건에 따라 시공 중에는 자동화계측이 곤란할 수도 있다

② 준설토 투기 시 초기계측과 시설물(구조물, 포장 등) 완료 후 지속되는 잔류침하계측을 위한 장기계측을 감안하면 자동화 계측이 수동 계측보다 인건비를 절약할 수 있으므로 적용 전에 수동계측과 비교검토 후 사용여부를 결정하여야 한다.

표 12.15 수동, 자동계측 비교

구분	수동계측	자동 또는 반자동계측
개요	수동측정기로 직접 측정 후 야장에 기록하는 방식	Data logger에 연결시켜 유선 또는 무선으로 data를 획득하는 방식
장점	1) 현장상황 육안관찰이 용이 2) 계측기 설치비용이 저렴	1) 사용자가 원하는 주기로 자료 확보 가능 2) 수동계측보다 인건비가 저렴
단점	1) 주위 여건에 따라 측정시간 제약 2) 측정주기가 길어 data의 연속성 결여 3) 공사기간이 길수록 계측인건비 증대	1) 초기 계측시스템 구축비용 고가 2) Noise에 취약 3) 센서와 data logger간의 거리제약 (통상 500*m* 이내)

3) 실측치를 이용한 장래 침하량 추정방법

침하량 추정방법에는 Asaoka법, Hyperbolic법, Hoshino법, Terzaghi 방법이 있으며 이중 Hyperbolic법, Hoshino법은 경험에 의한 것이고, Asaoka법, Terzaghi법은 이론적으로 유도된 방법이다. Hyperbolic법은 초기 부분에서는 실측치에 비하여 값이 작게 산정되고 중반 이후에는 근사치에 일치하는 경향을 보인다. 따라서 실무적용 시 안정측 관리를 위하여 Hyperbolic법을 많이 이용하고 있으나 현장여건에 따라 타 방법과도 비교 검토하여 적용하는 것이 바람직하다.

표 12.16 장래 침하량 추정방법

방법	내용	그림 및 식
Asaoka법	1) 1차원 압밀방정식에 의거 하중이 일정할 때의 침하량을 나타내는 간편식으로 실측 2) 침하-시간곡선에서 동일간격의 시간($\triangle t$)에 대응하는 침하량 S_1, S_2, ..., S_i를 구하여 (S_1, S_2), (S_2, S_3)...,(S_{i-1}, S_i)를 plot하고 점들을 연결하는 직선을 구하여 침하량 계산 3) 장, 단점 ① 압밀도 60% 이상이 되어야 신뢰성이 있음 ② 시간증분($\triangle t$)에 따라 압밀계수가 달라지는 문제가 있음	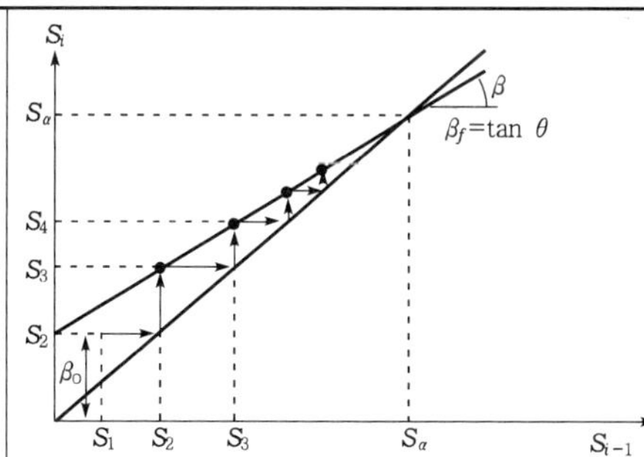 $S_t = \beta_0 + \beta_1 \cdot S_{i-1}$ $S_f = \dfrac{\beta_0}{1-\beta_f}$
Hyperbolic법 (쌍곡선법)	1) 침하의 평균속도가 쌍곡선 적으로 감소한다는 가정하에 초기의 실측침하량에 의해 장래의 침하량을 예측하는 방법으로서 흙쌓기종료 후 실측침하량을 기초로 시간(t)과 $t/(S_t - S_o)$를 plot하고 이 점들 중 후반부의 직선부분을 연결하는 직선을 결정하여 침하량을 계산 2) 장, 단점 ① 국내 인지도가 가장 높고 비교적 실측치와의 부합성이 가장 높음 ② 시간이 무한대일 경우 침하 변화가 없으므로 creep거동을 분석할 수 없음	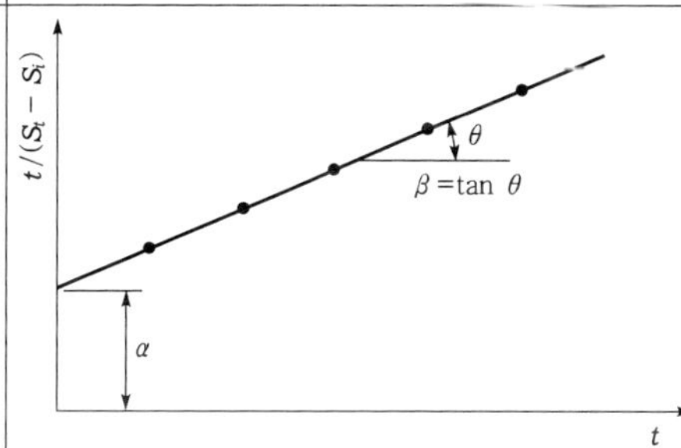 $S_t = S_0 + \dfrac{t}{\alpha + \beta_t}$ $S_f = S_o + \dfrac{1}{\beta}$
Hoshino법	1) 유동변형을 포함한 전침하량은 시간의 평방근에 비례한다는 가정으로부터 장래의 침하량을 예측하는 방법으로서 흙쌓기종료 후 실측침하량을 기초로 시간(t)과 $t/(S_t - S_o)^2$를 plot하고 이 점들 중 후반부의 직선부분을 연결하여 미지수 A, K에 의해 침하량을 계산 2) 장, 단점 ① 쌍곡선법과 유사하나 실측자료의 부합성은 쌍곡선법에 비해 낮음 ② 이론적 근거가 불명확함	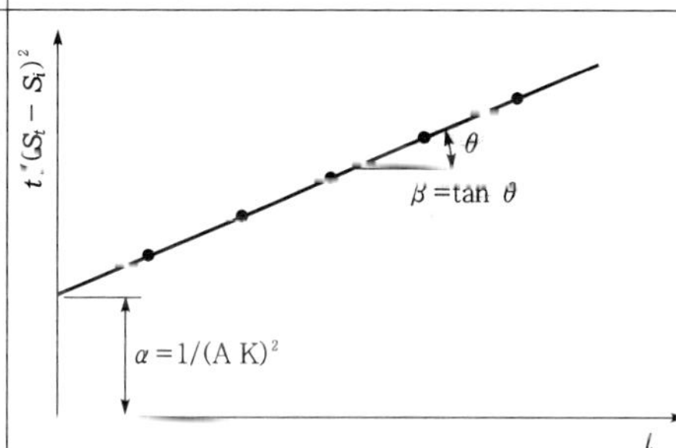 $S_t = S_o + S_d = S_o + \dfrac{A \cdot K \cdot \sqrt{t}}{\sqrt{1+K^2 \cdot t}}$ $S_f = S_o + A = S_o + \sqrt{1/\beta}$
Terzaghi방법	압축지수와 압밀계수를 가정하여 실측 침하량 곡선과 일치시켜 장래침하량을 예측하는 방법으로서 압밀 중 간극비가 심하게 변화되는 경우 적용성이 문제임.	

예제 12.1

도로 연약지반개량을 위하여 원지반에 지표면침하판을 설치하고 50일에 5.0m의 프리로딩을 단계 흙쌓기 한 직후 침하량(S_o)은 56cm, 200일 경과 후 침하량(S_t)은 100cm이다. 쌍곡선법과 Hoshino법으로 최종침하량(S_f)을 예측하고 도로 허용침하량(S_a)을 10cm로 가정 할 때 프리로딩 제거여부를 판단하라.
단, 시간경과에 따른 침하량곡선은 그림 12.7과 같다.

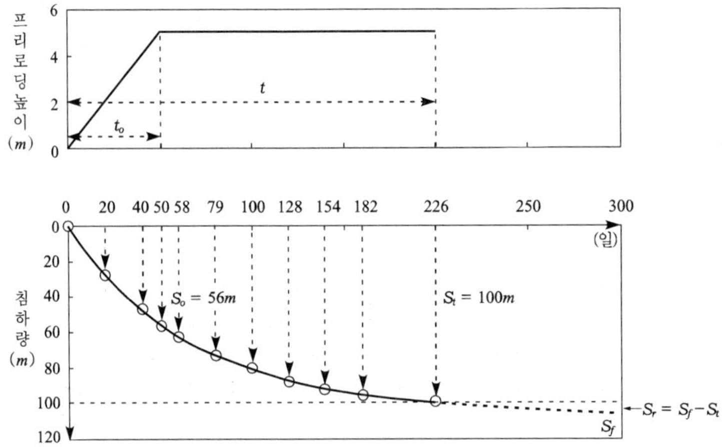

그림 12.7 프리로딩 흙쌓기높이에 따른 침하량

풀이

1) 회귀분석을 실시하여 쌍곡선(Hyperbolic)법과 Hoshino법의 기울기(β)를 표 12.17과 그림 12.8로 부터 구한다.

표 12.17 쌍곡선법과 Hoshino법의 회귀분석결과

일수 (t)	침하량(S_t) (cm)	$t-t_o$ (day)	S_t-S_o (cm)	쌍곡선법 $\frac{t-t_o}{S_t-S_o}$	Hoshino법 $\frac{t-t_o}{(S_t-S_o)^2}$
0	0				
20	28				
40	47				
50	56	0	0		
58	62	8	6	1.3	0.22
79	73	29	17	1.7	0.10
100	80	50	24	2.1	0.09
128	87	78	31	2.5	0.08
154	93	104	37	2.8	0.08
182	96	132	40	3.3	0.08
226	100	176	44	4.0	0.09
최소자승법에 의한 회귀분석 결과				α = 1.24	α = 0.0551
				β = 0.02	β = 0.0004

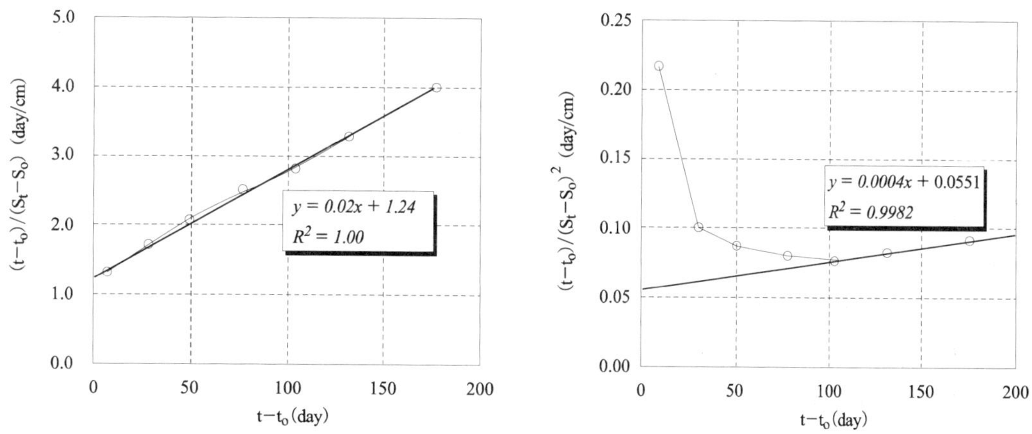

(a) 쌍곡선법　　(b) Hoshino법($\sqrt{t}$ 법)

그림 12.8 쌍곡선법과 Hoshino법($\sqrt{t}$ 법)

2) 쌍곡선법 : $S_f = S_o + \frac{1}{\beta} = 56 + \frac{1}{0.02} = 106.0cm$

S_r(잔류침하량) = S_f − S_t = 106.0 − 100.0 = 6cm 〈 S_a(= 10cm)

3) Hoshino($\sqrt{t}$)법 : $S_f = S_o + \sqrt{\frac{1}{\beta}} = 56.6 + \sqrt{\frac{1}{0.0004}} = 106.0cm$

S_r(잔류침하량) = $S_f - S_r$ = 106.0 − 100.0 = 6.0cm 〈 S_a(= 10cm)

4) 결 론

쌍곡선법과 Hoshino법에 의한 잔류침하량이 각각 6.0cm, 6.0cm로서 도로 허용침하량(S_a) 10cm 이내에 있으므로 지표면 침하판 계측 결과에 의한 프리로딩 제거는 가능하다. 그러나 이것은 계측결과만에 의한 판단이므로 실무에서 프리로딩 제거 전 지반개량 적정여부는 제 4장의 4.10.1의 9)항에 따라 종합적으로 평가하는 것이 바람직하다.

12.3.3 안정관리

연약지반의 흙쌓기에 대한 안정관리 분석방법은,

1) 극한평형법에 의한 방법

2) 수치해석에 의한 방법

3) 계측관리에 의한 방법

4) Stress path에 의한 방법이 있다.

상기방법 중 현장에서는 계측관리에 의한 방법이 주로 사용되고 있으며 이 방법에는 Matsuo-Kawamura방법, Tominaga-Hasimoto방법, Kurihara-Ichimoto방법, Shibata-Sekiguchi방법 등이 있다. 그러나 이와 같은 외국의 자료를 바탕으로 수행된 연구결과는 주로 계측관리를 통하여 축적된 자료를 이용하여 분석하였기 때문에 오차 범위가 크고 국내의 실제 현장지반에 적합한 지는 시험시공을 통하여 규명 할 필요가 있다.

1) 안정관리 목적

(1) 흙쌓기의 시공속도 관리

(2) 지반의 변형량과 변형속도로부터 안정성검토

(3) 간극수압의 이상 유무 검토

(4) 압밀의 진행상황 확인

2) 안정관리 분석방법

(1) 극한평형법에 의한 방법

극한평형법은 유효응력해석도 가능하지만 주로 비배수 단기안정해석 (ϕ=0 해석)을 실시하는 것이 일반적이다. 그러나 안정해석 결과는 연약지반상의 흙쌓기에 따른 하부 지반의 변위상태를 예측할 수 없고, 많은 가정을 내포하여 정량적인 수치로 안전율을 나타내기 때문에 흙쌓기 시공 시 항상 안정관리에 주의를 기울여야 하고, 신뢰도상의 문제점을 내포하고 있다.

(2) 수치해석에 의한 방법

탄성 해석과 탄소성 해석 그리고 연약지반상의 흙쌓기하중 증분에 따른 하부 지반의 응력-변형률 관계를 쌍곡선 모델 등을 설계 시 사용하고 있다.

(3) 계측관리에 의한 방법

현장계측의 역할은 과거와 현재의 자료를 토대로 진행 중인 공사의 안정성을 판단하고, 다음단계 공사에 대한 예측을 할 수 있어야 하며 계측관리는 침하관리와 안정관리로 구분할 수 있다. 실무에서 주로 쓰이고 있는 안정관리 방법 중 Matsuo-Kawamura법은 흙쌓기시공의 전기간에 걸쳐 지반거동을 파악할 수 있고, Kurihara법은 1일당 측방 변위량을 간편하게 체크할 수 있는 장점이 있다. 그러므로 공사시의 안정관리는 현장여건에 따라 Matsuo-Kawamura법과 Kurihara법 등을 병행하여 관리하여야 한다.

Matsuo-Kawamura방법은 연약지반 심도가 깊어 침하량이 측방변위 량보다 상대적으로 클 경우 실제 비탈면은 안정하지만 $\frac{Q}{Q_f}>1$인 경우가 발생할 수 있다. 이 경우 초기 침하량이 큰 값을 배제하고 관리하면 안정적인 비탈면관리가 가능하며 이때 Kawamura방법 등과도 비교 검토 하여 관리하는 것이 바람직하다.

Matsuo–Kawamura법	Tominaga–Hashimoto법
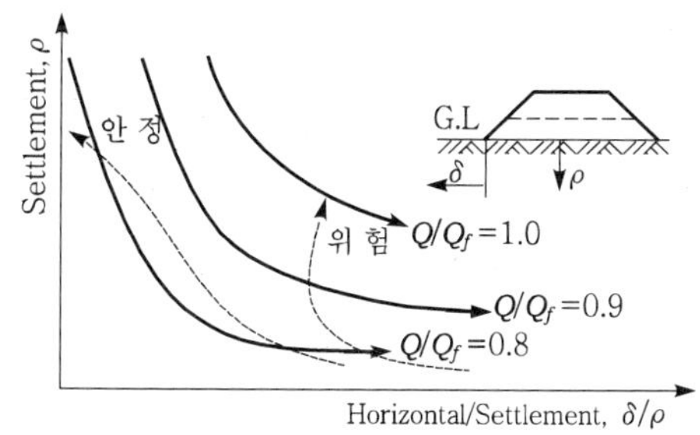	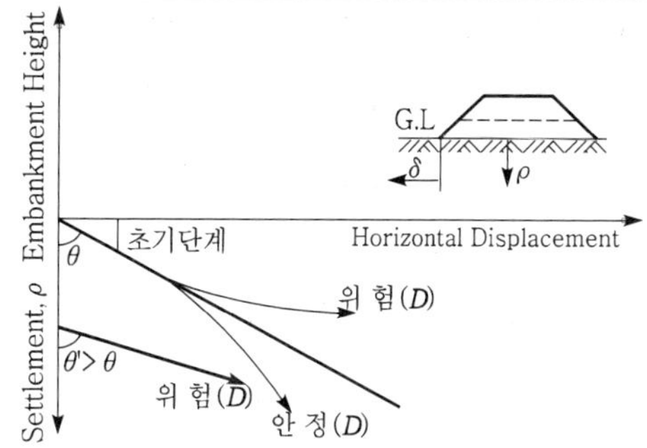
시공 중의 측정치를 $p-\delta/p$도상에 plot하여 파괴기준선에 근접하는지 멀어지는 지에 따라 안정·불안정을 판단하는 방법	p와 δ를 측정 plot하여 관리하는 방법으로 흙쌓기하중이 적은 초기단계의 δ와 p값에 의해 기준선(E선)을 표시하여 이 E선을 기준하여 안전성을 판단하는 방법
Kurihara법	**Shibata–Sekiguchi법**
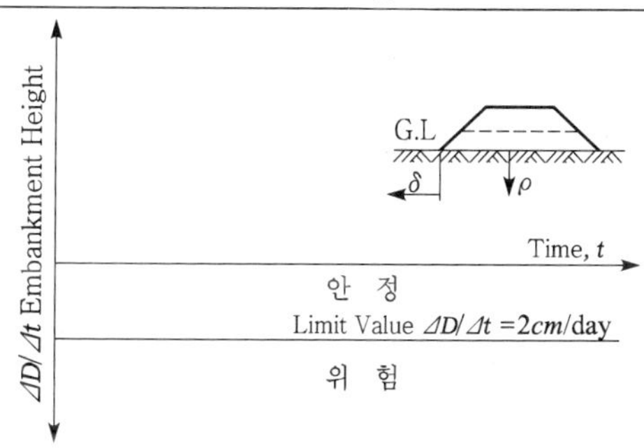	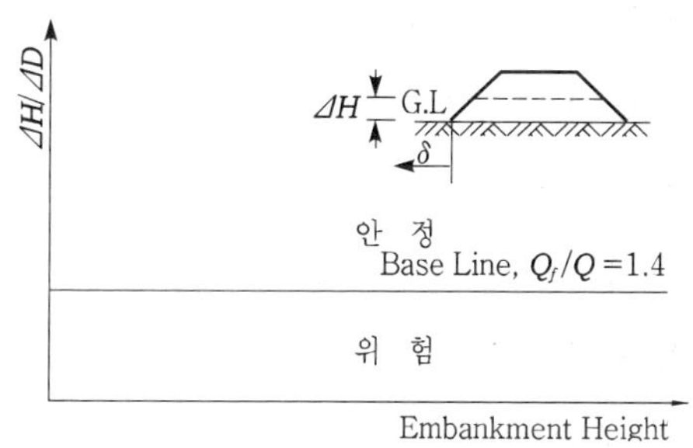
$\triangle\delta/\triangle t$와의 관계를 plot하여 $\triangle\delta/\triangle t$와 관리기준치를 비교하여 안전성을 판단하는 방법(일반적인 관리기준치: $2cm/day$)	$\triangle H/\triangle\delta$와 H(흙쌓기높이)의 관계를 plot하여 관리하는 방법으로 각 단계에서의 계산결과가 Q_f/Q 기준치인 1.4 아래에 위치할 경우 위험하다고 판단

그림 12.9 안정관리 해석방법

(4) 응력경로(Stress path)를 이용한 안정해석

그림 12.10과 같이 통상적으로 $p-q$관계도로 알려진 그림을 이용한다.

초기 응력상태가 점 A인 지반에 하중이 가해지면, 지반의 평균 주응력과 축차응력이 달라지게 되어 점 B, C 등으로 변동된다. 이때 응력 변동상태가 파괴포락선에 근접하게 되면 위험한 상태가 되고, 이로부터 멀어지면 안정한 상태가 된다. 이처럼 지반이 처하는 응력 경로로 거동을

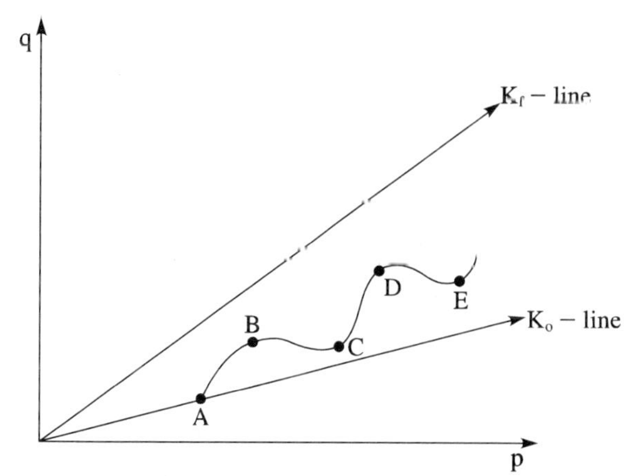

그림 12.10 응력경로(Stress path)법을 이용한 안정해석

분석한다고 하여 응력경로(stress path)법이라 부른다. 대개의 경우 흙쌓기 시에는 응력경로가 파괴포락선으로 가까이 가는 양상을 나타내며, 흙쌓기 완료 후 압밀이 발생하는 중에는 파괴포락선으로부터 멀어지는 양상을 나타낸다. Lambe의 stress path 응용기법을 $p-q$관계도 [$p=(\sigma_1+\sigma_3)/2$, $q=(\sigma_1-\sigma_3)/2$]에서 정지 토압 상태에서 지반의 응력 상태인 K_o선을 그린 후 현장에서 측정한 과잉간극수압을 이용하여 $p-q$관계도를 도시한다. 점들은 처음에 선에서 출발하여 흙쌓기가 진행됨에 따라 파괴선인 K_f 선으로 접근한다. 흙쌓기가 중지되고 지반의 압밀이 완료되면 지반의 응력 궤적은 K_f 선으로부터 멀어진다. 시공속도를 조절하여 지반의 응력상태가 K_f 선에 접근하지 않게 시공 관리하는 기법이다.

12.3.4 실무적용 시 유의사항

1) 계측기는 설치되기 전에 반드시 성능 및 내구성, 교정검사를 필하여야 한다.
2) 흙쌓기 진행시 흙쌓기체와 하부 지반의 거동을 분석하기 위해 필요한 항목 별로 계측기를 설치하여 관측하며 침하경향을 알기 위하여 흙쌓기고의 변화도 함께 측정 및 기록지에 표시해야 한다.
3) 연약지반에 계측기를 매설할 경우 설치 시, 준설(산토)매립 시, 프리로딩 재하 및 제거 시 계측기가 망실될 확률이 높으며, 외국의 경우 망실율을 반영하고 있으므로 현장여건을 감안한 계측기 망실율은 반영되어야 한다.
4) 계측기 설치 시에는 주변지반이 과도하게 교란되지 않도록 주의하며 설치후에는 흙쌓기 공정이 진행되기 전에 반드시 안정된 초기값을 확인하여 기록하여야 한다.
5) 연약 지반 개량 시 침하량을 설계 시 예측치보다 실측치가 작은 경우가 대부분이다. 그 이유는 실내시험의 경우 재하 하중이 시료에 순간적으로 재하되는 1차원적인 하중조건이나 현장에서는 흙쌓기 시 덤프트럭 포설 후 도져로 정지하게 되므로 하중이 서서히 재하되는 3차원적인 하중조건이 되므로 실제 지반에 걸리는 하중이 작게 걸린다.
6) 실내시험에서는 수평배수는 무시하여 1차원적 현상을 나타내나 현장에서의 압밀현상은 주로 수평, 수직배수인 2차원적 현상으로 이루어진다. 과잉간극수압의 경우도 실내에서는 비배수 조건으로 시험을 하지만 현장에서는 단계흙쌓기를 함으로써 공사도중 상당한 부분이 소산된다.
7) 지반의 불균질, 이방성, 시간효과와 시료채취 및 실내시험시의 교란 등으로 인하여 원지반 강도를 정확히 표현할 수 없다. 또한 흙쌓기재료의 밀도 및 강도의 불확실성으로 인하여 이론으로 정확한 해석을 할 수 없으므로 현장 계측을 이용한 침하, 안정관리가 반드시 필요하다.

8) 계측관리 개선방안

표 12.18 계측관리 개선방안

구분	현행	개선방안
계측 항목	지반개량규모와 원지반의 성층상태에 따른 계측항목의 선별없이 침하판, 층별침하계, 수위계, 간극수압계가 1 set 개념으로 적용	공사규모와 원지반 특성을 고려하여 계측항목 선별 적용
계측 빈도	Preloading 제거 후 rebound 계측 미실시	지반개량 적정여부확인을 위하여 rebound 계측을 실시해야함
계측기 배치	1) 침하판, 층별침하계, 간극수압계가 동일 위치에 삼각형 형태로 배치되는 사례가 많아 흙쌓기 시 간섭 초래 및 계측기 파손 가능성 증대 2) 지하수위계가 비탈면 하단부에 설치될 경우 흙쌓기하중의 영향을 받아 피압 수두가 측정되어 정수압 파악 곤란	1) 동일 위치에 계측기군을 배치할 경우 직선형 배치 및 계측기간 이격 거리는 최소 2m 확보 2) 흙쌓기하중의 영향권을 벗어난 지점에 지하수위계 설치 (설계단계에서 이격 거리 검토)
층별 침하계	연직배수재 타설시 또는 preloading에 의한 지반의 측방유동으로 guide pipe가 휘어짐	급속 흙쌓기에 의한 지반의 급격한 횡방향 변형이 발생하지 않도록 완속 시공 유도
경사계	흙쌓기 시 발생한 수평변위로 인해 케이싱 파손 및 과도한 굴곡발생으로 센서의 삽입 및 회수 불가능	계측 전에 dummy probe를 삽입하여 케이싱상태를 미리 파악하고 변위말뚝을 추가 설치하여 수평, 수직변위량을 측정하여 안정관리 실시
간극 수압계	간극수압계 센서의 침하로 인한 과인간극수압 소산여부 결과 판단 곤란	원지반침하시 간극수압계 침하는 불가피하므로 지표침하판, 층별침하계, 지하수위계 침하 등을 고려하여 소산 적정여부를 판단

9) 계측기를 설치하고 프리로딩을 재하할 때 하중에 의한 침하량이 허용침하량 이내에 범위 내로 예상될 경우 시방서에 의존하지 말고 계측빈도를 변경조정(예 : 2~3회/1~2주)할 경우 프리로딩 재료를 원활히 유용할 수 있다.

10) 지표면침하판, 층별침하계 등으로 지반 침하량만 측정하지 말고 프리로딩 제거 시 rebound를 측정하여 피드백(feed back)자료로 활용하여야 한다.

11) 침하, 안정관리 문제에 대한 대처방안은 표 12.19와 같다.

표 12.19 침하, 안정관리 문제발생시 대처 방안

침하 문제 대처방안	안정 문제 대처방안
1) 침하량 및 목표압밀도 확인이 주목적이 되며, 주로 지표침하판, 층별침하계 및 간극수압계의 계측결과를 이용하여 관리한다.	1) 지표침하판, 경사계 및 간극수압계의 측정결과 문제발생시 대처방안으로는 시공속도 조절, 공사중지 및 방치, 압흙쌓기 등을 실시 할 수 있으며 계측결과 추이를 주의 깊게 관찰한다.
2) 방치기간내 압밀이 충분하지 못한 경우의 대책으로는 공기연장을 하거나 또는 추가흙쌓기를 실시한다.	2) 안정관리방법들을 적용해서 가장 불안정 한 것으로 검토되는 안정관 리 방법에 준하여 압밀진행 및 지반 강도증가를 유도한다.

12) 간극수압계는 설치직후에 상재하중을 재하하지 않았는데도 간극수압이 상승하는 경우가 발생되는데 이것은 설치초기에 벤토나이트(bentonite) 팽창으로 인한 일시적인 현상일 수 있으며 수 일이 경과되면 자연적으로 소산된다.
13) 간극수압계 설치 시 차수를 위한 벤토나이트 팰렛이 설치 직후에는 벤토나이트 팽창으로 인하여 간극수압이 실제보다 높게 측정될 수 있는데, 측정값은 시간이 경과하면 자연적으로 소산되어 수렴되며 수렴값을 초기값으로 선정한다.
14) 계측기 설치 위치에 중장비 작업금지 및 서행 조치토록하고 보호 펜스, 주의표지판, 야광판 등을 설치하여 파손을 사전에 예방한다.
15) 공사작업 기술자 및 인부에 대한 계측기 중요성 교육을 실시하고, 계측기는 시건장치 부착을 원칙화한다.
16) Level 측량기의 경우 대부분 왕복 1km측량 시 기계오차가 2mm이내이나, 수준점과의 거리가 150 m이상일 경우에는 개인 오차에 의해 수 mm이상 발생하여 침하, 안정관리에 악영향을 미칠 수 있으므로 가급적 100m이내로 설정하도록 한다.

12.4 터널 계측관리

계측의 목적은 터널굴착에 따른 지반의 거동과 각 지보재의 효과를 파악하고 분석하여 공사의 안정성 및 경제성을 확보하는데 목적이 있으며 계측기 배치의 개념도는 그림 12.11과 같다.

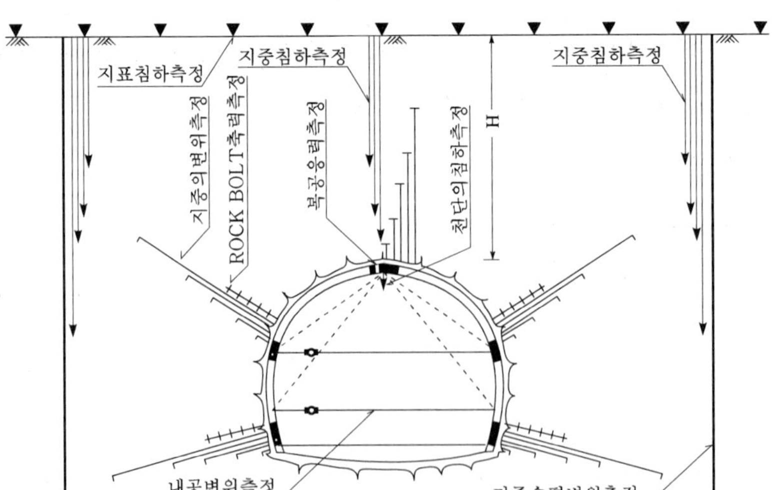

그림 12.11 계측기 배치 예

12.4.1 계측항목 및 목적

터널에 있어서의 계측은 일상관리계측(계측 A), 대표위치계측(계측 B) 으로 구분되며 A, B 계측항목 및 목적은 다음 표 12.20과 같다.

표 12.20 계측항목 및 목적

구분	계측항목	계측내용	계측목적
A	갱내관찰조사 (Face mapping)	1) 막장면 및 노출면의 상태, 절리, 파쇄대, 지하수 유출상태 및 유출량 측정 2) 지보재의 변형상태 및 품질관리	1) 막장의 자립성 및 안정성 판단 2) 암질, 단층파쇄대, 습곡구조 변질대등의 성상 파악 3) Shotcrete 등 지보공의 형태변화 평가 4) 지반구조의 재평가
계	내공변위측정	내공단면의 변위량, 변 위속도 및 수렴여부 파익	1) 터널내공의 변위량, 변위속도, 변위수렴상황, 단면의 변형 상태에 따라 주변지반 및 터널의 안정성 평가 2) 1차 지보설계시공의 타당성 판단 3) 2차 라이닝(lining) 타설 시기 판단
	천단침하측정	1) 터널천단의 수직 침하량 2) 침하속도 및 수렴 여부 파악	터널 천단의 절대침하량 및 단면의 변형상태를 파악하고, 터널천단의 안정성 판단
측	록볼트(Rock bolt) 인발시험	설치된 록볼트의 정착력 측정	록볼트(Rock bolt)의 인발내력을 확인하여 정착상태 파악
B	지중변위측정	터널주변 암반의 반경방향 변위량, 변위속도 및 수렴 여부파악	터널주변의 느슨해진 영역과 변위 량을 파악, rock bolt 축력효과 확인
	록볼트(Rock bolt) 축력측정	시공된 록볼트의 심도별축력분포 및 이의변화 속도와 수렴여부 파악	1) 록볼트의 지보효과 확인 2) 록볼트의 유효길이 등을 파악
계	숏크리트(hotcrete) 응력측정	시공된 숏크리트의 응력(stress) 및 이의 변화 속도와 수렴여부 파악	숏크리트의 배면압(radial stress)과 접선응력(tangential stress) 분포 측정으로 터널 안정성 평가
	지표 및 지중침하측정	인접구조물이 있거나 터널 상부의 토피가 얇은 경우 지표에서의 영향 범위를 파악	지표 및 지중의 변위영역을 추정하여 지보방법을 개선하고 지반의 안정성을 평가
측	지중수평 변위측정	인접건물이 있거나 편토압이 있는 경우 지반의 횡방향 변위 측정	터널 굴진에 따른 지반의 심도별 수평변위량을 측정하여 수평방향의 지반이완영역 등을 판단함

12.4.2 일상 계측(계측 A)

1) 내공변위

지표침하 등 갱외계측이 충분히 실시되는 경우에는 정시측선은 생략할 수 있으며 변위량이 큰 경우 또는 편압의 경향이 현저한 경우 등에는 측량 등에 의한 절대변위 측정도 병행실시토록 한다.

2) 천단침하

측정 시 환기관의 배치가 지장을 주는 경우도 있으나 가급적 터널 중앙 부에 설치하도록 한다.

3) 지표침하

터널 종단방향의 지표침하 측점은 터널중심선상에 설치되는 것이 원칙이며 횡단방향의 측점은 터널 굴착으로 인한 지표침하의 영향을 받지 않을 지점까지 측정할 수 있도록 충분히 넓은 범위까지 배치토록 한다.

12.4.3 대표위치 계측(계측 B)

1) 갱내계측

계측 B 항목 중 터널내부에 설치할 필요가 있는 갱내계측(지중변위측 정, 록 볼트 축력측정, 숏크리트 응력측정 등)에 대해서는 1개의 측정 단 면에 3~5 측점을 설치하도록 하며, 측점의 배치는 설계 패턴을 고려하여 적절한 위치를 선정하도록 한다. 또한 계측 A의 결과와 비교 분석하기 위하여 록볼트(rock bolt)의 위치나 내공변위 측선부근에 배치토록 한다.

2) 갱외계측

갱외계측(지중침하측정, 지중수평변위측정 등)은 목적이나 토피에 따라 계기의 배치가 달라진다. 지중침하측정은 터널 중앙에는 반드시 배치되도 록하며 지중침하의 경향 및 분포를 알기위해 좌우에 추가 배치한다.

경사계의 측정은 경사계 관의 하부 고정점이 터널굴착의 영향을 받지 않는 위치까지 충분히 고정될 수 있도록 설치하여야 한다. 그림 12.12는 터널외부에서 시행하는 갱외 계측배치 예를 나타내며, 그 측선의 위치는 터널내부에서의 측선과 같은 위치에 설정하도록 한다.

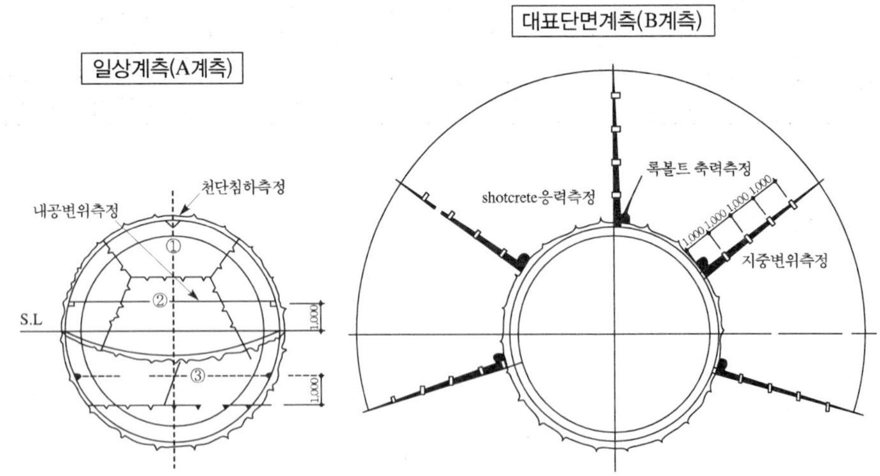

그림 12.12 일상계측과 대표단면 계측

12.4.4 국, 내외 터널 계측 관리기준

1) 서울시 지하철 공사 관리기준

서울시 지하철 3, 4호선 공사의 관리기준은 주로 예비설계를 위한 지반조사 자료를 입력하여 수치해석을 한 결과 값에 대하여 설정하였으며, 관리 기준은 다음 표 12.21과 같다.

표 12.21 지하철 3, 4호선 계획단계의 관리기준

항목		K_0	단선		복선4	
			풍화토 (P_s~ 2)	풍화토 (P_s~ 3)	풍화토 (P_s~ 2)	풍화토 (P_s~ 3)
천단 침하 (mm)		0.5	6.8~38.1	2.0~6.81	8.7~43.7	4.5~16.6
		1.0	0.4~9.0	0.9~1.5	~0.6	2.5~7.2
내공변위 (mm)	상반	0.5	8.3~44.2	3.2~11.4	2.0~12.4	2.4~5.5
		1.0	23.5~95.2	7.8~29.1	15.5~59.0	8.1~26.1
	하반	0.5	2.9~12.3	2.1~8.4	0.5~3.9	1.7~5.9
		1.0	10.6~34.4	5.0~19.6	14.4~55.3	5.2~18.6
지표침하 (mm)		0.5	5.5~24.0	2.2~8.80	13.5~66.3	5.2~21.8
		1.0	8.0~40.2	1.8~7.3	6.1~22.5	4.0~15.2
숏크리트 응력 max(kPa)		0.5	1,500~1,800	2,000~2,400	1,500~1,900	2,500~2,800
		1.0	2,000~2,800	3,400~4,000	2,100~3,000	3,800~4,700
록볼트 축력 max(kN/본)		0.5	75~94	51~125	54~135	52~124
		1.0	102~121	78~189	75~177	77~177
흙의 두께			20m	20m	15m	20m

2) 일본 토질공학회 관리 기준(1986)

표 12.22 일본 토질공학회 관리 기준 (터널반경 : 5.00m, 단위 : cm)

주의단계 \ 지반	A (경암)	B (연 암)	C (풍화암)
I	0.3~0.5	0.5~1	1~3
II	1.0~1.5	1.5~4	4~9.5
III	3~4	4~11	11~27

(1) 주의단계 I : 지반은 안정하지만 이완 영역의 발생한계에 도달하기 때문에 약간의 주의를 요함.
(2) 주의단계 II : 이완영역이 발생하는 것으로 생각됨.
(3) 주의단계 III : 명확하게 이완 영역이 발생하기 때문에 시공곤란이 예상되므로 굴착 공법, 지보공법 등의 선택에 주의를 요함.

12.4.5 실무적용 시 유의사항

1) 터널 굴진 후 계측기 설치가 지연될 경우 굴진에 따른 초기 변형량을 감지 할 수 없으므로 터널 굴진 후 가능한 빠른 시간 내에 계측기를 설치하여 초기치를 얻을 수 있도록 한다.
2) 터널 내에 설치되는 계측기기는 발파 및 굴착 등의 갱내작업에 의한 손상이 빈번하게 발생하므로 보호 장치를 세심하게 설치한다.
3) 숏크리트(Shotcrete)의 배면압(radial stress)을 측정 시에는 센서는 정확한 배면토압을 측정하기 위하여 strain gage 타입보다는 정밀도가 높은 pressure cell 타입의 센서를 사용하는 것이 바람직하다.
4) 터널외부에 설치되는 지중경사계, 지중침하계, 지표침하계 등은 터널 굴진 시 발생하는 선행변위를 감지할 수 있도록 터널 굴진 전에 설치하여야 한다.

제1장 지반조사 및 시험

- 권호진, 김동수, 박준범, 정성교(2006), “기초공학”, 구미서관, pp. 13~56.
- 김명모, 김병일, 이승원, 조성민(2004), “지반개량공법 설계”, 도서출판 새론, pp. 54~70.
- 김상규(2006), “토질역학(이론과 응용)”, 개정판 청문각, pp. 181~193.
- 김상환(2003), “건설기술자를 위한 지반상수의 이해와 적용”, 건설기술교육원, pp. 1~15.
- 김영진(2000), “비교란 시료 채취가 가능한 대구경샘플러의 개발 및 적용”, 한국건설기술연구원, 국제심포지엄 논문집, pp. 27~71.
- 김용필, 정경환, 송용선(2002), “지반공학 시험법 및 응용”, 세진사, pp. 345~438.
- 박영목, 정연인, 김재석(2004), “흙쌓기공사의 품질관리 및 최대입경 초과골재 혼입률에 따른 지지력 변화” 대한토목학회 논문집, pp. 90～95.
- 대림산업주식회사(2005), “여수시관내 국도대체 우회도로(우두～종화)건설공사 토질조사보고서”, pp. 78～95.
- 윤길림 이규환(2004), “콘관입시험의 활용 및 지반설계”, 구미서관, pp. 22～95.
- 이명환, 강원탁, 이원제, 김영진 (1992), “실측에 의한 표준관입시험 함마의 낙하속도 분석”, 한국지반공학회지 제 8권 제 1호, pp. 60～64.
- 이상덕(2005), “토질역학”, 도서출판 새론, pp. 302～442.
- 이용길(1998), “연약지반에서의 대심도 연속 블록샘플링(Block Sampling)기법”, 현대건설주식회사 기술연구소.
- 이우진, 이원제, 안신환(1998), “PDA를 이용한 표준관입시험의 에너지전달효율 측정”, 한국지반공학회, 98 봄 학술발표회 논문집, pp. 75～84.
- 이종영(2001), “표준관입시험의 N치 산정에 미치는 영향인자”, 48th colloquium, p. 2.
- 이춘석(2002), “토질 및 기초공학(이론과 실무)”, 예문사, p. 915.
- 이호춘, 김병일, 박용원(1997), “표준관입시험의 동적효율 측정”, 한국지반공학회지 13(1), pp. 169～180.
- 이호춘, 박용원(1996), “표준관입시험의 해머에너지 수준”, 한국지반공학회지 12(5), pp. 117～125.
- 장찬수, 윤원섭, 홍진희(2002), “연약점토 시료채취 및 시료교란의 개선”, 아시아지역기술위원회(ATC-7), pp. 63～97.
- 정성교(2005), “기초설계를 위한 기초지식”, 건설분야 고급기술자를 위한 단기교육교재, ATC-7 낙동강하구 연약지반연구회, p. 26.
- 한국지반공학회(2004), 한국지반공학 발자취, “지반조사 연구 및 기술동향”, pp. 366～409.

- 한국지반공학회(2003), "구조물 기초설계기준 해설", 구미서관, pp. 38~128.
- 한국지반공학회(2005), "연약지반, 개정판 지반공학시리즈 6 ", pp. 13~60.
- 한국지반공학회(2005), "지반조사결과의 해석 및 이용 개정판 지반공학시리즈 1", pp. 135~156.
- 한국지반공학회(2003), "구조물 기초설계기준 해설", 구미서관, pp. 36~128.
- 한국지반공학회(2005), "지반조사 결과의 해석 및 이용, 개정판 지반공학 시리즈 1", 구미서관, pp. 309~311.
- 한영철(1999), "대구경 Sampler의 개발 및 적용성에 관한 연구", 한국지반공학회 가을 학술발표회.
- DEUTSCHE(1993), "DIN-18134, Determination of deformation and strength characteristics of soil by the plate loading test".
- Jamiolkowski, M., Ladd, C. C., Germaine, J. T., and Lancellotta, R. (1985), "New developments in field and laboratory testing of soils", Proceedings of 11th ICSMFE, San-Francisco, Vol. 1, pp. 55~153.
- La Rochelle, P., Sarrile, J., Tavenas, F., Roy, M., and Leroueil, S.(1981). "Causes of sampling disturbance and design of a new sampler for sensitive soils", Canadian Geotechnical Journal, Vol. 18, No. 1, pp. 52~66.
- Lefebvre, G. and Poulin, C.(1979), "A new method of sampling in sensitive clay", Can. Geotech. J., 16(1), pp. 226-233.
- Mayne P. W.(2001), "Soil property characterization by in-situ tests", Proceedings of the 15th International Conference on soil mechanics and Geotechnical Engineering.

제 2장 토 공

- "거금도 연육교 가설공사(II단계) 토질조사보고서(2002)", pp. 812~813.
- 국토교통부(2001), "도로설계편람(II), 제 4편 토공 및 배수", pp. 404-3~405-4.
- 국토교통부(1994), "도로포장 설계시공지침", pp. 20~23.
- 권호진, 김동수, 박준범, 정성교(2006), "기초공학", 구미서관, pp. 12.
- 김상규(2006), "토질역학(이론과 응용)", 개정판 청문각, pp. 1~227.
- 김상환(2003), "건설기술자를 위한 지반상수의 이해와 적용", 건설기술교육원, p. 5.
- 윤충섭 외 7인(1999), "최신 토목시공학", 반도출판사, pp. 137~702.
- 이상덕(2005), "토질역학", 도서출판 새론, pp. 35~346.
- 한국도로공사(2002), "제2권 도로설계요령, 토공 및 배수", pp. 45~91.

제 3장 암석과 암반

- 대한지질학회(1987), "한국의 지질도".
- 한국수자원공사, GS건설(2006), "부항다목적댐 건설공사 지질 및 지반조사보고서", pp. 90.
- 대림산업주식회사(2005), "여수시관내 국도대체 우회도로(우두~종화)건설공사 토질조사보고서", pp. 78~95
- 이수곤(1994), "암석과 불연속면의 분류 및 공학적 특성", 토목시공고등기술강좌 시리즈", pp. 253 ~ 338.
- 이인모(2001), "암반역학의 원리", 도서출판 새론, pp. 48~275.
- 황정규(1992), "지반공학의 기초이론", 구미서관, pp. 229~233.

제 4장 연약지반

- 경상북도 지방공무원교육원(박영목, 2001), "토목행정반", pp. 45~49.
- 김명모(1996), "토질공학원론", 구미서관, pp. 216~220.
- 김상규(1995), "밴드드레인의 품질과 연약지반개량효과와의 관련", 한국지반공학회 가을학술발표회 논문집, pp. 1~20.
- 김상규(2006), "토질역학(이론과 응용)", 개정판, 청문각, pp. 121~438.
- 김성인, 구자갑(2000), "연약지반공학", pp. 382~387.
- 김승렬(2000), "연약지반 거동 특성 및 해석", 한국토지공사 연수교재, pp. 48~54
- 김용필, 정경환, 송용선(2002), "지반공학 시험법 및 응용", 세진사, pp. 218~347.
- 김원태(1998), "알기쉬운 토질공학", 원기술, pp. 100.
- 류기송(1991), "土와 基礎의 設計實務演習", 건설도서, pp. 123~128.
- 박영목(1994), "低平地に堆積する海成粘土の土質特性と鉛直排水工法による地盤改良に關する研究" 日本 佐賀大學 博士學位論文, pp. 102~178.
- 박영목, 박준환, 고영달(2010), "NCM에 의한 준설매립지반의 천중개량에 관한 연구" 대한토목학회 정기학술대회.
- 사옥~증도간 연도교 가설공사 토질조사보고서(1/2), p. 429~652.
- 신종호, 이인모 역(1995), "토질역학" , T.W. Lambe 저, 엔지니어즈, pp. 844~851.
- 연약지반 대책공법공법 총기술, 동화기술, pp. 733~735.

- 유승경 (2003), "저치환율 SCP에 의한 복합지반의 압밀 과정 중에 발생하는 응력분담거동과 그 메커니즘", 한국지반공학회 논문집 제19권 5호, pp. 301~310.
- 이송, 김종수, 강명찬(2002), "이론 토질역학", 예문사, pp. 214~231.
- 이인모(2000), "토질역학의 원리", 도서출판 새론, pp. 293~354.
- 인천경제자유구역청(2005), "송도 1공구 기반시설 기본 및 실시설계 지반조사보고서", pp. 211~236.
- 인천국제공항공사(1996), "수도권신공항 다짐시험시공 용역 종합보고서".
- 전성기(1998), "실무자를 위한 연약지반 설계실무편람", 과학기술, pp. 1~233.
- 전한용, 박영목, 이광열, 정진교, 정연인, 장용채(2005), "지오신세틱스", 보성각, pp. 14~406.
- 최인걸, 고문수, 김영웅, 김학중(2001), "인천국제공항 토목시설공사를 위한 연약지반 개량 시공사례 연구", 한국지반공학회 특집 No.1 Vol.17 , pp. 15~29.
- 최인걸, 박태순, 김영웅, 성낙일(2000), "인천국제공항 연약지반의 활주로 포장시공 사례연구", 한국도로포장공학회, pp. 112~113.
- 한국지반공학회(1998), "토목섬유설계 및 시공요령", 구미서관, pp. 407~472.
- 한국지반공학회(2005), "연약지반, 개정판 지반공학 시리즈 6", 구미서관, pp. 1~60.

제 5장 굴착 및 흙막이 공법

- 권호진, 김동수, 박준범, 정성교(2006), "기초공학" 구미서관, pp. 246~363.
- 김상수, "옹벽구조물의 설계와 시공", 건설기술교육원, pp. 5~34.
- 박영목, "옹벽공의 설계와 시공", 영남건설기술교육원, pp. 5~55.
- 백영식(2007), "강의식으로 풀어쓴 토질역학", 구미서관, pp. 187~191
- 신은철 역(2002), "토질역학", DAS B. M. 저, 구미서관, pp. 429~516.
- 오정환, 조철현(2004), "흙막이공학", 구미서관, pp. 64~205.
- 이상덕(2005), "토질역학", 도서출판 새론, pp. 74~75.
- 이송, 김종수, 강명찬(2002), "이론 토질역학", 예문사, pp. 408~500.
- 최인걸, 고문수, 김영웅, 김학중(2001), "인천국제공항 토목시설공사를 위한 연약지반 개량 시공사례 연구", 한국지반공학회 특집 No.1 Vol.17 , pp. 24~25.
- 최인걸, 신종순, 성낙일, 김동수(1999), "인천국제공항 공항토목시설공사 구조물주변 다짐시공 사례 연

구", 한국지반공학회, pp. 97～104.

- 한경제(2003), "보강토공법의 설계와 적용", pp. 1~19.
- 한국지반공학회(1997), "굴착 및 흙막이공법, 지반공학시리즈 3", 구미서관, pp. 109～166.
- 한국지반공학회(2003), "구조물 기초설계기준 해설", 구미서관, pp. 379～459.

제 6장 얕은 기초

- 강재순 역(1985), "기초구조물의 설계와 해석", 민음사, pp. 221~222.
- 권호진, 김동수, 박준범, 정성교(2006), "기초공학" 구미서관, pp. 136~141.
- 김상규(2006), "토질역학(이론과 응용)", 개정판 청문각, pp. 284～315.
- 김상규, 정성교(2005), "건축구조물의 기초설계", ATC-7 낙동강하구 연약지반연구회, pp.106~107.
- 김석열, 김현태, 노종구, 류기송, 정인영, 홍병만 (2004), "실무자를 위한 토질공학", 반석기술, pp. 239～244.
- 김원철(2003), "얕은기초의 극한지지력과 침하량에 대한 고찰", 한국지반공학회 기초기술위원회, pp. 108~117.
- 김원태(1998), "알기쉬운 토질공학", 원기술, pp. 337~340.
- 도로교설계기준 해설(하부구조 편), 대한토목학회(2001), pp. 104~107.
- 신은철 역(2002), "토질역학", DAS B. M. 저, 구미서관, pp. 517~555.
- 이상덕(2005), "토질역학", 도서출판 새론, pp. 424~490.
- 이송, 심종수, 김명찬(2002), "이론 토질역학", 예문사, pp. 583~593.
- 이인모(1996), "개선된 강관말뚝의 설계와 시공".
- 전성기(2003), "실무자를 위한 구조물기초 설계 실무편람", 과학기술, pp. 64~65.
- 허광헌(2005), "암반에서의 기초공학", 이엔지북, pp. 2~25.

제 7장 깊은 기초

- "거금도 연육교 가설공사(II단계) 토질조사보고서(2002)", pp. 785~802.
- 권호진, 김동수, 박준범, 정성교(2006), "기초공학", 구미서관, pp. 161~240.

- 김상규(2006), "토질역학(이론과 응용)", 개정판 청문각, pp. 319~364.
- 김원태(1998), "알기쉬운 토질공학", 원기술, pp. 337~383.
- 김홍택, 강인규, 최효범(2002), "Piled Raft 기초시스템의 최적설계", pp. 91~119.
- "사옥~증도간 연도교 가설공사 토질조사보고서"(2004), pp. 405~526.
- 대림산업주식회사(2005), "여수시관내 국도대체 우회도로(우두~종화)건설공사 토질조사보고서", pp. 238
- 윤여원, 김경태(2005), "연약지반개량후 교대구간 수평지반반력계수의 적용사례", 한국지반공학회
- 이상덕(1996), "전문가를 위한 기초공학", 엔지니어즈, pp. 219~342.
- 이상덕(2005), "토질역학", 도서출판 새론, pp. 511~579.
- 전성기(1998), "실무자를 위한 구조물 기초설계실무편람", 과학기술, p. 186.
- 한국지반공학회(2003), "구조물기초설계기준 해설", 구미서관, pp. 185~307.

제 8장 비탈면안정

- "거금도 연육교 가설공사(II단계) 토질조사보고서(2002)", p. 525.
- 김상규(2006), "토질역학(이론과 응용)", 개정판 청문각, pp. 369~406.
- 한국도로공사(2002), "도로설계요령", "토공 및 배수", 한국도로공사, pp. 41 ~ 136.
- "사옥~증도간 연도교 가설공사 토질조사보고서", p. 693.
- 이상덕(2005), "토질역학", 도서출판 새론, pp. 597~652.
- 전성기(1998), "비탈면안정화 설계실무편람", 과학기술. pp. 2~137.
- 한국지반공학회(1997), "비탈면안정, 지반공학 시리즈 5", 구미서관.
- 한국지반공학회(2004), 한국지반공학 발자취, "지반조사 연구 및 기술동향", pp. 261~265.

제 9장 터 널

- "거금도 연육교 가설공사(II단계) 토질조사보고서(2002)", pp. 916.
- 유신기술회보 24호, 석회암 공동에 근접한 철도터널 설계사례 연구, pp. 82~92.
- 이인모(2004), "터널의 지반공학적원리", 도서출판 새론, pp. 157~178
- 임진근, 정태희 (2006), "토목건설 시공학", 성안당, pp. 5-9~5-12.

- 한국도로공사(1995), "고속도로 터널설계 실무 자료집", pp. 181~342.
- 한국지반공학회(2004), "터널, 지반공학시리즈 7", 구미서관, pp. 76~156.
- 한국지반공학회(2009), "지반공학 특별시리즈1, 지반기술자를 위한 지질 및 암반공학" 씨아이알, pp. 176~211.
- 한국터널공학회(2004), "터널의 이론과 실무, 터널공학시리즈 1", 구미서관, pp. 147~389.
- Bieniawski(1989), "Engineering Rock Mass Classifications", pp. 51~105.

제 10장 댐

- 국토교통부(2001), "댐 설계기준".
- 김상규(2006), "토질역학(이론과 응용)", 개정판 청문각, pp. 95~116.
- 김원태(1998), "알기쉬운 토질공학", 원기술, pp. 96~97.
- 농수산부(1982), "농지개량사업계획설계기준", pp. 120~309.
- 신동훈, 김우구, 박한구, "댐시설 관련 기준의 현황 및 고찰", pp. 783～790.
- 이인모(2000), "토질역학의 원리", 도서출판 새론, pp. 552~554.
- 이춘석(2002), "토질 및 기초공학(이론과 실무)", 예문사, p. 171.
- 한국수자원공사, GS건설(2006), "부항 다목적댐 건설공사 지질 및 지반조사보고서(1)", pp. 495～811.

제 11장 준설매립 및 지반환경

- 박영목, 박준환, 고영남(2010), "NCM에 의한 순설내립지반의 천중개량에 관한 연구" 대한토목학회 정기 학술대회.
- 서울시립대학교 지반공학연구실(1998), "마산 신항 민자사업 기본설계 침강압밀 시험 보고서", pp. 100~105.
- 유남재(2002), "준설매립토의 침강과 압밀특성 및 예측", ISSMGE ATC-7 SYMPOSIUM, pp. 337~ 371.
- 이송(1998), "준설매립공법의 설계 및 시공시의 고려사항", 한국지반공학회 준설 및 환경매립에 관한 학술세미나 초청강연, pp. 1～29.

- 정하익(1998), "지반환경공학", 도서출판 유림, pp. 92~140.
- 최인걸(1998), "인천국제공항 준설매립 시공사례", 한국지반공학회 준설 및 환경매립에 관한 학술 세미나, pp. 87～118.
- 최인걸(2000), "인천국제공항 연약지반의 활주로 포장시공 사례연구", 한국도로포장공학회, pp. 113～114.
- Choi In Gul & Paul A. Riemann(2001), "A Hydraulic Fill Platform for Korea's Inchon International Airport", U.S.A DREDGING AND PORT CONSTRUCTION, p. 22.
- 한국농촌공사(2006), "삼산지구 준설토 시공방법개선 및 체적변화 연구보고서", pp.1~20.
- 한국지반공학회(1999) "준설매립과 환경매립", 지반공학시리즈 10, 구미서관, pp. 137~170.
- 한국지반공학회(2004), 한국지반공학발자취, "지반환경 연구 및 기술동향", pp. 396～408.
- 한국지반공학회(2005), "준설매립, 개정판 지반공학시리즈 10", 구미서관, pp. 65~630.

제 12장 정보화 시공

- 한국지반공학회(1996), "터널, 지반공학시리즈 7", 구미서관, pp. 349~352.
- 한국터널공학회(2004), "터널의 이론과 실무", 터널공학시리즈 1, 구미서관, pp. 309~403.

ㄱ

ㄴ

ㄹ

ㅁ

ㅂ

ㅅ

ㅇ

ㅈ

ㅊ

ㅍ

ㅎ

저자약력

박 영목(朴 永穆)

□ 학력
- 영남대학교 공과대학 토목공학과 졸업(공학사)
- 영남대학교 대학원 토목공학과 졸업(공학석사)
- 일본 佐賀(SAGA)대학 대학원 졸업(공학박사)

□ 경력 : 한국농어촌공사 농공기술연구소 책임연구원, 일본 佐賀(SAGA)대학 객원연구원, 미국 North Carolina State Univ. sabbatical, 한국지반공학회 학술 부회장, 한국지반공학회 준설매립분과 위원장

□ 저서 : SI단위 토질 및 기초공학(상)·(하), 압밀의 이론과 실제, 토목성유의 설계, 시공 등

□ 현재
- 영남대학교 공과대학 건설시스템공학과 교수
- 국토교통부 부산지방국토관리청 설계자문위원
- 대구광역시, 경상북도 지방 건설심의위원
- 한국도로공사, 한국농어촌공사, LH공사, 한국산업단지공단 설계자문위원
- 한국시설안전공단, 환경관리공단 설계자문위원
- 대한토목학회 학술상 공로상 수상
- 국토교통부 지하사고 조사 위원
- 대한토목학회, 한국지반공학회 저술상 수상, 국토교통부장관, 행정자치부장관표창수상

□ 연락처 : 핸드폰 010 - 3060 - 2592, E-mail ympark@ynu.ac.kr

최 인걸(崔 仁傑)

□ 학력
- 국립 경기공전(현 국립 서울과학기술대학교) 토목공학과 졸업
- 홍익대학교 토목공학과 졸업(공학사)
- The Netherlands Delft I.H.E 졸업(공학석사), 동국대학교 대학원 토목공학과 졸업(공학석사)
- 홍익대학교 대학원 토목공학과 졸업(공학박사)

□ 경력 : 국토해양부 서울지방국토관리청, 한국농어촌공사 농공기술연구소 토질시험과장, (주)유신 인천국제공항 1단계건설 부지조성공사감리단 기술본부장, 인천지사장, 부사장, 공항토목시설공사감리단 기술본부장

□ 자격 : 토질 및 기초기술사, 토목시공기술사

□ 저서 : SI단위 토질 및 기초공학(상)·(하)

□ 상벌
- 영국케임브리지 국제인명센터(IBC) 세계100대 엔지니어 등재(2012년)
- 마퀴즈후즈후 세계인명사전 등재(2012년)
- 미국 인명연구소(ABI) 및 영국케임브리지 국제인명센터(IBC) 인명사전 등재
- 과학기술훈장, 국무총리 표창, 과학기술부총리 표창, 국토교통부장관 표창 수상
- 대한토목학회, 한국지반공학회 저술상 수상

□ 2022년 1월 2일 작고

(제2판)

SI단위 현장실무를 위한 지반공학 정가 38,000원

저자 : 박영목 · 최인걸

발행인 : 임해진
발행처 : 도서출판 구미서관

발행 : 2006년 8월 30일 제1판
2023년 7월 24일 제2판 1쇄
2024년 1월 15일 제2판 2쇄

등록 : 1979년 6월 29일 No.9-6호
주소 : 서울시 마포구 신촌로 2길 5-15 구미빌딩
전화 : 02-333-1101
팩스 : 02-335-2201
http://www.goomibook.com

ISBN 979-11-6257-264-1 (93530)